AF457130

ALLE · ZEIT · WACH
1842

Rüdenberg

Elektrische Schaltvorgänge

Fünfte neubearbeitete Auflage

Herausgegeben von

H. Dorsch · P. Jacottet

Mit Beiträgen von

W. Böning · M. Erche · W. Koch
H. Kopplin · D. Rumpel

Springer-Verlag Berlin Heidelberg GmbH 1974

Herausgeber

Dr.-Ing. Heinrich Dorsch

Wissenschaftlicher Mitarbeiter der Siemens AG, Erlangen
Bereich Energietechnik

Dr.-Ing. Paul Jacottet

ehem. Hauptschriftleiter der Elektrotechnischen Zeitschrift
Hofheim (Taunus)

Mit 589 Abbildungen

ISBN 978-3-642-50334-4 ISBN 978-3-642-50333-7 (eBook)
DOI 10.1007/978-3-642-50333-7

Ursprünglich erschienen bei Springer-Verlag Berlin Heidelberg 1974.

Vorwort zur fünften Auflage

Das Gebiet der elektrischen Schaltvorgänge hat sich seit der ersten Auflage dieses Buches im Jahre 1923 zu einem festen Fundament der elektrischen Energietechnik entwickelt. Auch heute noch kommt den Ausgleichserscheinungen in elektrischen Anlagen und Netzen im Hinblick auf Forschung, Entwicklung, Planung und Betrieb eine überragende Bedeutung zu. Es erschien daher nur gerechtfertigt, daß sich der Verlag 50 Jahre nach dem Erscheinen der ersten und 20 Jahre nach Erscheinen der vierten zu einer neuen Auflage entschlossen hat.

Professor Dr.-Ing. Dr.-Ing. E. h. R. Rüdenberg, der Verfasser der ersten vier Auflagen des als ein Standardwerk der Elektrotechnik anerkannten Buches, ist nicht zuletzt durch seine äußerst klare Darstellung der bei Ausgleichserscheinungen auftretenden physikalischen Vorgänge bekannt geworden. Die beiden Herausgeber haben es dankbar begrüßt, daß ihnen als früheren Mitarbeitern ihres verehrten, im Jahre 1961 in den USA verstorbenen Lehrers, im Einvernehmen mit der Witwe, Frau L. Rüdenberg, die Neubearbeitung des Buches übertragen wurde. Als weitere Mitarbeiter konnte eine Reihe von Fachleuten gewonnen werden, die auf den im Buch behandelten Gebieten forschend und planend tätig sind oder waren. Den Herausgebern fiel die nicht leichte Aufgabe der Koordinierung der verschiedenen Beiträge zu.

Sachlich wenig verändert, an einzelnen Stellen gekürzt oder, wo zweckmäßig, ergänzt, wurden wesentliche, besonders die den physikalischen Grundlagen gewidmeten Teile der vierten Auflage in die fünfte übernommen.

Die inzwischen fortgeschrittene Technik, die Entwicklung moderner Verfahren zur Behandlung nichtstationärer Vorgänge sowie unsymmetrischer Betriebs- und Störungsfälle in Drehstromnetzen und ihre Auswertung mit Digitalrechnern machte allerdings eine vollständige Neubearbeitung und Hinzufügung verschiedener Abschnitte oder Kapitel erforderlich. Hierzu sei u. a. auf die Ausführungen in Kapitel 11 über Komponentensysteme, in Kapitel 13 über Einschwingspannung nach Unterbrechung eines Kurzschlußstroms, in Kapitel 26 über Reglerschwingungen im Parallelbetrieb und in Kapitel 29 über Sternpunkterdung von Drehstromnetzen hingewiesen. Ferner bedurfte die auf der Zweiachsentheorie beruhende Darstellung der Vorgänge in Synchronmaschinen der Aufnahme des neuen Abschnitts III. Den in den vergangenen 20 Jahren erzielten bemerkenswerten Fortschritten auf dem Gebiet der Schaltertechnik wurde durch den völlig neugefaßten Abschnitt VIII über Lichtbogenunterbrechung Rechnung getragen. Er enthält eine ausführliche Beschreibung der hierbei auftretenden Vorgänge unter Berücksichtigung der modernen, im Schalterbau heute üblichen verschiedenartigen Löschprinzipien.

Die in der vierten Auflage z. T. noch verwendeten, auf dem Größensystem Länge, Masse, Zeit beruhenden Einheiten Meter, Kilogramm, Sekunde (MKS-System) und Zentimeter, Gramm, Sekunde (CGS-System) wurden auf das Internationale Einheitensystem (SI) mit den Basiseinheiten Meter, Kilogramm, Sekunde, Ampere, Kelvin, Mol, Candela und auf die daraus kohärent abgeleiteten Einheiten umgestellt. Selbstverständlich wurden auch bei den neu aufgenommenen Abschnitten die inzwischen durch Gesetz vom 5. Juli 1970 eingeführten SI-Einheiten verwendet.

Die Herausgeber waren bestrebt, wo irgend möglich, die vom Ausschuß für

Einheiten und Formelgrößen (AEF) im Deutschen Normenausschuß (DNA) bearbeiteten Normen im Text zu befolgen. Insbesondere gilt dies für die Formelzeichen (Symbole) der Größen, für die Indizes und für die Schreibweise physikalischer Gleichungen. Dabei wurden fast durchweg die vom AEF empfohlenen, von der Wahl der Einheiten unabhängigen Größengleichungen und nur selten ausdrücklich als solche gekennzeichnete Zahlenwertgleichungen benutzt. Bei den Formelzeichen konnten in vereinzelten Fällen die neuesten Empfehlungen des AEF nicht berücksichtigt werden, da sie während der Bearbeitung noch nicht vorlagen. Hierfür wird um Nachsicht gebeten.

Bezüglich der mathematischen Disziplinen wird die Kenntnis der Grundlagen der Infinitesimalrechnung, der Matrizenrechnung, der Vektoranalysis, der gewöhnlichen Differentialgleichungen und einfacher partieller Differentialgleichungen, ferner der Elementarfunktionen und einiger höherer Funktionen (z. B. der Zylinderfunktionen) vorausgesetzt. Ganz im Sinne des Verfassers der ersten vier Auflagen wurde auf verwickeltere Methoden der angewandten Mathematik zugunsten einer anschaulichen Darstellung physikalischer Vorgänge verzichtet. Die vielfach in den Text eingestreuten Zahlenbeispiele und Abbildungen sollen die Rechenergebnisse der praktischen Anwendung näher bringen.

Das Literaturverzeichnis enthält die wichtigsten Buchveröffentlichungen und, jedem Kapitel zugeordnet, die grundlegenden in- und ausländischen Zeitschriftenveröffentlichungen bis zum Jahre 1973.

Im Anhang wurden die meist benutzten Formelzeichen zusammengestellt. Wegen der nur begrenzten Zahl der Buchstaben des Alphabets mußten in vielen Fällen gleiche Formelzeichen für Größen verschiedener Art verwendet werden. Da diese jedoch meist bei unterschiedlichen Gebieten und nicht im Zusammenhang miteinander vorkommen, dürfte die Gefahr von Verwechslungen sehr gering sein.

Ein Tabellenverzeichnis und ein Sachverzeichnis bilden den Abschluß.

Die Verfasser der einzelnen Kapitel sind:

Prof. Dr.-Ing. W. Böning, Berlin, für Kapitel 35 bis 43;
Dr.-Ing. H. Dorsch, Erlangen, für Kapitel 1 bis 10;
Dr.-Ing. M. Erche, Erlangen, für Kapitel 11 bis 13 und 29;
Dr.-Ing. P. Jacottet, Hofheim (Taunus), für Kapitel 34;
Dr.-Ing. W. Koch, Berlin, für Kapitel 27, 28, 30 bis 33;
Dr.-Ing. H. Kopplin, Berlin, für Kapitel 44 bis 50;
Dr.-Ing. D. Rumpel, Erlangen, für Kapitel 14 bis 18 und 20 bis 26.

Die Neubearbeitung des Kapitels 19 wurde von Ing. (grad.) W. Lehmann, Erlangen, und Ing. (grad.) R. Roeper, Erlangen, ausgeführt.

Dr.-Ing. P. Jacottet besorgte die Zusammenstellung der Formelzeichen im Anhang und das Sachverzeichnis.

Den Herausgebern ist es ein aufrichtiges Anliegen, den Mitarbeitern für ihre Mühe bei der Abfassung der Manuskripte und für ihre Geduld bei der oft schwierigen Abstimmung der einzelnen Beiträge zu danken. Dies gilt auch für Frl. H. Tesch, Erlangen, die sich um die Korrekturen und das Literaturverzeichnis sehr bemüht hat.

Besonderer Dank gebührt schließlich dem Springer-Verlag für sein verständnisvolles Eingehen auf die vielen Wünsche der Herausgeber hinsichtlich des Formelsatzes und der Gestaltung des in bekannter Weise vorzüglich ausgestatteten Werkes.

Erlangen und Hofheim (Taunus),
im Herbst 1973

Heinrich Dorsch **Paul Jacottet**

Inhaltsverzeichnis

I. Einfache Stromkreise

II. Gekoppelte Stromkreise

III. Synchronmaschinen

IV. Wirkung von Schwungmassen

V. Einfluß der Erde

VI. Veränderlicher Widerstand

VII. Magnetische Sättigung in ruhenden Stromkreisen

VIII. Lichtbogenunterbrechung

I. Einfache Stromkreise

1. Einschalten und Ausschalten von Stromkreisen mit Induktivität

Wir wollen zuerst den zeitlichen Verlauf der Ströme betrachten, die beim Schalten von einfachsten elektrischen Stromkreisen auftreten, in denen nur Widerstände R und Induktivitäten L enthalten sind. Ein solcher Stromkreis ist in *Abb. 1* dargestellt. Um den zeitlichen Verlauf der Ströme zu ermitteln, nehmen

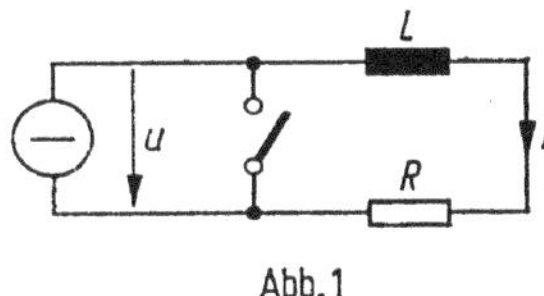

Abb. 1

wir an, daß die von außen eingeprägte Spannung u im Stromkreis für alle Zeiten t gegeben ist. Ferner ist bis zum Eintritt des Schaltvorganges, und daher auch für dessen Beginn zur Zeit $t = 0$, der Strom i im Kreise als bekannt anzunehmen. Schließlich ist der Dauerstrom, der sich längere Zeit nach dem Schalten einstellt, also der Strom i für $t \to \infty$, bekannt.

Während der Übergangszeit zwischen beiden Zuständen muß die eingeprägte Spannung u den Spannungen im Stromkreis das Gleichgewicht halten, nämlich der Spannung Ri am ohmschen Widerstand R und der Spannung $L\,\mathrm{d}i/\mathrm{d}t$ an der Induktivität L. Für den zeitlichen Verlauf der Ströme gilt daher die Differentialgleichung

$$L\frac{\mathrm{d}i}{\mathrm{d}t} + Ri = u. \tag{1}$$

a) Ausschalten durch Kurzschließen

Den einfachsten Verlauf von Ausgleichsströmen erhalten wir, indem wir den Stromkreis nach *Abb. 1* durch Schließen des Schalters kurzschließen und dadurch von der äußeren Spannungsquelle unabhängig machen. Im Augenblick des Kurzschließens, also zur Zeit $t = 0$, fließt noch der Augenblickswert i_0 des ursprünglichen Stromes im Kreise. Durch den Kurzschluß wird ferner $u = 0$, so daß die Differentialgleichung (1) übergeht in

$$L\frac{\mathrm{d}i}{\mathrm{d}t} + Ri = 0. \tag{2}$$

Nach Trennen der Variablen i und t, Ausführen der Integration über i und t und Beachten der Anfangsbedingung, daß $i = i_0$ für $t = 0$ sein muß, erhält man aus Gl. (2):

$$\ln\frac{i}{i_0} + \frac{R}{L}t = 0. \tag{3}$$

Hieraus ergibt sich

$$\frac{i}{i_0} = \mathrm{e}^{-(R/L)t} = \mathrm{e}^{-t/T}. \tag{4}$$

Hierin ist $\mathrm{e} = 2{,}718$ die Basis des natürlichen Logarithmus und

$$\frac{L}{R} = T \tag{5}$$

die Zeitkonstante des Stromkreises. In *Abb. 2* ist der nach der Exponentialfunktion gemäß Gl. (4) mit dieser Zeitkonstante abklingende Strom dargestellt.

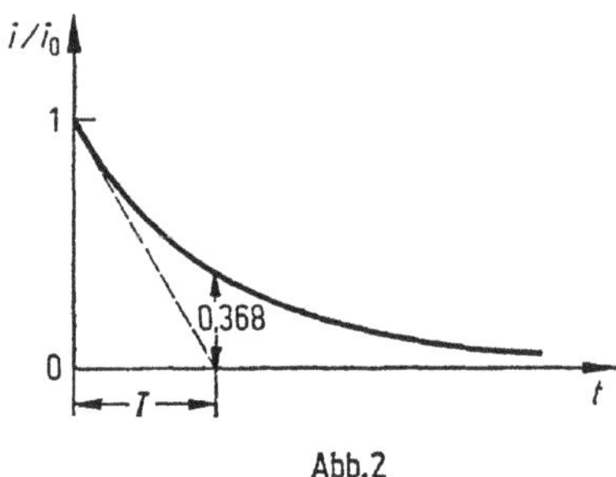

Abb. 2

Ob vor dem Kurzschluß Gleichstrom oder Wechselstrom im Stromkreis floß, ist für den Ausgleichsvorgang gleichgültig; i_0 ist der Augenblickswert des Stromes zum Zeitpunkt des Kurzschlusses.

Nach einer Zeit t gleich der Zeitkonstante T ist der Strom auf den Wert

$$\frac{i}{i_0} = \mathrm{e}^{-1} = \frac{1}{2{,}718} = 0{,}368$$

abgeklungen. Nach einer Zeit gleich der dreifachen Zeitkonstante, beträgt der Strom nur noch $\mathrm{e}^{-3} = 5\%$ seines Anfangswertes.

Die Subtangente der Exponentialfunktion ist konstant, sie beträgt nach *Abb. 2* und Gl. (4):

$$\left(\frac{i}{-\mathrm{d}i/\mathrm{d}t}\right)_{t=T} = \frac{i_0\,\mathrm{e}^{-1}}{(i_0/T)\,\mathrm{e}^{-1}} = T. \tag{6}$$

Diese Subtangente ist für den Zeitpunkt $t = 0$ in *Abb. 2* eingetragen. Die Subtangente kann bekanntlich zur Bestimmung der Zeitkonstante bei experimentell aufgenommenem Stromverlauf verwendet werden.

Aus Gl. (4) erkennt man, daß der Strom um so schneller abklingt, je größer der Widerstand R und je kleiner die Induktivität L des Stromkreises ist, und um so langsamer, je kleiner der Widerstand R und je größer die Induktivität L des Stromkreises ist. Feldwicklungen von Gleichstrommaschinen haben häufig eine so große Induktivität, daß der Erregerstrom erst in vielen Sekunden abklingt.

Eine Feldwicklung mit $w = 2000$ Windungen, in denen ein Strom $I = 10$ A einen magnetischen Fluß $\Phi = 0{,}06$ Vs erzeugt, hat nach einer bekannten Formel eine Induktivität

$$L = \frac{w\Phi}{I} = \frac{2000 \cdot 0{,}06\ \mathrm{Vs}}{10\ \mathrm{A}} = 12\ \mathrm{H}.$$

Bei einem Widerstand von $R = 11\,\Omega$ hat sie eine Zeitkonstante

$$T = \frac{12\,\Omega\text{s}}{11\,\Omega} = 1{,}09\ \text{s}.$$

Ihr Strom verklingt also erst nach 3 s.

b) Einschalten von Gleichstrom

Etwas verwickelter ist der Verlauf der Ströme, wenn ein stromloser Kreis aus R und L nach *Abb. 3* durch plötzliches Einschalten an die konstante Gleichspannung

$$u = U \tag{7}$$

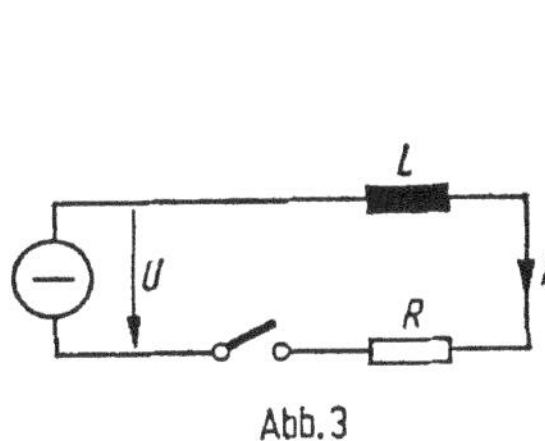

Abb. 3

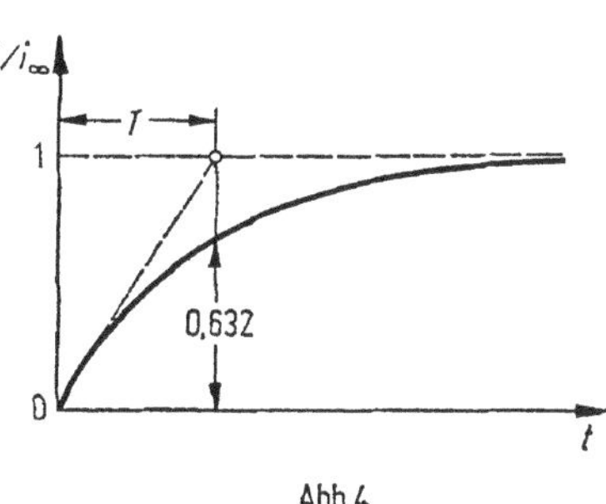

Abb. 4

gelegt wird. Zur Zeit $t = 0$ ist dann der Anfangsstrom

$$i_0 = 0. \tag{8}$$

Die Differentialgleichung (1) des Stromkreises lautet jetzt

$$L\frac{\mathrm{d}i}{\mathrm{d}t} + Ri = U, \tag{9}$$

sie hat auf der rechten Seite die konstante Spannung U als Störungsfunktion. Gl. (9) wird gelöst, indem man den Strom i in zwei Teilströme

$$i = i' + i'' \tag{10}$$

zerlegt. Der Teilstrom i' soll bereits eine Partikularlösung der Differentialgleichung (9) sein, und zwar der Dauerstrom. Der zweite Teilstrom i'' ist der Ausgleichsstrom, der nur nach einem Schaltvorgang auftritt. Gl. (9) zerfällt dann in die beiden voneinander unabhängigen Differentialgleichungen

$$\begin{aligned} L\frac{\mathrm{d}i'}{\mathrm{d}t} + Ri' &= U, \\ L\frac{\mathrm{d}i''}{\mathrm{d}t} + Ri'' &= 0, \end{aligned} \tag{11}$$

deren Summe wiederum die ursprüngliche Gl. (9) ergibt. Die erste dieser Gleichungen läßt sich leicht lösen, wenn man so große Zeiten voraussetzt, daß der unter Einwirkung der konstanten Spannung U zustandekommende Strom konstant geworden ist. Damit ist

$$\frac{\mathrm{d}i'}{\mathrm{d}t} = 0, \tag{12}$$

und aus der ersten Gl. (11) folgt

$$i' = \frac{U}{R} = I. \tag{13}$$

Der Teilstrom i' ist also der stationäre Endwert I des Stromes.

Die zweite Gl. (11) für den Teilstrom i'' ist genau so aufgebaut wie Gl. (2) für den zeitlichen Verlauf des Ausgleichsstromes im kurzgeschlossenen Kreis ohne treibende Spannung. Entsprechend Gl. (4) ist deshalb die Lösung der zweiten Differentialgleichung (11):

$$i'' = -\frac{U}{R}\,\mathrm{e}^{-(R/L)t}. \tag{14}$$

Dabei wurde die Integrationskonstante so gewählt, daß zu Beginn des Einschaltvorganges, also zur Zeit $t = 0$, der Gesamtstrom i_0 nach Gl. (8) und (10) verschwindet, wovon man sich durch Einsetzen des Teilstromes i' nach Gl. (13) und des Teilstromes i'' nach Gl. (14) für $t = 0$ überzeugt. Somit erhält man für den zeitlichen Verlauf des Gesamtstromes nach Gl. (10), (13) und (14)

$$i = \frac{U}{R}\,(1 - \mathrm{e}^{-(R/L)t}) = i_\infty\,(1 - \mathrm{e}^{-t/T}), \tag{15}$$

wobei die Zeitkonstante T wie nach Gl. (5) eingeführt ist.

In *Abb. 4* ist der zeitlich ansteigende Verlauf des Einschaltstromes nach Gl. (15) dargestellt. Der Strom nimmt von seinem Anfangswert Null allmählich bis zu seinem Endwert $i_\infty = U/R$ zu, und zwar um so langsamer, je größer die Zeitkonstante T ist. Diese kann, ähnlich wie schon im Anschluß an Gl. (6) erläutert, aus einer experimentell aufgenommenen Kurve des Einschaltstromes nach *Abb. 4* als Subtangente für den Zeitpunkt $t = 0$ bestimmt oder aus dem Wert des Stromes für $t = T$ ermittelt werden, nämlich aus

$$\left(\frac{i}{i_\infty}\right)_{t=T} = 1 - \mathrm{e}^{-1} = 0{,}632.$$

Nach einer Zeit gleich der dreifachen Zeitkonstante hat sich der Strom seinem Endwert bis auf 5% genähert.

Soll der Gleichstrom nach dem Einschalten möglichst schnell auf seinen Endwert ansteigen, so muß der Widerstand R des Stromkreises künstlich vergrößert werden, um eine kleine Zeitkonstante T zu erhalten. Dabei muß die treibende Spannung U nach Gl. (15) im gleichen Maße erhöht werden, damit derselbe Endstrom I erreicht wird.

c) Einschalten von Wechselstrom

Wird ein Stromkreis mit Widerstand und Induktivität entsprechend *Abb. 5* plötzlich an eine gegebene Wechselspannung

$$u = \hat{U}\sin(\omega t + \psi) \tag{16}$$

mit dem Scheitelwert $\hat{U}$, der Kreisfrequenz $\omega = 2\pi f$ und dem Phasenwinkel ψ geschaltet, so ist auch hier im ersten Augenblick der Strom im Kreise noch

$$i_0 = 0. \tag{17}$$

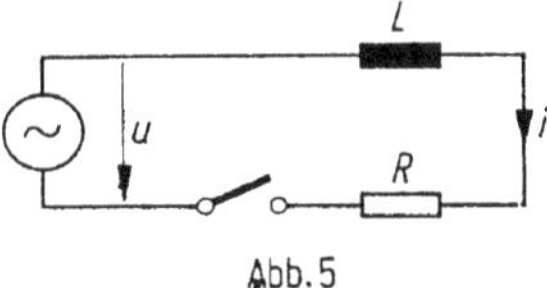

Abb. 5

Sein weiterer Verlauf richtet sich alsdann ebenfalls nach der Differentialgleichung (1), also

$$L \frac{\mathrm{d}i}{\mathrm{d}t} + Ri = \hat{U} \sin(\omega t + \psi), \tag{18}$$

die auf der rechten Seite ein nach einer Sinusfunktion zeitlich veränderliches Störungsglied hat. Durch Zerlegen des gesamten Stromes i in zwei Teilströme

$$i = i' + i'', \tag{19}$$

wobei i' den Dauerstrom nach einer sehr langen Zeit bedeutet, zerfällt die Differentialgleichung (18) in die beiden voneinander unabhängigen Differentialgleichungen

$$\begin{aligned} L \frac{\mathrm{d}i'}{\mathrm{d}t} + Ri' &= \hat{U} \sin(\omega t + \psi), \\ L \frac{\mathrm{d}i''}{\mathrm{d}t} + Ri'' &= 0. \end{aligned} \tag{20}$$

Die erste dieser Gleichungen bestimmt den Verlauf jedes stationären Wechselstromes. Sie hat die bekannte Lösung

$$i' = \hat{I} \sin(\omega t + \psi - \varphi), \tag{21}$$

wobei der Scheitelwert $\hat{I}$ des Wechselstromes entsprechend dem erweiterten ohmschen Gesetz durch

$$\hat{I} = \frac{\hat{U}}{\sqrt{R^2 + (\omega L)^2}} \tag{22}$$

und sein Phasenwinkel gegenüber der Spannung durch

$$\tan \varphi = \frac{\omega L}{R} \tag{23}$$

gegeben ist.

Die zweite Differentialgleichung (20) für den Teilstrom i'' ist identisch mit Gl. (2) und mit der zweiten Gl. (11) für die vorher behandelten Fälle. Sie hat die Lösung

$$i'' = K\, \mathrm{e}^{-(R/L)t}. \tag{24}$$

Die Integrationskonstante K muß so bestimmt werden, daß die Anfangsbedingung für den Schaltaugenblick befriedigt wird, daß also nach Gl. (17) und (19) unter

Einsetzen von i' nach Gl. (21) und i'' nach Gl. (24) für $t = 0$

$$i_0 = \hat{I} \sin(\psi - \varphi) + K = 0 \tag{25}$$

wird. Daraus folgt

$$K = -\hat{I} \sin(\psi - \varphi). \tag{26}$$

Den gesamten Strom nach dem Einschalten der Wechselspannung erhält man somit nach Gl. (19) mit (21) und (24) zu

$$i = \hat{I}\,[\sin(\omega t + \psi - \varphi) - \sin(\psi - \varphi)\,\mathrm{e}^{-t/T}]. \tag{27}$$

In *Abb. 6* ist ein derartiger Stromverlauf dargestellt.

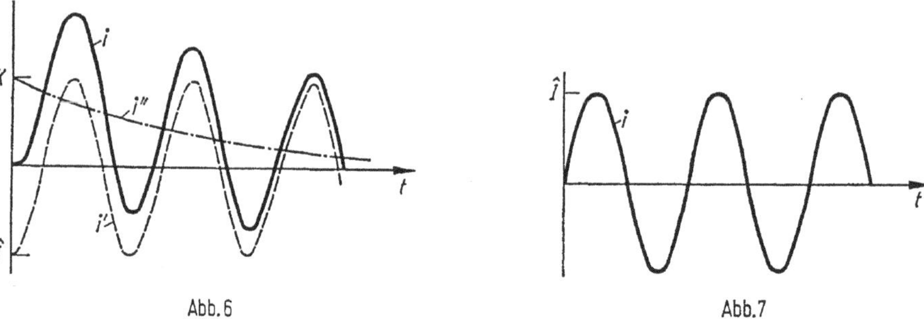

Abb. 6 Abb. 7

Beim Einschalten einer Wechselspannung auf einen einfachen Stromkreis steigt der Wechselstrom also nicht etwa, wie man es ähnlich dem Falle bei Gleichstrom erwarten könnte, allmählich an. Dem stationären Wechselstrom i' überlagert sich vielmehr noch ein Gleichstrom i'', der entsprechend der Zeitkonstante T des Stromkreises abklingt und den Strom während der Ausgleichszeit erhöht. Das Gleichstromglied ist abhängig von dem Phasenwinkel, den der stationäre Strom im Einschaltaugenblick haben würde. Ist der Winkel $\psi - \varphi = \pm 90°$, d. h., würde der Dauerstrom im Einschaltaugenblick gerade seinen Scheitelwert haben, so tritt ein Ausgleichsstrom auf, der nach Gl. (26) zu Anfang den Scheitelwert des stationären Stromes besitzt. Dieser Fall ist in *Abb. 6* dargestellt. Ist der Phasenwinkel $(\psi - \varphi)$ gleich 0 oder gleich 180°, geht also der stationäre Strom im Einschaltaugenblick sowieso durch Null, so tritt nach Gl. (27) kein Ausgleichsstrom auf, sondern der Wechselstrom setzt sofort mit seinem normalen Verlauf ein. Dieser Fall ist in *Abb. 7* dargestellt.

Der Anfangswert des Ausgleichsstromes, der sich durch die Konstante K in Gl. (24) bestimmt, ist nach Gl. (26) stets gleich dem negativen Dauerstrom, der im Schaltaugenblick $t = 0$ vorhanden wäre, und ergänzt diesen so, daß der tatsächliche Strom i mit dem Wert Null beginnt. Dies bewirkt im ungünstigsten Falle nach *Abb. 6*, daß der tatsächliche Strom zu Anfang ganz einseitig der Nulllinie verläuft. Es treten also Überströme bis zum doppelten Wert des Dauerstromes auf, wenn die Zeitkonstante erheblich größer ist als die Dauer der Wechselstromperiode, so daß der Ausgleichsstrom nur ziemlich langsam abklingt. *Abb. 8* stellt den oszillographisch aufgenommenen Strom dar, wie er sich beim Kurzschluß in einem Leitungszweige ausbildete, der über eine Drosselspule gespeist wurde.

Der höchstmögliche Strom entwickelt sich, wenn $\psi = 0$ ist, und beträgt nach Gl. (27)

$$i = \hat{I}\,[\sin(\omega t - \varphi) + \sin\varphi \cdot \mathrm{e}^{-t/T}]. \tag{28}$$

Er hat seinen Scheitelwert nach

$$\omega t_s = \frac{\pi}{2} + \varphi = \pi,$$

d. h. nach etwa einer halben Periodendauer:

$$i_s \approx \hat{I}\,(1 + \sin\varphi \cdot e^{-\pi R/\omega L}). \qquad (29)$$

Bei einem Verhältnis $R/\omega L = 0{,}05$ ist das Verhältnis $i_s/\hat{I}$, der sogenannte Stoßfaktor, gleich 1,85. Aus *Abb. 9* ist dieser Stoßfaktor in Abhängigkeit vom Verhältnis $R/\omega L$ und vom Schaltwinkel ψ zu entnehmen.

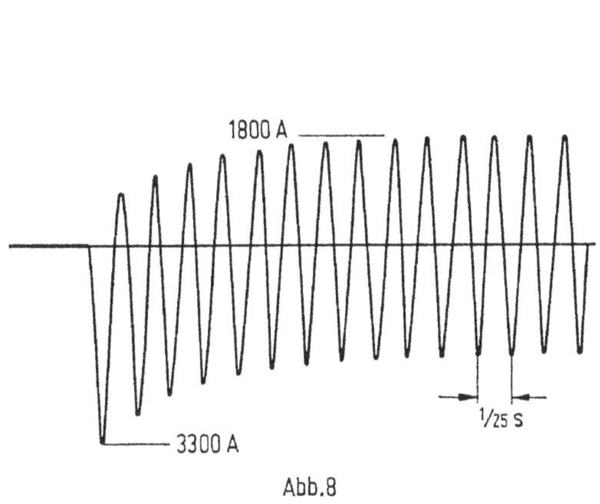

Abb. 8

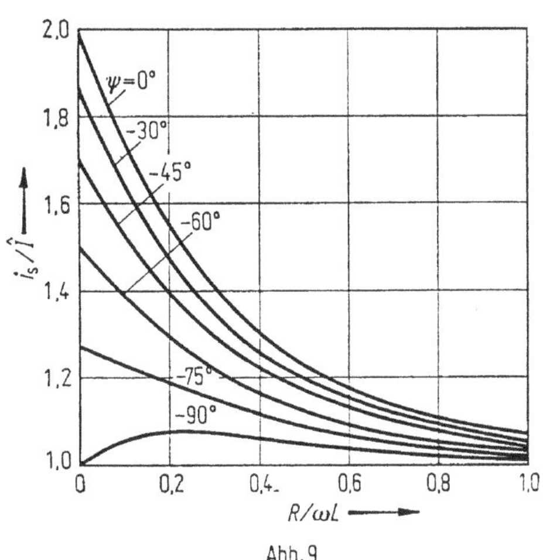

Abb. 9

Ist die Zeitkonstante des Stromkreises klein gegenüber der Dauer der Wechselstromperiode, so ist der Ausgleichsstrom nach einer Halbschwingung schon vollkommen verschwunden, und es tritt daher kein Überstrom auf. Der Verlauf des gesamten Stromes weicht nur während der ersten Halbperiode erheblich von dem des Dauerstromes ab. Mit abnehmender Zeitkonstante steigt der gesamte Strom mehr und mehr, wie bei Gleichstrom, allmählich auf den Dauerstrom an.

Beim Einschalten von Stromkreisen mit großer Induktivität, bei denen nach Gl. (23) der Phasenwinkel der Spannung um nahezu 90° gegenüber dem Phasenwinkel des Stromes verschoben ist, entspricht der ungünstige in *Abb. 6* dargestellte Fall dem Schalten beim Durchgang der Spannung durch Null.

Bei Hochspannungsschaltern wird das Einschalten häufig durch einen Überschlag zwischen den sich nähernden Schaltstücken eingeleitet, so daß der Stromkreis im Augenblick hoher Spannung eingeschaltet wird, was geringe Ausgleichsströme hervorruft. Während diese Erscheinung beim Schalten einphasiger Stromkreise günstig wirken kann, muß man beim Schalten von Drehstromkreisen im allgemeinen damit rechnen, daß die Ausgleichsströme in voller Höhe in einer der drei Wicklungsstränge stets eintreten können.

d) Ausschalten mit Parallelwiderstand

Wenn man einen Gleichstromkreis, der Widerstand und Induktivität besitzt, durch schnelles Öffnen des Schalters von seiner Stromquelle abschaltet, so entstehen am Schalter sehr hohe Spannungen, die häufig zu Durchschlägen führen. Durch Öffnen des Schalters wird nicht nur der Strom vor dem Schalten

$$i_0 = I = \frac{U}{R} \tag{30}$$

auf den stationären Wert

$$i' = 0 \tag{31}$$

gebracht, so daß ein Ausgleichsstrom mit dem Anfangswerte

$$i_0'' = i_0 - i' = I \tag{32}$$

auftreten muß, sondern es wird gleichzeitig der Widerstand des Stromkreises auf den Wert

$$R \to \infty \tag{33}$$

gebracht, der nunmehr vollständig an der Schaltstelle konzentriert ist. Damit ergibt sich zwar nach Gl. (5) eine sehr kleine Zeitkonstante T, der Strom klingt also in äußerst kurzer Zeit ab, jedoch wird die Spannung, die im ersten Augenblick des Ausschaltens zwischen den Schaltstücken auftritt, nach Gl. (32) und (33)

$$u'' = i_0'' R \to \infty. \tag{34}$$

In Wirklichkeit wird diese rechnerisch unendliche Ausschaltspannung natürlich nicht erreicht. Denn mit den üblichen Schaltern kann der Widerstand in der Zeit Null gar nicht von einem sehr kleinen Wert auf unendlich gebracht werden. Immerhin mißt man an induktiven Stromkreisen, die plötzlich abgeschaltet werden, hohe Überspannungen. Man benutzt diese Erscheinung sogar seit langer Zeit bei Funkeninduktoren und ähnlichen Geräten zur Erzeugung hoher Stoßspannungen.

In Starkstromkreisen sind die hohen Spannungen meist unerwünscht. Man legt aus diesem Grunde häufig parallel zum Schalter oder besser parallel zum Stromkreise mit dem Widerstand R und der Induktivität L einen größeren Widerstand r, so wie es in *Abb. 10* dargestellt ist. In diesem Falle ist der Widerstand des Stromkreises nach dem Öffnen des Schalters nicht wie in Gl. (33) unendlich, sondern er ist $R + r$. Der Ausgleichsstrom, der nach dem Abschalten allein im Stromkreise abklingt, wird also nach Gl. (32) und (4) dargestellt durch

$$i'' = I\, e^{-\frac{R+r}{L}t}. \tag{35}$$

Die Spannung am Parallel- oder Schutzwiderstand r wird demnach mit Gl. (30)

$$u'' = i'' r = \frac{r}{R}\, U\, e^{-\frac{R+r}{L}t}. \tag{36}$$

Ihr Anfangswert zur Zeit $t = 0$ verhält sich also zur Betriebsspannung U wie die Größe des Parallelwiderstandes zu der des Hauptwiderstandes der Feldwicklung. Die Spannung am Schalter ist noch um den Betrag U größer.

Da der Parallelwiderstand r bei eingeschaltetem Stromkreis dauernd von Strom durchflossen wird, so darf man ihn, wenn man erhebliche Energieverluste vermeiden will, nicht gar zu klein ausführen oder darf ihn nur zeitweise einschalten.

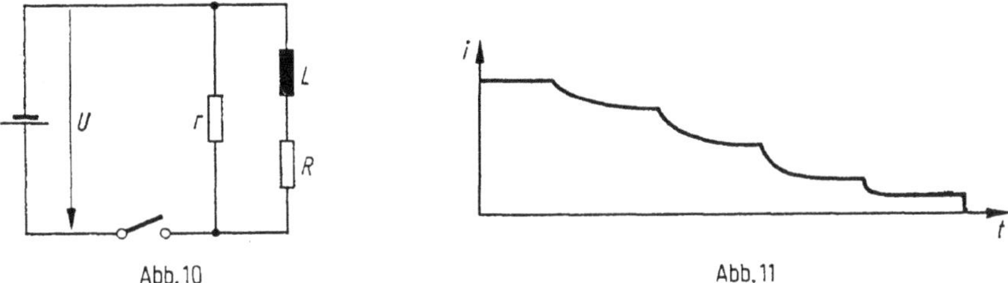

Abb. 10 Abb. 11

Meist wählt man ihn erheblich größer als den Widerstand der Feldwicklung, etwa als das Fünffache. Dann entsteht am Schalter immer noch eine Ausschaltspannung vom Sechsfachen der Betriebsspannung.

Geringere Ausschaltspannungen ergeben sich, wenn man den Stromkreis nicht plötzlich ganz öffnet, sondern stufenweise mehr und mehr Widerstand einschaltet und erst vollständig öffnet, wenn der große Widerstand der letzten Stufe den Strom auf einen geringen Betrag herabgedrückt hat. *Abb. 11* stellt dieses stufenweise Abnehmen des Stromes dar. Die Stufen werden immer steiler, weil die Zeitkonstante des Kreises des Stromes mit zunehmendem Widerstand und abnehmendem magnetischen Fluß geringer wird.

Oszillographische Aufnahmen bestätigen, daß hohe Überspannungen beim Ausschalten von Gleichstromfeldern auftreten. *Abb. 12* zeigt Ausschaltspannungen an Feldwicklungen eines 400-kW-Gleichstrommotors für 220 V, die 4,5 Ω Widerstand besaßen. Das Ausschalten erfolgte mit magnetischer Beblasung. Die drei linken Kurven oben und unten in *Abb. 12* stellen die Spannung beim Schwächen des Stromes dar, und zwar oben ohne Parallelwiderstand, unten mit einem Parallelwiderstand von 45 Ω. Die drei rechten Kurven oben und unten in *Abb. 12* geben den Spannungsverlauf beim vollständigen Ausschalten des Stromes, oben ohne und unten mit dem gleichen Parallelwiderstand, wieder.

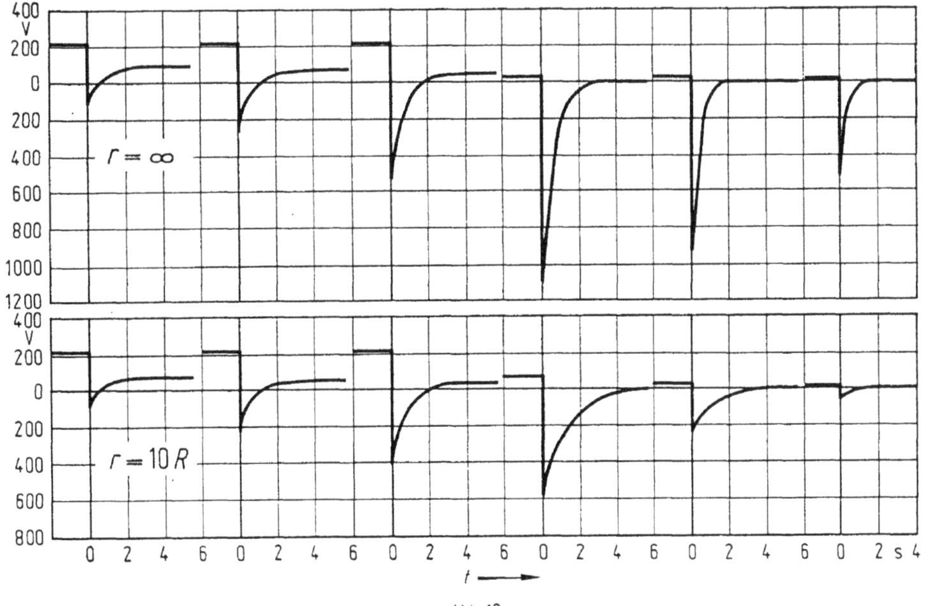

Abb. 12

2. Ladung und Entladung von Kapazitätskreisen

Die Ladung Q, die ein Kondensator enthält, ist einerseits gleich dem Zeitintegral des Stromes, andererseits ist sie gegeben durch das Produkt seiner Kapazität C und seiner Spannung u_C. Es ist also

$$Q = \int i \, \mathrm{d}t = C u_C . \tag{1}$$

Durch Differentiation erhält man für den Strom im Kondensator

$$i = C \frac{\mathrm{d}u_C}{\mathrm{d}t} . \tag{2}$$

Liegt der Kondensator über einem Widerstand R an einer von außen eingeprägten Spannung u, entsprechend *Abb. 1*, so hält diese den Spannungen im Stromkreise

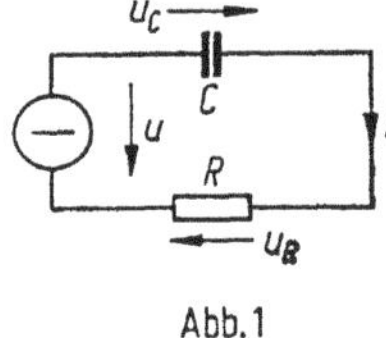

Abb. 1

das Gleichgewicht, nämlich der Widerstandsspannung $u_R = Ri$ und der Kondensatorspannung u_C. Der zeitliche Verlauf des Stromes richtet sich daher nach der Gleichung

$$u_R + u_C = u . \tag{3}$$

Drücken wir darin die Kondensatorspannung nach Gl. (1) durch den Strom aus, so erhalten wir für diesen die Integralgleichung

$$Ri + \frac{1}{C} \int i \, \mathrm{d}t = u . \tag{4}$$

Drücken wir dagegen den Strom nach Gl. (2) durch die Kondensatorspannung aus, so erhalten wir für diese die Differentialgleichung

$$RC \frac{\mathrm{d}u_C}{\mathrm{d}t} + u_C = u . \tag{5}$$

Dies ist wieder eine lineare Differentialgleichung erster Ordnung mit konstanten Koeffizienten, deren Lösung für verschiedene Fälle aufgesucht werden soll. Den Strom kann man dann leicht nach der Beziehung (2) bestimmen.

a) Entladung des Kondensators

Schaltet man einen geladenen Kondensator plötzlich auf einen Widerstand, so enthält der entsprechende, in *Abb. 2* dargestellte Stromkreis keine eingeprägte Spannung. Es ist also

$$u = 0 , \tag{6}$$

und daher wird aus der Differentialgleichung (5)

$$\frac{\mathrm{d}u_C}{\mathrm{d}t} + \frac{u_C}{RC} = 0. \tag{7}$$

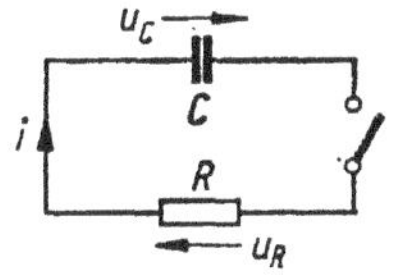

Abb. 2

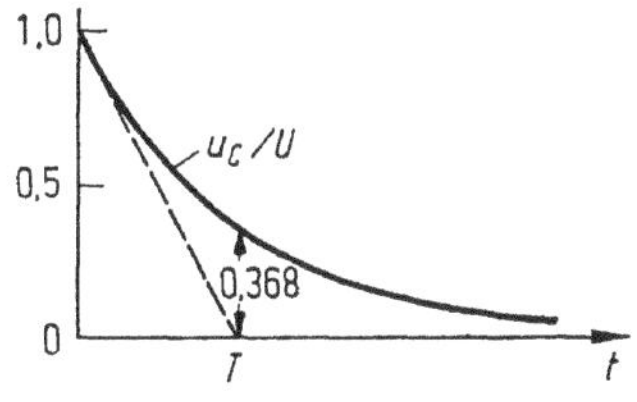

Abb. 3

Diese Beziehung gleicht bis auf die anderen Konstanten im zweiten Gliede vollständig der Gl. (2) in Kapitel 1. Ihre Lösung ist entsprechend der dortigen Gl. (4)

$$u_C = K\,\mathrm{e}^{-t/RC}, \tag{8}$$

worin die Integrationskonstante K aus der Anfangsbedingung bestimmt werden muß. Die Kondensatorspannung kann sich nämlich zur Zeit $t = 0$ nicht plötzlich ändern. Bezeichnet man die ursprüngliche Ladespannung mit U, so ist demnach

$$u_{C0} = K = U, \tag{9}$$

und damit wird der zeitliche Verlauf der Kondensatorspannung vollständig bestimmt durch

$$u_C = U\,\mathrm{e}^{-t/T}. \tag{10}$$

Die Spannung klingt also bei Entladung des Kondensators auf einen Widerstand exponentiell ab, entsprechend einer Zeitkonstante

$$T = RC. \tag{11}$$

In *Abb. 3* ist ihr Verlauf dargestellt. Der Entladestrom ergibt sich nach Gl. (2) durch zeitliche Differentiation von Gl. (10) zu

$$i = -\frac{U}{R}\,\mathrm{e}^{-t/T}. \tag{12}$$

Er setzt also sofort nach Schließen des Schalters mit einem endlichen Wert ein, der sich nach dem Ohmschen Gesetz aus Kondensatorspannung durch Widerstand berechnet, und klingt nach dem gleichen Exponentialgesetz wie die Spannung nach *Abb. 3* ab.

Während die Zeitkonstante in Stromkreisen mit Induktivität durch den Quotienten von L und R gebildet wird, bestimmt sie sich in Stromkreisen mit Kapazität durch das Produkt von C und R. Während dort daher die Ausgleichsströme bei großem Widerstand schnell abklingen, verklingen sie hier bei großem Widerstand nur sehr langsam.

Eine Kabelstrecke von 5 km Länge mit einer Kapazität von 2 μF entlädt sich über ihren eigenen Isolationswiderstand von 50 MΩ mit einer Zeitkonstante

$$T = 2 \cdot 10^{-6}\,\mathrm{F} \cdot 50 \cdot 10^{6}\,\Omega = 100\,\mathrm{s}.$$

Die Spannung ist also nach 5 min auf 5% des Anfangswertes gesunken.

b) Aufladung durch Gleichspannung

Wird der Stromkreis mit Widerstand und Kapazität entsprechend *Abb. 4* durch plötzliches Einschalten auf die konstante Gleichspannung

$$u = U \tag{13}$$

gebracht, so richtet sich der Verlauf der Kondensatorspannung nach der Differentialgleichung (5), also

$$RC\frac{\mathrm{d}u_C}{\mathrm{d}t} + u_C = U, \tag{14}$$

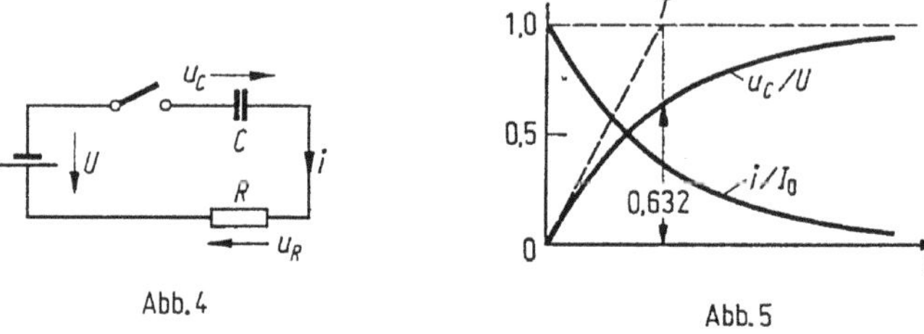

Abb. 4 Abb. 5

bei der auf der rechten Seite als Störungsfunktion die Konstante U auftritt. Wir können die Gleichung wieder lösen, indem wir die Kondensatorspannung und ebenso auch den Strom im Kreise in zwei Teile zerspalten

$$\begin{aligned} u_C &= u_C' + u_C'', \\ i &= i' + i''. \end{aligned} \tag{15}$$

Der erste Teil soll die stationären Bestandteile, der zweite Teil die Ausgleichsspannungen und Ausgleichsströme darstellen.

Gl. (14) zerfällt dann in die beiden unabhängigen Differentialgleichungen

$$\begin{aligned} RC\frac{\mathrm{d}u_C'}{\mathrm{d}t} + u_C' &= U, \\ RC\frac{\mathrm{d}u_C''}{\mathrm{d}t} + u_C'' &= 0. \end{aligned} \tag{16}$$

Die Lösung der ersten Gleichung erhalten wir für den Verlauf nach sehr langen Zeiten, wenn die Kondensatorspannung sich nicht mehr ändert, zu

$$u_C' = U, \tag{17}$$

während die zweite Gleichung, entsprechend Gl. (8), wieder die Lösung

$$u_C'' = K\,\mathrm{e}^{-t/RC} \tag{18}$$

hat.

Im Schaltaugenblick $t = 0$ ist die Spannung am Kondensator noch Null. Daher wird die Integrationskonstante

$$K = -U. \tag{19}$$

Durch Addition von Gl. (17) und (18) erhält man daher die vollständige Kondensatorspannung

$$u_C = U(1 - e^{-t/T}) \tag{20}$$

und den Ladestrom durch zeitliche Differentiation nach Gl. (2) zu

$$i = \frac{U}{R}\, e^{-t/T} = I_0\, e^{-t/T}, \tag{21}$$

wobei, genau wie oben, die Zeitkonstante nach Gl. (11) eingeführt ist. *Abb. 5* stellt den Verlauf von Strom und Spannung dar. Die Spannung am Kondensator steigt von Null beginnend exponentiell bis zum Endwert an. Der Ladestrom setzt mit einer solchen Stärke ein, als ob der Kondensator nicht vorhanden oder kurzgeschlossen wäre und klingt alsdann allmählich auf den Wert Null ab. Ist der dem Kondensator vorgeschaltete Widerstand gering, so kann der erste Stromstoß kurzschlußartigen Charakter erhalten.

c) Ladung durch Wechselspannung

Wenn man schließlich den Kondensatorkreis entsprechend *Abb. 6* an eine Wechselspannung

$$u = \hat{U} \cos(\omega t + \psi) \tag{22}$$

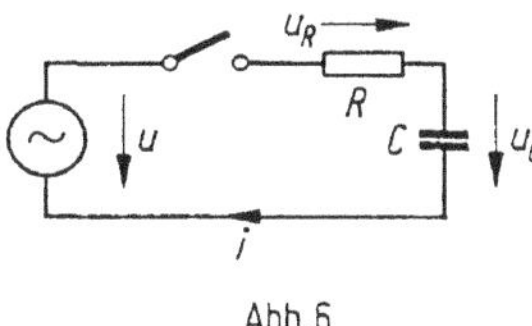

Abb. 6

schaltet, so erzeugt diese einen stationären Strom, der sich auf bekannte Weise errechnet zu

$$i = \hat{I} \cos(\omega t + \psi + \varphi). \tag{23}$$

Sein Scheitelwert ist

$$\hat{I} = \frac{\hat{U}}{\sqrt{R^2 + (1/\omega C)^2}}, \tag{24}$$

und sein Phasenwinkel gegenüber der Spannung wird durch

$$\tan \varphi = \frac{1}{\omega C R} = \frac{1}{\omega T} \tag{25}$$

bestimmt. Dieser Strom erzeugt nach Gl. (1) am Kondensator eine stationäre Spannung

$$u'_C = \frac{\hat{I}}{\omega C} \sin(\omega t + \psi + \varphi) = \hat{U}_C \sin(\omega t + \psi + \varphi), \tag{26}$$

deren Scheitelwert $\hat{U}_C = \hat{U} \sin \varphi$ ist. Die gesamte Spannung am Kondensator setzt sich wieder zusammen aus dieser stationären Spannung und der Ausgleichsspannung, die genau wie im vorhergehenden Falle

$$u''_C = K\, e^{-t/T} \tag{27}$$

ist. Im Augenblick des Schaltens ist die Gesamtspannung noch null, es ist also für $t = 0$

$$u_{C0} = \hat{U}_C \sin(\psi + \varphi) + K = 0, \tag{28}$$

so daß die Integrationskonstante hier

$$K = -\hat{U}_C \sin(\psi + \varphi) \tag{29}$$

wird. Damit erhält man für die Kondensatorspannung aus Gl. (26) und (27) den vollständigen Ausdruck

$$u_C = \hat{U}_C \left[\sin(\omega t + \psi + \varphi) - \sin(\psi + \varphi)\, e^{-t/T}\right]. \tag{30}$$

Den Gesamtstrom erhält man durch Differentiation nach der Zeit

$$i = \hat{I} \left[\cos(\omega t + \psi + \varphi) + \frac{\sin(\psi + \varphi)}{\omega T}\, e^{-t/T}\right]. \tag{31}$$

Ist der Phasenwinkel der Spannung ψ im Einschaltaugenblick gleich $-\varphi$, also $\psi + \varphi = 0$, so hat der stationäre Strom gerade sein Maximum. Nach der letzten Beziehung tritt dann kein Ausgleichsstrom und nach Gl. (30) auch keine Ausgleichsspannung am Kondensator auf. Ist jedoch der Phasenwinkel im Einschaltaugenblick $\psi = 90° - \varphi$, würde also der stationäre Strom gerade durch Null gehen, so kann ein großer Ausgleichsstrom auftreten. Der höchstmögliche Anfangswert des Ausgleichsstromes, der einen abklingenden Gleichstrom darstellt, ist nach Gl. (31)

$$i'' = \frac{1}{\omega T} \hat{I} = \frac{1/\omega C}{R} \hat{I}. \tag{32}$$

Er verhält sich also zum stationären Strom wie der Blindwiderstand des Kondensators zum ohmschen Widerstand des Stromkreises.

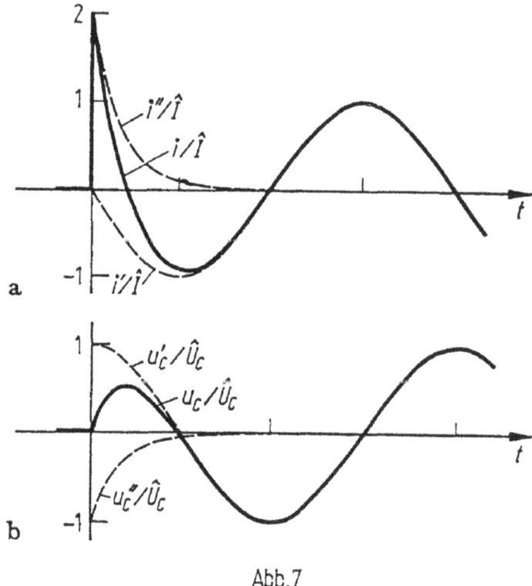

Abb. 7

In *Abb. 7a* ist der zeitliche Verlauf des Gesamtstromes für $1/\omega T = 2$ und den ungünstigsten Einschaltaugenblick dargestellt. Der Ausgleichsstrom beträgt in diesem Fall das 2fache des stationären Stromes, und die Zeitkonstante des Kreises bei $f = 50$ Hz ist

$$T = \frac{0{,}5}{2\pi \cdot 50\ \mathrm{s}^{-1}} = 1{,}6 \cdot 10^{-3}\ \mathrm{s} = 1{,}6\ \mathrm{ms}.$$

Der Ausgleichsvorgang ist also nach 5 ms praktisch abgeklungen.

Der zugehörige zeitliche Verlauf der Gesamtspannung am Kondensator ist in *Abb. 7b* dargestellt. Wegen der kleinen Zeitkonstante tritt am Kondensator keine Überspannung auf.

Der ungünstige Fall großer Überströme nach *Abb. 7a* tritt bei kleinem Widerstand und großer Kapazität im Stromkreis auf, wenn in der Nähe des Scheitelwertes der eingeprägten Spannung geschaltet wird. Dieser Fall ist in Hochspannungsanlagen wegen des Auftretens des Einschaltlichtbogens die Regel. Während daher durch die Wirkung des Einschaltvorganges die Überströme in induktiven Kreisen mehr oder weniger verschwinden, erreichen sie in kapazitiven Kreisen ihre höchsten Werte.

3. Allgemeine Schaltgesetze

In den bisherigen Beispielen konnten wir die Differentialgleichung für den Verlauf des Stromes nach einem Schaltvorgang dadurch lösen, daß wir den Strom in zwei Teile aufspalteten. Der erste Teil befriedigte die Differentialgleichung bereits und stellte den stationären Strom dar, der sich unter der Wirkung der im Stromkreis vorhandenen Spannung entwickelt unabhängig davon, ob diese eine Gleichspannung oder eine Wechselspannung ist. Der zweite Teil des Stromes richtet seinen Verlauf auch nach der Differentialgleichung für den Gesamtstrom, aber ohne Einwirkung der eingeprägten Spannung. Er verläuft also so, als ob an Stelle der treibenden Spannung ein Kurzschluß bestände. Wegen des Fehlens der treibenden Spannung klingt dieser zweite Bestandteil des Stromes allmählich ab. Er stellt lediglich einen freien Ausgleichsstrom dar, der nur kurze Zeit nach dem Schalten fließt und den Übergang zwischen den Zuständen im Stromkreise unmittelbar vor und einige Zeit nach dem Schaltvorgang vermittelt. Entsprechend diesen Strömen können sich an einzelnen Teilen des Stromkreises auch Ausgleichsspannungen entwickeln, die unabhängig von der eingeprägten Spannung im gleichen Maße wie die Ausgleichsströme allmählich abklingen.

a) Plötzliches Schalten

Für einfache Stromkreise, die aus Widerstand und Induktivität oder Widerstand und Kapazität bestehen und auf Gleich- oder Wechselspannungen geschaltet werden, hatten wir die vollständigen Lösungen der Differentialgleichung hergeleitet. Für zusammengesetzte Stromkreise irgendwelcher Art, beispielsweise für einen Stromkreis nach *Abb. 1*, der in beliebiger Weise aus Selbstinduktivitäten L, Gegeninduktivitäten M, Widerständen R und Kapazitäten C zusammen-

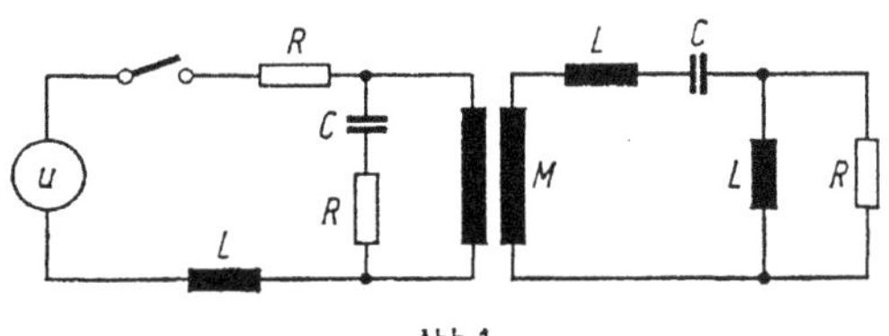

Abb. 1

gesetzt ist, die an irgendwelchen Stellen auf beliebige zeitlich veränderliche oder konstante Spannungen u geschaltet werden, kann man für den Verlauf der Ströme stets eine Summe von Differentialgleichungen herleiten von der Form

$$\sum\left(L\,\frac{\mathrm{d}i}{\mathrm{d}t}+M\,\frac{\mathrm{d}i}{\mathrm{d}t}+Ri+\frac{1}{C}\int i\,\mathrm{d}t=u\right). \tag{1}$$

Die Summe $\sum$ bedeutet dabei, daß die Differentialgleichungen für sämtliche geschlossenen Stromkreise entsprechend den bekannten Kirchhoffschen Gesetzen zu bilden sind.

Wenn die Größen L, M, R und C konstant sind, kann man diese Differentialgleichungen durch Aufspalten der Ströme in zwei Teile

$$i=i'+i'' \tag{2}$$

in die folgenden beiden Summen von Differentialgleichungen zerlegen:

$$\begin{aligned}\sum\left(L\,\frac{\mathrm{d}i'}{\mathrm{d}t}+M\,\frac{\mathrm{d}i'}{\mathrm{d}t}+Ri'+\frac{1}{C}\int i'\,\mathrm{d}t=u\right),\\ \sum\left(L\,\frac{\mathrm{d}i''}{\mathrm{d}t}+M\,\frac{\mathrm{d}i''}{\mathrm{d}t}+Ri''+\frac{1}{C}\int i''\,\mathrm{d}t=0\right).\end{aligned} \tag{3}$$

Darin bedeutet i' den Dauerstrom, der unter der Wirkung der Spannung u längere Zeit nach dem Schalten in den Stromkreisen besteht, während i'' einen Ausgleichsstrom darstellt, der ohne Einwirkung einer eingeprägten äußeren Spannung verläuft und daher nach einiger Zeit abklingen muß. Aus diesen Differentialgleichungen, deren Zahl mit der Zahl der verketteten Stromkreise übereinstimmt, läßt sich der Verlauf der Ströme durch Integration stets ausrechnen.

Die Größe der Ausgleichsströme bestimmt sich derart, daß die elektromagnetischen Zustände der Stromkreise vor und nach dem Schalten in physikalisch sinnvoller Weise ineinander übergehen. Die Spannung an jeder Selbstinduktivität ist

$$u_L=L\,\frac{\mathrm{d}i_L}{\mathrm{d}t}. \tag{4}$$

Eine unstetige, plötzliche Stromänderung in ihr würde also eine unendliche Spannung erzeugen. Daher kann sich der Strom in einer Selbstinduktivität beim plötzlichen Schalten nicht plötzlich ändern. Im Augenblick des Schaltens, also zur Zeit $t=0$, ist deshalb der Gesamtstrom in jeder Selbstinduktivität noch genau so groß wie unmittelbar vor dem Schalten, nämlich

$$i_L=i_{L0}. \tag{5}$$

Der Strom in jeder Kapazität ist

$$i_C=C\,\frac{\mathrm{d}u_C}{\mathrm{d}t}. \tag{6}$$

Da er nicht unendlich werden kann, so können plötzliche Spannungsänderungen an ihr nicht auftreten. Im Schaltaugenblick $t=0$ hat daher auch die Spannung an jeder Kapazität noch den gleichen Wert

$$u_C=u_{C0} \tag{7}$$

wie vor dem Schalten. Entsprechend der Zerlegung der Ströme nach Gl. (2) kann man auch die Kondensatorspannung in zwei Teile aufspalten

$$u_C = u'_C + u''_C, \tag{8}$$

die die Dauerspannung und die abklingende Ausgleichsspannung darstellen und nach Gl. (6) mit den entsprechenden Strömen zusammenhängen.

Nach Ablauf einer gewissen Zeit sind die Ausgleichsströme und Ausgleichsspannungen abgeklungen, und es bestehen nur noch die stationären Werte, die sich nach der ersten Gl. (3) bestimmen und daher bekannt sind. Bezeichnen wir diejenigen Werte, die diese stationären Ströme und Spannungen im Schaltaugenblick haben, mit i'_L und u'_{C0}, so müssen wir beim Vorhandensein von Selbstinduktivität und Kapazität im Stromkreise die Anfangswerte der Ausgleichsströme und -spannungen so bestimmen, daß sie, zu diesen stationären Werten addiert, den Zustand vor dem Schalten ergeben. Sie sind daher nach Gl. (2), (5), (7) und (8)

$$\begin{aligned} i''_{L0} &= i_{L0} - i'_{L0}, \\ u''_{C0} &= u_{C0} - u'_{C0}. \end{aligned} \tag{9}$$

Fehlt im Stromkreis entweder die Selbstinduktivität L oder die Kapazität C, so fällt die eine oder die andere dieser Bedingungen fort. In Stromkreisen, die nur einen Widerstand R enthalten, können die Ströme und Spannungen im Schaltaugenblick unstetig ineinander übergehen. Dabei können endliche Strom- und Spannungssprünge auftreten, ohne durch Ausgleichsströme gemildert zu werden.

Die Ausgleichsströme rufen naturgemäß Ausgleichsflüsse und Ausgleichsladungen in allen einzelnen Teilen des Stromkreises hervor, die nach denselben Gesetzen wie die Ströme abklingen und stets aus ihnen an Hand der einzelnen Glieder von Gl. (3) berechnet werden können.

Wir können nach diesen Überlegungen folgende Zusammenhänge für elektrische Stromkreise als allgemeines Schaltgesetz aufstellen: Beim Schalten von Stromkreisen mit Selbstinduktivität und Kapazität gehen der Strom i, der magnetische Fluß Φ, die Spannung u und die Ladung Q außerhalb der Schaltstelle nicht ausschließlich in die neuen Werte i', Φ', u' und Q' über, sondern es tritt ein Ausgleichsstrom i'', ein Ausgleichsfluß Φ'', eine Ausgleichsspannung u'' und eine Ausgleichsladung Q'' auf, die mit wachsender Zeit abklingen und den allmählichen Übergang vom ursprünglichen in den neuen Zustand vermitteln.

Der Anfangswert der freien Ausgleichsgrößen wird durch die zu- oder abgeschalteten Werte bestimmt, die der Strom in allen Selbstinduktivitäten und die Spannung an allen Kapazitäten erhält. Die Anfangswerte sind gleich dem Unterschied der stationären Werte vor und nach dem Schalten. Die vorübergehenden Ausgleichswerte i'', Φ'', u'' und Q'' verklingen so, als ob sie im Stromkreise allein oder äußere Spannung vorhanden wären.

In Stromkreisen, die nur Widerstand und Selbstinduktivität oder nur Widerstand und Kapazität enthalten, tritt, wie wir gesehen haben, als Ausgleichsstrom abklingender Gleichstrom auf. In Stromkreisen, die Widerstand, Selbstinduktivität und Kapazität enthalten, tritt abklingender Wechselstrom auf. In den ersten beiden Fällen wird die Ausgleichs- oder Schaltenergie sehr bald im Widerstande vernichtet, im letzten Falle kann sie zunächst zwischen der Selbstinduktivität und der Kapazität schwingen. In allen Fällen können Strom- und Spannungserhöhungen auftreten.

Sind der Widerstand R, die Selbstinduktivität L oder die Kapazität C keine

Konstanten, so sind die Differentialgleichungen (1) für den Stromverlauf nicht mehr linear, und daher ist die Zerlegung in stationäre und Ausgleichswerte nach Gl. (2) und (8) nicht mehr möglich, so daß hierfür diese Schaltgesetze nicht mehr streng gelten. Es können dann zusätzliche Störungen und damit erhebliche Überströme und Überspannungen auftreten. Derartige Stromkreise, deren elektrische oder magnetische Kennlinie gekrümmt ist, erfordern eine andere Art der Behandlung.

Ausgleichsströme und die ihnen entsprechenden magnetischen Flüsse und Spannungen treten nicht nur beim plötzlichen Einschalten, Ausschalten oder Kurzschließen von Stromkreisen oder sonstigen plötzlichen Änderungen der Schaltung oder des Stromverlaufes auf, sondern bei allen irgendwie gearteten Belastungsänderungen in den Stromkreisen.

Wird beispielsweise ein Motor plötzlich belastet, so steigt sein stationärer Strom an. Die Differenz der Ströme im ersten und zweiten Zustand tritt als Ausgleichsstrom im gesamten Netz auf, der allmählich abklingt. Bei großen und plötzlichen Belastungsänderungen können starke Ausgleichswirkungen auftreten. Bei langsamer Laständerung kann man sich diese in vielen kleinen Sprüngen erfolgend denken. Die Ausgleichsströme der ersten Stufen sind meist schon längst abgeklungen, wenn die der letzten Sprünge einsetzen. Man gewinnt aus dieser Überlegung einen Anhalt, wann man bei Belastungsänderungen starke Ausgleichsvorgänge erwarten darf. Nur bei Zustandsänderungen, deren Dauer klein ist gegenüber den Zeitkonstanten der gesamten Stromkreise, darf man die Gesetze der stationären Ströme ohne weiteres anwenden. Jedoch treten ausgeprägte Übergangserscheinungen stets auf, wenn die Dauer der Zustandsänderung kürzer ist als die Ausgleichszeitkonstanten der Stromkreise.

b) Allmähliche Spannungsänderung

In einigen solchen Fällen kann eine vollständige Lösung nach der gleichen Methode wie in Abschnitt a) abgeleitet werden. *Abb. 2* zeigt einen Stromkreis, in dem eine Magnetspule, deren Widerstand und Selbstinduktivität konstant sind,

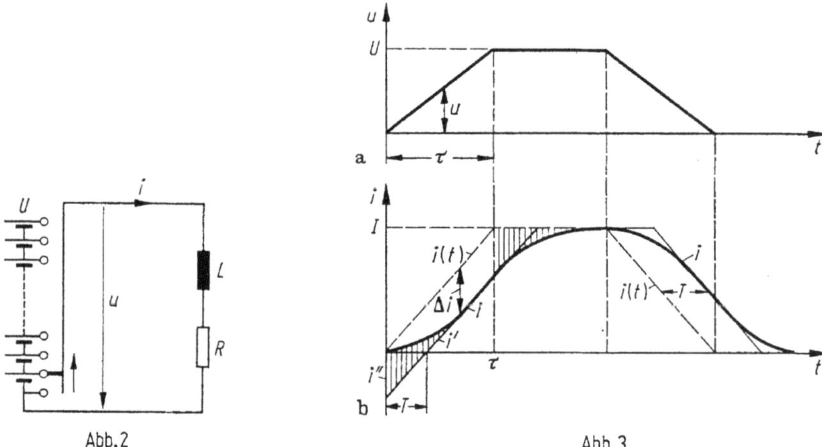

Abb. 2 Abb. 3

durch eine linear ansteigende Spannung gespeist wird. Die Differentialgleichung dieses Stromkreises ist

$$L\,\frac{\mathrm{d}i}{\mathrm{d}t} + R\,i = u = \frac{t}{\tau}\,U\,, \tag{10}$$

wobei τ die Anstiegszeit bedeutet, nach der die Spannung konstant auf dem Betrag U gehalten werden soll, wie es in *Abb. 3a* gezeichnet ist. Wir können Gl. (10) unter Benutzung der Zeitkonstante $T = L/R$ umschreiben zu

$$T \frac{\mathrm{d}i}{\mathrm{d}t} + i = i(t), \tag{11}$$

wobei

$$i(t) = \frac{u}{R} = \frac{t}{\tau} I \tag{12}$$

den eingeprägten Strom in Abhängigkeit von der Zeit bezeichnet, oder den Strom, der sich unter der Wirkung der eingeprägten Spannung entwickeln würde, wenn keine Selbstinduktivität vorhanden wäre. Der Verlauf dieses Stromes ist in *Abb. 3b* gestrichelt dargestellt.

Gl. (11) hat eine stationäre Lösung und eine Ausgleichslösung. Für die erstere können wir einen linearen Ansatz versuchen

$$i' = K_1 + K_2 t, \tag{13}$$

der, eingesetzt in Gl. (11), ergibt:

$$T K_2 + K_1 + K_2 t = \frac{t}{\tau} I. \tag{14}$$

Wenn wir die Glieder unter sich vergleichen, die abhängig und unabhängig von t sind, so bestimmen sich die Konstanten zu

$$K_2 = \frac{I}{\tau}, \qquad K_1 = -\frac{T}{\tau} I, \tag{15}$$

und daher wird der erzwungene Strom

$$i' = \frac{t - T}{\tau} I. \tag{16}$$

Dieser Strom ist in *Abb. 3b* als dünn ausgezogene Linie dargestellt, er ist auch linear und hat dieselbe Neigung wie der eingeprägte Strom. Er ist jedoch verzögert um eine Zeitspanne, die gleich der Zeitkonstante T des Stromkreises ist.

Der freie oder Ausgleichsstrom ist wieder

$$i'' = K_3\, \mathrm{e}^{-t/T}. \tag{17}$$

Die Anfangsbedingung, daß der Gesamtstrom $i = i' + i'' = 0$ für $t = 0$ ist, ergibt aus Gl. (16) und (17)

$$-\frac{T}{\tau} I + K_3 = 0, \tag{18}$$

und daher ist die Konstante

$$K_3 = \frac{T}{\tau} I. \tag{19}$$

Hiermit ergibt sich der Gesamtstrom zu

$$i = I\left[\frac{t}{\tau} - \frac{T}{\tau}\,(l - \mathrm{e}^{-t/T})\right]. \tag{20}$$

Abb. 3 zeigt, wie der exponentiell verschwindende freie Strom den Übergang bildet zwischen dem Anfangsstrom $i = 0$ und dem verzögerten erzwungenen Strom i' der Gl. (16).

Diese Lösung ist gültig, solange die eingeprägte Spannung bis zum Werte U ansteigt. Während dieser Zeit herrscht ein Mangel an Strom, der nach anfänglichem Anstieg konstant ist

$$\Delta i = i(t) - i' = \frac{t}{T}\,I - \frac{t - T}{\tau}\,I = \frac{T}{\tau}\,I, \tag{21}$$

und der von der verzögernden Wirkung der Selbstinduktivität herrührt. Nach der Zeit τ verschwindet dieser Mangel exponentiell unter der Wirkung der konstanten Spannung U, und der Strom steigt auf seinen Endwert I entsprechend

$$i = I\left(l - \frac{T}{\tau}\,\mathrm{e}^{-(t-\tau)/T}\right). \tag{22}$$

Wenn nach einiger Zeit die eingeprägte Spannung u linear abnimmt, so können dieselben Regeln, jedoch mit umgekehrten Vorzeichen, angewendet werden. Der dann fließende Strom ist in *Abb. 3b* dargestellt mit seiner Verzögerungszeit und der exponentiellen Abrundung der Ecken von eingeprägtem Strom und eingeprägter Spannung.

Solche Vorgänge treten in vielen elektrischen Maschinen und Geräten auf, die durch eine allmähliche Änderung von Spannung oder Strom erregt werden, z. B. in Relais, Meßinstrumenten und Spannungsreglern. Solche Stromkreise sind häufig in Kaskade geschaltet, wie in *Abb. 4*, wo ein Generator *3* gezeigt ist, der

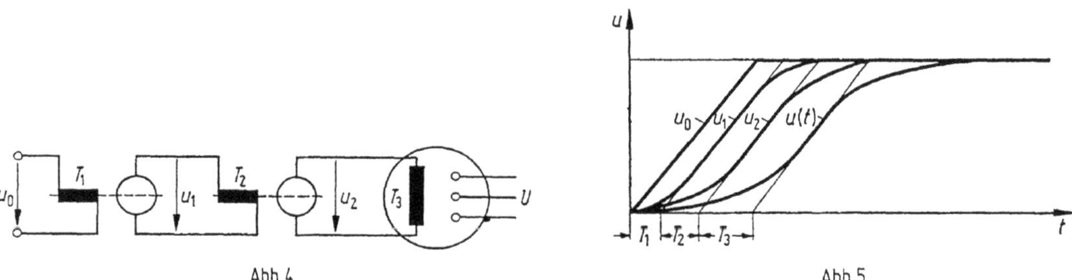

Abb. 4 Abb. 5

durch eine Gleichstrommaschine *2* erregt ist, die ihrerseits durch eine Hilfserregermaschine *1* magnetisiert wird. Wenn die Wechselspannung U zu klein ist, dann möge der Hilfserreger durch eine ansteigende Spannung u_0 gespeist werden. Sein Erregerstrom und daher sein magnetischer Fluß und schließlich seine Läuferspannung u_1 steigen dann mit einer Zeitverzögerung T_1 an, wie es in *Abb. 5* dargestellt ist. Ebenso steigt die Läuferspannung der Erregermaschine *2* mit einer weiteren Verzögerung T_2 und schließlich die Klemmenspannung U des Generators mit einer nochmaligen Verzögerung T_3, wobei T_1, T_2, T_3 die betreffenden Zeitkonstanten der drei Maschinen sind. *Abb. 5* zeigt die resultierenden Kurven der Erregerspannungen einschließlich der Abrundungen, die nun aus etwas komplizierteren Exponentialfunktionen bestehen. Hieraus ergibt sich, daß die Verzögerungszeiten, die durch Zeitkonstanten von Geräten in Kaskadenschaltung bedingt sind, sich einfach addieren.

Die Differentialgleichung eines Kondensatorstromkreises, der wie in *Abb. 6* durch eine linear ansteigende Spannung gespeist wird, ist

$$R\,C\,\frac{\mathrm{d}u_C}{\mathrm{d}t} + u_C = u(t) = \frac{t}{\tau}\,U\,. \tag{23}$$

Mit der Zeitkonstante $T_C = R\,C$ kann dies geschrieben werden

$$T_C\,\frac{\mathrm{d}u_C}{\mathrm{d}t} + u_C = u(t), \tag{24}$$

worin jetzt $u(t)$ die ansteigende eingeprägte Spannung ist. Die Lösung entspricht vollständig der von Gl. (11), wie sie durch Gl. (20) ausgedrückt ist. *Abb. 7* stellt

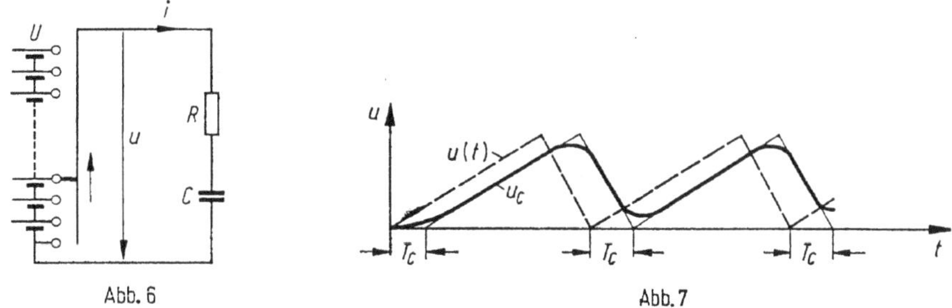

Abb. 6 Abb. 7

die Kondensatorspannung dar, die sich unter der Wirkung einer langsam ansteigenden und schnell abfallenden eingeprägten Spannung entwickelt. Sie ist verzögert um T_C, und die Ecken sind abgerundet durch Exponentialkurven derselben Zeitkonstante.

In der Praxis stellt sich oft umgekehrt die Aufgabe, daß für einen vorliegenden Fall ein bestimmter induktiver Strom oder eine bestimmte Kondensatorspannung verlangt wird. In diesem Falle erlauben Gl. (11) und (24) unmittelbar den erforderlichen Strom $i(t)$ oder die Spannung $u(t)$ zu bestimmen, indem man zu dem gewünschten Werte i oder u seine Ableitung nach der Zeit, multipliziert mit der Zeitkonstante, addiert. Für einen bestimmten Fall, nämlich für ein Ward-Leonard-Generator-Motorsystem zeigt *Abb. 8* den notwendigen Verlauf der Erregerspannung $u(t)$, die dem Generator aufgedrückt werden muß, um die vorgeschriebene Veränderung der Motordrehzahl n zu erreichen.

Wenn die eingeprägte Spannung nach einer willkürlichen Zeitfunktion verläuft, so können dennoch in zwei Grenzfällen einfache Annäherungen für den

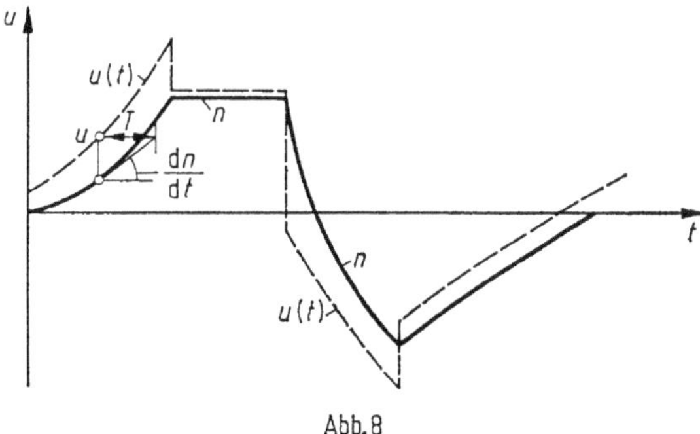

Abb. 8

Verlauf des Stromes entwickelt werden. Die Differentialgleichung für den Verlauf des Stromes ist

$$T\,\frac{\mathrm{d}i}{\mathrm{d}t} + i = \frac{u}{R} = i\,(t)\,, \tag{25}$$

worin $i\,(t)$ irgendeine z. B. graphisch gegebene Funktion von t sein kann. Wenn die Zeitkonstante verhältnismäßig groß ist, überwiegt das erste Glied in dieser Gleichung das zweite. Wenn wir daher das zweite Glied vernachlässigen, so erhalten wir in Annäherung

$$i = \frac{1}{T}\int i\,(t)\,\mathrm{d}t\,. \tag{26}$$

Dies Integral kann immer leicht ausgewertet werden. Ebenso kann die Kondensatorspannung in einem kapazitiven Stromkreis mit großer Zeitkonstante aus Gl. (24) abgeleitet werden, nämlich

$$u_C = \frac{1}{T_C}\int u\,(t)\,\mathrm{d}t\,. \tag{27}$$

Jede dieser beiden letzten Beziehungen kann mit Vorteil in Meßanordnungen benutzt werden, um eine gegebene Veränderung von Spannung oder Strom elektrisch zu integrieren.

Wenn andererseits die Zeitkonstante T nur mäßig groß ist, so können wir den unbekannten Strom i von Gl. (25) als Funktion von $t+T$ in die Taylorsche Reihe entwickeln:

$$i\,(t+T) = i\,(t) + T\,\frac{\mathrm{d}i\,(t)}{\mathrm{d}t} + \frac{T^2}{2}\,\frac{\mathrm{d}^2 i\,(t)}{\mathrm{d}t^2} + \cdots \tag{28}$$

Hierin ist die Summe der beiden ersten Glieder der rechten Seite identisch mit dem eingeprägten Wert $i\,(t)$ von Gl. (25). Wir erhalten also für den unbekannten Strom die Funktionalbeziehung

$$i\,(t+T) = i\,(t) + \frac{T^2}{2}\,\frac{\mathrm{d}^2 i\,(t)}{\mathrm{d}t^2}\,. \tag{29}$$

Darin haben wir die Glieder mit dritter und höherer Ableitung des Stromes nach der Zeit vernachlässigt, die mit der dritten und höheren Potenz von T usw. multipliziert sind. Das ist zulässig, wenn die Zeitkonstante T verhältnismäßig klein ist.

Gl. (29) zeigt, daß für irgendeine eingeprägte Spannung, durch die $i\,(t)$ bestimmt ist, der Strom i im wesentlichen die Kurvenform der Spannung beibehält, daß er jedoch um eine Zeitspanne verzögert wird, die gleich der Zeitkonstante T ist, und daß er ferner um einen Betrag vergrößert ist, der durch das Produkt des halben Quadrats der Zeitkonstante und der zweiten Ableitung des Stromes nach der Zeit gegeben ist. In *Abb. 9* ist die Funktion $i\,(t)$ dargestellt, als eingeprägte Spannung geteilt durch den Widerstand R. Die gestrichelte Linie stellt die gleiche, jedoch um die Zeitkonstante T verschobene Kurve dar. Der tatsächliche Strom i zur Zeit $t+T$ ist als stark ausgezogene Kurve dargestellt und ist gegeben durch die gestrichelte Linie, deren Ordinate im Zeitpunkt $t+T$ um den kleinen Korrekturfaktor des zweiten Gliedes in Gl. (29) vergrößert ist. Da die Größenänderung vom zweiten Differentialquotienten abhängt, so ist ihr Vorzeichen positiv für konkave Kurvenform, wie z. B. für abklingende Exponentialfunktionen. Dagegen ist das Vorzeichen negativ für konvexe Kurven.

Der Krümmungsradius der $i(t)$-Kurve ist

$$\varrho = \frac{1}{\cos^3\alpha \cdot \mathrm{d}^2 i/\mathrm{d}t^2}, \tag{30}$$

worin α die Neigung der Kurve an dem betrachteten Punkte ist. Das letzte Glied von Gl. (29) bestimmt sich daher zu

$$\frac{T^2}{2}\frac{\mathrm{d}^2 i(t)}{\mathrm{d}t^2} = \frac{T^2}{2\varrho\cos^3\alpha}. \tag{31}$$

Dies ergibt für einen Stromkreis mit Widerstand und Induktivität die Beziehung

$$i(t+T) = i(t) + \frac{(T/\cos\alpha)^2}{2\varrho\cos\alpha}. \tag{32}$$

Wie es in *Abb. 10* gezeigt ist, kann das letzte Glied geometrisch konstruiert werden aus dem Wert von T und dem Wert und der Richtung des Krümmungsradius der i-Kurve zur Zeit t.

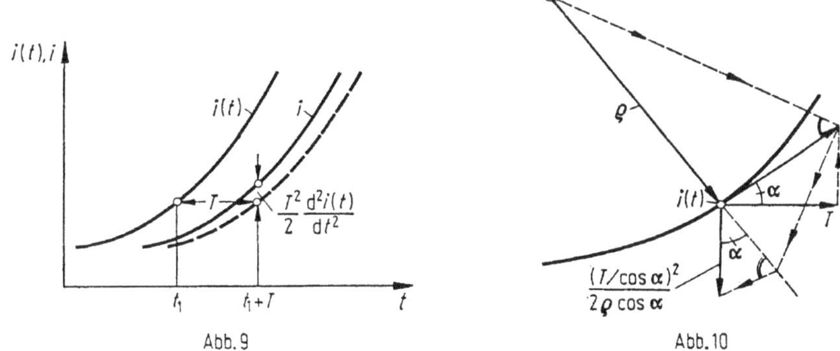

Abb. 9 Abb. 10

Wenn schließlich die Zeitkonstante T von der Größenordnung des Intervalls ist, während dessen die eingeprägte Spannung stark schwankt, so würde die Vernachlässigung des zweiten Gliedes in Gl. (25) oder der höheren Ableitungen in Gl. (28) das Ergebnis stark fälschen. Es ist jedoch eine mathematisch strenge Lösung der Gl. (25) bekannt, nämlich

$$i = \mathrm{e}^{-t/T}\left[i_0 + \int_0^t \mathrm{e}^{t/T}\, i(t)\, \mathrm{d}\left(\frac{t}{T}\right)\right]. \tag{33}$$

Darin ist i_0 der Anfangsstrom zu der Zeit, von der ab die Beziehung angewendet wird. Die Integration kann für bestimmte Zeitfunktionen der eingeprägten Spannung analytisch, bei beliebigen Kurvenformen graphisch durchgeführt werden.

4. Resonanzerscheinungen

Elektrische Stromkreise enthalten außer ohmschen Widerständen und Induktivitäten meist auch Kapazitäten. In solchen Stromkreisen darf der Einfluß der Kapazität auf die elektromagnetischen Erscheinungen nicht vernachlässigt werden. Das gilt z. B. für Kabel, vielfach auch für Freileitungen sowie für Wicklungen von elektrischen Maschinen, Transformatoren und Wandlern als Bestandteile des Stromkreises. In diesem können durch Zusammenwirken von Induktivität und Kapazität auch im stationären Betrieb, der zunächst betrachtet werden soll, unter gewissen Bedingungen große Ströme und Spannungen auftreten.

Abb. 1 stellt einen derartigen Stromkreis dar, in dem ein Wechselstromgenerator über einen Transformator eine unbelastete Leitung, z. B. ein Kabel, speist. Bei diesem Kabel ist vorwiegend die Kapazität, bei den Wicklungen der

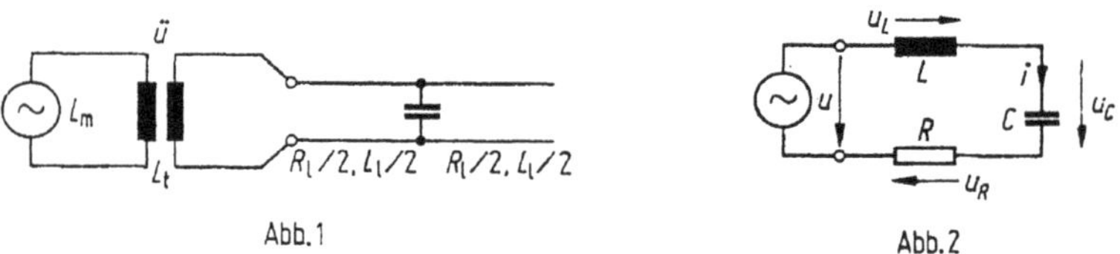

Abb. 1 Abb. 2

Maschine und des Transformators vorwiegend die Induktivität maßgebend. Auf die Einzelheiten der Strom- und Spannungsverteilung längs der Leitung soll keine Rücksicht genommen, sondern lediglich das Zusammenwirken ihrer Kapazität mit der Induktivität der Maschine und des Transformators betrachtet werden. Wir denken uns deshalb die gesamte Kapazität C der Leitung in der Mitte der Leitungslänge konzentriert. Die Selbstinduktivität der Leitung, von der gemäß der Ersatzschaltung in *Abb. 1* nur die Hälfte, also $\frac{1}{2} L_l$ berücksichtigt wird, denken wir uns an den Anfang der Leitung verlegt, so daß sie vom gesamten Ladestrom durchflossen wird, und vereinigen sie mit den Streuinduktivitäten L_m der Maschine und L_t des Transformators. Beziehen wir alle Größen auf die Oberspannungsseite des Transformators, der eine Übersetzung $ü$ haben möge, worunter bekanntlich das Verhältnis der Nennspannungen der Ober- und der Unterspannungswicklung zu verstehen ist, so ist mit einer wirksamen Selbstinduktivität

$$L = L_m ü^2 + L_t + \frac{1}{2} L_l \qquad (1)$$

zu rechnen.

Ganz entsprechend vereinigen wir die im Stromkreise vorhandenen Widerstände R_m der Maschine, R_t des Transformators und R_l der Leitung zu einem auf die Oberspannungsseite bezogenen wirksamen Widerstand

$$R = R_m ü^2 + R_t + \frac{1}{2} R_l . \qquad (2)$$

Die Ströme und Spannungen im Netz verlaufen dann zeitlich in guter Annäherung so wie in dem Ersatzstromkreis nach *Abb. 2*. Dabei haben wir den Magnetisierungsstrom des Transformators als klein vernachlässigt. Auf den Stromkreis der *Abb. 2*, der Widerstand R, Selbstinduktivität L und Kapazität C in Reihenschaltung enthält, wirkt die treibende Spannung des Generators, die von seinem rotierenden magnetischen Fluß in der Ständerwicklung erzeugt wird. Diese eingeprägte Spannung soll als konstant angenommen werden.

Der Generator erzeugt eine zeitlich periodisch schwingende Wechselspannung. Diese kann, falls sie von der Sinusform abweicht, nach Fourier in eine Grundschwingung und eine Anzahl von Oberschwingungen zerlegt werden. Der Augenblickswert u_k jeder Spannungsharmonischen k-ter Ordnung läßt sich in komplexer Darstellung ausdrücken durch

$$\underline{u}_k = \hat{U}_k \, e^{j\omega_k t} = \hat{U}_k (\cos \omega_k t + j \sin \omega_k t), \qquad (3)$$

wobei $\hat{U}_k$ der Scheitelwert und $\omega_k = 2\pi f_k$ die Kreisfrequenz der k-ten Harmonischen ist. Für die Grundschwingung ist $k = 1$ zu setzen. Eine Spannungsharmonische nach Gl. (3) ruft in einem Stromkreis einen Wechselstrom

$$\underline{i}_k = \hat{I}_k \, e^{j\omega_k t} = \hat{I}_k (\cos \omega_k t + j \sin \omega_k t) \tag{4}$$

hervor. Die folgenden Betrachtungen gelten für Harmonische mit beliebiger Ordnungszahl k, dabei soll im Hinblick auf einfachere Schreibweise der Index der Ordnungszahl fortgelassen werden.

a) Reihenschwingkreis

Für den Stromkreis nach *Abb. 2* muß die Summe der Spannungen, nämlich u_R am Widerstand R, u_L an der Selbstinduktivität L und u_C an der Kapazität C gleich der eingeprägten Spannung u sein. Es gilt also

$$u = u_R + u_L + u_C = Ri + L \frac{di}{dt} + \frac{1}{C} \int i \, dt. \tag{5}$$

Wenn man die Beziehungen von Gl. (3) und (4) beachtet und den Strom gemäß den beiden letzten Gliedern der rechten Seite von Gl. (5) nach der Zeit differenziert bzw. über die Zeit integriert, so erhält man, da sich die harmonische Funktion $e^{j\omega t}$ auf beiden Seiten forthebt,

$$\underline{\hat{U}} = \hat{I} \left[R + j \left(\omega L - \frac{1}{\omega C} \right) \right]. \tag{6}$$

Diese Beziehung läßt sich in der komplexen Ebene durch das Zeigerdiagramm nach *Abb. 3* darstellen.

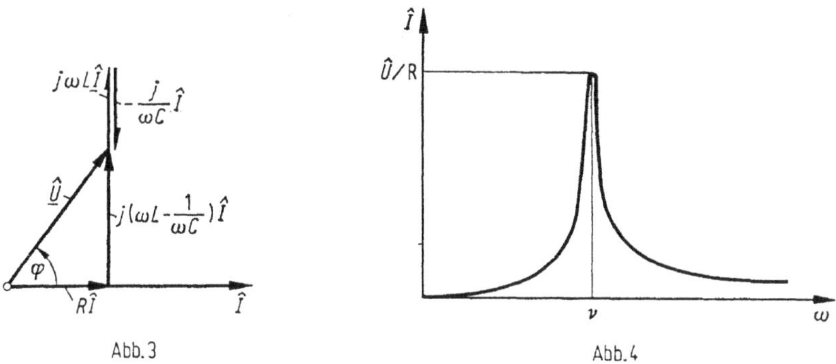

Abb. 3 Abb. 4

Zwischen dem Strom i, oder der ihm gleichphasigen Widerstandsspannung iR, und der ihn erzeugenden Spannung u besteht der Phasenwinkel φ, der sich nach *Abb. 3* errechnet aus

$$\tan \varphi = \frac{\omega L - 1/\omega C}{R}. \tag{7}$$

Aus Gl. (6) findet man den Scheitelwert des im Stromkreis nach *Abb. 2* fließenden Stromes

$$\hat{I} = \frac{\hat{U}}{\sqrt{R^2 + (\omega L - 1/\omega C)^2}} \tag{8}$$

In *Abb. 4* ist die Abhängigkeit dieses Stromes von der Kreisfrequenz ω für bestimmte Werte der Größen R, L und C des Stromkreises und für konstante Spannung $\hat{U}$ dargestellt. Der Strom nimmt mit wachsender Frequenz anfangs langsam, dann sehr schnell zu und erreicht für eine bestimmte Frequenz, nämlich für

$$\omega = \frac{1}{\sqrt{LC}} = \nu = 2\pi f_e, \tag{9}$$

für die das Klammerglied unter der Wurzel in Gl. (8) verschwindet, ein sehr hohes Resonanzmaximum

$$\hat{I}_r = \frac{\hat{U}}{R}. \tag{10}$$

Es ist ebenso groß, als wenn der Stromkreis nur ohmschen Widerstand R, dagegen keine Selbstinduktivität L und keine Kapazität C hätte. Deren Wirkungen heben sich für den Resonanzfall gegenseitig auf. Da der Widerstand in Wechselstromkreisen wegen der erwünschten möglichst geringen Verluste meist sehr klein ist, so wird der Strom bei Resonanz sehr groß, wenn die Spannung $\hat{U}_k$ derjenigen Grundschwingung oder Oberschwingung erhebliche Werte hat, deren Kreisfrequenz ω_k nach Gl. (9) der Resonanzbedingung genügt.

Die Frequenz f_e nach Gl. (9) nennt man die Eigenfrequenz des Stromkreises, da in einem widerstandsfreiem Kreise aus Induktivität L und Kapazität C nur Eigenschwingungen von dieser Frequenz auftreten können. Mitschwingen oder Resonanz des Stromkreises und dementsprechend große Werte des Stromes treten also vor allem auf, wenn die Frequenz f der aufgedrückten Spannung u mit dieser Eigenfrequenz f_e des Stromkreises übereinstimmt.

Die großen Resonanzströme haben große Spannungen im Stromkreise zur Folge. Der Scheitelwert der Spannung an der Kapazität wird nach Gl. (6) und (8)

$$\hat{U}_C = \frac{\hat{I}_C}{\omega C} = \frac{\hat{U}}{\sqrt{(R\omega C)^2 + [(\omega/\nu)^2 - 1]^2}}, \tag{11}$$

wobei im zweiten Wurzelglied die Eigenkreisfrequenz ν nach Gl. (9) eingeführt ist. Ihre Abhängigkeit von der erzwungenen Kreisfrequenz ist für konstante Spannung $\hat{U}$ in *Abb. 5* dargestellt. Für den Resonanzfall $\omega = \nu$ erhält man mit Gl. (11) die Spannung an der Kapazität

$$\hat{U}_{Cr} = \frac{\hat{U}}{R\nu C} = \frac{\sqrt{L/C}}{R}\hat{U}. \tag{12}$$

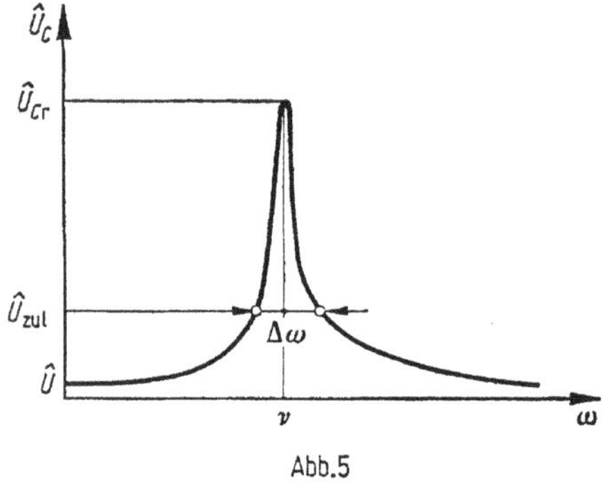

Abb. 5

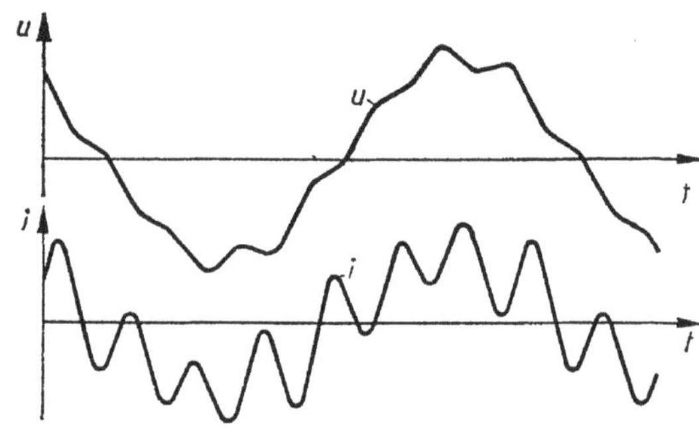

Abb. 6

die bei kleinen Widerständen und Kapazitäten sehr hohe Werte annehmen kann.

Den Quotienten $\sqrt{L/C}$ nennt man den Schwingungswiderstand des Stromkreises, da er die Größe eines Widerstandes hat. Die Resonanzspannung an der Kapazität verhält sich nach Gl. (12) zur eingeprägten Spannung wie der Schwingungswiderstand zum ohmschen Widerstand des Stromkreises. Um die wirkliche Höhe der Resonanzspannungen abschätzen zu können, muß man jedoch beachten, daß kleinen Kapazitäten nach Gl. (9) sehr hohe Eigenfrequenzen entsprechen und daß daher der Resonanzfall oft nur für Harmonische großer Ordnungszahl k der Generatorspannung eintritt, deren Scheitelwerte $\hat{U}_k$ klein sind.

Führen wir in Gl. (12) anstelle des Widerstandes die Zeitkonstante $T = L/R$ ein und beachten Gl. (9) für die Resonanzfrequenz, so ergibt sich für den Resonanzfall eine Spannung an der Kapazität

$$\hat{U}_{Cr} = \frac{T}{\sqrt{LC}}\,\hat{U} = \nu T \hat{U}\,. \tag{13}$$

Sie ist also der Resonanzkreisfrequenz und der magnetischen Zeitkonstante des Stromkreises direkt proportional. Bei einer Eigenfrequenz $f_e = 500$ Hz und einer Zeitkonstante $T = 1/100$ s erhält man eine Spannungssteigerung auf das 31,4fache, entsprechend

$$\frac{\hat{U}_{Cr}}{\hat{U}} = \frac{2\pi \cdot 500}{100} = 31{,}4.$$

Während für Oberschwingungen, deren Frequenz gleich der Eigenfrequenz des Stromkreises ist, sehr hohe Resonanzwerte von Strom und Spannung im Leitungsnetz auftreten, nehmen diese nach *Abb. 4 und 5* stark ab, wenn die aufgedrückte Kreisfrequenz um einen angemessenen Betrag $\Delta\omega$ von der Resonanzkreisfrequenz $\omega = \nu$ abweicht. Immerhin treten für Frequenzen in der Resonanznähe noch beachtlich hohe Strom- und Spannungswerte auf. Wir wollen daher die Breite dieses kritischen Resonanzbereiches berechnen. Während für die genaue Resonanz wegen des Verschwindens des zweiten Gliedes unter der Wurzel in Gl. (11) der Wert des Widerstandes R den Ausschlag gibt, wird der Einfluß des ersten Wurzelgliedes schon bei geringen Abweichungen der Frequenz von der Resonanzfrequenz bedeutungslos. Wir erhalten daher für diesen Fall mit genügender Annäherung

$$\hat{U}_C = \frac{\hat{U}}{(\omega/\nu + 1)\,(\omega/\nu - 1)} \approx \frac{\hat{U}}{2\Delta\omega/\nu}. \tag{14}$$

Hieraus ergibt sich für die beiderseitige Breite des Resonanzbereiches, abhängig vom Verhältnis der höchstzulässigen Spannung $\hat{U}_{zul}$ zur eingeprägten Spannung $\hat{U}$

$$\frac{\Delta\omega}{\nu} = \pm\frac{1}{2}\,\frac{\hat{U}}{\hat{U}_{zul}}. \tag{15}$$

An den Grenzen des so definierten Resonanzbereiches, z. B. bei $\Delta\omega = 0{,}1\nu$, treten daher immer noch Resonanzspannungen vom Fünffachen der eingeprägten Spannung auf.

Einen bemerkenswerten Störungsfall zeigen die Oszillogramme der *Abb. 6*, welche die Generatorspannung bei einer Kabelanlage und den Strom am Anfang des Kabels darstellen. Die Spannungskurve läßt eine erhebliche 7. Harmonische erkennen, die von der groben Nutung der Maschine herrührt. Zufällig stimmte nämlich die nach Gl. (9) aus der Kabelkapazität und den Induktivitäten des Stromkreises errechnete Eigenfrequenz sehr genau mit dem Siebenfachen der Grundfrequenz der Wechselspannung überein, so daß der Resonanzfall für die 7. Harmonische vorlag. Daher zeigte der Kabelstrom außer der Grundschwingung noch eine stark ausgeprägte 7. Harmonische.

Besonders leicht können Resonanzen in Netzen auftreten, die aus Freileitungen und Kabeln bestehen. Wenn beispielsweise, wie *Abb. 7* zeigt, ein ausgedehntes

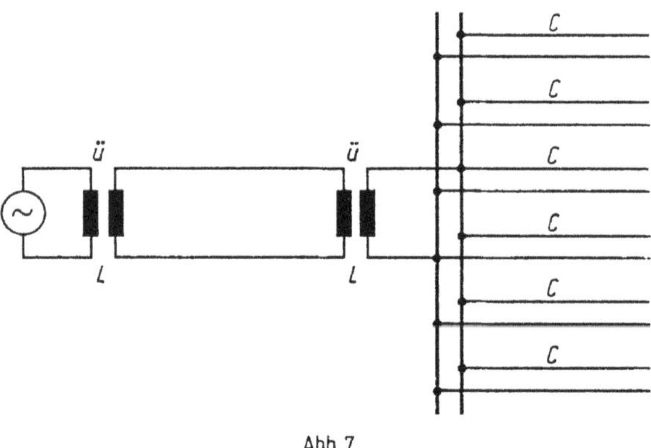

Abb. 7

Kabelnetz mit überwiegender Kapazität durch eine lange Freileitung und Transformatoren mit überwiegendem induktivem Blindwiderstand gespeist wird, so kann die Eigenfrequenz nach Gl. (9) leicht mit der Frequenz einer Spannungsharmonischen niedriger Ordnungszahl übereinstimmen, die dann starke Überspannungen im gesamten Netz hervorruft. Auch bei Kabeln, die gegen große Kurzschlußströme durch vorgeschaltete Drosselspulen geschützt sind, tritt gelegentlich eine derartige Resonanz auf. Kapazitäten von Kondensatoren zur Verbesserung des Leistungsfaktors können ebenfalls in Resonanz mit den Induktivitäten der speisenden Transformatoren stehen, besonders beim Leerlauf des Stromkreises, wenn die Widerstandsdämpfung unerheblich ist.

Für Berechnungen ist es oft bequem, anstelle der Induktivität L den an ihr durch den Nennstrom I_{N} hervorgerufenen induktiven Spannungsabfall bei der Grundkreisfrequenz ω_1, nämlich

$$U_L = I_{\mathrm{N}}\,\omega_1 L \tag{16}$$

und anstelle der Kapazität den bei der Nennspannung U_{N} durch die Kapazität C bei der Grundkreisfrequenz ω_1 fließenden Ladestrom

$$I_C = U_{\mathrm{N}}\,\omega_1 C \tag{17}$$

einzuführen. Setzt man L aus Gl. (16) und C aus Gl. (17) in Gl. (9) ein, so erhält man die Eigenkreisfrequenz des Netzes als Vielfaches der Grundkreisfrequenz zu

$$\frac{\nu}{\omega_1} = \frac{1}{\sqrt{(U_L/U_{\mathrm{N}})\,(I_C/I_{\mathrm{N}})}}. \tag{18}$$

Dieses Verhältnis soll sich nach Möglichkeit von einer ganzen Zahl unterscheiden, weil sonst Resonanz mit der Harmonischen der betreffenden Ordnungszahl $n = \nu/\omega_1$ entstehen kann.

Hat ein Netz einen induktiven Spannungsabfall von 20% der Nennspannung und fließt in ihm ein Ladestrom von 10% des Nennstromes, so ergibt sich hierfür nach Gl. (18)

$$\frac{\nu}{\omega_1} = \frac{1}{\sqrt{0{,}2 \cdot 0{,}1}} = 7{,}1.$$

Die Eigenfrequenz liegt also nahe beim Siebenfachen der Betriebsfrequenz. Bei einem Ladestrom von 20% des Nennstromes würde genaue Resonanz mit der 5. Harmonischen bestehen.

In symmetrischen Drehstromnetzen verschwinden alle Harmonischen in der Spannungs- und Stromkurve, deren Ordnungszahl durch 2 oder 3 teilbar ist. Im allgemeinen treten die 5. und 7. Harmonischen am stärksten hervor, nicht selten sind jedoch auch solche von der Ordnungszahl 11, 13 oder höher bemerkbar.

b) Parallelschwingkreis

Manchmal können elektrische Netze oder Teile davon nicht in einfacher Weise durch einen Stromkreis in Reihenschaltung nach *Abb. 2* dargestellt werden. Statt dessen kann man vielfach den Ersatzstromkreis nach *Abb. 8* anwenden, in dem

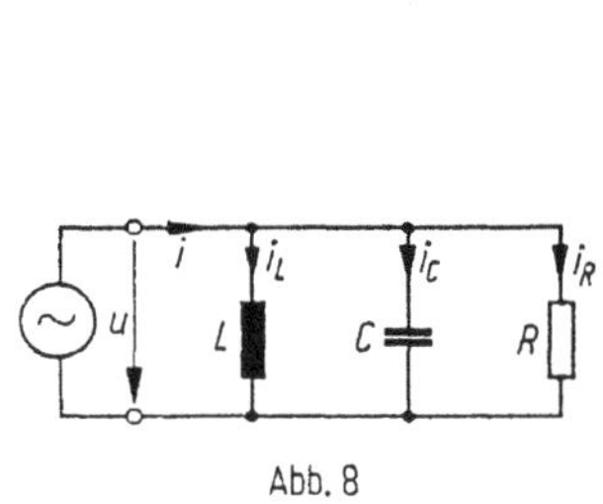

Abb. 8

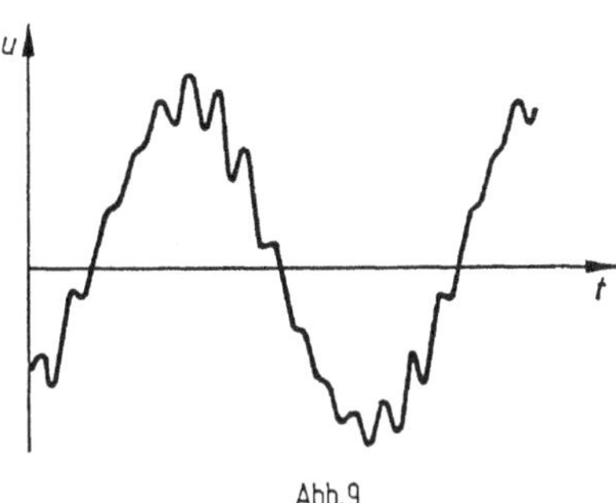

Abb. 9

die Stromquelle eine Induktivität L, eine Kapazität C und einen Widerstand R in Parallelschaltung speist. Die Stromquelle muß daher einen Gesamtstrom aufbringen, der sich aus der Summe der entsprechenden Teilströme zusammensetzt,

$$i = i_L + i_C + i_R. \tag{19}$$

Drückt man die Teilströme durch die Spannung u der Stromquelle aus, so erhält man

$$i = \frac{1}{L}\int u\,\mathrm{d}t + C\,\frac{\mathrm{d}u}{\mathrm{d}t} + \frac{u}{R}. \tag{20}$$

Für eine Harmonische beliebiger Ordnung von Spannung und Strom nach Gl. (3) und (4) ergibt sich auf Grund ähnlicher Überlegungen wie beim Reihenschwingkreis in Abschnitt a aus Gl. (20) für den Parallelschwingkreis

$$\underline{\hat{I}} = \hat{U}\left[\frac{1}{R} + \mathrm{j}\left(\omega C - \frac{1}{\omega L}\right)\right]. \tag{21}$$

In vielen Fällen ist nicht die Spannung, sondern der Strom gegeben, z. B. bei Oberschwingungen. Den Scheitelwert der Spannung erhält man dann aus Gl. (21) zu

$$\hat{U} = \frac{\hat{I}}{\sqrt{(1/R)^2 + (\omega C - 1/\omega L)^2}}. \tag{22}$$

Im Resonanzzustand mit $\omega = 1/\sqrt{LC}$ verschwindet der Klammerausdruck unter der Wurzel, und der Scheitelwert der Spannung wird

$$\hat{U}_r = \hat{I} R. \tag{23}$$

Also auch hier gilt das einfache Ohmsche Gesetz. Die Resonanzspannung kann nur durch kleinen ohmschen Widerstand R in mäßigen Grenzen gehalten werden, was aber beim Parallelschwingkreis nach *Abb. 8* zu großen Verlusten führen würde. Der durch den Kondensator fließende Resonanzstrom ist

$$\hat{I}_{Cr} = \hat{I}\,\omega C R = \frac{R}{\sqrt{L/C}}\,\hat{I}. \tag{24}$$

Er kann auch hohe Werte annehmen, insbesondere wenn die Induktivität L nur klein ist.

In Starkstromanlagen ist L durch die Summe aller parallel liegender Induktivitäten des Stromkreises bestimmt. Diese sind gegeben durch die induktiven Blindwiderstände der Stromverbraucher und Stromerzeuger zwischen den Leitern. R ist der Wirkwiderstand aller Netzzweige, die in parallele Stromkreise umgeformt werden können. Die Kapazität C rührt von den gegeneinander unter Spannung stehenden Leitern her, wobei etwa vorhandene Parallelkondensatoren zu berücksichtigen sind. Viele Netze können durch den Ersatzstromkreis nach *Abb. 8* dargestellt werden. In derartigen Stromkreisen können nach den vorausgegangenen Ausführungen daher leicht Resonanzspannungen auftreten, wenn eine Stromharmonische höherer Ordnungszahl dem System eingeprägt wird. Die durch Gleichrichter und gesättigte Transformatoren wegen ihrer Wirkungsweise erzeugten höheren Harmonischen können daher wegen ihres meist großen Scheitelwertes zu erheblichen Überspannungen führen.

Eine Gleichrichteranlage mit einer Nennspannung $U_N = 100$ kV und einem Nennstrom $I_N = 170$ A auf der Netzseite werde über eine Doppelleitung von 32 km Länge gespeist. Die Kapazität der Leitung betrage $C = 0{,}44\ \mu$F und die Induktivität der Maschinen und Transformatoren $L = 135$ mH, wobei alle Geräte an beiden Enden der Leitung als parallelgeschaltet angenommen werden. Resonanz entsteht bei einer Kreisfrequenz ω gleich der Eigenkreisfrequenz ν

$$\nu = \frac{1}{\sqrt{LC}} = \frac{1}{\sqrt{135 \cdot 10^{-3}\,\mathrm{H} \cdot 0{,}44 \cdot 10^{-6}\,\mathrm{F}}} = 4{,}12 \cdot 10^{3}\ \mathrm{s}^{-1}.$$

Diese entspricht einer Eigenfrequenz

$$f_e = \frac{\nu}{2\pi} = 655\ \mathrm{Hz},$$

die also nahezu gleich der 13fachen Grundfrequenz 50 Hz ist. Der äquivalente Parallelwiderstand bei dieser Frequenz war etwa $R = 1200\ \Omega$. Auf der Netzseite von vielen Gleichrichteranlagen tritt eine 13. Stromharmonische auf, deren Effektivwert etwa $^1/_{13}$ des Nennstromes beträgt. Diese erzeugt daher nach Gl. (23) eine Resonanzspannung mit dem Effektivwert

$$U_r = \frac{170}{13}\,\mathrm{A} \cdot 1200\ \Omega = 15{,}7\ \mathrm{kV},$$

also von 15,7% der Nennspannung 100 kV. *Abb. 9* zeigt das Oszillogramm der Netzspannung einer solchen Anlage, man erkennt darin die 11. und 13. Harmonische von nicht unerheblichem Scheitelwert, die in Interferenz untereinander stehen und Schwebungen bilden.

Die in der Praxis vorkommenden Netze lassen sich aber vielfach auch nicht durch Stromkreise nachbilden, deren Größen R, L und C entweder in Reihe oder parallel geschaltet sind. Jede Kombination dieser beiden grundsätzlichen Schaltungen für eine Netznachbildung führt jedoch auch zu Resonanzbedingungen bei einer Frequenz oder mehreren Frequenzen. Hierdurch können diejenigen Spannungs- und Stromharmonischen stark in Erscheinung treten, die in der Stromquelle oder in der Belastung des Systems eingeprägt sind und deren Frequenzen nahe der Eigenfrequenzen des Netzes liegen.

Bei jeder Änderung des Schaltzustandes und bei jeder Laständerung ändern sich nun meistens die Kapazitäten und Induktivitäten des vorliegenden Stromkreises. Daher treten Resonanzstörungen nur bei ganz bestimmten Netzkonstellationen auf und verschwinden wieder, wenn sich die Lastverteilung wesentlich ändert. Dies ist ein glücklicher Umstand, denn alle denkbaren Netzkonstellationen auf ihre möglichen Eigenfrequenzen vorauszuberechnen, würde einen wirtschaftlich nicht vertretbaren Aufwand bedeuten.

5. Ausgleichsströme in Schwingungskreisen

Um die Schaltvorgänge in Stromkreisen mit Selbstinduktivität, Kapazität und Widerstand vollständig zu beschreiben, ist außer der Kenntnis der stationären Vorgänge auch die der freien Ausgleichsströme erforderlich. Man kann derartige Stromkreise sehr häufig auf die Schaltung nach *Abb. 1* zurückführen, in der Wider-

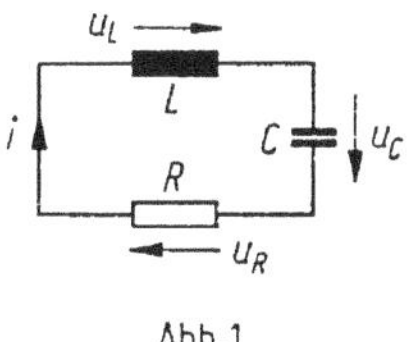

Abb. 1

stand R, Selbstinduktivität L und Kapazität C in Reihe liegen. Da wir jetzt nur die Ausbildung der freien Ausgleichsströme untersuchen wollen, die sich bei jedem Schaltvorgang den stationären Strömen überlagern, ist die treibende Spannung des Stromkreises in *Abb. 1* fortgelassen.

a) Frequenz und Dämpfung

Nach den früher abgeleiteten allgemeinen Gesetzen ist die Summe der freien Ausgleichsspannungen im Stromkreis nach *Abb. 1* Null. Es gilt also

$$u_R'' + u_L'' + u_C'' = R i'' + L \frac{\mathrm{d}i''}{\mathrm{d}t} + \frac{1}{C} \int i'' \,\mathrm{d}t = 0. \tag{1}$$

Durch Differentiation nach t und Division durch L erhält man zur Bestimmung des Ausgleichsstromes i'' als Funktion der Zeit t die lineare Differentialgleichung zweiter Ordnung mit konstanten Koeffizienten

$$\frac{d^2 i''}{dt^2} + \frac{R}{L}\frac{di''}{dt} + \frac{i''}{LC} = 0. \tag{2}$$

Führt man den Ansatz

$$i'' = \hat{I}\, e^{\alpha t} \tag{3}$$

in Gl. (2) ein, so ergibt sich die charakteristische Gleichung

$$\alpha^2 + \frac{R}{L}\alpha + \frac{1}{LC} = 0. \tag{4}$$

Ihre Lösung ist

$$\underline{\alpha} = -\frac{R}{2L} \pm j\sqrt{\frac{1}{LC} - \left(\frac{R}{2L}\right)^2} = -\frac{1}{2T} \pm j\nu, \tag{5}$$

wenn man dem wesentlichen ersten Glied unter der Wurzel positives Vorzeichen zuordnet. Zur Abkürzung ist dabei wie früher die elektromagnetische Zeitkonstante des Stromkreises

$$T = \frac{L}{R} \tag{6}$$

eingeführt, und außerdem ist für den Wurzelausdruck zur Vereinfachung die Größe ν gebraucht. Wenn der ohmsche Widerstand R klein ist gegenüber dem zweifachen Schwingungswiderstand $\sqrt{L/C}$ des Stromkreises, wie das bei Wechselstromkreisen meist der Fall ist, dann ist ν reell. Die charakteristische Größe $\underline{\alpha}$ im Exponenten von Gl. (3) ist dann doppelwertig und komplex. Die Exponentialfunktion in Gl. (3) läßt sich daher schreiben

$$e^{\underline{\alpha} t} = e^{-t/2T \pm j\nu t} = e^{-t/2T}(\cos \nu t \pm j \sin \nu t). \tag{7}$$

Entsprechend der Doppelwertigkeit der Größe $\underline{\alpha}$ erhalten wir zwei Lösungen für den Ausgleichsstrom, nämlich eine Kosinusfunktion und eine Sinusfunktion, die zeitlich exponentiell abklingen und deren Scheitelwerte zunächst noch willkürliche Integrationskonstanten sind. Die imaginäre Einheit j und die Vorzeichen in Gl. (7) können wir mit in diese Konstanten einbeziehen. Der Ausgleichsstrom befolgt daher das Gesetz

$$i'' = e^{-t/2T}(\hat{I}_1 \cos \nu t + \hat{I}_2 \sin \nu t) = \hat{I}\, e^{-t/2T} \cos(\nu t + \gamma). \tag{8}$$

Der letzte Ausdruck dieser Gleichung ist durch Zusammenfassen der Kosinus- und Sinusfunktion in eine einheitliche Kosinusfunktion mit verschobener Phase entstanden. Als Integrationskonstanten dieses Ausdruckes gelten der Scheitelwert des Stromes $\hat{I}$ und der Phasenwinkel γ. Diese Konstanten müssen aus den Anfangsbedingungen des jeweiligen Problems bestimmt werden.

Setzen wir den Phasenwinkel γ, um einen allgemeinen Überblick über den zeitlichen Verlauf des Stromes zu erhalten, zunächst gleich Null, so ist für diesen willkürlich gewählten Anfangszustand

$$i'' = \hat{I}\, e^{-t/2T} \cos \nu t. \tag{9}$$

Der Ausgleichsstrom ist also, wenn der Stromkreis Induktivität und Kapazität enthält, nicht mehr ein exponentiell abnehmender Gleichstrom, sondern ein exponentiell abklingender Wechselstrom. In *Abb. 2* ist der zeitliche Verlauf des Stromes nach Gl. (9) dargestellt. Die Amplituden klingen, wie die gestrichelten Hüllkurven zeigen, nach einer Exponentialfunktion ab, die jedoch nur einen halb so großen Dämpfungsexponenten hat wie die in Stromkreisen ohne Kapazität abklingenden Gleichströme. Dies ist den geringeren mittleren Verlusten zuzuschreiben, die bei Wechselstrom auftreten.

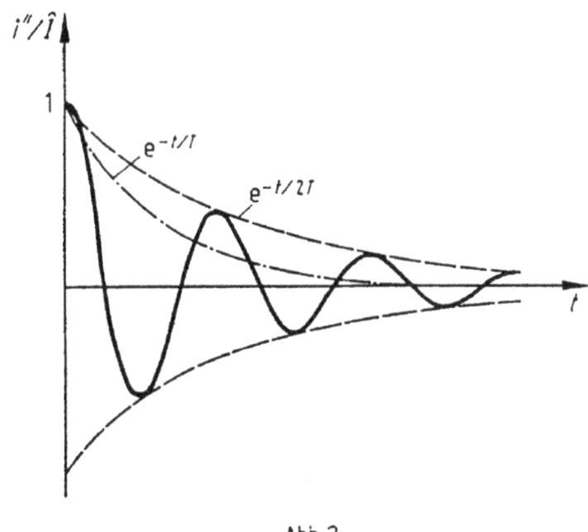

Abb. 2

Die abklingenden Ausgleichswechselströme nach Gl. (8) oder (9) haben eine Kreisfrequenz ν nach Gl. (5). Sie ist durch die Konstanten R, L, C des Stromkreises gegeben. Ist der ohmsche Widerstand klein gegenüber dem Schwingungswiderstand des Stromkreises, so gilt mit guter Annäherung

$$\nu_0 = \frac{1}{\sqrt{LC}} = 2\pi f_0. \tag{10}$$

Die Eigenfrequenz f_0 hängt dann nur von der Induktivität und der Kapazität des Stromkreises ab und stimmt mit der Resonanzfrequenz f_e nach Gl. (9) in Kapitel 4 überein.

Ist der ohmsche Widerstand des Stromkreises nicht mehr klein gegenüber dem Schwingungswiderstand, so daß das zweite Glied unter der Wurzel in Gl. (5) zu berücksichtigen ist, so wird die Eigenfrequenz verkleinert, der Strom schwingt langsamer und langsamer, und wenn der ohmsche Widerstand den Wert

$$R = 2\sqrt{\frac{L}{C}} \tag{11}$$

erreicht, wird die Eigenfrequenz Null, die Schwingungen hören auf, der Strom verläuft dann aperiodisch. Die Größe ν^2 unter der Wurzel der Gl. (5) wird schließlich negativ, so daß die Wurzel selbst imaginär wird. Deswegen wird $\underline{\alpha}$ bei großen ohmschen Widerständen reell, bleibt jedoch doppelwertig. Als Ausgleichsstrom erhält man dann nach Gl. (3) zwei Exponentialfunktionen, die auf Lösungen führen, wie sie in Kapitel 21 behandelt werden. Bei Starkstromkreisen, die geschaltet werden, ist der Widerstand fast stets kleiner als der aperiodische Grenzwert nach Gl. (11), so daß oft ausgeprägte Schwingungen auftreten. Er ist sogar meistens so klein, daß sein Einfluß auf die Eigenfrequenz sehr gering wird und man diese mit ausreichender Annäherung nach der einfachen Gl. (10) bestimmen kann.

b) Verlauf von Strom und Spannung

Der periodische Ausgleichsstrom ruft an der Induktivität und an der Kapazität Spannungen hervor, die erheblich sein können. Als Beispiel für das Auftreten freier Ausgleichsströme wollen wir die Anordnung nach *Abb. 3* zugrunde legen,

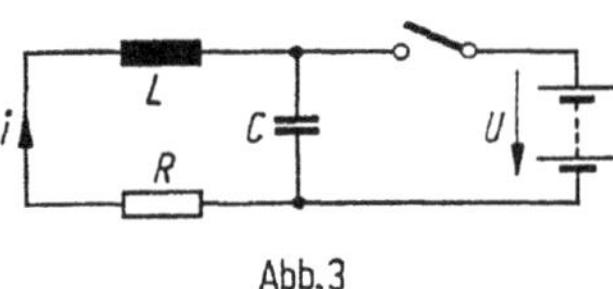

Abb. 3

in der ein Kondensator dazu vorgesehen ist, das Ausschalten eines Stromkreises mit Induktivität zu erleichtern. Nach dem plötzlichen Öffnen des Schalters fließt in dem jetzt gebildeten Schwingungskreis nur noch ein freier Ausgleichsstrom nach Gl. (9), der den Übergang des ursprünglichen Stromes I in den stromlosen Zustand vermittelt. Den Phasenwinkel γ des Stromes nach Gl. (8) kann man hierbei vernachlässigen, wenn man annimmt, daß die ursprüngliche Ladespannung U des Kondensators nur klein ist.

Die Ausgleichsspannung an der Selbstinduktivität erhält man durch zeitliches Differenzieren des Ausgleichsstromes nach Gl. (9) zu

$$u''_L = L\,\frac{\mathrm{d}i''}{\mathrm{d}t} = L\hat{I}\,\mathrm{e}^{-t/2T}\left(-\nu\sin\nu t - \frac{1}{2T}\cos\nu t\right). \tag{12}$$

Zieht man die Sinus- und Kosinusglieder zu einem gemeinsamen Sinusglied mit verschobener Phase zusammen, so ergibt sich aus Gl. (12)

$$u''_L = -L\hat{I}\sqrt{\nu^2 + \left(\frac{1}{2T}\right)^2}\,\mathrm{e}^{-t/2T}\sin(\nu t + \delta), \tag{13}$$

wobei der Phasenwinkel durch

$$\tan\delta = \frac{1}{2\nu T} = \frac{R}{2\nu L} \tag{14}$$

bestimmt ist. Der Wurzelausdruck in Gl. (13) läßt sich, wie man aus Gl. (5) erkennt, einfach durch $1/\sqrt{LC}$ ersetzen. Man erhält dann für die Ausgleichsspannung an der Induktivität endgültig

$$u''_L = -\hat{I}\sqrt{\frac{L}{C}}\,\mathrm{e}^{-t/2T}\sin(\nu t + \delta). \tag{15}$$

Die am Kondensator durch den Ausgleichsstrom hervorgerufene Spannung ist nach Gl. (1) die negative Summe aus der Spannung an der Selbstinduktivität und am Widerstand. Sie ist also nach Gl. (12) und (9)

$$u''_C = -L\,\frac{\mathrm{d}i''}{\mathrm{d}t} - Ri'' = L\hat{I}\,\mathrm{e}^{-t/T}\left(\nu\sin\nu t + \frac{1}{2T}\cos\nu t - \frac{R}{L}\cos\nu t\right)$$

oder

$$u''_C = L\hat{I}\,\mathrm{e}^{-t/2T}\left(\nu\sin\nu t - \frac{1}{2T}\cos\nu t\right). \tag{16}$$

Auch hier kann man das Sinus- und Kosinusglied zu einem gemeinsamen Sinusglied mit dem Phasenwinkel δ zusammenfassen, der ebenfalls der Gl. (14) genügt. Man erhält analog wie u_L'' in Gl. (15) endgültig als Spannung an der Kapazität

$$u_C'' = +\hat{I}\sqrt{\frac{L}{C}}\,e^{-t/2T}\sin(\nu t - \delta). \tag{17}$$

Die Gl. (15) und (17) für die Ausgleichsspannungen an der Selbstinduktivität und an der Kapazität sind sehr ähnlich aufgebaut. Sie unterscheiden sich lediglich durch das Vorzeichen des gesamten Ausdruckes und das Vorzeichen des Phasenwinkels δ, der bei geringem Widerstand nach Gl. (14) nur klein ist. Beide Ausgleichsspannungen verändern sich nach einer Sinusfunktion mit der Zeit, während der Ausgleichsstrom in Gl. (9) nach einer Kosinusfunktion verläuft. Die Ausgleichsspannungen sind also gegen den Ausgleichsstrom bis auf den Winkel δ um eine Viertelperiode phasenverschoben und verklingen nach demselben Exponentialgesetz wie der Ausgleichsstrom. Die Spannung ergibt sich aus dem Strom durch Multiplikation mit dem Schwingungswiderstand $\sqrt{L/C}$ des Stromkreises, *Abb. 4* zeigt den Verlauf der Kondensatorspannung nach Gl. (17), die dem Strom der *Abb. 2* entspricht. In *Abb. 5* ist der oszillographisch gemessene Verlauf einer

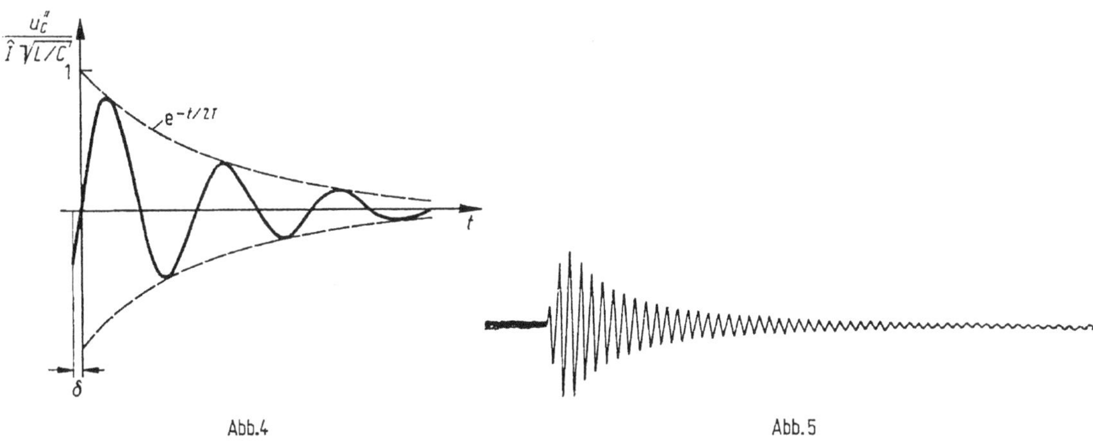

Abb. 4 Abb. 5

Ausgleichsspannung aufgezeichnet, die in einem Schwingungskreise von außen angeregt wurde und dann allmählich bis auf Null abklingt.

Für den Winkel δ, der durch Gl. (14) gegeben ist und dessen doppelter Wert die Phasenverschiebung zwischen der Spannung an der Selbstinduktivität und der Spannung an der Kapazität darstellt, gibt es eine einfache geometrische Konstruktion, die zu einem guten Überblick über die Spannungen im Stromkreise führt. In *Abb. 6* ist über dem ohmschen Widerstand R als Basis der induktive Widerstand der Selbstinduktivität für Eigenschwingungen, also νL, als Höhe eines gleichschenkligen Dreiecks aufgetragen. Dann ist der halbe Zentriwinkel gleich dem Phasenwinkel δ nach Gl. (14). Nach dem pythagoreischen Lehrsatz erhält man die Länge der Schenkel des Dreiecks, wenn man ν nach Gl. (5) einsetzt zu $\sqrt{L/C}$. Man kann daher aus dem Dreieck nach *Abb. 6* für den ohmschen Widerstand und den Schwingungswiderstand des Stromkreises, die stets bekannt sind, den Phasenwinkel δ leicht graphisch bestimmen. Der Schwingungswiderstand ist im allgemeinen sehr viel größer als der ohmsche Widerstand und der Winkel δ daher meist klein. Aus den rechtwinkligen Dreiecken der *Abb. 6* erhält man nach

Einführen von Gl. (10) für die Resonanzfrequenz die einfache Beziehung

$$\cos\delta = \frac{\nu L}{L/C} = \frac{\nu}{\nu_0} = \sqrt{1 - \left(\frac{R}{L}\right)^2 \frac{C}{L}}. \tag{18}$$

Darin ist im letzten Ausdruck der Wert der Eigenfrequenz nach Gl. (5) eingeführt

Ersetzt man nun im gleichseitigen Dreieck nach *Abb. 6* die einzelnen Widerstände durch die betreffenden, durch Multiplikation mit dem Strom $\hat{I}$ sich ergebenden Scheitelwerte der Spannungen

$$\hat{I}R = \hat{U}_R, \qquad \hat{I}\sqrt{L/C} = \hat{U}_L = \hat{U}_C,$$

so erhält man das Zeigerdiagramm nach *Abb. 7*, in dem die Pfeilrichtungen und Phasenwinkel der Spannungszeiger nach Gl. (9), (15) und (17) eingetragen sind.

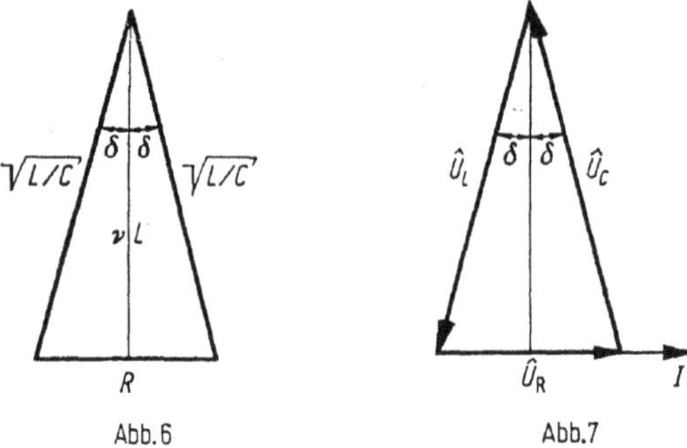

Abb. 6 Abb. 7

$\hat{U}_C$ ist um etwas mehr, $\hat{U}_L$ etwas weniger gegen den Strom $\hat{I}$ oder den ohmschen Spannungsabfall $\hat{U}_R$ verschoben, im Gegensatz zu den Phasenverschiebungen bei stationären Strömen, wo induktive und kapazitive Spannungen genau um 90° gegen den Strom verschoben sind. Dies ist durch die exponentielle Dämpfung aller Ausgleichsströme und -spannungen begründet.

In vielen Stromkreisen wird der ohmsche Widerstand nicht getrennt von der Kapazität und vor allem nicht getrennt von der Induktivität auftreten, sondern zum Teil innerhalb der Geräte liegen. Aus *Abb. 7* kann man abgreifen, wie groß die tatsächliche Ausgleichsspannung zwischen zwei beliebigen Punkten des Schwingungskreises ist, wenn man weiß, in welchem Verhältnis der Widerstand durch diese Punkte aufgeteilt wird. Der Abstand des Teilpunktes der Strecke $\hat{U}_R$ von der Spitze des Dreiecks gibt dann die gewünschte Spannung an.

Die Ausgleichsspannungen und -ströme sind nicht nur zeitlich periodisch nach einem Kosinus- oder Sinusgesetz mit entsprechender Phasenverschiebung veränderlich, wie das Zeigerdiagramm in *Abb. 7* zeigt, sondern außerdem noch exponentiell gedämpft. Beide Vorgänge lassen sich anschaulich durch ein Spiraldiagramm nach *Abb. 8* darstellen. Die Strom- und Spannungszeiger rotieren mit der Winkelgeschwindigkeit ν entsprechend dem harmonischen Verlauf, ihre Beträge nehmen gleichzeitig exponentiell ab, so daß die Endpunkte auf einer logarithmischen Spirale liegen. Durch Projektion der Zeiger auf ein rechtwinkliges Koordinatensystem erhält man den zeitlichen Verlauf der Strom- und Spannungsschwingungen. Für ein Beispiel sind in *Abb. 8*, rechts, die Kurven für den Ausgleichsstrom i'' und die Ausgleichsspannungen u_C'' am Kondensator dargestellt, die dem Strom i'' um den Winkel $(90° + \delta)$ nacheilt. Außerdem ist in *Abb. 8*, links, das zugehörige Spiralendiagramm aufgezeichnet. Zusammengehörende Werte in der rechtwinkligen Darstellung und im Spiralendiagramm sind durch gleiche

Indizes gekennzeichnet. Wegen der Übersichtlichkeit wurde in *Abb. 8* auf die Kennzeichnung der Ausgleichsspannungen und -ströme durch zwei hochgestellte Striche ('') verzichtet.

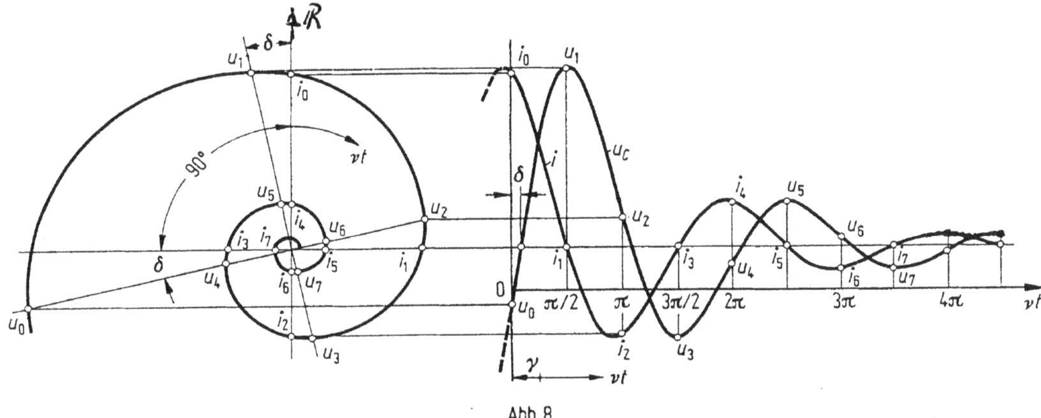

Abb. 8

Man sieht, daß die Kondensatorspannung u_C stets dort ein Maximum oder Minimum hat, wo der Strom i durch Null geht, jedoch gilt nicht auch das Umgekehrte, die Spannung u_C geht vielmehr um den Winkel 2δ später durch Null als der Strom i sein Maximum durchschreitet. Die Kurven in *Abb. 8* sind zunächst für den Strom nach der vereinfachten Formel (9) gezeichnet. Will man den Phasenwinkel γ nach der allgemeineren Gl. (8) berücksichtigen, so braucht man nur den Zeitmaßstab zu verschieben, wie es unter den rechten Kurven in *Abb. 8* angegeben ist.

Soll die nach dem Abschalten des Stromkreises nach *Abb. 3* am Kondensator auftretende höchste Spannung bestimmt werden, so muß man beachten, daß sie entsprechend dem Verlauf nach *Abb. 8* eine Viertelperiode nach dem Abschaltaugenblick auftritt. Es ist dann also

$$\nu t = \frac{\pi}{2}. \tag{19}$$

Ist der Widerstand des Stromkreises ziemlich klein, so daß man δ gegenüber $\pi/2$ vernachlässigen und ν nach Gl. (10) bestimmen darf, so erhält man aus Gl. (17) für die höchste Ausschaltspannung am Kondensator durch Einsetzen der Zeit t aus Gl. (19)

$$u''_{C\max} = \hat{I} \sqrt{\frac{L}{C}}\, e^{-(\pi/4)(R/\sqrt{L/C})}. \tag{20}$$

Wenn der Schwingungswiderstand $\sqrt{L/C}$ erheblich größer als der ohmsche Widerstand R des abgeschalteten Stromkreises ist, so wird diese Überspannung im Verhältnis beider Widerstände größer als die treibende Spannung IR vor dem Abschalten. Nur durch große Kapazität kann man sie in mäßigen Grenzen halten. Der ohmsche Widerstand des Schwingungskreises hat nach Gl. (20) eine wirksame Verkleinerung der auftretenden Überspannungen erst dann zur Folge, wenn er sich der Größenordnung des Schwingungswiderstandes nähert. Erreicht er dessen Betrag, so senkt das Exponentialglied nach Gl. (20) die Überspannung auf etwa 45% ab.

c) Konstanten des Stromkreises

Legt man parallel zu einer Magnetspule mit einer Selbstinduktivität $L = 12$ H einen Kondensator von der Kapazität $C = 20\ \mu$F, so erhält man eine Eigenkreisfrequenz

$$\nu_0 = \frac{1}{12\ \mathrm{H} \cdot 20 \cdot 10^{-6}\ \mathrm{F}} = 65\ \mathrm{s}^{-1}$$

oder eine Eigenfrequenz von

$$f_0 = \frac{\nu_0}{2\pi} = 10{,}3\ \mathrm{Hz}$$

und einen Schwingungswiderstand

$$\sqrt{\frac{L}{C}} = \sqrt{\frac{12\ \mathrm{H}}{20 \cdot 10^{-6}\ \mathrm{F}}} = 775\ \Omega.$$

Durch diese ziemlich langsamen Schwingungen wird bei einem Ausschaltstrom von $I = 10$ A in der Spule mit einem Widerstand von $R = 11\ \Omega$ nach Gl. (20) eine höchste Ausgleichsspannung

$$u''_{C\max} = 10\ \mathrm{A} \cdot 775\ \Omega \cdot \mathrm{e}^{-(\pi/4)(11/775)} = 7750\ \mathrm{V}$$

erzeugt. Sie beträgt also trotz der großen Kapazität etwa das 70fache der Betriebsspannung $RI = 11\ \Omega \cdot 10\ \mathrm{A} = 110$ V. Das Dämpfungsglied ist hierbei noch außerordentlich gering.

Während Induktivitäten in Gleichstromkreisen oft die Größenordnung von 1 bis 100 H haben, werden sie in Wechselstromkreisen meist sehr klein gewählt, um die induktiven Spannungen durch den Betriebsstrom gering zu halten. Liegt beispielsweise eine Drosselspule mit einer Induktivität von $L = 5$ mH vor einem Kabel mit einer Kapazität von $C = 2\ \mu$F, so hat dieses System Eigenschwingungen von der Kreisfrequenz

$$\nu_0 = \frac{1}{5 \cdot 10^{-3}\ \mathrm{H} \cdot 2 \cdot 10^{-6}\ \mathrm{F}} = 10000\ \mathrm{s}^{-1}$$

oder von der Frequenz

$$f_0 = \frac{\nu_0}{2\pi} = 1600\ \mathrm{Hz},$$

die ein hohes Vielfaches der üblichen Wechselstromfrequenz von 50 Hz ist. Der zugehörige Schwingungswiderstand beträgt

$$\sqrt{\frac{L}{C}} = \sqrt{\frac{5 \cdot 10^{-3}\ \mathrm{H}}{2 \cdot 10^{-6}\ \mathrm{F}}} = 50\ \Omega.$$

Wirken schließlich kleine Induktivitäten, z. B. von $L = 0{,}1$ mH, wie sie z. B. bei Auslösespulen von Schaltern auftreten, mit geringen Kapazitäten zusammen, z. B. von $C = 100$ pF, wie sie z. B. bei Durchführungen von Schaltern vorkommen, so ergibt sich eine Eigenkreisfrequenz von

$$\nu_0 = \frac{1}{0{,}1 \cdot 10^{-3}\ \mathrm{H} \cdot 10^{-10}\ \mathrm{F}} = 10^7\ \mathrm{s}^{-1}$$

oder eine Eigenfrequenz von

$$f_0 = \frac{\nu_0}{2\pi} = 1{,}6\,\mathrm{MHz}.$$

Der entsprechende Schwingungswiderstand ist

$$\sqrt{\frac{L}{C}} = \sqrt{\frac{0{,}1 \cdot 10^{-3}\,\mathrm{H}}{10^{-10}\,\mathrm{F}}} = 1000\,\Omega.$$

Die in Starkstromanlagen möglichen Schwingungswiderstände und Eigenfrequenzen von Schwingungskreisen überdecken demnach einen sehr weiten Bereich.

Die Dämpfung der freien Eigenschwingungen läßt sich in Beziehung setzen zum Resonanzmaximum bei erzwungenen Schwingungen mit eingeprägter äußerer Spannung. Man ermittelt die Dämpfung der freien Eigenschwingungen am besten durch den Vergleich zweier nach einer Schwingungsdauer aufeinanderfolgender Scheitelwerte. Nach *Abb. 2* und Gl. (9) ergibt sich

$$\mathrm{e}^{-(2\pi/\nu)/2T} = \mathrm{e}^{-(\pi/\nu)(R/L)} = \mathrm{e}^{-\Lambda}. \tag{21}$$

Man bezeichnet den Exponenten

$$\Lambda = \frac{\pi}{\nu}\,\frac{R}{L} = \frac{\pi}{\nu T} \tag{22}$$

als logarithmisches Dekrement. Führt man nun in den Ausdruck für die Resonanzspannung im Stromkreis nach Gl. (12) von Kapitel 4 anstelle des Dämpfungswiderstandes R dieses logarithmische Dekrement ein, so erhält man

$$\frac{\hat{U}_{Cr}}{\hat{U}} = \frac{\sqrt{L/C}}{R} = \frac{\pi}{\Lambda}\,\frac{\nu_0}{\nu} = \nu_0 T. \tag{23}$$

Das Frequenzverhältnis kann man nach Gl. (18) ebenfalls durch das Dekrement ausdrücken, es wird

$$\left(\frac{\nu}{\nu_0}\right)^2 = 1 - \left(\frac{R}{L}\right)^2 \frac{C}{L} = 1 - \left(\frac{\Lambda}{2\pi}\,\frac{\nu}{\nu_0}\right)^2. \tag{24}$$

Daraus folgt zunächst für das Verhältnis von Eigenfrequenz zu Resonanzfrequenz

$$\frac{\nu}{\nu_0} = \frac{1}{\sqrt{1 + (\Lambda/2\pi)^2}}. \tag{25}$$

Es nimmt mit zunehmendem Dämpfungsdekrement zunächst langsam, später schneller ab.

Das Verhältnis der höchsten erzielbaren Resonanzspannung zur aufgedrückten Spannung wird jetzt nach Gl. (23) und (25)

$$\frac{\hat{U}_{Cr}}{\hat{U}} = \frac{\pi}{\Lambda}\sqrt{1 + \left(\frac{\Lambda}{2\pi}\right)^2} = \sqrt{\left(\frac{\pi}{\Lambda}\right)^2 + \frac{1}{4}}. \tag{26}$$

Es hängt also lediglich vom logarithmischen Dekrement Λ ab. Die Dämpfung der Eigenschwingungen bestimmt daher zahlenmäßig auch das Resonanzmaximum der erzwungenen Schwingungen.

Das Verhältnis zweier benachbarter Scheitelwerte im Schwingungsverlauf nach *Abb. 5* beträgt 0,82, das entspricht nach Gl. (21) einem logarithmischen Dekrement von $\Lambda = 0{,}20$. Damit ergibt sich aus Gl. (26) eine relative Resonanzspannung von

$$\frac{\hat{U}_{Cr}}{\hat{U}} = \sqrt{\frac{\nu L}{R} + \frac{1}{4}}. \tag{27}$$

Je größer das Verhältnis $\nu L/R$ – gelegentlich auch als Gütefaktor bezeichnet – ist, um so höher und schärfer ist die Resonanzspitze, auf die der Stromkreis erregt werden kann, und um so langsamer klingen seine Eigenschwingungen ab.

In *Abb. 9* ist der Bereich für das Verhältnis $\omega_N L/R$ von Drehstrom-Hochspannungsfreileitungen bei Betriebs-Kreisfrequenz $\omega_N = 2\pi f_N$ abhängig von der

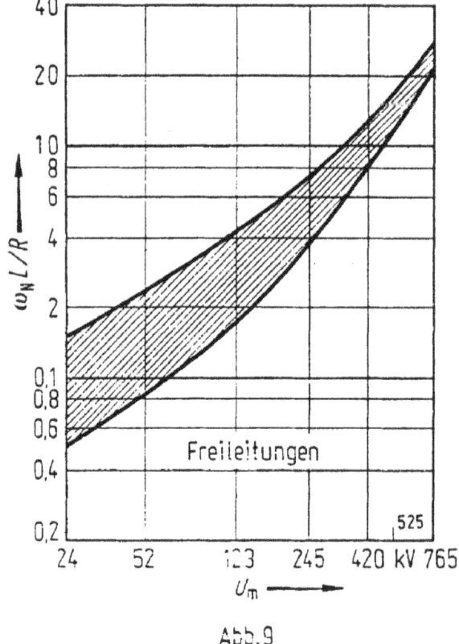

Abb. 9

höchsten Betriebsspannung U_m aufgetragen. *Abb. 10* zeigt dieses Verhältnis bei kurzgeschlossenen Transformatoren mit der Streuinduktivität L, abhängig von der Nennleistung S_N. Die Frequenzabhängigkeit des Verhältnisses $\omega L/R$ einer 420-kV-Drehstromleitung und eines kurzgeschlossenen 100-MVA-Transformators ist in *Abb. 11* wiedergegeben. Man erkennt daraus, daß dieses Verhältnis bei Frei-

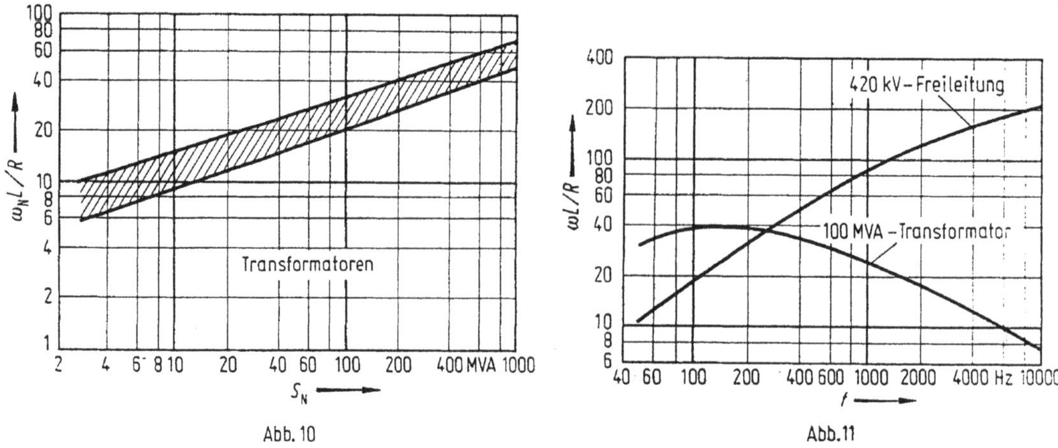

Abb. 10

Abb. 11

leitungen mit zunehmender Frequenz der Ausgleichsschwingungen ansteigt, während es bei Transformatoren zunächst ansteigt, ein Maximum erreicht und bei hohen Frequenzen wieder abfällt.

6. Einschalten von Schwingungskreisen

Wenn wir den Verlauf der Ströme und Spannungen beim Einschalten von elektrischen Schwingungskreisen verfolgen wollen, so müssen wir das vollständige Gesetz für den Ausgleichsstrom, also Gl. (9) in Kapitel 5, zu Hilfe nehmen, mit zwei Integrationskonstanten, deren Wert durch die Anfangsbedingungen zu bestimmen ist. Der Ausgleichsstrom ist also

$$i'' = \hat{I}'' \, \mathrm{e}^{-t/2T} \cos(\nu t + \gamma), \tag{1}$$

und dementsprechend wird die Ausgleichsspannung am Kondensator nach Gl. (17) von Kapitel 5

$$u_C'' = \hat{I}'' \sqrt{\frac{L}{C}} \, \mathrm{e}^{-t/2T} \sin(\nu t + \gamma - \delta). \tag{2}$$

Die Integrationskonstanten, nämlich der fiktive Anfangsscheitelwert des Ausgleichsstromes $\hat{I}$ und sein Phasenwinkel γ bestimmen sich nach dem allgemeinen Schaltgesetz derart, daß zur Zeit $t = 0$ der Gesamtstrom, bestehend aus dem Ausgleichsstrom und dem stationären Strom, mit dem vor dem Schalten bestehenden Strom übereinstimmt. Ebenso muß die gesamte Kondensatorspannung, bestehend aus der Ausgleichsspannung und der stationären Kondensatorspannung, den Wert der Kondensatorspannung vor dem Schalten ergeben. Da wir das Einschalten des Schwingungskreises vom strom- und spannungslosen Zustande aus betrachten wollen, so müssen nach Gl. (9) in Kapitel 3 die Bedingungsgleichungen

$$\begin{aligned} \hat{I}'' \cos\gamma &= -i_0', \\ \hat{I}'' \sqrt{\frac{L}{C}} \sin(\gamma - \delta) &= -u_{C0}' \end{aligned} \tag{3}$$

erfüllt werden. Auf der linken Seite stehen die Ausgleichswerte nach Gl. (1) und (2) zur Zeit $t = 0$, auf der rechten Seite die negativen stationären Werte, ebenfalls zur Zeit $t = 0$.

a) Aufladung mit Gleichspannung

Zuerst betrachten wir die Aufladung des Stromkreises nach *Abb. 1* mit der Gleichspannung U. Nach beendetem Ausgleichsvorgang fließt kein Strom mehr in den Kondensator. Der stationäre Strom ist also

$$i' = 0. \tag{4}$$

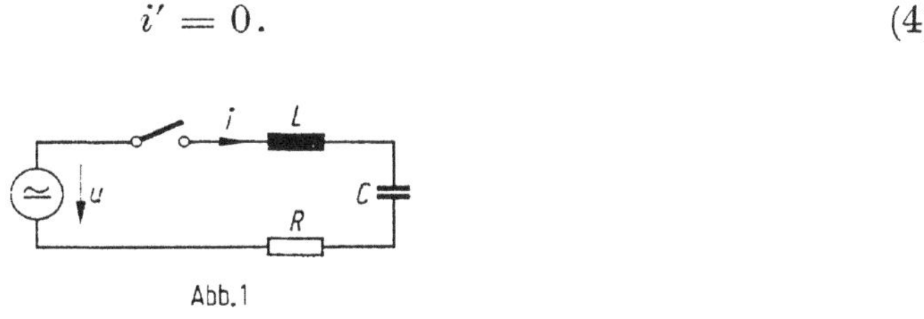

Abb. 1

Die Kondensatorspannung ist nach beendetem Aufladen konstant gleich der Netzspannung, also

$$u'_C = U. \tag{5}$$

Setzt man diese Werte in Gl. (3) ein, so erhält man aus der ersten

$$\cos\gamma = 0; \qquad \gamma = \frac{\pi}{2}, \tag{6}$$

also den Ausgleichsstrom nach Gl. (1)

$$i'' = -\hat{I}''\, e^{-t/2T} \sin \nu t. \tag{7}$$

Er ist mit dem Sinus des Produktes aus Kreisfrequenz ν und Zeit t veränderlich und verklingt exponentiell entsprechend *Abb. 2*. Sein fiktiver Anfangsscheitelwert ergibt sich durch Einsetzen der Werte aus Gl. (5) und (6) in die zweite Gl. (3) zu

$$\hat{I}'' = -\frac{U}{\cos\delta}\sqrt{\frac{C}{L}}. \tag{8}$$

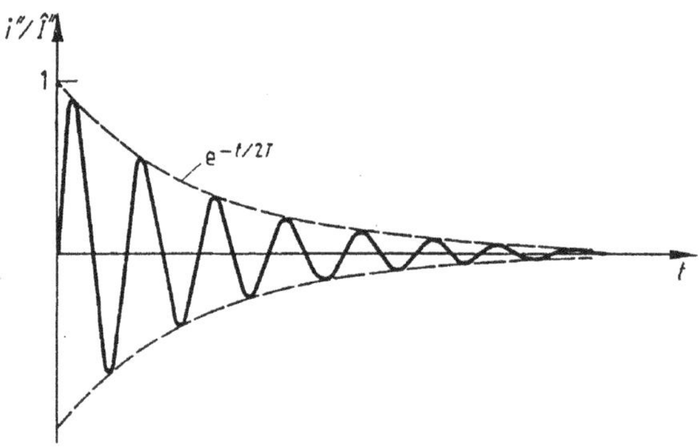

Abb. 2

Darin ist der Wert von $\cos\delta$ entsprechend Gl. (18) von Kapitel 5 für geringe Widerstände nahezu gleich 1, und man erkennt, daß damit der fiktive Anfangsscheitelwert des Ausgleichsstromes gleich der Netzspannung dividiert durch den Schwingungswiderstand des Stromkreises wird. Da kein stationärer Strom besteht, ist der Ausgleichsstrom i'' gleichzeitig der Gesamtstrom i.

Die Kondensatorspannung ergibt sich durch Einsetzen von Gl. (6) und (8) in Gl. (2). Die Gesamtspannung am Kondensator als Summe von Netzspannung und Ausgleichsspannung wird damit

$$u_C = U\left[1 - \frac{e^{-t/2T}}{\cos\delta}\cos(\nu t - \delta)\right]. \tag{9}$$

Ihr zeitlicher Verlauf ist in *Abb. 3* dargestellt.

Wir erkennen, daß beim Einschalten eines Kondensators in einem Stromkreis, der außerdem Induktivität enthält, Strom und Spannung stets schwingenden Verlauf haben. Die Spannung schwingt bis nahezu auf das Doppelte des Endwertes, die Dämpfungszeitkonstante der Schwingungen ist gleich der doppelten durch Induktivität und Widerstand gegebenen Zeitkonstante. Die größte Spannung am Kondensator tritt für nicht zu starke Dämpfung nach einer halben Periode auf, also für

$$\nu t = \pi \tag{10}$$

und beträgt nach Gl. (9)

$$\hat{U}_C = U\left(1 + e^{-(\pi R/2)/\sqrt{L/C}}\right). \tag{11}$$

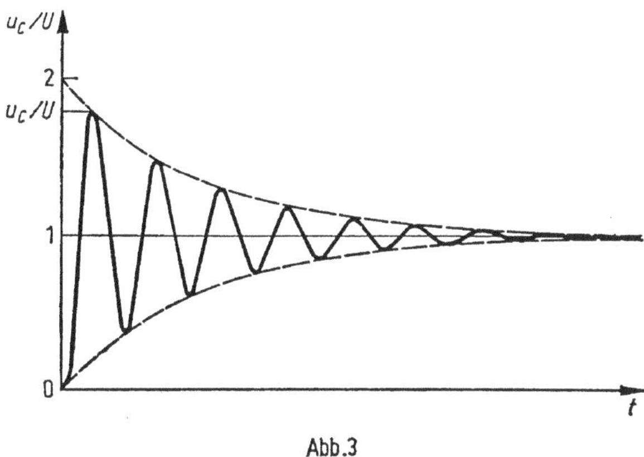

Abb. 3

Man kann also durch einen entsprechenden Dämpfungswiderstand im Stromkreis die auftretenden Überspannungen verringern.

b) Einschalten von Wechselstrom

Schalten wir den Schwingungskreis nach *Abb. 1* an eine Wechselstromquelle mit der gegebenen Spannung

$$u = \hat{U} \cos(\omega t + \psi), \tag{12}$$

so stellt sich nach Ablauf der Ausgleichsvorgänge nach Kapitel 4 ein stationärer Strom

$$i' = \hat{I}' \cos(\omega t + \psi - \varphi) \tag{13}$$

mit dem Scheitelwert

$$\hat{I}' = \frac{\hat{U}}{\sqrt{R^2 + (\omega L - 1/\omega C)^2}} \tag{14}$$

ein und eine stationäre Kondensatorspannung

$$u'_C = \frac{\hat{I}'}{\omega C} \sin(\omega t + \psi - \varphi), \tag{15}$$

wobei der Phasenwinkel φ zwischen Strom und treibender Spannung gegeben ist durch

$$\tan\varphi = \frac{\omega L - 1/\omega C}{R}. \tag{16}$$

Um die vorübergehenden Ausgleichsströme und -spannungen zu bestimmen, müssen wir wieder gemäß Gl. (3) ihre Werte für $t = 0$ gleich den negativen Dauerströmen und -spannungen nach Gl. (13) und (15) für $t = 0$ setzen. Es ist also

$$\begin{aligned} \hat{I}'' \cos\gamma &= -\hat{I}' \cos(\psi - \varphi), \\ \hat{I}'' \sqrt{\frac{L}{C}} \sin(\gamma - \delta) &= \frac{\hat{I}'}{\omega C} \sin(\psi - \varphi). \end{aligned} \tag{17}$$

Aus diesen beiden Gleichungen sind die Konstanten $\hat{I}''$ und γ für den freien Ausgleichsstrom zu ermitteln. Dies soll unter der Voraussetzung kleiner Widerstände im Stromkreis geschehen, was bei Wechselstromanlagen meist der Fall ist. Die Rechnung für den allgemeinen Fall führen wir in Kapitel 7 durch. Wir dürfen nach Gl. (14) von Kapitel 5 den Winkel δ als klein vernachlässigen und erhalten aus der zweiten Gl. (17)

$$\hat{I}'' \sin\gamma = -\frac{\hat{I}'}{\omega\sqrt{CL}} \sin(\psi - \varphi) = -\frac{\nu}{\omega} \hat{I}' \sin(\psi - \varphi). \tag{18}$$

Dabei ist noch die Näherungsgleichung (10) in Kapitel 5 für die Eigenkreisfrequenz ν verwendet worden. Nach Division durch die erste Gl. (17) ergibt sich dann als Beziehung zur Bestimmung des Phasenwinkels γ

$$\tan\gamma = \frac{\nu}{\omega} \tan(\psi - \varphi), \tag{19}$$

und damit folgt aus der ersten Gl. (17) nach Zwischenrechnungen der fiktive Anfangsscheitelwert des Ausgleichsstromes

$$\hat{I}'' = -\hat{I}' \sqrt{\cos^2(\psi - \varphi) + \left(\frac{\nu}{\omega}\right)^2 \sin^2(\psi - \varphi)}. \tag{20}$$

Der Anfangsscheitelwert $\hat{U}_C''$ der Ausgleichsspannung, der aus Gl. (2) entnommen werden kann, läßt sich damit unter Einführung der Eigenkreisfrequenz ν schreiben

$$\hat{U}_C'' = \hat{I}'' \sqrt{\frac{L}{C}} = \frac{\hat{I}''}{\nu C} = -\frac{\hat{I}'}{\nu C} \sqrt{\cos^2(\psi - \varphi) + \left(\frac{\nu}{\omega}\right)^2 \sin^2(\psi - \varphi)}. \tag{21}$$

Setzt man anstatt $\hat{I}'$ den Scheitelwert $\hat{U}_C'$ der stationären Kondensatorspannung nach Gl. (15) ein, so folgt

$$\hat{U}_C'' = -\hat{U}_C' \sqrt{\left(\frac{\omega}{\nu}\right)^2 \cos^2(\psi - \varphi) + \sin^2(\psi - \varphi)}. \tag{22}$$

Aus Gl. (19), (20) und (22) erkennen wir, daß die Phasenwinkel und vor allem die Scheitelwerte des Ausgleichsstromes und der Ausgleichsspannung einerseits vom Schaltaugenblick abhängen, d. h. davon, mit welcher Phase der stationäre Strom eingeschaltet wird. Sie werden andererseits stark vom Verhältnis der Eigenkreisfrequenz ν des Schwingungskreises zur Kreisfrequenz ω des stationären Wechselstromes beeinflußt.

Für den Resonanzfall mit $\omega = \nu$ werden die Verhältnisse am einfachsten. Nach Gl. (19) wird dann für $\psi = 0$

$$\gamma = -\varphi, \tag{23}$$

so daß der Phasenwinkel des Ausgleichsstromes gleich dem negativen Phasenwinkel des stationären Stromes ist. Das gleiche gilt auch bei der Kondensatorspannung. Ferner wird nach Gl. (20) und (22)

$$\begin{aligned} \hat{I}'' &= -\hat{I}', \\ \hat{U}''_C &= -\hat{U}'_C, \end{aligned} \tag{24}$$

so daß die Anfangsscheitelwerte des Ausgleichsstromes und der Ausgleichsspannung am Kondensator genau entgegengesetzt gleich den stationären Werten im Schaltaugenblick werden.

Da die erzwungene Kreisfrequenz ω und die Eigenkreisfrequenz ν übereinstimmen, so kann man die harmonischen Schwingungen der stationären Ströme und der Ausgleichsströme hier in einem Ausdruck zusammenfassen. Gesamtstrom und Gesamtspannung werden daher nach Gl. (1) und (13) einerseits, Gl. (2) und (15) andererseits mit $\delta = 0$ und $\psi = 0$:

$$\begin{aligned} i &= \hat{I}'(1 - e^{-t/2T}) \cos(\omega t - \varphi), \\ u_C &= \hat{U}'_C(1 - e^{-t/2T}) \sin(\omega t - \varphi). \end{aligned} \tag{25}$$

Strom und Kondensatorspannung verlaufen also als harmonische mit einem Exponentialgesetz nach Gl. (25) ansteigende Schwingungen. *Abb. 4* stellt den Verlauf des Stromes i dar.

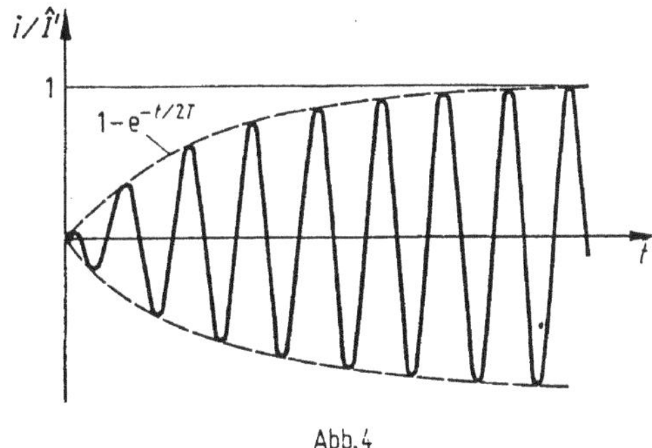

Abb. 4

Die Ströme und Spannungen in einem Resonanzkreise stellen sich demnach nicht sofort nach dem Einschalten auf ihre früher berechneten sehr großen Werte ein, sondern sie nehmen nach dem Einschalten mit dem Gesetz $1 - e^{-t/2T}$, also zunächst linear und später langsamer und langsamer zu. Erst nach einer Zeit gleich einem Vielfachen der doppelten magnetischen Zeitkonstante des Stromkreises, also meist nach sehr vielen Perioden, erreichen sie ihren Endwert. Überströme und Überspannungen durch den Einschaltvorgang selbst treten im Resonanzfalle nicht auf.

Wenn die Eigenfrequenz und erzwungene Frequenz nahezu übereinstimmen, so bleiben Gl. (23) und (24) näherungsweise gültig. Die Zusammenfassung der Schwingungen der gesamten Ströme und der gesamten Spannungen zu je einer harmonischen Funktion ist jetzt jedoch nicht mehr möglich. Man erhält vielmehr

$$\begin{aligned} i &= \hat{I}'[\cos(\omega t - \varphi) - e^{-t/2T} \cos(\nu t - \varphi)], \\ u_C &= \hat{U}'_C[\sin(\omega t - \varphi) - e^{-t/2T} \sin(\nu t - \varphi)]. \end{aligned} \tag{26}$$

Da der abklingende Ausgleichsstrom eine etwas andere Frequenz hat als der stationäre Strom, so fallen die erzwungenen und freien Schwingungen schon bald nach dem Einschalten nicht mehr genau zusammen. Die gesamten Ströme und Spannungen ergeben sich daher nicht mehr vollständig durch Subtraktion des Ausgleichsanteils vom Daueranteil, sondern zu einem bestimmten Zeitpunkt sogar durch Addition. *Abb. 5* stellt diesen Fall der Überlagerung frequenzbenach-

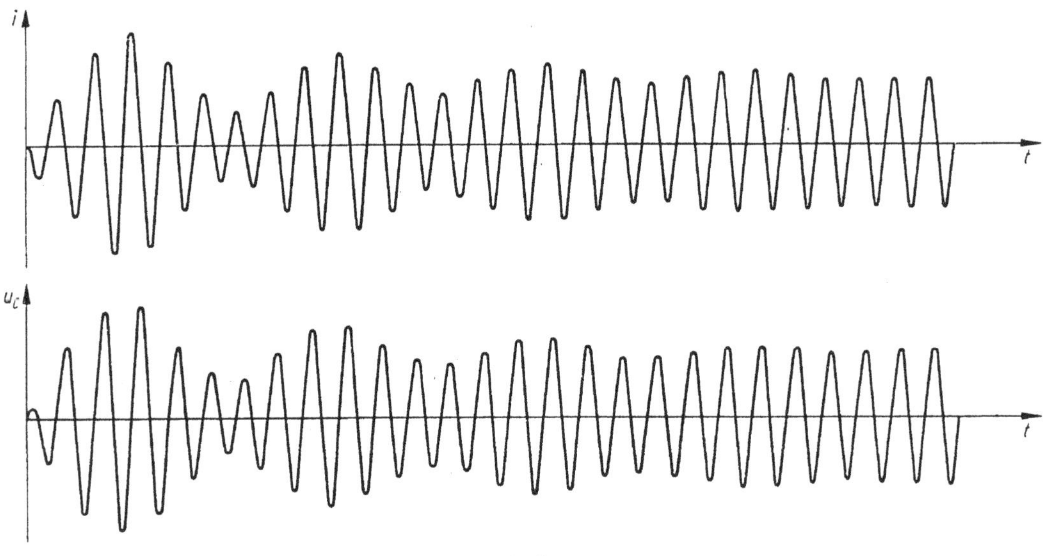

Abb. 5

barter Schwingungen von Strom und Kondensatorspannung, d. h. der Schwebung, dar. Da der Ausgleichstrom und die Ausgleichspannung mit der Zeitkonstante $2T$ abklingen, werden die Schwebungen allmählich schwächer und verklingen nach längerer Zeit vollständig.

Es ist bemerkenswert, daß im Falle der Resonanznähe sowohl der Strom als auch die Kondensatorspannung nach *Abb. 5* schon bald nach dem Einschalten auf fast das Doppelte ihrer an sich großen Endwerte ansteigen, während bei vollständiger Resonanz nach *Abb. 4* diese Überhöhung nicht auftritt. Daraus ergibt sich, daß, besonders bei schwacher Dämpfung, das kurzzeitige Einschalten von Stromkreisen, deren Eigenfrequenz nahezu mit der erzwungenen Frequenz übereinstimmt, gefährlicher ist als bei Resonanz selbst.

Um die Periodendauer oder die Frequenz der Einschaltschwebungen von *Abb. 5* zu bestimmen, können wir die Dämpfung und den Phasenwinkel φ in Gl. (26) außer acht lassen und erhalten dann nach einer bekannten trigonometrischen Formel

$$\begin{aligned} i &= -2\hat{I}' \sin\frac{\omega-\nu}{2}\,t\cdot\sin\frac{\omega+\nu}{2}\,t, \\ u_C &= +2\hat{U}_C' \sin\frac{\omega-\nu}{2}\,t\cdot\cos\frac{\omega+\nu}{2}\,t. \end{aligned} \tag{27}$$

Dieser Strom- und Spannungsverlauf gilt natürlich nur kurze Zeit nach dem Einschalten, solange die Wirkung der Dämpfung noch schwach ist. Man kann diesen Verlauf auffassen als schnelle Sinus- oder Kosinusschwingung mit einer mittleren Kreisfrequenz aus den sehr benachbarten Kreisfrequenzen ω und ν, wobei der größte Scheitelwert der Schwebung zeitlich langsam sinusförmig veränderlich ist mit einer Schwebungskreisfrequenz

$$\sigma = \omega - \nu, \tag{28}$$

wenn man den zeitlichen Abstand je zweier Berge und Täler in *Abb. 5* als Periodendauer der Schwebung auffaßt. Die Höchstwerte des Stromes bzw. der Spannung sind dabei gleich den doppelten Scheitelwerten des stationären Stromes bzw. der stationären Spannung.

Weicht die Eigenfrequenz wesentlich von der Resonanzfrequenz ab, so sind die Einschaltvorgänge verschieden je nach dem Augenblick, in dem geschaltet wird. Zwei Schaltaugenblicke sind besonders charakteristisch.

Wird bei $\omega t = \varphi - \psi = 0$ geschaltet, also in dem Augenblick, in dem der Dauerstrom nach Gl. (13) sein Maximum hat und die Kondensatorspannung nach Gl. (15) durch Null geht, so ist für $\varphi = \psi$ nach Gl. (19) der Phasenwinkel

$$\gamma = 0, \tag{29}$$

und für den Scheitelwert des Ausgleichsstromes nach Gl. (20) und der Ausgleichsspannung nach Gl. (22) ergibt sich

$$\begin{aligned} \hat{I}'' &= -\hat{I}', \\ \hat{U}_C'' &= -\frac{\omega}{\nu}\,\hat{U}_C'. \end{aligned} \tag{30}$$

Die gesamten Ströme und Spannungen werden daher nach Gl. (1) und (13) bzw. auch Gl. (2) und (15)

$$\begin{aligned} i &= \hat{I}'\,(\cos\omega t - \mathrm{e}^{-t/2T}\cos\nu t), \\ u_C &= \hat{U}_C'\left(\sin\omega t - \frac{\omega}{\nu}\,\mathrm{e}^{-t/2T}\sin\nu t\right). \end{aligned} \tag{31}$$

Abb. 6 zeigt ihren Verlauf für den häufigsten Fall, daß die Eigenkreisfrequenz ν wesentlich größer als die erzwungene Kreisfrequenz ω ist.

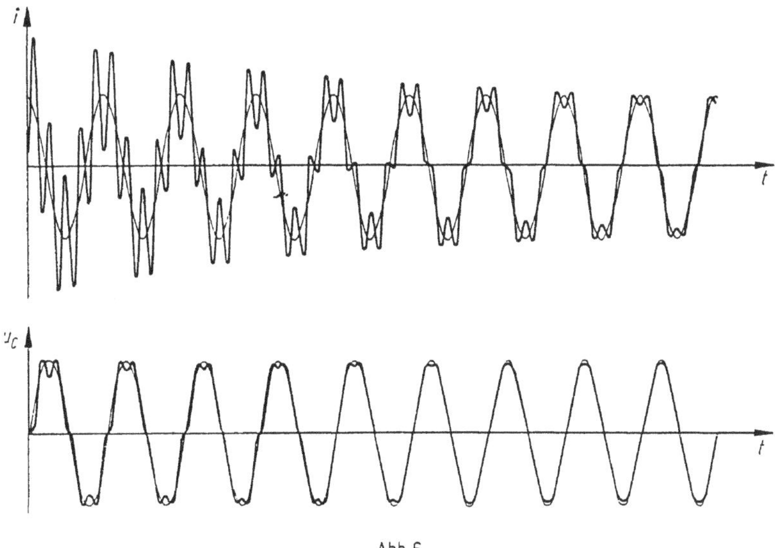

Abb. 6

Der Gesamtstrom steigt nach einer Halbperiode der Eigenschwingung nach dem Schaltaugenblick auf fast den doppelten Scheitelwert des Dauerstromes an. Die Spannung am Kondensator wird etwa nach einer Viertelperiode der erzwungenen Schwingung ebenfalls größer als der Scheitelwert der Dauerspannung, jedoch ist die Überspannung um so geringer, je größer die Eigenkreisfrequenz ν im Verhältnis zur Kreisfrequenz ω ist. Nur für Eigenkreisfrequenzen ν, die wesentlich kleiner als ω sind, würden erhebliche Überspannungen auftreten. Jedoch erfordert dieser Fall eine so große Kapazität, daß die stationäre Spannung an ihr nach Gl. (15) dann meistens nur gering ist.

Wird bei $\omega t = \psi - \varphi = \pi/2$ eingeschaltet, also in dem Augenblick, in dem der Dauerstrom nach Gl. (13) durch Null geht und die Kondensatorspannung nach Gl. (15) ihren Scheitelwert hat, so wird nach Gl. (19) für $\psi - \varphi = \pi/2$

$$\gamma = \frac{\pi}{2} \tag{32}$$

und nach Gl. (20) und (22)

$$\begin{aligned} \hat{I}'' &= -\frac{\nu}{\omega}\hat{I}, \\ \hat{U}''_C &= -\hat{U}'_C. \end{aligned} \tag{33}$$

Für den zeitlichen Verlauf des Gesamtstromes und der Gesamtspannung erhält man jetzt

$$\begin{aligned} i &= \hat{I}'\left(-\sin\omega t + \frac{\nu}{\omega}\,\mathrm{e}^{-t/2T}\sin\nu t\right), \\ u_C &= \hat{U}'_C(\cos\omega t - \mathrm{e}^{-t/2T}\cos\nu t). \end{aligned} \tag{34}$$

Abb. 7 stellt diese Vorgänge dar, und zwar für den Fall einer im Vergleich zur Kreisfrequenz ω kleinen Eigenkreisfrequenz ν. Strom und Spannung verhalten sich

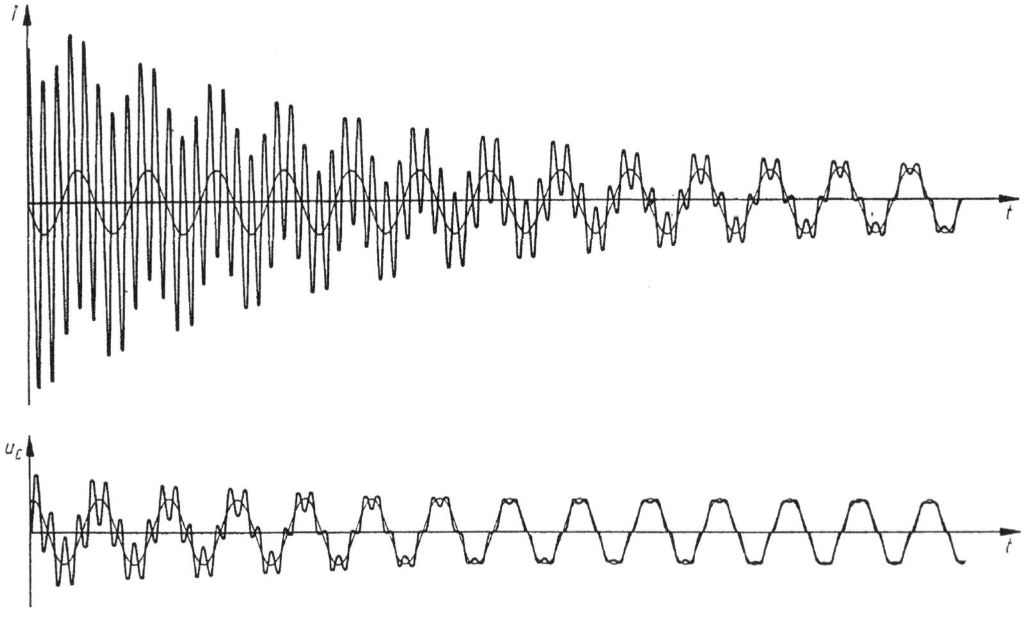

Abb.7

für diesen Schaltaugenblick nahezu umgekehrt wie beim vorher behandelten, wie man durch Vergleich der Gl. (34) und (31) erkennt. Die Kondensatorspannung wird jetzt nach einer Halbperiode der Eigenschwingung nach dem Schaltaugenblick nahezu verdoppelt. Der Ausgleichsstrom dagegen nimmt für Eigenkreisfrequenzen ν des Schwingkreises, die erheblich größer als die Kreisfrequenz ω des Netzes sind, sehr große Werte an, gegenüber denen der stationäre Strom anfangs nur unerheblich ist.

Für sehr geringe Eigenkreisfrequenzen, wie sie bei Meßanordnungen manchmal vorkommen, tritt ein wesentlich anderer Verlauf der Einschaltschwingungen auf. *Abb. 8* stellt entsprechend der jeweils zweiten Gl. (31) und (34) die Konden-

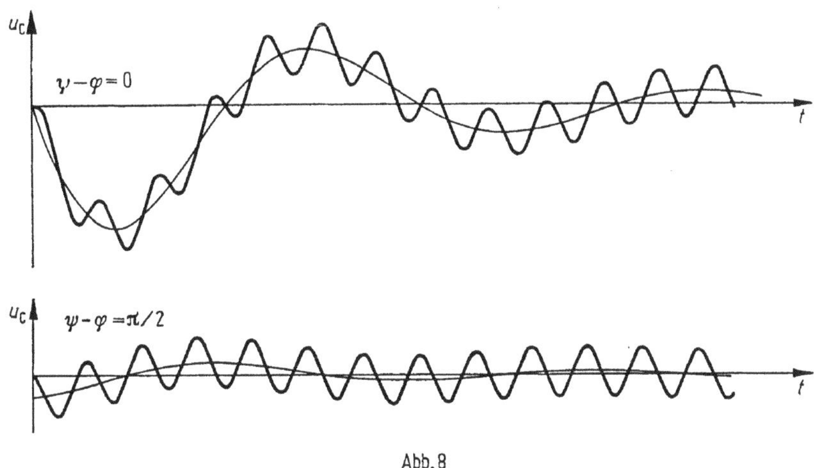

Abb. 8

satorspannung für diesen Fall dar, und zwar für ein Frequenzverhältnis $\nu/\omega = 1/7$ beim Einschalten bei $\omega t = \psi - \varphi = 0$ und $\omega t = \psi - \varphi = \pi/2$. Man erkennt deutlich die Dauerschwingung mit der Kreisfrequenz ω und die Trägerschwingung mit der kleinen Eigenkreisfrequenz ν.

In Starkstromanlagen kommen Stromkreise ausschließlich mit Kapazität, aber ohne Induktivität kaum vor. Fast immer hat zum mindesten ein Teil des Stromkreises, besonders die Wicklungen von Maschinen und Transformatoren, überwiegend Induktivität. Andere Teile des Stromkreises, besonders Kabel und Hochspannungsfreileitungen, enthalten überwiegend Kapazität. Beim Schalten derartiger Stromkreise treten daher stets die hier behandelten Erscheinungen auf. Man kann nie sicher voraussagen, in welchem Augenblick eingeschaltet wird, außerdem trifft bei Drehstromanlagen der günstige Schaltaugenblick einer Phase mit dem ungünstigsten Schaltaugenblick einer anderen Phase zusammen. Daher muß man stets damit rechnen, daß beim Einschalten die Kapazität auf die doppelte Betriebsspannung aufgeladen wird, und daß überdies je nach der Höhe der Eigenfrequenz des beim Schalten wirksamen Gesamtstromkreises große Einschaltströme auftreten.

Mit außergewöhnlich hohen Strömen ist zu rechnen, wenn Gruppen von Kondensatoren, wie sie z. B. zur Verbesserung des Leistungsfaktors benutzt werden, im Augenblick des Scheitelwertes der Betriebsspannung parallel geschaltet werden. Der Stromkreis enthält dann nur eine sehr geringe Induktivität, und daher ist die Frequenz der Eigenschwingungen außerordentlich hoch. Als Schutz gegen diese Überströme können Zwischenwiderstände oder kleine Induktivitäten mit Erfolg verwendet werden.

7. Schaltschwingungen beim Ausschalten

Wir haben in Kapitel 1 gesehen, daß beim schnellen Ausschalten eines Stromkreises hohe Spannungen auftreten können. Dadurch werden die Kapazitäten, mit denen alle Leitungen behaftet sind, aufgeladen, so daß die Spannung in endlichen Grenzen bleibt. Die Höhe der erreichten Ausschaltspannung wird daher vielfach durch diese Nebenkapazitäten der Stromkreise bestimmt. Man kann nach dem Schaltbild von *Abb. 1* auch absichtlich eine Kapazität parallel zur Selbst-

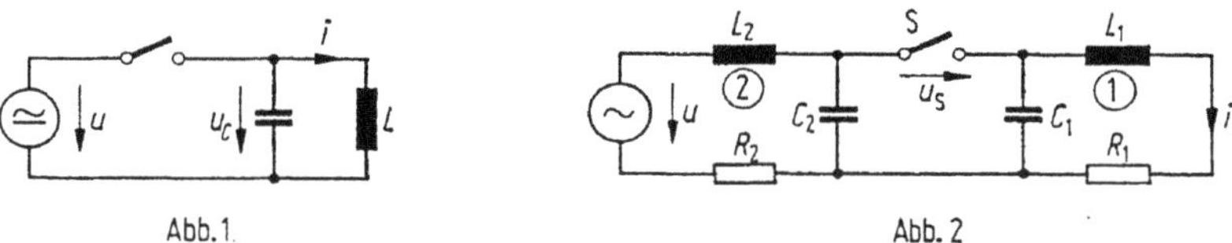

Abb. 1 Abb. 2

induktivität legen, die ein kurzzeitiges Weiterfließen des Stromes in der Induktivität nach dem Öffnen des Schalters ermöglicht und dadurch die Spannung in erträglichen Grenzen hält.

Für den Fall sehr kleiner Widerstände im Stromkreis läßt sich die auftretende Ausschaltspannung aus einer einfachen Energiebetrachtung berechnen. Die in der Selbstinduktivität L vom ursprünglichen Strom i aufgespeicherte magnetische Energie ist

$$W_{\mathrm{m}} = \frac{1}{2} L i^2. \tag{1}$$

Da der Strom der Induktivität nach dem Abschalten durch die Kapazität C fließt, so wird diese allmählich auf eine Spannung u geladen. Die elektrische Energie des Kondensators ist dann

$$W_{\mathrm{e}} = \frac{1}{2} C u^2. \tag{2}$$

Sie kann im höchsten Falle gleich der magnetischen Energie der Selbstinduktivität werden, wenn nämlich keine Energieverluste durch Widerstände aller Art vorhanden sind. Die Energie pulsiert dann zwischen der Selbstinduktivität und der Kapazität, indem durch die freien Eigenschwingungen abwechselnd magnetische Energie in elektrische übergeht und umgekehrt elektrische Energie in magnetische.

Da die beiden Energien gleich sind, so ist

$$\frac{1}{2} C u^2 = \frac{1}{2} L i^2, \tag{3}$$

und daraus bestimmt sich die höchste Überspannung, die kurze Zeit nach dem Ausschalten des Stromes auftritt, zu

$$u = i \sqrt{\frac{L}{C}}. \tag{4}$$

Schaltet man beispielsweise einen Strom von $i = 30$ A in einem Stromkreis aus, der eine Selbstinduktivität $L = 4$ H und eine Parallelkapazität $C = 40$ nF hat, so erhält man eine Ausschaltspannung von

$$u = 30\,\mathrm{A}\sqrt{\frac{4\,\mathrm{H}}{40\cdot 10^{-9}\,\mathrm{F}}} = 30\,\mathrm{A}\cdot 10\,\mathrm{k\Omega} = 300\,\mathrm{kV}.$$

Wirkt nur die natürliche Kapazität der Leitungen auf den Ausschaltvorgang, so können die Spannungen unzulässig hohe Werte erreichen. Wir wollen sie unter Berücksichtigung des Leitungswiderstandes genauer berechnen. Je nach der Anordnung des Stromkreises können die Nebenkapazitäten zum Schalter, zur Selbstinduktivität und zur Stromquelle verschiedene Lagen haben. In *Abb. 2* ist beispielsweise dargestellt, wie ein entfernter Kurzschluß zwischen zwei Leitungen durch einen Schalter im Leitungszuge abgeschaltet wird. Der Stromkreis zerfällt dadurch in zwei Teile *1* und *2*, von denen jeder vorher vom vollen Kurzschlußstrom durchflossen war. Nach dem Abschalten sind die beiden Kreise mit ihren Selbstinduktivitäten L_1 und L_2 und ihren Nebenkapazitäten C_1 und C_2 unabhängig voneinander. Ihre Kurzschlußströme verklingen je für sich in gedämpften Schwingungen, so daß wir sie getrennt betrachten können.

a) Scheitelwert und Phasenwinkel

In jedem abgeschalteten Kreise verläuft der Ausgleichsstrom in der Selbstinduktivität nach Gl. (8) von Kapitel 5 nach dem Zeitgesetz

$$i'' = \hat{I}''\,\mathrm{e}^{-t/2T}\cos(\nu t + \gamma) \tag{5}$$

und die Ausgleichsspannung am Kondensator entsprechend nach Gl. (17) von Kapitel 5 nach dem Zeitgesetz

$$u_C'' = \hat{U}_C''\,\mathrm{e}^{-t/2T}\sin(\nu t + \gamma - \delta), \tag{6}$$

wobei die Scheitelwerte verknüpft sind durch

$$\hat{U}_C'' = \sqrt{\frac{L}{C}}\,\hat{I}''. \tag{7}$$

Nach dem allgemeinen Schaltgesetz in Gl. (9) von Kapitel 3 ergibt sich nun der anfängliche Ausgleichsstrom in der Selbstinduktivität als die Differenz der stationären Ströme, die unmittelbar vor und kurze Zeit nach der Schalthandlung in ihr vorhanden wären. Dieser Differenzstrom sei als

$$i_{L0}'' = i_{L0} - i_{L0}' \tag{8}$$

in der Selbstinduktivität bezeichnet. Ferner ist die anfängliche Ausgleichsspannung am Kondensator gleich der Differenz seiner stationären Spannungen unmittelbar vor und unmittelbar nach der Schalthandlung. Diese Differenzspannung sei als Schaltspannung

$$u_{C0}'' = u_{C0} - u_{C0}' \tag{9}$$

bezeichnet.

Wir beachten, daß der Schaltstrom i_{L0}'' stets nur die Stromänderung in der Selbstinduktivität, die Schaltspannung u_{C0}'' nur die Spannungsänderung an der Kapazität berücksichtigt, die durch die Schalthandlung bewirkt werden, dagegen nicht Ströme und Spannungen an irgendwelchen anderen Stellen des Stromkreises, etwa am Schalter selbst oder in sonstigen Leitungen. Diese Schaltströme i''_{L0} und Schaltspannungen u''_{C0} können wir für jede durch eine Schalthandlung hervorgerufene Änderung irgendeines Stromkreises stets als bekannt ansehen, weil man die stationären Werte von Strom und Spannung vor und nach dem Schalten nach den üblichen Regeln leicht bestimmen kann.

Vergleichen wir den Schaltstrom mit dem Anfangswert des Ausgleichsstromes nach Gl. (5) und die Schaltspannung mit dem Anfangswert der Ausgleichsspannung nach Gl. (6) für $t = 0$, so erhalten wir zu deren Bestimmung die Beziehungen

$$\begin{aligned} \hat{I}'' \cos\gamma &= i''_{L0}, \\ \hat{U}''_C \sin(\gamma - \delta) &= u''_{C0}. \end{aligned} \tag{10}$$

Durch Division entsteht daraus unter Benutzung der Gl. (7)

$$\sin(\gamma - \delta) = \sqrt{\frac{C}{L}}\,\frac{u''_{C0}}{i''_{L0}}\cos\gamma. \tag{11}$$

Der Phasenwinkel δ zwischen den Spannungen im Stromkreis bestimmt sich nach *Abb. 6* von Kapitel 5 aus

$$\sin\delta = \frac{R/2}{\sqrt{L/C}}. \tag{12}$$

Aus Gl. (11) und (12) ergibt sich

$$\sin\gamma\cos\delta - \cos\gamma\sin\delta = \frac{2}{R}\,\frac{u''_{C0}}{i''_{L0}}\cos\gamma\sin\delta. \tag{13}$$

Dies läßt sich zusammenfassen zu

$$\tan\gamma = \left(1 + \frac{2}{R}\,\frac{u''_{C0}}{i''_{L0}}\right)\tan\delta. \tag{14}$$

Führen wir nunmehr für $\tan\delta$ seinen Wert nach Gl. (5) und (14) von Kapitel 5 ein, so bestimmt sich der Phasenwinkel für den Ausgleichsstrom aus

$$\tan\gamma = \frac{u''_{C0}/i''_{L0}}{\sqrt{L/C - (R/2)^2}}. \tag{15}$$

Wenn wir den ohmschen Widerstand R klein gegenüber dem Schwingungswiderstand $\sqrt{L/C}$ voraussetzen, was in Starkstromkreisen besonders dann der Fall ist, wenn es sich um die Wirkung von kleinen Nebenkapazitäten handelt, so erhalten wir einen ersten Näherungswert. Ist der Widerstand auch vernachlässigbar klein gegenüber dem Quotienten u''_{C0}/i''_{L0}, so erhalten wir eine zweite noch einfachere Annäherung

$$\tan\gamma \approx \sqrt{\frac{C}{L}}\left(\frac{u''_{C0}}{i''_{L0}} + \frac{R}{2}\right) \approx \sqrt{\frac{C}{L}}\,\frac{u''_{C0}}{i''_{L0}}. \tag{16}$$

In üblichen Wechselstromkreisen können wir fast immer mit der ersten und auch oft mit der zweiten Näherung rechnen. Dagegen dürfen wir in Gleichstromkreisen die zweite Näherung nicht benutzen, weil dort das Strom-Spannungs-Verhältnis ja gerade durch den Widerstand bestimmt wird. Wir erkennen allgemein, daß der Anfangsphasenwinkel des Ausgleichsstromes außer vom Schwingungswiderstand noch sehr stark von den Schaltströmen und Schaltspannungen bestimmt wird.

Den Scheitelwert des Ausgleichsstroms in der Selbstinduktivität erhält man hiermit aus der ersten Gl. (10), wenn man $\cos\gamma$ durch $\tan\gamma$ ausdrückt zu

$$\hat{I}'' = i''_{L0}\sqrt{1+\tan^2\gamma} = \sqrt{i''^2_{L0} + \frac{u''_{C0} + \frac{1}{2} R i''^2_{L0}}{L/C - (R/2)^2}}, \tag{17}$$

und daraus kann man wieder die beiden Näherungswerte für mäßig kleine und sehr kleine Widerstände bestimmen

$$\hat{I}'' \approx \sqrt{i''^2_{L0} + \frac{C}{L}\left(u''_{C0} + \frac{1}{2} R i''_{L0}\right)^2} \approx \sqrt{i''^2_{L0} + \frac{C}{L} u''^2_{C0}}. \tag{18}$$

Den Scheitelwert der Ausgleichsspannung an der Kapazität erhält man aus Gl. (17) mit Gl. (7) zu

$$\hat{U}''_C = \sqrt{\frac{L}{C} i''^2_{L0} + \frac{(u''_{C0} + \frac{1}{2} R i''_{L0})^2}{1 - C/L\cdot(R/2)^2}} \tag{19}$$

und aus Gl. (18) den Näherungswert für geringe Widerstände

$$\hat{U}''_C \cong \sqrt{\frac{L}{C} i''^2_{L0} + \left(u''_{C0} + \frac{1}{2} R i''_{L0}\right)^2} = \sqrt{\frac{L}{C} i''^2_{L0} + u''^2_{C0}}. \tag{20}$$

Die Beziehungen (17) bis (20) stellen die Scheitelwerte der Ausgleichsschwingungen in sehr allgemeiner Form dar, sie gelten sowohl für Gleichstrom als auch für Wechselstrom, unabhängig von der Kurvenform für Ein- oder Ausschalten zu beliebigen Schaltzeitpunkten und bei beliebiger örtlicher Lage der Schaltstelle. Im wesentlichen werden die Scheitelwerte der Ausgleichsschwingungen also von den Schaltströmen i''_{L0} in der Selbstinduktivität, den Schaltspannungen u''_{C0} an der Kapazität und vom Schwingungswiderstand $\sqrt{L/C}$ bestimmt. Da selbst bei Wechselstrom entweder eine Schaltspannung u''_{C0} oder ein Schaltstrom i''_{L0} vorkommt, so treten beim Abschalten immer Ausgleichsschwingungen auf.

b) Ausschalten von Gleichstrom

Wenn wir den Gleichstromkreis nach *Abb. 3* durch Abschalten der Stromquelle öffnen, so sinkt der ursprüngliche Strom I in der Selbstinduktivität allmählich auf Null ab. Daher erhalten wir als Schaltstrom

$$i''_{L0} = I - 0 = I. \tag{21}$$

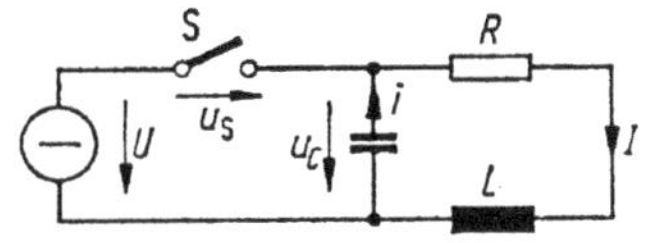

Abb. 3

Gleichzeitig verschwindet die ursprüngliche Spannung U an der Kapazität vollständig, und daher wird die Schaltspannung

$$u''_{C0} = U - 0 = U = -RI, \tag{22}$$

sie wird also durch die ursprüngliche Spannung am Widerstand bestimmt. Wir haben dabei dem Strom I durch den Kondensator die negative Richtung zugeordnet.

Der Anfangsphasenwinkel des Ausgleichsstroms ergibt sich damit nach Gl. (14) zu

$$\tan\gamma = -\tan\delta. \tag{23}$$

Der Phasenwinkel γ ist also gleich dem negativen inneren Phasenwinkel δ. Für ziemlich große Schwingungswiderstände ist δ nach Gl. (12) sehr klein, und daher wird hierfür auch

$$\tan\gamma = -\frac{1}{2} R \sqrt{\frac{C}{L}}. \tag{24}$$

Der Scheitelwert des Stromes bestimmt sich nach Gl. (17) oder nach der Näherung von Gl. (18) zu

$$\hat{I}'' = \frac{I}{\sqrt{1 - C/L\,(R/2)^2}} \approx I \sqrt{1 + \frac{C}{L}\left(\frac{R}{2}\right)^2} \approx I \tag{25}$$

und der Scheitelwert der Spannung entsprechend Gl. (19) und (20) zu

$$\hat{U}''_C = \frac{U\sqrt{L/C}}{R\sqrt{1 - C/L\,(R/2)^2}} \approx U\sqrt{\frac{L/C}{R^2} + \frac{1}{4}} \approx U\sqrt{\frac{L/C}{R}}. \tag{26}$$

Im letzten Ausdruck auf der rechten Seite von Gl. (26) ist die Näherung für sehr kleinen Widerstand berücksichtigt. Da im Schwingungskreis von *Abb. 3* nach dem Ausschalten nur die Ausgleichsströme fließen, so ergibt sich im Stromkreis der gesamte Strom nach Gl. (5) für diesen Fall zu

$$i = i'' = -\hat{I}\, e^{-t/2T} \cos(\nu t - \delta) \tag{27}$$

und die gesamte Spannung nach Gl. (6) zu

$$u_C = u''_C - \frac{\sqrt{L/C}}{R}\, U\, e^{-t/2T} \sin(\nu t - 2\delta). \tag{28}$$

Dabei ist nach Gl. (23) anstelle des kleinen Phasenwinkels γ der Wert $-\delta$ eingeführt, wodurch der Anschluß der Ausgleichsschwingungen an die ursprünglichen Werte von Strom und Spannung bewirkt wird.

Am Schalter entsteht nach dem Öffnen eine Spannung, die sich als Differenz der Spannung an der Stromquelle und der Kondensatorspannung ergibt zu

$$u_s = U - u''_C = U\left[1 + \frac{\sqrt{L/C}}{R}\, e^{-t/2T} \sin(\nu t - 2\delta)\right]. \tag{29}$$

Abb. 4 stellt den zeitlichen Verlauf von u_s dar. Die Spannung am Schalter springt demnach durch die Wirkung der Kapazität nicht plötzlich auf den Endwert U, sondern wächst zunächst mit endlicher Geschwindigkeit. Für ziemlich kleinen Widerstand oder große Zeitkonstante gilt

$$\frac{d u_s}{dt} = \frac{U}{RC}\, e^{-t/2T} \cos\nu t, \tag{30}$$

wobei die Eigenfrequenz mit ihrem Näherungswert eingesetzt ist. Es zeigt sich, daß die anfängliche Anstiegsgeschwindigkeit außer durch die Spannung U lediglich durch die elektrische Zeitkonstante des Stromkreises bestimmt wird, oder auch anders ausgedrückt, durch den Quotienten I/C.

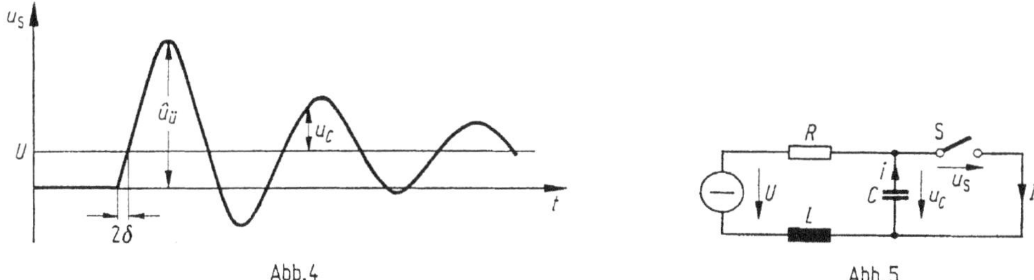

Abb. 4 Abb. 5

Die Spannung übersteigt nach *Abb. 4* die endgültige Spannung beträchtlich und erreicht einen hohen Scheitelwert, der sich nach Gl. (26) für kleine Widerstände zum Scheitelwert der Betriebsspannung verhält wie der Schwingungswiderstand des Stromkreises zum ohmschen Widerstand. Hat der Stromkreis erheblichen Leitungswiderstand, so ist die auftretende Überspannung wegen der exponentiellen Dämpfung geringer. Der Größtwert der Spannungsschwingung ist dann nach einer Zeit von reichlich einer Viertelperiode, die wir aus Gl. (28) zu $(2\delta + \pi/2)/\nu$ bestimmen können, gemäß der genaueren Gl. (26)

$$\hat{u}_{ü} = U\left[1 + \sqrt{\frac{L/C}{R^2} + \frac{1}{4}}\cdot e^{-\frac{\pi}{4}\frac{R}{\sqrt{L/C}}\left(1 + \frac{2}{\pi}\frac{R}{\sqrt{L/C}}\right)}\right]. \tag{31}$$

Günstig für das Abschalten des Stromes ist der Umstand, daß durch die Wirkung der Parallelkapazität eine freie Schwingung mit zunächst nur geringer Spannung einsetzt, die erst nach der Dauer von einem Viertel der Eigenperiode auf den Höchstwert ansteigt. In dieser Zeit muß der Abstand der Schaltstücke des Schalters so groß geworden sein, daß sich ein Lichtbogen nicht bilden kann. Die notwendige Ausschaltgeschwindigkeit für lichtbogenfreie Unterbrechung ist daher durch die Dauer der Eigenperiode der freien Schwingung bestimmt.

Für das Abschalten eines Gleichstromkreises nach *Abb. 5* sinkt der Strom in der Selbstinduktivität vom ursprünglichen Wert I auf 0 herab, daher ist der Schaltstrom

$$i''_{L0} = I - 0 = I. \tag{32}$$

Die Kondensatorspannung steigt von ihrem Wert bei Kurzschluß, der annähernd Null ist, bis zur Betriebsspannung U, und daher ist die Schaltspannung

$$u''_{C0} = 0 - U = -U = -RI. \tag{33}$$

Die Bedingungen für die Ausgleichsströme unterscheiden sich daher nicht von den früheren nach *Abb. 3* und Gl. (21) und (22), nur überlagert sich hier im ausgeschalteten Stromkreis nach *Abb. 5* noch die Spannung U der Stromquelle. Die Kondensatorspannung ergibt sich daher mit der negativen Ausgleichsspannung von Gl. (28) zu

$$u_C = U + u''_C = U\left[1 + \frac{\sqrt{L/C}}{R}\, e^{-t/2T} \sin(\nu t - 2\delta)\right]. \tag{34}$$

Die Schalterspannung ist nach *Abb. 5* identisch mit der Kondensatorspannung, und da deren Gesetzmäßigkeit nach Gl. (34) vollkommen mit der nach Gl. (29) übereinstimmt, so wird der zeitliche Verlauf für beide auch durch *Abb. 4* dargestellt. Man sieht also, daß sich beim Ausschalten von Gleichstrom das Verhalten der beiden Stromzweige *1* und *2* in *Abb. 2* nicht erheblich unterscheidet.

Besonders eigenartige Verhältnisse für das Schalten liegen vor, wenn man nach dem Schaltbild der *Abb. 6* der Parallelkapazität C zu einer Induktivität L

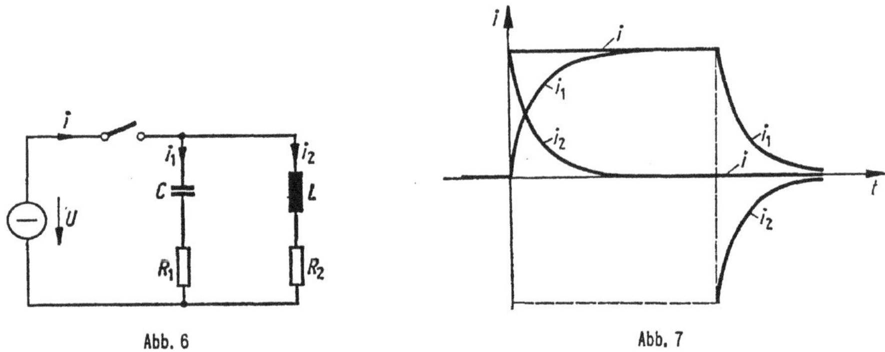

Abb. 6 Abb. 7

noch einen Widerstand R_2 vorschaltet und diese beiden Größen bei gegebener Induktivität L und gegebenem Widerstand R_1 so bemißt, daß

$$R_2 = \frac{L}{C} = R_1$$

ist. Dann liegt für den aus L, R_1, R_2 und C gebildeten Stromkreis nach Gl. (11) von Kapitel 5 gerade der Fall der aperiodischen Dämpfung vor, so daß beim Abschalten keine Schwingungen mehr auftreten. Andererseits werden die Zeitkonstanten der beiden Stromzweige einander gleich, und dadurch werden die Ausgleichsströme i_1'' und i'' in beiden Zweigen bei beliebigen Änderungen des Stromes i stets einander entgegengesetzt gleich, so daß der äußere Stromkreis von Ausgleichsströmen frei wird und in ihm beliebige, auch unstetige Änderungen von Strom und Spannung möglich sind. Die Selbstinduktivität ist dadurch in diesem Stromkreis unwirksam. *Abb. 7* zeigt Oszillogramme des Einschaltstromes und des Ausschaltstromes in diesem Stromkreis. Eine derartige Anordnung ist sehr vorteilhaft für funkenfreie Unterbrechung von Kontakten.

c) Ausschaltschwingungen bei Wechselstrom

Beim Ausschalten von Wechselstrom verlaufen die Schaltspannungen an der Kapazität und die Schaltströme in der Selbstinduktivität sinusförmig und können daher unterschiedliche Werte und Richtungen haben, je nach der Phasenverschiebung im Stromkreis und dem Augenblick der Unterbrechung. In *Abb. 8* sind mehrere Schaltaugenblicke hervorgehoben; im Zeitpunkt *1* haben Ausschaltstrom und Ausschaltspannung gleiche, im Zeitpunkt *2* entgegengesetzte Richtung, im Zeitpunkt *3* geht die Spannung durch Null.

Der zeitliche Verlauf der stationären Ströme und Spannungen ist

$$i = \hat{I} \cos(\omega t + \alpha), \qquad u = \hat{U} \cos(\omega t + \beta). \tag{35}$$

Sie haben eine Phasenverschiebung

$$\varphi = \alpha - \beta \tag{36}$$

entsprechend dem Zeigerdiagramm in *Abb. 9*. Das Verhältnis ihrer Scheitelwerte ist

$$\frac{\hat{U}}{\hat{I}} = \sqrt{R^2 + \omega^2 L^2} = \frac{\omega L}{\sin \varphi}. \tag{37}$$

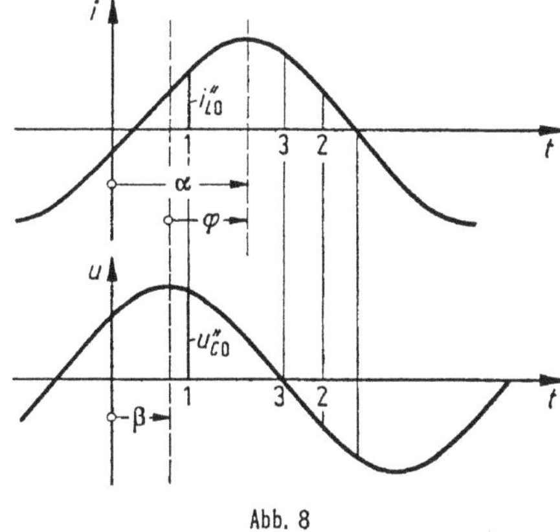

Abb. 8

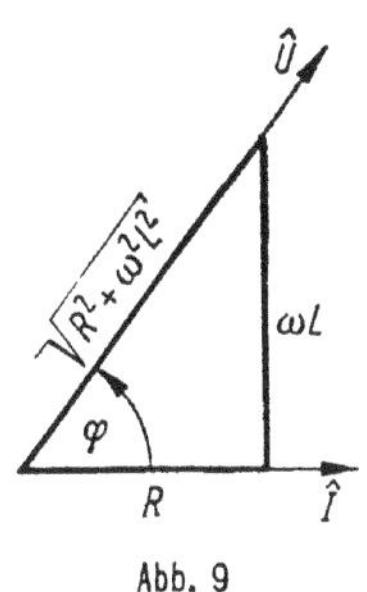

Abb. 9

Für das Schaltbild der *Abb. 3* ergibt sich der Schaltstrom in der Selbstinduktivität L und die Schaltspannung an der Kapazität C zur Zeit $t = 0$ zu

$$i''_{L0} = \hat{I} \cos \alpha, \qquad u''_{C0} = \hat{U} \cos \beta, \tag{38}$$

denn die stationären Ströme und Spannungen nach dem Schalten sind in dem abgeschalteten Schwingungskreise null. Für den am Generator liegenden Schwingungskreis nach *Abb. 5* gelten diese Formeln wieder mit dem negativen Wert der Spannung, jedoch nur angenähert, weil nach dem Ausschalten die Kapazität C nur von einem kleinen Wechselstrom durchflossen wird und die Spannung an der Kapazität sich von der Generatorspannung nur um den Spannungsabfall durch diesen Strom unterscheidet. Mit geringer werdender Kapazität verschwindet dieser Unterschied mehr und mehr.

Für die Anfangsphasenwinkel des Ausgleichsstromes erhält man aus der Näherungsgleichung (16) mit Benutzung der Gl. (36) und (37)

$$\tan \gamma = \frac{\hat{U}}{\hat{I}} \frac{\cos \beta}{\cos \alpha} = \frac{\omega}{\nu} \frac{\cos(\alpha - \beta)}{\cos \beta \sin \varphi}. \tag{39}$$

Der Anfangsphasenwinkel hängt also außer vom Verhältnis der Eigenfrequenz zur erzwungenen Frequenz sowohl vom Phasenverschiebungswinkel φ zwischen Strom und Spannung als auch vom Schaltphasenwinkel α des Stromes ab, also von dem Zeitpunkt der Sinuskurve nach *Abb. 8*, in dem der Schalter geöffnet wird. Für Stromkreise sehr geringer Induktivität, also mit $\varphi = 0$, erhält man

$$\tan \gamma = \infty, \qquad \text{also} \qquad \gamma = 90°, \tag{40}$$

dagegen für Stromkreise mit großer Induktivität, also mit $\varphi = 90°$

$$\tan \gamma = \frac{\omega}{\nu} \tan \alpha. \tag{41}$$

Für derartige Stromkreise mit großer Induktivität ergeben sich folgende Näherungen. Der Ausgleichsstrom wird nach Gl. (18), wenn man die Werte der Gl. (37) und (38) einsetzt:

$$\hat{I}'' = \hat{I}\sqrt{\cos^2\alpha + \left(\frac{\omega}{\nu\sin\varphi}\right)^2\cos^2\beta} = \hat{I}\sqrt{\cos^2\alpha + \left(\frac{\omega}{\nu}\right)^2\sin^2\alpha}\,, \qquad (42)$$

wobei im rechten Gliede $\varphi = 90°$ gesetzt ist. Wegen der quadratischen Glieder unter der Wurzel kann der Ausgleichsstrom niemals völlig verschwinden. Wenn die Eigenkreisfrequenz ν größer als die erzwungene Kreisfrequenz ω ist, so hat er einen Mindestwert für $\alpha = 90°$, also beim Ausschalten im Nulldurchgang des Stromes, nämlich

$$\hat{I}'' = \frac{\omega}{\nu}\hat{I}\,. \qquad (43)$$

Der Höchstwert wird dagegen beim Schalten im Scheitelwert des Stromes mit $\alpha = 0$ erreicht, nämlich

$$\hat{I}'' = \hat{I}\,. \qquad (44)$$

Der von der Selbstinduktivität aufrechterhaltene Ausgleichsstrom fließt ganz ähnlich wie bei Gleichstrom in die Kapazität und lädt sie auf.

Die Ausgleichsspannung an der Kapazität wird nach Gl. (20) unter Einführung von Gl. (37) und (38)

$$\hat{U}_C'' = \hat{U}\sqrt{\left(\frac{\nu\sin\varphi}{\omega}\right)^2\cos^2\alpha + \cos^2\beta} = \hat{U}\sqrt{\left(\frac{\nu}{\omega}\right)^2\cos^2\alpha + \sin^2\alpha}\,, \qquad (45)$$

wobei im rechten Gliede wieder $\varphi = 90°$ für Stromkreise mit großer Induktivität eingeführt ist.

Wir erkennen aus Gl. (42) und (45) allgemein, daß die Höhe der Schaltströme und Schaltspannungen beim Ausschalten von Wechselstrom lediglich von dessen Phasenverschiebung φ, vom Verhältnis der Eigenkreisfrequenz ν zur Netzkreisfrequenz ω und von dem Schaltphasenwinkel α abhängt.

Die Ausgleichsspannung wird am größten für Ausschalten im Stromscheitelwert mit $\alpha = 0$, und zwar

$$\hat{U}_C'' = \frac{\nu}{\omega}\hat{U}\,. \qquad (46)$$

Da die Eigenfrequenzen von Starkstromkreisen meistens wesentlich größer als die Betriebsfrequenz sind, beträgt die Ausschaltspannung im ungünstigsten Falle nach Gl. (46) ein erhebliches Vielfaches der Netzspannung vor dem Ausschalten.

Öffnet der Schalter den Stromkreis dagegen bei einem Nulldurchgang des Stromes, also bei $\alpha = 90°$, so tritt nach Gl. (45) nur eine geringe Ausgleichsspannung auf, deren Anfangsscheitelwert

$$\hat{U}_C'' = \hat{U} \qquad (47)$$

gleich dem Scheitelwert der Spannung vor dem Schalten ist. Der Anfangsphasenwinkel wird dann nach Gl. (41)

$$\gamma = 90°\,, \qquad (48)$$

und damit wird die Ausgleichsspannung nach Gl. (6)

$$u_C'' = \hat{U}\, e^{-t/2T} \cos \nu t\,. \tag{49}$$

Die Spannung zwischen den Schaltkontakten wird durch diese hochfrequente Schwingung stark beeinflußt. Bedenkt man, daß der Phasenwinkel β der Netzspannung für einen Stromkreis mit großer Induktivität nach Gl. (36) zu Null wird, so erhält man für die Spannung am Schalter

$$u_s = u - u_C'' = \hat{U}\,[\cos \omega t - e^{-t/2T} \cos \nu t]\,. \tag{50}$$

Der zeitliche Verlauf der Schalterspannung und des Schalterstromes ist in *Abb. 10* dargestellt. Vor dem Ausschalten ist die Spannung am Schalter Null, im Augen-

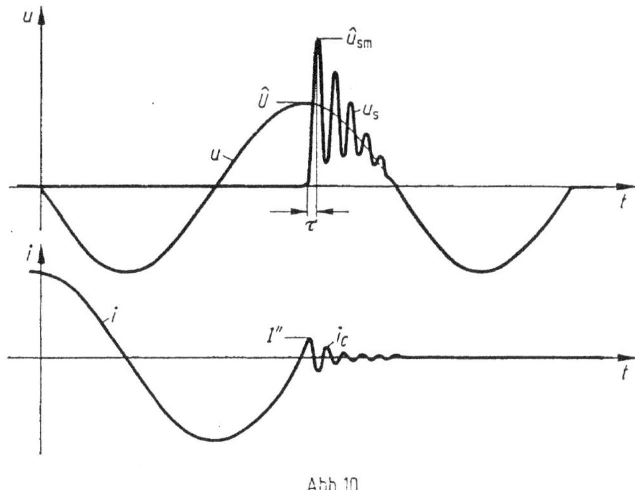

Abb. 10

blick der Trennung der Kontakte nimmt sie erst langsam, dann immer schneller als hochfrequente Schwingung zu, die sich der Netzspannung überlagert. Sie erreicht als Höchstwert bei geringer Dämpfung den doppelten Scheitelwert der Netzspannung. Diese Ausschaltschwingung erleichtert den Schaltvorgang erheblich, da die Spannung zwischen den Schaltkontakten nicht augenblicklich entsteht, sondern sich zunächst mit geringer Geschwindigkeit entwickelt und erst dann kräftig anwächst.

Sieht man von den langsam veränderlichen Gliedern der Gl. (50) ab, so erhält man für den zeitlichen Anstieg der Schalterspannung

$$\frac{d u_s}{d t} = \frac{\hat{U}}{\sqrt{LC}}\, e^{-t/2T} \sin \nu t\,. \tag{51}$$

Die Schalterspannung ist also zunächst sehr gering und nähert sich ihrem Höchstwert erst nach einer halben Periodendauer der Hochfrequenzschwingung, also nach der Zeit

$$\tau = \frac{\pi}{\nu} = \pi \sqrt{LC}\,. \tag{52}$$

Je größer die Schaltkapazität ist, um so längere Zeit steht zur Bewegung der Schaltkontakte zur Verfügung.

Wird ein Wechselstromkreis nach *Abb. 2* ausgeschaltet, so treten derartige Ausschaltschwingungen auf beiden Seiten des Schalters auf. Die Spannung am Schalter ergibt sich dann als Differenz der beiden hochfrequenten Kapazitätsspannungen, deren Frequenzen im allgemeinen nicht übereinstimmen, sondern recht verschieden sein können. Der Verlauf der Schalterspannung wird dadurch wesentlich verwickelter, jedoch kann die höchste Spannung zwischen den Kontakten auch in diesem Fall den Wert

$$\hat{u}_{sm} = 2\hat{U} \tag{53}$$

nicht überschreiten. Dieser setzt sich aus beiden Schaltschwingungen zusammen, von denen sich jede unter dem ihr zugeordneten Anteil der Netzspannung entwickelt. Solche Verhältnisse liegen bei Schaltern in Starkstromnetzen häufig vor.

Wenn die Eigenkreisfrequenz ν des abzuschaltenden Stromkreises ganz oder nahezu mit seiner Betriebskreisfrequenz ω übereinstimmt, so wird im rechten Glied von Gl. (45) für die Ausgleichsspannung der Wurzelwert zu 1, unabhängig vom Wert des Schaltphasenwinkels α, also gleichgültig, in welchem Augenblick der Strom- und Spannungskurven man den Stromkreis unterbricht. Die Spannung im abgeschalteten Schwingungskreis nach *Abb. 3* schwingt dann mit der Frequenz und Phase der aufgedrückten Wechselspannung weiter, nur ist ihr Scheitelwert nach Maßgabe der Zeitkonstante gedämpft, während der Scheitelwert der aufgedrückten Wechselspannung konstant bleibt. Die Schalterspannung wird jetzt nach Gl. (50)

$$u_{sm} = \hat{U}\,(1 - e^{-t/2T} \cos \omega t) \tag{54}$$

und ändert sich nach dem Abschalten nur sehr langsam. Ihr Verlauf wird durch Abb. 6 in Kapitel 6 dargestellt. Die Spannungssteilheit ist

$$\frac{d u_s}{d t} = \frac{r}{2L}\,\hat{U}\,e^{-t/2T}. \tag{55}$$

Für die Trennung der Kontakte steht also eine Zeit zur Verfügung, die gleich der doppelten aus Selbstinduktivität und Widerstand des Stromkreises gegebener Zeitkonstante ist und die bei kleinem Widerstand und erheblicher Induktivität im allgemeinen beträchtlich groß sein kann. Die Ausschaltbedingungen für derartige Resonanzkreise sind daher besonders günstig.

Wenn die Eigenfrequenz des Stromkreises mit der erzwungenen Frequenz nicht genau übereinstimmt, so treten nach Gl. (50) Schwebungen der beiden Spannungskurven auf, wie sie in Abb. 7 von Kapitel 6 dargestellt sind. Der Scheitelwert der Spannung am Schalter steigt dadurch auf den doppelten Scheitelwert der Netzspannung an, jedoch erst nach einer Zeit, die der Schwebungsfrequenz entspricht. Auch hierbei sind also noch günstige Ausschaltbedingungen vorhanden, wenn auch nicht in dem Maße wie im vorhergehenden Falle.

II. Gekoppelte Stromkreise

8. Ruhende Stromkreise mit Gegeninduktivität

Die einem Schaltvorgang unterworfenen Stromkreise sind in vielen Fällen nicht nur leitend verbunden, sondern auch durch Gegeninduktivität oder Koppelkapazität mit anderen Kreisen verkettet.

Wir untersuchen im folgenden die Ausgleichsvorgänge in zwei ruhenden durch Gegeninduktivität magnetisch gekoppelten Stromkreisen nach *Abb. 1,* wobei wir

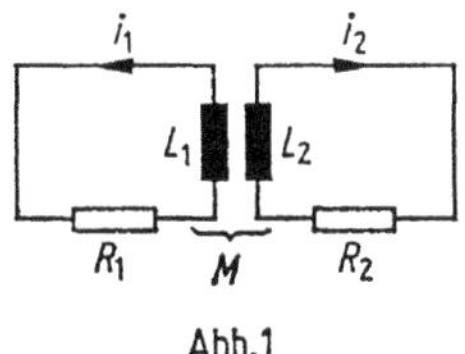

Abb. 1

voraussetzen, daß zwischen den Strömen und magnetischen Flüssen lineare Beziehungen bestehen, was z. B. für einen Lufttransformator oder näherungsweise für linearisierte Stromwandler zutrifft.

a) Ausgleichsströme und Zeitkonstanten

Zunächst betrachten wir den Verlauf der Ausgleichsströme i_1'' und i_2'', die in den beiden Wicklungen ohne die Einwirkung äußerer Spannungen fließen. Um ihren Verlauf zu bestimmen, müssen wir die Summen der von ihnen erzeugten Spannungen gleich Null setzen. Mit den Bezeichnungen R für den Widerstand, L für die Selbstinduktivität und M für die Gegeninduktivität ergeben sich dann für die dargestellten beiden Stromkreise die gleichzeitig geltenden Differentialgleichungen

$$\begin{aligned} L_1 \frac{\mathrm{d} i_1''}{\mathrm{d} t} + R_1 i_1'' + M \frac{\mathrm{d} i_2''}{\mathrm{d} t} &= 0, \\ L_2 \frac{\mathrm{d} i_2''}{\mathrm{d} t} + R_2 i_2'' + M \frac{\mathrm{d} i_1''}{\mathrm{d} t} &= 0. \end{aligned} \tag{1}$$

Zur Lösung setzen wir die primären und sekundären Ströme als aperiodisch abklingende Gleichströme mit ihren Anfangswerten I und der gemeinsamen Zeitkonstanten T an:

$$\begin{aligned} i_1'' &= I_1 \, \mathrm{e}^{-t/T}, \\ i_2'' &= I_2 \, \mathrm{e}^{-t/T}. \end{aligned} \tag{2}$$

Nach Einführung in Gl. (1) ergibt dies

$$\begin{aligned} -\frac{1}{T} L_1 I_1 + R_1 I_1 - \frac{1}{T} M I_2 &= 0, \\ -\frac{1}{T} L_2 I_2 + R_2 I_2 - \frac{1}{T} M I_1 &= 0. \end{aligned} \tag{3}$$

Um die Zeitkonstante T zu bestimmen, bilden wir aus beiden Gleichungen das Verhältnis der Ströme

$$\frac{I_2}{I_1} = \frac{T R_1 - L_1}{M} = \frac{M}{T R_2 - L_2} \tag{4}$$

und erhalten durch Multiplizieren

$$(L_1 L_2 - M^2) - T(R_1 L_2 + R_2 L_1) + T^2 R_1 R_2 = 0. \tag{5}$$

Bezeichnen wir nun mit

$$\sigma = 1 - \frac{M^2}{L_1 L_2} \tag{6}$$

den Streufaktor der verketteten Stromkreise und mit

$$T_1 = \frac{L_1}{R_1} \quad \text{und} \quad T_2 = \frac{L_2}{R_2} \tag{7}$$

die Eigenzeitkonstanten der beiden Kreise, so erhalten wir aus Gl. (5) die Bedingungsgleichung für die gemeinsame Zeitkonstante T

$$T^2 - T(T_1 + T_2) + \sigma T_1 T_2 = 0. \tag{8}$$

Diese quadratische Gleichung hat folgende beiden Lösungen:

$$T_{\mathrm{h}} = \frac{1}{2}(T_1 + T_2) + \sqrt{\left[\frac{1}{2}(T_1 + T_2)\right]^2 - \sigma T_1 T_2}, \tag{9}$$

$$T_{\mathrm{s}} = \frac{1}{2}(T_1 + T_2) - \sqrt{\left[\frac{1}{2}(T_1 + T_2)\right]^2 - \sigma T_1 T_2}. \tag{10}$$

Für die am häufigsten vorkommenden Stromkreise mit kleinen Streufaktoren erhalten wir folgende Näherungen ($\sigma \ll 1$):

$$T_{\mathrm{h}} \approx T_1 + T_2, \tag{9a}$$

$$T_{\mathrm{s}} \approx \sigma \frac{T_1 T_2}{T_1 + T_2}. \tag{10a}$$

Die große Zeitkonstante T_{h} ist hierbei die Zeitkonstante des Hauptfeldes und die kleine Zeitkonstante T_{s} die des Streufeldes.

Für den Magneten einer Wechselstrommaschine mit einer Eigenzeitkonstanten $T_1 = 8$ s für die Erregerwicklung und $T_2 = 2$ s für die Dämpferwicklung ergibt sich z. B. eine Hauptfeldzeitkonstante von

$$T_{\mathrm{h}} = 8\,\mathrm{s} + 2\,\mathrm{s} = 10\,\mathrm{s}$$

und bei einem Streufaktor von $\sigma = 0{,}10$ zwischen den beiden Wicklungen eine Streufeldzeitkonstante von

$$T_s = 0{,}10 \frac{8\,\mathrm{s} \cdot 2\,\mathrm{s}}{8\,\mathrm{s} + 2\,\mathrm{s}} = 0{,}16\,\mathrm{s}.$$

Wenn wir Gl. (10a) in das dritte Glied von Gl. (8) einsetzen, so erhält dies den Wert $T_h T_s$. Dies führt zu einer zweiten Näherung für die Hauptfeldzeitkonstante, nämlich $T_h = T_1 + T_2 - T_s$. Diese ergibt für das letzte Beispiel eine Verbesserung um nur 1,6% gegenüber der ersten Näherung.

Entsprechend der Doppelwertigkeit der Zeitkonstante T erweitern wir auch die Ausgleichsströme von Gl. (2) auf je zwei Glieder, nämlich

$$\begin{aligned} i_1'' &= K_1\,\mathrm{e}^{-t/T_h} + K_2\,\mathrm{e}^{-t/T_s}, \\ i_2'' &= K_3\,\mathrm{e}^{-t/T_h} + K_4\,\mathrm{e}^{-t/T_s}. \end{aligned} \tag{11}$$

Da ihre Anfangswerte der Gl. (4) genügen müssen, so besteht zwischen den Konstanten K die durch diese Gleichung gegebene Beziehung. Für die mit dem Hauptfeld gekoppelten Ströme ist unter Beachtung von Gl. (7) und (9)

$$\frac{K_3}{K_1} = \frac{T_h - L_1/R_1}{M/R_1} = \frac{R_1}{M} T_2 = \frac{L_1}{M}\frac{T_2}{T_1} \tag{12}$$

und für die mit dem Streufeld gekoppelten Ströme

$$\frac{K_4}{K_2} = \frac{T_s - L_1/R_1}{M/R_1} \approx -\frac{L_1}{M} = -\sqrt{\frac{L_1}{L_2}}. \tag{13}$$

Dabei ist beachtet, daß die Streufeldzeitkonstante sehr klein gegenüber der primären Zeitkonstante ist und daß man bei kleinen Streufaktoren σ die Gegeninduktivität M nach Gl. (6) durch das geometrische Mittel von L_1 und L_2 ausdrücken kann. Durch die Wurzel in Gl. (13) wird auch das Verhältnis der Windungszahlen der Wicklungen dargestellt. Der Ausgleichsstrom gemäß der zweiten Gl. (11) wird nunmehr

$$i_2'' = \frac{L_1}{L_2}\left(\frac{T_2}{T_1} K_1\,\mathrm{e}^{-t/T_h} - K_2\,\mathrm{e}^{-t/T_s}\right). \tag{14}$$

Wir wollen die Ausgleichsströme nach dem Kurzschließen des Primärkreises bestimmen, in dem vorher ein Gleichstrom I floß. Dann ist für $t = 0$ gemäß Gl. (11) und (14)

$$\begin{aligned} i_{10}'' &= K_1 + K_2 = I, \\ \frac{L_2}{L_1} i_{20}'' &= \frac{T_2}{T_1} K_1 - K_2 = 0. \end{aligned} \tag{15}$$

Durch Addition erhält man daraus für die Konstante K_1

$$K_1 = \frac{T_1}{T_1 + T_2} I = \frac{T_1}{T_h} I \tag{16}$$

und nach Subtraktion für den mit dem Streufeld gekoppelten Strom

$$K_2 = \frac{T_2}{T_1 + T_2} I = \frac{T_2}{T_h} I. \tag{17}$$

Führen wir dies in Gl. (14) ein, so erhalten wir die Ausgleichsströme

$$\begin{aligned} i_1'' &= I\left(\frac{T_1}{T_h} e^{-t/T_h} + \frac{T_2}{T_h} e^{-t/T_s}\right), \\ \sqrt{\frac{L_2}{L_1}}\, i_2'' &= I\left(\frac{T_2}{T_h} e^{-t/T_h} - \frac{T_2}{T_h} e^{-t/T_s}\right). \end{aligned} \tag{18}$$

Die mit der Hauptfeldzeitkonstante T_h abklingenden Ausgleichsströme in beiden Wicklungen verhalten sich also wie deren Zeitkonstanten, während die mit der Streufeldzeitkonstante T_s abklingenden Ausgleichsströme entgegengesetzt gleich sind. In *Abb. 2* ist dieser Verlauf dargestellt. Die Größe des Sprunges beider Ströme wird durch das Verhältnis ihrer Zeitkonstanten bestimmt.

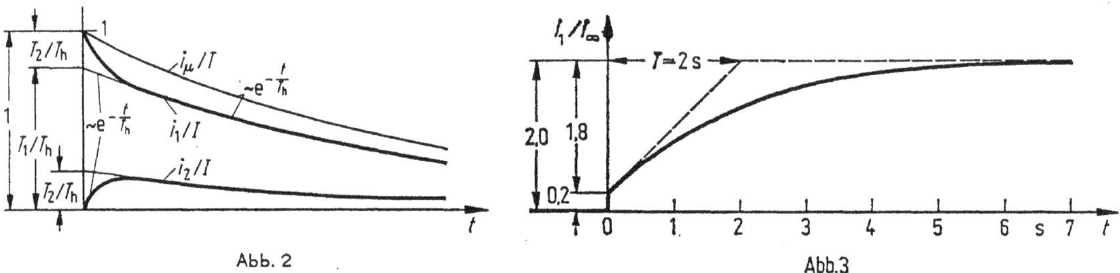

Abb. 2

Abb. 3

Diese Beziehungen ermöglichen es, die Zeitkonstanten für komplizierter gestaltete Sekundärwicklungen, die der Berechnung schwer zugänglich sind, experimentell festzustellen. *Abb. 3* zeigt das Einschaltoszillogramm des Stromes eines Magneten mit mehreren kurzgeschlossenen Sekundärkreisen, wie metallische Spulenkästen, Dämpferwicklungen und Nieten zum Zusammenhalten der Blechpakete. Dementsprechend springt der Strom unmittelbar nach dem Einschalten sehr schnell auf einen Wert von 10% des Endwertes. Da sich die Hauptfeldzeitkonstante aus dem weiteren Verlauf des Stromes zu 2,0 s ergibt, so erhält man durch Aufteilung die beiden Eigenzeitkonstanten getrennt zu

$$T_1 = 1{,}8 \text{ s} \quad \text{und} \quad T_2 = 0{,}2 \text{ s}.$$

Der gesamte Magnetisierungsstrom ist unter Berücksichtigung der Windungszahlen nach Gl. (18)

$$i_\mu = i_1'' + \sqrt{\frac{L_2}{L_1}}\, i_2'' = \frac{T_1 + T_2}{T_h} I e^{-t/T_h} = I e^{-t/T_h}. \tag{19}$$

Der dem Hauptfeld zugeordnete Magnetisierungsstrom ändert sich so, als ob der gesamte Strom in einer Wicklung mit der Summe der Querschnitte beider Wicklungen flösse. Im allgemeinen wirken sekundäre Ströme auf den magnetischen Fluß so, daß die Zeitkonstante der Ausgleichsfelder um ihre Eigenzeitkonstanten vergrößert wird. Alle anderen Wirkungen spielen sich nur zwischen den beiden Stromkreisen ab und beeinflussen das Hauptfeld nicht.

b) Ausschalten von Magneten mit Dämpferwicklung

Um hohe Ausschaltspannungen von Gleichstrommagneten zu vermeiden, benutzt man häufig eine Dämpferwicklung. Man legt eine in sich kurzgeschlossene Wicklung unter möglichst guter Verkettung mit der Erregerwicklung um die Magnetschenkel, etwa nach *Abb. 4*, in der ein dickwandiger Zylinder im Innern

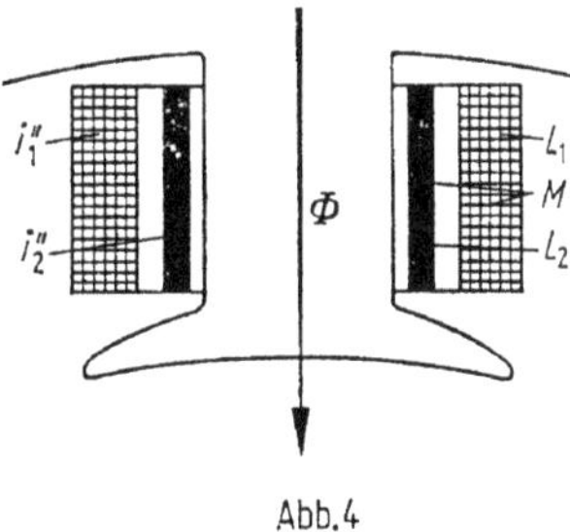

Abb. 4

der Erregerspule den Magnetkern umschließt. Der magnetische Fluß dieses Kernes verschwindet dann beim schnellen Ausschalten des Erregerstromes nicht augenblicklich, sondern klingt entsprechend der Zeitkonstante T_2 der Dämpferwicklung allmählich ab. Es ist

$$\Phi = \Phi_0 \, \mathrm{e}^{-t/T_2}. \tag{20}$$

Durch die Abnahme des Flusses wird eine Spannung an den Klemmen der Erregerspule induziert, die sich berechnet zu

$$u_1 = -\frac{\mathrm{d}\Phi}{\mathrm{d}t} = \frac{\Phi_0}{T_2} \, \mathrm{e}^{-t/T_2}. \tag{21}$$

Führt man hierin die Zeitkonstante T_1 der Erregerwicklung ein und bedenkt, daß ihr Gesamtfluß Φ nur sehr wenig größer ist als der Fluß Φ_0 des Magnetkernes, so erhält man genau genug

$$u_1 = \frac{T_1}{T_2} \, U \, \mathrm{e}^{-t/T_2}. \tag{22}$$

Der Anfangswert der exponentiell abklingenden Ausschaltüberspannung ist also im wesentlichen durch das Verhältnis der Zeitkonstanten der beiden Wicklungen gegeben. Man kann das Abklingen des Flusses demnach verlangsamen und die Entstehung gefährlicher Spannungserhöhungen vermeiden, wenn man dafür sorgt, daß die Dämpferwicklung durch genügend großen Querschnitt geringen Widerstand und damit eine große Zeitkonstante hat.

Damit der Fluß so langsam abklingt wie beim Abschalten durch Kurzschluß der Erregerwicklung, müßte die Zeitkonstante der Dämpferwicklung ebenso groß sein wie die der Erregerwicklung. Das Verhältnis ihres Widerstandes zu ihrer Selbstinduktivität müßte also gleich dem der Erregerwicklung sein, was einen erheblichen Kupferaufwand erfordern würde. In der offenen Erregerwicklung würde dann durch den abklingenden Hauptfluß keine Überspannung erzeugt. Eine derartige Dämpferwicklung würde den gleichen Querschnitt benötigen wie die Erregerwicklung, man führt aber die Dämpferwicklung vielfach mit geringerem Querschnitt aus. Wendet man nur so viel Kupfer für die Dämpferwicklung auf, daß das Verhältnis der Zeitkonstanten $T_1/T_2 = 3$ ist, so erhält man nach Gl. (22)

die dreifache Überspannung. Die Windungszahl der Erreger- und Dämpferwicklung ist dabei gleichgültig.

Der sekundäre Dämpferkreis umschließt nun aber in Wirklichkeit nicht den gesamten der Selbstinduktivität L_1 entsprechenden Fluß des primären Erregerkreises, sondern nur einen um den Streufluß zwischen beiden Wicklungen kleineren Fluß, der der Gegeninduktivität M entspricht. Die Dämpferwicklung kann daher beim Ausschalten des Erregerstromes nicht voll wirksam werden. Für die Dämpferwicklung gilt

$$L_2 \frac{\mathrm{d} i_2''}{\mathrm{d} t} + R_2 i_2 + \frac{\mathrm{d} i_1''}{\mathrm{d} t} = 0. \tag{23}$$

Während der kurzzeitigen Schaltdauer $\mathrm{d}t$ ist $R_2 i_2$ vernachlässigbar klein, und es bleibt somit

$$\frac{\mathrm{d} i_2''}{\mathrm{d} i_1''} = -\frac{M}{L_2}. \tag{24}$$

Der Dämpferstrom springt daher während des Ausschaltens des Primärstromes I_1 nur auf den Betrag $I_1 M/L_2$ und klingt dann ab nach der Beziehung

$$i_2'' = \frac{M}{L_2} I_1 \, \mathrm{e}^{-(R_2/L_2)t}. \tag{25}$$

Dieser Strom reicht gerade zur Erregung des Hauptflusses nach Gl. (20) aus.

Der größte Teil der ursprünglich im gesamten Magnetfeld der Erregerwicklung vorhandenen Energie setzt sich in der Dämpferwicklung allmählich in unschädliche Stromwärme um. Wir wollen die Energiemenge berechnen, die noch übrig bleibt und die am Schalter schädlich wirken kann.

Die in der Erregerwicklung aufgespeicherte magnetische Energie ist

$$W_1 = \frac{1}{2} L_1 I_1^2. \tag{26}$$

Ein Teil davon wird im Schaltaugenblick auf die Dämpferwicklung übertragen und setzt sich alsdann dort in Stromwärme um. Dieser Betrag ist daher

$$W_2 = \int_0^\infty i_2^2 R_2 \, \mathrm{d}t. \tag{27}$$

Setzt man den Strom in der Dämpferwicklung nach Gl. (25) hier ein und integriert über die Zeit t, so erhält man

$$W_2 = \left(\frac{M}{L_2}\right)^2 I_1^2 R_2 \int_0^\infty \mathrm{e}^{-2(R_2/L_2)t} \, \mathrm{d}t = \frac{1}{2} \frac{M^2}{L_2} I_1^2. \tag{28}$$

Nur die Differenz zwischen diesen beiden Energiebeträgen, nämlich

$$W_s = W_1 - W_2 = \frac{1}{2} L_1 \left(1 - \frac{M^2}{L_1 L_2}\right) I_1^2 = \frac{1}{2} L_1 \sigma I_1^2 = \frac{1}{2} L_s I_1^2, \tag{29}$$

wird am Schalter frei.

Ohne Dämpferwicklung würde die gesamte magnetische Energie des Stromkreises nach Gl. (26) am Schalter wirksam. Da sich die Energien W_s zu W_1 wie die Streuinduktivität L_s zwischen Erreger- und Dämpferwicklung zur Selbstinduktivität L_1 der Erregerwicklung verhalten, kann man die beim Ausschalten frei werdende Energie durch die Dämpferwicklung nach Maßgabe des Streukoeffizienten der Wicklungen vermindern und damit die Lichtbogenbildung und die Überspannung stark verringern.

9. Wirbelströme in massiven Eisenkernen

Wenn man Gleichstrommagnete mit massivem Eisenkern größerer Querschnittsabmessungen ein- oder ausschaltet, bilden sich bei Änderungen des magnetischen Feldes sekundäre Wirbelströme im Eisen aus, die die magnetischen Feldlinien umschlingen. Diese Wirbelströme wirken ähnlich wie eine vom Wechselstrom durchflossene Sekundärwicklung auf den zeitlichen Verlauf der Schaltvorgänge ein. Da die Wirbelströme jedoch nicht in den vorgegebenen Bahnen verlaufen, sondern sich im Innern des massiven Eisenkernes in verschiedener Richtung und Dichte verteilen, kann man den Bahnen der Wirbelströme nicht von vornherein bestimmte Wirkwiderstände und Induktivitäten zuordnen. Man muß vielmehr die elektromagnetische Verkettung jedes Wirbelfadens verfolgen und muß die Differentialgleichung der Erscheinung aufstellen, um den räumlichen und zeitlichen Verlauf der Wirbelströme berechnen zu können.

Wir stellen uns nach *Abb. 1* einen Elektromagneten vor, der auf die Länge Δ massive Eisenkerne hat, in denen sich Wirbelströme ausbilden können. Ein

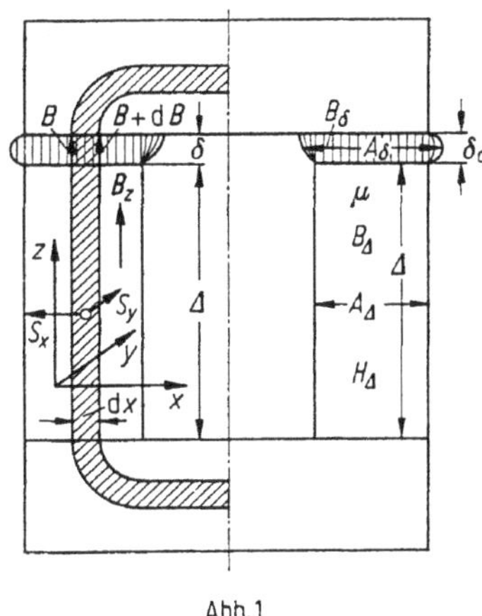

Abb. 1

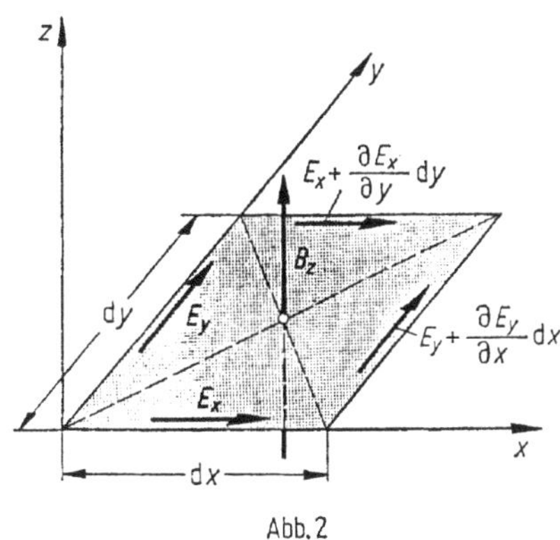

Abb. 2

zweiter Teil des magnetischen Kreises von der Länge δ besteht aus Luft und ein dritter, die Joche, wird von fein unterteiltem Eisenblech gebildet, in dem sich keine merkbaren Wirbelströme bilden können. Wir wählen im Massiveisen die z-Richtung in Richtung der Feldlinien und senkrecht dazu die x- und die y-Richtung. Im Massiveisen wird dann lediglich die magnetische Induktion $\mathbf{B}_z$ in der z-Richtung auftreten, während die den magnetischen Fluß erhaltenden Ströme mit der Stromdichte $\boldsymbol{S}$ und die Spannungen mit der elektrischen Feldstärke $\boldsymbol{E}$ nur in x- und y-Richtung auftreten können.

a) Die Differentialgleichung und ihre Lösung

In einem Flächenelement $\mathrm{d}x\mathrm{d}y$, das von einem magnetischen Fluß

$$\Phi = B_z \,\mathrm{d}x\,\mathrm{d}y \tag{1}$$

durchsetzt wird, erzeugt jede zeitliche Änderung dieses Flusses elektrische Spannungen längs der x- und y-Achse. Die elektrische Umlaufspannung ist

$$\oint \boldsymbol{E}\,\mathrm{d}\boldsymbol{s} = -\frac{\mathrm{d}\Phi}{\mathrm{d}t} = -\frac{\partial B_z}{\partial t}\,\mathrm{d}x\,\mathrm{d}y. \tag{2}$$

Für dieses Linienintegral erhält man nach *Abb. 2*

$$\oint \boldsymbol{E}\,\mathrm{d}\boldsymbol{s} = E_x\,\mathrm{d}x + \left(E_y + \frac{\partial E_y}{\partial x}\,\mathrm{d}x\right)\mathrm{d}y - \left(E_x + \frac{\partial E_x}{\partial y}\,\mathrm{d}y\right)\mathrm{d}x - E_y\,\mathrm{d}y =$$

$$= \left(\frac{\partial E_y}{\partial x} - \frac{\partial E_x}{\partial y}\right)\mathrm{d}x\,\mathrm{d}y, \tag{3}$$

und daher entsteht durch Einsetzen von Gl. (1) und (3) in Gl. (2)

$$\frac{\partial E_y}{\partial x} - \frac{\partial E_x}{\partial y} = -\frac{\partial B}{\partial t}. \tag{4}$$

Dabei ist $B_z = B$ gesetzt, weil x- und y-Komponenten der magnetischen Induktion nicht auftreten. Gl. (4) stellt das Induktionsgesetz in Differentialform dar, es gibt eine Beziehung zwischen der magnetischen Flußdichte und der elektrischen Feldstärke an.

Ein langes in *Abb. 1* schraffiert dargestelltes Flächenelement, das aus zwei in z-Richtung nebeneinander verlaufenden magnetischen Feldlinien vom Abstand $\mathrm{d}x$ gebildet ist, wird von einem Wirbelstrom

$$I_y = S_y \Delta\,\mathrm{d}x \tag{5}$$

durchsetzt. Dieser Strom erzeugt eine magnetische Spannung. Die magnetische Umlaufspannung ist

$$\oint \boldsymbol{H}\,\mathrm{d}\boldsymbol{s} = I_y = I. \tag{6}$$

Wenn der magnetische Widerstand des Eisens sehr klein ist, dann liefert allein der Luftspalt von der Länge δ beim zweimaligen Durchschreiten einen Beitrag zu dem Umlaufintegral in Gl. (6). Für das Umlaufintegral über die magnetische Flußdichte gilt dann

$$\oint \mu_0 \boldsymbol{H}\,\mathrm{d}\boldsymbol{s} = B\delta - \left(B + \frac{\partial B}{\partial x}\,\mathrm{d}x\right)\delta = -\frac{\partial B}{\partial x}\,\delta\,\mathrm{d}x, \tag{7}$$

wobei $\mu_0 = 4\pi \cdot 10^{-7}$ H/m die magnetische Feldkonstante ist.

Hat auch das Eisen einen erheblichen magnetischen Widerstand, so kann man diesen durch einen Zuschlag zum Luftspalt im Wert von Δ/μ_r berücksichtigen, wobei μ_r die Permeabilitätszahl (relative Permeabilität) des Eisens ist. Wenn schließlich der Querschnitt des Luftspaltes und der Polflächen erheblich breiter als der Querschnitt des Massiveisens sein sollte, so kann man den Luftspalt auf Flächengleichheit reduzieren durch Multiplikation des wahren Luftspaltes δ_0 mit dem Verhältnis aus der Fläche A_Δ des Eisenkerns zur Fläche A_δ des Luftspaltes. Insgesamt hat man also unter dem Luftspalt δ in Gl. (7) zu verstehen:

$$\delta = \delta_0 \frac{A_\Delta}{A_\delta} + \frac{\Delta}{\mu_r}. \tag{8}$$

Anstatt des Querschnittsverhältnisses der Flächen A_Δ und A_δ kann man auch das reziproke Verhältnis der dort herrschenden Flußdichten B_Δ und B_δ einsetzen und anstatt der Permeabilitätszahl μ_r im Kerneisen das Verhältnis $B/(\mu_0 H)$. Dann erhält man aus Gl. (8) für das Verhältnis der wirksamen Feldlinienlängen.

$$\frac{\delta}{\Delta} = \frac{\delta_0}{\Delta}\left(\frac{B_\delta}{B_\Delta} + \frac{\mu_0 H_\Delta \Delta}{\delta_0 B_\Delta}\right), \tag{9}$$

das stets aus den geometrischen Abmessungen und der Magnetisierungskurve des Eisens für den stationären Zustand berechnet werden kann.

Setzt man nunmehr Gl. (5) und (7) in Gl. (6) ein, so erhält man

$$S_y = -\frac{1}{\mu_0}\frac{\delta}{\Delta}\frac{\partial B}{\partial x}. \tag{10}$$

Das ist eine Beziehung zwischen der Wirbelstromdichte und der magnetischen Induktion, die das Durchflutungsgesetz in Differentialform darstellt. Die Stromdichte in y-Richtung ist proportional der Abnahme der magnetischen Induktion in x-Richtung. Als Proportionalitätsfaktor tritt das eben erläuterte Längenverhältnis der Feldlinien auf.

Eine ähnliche Beziehung läßt sich auf gleichem Wege für die Stromdichte in x-Richtung herleiten, nämlich

$$S_x = +\frac{1}{\mu_0}\frac{\delta}{\Delta}\frac{\partial B}{\partial y}. \tag{11}$$

Dabei tritt hier das positive Vorzeichen auf, was daher rührt, daß ein die z-Achse umkreisender Wirbelstrom nach *Abb. 3* im positiven Quadranten im Sinne der x-Richtung, jedoch gegen die y-Richtung fließt.

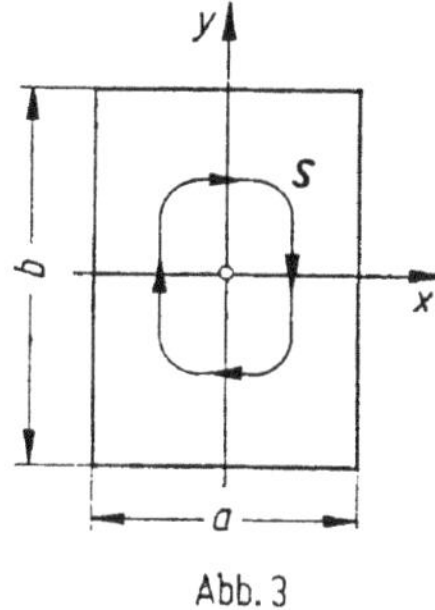

Abb. 3

Der Zusammenhang zwischen der Stromdichte $\boldsymbol{S}$ und der elektrischen Feldstärke $\boldsymbol{E}$ wird durch das Ohmsche Gesetz

$$E_x = \varrho S_x, \qquad E_y = \varrho S_y \tag{12}$$

gebildet, in dem ϱ den spezifischen Widerstand des Massiveisens bezeichnet. Differenziert man die hiernach aus Gl. (10) und (11) sich ergebenden elektrischen

Feldstärken nach x und y, so erhält man

$$\frac{\partial E_y}{\partial x} = -\frac{\varrho}{\mu_0}\frac{\delta}{\Delta}\frac{\partial^2 B}{\partial x^2}, \qquad \frac{\partial E_x}{\partial y} = +\frac{\varrho}{\mu_0}\frac{\delta}{\Delta}\frac{\partial^2 B}{\partial y^2}. \tag{13}$$

Wenn man Gl. (13) in Gl. (4) einsetzt, so erhält man als endgültige Differentialgleichung des Problems

$$\frac{\partial^2 B}{\partial x^2} + \frac{\partial^2 B}{\partial y^2} = \frac{\mu_0}{\varrho}\frac{\Delta}{\delta}\frac{\partial B}{\partial t}. \tag{14}$$

Gl. (14) ist eine Beziehung, die die räumliche und zeitliche Änderung der magnetischen Induktion B im Eisenkern miteinander verknüpft. Um eine einfache Lösung dieser partiellen Differentialgleichung zweiter Ordnung zu erhalten, beschränken wir uns auf rechteckige Formen des Magnetkerns und legen den Nullpunkt des Koordinatensystems in die Mittellinie des Eisenkerns, entsprechend *Abb. 3.*

Wir können nach den bisherigen Untersuchungen über das Abschalten von Gleichstromkreisen vermuten, daß auch die magnetische Flußdichte nach einem Exponentialgesetz abklingt. Die Abhängigkeit von B von den Raumkoordinaten x und y versuchen wir durch trigonometrische Funktionen darzustellen, weil diese beim zweimaligen Differenzieren ungeändert bleiben. Da sich die Flußdichte symmetrisch zum Nullpunkt verteilen muß, so können nur Kosinusfunktionen in Betracht kommen. Wir versuchen daher den Ansatz

$$B = C \cos\alpha x \cos\beta y \, \mathrm{e}^{-\gamma t}, \tag{15}$$

in dem C eine später zu bestimmende Integrationskonstante ist, die den Anfangswert der Flußdichte in der Kernmitte darstellt.

Die Differentialquotienten von Gl. (15) lauten

$$\begin{aligned} \frac{\partial^2 B}{\partial x^2} &= -\alpha^2 C \cos\alpha x \cos\beta y \, \mathrm{e}^{-\gamma t}, \\ \frac{\partial^2 B}{\partial y^2} &= -\beta^2 C \cos\alpha x \cos\beta y \, \mathrm{e}^{-\gamma t}, \\ \frac{\partial B}{\partial t} &= -\gamma C \cos\alpha x \cos\beta y \, \mathrm{e}^{-\gamma t}. \end{aligned} \tag{16}$$

Setzt man sie in Gl. (14) ein, so heben sich die Funktionen von x, y und t sämtlich heraus, so daß der Ansatz nach Gl. (15) tatsächlich eine Lösung der Differentialgleichung (14) ist. Es bleibt nur

$$\alpha^2 + \beta^2 = \frac{\mu_0}{\varrho}\frac{\Delta}{\delta}\gamma \tag{17}$$

als Bedingungsgleichung, der die Größen α, β, γ des Ansatzes genügen müssen.

Wir wollen nun annehmen, daß der Gleichstrommagnet plötzlich ausgeschaltet wird. Dann können die Werte von α und β durch folgende Überlegung bestimmt werden. Kurze Zeit nach dem Abschalten der umgebenden Magnetwicklung haben die Randschichten des massiven Eisenkernes ihre Flußdichte vollständig verloren, denn sie werden von keinen erregenden Strömen mehr umschlungen. Nur im Innern kann die Flußdichte noch wegen der Wirkung der umschlingenden

Wirbelstromfäden bestehenbleiben. Es ist daher für alle Zeiten nach dem Ausschalten

$$B = 0 \quad \text{für} \quad x = \pm a/2 \quad \text{sowie für} \quad y = \pm b/2, \tag{18}$$

wenn mit a und b nach *Abb. 3* die Seitenlängen des rechteckigen Kernquerschnitts bezeichnet werden.

Nun ist nach Einsetzen dieser Werte in Gl. (15)

$$\begin{aligned} \cos\left(\pm\alpha\,\frac{a}{2}\right) &= 0 \quad \text{für} \quad \alpha\,\frac{a}{2} = \frac{\pi}{2}, \frac{3\pi}{2}, \frac{5\pi}{2} \cdots \frac{n\pi}{2}, \\ \cos\left(\pm\beta\,\frac{b}{2}\right) &= 0 \quad \text{für} \quad \beta\,\frac{b}{2} = \frac{\pi}{2}, \frac{3\pi}{2}, \frac{5\pi}{2} \cdots \frac{m\pi}{2}, \end{aligned} \tag{19}$$

wobei n und m beliebige ungerade Zahlen sind. Die Differentialgleichung (14) hat daher nicht nur eine einzige, sondern eine große Anzahl von möglichen Lösungen, die man erhält, wenn man n und m die Reihe der ungeraden Zahlen durchlaufen läßt und die hieraus entstehenden verschiedenen α und β in Gl. (15) einsetzt.

Für irgendein bestimmtes n oder m ist dann entsprechend Gl. (19)

$$\alpha_n = n\,\frac{\pi}{a}, \qquad \beta_n = m\,\frac{\pi}{b}, \tag{20}$$

und der diesen Lösungen entsprechende zeitliche Abklingkoeffizient wird nach Gl. (17)

$$\gamma_{n,m} = \frac{\varrho}{\mu_0}\,\frac{\delta}{\Delta}\left[\left(\frac{n\pi}{a}\right)^2 + \left(\frac{m\pi}{b}\right)^2\right]. \tag{21}$$

Die vollständige Lösung für die Verteilung der Flußdichte im Rechteckkern ist nunmehr in Erweiterung von Gl. (15) durch die Doppelsumme aller Lösungen mit verschiedenen n und m gegeben durch

$$B = \sum_{n,m} C_{n,m} \cos\left(n\pi\,\frac{x}{a}\right) \cos\left(m\pi\,\frac{y}{b}\right) \mathrm{e}^{-\gamma_{n,m} t}, \tag{22}$$

wobei jede Harmonische n-ter und m-ter Ordnung der Flußdichte ihre eigene Amplitude $C_{n,m}$ hat.

b) Zeitkonstante und Flußdichteverteilung

Die Flußdichteverteilung im Eisenkern nach dem Abschalten läßt sich also auffassen als Doppelsumme über eine Anzahl von Teilflußdichten, von denen jede kosinuswellenförmig nach x und y über den Eisenquerschnitt verteilt ist, und zwar mit Wellenlängen, die um so kleiner sind, je größer n und m sind, und die nach Maßgabe des Dämpfungskoeffizienten (21) um so schneller abklingen, je größer n und m sind. Die hohen Oberwellen verklingen wegen des quadratischen Einflusses ihrer Ordnungszahl außerordentlich schnell, während die Grundwelle mit $n = m = 1$ am längsten bestehenbleibt.

Diese Grundwelle der Flußdichte hat nach Gl. (21) den Abklingkoeffizienten

$$\gamma_{1,1} = \pi^2\,\frac{\varrho}{\mu_0}\,\frac{\delta}{\Delta}\left(\frac{1}{a^2} + \frac{1}{b^2}\right). \tag{23}$$

Ihre Zeitkonstante ist das Reziproke des Abklingkoeffizienten, also

$$T_{1,1} = \frac{1}{\pi^2} \frac{\mu_0}{\varrho} \frac{\Delta}{\delta} \frac{a b}{a/b + b/a}, \tag{24}$$

sie ist also bei quadratischem Eisenkern ($a = b$) proportional seinem Querschnitt a^2.

Für den Stahlgußpolkern einer Wechselstrommaschine mit den Seitenlängen $a = 30$ cm, $b = 60$ cm, einer Kernlänge $\Delta = 40$ cm und einem gleichwertigen Luftspalt $\delta = 0{,}6$ cm ergibt sich bei einem spezifischen Widerstand $\varrho = 0{,}2 \cdot 10^{-4}\,\Omega\text{cm}$ eine Zeitkonstante

$$T_{1,1} = \frac{1}{\pi^2} \frac{0{,}4\pi \cdot 10^{-6}\,\Omega\text{s}}{0{,}2 \cdot 10^{-4}\,\Omega\text{cm} \cdot 10^2\,\text{cm}} \frac{40}{0{,}6} \frac{30\text{ cm} \cdot 60\text{ cm}}{30/60 + 60/30} \approx 3{,}1\text{ s},$$

also eine recht lange Zeit. Bei kleineren Abmessungen nimmt die Zeitkonstante ab und sinkt bei dünnen Magnetkernen auf Bruchteile einer Sekunde.

Auch für kreisförmigen Eisenquerschnitt vom Durchmesser d läßt sich die Zeitkonstante auf ähnliche Weise berechnen zu

$$T_1 = \frac{1}{4(2{,}405)^2} \frac{\mu_0}{\varrho} \frac{\Delta}{\delta} d^2, \tag{25}$$

wobei 2,405 die erste Nullstelle der Besselschen Funktion $J_0(x)$ ist.

Die Grundwelle der Flußdichte hat im Mittelpunkt des Eisenkernes ihr örtliches Maximum und fällt gegen die Ränder nach einer Kosinusfunktion bis auf Null ab. Zur Bestimmung der Amplituden $B_{n,m}$ der Grund- und Oberwellen müssen wir auf die Grenzbedingung im Schaltaugenblick eingehen und beachten, daß die Doppelreihe (22) zur Schaltzeit $t = 0$ die ursprüngliche, vor dem Ausschalten bestehende Verteilung der Flußdichte wiedergeben muß, die über dem ganzen Querschnitt den konstanten Wert B_0 hat. Eine solche nach zwei Richtungen konstante Induktion läßt sich nun in folgender Weise als Produkt zweier Kosinusreihen darstellen, von denen jede den Summenwert 1 hat:

$$\begin{aligned} B = B_0 &\left[\frac{4}{\pi}\left(\cos\pi\frac{x}{a} - \frac{1}{3}\cos 3\pi\frac{x}{a} + \frac{1}{5}\cos 5\pi\frac{x}{a} - \cdots + \cdots\right)\right] \times \\ &\times \left[\frac{4}{\pi}\left(\cos\pi\frac{y}{b} - \frac{1}{3}\cos 3\pi\frac{y}{b} + \frac{1}{5}\cos 5\pi\frac{y}{b} - \cdots + \cdots\right)\right]. \end{aligned} \tag{26}$$

Multipliziert man die Reihen aus, so erhält man sämtliche möglichen Kosinusprodukte mit allen ungeraden Zahlen im Argument. Das sind aber dieselben Produkte, die auch in Gl. (22) aufgetreten sind. Die einzelnen Amplituden der Flußdichtewellen in Gl. (22) bestimmen sich daher durch Vergleich mit den Werten in Gl. (26) zu

$$B_{n,m} = \pm\left(\frac{4}{\pi}\right)^2 \frac{B_0}{n,\,m}. \tag{27}$$

Insbesondere wird die Amplitude der Grundwelle, also des ersten Gliedes der Reihen (22) und (26)

$$B_{1,1} = \left(\frac{4}{\pi}\right)^2 B_0. \tag{28}$$

Sie ist also um 62% größer als die ursprüngliche konstante Flußdichte B_0, während die Amplituden der Oberwellen nach Gl. (27) mit wachsenden Ordnungszahlen kleiner und kleiner werden.

Der Vorgang nach dem Abschalten des Magneten spielt sich nach alledem folgendermaßen ab. Die bis zum Schaltaugenblick zeitlich und örtlich konstante Flußdichte im Eisenkern zerfällt in eine Reihe von räumlichen Teilwellen, deren jede mit einer Amplitude nach Gl. (27) beginnt und mit dem ihr eigenen Dämpfungskoeffizienten nach Gl. (21) zeitlich abklingt. Die Amplituden der hohen Oberwellen sind am kleinsten und klingen am schnellsten ab. Bereits kurze Zeit nach dem Ausschalten sind nur noch die Oberwellen kleiner Ordnungszahl und etwas später ist fast nur noch die Grundwelle vorhanden. *Abb. 4* stellt die Verteilung der

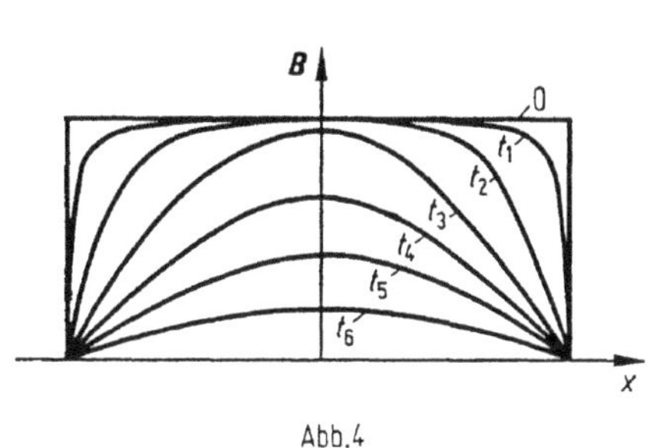

Abb.4

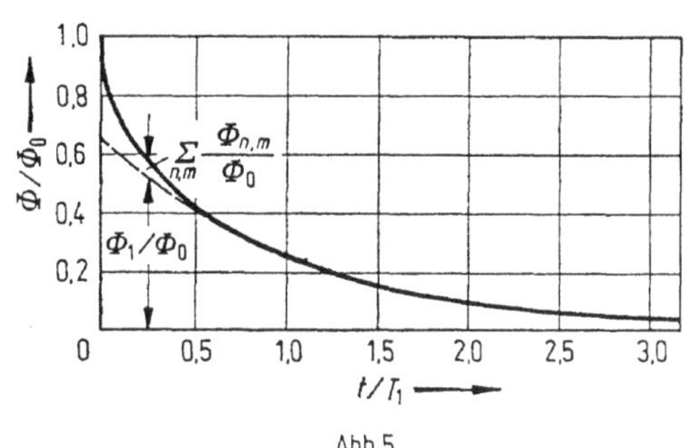

Abb.5

Induktion B über die x-Achse des Kernquerschnittes für verschiedene Zeiten t_1 bis t_6 nach dem Ausschalten dar. Die Randschichten verlieren zuerst ihre Flußdichte, was dem Abklingen der hohen Oberwellen entspricht. Die mittleren Kernteile behalten ihre Flußdichte am längsten, da diese dort nur nach Maßgabe der Grundwelle und ihrer Zeitkonstante abklingt. Wenn die Amplitude der Grundwelle etwa auf den halben Wert der ursprünglichen konstanten Flußdichte gesunken ist, dann sind die Amplituden sämtlicher Oberwellen bereits auf wenige Prozent der Grundwellenamplitude abgeklungen.

Der gesamte magnetische Fluß im Eisenkern wird daher einige Zeit nach dem Ausschalten im wesentlichen durch die Grundwelle bestimmt. Ihr magnetischer Fluß berechnet sich zu

$$\Phi_1 = \int_{-a/2}^{+a/2} \int_{-b/2}^{+b/2} B_1 \cos \alpha_1 x \cos \beta_1 y \, e^{-t/T_1} \, dx \, dy$$
$$= \left(\frac{4}{\pi}\right)^2 \left(\frac{2}{\pi}\right)^2 B_0 a b \, e^{-t/T_1} = \frac{64}{\pi^4} \Phi_0 \, e^{-t/T_1} = 0{,}66 \, \Phi_0 \, e^{-t/T_1}, \tag{29}$$

wenn Φ_0 den Fluß vor dem Abschalten bedeutet. Der Fluß der Grundwelle beträgt also nur zwei Drittel des ursprünglichen Flusses, das andere Drittel setzt sich in Oberwellen um. *Abb. 5* stellt das Abklingen des Flusses dar.

In der abgeschalteten Erregerwicklung wird von dem abklingenden magnetischen Fluß eine Spannung induziert. Im ersten Augenblick ist diese wegen der außerordentlich schnell abklingenden Oberwellen sogar recht beträchtlich. Während wir zur Bestimmung dieser Oberwellen ein plötzliches Ausschalten der Wicklung und ein augenblickliches Freiwerden des Flusses vorausgesetzt haben, tritt dies in Wirklichkeit nicht ein, sondern die schnell verklingenden Oberwellen verursachen wegen ihrer hohen Spannung einen einige Zeit dauernden Ausschaltlichtbogen, so daß der Strom nicht augenblicklich verlöscht. Dadurch wird der

Verlauf der hohen Oberwellen beeinflußt, jedoch wirkt der kurzzeitige Ausschaltlichtbogen auf die Grundwelle nur geringfügig ein.

Durch die Grundwelle des Flusses wird eine Windungsspannung von

$$u_1 = -\frac{\mathrm{d}\Phi_1}{\mathrm{d}t} = \frac{64}{\pi^4}\frac{\Phi_0}{T_1}\,\mathrm{e}^{-t/T_1} \tag{30}$$

hervorgerufen, also ebenfalls nur zwei Drittel des Wertes, der von einem räumlich konstanten, mit gleicher Zeitkonstante abklingenden Fluß verursacht würde. Führt man diese Zeitkonstante nach Gl. (24) ein, so erhält man für die Grundwelle der Anfangsspannung

$$U_1 = \frac{64}{\pi^2}\frac{\varrho}{\mu_0}\frac{\delta}{\Delta}\left(\frac{a}{b}+\frac{b}{a}\right)B_0 . \tag{31}$$

Diese Windungsspannung ist also nur von den Verhältnissen der Abmessungen des Kernes abhängig, nicht aber von seinen wirklichen Maßen, sie wird für quadratische Pole am geringsten. Für den Magnetkern mit den im Anschluß an Gl. (24) gegebenen Abmessungen wird bei einer Flußdichte von

$$B_0 = 1{,}5\ T = 1{,}5\ \mathrm{Vs/m^2} = 1{,}5\cdot 10^{-4}\ \mathrm{Vs/cm^2}$$

in einer Wicklung mit 100 Windungen eine Anfangsspannung

$$U_1 = \frac{64}{\pi^2}\,\frac{0{,}2\cdot 10^{-4}\,\Omega\,\mathrm{cm}}{0{,}4\pi\cdot 10^{-8}\,\Omega\,\mathrm{s/cm}}\,\frac{0{,}6}{40}\left(\frac{30}{60}+\frac{60}{30}\right)\cdot 1{,}5\cdot 10^{-4}\,\frac{\mathrm{Vs}}{\mathrm{cm^2}}\,100 \approx 5{,}7\ \mathrm{V}$$

induziert, also von nur recht geringem Betrag. Hieraus ergibt sich, daß die bei massiven Kernen mit nahezu geschlossenem Eisenkreis beim Ausschalten auftretenden Überspannungen fast ausschließlich von den schnell abklingenden Oberwellen verursacht werden und daher nur geringe Energie enthalten, die man leichter beherrschen kann als die volle Energie von lamellierten Magnetkernen. *Abb. 6* zeigt die Ausschaltoszillogramme eines Drehstromgenerators, in denen

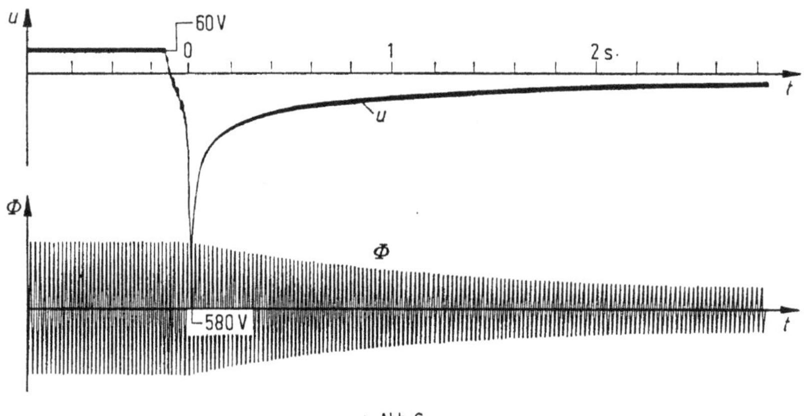

Abb. 6

außer der Spannung an der Erregerwicklung auch die Spannung der offenen Wechselstromwicklung aufgenommen ist, die ein unmittelbares Maß für die abklingende Flußdichte ist. Man erkennt deutlich die hohe mit dem Verlöschen des Ausschaltlichtbogens einsetzende Oberwellenspannung, die schnell abklingt.

so daß dann nur noch die langsam abklingende Grundwellenspannung übrigbleibt.

Es interessiert, die Stromdichte der Wirbelströme im Eisen zu kennen. Sie berechnet sich nach Gl. (10) durch Differenzieren von Gl. (22) und Einsetzen von Gl. (28) für die Grundwelle zu

$$S_y = \frac{16}{\pi} \frac{\delta}{\Delta} \frac{B_0}{\mu_0 a} \sin \alpha_1 x \cos \beta_1 y \, \mathrm{e}^{-t/T_1}. \tag{32}$$

Ist a die kleine Seite des Querschnittes von *Abb. 3*, so tritt die höchste Stromdichte S_y für $x = a/2$, $y = 0$ und $t = 0$ auf, sie ist gleich dem ersten Faktor der Gl. (32). Für die mehrfach genannten Abmessungen und Größen errechnet sich eine höchste Stromdichte von

$$S_y = \frac{16}{\pi} \frac{0{,}6}{40} \frac{1{,}5 \cdot 10^{-4}\,\mathrm{Vs/cm^2}}{0{,}4\pi \cdot 10^{-8}\,\Omega\,\mathrm{s/cm} \cdot 30\,\mathrm{cm}} = 0{,}3 \cdot 10^2\,\mathrm{A/cm^2} = 0{,}3\,\mathrm{A/mm^2}.$$

Wesentlich größere Werte ergeben sich zwar für die Oberwellen oder für kleinere Kernbreiten a, da jedoch die Dauer der Ströme dann nur sehr gering ist, so kann selbst so eine große Stromdichte keine merkbare Wärmewirkung hervorrufen, falls nicht sehr häufig geschaltet wird.

Sehr wirksam ist ein Parallelwiderstand beim Abschalten von massiven Magnetkernen, weil er nur die von den Oberwellen erzeugte Spannung abzudämpfen braucht. Beim Oszillogramm unten in *Abb. 7*, das den Flußverlauf des

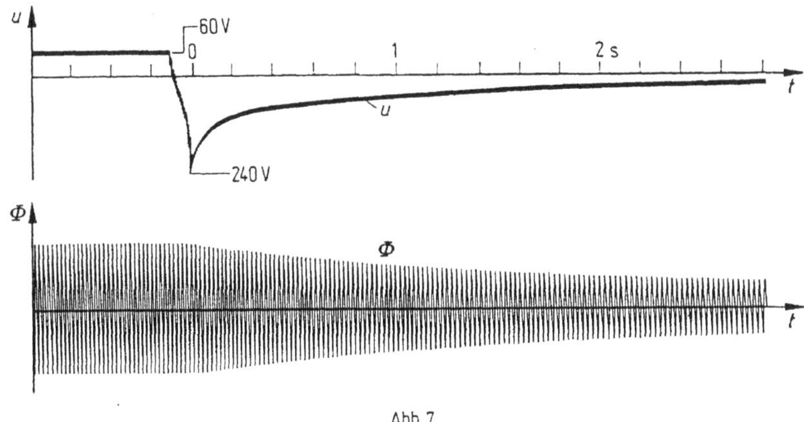

Abb. 7

gleichen Turbogenerators wie in *Abb. 6* nach dem Abschalten zeigt, betrug der Parallelwiderstand das Achtfache des Wicklungswiderstandes und ließ dabei nur die vierfache Überspannung entstehen.

Die Erscheinungen beim Schalten massiver Eisenkerne ähneln sehr denen beim Schalten von Gleichstrommagneten mit Dämpferwicklung. Die Wirbelströme der Grundwelle spielen hier die gleiche Rolle wie dort die Dämpferströme, die schnell abklingenden Oberwellen haben eine ähnliche Bedeutung wie dort das Streufeld. Bei diesem Vergleich muß man aber beachten, daß man für die Dämpferwicklung Kupfer hoher Leitfähigkeit verwenden kann, während das massive Eisen eine sehr geringe Leitfähigkeit hat. Einen quantitativen Vergleich der Wirkungen erhält man in jedem Falle durch die Berechnung der Zeitkonstanten.

Die Zeitkonstante massiver Magnetkerne gibt auch stets einen Anhalt dafür, ob es erforderlich ist, das Eisen zu lamellieren, um schnelle Feldänderungen zu ermöglichen.

10. Freie Drehfelder in Mehrphasenmaschinen

Man hat seit Jahren die unangenehme Erfahrung gemacht, daß das Schalten von Drehfeldmaschinen synchroner und asynchroner Bauart zu den gefährlichsten Vorgängen gehört, die die Elektrotechnik kennt, da bei dieser Gelegenheit Überströme in den Wicklungen auftreten können, die je nach Ausführung der Maschine und Art der Schalthandlung bis zum Zwanzigfachen des normalen Betriebsstromes anwachsen und die bei der Größe der meist benutzten Generatoren gewaltige Beanspruchungen hervorrufen.

a) Verkettung von Ständer- und Läuferfeldern

In den gebräuchlichen Wechselstromgeneratoren und -motoren wird das Magnetfeld entweder von einer Gleichstromwicklung erzeugt und wirkt durch deren Rotation induzierend auf die Wechselstromwicklung ein, oder es wird von einer ruhenden Wechselstromwicklung erzeugt und wirkt sowohl auf diese zurück als auch auf die bewegte Wechselstromwicklung ein. In jedem Falle hat die Maschine ruhende Ständer- und bewegte Läuferwicklungen, die durch ein magnetisches Feld gekoppelt sind und daher induktiv aufeinander einwirken können. Wir wollen annehmen, daß Ständer- sowohl wie Läuferwicklung nach Art von Mehrphasenwicklungen ausgeführt sind. Die Rechnungen werden für diesen Fall am einfachsten, und wir können die meisten praktisch vorkommenden Ausführungsformen in erster Annäherung auf ihn zurückführen.

Würde die Wicklung des Läufers gegenüber dem Ständer stillstehen, so würden wir die nach dem Schalten auftretenden Ausgleichsströme nach Kapitel 8 berechnen können. Auch bei gegeneinander rotierenden Wicklungen werden Ausgleichsströme und ihnen entsprechende Ausgleichsmagnetfelder auftreten, die allmählich verklingen. Diese Felder können jetzt aber auch Bewegungen ausführen, sie brauchen nicht am Ständer oder Läufer festzuhaften, sondern können sich gegenüber beiden bewegen. Stets werden sie dabei in den Wicklungen, gegen die sie rotieren, erhebliche Ausgleichsströme induzieren.

Um die auftretenden Erscheinungen zu berechnen, müssen wir die Differentialgleichungen für das Gleichgewicht der Spannungen in den Ständer- und Läuferwicklungen der Mehrphasenmaschine aufstellen. Dabei muß berücksichtigt werden, daß wegen der Rotation der Läuferwicklung dauernd verschiedene Wicklungsstränge von Ständer und Läufer induktiv miteinander verkettet sind, was auf variable Koeffizienten der Wechselinduktivität führt und schwerfällige Rechnungen verursacht. Wir können die Vorgänge nun aber durch einen Kunstgriff einfacher beschreiben, indem wir nämlich die Ströme nicht bestimmten Wicklungen zuordnen, die ihre Lage im Raum ändern, sondern indem wir lediglich die Stromsysteme im Ständer und Läufer betrachten, die induktiv aufeinander einwirken und sich mit noch unbekannter Geschwindigkeit über ihre Wicklungen hinwegbewegen und dabei verklingen.

In *Abb. 1* sind die Stromsysteme von Ständer und Läufer, die durch das Magnetfeld der Maschine miteinander verkettet sind, für eine zweipolige Anordnung schematisch dargestellt. Sie laufen in der Drehfeldmaschine gemeinsam um und haben eine räumliche Verteilung, die meist in guter Annäherung sinusförmig ist. Wie in jeder Transformatorwicklung liegen positive Ständerströme negativen Läuferströmen und negative Ständerströme positiven Läuferströmen gegenüber. Die Drehgeschwindigkeit der Stromsysteme gegenüber der Ständerwicklung, also die absolute Winkelgeschwindigkeit im Raume, sei α. Dann ist

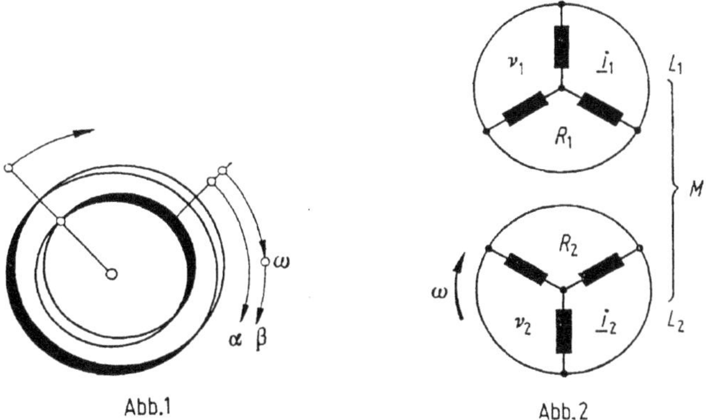

Abb. 1 Abb. 2

die Drehgeschwindigkeit gegenüber der Läuferwicklung, die ihrerseits die Winkelgeschwindigkeit ω hat,

$$\beta = \alpha - \omega. \tag{1}$$

Wir wollen alle drei Größen der Gl. (1) als elektrische Kreisfrequenz messen, um unabhängig von der Polzahl der Drehfeldmaschine zu sein.

Um die Beziehungen für den Verlauf der Ausgleichsströme in den beiden Wicklungen zu erhalten, müssen wir diese über die wirklichen Leitungen als geschlossen betrachten und die äußeren Spannungen unberücksichtigt lassen. Die Spannungen der Selbstinduktivität, der Wechselinduktivität und des Widerstandes stehen dann in jeder Wicklung miteinander im Gleichgewicht. Es ist also

$$\begin{aligned} L_1 \frac{\mathrm{d}\underline{i}_1}{\mathrm{d}t} + R_1 \underline{i}_1 + M \frac{\mathrm{d}\underline{i}_2}{\mathrm{d}t'} &= 0, \\ L_2 \frac{\mathrm{d}\underline{i}_2}{\mathrm{d}t} + R_2 \underline{i}_2 + M \frac{\mathrm{d}\underline{i}_1}{\mathrm{d}t'} &= 0. \end{aligned} \tag{2}$$

Die erste dieser Gleichungen bezieht sich auf die feste Ständerwicklung und die zweite auf die bewegte Läuferwicklung. Mit $\underline{i}_1$ und $\underline{i}_2$ sind die örtlichen Augenblickswerte der Ströme, mit R, L und M die Widerstände, Selbst- und Wechselinduktivitäten der Wicklungen bezeichnet. Die Eigenzeiten sind mit t, die auf die jeweils andere Wicklung bezogenen Zeiten mit t' bezeichnet. In *Abb. 2* sind die beiden Stromkreise schematisch dargestellt.

Wir wollen versuchen, diese Differentialgleichungen durch den harmonischen Ansatz für die Ströme zu lösen:

$$\begin{aligned} \underline{i}_1 &= \underline{\hat{I}}_1 \, \mathrm{e}^{\mathrm{j}(\underline{\alpha} t + \varphi)}, \\ \underline{i}_2 &= \underline{\hat{I}}_2 \, \mathrm{e}^{\mathrm{j}(\underline{\beta} t + \psi)}. \end{aligned} \tag{3}$$

Darin sind $\underline{\alpha}$ und β die Kreisfrequenzen der Ströme, die unter sich in dem Zusammenhang nach Gl. (1) stehen, und φ ist ein zunächst willkürlicher räumlicher Phasenwinkel im Ständer, den wir zu Null ansetzen können, und ψ im Läufer könnte auch zu Null gesetzt werden, wenn man das Läuferstromsystem von einem mit der Läuferwicklung rotierenden Beobachter aus betrachtete. Will man die Läuferstromverteilung jedoch vom festen Raume aus betrachten, so muß man auch den Drehwinkel des Läufers, der gleich ωt ist, beachten und daher ψ gleich diesem Winkel setzen. Beide Ausdrücke (3) ergeben einen sinusförmigen Verlauf der Ströme nach Zeit und Ort, sie stellen also umlaufende Drehfeld-Stromverteilungen dar.

Für die Differentialquotienten der Ströme nach der Zeit, die die Selbstinduktivitätsspannungen in Gl. (2) ergeben, erhält man aus Gl. (3)

$$\frac{d\underline{i}_1}{dt} = j\,\underline{\alpha}\,\underline{i}_1, \qquad \frac{d\underline{i}_2}{dt} = j\,\underline{\beta}\,\underline{i}_2. \tag{4}$$

Bei den Differentialquotienten für die Wechselinduktivität muß man jedoch beachten, daß sich beispielsweise $M\,d\underline{i}_2/dt'$ zwar auf die zeitliche Veränderung des Läuferstromsystems bezieht, jedoch gesehen vom Ständer, also vom festen Raum aus. Infolgedessen muß man die Bewegung des Läufers gegenüber dem Ständer mit berücksichtigen und für den totalen Differentialquotienten schreiben

$$\frac{d\underline{i}_2}{dt'} = \frac{\partial \underline{i}_2}{\partial t} + \frac{\partial \underline{i}_2}{\partial \psi}\frac{d\psi}{dt} = j\underline{\beta}\underline{i}_2 + j\omega\underline{i}_2 = j\underline{\alpha}\underline{i}_2. \tag{5}$$

Darin ist im zweiten Glied für $d\psi/dt$ die Winkelgeschwindigkeit ω der Umdrehung eingeführt und dabei Gl. (1) beachtet. Ebenso erhält man für die Spannung der Wechselinduktivität im Läufer, von dem aus gesehen der Ständer mit der entgegengesetzten Winkelgeschwindigkeit $-\omega$ rotiert:

$$\frac{d\underline{i}_1}{dt'} = \frac{\partial \underline{i}_1}{\partial t} + \frac{\partial \underline{i}_1}{\partial \varphi}\frac{d\varphi}{dt} = j\underline{\alpha}\underline{i}_1 - j\omega\underline{i}_1 = j\underline{\beta}\underline{i}_1. \tag{6}$$

Man hat also die Wirkung der Wechselinduktivität des Läuferstromsystems auf den Ständer so aufzufassen, als ob sie mit der Ständer-Kreisfrequenz $\underline{\alpha}$ erfolgte, und umgekehrt wirkt das Ständerstromsystem mit der Kreisfrequenz $\underline{\beta}$ auf den Läufer ein, was beim Vorhandensein von Drehfeldern auch der Anschauung entspricht. Der Einfluß der Rotation des Läufers wird dadurch auf einfachste Weise vollständig und korrekt berücksichtigt, ohne daß man seine Zuflucht zu zeitlich veränderlichen Wechselinduktivitäten zwischen Ständer und Läufer nehmen müßte.

Durch Einsetzen aller Differentialquotienten von Gl. (4) bis (6) in Gl. (2) erhält man nunmehr für die Amplituden und die Frequenzen der freien Ströme die beiden Bedingungsgleichungen

$$\begin{aligned} j\underline{\alpha}L_1\hat{\underline{I}}_1 + R_1\hat{\underline{I}}_1 + j\underline{\alpha}M\hat{\underline{I}}_2 &= 0, \\ j\underline{\beta}L_2\hat{\underline{I}}_2 + R_2\hat{\underline{I}}_2 + j\underline{\beta}M\hat{\underline{I}}_1 &= 0. \end{aligned} \tag{7}$$

Wir wollen zunächst die Frequenzen der Ausgleichsströme bestimmen, um einen allgemeinen Überblick über deren zeitlichen Verlauf zu erhalten. Wir eliminieren dafür die Stromamplituden, indem wir ihr Verhältnis aus Gl. (7) bestimmen zu

$$\frac{\hat{\underline{I}}_1}{\hat{\underline{I}}_2} = \frac{-\mathrm{j}\underline{\alpha} M}{R_1 + \mathrm{j}\underline{\alpha} L_1} = \frac{R_2 + \mathrm{j}\underline{\beta} L_2}{-\mathrm{j}\underline{\beta} M}. \tag{8}$$

Multiplizieren wir die beiden Brüche aus, so erhalten wir

$$\underline{\alpha}\underline{\beta}(L_1 L_2 - M^2) = R_1 R_2 + \mathrm{j}(\underline{\alpha} L_1 R_2 + \underline{\beta} L_2 R_1). \tag{9}$$

Wir wollen diese Gleichung durch $L_1 L_2$ dividieren und zur Abkürzung auch hier den Wert

$$\frac{L_1 L_2 - M^2}{L_1 L_2} = 1 - \frac{M^2}{L_1 L_2} = \sigma \tag{10}$$

setzen. Es ist dies der totale Streufaktor der Maschine. Ferner setzen wir die Verhältnisse

$$\frac{R_1}{\sigma L_1} = \varrho', \qquad \frac{R_2}{\sigma L_2} = \varrho'' \tag{11}$$

und beachten, daß sie den Quotienten aus Wicklungswiderstand und Streuinduktivität jeder Wicklung darstellen und daher das Reziproke der Zeitkonstanten der Streufelder sind. Wir erhalten dann für Gl. (9) die einfache Form

$$\underline{\alpha}\underline{\beta} - \mathrm{j}(\underline{\alpha}\varrho'' + \underline{\beta}\varrho') = \varrho'\varrho''\sigma, \tag{12}$$

die zusammen mit Gl. (1) die Kreisfrequenzen $\underline{\alpha}$ und $\underline{\beta}$ der freien Ströme zu berechnen gestattet.

Für symmetrische Wicklungen mit gleichen Zeitkonstanten im Ständer und Läufer, wie es bei den meisten Asynchronmaschinen mit ausreichender Näherung vorkommt, werden die Größen ϱ' und ϱ'' der Gl. (11) identisch. Man erhält daher für die symmetrische Maschine

$$\underline{\alpha}\underline{\beta} - \mathrm{j}\varrho(\underline{\alpha} + \underline{\beta}) = \sigma\varrho^2, \tag{13}$$

und wenn man nunmehr $\underline{\beta}$ durch Gl. (1) herausschafft, als Bedingungsgleichung für $\underline{\alpha}$

$$\underline{\alpha}^2 - \underline{\alpha}(\omega + 2\mathrm{j}\varrho) = \sigma\varrho^2 - \mathrm{j}\omega\varrho. \tag{14}$$

Die Lösung dieser quadratischen Gleichung ist

$$\underline{\alpha} = \left(\frac{\omega}{2} + \mathrm{j}\varrho\right) \pm \sqrt{\left(\frac{\omega}{2} + \mathrm{j}\varrho\right)^2 + \sigma\varrho^2 - \mathrm{j}\omega\varrho}. \tag{15}$$

Darin heben sich unter der Wurzel nach dem Ausmultiplizieren die imaginären Werte fort, so daß man endgültig erhält

$$\underline{\alpha} = \mathrm{j}\varrho + \omega\left[\frac{1}{2} \pm \sqrt{\left(\frac{1}{2}\right)^2 - \left(\frac{\varrho}{\omega}\right)^2(1 - \sigma)}\right] \tag{16}$$

und damit aus Gl. (1)

$$\underline{\beta} = \mathrm{j}\varrho + \omega\left[-\frac{1}{2} \pm \sqrt{\left(\frac{1}{2}\right)^2 - \left(\frac{\varrho}{\omega}\right)^2(1 - \sigma)}\right]. \tag{17}$$

Wir erkennen aus dieser Lösung, daß die Schwingungs-Kreisfrequenzen $\underline{\alpha}$ und β der freien Stromsysteme im Ständer und Läufer komplex sind. Solange die Widerstände, also ϱ, nicht übermäßig groß sind, bleiben die Wurzeln reell. Wir wollen die gesamten reellen Teile, also die zweiten Glieder der Gl. (16) und (17), die doppelwertig sind, für den Ständer mit

$$\nu_1 = \omega \left[\frac{1}{2} \pm \sqrt{\left(\frac{1}{2}\right)^2 - \left(\frac{\varrho}{\omega}\right)^2 (1 - \sigma)}\right] = \begin{cases} \nu_1'' \\ \nu_1' \end{cases} \tag{18}$$

und für den Läufer mit

$$\nu_2 = \omega \left[-\frac{1}{2} \pm \sqrt{\left(\frac{1}{2}\right)^2 - \left(\frac{\varrho}{\omega}\right)^2 (1 - \sigma)}\right] = \begin{cases} \nu_2'' \\ \nu_2' \end{cases} \tag{19}$$

bezeichnen. Setzen wir dann die Werte aus Gl. (16) bis (19) in den Ansatz für die Ströme nach Gl. (3) ein, wobei wir die willkürlichen Phasenwinkel streichen wollen, so erhalten wir

$$\begin{aligned} \underline{i}_1 &= \hat{\underline{I}}_1 \, \mathrm{e}^{-\varrho t} \, \mathrm{e}^{\mathrm{j}\nu_1 t}, \\ \underline{i}_2 &= \hat{\underline{I}}_2 \, \mathrm{e}^{-\varrho t} \, \mathrm{e}^{\mathrm{j}\nu_2 t}. \end{aligned} \tag{20}$$

Die freien Stromsysteme in symmetrischen Mehrphasenmaschinen klingen also zeitlich mit einem Dämpfungskoeffizienten ϱ ab, der für Ständer und Läufer gleich ist und sich nach Gl. (11) aus dem Quotienten von Widerstand und Streuinduktivität berechnet. In jeder Wicklung können zwei freie Stromsysteme auftreten, die mit verschiedenen Winkelgeschwindigkeiten umlaufen und die Kreisfrequenzen ν' und ν'' besitzen, deren genaue Größe sich für den Ständer aus Gl. (18) und für den Läufer aus Gl. (19) bestimmt. Dabei gibt nach Gl. (18) die Summe der beiden Kreisfrequenzen des Ständerstromes genau die Umdrehungsfrequenz ω des Läufers wieder, während die Summe der beiden Läuferkreisfrequenzen nach Gl. (19) den entgegengesetzten Wert, also die scheinbare Umdrehungsfrequenz $-\omega$ des Ständers vom Läufer aus betrachtet, darstellt. Im allgemeinen ist die eine der Umlauffrequenzen der Stromsysteme groß, die andere klein. Da nach Gl. (16) bis (19) die große Läuferkreisfrequenz ν_2' aus der kleinen Ständerkreisfrequenz ν_1'' hervorging, so gehören auch die entsprechenden ein- oder zweifach gestrichenen Stromsysteme im Ständer und Läufer je für sich zusammen und laufen mit der gleichen Absolutgeschwindigkeit in der Maschine um.

Abb. 3 stellt die Abhängigkeit der Kreisfrequenzen vom Dämpfungskoeffizienten für einen Streufaktor $\sigma = 10\%$ dar. Für wachsenden Widerstand nähern sich die beiden Kreisfrequenzen einander und erreichen schließlich den gemeinsamen Wert

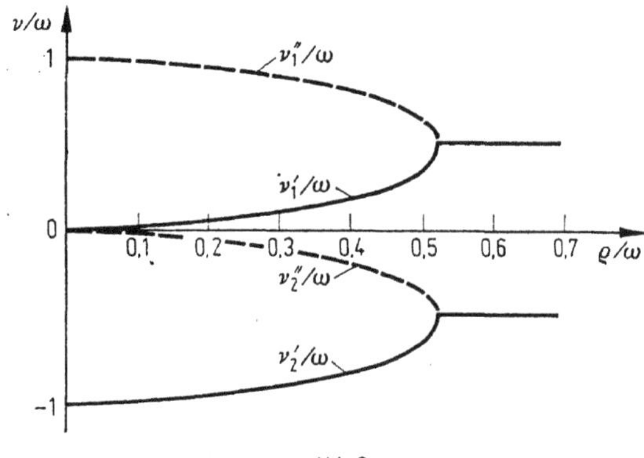

Abb. 3

$\omega/2$, wenn die Wurzel in Gl. (16) und (17) imaginär wird. Dann bilden sich zwei Drehfelder gleicher Frequenz, aber verschieden starker Dämpfung in der Maschine aus.

Für geringe Widerstände, also kleines ϱ, erhalten wir in Annäherung aus Gl. (18) für den Ständer

$$\begin{aligned} \frac{\nu_1'}{\omega} &= \left(\frac{\varrho}{\omega}\right)^2 (1 - \sigma), \\ \frac{\nu_1''}{\omega} &= 1 - \left(\frac{\varrho}{\omega}\right)^2 (1 - \sigma) \end{aligned} \tag{21}$$

und aus Gl. (19) für den Läufer

$$\begin{aligned} \frac{\nu_2'}{\omega} &= -1 + \left(\frac{\varrho}{\omega}\right)^2 (1 - \sigma), \\ \frac{\nu_2''}{\omega} &= -\left(\frac{\varrho}{\omega}\right)^2 (1 - \sigma). \end{aligned} \tag{22}$$

Den beiden Stromverteilungen, die im Raume mit den Kreisfrequenzen ν_1' und ν_2'' umlaufen, entsprechen auch zwei Drehflüsse Φ' und Φ'', die von ihnen erzeugt werden. Wie Gl. (21) und (22) zeigen, haben der Fluß Φ' und seine Stromverteilungen im Ständer und Läufer nur eine sehr geringe Geschwindigkeit im Raume, deren Betrag durch ϱ, also durch die geringe Größe der Widerstände, gegeben ist. Er hängt nahezu fest am Ständer und durchschneidet den Läufer mit fast voller Geschwindigkeit. Der andere Drehfluß Φ'' hängt mit sehr kleinem Schlupf nahezu fest am Läufer und durchschneidet die Ständerwicklung mit fast voller Geschwindigkeit.

b) Ungleichartige Stromkreise

Für Wicklungen im Ständer und Läufer, für die die Zeitkonstanten nach Gl. (11) verschiedene Werte haben, ist die genaue Lösung der Gl. (12) nicht so einfach. Schaffen wir β mit Hilfe von Gl. (1) heraus, so erhalten wir die quadratische komplexe Gleichung

$$\underline{\alpha}^2 - [\underline{\alpha}\omega + \mathrm{j}(\varrho' + \varrho'')] = \sigma\varrho'\varrho'' - \mathrm{j}\omega\varrho'. \tag{23}$$

Da die Ständer- und Läuferwicklungen aller wichtigen Synchrongeneratoren unterschiedlich aufgebaut sind, so wollen wir versuchen, eine Näherungslösung zu finden. Wir wollen dabei beachten, daß in allen praktischen Fällen, besonders auch bei Kurzschlüssen weitab vom Generator, zwar nicht der Widerstand der Ständerkreise, wohl aber der Läuferwiderstand gegenüber der Läuferstreureaktanz sehr klein ist. Das bedeutet nach Gl. (11), daß ϱ'' stets klein gegenüber ω ist. Um diese Aussage zu verwerten, lösen wir Gl. (23) für $\underline{\alpha}$ zunächst formal auf. Sie hat die Wurzeln

$$\underline{\alpha} = \frac{\omega + \mathrm{j}(\varrho' + \varrho'')}{2} \pm \sqrt{\frac{[\omega + \mathrm{j}(\varrho' + \varrho'')]^2}{4} + \varrho'(\sigma\varrho'' - \mathrm{j}\omega)}. \tag{24}$$

Durch andere Zusammenfassung der imaginären Glieder unter dem Wurzelzeichen können wir dies auch schreiben

$$\underline{\alpha} = \frac{\omega + \mathrm{j}(\varrho' + \varrho'')}{2} \pm \sqrt{\frac{[\omega - \mathrm{j}(\varrho' + \varrho'')]^2}{4} + \varrho''(\sigma\varrho' + \mathrm{j}\omega)}. \tag{25}$$

Hierin ist nun das zweite Glied des Radikanden nach der eben gemachten Voraussetzung stets klein gegenüber dem ersten, so daß wir die Wurzel in eine Reihe entwickeln können. Unter Vernachlässigung der Glieder höherer Ordnung erhalten wir damit für kleines ϱ''

$$\underline{\alpha} = \frac{\omega + \mathrm{j}(\varrho' + \varrho'')}{2} \pm \frac{\omega - \mathrm{j}(\varrho' + \varrho'')}{2} \pm \frac{\varrho''(\sigma\varrho' + \mathrm{j}\omega)}{\omega - \mathrm{j}(\varrho' + \varrho'')}. \tag{26}$$

Im letzten Gliede dieses Ausdruckes wollen wir noch den komplexen Nenner fortschaffen. Wenn wir dabei wieder ϱ'' gegenüber ω streichen, so wird es

$$\frac{\varrho''(\sigma\varrho' + \mathrm{j}\omega)}{\omega - \mathrm{j}(\varrho' + \varrho'')} = \frac{-\omega\varrho'\varrho''(1 - \sigma) + \mathrm{j}\varrho''(\omega^2 + \sigma\varrho'^2)}{\omega^2 + \varrho'^2}. \tag{27}$$

Nunmehr können wir alle reellen und alle imaginären Glieder von Gl. (26) für sich zusammenfassen und erhalten unter Beachtung der Vorzeichen als Wurzeln der komplexen Gl. (23) für kleinen Läuferwiderstand

$$\begin{aligned} \underline{\alpha}' &= \frac{\varrho'\varrho''}{\omega}(1 - \sigma) + \mathrm{j}\left[\varrho' - \varrho''\sigma\left(\frac{\varrho'}{\omega}\right)^2\right], \\ \underline{\alpha}'' &= \left[\omega - \omega\frac{\varrho'}{\omega}\frac{\varrho''}{\omega}(1 - \sigma)\right] + \mathrm{j}\varrho''\left[1 + \sigma\left(\frac{\varrho'}{\omega}\right)^2\right]. \end{aligned} \tag{28}$$

Wir haben hier wieder Ausdrücke von der komplexen Form

$$\underline{\alpha} = \nu + \mathrm{j}\varrho \tag{29}$$

erhalten, wobei sich sowohl für die Kreisfrequenz ν wie für den Abklingkoeffizienten ϱ je zwei unterschiedliche Werte ergeben. Die Kreisfrequenzen für den Läufer sind nach Gl. (1) naturgemäß um die Umdrehungsfrequenz ω davon verschieden.

Die Ständerkreisfrequenzen sind nach Gl. (28) bestimmt durch

$$\begin{aligned} \frac{\nu_1'}{\omega} &= \frac{\varrho'}{\omega}\frac{\varrho''}{\omega}(1 - \sigma) \approx 0, \\ \frac{\nu_1''}{\omega} &= 1 - \frac{\varrho'}{\omega}\frac{\varrho''}{\omega}(1 - \sigma) \approx 1. \end{aligned} \tag{30}$$

Die Summe der Kreisfrequenzen ist also stets gleich ω. Die Abklingkoeffizienten ergeben sich durch weitere Zusammenfassung der imaginären Glieder von Gl. (28) zu

$$\begin{aligned} \frac{\varrho_1}{\omega} &= \frac{\varrho'}{\omega} - \frac{\varrho''}{\omega}\sigma\left(\frac{\varrho'}{\omega}\right)^2 \approx \frac{\varrho'}{\omega}, \\ \frac{\varrho_2}{\omega} &= \frac{\varrho''}{\omega}\left[1 + \sigma\left(\frac{\varrho'}{\omega}\right)^2\right] \approx \frac{\varrho''}{\omega}. \end{aligned} \tag{31}$$

Ihre Summe hat ebenfalls einen sehr einfachen Wert, nämlich $\varrho' + \varrho''$.

Wir sehen aus Gl. (30), daß sich auch bei großem Ständerwiderstand die Ausgleichsstromsysteme nur mit kleinem Schlupf gegenüber dem Ständer und dem

Läufer bewegen. Bei geringem Ständerwiderstand, wenn ϱ' ungefähr so klein wie ϱ'' ist, gehen die Werte von Gl. (30) in die früheren Näherungswerte der Gl. (21) über. Bei großem Ständerwiderstand wachsen die Werte des Schlupfes erst an und werden nach Überschreitung eines Maximums für $\varrho' = \omega$, also für Widerstand gleich Streureaktanz, wiederum geringer. Selbst dies Maximum hat aber wegen des kleinen Abklingkoeffizienten ϱ'' nur einen geringen Zahlenwert, der bei Vernachlässigung der Streuziffer σ mit dem halben Werte von ϱ''/ω, also mit der Hälfte des Verhältnisses von Läuferwiderstand zu Läuferstreureaktanz übereinstimmt. Wegen ihrer geringen Kreisfrequenz werden diese Ströme oft als Gleichströme angesehen.

Die Dämpfungen der beiden Stromsysteme sind bei ungleichen Ständer- und Läuferwiderständen unter sich verschieden. Bei Klemmenkurzschluß ist der Ständerwiderstand gering, so daß das zweite Glied der Gl. (31) verschwindet. Dabei wird das am Ständer hängende Stromsystem, das wegen des sehr kleinen Schlupfes nach Gl. (30) nahezu einen Gleichstrom darstellt, nur entsprechend dem reinen Ständerwert ϱ' gedämpft, während das mit dem Läufer bewegte Wechselstromsystem lediglich eine dem Läuferwert ϱ'' entsprechende Dämpfung aufweist. Bei größerem Ständerwiderstand unterscheiden sich die Dämpfungen von den Wicklungseigenwerten nach Gl. (11).

Derartige freie Drehfelder, deren eines nahezu am Ständer, deren anderes nahezu am Läufer festhängt, und deren Schlupfgeschwindigkeit und Dämpfung im wesentlichen durch das Verhältnis von Widerstand und Streuinduktivität der Wicklungen bestimmt wird, treten in allen Wechselstrommaschinen stets auf, wenn Schaltvorgänge oder Belastungsänderungen vorgenommen werden. Da größere Wechselstrommaschinen im allgemeinen sehr große Streuinduktivitäten und sehr kleine Widerstände haben, so pflegen diese Ausgleichsströme nur langsam zu verschwinden und können während vieler Sekunden die Vorgänge im Stromkreise vorherrschend bestimmen. Es ist charakteristisch, daß im Ständer wie auch im Läufer stets sowohl ein schneller als auch ein sehr langsamer Wechselstrom auftritt, die sich übereinanderlagern und zusammen mit dem stationären Strom das vollständige Bild der Erscheinung geben.

Da unsere Rechnung ergibt, daß für die Koeffizienten $\underline{\alpha}$ und $\underline{\beta}$ nach Gl. (3) und (28) je zwei Lösungen bestehen, so müssen wir zur vollständigen Bestimmung des Stromverlaufs auch je zwei Konstanten für die Stromamplituden ansetzen. Wir erhalten dann für Ständer und Läufer die vollständigen Ausgleichsströme, gegeben durch

$$\begin{aligned} \underline{i}_1 &= \underline{\underline{K}}_1\, e^{j\underline{\alpha}'t} + \underline{\underline{K}}_2\, e^{j\underline{\alpha}''t} = \underline{\underline{K}}_1\, e^{-\varrho_1 t}\, e^{j\nu_1' t} + \underline{\underline{K}}_2\, e^{-\varrho_2 t}\, e^{j\nu_1'' t}, \\ \underline{i}_2 &= \underline{\underline{K}}_3\, e^{j\underline{\beta}'t} + \underline{\underline{K}}_4\, e^{j\underline{\beta}''t} = \underline{\underline{K}}_3\, e^{-\varrho_1 t}\, e^{j\nu_2' t} + \underline{\underline{K}}_4\, e^{-\varrho_2 t}\, e^{j\nu_2'' t}, \end{aligned} \tag{32}$$

von denen nunmehr insgesamt vier Integrationskonstanten vorhanden sind. Diese sind aber nicht unabhängig voneinander, wir können vielmehr eine Beziehung zwischen ihnen herleiten, durch die die Läuferströme auf die Ständerströme reduziert werden.

Wir haben in Gl. (8) zwei Ausdrücke für das Verhältnis dieser beiden Ströme, die natürlich sowohl für die am Ständer als auch für die am Läufer hängenden Stromsysteme für sich gelten. Beachtet man nun, daß für die am Ständer hängenden Stromsysteme mit den Amplituden $\underline{\underline{K}}_1$ und $\underline{\underline{K}}_3$ nach Gl. (32) die Kreisfrequenz ν_1' und daher auch $\underline{\alpha}'$ sehr klein, dagegen ν_2' und daher auch $\underline{\beta}'$ sehr groß, nämlich fast gleich der Umdrehungsfrequenz ω ist, so sieht man, daß im Sinne unserer Näherungsrechnung in der zweiten Gl. (8) R_2 gegen $j\,\underline{\beta}'\,L_2$ vernachlässigt werden kann.

Man erhält dann

$$\frac{\underline{K}_1}{\underline{K}_3} = \frac{+\mathrm{j}\,\underline{\beta}' L_2}{-\mathrm{j}\underline{\beta}' M} = -\frac{L_2}{M}. \tag{33}$$

Ebenso ist für die am Läufer hängenden Stromsysteme mit $\underline{K}_2$ und $\underline{K}_4$ nach Gl. (32) zwar ν_2'' und daher β'' sehr klein, jedoch die Kreisfrequenz ν_1'' und daher $\underline{\alpha}''$ sehr groß, so daß jetzt in der ersten Gl. (8) R_1 gegen $\mathrm{j}\,\underline{\alpha}'' L_1$ vernachlässigt werden kann, wodurch man erhält

$$\frac{K_2}{K_4} = \frac{-\mathrm{j}\,\underline{\alpha}'' M}{\mathrm{j}\,\underline{\alpha}'' L_1} = -\frac{M}{L_1}. \tag{34}$$

Dies gilt allerdings nur für mäßig großen Ständerwiderstand R_1, wie er aber praktisch allein vorkommt.

Nunmehr kann das Läuferstromsystem vollständig auf das des Ständers bezogen werden. Es ist

$$\begin{aligned} \underline{i}_1 &= \underline{K}_1\, e^{\mathrm{j}\underline{\alpha}' t} + \underline{K}_2\, e^{\mathrm{j}\underline{\alpha}'' t} = \underline{K}_1\, e^{-\varrho_1 t}\, e^{\mathrm{j}\nu_1' t} + \underline{K}_2\, e^{-\varrho_2 t}\, e^{\mathrm{j}\nu_1'' t}, \\ \underline{i}_2 &= -\frac{M}{L_2}\underline{K}_1\, e^{\mathrm{j}\underline{\beta}' t} - \frac{L_1}{M}\underline{K}_2\, e^{\mathrm{j}\underline{\beta}'' t} = -\frac{M}{L_2}\underline{K}_1\, e^{-\varrho_1 t}\, e^{\mathrm{j}\nu_2' t} - \frac{L_1}{M}\underline{K}_2\, e^{-\varrho_2 t}\, e^{\mathrm{j}\nu_2'' t}. \end{aligned} \tag{35}$$

Diese Ausdrücke für die Ständer- und Läuferströme enthalten nur noch zwei Konstanten $\underline{K}_1$ und $\underline{K}_2$, deren Werte aus den Grenzbedingungen des jeweiligen Problems bestimmt werden müssen.

Vorher wollen wir einige Zahlenwerte für die Kreisfrequenzen und Dämpfungen bestimmen. Der Widerstand der Ständerstromkreise einer Drehfeldmaschine, der auch äußere Leitungen umfaßt, betrage $^2/_{100}$ der Streureaktanz des Ständers. Im Läufer sei der Widerstand $^2/_{1000}$ der Streureaktanz. Dann ist nach Gl. (11)

$$\frac{\varrho'}{\omega} = \frac{R_1}{\omega\sigma L_1} = \frac{2}{100}, \qquad \frac{\varrho''}{\omega} = \frac{R_2}{\omega\sigma L_2} = \frac{2}{1000},$$

und daher wird die relative Schlupfgeschwindigkeit, mit der die freien Ausgleichsfelder über den Ständer oder Läufer wandern, wenn man einen Streufaktor $\sigma = 10\%$ annimmt, nach Gl. (30)

$$\frac{\nu'}{\omega} = \frac{2}{100}\cdot\frac{2}{1000}(1 - 0{,}1) = 3{,}6 \cdot 10^{-5}.$$

Dies ist ein so geringer Betrag, daß man die Felder oft als fest am Ständer und Läufer hängend ansehen darf. Die Dämpfungszeitkonstanten werden für $\omega = 314\ \mathrm{s}^{-1}$ nach Gl. (11)

$$T' = \frac{1}{\varrho'} = \frac{1}{\omega}\frac{\omega}{\varrho'} = \frac{100\ \mathrm{s}}{314\cdot 2} = 0{,}16\ \mathrm{s}, \quad T'' = \frac{1}{\varrho''} = \frac{1\,000\mathrm{s}}{314\cdot 2} = 1{,}6\ \mathrm{s}.$$

Das am Ständer hängende Feld verschwindet also nach einigen Wechselstromperioden, das am Läufer hängende wird noch nach einigen Sekunden wahrzunehmen sein. Das erstere erzeugt nahezu Gleichstrom im Ständer und Wechselstrom von nahezu normaler Frequenz im Läufer, das letztere Wechselstrom im Ständer und Gleichstrom im Läufer. Bei praktisch ausgeführten Maschinen ergeben sich oft noch viel längere Abklingzeiten.

Um den zeitlichen Verlauf der Magnetfelder zu erhalten, drücken wir zunächst das gesamte mit der Ständerwicklung verkettete Feld durch seinen Magnetisierungsstrom aus. Dieser setzt sich aus den Ständer- und Läuferströmen von Gl. (32) zusammen, wobei ihre Wirkungen nach der ersten Gl. (2) im Verhältnis der Selbst- und Wechselinduktivität stehen.

$$\underline{i}_{\mu 1} = \underline{i}_1 + \frac{M}{L_1}\underline{i}_2' = \left(\underline{K}_1 + \frac{M}{L_1}\underline{K}_3\right) e^{-\varrho_1 t}\, e^{j\nu_1' t} + \left(\underline{K}_2 + \frac{M}{L_1}\underline{K}_4\right) e^{-\varrho_2 t}\, e^{j\nu_1'' t}. \quad (36)$$

Beschränken wir uns wieder auf widerstandsarme Stromkreise, so können wir $\underline{K}_3$ und $\underline{K}_4$ nach Gl. (33) und (34) einsetzen. Dabei fällt das zweite Glied der Gl. (36) fort, und wir erhalten unter Einführung des Streufaktors des Gesamtkreises nach Gl. (10) für den Magnetisierungsstrom im Ständerstromkreis

$$\underline{i}_{\mu 1} = \sigma \underline{K}_1\, e^{-\varrho_1 t}\, e^{j\nu_1' t}. \quad (37)$$

Ebenso wird der Magnetisierungsstrom für das mit dem gesamten Läuferstromkreis verkettete Feld

$$\underline{i}_{\mu 2} = \underline{i}_2 + \frac{M}{L_2}\underline{i}_1' = \left(\underline{K}_3 + \frac{M}{L_2}\underline{K}_1\right) e^{-\varrho_1 t}\, e^{j\nu_2' t} + \left(\underline{K}_4 + \frac{M}{L_2}\underline{K}_2\right) e^{-\varrho_2 t}\, e^{j\nu_2'' t}, \quad (38)$$

und dies reduziert sich für widerstandsarme Stromkreise mit Gl. (33) und (34) auf

$$\underline{i}_{\mu 2} = \sigma \underline{K}_4\, e^{-\varrho_2 t}\, e^{j\nu_2'' t}, \quad (39)$$

da sich das erste Glied forthebt.

Mit dem gesamten Ständerstromkreis ist also lediglich das stark gedämpfte gleichstromartige Glied verkettet, mit dem gesamten Läuferstromkreis lediglich das schwach gedämpfte drehstromartig umlaufende Feld. Dies zeigt am klarsten die elektromagnetische Zugehörigkeit der beiden Feldanteile.

Wir erkennen aus Gl. (37) und (39), daß die Magnetisierungsströme $\underline{i}_\mu$ nur einen geringen Bruchteil der Ständer- und Läuferströme $\underline{K}_1$ und $\underline{K}_4$ darstellen, deren Größe durch die Streuziffer σ bestimmt ist. Da sich nun entsprechend den allgemeinen Schaltgesetzen wohl die Ströme, jedoch nicht die Magnetfelder plötzlich ändern können, so fassen wir ihren Zusammenhang besser umgekehrt auf: Bei jedem Schaltvorgang in der Mehrphasenmaschine treten Änderungen $\Delta\hat{\Phi}$ der stationären Flüsse und damit auch Differenzen $\Delta\hat{I}_\mu$ ihrer Magnetisierungsströme auf. Die Ausgleichsströme nach Gl. (37) und (39) ergänzen jede sprungweise Änderung zu einer stetigen, und damit ergeben sich die Anfangswerte der Stromamplituden getrennt für Ständer und Läufer zu

$$K_1 = \frac{\Delta\hat{I}_{\mu 1}}{\sigma}, \qquad K_4 = \frac{\Delta\hat{I}_{\mu 2}}{\sigma}. \quad (40)$$

Während demnach die Ausgleichsflüsse in ihrem Anfangswert direkt durch den Unterschied der stationären Flüsse vor und nach dem Schaltvorgang gegeben sind und dann mit ihren jeweiligen Zeitkonstanten abklingen, ist der Anfangswert der zugehörigen Ausgleichsströme nach Maßgabe des reziproken Streufaktors außerordentlich vergrößert. Dies rührt daher, daß die gegeneinander bewegten Wicklungen ihre Magnetfelder gegenseitig zu vernichten streben, und zwar um so stärker, je geringer die Streuung zwischen den Wicklungssystemen ist.

11. Komponentensysteme

a) Allgemeines

Bei der Untersuchung betriebsfrequenter Ströme und Spannungen sowie elektromagnetischer Ausgleichvorgänge, Oberschwingungen u. dgl. wendet man mit Vorteil die Komponentensysteme nach Tabelle 1 an:

Tabelle 1. *Komponentensysteme*

Komponentensystem	Kurzbezeichnung
Symmetrische Komponenten nach C. L. FORTESCUE	120
Komponenten nach E. CLARKE	αβ0
Komponenten nach R. H. PARK	dq0
Dreiphasensystem	RST

Die Komponentensysteme 120, αβ0 und dq0 bieten allgemein anerkannte Vorteile bei der Untersuchung insbesondere von unsymmetrischen Betriebs- und Störungsfällen in Drehstromnetzen an Netz- und Schwingungsmodellen sowie bei der Berechnung solcher Vorgänge mit Digitalrechnern.

Man ist bestrebt, ein dreiphasiges Originalnetz mit Transformatoren, Gegeninduktivitäten, Koppelkapazitäten und rotierenden Maschinen mathematisch oder modellmäßig durch Spannungsquellen U sowie Widerstände R, Induktivitäten L und Kapazitäten C, jedoch möglichst ohne Gegeninduktivitäten, darzustellen. Dies ist im allgemeinen Fall, insbesondere bei der Nachbildung im Dreiphasensystem RST, nicht ohne weiteres möglich. Eine Entkopplung der drei Phasen und damit eine Nachbildung des Netzes durch Einphasennetze, wie dies die Komponentensysteme gestatten, führt dagegen zu einer Vereinfachung des Netzaufbaus. Gegeninduktivitäten bzw. Koppelkapazitäten zwischen den Phasen gehen dabei in Induktivitäten bzw. Kapazitäten der Einphasennetze über, die Zahl der Elemente, Maschen und Knotenpunkte verringert sich.

α) RST-Komponenten (Dreiphasensystem)

Die betriebsfrequenten Ströme und Spannungen in einem symmetrischen Dreiphasensystem haben in allen drei Leitern den gleichen Betrag. Es genügt dann die Berechnung für eine Phase, d. h. die einphasige Darstellung. Nicht nur bei ein- oder zweipoligen Fehlern, sondern auch bereits beim Abschalten einer symmetrischen Belastung wird das Netz jedoch zumindest vorübergehend unsymmetrisch belastet, da z. B. im letzteren Fall ein Schalterpol zuerst löscht und bis zur Lichtbogenunterbrechung in den beiden anderen Polen die Belastung nur noch zwischen zwei Leitern angeschlossen ist. Um solche Übergänge untersuchen zu können, wird in vielen Fällen das Netz dreiphasig nachgebildet.

Bei der dreiphasigen Nachbildung RST werden zwar die Koppelkapazitäten zwischen den Leitern meist nachgebildet, jedoch werden die Gegeninduktivitäten bei elektrisch zyklisch symmetrischen Betriebsmitteln in Selbstinduktivitäten umgerechnet. Da im allgemeinen die Mitimpedanz und die Nullimpedanz der Betriebsmittel voneinander verschieden sind, müssen nicht nur die drei Leiter, sondern auch als vierter Leiter die (Erd-)Rückleitung aufgebaut werden. Ist dann z. B. bei einem Transformator die Nullimpedanz kleiner als die Mitimpedanz, so ergeben sich für den vierten Leiter negative Impedanzen, die auf dem Modell für einen weiten Frequenzbereich schwer zu verwirklichen sind. Es ist weiterhin zu beachten, daß bei einer Wechselstromleitung Rückströme über Erde mit den Außenleitern eine möglichst kleine Leiterschleife bilden und somit dem Leitungszug folgen. Dies muß bei der dreiphasigen Nachbildung eines vermaschten Netzes durch Übertrager erzwungen werden (*Abb. 1*).

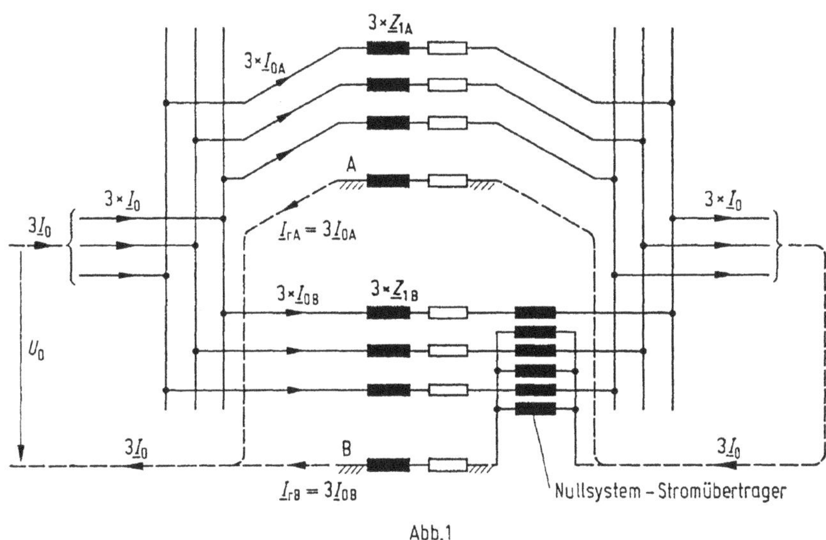

Abb. 1

Die dreiphasige Nachbildung eines Drehstromnetzes ist also in den Leitungen derart mit Übertragern zu versehen, daß keine geschlossene Masche ohne Übertrager übrigbleibt. Bei größeren Netzen führt dies auf dem Modell zu einem unvertretbaren Aufwand, so daß eine Nachbildung in Komponenten notwendig wird. Auch auf dem Rechner hat die größere Zahl der Elemente bei einer Darstellung in RST gegenüber der Berechnung in anderen Komponentensystemen erhebliche Nachteile. Die dreiphasige Nachbildung versagt ebenfalls, wenn bei einer Maschine (Generator oder Motor) Mit- und Gegenimpedanz nicht gleich sind und dies z. B. bei der Untersuchung unsymmetrischer Kurzschlußströme berücksichtigt werden muß. Es ist lediglich möglich, eine treibende Spannung im Gegensystem aufzunehmen, d. h. einen unsymmetrischen Spannungsstern nachzubilden.

Die dreiphasige Nachbildung hat also wie jede andere Nachbildung in Komponenten ihre Vor- und Nachteile. Sie ist zwar anschaulich, aber keineswegs eine physikalisch exakte Nachbildung, wie häufig angenommen wird.

β) 120-Komponenten (symmetrische Komponenten)

Die Nachbildung elektrischer Maschinen unter Berücksichtigung verschiedener Impedanzen für mitläufige Drehfelder (RST) und gegenläufige Drehfelder (RTS) ist nach der Methode der symmetrischen Komponenten möglich. Sie gestattet die Zerlegung eines symmetrischen Dreiphasensystems in drei Einphasensysteme, das Mit-, das Gegen- und das Nullsystem, die gegeneinander entkoppelt sind. Ein Nachteil der symmetrischen Komponenten sind die in den Übergangsgleichungen enthaltenen komplexen Operatoren, die bei der Nachbildung auf dem Modell komplexe Übertrager bedingen. Solche Übertrager können für einen weiten Frequenzbereich nur elektronisch verwirklicht werden. Die symmetrischen Komponenten eignen sich deswegen vorwiegend zur Untersuchung stationärer Vorgänge.

γ) αβ0-Komponenten (Clarke-Komponenten)

Für die Untersuchung elektromagnetischer Ausgleichsvorgänge sind besonders die αβ0-Komponenten geeignet. Ihre Gleichungen für den Übergang von RST nach αβ0 enthalten nur reelle und konstante Faktoren. Die Nachbildung elektrischer Maschinen in αβ0-Komponenten ist jedoch nur möglich, wenn Mit- und Gegenimpedanz sowie Längs- und Querimpedanz gleichgesetzt werden können. Erfreulicherweise kann dies vor allem für höherfrequente elektromagnetische Ausgleichvorgänge in vielen Fällen vorausgesetzt werden.

δ) dq0-Komponenten (Park-Komponenten)

Dem Wesen der elektrischen Maschine kommen die Park-Komponenten am nächsten. Sie berücksichtigen deren verschiedene Längs- und Querimpedanzen, sind jedoch in ihrem Aufbau ziemlich kompliziert, da beim Übergang von RST auf dq0 zugleich eine Frequenztransformation oder, besser gesagt, eine Modulation der Spannungen und Ströme erfolgt.

Alle Komponentensysteme setzen im Prinzip lineare Elemente voraus. Nur dann ist eine Entkopplung durchführbar. Muß jedoch z. B. die Sättigung in den Eisenwegen elektrischer Maschinen berücksichtigt werden, so ist auch bei einer Nachbildung in dq0-Komponenten eine induktive Kopplung zwischen den Komponenten unter Berücksichtigung der nichtlinearen Magnetisierungskennlinien notwendig. Einzelne Betriebsmittel mit nichtlinearer Charakteristik, wie z. B. Ableiter, werden zweckmäßig in RST nachgebildet.

ε) Wahl des Komponentensystems und Übergang von einem zum anderen Komponentensystem

Ein Dreiphasennetz mit elektrisch zyklisch symmetrischen Elementen wird man im allgemeinen Fall durch seine symmetrischen oder seine αβ0-Komponenten, d. h. durch höchstens drei Einphasennetze nachbilden. Ist ein unsymmetrischer Vorgang zu untersuchen (z. B. eine einpolige Unterbrechung oder ein einpoliger Kurzschluß), so wird man Mit-, Gegen- und Nullsystem aufbauen, wenn die entsprechenden Impedanzen elektrischer Maschinen zu berücksichtigen sind, oder die αβ0-Komponenten verwenden, wenn höherfrequente Ausgleichsvorgänge zu untersuchen sind. Bei einfachen Fehlern der genannten Art und gleicher Mit- und Gegenimpedanz genügen in der Regel Mit- und Nullsystem oder α- und Nullsystem, wobei diese Schaltungen einander sehr ähnlich sind.

Bei Fehlern, die nicht zur Phase R symmetrisch sind, sind allerdings Schaltungen in symmetrischen Komponenten wegen der dann auftretenden komplexen Übertrager schwieriger zu handhaben als Schaltungen in αβ0-Komponenten. Man wird deshalb zweckmäßig einen einpoligen Fehler in Phase R, einen zweipoligen Fehler zwischen Phase S und T untersuchen. Dies ist bei mehreren gleichzeitig auftretenden Fehlern oder Unsymmetrien nicht immer möglich.

Im Schrifttum werden häufig Ersatzschaltungen für verschiedene Fehlerarten (einpoliger, zweipoliger Fehler, Unterbrechung u. dgl.) angegeben. Diese Ersatzschaltungen sind dann nicht brauchbar, wenn sich, wie es in der Praxis häufig geschieht, ein Fehler in rascher Folge ändert. Will man z. B. die Vorgänge beim Abschalten eines dreipoligen Kurzschlusses untersuchen, so ergeben sich der Reihe nach:

ein dreipoliger Kurzschluß in R, S und T,	
eine einpolige Unterbrechung in R	(mit R als erstlöschendem Pol),
eine zweipolige Unterbrechung in R und S	(mit S als zweitlöschendem Pol),
eine dreipolige Unterbrechung in R, S und T	(mit T als letztlöschendem Pol).

Die bekannten Ersatzschaltungen können in der Regel nicht so rasch umgeschaltet werden, daß ein der Wirklichkeit entsprechender kontinuierlicher Ablauf der Schalthandlungen gewährleistet wird. Die Beeinflussung der Lichtbogenlöschung in den nachfolgenden Polen durch den Ausgleichsvorgang, der durch die Stromunterbrechung im erstlöschenden Pol angeregt wurde, ginge damit verloren. Es werden deshalb im folgenden allgemein anwendbare Ersatzschaltungen gezeigt, die den allgemeinen Übergang von dem einen Komponentensystem in ein anderes Komponentensystem gestatten, ohne daß diese Schaltung von der Art des Fehlers abhängig gemacht wird. Es ist ferner durchaus möglich, in einem und demselben Netz z. B. die Leitungen in $\alpha\beta 0$- und die elektrischen Maschinen in 120-Komponenten darzustellen, eine unsymmetrische Belastung an die Klemmen R, S oder T anzuschließen sowie zwischen den Klemmen R, S, T und Mp Spannungen oder auch Ströme in den Leitern zu messen.

b) Übergang von einem zum anderen Komponentensystem

α) Schema der Übergänge

Wie bereits erwähnt, kann ein Netz zum einen Teil in $\alpha\beta 0$-Komponenten, zum anderen Teil in 120- oder auch dq0-Komponenten nachgebildet werden. Nahezu immer jedoch müssen an einzelnen Punkten im Netz die Klemmen R, S, T und Mp für Fehlerschaltungen oder Messungen zugänglich sein.

Man muß also im allgemeinen von jedem zu jedem Komponentensystem übergehen können, was dem in *Abb. 2* gezeigten Schema der möglichen Übergänge

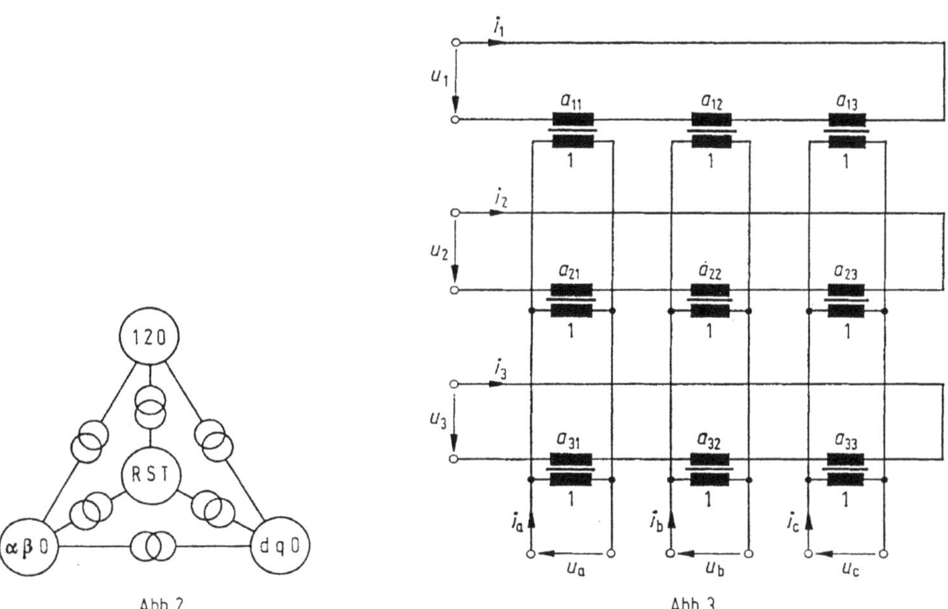

Abb. 2 Abb. 3

(Transformationen) entspricht. Die großen Kreise bedeuten die Nachbildung eines Netzteiles in dem betreffenden Komponentensystem, die Transformatorsymbole stehen für die Übergangsschaltungen zwischen diesen Netzteilen.

β) Prinzip der Komponentensysteme

Die Komponentensysteme sind im Grunde zunächst nichts anderes als die Zerlegung (Transformation) von drei gegebenen Größen in drei andere Größen, wobei diese Transformation gewissen Bedingungen gehorchen muß, um die eingangs erwähnten Vorteile der Komponentensysteme zu erzielen.

Es seien z. B. die drei Spannungen u_a, u_b, u_c gegeben. Sie sollen in drei andere Spannungen u_1, u_2, u_3 übergeführt werden. Dann gilt ganz allgemein

$$\begin{aligned} u_1 &= a_{11} u_a + a_{12} u_b + a_{13} u_c\,, \\ u_2 &= a_{21} u_a + a_{22} u_b + a_{23} u_c\,, \\ u_3 &= a_{31} u_a + a_{32} u_b + a_{33} u_c\,, \end{aligned} \tag{1}$$

oder in Matrizen geschrieben

$$\begin{aligned} \boldsymbol{U}_{123} &= \boldsymbol{T} \cdot \boldsymbol{U}_{abc}\,, \\ \boldsymbol{U}_{abc} &= \boldsymbol{T}^{-1} \cdot \boldsymbol{U}_{123}\,. \end{aligned} \tag{2}$$

Eine Schaltung, die ganz allgemein diese Gleichungen erfüllt, besteht aus 9 Übertragern (*Abb. 3*). Aus dieser Schaltung leitet man entsprechende Gleichungen für die Ströme ab:

$$\begin{aligned} i_a &= a_{11} i_1 + a_{21} i_2 + a_{31} i_3\,, \\ i_b &= a_{12} i_1 + a_{22} i_2 + a_{32} i_3\,, \\ i_c &= a_{13} i_1 + a_{23} i_2 + a_{33} i_3\,, \end{aligned} \tag{3}$$

oder in Matrizen geschrieben

$$\begin{aligned} \boldsymbol{I}_{abc} &= \boldsymbol{T}^t \cdot \boldsymbol{I}_{123}\,, \\ \boldsymbol{I}_{123} &= (\boldsymbol{T}^t)^{-1} \cdot \boldsymbol{I}_{abc}\,. \end{aligned} \tag{4}$$

Eine solche Schaltung verbindet zwei Netzteile, von denen der eine in abc-Komponenten, der andere in 123-Komponenten dargestellt ist. Im wirklichen Netz (RST) sind diese Netzteile natürlich unmittelbar miteinander verbunden, so daß die Übertragerschaltung dort nur den Verbindungspunkten R, S, T, Mp entspricht. Daraus folgt aber auch, daß die Summe der komplexen Leistungen, die über die drei Leiter der Verbindungsstelle zufließt, auf der anderen Seite voll übernommen wird. Man spricht hier von einer Invarianz der komplexen Leistung. Diese Bedingung soll im folgenden in Matrizenschreibweise auf ihre Auswirkungen näher untersucht werden. Diese vereinfachte Darstellung wurde aus Gründen der Platzersparnis gewählt. Die Kenntnis dieser Ableitung ist für die Anwendung der Komponentensysteme jedoch nicht erforderlich.

γ) Invarianz der komplexen Leistung

Aus der Forderung nach Invarianz der komplexen Leistung folgt

$$\boldsymbol{U}_{123}^t \cdot \boldsymbol{I}_{123}^* = \boldsymbol{U}_{abc}^t \cdot \boldsymbol{T}^t \cdot (\boldsymbol{T}^t)^{-1*} \cdot \boldsymbol{I}_{abc}^* = \boldsymbol{U}_{abc}^t \cdot \boldsymbol{I}_{abc}^*\,. \tag{5}$$

Ströme und Spannungen sollen nach derselben Matrix transformiert werden. Damit ist nach Gl. (2) und (4)

$$\boldsymbol{T}^{-1} = \boldsymbol{T}^t \qquad \text{oder} \qquad \boldsymbol{T} = (\boldsymbol{T}^t)^{-1}\,. \tag{6}$$

Hieraus leitet man für die Transformationsmatrix $\boldsymbol{T}$ folgende Bedingungen ab:

$$\boldsymbol{T}^t (\boldsymbol{T}^t)^{-1*} = \boldsymbol{E} = \boldsymbol{T}^t \cdot \boldsymbol{T}^*. \quad (7)$$

Hierin ist $\boldsymbol{E}$ die Einheitsmatrix.

Die auf diese Weise erhaltenen Komponenten nennt man normierte Komponenten. Man kann jedoch die aus der Forderung nach Invarianz der komplexen Leistung abgeleitete Gleichung (5) auch wie folgt anschreiben:

$$\boldsymbol{U}_{123}^t \cdot \boldsymbol{I}_{123}^* = \boldsymbol{U}_{\mathrm{abc}}^t \cdot \boldsymbol{T}^t \cdot (\boldsymbol{T}^t)^{-1*} \cdot \boldsymbol{I}_{\mathrm{abc}}^* = \boldsymbol{U}_{\mathrm{abc}}^t \cdot \boldsymbol{D} \cdot \boldsymbol{I}_{\mathrm{abc}}^*. \quad (8)$$

Hierin ist $\boldsymbol{D}$ die Diagonalmatrix

$$\boldsymbol{D} = \begin{pmatrix} d_{\mathrm{a}} & 0 & 0 \\ 0 & d_{\mathrm{b}} & 0 \\ 0 & 0 & d_{\mathrm{c}} \end{pmatrix}. \quad (9)$$

Die Faktoren d_{a}, d_{b}, d_{c} können nach Belieben auf u_{a}, u_{b}, u_{c} oder i_{a}, i_{b}, i_{c} aufgeteilt werden. Dies wird man aus Zweckmäßigkeitsgründen häufig tun, um die Spannungen in den Komponentensystemen im Maßstab an die im Netz meßbaren Spannungen und Ströme anzupassen.

δ) Übergangsgleichungen

Die Übergangsgleichungen für die Komponentensysteme RST, 120, αβ0 und dq0 sind in Tabelle 2 zusammen mit der jeweils dem betreffenden Komponentensystem zugeordneten Diagonalmatrix eingetragen. Neben diesen Übergangsgleichungen gelten für den Zusammenhang zwischen Strom, Spannung und Impedanz noch folgende grundsätzlichen Beziehungen:

αβ0	120	dq0	
$\underline{U}_0 = \underline{E}_0 - \underline{I}_0\underline{Z}_0$	$\underline{U}_0 = \underline{E}_0 - \underline{I}_0\underline{Z}_0$	$\underline{U}_0 = \underline{E}_0 - \underline{I}_0\underline{Z}_0$	
$\underline{U}_\alpha = \underline{E}_\alpha - \underline{I}_\alpha\underline{Z}_\alpha$	$\underline{U}_1 = \underline{E}_1 - \underline{I}_1\underline{Z}_1$	$\underline{U}_{\mathrm{d}} = \underline{E}_{\mathrm{d}} - \underline{I}_{\mathrm{d}}\underline{Z}_{\mathrm{d}}$	(10)
$\underline{U}_\beta = \underline{E}_\beta - \underline{I}_\beta\underline{Z}_\beta$	$\underline{U}_2 = \underline{E}_2 - \underline{I}_2\underline{Z}_2$	$\underline{U}_{\mathrm{q}} = \underline{E}_{\mathrm{q}} - \underline{I}_{\mathrm{q}}\underline{Z}_{\mathrm{q}}$	

Man entnimmt Tabelle 2 z. B. aus Zeile RST und Spalte 0αβ für die Spannungen und Ströme folgende Gleichungen:

$$\begin{aligned} \underline{U}_{\mathrm{R}} &= \underline{U}_0 + \underline{U}_\alpha, & \underline{I}_{\mathrm{R}} &= \underline{I}_0 + \underline{I}_\alpha, \\ \underline{U}_{\mathrm{S}} &= \underline{U}_0 - \frac{1}{2}\underline{U}_\alpha + \frac{\sqrt{3}}{2}\underline{U}_\beta, & \underline{I}_{\mathrm{S}} &= \underline{I}_0 - \frac{1}{2}\underline{I}_\alpha + \frac{\sqrt{3}}{2}\underline{I}_\beta, \\ \underline{U}_{\mathrm{T}} &= \underline{U}_0 - \frac{1}{2}\underline{U}_\alpha - \frac{\sqrt{3}}{2}\underline{U}_\beta, & \underline{I}_{\mathrm{T}} &= \underline{I}_0 - \frac{1}{2}\underline{I}_\alpha - \frac{\sqrt{3}}{2}\underline{I}_\beta, \end{aligned} \quad (11)$$

oder in Matrizenschreibweise

$$\boldsymbol{U}_{\mathrm{RST}} = \boldsymbol{T}_{\mathrm{RST}-\alpha\beta0} \cdot \boldsymbol{U}_{\alpha\beta0}, \qquad \boldsymbol{I}_{\mathrm{RST}} = \boldsymbol{T}_{\mathrm{RST}-\alpha\beta0} \cdot \boldsymbol{I}_{\alpha\beta0}.$$

Tabelle 2. *Übergangsgleichungen für Komponentensysteme*

	R	S	T	0	1	2	0	α	β	0	d	q
R	1	0	0	1	1	1	1	1	0	1	$\cos \Omega t$	$-\sin \Omega t$
S	0	1	0	1	$\underline{a}^2$	$\underline{a}$	1	$-\frac{1}{2}$	$\frac{\sqrt{3}}{2}$	1	$\cos(\Omega t - 120°)$	$-\sin(\Omega t - 120°)$
T	0	0	1	1	$\underline{a}$	$\underline{a}^2$	1	$-\frac{1}{2}$	$-\frac{\sqrt{3}}{2}$	1	$\cos(\Omega t + 120°)$	$-\sin(\Omega t + 120°)$
0	$\frac{1}{3}$	$\frac{1}{3}$	$\frac{1}{3}$	3	0	0	1	0	0	1	0	0
1	$\frac{1}{3}$	$\frac{\underline{a}}{3}$	$\frac{\underline{a}^2}{3}$	0	3	0	0	$\frac{1}{2}$	$\frac{j}{2}$	0	$\frac{1}{2} e^{j\Omega t}$	$\frac{j}{2} e^{j\Omega t}$
2	$\frac{1}{3}$	$\frac{\underline{a}^2}{3}$	$\frac{\underline{a}}{3}$	0	0	3	0	$\frac{1}{2}$	$-\frac{j}{2}$	0	$\frac{1}{2} e^{-j\Omega t}$	$-\frac{j}{2} e^{-j\Omega t}$
0	$\frac{1}{3}$	$\frac{1}{3}$	$\frac{1}{3}$	1	0	0	3	0	0	1	0	0
α	$\frac{2}{3}$	$-\frac{1}{3}$	$-\frac{1}{3}$	0	1	1	0	$\frac{3}{2}$	0	0	$\cos \Omega t$	$-\sin \Omega t$
β	0	$\frac{1}{\sqrt{3}}$	$-\frac{1}{\sqrt{3}}$	0	$-j$	$+j$	0	0	$\frac{3}{2}$	0	$\sin \Omega t$	$\cos \Omega t$
0	$\frac{1}{3}$	$\frac{1}{3}$	$\frac{1}{3}$	1	0	0	1	0	0	3	0	0
d	$\frac{2}{3} \cos \Omega t$	$\frac{2}{3} \cos(\Omega t - 120°)$	$\frac{2}{3} \cos(\Omega t + 120°)$	0	$e^{-j\Omega t}$	$e^{j\Omega t}$	0	$\cos \Omega t$	$\sin \Omega t$	0	$\frac{3}{2}$	0
q	$-\frac{2}{3} \sin \Omega t$	$-\frac{2}{3} \sin(\Omega t - 120°)$	$-\frac{2}{3} \sin(\Omega t + 120°)$	0	$-je^{-j\Omega t}$	$je^{j\Omega t}$	0	$-\sin \Omega t$	$\cos \Omega t$	0	0	$\frac{3}{2}$

Anwendung der Transformationsmatrix. Beispiel: Aus Zeile $\begin{matrix}\mathrm{R}\\ \mathrm{S}\\ \mathrm{T}\end{matrix}$ und Spalte 0αβ erhält man: $\dot{\underline{U}}_s = \dot{\underline{U}}_\alpha - \frac{1}{2} \dot{\underline{U}}_\alpha + \frac{\sqrt{3}}{2} \dot{\underline{U}}_\beta$

Anwendung der Diagonalmatrix. Beispiel: Aus Zeile $\begin{matrix}0\\ \alpha\\ \beta\end{matrix}$ und Spalte 0αβ erhält man den Faktor $d_\alpha = \frac{2}{3}$ und setzt in die Nachbildung ein:

$\mu_\alpha \underline{U}_\alpha$ und $d_\alpha/\mu_\alpha \cdot \underline{I}_\alpha$ und damit $\mu_\alpha^2/d_\alpha \cdot \underline{Z}_\alpha$, worin μ_α frei wählbar, jedoch bei Impedanzinvarianz mit $\mu_\alpha = \sqrt{d_\alpha} = \sqrt{\frac{3}{2}}$ einzusetzen ist.

Aus der Diagonalmatrix für RST bzw. $\alpha\beta 0$ und unter Berücksichtigung der Entkopplung der Systeme erhält man für die Leistung folgende Beziehung:

$$\underline{S}_{\mathrm{RST}} = \underline{U}_{\mathrm{R}}\underline{I}_{\mathrm{R}}^* + \underline{U}_{\mathrm{S}}\underline{I}_{\mathrm{S}}^* + \underline{U}_{\mathrm{T}}\underline{I}_{\mathrm{T}}^* = 3\,\underline{U}\,\underline{I}_0^* + \frac{3}{2}\,\underline{U}_\alpha\underline{I}_\alpha^* + \frac{3}{2}\,\underline{U}_\beta\underline{I}_\beta^*. \quad (12)$$

ε) Beispiel einer leistungsinvarianten Nachbildung

Bei beliebiger Aufteilung der Elemente der Diagonalmatrix kann man z. B. in die Nachbildung am Modell oder für die Berechnung am Digitalrechner folgende Größen einsetzen (vgl. *Abb. 4*):

$d_0 = 3 = 1 \cdot 3$	$\underline{U}_0$	$3\underline{I}_0$	$\underline{U}_0/3\underline{I}_0 = \frac{1}{3}\,\underline{Z}_0$
$d_\alpha = \frac{3}{2} = \frac{1}{2} \cdot 3$	$\frac{1}{2}\,\underline{U}_\alpha$	$3\underline{I}_\alpha$	$\frac{1}{2}\,\underline{U}_\alpha/3\underline{I}_\alpha = \frac{1}{6}\,\underline{Z}_\alpha$
$d_\beta = \frac{3}{2} = \frac{\sqrt{3}}{2} \cdot \sqrt{3}$	$\frac{\sqrt{3}}{2}\,\underline{U}_\beta$	$\sqrt{3}\,\underline{I}_\beta$	$\frac{\sqrt{3}}{2}\underline{U}_\beta/\sqrt{3}\,\underline{I}_\beta = \frac{1}{2}\,\underline{Z}_\beta$

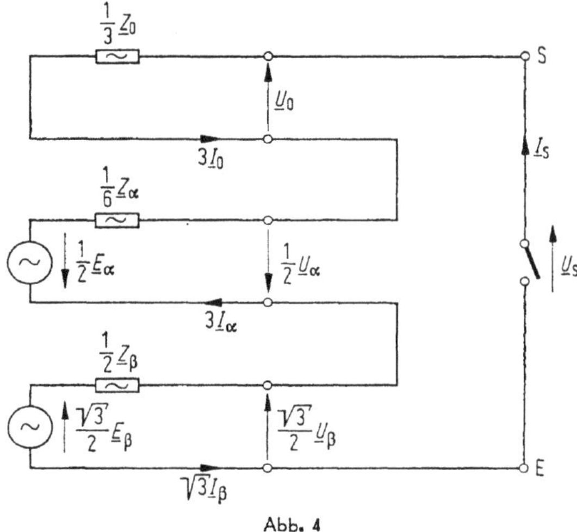

Abb. 4

In einer solchen Schaltung würde man also die Spannung $\underline{U}_0$ oder den Strom $3\underline{I}_0$ (Erdrückstrom) direkt und ohne Umrechnungsfaktoren messen können. Die Schaltung erfüllt bei geöffnetem Schalter die Gleichung

$$\underline{U}_{\mathrm{S}} = \underline{U}_0 - \frac{1}{2}\,\underline{U}_\alpha + \frac{\sqrt{3}}{2}\,\underline{U}_\beta$$

und bei geschlossenem Schalter die Gleichung

$$3\underline{I}_0 = -3\underline{I}_\alpha = \sqrt{3}\,\underline{I}_\beta \qquad \text{oder} \qquad \underline{I}_\alpha = -\underline{I}_0, \qquad \underline{I}_\beta = \sqrt{3}\,\underline{I}_0,$$

damit wird $\quad \underline{I}_{\mathrm{R}} = 0, \quad \underline{I}_{\mathrm{T}} = 0, \quad \underline{I}_{\mathrm{S}} = 3\underline{I}_0.$

Man mißt also in dieser Schaltung bei geöffnetem Schalter die Spannung $\underline{U}_{\mathrm{S}}$ zwischen Klemme *S* und Erde, bei geschlossenem Schalter den Strom $\underline{I}_{\mathrm{S}} = 3\underline{I}_0$. Mit $\underline{I}_{\mathrm{R}} = \underline{I}_{\mathrm{T}} = 0$ entspricht also diese Schaltung der Nachbildung eines Dreiphasensystems mit einpoligem Erdschluß oder Erdkurzschluß des Leiters S.

c) Graphische Konstruktion der Komponenten

Den mathematischen Gleichungen entsprechen graphische Konstruktionen für die Ermittlung der Komponenten eines unsymmetrischen Spannungs- oder Stromsterns (*Abb. 5*).

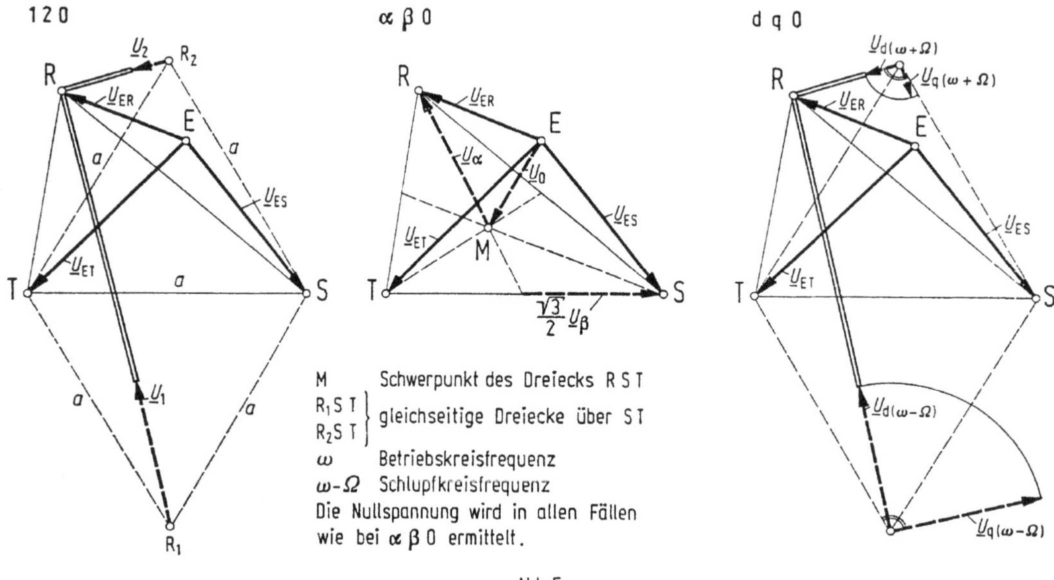

Abb. 5

Die Nullspannung $\underline{U}_0$ ist das geometrische Mittel der drei Leitererdspannungen.

$$\underline{U}_0 = \frac{1}{3}(\underline{U}_R + \underline{U}_S + \underline{U}_T) = \underline{U}_S + \frac{1}{2}(\underline{U}_T - \underline{U}_S) + \frac{1}{3}\left[\frac{1}{2}(\underline{U}_T - \underline{U}_S) - \underline{U}_T + \underline{U}_R\right] =$$

$$= \underline{U}_S + \frac{1}{2}\underline{U}_{ST} + \frac{1}{3}\left(\frac{1}{2}\underline{U}_{ST} - \underline{U}_T + \underline{U}_R\right). \tag{13}$$

Sie ist also die Spannung zwischen dem Mittelpunkt des unsymmetrischen Sterns und dem Schwerpunkt des durch die drei Spannungen gebildeten Dreiecks RST.

Die symmetrischen Komponenten U_1 und U_2 werden nach den in Zeile 012 und Spalte RST angegebenen Gleichungen konstruiert:

$$\underline{U}_1 = \frac{1}{3}(\underline{U}_R + \underline{a}\,\underline{U}_S + \underline{a}^2\underline{U}_T) = \frac{1}{3}[\underline{U}_R + \underline{a}\,\underline{U}_S - (\underline{a}+1)\underline{U}_T] =$$

$$= \frac{1}{3}[\underline{a}(\underline{U}_S - \underline{U}_T) + (\underline{U}_R - \underline{U}_T)] = \frac{1}{3}(\underline{a}\,\underline{U}_{TS} + \underline{U}_{TR}) = \frac{1}{3}(\underline{U}_{R_1T} + \underline{U}_{TR}),$$

$$\underline{U}_2 = \frac{1}{3}(\underline{U}_R + \underline{a}^2\underline{U}_S + \underline{a}\,\underline{U}_T) = \frac{1}{3}(\underline{a}\,\underline{U}_{ST} + \underline{U}_{SR}) = \frac{1}{3}(\underline{U}_{R_2S} + \underline{U}_{SR}). \tag{14}$$

Dasselbe gilt für die Konstruktion der α β0-Komponenten nach Zeile 0αβ und Spalte RST in Tabelle 2:

$$\underline{U}_\alpha = \frac{2}{3}\,\underline{U}_R - \frac{1}{3}\,\underline{U}_S - \frac{1}{3}\,\underline{U}_T = \frac{2}{3}\left[\frac{1}{2}\,(\underline{U}_T - \underline{U}_S) + (\underline{U}_R - \underline{U}_T)\right] =$$

$$= \frac{2}{3}\left(\frac{1}{2}\,\underline{U}_{ST} + \underline{U}_{TR}\right), \tag{15}$$

$$\underline{U}_\beta = \frac{1}{\sqrt{3}}\,\underline{U}_S - \frac{1}{\sqrt{3}}\,\underline{U}_T = \frac{1}{\sqrt{3}}\,\underline{U}_{TS}.$$

Die Park-Komponenten konstruiert man zweckmäßig aus den symmetrischen Komponenten nach den Gleichungen Zeile 0dq und Spalte 012 in Tabelle 2:

$$\underline{U}_d = \underline{U}_1 \cdot e^{-j\Omega t} + \underline{U}_2\, e^{+j\Omega t}, \tag{16}$$

$$\underline{U}_q = -j\,\underline{U}_1 \cdot e^{-j\Omega t} + j\,\underline{U}_2\, e^{+j\Omega t}.$$

Es ergibt sich für die beiden Spannungen $\underline{U}_d$ und $\underline{U}_q$ im allgemeinen Fall je ein Zeiger mit den Kreisfrequenzen $(\omega - \Omega)$ und $(\omega + \Omega)$. Bei symmetrischem Stern und $\omega = \Omega$ bleiben allein die beiden Spannungen $U_{d(0)}$ und $U_{q(0)}$ als Gleichspannung erhalten. $\underline{U}_d$ oder $\underline{U}_q$ können dabei je nach Lage des Spannungssterns, bezogen auf die Längsachse der elektrischen Maschine, auch null sein.

Das für die Spannungen Gesagte gilt in gleicher Weise auch für die Zerlegung unsymmetrischer Ströme in ihre Komponenten. Ein unsymmetrischer Strom- oder Spannungsstern wird aus seinen Komponenten zweckmäßig nach den in Tabelle 2 in Zeile RST angegebenen Gleichungen gemäß *Abb. 6* zusammengesetzt.

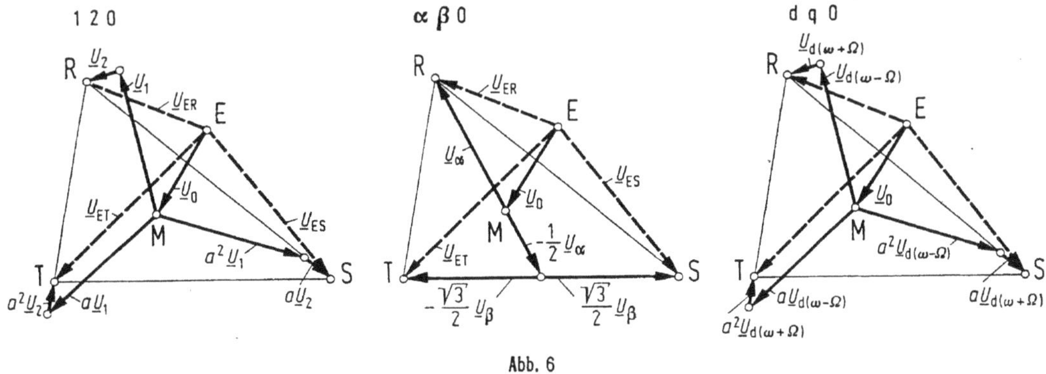

Abb. 6

d) Oberschwingungen in Komponentensystemen

Oberschwingungen im Strom und in der Spannung treten bei Betriebsmitteln mit nichtlinearen Kennlinien (Stromrichter, Transformatorhauptinduktivität, Generator) auf. Sind die Spannungen in den drei Leitern zwar verzerrt, jedoch zyklisch symmetrisch, d. h. in allen drei Leitern von derselben Kurvenform, so sind auch die Oberschwingungen zyklisch symmetrisch. Der Phasenwinkel zwischen den Spannungen zweier Phasen beträgt im symmetrischen Drehstromsystem 120°. Bei einer symmetrischen Oberschwingung der Ordnungszahl ν ist der Phasenwinkel dementsprechend $\nu \cdot 120°$. Damit ergeben sich für die Phasenlage und Phasenfolge der Oberschwingungsspannungen in Abhängigkeit von ihrer Ordnungszahl ν die in Tabelle 3 eingetragenen Werte.

Tabelle 3. *Zuordnung symmetrischer Spannungsschwingungen zum Mit-, Gegen- und Nullsystem*

Ordnungszahl ν der Harmonischen	0 Gleichwert	1 Grundschwingung	2	3	4	5
				Oberschwingungungen (höhere Harmonische)		
$U_{R(\nu)} = \underline{a}^0\, U_{\lambda(\nu)}$	1	1	1	1	1	1
$U_{S(\nu)} = \underline{a}^{\nu}\, U_{\lambda(\nu)}$	1	$\underline{a}$	$\underline{a}^2$	1	$\underline{a}$	$\underline{a}^2$
$U_{T(\nu)} = \underline{a}^{2\nu}\, U_{\lambda(\nu)}$	1	$\underline{a}^2$	$\underline{a}$	1	$\underline{a}^2$	$\underline{a}$
Phasenfolge	R S T	RST	RTS	R S T	RST	RTS
Zuordnung	Nullsystem	Mitsystem	Gegensystem	Nullsystem	Mitsystem	Gegensystem
Ordnungszahl ν der Harmonischen	0 Gleichwert	1 Grundschwingung	$\frac{1}{2}$	$\frac{1}{3}$	$\frac{1}{4}$	$\frac{1}{5}$
				Unterschwingungen (Subharmonische)		

Man entnimmt Tabelle 3, daß symmetrische Oberschwingungen mit einer durch 3 teilbaren Ordnungszahl einschließlich $\nu = 0$ gleichphasig sind und infolgedessen im Nullsystem liegen. Die Harmonische mit der jeweils folgenden Ordnungszahl hat die Phasenfolge RST und liegt im Mitsystem. Die Harmonische mit der darunter liegenden Ordnungszahl hat die gegenläufige Phasenfolge RTS und liegt im Gegensystem.

Ähnliche Überlegungen können für subharmonische Schwingungen angestellt werden. Man definiert die subharmonische Schwingung als Grundschwingung und die Grundschwingung als Oberschwingung mit der entsprechenden Ordnungszahl. Damit kann Tabelle 3 auch auf subharmonische Schwingungen angewendet werden, und man entnimmt ihr z. B., daß die Unterschwingung mit der Ordnungszahl $\nu = {}^1/_5$ im Gegensystem liegt.

Allgemein gelten für die Ermittlung der symmetrischen Komponenten von symmetrischen Oberschwingungen beliebiger Ordnungszahl folgende Gleichungen:

$$\text{Nullsystem} \quad \underline{U}_{0(\nu)} = \frac{1}{3}\,(\underline{U}_{R(\nu)} + \underline{U}_{S(\nu)} + \underline{U}_{T(\nu)}) = \frac{1}{3}\,(1 + \underline{a}^{\nu} + \underline{a}^{2\nu})\underline{U}_{\lambda(\nu)},$$

$$\text{Mitsystem} \quad \underline{U}_{1(\nu)} = \frac{1}{3}\,(\underline{U}_{R(\nu)} + \underline{a}^2\,\underline{U}_{S(\nu)} + \underline{a}\,\underline{U}_{T(\nu)}) = \frac{1}{3}\,(1 + \underline{a}^{2+\nu} + \underline{a}^{1+2\nu})\,\underline{U}_{\lambda(\nu)},$$

$$\text{Gegensystem} \quad \underline{U}_{2(\nu)} = \frac{1}{3}\,(\underline{U}_{R(\nu)} + \underline{a}\,\underline{U}_{S(\nu)} + \underline{a}^2\,\underline{U}_{T(\nu)}) = \frac{1}{3}\,(1 + \underline{a}^{1+\nu} + \underline{a}^{2+2\nu})\,\underline{U}_{\lambda(\nu)}. \tag{17}$$

Insbesondere gilt für die Oberschwingungen mit ganzzahliger Ordnungszahl:

$$
\begin{aligned}
&\text{Nullsystem} && \underline{U}_{0(\nu)} = \underline{U}_{\lambda(\nu)} && \text{für} && \nu = 3n, \\
&\text{Mitsystem} && \underline{U}_{1(\nu)} = \underline{U}_{\lambda(\nu)} && \text{für} && \nu = 3n + 1, \\
&\text{Gegensystem} && \underline{U}_{2(\nu)} = \underline{U}_{\lambda(\nu)} && \text{für} && \nu = 3n - 1.
\end{aligned} \tag{18}
$$

Aus diesen Überlegungen geht hervor, daß die symmetrischen Komponenten mit Erfolg auch bei der Behandlung von Oberschwingungsproblemen angewandt werden können. Ähnliche Überlegungen gelten auch für die Anwendung der $\alpha\beta 0$-sowie der dq0-Komponenten.

Für die $\alpha\beta 0$-Komponenten einer symmetrischen Oberschwingung mit beliebiger Ordnungszahl gilt:

$$
\begin{aligned}
&\text{Nullsystem} && \underline{U}_{0(\nu)} = \frac{1}{3}(\underline{U}_{R(\nu)} + \underline{U}_{S(\nu)} + \underline{U}_{T(\nu)}) = \frac{1}{3}(1 + \underline{a}^{\nu} + \underline{a}^{2\nu})\,\underline{U}_{\lambda(\nu)}, \\
&\alpha\text{-System} && \underline{U}_{\alpha(\nu)} = \frac{2}{3}\underline{U}_{R(\nu)} - \frac{1}{3}\underline{U}_{S(\nu)} - \frac{1}{3}\underline{U}_{T(\nu)} = \frac{1}{3}(2 - \underline{a}^{\nu} - \underline{a}^{2\nu})\,\underline{U}_{\lambda(\nu)}, \\
&\beta\text{-System} && \underline{U}_{\beta(\nu)} = \frac{1}{\sqrt{3}}\underline{U}_{S(\nu)} - \frac{1}{\sqrt{3}}\underline{U}_{T(\nu)} = \frac{1}{\sqrt{3}}(\underline{a}^{\nu} - \underline{a}^{2\nu})\,\underline{U}_{\lambda(\nu)}.
\end{aligned} \tag{19}
$$

Insbesondere wird für Oberschwingungen mit ganzzahliger Ordnungszahl:

$$
\begin{aligned}
&\text{Nullsystem} && \underline{U}_{0(\nu)} = \underline{U}_{\lambda(\nu)} && \text{für} && \nu = 3n, \\
&\alpha\text{-System} && \underline{U}_{\alpha(\nu)} = \underline{U}_{\lambda(\nu)} && \text{für} && \nu = 3n \pm 1, \\
&\beta\text{-System} && \underline{U}_{\beta(\nu)} = \underline{U}_{\lambda(\nu)} && \text{für} && \nu = 3n \pm 1.
\end{aligned} \tag{20}
$$

Für die dq0-Komponenten einer symmetrischen Oberschwingung gelten folgende Beziehungen:

$$
\begin{aligned}
&\text{Nullsystem} && \underline{U}_{0(\nu)} = \underline{U}_{0(\nu)}, \\
&\text{Längssystem} && \underline{U}_{d(\nu)} = e^{-j\Omega t}\,\underline{U}_{1(\nu)} + e^{+j\Omega t}\,\underline{U}_{2(\nu)} = \\
& && = \frac{1}{3}[e^{-j\Omega t}(1 + \underline{a}^{2+\nu} + \underline{a}^{1+2\nu}) + e^{+j\Omega t}(1 + \underline{a}^{1+\nu} + \underline{a}^{2+2\nu})]\,\underline{U}_{\lambda(\nu)}, \\
&\text{Quersystem} && \underline{U}_{q(\nu)} = -j\,e^{-j\Omega t}\,\underline{U}_{1(\nu)} + j\,e^{+j\Omega t}\,\underline{U}_{2(\nu)} = \\
& && = \frac{1}{3}[-j\,e^{-j\Omega t}(1 + \underline{a}^{2+\nu} + \underline{a}^{1+2\nu}) + \\
& && \quad + j\,e^{+j\Omega t}(1 + \underline{a}^{1+\nu} + \underline{a}^{2+2\nu})]\,\underline{U}_{\lambda(\nu)}.
\end{aligned} \tag{21}
$$

Insbesondere wird für Oberschwingungen mit ganzzahliger Ordnungszahl:

$$
\begin{aligned}
&\text{Nullsystem} && \underline{U}_{0(\nu)} = \underline{U}_{\lambda(\nu)} && \text{für} && \nu = 3n, \\
&\text{Längssystem} && \underline{U}_{d(\nu)} = e^{\mp j\Omega t}\cdot\underline{U}_{\lambda(\nu)} && \text{für} && \nu = 3n \pm 1, \\
&\text{Quersystem} && \underline{U}_{q(\nu)} = -j e^{\mp j\Omega t}\cdot\underline{U}_{\lambda(\nu)} && \text{für} && \nu = 3n \pm 1.
\end{aligned} \tag{22}
$$

e) Impedanzen in Komponentensystemen

α) Transformation der Impedanzen von RST nach αβ0

In Abschnitt a) wurde erwähnt, daß ein Dreiphasensystem mit Koppelimpedanzen zwischen den Leitern, das jedoch gewisse Symmetriebedingungen erfüllt, mit Hilfe der Komponentensysteme durch drei Einphasensysteme ohne gegenseitige Kopplung nachgebildet werden kann. Diese Zusammenhänge sollen am Beispiel eines Leitungselementes in RST und dessen Nachbildung in αβ0-Komponenten erläutert werden. Die αβ0-Komponenten wurden gewählt, da sie für die Untersuchung von Ausgleichsvorgängen am wichtigsten sind.

Abb. 7 zeigt ein Leitungselement mit Längs- und Koppelimpedanzen zwischen den drei Leitern. Die Beziehungen zwischen den Strömen, Spannungen und Impedanzen sind im Bild wiedergegeben. Aus den Gleichungen ist zu entnehmen, daß durch die Koppelimpedanzen die Spannungen in den drei Leitern jeweils von den Strömen aller drei Leiter abhängig sind. Durch eine Nachbildung in αβ0-Komponenten soll diese Abhängigkeit vermieden werden (*Abb. 8*).

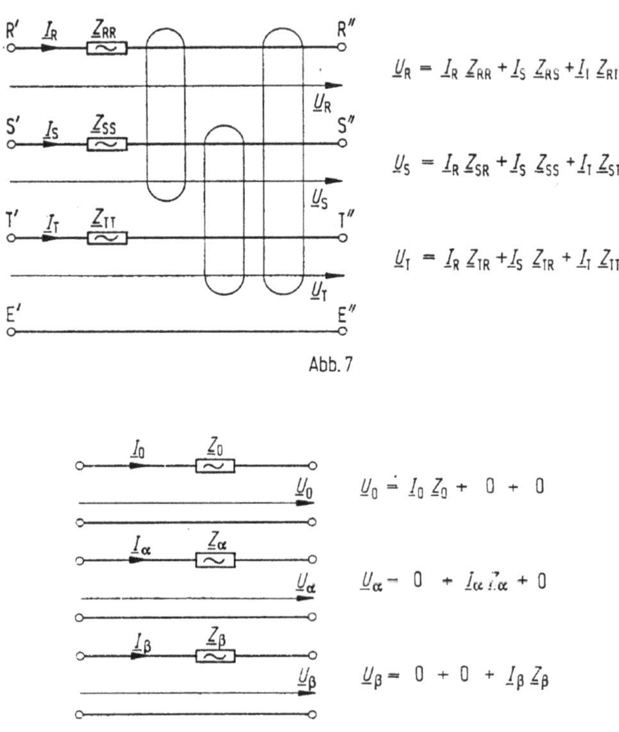

Abb. 7

Abb. 8

Die Gleichungen nach *Abb. 8* zeigen, daß die drei Spannungen $\underline{U}_0$ bzw. $\underline{U}_\alpha$ bzw. $\underline{U}_\beta$ jeweils auch nur von den Strömen $\underline{I}_0$ bzw. $\underline{I}_\alpha$ bzw. $\underline{I}_\beta$ abhängig sind.

Es ist klar, daß eine derartige Vereinfachung des Gleichungssystems mit der Reduzierung von 9 auf 3 Impedanzen mit entsprechenden Forderungen an die Symmetrie dieser 9 Impedanzen verbunden ist. Um dies zu untersuchen, verbindet man die Grundgleichungen für den Übergang von RST — αβ0 nach Tabelle 2 (Seite 92) mit Gl. (10) und erhält für $\underline{E}_\alpha = \underline{E}_\beta = 0$:

$$\begin{aligned}
\underline{U}_R &= \underline{U}_0 + \underline{U}_\alpha = \underline{I}_0\underline{Z}_0 + \underline{I}_\alpha\underline{Z}_\alpha,\\
\underline{U}_S &= \underline{U}_0 - \frac{1}{2}\underline{U}_\alpha + \frac{\sqrt{3}}{2}\underline{U}_\beta = \underline{I}_0\underline{Z}_0 - \frac{1}{2}\underline{I}_\alpha\underline{Z}_\alpha + \frac{\sqrt{3}}{2}\underline{I}_\beta\underline{Z}_\beta, \qquad (23)\\
\underline{U}_T &= \underline{U}_0 - \frac{1}{2}\underline{U}_\alpha - \frac{\sqrt{3}}{2}\underline{U}_\beta = \underline{I}_0\underline{Z}_0 - \frac{1}{2}\underline{I}_\alpha\underline{Z}_\alpha - \frac{\sqrt{3}}{2}\underline{I}_\beta\underline{Z}_\beta.
\end{aligned}$$

Werden nunmehr weiter die Ströme $\underline{I}_0$, $\underline{I}_\alpha$ und $\underline{I}_\beta$ entsprechend den oben erwähnten Grundgleichungen durch die Ströme $\underline{I}_R$, $\underline{I}_S$ und $\underline{I}_T$ ersetzt, so erhält man:

$$\begin{aligned}
\underline{U}_R &= \frac{1}{3}(\underline{I}_R + \underline{I}_S + \underline{I}_T)\underline{Z}_0 + \frac{1}{3}(2\underline{I}_R - \underline{I}_S - \underline{I}_T)\underline{Z}_\alpha,\\
\underline{U}_S &= \frac{1}{3}(\underline{I}_R + \underline{I}_S + \underline{I}_T)\underline{Z}_0 - \frac{1}{6}(2\underline{I}_R - \underline{I}_S - \underline{I}_T)\underline{Z}_\alpha + \frac{1}{2}(\underline{I}_S - \underline{I}_T)\underline{Z}_\beta, \qquad (24)\\
\underline{U}_T &= \frac{1}{3}(\underline{I}_R + \underline{I}_S + \underline{I}_T)\underline{Z}_0 - \frac{1}{6}(2\underline{I}_R - \underline{I}_S - \underline{I}_T)\underline{Z}_\alpha - \frac{1}{2}(\underline{I}_S - \underline{I}_T)\underline{Z}_\beta.
\end{aligned}$$

Gl. (24) wird nach den Strömen $\underline{I}_R$, $\underline{I}_S$ und $\underline{I}_T$ sortiert, womit sich schließlich ein mit der Gleichung nach *Abb. 7* in der Anordnung übereinstimmendes Gleichungssystem ergibt:

$$\begin{aligned}
\underline{U}_R &= \underline{I}_R\frac{1}{3}(\underline{Z}_0 + 2\underline{Z}_\alpha) + \underline{I}_S\frac{1}{3}(\underline{Z}_0 - \underline{Z}_\alpha) + \underline{I}_T\frac{1}{3}(\underline{Z}_0 - \underline{Z}_\alpha),\\
\underline{U}_S &= \underline{I}_R\frac{1}{3}(\underline{Z}_0 - \underline{Z}_\alpha) + \underline{I}_S\frac{1}{3}\left(\underline{Z}_0 + \frac{1}{2}\underline{Z}_\alpha + \frac{3}{2}\underline{Z}_\beta\right) + \underline{I}_T\frac{1}{3}\left(\underline{Z}_0 + \frac{1}{2}\underline{Z}_\alpha - \frac{3}{2}\underline{Z}_\beta\right),\\
\underline{U}_T &= \underline{I}_R\frac{1}{3}(\underline{Z}_0 - \underline{Z}_\alpha) + \underline{I}_S\frac{1}{3}\left(\underline{Z}_0 + \frac{1}{2}\underline{Z}_\alpha - \frac{3}{2}\underline{Z}_\beta\right) + \underline{I}_T\frac{1}{3}\left(\underline{Z}_0 + \frac{1}{2}\underline{Z}_\alpha + \frac{3}{2}\underline{Z}_\beta\right).
\end{aligned} \qquad (25)$$

Zum besseren Vergleich der beiden Gleichungssysteme nach *Abb. 7* und Gl. (25) wurden die Impedanzmatrizen ohne die Ströme nachfolgend zusammengestellt:

$$\begin{pmatrix} \underline{Z}_{RR} & \underline{Z}_{RS} & \underline{Z}_{RT}\\ \underline{Z}_{SR} & \underline{Z}_{SS} & \underline{Z}_{ST}\\ \underline{Z}_{TR} & \underline{Z}_{TS} & \underline{Z}_{TT} \end{pmatrix} = \begin{pmatrix} \frac{1}{3}(\underline{Z}_0 + 2\underline{Z}_\alpha) & \frac{1}{3}(\underline{Z}_0 - \underline{Z}_\alpha) & \frac{1}{3}(\underline{Z}_0 - \underline{Z}_\alpha)\\ \frac{1}{3}(\underline{Z}_0 - \underline{Z}_\alpha) & \frac{1}{3}(\underline{Z}_0 + \frac{1}{2}\underline{Z}_\alpha + \frac{3}{2}\underline{Z}_\beta) & \frac{1}{3}(\underline{Z}_0 + \frac{1}{2}\underline{Z}_\alpha - \frac{3}{2}\underline{Z}_\beta)\\ \frac{1}{3}(\underline{Z}_0 - \underline{Z}_\alpha) & \frac{1}{3}(\underline{Z}_0 + \frac{1}{2}\underline{Z}_\alpha - \frac{3}{2}\underline{Z}_\beta) & \frac{1}{3}(\underline{Z}_0 + \frac{1}{2}\underline{Z}_\alpha + \frac{3}{2}\underline{Z}_\beta) \end{pmatrix} \qquad (26)$$

Soll das RST-Element in $\alpha\beta 0$ nachgebildet werden können, so müssen seine Impedanzen gewisse Gesetzmäßigkeiten erfüllen, die in *Abb. 9* besser herausgestellt werden sollen:

Die Impedanzen müssen folgende Symmetriebedingungen erfüllen:

1. Symmetrie (— — —) zur Hauptdiagonalen (— · —), hieraus folgt $\underline{Z}_{SR} = \underline{Z}_{RS}$; $\underline{Z}_{TR} = \underline{Z}_{RT}$; $\underline{Z}_{TS} = \underline{Z}_{ST}$.

2. Spiegelsymmetrie (——) zur Bezugsphase (■), daraus folgt $\underline{Z}_{RT} = \underline{Z}_{RS}$; $\underline{Z}_{TT} = \underline{Z}_{SS}$.

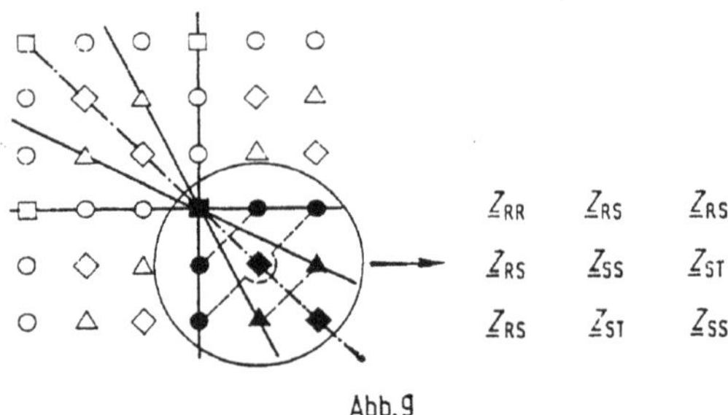

Abb. 9

Diese Bedingungen sind für die Ermittlung der Impedanzen in RST aus den Impedanzen in $\alpha\beta 0$ nochmals zusammengestellt:

$$\begin{aligned}
&\blacksquare \quad \underline{Z}_{RR} &&= \frac{1}{3}(\underline{Z}_0 + 2\underline{Z}_\alpha),\\
&\blacklozenge \quad \underline{Z}_{SS} = \underline{Z}_{TT} &&= \frac{1}{3}\left(\underline{Z}_0 + \frac{1}{2}\underline{Z}_\alpha + \frac{3}{2}\underline{Z}_\beta\right),\\
&\bullet \quad \underline{Z}_{RS} = \underline{Z}_{SR} = \underline{Z}_{RT} = \underline{Z}_{TR} &&= \frac{1}{3}(\underline{Z}_0 - \underline{Z}_\alpha),\\
&\blacktriangledown \quad \underline{Z}_{ST} = \underline{Z}_{TS} &&= \frac{1}{3}\left(\underline{Z}_0 + \frac{1}{2}\underline{Z}_\alpha - \frac{3}{2}\underline{Z}_\beta\right).
\end{aligned} \qquad (27)$$

Die Symbole entsprechen denen im Schema des Gleichungssystems nach *Abb. 9.* Die dort nicht ausgefüllten Symbole haben dieselbe Bedeutung, entsprechen lediglich einer Verlängerung der Impedanzmatrix nach links bzw. oben.

Aus Gl. (27) erhält man durch Umkehrung die für die Ermittlung der Impedanzen in $\alpha\beta 0$ notwendigen Beziehungen:

$$\begin{aligned}
\underline{Z}_0 &= \underline{Z}_{RR} + 2\,\underline{Z}_{RS} = \underline{Z}_{SS} + \underline{Z}_{RS} + \underline{Z}_{ST},\\
\underline{Z}_\alpha &= \underline{Z}_{RR} - \underline{Z}_{RS} = \underline{Z}_{SS} + \underline{Z}_{ST} - 2\,\underline{Z}_{RS},\\
\underline{Z}_\beta &= \underline{Z}_{SS} - \underline{Z}_{ST}.
\end{aligned} \qquad (28)$$

β) Das Nullsystem

Die Impedanzen in Gl. (26) erfüllen bei näherer Betrachtung eine sehr wesentliche Bedingung, nämlich daß die Summe der Impedanzen in den Spalten bzw. in den Zeilen jeweils gleich $\underline{Z}_0$ ist:

$$\begin{aligned}
\underline{Z}_0 &= \underline{Z}_{RR} + \underline{Z}_{RS} + \underline{Z}_{RT} = \underline{Z}_{SR} + \underline{Z}_{SS} + \underline{Z}_{ST} = \underline{Z}_{TR} + \underline{Z}_{TS} + \underline{Z}_{TT} =\\
&= \underline{Z}_{RR} + \underline{Z}_{SR} + \underline{Z}_{TR} = \underline{Z}_{RS} + \underline{Z}_{SS} + \underline{Z}_{TS} = \underline{Z}_{RT} + \underline{Z}_{ST} + \underline{Z}_{TT}.
\end{aligned} \qquad (29)$$

Wegen der besonderen Bedeutung des Nullsystems soll diese Eigenschaft im folgenden noch einmal gesondert betrachtet werden. Definitionsgemäß wird die Nullimpedanz so gemessen, daß man die drei Leiter an beiden Seiten kurzschließt, erdet und in diesem Kreis die Spannung $\underline{U}_0$ einfügt. In jedem Leiter fließt der Strom $\underline{I}_0$ und in der Rückleitung als Summe der Strom $3\underline{I}_0$ (*Abb. 10*).

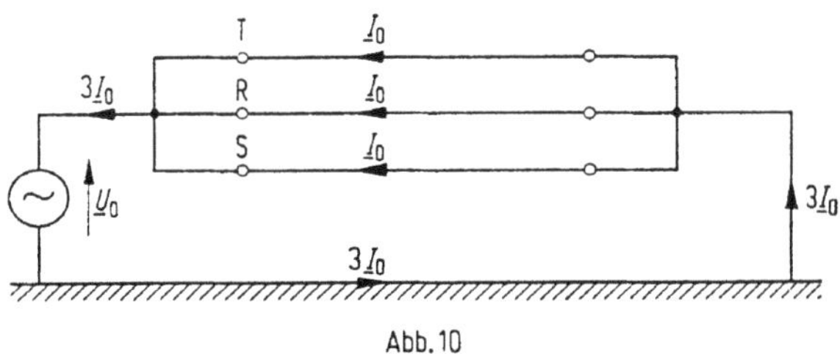

Abb. 10

Man entnimmt aus Tabelle 2 (Seite 92) die Grundgleichung für $\underline{U}_0$ und setzt dann in die Gleichung nach *Abb. 7*

$$\underline{U}_0 = \frac{1}{3}(\underline{U}_R + \underline{U}_S + \underline{U}_T) = \frac{1}{3}[\underline{I}_R(\underline{Z}_{RR} + \underline{Z}_{SR} + \underline{Z}_{TR}) + \\ + \underline{I}_S(\underline{Z}_{RS} + \underline{Z}_{SS} + \underline{Z}_{TS}) + \\ + \underline{I}_T(\underline{Z}_{RT} + \underline{Z}_{ST} + \underline{Z}_{TT})]. \quad (30)$$

Definitionsgemäß gilt weiter nach Gl. (10) und der Grundgleichung für $\underline{I}_0$ nach Tabelle 2

$$\underline{U}_0 = \underline{I}_0 \cdot \underline{Z}_0 = \frac{1}{3}(\underline{I}_R + \underline{I}_S + \underline{I}_T) \cdot \underline{Z}_0. \quad (31)$$

Aus Gl. (30) und (31) entnimmt man dann:

$$\underline{Z}_0 = \underline{Z}_{RR} + \underline{Z}_{SR} + \underline{Z}_{TR} = \underline{Z}_{RS} + \underline{Z}_{SS} + \underline{Z}_{TS} = \underline{Z}_{RT} + \underline{Z}_{ST} + \underline{Z}_{TT}. \quad (32)$$

Nach der Schaltung in *Abb. 10* gilt:

$$\underline{U}_R = \underline{U}_S = \underline{U}_T = \underline{U}_0 \quad \text{und} \quad \underline{I}_R = \underline{I}_S = \underline{I}_T = \underline{I}_0. \quad (33)$$

Weiter ist, wie oben erwähnt, definitionsgemäß

$$\underline{U}_0 = \underline{I}_0 \cdot \underline{Z}_0.$$

Man setzt die beiden letzten Beziehungen in die Gleichung von *Abb. 7* ein und erhält für $\underline{Z}_0$:

$$\underline{Z}_0 = \underline{Z}_{RR} + \underline{Z}_{RS} + \underline{Z}_{RT} = \underline{Z}_{SR} + \underline{Z}_{SS} + \underline{Z}_{ST} = \underline{Z}_{TR} + \underline{Z}_{TS} + \underline{Z}_{TT}. \quad (34)$$

Gl. (32) und (34) bestätigen die aus der Impedanzmatrix entnommene Bedingung der Gl. (29). Diese Bedingungen gelten allgemein für das Nullsystem und damit für sämtliche Komponentensysteme. Jedes Komponentensystem hat jedoch zusätzlich weitere Symmetriebedingungen.

γ) Nachbildung der Impedanzen des symmetrischen RST-Systems in αβ0, 120 und dq0

Durch ähnliche Überlegungen wie in Abschnitt e) α) ergeben sich die Forderungen an die Symmetrie der Impedanzen in RST für eine Nachbildbarkeit in Komponenten:

RST	0αβ	012	0dq	
$\underline{Z}_{RR}\underline{Z}_{RS}\underline{Z}_{RT}$ $\underline{Z}_{SR}\underline{Z}_{SS}\underline{Z}_{ST}$ $\underline{Z}_{TR}\underline{Z}_{TS}\underline{Z}_{TT}$	$\underline{Z}_{RR}\underline{Z}_{RS}\underline{Z}_{RS}$ $\underline{Z}_{RS}\underline{Z}_{SS}\underline{Z}_{ST}$ $\underline{Z}_{RS}\underline{Z}_{ST}\underline{Z}_{SS}$	$\underline{Z}_{RR}\underline{Z}_{RS}\underline{Z}_{RT}$ $\underline{Z}_{RT}\underline{Z}_{RR}\underline{Z}_{RS}$ $\underline{Z}_{RS}\underline{Z}_{RT}\underline{Z}_{RR}$	$\underline{Z}_{RR}\underline{Z}_{RS}\underline{Z}_{RT}$ $\underline{Z}_{RS}\underline{Z}_{SS}\underline{Z}_{ST}$ $\underline{Z}_{RT}\underline{Z}_{ST}\underline{Z}_{TT}$	(35)

Das Impedanzschema für die Nachbildbarkeit in RST enthält 9 verschiedene Impedanzen, von denen jedoch 6 Koppelimpedanzen sind.

Für eine Nachbildbarkeit in αβ0-, 120- und dq0-Komponenten muß zunächst die Bedingung für das Nullsystem nach Gl. (29) erfüllt werden. Weitere Bedingungen können dem Impedanzschema nach Gl. (35) entnommen werden. Werden alle diese Bedingungen erfüllt, so ist eine Nachbildung in dem betreffenden Komponentensystem ohne Koppelimpedanzen möglich. Im einzelnen ergeben sich folgende Symmetriebedingungen:

RST: keine Symmetriebedingung,
0αβ: Symmetrie zur Hauptdiagonalen und Spiegelsymmetrie zur Bezugsphase in RST,
012: zyklische Symmetrie in RST,
0dq: Symmetrie zur Hauptdiagonalen in RST.

Nur bei den αβ0-Komponenten lassen sich noch gewisse Unsymmetrien in RST ohne besonderen Aufwand nachbilden, wie das Beispiel in Abschnitt e) δ) zeigt. Bei der Nachbildung in allen anderen Komponentensystemen wird man in der Regel ein völlig symmetrisches RST-System voraussetzen müssen, nämlich:

$$\begin{aligned} \underline{Z}_{RR} = \underline{Z}_{SS} = \underline{Z}_{TT} &= \underline{Z}, \\ \underline{Z}_{RS} = \underline{Z}_{SR} = \underline{Z}_{RT} = \underline{Z}_{TR} = \underline{Z}_{ST} = \underline{Z}_{TS} &= \underline{M}. \end{aligned} \tag{36}$$

Vollständige Symmetrie heißt, daß alle Längsimpedanzen und alle Koppelimpedanzen unter sich gleich sind. Dann ergeben sich für die Nachbildung in den Komponentensystemen folgende Beziehungen:

$$\begin{aligned} \underline{Z}_0 &= \underline{Z} + 2\underline{M}, \\ \underline{Z}_\alpha = \underline{Z}_\beta = \underline{Z}_1 = \underline{Z}_2 = \underline{Z}_d = \underline{Z}_q &= \underline{Z} - \underline{M}. \end{aligned} \tag{37}$$

Die Komponentensysteme sind also kaum geeignet, Unsymmetrien in RST nachzubilden. Ihre besondere Stärke liegt in der vereinfachten Nachbildung eines symmetrischen RST-Systems sowie in der Nachbildbarkeit elektrischer Maschinen. Tritt in einem RST-System eine Unsymmetrie auf, z. B. durch einen Fehler, so wird dieser, wie in Abschnitt f) gezeigt, mit Hilfe einer Übergangsschaltung von dem betreffenden Komponentensystem nach RST nachgebildet.

δ) Beispiel: Die Nachbildung einer Impedanz zwischen zwei Leitern

An einem Netz sei über eine Leitung eine Impedanz zwischen den Leitern S und T angeschlossen. Es ist eine Ersatzschaltung aufzustellen, welche die Belastungsimpedanz, den durch sie fließenden Strom und die daran anliegende Spannung originalgetreu wiedergibt.

Aus der Schaltung in *Abb. 11* ergibt sich

$$\underline{I}_S = -\underline{I}_T \quad \text{und} \quad \underline{Z}_{RS} = \underline{Z}_{RT}. \tag{38}$$

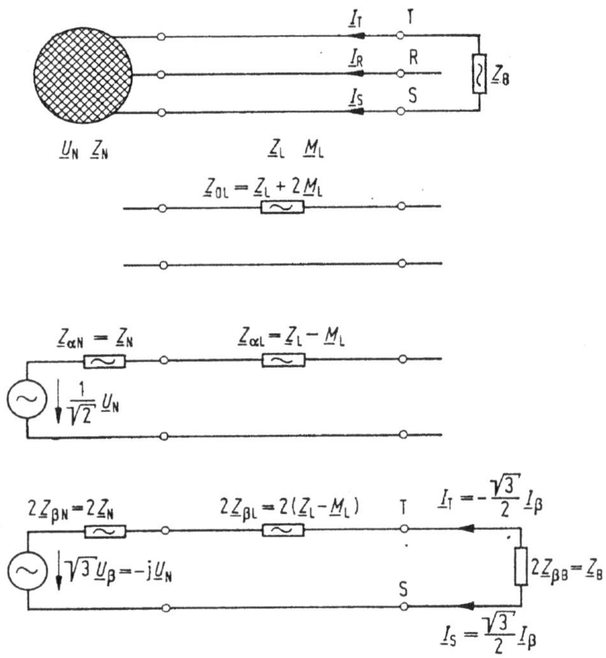

Abb. 11

Damit wird nach Gl. (25) und (26)

$$\underline{U}_R = \underline{I}_R \underline{Z}_{RR}. \tag{39}$$

Weiter ergibt sich aus *Abb. 11*

$$\underline{I}_R = 0. \tag{40}$$

Dies wird erreicht durch

$$\underline{Z}_{RR} = \infty. \tag{41}$$

Nach Gl. (27) ist

$$\underline{Z}_{SS} = \underline{Z}_{TT} \quad \text{und} \quad \underline{Z}_{ST} = \underline{Z}_{TS}. \tag{42}$$

Unter diesen Voraussetzungen ergibt sich für die Spannung über der Belastungsimpedanz folgende Beziehung:

$$\underline{U}_S - \underline{U}_T = \underline{I}_S \cdot 2(\underline{Z}_{SS} - \underline{Z}_{ST}) = \underline{I}_S \cdot 2\underline{Z}_{\beta B}. \tag{43}$$

Wegen $\underline{Z}_{RR} = \infty$ ist

$$\underline{Z}_0 = \infty, \qquad \underline{Z}_\varkappa = \infty \tag{44}$$

und nach Gl. (28)

$$\underline{Z}_{RS} = \infty. \tag{45}$$

0- und α-System sind mit unendlich großen Impedanzen abgeschlossen. Sie sind also stromlos; ihre Nachbildung ist überhaupt nicht erforderlich. $\underline{Z}_B$ entspricht der doppelten β-Impedanz, d. h., das β-System ist mit $2\underline{Z}_\beta$ nachzubilden. Da 0- und α-System stromlos sind, d. h. $\underline{I}_0 = \underline{I}_\alpha = 0$ ist, wird $\underline{I}_S = (\sqrt{3}/2)\,\underline{I}_\beta = -\underline{I}_T$. Um die Leistungsinvarianz nach Abschnitt b) ε) einzuhalten, ist als Spannung in das β-System $\sqrt{3}\cdot\underline{U}_\beta$ einzusetzen. Ist $\underline{U}_N$ die Dreieckspannung und hat sie die Richtung der Leitererdspannung in der Bezugsphase R, so wird nach den Grundgleichungen in Tabelle 2 $\sqrt{3}\,\underline{U}_\beta = -\mathrm{j}\,\underline{U}_N$.

Würde die Impedanz nicht zwischen den Leitern S und T, sondern zwischen den Leitern R und T oder R und S liegen, so ergäbe sich zwischen den Systemen eine Kopplung. Es ist also immer zweckmäßig, derartige einfache Unsymmetrien wenigstens wenn möglich symmetrisch zur Bezugsphase R zu untersuchen. In diesem Falle können die αβ0-Komponenten in besonders einfacher Weise angewendet werden. Dies ist leider nicht möglich, wenn an einer Stelle im Netz eine Belastung zwischen S und T, an anderer Stelle zwischen R und T liegt. Dann ist zumindest eine dieser Belastungen über eine Übergangsschaltung anzuschließen.

f) Die Übergangsschaltung αβ0-RST

In *Abb. 3* wird die allgemeine Übertragermatrix für den Übergang von einem Komponentensystem in ein anderes gezeigt. Sie erfüllt die dabei angegebenen allgemeinen Übergangsgleichungen. Setzt man in diese Übertragermatrix die in Tabelle 2 (Seite 92) angegebenen Faktoren der speziellen Übergangsgleichungen ein, so erhält man für jeden der in *Abb. 2* gezeigten Übergänge jeweils zwei duale Schaltungen. Es ist damit möglich, den einen Teil eines Netzes z. B. in αβ0, den anderen

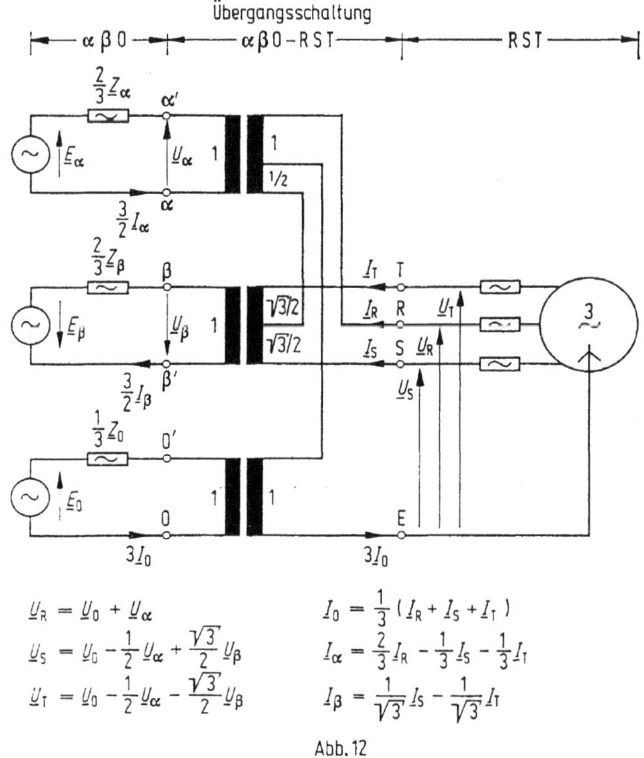

Abb. 12

in RST darzustellen. An der Übergangsstelle wird dann eine Übergangsschaltung $\alpha\beta 0$-RST eingesetzt. Bei der Berechnung genügt es an sich, die Gleichungen zu berücksichtigen, jedoch wird man oft aus Gründen der Anschaulichkeit auch eine Ersatzschaltung angeben. Auf dem Modell allerdings müssen die Übergangsschaltungen nachgebildet werden, wobei an die Übertrager hohe Anforderungen gestellt werden, nämlich:

vernachlässigbare Kurzschlußimpedanz,
vernachlässigbarer Leerlaufstrom, auch noch im Frequenzbereich des langsam abklingenden Gleichstromgliedes des Kurzschlußstroms in Hochspannungsnetzen.

In den meisten Fällen wird es nicht notwendig sein, die vollständige Übertragermatrix einzusetzen. Wenn z. B. an den Klemmen RST einer Sammelschiene oder auf einer Leitung nur ein einpoliger Erdkurzschluß, eine einpolige Unterbrechung oder auch ein zweipoliger Fehler nachgebildet werden müssen, sind vereinfachte Ersatzschaltungen zweckmäßig. Die wichtigste vereinfachte Übergangsschaltung ist in *Abb. 12* gezeigt. Sie wird besonders für die Untersuchung höherfrequenter elektromagnetischer Ausgleichvorgänge benutzt. Sie hat den Vorteil, daß sie sich für einfache Fehler leicht weiter vereinfachen läßt.

Man prüft leicht nach, daß die gezeigte Schaltung in *Abb. 12* die Übergangsgleichungen erfüllt:

$$\underline{U}_{\mathrm{R}} = \underline{U}_0 + \underline{U}_\alpha, \qquad \underline{I}_0 = \frac{1}{3}(\underline{I}_{\mathrm{R}} + \underline{I}_{\mathrm{S}} + \underline{I}_{\mathrm{T}}),$$

$$\underline{U}_{\mathrm{S}} = \underline{U}_0 - \frac{1}{2}\underline{U}_\alpha + \frac{\sqrt{3}}{2}\underline{U}_\beta, \qquad \underline{I}_\alpha = \frac{1}{3}(2\underline{I}_{\mathrm{R}} - \underline{I}_{\mathrm{S}} - \underline{I}_{\mathrm{T}}),$$

$$\underline{U}_{\mathrm{T}} = \underline{U}_0 - \frac{1}{2}\underline{U}_\alpha - \frac{\sqrt{3}}{2}\underline{U}_\beta, \qquad \underline{I}_\beta = \frac{1}{\sqrt{3}}\underline{I}_{\mathrm{S}} - \frac{1}{\sqrt{3}}\underline{I}_{\mathrm{T}}.$$

Im Gegensatz zur Übertragermatrix geht jedoch bei dieser Schaltung die galvanische Trennung zwischen den Klemmen R, S und T an dieser Stelle verloren. Bei idealen Übertragern, deren Funktion nicht an einen bestimmten Frequenzbereich gebunden ist, ist dies ohne Bedeutung. Bei einer Modellnachbildung ist darauf zu achten, daß die verwendeten Übertrager auch bei sehr tiefen Frequenzen und Zeitkonstanten um 500 ms Magnetisierungsströme aufnehmen, die wesentlich kleiner sind als die Ströme im Netz bei Normalbetrieb oder bei Ausgleichsvorgängen.

Wie erwähnt, dient diese Übergangsschaltung der Herausführung der Klemmen R, S, T und E aus einem in $\alpha\beta 0$-Komponenten nachgebildeten Netz. Es ist nicht notwendig, z. B. im α-System die Spannung $\underline{E}_\alpha$ bzw. $\underline{U}_\alpha$, den Strom $^3/_2\underline{I}_\alpha$, die Impedanz $^2/_3\underline{Z}_\alpha$ nachzubilden und der linken Seite des Übertragers den Übersetzungsfaktor 1 zu geben. Man könnte z. B. auch $^3/_2\underline{U}_\alpha$, $\underline{I}_\alpha$, $^3/_2\underline{Z}_\alpha$ einsetzen, da auch dann entsprechend dem im Abschnitt b) ε) Gesagten die Invarianz der komplexen Leistung erhalten bliebe. Die zuletzt erwähnten Faktoren wären z. B. günstiger bei der Nachbildung eines dreipoligen Kurzschlusses ohne Erdberührung und der Untersuchung der wiederkehrenden Spannung im erstlöschenden Pol R. In diesem Falle würde nämlich kein Strom über das Nullsystem fließen, und der Übertrager im α-System hätte dann auf beiden Seiten den Übersetzungsfaktor $^3/_2$, d. h. insgesamt das Übersetzungsverhältnis 1 : 1.

Auch für die anderen Übergänge zwischen den verschiedenen Komponentensystemen lassen sich vereinfachte Schaltungen darstellen, deren Bedeutung jedoch für die Untersuchung der Ausgleichsvorgänge verhältnismäßig gering ist und die hier aus Gründen der Platzersparnis nicht dargestellt werden sollen. Überdies enthalten diese Ersatzschaltungen komplexe oder modulierende Übertrager, deren Darstellung auf dem Modell erhebliche Schwierigkeiten bereitet.

g) Nachbildung eines Transformators in αβ0

In manchen Fällen sind die Ströme und Spannungen auf der Unterspannungsseite eines Transformators bei einem Fehler auf der Oberspannungsseite zu untersuchen. Hat der Transformator nicht die Schaltung ⅄⅄ oder ΔΔ, so verteilen sich die Ströme und Spannungen auf der Unterspannungsseite anders auf die drei Leiter als auf der Oberspannungsseite. Um diese Vorgänge nachbilden zu können, soll im folgenden eine Schaltung gezeigt werden, mit der Transformatoren beliebiger Schaltgruppen in αβ0-Komponenten dargestellt werden können.

Unabhängig von der Frequenz eilt die Unterspannung eines Transformators der Oberspannung in der gleichnamigen Phase im Mitsystem um den Winkel $\vartheta = k \cdot 30°$ nach, im Gegensystem um denselben Winkel vor. Damit ergeben sich für die Winkel und die Spannungen auf der Oberspannungsseite (OS) und auf der Unterspannungsseite (US) folgende Beziehungen:

$$\begin{aligned} \vartheta_1 &= k \cdot 30°, & \underline{U}_{1(\mathrm{OS})} &= \underline{U}_{1(\mathrm{US})}\, e^{j\vartheta}, \\ \vartheta_2 &= -k \cdot 30°, & \underline{U}_{2(\mathrm{OS})} &= \underline{U}_{2(\mathrm{US})}\, e^{-j\vartheta}. \end{aligned} \tag{46}$$

Entnimmt man aus Tabelle 2 die Übergangsgleichungen von 120 nach αβ0, setzt diese in Gl. (46) ein, so ergibt sich:

$$\begin{aligned} \frac{1}{2}\,\underline{U}_{\alpha(\mathrm{OS})} + \frac{j}{2}\,\underline{U}_{\beta(\mathrm{OS})} &= \left(\frac{1}{2}\,\underline{U}_{\alpha(\mathrm{US})} + \frac{j}{2}\,\underline{U}_{\beta(\mathrm{US})}\right)(\cos\vartheta + j\sin\vartheta), \\ \frac{1}{2}\,\underline{U}_{\alpha(\mathrm{OS})} - \frac{j}{2}\,\underline{U}_{\beta(\mathrm{OS})} &= \left(\frac{1}{2}\,\underline{U}_{\alpha(\mathrm{US})} - \frac{j}{2}\,\underline{U}_{\beta(\mathrm{US})}\right)(\cos\vartheta - j\sin\vartheta), \end{aligned} \tag{47}$$

$$\begin{aligned} \underline{U}_{\alpha(\mathrm{OS})} &= \underline{U}_{\alpha(\mathrm{US})}\cos\vartheta - \underline{U}_{\beta(\mathrm{US})}\sin\vartheta, \\ \underline{U}_{\beta(\mathrm{OS})} &= \underline{U}_{\alpha(\mathrm{US})}\sin\vartheta + \underline{U}_{\beta(\mathrm{US})}\cos\vartheta. \end{aligned} \tag{48}$$

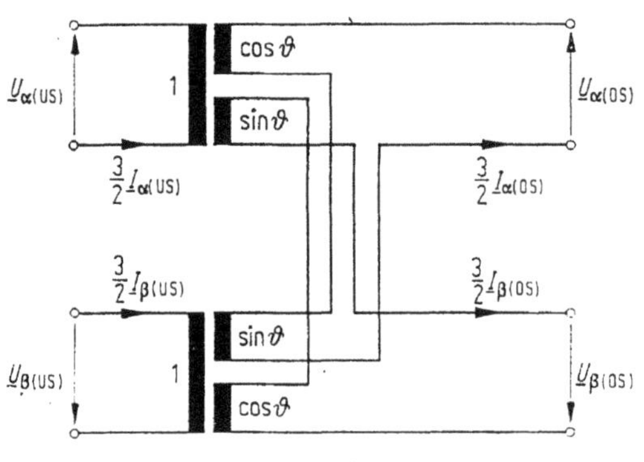

Abb. 13

Die Spannungen im α- und β-System auf der Oberspannungsseite sind also hier ausgedrückt durch die Spannungen in den beiden Systemen auf der Unterspannungsseite und dem sich aus der Schaltgruppe ergebenden Winkel. Eine Schaltung, die diese Gleichungen erfüllt, ist in *Abb. 13* gezeichnet.

h) Schaltungsbeispiel in αβ0-Komponenten

Für eine Blockschaltung von Generator, ⅄Δ-Transformator mit über Impedanz geerdetem Sternpunkt, Leitung und Erdkurzschluß am Leitungsende (*Abb. 14*) soll die Ersatzschaltung in αβ0-Komponenten ermittelt werden, welche

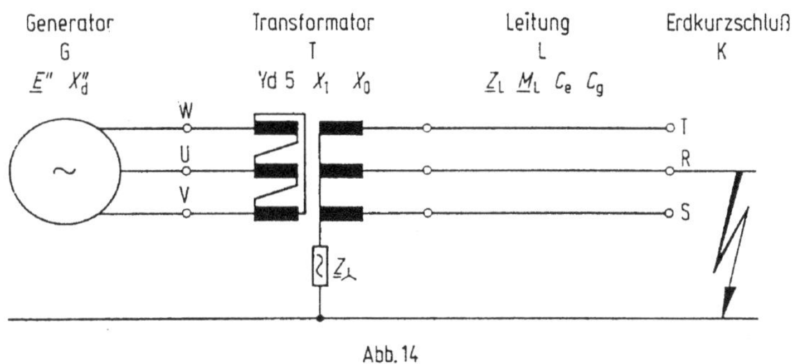

Abb. 14

die Untersuchung der subtransienten Spannungen und Ströme sowie der mittelfrequenten Ausgleichsvorgänge bei Eintreten des Erdkurzschlusses gestattet.

Für den Generator sind die subtransiente Spannung $\underline{E}''$ sowie die subtransiente Reaktanz X_d'' gegeben. Die Nullreaktanz des Generators ist hier ohne Bedeutung, da auf der Generatorseite des Transformators kein Sternpunkt geerdet ist. Dementsprechend sind auch die Spannungen der Generatorklemmen gegen Erde bei dieser Berechnung nicht definiert.

Der Transformator hat die Schaltgruppe Yd5; die Spannung auf der Generatorseite eilt also der Spannung auf der Oberspannungsseite um 150° nach. Gegeben sind weiter die Kurzschlußreaktanz X_1 sowie die Nullreaktanz X_0 des Transformators, die bei einem Stern-Dreieck-Transformator etwa 80 bis 100% der Kurzschlußreaktanz beträgt. Als Übersetzungsverhältnis ist für das Beispiel 1 : 1 angenommen; jedes andere Übersetzungsverhältnis würde die Berechnung nicht grundsätzlich ändern.

Der Transformatorsternpunkt ist über eine Impedanz $\underline{Z}_\curlywedge$ geerdet, welche im Gegensatz zu der dem einzelnen Leiter zugeordneten Nullreaktanz X_0 für alle drei Leiter zusammengefaßt ist. Diese Impedanz sei sehr klein, so daß bei einem Fehler auf der Oberspannungsseite über die Fehlerstelle und die Sternpunktimpedanz ein Kurzschlußstrom fließt.

Für die Leitung seien deren Längsimpedanz $\underline{Z}_L$ sowie deren Gegenimpedanz $\underline{M}_L$ gegeben. Weiter seien die Erdkapazität C_e sowie die gegenseitige Kapazität C_g zwischen den Leitern bekannt. Bei der Untersuchung der Ausgleichsvorgänge im Falle eines Erdkurzschlusses am Ende einer längeren Leitung genügt es, die Kapazitäten der Leitung allein zu berücksichtigen und die Kapazitäten des Transformators sowie des Generators zu vernachlässigen.

Zu dieser Blockschaltung soll nunmehr die Ersatzschaltung abgeleitet werden (*Abb. 15*).

Die treibende subtransiente Spannung im Generator ist symmetrisch. Unter

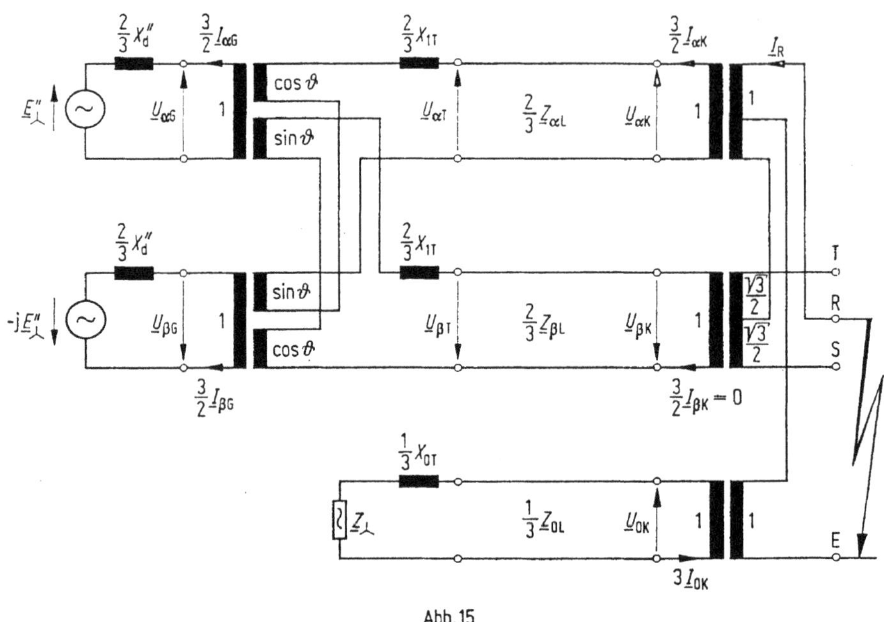

Abb. 15

dieser Voraussetzung ergibt sich nach den Grundgleichungen in Tabelle 2 die treibende Spannung für das α- und das β-System:

$$\begin{aligned} \underline{E}_\alpha &= \frac{2}{3}\,\underline{E}_\mathrm{R} - \frac{1}{3}\,\underline{E}_\mathrm{S} - \frac{1}{3}\,\underline{E}_\mathrm{T} = \left(\frac{2}{3} - \frac{1}{3}\,\underline{a}^2 - \frac{1}{3}\,\underline{a}\right)\underline{E}''_\curlywedge = \underline{E}''_\curlywedge, \\ \underline{E}_\beta &= \frac{1}{\sqrt{3}}\,\underline{E}_\mathrm{S} - \frac{1}{\sqrt{3}}\,\underline{E}_\mathrm{T} = \frac{1}{\sqrt{3}}\,(\underline{a}^2 - \underline{a})\,\underline{E}''_\curlywedge = -\,\mathrm{j}\,\underline{E}''_\curlywedge. \end{aligned} \tag{49}$$

Hierin ist $\underline{E}''_\curlywedge$ die treibende Spannung im α-System gleich der treibenden Spannung in der Bezugsphase R.

Um die Leistungsinvarianz zu wahren, d. h., um in der Ersatzschaltung in αβ0-Komponenten dieselbe Leistung umzusetzen wie im Original-Generator, müssen in den Systemen die Ströme ${}^2/_3\,\underline{I}_{\alpha\mathrm{G}}$ und ${}^2/_3\,\underline{I}_{\beta\mathrm{G}}$ fließen und die Impedanzen ${}^3/_2 X''_\mathrm{d}$ eingesetzt werden. Nach Gl. (37) waren bei symmetrischem RST-System, was man für den Generator als selbstverständlich voraussetzen darf, die Reaktanzen im α- und β-System gleich. Damit ergeben sich an den Klemmen im α- bzw. β-System die Spannungen:

$$\underline{U}_{\alpha\mathrm{G}} = \underline{E}''_\curlywedge - \underline{I}_{\alpha\mathrm{G}}\cdot\mathrm{j}X''_\mathrm{d}; \qquad \underline{U}_{\beta\mathrm{G}} = -\mathrm{j}\,\underline{E}''_\curlywedge - \underline{I}_{\beta\mathrm{G}}\cdot\mathrm{j}X''_\mathrm{d}. \tag{50}$$

An die Generatorklemmen wird die Ersatzschaltung für den Transformator in αβ0-Komponenten nach *Abb. 13* angeschlossen. Sie enthält zusätzlich noch die Kurzschlußreaktanzen des Transformators, die genau wie die des Generators mit dem Faktor ${}^2/_3$ multipliziert werden müssen. Im Nullsystem verwendet man zweckmäßig ${}^1/_3 X_{0\mathrm{T}}$, die Spannung $\underline{U}_0$ und den Strom $3\underline{I}_0$, da dies gemäß Definition für das Nullsystem nach Abschnitt e) β) den physikalischen Gegebenheiten am besten entspricht. Die Impedanz zwischen dem Sternpunkt des Transformators und Erde bleibt dann in ihrem Originalwert erhalten, da sie durch ihre Schaltung bereits auf alle drei Leiter umgerechnet worden ist.

Für die Leitung werden die Impedanzen im α-, im β- und im 0-System nach Gl. (37) berechnet:

$$Z_{\alpha L} = Z_{\beta L} = Z_L - M_L; \qquad Z_{0L} = Z_L + 2\,M_L. \tag{51}$$

Sollen die Ausgleichsvorgänge mituntersucht werden, so sind im α-, im β- und 0-System folgende Kapazitäten in den Querzweig einzufügen, wobei bei einer längeren Leitung Induktivitäten und Kapazitäten als Kettenleiter anzuordnen sind. Es ist dabei zu beachten, daß bei Einbau von $^2/_3 Z_\alpha$ bzw. $^2/_3 Z_\beta$ sowie $^1/_3 Z_0$ in Längsrichtung im Querzweig entsprechend die Kapazitäten $^3/_2 C_\alpha$ bzw. $^3/_2 C_\beta$ sowie $3 C_0$ einzusetzen sind, da für die Leitwerte die reziproken Faktoren der Impedanzen gelten.

$$C_{\alpha L} = C_{\beta L} = C_e + 3\,C_g; \qquad C_{0L} = C_e. \tag{52}$$

Der einpolige Erdkurzschluß stellt einen unsymmetrischen Fehler dar, der in Komponenten nicht direkt nachgebildet werden kann. Es ist deshalb notwendig, an die Klemmen der Leitung im α-, β- und 0-System die Übergangsschaltung nach *Abb. 12* anzufügen und damit die Klemmen R, S, T, E zugänglich zu machen. Zwischen den Klemmen R und E wird dann der Fehler geschaltet.

Die Klemmen S und T auf der Fehlerseite sind nicht beschaltet und daher stromlos. Daraus ergibt sich, daß das α-System der Leitung und auf der Oberspannungsseite des Transformators ebenfalls stromlos ist und somit nicht in die Berechnung der Ströme und Spannungen auf der Generatorseite eingeht. Es kann infolgedessen für die endgültige Ersatzschaltung (*Abb. 16*) weggelassen werden. Damit wird es aber möglich, sämtliche Übertrager zu eliminieren.

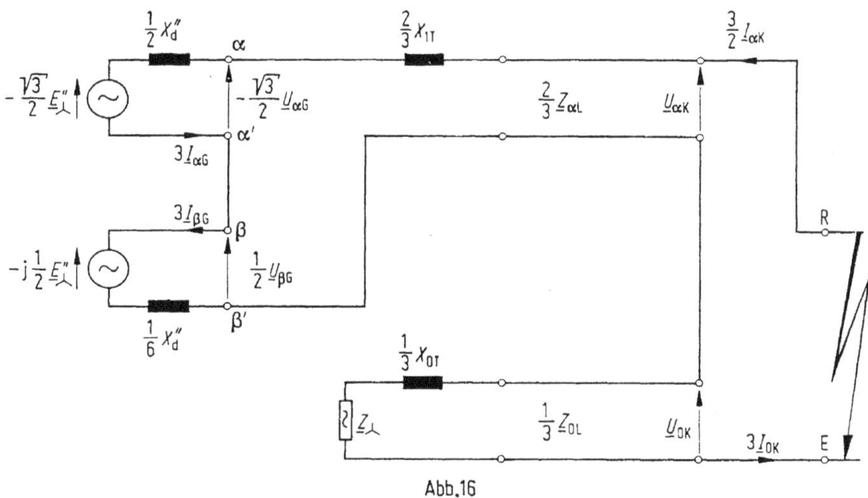

Abb. 16

Für die Ersatzschaltung des Transformators in αβ0-Komponenten ergeben sich durch die Schaltgruppe folgende Werte:

$$\vartheta = 150^\circ; \qquad \cos\vartheta = -\frac{\sqrt{3}}{2}; \qquad \sin\vartheta = \frac{1}{2}. \tag{53}$$

Um den Übertrager $1/\cos\vartheta$ zu eliminieren,sind im α-System auf der Generatorseite die Spannungen mit cos 150°, die Ströme mit 1/cos 150° und die Impedanzen mit $\cos^2 150°$ zu multiplizieren. Entsprechendes gilt für das β-System mit dem Faktor $\sin 150°$.

Die für die Ermittlung der Ersatzschaltung interessierenden Übertrager der Übergangsschaltung haben sämtlich das Übersetzungsverhältnis 1 : 1. Sie können weggelassen werden, ohne daß Spannungen oder Ströme umgerechnet werden müssen. Es sei in diesem Zusammenhang darauf hingewiesen, daß die Elimination von Übertragern zwischen zwei vorher galvanisch getrennten Netzteilen nur dann möglich ist, wenn durch diese Elimination nicht mehr als eine galvanische Verbindung zwischen diesen Netzteilen hergestellt wird. Dies ist bei komplizierteren Ersatzschaltungen stets zu berücksichtigen.

Die Ersatzschaltung verzichtet, wie bereits erwähnt, auf den nichtstromführenden Teil des β-Systems zwischen Oberspannungsseite des Transformators und dem Fehlerort. Im übrigen wurden aber Ströme und Spannungen sowie auch Impedanzen vom Fehlerort gesehen nicht transformiert. Am Fehlerort können also im Fehlerfall der echte Kurzschlußstrom, nach Beseitigung oder vor Eintreten des Fehlers die echte Spannung zwischen Leiter R und Erde gemessen werden, nämlich:

$$\begin{aligned}
\underline{E} &= \left| -\frac{\sqrt{3}}{2}\underline{E}''_{\curlywedge} - \mathrm{j}\,\frac{1}{2}\underline{E}''_{\curlywedge} \right| = E_{\curlywedge}; \quad \sphericalangle\left(-\frac{\sqrt{3}}{2}\underline{E}''_{\curlywedge} - \mathrm{j}\,\frac{1}{2}\underline{E}''_{\curlywedge}\right) = -150° = -\vartheta, \\
\underline{Z}_{\mathrm{k}} &= \frac{2}{3}(\mathrm{j}X''_{\mathrm{d}} + \mathrm{j}X_{1\mathrm{T}} + \underline{Z}_{\alpha\mathrm{L}}) + \frac{1}{3}(\underline{Z}_{0\mathrm{T}} + 3\underline{Z}_{\curlywedge} + \underline{Z}_{0\mathrm{L}}), \\
\underline{I}_{\mathrm{k}} &= \frac{\underline{E}}{\underline{Z}_{\mathrm{k}}}.
\end{aligned} \tag{54}$$

Aus diesen Gleichungen geht hervor, daß, abgesehen von der im allgemeinen bedeutungslosen Phasendrehung der treibenden Spannung, Kurzschlußstrom und Spannung am Fehlerort nicht von der Schaltgruppe des Transformators abhängig sind. Will man also Ströme und Spannungen am Fehlerort ermitteln, so wird der Transformator wie ein $\curlywedge\curlywedge$-Transformator lediglich durch seine Kurzschlußimpedanzen nachgebildet, wodurch sich die Ersatzschaltung natürlich wesentlich vereinfacht.

Für die Ströme im α- und β-System des Generators gelten die Beziehungen:

$$\sqrt{3}\,\underline{I}_{\alpha\mathrm{G}} = 3\underline{I}_{\beta\mathrm{G}} \quad \text{oder} \quad \underline{I}_{\beta\mathrm{G}} = \frac{1}{\sqrt{3}}\underline{I}_{\alpha\mathrm{G}}. \tag{55}$$

Damit errechnen sich nach den Grundgleichungen in Tabelle 2 die Ströme in den drei Leitern des Generators mit $\underline{I}_0 = 0$ zu

$$\begin{aligned}
\underline{I}_{\mathrm{U}} &= \underline{I}_{\alpha}, \\
\underline{I}_{\mathrm{V}} &= \frac{1}{2}\underline{I}_{\alpha} + \frac{\sqrt{3}}{2}\underline{I}_{\beta} = 0, \\
\underline{I}_{\mathrm{W}} &= -\frac{1}{2}\underline{I}_{\alpha} - \frac{\sqrt{3}}{2}\underline{I}_{\beta} = -\underline{I}_{\alpha} = -\underline{I}_{\mathrm{U}}.
\end{aligned} \tag{56}$$

Die Ströme in den Leitern U und W sind einander entgegengesetzt gerichtet gleich und entsprechen, abgesehen von dem Faktor $\sqrt{3}$, den Strömen im α- bzw. β-

System der Ersatzschaltung. Sie können dort gemessen oder oszillographiert werden.

Die stationären Spannungen kann man aus den Spannungen im α- und im β-System der Ersatzschaltung berechnen. Will man die Ausgleichsvorgänge mit erfassen, d. h. oszillographieren, so ist hierzu an die Klemmen α, α' bzw. β, β' eine Übergangsschaltung ohne Nullsystem ähnlich *Abb. 17* anzuschließen. In

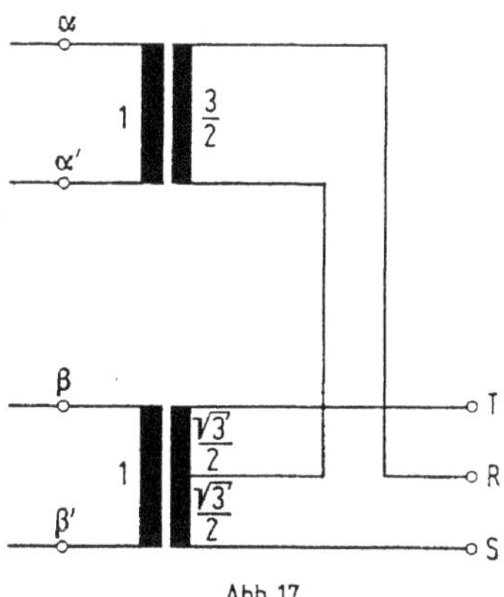

Abb. 17

diesem speziellen Fall (*Abb. 16*) wären die Wicklungsfaktoren 1 und 1 durch $-\frac{\sqrt{3}}{2}$ und $-\frac{1}{2}$ zu ersetzen. Diese Übergangsschaltung gestattet es, an jeder Stelle eines in $\alpha\beta 0$ nachgebildeten Netzes die Klemmen herauszuführen, daran Spannungen zu messen oder auch unsymmetrische Impedanzen anzuschließen. Im letzteren Falle allerdings, auch bei der Schaltung von Fehlern, müssen bei Modellmessungen hochwertige Übertrager verwendet werden, welche die Meßergebnisse nicht durch ihre Kurzschluß- oder Leerlaufimpedanz beeinflussen.

12. Unterbrechung im Drehstromkreis

Die Unterbrechung im Drehstromkreis hat die stationären, in der Regel symmetrischen Ströme und Spannungen als Ausgangsbasis. Ihnen überlagern sich die Ausgleichsströme und -spannungen, sie gehen über den Ausgleichsvorgang in einen neuen stationären Zustand über. Deshalb werden im folgenden die betriebsfrequenten Ströme und Spannungen für verschiedene wichtige Schaltzustände betrachtet.

a) Allgemeine Beziehungen

In einem symmetrischen Drehstromkreis, wie er in Tabelle 1 dargestellt ist, sind die treibenden Spannungen um je 120° gegeneinander versetzt. Dies ist in der Schaltung durch Multiplikation der für den Leiter R eingesetzten treibenden Spannung U_λ, mit dem komplexen Operator $\underline{a} = e^{j \cdot 2\pi/3}$, für die Leiter S und T angedeutet. Zerlegt man die treibende Spannung in ihre symmetrischen Komponenten, so gelten für die folgenden Ausführungen die in Tabelle 1 oben angegebenen Voraussetzungen. Die treibende Spannung $\underline{E}_1$ im Mitsystem ist gleich der Sternspannung U_λ, die treibende Spannnungen $\underline{E}_0$ im Nullsystem und $\underline{E}_2$ im Gegensystem sind null. Der Drehstromkreis enthält die Mitimpedanz $\underline{Z}_1$, die im allgemeinen gleich der Gegenimpedanz $\underline{Z}_2$ gesetzt wird. Nur bei Kurzschlüssen

Tabelle 1. *Spannungen und Ströme im symmetrischen Drehstromkreis bei ein- und mehrpoliger Unterbrechung*

Voraussetzungen: $\underline{E}_1 = U_\curlywedge$, $\underline{E}_2 = \underline{E}_0 = 0$, $\underline{Z}_1 = \underline{Z}_2$, $\underline{Z}_0 = \underline{Z}_1 + 3\,\underline{Z}_r$

Ströme vor der Unterbrechung		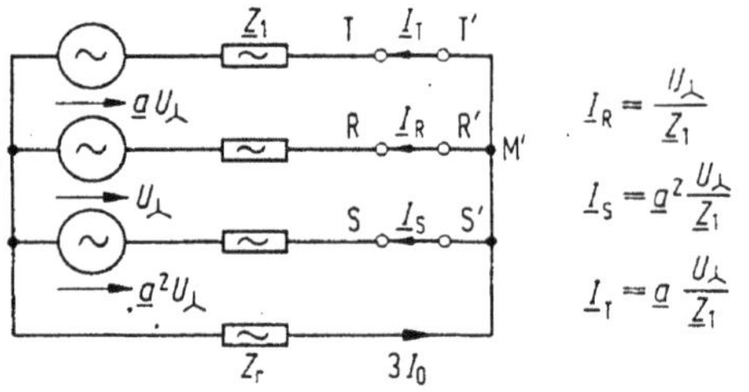 a	$\underline{I}_R = \frac{U_\curlywedge}{\underline{Z}_1}$ $\underline{I}_S = \underline{a}^2 \frac{U_\curlywedge}{\underline{Z}_1}$ $\underline{I}_T = \underline{a} \frac{U_\curlywedge}{\underline{Z}_1}$
Schaltfall: einpolige und zweipolige Unterbrechung		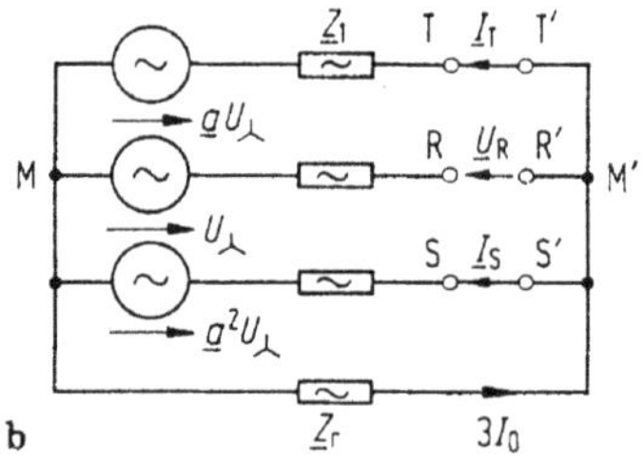 b	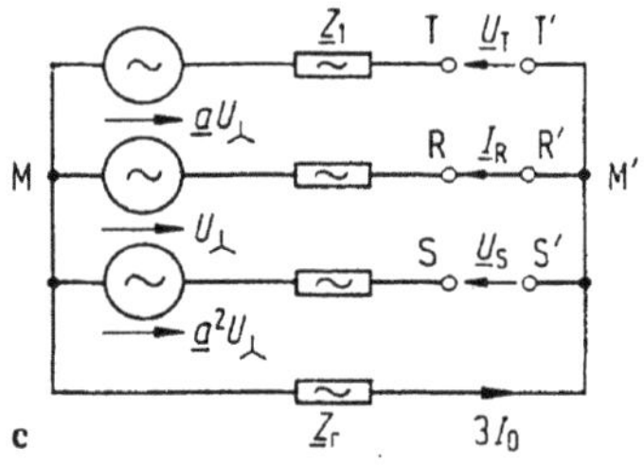 c
Art der Sternpunktserdung	$\frac{\text{Nullimpedanz } \underline{Z}_0}{\text{Mitimpedanz } \underline{Z}_1}$ beliebig	$\underline{U}_R = \frac{3}{2} U_\curlywedge \frac{1}{1 + 1/2\underline{Z}_1/\underline{Z}_0}$ $\underline{I}_S = -j \frac{\sqrt{3}}{2} \frac{U_\curlywedge}{\underline{Z}_1} \frac{\underline{Z}_0/\underline{Z}_1 - \underline{a}}{\underline{Z}_0/\underline{Z}_1 + 1/2}$ $\underline{I}_T = j \frac{\sqrt{3}}{2} \frac{U_\curlywedge}{\underline{Z}_1} \frac{\underline{Z}_0/\underline{Z}_1 - \underline{a}^2}{\underline{Z}_0/\underline{Z}_1 + 1/2}$	$\underline{I}_R = \frac{U_\curlywedge}{\underline{Z}_1} \frac{3}{2 + \underline{Z}_0/\underline{Z}_1}$ $\underline{U}_S = j\,\underline{a}\sqrt{3}\,U_\curlywedge \frac{\underline{Z}_0/\underline{Z}_1 - \underline{a}^2}{\underline{Z}_0/\underline{Z}_1 + 2}$ $\underline{U}_T = -j\,\underline{a}^2\sqrt{3}\,U_\curlywedge \frac{\underline{Z}_0/\underline{Z}_1 - \underline{a}}{\underline{Z}_0/\underline{Z}_1 + 2}$
	a) $\underline{Z}_0/\underline{Z}_1$ beliebig bei Fehler ohne Erdberührung; b) Erdschlußlöschung $\underline{Z}_0/\underline{Z}_1 \to \infty$	$\underline{U}_R = \frac{3}{2} U_\curlywedge$ $\underline{I}_S = -j \frac{\sqrt{3}}{2} \frac{U_\curlywedge}{\underline{Z}_1}$ $\underline{I}_T = +j \frac{\sqrt{3}}{2} \frac{U_\curlywedge}{\underline{Z}_1}$	$\underline{I}_R = 0$ $\underline{U}_S = j\,\underline{a}\sqrt{3}\,U_\curlywedge$ $\underline{U}_T = -j\,\underline{a}^2\sqrt{3}\,U_\curlywedge$
	wirksame Sternpunktserdung bei Fehler mit Erdberührung: $\frac{\underline{Z}_0}{\underline{Z}_1} = 4$	$\underline{U}_R = 1{,}30\,U_\curlywedge$ $\underline{I}_S = 0{,}883 \frac{U_\curlywedge}{\underline{Z}_1} e^{-j101°}$ $\underline{I}_T = 0{,}883 \frac{U_\curlywedge}{\underline{Z}_1} e^{+j101°}$	$\underline{I}_R = \frac{1}{2} \frac{U_\curlywedge}{\underline{Z}_1}$ $\underline{U}_S = 1{,}30\,U_\curlywedge e^{-j139°}$ $\underline{U}_T = 1{,}30\,U_\curlywedge e^{+j139°}$
	wirksame Sternpunktserdung bei Fehler mit Erdberührung: $\frac{\underline{Z}_0}{\underline{Z}_1} = 1$	$\underline{U}_R = U_\curlywedge$ $\underline{I}_S = \underline{a}^2 \frac{U_\curlywedge}{\underline{Z}_1}$ $\underline{I}_T = \underline{a} \frac{U_\curlywedge}{\underline{Z}_1}$	$\underline{I}_R = \frac{U_\curlywedge}{\underline{Z}_1}$ $\underline{U}_S = \underline{a}^2 U_\curlywedge$ $\underline{U}_T = \underline{a}\,U_\curlywedge$
Spannungen nach der dreipoligen Unterbrechung		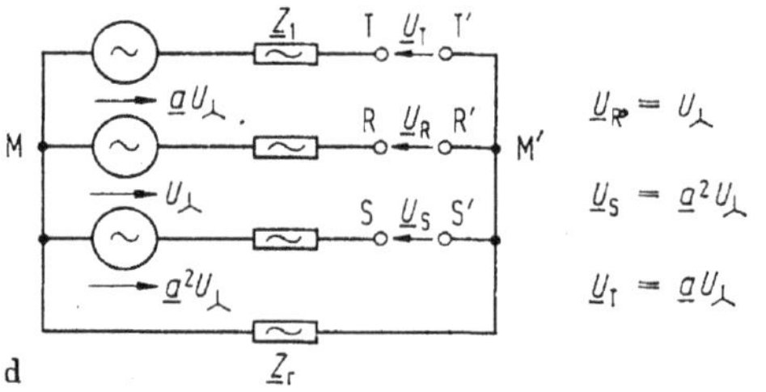 d	$\underline{U}_R = U_\curlywedge$ $\underline{U}_S = \underline{a}^2 U_\curlywedge$ $\underline{U}_T = \underline{a}\,U_\curlywedge$

in unmittelbarer Nähe von Generatoren ist zu berücksichtigen, daß sich die Gegenimpedanz eines Generators von seiner Mitimpedanz unterscheidet. Für alle anderen Betriebsmittel außer für Motoren, die in dieser Beziehung ähnliche Eigenschaften haben wie Generatoren, sind Mit- und Gegenimpedanz gleich. Die Nullimpedanz wurde bereits früher definiert; für sie gilt mit den Stromkreiselementen nach Tabelle 1 die Beziehung

$$\underline{Z}_0 = \underline{Z}_1 + 3\underline{Z}_r. \tag{1}$$

Bei symmetrischen treibenden Spannungen und symmetrischen Impedanzen sind auch die drei Ströme im Betrage gleich und um 120° gegeneinander in der Phase verschoben. Der Strom in allen drei Leitern ist gleich der Sternspannung, dividiert durch die Mitimpedanz. Auch die Ströme sind zyklisch symmetrisch. Die Impedanzen in Tabelle 1 sind in Reihe zur Spannungsquelle eingetragen, was einen Kurzschluß darstellt. Liegt die Impedanz auf der rechten Seite des Schalters, so stellt sie eine Belastung dar. Auf die Berechnungen selbst hat die Lage der Impedanz keinen Einfluß.

Eine normale Unterbrechung im Drehstromnetz setzt sich in der Regel aus drei aufeinanderfolgenden Unterbrechungen der Ströme I_R, I_S und I_T zusammen. Die Ströme in den drei Leitern werden dabei nicht gleichzeitig unterbrochen, da sie in noch zu untersuchenden Zeitabständen durch Null gehen und die Schalter zumindest große Ströme nur im Nulldurchgang unterbrechen können. Beim Abschalten eines dreipoligen Kurzschlusses wird also zunächst nur ein Pol unterbrochen, kurzzeitig bleibt dann ein zweipoliger Kurzschluß bestehen. Im nächsten Stromnulldurchgang tritt dann im allgemeinen eine weitere Unterbrechung in einem der beiden anderen Pole ein, bis schließlich im letzten Stromnulldurchgang der dritte Schalterpol öffnet und der Kurzschluß oder die Belastung völlig abgeschaltet sind. Dieser Vorgang spielt sich innerhalb sehr kurzer Zeit ab, er benötigt jedoch mindestens so viel Zeit, bis in jedem der drei Leiter ein Nulldurchgang des Stromes eingetreten ist.

In Tabelle 1 sind in a alle drei Leiter geschlossen, in b ist der Leiter R geöffnet, in c sind die Leiter S und T geöffnet. Diese Schaltzustände wurden gewählt, um in jedem Falle ein zur Bezugsphase R symmetrisches Schaltbild zu bekommen und auf diese Weise die Rechnung zu vereinfachen. Im praktischen Betrieb wird natürlich zuerst z. B. der Pol R, dann der Pol T und zum Schluß der Pol S öffnen. Es ist jedoch ohne weiteres möglich, durch Drehung der Zeiger die Schaltungen auf einen anderen Pol umzurechnen.

Der Übergang von einem Schaltzustand in einen anderen, d. h. die Öffnung der einzelnen Schalterpole in einer durch den Strom bestimmten Reihenfolge, bleibt nicht ohne Einfluß auf die an dem betreffenden Schaltvorgang im Augenblick nicht beteiligten Pole. Ein Abschalten z. B. im Pol R führt zu einer Änderung der Ströme in den Polen S und T. Das Abschalten des zweiten Poles wiederum führt zu einer Änderung der Spannung an dem erstlöschenden Pol. Es sollen deshalb die Ströme und Spannungen in den einzelnen Schaltzuständen im folgenden näher betrachtet werden.

α) **Schalter dreipolig geschlossen** (Tabelle 1, a)

Wie bereits erwähnt, kann es sich hierbei um einen dreipoligen Kurzschluß oder um eine dreipolige Belastung handeln. Der Belastungsstrom beansprucht ein Schaltgerät thermisch, der Kurzschlußstrom thermisch und dynamisch. Sowohl thermische als auch dynamische Beanspruchung sind über die ganze Phase vom Eintritt des Fehlers bis zum vollständigen Abschalten eines Fehlers von größtem Interesse für die Bemessung der Schaltgeräte.

Es bleibt noch zu erwähnen, daß es im Falle des dreipoligen Kurzschlusses ohne Bedeutung ist, ob der Sternpunkt des Netzes oder des Generators und/oder der Sternpunkt des Fehlers geerdet sind. Im symmetrischen Drehstromnetz führt die Erdrückleitung keinen Strom, auch wenn sie an beiden Enden mit dem Sternpunkt des Netzes oder der Belastung verbunden ist.

β) Einpolig geöffneter Schalter (Tabelle 1, b)

Der einpolig geöffnete Schalter stellt eine Unsymmetrie im Netz dar. Man errechnet die über der Schaltstrecke wiederkehrende Spannung $\underline{U}_R$ und die über die noch geschlossenen Schalterpole fließenden Ströme $\underline{I}_S$ und $\underline{I}_T$ mit Hilfe der symmetrischen Komponenten. Nach Tabelle 2 in Kapitel 11 lauten die Grundgleichungen für die Spannungen $\underline{U}_S$ und $\underline{U}_T$, die beide wegen des in diesen Polen geschlossenen Schalters null sind,

$$\begin{array}{rl|r} \underline{U}_S = \underline{U}_0 + \underline{a}^2\underline{U}_1 + \underline{a}\,\underline{U}_2 = 0 & & +1 \\ \underline{U}_T = \underline{U}_0 + \underline{a}\,\underline{U}_1 + \underline{a}^2\underline{U}_2 = 0 & & -1 \\ \hline (\underline{a}^2 - \underline{a})\,\underline{U}_1 + (\underline{a} - \underline{a}^2)\,\underline{U}_2 = 0 & & \\ \underline{U}_2 = \underline{U}_1 . & & \end{array} \tag{2}$$

Hieraus ergeben sich als erste Bedingung gleiche Spannungen im Mit- und Gegensystem. Berücksichtigt man dies in der obersten Gleichung, so erhält man

$$\begin{aligned} \underline{U}_0 + (\underline{a}^2 + \underline{a})\,\underline{U}_1 &= 0, \\ \underline{U}_0 - \underline{U}_1 &= 0, \\ \underline{U}_0 = \underline{U}_1 &= \underline{U}_2 . \end{aligned} \tag{3}$$

Die drei Spannungen im Mit-, Gegen- und Nullsystem sind also gleich. Man setzt nunmehr die Grundgleichung der symmetrischen Komponenten für den Strom $\underline{I}_R$ ein und erhält

$$\underline{I}_R = \underline{I}_0 + \underline{I}_1 + \underline{I}_2 = -\frac{\underline{U}_0}{\underline{Z}_0} + \frac{\underline{E}_1 - \underline{U}_1}{\underline{Z}_1} - \frac{\underline{U}_2}{\underline{Z}_2} = 0 . \tag{4}$$

Wie eingangs erwähnt, kann die Mitimpedanz gleich der Gegenimpedanz gesetzt werden, $\underline{Z}_1 = \underline{Z}_2$, wonach sich Gl. (4) vereinfacht in

$$\frac{\underline{E}_1}{\underline{Z}_1} = \frac{\underline{U}_1}{\underline{Z}_1}\left(\frac{\underline{Z}_1}{\underline{Z}_0} + 2\right). \tag{5}$$

Es wird weiter die treibende Spannung im Mitsystem gleich der treibenden Sternspannung gesetzt $\underline{E}_1 = U_\curlywedge$, und man erhält damit folgende Beziehung für $\underline{U}_1$:

$$\underline{U}_1 = \frac{U_\curlywedge}{2 + \underline{Z}_1/\underline{Z}_0} . \tag{6}$$

Aus Gl. (3) und (6) erhält man mit der Grundgleichung der symmetrischen Komponenten für die Spannung $\underline{U}_R$

$$\underline{U}_R = \underline{U}_0 + \underline{U}_1 + \underline{U}_2 = 3\,\underline{U}_1 = \frac{3}{2}\,U_\curlywedge\,\frac{1}{(1 + {}^1\!/_2\,\underline{Z}_1/\underline{Z}_0)} . \tag{7}$$

Diese Gleichung ist auch in Tabelle 1 im Anschluß an b) angegeben. Man berechnet weiter den Strom in den Leitern S und T und bedient sich hierzu der Grundgleichung für den Strom $\underline{I}_s$.

$$\underline{I}_S = \underline{I}_0 + \underline{a}^2 \underline{I}_1 + \underline{a}\,\underline{I}_2 = -\frac{\underline{U}_1}{\underline{Z}_0} + \underline{a}^2 \frac{\underline{U}_\curlywedge - \underline{U}_1}{\underline{Z}_1} - \underline{a}\frac{\underline{U}_1}{\underline{Z}_1}. \tag{8}$$

Nach einigen Umrechnungen und dem Zwischenergebnis

$$\underline{I}_S = \frac{\underline{U}_\curlywedge}{\underline{Z}_1} \cdot \left[\frac{2\,\underline{a}^2 + \underline{a}^2\,\underline{Z}_1/\underline{Z}_0 - \underline{Z}_1\underline{Z}_0 + 1}{2 + \underline{Z}_1\underline{Z}_0}\right] \tag{9}$$

erhält man folgende Beziehung für den Strom im Leiter S:

$$\underline{I}_S = -\mathrm{j}\,\frac{\sqrt{3}}{2}\,\frac{\underline{U}_\curlywedge}{\underline{Z}_1}\,\frac{\underline{Z}_0/\underline{Z}_1 - \underline{a}}{\underline{Z}_0/\underline{Z}_1 + {}^1/_2}. \tag{10}$$

Der Strom im Leiter T kann entsprechend berechnet werden. Auch diese Formeln sind in Tabelle 1 angegeben.

Es ist notwendig, diese Schaltung und die daraus abgeleiteten Beziehungen näher zu untersuchen. In Tabelle 1 ist das Verhältnis der Nullimpedanz zur Mitimpedanz angegeben. $\underline{Z}_0/\underline{Z}_1$ beliebig steht über der Spalte für die allgemein gültige Beziehung. $\underline{Z}_0/\underline{Z}_1 \to \infty$ gilt dann, wenn ein Fehler ohne Erdberührung vorliegt, d. h. die Verbindung von dem Fehlersternpunkt M′ zur Impedanz R unterbrochen ist oder die Impedanz $\underline{Z}_r \to \infty$ und damit die Impedanz $\underline{Z}_0 \to \infty$ gesetzt werden müssen. Das Verhältnis $\underline{Z}_0/\underline{Z}_1 = 4$ ist in wirksam geerdeten Netzen dann zu erwarten, wenn man die einpoligen Erdkurzschlußströme nicht über die dreipoligen Kurzschlußströme ansteigen lassen möchte. Das Verhältnis $\underline{Z}_0/\underline{Z}_1 = 1$ ist in einigen Fällen in wirksam geerdeten Netzen dann zu erwarten, wenn zahlreiche Transformator-Sternpunkte geerdet sind. Sowohl das Verhältnis $\underline{Z}_0/\underline{Z}_1 = 4$ als auch $\underline{Z}_0/\underline{Z}_1 = 1$ wird jedoch für die Berechnung der Spannung $\underline{U}_R$ und der Ströme $\underline{I}_S$ und $\underline{I}_T$ nur dann wirksam, wenn nicht nur der Netzsternpunkt geerdet ist, sondern auch der Fehlersternpunkt. In Netzen mit Erdschlußlöschung oder auch mit freiem Sternpunkt kann man näherungsweise $\underline{Z}_0/\underline{Z}_1 \to \infty$ setzen. Allerdings ist zu berücksichtigen, daß in ausgedehnten Netzen mit freiem Sternpunkt, d. h. großer Kapazität im Nullsystem, $\underline{Z}_0/\underline{Z}_1$ durchaus endlich, und zwar im negativen Bereich, wird.

Die Spannung $\underline{U}_R$ und die Ströme $\underline{I}_S$ und $\underline{I}_T$ sind für die verschiedenen Verhältnisse $\underline{Z}_0/\underline{Z}_1$ berechnet und in Tabelle 1 angegeben. Bei einem dreipoligen Fehler ohne Erdberührung oder in einem Netz mit Erdschlußlöschung oder freiem Sternpunkt wird die Spannung über dem erstlöschenden Pol gleich der 1,5fachen Sternspannung. Die Ströme in den Leitern S und T entsprechen dem $\sqrt{3}/2$-fachen dreipoligen Kurzschlußstrom. Dies ist zugleich der zweipolige Kurzschlußstrom. In einem Netz mit wirksamer Sternpunkterdung wird die Spannung über dem erstlöschenden Pol die 1,3fache Sternspannung dann nicht überschreiten, wenn man voraussetzt, daß nur Kurzschlüsse mit Erdberührung auftreten. Da in der Regel in den Netzen ein mehrpoliger Kurzschluß mit einem einpoligen Erdschluß oder mit einem Erdkurzschluß eingeleitet wird, trifft diese Voraussetzung sicherlich für mindestens 95% der Fehlerfälle zu.

Während die Spannung über dem erstlöschenden Pol mit abnehmendem Verhältnis $\underline{Z}_0/\underline{Z}_1$, d. h. mit zunehmend wirksamer Sternpunkterdung, allmählich zurückgeht und der Schalter in der Wiederkehrspannung entlastet wird, steigt der Strom in den noch geschlossenen Polen S und T an. Bei Fehlern ohne Erdberührung oder Netzen mit Erdschlußlöschung und freiem Sternpunkt fließt, wie bereits erwähnt, der zweipolige Kurzschlußstrom. Bei Netzen mit wirksamer Sternpunkterdung und wenigen geerdeten Transformator-Sternpunkten werden knapp 90% des zweipoligen Kurzschlußstromes erreicht. Bei Netzen mit wirksamer Sternpunkterdung und vielen geerdeten Transformator-Sternpunkten erreicht der Kurzschlußstrom beim zweipoligen Kurzschluß die Größenordnung des dreipoligen Kurzschlußstromes und liegt unter Umständen sogar darüber.

γ) Zweipolig geöffneter Schalter (Tabelle 1, c)

In c wurde angenommen, daß nunmehr auch der zweite Pol geöffnet habe. Die Gleichungen für den Strom in dem noch geschlossenen Pol und die Spannungen über den bereits geöffneten Schalterpolen sind in Tabelle 1 angegeben. Diese Beziehungen wurden hier nicht abgeleitet, sie errechnen sich in derselben Weise wie für die Spannung $\underline{U}_R$ und den Strom $\underline{I}_S$ nach Schaltung b. Bei einem Fehler ohne Erdberührung oder bei Erdschlußlöschung und in Netzen mit freiem Sternpunkt ist der Strom über dem Schalterpol nahezu null. Er ist bei Erdschlußlöschung lediglich gleich dem Reststrom, bei freiem Sternpunkt gleich dem kapazitiven Erdschlußstrom. In beiden Fällen ist dies für den Schalter eine sehr geringe Beanspruchung. Die Spannungen über den beiden geöffneten Schalterpolen sind bei Erdschlußlöschung bei freiem Sternpunkt oder nach dem Abschalten eines dreipoligen Kurzschlusses ohne Erdberührung jeweils gleich der $\sqrt{3}$fachen Sternspannung, d. h. gleich der Dreieckspannung. In Netzen mit wirksamer Sternpunkterdung und wenigen geerdeten Transformator-Sternpunkten fließt ein Strom von etwa der Hälfte des dreipoligen Kurzschlußstroms, die Spannung über den geöffneten Schalterpolen ist etwa gleich der 1,3fachen Sternspannung. Bei Fehlern in Netzen mit wirksamer Sternpunkterdung und vielen geerdeten Transformator-Sternpunkten fließt über den noch geschlossenen Schalterpol ein Strom in der Größenordnung des dreipoligen Kurzschlußstromes; die wiederkehrende Spannung über den beiden geöffneten Polen ist etwa gleich der Sternspannung.

Es bleibt noch zu erwähnen, daß in Tabelle 1 unter c gleichermaßen der Zustand für den zweitlöschenden Pol beim Abschalten eines dreipoligen Kurzschlusses, für den erstlöschenden Pol beim Abschalten eines zweipoligen Kurzschlusses sowie den Fehlerstrom und die Spannungen der gesunden Leiter gegen Erde bei einem einpoligen Erdkurzschluß dargestellt sind.

δ) Dreipolig geöffneter Kreis (Tabelle 1, d)

In Tabelle 1 unter d ist schließlich derselbe Kreis mit dreipolig geöffnetem Schalter dargestellt. Der Drehstromkreis ist wieder völlig symmetrisch, die Ströme sind null; über den Schaltstrecken liegt jeweils die Sternspannung. In den einzelnen Polen sind die Sternspannungen um 120° gegeneinander versetzt.

Für die Berechnung des Ausgleichsvorgangs kann vom öffnenden (oder schließenden) Schalterpol aus die Ersatzimpedanz des Netzes bestimmt werden (vgl. auch Kapitel 11). Die in diesem Abschnitt berechneten Spannungen sind dann als treibende betriebsfrequente Spannungen einzusetzen.

b) Dreiphasiger Stromkreis mit Wirkwiderstand

Das Abschalten eines dreiphasigen Stromkreises mit ausschließlich Wirkwiderstand erfolgt ohne Überspannungen durch Stromabriß oder Rückzündungen infolge liegengebliebener Ladung und ist somit im praktischen Betrieb im allgemeinen problemlos. *Abb. 1a* zeigt die Schaltung mit einer dreiphasigen Spannungsquelle, dargestellt durch drei Einphasen-Spannungsquellen sowie durch in allen drei Zweigen gleich große Widerstände. Beim Abschalten einer Last kann man den Sternpunkt des Netzes als geerdet betrachten, unabhängig davon, ob

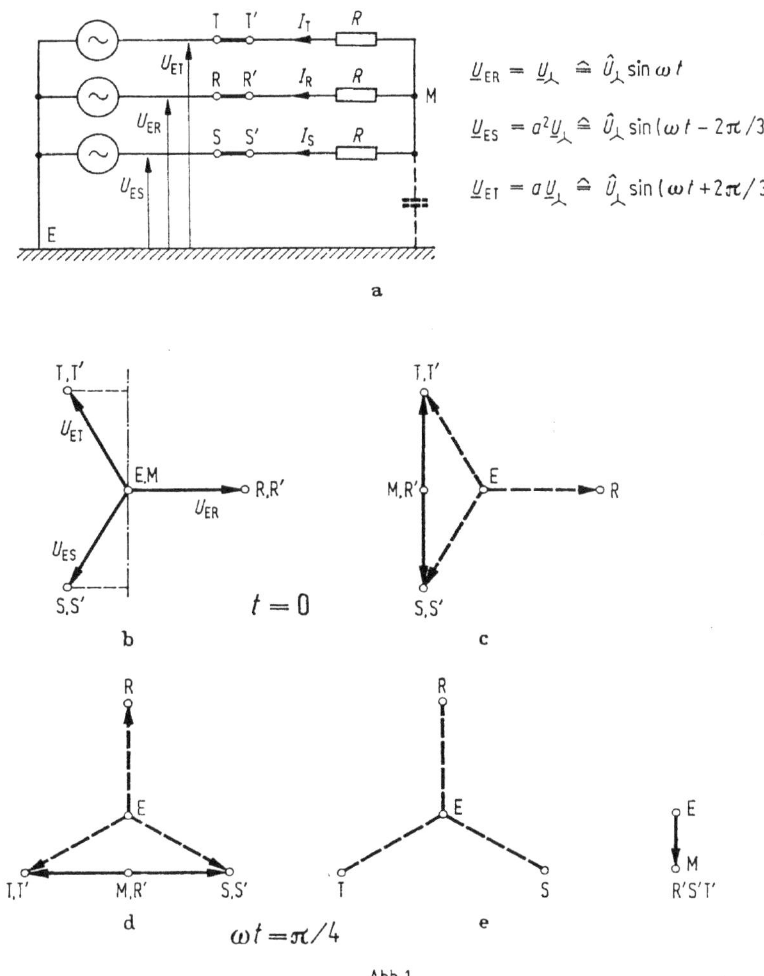

Abb. 1

das Netz tatsächlich geerdet oder mit Erdschlußlöschung oder mit freiem Sternpunkt betrieben wird. Dies gilt unter der Voraussetzung, daß zwischen dem Sternpunkt M der Belastung und der Erde lediglich die kleine Kapazität der Anlage liegt. Die Spannungen seien sinusförmig, die Beziehungen hierfür sind in *Abb. 1a* rechts angegeben. Im Zeigerdiagramm *Abb. 1b* sei der Augenblickswert der Spannungen gleich der Projektion auf die senkrechte Achse. Zum angegebenen Zeitpunkt $t = 0$ ist die Spannung am Leiter R gerade Null, an den Leitern S und T gleich der $\sqrt{3}/2$fachen Sternspannung mit verschiedenen Vorzeichen. Der Mittelpunkt der Belastung hat im normalen symmetrischen Betrieb Erdpotential. Für die Ströme gilt praktisch das gleiche Zeigerdiagramm wie für die Spannungen, es ist deshalb nicht eingezeichnet.

In *Abb. 2b* ist der Verlauf der Augenblickswerte der Spannungen eingezeichnet. Zur Zeit $t = 0$ ist die Spannung am Leiter R gleich Null, d. h. auch der Strom im Leiter R ist in diesem Augenblick Null. Der Schalter im Pol RR′ kann öffnen, die Spannung liegt von diesem Zeitpunkt an nur noch zwischen den Klemmen S und T (siehe Zeigerdiagramm *Abb. 1c*). Der Mittelpunkt der Belastung nimmt nunmehr ein genau zwischen den Potentialen der Punkte S und T liegendes Potential an, er hat nicht mehr Erdpotential.

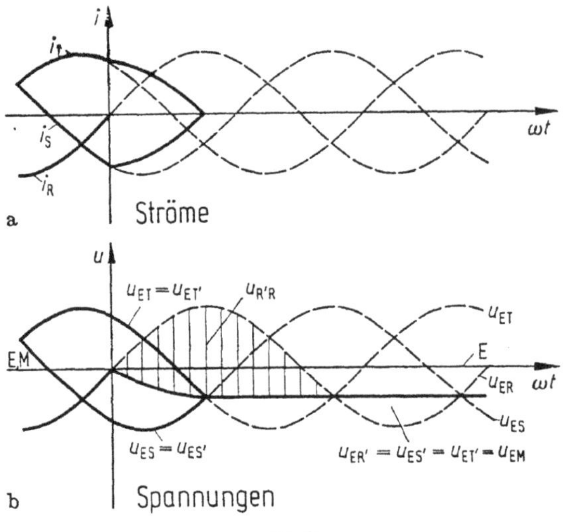

Abb. 2

Die Spannung zwischen den Leitern S und T steht senkrecht auf der ursprünglichen Spannung des Leiters R. Dasselbe gilt jetzt für den Strom durch die Zweige S und T gegenüber dem Strom durch den Zweig R bei dreiphasigem Betrieb. Der nächste Stromnulldurchgang findet also zu einer Zeit entsprechend $\omega t = \pi/2$ statt. Der Augenblickswert der Spannung zwischen S und T ist dann null, die Stromunterbrechung findet in diesem Augenblick statt.

Nunmehr sind die Klemmen R′, S′ und T′ von der Spannungsquelle völlig abgeschaltet. Nimmt man an, daß die Kapazität der Anlage die aus dem Zeigerdiagramm *Abb. 1e* abzulesende Gleichspannung in Höhe der halben Sternspannung noch einige Zeit zu halten vermag, so haben alle drei Klemmen gegenüber Erde dieses Potential. Das geht auch aus dem gezeichneten Verlauf der Augenblickswerte der Spannungen hervor. In *Abb. 2b* ist außerdem noch die zwischen den Klemmen R und R′ des Poles RR′ wiederkehrende Spannung senkrecht schraffiert dargestellt. Charakteristisch für diese wiederkehrende Spannung ist, daß sie im Maximum den 1,5fachen Scheitelwert der treibenden Sternspannung durchläuft und nach dem Stromnulldurchgang mit einer Steilheit beginnt, die nur gleich der 1,5fachen Steilheit der normalen betriebsfrequenten Sternspannung im Nulldurchgang ist. Dieser Vorgang wird von einem Schalter ohne irgendwelche Schwierigkeiten beherrscht.

Es soll hier darauf verzichtet werden, den Abschaltvorgang im dreiphasigen Kreis auch bei induktiver Belastung darzustellen. Der Unterschied gegenüber dem Stromkreis mit Wirkwiderstand besteht darin, daß der Strom gegenüber der Spannung um 90° nacheilt und somit bei einer Unterbrechung im Stromnulldurchgang unmittelbar danach der Scheitelwert der betriebsfrequenten Spannung über dem soeben geöffneten Schalterpol ansteht. Die Höhe dieser Spannung, die bei freiem Sternpunkt ebenfalls gleich der 1,5fachen Sternspannung ist und bei geerdetem Sternpunkt in der Regel bis auf nahezu die Sternspannung abfällt, ist in Abschnitt a) näher erläutert. Von Interesse ist noch der Vorgang beim Ausschalten eines dreiphasigen kapazitiven Stromkreises, der im folgenden Abschnitt erläutert wird.

c) Dreiphasiger kapazitiver Stromkreis

In einem Kondensator eilt der Strom der Spannung um 90° voraus. Wird der Strom in seinem natürlichen Nulldurchgang unterbrochen, so durchläuft zu diesem Zeitpunkt die Spannung gerade ihren Scheitelwert. Diese Spannung an der Kapazität entspricht einer bestimmten Ladung, die nach dem Öffnen des Schalters im Kondensator verbleibt. Der Kondensator selbst hält seine Spannung über Sekunden nahezu aufrecht. Die treibende Spannung ändert weiter periodisch ihren Wert und durchläuft dabei auch einen Scheitelwert mit entgegengesetztem Vorzeichen, so daß über dem geöffneten Schalter beim Unterbrechen eines Kondensators höchstens der doppelte Scheitelwert der treibenden Spannung liegen kann. Beim Unterbrechen eines dreiphasigen kapazitiven Stromkreises sind diese Vorgänge etwas verwickelter. *Abb. 3* zeigt einen solchen dreiphasigen Stromkreis mit einer symmetrischen Spannungsquelle, dargestellt durch drei Einphasen-Spannungsquellen. Die drei Kapazitäten C sind gleich, der Mittelpunkt M der drei Kondensatoren hat somit im normalen symmetrischen Betrieb Erdpotential. Um nach dem völligen Abschalten noch Potentiale definieren zu können, ist zwischen dem Mittelpunkt M der drei Kondensatoren und der Erde E die Anlagenkapazität der Batterie berücksichtigt, die jedoch sehr klein gegenüber der Kapazität jeder der drei Kondensatoren ist und somit keinen Einfluß auf den eigentlichen Abschaltvorgang haben soll.

Im Zeigerdiagramm *Abb. 3b* für $\omega t = 0$ sind die treibenden Spannungen der drei Phasen eingezeichnet. Die im Zeigerdiagramm *Abb. 3b* eingetragenen Buchstaben kennzeichnen das Potential der betreffenden Punkte zum Zeitpunkt $t = 0$. Der Augenblickswert aller Potentiale oder Spannungen ist gleich der Projektion der Zeiger auf die senkrecht gestrichelt gezeichnete Achse. Die Spannung des Leiters R ist eine Sinusfunktion, ihr Augenblickswert zur Zeit $t = 0$ ist also Null. Das Zeigerdiagramm dreht sich mit der Kreisfrequenz ω, bei einer Frequenz von 50 Hz entspricht somit ein Winkel von 90° der Zeit $t = 5$ ms. Für diesen Winkel (entsprechend $\omega t = \pi/2$) ist das Zeigerdiagramm *Abb. 3c* dargestellt. Die Spannung im Leiter R hat jetzt gerade ihren Scheitelwert erreicht, die Spannungen in den Leitern S und T sind gleich der halben Sternspannung. Der Verlauf der Spannungen ist in *Abb. 4 und 5* eingetragen. Zu einer Zeit entsprechend $\omega t = \pi/2$ werde der Pol R geöffnet.

Das Zeigerdiagramm *Abb. 3c* kann damit in zwei Zeigerdiagramme zerlegt werden, nämlich in das Zeigerdiagramm *Abb. 3d* für die nach Unterbrechung im Pol R weiter wirkenden Wechselspannungen im noch zweipolig unter Spannung stehenden kapazitiven Stromkreis und in das Zeigerdiagramm *Abb. 3e* für die auf den Kondensatoren durch die Abschaltung im Pol R verbliebenen Restladungen. Das Zeigerdiagramm *Abb. 3e* allerdings „dreht" sich mit der Winkelgeschwindigkeit Null, es umfaßt nur Gleichspannungen. Das Zeigerdiagramm *Abb. 3d* deutet z. B. an, daß der Pol RR′ abgeschaltet ist und nunmehr nur noch eine Spannung zwischen den Polen S′ und T′ liegt, wobei der Mittelpunkt M der Kondensatorbatterie bezüglich der Wechselspannung das halbe Potential der Punkte S′ und T′ hat. Da der Pol RR′ unterbrochen ist, hat ebenfalls bezüglich der Wechselspannung der Punkt R′ dasselbe Potential wie der Punkt M. Bezugspunkt für alle Zeigerdiagramme ist der Punkt E mit Erdpotential.

Das Zeigerdiagramm *Abb. 3e* ergänzt die aus dem Zeigerdiagramm *Abb. 3d* entnommenen Augenblickswerte zu dem unmittelbar vor der Abschaltung gültigen Zeigerdiagramm *Abb. 3c*. Das bedeutet, daß im Zeigerdiagramm die Punkte R und R′ dasselbe Potential haben. Im Zeigerdiagramm *Abb. 3d* liegt zwischen den

a
b
c
d
e
f
g
h
i
$\underline{U}_{ER} = \underline{U}_{\curlywedge} \mathrel{\widehat{=}} \hat{U}_{\curlywedge} \sin \omega t$
$\underline{U}_{ES} = \underline{a}^2 \underline{U}_{\curlywedge} \mathrel{\widehat{=}} \hat{U}_{\curlywedge} \sin (\omega t - 2\pi/3)$
$\underline{U}_{ET} = \underline{a}\, \underline{U}_{\curlywedge} \mathrel{\widehat{=}} \hat{U}_{\curlywedge} \sin (\omega t + 2\pi/3)$
$\omega t = 0$
$\omega t = \pi/4$
$\omega t = \pi/2$
$\omega t = 3\pi/4$

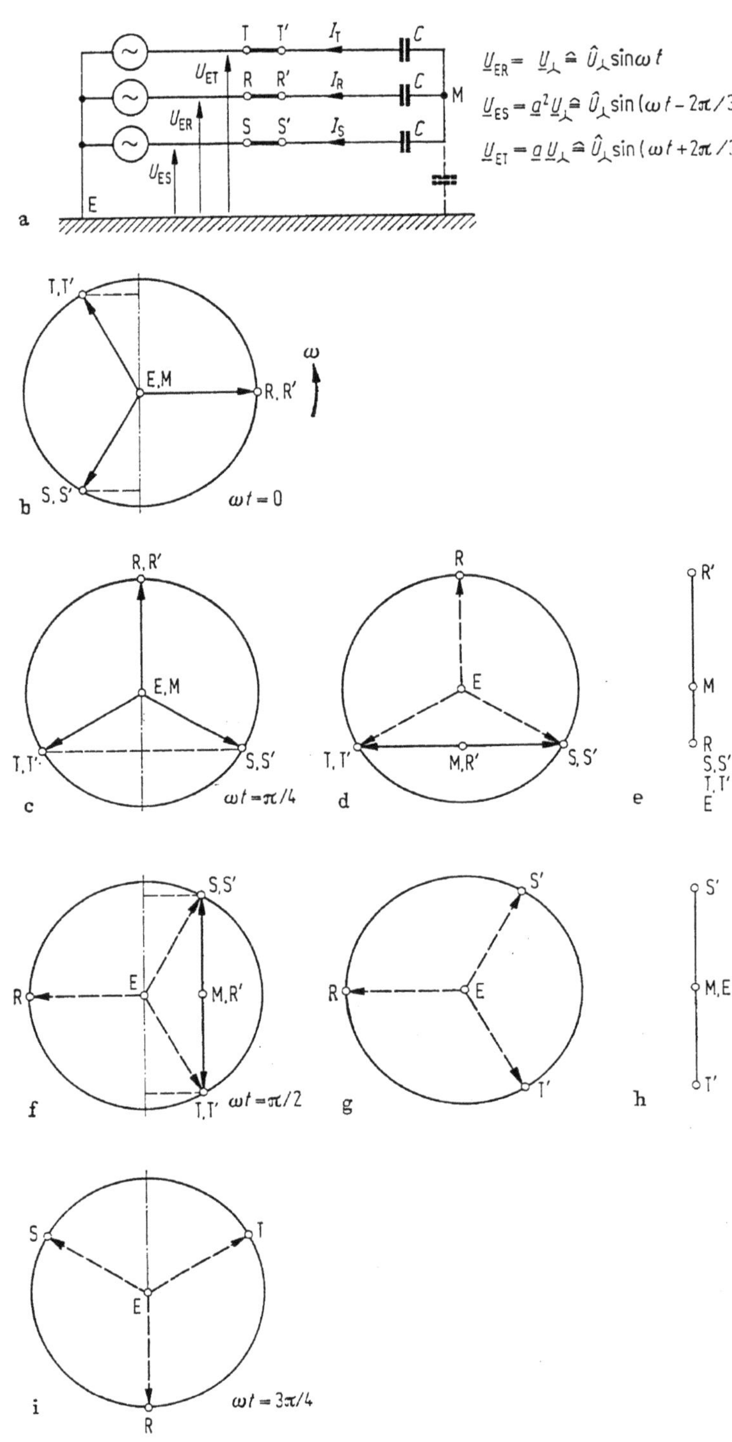

Abb. 3

Punkten R und R′ die $^3/_2$fache Sternspannung. Durch die aus dem Zeigerdiagramm *Abb. 3e* zu entnehmende Gleichspannung zwischen den Punkten R und R′, ebenfalls in Höhe der $^3/_2$fachen Sternspannung, jedoch jetzt mit umgekehrtem Vorzeichen, wird diese Verlagerung der Wechselspannung wieder kompensiert, so daß im Zeitpunkt entsprechend $\omega t = \pi/2$ die Punkte R und R′ noch dasselbe Potential haben.

Im weiteren Zeitverlauf dreht sich das Zeigerdiagramm *Abb. 3d*, während das Zeigerdiagramm *Abb. 3e* in seiner bisherigen Lage erhalten bleibt. Dadurch dreht sich der Punkt M um den Punkt E, bis er nach einer weiteren Zeit entsprechend $\omega t = \pi/2$ im Zeigerdiagramm *Abb. 3f* Erdpotential erreicht. Es sollen nunmehr zwei Fälle unterschieden werden:

1. Die Kondensatorbatterie bleibt zweipolig mit der Spannungsquelle verbunden, d. h. die Pole SS′ und TT′ bleiben geschlossen.
2. Die Pole SS′ und TT′ öffnen im nächstfolgenden Stromnulldurchgang, so daß dann die Kondensatorbatterie dreipolig abgeschaltet ist.

Zu Fall 1: Es gelten weiter die Zeigerdiagramme *Abb. 3d und 3e*. Zur Zeit entsprechend $\omega t = \pi$ hat der Punkt R Erdpotential (vgl. auch Zeigerdiagramm *Abb. 3f*), dasselbe gilt für den Punkt M. Für den Punkt R′, der im Zeigerdiagramm der Wechselspannungen das Potential des Punktes M und damit in diesem Augenblick Erdpotential hat, entnimmt man aus dem Zeigerdiagramm *Abb. 3e* die $1^1/_2$fache Sternspannung gegen Erde. Dies geht auch aus *Abb. 4* hervor. Für einen späteren Zeitpunkt entsprechend $\omega t = \pi/2$ hat im Zeigerdiagramm der Wechselspannungen der Punkt M gerade die halbe Sternspannung erreicht. Der Punkt R hat als Potential den negativen Scheitelwert der Sternspannung. Der Punkt R′ erhält zusätzlich ein Gleichspannungspotential in Höhe der $1^1/_2$fachen Sternspannung nach Zeigerdiagramm *Abb. 3e*. In der Summe hat also die Spannung der Klemme R′ gegenüber dem Punkt E (Erdpotential) die doppelte Sternspannung erreicht. Dies geschieht zu einer Zeit, wo die Spannung an der Klemme R auf der anderen Seite des Poles RR′ gerade den negativen Scheitelwert der Sternspannung durchläuft. Die Spannung über der geöffneten Schaltstrecke des Poles R ist somit bei $\omega t = \pi$, also 10 ms nach Unterbrechung des Stromes im Pol RR′, gleich dem dreifachen Scheitelwert der Sternspannung. Das bedeutet für diesen Schalterpol eine beachtliche Spannungsbeanspruchung, die vor allem bei Schaltern älterer Bauart zu Rückzündungen führen kann. Diese Rückzündungen verursachen, wie bereits früher erwähnt, Überspannungen und damit eine erhebliche Beanspruchung der Isolierung. In *Abb. 4* ist die Spannung über der Schaltstrecke senkrecht schraffiert aufgetragen. Ebenfalls angegeben ist das Potential des Punktes M gegenüber Erde. Man entnimmt *Abb. 4*, daß der die Klemme R′ durchfließende Wechselstrom genau denselben Verlauf hat wie bei der Klemme M. Dies ist darauf zurückzuführen, daß die Klemme R′ von der treibenden Spannungsquelle abgeschaltet und allein mit dem Mittelpunkt M der Kondensatorbatterie verbunden ist. Der Wechselspannung überlagert sich die bei Unterbrechung des Poles RR′ auf der Kapazität im Zweig R′ liegengebliebene Gleichspannung.

Zu Fall 2: Bei Unterbrechung des Stroms im nächstmöglichen Nulldurchgang wird dieser Zustand nicht erreicht. Die Abschaltung in SS′ und TT′ geschieht gleichzeitig, da über diese beiden Schalterpole der gleiche Strom fließt, solange der Strom über die Anlagenkapazität zwischen M und E vernachlässigt werden kann.

Wird der Strom in den Polen SS′ und TT′ nach 10 ms entsprechend $\omega t = \pi$ unterbrochen, so ist die Kondensatorbatterie anschließend völlig vom Netz getrennt. Die drei treibenden Spannungen haben keinerlei Verbindung mehr mit der Kondensatorbatterie. Die Abschaltung in den beiden Polen SS′ und TT′

hinterläßt jedoch nunmehr eine Ladung in den beiden Kapazitäten der Zweige S' und T', wie aus dem Zeigerdiagramm *Abb. 3* hervorgeht.

Die Zeigerdiagramme *Abb. 3e und h* gelten nunmehr für die Berechnung der auf den Kapazitäten in den Zweigen R', S' und T' liegengebliebenen Ladungen gleichzeitig, die Spannungen sind also zu addieren. Dies bedeutet folgendes:

Der Zweig R' nach Zeigerdiagramm *Abb. 3e* hat gegenüber Erde die $1^1/_2$fache Sternspannung.

Die Punkte S' und T' haben im Zeigerdiagramm *Abb. 3e* Erdpotential. Sie erhalten jedoch nach Zeigerdiagramm *Abb. 3h* die $\sqrt{3}/2$fache Sternspannung gegen Erde mit verschiedenen Vorzeichen (S' positiv, T' negativ).

Abb. 5 zeigt den Spannungsverlauf nach der Unterbrechung in den Polen S und T. Auf der abgeschalteten Seite sind nur noch Gleichspannungen vorhanden. Man erkennt durch Vergleich mit dem Spannungsverlauf in *Abb. 4*, daß die

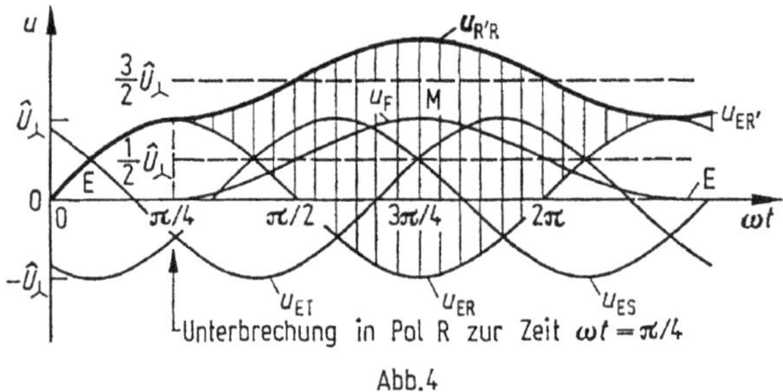

Abb. 4

Klemme R' gegen Erde nur noch die $1^1/_2$fache gegenüber vorher der doppelten Sternspannung annimmt. Entsprechend ist die über Pol R wiederkehrende Spannung nur noch gleich dem $2^1/_2$fachen Scheitelwert der Sternspannung gegenüber vorher dem 3fachen Scheitelwert der Sternspannung.

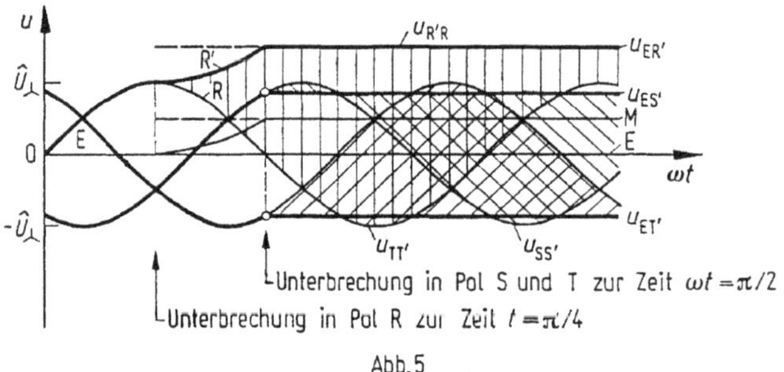

Abb. 5

Im dreiphasigen Stromkreis können Vorgänge bei Rückzündungen folgendermaßen behandelt werden. Für den Abschaltvorgang der betriebsfrequenten Ströme durch die Kondensatoren wird das soeben gezeigte Verfahren angewendet. Für den Ausgleichsvorgang benutzt man dann die Ersatzschaltung, gültig zwischen den Klemmen des rückzündenden Poles. In dieser Ersatzschaltung sind neben den bereits vorhandenen Kapazitäten auch noch die Induktivitäten des Stromkreises einzubeziehen. Sind diese Induktivitäten in allen Zweigen gleich, so ergibt sich z. B. vom rückzündenden Pol RR' aus gesehen eine Reihenschaltung der Kapazität im Pol R mit den beiden parallelgeschalteten Kapazitäten der Pole S und T. Die resultierende Kapazität ist damit $^2/_3 C$. Zu dieser Kapazität in Reihe liegt die Induktivität L im Zweig R' in Reihe zu den parallelgeschalteten Induktivitäten der Zweige S' und T'. Die resultierende Induktivität ist dann $^3/_2 L$. Im Falle einer starren Spannungsquelle ergibt sich also ein einfach zu berechnender einfrequenter Stromkreis. Mit starrer Spannungsquelle kann dann in guter Näherung gerechnet werden, wenn von der Sammelschiene, von der die Kondensatorbatterie abgeschaltet wird, mehrere Kabel abgehen oder eine weitere Kondensatorbatterie angeschlossen ist. Die treibende Spannung ist dann gleich der aus Zeigerdiagramm *Abb. 3d* zu entnehmenden $1^1/_2$fachen Sternspannung. Die Ersatzschaltung für den erstlöschenden Pol RR' zeigt *Abb. 6*. Die Induktivität L muß man sich im dreiphasigen Schaltbild in Reihe zur Kapazität C liegend vorstellen.

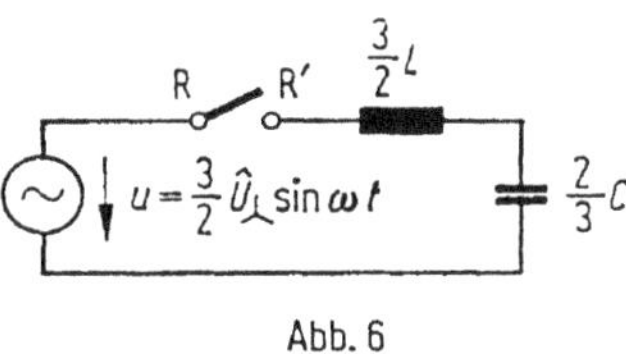

Abb. 6

Diese Überlegungen galten für das Abschalten einer dreiphasigen Kondensatorbatterie mit freiem Sternpunkt. Bei geerdetem Sternpunkt vereinfachen sich die Vorgänge wie beim Abschaltvorgang von drei einphasig angeschlossenen Kondensatoren mit Sternspannung.

13. Einschwingspannung nach der Unterbrechung eines Kurzschlußstroms

a) Bedeutung der Einschwingspannung

In Netzen, die der Übertragung und Verteilung elektrischer Energie dienen, sind die Längsimpedanzen der Transformatoren und der Leitungen wesentlich kleiner als die Impedanzen der Verbraucher. Infolgedessen fließen beim Kurzschluß über die Fehlerstelle Ströme, die etwa das Zehn- bis Zwanzigfache des Nennstromes der Betriebsmittel erreichen. Diese Ströme stellen eine erhebliche thermische und dynamische Beanspruchung für die Sammelschienen und die dort eingebauten Geräte dar. Insbesondere müssen Schalter diese Ströme in ihrer vollen Höhe führen und als Leistungsschalter auch unterbrechen können.

Bei einem Kurzschluß zwischen zwei Leitern wird die Spannung zwischen diesen zu Null. Längs der Impedanzen der Freileitungen, Kabel, Transformatoren u. dgl. baut sich die Spannung vom Kraftwerk bis zum Kurzschlußort ab. Wird der Kurzschluß abgeschaltet, so stellt sich – unverändertes Netz vorausgesetzt – der Spannungszustand vor dem Kurzschluß nahezu wieder her. Dies geschieht jedoch nicht in Form eines Spannungssprungs, sondern mit einem Ausgleichsvorgang, dessen Frequenz, Amplitude und Dämpfung durch die Konstanten des Netzes bestimmt werden. Die in der Nähe des Fehlerortes befindlichen Kapazitäten, die durch den Kurzschluß nahezu völlig entladen wurden, müssen ganz oder teilweise über die Induktivitäten des Netzes von den Spannungsquellen her wieder aufgeladen werden. Nur im einfachen Schwingkreis mit einer Induktivität und einer Kapazität hat der Ausgleichsvorgang, mit der die Spannung wiederkehrt, die Form einer gedämpften harmonischen Schwingung. Im allgemeinen vermaschten Netz jedoch überlagern sich mehrere Schwingungen, wobei es insbesondere durch den Einfluß kurzer Leitungen zu einer hohen Anfangssteilheit der Einschwingspannung kommen kann. Ein Schalter, der einen großen Kurzschlußstrom gerade ausgeschaltet hat, muß unmittelbar danach diese Einschwingspannung halten. Deren Verlauf ist ausschlaggebend dafür, ob die Zeit ausreicht, durch Beblasung, Strömung usw. die Schaltstrecke bis zum Anstieg der Einschwingspannung zu entionisieren, d. h. wieder zu verfestigen. Die Beanspruchung eines Schalters durch die Einschwingspannung, gekennzeichnet durch verschiedene Parameter, z. B. Überschwingfaktor, Frequenz, mittlere Steilheit oder auch Anfangssteilheit, ist somit wesentliches Kriterium für die Bemessung eines Schalters oder für den Einsatz eines vorhandenen Schalters mit bekannten Kenngrößen im Netz.

b) Stationäre Ströme und Spannungen im Kurzschlußkreis

Abb. 1 zeigt einen einphasigen, einfrequenten Kurzschlußkreis. Man kann ihn als einfache Nachbildung des darüber schematisch skizzierten Netzes betrachten. Dieses besteht aus einem leistungsstarken überlagerten Netz, vereinfacht dar-

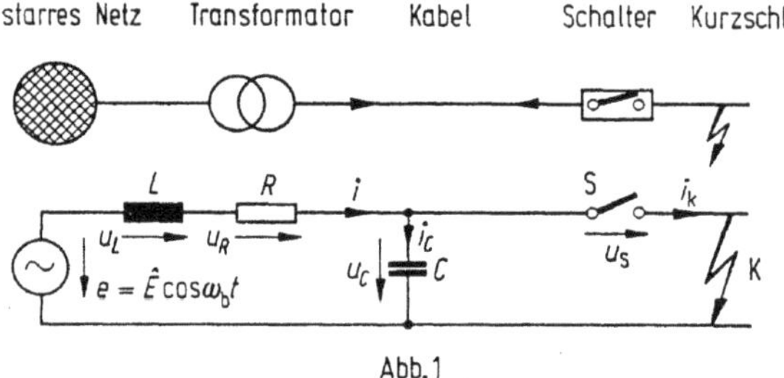

Abb. 1

gestellt durch die Spannungsquelle E, einem Transformator, vereinfacht dargestellt durch die Induktivität L und den Verlustwiderstand R, einem Kabel, vereinfacht dargestellt durch die Kapazität C, sowie einem Schalter S. An der Stelle K sei ein Kurzschluß.

Von der Spannungsquelle aus gesehen hat dieser Kreis, abhängig von der betrachteten Kreisfrequenz ω, folgende Impedanz:

$$\underline{Z} = \mathrm{j}\omega L + R + \frac{1}{\mathrm{j}\omega C} = \frac{1}{\mathrm{j}\omega C}\,(1 - \omega^2 LC + \mathrm{j}\omega CR)\,. \tag{1}$$

Bei Resonanz ist diese Impedanz reell:

$$\underline{Z} = R \qquad \text{für} \qquad \omega = \nu_\mathrm{r} = 2\pi f_r = \frac{1}{\sqrt{LC}}\,. \tag{2}$$

In dem Stromkreis fließt ohne Kurzschluß bei einer treibenden Spannung $\underline{E}$ mit der Betriebsfrequenz ω_b der Strom

$$\underline{I}_\mathrm{c} = \frac{\underline{E}}{\mathrm{j}\omega_\mathrm{b} L + R + \dfrac{1}{\mathrm{j}\omega_\mathrm{b} C}} = \underline{E}\cdot \mathrm{j}\omega_\mathrm{b} C\,\frac{1}{1 - \omega_\mathrm{b}{}^2 LC + \mathrm{j}\omega_\mathrm{b} CR}$$

$$\approx \underline{E}\cdot \mathrm{j}\omega_\mathrm{b} C\,(1 + \omega_\mathrm{b}^2 LC) = \underline{E}\cdot \mathrm{j}\omega_\mathrm{b} C\left(1 + \frac{\omega_\mathrm{b}^2}{\nu_\mathrm{r}^2}\right) \approx \underline{E}\cdot \mathrm{j}\omega_\mathrm{b} C\,. \tag{3}$$

Hierbei und für die im folgenden notwendigen und zulässigen Näherungen wurden vereinfachende Annahmen gemacht:

1. Der Dämpfungswiderstand R ist über dem interessierenden Frequenzbereich klein gegenüber der Reaktanz ωL:

$$\frac{R}{\omega L} \ll 1. \tag{4}$$

2. Die Resonanzfrequenz f_r des Kreises ist groß gegenüber der Betriebsfrequenz:

$$\frac{f_b^2}{f_r^2} = \frac{\omega_b^2}{\nu_r^2} = \omega_b^2 LC \ll 1. \tag{5}$$

Hiermit ergibt sich für die Spannung an der Kapazität:

$$\underline{U}_c = \frac{\underline{I}_c}{j\omega_b C} = \underline{E}\,\frac{1}{1 - \omega_b^2 LC + j\omega_b CR} = \underline{E}\,\frac{1}{1 - \dfrac{\omega_b^2}{\nu_r^2} + j\omega_b CR} \approx$$

$$\approx \underline{E}\left(1 + \frac{\omega_b^2}{\nu_r^2}\right) \approx \underline{E},$$

$$U_c = \frac{E}{\sqrt{\left(1 - \left(\dfrac{\omega_b}{\nu_r}\right)^2\right)^2 + \left(\dfrac{\omega_b^2}{\nu_r^2}\,\dfrac{R}{\omega_b L}\right)^2}} \approx E\left(1 + \frac{\omega_b^2}{\nu_r^2}\right) \approx E. \tag{6}$$

Aus der Spannung an der Kapazität nach Gl. (6) und dem diese durchfließenden Strom nach Gl. (3) errechnet man die Ladeleistung:

$$S_c = U_c I_c = \frac{E^2 \omega_b C}{\left(1 - \left(\dfrac{\omega_b}{\nu_r}\right)^2\right)^2 + (\omega_b CR)^2} \approx E^2 \omega_b C\left[1 + 2\left(\frac{\omega_b}{\nu_r}\right)^2\right] \approx E^2 \omega_b C. \tag{7}$$

Man kann dabei voraussetzen, daß in diesem einfachen Netzbeispiel ohne Belastung die Spannung an der Kapazität etwa der treibenden Spannung entspricht.

Im Falle eines Kurzschlusses am Ort K ist die Kapazität C überbrückt. Der Kurzschlußstrom wird allein durch die Induktivität L und den Widerstand R begrenzt. Er erreicht dann folgenden Wert:

$$\underline{I}_k = \frac{\underline{E}}{j\omega_b L + R} = \frac{\underline{E}}{j\omega_b L}\,\frac{1}{1 + \dfrac{R}{j\omega_b L}} = \frac{\underline{E}}{\omega_b L}\,\frac{1}{\sqrt{1 + \left(\dfrac{R}{\omega_b L}\right)^2}}\,e^{-j\varphi} \approx$$

$$\approx \frac{\underline{E}}{\omega_b L}\left[1 - \frac{1}{2}\left(\frac{R}{\omega_b L}\right)^2\right] e^{-j\varphi} \approx -j\,\frac{\underline{E}}{\omega L} \qquad \text{mit} \quad \tan\varphi = \frac{\omega_b L}{R}. \tag{8}$$

Ein Leistungsschalter wird vor dem Abschalten des Kurzschlusses durch den Kurzschlußstrom I_k nach Gl. (8) nach dem Abschalten durch die stationäre wiederkehrende Spannung U_c nach Gl. (6) beansprucht. Das Produkt dieser beiden Größen nennt man deshalb die Kurzschlußleistung:

$$S_k = U_c I_k \approx \frac{E^2}{\omega_b L}\left[1 + \left(\frac{\omega_b}{\nu_r}\right)^2\right]\cdot\left[1 - \frac{1}{2}\left(\frac{R}{\omega_b L}\right)^2\right] \approx$$

$$\approx \frac{E^2}{\omega_b L}\left[1 + \left(\frac{\omega_b}{\nu_r}\right)^2 - \frac{1}{2}\left(\frac{R}{\omega_b L}\right)^2\right] \approx \frac{E^2}{\omega_b L}. \tag{9}$$

Benutzt man die im allgemeinen zulässigen Näherungen für S_c gemäß Gl. (7) und S_k gemäß Gl. (9) und setzt die hieraus eliminierten Größen L und C in Gl. (2) für die Resonanzfrequenz ein, so erhält man:

$$\nu_r = \frac{1}{\sqrt{LC}} = \omega_b \sqrt{\frac{S_k}{S_c}} \qquad \text{oder} \qquad f_r = f_b = \sqrt{\frac{S_k}{S_c}}\,. \tag{10}$$

Die Resonanzfrequenz des Kreises ist also gleich der Betriebsfrequenz, multipliziert mit der Wurzel aus dem Verhältnis von Kurzschlußleistung und Ladeleistung. Diese vereinfachte Formel gilt für den einfrequenten Kreis bei der in Hochspannungsnetzen üblichen schwachen Dämpfung genügend genau. In stark vermaschten Netzen ist diese Formel jedoch keineswegs anwendbar, da dort die Kapazitäten im Netz vom Fehlerort durch die Induktivitäten der Leitungen und gegebenenfalls auch der Transformatoren mehr oder weniger getrennt sind und infolgedessen nicht voll wirksam werden. Dort würde man also mit dieser Formel eine wesentlich zu niedrige Eigenfrequenz errechnen, außerdem würde die Kennzeichnung eines Netzes durch nur eine Eigenfrequenz in vielen Fällen zu ungenau sein.

c) Einschwingspannung im einphasigen, einfrequenten Kurzschlußkreis

Die treibende Spannung im Kurzschlußkreis (*Abb. 1*) sei

$$e = \hat{E} \cos \omega_b t. \tag{11}$$

Damit wird die Differentialgleichung des Kreises bei geöffnetem Schalter:

$$L \frac{\mathrm{d}i}{\mathrm{d}t} + Ri + \frac{1}{C} \int i \,\mathrm{d}t = \hat{E} \cos \omega_b t. \tag{12}$$

Nach t differenziert und durch L dividiert, erhält man die Differentialgleichung der erzwungenen gedämpften Resonanzschwingung:

$$\frac{\mathrm{d}^2 i}{\mathrm{d}t^2} + \frac{R}{L} \frac{\mathrm{d}i}{\mathrm{d}t} + \frac{1}{LC}\, i = -\frac{\hat{E}\omega}{L} \sin \omega_b t. \tag{13}$$

Diese Differentialgleichung hat folgende bekannte Lösung:

$$i = i'' + i' = K\, \mathrm{e}^{-t/\tau} \sin(\nu t - \varkappa) - \frac{\hat{E}\omega_b}{L\sqrt{(\nu_r^2 - \omega_b^2)^2 + \left(\frac{2\omega_b}{\tau}\right)^2}} \sin(\omega t - \varepsilon). \tag{14}$$

In dieser Lösung sind K und $\varkappa$ zwei Konstanten, die auf Grund der Randbedingungen ermittelt werden müssen. Ferner ist

$$\nu_r = \frac{1}{\sqrt{LC}} \qquad \text{mit} \qquad \nu_r \gg \omega_b \tag{15}$$

die bereits früher berechnete Resonanzfrequenz des Kreises, die im allgemeinen wesentlich größer ist als die Betriebsfrequenz.

Infolge der Dämpfung weicht die Frequenz des Ausgleichsvorganges von der Eigenfrequenz des Kreises geringfügig ab:

$$\nu = \nu_r \sqrt{1 - \left(\frac{1}{2}\,\frac{R}{\nu_r L}\right)^2} \approx \nu_r\,. \tag{16}$$

Eine für den Ausgleichsvorgang sehr wichtige Größe ist die Zeitkonstante τ, mit der das hochfrequente Glied abklingt:

$$\tau = \frac{2L}{R} = \frac{2}{\nu_r}\cdot\frac{\nu_r L}{R} \qquad \text{mit} \qquad \frac{\nu_r L}{R} \gg 1\,. \tag{17}$$

Hierin ist $\nu_r L/R$ die Güte des Schwingkreises bei Resonanzfrequenz. Sie ist im allgemeinen $\gg 1$ und erreicht in Hochspannungsnetzen Werte zwischen 20 und 100.

Der stationäre Strom i' eilt infolge der Dämpfung um $90° - \varepsilon$, d. h. um etwas weniger als $90°$ gegenüber der treibenden Spannung vor. Dieser Differenzphasenwinkel ε berechnet sich aus folgender Beziehung:

$$\tan\varepsilon = \frac{R}{\omega_b L}\cdot\frac{1}{\left(\frac{\nu_r}{\omega_b}\right)^2 - 1} \approx \left(\frac{\omega_b}{\nu_r}\right)^2 \frac{R}{\omega_b L} \approx 0\,. \tag{18}$$

Im allgemeinen ist mit einer nur geringfügigen Erhöhung der Spannung an der Kapazität zu rechnen. Bei geringer Dämpfung ist damit auch der Phasenwinkel ε nahezu vernachlässigbar.

Der stationäre Anteil des Stromes nach Gl. (14) soll noch etwas näher betrachtet werden. Er ist im wesentlichen gleich dem Produkt aus treibender Spannung E und dem Leitwert $\omega_b C$. Durch die vorgeschaltete Induktivität wird die Spannung leicht erhöht, die Dämpfung wiederum führt zu einer Phasendrehung sowie zu einer geringfügigen Verminderung des Stromes. In praktischen Fällen ist der Einfluß der Dämpfung vernachlässigbar, auch der Einfluß der Spannungserhöhung durch die Induktivität L muß nur selten berücksichtigt werden. Man rechnet deshalb im Normalfall, wie bereits erwähnt, mit der treibenden Spannung, multipliziert mit dem Leitwert $\omega_b C$:

$$\begin{aligned} i' &= \frac{-\hat{E}\,\omega_b C}{\sqrt{\left[1 - \left(\frac{\omega_b}{\nu_r}\right)^2\right]^2 + \left(\frac{\omega_b^2}{\nu_r^2}\,\frac{R}{\omega_b L}\right)^2}} \sin(\omega_b t - \varepsilon) \approx \\ &\approx -\hat{E}\omega_b C\left[1 + \left(\frac{\omega_b}{\nu_r}\right)^2\right] \sin\omega_b t \approx -\hat{E}\,\omega_b C \sin\omega_b t\,. \end{aligned} \tag{19}$$

Eine Größe, die später noch benötigt wird, ist das Produkt aus der Resonanzfrequenz ν_r und der Zeitkonstanten τ:

$$\nu_r \tau = 2\,\frac{\nu_r L}{R} = 2\,\frac{\sqrt{L/C}}{R}\,. \tag{20}$$

Es ist gleich dem doppelten Verhältnis vom Schwingwiderstand des Kreises zu seinem Dämpfungswiderstand. Ähnliches gilt für das Produkt der Frequenz ν des Ausgleichsvorgangs mit der Zeitkonstanten τ

$$\nu\tau = 2\,\frac{\nu_r L}{R}\sqrt{1-\left(\frac{1}{2}\,\frac{R}{\nu_r L}\right)^2} \approx 2\,\frac{\nu_r L}{R} = 2\,\frac{\sqrt{L/C}}{R}\,. \tag{21}$$

Eine der beiden Konstanten des transienten Gliedes kann rasch ermittelt werden. Man darf nämlich in allen praktischen Fällen voraussetzen, daß der Winkel ε vernachlässigt werden kann und somit $\varepsilon = 0$ gesetzt werden darf. Damit wird zur Zeit $t = 0$ das stationäre Glied zu Null. Zur Zeit $t = 0$ ist aber der Strom nach der Definition des Abschaltvorganges (Unterbrechung im Stromnulldurchgang durch den Schalter) ebenfalls null, und damit erhält das transiente Glied aus Gl. (14) folgende Form:

$$0 = K\cdot 1\cdot \sin(-\varkappa), \qquad \text{hieraus folgt} \qquad \varkappa = 0. \tag{22}$$

Gl. (22) ist also nur erfüllbar für $\varkappa = 0$, denn man muß natürlich voraussetzen, daß K selbst nicht verschwindet.

Damit gehorchen der transiente Strom und seine erste Ableitung folgenden Beziehungen:

$$\begin{gathered} i'' = K\,\mathrm{e}^{-t/\tau}\sin\nu t\,,\\ \frac{\mathrm{d}i''}{\mathrm{d}t} = K\left[\mathrm{e}^{-t/\tau}\,\nu\cos\nu t - \frac{1}{\tau}\,\mathrm{e}^{-t/\tau}\sin\nu t\right]. \end{gathered} \tag{23}$$

Ferner gilt für das Ausgleichsglied der Spannung an der Kapazität:

$$u_c'' = -u_L'' - u_R' = -L\,\frac{\mathrm{d}i''}{\mathrm{d}t} - Ri''. \tag{24}$$

Man setzt den Strom und seine erste Ableitung nach Gl. (23) in Gl. (24) ein und erhält:

$$u_c'' = K\mathrm{e}^{-t/\tau}\left[-\nu L\cos\nu t - \frac{R}{2}\sin\nu t\right]. \tag{25}$$

Zur Zeit $t = 0$ ist die Spannung u_c als Summe aus stationärer Spannung und Ausgleichsspannung an der Kapazität gleich Null:

$$(u_c)_{t=0} = (u_c'' + u_c')_{t=0} = 0, \qquad \text{hieraus folgt} \qquad (u_c'')_{t=0} = -(u_c')_{t=0}. \tag{26}$$

Damit ist zur Zeit $t = 0$ der transiente Anteil gleich dem negativen stationären Anteil, und es wird entsprechend Gl. (6), (11) und (25):

$$\begin{gathered} (u_c')_{t=0} = \hat{E}\left[1+\left(\frac{\omega_b}{\nu_r}\right)^2\right],\\ (u_c'')_{t=0} = -K\nu L. \end{gathered} \tag{27}$$

Zur Zeit $t = 0$ leitet man aus Gl. (26) und (27) für u_c' und u_c'' folgende Beziehungen ab:

$$(u_c' + u_c'')_{t=0} = \hat{E}\left[1+\left(\frac{\omega_b}{\nu_r}\right)^2\right] - K\nu L = 0. \tag{28}$$

Hieraus berechnet man die Konstante K:

$$K = \frac{\hat{E}}{\nu L}\left[1 + \left(\frac{\omega_b}{\nu_r}\right)^2\right] \tag{29}$$

und erhält mit Gl. (25) und (17) die transiente Spannung an der Kapazität C zu

$$\begin{aligned} u_c'' &= -\hat{E}\left[1 + \left(\frac{\omega_b}{\nu_r}\right)^2\right] e^{-t/\tau}\left(\cos \nu t + \frac{1}{\nu\tau} \sin \nu t\right) \\ &= -\hat{E}\left[1 + \left(\frac{\omega_b}{\nu_r}\right)^2\right] \sqrt{1 + \left(\frac{1}{\nu\tau}\right)^2}\, e^{-t/\tau} \cos(\nu t - \beta) \end{aligned} \tag{30}$$

mit

$$\beta = \arccos \frac{1}{\sqrt{1 + \left(\frac{1}{\nu\tau}\right)^2}}\,. \tag{31}$$

In Gl. (19) ist der stationäre Anteil des Stroms durch die Kapazität C angegeben. Es wird damit der stationäre Anteil der Spannung:

$$\begin{aligned} u_c' = \frac{1}{C}\int i'\, dt &= \frac{\hat{E}}{\sqrt{\left[1 - \left(\frac{\omega_b}{\nu_r}\right)^2\right]^2 + \left(\frac{\omega_b^2}{\nu_r^2}\frac{R}{\omega_b L}\right)^2}} \cos(\omega_b t - \varepsilon) \approx \\ &\approx \hat{E}\left[1 + \left(\frac{\omega_b}{\nu_r}\right)^2\right] \cos \omega_b t. \end{aligned} \tag{32}$$

Damit wird die gesamte Spannung an der Kapazität C gleich der Summe aus dem transienten und dem stationären Anteil:

$$u_c = u_c'' + u_c' \approx \hat{E}\left[1 + \left(\frac{\omega_b}{\nu_r}\right)^2\right]\left[\cos \omega_b t - \sqrt{1 + \left(\frac{1}{\nu\tau}\right)^2}\, e^{-t/\tau} \cos(\nu t - \beta)\right], \tag{33}$$

wobei β Gl. (31) zu entnehmen ist.

Man kann voraussetzen, daß die Exponentialfunktion das Maximum nicht sehr weit vom Scheitelwert der ungedämpften Ausgleichschwingung verschiebt. Damit erreicht die Ausgleichschwingung zur Zeit t_m ihr Maximum für $\cos(\nu t - \beta) = -1$ oder $\nu t_m - \beta = \pi$. Hieraus folgt der Augenblickswert der stationären Spannung zur Zeit t_m:

$$u_m \approx \hat{E}\left[1 + \left(\frac{\omega_b}{\nu_r}\right)^2\right] \cos \omega_b t_m \qquad \text{mit} \qquad t_m = \frac{\pi + \beta}{\nu}\,. \tag{34}$$

Damit wird der Scheitelwert der Einschwingspannung

$$\hat{u}_m = \hat{E}\left[1 + \left(\frac{\omega_b}{\nu_r}\right)^2\right]\left[\cos \omega_b t_m + \sqrt{1 + \left(\frac{1}{\nu\tau}\right)^2}\, e^{-t_m/\tau}.\right] \tag{35}$$

Es sei an dieser Stelle daran erinnert, daß die Spannung u_c bei Kurzschluß gleich der Spannung u_s über der geöffneten Schaltstrecke ist.

Im einfrequenten Kreis hat die Einschwingspannung u_c an der Kapazität C im einphasigen, einfrequenten Kreis den in *Abb. 2* gezeigten Verlauf. Ihre Komponenten sind:

u_c' als betriebsfrequente wiederkehrende Spannung,
u_c'' als transienter Anteil der Einschwingspannung.

Kennzeichnend für ihren Verlauf sind folgende Größen:

$\hat{u}_c'$ der Scheitelwert der betriebsfrequenten wiederkehrenden Spannung, Bezugswert für den Überschwingfaktor,
$\hat{u}_m$ der Höchstwert der Einschwingspannung,
t_m die Zeit bis zum Scheitelwert der Einschwingspannung,
$\gamma = \hat{u}_m/\hat{u}_c'$ der Überschwingfaktor,
$\bar{S} = \hat{u}_m/t_m$ die mittlere Steilheit der Einschwingspannung,
$f_e = 1/2\,t_m$ die Einschwingfrequenz.

In Tabelle 1 sind Richtwerte für die Einschwingspannungen bei der Schalterprüfung nach IEC-Empfehlungen für verschiedene höchste Betriebsspannungen angegeben. Diese Richtwerte gelten für einen einfrequenten Stromkreis, der durch zwei Parameter gekennzeichnet werden kann. Für mehrfrequente Stromkreise, wie sie in ausgedehnten Netzen vorliegen, wird alternativ zur besseren Kennzeichnung der Einschwingspannung eine Vierparameterdarstellung empfohlen.

Tabelle 1. *Richtwerte für die Einschwingspannungen nach IEC-Empfehlungen 1971*

	höchste Betriebsspannung U_m kV	Polfaktor*	Überschwingfaktor γ	maximale Einschwingspannung $\hat{u}_m$ kV	Zeit bis zum Maximalwert t_m µs	mittlere Steilheit $\bar{S}$ kV/µs
Verhältnis Ausschaltstrom zu Nennausschaltstrom gleich 1,0	12	1,5	1,4	20,6	60	0,345
	24	1,5	1,4	41	88	0,47
	36	1,5	1,4	62	108	0,57
	123	1,5	1,4	210	210	1,0
		1,3	1,4	182	182	1,0
	245	1,5	1,4	420	420	1,0
		1,3	1,4	365	365	1,0
	420	1,5	1,4	720	720	1,0
		1,3	1,4	620	620	1,0
Verhältnis Ausschaltstrom zu Nennausschaltstrom gleich 0,30	12	1,5	1,5	22	12,8	1,72
	24	1,5	1,5	44	18,8	2,34
	36	1,5	1,5	66	23,2	2,85
	123	1,5	1,5	226	45	5,0
		1,3	1,5	196	39	5,0
	245	1,5	1,5	450	90	5,0
		1,3	1,5	390	78	5,0
	420	1,5	1,5	770	154	5,0
		1,3	1,5	670	134	5,0

* Polfaktor ist das Verhältnis der betriebsfrequenten Wiederkehrspannung zur Sternspannung ($U_m/\sqrt{3}$) für den erstlöschenden Pol bei dreipoligem Kurzschluß (vgl. Tabelle 2).

Als Beispiel seien die Kenngrößen eines einfachen Netzes der Betriebsspannung 420 kV in einphasiger einfrequenter Darstellung gewählt. Das Netz habe folgende wesentliche Kenngrößen:

treibende Spannung	$E = 420/\sqrt{3}\,\mathrm{kV}$,
Kurzschlußleistung	$S_k = 5000/3\,\mathrm{MVA}$,
Ladeleistung	$S_c = 50/3\,\mathrm{MVA}$,
Betriebsfrequenz	$f_b = 50\,\mathrm{Hz}$,
Güte des Schwingkreises bei 50 Hz	$\omega_b L/R = 30$,
Güte des Schwingkreises bei 500 Hz	$\nu_r L/R = 20$.

Statt Kurzschlußleistung und Ladeleistung könnten ebensogut die Induktivität und die Kapazität angegeben werden, auch wäre es möglich, statt der Güte des Schwingkreises die Wirkwiderstände zu nennen. Während sich zumindest im Mitsystem von Freileitungsnetzen und Transformatoren die Induktivität und die Kapazität nicht wesentlich ändern, kann der Widerstand R jedoch weder bei Transformatoren noch bei Freileitungen als unabhängig von der Frequenz angesehen werden. Aus diesem Grunde sind für die beiden verschiedenen Frequenzen Gütewerte angegeben.

Zunächst ist die Resonanzfrequenz des Schwingkreises nach der Näherungsformel Gl. (10) zu berechnen:

$$\frac{\nu_r}{\omega_b} = \frac{f_r}{f_b} = \sqrt{\frac{5000}{50}} = 10, \qquad f_r = 10 f_b = 500\,\mathrm{Hz}.$$

Damit erhält man nach Gl. (6) die auf die treibende Spannung E bezogene Spannung U_c an der Kapazität C bei geöffnetem Schalter:

$$\frac{U_c}{E} = \frac{1}{\sqrt{(1-0{,}01)^2 + (0{,}1 \cdot 0{,}05)^2}} = 1{,}01 \approx 1.$$

Entsprechend wird der Kurzschlußstrom nach Gl. (8) berechnet zu

$$\frac{I_k}{E/\omega_b L} = \frac{1}{\sqrt{1 + (1/30)^2}} = 0{,}999 \approx 1.$$

Der Vergleich des Produktes aus U_c und I_k mit der Kurzschlußleistung $E^2/\omega_b L$ nach der vereinfachten Formel ergibt kaum einen Unterschied:

$$\frac{U_c I_k}{E^2/\omega_b L} = 1{,}01 \cdot 0{,}999 = 1{,}009 \approx 1.$$

Die Näherungsformel für die Berechnung der Eigenfrequenz des Kreises aus der Ladeleistung und der Kurzschlußleistung wurde also mit Berechtigung angewendet.

Nach Gl. (16) stellt man weiter fest, daß die Frequenz des Ausgleichsvorgangs kaum von der Eigenfrequenz des Kreises zu unterscheiden ist:

$$\frac{\nu}{\nu_r} = \sqrt{1 - \left(\frac{1}{2} \cdot 0{,}05\right)^2} = 0{,}999 \approx 1.$$

Die Dämpfungszeitkonstante für den Ausgleichvorgang berechnet sich nach Gl. (17) zu

$$\tau = \frac{1}{\pi \cdot 500} \cdot 20\ \mathrm{s} = 12{,}74\ \mathrm{ms}.$$

Weiter wird der Phasenwinkel der stationären Spannung nach Gl. (18) gegenüber der treibenden Spannung vernachlässigbar gering:

$$\tan \varepsilon = 0{,}01 \cdot \frac{1}{30} = 0{,}0003, \qquad \varepsilon \approx 0.$$

Dasselbe gilt für den Phasenwinkel der gedämpften Ausgleichschwingung nach Gl. (31):

$$\beta = \arccos \frac{1}{\sqrt{1 + \left(\frac{1}{2\pi \cdot 500 \cdot 0{,}0127}\right)^2}} \approx 0.$$

Nach diesen Vorberechnungen, bei denen sich ergeben hat, daß alle in Anspruch genommenen Vernachlässigungen berechtigt waren, ermittelt man nunmehr zunächst die Zeit bis zum Scheitelwert des transienten Anteiles der Einschwingspannung nach Gl. (34):

$$t_{\mathrm{m}} = \frac{\pi}{2\pi \cdot 500}\ \mathrm{s} = 1\ \mathrm{ms}.$$

Damit folgt für den Scheitelwert nach Gl. (35) und für den Überschwingfaktor

$$\gamma = \frac{\hat{u}_{\mathrm{m}}}{\hat{E}\left[1 + \left(\frac{\omega_{\mathrm{b}}}{\nu_{\mathrm{r}}}\right)^2\right]} =$$

$$= \left[\cos(2\pi \cdot 50\ \mathrm{s}^{-1} \cdot 1\ \mathrm{ms}) + \sqrt{1 + \left(\frac{1}{2\pi \cdot 500\,\mathrm{s}^{-1} \cdot 12{,}74\ \mathrm{ms}}\right)^2}\, e^{-1\mathrm{ms}/12{,}74\mathrm{ms}}\right] =$$

$$= 1{,}875.$$

Der Überschwingfaktor γ ergibt sich aus einer Dämpfung der Ausgleichschwingung von nur 8%, zuzüglich von 5% für das Absinken der betriebsfrequenten Spannung für eine Zeitspanne von 1 ms nach dem Scheitelwert. Da die im Beispiel angenommene Güte des Schwingkreises bei Betriebsfrequenz ebenso wie bei der Einschwingfrequenz in etwa repräsentativ für Hochspannungsnetze sind, muß festgestellt werden, daß einfrequente Ausgleichsvorgänge in der Regel von einem hohen Überschwingfaktor begleitet sind. Die Dämpfung hat keinen wesentlichen Einfluß auf den Scheitelwert der Einschwingspannung. Mit einem einfrequenten Kreis muß man z. B. annähernd beim Abschalten eines Kurzschlusses hinter dem Transformator rechnen, wenn das speisende Netz als starr angesehen werden kann. Weiter tritt ein nahezu einfrequenter Vorgang bei einem Kurzschluß in einem räumlich engbegrenzten Kabelnetz auf. Während jedoch der Transformator selbst eine sehr hohe Eigenfrequenz hat, verläuft der Ausschaltvorgang in einem Kabelnetz meist mit einer ziemlich niedrigen Frequenz. Beide haben jedoch einen hohen Überschwingfaktor gemeinsam. In späteren Beispielen soll noch gezeigt werden, daß die in den Netzen bei großen

Kurzschlußleistungen in der Regel gemessenen sehr niedrigen Überschwingfaktoren im Bereich von 1,1 bis 1,4 nicht auf die Dämpfung durch die Wirkwiderstände, sondern auf die Überlagerung verschiedener Frequenzen zurückzuführen sind. Die Einschwingspannung ist für das obige Beispiel berechnet und in *Abb. 2* dargestellt.

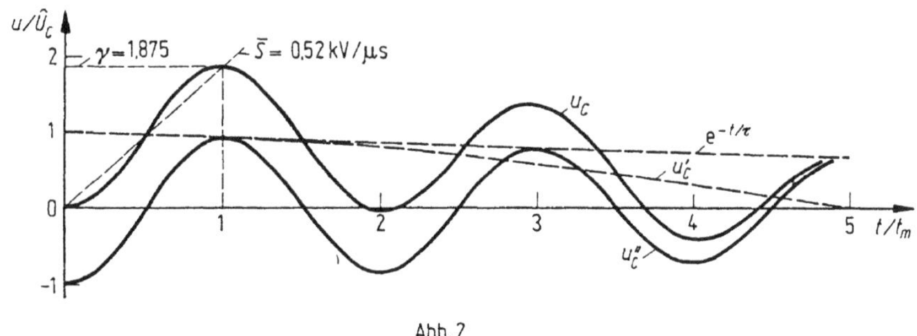

Abb. 2

d) Einschwingspannung im einphasigen, zweifrequenten Kurzschlußkreis

Für die Beanspruchung eines Leistungsschalters beim Abschalten eines Kurzschlusses sind nicht allein der auszuschaltende Strom oder die Frequenz der Einschwingspannung maßgebend, sondern auch die Anfangssteilheit und der Überschwingfaktor. Daß letzterer sehr viel mehr von der Netzkonstellation abhängig ist als von der Dämpfung, soll an der Berechnung des zweifrequenten Kreises gezeigt werden.

In *Abb. 3* sind von links nach rechts ein Netz mit der Kurzschlußleistung S_k und der Eigenfrequenz f_n, ein Transformator mit der Nennleistung S_N und der Kurzschlußspannung u_k, ein Kabel mit der Länge a und der längenbezogenen

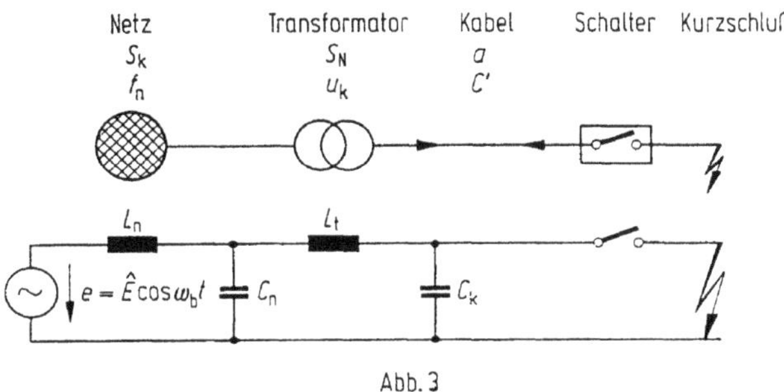

Abb. 3

Kapazität C', ein Schalter S und nachfolgend ein Kurzschluß eingezeichnet. Die Ersatzschaltung darunter zeigt, daß es sich um einen Kreis mit zwei Induktivitäten und zwei Kapazitäten und damit zwei Eigenfrequenzen handelt. Der Kreis hat bei der Frequenz 0 und bei der Frequenz ∞ jeweils den Leitwert $Y = \infty$. Dazwischen liegen zwei Parallelresonanzen und eine Reihenresonanz.

Zunächst werden die Induktivitäten und Kapazitäten berechnet:

$$L_n = \frac{U_n^2}{\omega S_k}, \qquad C_n = \frac{1}{(2\pi f_n)^2 L_n},$$
$$L_t = \frac{u_k U_n^2}{\omega S_N}, \qquad C_k = a C'. \tag{36}$$

Für die Berechnung der Induktivitäten und Kapazitäten muß also die Nennspannung bekannt sein. Wählt man als Nennspannung für den gesamten Kreis diejenige des Schalterorts, so sind alle Induktivitäten und Kapazitäten auf diese Spannung bezogen.

Für den Ausgleichsvorgang kann die Spannungsquelle als kurzgeschlossen betrachtet werden. Bei Kurzschluß am Ort K mißt man dann vom geöffneten Schalter folgenden komplexen Leitwert für die Schaltung:

$$\underline{Y} = \mathrm{j}\omega C_\mathrm{k} + \cfrac{1}{\mathrm{j}\omega L_\mathrm{t} + \cfrac{1}{\mathrm{j}\omega C_\mathrm{n} + \cfrac{1}{\mathrm{j}\omega L_\mathrm{n}}}} = \mathrm{j}\omega C_\mathrm{k} + \cfrac{1}{\mathrm{j}\omega L_\mathrm{t} + \cfrac{\mathrm{j}\omega L_\mathrm{n}}{1 - \omega^2 L_\mathrm{n} C_\mathrm{n}}} =$$

$$= \mathrm{j}\omega C_\mathrm{k} + \frac{1 - \omega^2 L_\mathrm{n} C_\mathrm{n}}{\mathrm{j}\omega (L_\mathrm{t} + L_\mathrm{n}) - \mathrm{j}\omega^3 L_\mathrm{t} L_\mathrm{n} C_\mathrm{n}} = \tag{37}$$

$$= -\mathrm{j}\,\frac{1 - \omega^2 (L_\mathrm{t} C_\mathrm{k} + L_\mathrm{n} C_\mathrm{k} + L_\mathrm{n} C_\mathrm{n}) + \omega^4 L_\mathrm{t} L_\mathrm{n} C_\mathrm{n} C_\mathrm{k}}{\omega (L_\mathrm{t} + L_\mathrm{n}) - \omega^3 L_\mathrm{t} L_\mathrm{n} C_\mathrm{n}}$$

Bei den beiden Parallelresonanzen ist der Leitwert null:

$$\underline{Y} = 0. \tag{38}$$

Daraus ergibt sich aus Gl. (37) für den Zähler des den Leitwert darstellenden Bruches:

$$\omega^4 - \omega^2 \frac{L_\mathrm{t} C_\mathrm{k} + L_\mathrm{n} C_\mathrm{k} + L_\mathrm{n} C_\mathrm{n}}{L_\mathrm{t} L_\mathrm{n} C_\mathrm{n} C_\mathrm{k}} + \frac{1}{L_\mathrm{t} L_\mathrm{n} C_\mathrm{n} C_\mathrm{k}} = 0, \tag{39}$$

$$\left(\omega^2 - \frac{1}{2}\,\frac{L_\mathrm{t} C_\mathrm{k} + L_\mathrm{n} C_\mathrm{k} + L_\mathrm{n} C_\mathrm{n}}{L_\mathrm{t} L_\mathrm{n} C_\mathrm{n} C_\mathrm{k}}\right)^2 = -\frac{1}{L_\mathrm{t} L_\mathrm{n} C_\mathrm{n} C_\mathrm{k}} + \left(\frac{L_\mathrm{t} C_\mathrm{k} + L_\mathrm{n} C_\mathrm{k} + L_\mathrm{n} C_\mathrm{n}}{2 L_\mathrm{t} L_\mathrm{n} C_\mathrm{n} C_\mathrm{k}}\right)^2$$

und daraus schließlich die Resonanzfrequenzen des zweifrequenten Kreises:

$$\omega_{\mathrm{A,B}} = \sqrt{\frac{L_\mathrm{t} C_\mathrm{k} + L_\mathrm{n} C_\mathrm{k} + L_\mathrm{n} C_\mathrm{n}}{2 L_\mathrm{t} L_\mathrm{n} C_\mathrm{n} C_\mathrm{k}} \left(1 \pm \sqrt{1 - \frac{4 L_\mathrm{t} L_\mathrm{n} C_\mathrm{n} C_\mathrm{k}}{(L_\mathrm{t} C_\mathrm{k} + L_\mathrm{n} C_\mathrm{k} + L_\mathrm{n} C_\mathrm{n})^2}}\right)}. \tag{40}$$

Damit läßt sich Gl. (37) für den Leitwert auch in folgender Form anschreiben:

$$\underline{Y} = -\mathrm{j}\,\frac{(1 - \omega^2/\omega_\mathrm{A}^2)\,(1 - \omega^2/\omega_\mathrm{B}^2)}{\omega\,(L_\mathrm{t} + L_\mathrm{n}) - \omega^3\, L_\mathrm{t} L_\mathrm{n} C_\mathrm{n}}. \tag{41}$$

Die Ausgangsgleichung stellt einen Kettenbruch dar. Ein solcher läßt sich bekanntlich in einen Partialbruch umformen. Schaltungsmäßig bedeutet das die Umwandlung obiger Kettenbruchschaltung in eine Partialbruchschaltung, d. h. in eine Reihenschaltung von in diesem Falle zwei Parallelschwingkreisen (*Abb. 4*).

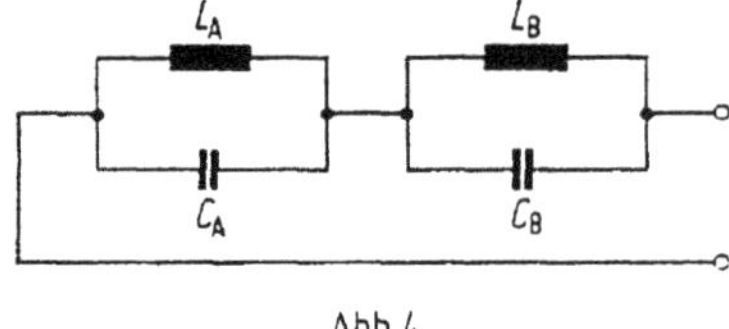

Abb. 4

Diese Reihenschaltung ergibt für den Scheinwiderstand folgende Gleichung (Partialbruch):

$$\underline{Z} = \frac{j\omega L_A}{1 - \omega^2 L_A C_A} + \frac{j\omega L_B}{1 - \omega^2 L_B C_B} = j\frac{\omega L_A}{1 - \omega^2/\omega_A^2} + j\frac{\omega L_B}{1 - \omega^2/\omega_B^2} =$$
$$= j\frac{\omega L_A\ (1 - \omega^2/\omega_B^2) + \omega L_B\ (1 - \omega^2/\omega_A^2)}{(1 - \omega^2/\omega_A^2)\ (1 - \omega^2/\omega_B^2)}. \tag{42}$$

Der Zähler des Bruches für den Leitwert und der Nenner des Bruches für die Impedanz sind gleich. Es ist also nur noch notwendig, für den Nenner des Leitwertes und den Zähler der Impedanz einen Vergleich der einzelnen Glieder durchzuführen:

$$\begin{aligned} \omega L_A (1 - \omega^2/\omega_B^2) + \omega L_B\ (1 - \omega^2/\omega_A^2) &= \omega (L_t + L_n) - \omega^3 L_t L_n C_n, \\ L_A + L_B - \omega^2 (L_A/\omega_B^2) + L_B/\omega_A^2) &= L_t + L_n - \omega^2 L_t L_n C_n. \end{aligned} \tag{43}$$

Die von ω unabhängigen Glieder und die von ω quadratisch abhängigen Glieder müssen jeweils untereinander gleich sein. Daraus ergeben sich folgende Bedingungen:

$$\begin{aligned} L_A + L_B &= L_t + L_n, \\ \frac{L_A}{\omega_B^2} + \frac{L_B}{\omega_A^2} &= L_t L_n C_n. \end{aligned} \tag{44}$$

Die erste dieser beiden Bedingungen läßt sich auch aus der Schaltung selbst ablesen. Da die Leitwerte oder Impedanzen beider Schaltungen im gesamten Frequenzbereich von Null bis unendlich übereinstimmen müssen, gilt dies auch für Frequenzen im Bereich von 0 Hz. Dort stellen die kapazitiven Blindwiderstände nahezu unendlich große Widerstände dar, und der Widerstand bzw. der Leitwert wird allein gegeben durch die Reihenschaltung von L_t und L_n bzw. L_A und L_B. Beide Reihenschaltungen müssen also in der Summe denselben Induktivitätswert ergeben.

Eliminiert man L_B:

$$L_B = L_t + L_n - L_A \tag{45}$$

und setzt diese Beziehung in Gl. (44) ein:

$$L_A \left(\frac{1}{\omega_B^2} - \frac{1}{\omega_A^2}\right) = L_t L_n C_n - \frac{L_t + L_n}{\omega_A^2}, \tag{46}$$

so ergeben sich daraus Bestimmungsgleichungen für die Induktivitäten L_A und L_B, wobei die beiden Gleichungen durch Vertauschen der Indizes A und B jeweils ineinander übergehen.

$$\begin{aligned} L_A &= (L_t + L_n)\frac{1 - \omega_A^2 \frac{L_t L_n}{L_t + L_n} C_N}{1 - \omega_A^2/\omega_B{}^2}, \\ L_B &= (L_t + L_n)\frac{1 - \omega_B^2 \frac{L_t L_n}{L_t + L_n} C_N}{1 - \omega_B^2/\omega_A^2}. \end{aligned} \tag{47}$$

Aus den so ermittelten Induktivitäten und den bereits früher berechneten Resonanzfrequenzen lassen sich die Kapazitäten der beiden Parallelschwingkreise leicht ermitteln. Aus

$$\omega_A = \frac{1}{\sqrt{L_A C_A}} \qquad \text{folgt} \quad C_A = \frac{1}{\omega_A^2 \cdot L_A},$$

und aus (48)

$$\omega_B = \frac{1}{\sqrt{L_B C_B}} \qquad \text{folgt} \quad C_B = \frac{1}{\omega_B^2 \cdot L_B}\,.$$

Schließlich ist es noch notwendig, die Spannungsanteile, die auf die einzelnen Parallelschwingkreise entfallen, zu berechnen. Die Spannungsfälle an den einzelnen Schwingkreisen stellen zugleich die Amplituden der Ausgleichsvorgänge in den einzelnen Schwingkreisen dar, da nach dem Öffnen des Schalters ein Ringstrom durch die beiden Schwingkreise nicht mehr fließt, es fließen lediglich Ausgleichsströme innerhalb der Schwingkreise.

$$\hat{u}_A = \hat{E}\,\frac{\dfrac{j\omega L_A}{1-\omega^2 L_A C_A}}{\dfrac{j\omega L_A}{1-\omega^2 L_A C_A} + \dfrac{j\omega L_B}{1-\omega^2 L_B C_B}} = \hat{E}\,\frac{1}{1+\dfrac{L_B}{L_A}\,\dfrac{1-\omega^2 L_A C_A}{1-\omega^2 L_B C_B}}\,,$$

$$\hat{u}_A = \hat{E}\,\frac{1}{1+\dfrac{L_B}{L_A}\,\dfrac{1-\omega^2/\omega_A^2}{1-\omega^2/\omega_B^2}} \approx \hat{E}\,\frac{1}{1+L_B/L_A}\,, \tag{49}$$

$$\hat{u}_B = \hat{E}\,\frac{1}{1+\dfrac{L_A}{L_B}\,\dfrac{1-\omega^2/\omega_B^2}{1-\omega^2/\omega_A^2}} \approx \hat{E}\,\frac{1}{1+L_A/L_B}\,.$$

Auch für die Gleichungen der Spannungsanteile gilt, daß sie durch Vertauschen der Indizes A und B ineinander übergehen. In der Regel ist es nicht notwendig, mit den genauen Beziehungen zu rechnen, die Näherungsgleichungen liefern genügend genaue Ergebnisse.

Die gesamte Einschwingspannung wird dann

$$\hat{u}_c \approx \hat{E}\cos\omega t - \hat{u}_A \cos\omega_A t - \hat{u}_B \cos\omega_B t\,. \tag{50}$$

Die Dämpfung kann zusätzlich wie in Abschnitt c für jede Komponente einzeln berücksichtigt werden.

Ein Beispiel soll den Rechengang näher erläutern. Angenommen ist ein Netz mit folgenden Kenngrößen:

Kurzschlußleistung $S_k = 4000$ MVA, Eigenfrequenz $f_n = 650$ Hz,
Betriebsfrequenz $f_b = 50$ Hz.

Es sei angenommen, daß Schalter und Kurzschlußort die gleiche Spannung 220 kV haben. Induktivität und Kapazität des Netzes werden deshalb zweckmäßig auf $U_n = 220$ kV bezogen.

Aus den oben angegebenen Werten berechnet man folgende Netzgrößen:

Netzreaktanz $X_n = \frac{U_n^2}{S_k} = \frac{(220\,\text{kV})^2}{4000\,\text{MVA}} = 12{,}1\,\Omega$,

Netzinduktivität $L_n = \frac{X_n}{\omega_b} = \frac{12{,}1}{314}\,\text{H} = 38{,}5\,\text{mH}$,

Netzkapazität $C_n = \frac{1}{(2\pi f_n)^2 L_n} = \frac{1}{(2\pi \cdot 650\,\text{s}^{-1})^2 \cdot 38{,}5\,\text{mH}} = 1557\,\text{nF}$.

Für den Transformator sind folgende Größen gegeben:

Nennleistung $S_N = 200$ MVA, Kurzschlußspannung $u_k = 10\,\%$.

Auf die Netzspannung $U_n = 220$ kV bezogen ergeben sich folgende Werte:

Transformatorreaktanz $X_t = \frac{u_k \cdot U_n^2}{S_N} = \frac{0{,}1 \cdot (220\,\text{kV})^2}{200\,\text{MVA}} = 24{,}2\,\Omega$,

Transformatorinduktivität $L_t = \frac{X_t}{\omega_b} = \frac{24{,}2}{314}\,\text{H} = 77\,\text{mH}$.

Für das Kabel sind folgende Größen gegeben:

Länge $a = 200$ m, längenbezogene Kapazität $C' = 250$ nF/km.

Daraus errechnet man die

Kabelkapazität $C_k = l \cdot C' = 0{,}2\,\text{km} \cdot 250\,\text{nF/km} = 50\,\text{nF}$.

In einer Nebenrechnung werden zunächst folgende Größen bestimmt:

$$L_t L_n C_n C_k = 77 \cdot 38{,}5 \cdot 1557 \cdot 50\,\mu\text{s}^4 = 230786 \cdot 10^3\,\mu\text{s}^4,$$

$$L_t C_k + L_n C_k + L_n C_n = (77 \cdot 50 + 38{,}5 \cdot 50 + 38{,}5 \cdot 1557)\,\mu\text{s}^2 = 64916\,\mu\text{s}^2.$$

Damit erhält man die Eigenfrequenzen des Kreises zu

$$\omega_{AB} = \sqrt{\frac{64916}{461572}\left(1 \pm \sqrt{1 - \frac{923144}{64916}}\right)}\;10^6\,\text{Hz},$$

$$\omega_A = 4072\,\text{s}^{-1},\; f_A = 648\,\text{Hz},\; \omega_B = 16390\,\text{s}^{-1},\; f_B = 2609\,\text{Hz}.$$

Es ergeben sich weiter die beiden Induktivitäten

$$L_A = (38{,}5 + 77)\,\text{mH} \cdot \frac{1 - 4072\,\frac{38{,}5 \cdot 77}{38{,}5 + 77}\,1557 \cdot 10^{-12}}{1 - \left(\frac{4072}{16390}\right)^2} = 41{,}5\,\text{mH},$$

$$L_B = (38{,}5 + 77 - 41{,}5)\,\text{mH} = 74\,\text{mH},$$

die beiden Kapazitäten

$$C_A = \frac{1}{4072^2 \cdot 0{,}0415}\ \mathrm{F} = 1{,}46\ \mu\mathrm{F}, \qquad C_B = \frac{1}{16\,390^2 \cdot 0{,}074}\ \mathrm{F} = 50\ \mathrm{nF}.$$

Schließlich erhält man die Amplituden der Ausgleichspannungen in den beiden Parallelschwingkreisen:

$$\hat{u}_A \approx \hat{E}\,\frac{1}{1 + 74/41{,}5} = 0{,}640\,\hat{E}, \qquad \hat{u}_B \approx \hat{E} - \hat{u}_A = 0{,}360\,\hat{E}.$$

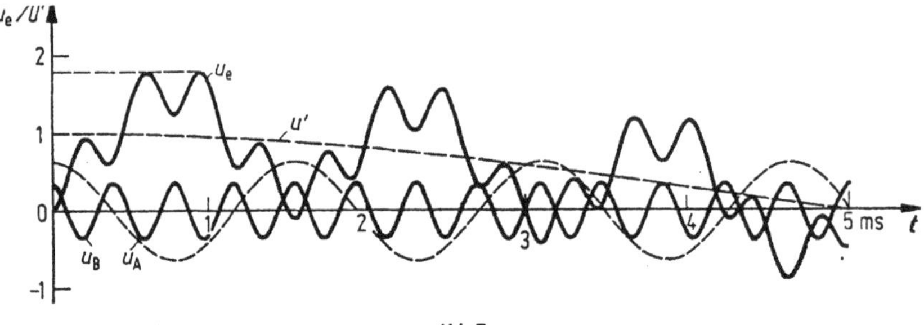

Abb.5

Der Spannungsverlauf in *Abb. 5* zeigt, daß trotz ungedämpfter Schwingungen der Überschwingfaktor deutlich unter 2 liegt. Bei zwei Frequenzen kann der Überschwingfaktor nicht wesentlich unter $1 + 1/\sqrt{2} \approx 1{,}7$ liegen, bei vielen Frequenzen in ausgedehnten Netzen erreicht er oft nicht einmal den Wert 1,4. Hier kommt allerdings dazu, daß dann der Anteil an höheren Frequenzen beachtlich ist und diese bis zum Spannungsmaximum doch weitgehend gedämpft sind.

Anhaltspunkte für die Berechnung weiterer Beispiele sollen die Eigenfrequenzen von Drehstromtransformatoren nach *Abb. 6* und die Eigenfrequenzen von Drehstromgeneratoren nach *Abb. 7* geben. Diesen Kurven liegen Meß- und Rechenwerte zugrunde.

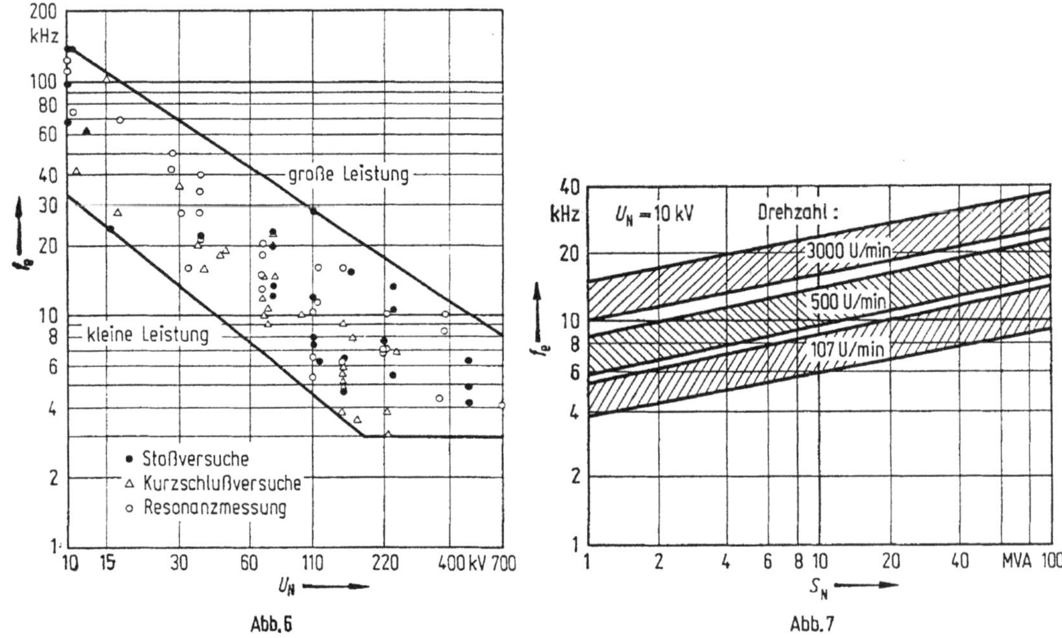

Abb.6 Abb.7

e) Einschwingspannung am Ende einer Leitung bei starrem Netz

Von besonderer Bedeutung für die Beanspruchung des Schalters ist die Steilheit der Einschwingspannung unmittelbar nach der Stromunterbrechung. Im einfrequenten Kreis begann die Einschwingspannung nach einer (1 − cos)-Funktion, d. h. mit waagerechter Tangente. Sind jedoch Leitungen im Kurzschlußkreis mit enthalten, so beginnt sie in der Regel mit erheblicher Spannungssteilheit. Dies soll zunächst am Beispiel einer einfachen Leitung gezeigt werden.

In *Abb. 8* oben sind ein starres Netz mit der Kurzschlußleistung $S_k = \infty$, eine Leitung mit der Länge a und der Ausbreitungsgeschwindigkeit v, ein Schalter und ein Kurzschluß eingezeichnet. Die Ersatzschaltung enthält für das starre Netz eine Spannungsquelle. Darunter ist die Spannungsverteilung während des Kurzschlusses gezeichnet. Vom Netz bis zum Leitungsanfang fällt die Spannung nicht ab, da ein starres Netz vorausgesetzt wurde. Vom Ort A bis zum Ort C längs der Leitung fällt die Spannung linear ab und ist auf der kurzen Strecke vom Leitungsende über den Schalter bis zum Kurzschlußort null. Leitungen haben verteilte Induktivitäten und Kapazitäten, der Ausgleichsvorgang enthält somit theoretisch unendlich viele Frequenzen. Dennoch hat auch die Leitung eine von ihrer Länge und der Ausbreitungsgeschwindigkeit abhängige Grundfrequenz, die von der Laufzeit

$$\tau = \frac{a}{v} \tag{51}$$

abhängig ist.
Die Spannungsverteilung in Abhängigkeit von der Zeit und damit die Spannung über der geöffneten Schaltstrecke und auch in der Mitte der Leitung können nach der Wanderwellentheorie berechnet werden. In *Abb. 8* ist in einer Art „Momentaufnahme" der Standort der Wanderwellen jeweils im Abstand einer halben Laufzeit auf der Leitung wiedergegeben. Zur Zeit $t = 0$ wird die Spannungsverteilung in eine vorwärtslaufende und eine rückwärtslaufende Wanderwelle gleicher Höhe eingeteilt. Zum selben Zeitpunkt wird der Schalter geöffnet, d. h. die Leitung ist nunmehr am Punkt C offen, jede ankommende Welle wird in ihrer vollen Höhe mit demselben Vorzeichen reflektiert. Am Ort A liegt an der Leitung eine konstante Spannung $\hat{E}$ an, d. h. jede ankommende Welle wird auf die Höhe der anliegenden Spannung ergänzt; die Höhe der rücklaufenden Welle ist die Differenz zwischen der Höhe der anliegenden Spannung und der Höhe der ankommenden Welle. Der von der Spannungsquelle her angestrebte Endzustand auf der Leitung ist die konstante Spannung $\hat{E}$ auf der ganzen Leitung. Es liegt damit zum Zeitpunkt $t = 0$ die Spannung auf der gesamten Leitung unterhalb des stationären Wertes, so daß die Spannung beim Ausgleichsvorgang an allen Orten auf der Leitung nicht kleiner sein kann als zu Anfang.

Zur Zeit $t = \tau/2$ ist die nach rechts laufende Wanderwelle zur Hälfte in die Leitung hineingelaufen, die nach links laufende zur Hälfte in Richtung des starren Netzes. Dieser Vorgang läuft nun kontinuierlich ab, und man erhält nach der Laufzeit τ zunächst gleiche Spannung auf der ganzen Leitung. Da aber vorwärts- und rückwärtslaufende Wellen nicht an allen Orten der Leitung gleich sind, fließen Ströme, die den Ausgleichsvorgang trotz des scheinbar erreichten Endzustandes aufrechterhalten. Nach dem Zeitpunkt 3τ tritt derselbe Vorgang nochmal ein, jedoch ist auch hier das System keineswegs in Ruhe. Nach der Zeit 4τ ist der Ausgangszustand wieder erreicht, d. h. die Berechnung kann hier abgebrochen werden, der Vorgang wiederholt sich. Über der Zeit ist dann die Spannung am Anfang der Leitung (Ort A), in der Mitte der Leitung (Ort B) und am

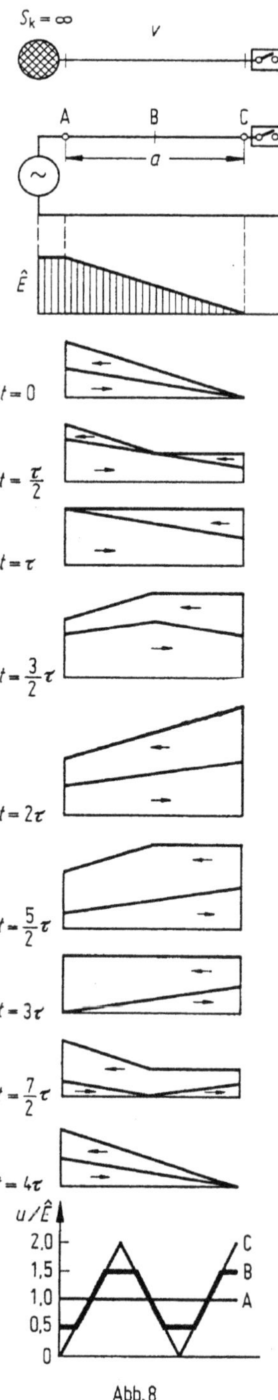

Abb. 8

Ende der Leitung (Ort C) aufgetragen. Man sieht, daß die Spannung am Ort A nach Voraussetzung konstant bleibt, am Ort B trapezförmig verläuft und die ursprünglich vorhandene Spannung nicht unterschreitet, während sie am Ort C den höchsten Wert mit $2\hat{E}$ erreicht und einen dreieckförmigen Verlauf hat. Die Periodendauer des Ausgleichsvorgangs ist also gleich der vierfachen Laufzeit auf der Leitung. In Wirklichkeit setzt sich dieser Verlauf natürlich nicht über unendlich lange Zeit fort, da die Dämpfung schon am Anfang die Spitzen abschleift, allmählich den Ausgleichsvorgang in eine gedämpfte, mehr oder weniger sinusförmige Schwingung überführt. Versuche im Netz zeigen allerdings, daß eine erhebliche Dämpfung in der Regel erst nach zehn oder mehr Perioden dieses Ausgleichsvorganges zu erwarten ist.

Ein einfaches Beispiel soll die hier in Frage kommenden Spannungen und Laufzeiten aufzeigen. Bei einer Leitungslänge von 300 km und einer Ausbreitungsgeschwindigkeit von 300 m/μs ergibt sich eine Laufzeit $\tau = 1$ ms und eine Periodendauer des Ausgleichsvorganges $T = 4$ ms. Damit wird die Grundfrequenz des Ausgleichsvorganges 250 Hz. Mit einer wiederkehrenden Spannung von $\sqrt{2} \cdot 220$ kV$/\sqrt{3} = 180$ kV wird damit die Anfangssteilheit der Einschwingspannung unmittelbar nach dem Stromnulldurchgang

$$\frac{\mathrm{d}u}{\mathrm{d}t} = \frac{180\,\mathrm{kV}}{1\,\mathrm{ms}} = 0{,}18\,\mathrm{kV/\mu s}.$$

Das Beispiel mit einer derart großen Leitungslänge wurde gewählt, weil der Spannungsfall an der Netzreaktanz nur dann vernachlässigbar ist, wenn die Leitungsreaktanz sehr groß gegenüber der Netzreaktanz ist. Dies trifft aber nur bei großen Leitungslängen einigermaßen zu.

f) Einschwingspannung bei einem Kurzschluß in einer Station längs einer Leitung zwischen zwei starren Netzen

Abb. 9, oben, zeigt eine Leitung, die zwei starre Netze miteinander verbindet. Auf der Leitung befindet sich etwas außerhalb der Mitte eine Station, in der in einem Abzweig ein Kurzschluß abzuschalten sei. Darunter ist die Ersatzschaltung gezeichnet; sie enthält für die starren Netze jeweils eine einfache Spannungsquelle, dann die Leitungen und den Schalter. Die Spannungsverteilung zeigt wie beim vorausgegangenen Beispiel keinen Spannungsabfall an der Netzreaktanz, sondern nur den linearen Spannungsabfall längs der Leitung bis zum Fehlerort.

Der Ausgleichsvorgang auf der Leitung wird in diesem etwas komplizierteren Fall besser anhand eines Wellenfahrplans berechnet. Die Spannungsverteilung ergibt wiederum wie vorher auf jedem der beiden Leitungsabschnitte eine vorwärtslaufende und eine rückwärtslaufende Wanderwelle. Am Schalterort laufen diesmal allerdings die Wellen ungehindert, d. h. ohne Reflexion oder Brechung durch; an den Endpunkten der Leitungen zum starren Netz wird wiederum die Spannung auf die treibende Spannung ergänzt. Die nach rechts fallenden Linien seien die vorwärtslaufenden, die nach links fallenden Linien die rückwärtslaufenden Wellen. Zum Zeitpunkt $t = 0$ ist für die einzelnen Orte jeweils der Augenblickswert der Spannungsverteilung, geteilt durch 2, einzusetzen. Im Wellenfahrplan wurde dabei die treibende Spannung als bezogener Wert gleich 3 gesetzt, um bei der Unterteilung in $2 + 3$ Abschnitte zweckmäßige Zahlen zu bekommen.

Es zeigt sich, daß nach 10 Zeitschritten, d. h. der doppelten Gesamtlaufzeit beider Leitungsabschnitte, der Ausgangszustand wieder erreicht ist, der Vorgang sich also wiederholt. Unterhalb des Wellenfahrplans in *Abb. 9* ist die Spannung am Fehlerort angegeben, die zugleich auch die Spannung über der Schaltstrecke darstellt. Obwohl keine Dämpfung auf der Leitung berücksichtigt wurde, schwingt die Spannung nur bis auf $^5/_3$ der treibenden Spannung über. Hier zeigt sich, daß

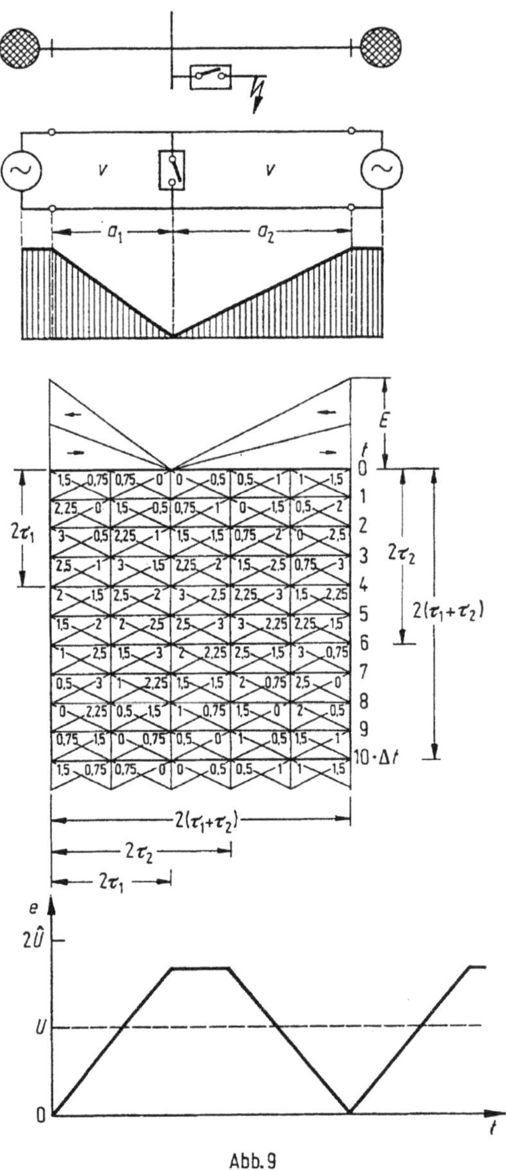

Abb. 9

weniger die Dämpfung als die Überlagerung verschiedener Frequenzen durch das Vorhandensein von Leitungen oder mehrfrequenten Kreisen im Netz den Überschwingfaktor herabsetzt.

g) Abstandskurzschluß

Von ganz besonderer Bedeutung für die Beanspruchung eines Schalters ist der sogenannte Abstandskurzschluß. Bei ihm überlagert sich die in der Regel ziemlich niederfrequente Einschwingspannung eines Netzes auf der einen Seite des Schalters mit der hochfrequenten Einschwingspannung auf einem kurzen Leitungsstück auf der anderen Seite. Dieser Fall tritt dann ein, wenn ein Kurzschluß nicht in der Station unmittelbar hinter dem Schalter, sondern in einem Abstand a von der Station auf der Leitung eintritt. Die Leitungsreaktanz ist dann noch nicht so groß, daß der Kurzschlußstrom wesentlich gegenüber dem in der Station auftretenden vermindert wird, jedoch ist der Spannungsanstieg der Leitungsschwingung durch seine Steilheit eine erhebliche Beanspruchung des Schalters unmittelbar nach dem Stromnulldurchgang.

In *Abb. 10* sind ein einpoliges Netz mit der Kurzschlußleistung S_k und der Eigenfrequenz f_N, der Schalter, ein Leitungsstück der Länge a mit dem Wellen-

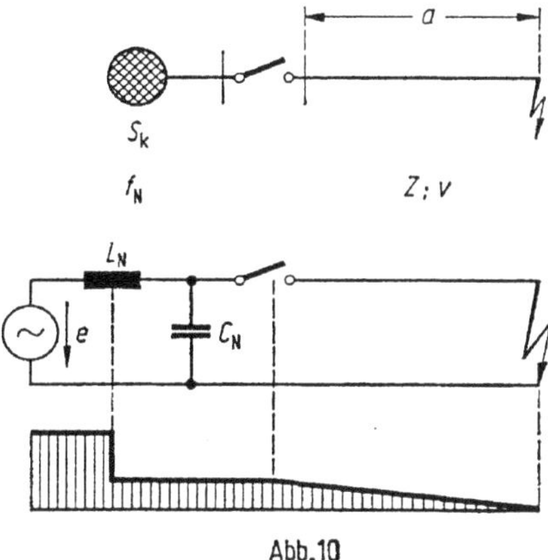

Abb.10

widerstand Z und der Ausbreitungsgeschwindigkeit v, und ein Kurzschluß dargestellt. In der Ersatzschaltung ist das Netz durch eine Spannungsquelle $\hat{E}$, die Induktivität L_n und die Kapazität C_n dargestellt. Dann folgen der Schalter und das Leitungsstück der Länge a. Die Spannungsteilung darunter zeigt einen Spannungsfall über der Induktivität L_n und einen linearen Spannungsfall längs der Leitungsreaktanz.

Aus der Kurzschlußleistung des Netzes S_kn und der Betriebsspannung U_b errechnet man die Netzinduktivität

$$L_\mathrm{n} = \frac{X_\mathrm{n}}{\omega} = \frac{U_\mathrm{b}^2}{\omega S_\mathrm{kn}}. \tag{52}$$

Aus den Kenngrößen der Leitung errechnet man die Leitungsinduktivität

$$L_\mathrm{L} = a L'_\mathrm{L} = a \sqrt{\frac{L'}{C'}} \sqrt{L' C'} = a \frac{Z}{v} \tag{53}$$

sowie die Laufzeit auf der Leitung

$$\tau = \frac{a}{v}, \qquad v = \frac{1}{\sqrt{L' C'}}, \qquad Z = \sqrt{\frac{L'}{C'}}. \tag{54}$$

Die Kurzschlußleistung bei einem Kurzschluß im Abstand a wird durch die Reihenschaltung von Netz- und Leitungsreaktanz begrenzt:

$$S_{\mathrm{k}a} = \frac{U_\mathrm{b}^2}{X_\mathrm{n} + X_\mathrm{L}} = \frac{U_\mathrm{b}^2}{\omega (L_\mathrm{n} + L_\mathrm{L})} = U_\mathrm{b} I_{\mathrm{k}a}. \tag{55}$$

Die treibende Spannung

$$U_\mathrm{b} \triangleq e = \hat{E} \cos \omega t \tag{56}$$

teilt sich auf die Netzreaktanz und die Leitungsreaktanz auf. Dabei ist der Anteil an der Netzreaktanz

$$\hat{U}_{\mathrm{n}} = \hat{E}\,\frac{L_{\mathrm{n}}}{L_{\mathrm{n}} + L_{\mathrm{L}}} = \frac{\hat{E}}{1 + L_{\mathrm{L}}/L_{\mathrm{n}}} = \frac{\hat{E}\,\omega\, L_{\mathrm{n}}\, S_{\mathrm{k}a}}{U_{\mathrm{b}}^2} \tag{57}$$

und der Anteil an der Leitungsreaktanz

$$\hat{U}_{\mathrm{L}} = \hat{E}\,\frac{L_{\mathrm{L}}}{L_{\mathrm{n}} + L_{\mathrm{L}}} = \frac{\hat{E}}{1 + L_{\mathrm{n}}/L_{\mathrm{L}}} = \frac{\hat{E}\,\omega\, L_{\mathrm{L}}\, S_{\mathrm{k}a}}{U_{\mathrm{b}}^2}. \tag{58}$$

Daraus errechnet man die Steilheit der Leitungsschwingung

$$\frac{\mathrm{d}\,U_{\mathrm{L}}}{\mathrm{d}t} = \frac{\hat{U}_{\mathrm{L}}}{\tau} = \hat{E}\,\frac{\omega\, L_{\mathrm{L}}\, S_{\mathrm{k}a}}{\tau\, U_{\mathrm{b}}^2} = \sqrt{2}\,\omega\, Z\,\frac{S_{\mathrm{k}a}}{U_{\mathrm{b}}} = \sqrt{2}\,\omega\, Z\, I_{\mathrm{k}a}. \tag{59}$$

Damit wird die gesamte wiederkehrende Spannung

$$\hat{U}_{\mathrm{w}} = \hat{E}\left[\cos\omega t - \frac{\hat{U}_{\mathrm{N}}}{\hat{E}}\cos\omega_{\mathrm{N}} t - \frac{\hat{U}_{\mathrm{L}}}{\hat{E}}\, w_{\mathrm{v}}\right]. \tag{60}$$

Die Wanderwelle w_{v} hat dreieckförmigen Verlauf gemäß Abschnitt e mit der Periodendauer 4τ und der Amplitude $\hat{U}_{\mathrm{L}}$. *Abb. 11* zeigt das Oszillogramm der Einschwingspannung beim Abschalten eines Abstandskurzschlusses in 5,8 km Entfernung.

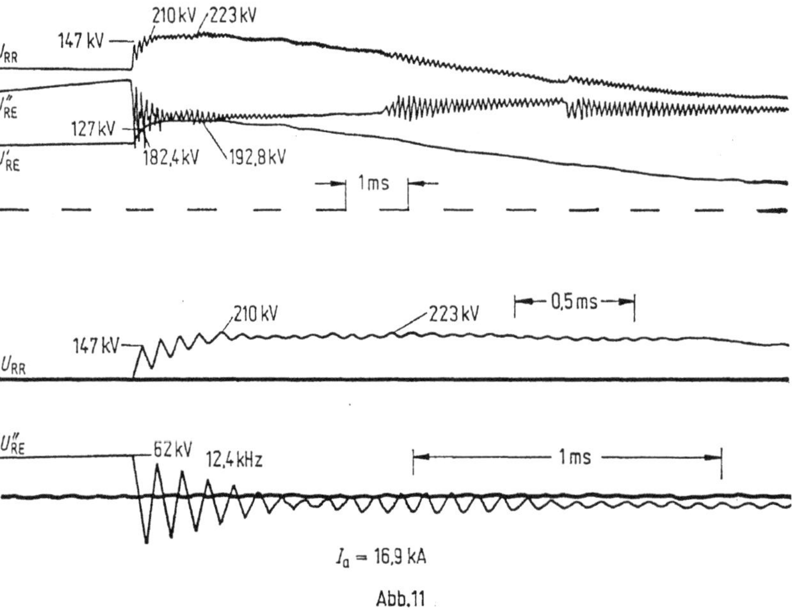

Abb. 11

Als Beispiel sei ein einpoliger Erdkurzschluß mit einem resultierenden Wellenwiderstand einer 220-kV-Einseilleitung $Z = 480\,\Omega$ angenommen. Bei einem abzuschaltenden Kurzschlußstrom vom Effektivwert 40 kA wird die Spannungssteilheit der Leitungsschwingung

$$\frac{\mathrm{d}u_{\mathrm{L}}}{\mathrm{d}t} = \sqrt{2}\cdot 314\ \mathrm{s}^{-1}\cdot 480\ \Omega\cdot 40\ \mathrm{kA} = 8{,}5\ \mathrm{kV}/\mu\mathrm{s}.$$

Diese Beanspruchung ist also im wesentlichen nur vom ausgeschalteten Strom und nicht von der Betriebsspannung abhängig. Bei niedriger Betriebsspannung ist damit die Beanspruchung größer, jedoch nimmt der Strom bei einem Fehler auf der Leitung mit zunehmender Entfernung auch sehr viel rascher ab als auf einer Höchstspannungsleitung.

h) Einschwingspannung im Drehstromkreis

α) Betriebsfrequente wiederkehrende Spannung

In einem Drehstromnetz sind ein-, zwei- und dreipolige Kurzschlußströme am selben Fehlerort möglich. Beim Abschalten eines Kurzschlusses unterbrechen die Schaltstücke des Schalters den Strom jeweils in seinem natürlichen Nulldurchgang, d. h. beim Abschalten eines dreipoligen Kurzschlusses in zeitlicher Hintereinanderfolge. Strom- und Spannungsbeanspruchung dieser drei Pole sind dabei während des Abschaltvorganges verschieden. Von besonderer Bedeutung ist dabei die Einschwingspannung über dem erstlöschenden Pol beim Ausschalten eines dreipoligen Kurzschlusses.

In *Abb. 12* ist ein Drehstromnetz angedeutet, von dem gerade über einen dreipoligen Schalter ein dreipoliger Kurzschluß ausgeschaltet wird. Es soll zunächst

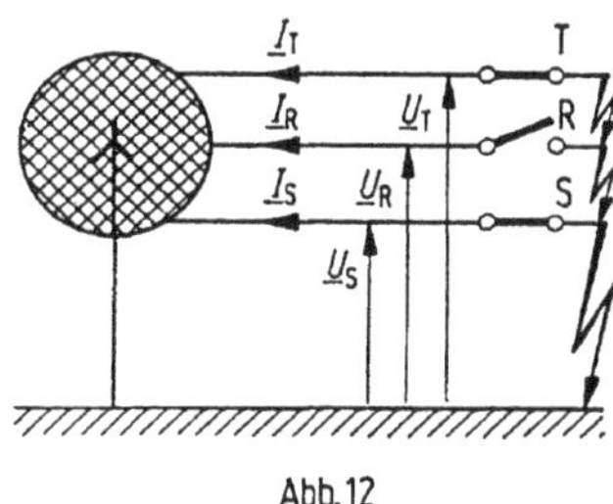

Abb. 12

die betriebsfrequente Spannung ermittelt werden. Hierfür müssen vom Drehstromnetz die Werte $\underline{E}_1$, $\underline{Z}_0$, $\underline{Z}_1$ und $\underline{Z}_2$ bekannt sein. Bei Stromunterbrechung im Pol R sind die Spannungen $\underline{U}_S$ und $\underline{U}_T$ null, desgleichen der Strom $\underline{I}_R$. Aus den Randbedingungen für $\underline{U}_S$ und $\underline{U}_T$ erhält man mit den Gleichungen aus Tabelle 2 von Kapitel 11 eine Bedingung für $\underline{U}_1$ und $\underline{U}_2$.

$$\begin{array}{rl|r} \underline{U}_S = \underline{U}_0 + \underline{a}^2\underline{U}_1 + \underline{a}\,\underline{U}_2 = 0 & & 1 \\ \underline{U}_T = \underline{U}_0 + \underline{a}\,\underline{U}_1 + \underline{a}^2\underline{U}_2 = 0 & & -1 \\ \hline (\underline{a}^2 - \underline{a})\underline{U}_1 + (\underline{a} - \underline{a}^2)\underline{U}_2 = 0 & & \\ -\mathrm{j}\sqrt{3}\,\underline{U}_1 + \mathrm{j}\sqrt{3}\,\underline{U}_2 = 0 & & \\ \underline{U}_1 = \underline{U}_2 & & \end{array} \tag{61}$$

Setzt man diese Bedingung noch einmal ein, so erhält man nunmehr zusätzlich eine weitere Bedingung für $\underline{U}_0$:

$$\begin{aligned} \underline{U}_0 + (\underline{a}^2 + \underline{a})\underline{U}_1 &= 0, \\ \underline{U}_0 - \underline{U}_1 &= 0, \\ \underline{U}_0 = \underline{U}_1 &= \underline{U}_2. \end{aligned} \tag{62}$$

Ebenfalls aus Tabelle 2 von Kapitel 11 erhält man die Gleichung für den Strom $\underline{I}_R$, ausgedrückt in seinen symmetrischen Komponenten. Man ersetzt die drei Ströme durch Spannungen und Impedanzen und erhält

$$\begin{aligned} \underline{I}_R = \underline{I}_0 + \underline{I}_1 + \underline{I}_2 &= -\frac{\underline{U}_0}{\underline{Z}_0} + \frac{\underline{E}_1 - \underline{U}_1}{\underline{Z}_1} - \frac{\underline{U}_2}{\underline{Z}_2} = 0 = \\ &= -\frac{\underline{U}_0}{\underline{Z}_0} + \frac{\underline{E}_1 - \underline{U}_0}{\underline{Z}_1} - \frac{\underline{U}_0}{\underline{Z}_2} = 0, \\ \underline{U}_0 &\left(\frac{1}{\underline{Z}_0} + \frac{1}{\underline{Z}_1} + \frac{1}{\underline{Z}_2}\right) = \frac{\underline{E}_1}{\underline{Z}_1}. \end{aligned} \tag{63}$$

Die Mitimpedanzen $\underline{Z}_1$ und die Gegenimpedanzen $\underline{Z}_2$ sind nur bei Generatoren verschieden, für Leitungen und Transformatoren dagegen gleich. Bei einem Kurzschluß im Netz mit größerer Kurzschlußleistung kann man daher im allgemeinen annehmen, daß die Impedanzen der wenigen fehlernahen Generatoren nur einen geringen Anteil an der gesamten Kurzschlußimpedanz haben. Es ist deshalb in der Regel ohne weiteres zulässig, die Impedanzen $\underline{Z}_1$ und $\underline{Z}_2$ gleichzusetzen. Damit wird

$$\underline{U}_0 = \frac{\underline{E}_1}{1 + \underline{Z}_1/\underline{Z}_2 + \underline{Z}_1/\underline{Z}_0},$$

mit $\underline{Z}_1 = \underline{Z}_2$ wird (64)

$$\underline{U}_0 = \frac{\underline{E}_1}{2 + \underline{Z}_1/\underline{Z}_0}.$$

Nach Tabelle 2 wird nunmehr die Spannung $\underline{U}_R$ über der geöffneten Schaltstrecke, ausgedrückt in ihren drei symmetrischen Komponenten:

$$\underline{U}_R = \underline{U}_0 + \underline{U}_1 + \underline{U}_2 = 3\,\underline{U}_0 = \frac{3\,\underline{E}_1}{2 + \underline{Z}_1/\underline{Z}_0}. \tag{65}$$

In Netzen mit Sternpunkterdung über geringen Wirkwiderstand sind die Impedanzen $\underline{Z}_1$ und $\underline{Z}_0$ im wesentlichen induktiv und haben ungefähr denselben Impedanzwinkel. Ihr Verhältnis kann also näherungsweise reell gesetzt werden. Weiter ist die Nullimpedanz in der Größenordnung der Mitimpedanz. Für praktische Verhältnisse kann man also das Verhältnis der betriebsfrequenten wiederkehrenden Spannung über dem erstlöschenden Schalterpol R zur Sternspannung aus Tabelle 2 entnehmen.

Tabelle 2. *Polfaktor $\underline{U}_R/\underline{E}_\lambda$ des erstlöschenden Poles beim Ausschalten eines dreipoligen Kurzschlusses in Abhängigkeit von dem Verhältnis $\underline{Z}_0/\underline{Z}_1$*

$\underline{Z}_0/\underline{Z}_1$ =	0,5	1	2	4	∞
$\underline{U}_R/\underline{E}_\lambda$ =	0,75	1	1,2	1,33	1,5

Für Netze mit freiem Sternpunkt, Erdschlußlöschung oder bei einem dreipoligen Kurzschluß ohne Erdberührung (in beiden Fällen $\underline{Z}_0 = \infty$) wird also die betriebsfrequente wiederkehrende Spannung gleich der 1,5fachen Sternspannung über dem erstlöschenden Pol.

β) Transienter Anteil der Einschwingspannung

Für die Ermittlung der Einschwingspannung interessiert nicht nur die betriebsfrequente wiederkehrende Spannung, sondern auch die Ersatzschaltung zur Ermittlung der Einschwingfrequenz. Hierfür wird zweckmäßig die Theorie der αβ0-Komponenten zu Hilfe genommen, die nach *Abb. 12* von Kapitel 11 folgende Ersatzschaltung für den Übergang von αβ0 auf RST angibt:

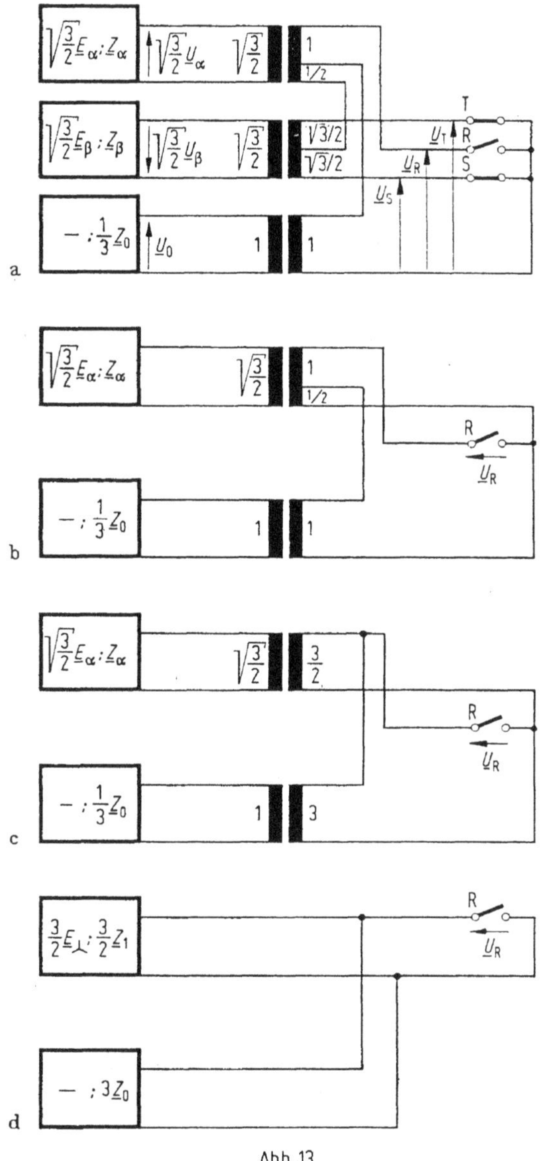

Abb. 13 enthält links die Kästchen der αβ0-Komponenten. In der Mitte liegt die Übertragerschaltung, welche die αβ0-Komponenten mit dem in RST nachgebildeten und bereits einpolig geöffneten Schalter sowie dem Kurzschluß verbindet.

Das β-System ist über die Pole S und T direkt kurzgeschlossen. Es ist ferner symmetrisch zum Pol R und hat infolgedessen keinen Einfluß auf die Einschwingspannung im Pol R. Das β-System kann deshalb eliminiert werden, wodurch das untere Ende des Übertragers zum α-System direkt mit dem Kurzschlußort verbunden werden kann.

Der Übertrager des Nullsystems ist mit seinem unteren Ende an dem unteren Ende des Übertragers zum α-System angeschlossen. Das Nullsystem kann also von dem Wicklungsanteil $\frac{1}{2}$ auf den Wicklungsanteil $\frac{3}{2}$ des Übertragers im α-System umgerechnet werden. Dadurch wird die Windungszahl des Übertragers zum Nullsystem verdreifacht.

Bei symmetrischer treibender Spannung ist $\underline{E}_\alpha = \underline{E}_\lambda$. Wie bereits vorstehend erläutert, kann ferner $\underline{Z}_1 = \underline{Z}_2$ gesetzt werden, womit wiederum $\underline{Z}_\alpha = \underline{Z}_1$ wird.

In *Abb. 13d* sind im α-System die treibende Spannung und die Impedanzen entsprechend benannt. Die Übertrager können aufgelöst werden, woraus sich eine Umrechnung der Impedanzen im α- und Nullsystem entsprechend dem Quadrat der Änderung des Übersetzungsverhältnisses ergibt. Daraus geht schließlich hervor, daß für die Berechnung der Einschwingspannung über dem erstlöschenden Pol beim Ausschalten eines dreipoligen Kurzschlusses in der Ersatzschaltung das α-System mit $\frac{3}{2}\underline{Z}_\mathrm{d} = \frac{3}{2}\underline{Z}_1$ und der treibenden Spannung $\frac{3}{2}\underline{E}_\alpha = \frac{3}{2}\underline{E}_\lambda$ mit dem Nullsystem mit der Impedanz $3\underline{Z}_0$ parallelgeschaltet ist.

Aus dieser Schaltung läßt sich die bereits vorher abgeleitete Beziehung für die betriebsfrequente wiederkehrende Spannung ohne weiteres ablesen.

$$\underline{U}_\mathrm{R} = \frac{3}{2}\,\underline{E}_\lambda \frac{3\underline{Z}_0}{3\underline{Z}_0 + \frac{3}{2}\underline{Z}_1} = \frac{3\,\underline{E}_\lambda}{2 + \underline{Z}_1/\underline{Z}_0}. \tag{66}$$

Bei geöffnetem Schalter fließt zwischen dem α- und dem Nullsystem ein Strom, der von der Spannung $\frac{3}{2}\underline{E}_\lambda$ getrieben und durch die Impedanz $\frac{3}{2}\underline{Z}_1 + 3\underline{Z}_0$ begrenzt wird. Über der Schaltstrecke liegt dabei der Spannungsfall über der Impedanz $3\underline{Z}_0$.

Für den Ausgleichsvorgang selbst ist weiterhin der von den Klemmen her gemessene Leitwert maßgebend. Er errechnet sich aus der Parallelschaltung des α- und des Nullsystems bei kurzgeschlossener Spannungsquelle im α-System zu

$$Y_\mathrm{res} = \frac{1}{3Z_0} + \frac{2}{3Z_1}. \tag{67}$$

Als Beispiel sei ein Netz mit folgenden Kenngrößen gegeben:

Nennspannung	$U_\mathrm{N} = 220$ kV,
Kurzschlußleistung	$S_\mathrm{k} = 4000$ MVA,
Eigenfrequenz des Mitsystems	$f_1 = 500$ Hz,
Verhältnis Nullreaktanz zu Mitreaktanz	$X_0/X_1 = 2$,
Verhältnis Mitkapazität zu Nullkapazität	$C_1/C_0 = 1{,}5$.

Man berechnet zunächst die Induktivität und die Kapazität im Mitsystem

$$L_1 = \frac{U_\mathrm{N}^2}{\omega S_\mathrm{k}} = \frac{(220\ \mathrm{kV})^2}{314\ \mathrm{s}^{-1}\cdot 4000\ \mathrm{MVA}} = 38{,}5\ \mathrm{mH},$$

$$C_1 = \frac{1}{(2\pi f_1)^2 L_1} = \frac{1}{(2\pi 500\ \mathrm{s}^{-1})^2\cdot 38{,}5\ \mathrm{mH}} = 2{,}63\ \mu\mathrm{F}.$$

Daraus ergeben sich die Induktivität und die Kapazität im Nullsystem

$$L_0 = \frac{X_0}{X_1} \cdot L_1 = 2 \cdot 38{,}5\ \mathrm{mH} = 77\ \mathrm{mH},$$

$$C_0 = \frac{C_0}{C_1} \cdot C_1 = \frac{1}{1{,}5} \cdot 2{,}63\ \mu\mathrm{F} = 1{,}75\ \mu\mathrm{F}.$$

Als Ergänzung sei noch die Eigenfrequenz des Nullsystems ermittelt, die im allgemeinen wegen der größeren Nullreaktanz etwas niedriger ist als die Eigenfrequenz im Mitsystem. Fs ist

$$f_0 = \frac{1}{2\pi \cdot \sqrt{L_0 C_0}} = \frac{1}{2\pi \sqrt{77\ \mathrm{mH} \cdot 1{,}75\ \mu\mathrm{F}}} = 435\ \mathrm{Hz}.$$

Diese Werte gelten für die Ersatzschaltung in *Abb. 14,* die aus *Abb. 13d* hervorgeht.

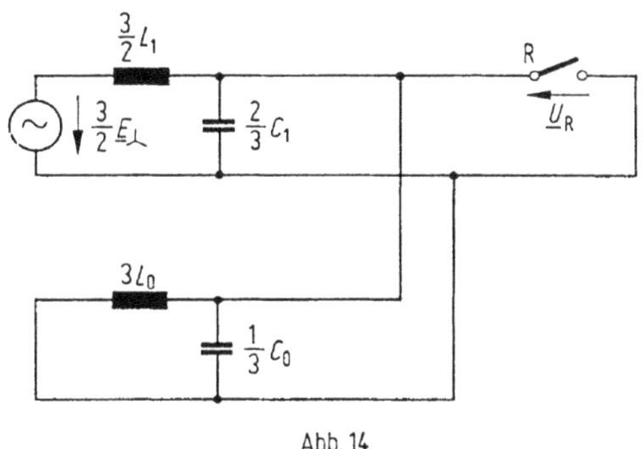

Abb. 14

Man berechnet die betriebsfrequente wiederkehrende Spannung

$$U_\mathrm{R} = 3\,\frac{\underline{E}_\lambda}{2 + \underline{Z}_1/\underline{Z}_0} \approx \frac{3\,\underline{E}_\lambda}{2 + L_1/L_0} = 1{,}2\,E_\lambda = 1{,}2 \cdot \frac{220\ \mathrm{kV}}{\sqrt{3}} = 152{,}4\ \mathrm{kV}.$$

Hierin ist allerdings eine etwaige Spannungserhöhung durch die Kapazitäten vernachlässigt. Wie in Abschnitt b gezeigt, ist dies in der Regel zulässig.

Die Induktivitäten im α- und im Nullsystem sind bei kurzgeschlossener Spannungsquelle parallelgeschaltet. Dasselbe gilt für die Kapazitäten. Daraus ergeben sich die resultierenden Werte

$$L_\mathrm{res} = \frac{\frac{3}{2}L_1 \cdot 3L_0}{\frac{3}{2}L_1 + 3L_0} = \frac{3}{2}\,L_1\,\frac{1}{1 + \frac{1}{2}L_1/L_0} = \frac{3}{2} \cdot 38{,}5\ \mathrm{mH} \cdot \frac{1}{1 + \frac{1}{2} \cdot \frac{1}{2}} = 46{,}2\ \mathrm{mH},$$

$$C_\mathrm{res} = \frac{2}{3}\,C_1 + \frac{1}{3}\,C_0 = \frac{2}{3} \cdot 2{,}63\ \mu\mathrm{F} + \frac{1}{3} \cdot 1{,}75\ \mu\mathrm{F} = 2{,}34\ \mu\mathrm{F}$$

und damit wiederum die resultierende Einschwingfrequenz.

$$f_{\text{res}} = \frac{1}{2\pi\sqrt{L_{\text{res}}C_{\text{res}}}} = \frac{1}{2\pi\sqrt{46{,}2\ \text{mH} \cdot 2{,}34\ \mu\text{F}}} = 484\ \text{Hz}.$$

In diesem einfachen Beispiel mit einfrequentem Mitsystem und einfrequentem Nullsystem ergibt sich also wiederum ein einfrequenter Ausgleichsvorgang mit einer mittleren Frequenz. In der Regel ist jedoch nicht mit einem einfrequenten Mitsystem oder einem einfrequenten Nullsystem zu rechnen; die Ersatzschaltung wird also komplizierter und muß entweder mit dem Digitalrechner oder am Netzmodell auf ihre Eigenfrequenz untersucht werden.

III. Synchronmaschinen

14. Zweiachsendarstellung der Synchronmaschine

Der Ständer von Synchronmaschinen ist durchweg dreiphasensymmetrisch aufgebaut und weist entlang seines Bohrungsumfanges keine magnetische Vorzugsrichtung auf. Beim Läufer sind dagegen durch die räumliche Anordnung der Pole und der Erregerwicklung solche Vorzugsrichtungen gegeben. Daraus folgt je nach der Lage des Polrades zum betrachteten Strang der Ständerwicklung ein unterschiedliches Verhalten der Maschine, das insbesondere bei Schenkelpolmaschinen stark ausgeprägt ist, aber auch bei Turbogeneratoren im nichtstationären Betrieb eine Rolle spielt.

Da es sehr unzweckmäßig wäre, mit solchen bei der Rotation des Läufers periodisch veränderlichen Induktivitäten und Flußverkettungen zu rechnen, teilt man besser den magnetischen Fluß der Maschine, die Ständerdurchflutung und die zugehörigen treibenden Spannungen in zwei Komponenten auf, von denen die eine jeweils in Richtung der Polachse (Längsachse), die andere in der Mitte der Pollücke (Querachse) wirkt. Bei Zählung im elektrischen Winkelmaß ist ein Pol vom nächsten gleichnamigen Pol des Polrades um 360° entfernt. Die Mitte der nächsten Pollücke ist dabei um 90° von der Polachse entfernt, so daß die Zeiger der beiden zugehörigen Komponenten im Zeigerdiagramm aufeinander senkrecht stehen. Man spricht daher von Längs- und Querkomponente bzw. von Längs- und Querachse. Die zugehörigen Größen der Ständerwicklung werden mit d (Längsachse, direct axis) und q (Querachse, quadrature axis) indiziert, die der Dämpferwicklung mit den entsprechenden Großbuchstaben.

a) Läufergleichungen

Abb. 1 zeigt die Wicklungsanordnung einer Synchronmaschine. Außerdem ist die räumliche Verteilung des Luftspalt- oder Hauptflusses Φ_h eingetragen. Die wirksame magnetische Induktion entlang des Bohrungsumfanges folgt dabei einer Sinuskurve, was sich durch Formung der Polschuhe und geeigneten Wicklungsaufbau erreichen läßt. Der Läufer der Synchronmaschine rotiert mit der Dreh-

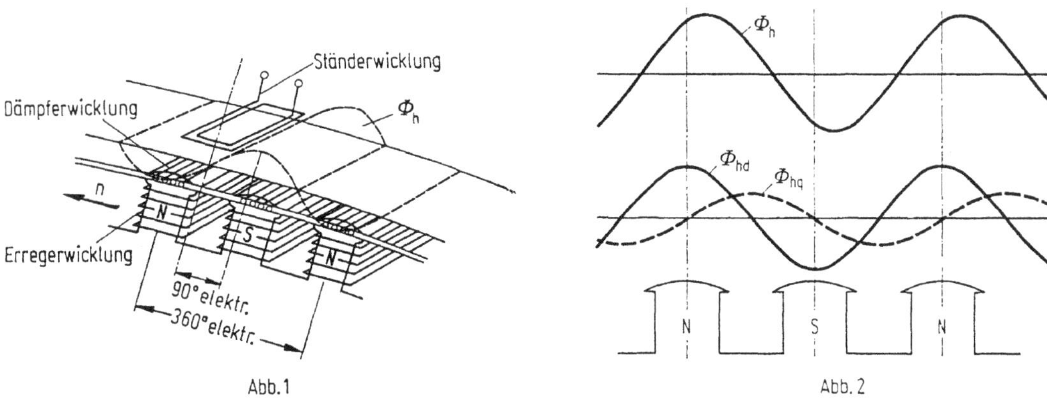

Abb. 1

Abb. 2

zahl n, wobei er während jeder Wechselstromperiode einen Weg entsprechend 360° im elektrischen Winkelmaß zurücklegt. Im ruhigen Betrieb der Maschine läuft die Sinuswelle des Hauptflusses mit dem Polrad synchron um; sie hängt sozusagen fest am Läufer. Beim Vorübergleiten der Sinuswelle umschließt die stillstehende Ständerwicklung einen sich zeitlich nach einer Sinusfunktion ändernden Wechselfluß. Die maximale induzierte Spannung in einem Strang der Ständerwicklung entsteht in dem Augenblick, in dem sich dieser Wechselfluß am schnellsten ändert. Zu diesem Zeitpunkt, der auch in *Abb. 1* dargestellt ist, läuft bei der Rotation gerade der Nulldurchgang der Sinuswelle durch die Strangachse. Das Maximum der Luftspaltinduktion erreicht die Strangachse erst eine Viertelperiode später.

Nur im Leerlauf der Maschine und bei Phasenschieberbetrieb liegen Maxima und Minima der Sinuswelle genau über den Polmitten; bei Wirkbelastung ist die Sinuswelle gegenüber dem Polrad verschoben. Bei unruhigem Betrieb der Maschine, z. B. bei Pendelungen und Laständerungen, behält die Sinuswelle des Hauptflusses ihre Lage zum Polrad nicht mehr starr bei, sondern ändert ihre Phasenlage relativ zum Polrad und gegebenenfalls auch ihren Scheitelwert.

Wie *Abb. 2* veranschaulicht, läßt sich eine gegenüber dem Polrad verschobene Sinuswelle des Hauptflusses Φ_h in zwei Sinuswellen Φ_{hd} und Φ_{hq} auflösen, von denen die eine (Φ_{hd}) ihre Maxima und Minima in den Polmitten hat, die andere (Φ_{hq}) in den Mitten der Pollücken. Ändert der Hauptfluß Φ_h seine Phasenlage zum Polrad, so nimmt z. B. der Scheitelwert von Φ_{hd} zu und der von Φ_{hq} ab. Bei Änderungen des Scheitelwertes von Φ_h ändern sich die Scheitelwerte von Φ_{hd} und Φ_{hq} gleichsinnig. Alle Änderungen von Φ_h lassen sich also durch Änderungen der Scheitelwerte der Teilflüsse Φ_{hd} und Φ_{hq} darstellen.

Durch die Wahl der Phasenlage der Sinuswellen Φ_{hd} und Φ_{hq} haben wir erreicht, daß der Teilfluß Φ_{hd} voll mit der Erregerwicklung verkettet ist, während der Teilfluß Φ_{hq} keine Verkettung mehr aufweist. Änderungen von Φ_{hq} induzieren also nicht in die Erregerwicklung. Mit der Dämpferwicklung sind zwar beide Teilflüsse verkettet, aber auch hier erweist sich die Aufteilung von Vorteil. Die Dämpferwicklung ist nämlich in den meisten Fällen nicht völlig symmetrisch über den Polumfang verteilt. Bei Schenkelpolmaschinen beispielsweise sind alle Dämpferwicklungsstäbe in das Eisen der Polschuhe eingebettet, während in der Pollücke keine Stäbe liegen. Ist die Dämpferwicklung nur als Polgitter ausgeführt, d. h. sind keine Verbindungslaschen von Pol zu Pol vorhanden, so ist diese Wicklung stark mit dem Teilfluß Φ_{hd}, dagegen nur schwach mit dem Teilfluß Φ_{hq} verkettet. Solchem „unrunden" Wicklungsaufbau kann dadurch Rechnung getragen werden, daß man der Dämpferwicklung in den Gleichungen für Längs- und Querachse unterschiedliche Kenngrößen gibt. Die Aufteilung des Luftspaltflusses und der Ständergrößen sowie ihre Umrechnung auf den Läufer wird im folgenden Kapitel noch ausführlich behandelt werden. Zunächst wollen wir uns mit den magnetischen und elektrischen Vorgängen im Läufer befassen. Dabei wollen wir die Gleichungen zunächst mit nichtbezogenen Größen ansetzen und anschließend auf relative Größen übergehen, die eine wesentlich bequemere Schreibweise der Gleichungen erlauben.

Abb. 3 zeigt schematisch die Wicklungsanordnungen, die in der Längsachse und in der Querachse der Maschine vorliegen. In der Längsachse sind dies die Erregerwicklung mit der Erregerspannung U_f und dem Erregerstrom I_f, die in sich kurzgeschlossene Dämpferwicklung mit der Längskomponente des Dämpferstromes I_D und die Ständerwicklung. In der Querachse entfällt die Erregerwicklung. Um die Wirkung der Ständerwicklung auf das Polrad wiederzugeben, sind in *Abb. 3* zwei Ersatzwicklungen angenommen, die während der Rotation des

Polrades ständig über der Polmitte bzw. über der Pollücke stehen und von den Stromkomponenten I_d bzw. I_q durchflossen werden. Damit das Ersatzbild richtig ist, müssen natürlich statt der in der Ständerwicklung vorhandenen Drehströme entsprechend große Gleichströme I_d und I_q angesetzt werden.

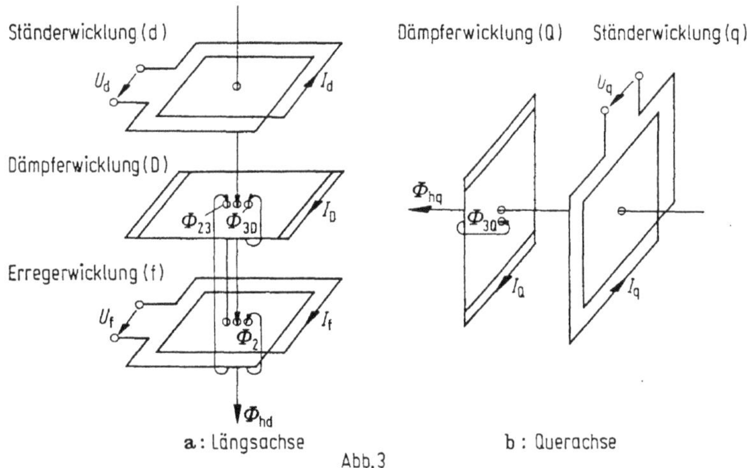

Abb. 3

Zunächst sollen die Vorgänge in der Längsachse betrachtet werden. Aus den hier wirksamen Strömen resultieren Durchflutungen, die im Magneteisen und den Streuwegen folgende magnetische Flüsse treiben: den Hauptfluß Φ_{hd}, der mit allen Wicklungen verkettet ist, und die Streuflüsse Φ_2, Φ_{3D} und Φ_{23}. Der Streufluß Φ_{23}, der mit Erreger- und Dämpferwicklung verkettet ist, aber nicht zur Ständerwicklung durchgreift, ist bei Turbogeneratoren stark ausgebildet. Dämpfer- und Erregerwicklung liegen hier in gemeinsamen Nuten (*Abb. 4*), und

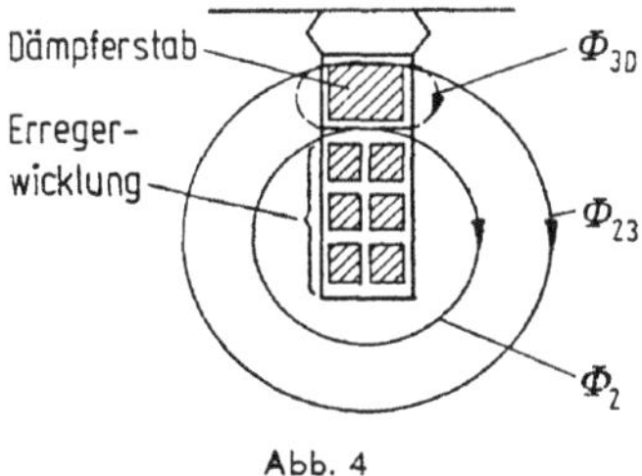

Abb. 4

der magnetische Widerstand des Pfades von Φ_{23}, der im Eisen um den Nutengrund herumführt, ist wesentlich geringer als der des Pfades von Φ_{3D}, der zweimal den unmagnetischen Werkstoff in der Nut durchsetzt. Die magnetischen Widerstände sind natürlich auch noch von der Eisensättigung am Nutengrund abhängig.

Um die Ableitung der Verkettungsgleichung etwas zu vereinfachen, wollen wir alle Ströme und Spannungen des Läufers auf die Windungszahl der Ständerwicklung w_1 umrechnen und die umgerechneten Größen durch einen hochgestellten Strich kennzeichnen. Der Hauptfluß Φ_{hd} wird dann getrieben von den Durchflutungen $w_1 I_d$, $w_1 I'_D$ und $w_1 I'_f$ und hat auf seinem Wege den magnetischen Widerstand R_{mhd} zu überwinden. Wir können also entsprechend *Abb. 3a* schreiben:

$$\Phi_{hd} = \frac{w_1}{R_{mhd}} (I'_f + I'_D - I_d). \tag{1}$$

Der Streufluß Φ_2, der mit der Erregerwicklung allein verkettet ist, wird getrieben von der Durchflutung $w_1 I_f'$ und hat, da er größere Strecken in Luft und unmagnetischem Werkstoff zurücklegen muß, den erheblich größeren magnetischen Widerstand R_{m2} zu überwinden. Wir erhalten

$$\Phi_2 = \frac{w_1}{R_{m2}} I_f'. \tag{2}$$

Analog gilt für die übrigen Streuflüsse:

$$\Phi_{3D} = \frac{w_1}{R_{m3D}} I_D', \tag{3}$$

$$\Phi_{23} = \frac{w_1}{R_{m23}} (I_f' + I_D'). \tag{4}$$

Die Änderung dieser Flüsse induziert Spannungen in den mit ihnen verketteten Wicklungen. In der kurzgeschlossenen Dämpferwicklung fällt die induzierte Spannung am Wirkwiderstand R_D der Wicklung ab, und es gilt

$$I_D' R_D' + w_1 \frac{d}{dt} (\Phi_{hd} + \Phi_{3D} + \Phi_{23}) = 0. \tag{5}$$

An den Klemmen der Erregerwicklung steht die Erregerspannung U_f an, der Wicklungswiderstand ist R_f, und wir erhalten

$$I_f' R_f' + w_1 \frac{d}{dt} (\Phi_{hd} + \Phi_2 + \Phi_{23}) = U_f'. \tag{6}$$

Wenn wir in diese Gleichungen die Flüsse nach Gl. (2) bis (4) einsetzen, so erhalten wir

$$I_D' R_D' + \frac{d}{dt}\left[w_1 \Phi_{hd} + \left(\frac{w_1^2}{R_{m3D}} + \frac{w_1^2}{R_{m23}}\right) I_D' + \frac{w_1^2}{R_{m23}} I_f'\right] = 0, \tag{7}$$

$$I_f' R_f' + \frac{d}{dt}\left[w_1 \Phi_{hd} + \left(\frac{w_1^2}{R_{m2}} + \frac{w_1^2}{R_{m23}}\right) I_f' + \frac{w_1^2}{R_{m23}} I_D'\right] = U_f'. \tag{8}$$

Gl. (1), (7) und (8) sind bereits die gesuchten Längsachsenbeziehungen zur Beschreibung der Vorgänge im Läufer. Sie können jedoch durch Einführen bezogener Größen noch wesentlich vereinfacht werden. Multiplizieren wir den in Gl. (1) enthaltenen Ausdruck w_1/R_{mhd} mit w_1, so erhalten wir die Induktivität des Hauptflusses in der Längsachse, bezogen auf die Ständerwicklung

$$L_{hd} = \frac{w_1^2}{R_{mhd}}. \tag{9}$$

Als Teile dieser Hauptfeldinduktivität sollen die in Gl. (7) und (8) enthaltenen Induktivitäten ausgedrückt werden. Wir erhalten damit die Streufaktoren σ für die Streufelder:

$$\left(\frac{w_1^2}{R_{m3D}} + \frac{w_1^2}{R_{m23}}\right) = \sigma_D L_{hd}, \tag{10}$$

$$\left(\frac{w_1^2}{R_{m2}} + \frac{w_1^2}{R_{m23}}\right) = \sigma_f L_{hd}, \tag{11}$$

$$\frac{w_1^2}{R_{m23}} = \sigma_{fD} L_{hd}. \tag{12}$$

Da die magnetischen Widerstände der Streupfade ziemlich groß sind, ergeben sich bei zahlenmäßiger Berechnung für σ_D, σ_f, σ_{fD} nur Werte von rd. 0,1.

Weiterhin brauchen wir noch Bezugsgrößen für die in Gl. (1), (7) und (8) enthaltenen Spannungen und Ströme. Hierzu gehen wir vom Leerlauf der Synchronmaschine bei Nenndrehzahl aus. Wenn die Maschine auf Nennspannung U_N, bzw. auf $U_N/\sqrt{3}$ als zugehörige Sternspannung, erregt wird, so ist der Hauptfluß gleich dem Leerlauffluß Φ_{hl}. In der Querachse ist in diesem Falle kein Fluß vorhanden. Der Leerlauffluß wird gemäß Gl. (1) vom Leerlauferregerstrom I'_{f1} allein erzeugt, da weder Dämpferstrom noch Ständerstrom fließen. Der Erregerstrom wird gemäß Gl. (8) von der Leerlauferregerspannung U'_{f1} getrieben, da das nach der Zeit differenzierte Glied bei ruhigem Betrieb gleich Null ist. Wir können also unter Verwendung von Gl. (9) folgende Gleichungskette anschreiben:

$$\frac{U_N}{\sqrt{3}} = \omega_N w_1 \Phi_{hl} = \omega_N L_{hd} I'_{f1} = \omega_N L_{hd} \frac{U'_{f1}}{R_f}. \tag{13}$$

Wenn wir nun Gl. (7) und (8) durch Gl. (13) dividieren, wobei wir aus der Gleichungskette jeweils die passende Identität wählen können, so erhalten wir unter Verwendung von Gl. (10) bis (12)

$$\frac{I'_D R'_D}{I'_{f1}\omega_N L_{hd}} + \frac{d}{dt}\left[\frac{w_1 \Phi_{hd}}{\omega_N w_1 \Phi_{hl}} + \frac{L_{hd}\sigma_D I'_D}{\omega_N L_{hd} I'_{f1}} + \frac{L_{hd}\sigma_{fD} I'_f}{\omega_N L_{hd} I'_{f1}}\right] = 0, \tag{14}$$

$$\frac{I'_f R'_f}{I'_{f1}\omega_N L_{hd}} + \frac{d}{dt}\left[\frac{w_1 \Phi_{hd}}{\omega_N w_1 \Phi_{hl}} + \frac{L_{hd}\sigma_f I'_f}{\omega_N L_{hd} I'_{f1}} + \frac{L_{hd}\sigma_{fD} I'_D}{\omega_N L_{hd} I'_{f1}}\right] = \frac{U'_f}{U'_{f1}} \frac{R'_f}{\omega_N L_{hd}}. \tag{15}$$

Entsprechend erhält man für Gl. (1):

$$\frac{\Phi_{hd}}{\omega_N w_1 \Phi_{hl}} = \frac{L_{hd}}{w_1}\left(\frac{I'_f}{\omega_N L_{hd} I'_{f1}} + \frac{I'_D}{\omega_N L_{hd} I'_{f1}} - \frac{I_d}{U_N/\sqrt{3}}\right). \tag{16}$$

Führt man in Gl. (14) und (15) verschiedene Kürzungen durch und multipliziert man Gl. (16) noch mit $\omega_N w_1$ und erweitert ihr letztes Glied mit dem Nennstrom I_N der Maschine, so erhält man:

$$-\frac{I'_D}{I'_{f1}} = \frac{L_{hd}}{R'_D}\frac{d}{dt}\left[\frac{\Phi_{hd}}{\Phi_{hl}} + \sigma_D \frac{I'_D}{I'_{f1}} + \sigma_{fD}\frac{I'_f}{I'_{f1}}\right], \tag{17}$$

$$\frac{U'_f}{U'_{f1}} - \frac{I'_f}{I'_{f1}} = \frac{L_{hd}}{R'_f}\frac{d}{dt}\left[\frac{\Phi_{hd}}{\Phi_{hl}} + \sigma_f \frac{I'_f}{I'_{f1}} + \sigma_{fD}\frac{I'_D}{I'_{f1}}\right], \tag{18}$$

$$\frac{\Phi_{hd}}{\Phi_{hl}} = \left(\frac{I'_f}{I'_{f1}} + \frac{I'_D}{I'_{f1}} - \frac{\omega_N L_{hd}}{U_N/\sqrt{3}\, I_N}\frac{I_d}{I_N}\right). \tag{19}$$

Dies sind die Verkettungsgleichungen der Längsachse.

Die Gleichungen der Querachse können anhand von *Abb. 3b* auf gleiche Weise abgeleitet werden. Da in der Querachse nur zwei Wicklungen wirksam sind, weil die Erregerwicklung entfällt, so erhält man nur zwei Gleichungen, die sich unter Verwendung der relativen Größen von Gl. (13) wie folgt schreiben lassen:

$$-\frac{I'_Q}{I'_{f1}} = \frac{L_{hq}}{R'_Q} \frac{d}{dt} \left[\frac{L_{hd}}{L_{hq}} \frac{\Phi_{hq}}{\Phi_{hl}} + \sigma_Q \frac{I'_Q}{I'_{f1}} \right], \tag{20}$$

$$\frac{\Phi_{hq}}{\Phi_{hl}} = \frac{L_{hq}}{L_{hd}} \left(\frac{I'_Q}{I'_{f1}} - \frac{\omega_N L_{hd}}{U_N/\sqrt{3}\, I_N} \frac{I_q}{I_N} \right). \tag{21}$$

Die hierin neu enthaltenen Größen bedeuten:

R'_Q Wicklungswiderstand der Dämpferwicklung in Querrichtung,

$L_{hq} = \frac{w_1^2}{R_{mhq}}$ Hauptfeldinduktivität der Querachse, bezogen auf die Ständerwicklung,

$\sigma_Q = \frac{w_1^2}{R_{mhQ}} : L_{hq}$ Streufaktor der Dämpferwicklung in Querrichtung.

Schließlich wollen wir die Schreibweise der Gl. (17) bis (21) noch vereinfachen. Um die relativen Größen nicht laufend als Bruch schreiben zu müssen, drücken wir sie wie folgt durch die entsprechenden Kleinbuchstaben aus:

$$\frac{I_d}{I_N} = i_d, \quad \frac{I_q}{I_N} = i_q, \quad \frac{I'_D}{I'_{f1}} = i_D, \quad \frac{I'_Q}{I'_{f1}} = i_Q, \quad \frac{I'_f}{I'_{f1}} = i_f,$$

$$\frac{U'_f}{U'_{f1}} = u_f, \quad \frac{\Phi_{hd}}{\Phi_{hl}} = \varphi_{hd}, \quad \frac{\Phi_{hq}}{\Phi_{hl}} = \varphi_{hq}.$$

Die Ausdrücke vor den Differentialquotienten in Gl. (17), (18) und (20) sind Zeitkonstanten, die die Wicklungswiderstände mit der Hauptfeldinduktivität bilden. Wir definieren hierfür

$T_D = \frac{L_{hd}}{R'_D}$ Hauptfeldzeitkonstante der Dämpferwicklung in Längsrichtung,

$T_Q = \frac{L_{hq}}{R'_Q}$ Hauptfeldzeitkonstante der Dämpferwicklung in Querrichtung,

$T_f = \frac{L_{hd}}{R'_f}$ Hauptfeldzeitkonstante der Erregerwicklung.

Bei dem Faktor in den letzten Gliedern der Gl. (19) und (21) tritt im Zähler das Produkt aus Nennkreisfrequenz und Hauptfeldinduktivität, also die Hauptfeldreaktanz auf. Im Nenner steht der Quotient aus Nenn-Sternspannung der Maschine und dem Nennstrom; das ist die Nennimpedanz oder 100%-Impedanz Z_N der Maschine

$$Z_N = \frac{U_N}{\sqrt{3}\, I_N} = \frac{U_N^2}{P_N}, \tag{22}$$

die als Bezugsgröße für alle Impedanzen dient. Der oben erwähnte Faktor ist also die relative Hauptfeldreaktanz x_{hd} in Längsrichtung:

$$\frac{\omega_{\mathrm{N}} L_{\mathrm{hd}}}{U_{\mathrm{N}}/\sqrt{3}\, I_{\mathrm{N}}} = \frac{\omega_{\mathrm{N}} L_{\mathrm{hd}}}{Z_{\mathrm{N}}} = x_{\mathrm{hd}}. \tag{23}$$

In den Querachsengleichungen tritt außerdem noch der Quotient aus der Hauptfeldinduktivität in Querrichtung und derjenigen in Längsrichtung auf, der ein Maß für die magnetische „Unrundheit" des Läufers ist. Bei Turbogeneratoren ist er nahezu gleich eins. Wir schreiben hierfür

$$\frac{L_{\mathrm{hq}}}{L_{\mathrm{hd}}} = \frac{x_{\mathrm{hq}}}{x_{\mathrm{hd}}} = c_{\mathrm{q}}. \tag{24}$$

Wenn wir die neuen Symbole in Gl. (17) bis (21) einführen, so lassen sich diese Gleichungen wie folgt schreiben:
für die Dämpferwicklung

$$-i_{\mathrm{D}} = T_{\mathrm{D}} \frac{\mathrm{d}}{\mathrm{d}t} [\varphi_{\mathrm{hd}} + \sigma_{\mathrm{D}} i_{\mathrm{D}} + \sigma_{\mathrm{fD}} i_{\mathrm{f}}], \tag{25}$$

$$-i_{\mathrm{Q}} = T_{\mathrm{Q}} \frac{\mathrm{d}}{\mathrm{d}t} \left[\frac{1}{c_{\mathrm{q}}} \varphi_{\mathrm{hq}} + \sigma_{\mathrm{Q}} i_{\mathrm{Q}}\right], \tag{26}$$

für die Erregerwicklung

$$u_{\mathrm{f}} - i_{\mathrm{f}} = T_{\mathrm{f}} \frac{\mathrm{d}}{\mathrm{d}t} [\varphi_{\mathrm{hd}} + \sigma_{\mathrm{f}} i_{\mathrm{f}} + \sigma_{\mathrm{fD}} i_{\mathrm{Q}}] \tag{27}$$

und für die Hauptflußkomponenten

$$\varphi_{\mathrm{hd}} = (i_{\mathrm{f}} + i_{\mathrm{D}} - x_{\mathrm{hd}} i_{\mathrm{d}}), \tag{28}$$

$$\varphi_{\mathrm{hq}} = c_{\mathrm{q}} (i_{\mathrm{Q}} - x_{\mathrm{hd}} i_{\mathrm{q}}). \tag{29}$$

Wir haben bei der bisherigen Ableitung noch nicht berücksichtigt, daß der magnetische Widerstand des Hauptflusses sättigungsabhängig ist. Der Zusammenhang zwischen den Hauptflußkomponenten φ_{hd}, φ_{hq} und den in Gl. (28) und (29) in Klammern stehenden Strömen ist dabei nicht mehr linear. Man kann diesen Zusammenhang durch Einführen der Sättigungsfaktoren γ_{d} für die Längsachse bzw. γ_{q} für die Querachse ausdrücken, wobei Gl. (28) und (29) die Form erhalten:

$$\varphi_{\mathrm{hd}} = \gamma_{\mathrm{d}} (i_{\mathrm{f}} + i_{\mathrm{D}} - x_{\mathrm{hd}} i_{\mathrm{d}}), \tag{30}$$

$$\varphi_{\mathrm{hq}} = \gamma_{\mathrm{q}} c_{\mathrm{q}} (i_{\mathrm{Q}} - x_{\mathrm{hd}} i_{\mathrm{q}}). \tag{31}$$

Die Sättigungsfaktoren sind Funktionen des Hauptflusses bzw. der zugehörigen Durchflutung und nehmen mit steigendem Hauptfluß monoton ab. Wir werden diese Funktionen in Kapitel 16 noch ausführlicher behandeln. Für rasche Ausgleichsvorgänge ist die Hauptflußsättigung meist nicht von ausschlaggebender Bedeutung, so daß man Gl. (28) und (29) verwenden kann.

b) Ständergleichungen

Bei der Ableitung der Läufergleichungen haben wir die Ständerwicklung durch zwei Ersatzwicklungen dargestellt, die während der Rotation des Läufers ständig über der Polmitte bzw. der Pollücke stehen und von den Stromkomponenten I_{d} und I_{q} durchflossen werden. Es soll nun die Umrechnung der Ständergrößen in diese in Längs- und Querachse wirksamen Ersatzgrößen gezeigt werden. Hierzu wollen wir uns der Parktransformation bedienen, die in Kapitel 11a) δ) behandelt wurde.

Entsprechend *Abb. 1* gleitet bei der Rotation des Läufers der Hauptfluß Φ_{h} z. B. am Strang R der Ständerwicklung vorüber. Die Strangwicklung umschließt dabei einen sich zeitlich sinusförmig ändernden Fluß Φ_{hR}, der in ihr eine Spannung

$$E_{\mathrm{R}} = w_1 \frac{\mathrm{d}\Phi_{\mathrm{hR}}}{\mathrm{d}t} \tag{32}$$

hervorruft. Wie *Abb. 5* zeigt, ist E_{R} die Summe aus der Klemmenspannung U_{R} dieses Stranges und dem Spannungsfall des Stromes I_{R} an der Streuinduktivität $L_{1\sigma}$ und dem Wirkwiderstand R_1 der Ständerwicklung. Wir können also für den Strang R schreiben:

$$E_{\mathrm{R}} = w_1 \frac{\mathrm{d}\Phi_{\mathrm{hR}}}{\mathrm{d}t} = I_{\mathrm{R}} R_1 + \frac{\mathrm{d}I_{\mathrm{R}}}{\mathrm{d}t} L_{1\sigma} + U_{\mathrm{R}}\,. \tag{33}$$

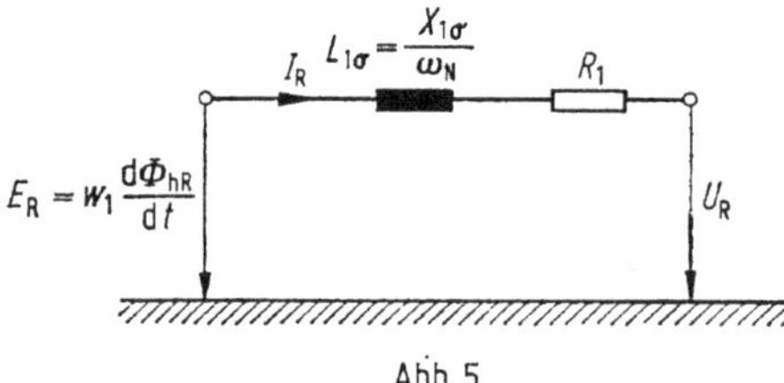

Abb. 5

Entsprechende Gleichungen gelten für die Stränge S und T, wobei die Wechselgrößen jeweils um 120° in der Phase versetzt sind. Wir können also die drei Gleichungen in Matrixform zusammenfassend schreiben:

$$\boldsymbol{E}_{\mathrm{RST}} = w_1 \frac{\mathrm{d}\boldsymbol{\Phi}_{\mathrm{hRST}}}{\mathrm{d}t} = \boldsymbol{I}_{\mathrm{RST}} R_1 + \frac{\mathrm{d}\boldsymbol{I}_{\mathrm{RST}}}{\mathrm{d}t} L_{1\sigma} + \boldsymbol{U}_{\mathrm{RST}}\,. \tag{34}$$

Die Matrix einer mit RST indizierten Größe soll dabei jeweils die Spaltenmatrix der drei Stranggrößen darstellen, z. B.

$$\boldsymbol{A}_{\mathrm{RST}} = \left\| \begin{matrix} A_{\mathrm{R}} \\ A_{\mathrm{S}} \\ A_{\mathrm{T}} \end{matrix} \right\|. \tag{35}$$

Genau wie wir die Läufergleichungen in relativen Größen geschrieben haben, wollen wir dies nun auch bei der Ständergleichung tun (33) und benutzen hierzu die Identitäten der Nennsternspannung

$$U_{\mathrm{N}\curlywedge} = w_1 \omega_{\mathrm{N}} \Phi_{\mathrm{h1}} = I_{\mathrm{N}} Z_{\mathrm{N}}\,, \tag{36}$$

die sich aus Gl. (13) und (22) ergeben. Dividieren wir Gl. (34) durch Gl. (36), wobei wir für jedes Glied die geeignete Identität wählen, so erhalten wir

$$\frac{\mathrm{d}}{\mathrm{d}\omega_\mathrm{N} t}\left[\frac{\boldsymbol{\Phi}_{\mathrm{hRST}}}{\Phi_{\mathrm{h1}}}\right] = \frac{\boldsymbol{I}_{\mathrm{RST}} R_1}{I_\mathrm{N} Z_\mathrm{N}} + \frac{\mathrm{d}}{\mathrm{d}\omega_\mathrm{N} t}\left[\frac{\boldsymbol{I}_{\mathrm{RST}}\,\omega_\mathrm{N} L_{1\sigma}}{I_\mathrm{N} Z_\mathrm{N}}\right] + \frac{\boldsymbol{U}_{\mathrm{RST}}}{U_{\mathrm{N}\curlywedge}}. \tag{37}$$

Wenn wir wiederum für die relativen Größen die entsprechenden Kleinbuchstaben wählen, so können wir definieren

$$\frac{\boldsymbol{\Phi}_{\mathrm{hRST}}}{\Phi_{\mathrm{h1}}} = \frac{1}{\Phi_{\mathrm{h1}}} \cdot \begin{Vmatrix} \Phi_{\mathrm{hR}} \\ \Phi_{\mathrm{hS}} \\ \Phi_{\mathrm{hT}} \end{Vmatrix} = \begin{Vmatrix} \Phi_{\mathrm{hR}}/\Phi_{\mathrm{h1}} \\ \Phi_{\mathrm{hS}}/\Phi_{\mathrm{h1}} \\ \Phi_{\mathrm{hT}}/\Phi_{\mathrm{h1}} \end{Vmatrix} = \begin{Vmatrix} \varphi_{\mathrm{hR}} \\ \varphi_{\mathrm{hS}} \\ \varphi_{\mathrm{hT}} \end{Vmatrix} = \boldsymbol{\varphi}_{\mathrm{hRST}} \tag{38}$$

und entsprechend

$$\frac{\boldsymbol{I}_{\mathrm{RST}}}{I_\mathrm{N}} = \boldsymbol{i}_{\mathrm{RST}}, \qquad \frac{\boldsymbol{U}_{\mathrm{RST}}}{U_\mathrm{N}} = \boldsymbol{u}_{\mathrm{RST}},$$

$$\frac{R_1}{Z_\mathrm{N}} = r_1, \qquad \frac{\omega_\mathrm{N} L_{1\sigma}}{Z_\mathrm{N}} = x_{1\sigma}.$$

Damit läßt sich Gl. (37) schreiben

$$\frac{\mathrm{d}\boldsymbol{\varphi}_{\mathrm{hRST}}}{\mathrm{d}\omega_\mathrm{N} t} = \boldsymbol{i}_{\mathrm{RST}}\, r_1 + \frac{\mathrm{d}\boldsymbol{i}_{\mathrm{RST}}}{\mathrm{d}\omega_\mathrm{N} t}\, x_{1\sigma} + \boldsymbol{u}_{\mathrm{RST}}. \tag{39}$$

Wie in Kapitel 11 abgeleitet wurde, gelten zwischen den Drehstrom-(RST-)Größen und ihren Park-(0dq-)Komponenten die matriziellen Beziehungen:

$$\begin{aligned} \boldsymbol{\varphi}_{\mathrm{hRST}} &= \boldsymbol{T}_{\mathrm{0dq,RST}}^{-1} \cdot \boldsymbol{\varphi}_{\mathrm{h0dq}}, \\ \boldsymbol{i}_{\mathrm{RST}} &= \boldsymbol{T}_{\mathrm{0dq,RST}}^{-1} \cdot \boldsymbol{i}_{\mathrm{0dq}}, \\ \boldsymbol{u}_{\mathrm{RST}} &= \boldsymbol{T}_{\mathrm{0dq,RST}}^{-1} \cdot \boldsymbol{u}_{\mathrm{0dq}}, \end{aligned} \tag{40}$$

womit wir Gl. (39) schreiben können

$$\begin{aligned} \frac{\mathrm{d}}{\mathrm{d}\omega_\mathrm{N} t}\left[\boldsymbol{T}_{\mathrm{0dq,RST}}^{-1} \cdot \boldsymbol{\varphi}_{\mathrm{h0dq}}\right] &= \boldsymbol{T}_{\mathrm{0dq,RST}}^{-1} \cdot \boldsymbol{i}_{\mathrm{0dq}} \cdot r_1 \\ &+ \frac{\mathrm{d}}{\mathrm{d}\omega_\mathrm{N} t}\left[\boldsymbol{T}_{\mathrm{0dq,RST}}^{-1} \cdot \boldsymbol{i}_{\mathrm{0dq}} \cdot x_{1\sigma}\right] + \boldsymbol{T}_{\mathrm{0dq,RST}}^{-1} \cdot \boldsymbol{u}_{\mathrm{0dq}}. \end{aligned} \tag{41}$$

In Gl. (41) tritt an zwei Stellen der Differentialquotient eines matriziellen Produktes auf. Hierfür gilt die Differentiationsregel nach Teilen in der Form

$$\frac{\mathrm{d}}{\mathrm{d}\omega_\mathrm{N} t}\left[\boldsymbol{T}_{\mathrm{0dq,RST}}^{-1} \cdot \boldsymbol{A}\right] = \frac{\mathrm{d}\boldsymbol{T}_{\mathrm{0dq,RST}}^{-1}}{\mathrm{d}w_\mathrm{N} t} \cdot \boldsymbol{A} + \boldsymbol{T}_{\mathrm{0dq,RST}}^{-1} \frac{\mathrm{d}\boldsymbol{A}}{\mathrm{d}\omega_\mathrm{N} t},$$

und wir erhalten, wenn wir diese Regel auf Gl. (41) anwenden:

$$\frac{\mathrm{d}\,\boldsymbol{T}_{0\mathrm{dq,RST}}^{-1}}{\mathrm{d}\,\omega_{\mathrm{N}}t}\cdot\boldsymbol{\varphi}_{\mathrm{h0dq}}+\boldsymbol{T}_{0\mathrm{dq,RST}}^{-1}\,\frac{\mathrm{d}\boldsymbol{\varphi}_{\mathrm{h0dq}}}{\mathrm{d}\,\omega_{\mathrm{N}}t}=$$

$$=\boldsymbol{T}_{0\mathrm{dq,RST}}^{-1}\cdot\boldsymbol{i}_{0\mathrm{dq}}\cdot r_1+\frac{\mathrm{d}\,\boldsymbol{T}_{0\mathrm{dq,RST}}^{-1}}{\mathrm{d}\,\omega_{\mathrm{N}}t}\,\boldsymbol{i}_{0\mathrm{dq}}\,x_{1\sigma}+$$

$$+\boldsymbol{T}_{0\mathrm{dq,RST}}^{-1}\cdot\frac{\mathrm{d}\boldsymbol{i}_{0\mathrm{dq}}}{\mathrm{d}\,\omega_{\mathrm{N}}t}+\boldsymbol{T}_{0\mathrm{dq,RST}}^{-1}\,\boldsymbol{u}_{0\mathrm{dq}}\,. \tag{42}$$

Wenn wir nun Gl. (42) von links mit der Matrix $\boldsymbol{T}_{\mathrm{dq0,RST}}$ vormultiplizieren, die zur Matrix $\boldsymbol{T}_{\mathrm{dq0,RST}}$ invers ist, so fällt $\boldsymbol{T}_{\mathrm{dq0,RST}}$ in den meisten Gliedern der Gleichung fort, da das Produkt

$$\boldsymbol{T}_{0\mathrm{dq,RST}}\cdot\boldsymbol{T}_{0\mathrm{dq,RST}}^{-1}=\|1\| \tag{43}$$

die Einheitsmatrix liefert. Bei zwei Gliedern, die den Differentialquotienten $\mathrm{d}\,\boldsymbol{T}_{0\mathrm{dq,RST}}^{-1}/\mathrm{d}\,\omega_{\mathrm{N}}t$ der Transformationsmatrix enthalten, ist dies nicht der Fall. Hier gilt

$$\boldsymbol{T}_{0\mathrm{dq,RST}}\cdot\frac{\mathrm{d}\,\boldsymbol{T}_{0\mathrm{dq,RST}}^{-1}}{\mathrm{d}\,\omega_{\mathrm{N}}t}=-\frac{\omega}{\omega_{\mathrm{N}}}\,\boldsymbol{K}=-n_{\mathrm{r}}\boldsymbol{K}, \tag{44}$$

$$\text{mit }\boldsymbol{K}=\begin{Vmatrix}0&0&0\\0&0&1\\0&-1&0\end{Vmatrix}. \tag{44a}$$

n_{r} ist hierin die auf Nenndrehzahl bezogene Drehzahl der Maschine. Nach der Vormultiplikation und geringfügiger Umformung erhalten wir also aus Gl. (42)

$$\boldsymbol{u}_{0\mathrm{dq}}=-\boldsymbol{i}_{0\mathrm{dq}}\cdot r_1+\frac{\mathrm{d}}{\mathrm{d}\,\omega_{\mathrm{N}}t}\left[\boldsymbol{\varphi}_{\mathrm{h0dq}}-\boldsymbol{i}_{0\mathrm{dq}}\,x_{1\sigma}\right]$$

$$-n_{\mathrm{r}}\boldsymbol{K}\left[\boldsymbol{\varphi}_{\mathrm{h0dq}}-\boldsymbol{i}_{0\mathrm{dq}}x_{1\sigma}\right], \tag{45}$$

oder ausführlich geschrieben

$$\begin{Vmatrix}u_0\\u_{\mathrm{d}}\\u_{\mathrm{q}}\end{Vmatrix}=-\begin{Vmatrix}i_0\\i_{\mathrm{d}}\\i_{\mathrm{q}}\end{Vmatrix}\cdot r_1+\frac{\mathrm{d}}{\mathrm{d}\,\omega_{\mathrm{N}}t}\begin{Vmatrix}\varphi_{\mathrm{h0}}-i_0x_{1\sigma}\\\varphi_{\mathrm{hd}}-i_{\mathrm{d}}x_{1\sigma}\\\varphi_{\mathrm{hq}}-i_{\mathrm{q}}x_{1\sigma}\end{Vmatrix}-n_{\mathrm{r}}\begin{Vmatrix}0&0&0\\0&0&1\\0&-1&0\end{Vmatrix}\cdot\begin{Vmatrix}\varphi_{\mathrm{h0}}-i_0x_{1\sigma}\\\varphi_{\mathrm{hd}}-i_{\mathrm{d}}x_{1\sigma}\\\varphi_{\mathrm{hq}}-i_{\mathrm{q}}x_{1\sigma}\end{Vmatrix}. \tag{46}$$

Wenn wir die Matrizen in Gl. (46) ausmultiplizieren, so finden wir schließlich das gesuchte System der Ständergleichungen in Zweiachsengrößen:

$$u_0=-i_0r_1+\frac{\mathrm{d}}{\mathrm{d}\,\omega_{\mathrm{N}}t}\left[\varphi_{\mathrm{h0}}-i_0x_{1\sigma}\right], \tag{47}$$

$$u_{\mathrm{d}}=-i_{\mathrm{d}}r_1+\frac{\mathrm{d}}{\mathrm{d}\,\omega_{\mathrm{N}}t}\left[\varphi_{\mathrm{hd}}-i_{\mathrm{d}}x_{1\sigma}\right]-n_{\mathrm{r}}\left[\varphi_{\mathrm{q}}-i_{\mathrm{q}}x_{1\sigma}\right], \tag{48}$$

$$u_{\mathrm{q}}=-i_{\mathrm{q}}r_1+\frac{\mathrm{d}}{\mathrm{d}\,\omega_{\mathrm{N}}t}\left[\varphi_{\mathrm{hq}}-i_{\mathrm{q}}x_{1\sigma}\right]+n_{\mathrm{r}}\left[\varphi_{\mathrm{d}}-i_{\mathrm{d}}x_{1\sigma}\right]. \tag{49}$$

Gl. (47) stellt die Beziehung zwischen den Nullkomponenten der Ständergrößen dar. Sie entsprechen den Nullkomponenten, wie sie auch bei der Transformation der Drehstromgrößen in symmetrische oder $0\alpha\beta$-Komponenten auftreten. Der Nullstrom i_0 ist ein Wechselstrom, der in allen drei Ständerwicklungssträngen in gleicher Größe und Phase fließt und sich über den Sternpunkt der Ständerwicklung und die Erdrückleitung schließt. Ein solcher Nullstrom ruft einen sich zeitlich ändernden Nullfluß, der allseits entlang der Ständerbohrung auf den Läufer übertritt und sich über Maschinenwelle, Lager und Gehäuse schließt, sowie eine Nullspannung hervor. Wenn jedoch der Sternpunkt der Synchronmaschinen, wie es in der Regel der Fall ist, nicht geerdet wird, kann kein Nullstrom fließen, und Gl. (47) wird bedeutungslos.

Die Komponenten u_d, u_q, i_d und i_q sind dagegen Gleichspannungen und Gleichströme, die sich bei ruhigem Betrieb der Maschine zeitlich nicht ändern. Wir hatten dieses Verhalten schon bemerkt, als wir für die Ständerwicklung die beiden Ersatzwicklungen in Längs- und Querachse einführten.

Man kann sich das Ergebnis der Parktransformation leichter veranschaulichen, wenn man eine Synchronmaschine betrachtet, bei der Ständer und Läufer vertauscht sind, so daß Erreger- und Dämpferwicklung stillstehen und die üblicherweise im Ständer untergebrachte Ankerwicklung rotiert, wie es in *Abb. 6* dargestellt ist. Die Ankerwicklung sei an einen Kommutator angeschlossen, auf den

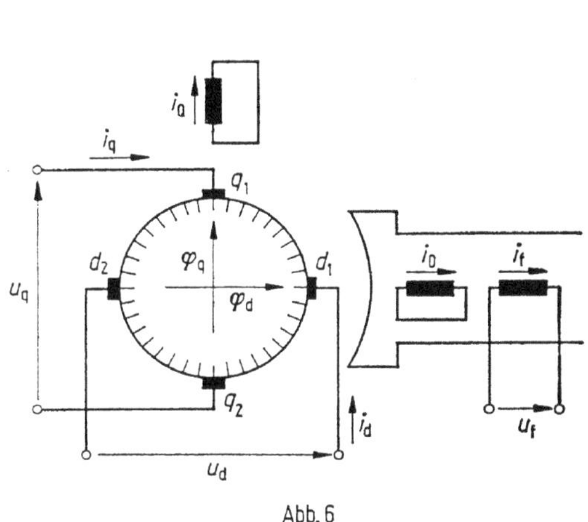

Abb. 6

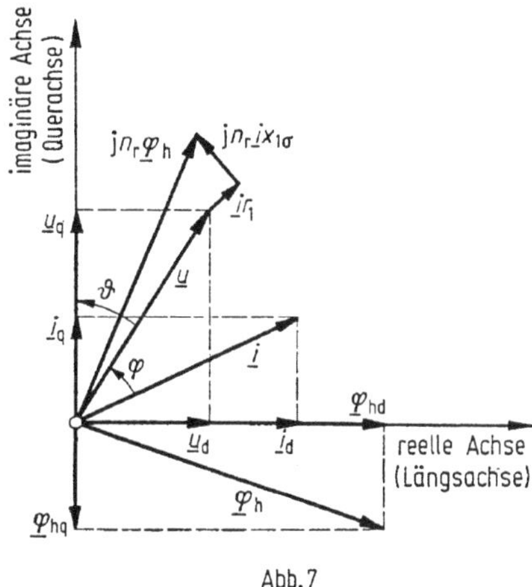

Abb. 7

die Bürstenpaare d_1, d_2 und q_1, q_2 aufgesetzt sind. Man erhält auf diese Weise zwei zwischen je einem Bürstenpaar liegende Wicklungen, deren Achsen trotz der Drehung des Ankers im Raum stillstehen. Das erste Glied in Gl. (48) und (49) liefert den Spannungsfall am Wirkwiderstand der Läuferwicklung, das zweite Glied die bei Fluß- oder Stromänderung transformatorisch induzierte Spannung und das letzte Glied die rotatorisch induzierte Spannung.

Bei ruhigem Betrieb ändern sich Strom und Fluß nicht, so daß das differentielle Glied in Gl. (48) und (49) zu Null wird, und man erhält

$$u_d = -i_d r_1 - n_r[\varphi_{hq} - i_q x_{1\sigma}], \tag{50}$$

$$u_q = -i_q r_1 + n_r[\varphi_{hd} - i_d x_{1\sigma}]. \tag{51}$$

Die räumlich orientierten Gleichgrößen lassen sich dann, wie es oft geschieht, auch als zeitlich orientierte Zeiger von Wechselgrößen interpretieren. Da die beiden Maschinenachsen im elektrischen Winkelmaß um 90° gegeneinander versetzt sind, können wir zweckmäßigerweise die Querachse als imaginäre und die Längsachse als reelle Koordinatenachse ansetzen. Multiplizieren wir dementsprechend Gl. (51) mit $\mathrm{j} = \sqrt{-1}$ und addieren sie zu Gl. (50), so erhalten wir

$$(u_\mathrm{d} + \mathrm{j}\, u_\mathrm{q}) = -(i_\mathrm{d} + \mathrm{j}\, i_\mathrm{q}) r_1 - n_\mathrm{r} [(\varphi_\mathrm{hq} - \mathrm{j}\, \varphi_\mathrm{hd}) - (i_\mathrm{q} - \mathrm{j}\, i_\mathrm{d}) x_{1\sigma}]. \quad (52)$$

Führen wir nun die Zeiger

$$\underline{u} = u_\mathrm{d} + \mathrm{j}\, u_\mathrm{q}, \quad (53)$$

$$\underline{i} = i_\mathrm{d} + \mathrm{j}\, i_\mathrm{q}, \quad (54)$$

$$\underline{\varphi}_\mathrm{h} = \varphi_\mathrm{hd} + \mathrm{j}\, \varphi_\mathrm{hq} \quad (55)$$

in Gl. (52) ein, so finden wir nach geringfügiger Umformung

$$\underline{u} = -\underline{i} r_1 + \mathrm{j}\, n_\mathrm{r} [\underline{\varphi}_\mathrm{h} - \underline{i} x_{1\sigma}]. \quad (56)$$

Das Gl. (56) entsprechende Zeigerdiagramm ist in *Abb. 7* dargestellt. Dabei sind auch der Phasenwinkel φ zwischen Strom und Spannung sowie der Polradwinkel ϑ zwischen der Spannung und der Phasenlage der Querachse eingezeichnet. Aus dem Diagramm lassen sich folgende Beziehungen zwischen den Beträgen von Strom- und Spannungszeigern und ihren Komponenten ablesen:

$$u_\mathrm{d} = u \sin \vartheta, \qquad u_\mathrm{q} = u \cos \vartheta, \quad (57)$$

$$i_\mathrm{d} = i \sin (\vartheta + \varphi), \qquad i_\mathrm{q} = i \cos (\vartheta + \varphi). \quad (58)$$

c) Mechanische Gleichungen

Die Schwungmassen des Polrades und der umlaufende Teil der Kraftmaschine werden durch das antreibende Moment der Kraftmaschine M_A beschleunigt und durch das elektromagnetisch am Generatorläufer angreifende Luftspaltmoment M_L der Synchronmaschine verzögert. Wir können also schreiben

$$\Theta \frac{\mathrm{d}\Omega}{\mathrm{d}t} = M_\mathrm{A} - M_\mathrm{L} \quad (59)$$

mit Θ als Trägheitsmoment der umlaufenden Massen, Ω als mechanischer Winkelgeschwindigkeit.

Um auf bezogene Größen zu kommen, dividieren wir Gl. (59) durch das Nennmoment des Synchrongenerators

$$M_\mathrm{N} = \frac{P_\mathrm{N}}{\Omega_\mathrm{N}} \quad (60)$$

und erhalten nach Erweiterung der linken Seite mit der der Nenndrehzahl entsprechenden Winkelgeschwindigkeit Ω_N:

$$\frac{\Theta\, \Omega_\mathrm{N}}{M_\mathrm{N}} \frac{\mathrm{d}}{\mathrm{d}t} \left[\frac{\Omega}{\Omega_\mathrm{N}}\right] = \frac{M_\mathrm{A}}{M_\mathrm{N}} - \frac{M_\mathrm{L}}{M_\mathrm{N}}. \quad (61)$$

Der linke Bruch in Gl. (61) ist die Anlaufzeitkonstante des Maschinensatzes

$$T_m = \frac{\Theta\,\Omega_N}{M_N},$$

die angibt, in welcher Zeit die rotierenden Massen unter Einwirkung des Nennmomentes auf Nenndrehzahl beschleunigt werden. Wir wollen weiterhin einführen:

$$\frac{\Omega}{\Omega_N} = n_r \quad \text{auf Nenndrehzahl bezogene Drehzahl}$$

und für die relativen Momente die entsprechenden Kleinbuchstaben schreiben. Dann nimmt Gl. (61) die einfache Form an:

$$T_m \frac{\mathrm{d}n_r}{\mathrm{d}t} = m_A - m_L. \tag{62}$$

Die Luftspaltleistung ist einerseits das Produkt aus Drehzahl und Luftspaltmoment, anderseits ist sie gleich der Summe aus der ins Netz abgegebenen Leistung und der Verlustleistung der Ständerwicklung. Wir können also in relativen Größen schreiben

$$n_r m_L = u i \cos\varphi + i^2 r_1, \tag{63}$$

oder

$$n_r m_L = u i \cos(\vartheta + \varphi - \vartheta) + i^2 r_1. \tag{64}$$

Wenn wir den Kosinus in Gl. (64) nach den Argumenten $\vartheta + \varphi$ und $-\vartheta$ auflösen so erhalten wir

$$n_r m_L = u \cos\vartheta \cdot i \cos(\vartheta + \varphi) + u \sin\vartheta \cdot i \sin(\vartheta + \varphi) + i^2 r_1, \tag{65}$$

und wenn wir darin die Komponenten nach Gl. (57) und (58) einsetzen:

$$n_r m_L = u_q i_q + u_d i_d + (i_q^2 + i_d^2) r_1. \tag{66}$$

Drücken wir u_q und u_d durch die Gl. (50) und (51) aus, so ergibt sich nach geringfügiger Umformung

$$m_L = \varphi_{hd} i_q - \varphi_{hq} i_d, \tag{67}$$

und eingesetzt in die Bewegungsgleichung (62):

$$T_m \frac{\mathrm{d}n_r}{\mathrm{d}t} = m_A - (\varphi_{hd} i_q - \varphi_{hq} i_d). \tag{68}$$

Nach Gl. (68) läßt sich also das Drehzahlverhalten der Synchronmaschine ermitteln.

Den Rotationswinkel des Polrades im elektrischen Winkelmaß erhält man aus n_r zu

$$\frac{\mathrm{d}\vartheta}{\mathrm{d}t} = \omega = \omega_N n_r, \tag{69}$$

oder

$$\vartheta = \omega_N \int n_r \,\mathrm{d}t. \tag{70}$$

d) Zusammenstellung der Zweiachsengleichungen der Synchronmaschine

Die in den vorstehenden Abschnitten abgeleiteten Grundgleichungen, die in den folgenden Abschnitten noch wiederholt verwendet werden, sollen hier nochmals zusammengestellt werden:

Ständergleichungen:

$$u_d = -i_d r_1 + \frac{d}{d\omega_N t}[\varphi_{hd} - i_d x_{1\sigma}] - n_r[\varphi_{hq} - i_q x_{1\sigma}], \quad (71a)$$

$$u_q = -i_q r_1 + \frac{d}{d\omega_N t}[\varphi_{hq} - i_q x_{1\sigma}] + n_r[\varphi_{hd} - i_d x_{1\sigma}]. \quad (71b)$$

Läufergleichungen:

$$\varphi_{hd} = \gamma_d(i_f + i_D - x_{hd} i_d), \quad (71c)$$

$$\varphi_{hq} = \gamma_q \cdot c_q(i_Q - x_{hd} i_q), \quad (71d)$$

$$u_f - i_f = T_f \frac{d}{dt}[\varphi_{hd} + i_f\sigma_f + i_D\sigma_{fD}], \quad (71e)$$

$$-i_D = T_D \frac{d}{dt}[\varphi_{hd} + i_D\sigma_D + i_f\sigma_{fD}], \quad (71f)$$

$$-i_Q = T_Q \frac{d}{dt}\left[\frac{1}{c_q} \cdot \varphi_{hq} + i_Q\sigma_Q\right]. \quad (71g)$$

Mechanische Gleichungen:

$$T_m \frac{dn}{dt} = m_A - (\varphi_{hd} i_q - \varphi_{hq} i_d), \quad (71h)$$

$$\vartheta = \omega_N \int n_r\, dt. \quad (71i)$$

Strom- und Spannungskomponenten:

$$\left.\begin{aligned} u_d &= u \sin\vartheta, \\ u_q &= u \cos\vartheta, \end{aligned}\right\} \quad (71k)$$

$$\left.\begin{aligned} i_d &= i \sin(\vartheta + \varphi), \\ i_q &= i \cos(\vartheta + \varphi). \end{aligned}\right\} \quad (71l)$$

15. Betriebsgrößen der Synchronmaschine

Nach den Ausführungen des Kapitels 14 sind den Wicklungen des Läufers der Synchronmaschine die Zeitkonstanten T_f, T_D und T_Q zugeordnet. Diese Zeitkonstanten berücksichtigten die magnetische Trägheit der Wicklungen, die es nicht zuläßt, daß sich der mit der jeweiligen Wicklung verkettete Gesamtfluß sprunghaft ändert. Es treten vielmehr bei raschen Änderungen des Lastzustandes der Maschine länger andauernde Ausgleichsvorgänge im Läufer auf, die sich auch auf Ständerstrom und Ständerspannung auswirken. So liefert bekanntlich die

Synchronmaschine bei plötzlichem Klemmenkurzschluß im ersten Augenblick einen Kurzschlußstrom, der ein Mehrfaches des Dauerkurzschlußstromes beträgt und erst in etwa einer Sekunde auf diesen abklingt. Man unterscheidet

1. den stationären Betriebszustand der Synchronmaschine, der sich einstellt, wenn alle Ausgleichsvorgänge abgeklungen sind,
2. den transienten Betriebszustand, der, wenn der Läufer der Maschine nur die Erregerwicklung aber keine Dämpferwicklung hat, im ersten Augenblick nach der Belastungsänderung auftritt. Da die Ströme in der Dämpferwicklung verhältnismäßig rasch abklingen, kann näherungsweise angenommen werden, daß auch Maschinen mit Dämpferwicklung unmittelbar nach diesem Abklingvorgang in den transienten Zustand übergehen,
3. den subtransienten Betriebszustand, der im ersten Augenblick nach der Belastungsänderung auftritt, wenn die Maschine eine Dämpferwicklung hat. Ähnlich wie eine Dämpferwicklung wirken bei Turbogeneratoren auch die ungeblechten Eisenmassen des Läufers.

Wir wollen im folgenden die Formeln zur Behandlung dieser Betriebszustände aus den Gleichungen der Zweiachsentheorie ableiten. Ferner sollen die Zeitkonstanten ermittelt werden, mit denen diese Betriebszustände ineinander übergehen.

In Kapitel 14 wurde der vollständige Gleichungssatz der Zweiachsentheorie abgeleitet, wie er beispielsweise zur Nachbildung der Synchronmaschine auf einem Analogrechner oder Digitalrechner dienen kann. Wegen der mit dem vollständigen Ansatz nur schwerfällig durchzuführenden Berechnung ist es zweckmäßig, Glieder zu vernachlässigen, die im allgemeinen das Ergebnis nur unwesentlich beeinflussen. Es werden daher folgende Vereinfachungen getroffen:

1. der üblicherweise sehr kleine Ständerwiderstand r_1 wird gleich Null gesetzt,
2. das differentielle Glied in Gl. (71a) und (71b) von Kapitel 14 wird vernachlässigt, da es wegen des im Nenner stehenden großen Wertes ω_N auf die Wechselstromvorgänge im Ständer nur geringen Einfluß hat,
3. die Sättigungsfaktoren γ_d und γ_q werden gleich eins gesetzt,
4. die Zeitkonstanten der Dämpferwicklung und der Erregerwicklung werden als so unterschiedlich angenommen, daß das transiente und das subtransiente Verhalten getrennt betrachtet werden können,
5. die Drehzahl n sei stets gleich der Nenndrehzahl n_N, also $n_r = n/n_N = 1$.

Zu Beginn der einzelnen Abschnitte werden Gl. (71a) bis (71g) von Kapitel 14 mit diesen Vereinfachungen für den jeweils betrachteten Betriebszustand aufgeführt.

a) Stationärer Betriebszustand

Im ruhigen Betrieb der Maschine sind alle Ausgleichsvorgänge abgeklungen, so daß alle differentiellen Glieder in Gl. (71a) bis (71g) von Kapitel 14 gleich Null sind. Diese nehmen daher die Form an

$$u_d = -(\varphi_{hq} - i_q x_{1\sigma}), \tag{1}$$

$$u_q = +(\varphi_{hd} - i_d x_{1\sigma}), \tag{2}$$

$$\varphi_{hd} = i_f - x_{hd} i_d, \tag{3}$$

$$\varphi_{hq} = -c_q x_{hd} i_q, \tag{4}$$

$$u_f = i_f. \tag{5}$$

Gl. (71f) und (71g) von Kapitel 14 entfallen.

Setzen wir Gl. (3) und (4) in Gl. (1) und (2) ein, so erhalten wir

$$u_\mathrm{d} = [c_\mathrm{q} x_\mathrm{hd} + x_{1\sigma}] i_\mathrm{q}, \tag{6}$$

$$u_\mathrm{q} = i_\mathrm{f} - [x_\mathrm{hd} + x_{1\sigma}] i_\mathrm{d}. \tag{7}$$

Die in den eckigen Klammern stehenden Reaktanzausdrücke sind die sogenannten „synchronen Reaktanzen" der Maschine, wobei mit „synchron" der ruhige Synchronbetrieb, also der stationäre Zustand, gemeint ist. Man unterscheidet die „synchrone Längsreaktanz"

$$x_\mathrm{d} = x_\mathrm{hd} + x_{1\sigma} \tag{8}$$

und die „synchrone Querreaktanz"

$$x_\mathrm{q} = (c_\mathrm{q} x_\mathrm{hd} + x_{1\sigma}) = (x_\mathrm{hq} + x_{1\sigma}). \tag{9}$$

Die synchronen Reaktanzen ergeben sich also als Reihenschaltung der Ständerstreureaktanz mit der jeweiligen Hauptfeldreaktanz der betreffenden Maschinenachse (*Abb. 1*).

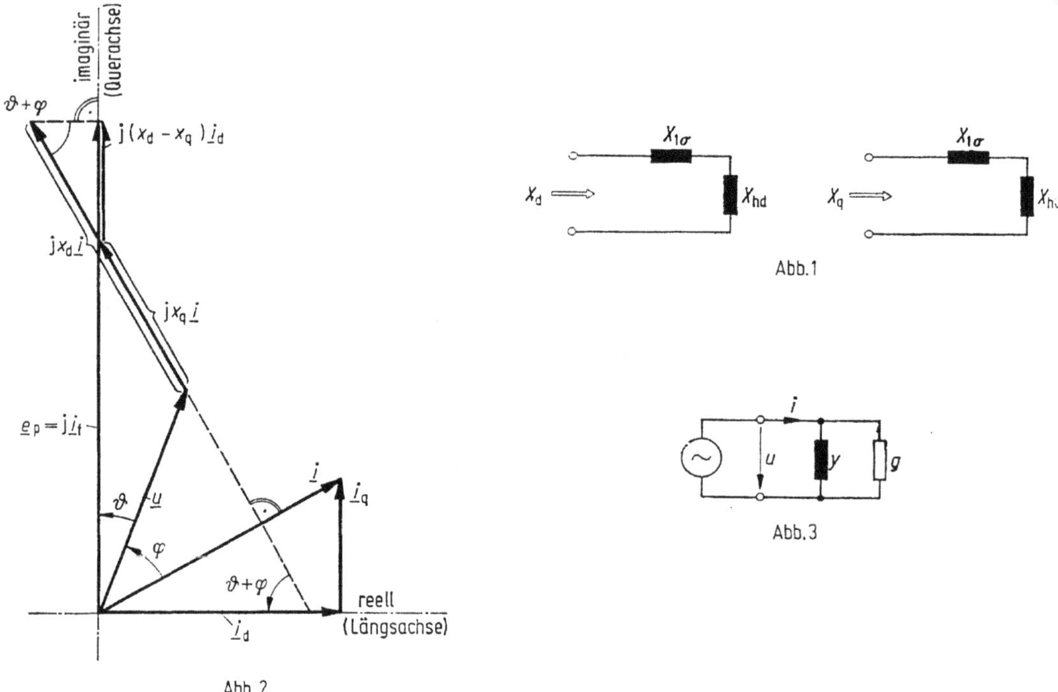

Mit den neu eingeführten Größen lassen sich Gl. (6) und (7) schreiben

$$u_\mathrm{d} = x_\mathrm{q} i_\mathrm{q}, \tag{10}$$

$$u_\mathrm{q} = i_\mathrm{f} - x_\mathrm{d} i_\mathrm{d}. \tag{11}$$

Damit sind die Spannungskomponenten bestimmt, wenn die Stromkomponenten und der Erregerstrom bekannt sind.

Diese Beziehnungen lassen sich auch als Zeigerdiagramm (*Abb. 2*) darstellen. Setzen wir wiederum die Längsachse als reelle Achse und die Querachse als imaginäre Achse an, multiplizieren Gl. (11) dementsprechend mit j und addieren sie zu Gl. (10), so erhalten wir

$$(u_{\mathrm{d}} + \mathrm{j}\,u_{\mathrm{q}}) = \mathrm{j}\,i_{\mathrm{f}} + x_{\mathrm{q}}\,i_{\mathrm{q}} - \mathrm{j}\,x_{\mathrm{d}}\,i_{\mathrm{d}}. \tag{12}$$

Nach Einführen von Gl. (53) und (54) aus Kapitel 14 und geringfügiger Umformung erhalten wir daraus

$$\underline{u} = \mathrm{j}\,\underline{i}_{\mathrm{f}} - \mathrm{j}\,(x_{\mathrm{d}} - x_{\mathrm{q}})\,\underline{i}_{\mathrm{d}} - \mathrm{j}\,x_{\mathrm{q}}\,\underline{i}. \tag{13}$$

$\underline{i}_{\mathrm{f}}$, der Zeiger der Erregerdurchflutung, liegt naturgemäß in der Längsachse, $\mathrm{j}\,\underline{i}_{\mathrm{f}}$ entspricht dem Zeiger der durch die Erregerdurchflutung erzeugten Ständerspannung und liegt in der Querachse. Diese Spannung wird im Zeigerdiagramm meist als Polradspannung $\underline{e}_{\mathrm{p}}$ bezeichnet. $\underline{i}_{\mathrm{d}}$ ist der Zeiger der Längskomponente des Stromes $\underline{i}$, wie ebenfalls in *Abb. 2* eingezeichnet ist.

Entsprechend Gl. (13) kann im Diagramm der Zeiger $\underline{u}$ und der Polradwinkel ϑ, den $\underline{u}$ mit der Querachse einschließt, gefunden werden, indem man von $\underline{e}_{\mathrm{p}} = \mathrm{j}\,\underline{i}_{\mathrm{f}}$ zuerst den Zeiger $\mathrm{j}\,(x_{\mathrm{d}} - x_{\mathrm{q}})\,\underline{i}_{\mathrm{d}}$ und hernach den rechtwinklig zu $\underline{i}$ stehenden Zeiger $\mathrm{j}\,x_{\mathrm{q}}\,\underline{i}$ abzieht. Falls die Aufgabe gestellt ist, bei gegebenen Strom- und Spannungszeigern den Polradwinkel und die Polradspannung zu finden, geht man meist wie folgt vor. Man beginnt mit den Zeigern $\underline{u}$ und $\underline{i}$ und dem eingeschlossenen Phasenwinkel φ und trägt rechtwinklig zu $\underline{i}$ an die Spitze von $\underline{u}$ die Zeiger $\mathrm{j}\,x_{\mathrm{q}}\,\underline{i}$ und $\mathrm{j}\,x_{\mathrm{d}}\,\underline{i}$ an. Die Querachse und damit die Richtung von $\underline{e}_{\mathrm{p}}$ verläuft durch den Ursprung und die Spitze von $\mathrm{j}\,x_{\mathrm{q}}\,\underline{i}$. Die Länge von $\underline{e}_{\mathrm{p}}$ wird dadurch gefunden, daß man von der Spitze des Zeigers $\mathrm{j}\,x_{\mathrm{d}}\,\underline{i}$ auf die Querachse herüberlotet. Wie sich aus dem Diagramm nach *Abb. 2* zusammen mit Gl. (71) von Kapitel 14 leicht nachweisen läßt, ist nämlich die Projektion des über die Querachse nach links hinausragenden Zeigerabschnittes auf die Querachse

$$(x_{\mathrm{d}}\,i - x_{\mathrm{q}}\,i)\sin(\vartheta + \varphi) = (x_{\mathrm{d}} - x_{\mathrm{q}})\,i\sin(\vartheta + \varphi) = (x_{\mathrm{d}} - x_{\mathrm{q}})\,i_{\mathrm{d}}. \tag{14}$$

Bemerkenswert ist, daß bei vorgegebenen Zeigern von Spannung und Strom der Polradwinkel allein von der Querreaktanz x_{q} der Maschine, aber nicht von der Längsreaktanz x_{d} abhängig ist.

Wir betrachten nun einen Generator im stationären Betrieb mit einer Wirklast entsprechend dem Leitwert g und einer induktiven Blindlast entsprechend dem Leitwert y (*Abb. 3*). Ausgehend von den Spannungskomponenten u_{d} und u_{q} wollen wir die Stromkomponenten i_{d} und i_{q} berechnen. Wir könnten dies tun, indem wir für die Schaltung nach *Abb. 3* die Wechselstromgleichung aufstellen und sie der Parktransformation unterwerfen. Einfacher ist eine Ableitung aus den Zeigerdiagrammen nach *Abb. 4*, wobei nur die differentiellen Glieder der Transformation entfallen, die im stationären Betrieb ohnehin null sind. *Abb. 4a*

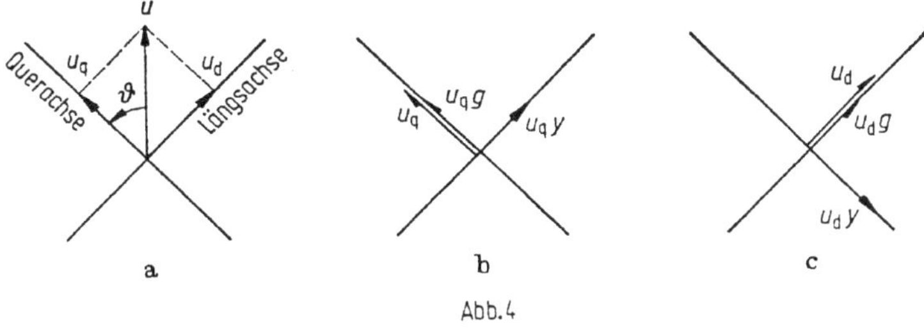

Abb. 4

zeigt die Komponentenaufteilung der Spannung. Die daraus gefundene Querspannung u_q treibt über g einen Teilstrom $u_q g$, der mit der Querspannung in Phase ist und daher in der Querachse liegt. Dagegen ist der Teilstrom $u_q y$ um 90° nacheilend und liegt in der Längsachse (*Abb. 4b*). Entsprechendes gilt für die von u_d hervorgerufenen Teilströme $u_d g$ bzw. $u_d y$, die in der Längsachse bzw. mit negativer Richtung in der Querachse liegen (*Abb. 4c*). Summiert man die Teilströme in jeder Achse, so erhält man die beiden Stromkomponenten

$$\begin{aligned} i_d &= u_d g + u_q y, \\ i_q &= u_q g - u_d y. \end{aligned} \tag{15}$$

Mit den gleichen Vernachlässigungen wie bei der Ableitung aus dem Zeigerdiagramm läßt sich dieses Ergebnis natürlich auch mit Hilfe der komplexen Rechnung finden. Wir können für Strom und Spannung in *Abb. 3* in Zeigergrößen anschreiben

$$\underline{i} = \underline{u}(g - \mathrm{j}y). \tag{16}$$

Setzen wir wiederum die imaginäre Achse mit der Querachse gleich, so läßt sich einführen

$$\begin{aligned} \underline{i} &= i_d + \mathrm{j} i_q, \\ \underline{u} &= u_d + \mathrm{j} u_q, \end{aligned} \tag{17}$$

und wir erhalten nach Einsetzen von Gl. (17) in Gl. (16)

$$i_d + \mathrm{j} i_q = u_d g - \mathrm{j} u_d y + \mathrm{j} u_q g + u_q y. \tag{18}$$

Zerlegt man Gl. (18) in Realteil und Imaginärteil, so ergibt sich wiederum das Gleichungspaar (15). Wir wollen dieses Verfahren, das wir im folgenden noch öfters verwenden werden, als „vereinfachte Parktransformation" bezeichnen.

Falls u_d und u_q bekannt sind, ist die Aufgabe mit der Errechnung von Gl. (15) erledigt. Nehmen wir an, es sei neben der Last nur der Erregerstrom der Maschine bekannt, so müssen wir zunächst u_d und u_q ermitteln und erhalten durch Einsetzen von Gl. (15) in Gl. (10) und (11)

$$\begin{aligned} u_d &= \dot{i}_f \frac{x_q g}{(1 + x_d y)(1 + x_q y) + x_d x_q g^2}, \\ u_q &= \dot{i}_f \frac{1 + x_q y}{(1 + x_d y)(1 + x_q y) + x_d x_q g^2}, \end{aligned} \tag{19}$$

und daraus ergeben sich mit Gl. (15) wiederum die Stromkomponenten in Abhängigkeit vom Erregerstrom zu

$$\begin{aligned} i_d &= \dot{i}_f \frac{y + x_q (g^2 + y^2)}{(1 + x_d y)(1 + x_q y) + x_d x_q g^2}, \\ i_q &= \dot{i}_f \frac{g}{(1 + x_d y)(1 + x_q y) + x_d x_q g^2}. \end{aligned} \tag{20}$$

Da u_d und u_q die Projektionen der Klemmenspannung u auf Längs- und Querachse sind, läßt sich aus Gl. (19) auch der Polradwinkel und der Betrag der

Klemmenspannung ermitteln zu

$$\tan\vartheta = \frac{u_d}{u_q} = \frac{x_q g}{1 + x_q y} \tag{21}$$

und

$$u = \sqrt{u_d^2 + u_q^2} = i_f \frac{\sqrt{x_q^2 g^2 + (1 + x_q y)^2}}{(1 + x_d y)(1 + x_q y) + x_d x_q g^2}. \tag{22}$$

Beim Betrieb der Maschine wird die Erregung so eingestellt, daß die Klemmenspannung einen vorgegebenen Wert in der Nähe der Nennspannung hat. Den hierzu notwendigen Erregerstrom i_f erhalten wir aus Gl. (22) zu

$$i_f = u \frac{(1 + x_d y)(1 + x_q y) + x_d x_q g^2}{\sqrt{x_q^2 g^2 + (1 + x_q y)^2}}, \tag{23}$$

und Gl. (19) und (20) werden damit zu

$$u_d = u \frac{x_q g}{\sqrt{x_q^2 g^2 + (1 + x_q y)^2}}, \tag{24}$$

$$u_q = u \frac{(1 + x_q y)}{\sqrt{x_q^2 g^2 + (1 + x_q y)^2}}, \tag{25}$$

$$i_d = u \frac{y + x_q (g^2 + y^2)}{\sqrt{x_q^2 g^2 + (1 + x_q y^2)}}, \tag{26}$$

$$i_q = u \frac{g}{\sqrt{x_q^2 g^2 + (1 + x_q y)^2}}. \tag{27}$$

Wenn ein Laststoß eine Synchronmaschine trifft, so gelten nach Abklingen der Ausgleichsvorgänge im Läufer wieder die stationären Gl. (10) und (11). Im stationären Zustand, vor Einschalten des Laststoßes, galten dieselben Gleichungen, nur hatten die Strom- und Spannungskomponenten andere Werte, die wir durch eine tiefgestellte Null kennzeichnen wollen, so daß sich ergibt

$$u_{0d} = x_q i_{0q}, \tag{28}$$

$$u_{0q} = i_f - x_d i_{0d}. \tag{29}$$

Ziehen wir Gl. (28) von Gl. (10) und Gl. (29) von Gl. (11) ab, so erhalten wir, wenn die Erregung nicht geändert wird,

$$(u_d^0 - u_{0d}) = +x_q (i_q^0 - i_{0q}), \tag{30}$$

$$(u_q^0 - u_{0q}) = -x_d (i_d^0 - i_{0d}). \tag{31}$$

Die hochgestellte Null soll dabei (entsprechend dem hochgestellten Strich ′ zur Kennzeichnung des transienten und den beiden hochgestellten Strichen ″ zur Kennzeichnung des subtransienten Betriebszustandes) den stationären Zustand nach Abklingen der Ausgleichsvorgänge besonders kennzeichnen. Aus diesen Gleichungen erkennt man, daß im stationären Betrieb für die Stromänderungen

$(i_q^0 - i_{0q})$ und $(i_d^0 - i_{0d})$ dieselben Maschinenreaktanzen x_d und x_q gelten wie für den ungeänderten Anteil. Wir werden später sehen, daß dies im transienten und subtransienten Zustand der Maschine nicht mehr der Fall ist.

b) Leerlaufzeitkonstante

Wenn die Synchronmaschine vom Netz getrennt ist, so sind der Klemmenstrom und damit seine Komponenten i_d und i_q gleich Null. Von Gl. (71a) und (71b) aus Kapitel 14 bleibt also mit den besprochenen Vernachlässigungen nur übrig

$$u_d = -\varphi_{hq}, \tag{32}$$

$$u_q = \varphi_{hd}. \tag{33}$$

Wir wollen sehen, wie die Klemmenspannung der Maschine bei einer plötzlichen Änderung der Erregerspannung verläuft. Lassen wir hierbei die Dämpferströme außer acht, die auf diesen Verlauf nur geringen Einfluß haben, so erhalten wir aus Gl. (71c) und (71d) von Kapitel 14

$$\varphi_{hd} = i_f, \tag{34}$$

$$\varphi_{hq} = 0 \tag{35}$$

und aus Gl. (71e) von Kapitel 14

$$u_f - i_f = T_f \frac{d}{dt} [\varphi_{hd} + i_f \sigma_f]. \tag{36}$$

Aus Gl. (35) und (32) folgt, daß auch die Längsspannung u_d gleich Null ist, die Klemmenspannung der Maschine im Leerlauf (beim Polradwinkel $\vartheta = 0$) ist also eine reine Querspannung. Führen wir Gl. (33) und (34) in Gl. (36) ein, so erhalten wir für u_q

$$u_f - u_q = T_f(1 + \sigma_f) \frac{du_q}{dt}. \tag{37}$$

Diese Gleichung läßt sich nach Trennung der Variablen leicht integrieren und liefert für u_q einen Verlauf, wie er in *Abb. 5* gezeigt ist. Die Klemmenspannung

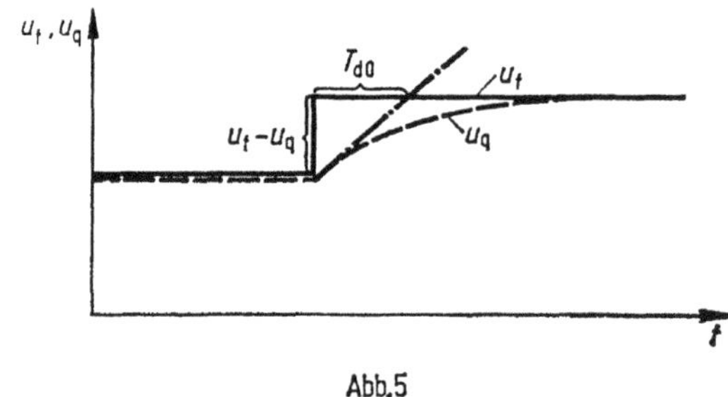

Abb.5

folgt der Erregerspannung bei einem Sprung nicht augenblicklich, sondern nach einer Exponentialfunktion, deren Zeitkonstante bei vom Netz getrennter Maschine gleich der „Leerlaufzeitkonstanten“

$$T_{d0} = T_f(1 + \sigma_f) \tag{38}$$

ist. Die Berücksichtigung des Dämpferstromes würde in *Abb. 5* eine leichte Einsattelung des Anfangsanstiegs von u_q bewirken.

c) Transienter Betriebszustand

Der transiente Zustand stellt sich bei dämpferlosen Maschinen im ersten Augenblick nach Laststößen ein, bei Maschinen mit Dämpferwicklung näherungsweise, nachdem die Dämpferströme abgeklungen sind. Der Gleichungssatz (71a) bis (71d) von Kapitel 14 entspricht dabei den Gl. (1) bis (4). Gl. (71e) von Kapitel 14 wird zu

$$u_f - i_f = T_f \frac{d}{dt} [\varphi_{hd} + i_f \sigma_f], \tag{39}$$

und Gl. (71f) und (71g) von Kapitel 14 entfallen.

Der transiente Zustand ist darauf zurückzuführen, daß bei plötzlichen Änderungen des Lastzustandes die Erregerwicklung den mit ihr verketteten Gesamtfluß im ersten Augenblick konstant hält. Da die Erregerwicklung nur in der Längsachse der Maschine wirksam ist, gibt es in der Querachse keinen transienten Zustand, d. h. schon im ersten Augenblick oder bei vorhandener Dämpferwicklung nach dem Abklingen des subtransienten Ausgleichsvorgangs gilt die stationäre Gl. (30). Gl. (31) muß dagegen durch eine neue Gleichung ersetzt werden, die die Konstanz des Gesamtflusses der Erregerwicklung berücksichtigt. Dieser Gesamtfluß setzt sich entsprechend dem differentiellen Glied in Gl. (39) zusammen aus dem Hauptfluß φ_{hd} und dem Streufluß $i_f \sigma_f$ der Erregerwicklung.

Wenn wir die Größen des transienten Zustandes durch einen hochgestellten Strich und die des unmittelbar vorausgehenden stationären Zustandes wieder durch eine tiefgestellte Null kennzeichnen, so läßt sich die Konstanz des Gesamtflusses ausdrücken durch

$$\varphi'_{hd} + i'_f \sigma_f = \varphi_{0hd} + i_{0f} \sigma_f. \tag{40}$$

Setzen wir in Gl. (40) auf beiden Seiten den Hauptfluß nach Gl. (3) ein, so ergibt sich

$$i'_f - x_{hd} i'_d + i'_f \sigma_f = i_{0f} - x_{hd} i_{0d} + i_{0f} \sigma_f \tag{41}$$

und hieraus der Erregerstrom

$$(i'_f - i_{0f}) = \frac{x_{hd}}{1 + \sigma_f} (i'_d - i_{0d}). \tag{42}$$

Beispielsweise bei einer plötzlichen Erhöhung des Ständerstromes von i_{0d} auf i'_d bleibt also der Erregerstrom i_f nicht konstant, sondern springt auf einen um $\frac{x_{hd}}{1 + \sigma_f} (i'_d - i_{0d})$ erhöhten Wert, der, wie in *Abb. 6* gezeigt, jedoch nicht bestehenbleibt, sondern mit der noch zu behandelnden transienten Zeitkonstanten abklingt.

Auf der Ständerseite der Maschine erhalten wir aus Gl. (2) und (3)

$$u_q = i_f - x_{hd} i_d - i_d x_{1\sigma} = i_f - i_d x_d . \tag{43}$$

Schreiben wir Gl. (43) jeweils für den Zustand vor und nach dem Laststoß an und ziehen beide Gleichungen voneinander ab, so erhalten wir

$$\begin{aligned} u_q' &= i_f' - i_d' x_d , \\ u_{0q} &= i_{0f} - i_{0d} x_d , \\ (u_q' - u_{0q}) &= (i_f' - i_{0f}) - (i_d' - i_{0d}) x_d \end{aligned} \tag{44}$$

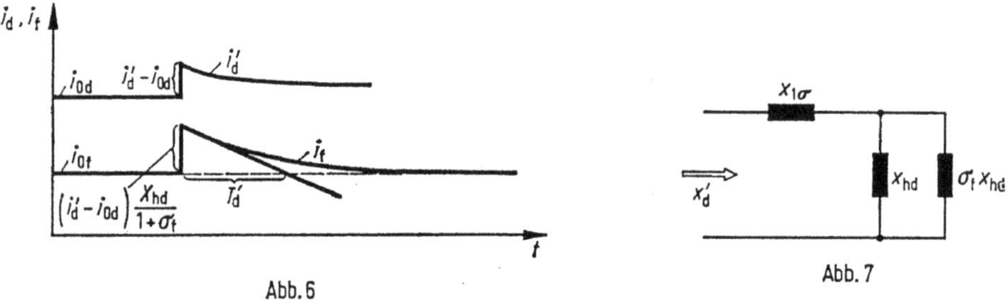

Abb. 6 Abb. 7

und nach Einsetzen von $(i_f' - i_{0f})$ entsprechend Gl. (42) schließlich

$$(u_q' - u_{0q}) = \left(x_d - \frac{x_{hd}}{1 + \sigma_f} \right) (i_d' - i_{0d}) . \tag{45}$$

Der Vergleich dieses Ergebnisses mit Gl. (31) zeigt, daß anstelle der synchronen Reaktanz x_d die wesentlich kleinere „transiente Längsreaktanz"

$$x_d' = x_d - \frac{x_{hd}}{1 + \sigma_f} \tag{46}$$

getreten ist. Das Gleichungspaar (30) und (31) wird also im transienten Zustand durch das Gleichungspaar

$$(u_d' - u_{0d}) = +x_q (i_q' - i_{0q}) , \tag{47}$$

$$(u_q' - u_{0q}) = -x_d' (i_d' - i_{0d}) \tag{48}$$

ersetzt.

Die Bedeutung der transienten Reaktanz läßt sich noch etwas näher veranschaulichen, wenn wir Gl. (8) in Gl. (46) einführen. Wir erhalten dann

$$x_d' = x_{1\sigma} + x_{hd} - \frac{x_{hd}}{1 + \sigma_f} = x_{1\sigma} + \frac{x_{hd} \sigma_f}{1 + \sigma_f} \tag{49}$$

und nach Erweiterung des Bruches mit x_{hd}

$$x_d' = x_{1\sigma} + \frac{x_{hd} (x_{hd} \sigma_f)}{x_{hd} + x_{hd} \sigma_f} . \tag{50}$$

Diesen Ausdruck kann man durch die in *Abb. 7* gezeigte Ersatzschaltung darstellen, bei der sich die zwischen den Klemmen gemessene Reaktanz x_d' aufbaut aus einer Parallelschaltung der Hauptfeldreaktanz x_{hd} und der Streureaktanz der

Erregerwicklung $\sigma_f x_{hd}$, wobei beiden Reaktanzen die Ständerstreureaktanz $x_{1\sigma}$ vorgeschaltet ist.

Lösen wir die Klammerausdrücke im Gleichungspaar (47) und (48) auf, so erhalten wir

$$u'_d = [u_{0d} - i_{0q} x_q] + i'_q x_q = i'_q x_q \,, \tag{51}$$

$$u'_q = [u_{0q} + i_{0d} x'_d] - i'_d x_d' \,. \tag{52}$$

Der in eckige Klammern gesetzte Teil von Gl. (51) ist wegen Gl. (10) gleich Null. Der entsprechende Teil in Gl. (52) stellt eine Spannung dar, die durch die Größen des vorausgegangenen stationären Zustands festgelegt wird und ungeändert in den transienten Zustand eingeht, die sogenannte „transiente Polradspannung"

$$e'_q = u_{0q} + i_{0d} x'_d \,. \tag{53}$$

Mit Hilfe der transienten Polradspannung läßt sich der transiente Betriebszustand auch leicht im Zeigerdiagramm konstruieren. *Abb. 8a* zeigt, wie e'_q aus

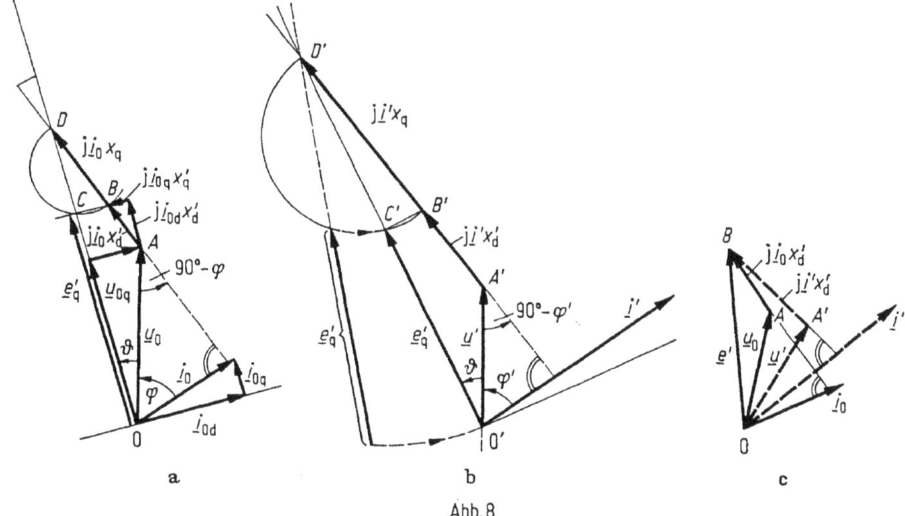

Abb. 8

dem vorausgegangenen stationären Betriebszustand gefunden wird. Man trägt an die Spitze A von u_0 den Zeiger des Spannungsfalls $\mathrm{j}\, i_0 x'_d$ an und lotet vom so erreichten Endpunkt B auf die Querachse herüber. Der Fußpunkt C des Lotes schneidet auf der Querachse, vom Ursprung 0 des Diagramms aus gerechnet, die Strecke e'_q entsprechend Gl. (53) ab. BCD ist ein rechtwinkliges Dreieck, die Spitze von e'_q liegt daher auf einem Halbkreis mit dem Durchmesser

$$\overline{\mathrm{BD}} = i_0 (x_q - x'_d) \,. \tag{54}$$

Wir nehmen an, daß sich der Laststrom von i_0 plötzlich auf einen Wert i' mit dem Phasenwinkel φ' erhöht, wobei e'_q konstant bleiben soll. Von dem für den transienten Fall zu konstruierenden Diagramm in *Abb. 8b* kennen wir zunächst nur die proportional dem Strom vergrößerten Strecken $\overline{\mathrm{A'B'}}$ und $\overline{\mathrm{B'D'}}$ mit dem über $\overline{\mathrm{B'D'}}$ liegenden Halbkreis, ferner den Winkel $90° - \varphi'$, unter dem sich der Zeiger u' in A' an $\overline{\mathrm{A'B'}}$ anschließt. Der Ursprung 0' des Diagramms wird dadurch gefunden, daß man einen von D′ ausgehenden Strahl so mit der Richtung von u′ zum Schnitt bringt, daß zwischen diesem Schnittpunkt und dem Halbkreis gerade die Strecke e_q' liegt. Diese läßt sich sehr schnell mittels eines um D′ gedrehten Lineals einpassen. Wir sehen aus *Abb. 8b*, daß unter dem Einfluß des Laststoßes ein Spannungseinbruch auf u' gegenüber u_0 auftritt und daß sich auch der Polradwinkel etwas verändert hat.

Der transiente Betriebszustand stellt sich strenggenommen nur bei der Maschine ohne Dämpfung im ersten Augenblick nach einer Laständerung ein und klingt dann mit der transienten Zeitkonstante auf den stationären Zustand ab. Trotzdem gibt es viele Betriebsfälle, bei denen der transiente Zustand mit guter Näherung als während des ganzen Verlaufs bestehenbleibend angenommen werden kann. Hierzu gehören z. B. schnelle Lastschwankungen während der Einschmelzperiode von Lichtbogenöfen, Kurzschlußvorgänge im Netz mit schneller selektiver Abschaltung und Kurzunterbrechung, Pendelvorgänge in Mehrmaschinensystemen als Folge von Störungen und Laststößen. Hierbei handelt es sich also um Vorgänge, deren Periodendauer oder deren Ablauf kurz ist gegenüber der transienten Zeitkonstante. Gegebenenfalls muß man die Rechnung noch verfeinern, indem man auch die subtransienten Erscheinungen berücksichtigt. Andererseits gilt die Näherung bei Maschinen mit schnellwirkendem Spannungsregler auch noch bis zu Zeiten etwa gleich der transienten Zeitkonstante, da die Spannungsregelung dem Abklingen des Erregerstromes entgegenwirkt.

Ist der Polradwinkel der Maschine im vorausgegangenen stationären und im transienten Betriebszustand klein ($\vartheta < \sim 30°$), so kann man ohne großen Fehler die Rechnung noch weiter vereinfachen durch die Annahme, nicht nur die Strecke $\overline{0\mathrm{C}} = e_q'$ im Diagramm nach *Abb. 8a*, sondern auch die Strecke $\overline{0\mathrm{B}} = e'$ bliebe konstant. Dies führt zu einer sehr einfachen Konstruktion des Diagramms für den transienten Zustand, die in *Abb. 8c* wiedergegeben ist.

Die Zeitkonstante, mit der der transiente Zustand abklingt, hängt einmal von den Kenngrößen der Maschine, zum anderen aber auch von der Eingangsimpedanz des Netzes am Standort der Maschine ab. Ohne nähere Angaben versteht man unter der transienten Zeitkonstante ihren Wert bei einer Netzimpedanz gleich Null, d. h. wenn die Maschine auf einen Klemmenkurzschluß oder auf eine vom Netz starr vorgegebene Spannung arbeitet. Werden bei der Ermittlung der Zeitkonstanten auch Netzimpedanzen berücksichtigt, so ist es zweckmäßig, zur Unterscheidung die Bezeichnung „transiente Lastzeitkonstante" zu benutzen.

Zur Berechnung der transienten Zeitkonstante eliminieren wir aus Gl. (39) mittels Gl. (2) und (3) φ_{hd} und i_f und erhalten

$$u_f - u_q - i_d x_d = T_f(1 + \sigma_f)\,\frac{d}{dt}\left[u_q + i_d\left(x_d - \frac{x_{hd}}{1 + \sigma_f}\right)\right] \tag{55}$$

und nach Einführen der Leerlaufzeitkonstante T_{d0} nach Gl. (38) und der transienten Längsreaktanz x_d' nach Gl. (46)

$$i_d + T_{d0}\,\frac{x_d'}{x_d}\,\frac{d i_d}{dt} = \frac{u_f - u_q}{x_d} - T_{d0}\,\frac{1}{x_d}\,\frac{d u_q}{dt}. \tag{56}$$

Falls u_f und u_q konstant sind (wie z. B. beim Klemmenkurzschluß, bei dem $u_q = \text{const} = 0$ ist) so wird der zweite Ausdruck der rechten Seite von Gl. (56) zu Null, während der erste als Störglied der Differentialgleichung einen konstanten Strom darstellt, nämlich den stationären Strom nach Ablauf des transienten Vorgangs. Die homogene Lösung der linken Seite liefert einen Stromanteil, der nach einer Exponentialfunktion mit der Zeitkonstanten

$$T'_{\mathrm{d}} = T_{\mathrm{d0}} \frac{x'_{\mathrm{d}}}{x_{\mathrm{d}}} \tag{57}$$

abklingt. Das ist die gesuchte transiente Zeitkonstante, die um den Faktor $x'_{\mathrm{d}}/x_{\mathrm{d}}$ kleiner ist als die Leerlaufzeitkonstante der Maschine. Gl. (56) wird nach Einführen von Gl. (57) zu

$$i_{\mathrm{d}} + T'_{\mathrm{d}} \frac{\mathrm{d}i_{\mathrm{d}}}{\mathrm{d}t} = \frac{u_{\mathrm{f}} - u_{\mathrm{q}}}{x_{\mathrm{d}}} - T'_{\mathrm{d}} \frac{1}{x'_{\mathrm{d}}} \frac{\mathrm{d}u_{\mathrm{q}}}{\mathrm{d}t}. \tag{58}$$

Wir wollen untersuchen, welchen Einfluß die vor der Maschine liegenden Netzimpedanzen auf diese Zeitkonstante haben und legen hierzu eine Schaltung entsprechend *Abb. 9* zugrunde, bei der die Maschine über einen Wirkwiderstand r_{v}

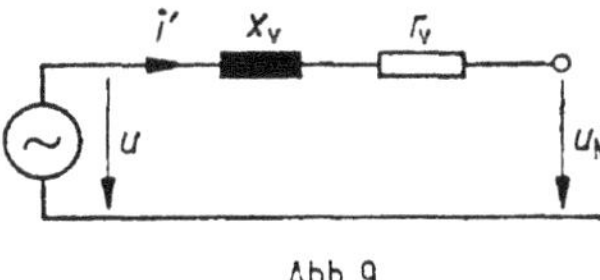

Abb. 9

und eine Reaktanz x_{v} auf eine starre Spannung u_{N} arbeitet. Die Werte dieser Impedanzen und der Spannung seien auf die Nennwerte der Maschine bezogen. Die Schaltung nach *Abb. 9* entspricht beispielsweise einem Generator, der über einen Transformator und eine längere Leitung mit dem Hochspannungsnetz gekuppelt ist. In diesem Fall ist die Klemmenspannung u der Maschine vom Strom abhängig, und zwar nach der Beziehung

$$u = \mathrm{j}\, \underline{i} x_{\mathrm{v}} + \underline{i} r_{\mathrm{v}} + u_{\mathrm{N}}. \tag{59}$$

Daraus finden wir mittels der vereinfachten Parktransformation die Komponentengleichungen

$$\begin{aligned} u_{\mathrm{d}} &= i_{\mathrm{d}} r_{\mathrm{v}} - i_{\mathrm{q}} x_{\mathrm{v}} + u_{\mathrm{Nd}}, \\ u_{\mathrm{q}} &= i_{\mathrm{q}} r_{\mathrm{v}} + i_{\mathrm{d}} x_{\mathrm{v}} + u_{\mathrm{Nq}}. \end{aligned} \tag{60}$$

In Gl. (56) ist nur die Querkomponente u_{q} der Spannung und die Längskomponente i_{d} des Stromes enthalten. Um i_{q} und u_{d} aus Gl. (59) und (60) zu eliminieren, brauchen wir noch die Beziehung zwischen diesen beiden Größen nach Gl. (10), die in der Querachse bereits gilt, während in der Längsachse noch der transiente Ausgleichsvorgang abläuft. Aus diesen Gleichungen ergibt sich

$$u_{\mathrm{q}} = i_{\mathrm{d}} \left(x_{\mathrm{v}} + \frac{r_{\mathrm{v}}^2}{x_{\mathrm{q}} + x_{\mathrm{v}}} \right) + u_{\mathrm{Nd}} \frac{r_{\mathrm{v}}^2}{x_{\mathrm{q}} + x_{\mathrm{v}}} + u_{\mathrm{Nq}}. \tag{61}$$

Führen wir u_q nach Gl. (61) sowie die Ableitung von u_q in Gl. (58) ein und ordnen nach Gliedern von i_d und $\mathrm{d}i_d/\mathrm{d}t$, so erhalten wir

$$i_d \frac{x_d + x_v + \dfrac{r_v^2}{x_q + x_v}}{x_d} + \frac{\mathrm{d}i_d}{\mathrm{d}t} T_d' \frac{x_d' + x_v + \dfrac{r_v^2}{x_q + x_v}}{x_d'} =$$

$$= \frac{u_f - u_{Nd} \dfrac{r_v^2}{x_q + x_v} - u_{Nq}}{x_d} - \frac{T_d'}{x_d'} \left[\frac{\mathrm{d}u_{Nq}}{\mathrm{d}t} + \frac{\mathrm{d}u_{Nd}}{\mathrm{d}t} \frac{r_v^2}{x_q + x_v}\right]. \tag{62}$$

Die homogene Gleichung lautet also jetzt

$$i_d + T_d' \frac{1 + \dfrac{x_v}{x_d'} + \dfrac{r_v{}^2}{x_d'(x_q + x_v)}}{1 + \dfrac{x_v}{x_d} + \dfrac{r_v}{x_d(x_q + x_v)}} \frac{\mathrm{d}i_d}{\mathrm{d}t} = 0 \tag{63}$$

mit der transienten Lastzeitkonstanten

$$T_{dL}' = T_d' \frac{1 + \dfrac{x_v}{x_d'} + \dfrac{r_v^2}{x_d'(x_q + x_v)}}{1 + \dfrac{x_v}{x_d} + \dfrac{r_v^2}{x_d(x_q + x_v)}}. \tag{64}$$

Bei Nullsetzen der Vorimpedanzen ist die Lastzeitkonstante gleich der vorher berechneten transienten Zeitkonstante, während sie sich bei großen Vorimpedanzen der Leerlaufzeitkonstanten T_{d0} nähert. Ist kein Wirkwiderstand r_v vorhanden, so addiert sich nur die vor der Maschine liegende Reaktanz x_v zu den Maschinenreaktanzen x_d und x_d', und es liegt gleichsam eine Ersatzmaschine mit diesen erhöhten Reaktanzwerten vor. Der Wirkwiderstand r_v ist bei einer Netzkupplung entsprechend *Abb. 9* meist klein, so daß der Ausdruck $r_v^2/(x_q + x_v)$ vernachlässigt werden kann.

Setzen wir in *Abb. 9* $u_N = 0$, so können wir x_v und r_v auch als Last des Generators auffassen, wobei dann r_v sehr große Werte annehmen kann. Bemerkenswert ist in diesem Fall, daß ein großer Wirkwiderstand nicht zu einem raschen Abklingen der transienten Vorgänge führt, sondern im Gegenteil die Zeitkonstante vergrößert. Auch der Fall der kapazitiven Maschinenlast läßt sich aus dem Schaltbild der *Abb. 9* herleiten, wenn man u_N und r_v gleich Null setzt und x_v negativ einführt. Dabei wird für

$$-x_v = x_d \tag{65}$$

der Nenner von Gl. (63) und (64) gleich Null und die Zeitkonstante unendlich. Für noch größere Werte von $-x_v$ wird die Zeitkonstante sogar negativ, der transiente Strom klingt dabei nicht mehr ab, sondern erhöht sich sogar. Es handelt sich um den Fall der Längsresonanz bzw. der Selbsterregung der Maschine, den wir in Kapitel 17 noch ausführlicher behandeln werden.

d) Subtransienter Betriebszustand

Im subtransienten Betriebszustand muß die Dämpferwicklung mitberücksichtigt werden. Die Gl. (71a) und (71b) von Kapitel 14 entsprechen dabei den Gl. (1) und (2), die Gl. (71c) und (71d) von Kapitel 14 nehmen folgende Form an

$$\varphi_{hd} = i_f + i_D - x_{hd} i_d, \tag{66}$$

$$\varphi_{hq} = c_q (i_Q - x_{hd} i_q). \tag{67}$$

Die Gl. (71e) bis (71g) von Kapitel 14 vereinfachen sich nicht. Im ersten Augenblick nach einem Laststoß bleibt nicht nur der Gesamtfluß der Erregerwicklung, sondern auch der der Dämpferwicklung konstant. Im vorausgegangenen stationären Zustand waren keine Dämpferströme vorhanden, so daß der Gesamtfluß der Dämpferwicklung nur aus dem Hauptfluß und gegebenenfalls dem doppeltverketteten Streufluß der Erregerwicklung bestand. Nach dem Stoß sind Dämpferströme vorhanden. Kennzeichnen wir die Größen des subtransienten Zustandes durch zwei hochgestellte Striche, so ergibt sich anstelle von Gl. (40)

$$\varphi''_{hd} + i''_f \sigma_f + i''_D \sigma_{Df} = \varphi_{0hd} + i_{0f} \sigma_f, \tag{68}$$

und für die Dämpferwicklung gilt entsprechend das Gleichungspaar

$$\varphi''_{hd} + i''_D \sigma_D + i''_f \sigma_{Df} = \varphi_{0hd} + i_{0f} \sigma_{Df}, \tag{69}$$

$$\frac{1}{c_q} \varphi''_{hq} + i''_Q \sigma_Q = \frac{1}{c_q} \varphi_{0hq}. \tag{70}$$

Zur Berechnung von φ_{0hd} und φ_{0hq} sind die stationären Gleichungen (3) und (4) zu verwenden, wobei wir die Größen mit tiefgestellter Null versehen, um sie als Ausgangsgrößen zu kennzeichnen. Für φ''_{hd} und φ''_{hq} gelten dagegen Gl. (66) und (67), wobei wir auch die Ströme in diesen Gleichungen durch zwei hochgestellte Striche kennzeichnen wollen. Setzen wir auf diese Weise Gl. (3), (4) und (66), (67) in Gl. (68), (69) und (70) ein, so ergibt sich in dieser Reihenfolge

$$(i''_f - i_{0f})(1 + \sigma_f) + i''_D(1 + \sigma_{Df}) = (i''_d - i_{0d}) x_{hd}, \tag{71}$$

$$(i''_f - i_{0f})(1 + \sigma_{Df}) + i''_D(1 + \sigma_D) = (i''_d - i_{0d}) x_{hd}, \tag{72}$$

$$i''_Q(1 + \sigma_Q) = (i''_q - i_{0q}) x_{hd}. \tag{73}$$

In Gl. (71) und (72) sind noch jeweils der Erreger- und der Dämpferstrom gemeinsam enthalten. Durch entsprechende Vormultiplikation und Subtraktion beider Gleichungen lassen sich diese beiden Größen jedoch einzeln darstellen, und wir erhalten

$$(i''_f - i_{0f}) = (i''_d - i_{0d})\, x_{hd} \frac{(1 + \sigma_D) - (1 + \sigma_{Df})}{(1 + \sigma_D)(1 + \sigma_f) - (1 + \sigma_{Df})^2}, \tag{74}$$

$$i''_D = (i''_d - i_{0d})\, x_{hd} \frac{(1 + \sigma_f) - (1 + \sigma_{Df})}{(1 + \sigma_D)(1 + \sigma_f) - (1 + \sigma_{Df})^2}. \tag{75}$$

Wir haben also die Werte des Erreger- und Dämpferstromes gefunden, die sich unmittelbar nach dem Laststoß einstellen. Bemerkenswert ist vor allem, daß sich bei $\sigma_D \approx \sigma_{Df}$ (für Turbogeneratoren) der Erregerstrom praktisch nicht erhöht. Die Dämpferwicklung schirmt also im ersten Augenblick den Laststoß fast völlig von der Erregerwicklung ab. Auch im Falle $\sigma_{Df} = 0$ (für Schenkelpolgeneratoren) ist die subtransiente Erhöhung des Erregerstromes geringer als die transiente, da sich der Gesamtstoß auf Dämpfer- und Erregerwicklung umgekehrt proportional zu ihren Streuungen aufteilt.

Aus Gl. (1) und (2) läßt sich nach Einsetzen von Gl. (66), (67) bzw. (3) und (4) jeweils für den subtransienten und den stationären Ausgangsfall ableiten

$$u_d'' = -(c_q i_Q'' - x_q i_q''), \tag{76}$$

$$-u_{0d} = +x_q i_{0q}, \tag{77}$$

$$(u_d'' - u_{0d}) = -c_q i_Q'' + x_q (i_q'' - i_{0q}), \tag{78}$$

und

$$u_q'' = i_f'' + i_D'' - x_d i_d'', \tag{79}$$

$$-u_{0q} = -i_{0f} + x_d i_{0d}, \tag{80}$$

$$(u_q'' - u_{0q}) = (i_f'' - i_{0f}) + i_D'' - x_d (i_d'' - i_{0d}). \tag{81}$$

Wenn wir i_Q'' aus Gl. (73) in Gl. (78) einsetzen, so ergibt sich

$$(u_d'' - u_{0d}) = \left[x_q - \frac{c_q x_{hd}}{1 + \sigma_Q}\right] (i_q'' - i_{0q}) \tag{82}$$

und entsprechend nach Einführen von Gl. (74) und (75) in Gl. (81)

$$(u_q'' - u_{0q}) = -\left[x_d - x_{hd} \frac{\sigma_D + \sigma_f - 2\sigma_{Df}}{(1 + \sigma_f)(1 + \sigma_D) - (1 + \sigma_{Df})^2}\right] (i_d'' - i_{0d}). \tag{83}$$

Vergleichen wir dieses Gleichungspaar einerseits mit Gl. (30) und (31) für den stationären und andererseits mit Gl. (47) und (48) für den transienten Zustand, so erkennen wir, daß Gl. (82) und (83) formal genauso aussehen. Die in eckige Klammern gesetzten Reaktanzausdrücke stellen jedoch jetzt die subtransiente Querreaktanz

$$x_q'' = x_q - \frac{c_q x_{hd}}{1 + \sigma_Q} \tag{84}$$

und die subtransiente Längsreaktanz

$$x_d'' = x_d - x_{hd} \frac{\sigma_D + \sigma_f - 2\sigma_{Df}}{(1 + \sigma_f)(1 + \sigma_D) - (1 + \sigma_{Df})^2} \tag{85}$$

dar. Dabei gilt

$$x_d > x_d' > x_d'', \tag{86}$$

$$x_q > x_q''. \tag{87}$$

Mit Gl. (84) und (85) lassen sich Gl. (82) und (83) schließlich schreiben

$$(u_d'' - u_{0d}) = +x_q''(i_q'' - i_{0q}), \tag{88}$$

$$(u_q'' - u_{0q}) = -x_d''(i_d'' - i_{0d}). \tag{89}$$

Ebenso wie für die transiente Längsreaktanz lassen sich auch für die subtransienten Reaktanzen Ersatzschaltungen ableiten, die in *Abb. 10* dargestellt sind. Zur Erfassung der Streukopplung zwischen Dämpfer- und Erregerwicklung ist im Ersatzschaltbild *Abb. 10a* ein idealer Übertrager mit dem Übersetzungsverhältnis 1 : 1 eingeführt. Für $\sigma_{\mathrm{Df}} = 0$ kann der Übertrager entfallen, und der rechte Teil der Ersatzschaltung geht in eine Parallelschaltung der Reaktanzen $x_{\mathrm{hd}}\sigma_{\mathrm{f}}$ und $x_{\mathrm{hd}}\sigma_{\mathrm{D}}$ über. Durch Vergleich von *Abb. 10* mit *Abb. 1 und 7* erkennt man, wie die Ungleichungen (86) und (87) zustande kommen. Beim Übergang vom stationären zum transienten und von diesem zum subtransienten Betriebszustand wird der Hauptfeldreaktanz jeweils eine neue Streureaktanz parallel geschaltet.

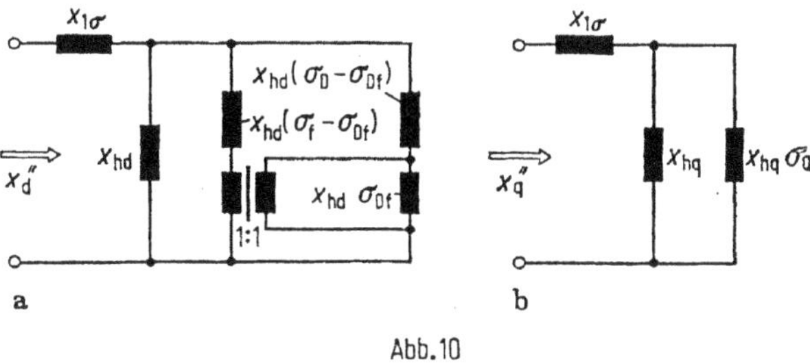

Abb. 10

Dasselbe Verfahren, das uns zur Ableitung der transienten Polradspannung führte, läßt sich auch auf die subtransienten Gleichungen (88) und (89) anwenden. Wenn wir die runden Klammern auflösen, erhalten wir

$$u''_{\mathrm{d}} = [u_{0\mathrm{d}} - x''_{\mathrm{q}} i_{0\mathrm{q}}] + x''_{\mathrm{q}} i''_{\mathrm{q}}, \tag{90}$$

$$u''_{\mathrm{q}} = [u_{0\mathrm{q}} + x''_{\mathrm{d}} i_{0\mathrm{d}}] - x''_{\mathrm{d}} i''_{\mathrm{d}}. \tag{91}$$

Im subtransienten Fall wird keiner der in eckigen Klammern stehenden Spannungsanteile gleich Null, da jetzt in beiden Achsen Wicklungen vorhanden sind, die den Fluß konstant halten. Wir erhalten also für die subtransiente Polradspannung e'' sowohl eine Komponente in Längsrichtung

$$e''_{\mathrm{d}} = u_{0\mathrm{d}} - x''_{\mathrm{q}} i_{0\mathrm{q}} \tag{92}$$

als auch eine Komponente in Querrichtung

$$e''_{\mathrm{q}} = u_{0\mathrm{q}} + x''_{\mathrm{d}} i_{0\mathrm{d}}, \tag{93}$$

die beide aus dem Zeigerdiagramm für den stationären Zustand gefunden werden können und ungeändert in das Diagramm für den subtransienten Zustand eingehen.

In *Abb. 11a* ist gezeigt, wie die subtransiente Polradspannung im Zeigerdiagramm der Synchronmaschine zu finden ist. Man trägt an u_0 im Punkt A die Spannungsabfälle $\mathrm{j}\boldsymbol{i}_0 x''_{\mathrm{d}}$ und $\mathrm{j}\boldsymbol{i}_0 x''_{\mathrm{q}}$ an, wobei sich die Endpunkte B und D ergeben. Lotet man von Punkt B auf die Querachse, so findet man den Punkt C, den Endpunkt der Strecke $0\mathrm{C} = e''_{\mathrm{q}}$, ebenso ergibt sich der Punkt E als Fußpunkt des Lotes von D auf die Richtung CB. Die Strecke CE entspricht der Längskomponente e''_{d} der subtransienten Polradspannung, und diese selbst erhält man als Verbindungsgerade $\overline{0\mathrm{E}}$. $\overline{\mathrm{DEB}}$ ist ein rechtwinkliges Dreieck, der Punkt E liegt daher auf einem Halbkreis unter der Strecke $\overline{\mathrm{DB}}$. Für den Fall $x''_{\mathrm{q}} < x''_{\mathrm{d}}$ liegt der Punkt E und somit der Halbkreis auf der anderen Seite von $\overline{\mathrm{DB}}$.

Zur Konstruktion des Diagramms für den subtransienten Zustand nach dem Laststoß kann man analog zu *Abb. 8b* zunächst die Strecke $\overline{\mathrm{D''B''A''}}$ mit dem Halbkreis und der Richtung von u'' aufzeichnen und das konstante rechtwinklige Dreieck $\overline{0\mathrm{CE}}$ ins Diagramm einpassen. Dabei läuft der Punkt E auf dem Halbkreis, und die Richtung von $\overline{\mathrm{CE}}$ muß dauernd durch B gehen. Das Einpassen

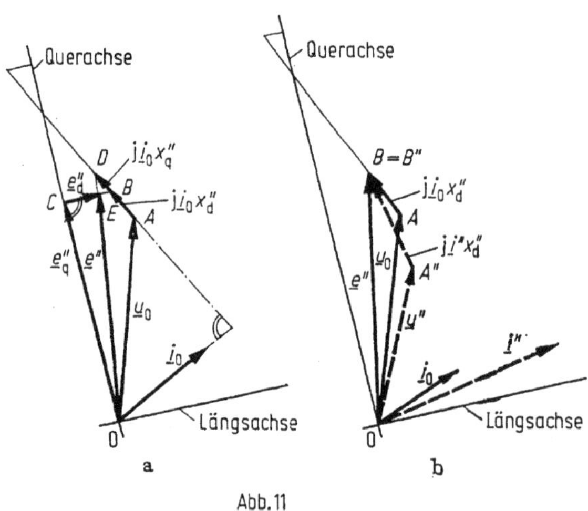

Abb. 11

läßt sich leicht mit einem rechtwinkligen Dreieck bewerkstelligen, auf dessen Schenkeln man die Strecken $\overline{\mathrm{CE}}$ und $\overline{\mathrm{C0}}$ markiert hat. Im Regelfall ist jedoch $x_q'' \approx x_d''$. Damit wird der Halbkreis über $\overline{\mathrm{DB}}$ sehr klein, so daß die Punkte D, B und E fast zusammenfallen. Man erhält daher eine genügende Näherung, wenn man die Strecke $\overline{0\mathrm{B}} = e''$ setzt und von hier aus nach *Abb. 11b* das Diagramm für den subtransienten Zustand konstruiert.

Wir wollen noch die subtransiente Zeitkonstante und die entsprechende Lastzeitkonstante ermitteln, mit denen der subtransiente Zustand abklingt. Da sich die subtransienten Vorgänge in der Längs- und Querachse der Maschine verschieden verhalten, werden wir zwei Zeitkonstanten finden, die jedoch im allgemeinen nicht sehr voneinander abweichen. Für praktische Verhältnisse genügt es meist, für beide Vorgänge den Wert der subtransienten Zeitkonstante der Längsachse anzusetzen. Zur Vereinfachung der Rechnung werden wir annehmen, daß während des Abklingens der subtransienten Vorgänge der Gesamtfluß der Erregerwicklung konstant bleibt, also

$$\varphi_{\mathrm{hd}} + i_{\mathrm{f}}\sigma_{\mathrm{f}} + i_{\mathrm{D}}\sigma_{\mathrm{Df}} = \mathrm{const} = K. \tag{94}$$

Eliminieren wir aus Gl. (94), (2), (66) und Gl. (71f) von Kapitel 14 alle Variablen bis auf i_{d} und u_{q}, so ergibt sich schließlich nach Einführen von Gl. (85) und (46)

$$i_{\mathrm{d}} + T_{\mathrm{D}}\,\frac{(1+\sigma_{\mathrm{f}})\,(1+\sigma_{\mathrm{D}}) - (1+\sigma_{\mathrm{Df}})^2}{(1+\sigma_{\mathrm{f}})}\,\frac{x_{\mathrm{d}}''}{x_{\mathrm{d}}'}\,\frac{\mathrm{d}i_{\mathrm{d}}}{\mathrm{d}t} =$$

$$= \frac{K}{x_{\mathrm{d}}'(1+\sigma_{\mathrm{f}})} - \frac{u_{\mathrm{q}}}{x_{\mathrm{d}}'} - T_{\mathrm{d}}\,\frac{(1+\sigma_{\mathrm{f}})\,(1+\sigma_{\mathrm{D}}) - (1+\sigma_{\mathrm{Df}})^2}{(1+\sigma_{\mathrm{f}})}\,\frac{1}{x_{\mathrm{d}}'}\,\frac{\mathrm{d}u_{\mathrm{q}}}{\mathrm{d}t}. \tag{95}$$

Ebenso erhalten wir für die Querachse aus den Ausgangsgleichungen (1), (67) und Gl. (71g) von Kapitel 14 nach Eliminieren aller Variablen bis auf u_d und i_q und Einführen von Gl. (84)

$$i_q + T_Q(1+\sigma_Q)\frac{x_q''}{x_q}\frac{di_q}{dt} = \frac{u_d}{x_q} + T_Q(1+\sigma_Q)\frac{1}{x_q}\frac{du_d}{dt}. \tag{96}$$

Bei Klemmenkurzschluß der Maschine gilt $u_d = u_q = 0$. Damit wird der rechte Teil der Gl. (95) und (96) zu Null. Die Zeitkonstanten in den verbleibenden homogenen Gleichungen sind also die subtransienten Zeitkonstanten der Längsachse

$$T_d'' = T_D\frac{(1+\sigma_f)(1+\sigma_D)-(1+\sigma_{Df})^2}{(1+\sigma_f)}\frac{x_d''}{x_d'} \tag{97}$$

und der Querachse

$$T_q'' = T_Q(1+\sigma_Q)\frac{x_q''}{x_q}, \tag{98}$$

die beim Arbeiten der Maschine auf einen Klemmenkurzschluß oder starre Spannung gelten. Mit ihrer Hilfe können wir Gl. (95) und (96) einfacher schreiben, nämlich

$$i_d + T_d''\frac{di_d}{dt} = \frac{K}{(1+\sigma_f)x_d'} - \frac{u_q}{x_d'} - T_d''\frac{1}{x_d''}\frac{du_q}{dt}, \tag{99}$$

$$i_q + T_q''\frac{di_q}{dt} = \frac{u_d}{x_q} + T_q''\frac{1}{x_q''}\frac{du_d}{dt}. \tag{100}$$

Führen wir entsprechend dem Vorgehen bei der Ermittlung der transienten Lastzeitkonstanten u_d und u_q nach Gl. (59) und (60) sowie die entsprechenden Ableitungen in Gl. (99) und (100) ein, so erhalten wir aus dem homogenen Gleichungspaar für $r_v \ll (x_q + x_v)$, $(x_d' + x_v)$ die beiden Lastzeitkonstanten

$$T_{dL}'' = T_d''\frac{1+\dfrac{x_v}{x_d''}+\dfrac{r_v^2}{x_d''(x_q+x_v)}}{1+\dfrac{x_v}{x_d'}+\dfrac{r_v^2}{x_d'(x_q+x_v)}}, \tag{101}$$

$$T_{qL} = T_q''\frac{1+\dfrac{x_v}{x_q''}+\dfrac{r_v^2}{x_q''(x_d+x_v)}}{1+\dfrac{x_v}{x_q}+\dfrac{r_v^2}{x_q(x_d'+x_v)}}. \tag{102}$$

Bei größerem Netzwiderstand weichen die Werte der beiden Lastzeitkonstanten weniger voneinander ab als nach Gl. (101) und (102) errechnet wurde., Diese Korrektur hat jedoch kaum praktische Bedeutung, da die beiden Zeitkonstanten sich meist ohnehin nicht sehr unterscheiden, so daß man näherungsweise mit nur einer Zeitkonstante rechnen kann.

In Tabelle 1 (S. 187) sind die meist gebräuchlichen Werte der relativen Reaktanzen und der Zeitkonstanten von Synchronmaschinen zusammengestellt.

e) Zeitlicher Verlauf und Frequenzgang der Maschinenreaktanzen

Wir betrachten eine Maschine, die an einer starren Netzspannung liegt, wie in *Abb. 12a* dargestellt ist. Die Netzspannung wurde von ihrem vorherigen Wert u_0 zum Zeitpunkt $t = 0$ plötzlich auf den neuen Wert u abgesenkt (*Abb. 12b*),

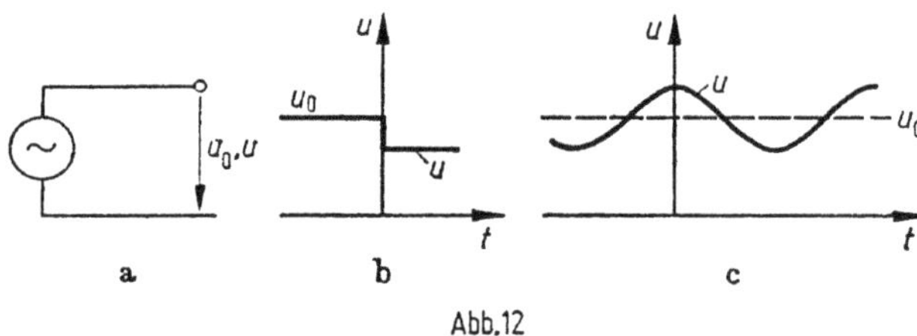

Abb.12

wobei die Maschinenerregung unverändert bleiben soll. Auch der Polradwinkel soll sich bei dieser Verstellung nicht ändern. Es entsteht somit eine plötzliche Änderung $(u_d - u_{0d})$ und $(u_q - u_{0q})$, die auch in der folgenden Zeit in konstanter Höhe bestehen bleibt. Wir wollen nun den zeitlichen Verlauf von Längs- und Querstrom ermitteln, der auf diese Spannungsänderung zurückgeht. In den vorausgegangenen Abschnitten wurde abgeleitet, daß für den Lauf der Maschine an starrer Netzspannung dieselben Zeitkonstanten wie für den Klemmenkurzschluß, nämlich T''_d, T''_q und T'_d, gelten.

Nach Abklingen der Ausgleichsvorgänge bleibt in der Querachse die stationäre Querstromänderung $(i^0_q - i_{0q})$ übrig, im ersten Augenblick beträgt die subtransiente Querstromänderung jedoch $(i''_q - i_{q0})$. Die Stromdifferenz $(i''_q - i_{0q}) - (i^0_q - i_{0q})$ klingt mit der subtransienten Zeitkonstante der Querachse T''_q ab, so daß wir für den Stromverlauf $(i_q - i_{0q})$ erhalten

$$(i_q - i_{0q}) = (i^0_q - i_{0q}) + [(i''_q - i_{0q}) - (i^0_q - i_{0q})]\, e^{-t/T''_q}\,. \qquad (103)$$

In der Längsachse sind zwei Zeitkonstanten vorhanden. Wir müssen also hier berücksichtigen

1. die stationäre Längsstromänderung,
2. die Differenz zwischen transienter und stationärer Längsstromänderung, die mit der transienten Zeitkonstante abklingt,
3. die Differenz zwischen der subtransienten und der transienten Längsstromänderung, die mit der subtransienten Zeitkonstante abklingt.

Damit ergibt sich die Gleichung

$$(i_d - i_{0d}) = (i^0_d - i_{0d}) + [(i'_d - i_{0d}) - (i^0_d - i_{0d})]\, e^{-t/T'_d} + {} \\ + [(i''_d - i_{0d}) - (i'_d - i_{0d})]\, e^{-t/T''_d}\,. \qquad (104)$$

Führen wir in das Gleichungspaar (103) und (104) die Stromänderungen nach den Gleichungspaaren (30), (31), (47), (48) und (88), (89) ein, so folgt

$$i_q - i_{0q} = \frac{u^0_d - u_{0d}}{x_q} + \left(\frac{u''_d - u_{0d}}{x''_q} - \frac{u^0_d - u_{0d}}{x_q}\right) e^{-t/T''_q}, \qquad (105)$$

$$-(i_d - i_{0d}) = \frac{u^0_q - u_{0q}}{x_d} + \left(\frac{u'_q - u_{0q}}{x'_d} - \frac{u^0_{q0} - u_{0q}}{x_d}\right) e^{-t/T'_d} + {} \\ + \left(\frac{u''_q - u_{0q}}{x''_d} - \frac{u'_q - u_{0q}}{x'_d}\right) e^{-t/T''_d}\,. \qquad (106)$$

Da u_d und u_q nach der Spannungsabsenkung voraussetzungsgemäß konstant bleiben sollen, gilt $u''_d = u^0_d = u_d$ und $u''_q = u'_q = u^0_q = u_q$, und wir können Gl. (105) und (106) vereinfachen zu

$$(i_q - i_{0q}) = (u_d - u_{0d}) \frac{1}{x_q(t)}, \tag{107}$$

$$(i_d - i_{0d}) = -(u_q - u_{0q}) \frac{1}{x_d(t)}, \tag{108}$$

mit

$$\frac{1}{x_q(t)} = \frac{1}{x_q} + \left(\frac{1}{x''_q} - \frac{1}{x_q}\right) e^{-t/T''_q}, \tag{109}$$

$$\frac{1}{x_d(t)} = \frac{1}{x_d} + \left(\frac{1}{x'_d} - \frac{1}{x_d}\right) e^{-t/T'_d} + \left(\frac{1}{x''_d} - \frac{1}{x'_d}\right) e^{-t/T''_d}. \tag{110}$$

Während wir in den vorausgegangenen Abschnitten die stationären, transienten und subtransienten Reaktanzen einzeln für sich betrachtet hatten, gibt das Gleichungspaar (109) und (110) den gesamten zeitlichen Verlauf der Reaktanzfunktion nach einem Stoß auf die Maschine wieder, die an starr vorgegebener Klemmenspannung liegt. Subtransienter und transienter Zustand sind sozusagen Momentaufnahmen aus diesem Verlauf.

Wir werden in den folgenden Kapiteln und Abschnitten $x(t)$ als mathematische Kurzschrift wiederholt auch für Fälle anwenden, in denen die Klemmenspannung nicht starr vorgegeben ist. Dabei werden wir durch Einsetzen von x, x' und x'' für $x(t)$ die Randwerte der Ausgleichsvorgänge bestimmen und die exponentiellen Übergänge unmittelbar als Strom und Spannung konstruieren. Die jeweils auftretenden Übergangszeitkonstanten lassen sich nach Gl. (64) und (101), (102) errechnen.

Wir haben soeben den Fall betrachtet, daß sich die vorgegebene Netzspannung sprunghaft ändert. Eine andere Möglichkeit besteht darin, daß die Spannung periodisch um einen Mittelwert schwankt, wie es etwa bei Pendelvorgängen oder bei periodisch veränderlicher Last der Fall ist. Es stellt sich daher die Frage, welche Reaktanzwerte der Maschine bei diesen Vorgängen wirksam werden. Wir können auf Grund der bisherigen Ergebnisse schon abschätzen, daß für sehr langsame Schwankungen die stationären und für sehr schnelle Vorgänge die subtransienten Reaktanzen ausschlaggebend sein werden. Dazwischen wird es einen Bereich geben, in dem angenähert die transiente Reaktanz gilt. Man kann jedoch, genau wie wir den zeitlichen Verlauf von x_d und x_q errechnet haben, auch einen kontinuierlichen Frequenzgang dieser Reaktanzen angeben, der sich aus dem zeitlichen Verlauf herleiten läßt. Setzen wir hierzu an, daß die Netzspannung u mit der Kreisfrequenz ω sinusförmig um einen Mittelwert u_0 schwankt, wie es in *Abb. 12c* dargestellt ist. Damit wird beispielsweise

$$(u_q - u_{0q}) = u_\sim = A \cos \omega t. \tag{111}$$

Wir wollen näherungsweise die Kosinusfunktion durch eine Treppenfunktion ersetzen, wie in *Abb. 13* gezeigt ist. Die Treppe entsteht durch folgende Überlegung. Wir teilen die Zeitachse von Null ausgehend in lauter gleiche Abschnitte

$\Delta \tau$ und erhalten so eine neue nichtkontinuierliche, diskrete Zeitskala

$$\tau = \nu \, \Delta \tau \tag{112}$$

mit $\nu = \cdots, -2, -1, 0, 1, 2, 3, \ldots$.

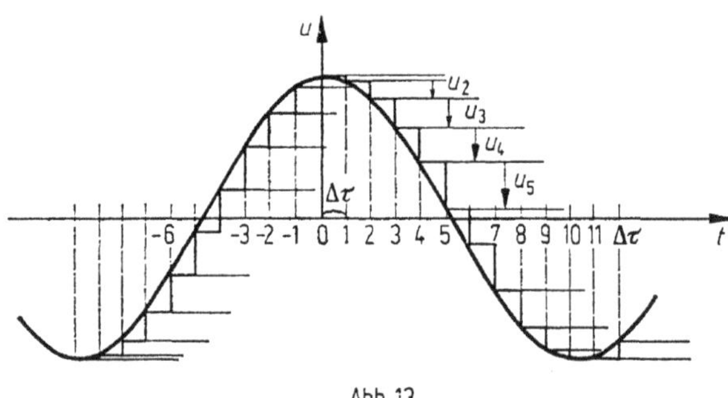

Abb. 13

Jedesmal wenn die kontinuierliche Zeit t einen Punkt $\tau = \nu \, \Delta \tau$ der diskreten Skala erreicht, ändern wir die Spannung sprunghaft auf den Wert entsprechend Gl. (111) und lassen ihn dann konstant, bis die kontinuierliche Zeit t den nächsten Punkt auf der τ-Skala erreicht hat. Dieser Spannungsverlauf besteht also aus lauter Spannungsstößen u_ν, deren Höhe sich als Differenz zwischen dem neuen und dem letzteingestellten Kosinuswert errechnet zu

$$u_\nu = A \left[\cos \omega \nu \, \Delta \tau - \cos \omega (\nu - 1) \, \Delta \tau\right]. \tag{113}$$

Wenn wir an dieser Stelle bereits auf die komplexe Rechnung übergehen, die uns die folgenden Ableitungen sehr erleichtern wird, so können wir anstelle von Gl. (111) schreiben

$$\underline{u}_\sim = \underline{A} \, e^{j\omega t}, \tag{114}$$

und Gl. (113) wird dann zu

$$\underline{u}_\nu = \underline{A} \left[e^{j\omega\nu\Delta\tau} - e^{j\omega(\nu-1)\Delta\tau}\right] = \underline{A} \left(1 - e^{-j\omega\Delta\tau}\right) e^{j\omega\nu\Delta\tau}. \tag{115}$$

Die hier eingeführten komplexen Größen haben nichts mit den Wechselschwingungen von Strom und Spannung zu tun. Sie beziehen sich vielmehr auf diesen überlagerte Schwingungen mit meist wesentlich geringerer Frequenz, wie es in *Abb. 14* dargestellt ist.

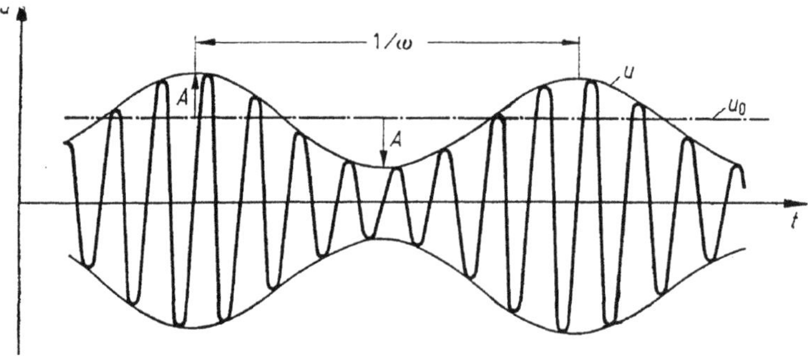

Abb. 14

Die betrachtete Maschine habe bei Spannungsstößen einen zeitlichen Reaktanzverlauf von der Form

$$\frac{1}{x(t)} = \frac{1}{x}\,\mathrm{e}^{-t/T}, \tag{116}$$

somit hat jeder der Spannungsstöße einen Teilstrom

$$i_\nu(t) = u_\nu\,\frac{1}{x(t)} = u_\nu\,\frac{1}{x}\,\mathrm{e}^{-(t-\nu\Delta\tau)/T} \tag{117}$$

zur Folge. Ein Reaktanzverlauf von der nach Gl. (116) angenommenen Art ist in den Gliedern der Gl. (109) und (110) enthalten. Wir brauchen jedoch hier zunächst nur ein Glied zu betrachten. Im Exponenten von Gl. (117) müssen wir $t - \nu\,\Delta\tau$ setzen, weil die Sprünge jetzt nicht mehr zur Zeit $t = 0$ auftreten, sondern zu allen Zeiten $\tau = \nu\,\Delta\tau$.

Der gesamte Strom $i(t)$ zur Zeit t setzt sich aus allen Teilströmen $i_\nu(t)$ zusammen, die seit Beginn des Experimentes durch sprunghafte Spannungsänderungen ausgelöst wurden. Diesen Beginn wollen wir zu $t = \tau = -\infty$ ansetzen. Damit ergibt sich mit Gl. (115), (117) und (112)

$$\underline{i}(t) = \sum_{\tau=-\infty}^{\tau\leqq t} \underline{A}\,(1 - \mathrm{e}^{-\mathrm{j}\omega\Delta\tau})\,\mathrm{e}^{\mathrm{j}\omega\tau}\,\frac{1}{x}\,\mathrm{e}^{-(t-\tau)/T}. \tag{118}$$

$\tau \leqq t$ soll dabei den letzten τ-Schritt bedeuten, der zur Zeit t erreicht wurde.

Wir wählen bei verschiedenen Experimenten das Zeitraster der τ-Skala immer enger, so daß sich der Treppenverlauf der Spannung immer besser an die Kosinusfunktion anschmiegt. Damit wird sich auch $i(t)$ immer besser an den Strom i annähern, der sich bei einem glatten Kosinusverlauf der Spannungsschwankung einstellt. Es gilt also

$$\underline{i}_\sim = \lim_{\Delta t\to 0} \underline{i}(t) = \lim_{\Delta t\to 0} \frac{\underline{A}}{x} \sum_{\tau=-\infty}^{\tau\leqq t} (1 - \mathrm{e}^{-\mathrm{j}\omega\Delta\tau})\,\mathrm{e}^{\mathrm{j}\omega\tau-(t-\tau)/T}. \tag{119}$$

Wenn wir den Grenzübergang vollziehen, brauchen wir uns um den Wert τ nicht zu kümmern. τ bleibt endlich, es setzt sich nur aus mehr und mehr Schritten $\Delta\tau$ und schließlich aus unendlich vielen, dicht beieinanderliegenden Schritten $\mathrm{d}\tau$ zusammen. Aus der Summe wird dadurch das Integral. Der Klammerausdruck unter dem Summenzeichen wird jedoch mit schwindender Schrittweite immer kleiner. Entwickeln wir seine Exponentialfunktion in eine Reihe, so erkennen wir für schwindendes $\Delta\tau$ folgenden Übergang

$$(1 - \mathrm{e}^{\mathrm{j}\omega\Delta\tau}) = 1 - 1 + \frac{\mathrm{j}\,\omega\Delta\tau}{1} \cdots \to \mathrm{j}\,\omega\mathrm{d}\tau. \tag{120}$$

Wir erhalten damit als Ergebnis des Grenzübergangs aus Gl. (119)

$$\underline{i}_\sim = \frac{\mathrm{j}\,\omega\,\underline{A}}{x} \int\limits_{\tau=-\infty}^{\tau=t} \mathrm{e}^{\mathrm{j}\omega\tau-(t-\tau)/T}\,\mathrm{d}\tau. \tag{121}$$

Dieses Integral läßt sich durch die Substitution

$$\underline{u} = \mathrm{j}\,\omega\tau - \frac{t-\tau}{T}, \qquad \mathrm{d}\underline{u} = \left(\mathrm{j}\,\omega + \frac{1}{T}\right)\mathrm{d}\tau \tag{122}$$

lösen zu

$$\underline{i}_{\sim} = \frac{\underline{A}}{x} \frac{\mathrm{j}\,\omega}{\left(\frac{1}{T} + \mathrm{j}\,\omega\right)} \int\limits_{\underline{u}=-\infty}^{\mathrm{j}\omega t} \mathrm{e}\, \mathrm{d}^{\underline{u}}\underline{u} = \frac{\underline{A}}{x} \frac{\mathrm{j}\,\omega T}{1 + \mathrm{j}\,\omega T}\, \mathrm{e}^{\mathrm{j}\omega t}. \tag{123}$$

Führen wir diese Gleichung in Gl. (114) ein, so ergibt sich

$$\underline{i}_{\sim} = \underline{u}_{\sim} \frac{1}{x} \frac{\mathrm{j}\,\omega T}{1 + \mathrm{j}\,\omega T} = \underline{u}_{\sim} \frac{1}{\underline{x}(\omega)}, \tag{124}$$

und wir erkennen durch Vergleich mit dem zeitlichen Reaktanzverlauf nach Gl. (116) die Entsprechung

$$\frac{1}{\underline{x}(t)} = \frac{1}{x}\, \mathrm{e}^{-t/T} \triangleq \frac{1}{\underline{x}(\omega)} = \frac{1}{x} \frac{\mathrm{j}\,\omega T}{1 + \mathrm{j}\,\omega T}. \tag{125}$$

Wir deuten nun diesen komplexen Ausdruck, den wir für die Reaktanz gefunden haben. Ebenso wie bei der Wechselstromrechnung eine komplexe Impedanz bedeutet, daß zwischen den Wechselschwingungen von Strom und Spannung eine Phasenverschiebung besteht, so entspricht dieser komplexen Reaktanz eine Phasenverschiebung zwischen den Schwingungen, die sich entsprechend *Abb. 14* der Strom- und Spannungskurve überlagern.

Mit Hilfe der Entsprechung (125) können wir leicht aus dem zeitlichen Reaktanzverlauf nach Gl. (109) und (110) die Frequenzgänge der beiden Reaktanzen ableiten und erhalten

$$\frac{1}{\underline{x}_{\mathrm{q}}(\omega)} = \frac{1}{x_{\mathrm{q}}} + \left(\frac{1}{x''_{\mathrm{q}}} - \frac{1}{x_{\mathrm{q}}}\right) \frac{\mathrm{j}\,\omega T''_{\mathrm{q}}}{1 + \mathrm{j}\,\omega T''_{\mathrm{q}}}, \tag{126}$$

$$\frac{1}{\underline{x}_{\mathrm{d}}(\omega)} = \frac{1}{x_{\mathrm{d}}} + \left(\frac{1}{x'_{\mathrm{d}}} - \frac{1}{x_{\mathrm{d}}}\right) \frac{\mathrm{j}\,\omega T'_{\mathrm{d}}}{1 + \mathrm{j}\,\omega T'_{\mathrm{d}}} + \left(\frac{1}{x''_{\mathrm{d}}} - \frac{1}{x'_{\mathrm{d}}}\right) \frac{\mathrm{j}\,\omega T''_{\mathrm{d}}}{1 + \mathrm{j}\,\omega T''_{\mathrm{d}}}. \tag{127}$$

Abb. 15 zeigt die Ortskurven dieser beiden Frequenzgänge für eine Synchronmaschine mit den Kenngrößen, nach Kapitel 16, Tabelle 1 (S. 221).

Man erkennt, daß für sehr hohe Frequenzen der Spannungs- und Stromschwankung die subtransienten Reaktanzen gelten, für sehr niedrige die synchronen Reaktanzen. Die Phasenverschiebung zwischen Spannungs- und Stromschwankung ist dabei gleich Null. Maximale Phasenverschiebungen treten in der Querachse für

$$\omega = \frac{1}{T''_{\mathrm{q}}} \tag{128}$$

und in der Längsachse für

$$\omega \approx \frac{1}{T''_{\mathrm{d}}} \tag{129}$$

und

$$\omega \approx \frac{1}{T'_{\mathrm{d}}} \tag{130}$$

auf.

Tabelle 1. *Kenngrößen von Synchronmaschinen*

			Turbogeneratoren	Schenkelpolgeneratoren mit Dämpferwicklung		Schenkelpolgeneratoren ohne Dämpferwicklung		Synchronmotoren mit Dämpferwicklung
				$2p < 16$	$2p > 16$	$2p < 16$	$2p > 16$	
subtransiente Längsreaktanz (gesättigt)	x''_d		0,09...0,32	0,07...0,24	0,15...0,25	0,20...0,35	0,25...0,40	0,11...0,30
transiente Längsreaktanz (gesättigt)	x'_d		0,15...0,45	0,15...0,37	0,23...0,4	0,20...0,35	0,25...0,40	0,22...0,55
synchrone Längsreaktanz (gesättigt)	x_d		1,2...2,5	0,75...1,45	0,68...1,3	0,8...1,4	0,7...1,25	0,75...2,2
synchrone Querreaktanz	$x_q \approx x'_q$		1,1...2,3	0,46...0,9	0,45...0,9	0,52...0,90	0,45...0,80	0,5...1,8
subtransiente Querreaktanz	x''_q		0,09...0,32	0,07...0,26	0,16...0,28	0,52...0,90	0,45...0,80	0,11...0,30
Leerlaufkurzschlußverhältnis	k_0		0,4...0,8	0,7...1,3	0,8...1,5	0,7...1,2	0,8...1,4	0,5...1,4
Gegenreaktanz	x_2		0,09...0,32	0,07...0,24	0,15...0,27			0,11...0,30
Nullreaktanz	x_0		0,02...0,12	0,03...0,2	0,03...0,25	0,04...0,25	0,04...0,3	
subtransiente Zeitkonstante	T''_d	s	0,01...0,05	0,02...0,08	0,02...0,08			0,004...0,06
transiente Zeitkonstante	T'_d	s	0,5...2,5	0,42...2,5	0,55...2,5	0,5...2,5	0,55...2,5	0,2...1,5
Leerlauf-Zeitkonstante	T'_{d0}	s	5...15	2...10	1,5...8	2...10	1,5...8	1,0...7,0
Zeitkonstante des Gleichstromgliedes	T_g	s	0,05...1,0	0,03...0,25	0,07...0,25	0,09...0,6	0,1...0,6	0,02...0,15

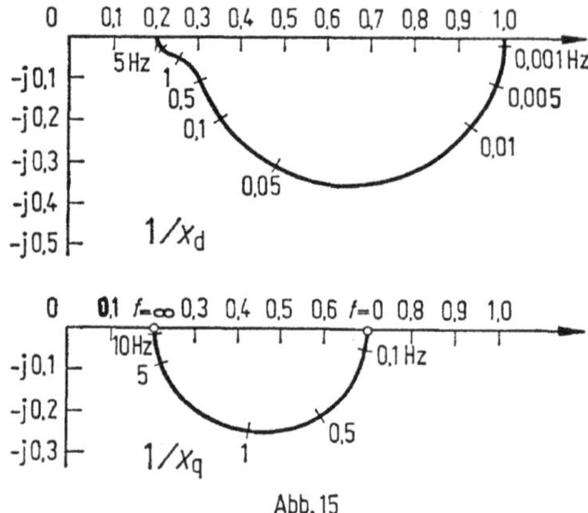

Abb. 15

Die Beziehungen in Gl. (128) und (129) sind nicht genau erfüllt, da sich die Vorgänge in der Erregerwicklung und in der Dämpferwicklung überlagern. Für Kreisfrequenzen mit Werten in der Größenordnung nach Gl. (128) ist jedoch hauptsächlich die Dämpferwicklung wirksam, für Kreisfrequenzen nahe dem Wert nach Gl. (129) hauptsächlich die Erregerwicklung. Die Einsattelung im Verlauf der Ortskurve von $x_d(\omega)$ liegt etwa in Höhe der transienten Reaktanz.

16. Kurzschluß der Synchronmaschine

Wir haben in Kapitel 14 und 15 das dynamische Verhalten der Synchronmaschine und seine Ursachen kennengelernt und wollen jetzt den wohl eindrucksvollsten und kritischsten dynamischen Vorgang, nämlich den Kurzschluß, betrachten. Die dabei im ersten Augenblick auftretenden Stoßströme führen zu sehr hohen mechanischen Beanspruchungen der Maschinenwicklung und der betroffenen Anlagenteile. Leistungsschalter werden bei Kurzschluß vom Schutz in so kurzen Zeiten ausgelöst, daß die Unterbrechung noch während der Zeit des stark erhöhten Stromflusses erfolgt. Die dynamischen Eigenschaften der Synchronmaschine sind daher auch für die Bemessung der Leistungsschalter hinsichtlich Ausschaltvermögen und mechanischer Beanspruchung durch den Schaltlichtbogen maßgebend.

Der Kurzschlußstrom der Maschine setzt sich zusammen aus einem auf den stationären Wert abklingenden Wechselstromanteil und einem auf Null abklingenden Gleichstromglied. Der Verlauf der Amplitude des Wechselstromgliedes ist beim dreisträngigen Kurzschluß in allen drei Leitern gleich. Der Anfangswert des Gleichstromgliedes ist gleich der Differenz zwischen dem Augenblickswert des Kurzschlußwechselstromes und dem Augenblickswert des Laststromes im Kurzschlußaugenblick, der vorher geflossen ist. Seine Höhe ist daher wesentlich von dem Zeitpunkt des Kurzschlußaugenblicks in der Wechselstromphase abhängig.

Wir wollen zunächst den Verlauf des Wechselstromgliedes betrachten und anschließend den Verlauf des überlagerten Gleichstromgliedes ableiten.

a) Dreipoliger Klemmenkurzschluß der unbelasteten Maschine

Bei unbelasteter Maschine ist der Strom und der Polradwinkel gleich Null, wir haben also die Ausgangsbedingungen

$$i_{0\mathrm{d}} = 0, \qquad u_{0\mathrm{d}} = 0,$$

$$i_{0\mathrm{q}} = 0, \qquad u_{0\mathrm{q}} = u_0,$$

während des Kurzschlusses gilt

$$u_\mathrm{d} = u_\mathrm{q} = 0.$$

Setzen wir diese Bedingungen in Gl. (107) und (108) von Kapitel 15 ein, so erhalten wir

$$i_\mathrm{q} = 0, \tag{1}$$

$$i_\mathrm{d} = u_0 \frac{1}{x_\mathrm{d}(t)}. \tag{2}$$

Der Kurzschlußstrom i hat also in diesem Fall nur eine Längskomponente, und wir können nach Einführen von Gl. (110) aus Kapitel 15 in Gl. (2) schreiben

$$i = i_\mathrm{d} = u_0 \left[\frac{1}{x_\mathrm{d}} + \left(\frac{1}{x'_\mathrm{d}} - \frac{1}{x_\mathrm{d}}\right) \mathrm{e}^{-t/T'_\mathrm{d}} + \left(\frac{1}{x''_\mathrm{d}} - \frac{1}{x'_\mathrm{d}}\right) \mathrm{e}^{-t/T''_\mathrm{d}}\right]. \tag{3}$$

Abb. 1 zeigt den Verlauf der Umhüllenden des Kurzschlußwechselstromes für eine Maschine mit den Kenngrößen nach Tabelle 1 (S. 221).

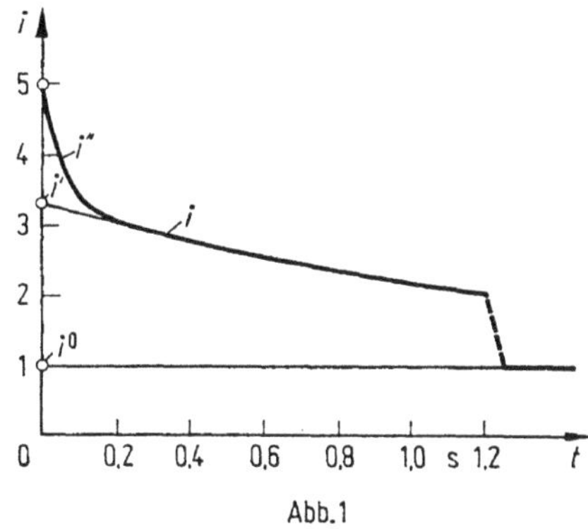

Abb. 1

Beim Aufzeichnen des Stromverlaufes geht man zweckmäßig von Gl. (2) aus, in die man nacheinander für $x_\mathrm{d}(t)$ die Werte x''_d, x'_d und x_d einsetzt, man findet so die zugehörigen Stromwerte i'', i' und i^0, wie in *Abb. 1* eingetragen. Der Stromwert i^0 stellt sich nach Abklingen aller Ausgleichsvorgänge ein. Die Differenz zwischen i' und i^0 klingt mit der transienten Zeitkonstante T'_d ab. In gleicher Weise läßt sich der Abklingverlauf der Stromdifferenz $i'' - i'$ mit der subtransienten Zeitkonstante T''_d errechnen, der dem bisher gefundenen Stromverlauf überlagert wird.

Wir haben in diesem Fall den Verlauf des Kurzschlußstromes aus den vorgegebenen Reaktanzen und Zeitkonstanten der Maschine errechnet. Umgekehrt läßt sich der Kurzschlußversuch auch dazu verwenden, diese Maschinengrößen aus dem Verlauf des Kurzschlußstromes zu ermitteln. Hierzu wird die Maschine im Leerlauf auf eine Spannung U_0 von 20 bis 40% der Nennspannung erregt, ein dreipoliger Kurzschließer eingelegt und der Kurzschlußstrom in den drei Leitern oszillographiert. Zur Auswertung verwendet man zweckmäßig den Leiterstrom, der das geringste Gleichstromglied aufweist, da hier die geringsten Verzerrungen des Sinusverlaufes im Kurzschlußstrom auftreten. *Abb. 2* zeigt ein solches Kurzschlußstromoszillogramm.

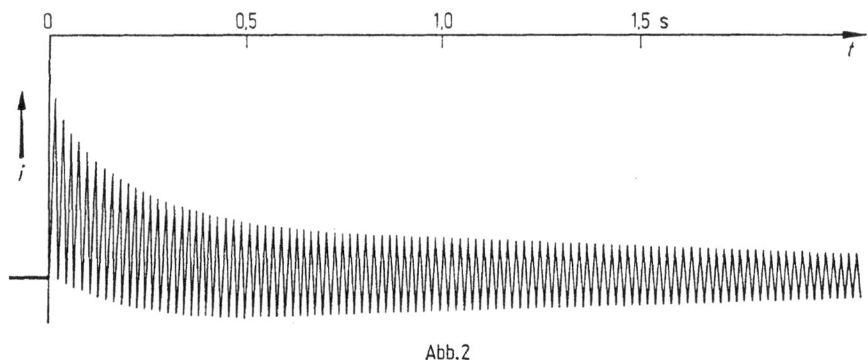

Abb. 2

Aus dem Oszillogramm greift man, vom Kurzschlußaugenblick $t = 0$ beginnend, die Scheitelwerte der einzelnen Stromhalbschwingungen von Spitze zu Spitze ab und trägt sie in ein Diagramm (*Abb. 3*) ein, das in beiden Koordinaten einen linearen Maßstab hat. Dabei wird das Gleichstromglied eliminiert, und der Strommaßstab wird doppelt so groß wie im Oszillogramm. Zeichnen wir die Einhüllende, so können wir bereits die Scheitelwerte des subtransienten Stromes $\hat{I}''$ und des

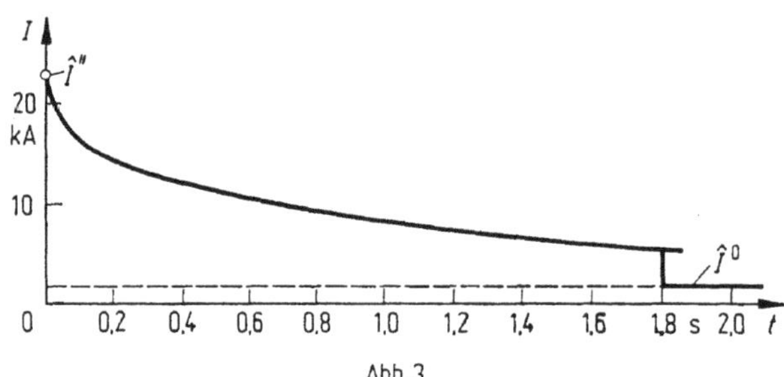

Abb. 3

stationären Stromes $\hat{I}^0$ abgreifen. $\hat{I}''$ finden wir als Schnittpunkt der Einhüllenden mit der Ordinatenachse. Daraus ergibt sich die subtransiente Längsreaktanz zu

$$X_d'' = \frac{\sqrt{2}\, U_{0\lambda}}{\hat{I}''}. \tag{4}$$

Der stationäre Strom $\hat{I}^0$ stellt sich gegen Ende des Diagramms ein, wir finden daraus die synchrone Längsreaktanz zu

$$X_d = \frac{\sqrt{2}\, U_{0\lambda}}{\hat{I}^0}. \tag{5}$$

Dividiert man X_d und X_d'' durch die Nennimpedanz der Maschine

$$Z_N = \frac{U_N^2}{P_N}, \tag{6}$$

so erhält man die relativen Reaktanzen

$$x_d = \frac{X_d}{Z_N}, \qquad x_d'' = \frac{X_d''}{Z_N}. \tag{7}$$

Um die transiente Reaktanz und die Zeitkonstanten der Maschine zu bestimmen, müssen wir noch ein weiteres Diagramm (*Abb. 4*) zeichnen, dessen Zeit-

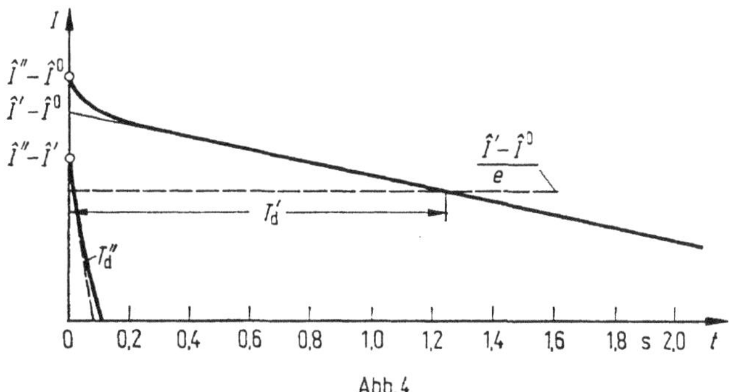

Abb. 4

achse linear und dessen Stromachse logarithmisch geteilt ist. In dieses Diagramm tragen wir wieder von $t = 0$ beginnend die aus *Abb. 3* für jede Halbschwingung entnommene Amplitudendifferenz $\hat{I} - \hat{I}_0$ auf. Dabei ergibt sich ein Kurvenverlauf, der zunächst gekrümmt ist und für größere Zeiten in eine Gerade übergeht. Da wir einen logarithmischen Strommaßstab gewählt haben, entspricht der Geradenverlauf einem nach einer Exponentialfunktion abfallenden Strom, und zwar der mit der transienten Zeitkonstante abklingenden Differenz zwischen transientem und stationärem Strom. Zu Beginn des Kurzschlusses ist noch die mit der subtransienten Zeitkonstante abklingende Differenz zwischen subtransientem und transientem Strom überlagert, was den gekrümmten Kurvenzweig liefert. Zur weiteren Auswertung verlängern wir den Geradenverlauf bis zum Schnitt mit der Achse $t = 0$ und erhalten so den transienten Stromüberschuß $\hat{I}' - \hat{I}^0$ und nach Addition von $\hat{I}^0$ den transienten Strom $\hat{I}'$ selbst. Daraus läßt sich die transiente Reaktanz ermitteln zu

$$X_d' = \frac{\sqrt{2}\, U_{0\lambda}}{\hat{I}'} \tag{8}$$

und nach Division durch Z_N die entsprechende relative Reaktanz x_d'. Die transiente Zeitkonstante ist die Zeit, in welcher der transiente Überschuß auf 1/e abgeklungen ist. Wir finden sie aus *Abb. 4*, indem wir die Ordinate des Schnittpunktes der Geraden mit der Achse $t = 0$ durch $e = 2{,}718$ dividieren und die Zeit bestimmen, bei der die Gerade den so errechneten Ordinatenwert durchläuft.

Um die subtransiente Zeitkonstante zu ermitteln, tragen wir den anfänglichen Überschuß des Stromes über die transiente Gerade nochmals getrennt ins Diagramm ein. Dabei ergibt sich wiederum — zumindest näherungsweise — eine Gerade, aus der sich die Zeitkonstante wie oben bestimmen läßt.

Für Schenkelpolgeneratoren liefert die beschriebene Auswertmethode meist sehr genaue Aussagen. Bei Turbogeneratoren ergibt sich dagegen oft ein Stromverlauf, der nur näherungsweise auf die beiden erwähnten Geraden führt. Das liegt daran, daß während des Ausgleichsvorganges im massiven Läufereisen Wirbelströme entstehen, deren Abklingverhalten sich mit zwei Zeitkonstanten nicht genau erfassen läßt.

Der Kurzschlußversuch an der unbelasteten Maschine liefert naturgemäß nur Aussagen über das dynamische Verhalten in der Längsachse, aber nicht in der Querachse. Bei Turbogeneratoren kann man annehmen, daß subtransiente Reaktanz und Zeitkonstante sowie synchrone Reaktanz in Längs- und Querachse etwa gleich sind. Bei Schenkelpolmaschinen mit geschlossener Dämpferwicklung gilt das nur für die subtransienten Größen, während man bei der synchronen Querreaktanz auf Rechenwerte angewiesen ist, wenn man nicht neuere Meßmethoden verwendet, die auch die Querachse unmittelbar erfassen können.

b) Dreipoliger Kurzschluß der vorbelasteten Maschine

Wir betrachten hierbei eine Maschine, die vor Eintritt des Kurzschlusses auf die Spannung u_0 erregt und mit einem Strom i_0 belastet ist. Die Komponenten $u_{0\mathrm{d}}$, $u_{0\mathrm{q}}$ und $i_{0\mathrm{d}}$, $i_{0\mathrm{q}}$ des Ausgangszustandes können dann aus dem Zeigerdiagramm ermittelt oder nach Gl. (24) bis (27) des Kapitels 15 berechnet werden. Mit Beginn des Kurzschlusses gilt $u_\mathrm{d} = u_\mathrm{q} = 0$.

Nach Einsetzen dieser Komponentenwerte in Gl. (107) und (108) von Kapitel 15 ergeben sich die Kurzschlußstromverläufe in Längs- und Querachse zu

$$i_\mathrm{d} = i_{0\mathrm{d}} + u_{0\mathrm{q}} \frac{1}{x_\mathrm{d}(t)}, \tag{9}$$

$$i_\mathrm{q} = i_{0\mathrm{q}} - u_{0\mathrm{d}} \frac{1}{x_\mathrm{q}(t)}. \tag{10}$$

Die Einhüllende des Gesamtkurzschlußstromes i erhält man daraus zu

$$i = \sqrt{i_\mathrm{d}^2 + i_\mathrm{q}^2}. \tag{11}$$

Solange der Polradwinkel der Maschine im Vorbelastungszustand klein bleibt, etwa kleiner als 30°, bestimmt überwiegend das Verhalten in der Längsachse den Gesamtstromverlauf, der sich dann nicht grundlegend vom Verlauf des Leerlaufkurzschlußstromes unterscheidet. Bei großem Polradwinkel des Ausgangszustandes, wie er insbesondere bei Untererregung oder bei kapazitiver Blindbelastung von Maschinen mit großen Synchronreaktanzen auftritt, kommt überwiegend das dynamische Verhalten in der Querachse ins Spiel. Wir betrachten als extremes Beispiel den Kurzschluß einer Synchronmaschine, deren Polradwinkel im Ausgangszustand 90° beträgt. Ein solcher Betrieb kann sich bei stark kapazitiver Last oder bei Ausfall der Erregung kurzzeitig einstellen und ist bei konstanter Erregung bereits instabil. Es gilt jetzt in Gl. (9) und (10)

$$u_{0\mathrm{d}} = u_0, \qquad u_{0\mathrm{q}} = 0,$$

und wir erhalten

$$i_\mathrm{d} = i_{0\mathrm{d}}, \tag{12}$$

$$i_\mathrm{q} = i_{0\mathrm{q}} - u_0 \frac{1}{x_\mathrm{q}(t)}. \tag{13}$$

Der Längsstrom verharrt also auch nach Eintritt des Kurzschlusses auf seiner ursprünglichen Höhe, und nur der Querstrom ändert sich. Setzen wir für einen Fall mit den Ausgangsstromkomponenten

$$i_{0d} = 0{,}1, \qquad i_{0q} = 1{,}43$$

in Gl. (13) für $x_q(t)$ nacheinander die Werte x_q'' und x_q nach Tabelle 1 ein, so erhalten wir für die Kurzschlußstromkomponenten

$$i_d'' = i_d' = i_d^0 = 0{,}1,$$

$$i_d'' = -3{,}57, \qquad i_q^0 = 0.$$

Abb. 5 zeigt den dazugehörigen Verlauf der Stromkomponenten und den Verlauf des Gesamtstromes. Da in der Querachse nur die subtransiente Zeitkonstante wirksam ist, klingt der Kurzschlußwechselstrom außerordentlich rasch auf seinen

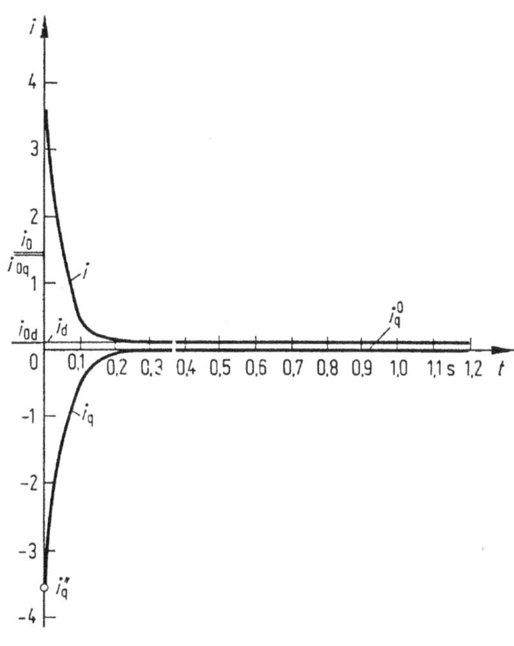

Abb. 5

stationären Wert ab. Wie wir später bei der Behandlung des Gleichstromgliedes sehen werden, kann ein solches Verhalten dazu führen, daß das Wechselstromglied rascher abklingt als das Gleichstromglied, so daß über längere Zeiten keine Nulldurchgänge des Kurzschlußstromes mehr auftreten.

c) Zweipoliger Kurzschluß der Synchronmaschine

Der zweipolige Kurzschluß ist einer der unsymmetrischen Fehlerfälle, die zweckmäßig mit Hilfe der symmetrischen Komponenten behandelt werden. Wie in Kapitel 11 das Drehstromnetz in die drei Ersatznetzwerke für das Mit-, Gegen- und Nullsystem aufgelöst wurde, so müssen wir auch hier die Synchronmaschine im Mit- und Gegensystem darstellen, das Nullsystem ist am zweipoligen Kurzschluß nicht beteiligt.

Das Mitsystem besteht aus synchron mit der Maschine umlaufenden symmetrischen Spannungs- und Stromsternen, wie wir sie bisher ausschließlich betrachtet haben. Das Verhalten der Maschine im Mitsystem entspricht also genau den im Kapitel 15 abgeleiteten Gleichungen. Die Strom- und Spannungssterne des Gegensystems rotieren dagegen invers zur Drehrichtung des Maschinenläufers, das heißt gegenüber dem Läufer selbst mit doppelter Betriebsfrequenz. Es handelt sich also um sehr schnelle Vorgänge, für die — wie wir in Kapitel 15 gesehen haben — die subtransienten Reaktanzen gelten.

Wir wollen hier nur den einfachen Fall betrachten, daß die subtransienten Reaktanzen in Längs- und Querachse der Maschine zumindest angenähert gleich sind, was für Turbogeneratoren und Schenkelpolgeneratoren mit geschlossener Dämpferwicklung gilt. Die Gegenreaktanz der Maschine läßt sich dabei als

$$x_2 \approx \frac{x''_\mathrm{d} + x''_\mathrm{q}}{2} \tag{14}$$

ansetzen.

Abb. 6a zeigt das dreipolige Schaltbild der mit der Impedanz Z belasteten Synchronmaschine, in dem durch Schließen des Schalters Sch der zweipolige Kurzschluß eingeleitet wird. Das entsprechende Schaltbild in symmetrischen

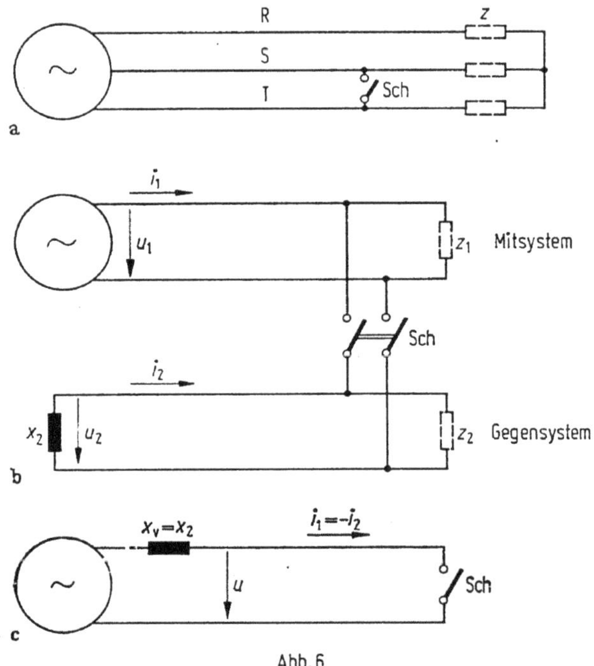

Abb. 6

Komponenten ist in *Abb. 6b* dargestellt. Der zweipolige Kurzschluß koppelt über den Schalter Sch das Mitsystem mit dem Gegensystem. Für das Mitsystem stellt der zweipolige Kurzschluß die plötzliche Zuschaltung einer Last dar, die aus der Parallelschaltung von x_2 und z_2 besteht. Man kann also den Verlauf des Mitstromes als Strom bei Lastzuschaltung berechnen, daraus den Gegenstrom anhand der Stromteilung an den Impedanzen x_2, z_2 und z_1 ermitteln und nach den Gleichungen von Kapitel 11, Tabelle 2, den Wechselstromverlauf in den drei Strängen zusammensetzen. Die Formeln für die Lastzuschaltung auf die vorbelastete Maschine werden im Kapitel 17 abgeleitet. Zunächst wollen wir die Lastimpedanzen $z = \infty$ setzen und den zweipoligen Kurzschluß ausgehend vom Leerlauf berechnen. Aus *Abb. 6b* erhalten wir dann die einfache Beziehung zwischen Mit- und Gegenstrom

$$i_2 = -i_1, \tag{15}$$

und für die Spannungen gilt

$$\underline{u}_2 = \underline{u}_1 = \mathrm{j} x_2 i_1 . \tag{16}$$

Das Ersatzschaltbild läßt sich für $z \to \infty$ zu dem in *Abb. 6c* gezeigten vereinfachen. Die Gegenreaktanz wirkt dabei im Mitsystem wie eine einfache Vorreaktanz x_v, die sich zu den Reaktanzen der Maschine addiert und die Abklingzeitkonstanten gemäß Gl. (64), (101) und (102) von Kapitel 15 verlängert. Wir können daher die Maschine einschließlich Vorreaktanz als Ersatzmaschine mit entsprechend geänderten Konstanten auffassen.

Aus dem Leerlaufzustand, der vor dem Kurzschluß besteht, erhalten wir für die Ersatzmaschine die Ausgangsbedingungen

$$i_{0\mathrm{d}} = 0, \qquad u_{\mathrm{d}0} = 0,$$

$$i_{0\mathrm{q}} = 0, \qquad u_{0\mathrm{q}} = u_0 .$$

Nach Einlegen des Kurzschließers in *Abb. 6c* gilt

$$u_\mathrm{d} = u_\mathrm{q} = 0 .$$

Setzen wir diese Bedingungen in Gl. (107) und (108) von Kapitel 15 ein, so erhalten wir

$$i_\mathrm{q} = 0, \tag{17}$$

$$i_\mathrm{d} = u_0 \frac{1}{x_\mathrm{d}(t)} . \tag{18}$$

Für $x_\mathrm{d}(t)$ gilt im Gegensatz zu der für den dreipoligen Klemmenkurzschluß abgeleiteten Gl. (2) jetzt

$$\frac{1}{x_\mathrm{d}(t)} = \frac{1}{x_\mathrm{d} + x_\mathrm{v}} + \left(\frac{1}{x'_\mathrm{d} + x_\mathrm{v}} - \frac{1}{x_\mathrm{d} + x_\mathrm{v}}\right) \mathrm{e}^{-t/T''_{\mathrm{dL}}} + \left(\frac{1}{x''_\mathrm{d} + x_\mathrm{v}} - \frac{1}{x'_\mathrm{d} + x_\mathrm{v}}\right) \mathrm{e}^{-t/T''_{\mathrm{dL}}} . \tag{19}$$

Da sich i_q nach Gl. (17) zu Null ergibt, ist der Betrag von i_d gleich dem des Zeigers $\underline{i}_1$. Um mit symmetrischen Komponenten weiterrechnen zu können, müssen wir Gl. (18) noch in Zeigerform schreiben und erhalten, da der induktive Strom der Spannung um 90° nacheilt,

$$\underline{i}_1 = \frac{\underline{u}_0}{\mathrm{j} x_\mathrm{d}(t)} \tag{20}$$

und mit Gl. (15) und (16)

$$\underline{i}_2 = \frac{\underline{u}_0}{\mathrm{j} x_\mathrm{d}(t)}, \tag{21}$$

$$\underline{u}_2 = \underline{u}_0 \frac{x_2}{x_\mathrm{d}(t)} . \tag{22}$$

Wenn wir diese Beziehungen in die Grundgleichungen der symmetrischen Komponenten nach Kapitel 11, Tabelle 2 einsetzen, so erhalten wir für die Leiterströme und -spannungen

$$\underline{i}_{\mathrm{R}} = \frac{\underline{u}_0}{\mathrm{j}\, x_{\mathrm{d}}(t)} (1 - 1) = 0, \tag{23}$$

$$\underline{i}_{\mathrm{S}} = \frac{\underline{u}_0}{\mathrm{j}\, x_{\mathrm{d}}(t)} (\underline{a}^2 - \underline{a}) = \frac{\underline{u}_0}{\mathrm{j}\, x_{\mathrm{d}}(t)} \left(-\mathrm{j}\, \sqrt{3}\right), \tag{24}$$

$$\underline{i}_{\mathrm{T}} = \frac{\underline{u}_0}{\mathrm{j}\, x_{\mathrm{d}}(t)} (\underline{a} - \underline{a}^2) = \frac{\underline{u}_0}{\mathrm{j}\, x_{\mathrm{d}}(t)} \left(+\mathrm{j}\, \sqrt{3}\right) \tag{25}$$

und für die Klemmenspannungen der Maschine

$$\underline{u}_{\mathrm{R}} = \underline{u}_0 \frac{x_2}{x_{\mathrm{d}}(t)} (1 + 1) = \underline{u}_0 \frac{x_2}{x_{\mathrm{d}}(t)}\, 2, \tag{26}$$

$$\underline{u}_{\mathrm{S}} = \underline{u}_0 \frac{x_2}{x_{\mathrm{d}}(t)} (\underline{a}^2 + \underline{a}) = \underline{u}_0 \frac{x_2}{x_{\mathrm{d}}(t)} (-1), \tag{27}$$

$$\underline{u}_{\mathrm{T}} = \underline{u}_0 \frac{x_2}{x_{\mathrm{d}}(t)} (\underline{a} + \underline{a}^2) = \underline{u}_0 \frac{x_2}{x_{\mathrm{d}}(t)} (-1). \tag{28}$$

Abb. 7 zeigt das Zeigerdiagramm der so ermittelten Spannungen und Ströme. Die Stränge S und T sind miteinander kurzgeschlossen und haben gegenüber dem Sternpunkt eine gemeinsame Spannung, die halb so groß und entgegengesetzt gerichtet ist wie $\underline{u}_{\mathrm{R}}$. Die Ströme $\underline{i}_{\mathrm{S}}$ und $\underline{i}_{\mathrm{T}}$ sind naturgemäß gleich groß und entgegengesetzt gerichtet. Wie Gl. (23) bis (28) weiterhin zeigen, ändern sich die Beträge der Zeiger im Laufe der Kurzschlußzeit, während ihre Phasenlagen und Größenverhältnisse untereinander konstant bleiben. Im ersten Augenblick nach dem Kurzschluß – im subtransienten Fall – gilt $x_{\mathrm{d}}(t) = x_{\mathrm{d}}'' + x_2$ und da $x_2 \approx x_{\mathrm{d}}''$ ist, erhalten wir als Beträge

$$i_{\mathrm{R}}'' = i_{\mathrm{S}}'' = \sqrt{3}\, \frac{u_0}{x_{\mathrm{d}}'' + x_2} \approx \frac{\sqrt{3}}{2} \frac{u_0}{x_{\mathrm{d}}''}, \tag{29}$$

$$u_{\mathrm{R}}'' = u_0 \cdot 2\, \frac{x_2}{x_{\mathrm{d}}'' + x_2} \approx u_0. \tag{30}$$

Der Anfangswechselstrom ist also um den Faktor $\sqrt{3}/2$ kleiner als bei dreipoligem Kurzschluß. Der kurzschlußfreie Strang behält im ersten Augenblick seine Spannung etwa bei. Im transienten Fall gilt $x_{\mathrm{d}}(t) = x_{\mathrm{d}}' + x_2$, und aus Gl. (29) und (30) wird

$$i_{\mathrm{R}}' = i_{\mathrm{S}}' = \sqrt{3}\, \frac{u_0}{x_{\mathrm{d}}' + x_2} \approx \frac{\sqrt{3}}{1 + \dfrac{x_{\mathrm{d}}''}{x_{\mathrm{d}}'}} \frac{u_0}{x_{\mathrm{d}}'}, \tag{31}$$

$$u_{\mathrm{R}}' = u_0 \cdot 2\, \frac{x_2}{x_{\mathrm{d}}' + x_2} \approx u_0 \cdot 2\, \frac{x_{\mathrm{d}}''}{x_{\mathrm{d}}' + x_{\mathrm{d}}''}. \tag{32}$$

Da x'_d üblicherweise 1,5- bis 2mal so groß ist wie x''_d, hat der erste Faktor des letzten Teils von Gl. (31) etwa den Wert eins. Der transiente Strom ist somit etwa gleich dem transienten Strom beim dreipoligen Kurzschluß. Die Spannung

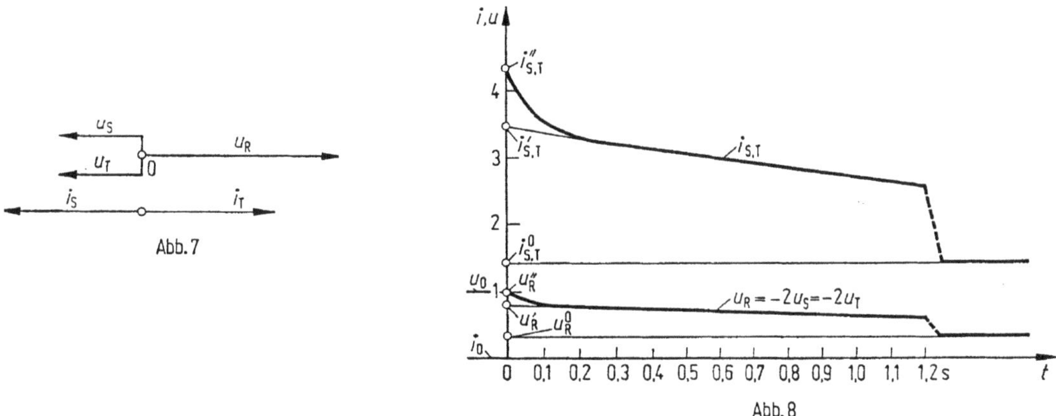

Abb. 7

Abb. 8

am gesunden Strang nach Gl. (32) ist auf rd. $^2/_3$ abgesunken. Im stationären Fall schließlich gilt

$$x_d(t) = x_d + x_2,$$

und wir erhalten

$$i^0_R = i^0_S = \sqrt{3}\,\frac{u_0}{x_d + x_2} \approx \sqrt{3}\,\frac{u_0}{x_d}. \tag{33}$$

$$u^0_R = u_0 \cdot 2\,\frac{x_2}{x_d + x_2} \approx u_0\,\frac{2x''_d}{x_d}. \tag{34}$$

Da $x_2 \approx x''_d$ gegenüber x_d verhältnismäßig klein ist, wird der stationäre zweipolige Kurzschlußstrom fast um den Faktor $\sqrt{3}$ größer als der dreipolige. Die

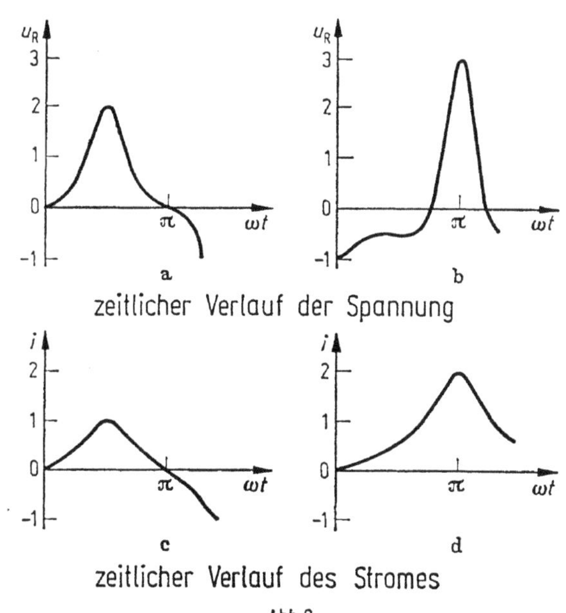

Abb. 9

Spannung am gesunden Strang ist dabei auf rund 20% des Wertes vor dem Fehler zusammengebrochen.

Zum Vergleich mit dem Verlauf der Umhüllenden des dreipoligen Kurzschlußwechselstromes nach *Abb. 1* zeigt *Abb. 8* den Verlauf der Umhüllenden des zweipoligen Kurzschlußstromes mit denselben Kenngrößen der Maschinen nach Tabelle 1 (S. 221).

Bei Schenkelpolmaschinen, die überhaupt keine oder keine geschlossene Dämpferwicklung haben, trifft die bei unserer Ableitung gemachte Voraussetzung $x_d'' \approx x_q''$ nicht mehr zu. Die Gegenreaktanz x_2 ist dann keine Konstante mehr, sondern ändert sich periodisch während des Polradumlaufs. Dadurch werden – insbesondere bei großem Gleichstromglied – die Schwingungen von Strom und Spannung stark verzerrt, und am gesunden Strang können anfänglich hohe Überspannungen entstehen. *Abb. 9* zeigt im oberen Teil den Anfangsverlauf dieser Spannung und im unteren Teil den zugehörigen Verlauf des Kurzschlußstromes für eine Maschine mit $x_q'' = 2x_d''$. *Abb. 9a* und *c* gelten ohne Gleichstromglied und *Abb. 9b* und *d* bei voller Verlagerung.

d) Zweipoliger Kurzschluß bei Verbindung mit dem Netz

In Abschnitt c haben wir den zweipoligen Kurzschluß einer unbelasteten Synchronmaschine untersucht. Wir wollen nun annehmen, daß diese Maschine über einen Transformator mit dem Netz gekuppelt ist und daß diese Verbindung während des zweipoligen Kurzschlusses bestehen bleibt. Es gilt also nun ein Schaltbild entsprechend *Abb. 10a.* Das durch die Sammelschienen angedeutete Netz habe eine im Vergleich zur Transformatorreaktanz sehr kleine Kurzschlußreaktanz, so daß die Netzspannung durch den Kurzschluß nicht beeinflußt wird.

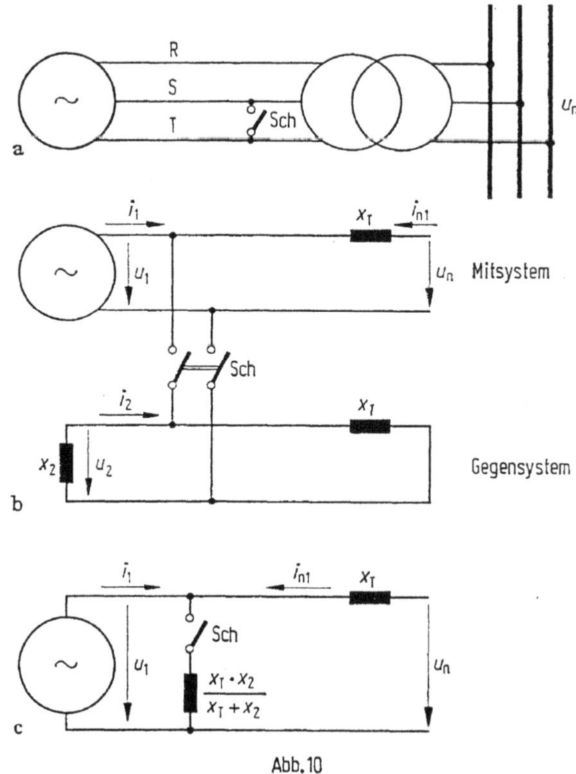

Abb. 10

Eine nicht zu vernachlässigende Kurzschlußreaktanz des Netzes könnte man in der Rechnung dadurch berücksichtigen, daß man sie zu der Transformatorreaktanz addiert.

Abb. 10b gibt das entsprechende Ersatzschaltbild in symmetrischen Komponenten wieder. Im Gegensystem wird auf der Maschinenseite wieder die Gegenreaktanz x_2 wirksam, auf der Netzseite die Transformatorreaktanz x_T, die für Mit- und Gegensystem gleich ist. Das Netz selbst enthält keine treibende Gegenspannung und wirkt, da wir seine Kurzschlußreaktanz zu Null angenommen haben, im Gegensystem wie ein Kurzschluß. Für die Gegensystemgrößen u_2 und i_2 lassen sich aus *Abb. 10b* folgende Beziehungen ablesen, die bei eingelegtem Kurzschließer Sch gelten:

$$\underline{u}_2 = \underline{u}_1, \tag{35}$$

$$\underline{i}_2 = -\frac{\underline{u}_2}{\mathrm{j}\, x_2} = -\frac{\underline{u}_1}{\mathrm{j}\, x_2}. \tag{36}$$

Beim Einlegen des Kurzschließers wird die gesamte Gegenreaktanz

$$x = \frac{x_T x_2}{x_T + x_2}, \tag{37}$$

die sich aus der Parallelschaltung von x_2 und x_{TR} ergibt, in das Mitsystem eingekoppelt. Dadurch entsteht das Ersatzschaltbild nach *Abb. 10c*.

Als Vorreaktanz x_v der Maschine, die die subtransiente und transiente Lastzeitkonstante der Maschine bestimmt, wird entsprechend *Abb. 10c* die Parallelschaltung der eingekoppelten und der Transformatorreaktanz wirksam:

$$x_v = \frac{\dfrac{x_T x_2}{x_T + x_2}\, x_T}{\dfrac{x_T x_2}{x_T + x_2} + x_T} = \frac{x_T x_2}{x_T + 2 x_2}. \tag{38}$$

Da hinter der parallelgeschalteten Transformatorreaktanz die treibende Netzspannung u_n liegt, läßt sich die gesamte Vorreaktanz nicht mehr als einfacher Zuschlag zu den Maschinenreaktanzen berücksichtigen, wie das im Abschnitt c geschehen ist. Wir müssen vielmehr den Netzstrom i_{n1} getrennt berücksichtigen, was einen umfangreicheren Rechengang erfordert.

Die beiden eingezeichneten Mitströme $\underline{i}_1$ der Maschine und $\underline{i}_{n1}$ des Netzes schließen sich gemeinsam über die eingekoppelte Reaktanz, und man erhält:

$$\underline{u}_1 = (\underline{i}_1 + \underline{i}_{n1})\, \mathrm{j}\, \frac{x_T x_2}{x_T + x_2}. \tag{39}$$

Der Mitstrom des Netzes wird von der Differenz der Netzspannung $\underline{u}_n$ und der Mitspannung $\underline{u}_1$ der Maschine über die Transformatorreaktanz getrieben entsprechend

$$\underline{i}_{n1} = (\underline{u}_n - \underline{u}_1)\, \frac{1}{\mathrm{j}\, x_T}. \tag{40}$$

Mit Hilfe dieser Ausgangsgleichungen läßt sich nun auch $\underline{i}_1$ als Funktion von $\underline{u}_1$ ausdrücken. Wir erhalten zunächst aus Gl. (38), (39) und (40)

$$\underline{u}_1 = \underline{i}_1\, \mathrm{j} x_\mathrm{v} + \underline{u}_\mathrm{n} \frac{x_\mathrm{v}}{x_\mathrm{T}} \tag{41}$$

und nach Auflösen nach $\underline{i}_1$

$$\underline{i}_1 = \frac{\underline{u}_1}{\mathrm{j} x_\mathrm{v}} - \frac{\underline{u}_\mathrm{n}}{\mathrm{j} x_\mathrm{T}}. \tag{42}$$

Es bleibt also nun die Aufgabe, auf Grund der Gleichungen der Maschine den zeitlichen Verlauf von $\underline{u}_1$ zu bestimmen. Danach können wir nach Gl. (35), (36) und (42) den zeitlichen Verlauf der übrigen symmetrischen Strom- und Spannungskomponenten berechnen und schließlich nach Tabelle 2 von Kapitel 11 den Verlauf der Leiterströme und den der Leiterspannungen zusammensetzen. Zur Ermittlung von $\underline{u}_1$ wandeln wir Gl. (41) nach der vereinfachten Parktransformation in Zweiachsengrößen und setzen dazu an:

$$\underline{u}_1 = u_\mathrm{d} + \mathrm{j} u_\mathrm{q}, \tag{43}$$

$$\underline{i}_1 = i_\mathrm{d} + \mathrm{j} i_\mathrm{q}, \tag{44}$$

$$\underline{u}_\mathrm{n} = \mathrm{j} u_\mathrm{n}. \tag{45}$$

Mit diesem Ansatz wird aus Gl. (41) nach Aufspalten in Real- und Imaginärteil

$$u_\mathrm{d} = i_\mathrm{q} x_\mathrm{v}, \tag{46}$$

$$u_\mathrm{q} = i_\mathrm{d} x_\mathrm{v} + u_\mathrm{n} \frac{x_\mathrm{v}}{x_\mathrm{T}}. \tag{47}$$

Da die unbelastete Maschine vor dem Kurzschluß den Polradwinkel $\vartheta = 0$ hat und ihr Läufer – bei vernachlässigten Netzverlusten – auch während des Kurzschlusses synchron weiterläuft, hat u_n nur eine Querkomponente. Die Maschine ist ferner so erregt, daß im Ausgangszustand kein Strom fließt, d. h. die Maschinenspannung ist vor dem Kurzschluß nach Größe und Phase gleich der Netzspannung. Die Ausgangsbedingungen, die in Gl. (107) und (108) von Kapitel 15 einzusetzen sind, lauten daher:

$$i_{0\mathrm{d}} = i_{0\mathrm{q}} = 0,$$

$$u_{0\mathrm{d}} = 0, \qquad u_{0\mathrm{q}} = u_\mathrm{n},$$

und wir erhalten dabei

$$i_\mathrm{q} = u_\mathrm{d} \frac{1}{x_\mathrm{q}(t)}, \tag{48}$$

$$i_\mathrm{d} = -(u_\mathrm{q} - u_\mathrm{n}) \frac{1}{x_\mathrm{d}(t)}. \tag{49}$$

Die Gl. (46) und (48) sind nur durch

$$u_\mathrm{d} = 0, \qquad i_\mathrm{q} = 0 \tag{50}$$

gleichzeitig zu erfüllen. Der Strom hat also nur eine Längskomponente, und die Spannung hat nur eine Querkomponente, die sich aus Gl. (47) und (49) errechnen läßt zu

$$u_q = u_n \frac{x_v}{x_T} \frac{x_T + x_d(t)}{x_v + x_d(t)}. \tag{51}$$

Um wieder auf Zeigergrößen zu kommen, setzen wir Gl. (50) und (51) in Gl. (43) ein und erhalten unter Verwendung von Gl. (45)

$$\underline{u}_1 = \underline{u}_n \frac{x_v}{x_T} \frac{x_T + x_d(t)}{x_v + x_d(t)}. \tag{52}$$

Die übrigen Komponentengrößen lassen sich nun durch Einführung von Gl. (52) in Gl. (35), (42) und (36) leicht finden, und wir bekommen nach geringfügiger Umrechnung

$$\underline{u}_2 = \underline{u}_n \frac{x_v}{x_T} \frac{x_T + x_d(t)}{x_v + x_d(t)}, \tag{53}$$

$$\underline{i}_1 = \underline{u}_n \frac{1}{\mathrm{j} x_T} \frac{x_T - x_v}{x_v + x_d(t)}, \tag{54}$$

$$\underline{i}_2 = -\underline{u}_n \frac{1}{\mathrm{j}(x_T + 2x_2)} \frac{x_T + x_d(t)}{x_v + x_d(t)}. \tag{55}$$

Die Leiterspannungen lassen sich entsprechend Gl. (26) bis (28) berechnen zu

$$\underline{u}_R = \underline{u}_n \frac{x_v}{x_T} \frac{x_T + x_d(t)}{x_v + x_d(t)} (1 + 1) = \underline{u}_n \frac{x_v}{x_T} \frac{x_T + x_d(t)}{x_v + x_d(t)} 2, \tag{56}$$

$$\underline{u}_S = \underline{u}_n \frac{x_v}{x_T} \frac{x_T + x_d(t)}{x_v + x_d(t)} (\underline{a}^2 + \underline{a}) = \underline{u}_n \frac{x_v}{x_T} \frac{x_T + x_d(t)}{x_v + x_d(t)} (-1), \tag{57}$$

$$\underline{u}_T = \underline{u}_n \frac{x_v}{x_T} \frac{x_T + x_d(t)}{x_v + x_d(t)} (\underline{a} + \underline{a}^2) = \underline{u}_n \frac{x_v}{x_T} \frac{x_T + x_d(t)}{x_v + x_d(t)} (-1). \tag{58}$$

Es ergibt sich für die Spannungen wiederum ein Zeigerdiagramm nach *Abb. 7*, wobei die Spannungen an den Leitern S und T halb so groß und entgegengesetzt gerichtet sind wie die im Leiter R. Zur Berechnung des Spannungsverlaufes im Leiter R nehmen wir $x_T = 0{,}1$ sowie die Kenngrößen der Maschine nach Tabelle 1 an. Damit ergibt sich x_v aus Gl. (38) zu $x_v = 0{,}04$, und wir erhalten, wenn wir $x_d(t)$ in Gl. (56) nacheinander als x''_d, x'_d und x_d ansetzen, die Spannungswerte

$$u''_R = u_n, \qquad u'_R = 0{,}96\, u_n, \qquad u^0_R = 0{,}847\, u_n.$$

Für die zeitlichen Übergänge zwischen diesen Werten gelten die subtransiente und die transiente Lastzeitkonstante, für die wir aus Gl. (64) und Gl. (101) von Kapitel 15 finden:

$$T''_d = 0{,}053\ \mathrm{s}, \qquad T'_d = 1{,}63\ \mathrm{s}.$$

Damit läßt sich der in *Abb. 11* gezeigte Spannungsverlauf aufzeichnen. Die Klemmenspannung wird gegenüber dem zuerst berechneten Fall des zweipoligen

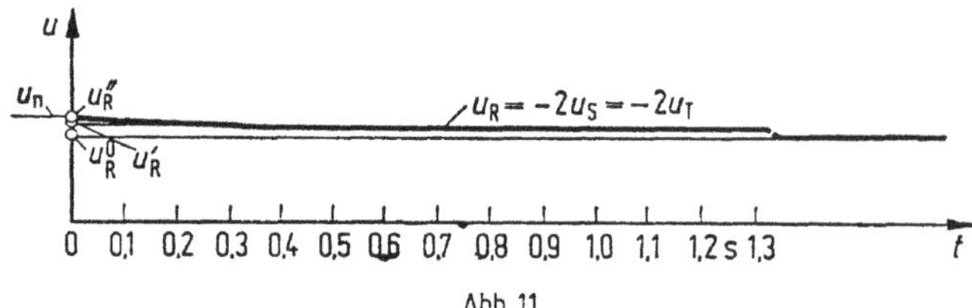

Abb. 11

Kurzschlusses ohne Netzverbindung jetzt zusätzlich durch die Netzspannung gestützt, so daß der Verlauf wesentlich flacher ist als in *Abb. 8*.

Für die Leiterströme ergeben sich beim Einsetzen der Komponentengrößen in die Grundgleichungen der symmetrischen Komponenten keine einfachen Ausdrücke, da i_1 und i_2 unterschiedliche Verläufe haben. Man geht daher zweckmäßigerweise so vor, daß man zunächst den Verlauf der beiden Stromkomponenten berechnet und sie dann Punkt für Punkt vektoriell addiert. Die beiden bei der Berechnung von i_S und i_T zu addierenden Zeiger (mit den Beträgen a und b) sind um 120° gegeneinander verdreht.

Der Betrag c ihrer Summe läßt sich auf dem Rechenschieber leicht finden, wenn man hierfür den Kosinussatz in der etwas veränderten Form

$$c = a \sqrt{1 + \left(\frac{b}{a}\right)^2 - \frac{b}{a}} \tag{59}$$

ansetzt. Man wählt als a den Betrag des kleineren der beiden Zeiger und stellt die Eins der beweglichen Grundskala über a auf der festen Grundskala. Stellt man nun den Läufer über b auf der festen Grundskala, so findet man darüber auf der beweglichen Grundskala den Wert b/a und darüber auf der beweglichen Quadratskala den Wert $(b/a)^2$. Durch eine einfache Zwischenrechnung läßt sich schnell das Argument der Wurzel bestimmen, das man mit dem Läufer auf der

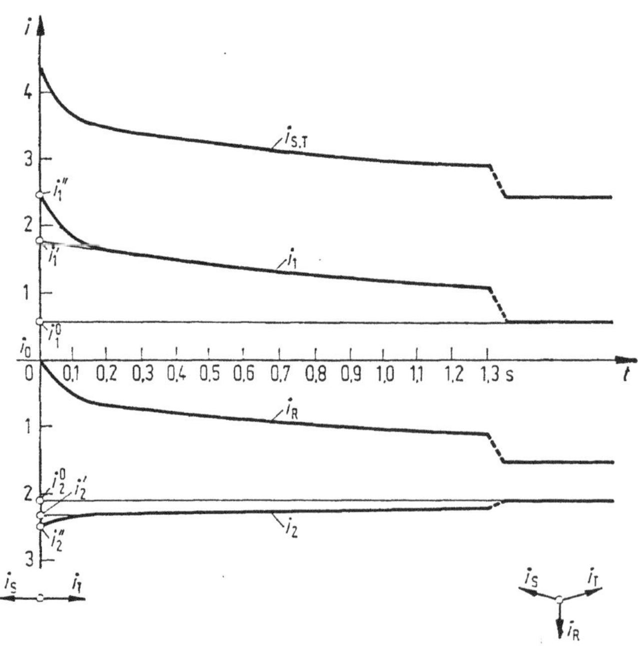

Abb. 12

beweglichen Quadratskala einstellt und worunter man auf der festen Grundskala das Ergebnis c findet.

Ist die Differenz zweier um 120° versetzter Zeiger zu bestimmen, so wird das Minuszeichen unter der Wurzel zum Pluszeichen.

Abb. 12 zeigt das Ergebnis der Rechnungen, wobei die Kurven die Umhüllenden der Strombeträge wiedergeben und das Zeigerdiagramm für Anfangs- und Endzustand die Phasenlagen angibt. Der Kurzschlußstrom beginnt also wie ein zweipoliger Kurzschluß ohne Netzverbindung mit $i_{\mathrm{R}} = 0$, im weiteren Verlauf tritt ein Strom im Leiter R auf, und die Stromzeiger in den Leitern S und T drehen sich dadurch aus ihrer anfänglichen Gegenstellung heraus.

e) Berücksichtigung der Sättigung

Bei den bisherigen Ableitungen dieses Kapitels hatten wir die Sättigung der Synchronmaschine außer acht gelassen, da sie bei den dynamischen Vorgängen nur eine untergeordnete Rolle spielt. Bei der Berechnung des Dauerkurzschlußstromes kann diese Vereinfachung jedoch zu merklichen Ungenauigkeiten führen, da die Maschine im Ausgangszustand meist stärker gesättigt ist und während des Kurzschlußvorganges mit abnehmendem Hauptfluß in den sättigungsfreien Bereich übergeht.

In Gl. (71c) und (71d) von Kapitel 14 hatten wir die Eisensättigung des Hauptfeldpfades durch die Sättigungsfaktoren γ_{d} und γ_{q} berücksichtigt. Für den stationären Zustand nehmen diese Gleichungen also bei Ansatz der Sättigung die Form an:

$$\varphi_{\mathrm{hd}} = \gamma_{\mathrm{d}}(i_{\mathrm{f}} - x_{\mathrm{hd}} i_{\mathrm{d}}), \tag{60}$$

$$\varphi_{\mathrm{hq}} = -\gamma_{\mathrm{q}} c_{\mathrm{q}} x_{\mathrm{hd}} i_{\mathrm{q}} = -\gamma_{\mathrm{q}} x_{\mathrm{hq}} i_{\mathrm{q}}. \tag{61}$$

Die Sättigungsfaktoren sollen die magnetische Leitfähigkeit des Eisens im jeweiligen Betriebspunkt wiedergeben. Eine grundsätzliche Schwierigkeit bei der Berücksichtigung der Sättigung liegt darin, daß sie einen nichtlinearen Zusammenhang zwischen Fluß und Durchflutung herstellt. Es ist daher im allgemeinen nicht möglich, die Sättigung in Längs- und Querachse getrennt zu behandeln. Das ist leicht aus folgender Überlegung einzusehen: Nehmen wir an, ein Turbogenerator, der auf dem ganzen Läuferumfang (und damit auch in Längs- und Querrichtung) gleiches magnetisches und auch gleiches Sättigungsverhalten aufweist, werde so betrieben, daß die Richtung von Fluß und Durchflutung genau zwischen Längs- und Querachse liegt. Der magnetische Gesamtfluß sei so groß, daß die Maschine gerade im Sättigungsbereich betrieben wird. Die Flußkomponenten, die durch Projektion des Gesamtflusses auf die Längsachse bzw. auf die Querachse entstehen, sind jedoch um den Faktor sin 45° = cos 45° = 0,707 kleiner, so daß man bei alleiniger Betrachtung der Achsengrößen zu dem Ergebnis käme, die Maschine sei noch nicht gesättigt. Die Sättigungsfaktoren müssen daher als Funktionen des gesamten Hauptflusses

$$\varphi_{\mathrm{h}} = \sqrt{\varphi_{\mathrm{hd}}^2 + \varphi_{\mathrm{hq}}^2} \tag{62}$$

angesetzt werden. Der Verlauf von γ_{d} kann dabei aus der Leerlaufkennlinie der Maschine gefunden werden, welche die Größe der Klemmenspannung u_{q} als Funktion S des Erregerstromes bei vom Netz getrennter Maschine angibt als

$$u_{\mathrm{q}} = S(i_{\mathrm{f}}). \tag{63}$$

Bei diesem Betriebszustand der Maschine ist der Längsfluß gleich dem Gesamtfluß

$$\varphi_h = \varphi_{hd}, \tag{64}$$

und der Ständerstrom ist null. Wir erhalten also aus Gl. (60) und aus Gl. (2) von Kapitel 15

$$\varphi_{hd} = \gamma_d i_f, \tag{65}$$

$$u_q = \varphi_{hd}. \tag{66}$$

Aus diesen vier Gleichungen ergibt sich der Sättigungsfaktor zu

$$\gamma_d = \frac{\varphi_h}{i_f} = \frac{u_q}{i_f} = \frac{S(i_f)}{i_f}. \tag{67}$$

Um γ_d zu erhalten, müssen wir also den Wert von u_q für jeden Punkt der Leerlaufkennlinie durch den zugehörigen Wert des Erregerstromes dividieren. In *Abb. 13* ist der Verlauf als Funktion von φ_d aufgetragen, wobei φ_d für Nennspannung zu eins festgesetzt wurde. Das hat zur Folge, daß in den Gleichungen für die Maschine x_{hd} und c_q mit ihren Werten bei Leerlauferregung eingesetzt werden müssen, worauf hingewiesen sei.

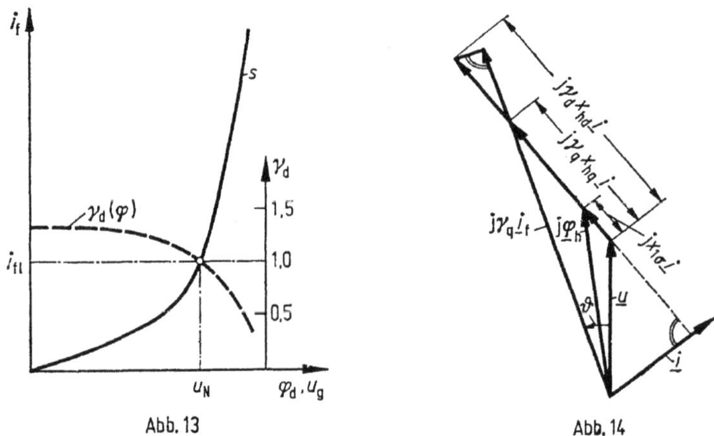

Abb. 13

Abb. 14

Für die Querachse ist in der Regel keine der Leerlaufkennlinie entsprechende Sättigungskurve zu erhalten, so daß man auf Abschätzungen angewiesen ist. Bei Turbogeneratoren kann man infolge des runden Läufers aus Massiveisen $\gamma_q(\varphi_h) \approx \gamma_d(\varphi_h)$ ansetzen.

Bei Schenkelpolgeneratoren ist wegen der längeren Luftwege in der Querachse der Verlauf von γ_q wesentlich flacher als der von γ_d. Man kann etwa ansetzen

$$\gamma_q(\varphi_h) = \frac{1}{1 + (0{,}3 \cdots 0{,}4)\left(\dfrac{1}{\gamma_d(\varphi_h)} - 1\right)}. \tag{68}$$

Die Berücksichtigung der Sättigung durch die Sättigungsfaktoren als Funktion des Hauptflusses ist im Rahmen der Parkschen Maschinendarstellung allgemein gültig und kann vorteilhaft bei Rechnungen auf dem Analog- oder Digitalrechner angewendet werden. Für die Berechnung ohne diese Hilfsmittel wird der Rechenvorgang jedoch meist zu langwierig; ausgenommen sind dabei die Fälle, in denen durch die vorgegebenen Größen der Betrag des Gesamtflusses unmittelbar bestimmt ist. Beispielsweise wird aus der Zeigergleichung (13) von Kapitel 15, wenn man die Sättigungsfaktoren bei der Ableitung mitführt,

$$\underline{u} = \mathrm{j}\gamma_\mathrm{d}\underline{i}_\mathrm{f} - \mathrm{j}(\gamma_\mathrm{d}x_\mathrm{hd} - \gamma_\mathrm{q}x_\mathrm{hq})\underline{i}_\mathrm{d} - \mathrm{j}(x_{1\sigma} + \gamma_\mathrm{q}x_\mathrm{q})\underline{i}, \tag{69}$$

oder nach $\mathrm{j}\gamma_\mathrm{d}\underline{i}_\mathrm{f}$ aufgelöst

$$\mathrm{j}\gamma_\mathrm{d}\underline{i}_\mathrm{f} = \underline{u} + \mathrm{j}x_{1\sigma}\underline{i} + \mathrm{j}\gamma_\mathrm{q}x_\mathrm{hq}\underline{i} + \mathrm{j}(\gamma_\mathrm{d}x_\mathrm{hd} - \gamma_\mathrm{q}x_\mathrm{hq})\underline{i}_\mathrm{d}. \tag{70}$$

Falls also die Aufgabe gestellt ist, bei vorgegebenem u und i den Erregerstrom und den Polradwinkel zu bestimmen, kann man, wie in *Abb. 14* gezeigt, mit dem Auftragen von $\underline{u} + \mathrm{j}x_{1\sigma}\underline{i}$ beginnen. Diese Zeigersumme ist gleich dem Zeiger $\mathrm{j}\underline{\varphi}_\mathrm{h}$ der zum Hauptfeld gehörigen Spannungen. Damit ist also die Größe von φ_h bekannt, und man kann damit die geltenden Werte von γ_d und γ_q bestimmen. Nun läßt sich die Konstruktion in bekannter Weise fortsetzen, wobei lediglich anstelle von x_hd und x_hq die durch die Sättigung modifizierten Werte $\gamma_\mathrm{d}x_\mathrm{hd}$ und $\gamma_\mathrm{q}x_\mathrm{hq}$ anzusetzen sind. Das Ergebnis der Konstruktion, $\gamma_\mathrm{q}\underline{i}_\mathrm{f}$, ist nun noch durch γ_q zu dividieren, um den Erregerstrom zu finden.

Im Dauerkurzschluß ist der Polradwinkel nahezu gleich Null, so daß der Hauptfluß nur aus einer Längskomponente besteht. Wir brauchen hier also nur die Sättigung in der Längsachse zu betrachten und können in diesem Fall ansetzen

$$\gamma_\mathrm{d}(\varphi_\mathrm{h}) = \gamma_\mathrm{d}(\varphi_\mathrm{d}). \tag{71}$$

Beim Leerlaufversuch wurde γ_d aus der Leerlaufkennlinie entsprechend Gl. (67) gefunden. Da beim Dauerkurzschluß jetzt zusätzlich noch der Ständerstrom fließt, müssen wir Gl. (67) erweitern zu

$$\gamma_\mathrm{d} = \frac{S(i_\mathrm{f} - x_\mathrm{hd}i_\mathrm{d})}{i_\mathrm{f} - x_\mathrm{hd}i_\mathrm{d}}. \tag{72}$$

Setzen wir diesen Ausdruck in Gl. (60) ein, so kürzt sich sein Nenner, und wir bekommen φ_hd unmittelbar aus der Sättigungskennlinie zu

$$\varphi_\mathrm{hd} = S(i_\mathrm{f} - x_\mathrm{hd}i_\mathrm{d}). \tag{73}$$

Mit Gl. (2) von Kapitel 15 erhalten wir so für die Querkomponente der Klemmenspannung, die beim Polradwinkel $\vartheta = 0$ allein vorhanden ist,

$$u_\mathrm{q} = -i_\mathrm{d}x_1 + S(i_\mathrm{f} - x_\mathrm{hd}i_\mathrm{d}). \tag{74}$$

Ermitteln wir den Dauerkurzschlußstrom für eine Kurzschlußlage nach *Abb. 15a*, so können wir die Vorreaktanz x_v zur Ständerstreureaktanz $x_{1\sigma}$ der Maschine hinzuschlagen und für die so entstehende Ersatzmaschine $u_\mathrm{q} = 0$ setzen. Aus Gl. (74) wird damit

$$i_\mathrm{d}(x_{1\sigma} + x_\mathrm{v}) = S(i_\mathrm{f} - x_\mathrm{hd}i_\mathrm{d}). \tag{75}$$

Daraus können wir graphisch den Strom i_d ermitteln, indem wir beide Seiten der Gleichung als Funktion von i_d betrachten und die beiden Funktionen zum Schnitt bringen. Die linke Funktion ist eine Gerade durch den Nullpunkt, die rechte Funktion entspricht der Leerlaufkennlinie. Wie *Abb. 15b* zeigt, ist dabei der Nullpunkt der beiden Funktionen von i_d durch den Abszissenwert i_f der Kennlinie gegeben. Um den Verlauf der Geraden zu finden, brauchen wir nur

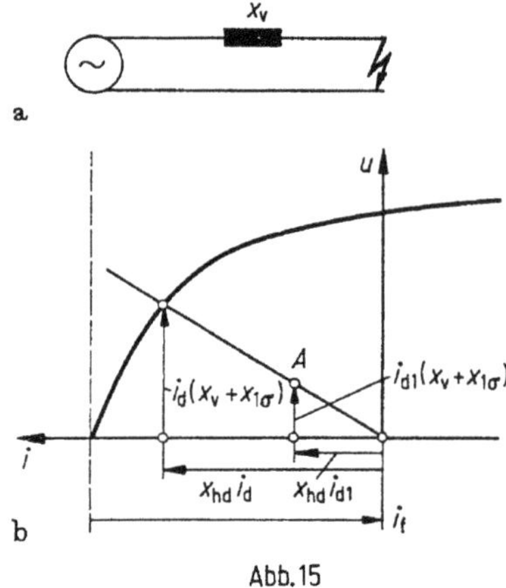

Abb. 15

für einen beliebig gewählten Wert i_{d1} die Abszisse $x_{hd}\,i_d$ und die Ordinate $i_d\,(x_{1\sigma} + x_v)$ zu berechnen. Die durch diesen Punkt und den Nullpunkt gezogene Gerade schneidet die Kennlinie in einem Punkt, dessen Abszissenwert $x_{hd}\,i_d$ den gesuchten Strom i_d liefert.

Für den Klemmenkurzschluß wäre die Gerade wegen $x_v = 0$ etwas flacher geneigt. In diesem Falle stellt das Dreieck aus Schnittpunkt, zugehörigem Abszissenpunkt und Nullpunkt das bekannte Potier-Dreieck für den Erregerstromwert i_f dar.

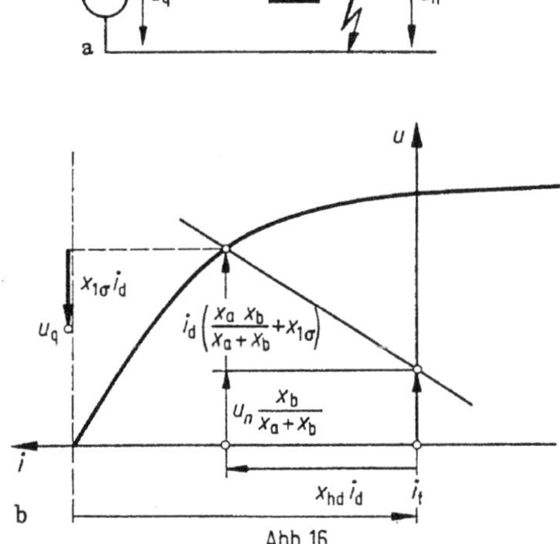

Abb. 16

Dieselbe Konstruktion kann auch für kompliziertere Kurzschlußlagen herangezogen werden, wie z. B. in *Abb. 16* gezeigt. Wir erhalten in diesem Falle die Ausgangsgleichungen

$$u_q = (i_d + i_n)\,x_b\,, \tag{76}$$

$$i_n = \frac{u_n - u_q}{x_a} \tag{77}$$

und aus Gl. (76) und (77)

$$u_q = i_d \frac{x_a x_b}{x_a + x_b} + u_n \frac{x_b}{x_a + x_b}. \tag{78}$$

Zusammen mit Gl. (74) ergibt sich also

$$u_n \frac{x_b}{x_a + x_b} + i_d \left(\frac{x_a x_b}{x_a + x_b} + x_{1\sigma}\right) = S(i_f - x_{hd}). \tag{79}$$

Diese Gleichung läßt sich wie in *Abb. 16b* graphisch darstellen. Die Gerade als Funktion der linken Seite geht in diesem Fall nicht durch den Nullpunkt, sondern schneidet die Ordinate im Wert $u_n \frac{x_b}{x_a + x_b}$. Im übrigen verläuft die Konstruktion wie für die einfachen Kurzschlußlagen beschrieben. u_q läßt sich gemäß Gl. (74) finden, indem man vom Abszissenwert des Schnittpunktes den Spannungsfall $x_{1\sigma} i_d$ abzieht.

f) Verlauf des Gleichstromgliedes

Wir haben uns bisher nur mit dem Wechselstromglied des Stromes — oder dessen Umhüllender — befaßt. Wenn man den Verlauf der Wechselstromglieder vor und nach einer plötzlichen Änderung des Schaltzustandes eines Netzes oder des Belastungszustandes einer Maschine berechnet, so sind die vor und nach der Änderung fließenden Ströme nach Betrag und Phasenlage verschieden, und ihre Augenblickswerte zum Zeitpunkt $t = 0$ der Änderung werden sich in der Regel nicht decken, sondern um einen Betrag g voneinander abweichen (*Abb. 17a*).

Die Strombahnen der Maschine und die meisten Strombahnen des Netzes haben merkliche Induktivitäten, die eine solche unstetige Stromänderung nicht zulassen; es entsteht vielmehr ein freies Ausgleichsglied in Form eines Gleichstromes, das in Stromkreisen ohne Wirkwiderstand beliebige Zeiten fortdauern würde. Der Wert dieses Gleichstromgliedes ist dabei gleich und entgegengerichtet der Differenz g der Augenblickswerte, so daß insgesamt ein Stromverlauf nach *Abb. 17b* entstehen würde, bei dem die Ströme vor und nach der Betriebsänderung stetig ineinander übergehen. Der praktisch immer vorhandene Wirkwiderstand der Strombahn läßt das Gleichstromglied nach einer Exponentialfunktion abklingen.

Bei einfachen Laständerungen wirkt auch der Lastwiderstand des Netzes dämpfend auf das Gleichstromglied ein. Es klingt dabei so rasch ab, daß es meist nur eine Verzerrung der ersten Stromhalbschwingung bewirkt (*Abb. 17c*). Andere Verhältnisse treten im Kurzschlußfall und besonders beim klemmennahen Kurzschluß der Maschine auf, wo die Strombahnen nur einen im Verhältnis zum induktiven Widerstand sehr geringen Wirkwiderstand haben. Hier treten ziemlich lang andauernde Gleichstromglieder auf, und es können in ungünstigen Fällen sogar nach Eintreten des Kurzschlusses während mehrerer Halbschwingungen überhaupt keine Stromnulldurchgänge mehr auftreten. Für die Größe des Gleichstromgliedes ist dabei der Kurzschlußwechselstrom im ersten Augenblick, d. h. der subtransiente Strom, bestimmend.

Wir wollen zunächst die Größe des Gleichstromgliedes im ersten Augenblick betrachten und anschließend seine Abklingzeitkonstante berechnen. Am einfachsten läßt sich die Größe des Gleichstromgliedes aus einem Zeigerdiagramm ermitteln, wie es *Abb. 18a* zeigt. Hierin sind die Zeiger des Ausgangsstromes $\underline{i}_0$ vor

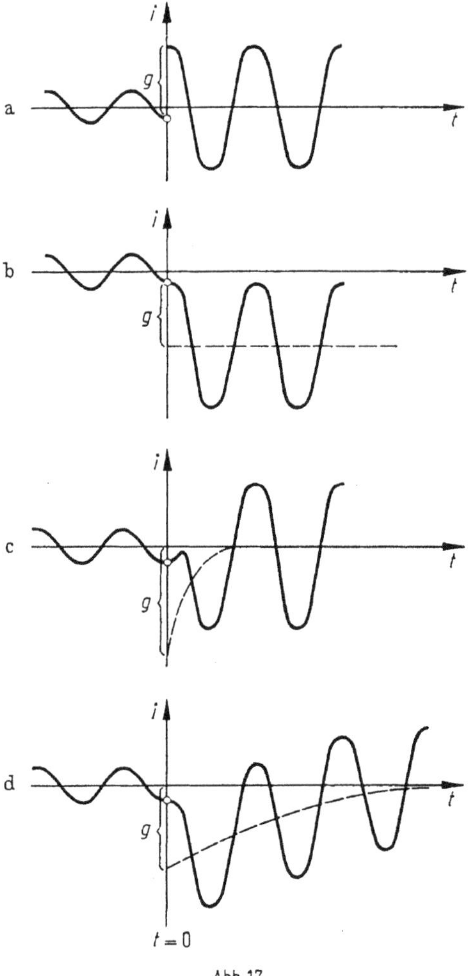

Abb. 17

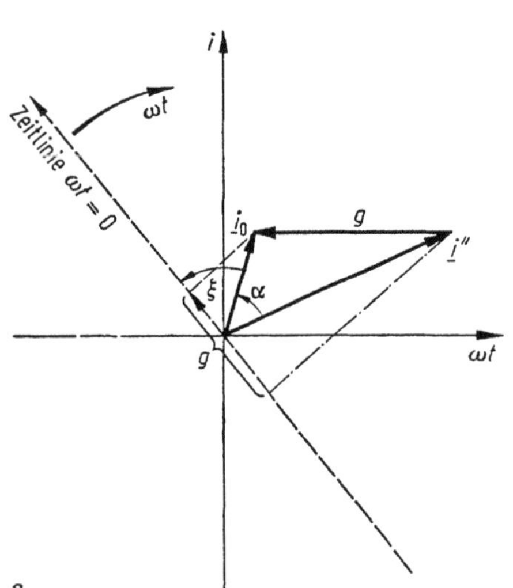

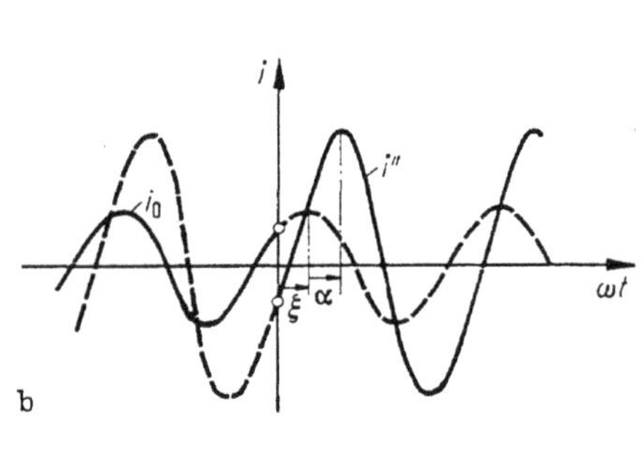

Abb. 18

dem Kurzschluß und des Kurzschlußwechselstromes $\underline{i}''$ eingetragen. Den Augenblickswert dieser beiden Ströme erhält man, wenn man die Zeiger auf die umlaufende Zeitlinie projiziert. Wenn wir die Zeitlinie gerade in ihrer Stellung zum Zeitpunkt des Kurzschlußbeginns $t = 0$ einzeichnen, dann zeigt *Abb. 18a* den in *Abb. 18b* dargestellten Verlauf: der Zeitpunkt $t = 0$ liegt um den Winkel ξ vor dem positiven Maximum von i_0 und um den Winkel $\xi + \alpha$ vor dem Maximum von i''. Das Gleichstromglied g ergibt sich aus dem Zeigerdiagramm als Differenz der Projektionen der beiden Stromzeiger oder als Projektion der Zeigerdifferenz $\underline{g}$ zu

$$g = i_0 \cos \xi - i'' \cos (\xi + \alpha). \tag{80}$$

Das Gleichstromglied wird null, wenn der Kurzschluß in dem Zeitpunkt eingeleitet wird, in dem beide Ströme i_0 und i'' den gleichen Augenblickswert haben. Im Diagramm steht in diesem Augenblick die Zeitlinie senkrecht zur Zeigerdifferenz $\underline{g}$. Algebraisch finden wir den zugehörigen Winkel durch Nullsetzen von Gl. (80) zu

$$\tan \xi = \frac{i'' \cos \alpha - i_0}{i'' \sin \alpha}. \tag{81}$$

Umgekehrt tritt das größte Gleichstromglied auf, wenn die Zeitlinie im Diagramm parallel zur Zeigerdifferenz $\underline{g}$ steht und diese sich mit ihrem vollen Betrag projiziert. Wir finden durch Differentiation von Gl. (80) nach ξ und Nullsetzen für diesen Fall

$$\tan \xi = \frac{i'' \sin \alpha}{i_0 - i'' \cos \alpha}. \tag{82}$$

Der Wert des zugehörigen Gleichstromgliedes ergibt sich durch Einsetzen von Gl. (82) in (80) zu

$$g = \sqrt{(i_0 - i'' \cos \alpha)^2 + i'' \sin^2 \alpha}. \tag{83}$$

Zu demselben Ergebnis kommt man, wenn man den Betrag von $\underline{g}$ nach dem Kosinussatz aus dem Diagramm berechnet.

Mit Hilfe der abgeleiteten Gleichungen oder aus einem Diagramm entsprechend *Abb. 18a* läßt sich also leicht ermitteln, welche Größe das Gleichstromglied hat, wenn der Kurzschluß zu einem bestimmten Phasenwinkel des Vorstromes beginnt, und bei welchen Phasenwinkeln das größte oder aber überhaupt kein Gleichstromglied entsteht. Die Beziehungen gelten nicht nur für einen Kurzschluß, sondern auch für beliebige andere Laständerungen. Zur Ermittlung des Gleichstromgliedes muß lediglich die Größe und Phasenwinkeldifferenz der Ströme vor und nach der Änderung bekannt sein. Diese Phasenwinkeldifferenz ist nicht einfach die Differenz der Lastwinkel beider Ströme, da der Lastwinkel ja die Phasenverschiebung zwischen Strom und Spannung angibt und Laständerungen im allgemeinen auch die Phasenlage der Spannung ändern.

Bei Kurzschlüssen ist der Vorbelastungsstrom oft Null, oder er wird bei der Berechnung zu Null angesetzt, da dieser Strom in den meisten Fällen ziemlich klein gegenüber dem Kurzschlußstrom ist. Setzen wir in Gl. (80) $\alpha = 0$, so daß ξ jetzt gleichzeitig auch der Phasenwinkel des Kurzschlußstromes ist, und setzen dann $i_0 = 0$, so erhalten wir die einfache Beziehung

$$g = -i'' \cos \xi. \tag{84}$$

Das Gleichstromglied ist also dann am größten, wenn der Kurzschlußwechselstrom im Maximum ($\xi = 0$) beginnt, und es ist null, wenn im Nulldurchgang des Kurzschlußwechselstromes geschaltet wird. Kurzschlußstromkreise haben meist nur sehr geringen Wirkwiderstand und sind überwiegend induktiv, so daß die treibende Spannung um 90° gegenüber dem Strom versetzt ist. Bezogen auf die Phasenlage der Spannung gilt also genau das Umgekehrte. Das höchste Gleichstromglied entsteht, wenn der Kurzschluß im Spannungsnulldurchgang eintritt, und kein Gleichstromglied, wenn er im Spannungsmaximum eintritt. Naturgemäß haben Kurzschlüsse im Netz die Tendenz im Spannungsmaximum aufzutreten, und ein Kurzschluß mit hohem Gleichstromglied ist ein verhältnismäßig seltener Fall.

Umgekehrt wird in Prüffeldern oft durch entsprechende Wahl des Zuschaltaugenblickes dafür gesorgt, daß ein hohes Gleichstromglied auftritt, um bei der Prüfung die ungünstigste höchste Strombeanspruchung zu erhalten. Wird in dreiphasigen Stromkreisen der Kurzschließer in allen drei Leitern gleichzeitig eingelegt, so entsteht immer in mindestens zwei Leitern ein Gleichstromglied. Wird im Spannungsmaximum eines Leiters geschaltet, so entsteht in diesem Leiter kein Gleichstromglied, in den beiden anderen beträgt es das $\sqrt{3}/2$fache des Wechselstrom-Scheitelwertes. Beim Zuschalten im Spannungsnulldurchgang ist der Kurzschlußwechselstrom dieses Leiters voll verlagert, d. h. das Gleichstromglied ist gleich dem Scheitelwert, in den beiden anderen Leitern ist es halb so groß (*Abb. 19a*).

Wird der Kurzschlußbeginn in den drei Leitern zu ungleichen Zeiten gewählt, so werden die Gleichstromglieder je nach Wahl der Zeitpunkte entweder größer oder kleiner als bei gleichzeitiger Zuschaltung. *Abb. 19b und c* zeigt den für zwei derartige Fälle aufgezeichneten Stromverlauf in den drei Leitern. In Wirklichkeit ergeben sich wegen des hierbei nicht berücksichtigten Abklingens der Gleich- und Wechselstromglieder etwas andere Stromverläufe.

Im folgenden wird der zeitliche Verlauf des Gleichstromgliedes berechnet. Wir hatten gefunden, daß die betriebsfrequenten Ströme bei der Umrechnung auf das System des rotierenden Maschinenläufers (Parktransformation) zu Gleichströmen wurden. Das Gleichstromglied wird bei dieser Umrechnung dementsprechend zu einem abklingenden betriebsfrequenten Wechselstrom, da die zugehörigen Durchflutungen gegenüber dem Ständer räumlich festliegen und das Polrad relativ zu ihnen mit einer Drehzahl entsprechend der Betriebsfrequenz umläuft. Der Verlauf des Gleichstromgliedes ist also auf den ersten Blick erstaunlicherweise einer jener sehr schnellen Vorgänge, für die der subtransiente Betriebszustand der Maschine gilt.

Aus Gl. (90) bis (93) von Kapitel 15 finden wir hierfür

$$u''_{\mathrm{d}} = e''_{\mathrm{d}} + x''_{\mathrm{q}} i''_{\mathrm{q}}, \tag{85}$$

$$u''_{\mathrm{q}} = e''_{\mathrm{q}} - x''_{\mathrm{d}} i''_{\mathrm{d}} \tag{86}$$

und durch Vergleich mit Gl. (1) und (2) von Kapitel 15, die ja auch für den subtransienten Fall gelten,

$$-(\varphi_{\mathrm{hq}} - i_{\mathrm{q}} x_{1\sigma}) = e''_{\mathrm{d}} + x''_{\mathrm{q}} i''_{\mathrm{q}}, \tag{87}$$

$$(\varphi_{\mathrm{hd}} - i_{\mathrm{d}} x_{1\sigma}) = e''_{\mathrm{q}} - x''_{\mathrm{d}} i_{\mathrm{d}}. \tag{88}$$

Bei der Berechnung der Ausgleichsvorgänge mit Hilfe der Gleichungen der Maschine hatten wir bisher kein Gleichstromglied gefunden. Das liegt daran, daß

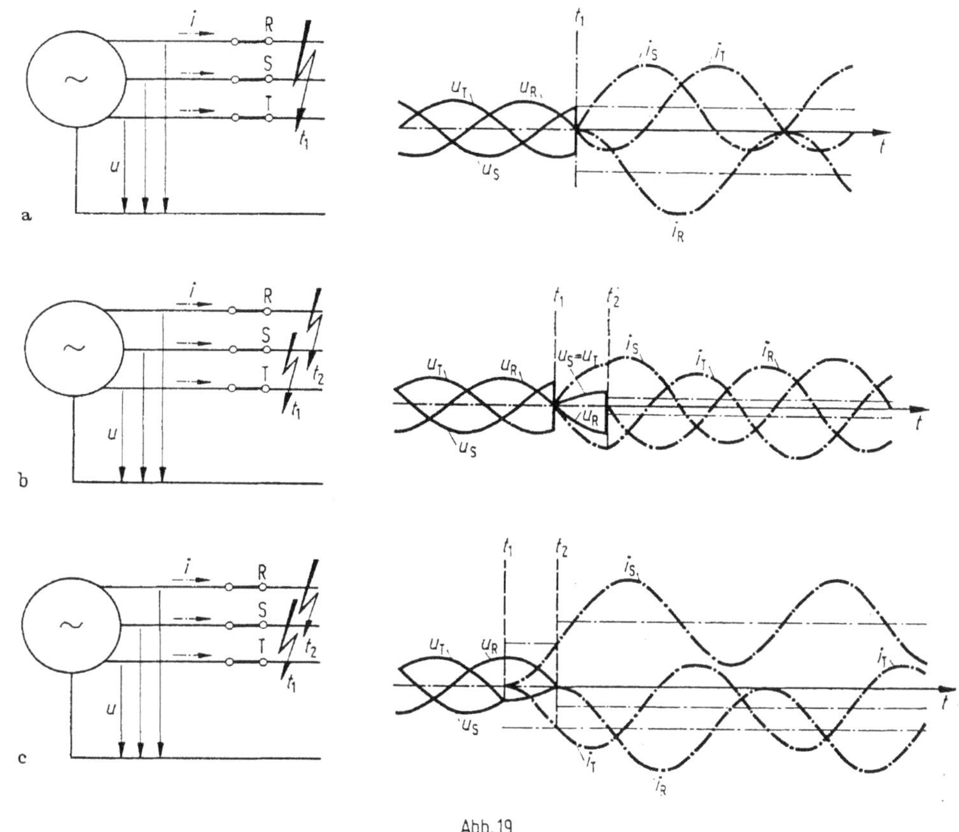

Abb. 19

wir die differentiellen Glieder und den Wirkwiderstand aus Gl. (71a) und (71b) von Kapitel 14 vernachlässigt hatten. Wenn wir nun Gl. (87) und (88) in die vollständigen Gl. (71a) und (71b) von Kapitel 14 einsetzen, so ergibt sich für den Kurzschlußfall ($u = 0$):

$$u_d'' = -i_d'' r_1 + \frac{d}{d\omega_N t}(e_q'' - x_d'' i_d'') + n_r(e_d'' + x_q'' i_q'') = 0, \tag{89}$$

$$u_q'' = -i_q'' r_1 - \frac{d}{d\omega_N t}(e_d'' + x_q'' i_d'') + n_r(e_q'' - x_d'' i_d'') = 0, \tag{90}$$

oder nach geringfügiger Umformung, und da e_q'' und e_d'' im subtransienten Fall Konstanten sind,

$$i_d'' r_1 + x_d'' \frac{d i_d''}{d\omega_N t} - n_r x_q'' i_q'' = n_r e_d'', \tag{91}$$

$$i_q'' r_1 + x_d'' \frac{d i_q''}{d\omega_N t} + n_r x_d'' i_d'' = n_r e_q''. \tag{92}$$

Die homogene Lösung dieses Differentialgleichungspaares liefert als Ausgleichsvorgang das Gleichstromglied. Die beiden Störglieder auf der rechten Seite liefern dagegen das subtransiente Wechselstromglied, dessen Größe wir bereits in Kapitel 15 berechnet hatten. Wir brauchen daher hier nur die homogenen Gleichungen zu betrachten, aus denen wir beispielsweise nach Eliminieren von i_q''

für i_d'' finden:

$$\frac{d^2 i_d''}{dt} + \omega_N r_1 \frac{x_d'' + x_q''}{x_d'' x_q''} \frac{d i_d''}{dt} + \omega_N^2 \left(n_r^2 + \frac{r_1^2}{x_d'' x_q''}\right) i_d'' = 0. \tag{93}$$

Die Lösung dieser Differentialgleichung hat die Form

$$i_d'' = e^{-t/T_g} A_d \cos(\omega' t + \varepsilon_d) \tag{94}$$

mit

$$T_g = \frac{2 x_d'' x_q''}{\omega_N r_1 (x_d'' + x_q'')} \tag{95}$$

und

$$\omega' = \omega_N \sqrt{n_r^2 - \left(\frac{r_1(x_d'' - x_q'')}{2 x_d'' x_q''}\right)^2}. \tag{96}$$

Führen wir die gleiche Rechnung für i_q'' durch, so erhalten wir

$$i_q'' = e^{-t/T_g} A_q \cos(\omega' t + \varepsilon_q) \tag{97}$$

mit der gleichen Frequenz und Zeitkonstante.

Wie bei den parktransformierten Größen erwartet, haben wir also anstelle des Gleichstromgliedes einen abklingenden Wechselstrom gefunden. Uns interessiert hauptsächlich die Abklingzeitkonstante, die sich nach Gl. (95) aus der doppelten Induktivität der beiden parallelgeschalteten Maschinenreaktanzen x_d'' und x_q'' zusammen mit dem Ständerwiderstand r_1 ergibt. Falls sich in der Kurzschlußbahn außerhalb der Maschine noch Vorimpedanzen x_v und Vorwiderstände r_v befinden, so addieren sie sich zu den entsprechenden Gliedern in Gl. (95), und wir erhalten in diesem Fall

$$T_{gL} = \frac{2(x_d'' + x_v)(x_q'' + x_v)}{\omega_N (r_1 + r_v)(x_d'' + x_q'' + 2x_v)}. \tag{98}$$

Die Kreisfrequenz ω' nach Gl. (96) wird für $x_d'' = x_q''$ (das gilt für Turbogeneratoren und für Maschinen mit geschlossener Dämpferwicklung) genau gleich der Betriebskreisfrequenz $n_r \omega_N$. Für diesen Fall gilt auch $A_d = A_q$ und $\varepsilon_d - \varepsilon_q = 90°$. Die Rücktransformation in Ständergrößen (Tabelle 2 von Kapitel 11) liefert dabei wie erwartet ein mit T_g abklingendes Gleichstromglied. Für $x_d'' \neq x_q''$ sind die gerade aufgeführten Beziehungen nicht genau erfüllt. Das hat zur Folge, daß bei der Rücktransformation neben dem Gleichstromglied ein Glied mit doppelter Betriebsfrequenz entsteht, das sich in Wirklichkeit als Verzerrung des Kurzschluß-Wechselstromgliedes wiederfindet. Das Gleichstromglied selbst wird zu einer Schwingung mit der sehr kleinen Kreisfrequenz $(n_r \omega_N - \omega')$, was im praktischen Fall jedoch kaum auffällt, da das Abklingen zu rasch vor sich geht.

In den Läuferwicklungen der Maschine ruft das Gleichstromglied Wechselströme der Kreisfrequenz ω' hervor, die sich den übrigen Ausgleichsströmen überlagern und deren Höhe bei bekanntem Ständerstromverlauf mit Hilfe der Gl. (74) bis (76) des Kapitels 15 berechnet werden kann.

Wir hatten am Schluß von Abschnitt b) als verhältnismäßig extremes Beispiel den Klemmenkurzschluß einer Maschine betrachtet, die im Ausgangszustand bei stark kapazitiver Last mit einem Polradwinkel von 90° am Netz liegt. Der hohe Stoßkurzschlußstrom geht in diesem Falle sehr schnell in den ziemlich kleinen stationären Kurzschlußstrom über, während das Gleichstromglied noch etwas länger andauern kann. Auch kann das Gleichstromglied in dem gewählten Beispiel außerordentlich groß werden, da der kapazitive Laststrom des Ausgangszustandes durch den induktiven Kurzschlußstrom von fast genau entgegengesetzter Phasenlage abgelöst wird. Als Zeiger des Ausgangsstromes und des subtransienten Kurzschlußstromes erhalten wir mit den Werten von Abschnitt b)

$$\underline{i}_0 = i_{0\mathrm{d}} + \mathrm{j}\, i_{0\mathrm{q}} = (0{,}1 + \mathrm{j}\ 1{,}43),$$

$$\underline{i}'' = i''_{\mathrm{d}} + \mathrm{j}\, i''_{\mathrm{q}} = (0{,}1 - \mathrm{j}\ 3{,}57).$$

Hier ergibt sich die Zeigerdifferenz $\underline{g}$ zu

$$\underline{g} = \underline{i}_0 - \underline{i}'' = \mathrm{j}\,(1{,}43 + 3{,}57) = \mathrm{j}\ 5.$$

Der Anfangswert des Gleichstromgliedes kann maximal den Betrag dieser Zeigerdifferenz, also den fünffachen Nennstrom annehmen. Setzen wir den auf die Nennimpedanz bezogenen Ständerwiderstand zu

$$r_1 = 0{,}003$$

an, wie er bei großen Maschinen vorkommt, so finden wir aus Gl. (95) und mit den Kenngrößen der Maschine nach Tabelle 1 die Gleichstromzeitkonstante zu

$$T_{\mathrm{g}} = \frac{2 \cdot 0{,}2 \cdot 0{,}2}{314 \cdot 0{,}003\,(0{,}2 + 0{,}2)}\ \mathrm{s} = 0{,}21\ \mathrm{s}.$$

Aus dem Anfangswert und der Zeitkonstante können wir den Verlauf des Gleichstromgliedes bestimmen, das in *Abb. 20* strichpunktiert eingetragen ist

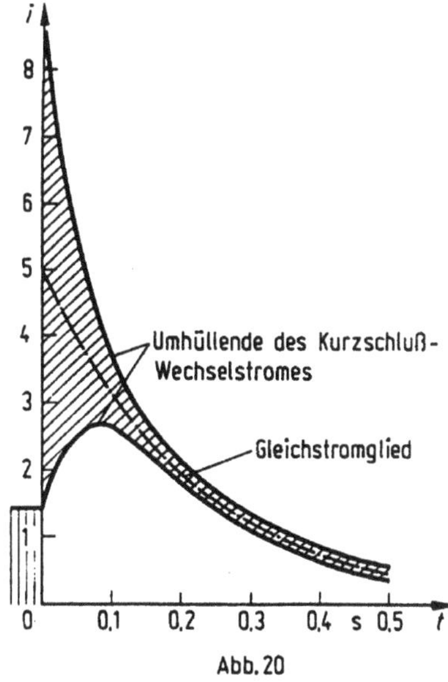

Abb. 20

Tragen wir nun beidseits des Gleichstromgliedes den Verlauf der Umhüllenden des Kurzschlußwechselstromes i nach *Abb. 5* ein, so entsteht das ungewohnte Bild, daß der Verlauf des Gesamtstromes im Strang mit der großen Verlagerung über längere Zeiten fast allein durch das Gleichstromglied bestimmt ist.

g) Wirkung von Netzreaktanzen und Kurzschlußdrosselspulen

Wir erkennen aus den Berechnungen dieses und des Kapitels 15, daß die wirksame Maschinenreaktanz im Stoß (subtransienter und transienter Fall) wesentlich geringer ist als im Dauerkurzschluß. Die gesamte Kurzschlußreaktanz, die sich bei generatorfernen Kurzschlüssen aus Maschinen- und Netzreaktanzen zusammensetzt, wird also beim Stoß bereits durch eine kleine Netzreaktanz ziemlich stark erhöht und damit der Kurzschlußstrom vermindert. Außerdem werden die Abklingzeiten der Stoßströme vergrößert, wie wir bereits in Kapitel 15 bei der Berechnung der Lastzeitkonstanten gefunden hatten. Der Dauerkurzschlußstrom wird dagegen im wesentlichen durch die große synchrone Maschinenreaktanz bestimmt, zu der eine kleine Netzreaktanz nur einen verhältnismäßig bescheidenen Beitrag liefert.

Die Kurzschlußströme haben daher einen sehr unterschiedlichen Verlauf, je nachdem, ob der Kurzschluß nahe am Generator oder weit davon im Netz liegt. Bei generatornahem Kurzschluß treten anfangs sehr hohe Stoßwechselströme bis zum 10- bis 15fachen des Scheitelwertes des Dauerkurzschlußstromes auf, die verhältnismäßig rasch abklingen. Bei steigender Netzreaktanz in der Kurzschlußbahn werden die Stoßströme sehr viel stärker als der Dauerstrom gedämpft, und ihre Abklingzeit wird verlängert, so daß die Hüllkurve des Wechselstromgliedes immer flacher verläuft. Hinzu kommt im Verbundnetz, daß sich der Kurzschlußstrom bei generatorfernem Fehler auf mehrere Generatoren einigermaßen gleichmäßig verteilt. Der anteilige Strom beträgt dabei u. U. nur einen Bruchteil des Nennstromes der Generatoren, so daß der Einbruch der Klemmenspannung vom Spannungsregler leicht ausgeglichen werden kann. Aus alledem ergibt sich, daß bei generatorfernem Kurzschluß das Verhältnis von Stoß- und Dauerkurzschlußstrom sehr viel kleiner wird; es beträgt im Hochspannungsnetz etwa 2 bis 3 und nähert sich in den unterlagerten Netzen dem Wert Eins. Die angegebenen Zahlen

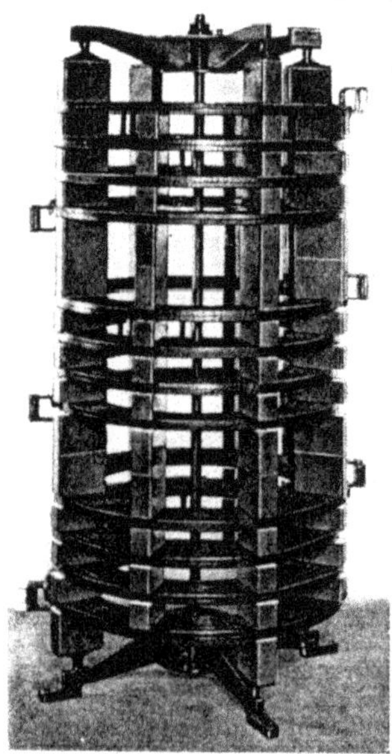

Abb. 21

gelten für das Verhältnis der Wechselstromanteile. Der höchste Augenblickswert des Kurzschlußstromes, der für die Kräfte auf Wicklungen und Isolatoren ausschlaggebend ist, kann infolge des Gleichstromgliedes noch um den Faktor 1,6 bis 2 größer sein.

Zur Begrenzung der Kurzschlußströme werden vielfach Drosselspulen verwendet. In *Abb. 21* ist eine solche Kurzschlußdrosselspule gezeigt, wie sie in großen Unterwerken verwendet wird. Ihre Windungen sind zu Scheiben aufgewickelt und mit Isolierstoff fest verbacken, so daß sie auch bei den stärksten Kurzschlußströmen nicht verformt werden. Die Oberfläche der Wicklung wird so bemessen, daß die Übertemperatur bei Nennbetrieb 80°C nicht überschreitet. Der Kupferquerschnitt richtet sich dagegen nach dem Nennstrom oder dem Kurzschlußstrom mal seiner Wirkungszeit und wird so gewählt, daß äußerstenfalls eine Kurzschlußendtemperatur von 270°C erreicht wird.

Eisen zur Erhöhung der Selbstinduktivität kann bei derartigen Spulen wegen der Sättigungserscheinungen nicht verwendet werden. Denn die Ströme und die von ihnen erzeugten Durchflutungen der Kurzschlußdrosselspulen sind so groß, daß gerade bei ihrem Höchstwert, bei dem man die größte Selbstinduktivität benötigt, eine wesentliche Erniedrigung durch Sättigung eintreten würde. Bei den geringen Strömen im üblichen Betrieb dagegen, bei denen ein möglichst kleiner induktiver Spannungsabfall erwünscht ist, verschwindet die Sättigung, so daß die Selbstinduktivität unnötig groß würde. Man pflegt Kurzschlußdrosselspulen daher stets als Luftspulen zu bauen.

Je nach Einbauweise unterscheidet man Sammelschienen- und Abzweigdrosselspulen (*Abb. 22a und b*). Sammelschienen-Drosselspulen dienen meistens dazu, zwei im wesentlichen unabhängig gespeiste Systeme zu koppeln. Man erreicht dadurch einen Lastausgleich und eine gegenseitige Aushilfsmöglichkeit. Die vom jeweils anderen System eingespeiste Stoßkurzschlußleistung bleibt dabei begrenzt, so daß die Anlagenteile nicht für die Summenkurzschlußleistung beider Systeme bemessen zu werden brauchen. Ebenso wird die Rückwirkung (Spannungseinbruch, Strombelastung) von Kurzschlüssen eines Systems auf das andere System verringert.

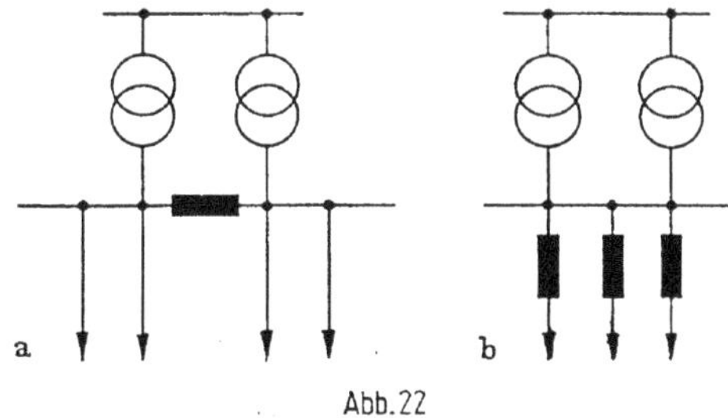

Abb. 22

Abzweigdrosselspulen dienen hauptsächlich dazu, die hohe an der Sammelschiene anstehende Stoßkurzschlußleistung von den über die Abzweige gespeisten Abnehmern fernzuhalten. Insbesondere dann, wenn die Abnehmer selbst nur eine verhältnismäßig geringe Leistung haben, ist es wirtschaftlicher, Drosselspulen zu verwenden, als die gesamte Abnehmeranlage für die hohe Kurzschlußleistung der Sammelschiene zu bemessen. Durch die Begrenzung des Kurzschlußstromes wird auch die Rückwirkung von Kurzschlüssen der Abnehmerseite auf die Sammelschiene vermindert.

Kurzschlußdrosselspulen sollen den Kurzschlußstrom wirksam begrenzen, jedoch bei dem im Nennbetrieb durchfließenden Laststrom einen möglichst geringen Spannungsabfall hervorrufen. Die Bemessung ihres Scheinwiderstandes ist daher immer Kompromiß zwischen diesen beiden Forderungen. Bezeichnet man mit X_S die vor der Sammelschiene oder vor der Drosselspule liegende Ersatz-Kurzschlußreaktanz, die sich aus der Reihen- und Parallelschaltung der Reaktanzen aller einspeisenden Netzteile und Generatoren ergibt, so erhält man die Kurzschlußleistung P_s vor der Drosselspule zu

$$P_s = \frac{U_N^2}{X_S}. \tag{93}$$

Bei Kurzschlüssen auf der Abnehmerseite der Drosselspule wird noch zusätzlich die Drosselspulenreaktanz wirksam, so daß man hier für die Kurzschlußleistung P_{sa} erhält

$$P_{sa} = \frac{U_N^2}{X_S + X_D} = \frac{1}{\dfrac{1}{P_s} + \dfrac{X_D}{U_N^2}} \tag{94}$$

und daraus für die Drosselspulenreaktanz

$$X_D = U_N^2 \left(\frac{1}{P_{sa}} - \frac{1}{P_s}\right). \tag{95}$$

Es ist üblich, die Drosselspulen mit einer Nennleistung P_N zu bezeichnen, die der Durchgangsleistung im Nennbetrieb entspricht, und die Reaktanz auf diese Leistung zu beziehen. Die relative Reaktanz ergibt sich dabei zu

$$x_D = X_D \frac{U_N^2}{P_N}, \tag{96}$$

womit Gl. (95) die Form erhält

$$x_D = P_N \left(\frac{1}{P_{sa}} - \frac{1}{P_s}\right). \tag{97}$$

Diese relative Reaktanz gibt gleichzeitig den Spannungsabfall an, den der Nennstrom an ihr hervorruft. Für den Betrieb interessiert jedoch meist nur der Längsspannungsabfall, der im wesentlichen durch den Blindstrom $I \sin\varphi$ verursacht wird. Für den Längsspannungsabfall, der auf der Abnehmerseite gegenüber der Sammelschienenspannung entsteht, erhalten wir daher

$$\Delta u = x_D \frac{I}{I_N} \sin\varphi. \tag{98}$$

Eine Drosselspule mit einer relativen Reaktanz von $x_D = 5\%$ ergibt also bei Belastung mit Nennstrom von $\cos\varphi = 0{,}8$ eine Spannungsabsenkung von rd. 3%.

Bei dreipoligem Kurzschluß auf der Abnehmerseite ist hier die Spannung null, während man beim generatorfernen Kurzschluß die hinter der Ersatzkurzschlußreaktanz des Netzes liegende treibende Spannung zum Nennwert U_N ansetzen kann. Die Spannung U_s vor der Drosselspule ergibt sich daraus entsprechend *Abb. 23* und mit Gl. (93) und (95) zu

$$U_S = U_N \frac{X_D}{X_S + X_D} = U_N \left(1 - \frac{P_{sa}}{P_s}\right). \tag{99}$$

Bei Kurzschluß hinter einer Drosselspule, die die anstehende Kurzschlußleistung auf die Hälfte herabsetzt, sinkt also die Spannung vor der Drosselspule nur noch auf die Hälfte ab.

Wie in diesem Beispiel die Drosselspulenreaktanz, so stützen auch die zwischen Generator und Kurzschlußort liegenden Netzreaktanzen die Klemmenspannung der Maschine. Während beim Klemmenkurzschluß die Generatorspannung unmittelbar auf Null zusammenbricht, ergibt sich bei vorgeschalteter Reaktanz (*Abb. 24a*) ein etwas komplizierterer Verlauf. Wir wollen bei der Berechnung dieses Spannungsverlaufs vom Kurzschluß der unbelasteten Maschine ausgehen, wo wir — wie Abschnitt a) ergab — auf Grund der Anfangsbedingungen nur Längsstrom und Querspannungen zu berücksichtigen brauchen.

Vor dem Kurzschluß sei der Generator auf Nennspannung erregt, so daß die Ausgangsbedingungen

$$i_{0\mathrm{d}} = 0, \qquad u_{0\mathrm{q}} = u_{\mathrm{N}}$$

sind. Während des Kurzschlusses gilt

$$u_{\mathrm{q}} = i_{\mathrm{d}} x_{\mathrm{v}}. \tag{100}$$

Wenn wir diese Bedingungen in Gl. (108) von Kapitel 15 einsetzen, so erhalten wir

$$u_{\mathrm{q}} = u_{\mathrm{N}} \frac{x_{\mathrm{v}}}{x_{\mathrm{d}}(t) + x_{\mathrm{v}}}, \tag{101}$$

also eine Gleichung, die formal mit dem ersten Teil von Gl. (99) übereinstimmt, nur daß jetzt die veränderliche Reaktanz $x_{\mathrm{d}}(t)$ an die Stelle von X_{S} getreten ist. Bei der Auswertung dieser Gleichung setzen wir wiederum für $x_{\mathrm{d}}(t)$ nacheinander die Werte x''_{d}, x'_{d} und x^0_{d} ein und berechnen so die Spannungswerte u''_{q}, u'_{q} und u^0_{q} wie in *Abb. 24b* eingetragen. Die Differenzspannung zwischen u'_{q} und u^0_{q}

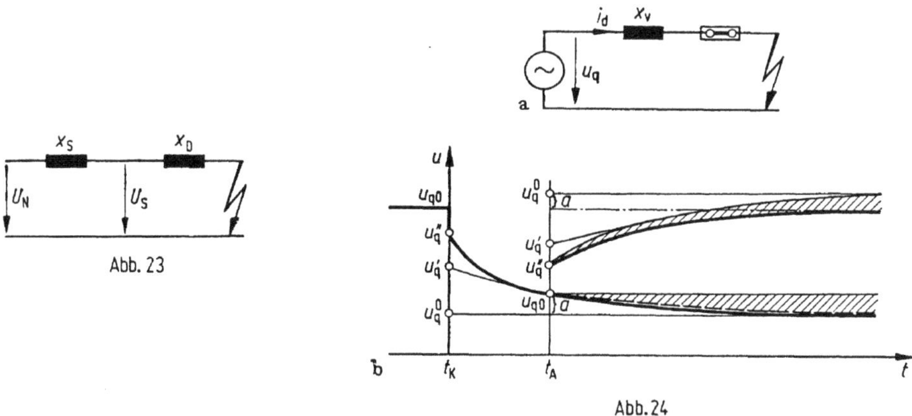

Abb. 23

Abb. 24

klingt mit der transienten Lastzeitkonstante T'_{dL} ab, die man unter Ansatz der Vorreaktanz x_{v} aus Gl. (64) von Kapitel 15 findet. Ebenso klingt die Differenzspannung zwischen u''_{q} und u'_{q} mit der subtransienten Lastzeitkonstante T''_{dL} nach Gl. (101) von Kapitel 15 ab. Durch Überlagern der Spannungsanteile findet man den Anfangsverlauf der Spannung entsprechend *Abb. 24b*.

Kurzschlüsse im Netz werden meistens innerhalb von 100 bis 300 ms selektiv abgeschaltet, d. h. zu einer Zeit, wo die Ausgleichsvorgänge im Maschinenläufer noch anhalten. Es kommt daher beim Abschalten zu einer Überlagerung der Ausgleichsvorgänge, die durch den Kurzschlußstoß und durch den Abschaltstoß ausgelöst werden. Nehmen wir also an, zum Zeitpunkt t_A würde der Kurzschluß durch Öffnen des Schalters Sch in *Abb. 24a* unterbrochen, und berechnen zunächst den Abschaltstoßstrom allein. Als Vorzustand erhalten wir aus *Abb. 24b* die neue Vorspannung u_{0q} und daraus nach Gl. (100) den Vorstrom

$$i_{0d} = \frac{u_{0q}}{x_v}. \tag{102}$$

Nach der Abschaltung gilt $i_d = 0$. Führen wir diese Bedingungen wiederum in Gl. (108) von Kapitel 15 ein, so erhalten wir

$$u_q = u_{0q}\left(\frac{x_d(t)}{x_v} - 1\right). \tag{103}$$

Durch Einsetzen von x_d'', x_d' und x_d anstelle von $x_d(t)$ in Gl. (103) ergeben sich die drei neuen Werte u_q'', u_q' und u_q^0, die bei $t = t_A$ in *Abb. 24b* eingetragen sind. Transiente und subtransiente Zeitkonstante für die Längsachse der vom Netz getrennten Maschine finden wir aus Gl. (64) und (101), indem wir $x_v \to \infty$ setzen, zu

$$T'_{dL} = T'_d \frac{x_d}{x_d'} = T'_{d0}, \tag{104}$$

$$T''_{dL} = T''_d \frac{x_d'}{x_d''} = T''_{d0}. \tag{105}$$

Es handelt sich bei den Werten nach Gl. (104) um die transiente und nach Gl. (105) um die subtransiente Leerlaufzeitkonstante, von denen wir die erste bereits in Kapitel 15 kennengelernt hatten. Diese Zeitkonstanten sind merklich größer als die Werte, die den Spannungseinbruch bei Kurzschlußzuschaltung bestimmen. Der Anstieg der Spannung nach Kurzschlußabschaltung geht also langsamer vor sich als der Spannungseinbruch.

Wir können nun mit Hilfe der Zeitkonstanten und der drei Spannungswerte für die drei Zustände die gleiche Konstruktion vornehmen wie bei Kurzschlußzuschaltung und die mit den beiden Zeitkonstanten gegen u_q^0 abklingenden Spannungsteile überlagern. Auf diese Weise finden wir den Spannungsverlauf, der auf den Abschaltstoß zurückgeht. Um den tatsächlichen Spannungsverlauf zu finden, müssen wir beachten, daß zum Zeitpunkt t_A der Kurzschlußabschaltung der transiente Teil des Kurzschlußstoßes noch nicht voll abgeklungen ist und von dem in *Abb. 24b* eingetragenen Wert A ausgehend noch weiterhin abklingt; da sich jedoch der Schaltzustand der Maschine geändert hat, erfolgt dieses Abklingen nicht mehr mit der für den kurzgeschlossenen Zustand berechneten transienten Zeitkonstante, sondern ebenfalls mit der größeren transienten Leerlaufzeitkonstante. In *Abb. 24b* ist dieser Verlauf gestrichelt eingezeichnet. Die Differenz zwischen dem neuen Verlauf mit der größeren Zeitkonstante und u_{0q} zum Zeitpunkt t_A ist schraffiert. Diese Differenz müssen wir noch von dem für den Abschaltstoß errechneten Spannungsverlauf abziehen, um auf die stark ausgezogene tatsächliche Spannungskurve zu kommen. Falls der Kurzschluß so früh abgeschaltet wird, daß auch das subtransiente Kurzschlußglied noch nicht abgeklungen ist, so muß auch für den weiteren Verlauf dieses Gliedes die geänderte

Zeitkonstante beachtet werden. Die Konstruktion nach *Abb. 24b* läßt sich noch etwas vereinfachen, wenn man von vornherein den Wert a von u_q^0 zum Zeitpunkt t_A abzieht und den transienten Exponentialübergang von u_q' auf $u_{q0}-a$ einzeichnet.

h) Wirkwiderstand im Stromkreis

Wir haben bereits in Kapitel 15 bei der Berechnung der transienten Lastzeitkonstanten den Einfluß des Wirkwiderstandes berücksichtigt und festgestellt, daß dadurch die Abklingzeitkonstanten vergrößert werden. Wir wollen nun den Gesamtverlauf des Kurzschlußstromes berechnen, wenn ein merklicher Wirkwiderstand in der Kurzschlußbahn liegt.

Aus dem Schaltbild nach *Abb. 25a* erhalten wir während des Kurzschlusses in Zeigerschreibweise

$$\underline{u} = \mathrm{j}\,\underline{i}x_v + \underline{i}r_v \tag{106}$$

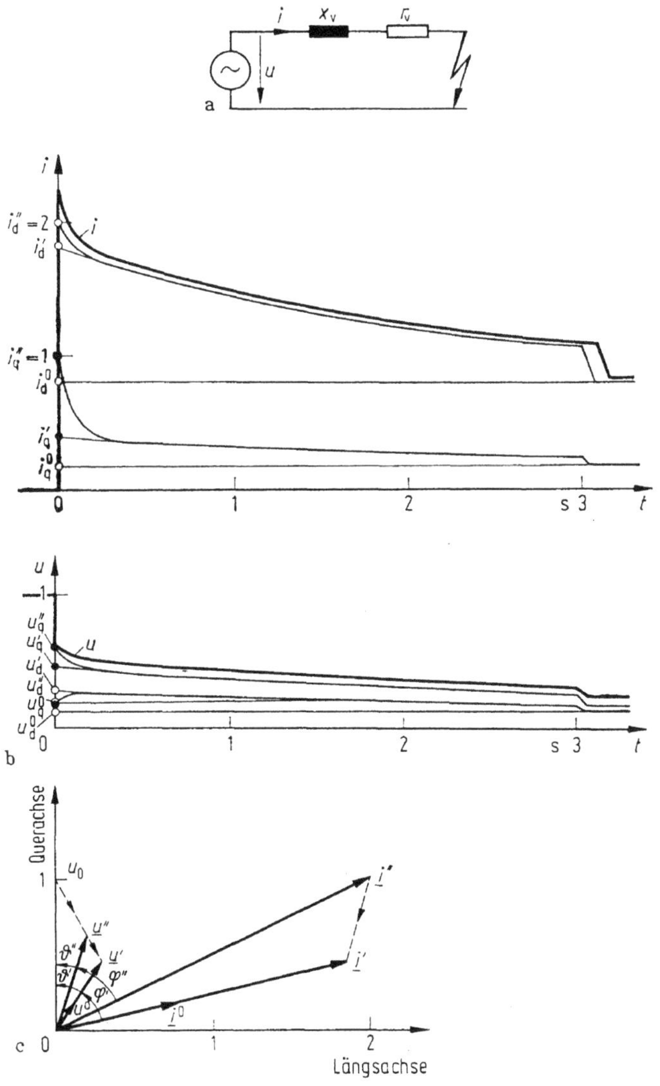

Abb. 25

und daraus mit Hilfe der vereinfachten Parktransformation

$$u_q = i_d x_v + i_q r_v, \tag{107}$$

$$u_d = -i_q x_v + i_d r_v. \tag{108}$$

Wenn sich die Maschine vor dem Kurzschluß im Leerlauf befand und auf die Ausgangsspannung u_0 erregt war, so gilt für den Ausgangszustand

$$i_{0q} = i_{0d} = 0,$$

$$u_{0q} = u_0,$$

$$u_{0d} = 0.$$

Setzen wir diese Ausgangsbedingungen und Gl. (107) und (108) in Gl. (107) und (108) von Kapitel 15 ein, so ergibt sich

$$i_q\left(x_q(t) + x_v\right) = i_d r_v, \tag{109}$$

$$i_d\left(x_d(t) + x_v\right) = i_q r_v + u_0. \tag{110}$$

Im Gegensatz zum Leerlaufkurzschluß ohne Wirkwiderstand in der Kurzschlußbahn werden jetzt also die Größen der Querachse der Maschine wirksam, und Gl. (109) wird nicht mehr auf beiden Seiten zu Null. Aus dem Gleichungspaar (109) und (110) erhalten wir für die Stromkomponenten

$$i_q = \frac{u_0 \cdot r_v}{\left(x_q(t) + x_v\right)\left(x_d(t) + x_v\right) + r_v^2}, \tag{111}$$

$$i_d = \frac{u_0\left(x_q(t) + x_v\right)}{\left(x_q(t) + x_v\right)\left(x_d(t) + x_v\right) + r_v^2} \tag{112}$$

und nach Wiedereinführen dieser Stromkomponenten in Gl. (107) und (108) für die Spannungskomponenten

$$u_q = u_0 \frac{x_v\left(x_q(t) + x_v\right) + r_v^2}{\left(x_q(t) + x_v\right)\left(x_d(t) + x_v\right) + r_v^2}, \tag{113}$$

$$u_d = u_0 \frac{r_v\left(x_q(t) + x_v\right) - r_v x_v}{\left(x_q(t) + x_v\right)\left(x_d(t) + x_v\right) + r_v^2}. \tag{114}$$

Wie die Spannungsgleichung (103) können wir auch diese Gleichungen graphisch lösen. Voraussetzung dazu ist, daß die subtransienten Zeitkonstanten in Längs- und Querachse gleich sind oder sich wenigstens näherungsweise gleichsetzen lassen, oder aber, daß in der Querachse während des ganzen Stoßes die synchrone Querreaktanz gilt, so daß hier kein Ausgleichsvorgang abläuft. Zur genauen Rechnung müßte sonst der Verlauf aus dem Differentialgleichungssatz Gl. (71a bis 71g) des Kapitels 14 bestimmt werden.

Wir gehen bei der Auswertung wieder von einer Maschine mit den Kenngrößen nach Tabelle 1 aus und nehmen für die Vorimpedanzen und Vorwiderstände die auf die Nennimpedanz bezogenen Werte

$$x_v = 0{,}2, \qquad r_v = 0{,}2$$

Tabelle 1. *Kenngrößen einer Synchronmaschine*

$x_d = 1$	$x_q = 0{,}7$	
$x'_d = 0{,}3$		$T'_d = 1{,}5$ s
$x''_d = 0{,}2$	$x''_q = 0{,}2$	$T''_q = T''_d = 0{,}05$ s
$x_{1\sigma} = 0{,}15$		

an. Durch Einsetzen dieser Werte in Gl. (111) bis (114) ergibt sich für den subtransienten Zustand

$$i''_d = 2, \qquad i''_q = 1, \qquad u''_d = 0{,}2, \qquad u''_q = 0{,}6$$

und für den transienten Zustand

$$i'_d = 1{,}84, \qquad i'_q = 0{,}41, \qquad u'_d = 0{,}285, \qquad u'_q = 0{,}45,$$

schließlich für den stationären Zustand

$$i^0_d = 0{,}8, \qquad i^0_q = 0{,}178, \qquad u^0_d = 0{,}125, \qquad u^0_q = 0{,}196.$$

Die transiente Lastzeitkonstante erhalten wir aus Gl. (64) von Kapitel 15 zu

$$T'_{dL} = 2{,}18 \text{ s}$$

und die subtransienten Lastzeitkonstanten aus Gl. (101) und (102) von Kapitel 15 zu

$$T''_{dL} \approx T''_{dL} \approx 0{,}07 \text{ s}.$$

Der Strom- und Spannungsverlauf ist in *Abb. 25b* aufgezeichnet. Auf der Ordinatenachse sind die Ordinaten i''_d, i'_d, i^0_d; i''_q, i'_q, i^0_q und u''_d, u'_d, u^0_d; u''_q, u'_q, u^0_q eingetragen.

Ausgehend von diesen Werten werden in der gewohnten Weise – jedoch jetzt für die beiden Komponenten jeweils getrennt – die Abklingvorgänge der Stromdifferenzen berechnet und überlagert. Der geringste Aufwand beim Berechnen der Punkte ergibt sich, wenn man für einen bestimmten Zeitpunkt t die vier Komponentenglieder von Strom und Spannung auf einmal bestimmt, da man dann den Wert der Exponentialfunktion nur einmal aufzusuchen braucht. Aus den Komponenten kann dann für beliebige Punkte der Gesamtwert durch geometrische Addition errechnet werden.

An den Kurven von *Abb. 25b* fällt auf, daß u_d bei Kurzschlußeinsatz mit einem kleinen subtransienten Wert beginnt, auf den in diesem Falle größeren transienten Wert ansteigt und erst danach wieder abklingt. Das ist darauf zurückzuführen, daß infolge des Wirkwiderstandes die Phasenlage von Strom und Spannung relativ zum Polrad während des Abklingvorganges nicht mehr konstant bleibt. In *Abb. 25c* sind die Strom- und Spannungszeiger für die drei berechneten Fälle aufgetragen. Der Polradwinkel ϑ, der im vorausgehenden Leerlaufzustand gleich Null war, springt in diesem Beispiel bei Kurzschlußbeginn auf etwa 18,5°, wächst während des subtransienten Ausgleichsvorganges auf etwa 32,5° an und bleibt danach während des weiteren Abklingvorganges konstant. Der Phasenwinkel zwischen Strom und Spannung ist durch die Vorimpedanzen zu $\varphi = 45°$ fest vorgegeben und bleibt während des gesamten Kurzschlußvorganges ungeändert.

Der Wirkwiderstand in der Kurzschlußbahn verbraucht Wirkleistung, die von der Maschine geliefert werden muß. Diese Leistungen ergeben sich für die drei Fälle als auf die Nennleistung P_N bezogene Werte zu

$$p'' = i''^2 r = 2{,}23^2 \cdot 0{,}2 \approx 1\,,$$

$$p' = i'^2 r = 1{,}87^2 \cdot 0{,}2 \approx 0{,}7\,,$$

$$p^0 = i^{02} r = 0{,}82^2 \cdot 0{,}2 \approx 0{,}13\,.$$

Die Maschine erhält also mit Kurzschlußbeginn einen Wirklaststoß von der Höhe der Nennleistung, der innerhalb von einer Zehntelsekunde auf das 0,7fache und dann langsamer auf das 0,134fache der Nennleistung absinkt. Wie wir in Kapitel 17 und 18 sehen werden, übt ein solcher Laststoß ein bremsendes Moment auf den Läufer der Maschine aus. Falls die im Beispiel betrachtete Maschine vor dem Kurzschluß unbelastet synchron mit dem Netz lief, würde also durch den Laststoß die Drehzahl vermindert, und die Maschine könnte außer Tritt gebracht werden. Umgekehrt kann ein solcher Laststoß aber auch günstig wirken, wenn nämlich die Maschine vor dem Kurzschluß belastet war und das bremsende Moment dem antreibenden Moment der Kraftmaschine noch eine Weile die Waage hält.

17. Lastzuschaltung

Wir haben in Kapitel 16 den Kurzschluß der Synchronmaschine betrachtet, der letztlich einen sehr starken induktiven Laststoß auf die Maschine darstellt, so daß man ihn unter dieses Kapitel hätte einreihen können. Wir bedienen uns daher derselben Rechenverfahren wie in Kapitel 16. Um die Gleichungen der Synchronmaschine in einigermaßen überschaubare Form zu bringen, ist man jedoch gezwungen, Vereinfachungen zu treffen. Bei der Kurzschlußrechnung liegt das Hauptgewicht auf der Ermittlung der sehr hohen Stoßströme, wobei der subtransiente Vorgang und das Gleichstromglied berücksichtigt werden müssen. Andererseits spielt die Belastung der Maschine im Ausgangszustand nur selten eine größere Rolle, weshalb wir bei den Rechnungen des Kapitels 16 meist vom Leerlaufzustand ausgegangen sind.

Bei Laststößen interessiert hauptsächlich die dadurch hervorgerufene Spannungsabsenkung, wobei der subtransiente Vorgang infolge seiner kurzen Dauer meist außer acht bleiben kann und sich das Gleichstromglied infolge der starken Dämpfung durch die ohmschen Lastwiderstände nur als Verzerrung der ersten Halbschwingung nach dem Laststoß äußert. Dagegen geht die Vorbelastung der Maschine entscheidend in die Rechnung ein. Wir werden also besonderes Augenmerk auf diese Einflußgröße richten müssen.

Moderne Maschinensätze werden mit schnellwirkenden Spannungsreglern ausgerüstet, die Spannungseinbrüche meist schon kurz unter dem transienten Wert abfangen und durch Steigern der Erregung die Klemmenspannung auf den früheren Wert zurückführen. Wir werden nachstehend nur das Verhalten der Maschine bei konstanter Erregung betrachten und in Kapitel 18 zusätzlich den Einfluß des Spannungsreglers berücksichtigen.

a) Laststoß mit Wirk- und Blindlastanteil

In *Abb. 1* ist ein Synchrongenerator dargestellt, der eine Last entsprechend dem induktiven Blindleitwert y_0 und dem Wirkleitwert g_0 speist. Durch Schließen des Schalters S kann eine zusätzliche Last, gekennzeichnet durch die zusätzlichen

Leitwerte Δy, Δg, parallelgeschaltet werden. Als Belastungsleitwerte wollen wir beispielsweise die folgenden bezogenen Werte annehmen:

$$y_0 = 0{,}3, \qquad \Delta y = 0{,}2, \qquad y = y_0 + \Delta y = 0{,}5,$$

$$g_0 = 0{,}5, \qquad \Delta g = 0{,}2, \qquad g = g_0 + \Delta g = 0{,}7.$$

Der Synchrongenerator habe wiederum die Kenngrößen nach Tabelle 1, Kapitel 16, und sei im Ausgangszustand auf $u_0 = 1$ erregt.

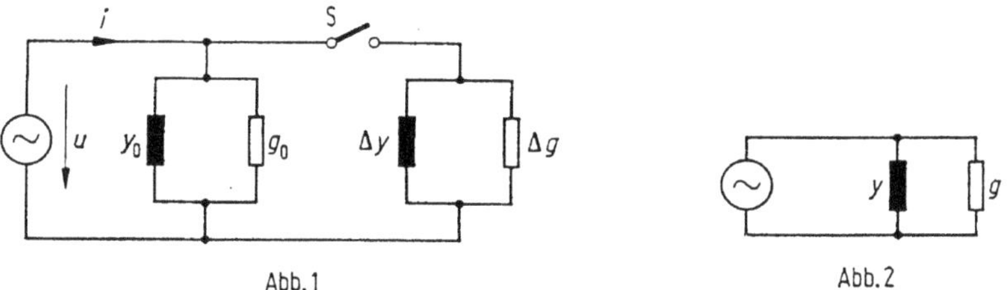

Abb. 1 Abb. 2

Für den Ausgangszustand vor Einschalten des Schalters erhalten wir mit den angegebenen Werten aus Gl. (24) bis (27) von Kapitel 15

$$u_{0\mathrm{d}} = 0{,}277, \qquad u_{0\mathrm{q}} = 0{,}96, \qquad i_{0\mathrm{d}} = 0{,}427, \qquad i_{0\mathrm{q}} = 0{,}397.$$

Der Laststrom ergibt sich daraus zu

$$i_0 = \sqrt{i_{0\mathrm{d}}^2 + i_{0\mathrm{q}}^2} = \sqrt{0{,}427^2 \cdot 0{,}397^2} = 0{,}583.$$

Nach dem Einschalten der zusätzlichen Last gelten für die Maschine die Gl. (107) und (108) von Kapitel 15 und für die Netzseite die Gl. (15) von Kapitel 15, wobei für y und g jeweils die Summen der der Vorlast und der zusätzlichen Last entsprechenden Leitwerte einzusetzen sind. Aus diesen vier Gleichungen ergeben sich die vier Unbekannten u_d, u_q, i_d und i_q zu

$$u_\mathrm{d} = \frac{[u_{0\mathrm{d}} - i_{0\mathrm{q}} x_\mathrm{q}(t)]\,[1 + y x_\mathrm{d}(t)] + [u_{0\mathrm{q}} + i_{0\mathrm{d}} x_\mathrm{d}(t)] g x_\mathrm{q}(t)}{[1 + y x_\mathrm{q}(t)]\,[1 + y x_\mathrm{d}(t)] + g^2 x_\mathrm{d}(t) x_\mathrm{q}(t)}, \tag{1}$$

$$u_\mathrm{q} = \frac{-[u_{0\mathrm{d}} - i_{0\mathrm{q}} x_\mathrm{q}(t)] g x_\mathrm{d}(t) + [u_{\mathrm{q}0} + i_{0\mathrm{d}} x_\mathrm{d}(t)]\,[1 + y x_\mathrm{q}(t)]}{[1 + y x_\mathrm{q}(t)]\,[1 + y x_\mathrm{d}(t)] + g^2 x_\mathrm{d}(t) x_\mathrm{q}(t)}, \tag{2}$$

$$i_\mathrm{d} = \frac{[u_{0\mathrm{d}} - i_{0\mathrm{q}} x_\mathrm{q}(t)] g + [u_{0\mathrm{q}} + i_{0\mathrm{d}} x_\mathrm{d}(t)]\,[y + (y^2 + g^2) x_\mathrm{q}(t)]}{[1 + y x_\mathrm{q}(t)]\,[1 + y x_\mathrm{d}(t)] + g^2 x_\mathrm{d}(t) x_\mathrm{q}(t)}, \tag{3}$$

$$i_\mathrm{q} = \frac{-[u_{0\mathrm{d}} - i_{0\mathrm{q}} x_\mathrm{q}(t)]\,[y + (y^2 + g^2) x_\mathrm{d}(t)] + [u_{0\mathrm{q}} + i_{0\mathrm{d}} x_\mathrm{d}(t)] g}{[1 + y x_\mathrm{q}(t)]\,[1 + y x_\mathrm{d}(t)] + g^2 x_\mathrm{d}(t) x_\mathrm{q}(t)}. \tag{4}$$

Diese Gleichungen erscheinen zunächst unübersichtlich. Da der Nenner in allen Fällen gleich ist und auch einige Klammerausdrücke immer wiederkehren, ist die numerische Auswertung jedoch nicht sehr schwierig. Weiterhin gilt im transienten und stationären Fall durchgehend

$$x_\mathrm{q}(t) = x_\mathrm{q}, \tag{5}$$

und damit wird wegen Gl. (10) von Kapitel 15 der erste Klammerausdruck im Zähler der Gl. (2) bis (5) gleich Null. Wenn wir daher den subtransienten Fall wegen seiner kurzen Dauer bei der Auswertung übergehen und den Ausgleichsvorgang gleich mit dem transienten Wert beginnen lassen, dann entfällt in allen diesen Gleichungen der erste Summand im Zähler. Dies hat noch weitere Vereinfachungen bei der Auswertung zur Folge. Dividiert man von den Gleichungspaaren (71k) und (71l) aus Kapitel 14 jeweils die erste durch die zweite Gleichung, so erhält man

$$\frac{u_d}{u_q} = \tan\vartheta, \tag{6}$$

$$\frac{i_d}{i_q} = \tan(\vartheta + \varphi). \tag{7}$$

Führt man in diese Gleichungen die Werte nach Gl. (1) bis (4) unter Berücksichtigung von Gl. (5) ein, so erhält man

$$\tan\vartheta = \frac{g x_q}{1 + y x_q}, \tag{8}$$

$$\tan(\vartheta + \varphi) = \frac{y + (y^2 + g^2)\cdot x_q}{g}, \tag{9}$$

In Gl. (8) und (9) kommen nur unveränderliche Größen vor. Während des ganzen Ausgleichsvorganges sind also beide Winkel ϑ und φ konstant, und das Verhältnis der Längskomponente zu der Querkomponente von Strom und Spannung ist jeweils konstant. Wir brauchen deshalb bei der Darstellung des Strom- und Spannungsverlaufs nicht mehr erst die Verläufe der beiden Komponenten zu bestimmen und sie dann Punkt für Punkt geometrisch zu addieren, sondern wir können unmittelbar die Gesamtwerte für den transienten und den stationären Fall berechnen und dann sofort den exponentiellen Übergang einzeichnen. Die Gesamtwerte von Spannung und Strom erhalten wir unter Berücksichtigung von Gl. (5) aus Gl. (1) bis (4) zu

$$u = \frac{[u_{0q} + i_{0d} x_d(t)]\sqrt{g^2 x_q^2 + (1 + y x_q)^2}}{[1 + y x_q][1 + y x_d(t)] + g^2 x_d(t) x_q}, \tag{10}$$

$$i = \frac{[u_{0q} + i_{0d} x_d(t)]\sqrt{g^2 + [y + (y^2 + g^2) x_q]^2}}{[1 + y x_q][1 + y x_d(t)] + g^2 x_d(t) x_q}. \tag{11}$$

In diesen Gleichungen ist dann zur Berechnung des transienten Falls $x_d(t) = x_d'$ und für den stationären Fall $x_d(t) = x_d$ einzusetzen. Wir erhalten somit für die oben angegebenen, den Ausgangszustand kennzeichnenden Werte bei Benutzung der Kenngrößen nach Tabelle 1 von Kapitel 16:

$$u' = 0{,}944, \quad u^0 = 0{,}841, \quad i' = 0{,}812, \quad i^0 = 0{,}724, \quad \vartheta' = \vartheta^0 = 20°.$$

Der exponentielle Übergang zwischen diesen Werten vollzieht sich mit der transienten Lastzeitkonstante entsprechend Gl. (64) von Kapitel 15. Bei der Berechnung dieser Zeitkonstanten hatten wir als Last eine Reihenschaltung der Impedanzen r_v und x_v vorausgesetzt, während wir hier entsprechend *Abb. 1* die Last als Parallelschaltung zweier Leitwerte gekennzeichnet haben.

Wir wollen daher die Zeitkonstante nochmals, und zwar für eine Parallelschaltung entsprechend *Abb. 2* ableiten. Für die Vorgänge in der Längsachse und in der Querachse der Maschine setzen wir wiederum Gl. (58) und (10) von Kapitel 15 an. Auch die Komponentengleichungen für die Lastparallelschaltung hatten wir bereits in Kapitel 15 abgeleitet und mittels der vereinfachten Parktransformation das Gleichungspaar (15) von Kapitel 15 gefunden. Um aus diesen vier Gleichungen i_d und i_q zu eliminieren, berechnen wir zunächst aus Gl. (15) von Kapitel 15

$$i_d = u_q \left(y + \frac{x_q g^2}{1 + x_q y}\right), \tag{12}$$

$$i_q = u_q \left(\frac{g}{1 + x_q y}\right). \tag{13}$$

Durch Differenzieren von Gl. (12) nach der Zeit findet man

$$\frac{d i_d}{dt} = \frac{d u_q}{dt} \left(y + \frac{x_q g^2}{1 + x_q y}\right). \tag{14}$$

Schließlich erhalten wir nach Einsetzen dieser drei Beziehungen in Gl. (58) und (10) von Kapitel 15

$$u_d = u_q \frac{x_q g}{1 + x_q y}, \tag{15}$$

$$u_q + \frac{d u_q}{dt} T'_d \frac{x_d}{x'_d} \frac{(1 + x_q y)(1 + x'_d y) + x_d x_q g^2}{(1 + x_q y)(1 + x_d y) + x_d x_q g^2} = \frac{u_f (1 + x_q y)}{(1 + x_q y)(1 + x_d y) + x_d x_q g^2}. \tag{16}$$

Wir werden Gl. (15) und (16) später bei der Behandlung des Einflusses des Spannungsreglers noch häufiger verwenden. Zunächst interessiert die Zeitkonstante, die man auf bekannte Weise aus der homogenen Gleichung findet. Setzt man also den rechten Teil von Gl. (16) gleich Null, so findet man als Lösung einen exponentiellen Übergang

$$u_q = C\, e^{-t/T} \tag{17}$$

mit der Lastzeitkonstante

$$T'_{dL} = T'_d \frac{x_d}{x'_d} \frac{(1 + x_q y)(1 + x'_d y) + x_d x_q g^2}{(1 + x_q y)(1 + x_d y) + x_d x_q g^2}. \tag{18}$$

Obwohl wir diesmal die Spannungsgleichungen statt der Stromgleichungen zur Ableitung benutzt haben, stimmt die Zeitkonstante nach Gl. (18) mit der nach Gl. (64) von Kapitel 15 genau überein. Man kann sich davon überzeugen, indem man die Reihenimpedanzen r_v und x_v aus Gl. (64) von Kapitel 15 in die äquivalenten Parallelimpedanzen umrechnet und in Gl. (64) von Kapitel 15 einsetzt. Das Ergebnis ist wiederum Gl. (18). Mit Hilfe von Gl. (18) und den nach Zuschalten der Last geltenden Werten finden wir für die gesuchte transiente Zeitkonstante $T'_{dL} = 3{,}49$ s. Damit sind alle Werte bestimmt, die zur Aufzeichnung des Strom- und Spannungsverlaufes nach *Abb. 3* benötigt werden. Die Spannung bricht damit zunächst auf den transienten Wert u' ein

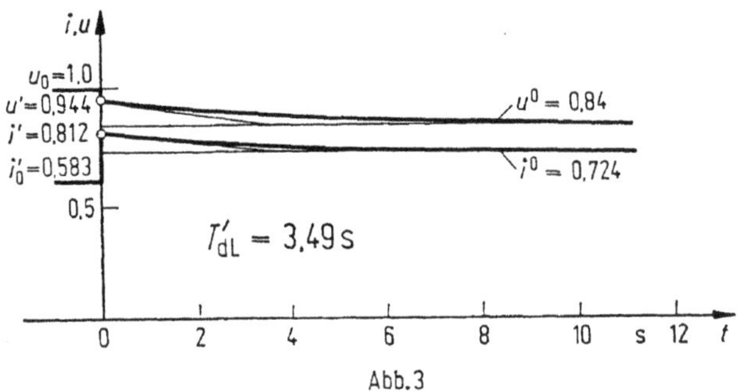

Abb. 3

und klingt dann auf den stationären Wert u^0 ab. Der Strom springt auf einen wegen der Lastzuschaltung erhöhten Wert i' und sinkt dann mit weiter einbrechender Spannung auf den etwas kleineren Wert i^0 ab.

b) Entlastung

Nach den soeben abgeleiteten Gleichungen läßt sich auch ein Entlastungsvorgang behandeln, der ja als negativer Laststoß aufgefaßt werden kann. Wenn wir z. B. von dem in Abschnitt a) berechneten Vorzustand ausgehen und eine Entlastung vom gleichen Betrag wie die dortige Zusatzlast annehmen, so gilt jetzt

$$y_0 = 0{,}3\,, \qquad \Delta y = -0{,}2\,, \qquad y = y_0 + \Delta y = 0{,}1\,,$$

$$g_0 = 0{,}5\,, \qquad \Delta g = -0{,}2\,, \qquad g = g_0 + \Delta g = 0{,}3\,,$$

und aus Gl. (10) und (11) erhalten wir mit den Kenngrößen der Maschine nach Tabelle 1 von Kapitel 16 und den Ausgangswerten von Abschnitt a)

$$u' = 1{,}052\,, \qquad u^0 = 1{,}214\,,$$

$$i' = 0{,}334\,, \qquad i^0 = 0{,}384\,.$$

Aus Gl. (9) ergibt sich

$$\tan\vartheta = 0{,}196\,, \qquad \vartheta' = \vartheta \approx 11^\circ$$

und aus Gl. (18) für die transiente Lastzeitkonstante

$$T'_{\mathrm{dL}} = 4{,}52\ \mathrm{s}\,.$$

Die transiente Lastzeitkonstante nähert sich bei der schwachen verbleibenden Last bereits sehr der Leerlaufzeitkonstante der Maschine. Der aus den berechneten Größen ermittelte Verlauf von u und i ist in *Abb. 4* aufgetragen.

Wenn Belastung und Entlastung so schnell aufeinanderfolgen, daß der vom Laststrom herrührende Ausgleichsvorgang bei Entlastung noch nicht abgeklungen ist, müssen beide Verläufe überlagert werden, wie das in Abschnitt g) des Kapitels 16 gezeigt wurde. Da sich infolge der Entlastung üblicherweise der Polradwinkel ändert, kann man bei der Überlagerung nicht von den Gesamtgrößen ausgehen, sondern muß bei genauerer Betrachtung erst die Komponenten einzeln berechnen, sie überlagern und schließlich geometrisch zur Gesamtgröße addieren.

c) Kapazitive Last

Wir haben soeben den Fall der plötzlichen Entlastung des Synchrongenerators betrachtet, der zu einer Erhöhung der Klemmenspannung führt (*Abb. 4*). Wie in Kapitel 18 gezeigt wird, kann ein Spannungsregler den langsamen Spannungsanstieg nach dem ersten Sprung weitgehend abfangen und die Spannung wieder auf den Nennwert zurückführen.

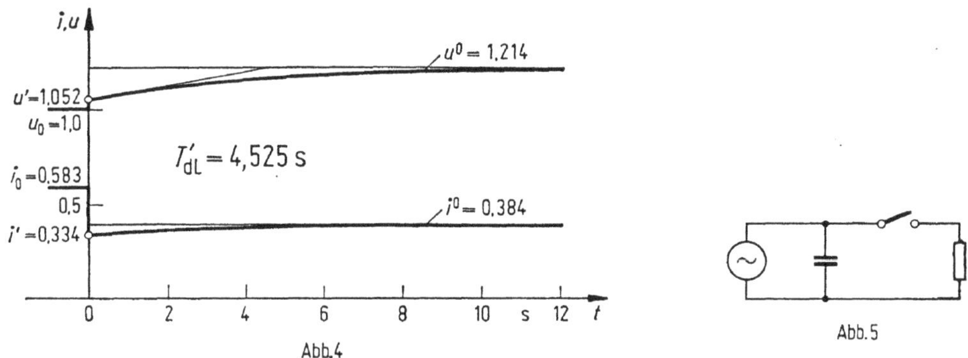

Abb.4

Abb.5

Besonders kritische Entlastungsfälle können jedoch bei entlegenen Kraftwerken auftreten, wenn nach einem völligen Lastabwurf oder der Trennung vom Netz noch längere Leitungszüge mit dem Generator verbunden bleiben, die Restlast also kapazitiv ist, wie in *Abb. 5* dargestellt. Ist die Kapazität groß genug, um mit den Maschinenreaktanzen einen auf die Betriebsfrequenz abgestimmten Reihenresonanzkreis zu bilden, so kann es zu erheblichen Spannungssteigerungen kommen. Wie wir sehen werden, können diese betriebsfrequenten Überspannungen bei besonders starker kapazitiver Last auch dann noch anhalten, wenn der Spannungsregler den Erregerstrom auf Null oder negative Werte führt. Man bezeichnet diese Resonanzerscheinungen daher auch als „Selbsterregung der Maschine".

Wenn der Generator vor dem Lastabwurf hoch belastet war, so steigt die Drehzahl infolge der Entlastung um 10 bis 20% an, bevor der Drehzahlregler das Antriebsmoment der Turbine genügend drosseln kann. Bei der erhöhten Frequenz tritt die Selbsterregung der Maschine bereits mit geringeren Kapazitätswerten auf als bei der Betriebsfrequenz. Will man einen solchen Fall untersuchen, so sind in den folgenden Ableitungen die der Last entsprechenden Leitwerte y und die Maschinenreaktanzen mit ihrem Wert bei der erhöhten Frequenz einzusetzen.

Wir betrachten zunächst einen unbelasteten Generator, auf den plötzlich eine kapazitive Last entsprechend dem Leitwert y zugeschaltet wird. Der Generator habe die Kenngrößen nach Tabelle 1 von Kapitel 16, und die Wirklast sei gleich Null. Wir brauchen also nur die Vorgänge in der Längsachse der Maschine zu berücksichtigen.

Für den Ausgangszustand gilt

$$i_{0\mathrm{d}} = i_{0\mathrm{q}} = 0, \qquad u_{0\mathrm{d}} = 0,$$

$$u_0 = u_{0\mathrm{q}} = 1, \qquad u_{0\mathrm{f}} = 1.$$

Die Maschine sei wie bisher konstant erregt, so daß sich die Erregerspannung nach Zuschalten der Kapazität nicht ändert. Den transienten Spannungsanstieg ermitteln wir, indem wir in Gl. (10) $g = 0$ und $x_d(t) = x'_d$ setzen und die obigen Ausgangsbedingungen einführen. So ergibt sich mit den Kenngrößen nach Tabelle 1 von Kapitel 16

$$u'_q = \frac{u_{0q}}{1 + y x'_d} = \frac{1}{1 + 0{,}3y}. \tag{19}$$

Auf gleiche Weise können wir den stationären Endwert der Spannung mit $x_d(t) = x_d$ errechnen zu

$$u^0_q = \frac{u_{0q}}{1 + y x_d} = \frac{1}{1 + y}. \tag{20}$$

Den zeitlichen Übergang von u'_q zu u^0_q findet man aus der Differentialgleichung (16), die wir wie folgt umschreiben können:

$$u_q + \frac{du_q}{dt} T'_{dL} = u^0_q, \tag{21}$$

denn wie die stationäre Gl. (19) von Kapitel 15 erweist, ist das Störglied in Gl. (16) nichts anderes als u^0_q. Die homogene Lösung von Gl. (21) finden wir durch Einsetzen von

$$u_{q1} = C\,e^{\lambda t} \tag{22}$$

mit $\lambda = -1/T'_{dL}$ zu

$$u_{q1} = C\,e^{-t/T'_{dL}}, \tag{23}$$

und das Störglied ergibt die stationäre Lösung

$$u_{q2} = \text{const} = u^0_q. \tag{24}$$

Die Gesamtlösung lautet also

$$u_q = u_{q1} + u_{q2} = u^0_q + C\,e^{-t/T'_{dL}}. \tag{25}$$

Die Konstante C in Gl. (25) läßt sich aus der Anfangsbedingung bestimmen, daß für $t = 0$ die Spannung $u_q = u'_q$ sein muß. Wir finden also

$$u'_q = u^0_q + C, \qquad C = -(u^0_q - u'_q) \tag{26}$$

und nach Einsetzen in Gl. (25)

$$u_q = u^0_q - (u^0_q - u'_q)\,e^{-t/T'_{dL}}. \tag{27}$$

Die Zeitkonstante T'_{dL} ergibt sich aus Gl. (18), wenn wir auch hier $g = 0$ und die Kenngrößen nach Tabelle 1 von Kapitel 16 einsetzen, zu

$$T'_{dL} = T_d \frac{x_d}{x'_d} \frac{1 + x'_d y}{1 + x_d y} = 1{,}5\text{ s} \frac{1}{0{,}3} \frac{1 + 0{,}3y}{1 + y}. \tag{28}$$

Für kapazitive Last ist y negativ. Aus Gl. (19), (20) und (28) finden wir, daß für $y < -1/x_d$ sowohl die Spannung u^0_q als auch die Zeitkonstante T'_{dL} negativ werden. Der Spannungsverlauf nach Gl. (27) ähnelt dadurch nicht mehr einem allmählichen Übergangsvorgang nach *Abb. 6a,* sondern es entsteht ein unbegrenzt anklingender Verlauf, wie in *Abb. 6b* dargestellt. Mit Hilfe von Gl. (19), (20), (28) sowie Gl. (27) läßt sich nun leicht der Spannungsverlauf für die Zuschaltung verschiedener kapazitiver Leitwerte $-y$ errechnen, wie das in *Abb. 7* dargestellt ist. Für $y > -1/x_\mathrm{d}$ finden wir den normalen Übergangsvorgang. Mit zu-

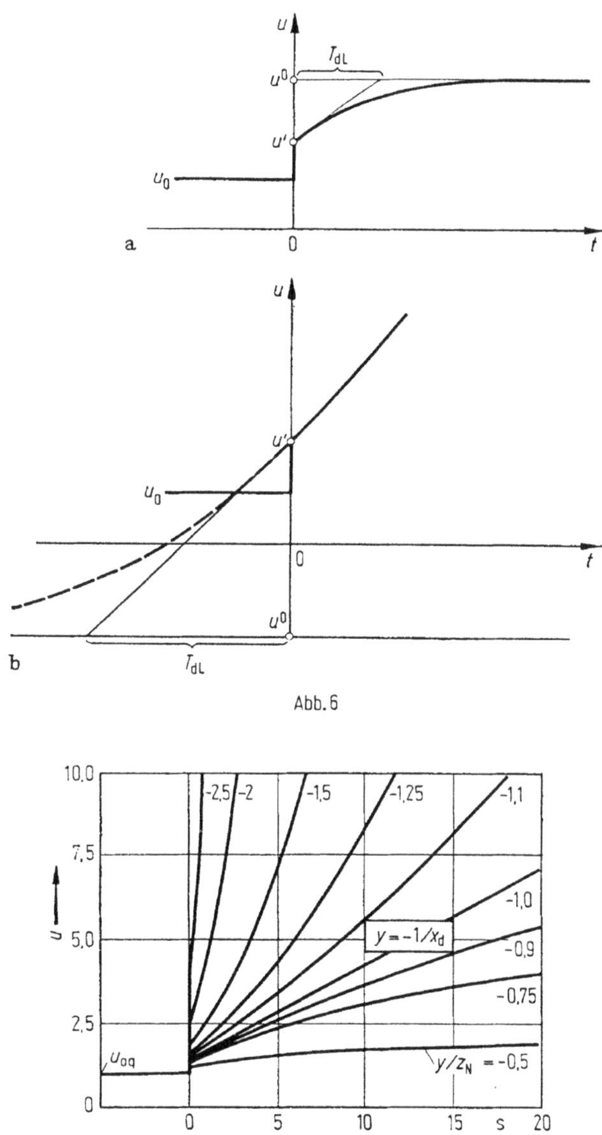

Abb. 6

Abb. 7

nehmender kapazitiver Last entsprechend $y < -1/x_\mathrm{d}$ steigt die Zeitkonstante, so daß der Spannungsverlauf immer weniger gekrümmt erscheint.

Im Resonanzpunkt $y = -1/x_\mathrm{d}$ wird sowohl T'_dL als auch u^0 unendlich. Wie man durch Einsetzen von Gl. (20) und (28) in Gl. (27), Differenzieren und Einsetzen von $y = -1/x_\mathrm{d}$ findet, entartet in diesem Grenzfall der exponentielle Anstieg zu einer Geraden mit der Steigung

$$\frac{\mathrm{d}u_\mathrm{q}}{\mathrm{d}t} = \mathrm{const} = \frac{1}{T'_\mathrm{d} x_\mathrm{d}/x'_\mathrm{d}(1 + x'_\mathrm{d} y)}, \tag{29}$$

oder mit den Kenngrößen von Tabelle 1 aus Kapitel 16

$$\frac{\mathrm{d}u_\mathrm{q}}{\mathrm{d}t} = \frac{1}{1{,}5\,\mathrm{s}\,\frac{1}{0{,}3}\,(1 - 0{,}3\cdot 1)} = 0{,}286\ \mathrm{s}^{-1}. \tag{30}$$

Für noch größere Werte der kapazitiven Last ergibt sich ein anklingender Exponentialverlauf der Spannung, wobei die Zeitkonstante mit steigender Kapazität wieder abnimmt. Gleichzeitig erhöht sich auch der transiente Spannungssprung u_q' sehr stark und wird schließlich für $y = -1/x_\mathrm{d}'$ unendlich.

Abb. 7 enthält Spannungswerte, die man im praktischen Netzbetrieb natürlich niemals zulassen kann. Es ist in erster Linie Aufgabe des Spannungsreglers, durch Absenken der Erregerspannung solche Erhöhungen der Klemmenspannung zu vermeiden, wobei es vor allem von seinem Regelhub und der Regelgeschwindigkeit abhängt, ob und inwieweit er dazu in der Lage ist. Unter Regelhub versteht man den Bereich, in dem der Spannungsregler die Erregerspannung verändern kann. Hier interessiert natürlich hauptsächlich die untere Grenze dieses Bereiches, die tief genug liegen muß, um u_q^0 wieder auf den Nennwert bringen zu können. Den hierfür erforderlichen Wert der Erregerspannung können wir aus der zweiten Gl. (19) von Kapitel 15 ermitteln, wenn wir wiederum $g = 0$ einsetzen. Man erhält so

$$i_\mathrm{f} = u_\mathrm{f} = u_\mathrm{q}^0(1 + x_\mathrm{d}y) = 1\,(1 + x_\mathrm{d}y). \tag{31}$$

Für $y = 0$ ist die erforderliche Spannung u_f gleich der Leerlauferregerspannung und nimmt mit zunehmendem kapazitiven Leitwert $-y$ linear ab. Beim Resonanzpunkt $y = -1/x_\mathrm{d}$ gilt $u_\mathrm{f} = 0$, und für noch größere Kapazitäten müssen negative Werte der Erregerspannung eingestellt werden können, um u_q^0 auf dem Nennwert zu halten.

Die Regelgeschwindigkeit besagt, wie schnell der Spannungsregler — unter Einschluß etwaiger Verzögerungen durch die Erregermaschine — die Erregerspannung verändern kann. Auch bei schnellster Änderung ist es kaum möglich, den transienten Spannungssprung mit dem Spannungsregler zu beeinflussen, dagegen können die daran anschließenden langsameren Spannungserhöhungen weitgehend abgefangen werden, wie wir in Kapitel 18 noch sehen werden. Um bei kapazitiven Lasten unterhalb des Resonanzpunktes die Klemmenspannung wieder auf den Nennwert zu führen, genügt es, wenn der vorgesehene Regelhub ausreicht, um die Erregerspannung auf den nach Gl. (31) benötigten Wert abzusenken. Die Schnelligkeit, mit der man die Nennspannung wieder erreicht, hängt einmal von der Regelgeschwindigkeit ab und sodann vom Anteil des Regelhubs, der unterhalb des benötigten Wertes noch vorübergehend ausgenutzt werden kann. Oberhalb des Resonanzpunktes hat die Klemmenspannung infolge der negativen Zeitkonstante dauernd die Tendenz, den einmal eingeregelten Spannungswert zu überschreiten, und zwar mit um so höherer Geschwindigkeit, je größer die Kapazität ist. Der Regler muß also dauernd korrigierend eingreifen, um dieses „Davonlaufen" der Klemmenspannung zu verhindern. Es hängt vor allem von der Regelgeschwindigkeit ab, ob und bis zu welcher kapazitiven Last ihm das gelingt. Wird das Regelspiel dabei von Hand oder durch Erreichen der Regelhubgrenze unterbrochen, so steigt die Klemmenspannung sofort resonanzartig an.

Wir haben bei den bisherigen Betrachtungen die differentiellen Glieder in Gl. (71a) und (71b) von Kapitel 14, die subtransienten Erscheinungen infolge der Dämpferwicklung, den Wirkwiderstand und die Eisensättigung nicht berücksichtigt. Die beiden erstgenannten Einflüsse verändern das bisher gewonnene Bild nicht wesentlich. Dagegen begrenzt die Sättigung die im Selbsterregungsfall auftretenden Spannungen sehr stark, und schon eine kleine Wirklast im Ständerkreis, die in Wirklichkeit immer vorhanden ist, bewirkt, daß auch in der Querachse der Maschine resonanzartige Erscheinungen auftreten.

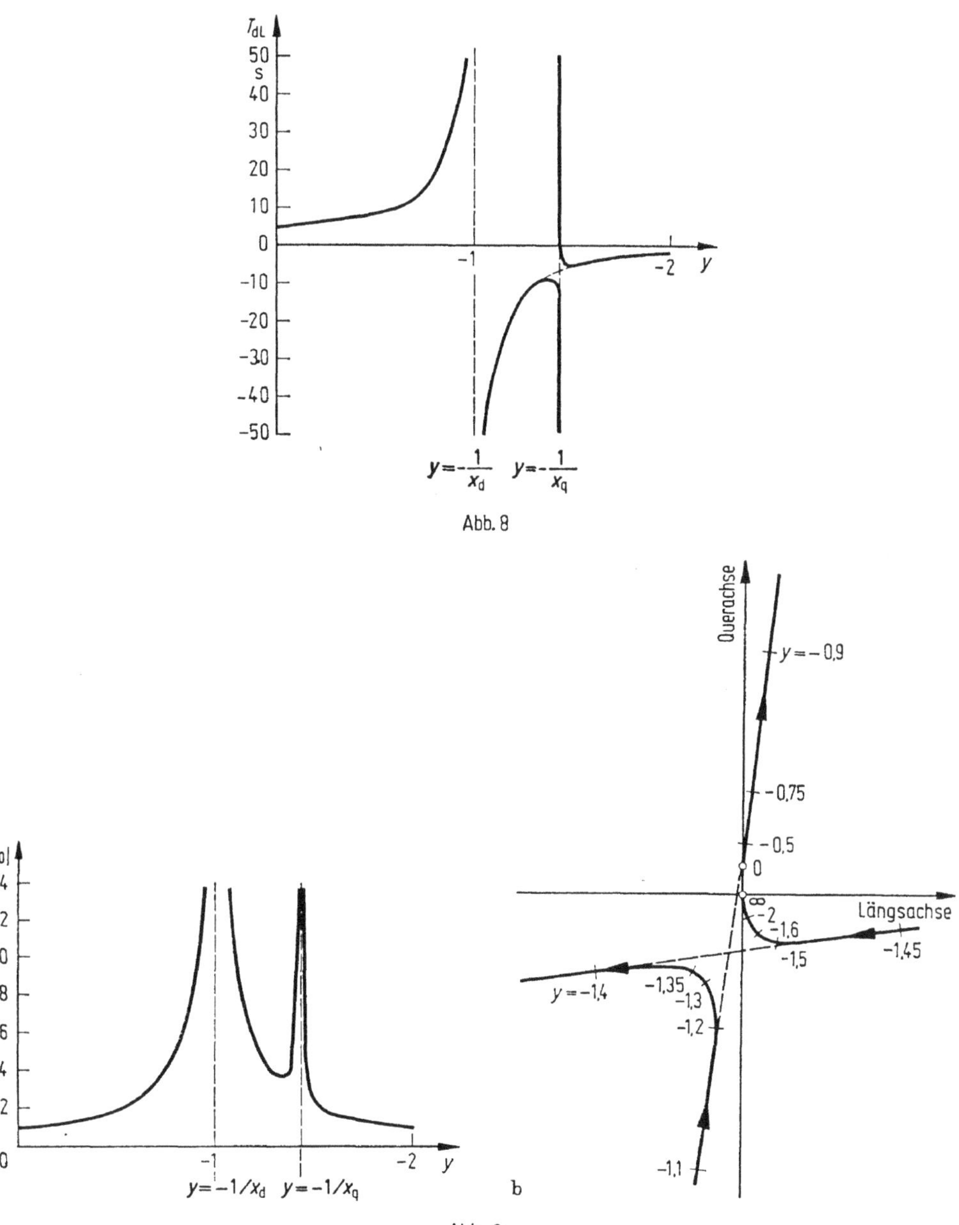

Abb. 8

Abb. 9

Berechnen wir die Lastzeitkonstante für den kapazitiven Lastfall mit Hilfe der vollständigen Gl. (18) und setzen für den relativen Wirkleitwert den kleinen Wert $g = 0{,}05$ ein, so ergibt sich mit den Werten von Tabelle 1 aus Kapitel 16 der in *Abb. 8* gezeigte Verlauf. Zusätzlich zu der bisher gefundenen ersten Resonanzstelle bei $y = -1/x_d$ erscheint eine zweite Resonanz bei $y = -1/x_q$.

Auch bei dem in *Abb. 9* dargestellten Verlauf von u^0 zeigt sich diese zweite Resonanzspitze. Die Berechnung wurde nach Gl. (10) mit $g = 0{,}05$ für Kapazitätszuschaltung bei Leerlauferregung durchgeführt, wobei die Kenngrößen der Maschine nach Tabelle 1 von Kapitel 16 angenommen wurden. *Abb. 9a* gibt den Verlauf des Betrages von u^0 wieder und *Abb. 9b* die Ortskurve dieser Spannung. Als Parameter sind in *Abb. 9b* die Werte von y eingetragen. Von $u^0 = 1$ beim Wert $y = 0$ ausgehend verläuft ein Ast der Kurve nach unendlich und kommt mit negativen Werten aus dem Unendlichen zurück. Dieser Ast entspricht der ersten Resonanzspitze in *Abb. 9a* und wird, da sich die zugehörigen Fluß- und Durchflutungsvorgänge in der Längsachse der Maschine abspielen, mit „Längsresonanz" bezeichnet. Der zweite Ast der Kurve verläuft nach links, kommt über unendlich von rechts wieder und entspricht der zweiten Resonanzspitze. Da die Vorgänge hier von den Querachsengrößen bestimmt werden, spricht man von der „Querresonanz".

Wie *Abb. 8* zeigt, ist die Zeitkonstante fast im gesamten Bereich $y < -1/x_d$ negativ und die Klemmenspannung der Maschine instabil, was wir schon vorher gefunden hatten, jedoch nimmt nun in der Nähe der Querresonanz die Zeitkonstante sehr kleine negative Werte an. Das bedeutet, daß die Klemmenspannung so rasch ansteigt, daß ein stabilisierender Eingriff selbst bei bester Spannungsregelung nicht mehr möglich ist. Die Querresonanz stellt daher die äußerste Grenze der kapazitiven Belastbarkeit eines spannungsgeregelten Generators dar. Falls, wie im betrachteten Beispiel, die kapazitive Last dabei größer ist als die Nennleistung der Maschine, ist diese Grenze natürlich nur kurzzeitig ausnutzbar.

Wie wir noch sehen werden, gilt derselbe Grenzwert der kapazitiven Last auch für die auf ein starres Netz arbeitende Maschine. Hier sind es nicht gefährliche Spannungserhöhungen, welche die Grenze setzen, sondern die Tatsache, daß die Maschine bei Überschreiten der Grenze außer Tritt fallen würde.

Bei Turbogeneratoren ist $x_q \approx x_d$, und somit stimmen bei diesen die Längs- und Querresonanz nahezu überein. Dazu kommt, daß Turbogeneratoren meist ziemlich hohe Synchronreaktanzen haben. Sie sind daher kapazitiv weniger belastbar als Schenkelpolmaschinen gleicher Größe.

Wir wollen nun noch die spannungsbegrenzende Wirkung der Eisensättigung untersuchen, die sich bei den durch kapazitive Belastung hervorgerufenen Spannungserhöhungen besonders deutlich ausprägt. Zur Vereinfachung der Rechnung berücksichtigen wir dabei nur die Sättigung in der Längsachse der Maschine und benutzen für die Vorgänge in der Längsachse Gl. (74) von Kapitel 16, für die in der Querachse Gl. (10) von Kapitel 15 und für die Last das Gleichungspaar (15) von Kapitel 15. Durch Einsetzen von Gl. (15) von Kapitel 15 in Gl. (74) von Kapitel 16 und Gl. (10) von Kapitel 15 erhält man

$$u_q = -(u_d g + u_q y) x_{1\sigma} + S[i_f - x_{hd}(u_d g + u_q y)], \tag{32}$$

$$u_d = x_q (u_q g - u_d y). \tag{33}$$

Aus Gl. (33) ergibt sich

$$u_d = u_q \frac{x_q g}{1 + x_q y}. \tag{34}$$

Nach Einsetzen von Gl. (34) in Gl. (32) und Umstellen einiger Glieder finden wir schließlich

$$u_q (1 + x_{1\sigma} K) = S(i_f - x_{hd} K u_q) \tag{35}$$

mit

$$K = y + \frac{x_q g^2}{1 + x_q y}. \tag{36}$$

Gl. (35) läßt sich graphisch lösen, wie im Sättigungsdiagramm *Abb. 10* dargestellt. i_f, k_{hd} und K sind bekannte Größen, wir haben bei der Darstellung in *Abb. 10* i_f gleich dem Leerlauferregerstrom angenommen. Da y bei kapazitiver Last

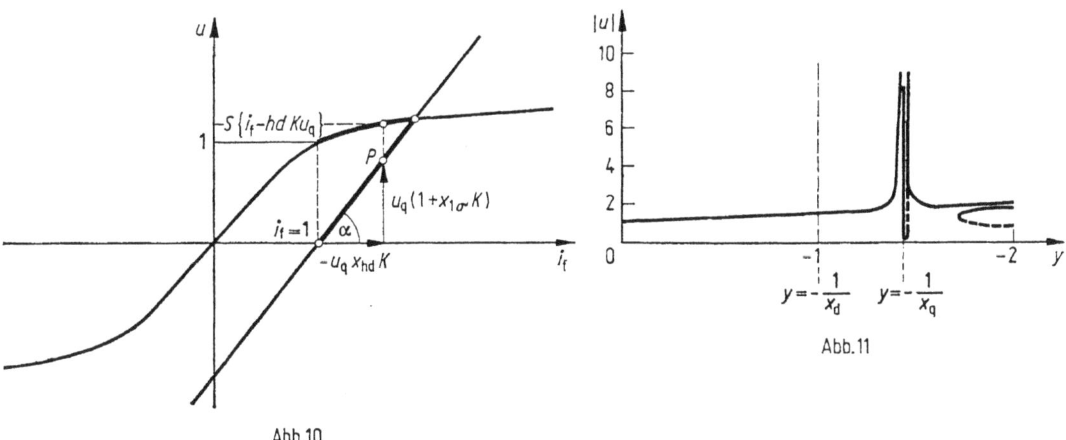

Abb.10

Abb.11

negativ ist, wird auch K negativ, und der Ausdruck $-x_{hd}Ku_q$ addiert sich auf der Abszisse nach rechts zu i_f. Über dem Endpunkt der Summe finden wir auf der Sättigungskennlinie den zugehörigen Ordinatenwert $S(i_f - x_{hd}Ku_q)$. Dieser Ordinatenwert soll nun laut Gl. (35) mit $u_q(1 + x_{1\sigma}K)$ übereinstimmen. In *Abb. 10* ist das nicht der Fall, weil wir u_q zu klein gewählt haben. Verändern wir u_q, so läuft der Punkt P auf einer geneigten Geraden, welche die Abszisse unter dem Winkel α im Punkt $i_f = 1$ schneidet, und im Schnittpunkt dieser Geraden mit der Sättigungskennlinie ist Gl. (35) erfüllt. $\tan\alpha$ können wir aus Gl. (35) leicht ermitteln, indem wir die linke Seite durch das Argument der S-Funktion dividieren, und wir erhalten

$$\tan\alpha = -\frac{x_{1\sigma} + 1/K}{1 + x_q y}. \tag{37}$$

Um für ein bestimmtes Wertetripel i_f, g und y bei gegebener Maschine die Klemmenspannung zu bestimmen, müssen wir also K und α berechnen und die durch i_f und α bestimmte Gerade mit der Sättigungskennlinie zum Schnitt bringen. u_q finden wir, indem wir z. B. den Ordinatenwert des Schnittpunktes durch $(1 + x_{1\sigma}K)$ dividieren, u_d ergibt sich hieraus nach Gl. (34) und u aus der geometrischen Addition von u_q und u_d.

Wie man aus *Abb. 10* erkennt, finden sich bei kleinen Winkeln α, die bei großer kapazitiver Last entstehen, drei Schnittpunkte mit der Sättigungskennlinie, nämlich einer auf dem rechten Kurvenast, einer auf dem inneren und einer auf dem äußeren Teil des linken Kurvenastes. Stabil ist von den beiden letztgenannten nur der äußere Schnittpunkt, bei dem die Selbsterregung durch die zunehmende Sättigung abgefangen wird. Polradspannung und Klemmenspannung sind in diesem Fall entgegengesetzt gerichtet, was z. B. vorkommt, wenn die Spannungsregelung den Erregerstrom auf negative Werte führt, ohne die Selbsterregung verhindern zu können.

Abb. 11 zeigt einen Verlauf der stationären Klemmenspannung in Abhängigkeit von dem der kapazitiven Last entsprechenden Leitwert y, der nach dem beschriebenen Verfahren ermittelt wurde. Dabei lagen dieselben Kenngrößen wie für *Abb. 9a* und die Sättigungskennlinie nach *Abb. 10* zugrunde. Gegenüber *Abb. 9a* ist infolge der Sättigung die eigentliche Längsresonanz sehr stark nach rechts zu hohen Kapazitätswerten ($y \approx -2$) verschoben. Im Bereich des Bildes deutet sie sich nur noch durch das Auftreten der besprochenen Dreifachlösungen an. Die Querresonanz bleibt am alten Ort, da wir für die Querachse keine Sättigung angesetzt hatten. Auch hier treten in einem engen Bereich Dreifachlösungen auf.

Im Bereich $y = -1/x_d$ zeigt *Abb. 11* zwar nur noch (auf Nennwert bezogene) Spannungen von etwa $|u| = 1{,}5$, das darf aber nicht so gedeutet werden, daß in diesem Gebiet überhaupt keine Selbsterregung mehr auftritt. Die Sättigung kommt ja erst voll zur Wirkung, wenn die für den Betrieb bereits recht hohen relativen Spannungswerte von rd. 1,5 erreicht sind. Solange die Spannung wesentlich niedriger liegt, ist die Sättigung viel geringer, und damit gelten hier annähernd die Beziehungen, die wir für die Maschine ohne Sättigung abgeleitet hatten. Man kann also sagen, daß die Selbsterregung der Maschine mit $y = -1/x_d$ beginnt und durch die Sättigung wieder unterdrückt wird, sobald und solange dabei höhere Klemmenspannungen der Maschine erreicht werden.

18. Spannungsregelung und lastabhängige Erregung

Wir sind bereits in den vorigen Kapiteln, besonders aber im Zusammenhang mit der Selbsterregung, auf die Spannungsregelung eingegangen, obwohl wir bisher in den Rechnungen immer eine konstante Erregung der Maschine angenommen haben. Alle größeren Generatoren sind jedoch mit einem Spannungsregler ausgerüstet, der die Klemmenspannung des Generators durch Ändern der Erregung konstant zu halten sucht.

Der Spannungsregler ist dabei ein Teil der Erregeranordnung, welche die Erregerleistung für den Synchrongenerator liefert. Die höchsten Erregerleistungen werden gerade in den Augenblicken gefordert, wenn die Spannung im Netz abgesunken oder ganz zusammengebrochen ist. Man muß daher einigen Aufwand treiben, um die Erregerenergie unabhängig von der Netzspannung sicher bereitstellen zu können.

Abb. 1 zeigt die wichtigsten Erregeranordnungen für Synchrongeneratoren. Die gebräuchlichste Anordnung ist in *Abb. 1a* dargestellt. Die Erregerenergie des Synchrongenerators wird dabei von einer Gleichstrommaschine (Haupterregermaschine) geliefert, deren Läufer auf der Generatorwelle angeordnet ist. Der Erregerstrom wird über den Kommutator der Gleichstrommaschine abgenommen und dem Generator über Schleifringe zugeführt. Der mit R bezeichnete Spannungsregler steuert die Feldspannung der Gleichstrommaschine. Er bezieht die hierzu erforderliche Energie aus einem weiteren auf der Generatorwelle angeordneten Hilfsgenerator oder aus einem gesicherten Stromkreis, seltener im Nebenschluß aus der Haupterregermaschine. Wenn auch der Regler bei einem Spannungseinbruch an den Klemmen des Synchrongenerators sofort anspricht und die Feldspannung der Gleichstrommaschine steigert, so folgen Feldstrom und Ausgangsspannung der Gleichstrommaschine erst mit einer Verzögerungszeitkonstante von 0,5 s oder mehr. Diese Verzögerung wirkt sich nachteilig auf die Regelgeschwindigkeit aus und ist besonders groß bei langsam laufenden Gleichstrommaschinen. Bei Wasserkraftgeneratoren niedriger Drehzahl ist es daher aus Gründen der Regelung nicht mehr zweckmäßig, die Haupterregermaschine unmittelbar auf der Generatorwelle anzuordnen. Man verwendet in diesem Fall ein getrenntes Erregeraggregat höherer Drehzahl, das über ein Vorgelege oder von einem Drehstrommotor angetrieben wird, der seinerseits von einem Hilfsgenerator auf der Generatorwelle gespeist wird.

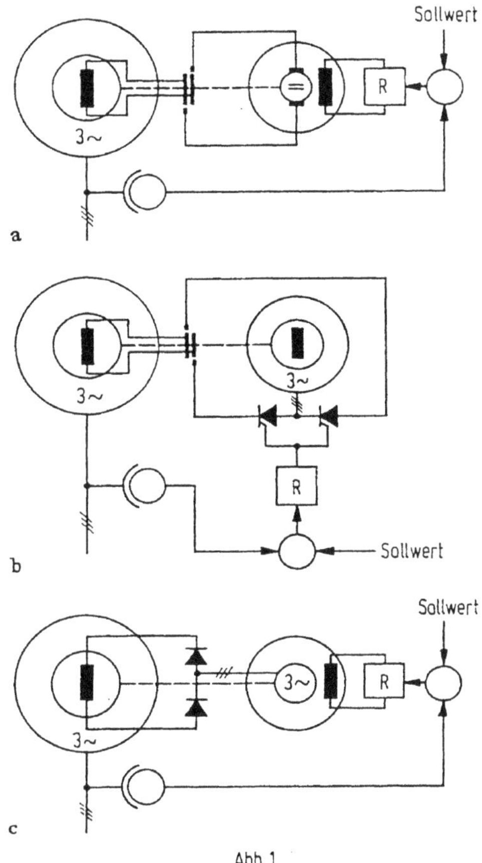

Abb. 1

Abb. 1b zeigt einen gleichrichtererregten Synchrongenerator, dessen Erregerenergie von einer Drehstrom-Erregermaschine konstanter Spannung geliefert wird, die mit der Generatorwelle gekuppelt ist. Ihre Spannung wird über einen steuerbaren Gleichrichter in Gleichspannung umgewandelt und den Schleifringen des Generators zugeführt. Der Spannungsregler verändert dabei den Steuerwinkel des Gleichrichters und kann auf diese Weise die Erregerspannung des Generators nahezu verzögerungsfrei einstellen. Gelegentlich wird bei diesem System statt der Drehstrom-Hilfserregermaschine auch ein besonders ausgebildeter Hilfstransformator entsprechend der später in *Abb. 12* gezeigten „Spannungsschaltung" verwendet, um die Erregerenergie aus dem Primärkreis des Generators abzuzweigen.

Abb. 1c schließlich stellt einen Synchrongenerator dar, der über rotierende Gleichrichter erregt wird. Hierzu verwendet man eine mit der Generatorwelle gekuppelte Drehstrom-Erregermaschine, bei der abweichend von der normalen Bauart die Erregerwicklung im Ständer und die Primärwicklung im Läufer untergebracht sind. Die Primärwicklung ist mit einem ungesteuerten Gleichrichter verbunden, der ebenfalls auf der Generatorwelle angeordnet ist und den Namen „rotierender Gleichrichter" führt und der gleichstromseitig die Erregerwicklung des Generators speist. Der Spannungsregler wirkt auf die Erregerwicklung der

Drehstrom-Erregermaschine ein. Die Verzögerungszeitkonstanten der Drehstrom-Erregermaschinen sind kleiner als die vergleichbarer Gleichstrom-Erregermaschinen. Die Regeleigenschaften dieser Anordnung liegen etwa zwischen denen von *Abb. 1a und b*. Die Anordnung von *Abb. 1c* hat jedoch gegenüber der von *Abb. 1b* den Vorteil, daß Schleifringe und Kommutator entbehrt werden können.

Als Regler werden bei größeren Generatoren vorwiegend Magnetverstärkerregler oder rückgekoppelte elektronische Verstärker verwendet.

Dieses Kapitel soll sich mit dem Einfluß der Spannungsregelung auf die Übergangsvorgänge bei Lastzuschaltung und Kurzschluß befassen. Zur genauen Analyse von Regelvorgängen werden Analog- und Digitalrechner verwendet, und zur mathematischen Darstellung der Systeme wird meistens die Laplace-Transformation benutzt. Wir wollen uns hier darauf beschränken, durch gezielte Vernachlässigungen die grundsätzlichen Einflüsse herauszuschälen und dafür graphische Lösungsverfahren anzugeben.

Bei der sogenannten „lastabhängigen Erregung", die im Abschnitt d) behandelt wird, ist die Klemmenspannung nicht geregelt. Die Erregerenergie wird dem Primärkreis der Maschine entnommen und aus spannungs- und stromproportionalen Anteilen so zusammengesetzt, daß auch bei wechselnder Last eine angenähert konstante Klemmenspannung erhalten bleibt.

a) Verlauf der Klemmenspannung bei Änderung der Erregung

Wir haben bereits in Abschnitt b) von Kapitel 15 an einer unbelasteten Maschine den Verlauf der Klemmenspannung bei einer sprunghaften Änderung der Erregerspannung untersucht und gefunden, daß die Klemmenspannung der Erregerspannung nicht augenblicklich folgt, sondern nach einer Exponentialfunktion mit der Leerlaufzeitkonstanten verläuft. Bei belasteter Maschine wird die Leerlaufzeitkonstante zur entsprechenden transienten Lastzeitkonstante und bei Kurzschluß der Maschine zur transienten Kurzschlußzeitkonstante. Wir werden davon ausgehen können, daß die Spannungsregelvorgänge wesentlich langsamer verlaufen als die subtransienten Glieder, so daß beide Anteile unabhängig voneinander berechnet und anschließend überlagert werden können. Transiente Glieder, die durch Laständerungen hervorgerufen werden, und Spannungsregelvorgänge verlaufen dagegen in der Synchronmaschine mit derselben Zeitkonstanten und sind nicht voneinander zu trennen, zumal der Verlauf der Klemmenspannung über den Spannungsregler rückwirkend wieder den Verlauf der Erregung bestimmt.

Wir wollen zunächst als einfaches Beispiel untersuchen, wie sich die Klemmenspannung verhält, wenn bei einer belasteten Maschine plötzlich die Erregerspannung um einen bestimmten Betrag angehoben wird. Hierzu verwenden wir für u_q und u_d Gl. (15) und (16) von Kapitel 17, die dort abgeleitet wurden und bei denen der subtransiente Übergang bereits vernachlässigt ist. Längs- und Querspannung ergeben rechtwinklig addiert die Gesamtspannungen nach der Beziehung

$$u = \sqrt{u_d^2 + u_q^2}. \tag{1}$$

Setzen wir Gl. (15) von Kapitel 17 in Gl. (1) ein, so erhalten wir

$$u = \sqrt{u_q^2 \left(\frac{x_q g}{1 + x_q y}\right)^2 + u_q^2} = u_q \frac{\sqrt{(1 + x_q y)^2 + x_q^2 g^2}}{1 + x_q y} \tag{2}$$

und umgekehrt

$$u_q = u \frac{1 + x_q y}{\sqrt{(1 + x_q y)^2 + x_q^2 g^2}}. \tag{3}$$

Der Bruch in Gl. (3) ist eine Konstante, so daß die Differentiation nach der Zeit

$$\frac{\mathrm{d}u_q}{\mathrm{d}t} = \frac{\mathrm{d}u}{\mathrm{d}t} \frac{1 + x_q y}{\sqrt{(1 + x_q y)^2 + x_q^2 g^2}} \tag{4}$$

liefert. Durch Einführen von Gl. (3) und (4) in Gl. (16) von Kapitel 17 ergibt sich schließlich

$$u + \frac{\mathrm{d}u}{\mathrm{d}t} T'_{dL} = u_f \frac{\sqrt{(1 + x_q y)^2 + x_q^2 g^2}}{(1 + x_q y)(1 + x_d y) + x_d x_q g^2}, \tag{5}$$

oder

$$\frac{\mathrm{d}u}{\mathrm{d}t} = \frac{1}{T'_{dL}} (u_f D - u) \tag{6}$$

mit

$$D = \frac{\sqrt{(1 + x_q y)^2 + (x_q g)^2}}{(1 + x_q y)(1 + x_d y) + x_d x_q g^2}. \tag{7}$$

Wie der Vergleich mit Gl. (22) von Kapitel 15 zeigt (im stationären Fall gilt $u_f = i_f$), ist das Produkt $D u_f$ nichts anderes als die stationäre Spannung u_0. Es gilt also

$$D u_f = u_0, \tag{8}$$

wobei D das stationäre Übersetzungsverhältnis zwischen Erreger- und Ständerspannung bei belasteter Maschine darstellt. Ohne Last gilt $D = 1$. Gl. (6) läßt sich sehr einfach graphisch integrieren, wenn $u_f D$ und der Anfangswert von u bekannt sind. Um einen Vergleich mit den Kurven von Abb. 3 aus Kapitel 17 zu ermöglichen, wollen wir in unserem Beispiel annehmen, daß ein Generator mit den Kenngrößen nach Tabelle 1 von Kapitel 16 vor und während des Sprunges der Erregerspannung mit

$$y_0 = 0{,}3 \quad \text{und} \quad g_0 = 0{,}5$$

belastet sei. Daraus ergibt sich nach Gl. (64) von Kapitel 15 die Lastzeitkonstante

$$T'_{dL} = 1{,}5 \cdot \frac{1}{0{,}3} \cdot \frac{(1 + 0{,}7 \cdot 0{,}3)(1 + 0{,}3 \cdot 0{,}3) + 1 \cdot 0{,}7 \cdot 0{,}5^2}{(1 + 0{,}7 \cdot 0{,}3)(1 + 1 \cdot 0{,}3) + 1 \cdot 0{,}7 \cdot 0{,}5^2}\ \mathrm{s} = 4{,}27\ \mathrm{s}$$

und nach Gl. (7) der Faktor

$$D = \frac{\sqrt{(1 + 0{,}7 \cdot 0{,}3)^2 + (0{,}7 \cdot 0{,}5)^2}}{(1 + 0{,}7 \cdot 0{,}3)(1 + 1 \cdot 0{,}3) + 1 \cdot 0{,}7 \cdot 0{,}5^2} = 0{,}722.$$

Im stationären Ausgangszustand hat u_0 den Nennwert 1 und die (relative) Erregerspannung damit den Wert

$$u_{0f} = \frac{u_0}{D} = \frac{1}{0{,}722} = 1{,}387. \tag{9}$$

Da wir im Beispiel die Belastung nicht ändern, gilt derselbe Wert von D sowohl für den stationären Ausgangszustand als auch für den Endzustand. Wir wollen nun u_f von u_{0f} sprunghaft auf $u_f = 2u_{0f}$ steigern, es gilt also jetzt

$$Du_f = 1{,}445.$$

Abb. 2 zeigt den Weg der graphischen Integration für Gl. (6). Zum Zeitpunkt $t = 0$ hat die Spannung u noch den Wert $u_0 = 1$ und Du_f bereits den Wert 1,445. Den Anstieg der Spannungskurve im Punkt *0* liefert Gl. (6) als die Differenz

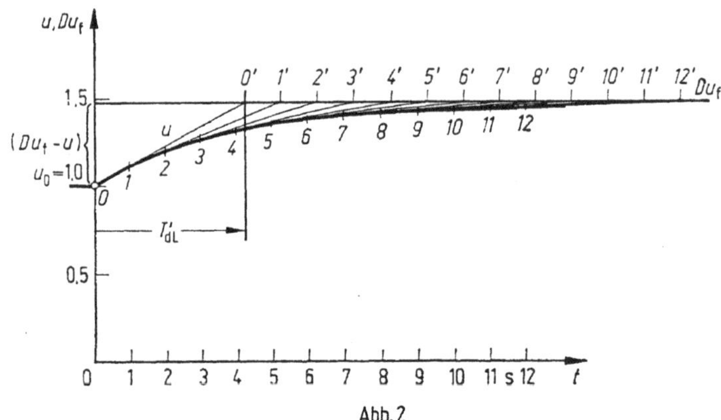

Abb. 2

zwischen Du_f und u, dividiert durch T'_{dL}. Die zugehörige Tangente können wir aus *Abb. 2* finden, indem wir auf der Geraden $Du_f = \text{const}$ von $t = 0$ ausgehend T'_{dL} auftragen und den so gefundenen Punkt *0'* mit dem Punkt *0* durch eine Gerade verbinden. Für einen kurzen Zeitabschnitt können wir ohne großen Fehler die Spannungskurve durch ihre Tangente ersetzen. Nach 1 s ist die Spannung u auf der Tangente bis zum Punkt *1* angestiegen, und wir wiederholen die Konstruktion von diesem Spannungswert ausgehend. Die Differenz $(Du_f - u)$ ist etwas geringer geworden, und da wir T'_{dL} jetzt vom Zeitpunkt 1 s aus auftragen müssen, liegt auch der erreichte Punkt *1'* auf der Geraden Du_f um 1 s weiter rechts als der Punkt *0'*. Durch Verbinden der Punkte *1* und *1'* erhalten wir die neue Tangente, auf der u weiterläuft, und so läßt sich Schritt für Schritt der Übergangsverlauf konstruieren. Im Beispiel ist das eine einlaufende Exponentialkurve, was man sicher auch einfacher hätte finden können. Aber betrachten wir die Konstruktion genauer, so kann man sie auch folgendermaßen deuten. Wir haben Du_f in einer Zeitskala aufgetragen, die um T'_{dL} gegenüber der Skala von u versetzt ist, und haben von $t = 0$ ausgehend immer den erreichten Spannungswert mit dem zeitlich zugehörigen Wert von Du_f verbunden. Diese Deutung gilt auch bei veränderlichem Du_f und liefert für das weitere Vorgehen ein sehr einfaches Integrationsverfahren.

Als nächstes Beispiel wollen wir den Spannungsverlauf untersuchen, der sich einstellt, wenn wir, wie in Abschnitt a des vorigen Kapitels, dem Generator eine zusätzliche Last $\Delta y = 0{,}2$, $\Delta g = 0{,}2$ aufschalten, gleichzeitig aber die Erregerspannung auf den Wert anheben, der bei der neuen Gesamtlast

$$y = y_0 + \Delta y = 0{,}5,$$

$$g = g_0 + \Delta g = 0{,}7$$

die Spannung wieder auf den Nennwert bringt. Die Bedingung für die neue Erregerspannung lautet gemäß Gl. (8)

$$u_0 = D u_f = 1 .$$

Vor der Lastzuschaltung gilt $u_f = 1{,}387$, wie wir es schon oben errechnet hatten. Nach der Lastzuschaltung ist entsprechend der Gesamtlast der Faktor

$$D = \frac{\sqrt{(1 + 0{,}7 \cdot 0{,}5)^2 + (0{,}7 \cdot 0{,}7)^2}}{(1 + 0{,}7 \cdot 0{,}5)\,(1 + 1 \cdot 0{,}5) + 1 \cdot 0{,}7 \cdot 0{,}7^2} = 0{,}607 ,$$

womit wir aus Gl. (9) die neue notwendige relative Erregerspannung $u_f = 1{,}645$ finden. Die Erregerspannung muß also im Augenblick der Lastzuschaltung um $\Delta u_f = 0{,}258$ gesteigert werden.

Der transiente Spannungseinbruch bei Lastzuschaltung hat dieselbe Höhe wie in Abb. 3 von Kapitel 17, wir können von dort den Anfangswert $u = u' = 0{,}944$ übernehmen. Auch die transiente Zeitkonstante $T'_{dL} = 3{,}49$ s für die Gesamtlast hatten wir dort schon bestimmt. Wir können damit unmittelbar den Verlauf nach *Abb. 3* konstruieren, indem wir $D u_f = 1$ in einem um T_{dL} versetzten Zeitmaßstab auftragen und von $t = 0$ beginnend die erreichten Werte von u mit den zeitlich zugehörigen Werten von $D u_f$ verbinden.

Der Vergleich der *Abb. 3* mit Abb. 3 von Kapitel 17 zeigt, daß infolge der Erregungsänderung die Klemmenspannung nach dem transienten Sprung nicht

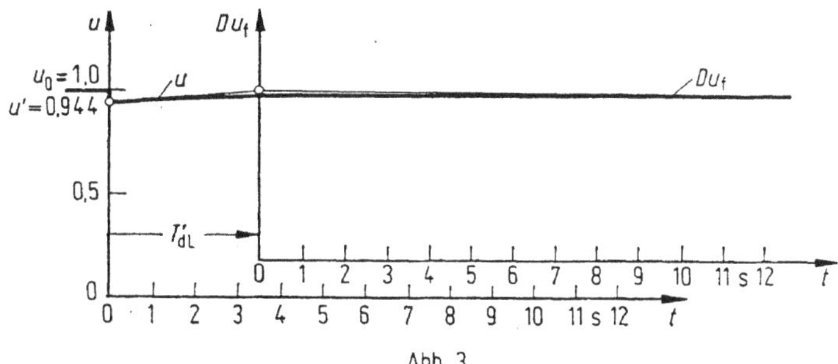

Abb. 3

mehr weiter absinkt, sondern mit der Lastzeitkonstante wieder auf $u = 1$ ansteigt. Da die Lastzeitkonstante im vorliegenden Beispiel $T'_{dL} = 3{,}49$ s beträgt, dauert es ungefähr $3 T'_{dL} = 10$ s, bis die Klemmenspannung den Nennwert wieder erreicht, also eine verhältnismäßig lange Zeit.

Man kann die Klemmenspannung in wesentlich kürzerer Zeit wieder auf den Nennwert bringen, wenn man kurzzeitig höhere Erregerspannungen anwendet, wie es *Abb. 4* zeigt. Die Erregeranordnung kann beispielsweise eine maximale Erregerspannung („Deckenspannung") von $3\,U_{f1}$ erzeugen. Das ergibt bei der angenommenen Gesamtlast nach dem Laststoß $D u_f = 0{,}607 \cdot 3 = 1{,}82$, wie es in *Abb. 4a* eingetragen ist. Der mit diesem Wert ermittelte Spannungsanstieg erreicht nach rd. 0,2 s die Nennspannung. Um ein Überschwingen zu vermeiden, müssen wir also zu diesem Zeitpunkt die Erregerspannung auf $D u_f = 1$ absenken und auf diesem Wert bestehen lassen. *Abb. 4b* zeigt den zu dem gefundenen Verlauf von $D u_f$ gehörigen Verlauf der Erregerspannung u_f. Der Wert D ist vor der Lastzuschaltung größer als nachher. Obwohl das Produkt $D u_f$ vor und nach dem plötzlichen Anheben gleich eins ist, ergibt sich daher nach dem Ausregeln ein größerer Wert für u_f. Man erkennt aus *Abb. 4*, welche Bedeutung die Decken-

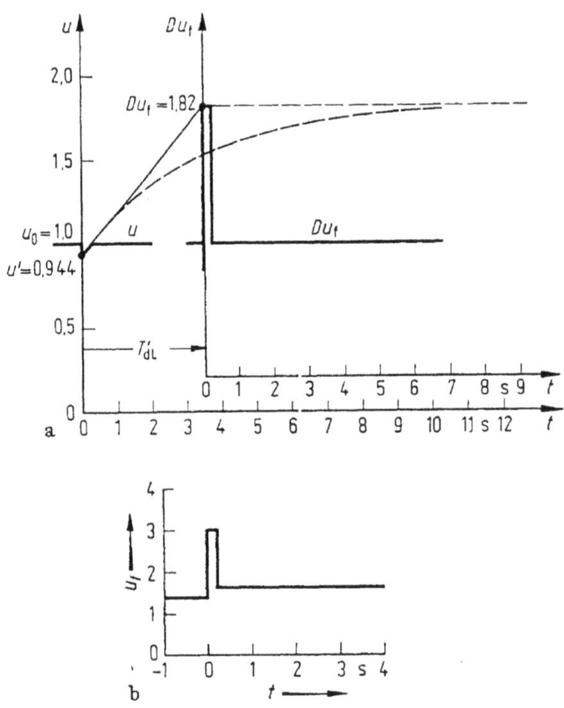

Abb. 4

spannung für die rasche Ausregelung von Spannungseinbrüchen hat und welchen Verlauf der Erregerspannung ein idealer Spannungsregler ansteuern müßte, um bei gegebener Deckenspannung eine schnellstmögliche Ausregelung zu erzielen. Wie wir sehen werden, kann der Spannungsregler einen solchen Spannungsverlauf bestenfalls annähern. Das liegt einmal daran, daß der Spannungsregler den Wert, auf den er die Erregerspannung zurückzuführen hat, wenn die Klemmenspannung den Sollwert erreicht, nicht vorausberechnen kann. Er muß sich vielmehr nach Maßgabe seiner Zeitfunktion an diesen Wert herantasten, was ein gewisses Überschwingen der Klemmenspannung bedingt. Zum anderen liegt es an den mehr oder minder großen Verzögerungen, die die Erregeranordnung aufweist, daß der ideale Spannungsverlauf nur angenähert werden kann.

Um dies zu veranschaulichen, nehmen wir an, daß ein „idealer Spannungsregler" der beschriebenen Art in einer Erregeranordnung nach *Abb. 1a* verwendet sei, bei der die Haupterregermaschine eine Verzögerungszeitkonstante von $T_F = 1\,\text{s}$ aufweise. Zwischen der Feldspannung u_F und der Klemmenspannung u_f der Haupterregermaschine besteht dann der Zusammenhang

$$\frac{\mathrm{d}u_f}{\mathrm{d}t} = \frac{1}{T_F}\,(u_F C - u_f) \tag{6a}$$

mit der Maschinenkonstante C, der genau entsprechend Gl. (6) graphisch integriert werden kann. Nach *Abb. 5* ergeben sich dabei drei Zeitskalen, wobei die u_f-Skala um T'_{dL} gegenüber der u-Skala und die u_F-Skala nochmals um T_F gegenüber der u_f-Skala versetzt ist. Vor der Lastzuschaltung im Zeitpunkt $t = 0$ befinden sich alle Größen im stationären, ausgeregelten Zustand, und es gilt $u_0 = Du_f = DCu_F = 1$. Durch die Lastzuschaltung sinkt die Spannung u auf u' ab, gleichzeitig vermindert sich D von 0,722 auf 0,607. Obwohl die Erregerspannung u_f im ersten Augenblick konstant bleibt, geht Du_f auf $u_0 D/D_0 = 1 \cdot 0{,}607/0{,}722 = 0{,}84$ zu-

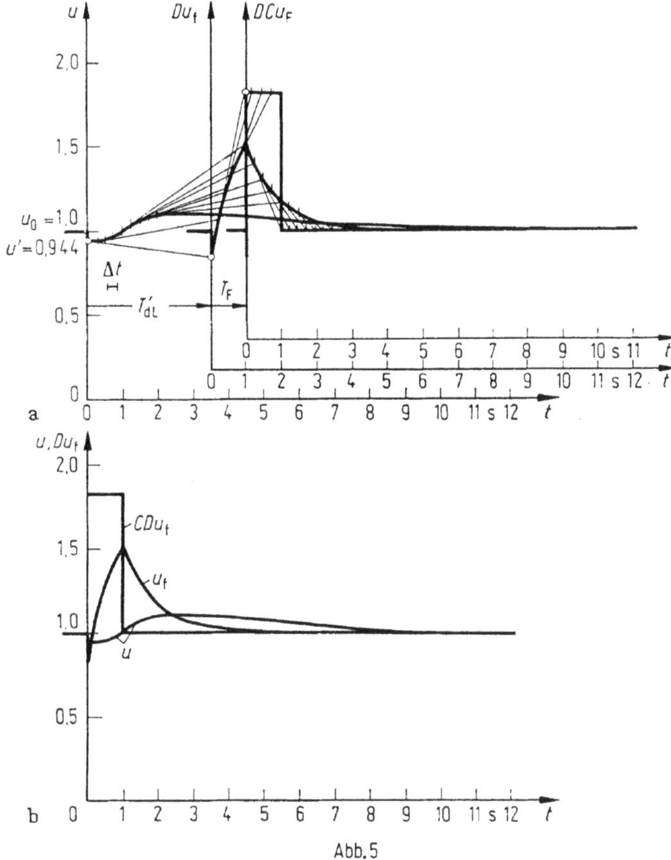

Abb. 5

rück. Das gleiche gilt für DCu_F, jedoch wollen wir annehmen, daß der ideale Spannungsregler diesen Spannungswert im selben Augenblick auf 1,82 erhöht. Auf diese Weise haben wir die Anfangswerte für die graphische Integration ermittelt, von denen ausgehend wir, wie gewohnt, den Verlauf von u und Du_f konstruieren, indem wir zeitgleiche Wertepaare U/Du_f und Du_f/DCu_F miteinander durch Gerade verbinden.

Zum Zeitpunkt $t = 1$ s finden wir dabei, daß die Klemmenspannung u den Wert 1 erreicht, worauf der ideale Spannungsregler die Feldspannung der Erregermaschine auf $DCu_F = 1$ zurückführt. In *Abb. 5b* ist der Verlauf dieser Größen nochmals über einer einheitlichen Zeitskala aufgetragen. Gegenüber dem Verlauf nach *Abb. 4* fällt auf, daß die Klemmenspannung nach dem transienten Einbruch nicht sofort wieder steigende Tendenz zeigt, sondern noch etwas fällt, bevor die Erregerspannung genügend erhöht wurde. Auch der Zeitpunkt für $u = 1$ wird später erreicht, bei dem die Feldspannung der Erregermaschine abgesenkt wird. Infolge der Erregerzeitkonstante stellt sich die Erregerspannung jedoch erst verzögert auf den abgesenkten Wert ein, wodurch sich ein erhebliches Überschwingen der Klemmenspannung ergibt.

Es läßt sich zeigen, daß man wegen der beiden Verzögerungen in der Strecke die Feldspannung erst auf den Höchstwert, dann auf den Tiefstwert und schließlich auf den stationären Wert führen müßte, um ein unter diesen Umständen ideales Regelergebnis zu erzielen, das aber in jedem Fall ungünstiger ist als das in *Abb. 4* gezeigte.

b) Spannungsregler

Der grundsätzliche Aufbau eines elektrischen Reglers, wie er zur Spannungsregelung großer Generatoren meist verwendet wird, ist in *Abb. 6* gezeigt. Er besteht aus einem Spannungsvergleicher und einem rückgekoppelten Verstärker.

Dem Spannungsvergleicher wird einerseits die Klemmenspannung u der Maschine — üblicherweise in Form eines Gleichspannungsmeßwertes — als Istwert zugeführt, andererseits eine Sollwertspannung, die an einem Potentiometer eingestellt werden kann. Er bildet die Differenz aus beiden Größen, die sogenannte Regelabweichung Δu, und gibt sie an den Regelverstärker ab.

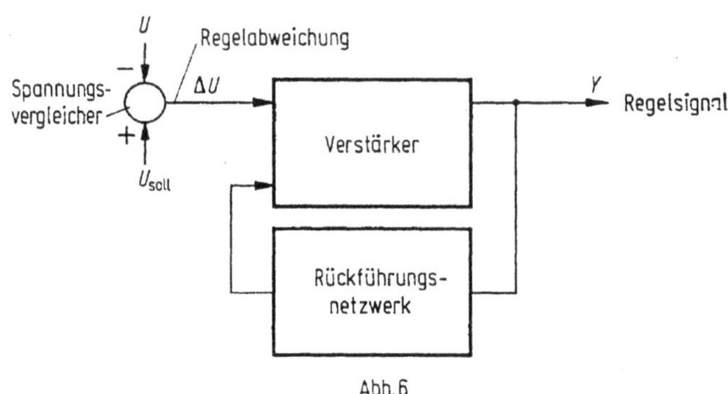

Abb.6

Die Ausgangsspannung des Regelverstärkers ist über ein Rückführungsnetzwerk auf seinen Eingang zurückgekoppelt. Dieses Rückführungsnetzwerk besteht aus einstellbaren Widerständen und Kapazitäten und dient zum Einstellen der Zeitfunktion des Reglers.

Spannungsregler werden meist als PI-Regler ausgeführt, d. h. das Regelsignal Y besteht aus zwei Anteilen, von denen der eine der Regelabweichung proportional ist und der andere das zeitliche Integral der Regelabweichung Δu darstellt; somit gilt

$$Y = V\left(\Delta u + \frac{1}{T_R}\int \Delta u \, \mathrm{d}t\right). \tag{10}$$

Die Konstanten V und T_R müssen mit Hilfe des Rückführungsnetzwerkes so eingestellt werden, daß die Klemmenspannung bei Abweichungen möglichst schnell und ohne großes Überschwingen oder gar anhaltende Schwingungen wieder auf den Sollwert zurückgeführt wird. Die günstigsten Einstellwerte hängen von den Kenngrößen des Generators und der Erregeranordnung, in geringerem Maße auch vom Lastzustand der Maschine ab. Man kann sie auf der Anlage oder auf einem Analogrechner durch Probieren ermitteln oder nach einem von mehreren Optimierungsverfahren der Regelungstheorie berechnen.

Bei einer sprunghaften Erhöhung der Regelabweichung zeigt die Spannung Y am offenen Ausgang des Regelverstärkers also das in *Abb. 7* dargestellte Übergangsverhalten. Bei geschlossenem Regelkreis würde das ansteigende Regelsignal eine höhere Erregerspannung einstellen, die ihrerseits die Regelabweichung vermindert. Der integrale Anteil der Zeitfunktion sorgt dafür, daß die Erregung solange nachgestellt wird, bis $\Delta u = 0$ und somit der Istwert $u = u_{\mathrm{soll}}$ ist.

Je nach der verwendeten Erregeranordnung werden dem Spannungsregler nach *Abb. 7* noch Verstärkerstufen nachgeschaltet. Zur Verbesserung des Regelverhaltens werden teilweise noch weitere Rückführungen, z. B. von der Erregerspannung her, vorgesehen.

Wenn zwei oder mehrere Generatoren auf eine Sammelschiene arbeiten, dann ist der Istwert aller zugehörigen Spannungsregler gleich. In Wirklichkeit können aber die Sollwerte mehrerer Spannungsregler nie völlig übereinstimmend ein-

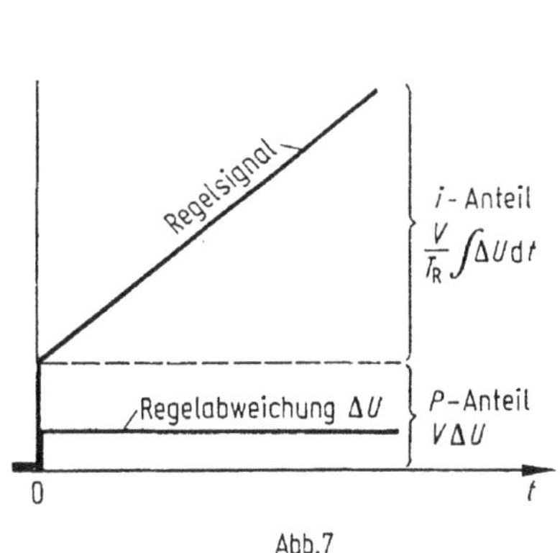

Abb. 7

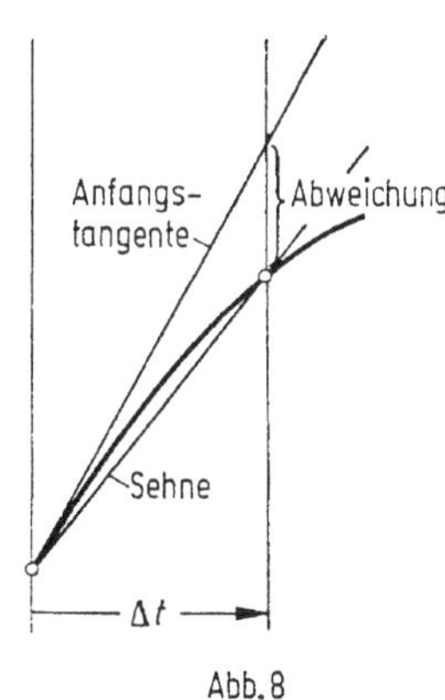

Abb. 8

gestellt werden. Wie oben geschildert, würde also der Integralanteil der Spannungsregler mit etwas höher liegendem Sollwert unter Umständen bis an die obere Grenze des Regelbereiches laufen und die Maschine stark übererregen, während die Spannungsregler mit etwas tiefer liegendem Sollwert dagegenregeln und ihre Maschinen sehr stark untererregen würden. Die Sammelschienenspannung ändert sich bei diesem Gegeneinanderregeln kaum, es fließen jedoch große Blindleistungen von den übererregten zu den untererregten Maschinen. Um eine solche instabile Blindleistungsverteilung zu vermeiden, gibt man parallelarbeitenden Maschinen eine „blindstromabhängige Statik". Die Regelabweichung Δu lautet in diesem Fall

$$\Delta u = u_{\text{soll}} - \alpha i_b - u \tag{11}$$

mit dem zusätzlichen Glied αi_b.

Der Wert α wird meist so eingestellt, daß der Sollwert bei einem Blindstrom von der Größe des Nennstromes um 2 bis 3% verringert wird. Auf den grundsätzlichen Regelverlauf bei Laststößen hat dieser kleine Faktor nur einen geringen Einfluß, weshalb wir ihn im folgenden vernachlässigen wollen.

Es soll nun untersucht werden, welcher Spannungsverlauf sich nach einer Lastzuschaltung einstellt, wenn die Feldspannung der Haupterregermaschine von einem PI-Regler mit den Einstellwerten

$$C\,V = \frac{u_F}{\Delta u} = 30, \qquad T_R = 4\ \text{s}$$

geführt wird. Der Sollwert des Reglers sei auf $u_{\text{soll}} = 1$ eingestellt. Im übrigen gelten dieselben Angaben, die der Konstruktion von *Abb. 5* zugrunde gelegt wurden.

Abb. 9 zeigt die neue graphische Konstruktion, die jetzt auch den Spannungsregler mit einschließt. Bei diesem recht umfangreichen Diagramm mit mehreren ineinandergeschalteten Integrationen muß man auf möglichst genaue Konstruktion achten. Um mit kleinerem Zeitschritt konstruieren zu können, wurde der Zeitmaßstab gegenüber *Abb. 5* verdoppelt. Eine weitere Änderung bezieht sich auf das Integrationsverfahren selbst. Wir hatten bisher der Einfachheit halber die zu ermittelnde Kurve über einen kurzen Zeitschritt durch die Tangente im Anfangspunkt des Zeitschrittes ersetzt. Wie *Abb. 8* in einem übertrieben großen Maßstab zeigt, ist die erzielte Näherung an den tatsächlichen Kurvenverlauf im

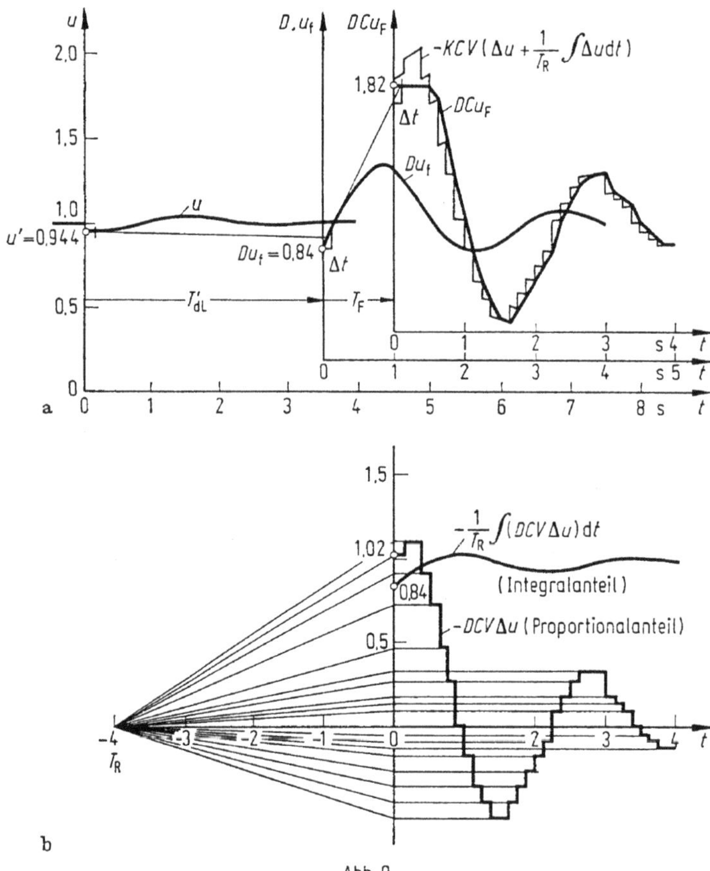

Abb. 9

Anfang des Zeitschrittes sehr gut, jedoch tritt am Ende des Zeitschrittes ein Fehler auf, der sich auch in die folgenden Schritte hinein fortpflanzt. Dieser Fehler läßt sich bei differenzierbaren Kurven durch Verkleinern des Zeitschrittes theoretisch beliebig klein machen; man kann jedoch den Endfehler von vornherein vermeiden, wenn man die Kurve durch ihre Sehne ersetzt. Die Sehnensteigung entspricht der mittleren Tangentensteigung während des Zeitschrittes. Wir können sie angenähert finden, wenn wir bei der Konstruktion der verbindenden Geraden nicht den zeitgleichen Wert der versetzten Funktion, sondern den mittleren Wert zugrunde legen, den sie während des gerade konstruierten Zeitschrittes annimmt. Das Vorgehen ist in *Abb. 9* für den ersten Schritt angedeutet.

Vor Beginn der Konstruktion müssen wir die Anfangswerte für die auftretenden Funktionen festlegen. Für u ist dies der Wert u' und für Du_f der infolge Lastzuschaltung verminderte Wert

$$u_0 \frac{D}{D_0} = \frac{0{,}607}{0{,}722} = 0{,}84,$$

wie wir schon für *Abb. 5* gefunden hatten.

Im ausgeregelten Zustand vor der Lastzuschaltung gilt in Gl. (10) für den Spannungsregler die Regelabweichung $\Delta u = 0$. Der Proportionalanteil des Regelsignals ist also gleich Null. Der Integralanteil befindet sich auf einem Wert, der gerade die für $u_0 = 1$ erforderliche Erregung einstellt, es gilt also

$$u_0 = D_0 C\, Y = D_0 C\, V \left(\frac{1}{T} \int_{t=-\infty}^{0} \Delta u \, \mathrm{d}t \right) = 1 .$$

Bei der Lastzuschaltung bleibt der Integralanteil im ersten Augenblick ungeändert, sein mit D multiplizierter Wert geht jedoch ebenfalls auf 0,84 zurück. Der Proportionalanteil des Spannungsreglers schließlich springt bei der Lastzuschaltung von Null auf $V \Delta u$. Die Regelabweichung Δu beträgt im ersten Augenblick

$$\Delta u = u_{\text{soll}} - u' = 1 - 0{,}944 = 0{,}056 ,$$

und da wir $C\, V = 30\, U_{\text{fl}}/U_{\text{N}}$ angenommen haben, erhalten wir als Anfangswert

$$D C\, V \Delta u = 0{,}607 \cdot 30 \cdot 0{,}056 = 1{,}02 .$$

Die mit DC multiplizierte Feldspannung der Erregermaschine ergibt sich als Summe von Proportional- und Integralanteil zu

$$D C u_{\text{F}} = 1{,}02 + 0{,}84 = 1{,}86 .$$

Wenn wir wie in *Abb. 5* annehmen, daß die Deckenspannung durch die maximale Ausgangsspannung des Regelverstärkers gegeben ist, die im Beispiel der dreifachen Leerlauferregung oder $D C u_{\text{F}} = 1{,}82$ entspricht, so kann der soeben errechnete Wert von $D C u_{\text{F}} = 1{,}86$ vom Ausgang des Regelverstärkers nicht geliefert werden. Für die Konstruktion ist daher $D C u_{\text{F}} = 1{,}82$ anzunehmen, solange der rechnerisch ermittelte Wert über dieser Grenze liegt.

Damit haben wir alle Anfangswerte bestimmt, die auch in *Abb. 8* eingetragen sind, und können mit der graphischen Konstruktion beginnen. Sie durchläuft Zeitschritt für Zeitschritt folgende Operationen:

1. Abschätzen der Regelabweichung Δu für den nächsten Zeitschritt,
2. daraus Berechnen des Proportionalanteiles der Reglerausgangsspannung $D C\, V \Delta u$ und Eintragen im unteren Teil des Diagrammes,
3. Ermitteln des zugehörigen Verlaufes des Integralanteiles, indem die Steigung $D C\, V \Delta u / T_{\text{R}}$ bestimmt und mit dieser Steigung der nächste Zeitschritt an den bisher erreichten Wert des Integralanteiles angetragen wird (unterer Teil des Diagrammes),
4. Summation von Integral- und Proportionalteil liefert $D C u_{\text{F}}$, wobei die Deckenspannung beachtet werden muß und die Stufung ausgeglättet werden kann, die durch den diskontinuierlich konstruierten Verlauf des Proportionalanteiles eingeführt wird,
5. Darstellung des Verlaufes von $D u_{\text{f}}$ für den Zeitschritt,
6. Darstellung des Verlaufes von u für den Zeitschritt,
7. Wiederholung, beginnend mit Punkt *1* oben für den anschließenden Zeitschritt.

Wie *Abb. 9* zeigt, ergeben sich wegen der unvermeidbaren Schätzfehler für Δu und der verhältnismäßig großen Regelverstärkung Abweichungen vom theoretischen Verlauf der Kurve $D C u_{\text{F}}$. An sich sollte dieser Verlauf ebenso glatte

Schwingungsform aufweisen, wie z. B. u oder Du_f. Die Schätzfehler werden jedoch bereits in der Kurve Du_f ausgeglättet, sofern der Zeitschritt genügend klein und der Schätzfehler nicht zu grob war.

Der Vergleich des soeben gefundenen Verlaufs von u mit dem von *Abb. 5* zeigt, daß das lang dauernde und große Überschwingen über den normalen Spannungswert ausbleibt, da der Spannungsregler zunächst die Erregung sehr erhöht, um den Spannungseinbruch auszugleichen und dann entgegensteuert, um ein großes Überschwingen der Spannung zu vermeiden. Der Sollwert der Spannung ist auch hier nach rd. 1 s der Anregelzeit wieder erreicht, und nach rd. 4 bis 5 s (Ausregelzeit) verharrt die Spannung wieder ruhig auf dem Sollwert.

c) Einfluß des Spannungsreglers auf den Verlauf des Kurzschlußstroms

Bei Spannungseinbrüchen hat der Spannungsregler die Aufgabe, durch rasches Steigern der Erregung die Spannung wieder auf den Sollwert zu führen. Der Kurzschluß stellt sich in dieser Beziehung als ein äußerst großer Spannungseinbruch bis auf $u = 0$ oder $u \approx 0$ dar, so daß der Spannungsregler auch hier mit Erhöhen der Erregung reagiert. Natürlich gelingt — zumindest bei Kurzschlüssen in der Nähe des Generators — das Ausregeln der Spannung nicht; der Spannungsregler wird also seine Deckenspannung einstellen und während der ganzen Kurzschlußdauer auf dieser verharren.

Bei der Berechnung des Verlaufes des Kurzschlußstroms waren wir davon ausgegangen, daß die Erregung konstant bleibt und hatten einen monoton abklingenden Stromverlauf gefunden. Wenn jedoch der Spannungsregler die Erregung erhöht, so steigt der Kurzschlußstrom von einem bestimmten Zeitpunkt ab wieder an. Wir wollen daher diesen Fall näher untersuchen.

Wir gehen von Gl. (58) von Kapitel 15 zur Ermittlung der transienten Zeitkonstante aus und setzen in dieser Gleichung $u_q = 0$, wie es dem Klemmenkurzschluß der Maschine entspricht. Auf diese Weise ergibt sich nach Umstellen einiger Größen

$$\frac{\mathrm{d}i_d}{\mathrm{d}t} = \frac{1}{T'_d}\left(\frac{u_f}{x_d} - i_d\right). \tag{12}$$

Gl. (12) hat die gleiche Form wie Gl. (6), kann genauso integriert werden und hat weiterhin mit Gl. (6) gemein, daß die subtransienten Anteile bereits vernachlässigt sind. Mit Hilfe dieser Gleichung soll nun als Beispiel der Verlauf des Kurzschlußstromes beim dreipoligen Klemmenkurzschluß einer unbelasteten Maschine bestimmt werden. Die Kenngrößen der Maschine, die Erregeranordnung usw. werden dabei genau wie in *Abb. 9* angenommen. Die Anfangswerte $i'_d = 3{,}33$ und $i''_d = 5$ können wir aus *Abb. 1* von Kapitel 16 übernehmen, wo der gleiche Fall schon für konstante Erregung behandelt wurde. Auch für die transiente Kurzschlußzeitkonstante soll wie dort gelten $T'_d = 1{,}5$ s und für die subtransiente $T''_d = 0{,}05$ s. Der Anfangswert der Erregerspannung folgt aus dem unbelasteten Vorzustand zu $u_f = 1$, und für die Deckenspannung des Reglers nehmen wir wie bisher $Cu_F = 3$ an.

Damit liegen alle Werte für das in *Abb. 10* gezeigte Diagramm vor, und wir beginnen von i' ausgehend mit der Darstellung des Übergangs vom transienten zum stationären Kurzschlußstrom. Anschließend überlagern wir von i'' ausgehend diesem Stromanteil noch den subtransienten Anteil $(i'' - i')e^{t/T''_d}$ und finden so den Verlauf des Gesamtstroms, der in *Abb. 10* durch stark ausgezogene Linien dargestellt ist. Es zeigt sich dabei, daß der Kurzschlußstrom zwar innerhalb von

1,5 s etwas unter den transienten Wert absinkt, aber anschließend wieder auf den Wert Cu_F/x_d ansteigt, der im gewählten Beispiel bei $3I_N$ liegt. Im Betrieb werden Kurzschlüsse im Netz meist innerhalb von 0,5 s bis 1 s selektiv abgeschaltet, so daß es nicht zu dem ermittelten Wiederanstieg des Kurzschlußstromes kommt.

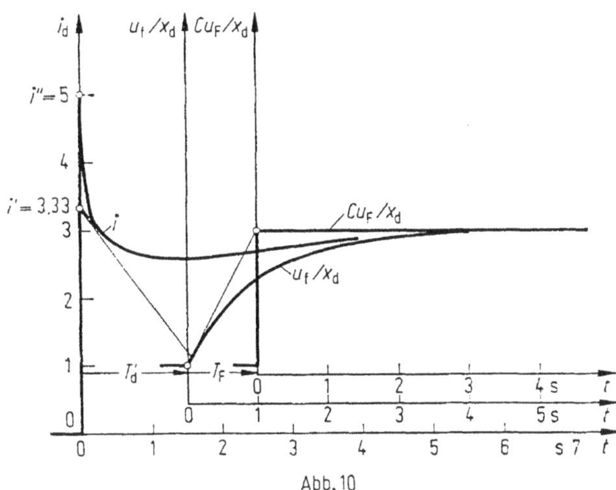

Abb. 10

Die Steigerung der Erregung während der Kurzschlußzeit ist dabei durchaus erwünscht, denn sie bewirkt, daß die Klemmenspannung nach Abschalten des Kurzschlusses rascher wieder den Nennwert erreicht. Falls die Polräder verschiedener Maschinen während des Kurzschlusses etwas auseinandergelaufen sind, werden sie durch die gesteigerte Erregung auch schneller und stärker wieder zueinandergeführt. In den Fällen, in denen der Kurzschluß länger anhält — sei es, daß die Schutzauslösung versagt oder daß der Kurzschluß auf der der Maschine zugekehrten Seite des Maschinenschalters liegt — ist das Eingreifen des Spannungsreglers dagegen schädlich, und man muß durch einen gesonderten Schutz dafür sorgen, daß die Maschine möglichst schnell entregt wird.

Wir haben im Beispiel den Kurzschluß der unbelasteten Maschine betrachtet. Wenn die Maschine vor dem Kurzschluß belastet war, so wird der Stromverlauf i_d genau wie in *Abb. 10* ermittelt. Der Verlauf des Querstromes ist von der Erregung unabhängig und kann daher wie in Abschnitt b) von Kapitel 16 konstruiert und geometrisch zum Längsstrom addiert werden.

d) Lastabhängige Erregung

In Abschnitt b) wurde die Spannungsregelung betrachtet. Es wurde ein graphisches Verfahren dafür angegeben, wie der Regler durch dauernden Vergleich von Soll- und Istspannung und Nachführen der Erregung die Klemmenspannung auf ihren Sollwert einstellt. Dabei läßt sich eine sehr genaue Spannungshaltung erreichen. Auch schwankende Drehzahl, veränderliche Sättigung in den einzelnen Betriebspunkten oder eine Änderung der Widerstände der Maschinenwicklung haben keinen Einfluß auf die Klemmenspannung, diese Einflüsse werden „ausgeregelt".

Wir haben andererseits im Abschnitt a) untersucht, wie die Klemmenspannung der Maschine verläuft, wenn man nach einem Laststoß die bei der neuen Last erforderliche Erregung berechnet und sofort einstellt. Etwa nach diesem Prinzip arbeiten die sogenannten Konstantspannungs-Generatoren. Sie haben in der

Normalausführung keine Erregermaschine und keinen Spannungsregler, sondern beziehen ihre Erregerenergie über einen besonderen Transformator mit nachgeschaltetem Gleichrichter aus dem Primärkreis des Generators selbst. In der Transformatorschaltung wird die Erregung aus zwei Anteilen, die dem Ständerstrom und der Ständerspannung des Generators proportional sind, so zusammengesetzt, daß sich unter allen Lastzuständen angenähert die erforderliche Erregung ergibt. Natürlich läßt sich durch eine solche „lastabhängige Erregung" nicht dieselbe hohe Spannungsgenauigkeit wie bei der Regelung erzielen. Trotzdem wird diese Erregerschaltung bei Niederspannungs-Bordaggregaten und Notstromsätzen wegen ihrer Robustheit und ihrer geringen Kosten häufig verwendet. Bei der Ausführung als „Stromschaltung" läßt sich auch ein sehr schneller Ausgleich von Spannungseinbrüchen bei Lastschwankungen erzielen. Das ist im Bordnetzbetrieb besonders wichtig, wo z. B. auf einem Schiff die starken Lastschwankungen der Ladewinden von verhältnismäßig kleinen Generatoren aufgefangen werden müssen. Wir wollen im folgenden zunächst das stationäre Verhalten der Klemmenspannung bei wechselnder Last betrachten.

Für Generatoren ohne ausgeprägte Pole, bei denen angenähert

$$x_\mathrm{d} = x_\mathrm{q} \tag{13}$$

ist, läßt sich die erforderliche Erregung sehr einfach bestimmen, solange man die Sättigung vernachlässigt. Die Addition der Wechselgrößen läßt sich am besten aus dem Diagramm der Synchronmaschine nach *Abb. 11* erkennen, wobei sich für den Betrag der Erregerspannung und des Erregerstromes ergibt:

$$|\underline{u}_\mathrm{f}| = |\underline{i}_\mathrm{f}| = |\underline{u} + \mathrm{j}x_\mathrm{d}\underline{i}|. \tag{14}$$

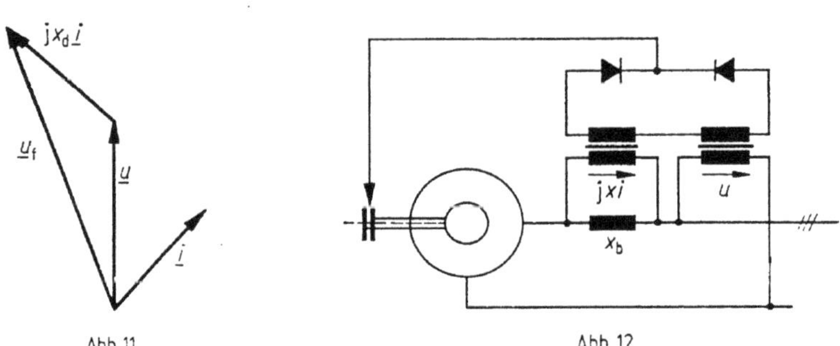

Abb.11

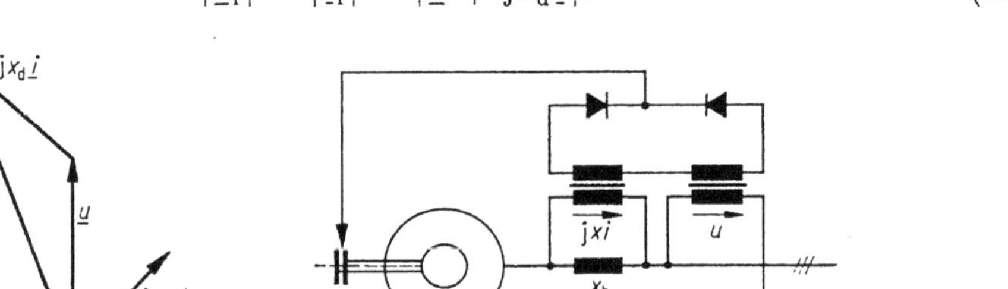

Abb.12

Abb. 12 zeigt in einphasiger Darstellung eine Erregerschaltung, mit der Gl. (14) erfüllt wird. Im Strompfad liegt eine Reaktanz x_b, an der über einen Transformator die Spannung $\mathrm{j}x_\mathrm{b}i$ abgenommen wird. Ein zweiter Transformator greift die Klemmenspannung u ab. Beide Transformatoren sind sekundärseitig in Reihe geschaltet, die Summenspannung wird gleichgerichtet und den Schleifringen zugeführt. Wegen der Gleichrichtung wird die Phasenlage der Erregerspannung und des Erregerstromes nur durch den Polradwinkel, aber nicht durch die summierten Wechselglieder bestimmt. Bei entsprechender Bemessung der Drosselspule und der Übersetzungsverhältnisse der Transformatoren läßt sich Gl. (14) durch diese Schaltung genau einstellen. Da die Erregerleistung nur wenige Prozent der Generatorleistung beträgt, ist auch die Belastung des Primärkreises durch die Erregerschaltung gering.

Bei veränderlicher Belastung des Generators würde diese Erregerschaltung sofort die erforderliche Erregerspannung einstellen. Die Klemmenspannung, für welche die Erregerspannung gefordert wird, ist jedoch in der Schaltung nicht definiert. Denn Gl. (14) ist für die ungesättigte Maschine bei allen Spannungswerten gültig, so daß die Belastung und die erforderliche Erregung bei beliebiger Klemmenspannung im Gleichgewicht ist. Wir müssen also noch die Sättigung berücksichtigen, die bei Konstantspannungs-Generatoren so ähnlich wirkt wie der Soll-Istwertvergleicher des Spannungsreglers.

Wir wollen für die Berechnung der Klemmenspannung einen Vollpolgenerator zugrunde legen, der in der Längs- und in der Querachse gleiche Synchronreaktanzen und gleiches Sättigungsverhalten aufweist. Dabei gehen wir von Gl. (71a) bis (71d) von Kapitel 14 für die Ständergrößen und die Hauptflüsse in der Längs- und in der Querachse aus. Für den stationären Fall mit vernachlässigtem Ständerwiderstand und relativer Drehzahl $n = 1$ vereinfachen sich diese Gleichungen bei dem betrachteten Vollpolgenerator zu

$$u_{\mathrm{d}} = -\varphi_{\mathrm{hq}} + i_{\mathrm{q}} x_{1\sigma}, \tag{15}$$

$$u_{\mathrm{q}} = \varphi_{\mathrm{hd}} - i_{\mathrm{d}} x_{1\sigma}, \tag{16}$$

$$\varphi_{\mathrm{hd}} = \gamma(i_{\mathrm{f}} - x_{\mathrm{hd}} i_{\mathrm{d}}), \tag{17}$$

$$\varphi_{\mathrm{hq}} = \gamma(\quad - x_{\mathrm{hd}} i_{\mathrm{q}}). \tag{18}$$

Da wir gleiches Sättigungsverhalten in der Längs- und in der Querachse voraussetzen, gibt es nur noch einen gemeinsamen, für beide Achsen gültigen Sättigungsfaktor γ. Deshalb lassen sich auch die Achsenkomponenten leicht zu Zeigern zusammenfassen, was mittels der vereinfachten Parktransformation geschehen soll. Wir multiplizieren hierzu die Gl. (16) bzw. (18) der Querachse mit j und addieren sie zu den entsprechenden Gl. (15) bzw. (17) der Längsachse, wobei sich ergibt:

$$(u_{\mathrm{d}} + \mathrm{j} u_{\mathrm{q}}) = \mathrm{j}(\varphi_{\mathrm{hd}} + \mathrm{j}\varphi_{\mathrm{hq}}) - \mathrm{j} x_{1\sigma}(i_{\mathrm{d}} + \mathrm{j} i_{\mathrm{q}}), \tag{19}$$

$$(\varphi_{\mathrm{hd}} + \mathrm{j}\varphi_{\mathrm{hq}}) = \gamma[(i_{\mathrm{f}}) - x_{\mathrm{hd}}(i_{\mathrm{d}} + \mathrm{j} i_{\mathrm{q}})]. \tag{20}$$

Schreiben wir jetzt die in runde Klammern gesetzten komplexen Summen als Zeiger an, so erhalten wir

$$\underline{u} = \mathrm{j}\underline{\varphi}_{\mathrm{h}} - \mathrm{j} x_{1\sigma} \underline{i}, \tag{21}$$

$$\underline{\varphi}_{\mathrm{h}} = \gamma(\underline{i}_{\mathrm{f}} - x_{\mathrm{hd}} \underline{i}). \tag{22}$$

Der Ausdruck in der Klammer von Gl. (22) stellt die Gesamtdurchflutung der Maschine dar. Wir können also statt des Sättigungsfaktors γ auch die Sättigungsfunktion S wie in Abschnitt e) von Kapitel 16 einführen und erhalten so Gl. (22) in der Form

$$\underline{\varphi}_{\mathrm{h}} = S\{\underline{i}_{\mathrm{f}} - x_{\mathrm{hd}} \underline{i}\}. \tag{23}$$

Auf Grund des gleichen Sättigungsverhaltens in beiden Achsen besteht zwischen Fluß und Durchflutung keine Winkeldifferenz, der Zeiger φ_{h} hat also die gleiche Phasenlage wie das Argument der Sättigungsfunktion.

Die Addition des Erregerstromes aus Spannungs- und Stromanteil entsprechend Gl. (14) wollen wir zunächst in der allgemeinen Form

$$|\underline{i}_{\mathrm{f}}| = |a\underline{u} + \mathrm{j} b \underline{i}| \tag{24}$$

einführen, so daß man die Übersetzungsverhältnisse a des Stroms und b der Spannung noch diskutieren kann. Der Strom $\underline{i}$ folgt bei Belastung der Maschine mit einer Impedanz z der einfachen Gleichung

$$\underline{u} = \underline{i} z . \tag{25}$$

Ausgehend von diesen Gleichungen soll zunächst Gl. (23) umgeformt werden zu

$$|S^{-1}\{\underline{\varphi}_h\} + x_{hd}\,\underline{i}\,| = |\underline{i}_f| . \tag{26}$$

Dabei wird also auf den Gesamtfluß die Kehrfunktion der Sättigungsfunktion S angewendet, und Gl. (23) ist auf eine Gleichung der Beträge zurückgeführt worden, da wir ja nach Gl. (24) nur über den Betrag des Erregerstromes Aussagen machen können. Eliminiert man nun unter Verwendung der Gl. (21), (24) und (25) alle Zeiger bis auf den des Hauptflusses φ_h, so ergibt sich aus Gl. (26)

$$\left| S^{-1}\{\underline{\varphi}_h\} + x_{hd} \frac{j\underline{\varphi}_h}{z + j x_{1\sigma}} \right| = \left| a\underline{\varphi}_h + (b - a x_{1\sigma}) \frac{j\underline{\varphi}_h}{z + j x_{1\sigma}} \right| . \tag{27}$$

Diese Gleichung sagt aus, daß der erforderliche Betrag der Erregerdurchflutung, der aus Fluß und Belastung (linke Seite) zurückgerechnet wird, gleich ist dem geleisteten Betrag (rechte Seite), der sich aus der Addition der Wechselgrößen ergibt.

Wir setzen zunächst, wie wir es in Gl. (14) angenommen hatten, $a = 1$ und $b = x_d$ in Gl. (27) ein, dies entspricht der sogenannten „Vollkompoundierung". Wir erhalten so

$$\left| S^{-1}\{\underline{\varphi}_h\} + x_{hd} \frac{j\underline{\varphi}_h}{z + j x_{1\sigma}} \right| = \left| \underline{\varphi}_h + x_{hd} \frac{j\underline{\varphi}_h}{z + j x_{1\sigma}} \right| . \tag{28}$$

Für $z = \infty$ (unbelastete Maschine) folgt

$$|S^{-1}\{\underline{\varphi}_h\}| = |\underline{\varphi}_h| . \tag{29}$$

Abb. 13 stellt diese Gleichung graphisch dar. Es ist einmal die erforderliche Durchflutung in Form der inversen Sättigungsfunktion über φ_h aufgetragen, und zweitens die geleistete Durchflutung entsprechend der rechten Gleichungsseite als Gerade mit 45° Neigung. Da wir die Sättigungsfunktion auf den Leerlaufpunkt normiert haben, schneiden sich beide Kurven im Leerlaufpunkt mit $S^{-1}\{\underline{\varphi}_h\} = 1$, $\underline{\varphi}_h = 1$.

Aus *Abb. 13* läßt sich auch das Anlaufverhalten der lastabhängigen Erregung ablesen. Die stillstehende Maschine hat infolge der Remanenz einen kleinen Restfluß. Bei der umlaufenden Maschine liegt die geleistete Durchflutung bereits eindeutig über der erforderlichen. Der Fluß steigt dadurch an, erhöht seinerseits die Durchflutung usw., wie es in *Abb. 13* durch eine Treppe angedeutet ist. Der Vorgang stabilisiert sich im Leerlaufpunkt. In der Praxis muß durch Resonanzschaltungen oder künstlich verstärkte Remanenz dafür gesorgt werden, daß im Anlauf die Schwellenspannung des Erregergleichrichters sicher überwunden wird.

Wird die Maschine belastet, so tritt in Gl. (28) nun auch das mit z behaftete Glied auf. Dieses Glied ist auf beiden Seiten nach Betrag und Phase gleich. Die ersten Glieder beider Seiten haben gleichen Phasenwinkel. Daraus folgt notwendigerweise, daß sie auch im Betrage übereinstimmen müssen, um die Gleichung der Beträge zu erfüllen (vgl. *Abb. 14*). Gl. (29) gilt also auch für die belastete Maschine, so daß bei der Vollkompoundierung der Arbeitspunkt in allen Lastfällen im Leerlaufpunkt der Sättigungskennlinie liegen bleibt. Anhand der einleitenden Betrachtung der ungesättigten Maschine hätte man eigentlich erwarten sollen, daß die Vollkompoundierung eine konstante Klemmenspannung liefert, aber es zeigt sich, daß nur der (bezogene) Hauptfluß konstant gehalten wird auf

$$\varphi_h = 1. \tag{30}$$

Die Klemmenspannung schwankt bei Belastung entsprechend dem Spannungsfall, den der Laststrom an der Ständerstreureaktanz hervorruft. Mit Gl. (21) und (25) erhalten wir für die Klemmenspannung die Beziehung

$$|\underline{u}| = |\underline{\varphi}_h| \cdot \left|\frac{z}{z + j x_{1\sigma}}\right| \tag{31}$$

oder, wenn wir anstelle der Impedanz wieder die Leitwerte g und y einführen,

$$|\underline{u}| = |\underline{\varphi}_h| \frac{1}{\sqrt{(1 + x_{1\sigma} y)^2 + (x_{1\sigma} g)^2}} \tag{32}$$

Im vorliegenden Fall ist entsprechend Gl. (30) $\varphi_h = 1$ in Gl. (32) einzuführen.

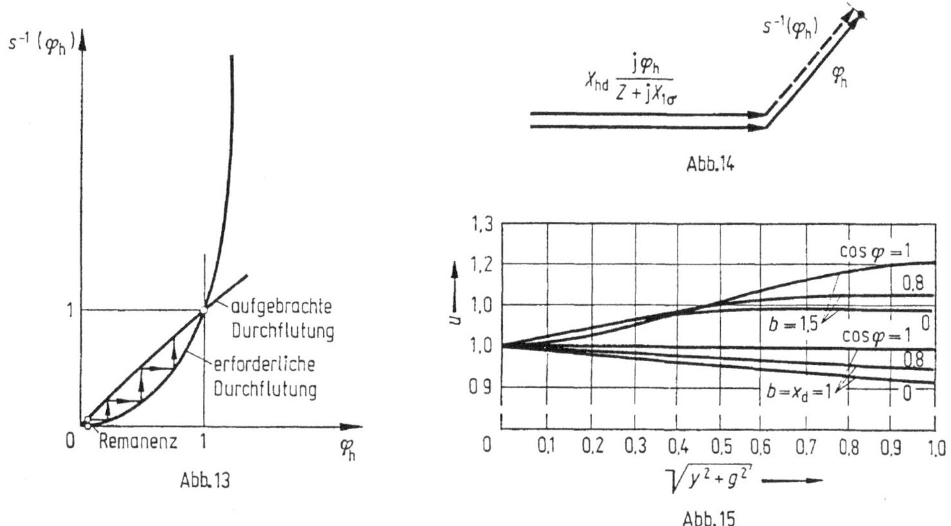

Abb. 15 zeigt das so berechnete Spannungsband (u als Funktion von $\sqrt{y^2 + g^2}$ für $b = x_d$) eines vollkompoundierten Vollpolgenerators mit $x_{1\sigma} = 0{,}1$ bei verschiedener Belastung. Der Spannungsabfall an den Klemmen ist einmal von der Größe der Belastung und zum anderen von deren Phasenwinkel abhängig. Während bei ausschließlicher Wirklast ($\cos\varphi = 1$) nur ein sehr geringer Spannungsabfall auftritt, sinkt die Spannung bei induktiver Last ($\cos\varphi = 0$) merklich ab. In Abhängigkeit des Leistungsfaktors ergibt sich ein Fächer von Spannungskurven.

Um die Spannungsabweichung bei induktiver Last zu verkleinern, kann man entweder das Spannungsübersetzungsverhältnis a oder das Stromübersetzungsverhältnis b in Gl. (27) erhöhen. Bei Erhöhung von a verschiebt sich der Fächer der Spannungskurven etwa parallel nach oben. Es muß also in Kauf genommen werden, daß die Spannung bei unbelasteter und wirkbelasteter Maschine über dem Nennwert liegt. Bei Erhöhung von b dreht sich der Spannungsfächer um den

Leerlaufpunkt nach oben, und man kann durch entsprechende Einstellung erreichen, daß die Spannung bei dem hauptsächlich im Betrieb vorkommenden Leistungsfaktor $\cos\varphi$ etwa auf dem Nennwert verharrt. Um diese Verhältnisse zu untersuchen, wollen wir Gl. (27) noch etwas umformen, und zwar dividieren wir beide Seiten durch den Bruch im letzten Glied. Auf diese Weise erhält man

$$\left| \mathrm{j}x_{\mathrm{hd}} + (\mathrm{j}x_{1\sigma} + z)\,\frac{S^{-1}\{\underline{\varphi}_{\mathrm{h}}\}}{\underline{\varphi}_{\mathrm{h}}} \right| = |\mathrm{j}b + az|. \tag{33}$$

Wie *Abb. 16a* zeigt, kann man anhand dieser Gleichung das Verhältnis $S^{-1}\{\underline{\varphi}_{\mathrm{h}}\}/\underline{\varphi}_{\mathrm{h}}$ von Durchflutung und Fluß konstruieren, das beide Seiten zur Übereinstimmung bringt. Wir beginnen mit der rechten Seite der Gleichung und zeichnen $\mathrm{j}b$ nach oben auf. An die Spitze von $\mathrm{j}b$ tragen wir unter dem Phasenwinkel φ der Belastung die mit a multiplizierte Lastimpedanz an. Ebenso beginnen wir mit der linken Seite, wo zunächst $\mathrm{j}x_{\mathrm{hd}}$, daran anschließend $\mathrm{j}x_{1\sigma}$ und z (ohne Multiplikation mit a) aufgetragen wird. Da das Verhältnis der Durchflutung zum Fluß bei der

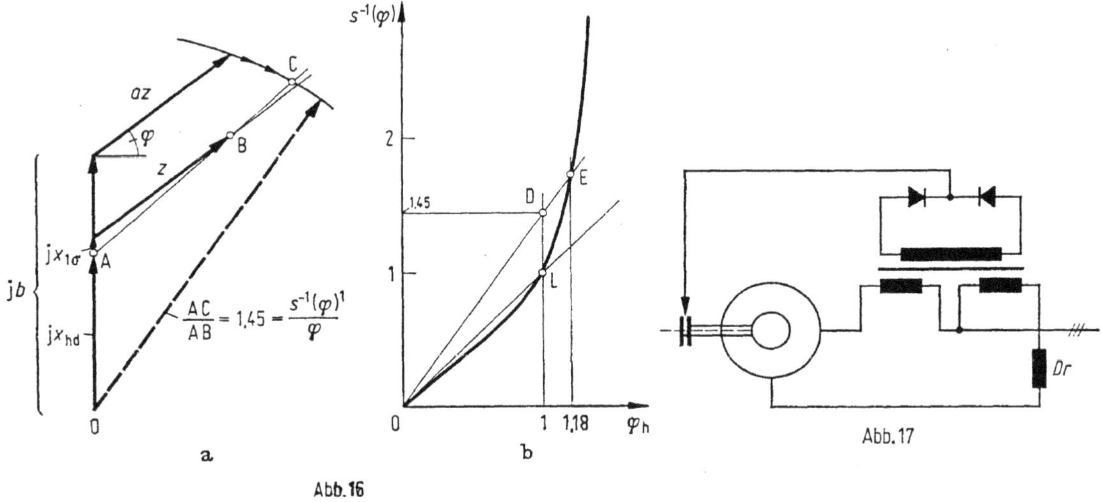

Abb. 16

Abb. 17

Vollpolmaschine keinen eigenen Phasenwinkel hat, ist durch die Punkte A und B der Phasenwinkel des zweiten Ausdrucks der linken Seite von Gl. (33) gegeben. Der Betrag dieses Ausdrucks ist nun aus der Bedingung zu bestimmen, daß beide Seiten der Gleichung den gleichen Betrag haben müssen. Dazu schlagen wir um den Ursprung einen Kreis, der durch die Spitze von az geht, bringen ihn mit der Richtung von $\overline{\mathrm{AB}}$ zum Schnitt und finden so Punkt C. $\overline{\mathrm{AC}}$ ist der Betrag des gesuchten Zeigers im zweiten Ausdruck von Gl. (33), und es gilt

$$\frac{S^{-1}\{\underline{\varphi}_{\mathrm{h}}\}}{\underline{\varphi}_{\mathrm{h}}} = \frac{\overline{\mathrm{AC}}}{\overline{\mathrm{AB}}}. \tag{34}$$

Dieses Verhältnis ist im Sättigungsdiagramm nach *Abb. 16b* gleich der Neigung der Geraden $\overline{\mathrm{OD}}$, die man am einfachsten findet, indem man über $\varphi_{\mathrm{h}} = 1$ dieses Verhältnis als Ordinate D aufträgt. Die Gerade $\overline{\mathrm{OD}}$ schneidet die inverse Sättigungskennlinie im Arbeitspunkt E, der damit auf der Sättigungskennlinie liegt und das vorgegebene Verhältnis aus Durchflutung und Fluß hat. Im Gegensatz zur Vollkompoundierung bleibt jetzt der Arbeitspunkt bei Last nicht mehr im

Leerlaufpunkt L liegen, sondern er wandert entlang der Sättigungskennlinie. Die Abszisse von E liefert den gesuchten Hauptfluß φ_h, und aus φ_h läßt sich nach Gl. (31) oder (32) die Klemmenspannung bestimmen. In praktischen Fällen konstruiert man am besten zunächst für alle gesuchten Lastpunkte ein gemeinsames Diagramm nach *Abb. 16a* und ermittelt dann φ_h.

Abb. 15 enthält zum Vergleich einen zweiten Spannungsfächer, der unter Zugrundelegung von $x_d = 1$, $x_{1\sigma} = 0{,}1$, $a = 1$, $b = 1{,}5$ und der Sättigungskennlinie nach *Abb. 16b* konstruiert wurde. Um den Einfluß deutlich zu machen, wurde mit $b = 1{,}5$ eine Überkompoundierung gewählt, die bei der gegebenen Sättigungskennlinie weit über das Ziel hinausgeht. Statt der Spannungsabsenkungen bei Vollkompoundierung steigt nun die Spannung mit der Last an. Da der Arbeitspunkt auf der gekrümmten Sättigungskennlinie wandert, ergeben sich jetzt auch deutlich gekrümmte und einander durchdringende Spannungskennlinien.

Um eine gute Spannungshaltung zu erzielen, muß man eine größere Zahl von Lastpunkten betrachten und die Überkompoundierung so bemessen, daß die Spannung bei den betrieblich vorkommenden Belastungen möglichst wenig vom Nennwert abweicht. Dabei ist auch die Kennlinie des Drehzahlreglers der Antriebsmaschine zu berücksichtigen, der bei steigender Wirklast eine etwas fallende Drehzahl einsteuert, wodurch sich auch die Klemmenspannung proportional vermindert. Zur Verbesserung der Spannungshaltung wird auch vielfach der stromproportionale Erregeranteil nicht genau um 90° gedreht zum Spannungsanteil addiert, sondern um einen weiteren kleinen Winkel verdreht. Bei der obigen Rechnung würde das dazu führen, daß das Stromübersetzungsverhältnis b komplex einzusetzen ist. Schließlich werden auch lastabhängig erregte Generatoren mit einem zusätzlichen Regler ausgerüstet, der die Spannungsabweichungen nach Laststößen mit einer gewissen Zeitverzögerung korrigiert.

Neben der soeben behandelten stationären Spannungshaltung ist gerade bei kleinen Generatoren mit ziemlich starken Lastschwankungen das dynamische Verhalten der Klemmenspannung bei Laststößen von Bedeutung. Wir hatten bereits die Schaltung nach *Abb. 12* besprochen, welche die erforderliche Erregerspannung erzeugt und an die Schleifringe legt (Spannungsschaltung). Der erforderliche Erregerstrom stellt sich erst mit einer Verzögerung entsprechend der transienten Lastzeitkonstante ein. Somit steigt die Spannung ziemlich langsam wieder an, wie wir es bereits in *Abb. 3* erläutert haben. Die Schaltung hat ferner den Nachteil, daß der stationäre Erregerstrom und die Erregerspannung über den Wirkwiderstand der Erregerwicklung verknüpft sind, der sich mit der Erwärmung der Maschine etwas ändert. Damit wird auch die eingestellte Klemmenspannung von der Temperatur der Erregerwicklung abhängig.

Diesen Nachteil vermeidet die sogenannte Stromschaltung oder Harzsche Schaltung, die den erforderlichen Erregerstrom bildet und als eingeprägten Strom den Schleifringen zuführt. Diese Schaltung ist in *Abb. 17* gezeigt. Gegenüber der Schaltung nach *Abb. 12* ergeben sich folgende Unterschiede.

Der Erregertransformator besteht nicht mehr aus zwei getrennten Eisenkernen, die nur sekundärseitig in Reihe geschaltet sind, sondern er ist als Stromtransformator mit gemeinsamem Kern für Strom- und Spannungsanteil ausgebildet. Die Drosselspule liegt jetzt im Spannungspfad und hat eine ziemlich hohe Impedanz, um einen eingeprägten Strom proportional zur Klemmenspannung zu erzielen.

Da der Erregerstrom den Schleifringen als eingeprägter Strom zugeführt wird, stellt sich die Erregerspannung als zugehöriger Spannungsabfall am Wirkwiderstand oder bei Stromänderungen auch als Spannungsabfall an den wirksamen Induktivitäten der Erregerwicklung ein. Die Erregerspannung kann dabei theoretisch äußerst hohe Werte annehmen. Daraus folgt ein sehr rascher Ausgleich der Spannungseinbrüche bei Lastzuschaltung, der theoretisch bereits vom subtransienten Einbruch aus mit der subtransienten Lastzeitkonstante zur Nennspannung zurückführt. Da der Stromtransformator jedoch bei hoher Erregerspannung in Sättigung gerät und dadurch die extremen Spitzen der Erregerspannung bei Laständerungen abschneidet, tritt der Ausgleich in Wirklichkeit nicht ganz so schnell ein. Man erhält jedoch immer noch einen Verlauf der Klemmenspannung, der etwa dem in *Abb. 4* dargestellten entspricht.

19. Thermische und mechanische Kurzschlußbeanspruchungen

a) Thermische Beanspruchungen

Die im Kurzschlußfall auftretenden hohen Ströme erwärmen die vom Kurzschlußstrom durchflossenen Betriebsmittel sehr rasch auf Temperaturen, die für den Leiterwerkstoff und die Isolierung gefährlich werden können. Es muß also durch entsprechende Bemessung der Leiterquerschnitte und Begrenzung der Kurzschlußdauer Vorsorge getroffen werden, daß im Falle eines Kurzschlusses die zulässigen Höchsttemperaturen nicht überschritten werden.

Für die Bestimmung der thermischen Beanspruchung haben wir unter der Annahme einer Umgebungstemperatur von 20 °C und, daß während des kurzzeitigen Vorganges nahezu keine Wärme an die Umgebung abgeführt wird, vom Ansatz auszugehen

$$\frac{\mathrm{d}\vartheta}{\mathrm{d}t} = \frac{I_k^2[1 + \alpha(\vartheta - 20\,°\mathrm{C})]}{q^2 c \varrho \gamma}. \tag{1}$$

Hierin bedeuten:

ϑ die Celsius-Temperatur,
t die Kurzschlußdauer,
I_k den Effektivwert des Kurzschlußstromes,
q den Leiterquerschnitt,
α den Temperaturkoeffizienten des Widerstandes des Leiterwerkstoffes,
c die spezifische Wärmekapazität des Leiterwerkstoffes,
ϱ die Dichte des Leiterwerkstoffes,
γ die elektrische Leitfähigkeit des Leiterwerkstoffes.

Unter Einführung der Grenzen für die Temperatur ϑ von der Anfangstemperatur ϑ_1 bis zur Höchsttemperatur ϑ_2 können wir weiterhin schreiben

$$\int_0^t I_k^2\,\mathrm{d}t = q^2 c \varrho \gamma \int_{\vartheta_1}^{\vartheta_2} \frac{\mathrm{d}\vartheta}{1 + \alpha(\vartheta - 20\,°\mathrm{C})} \tag{2a}$$

$$= \frac{q^2 c \varrho \gamma}{\alpha} \ln \frac{1 + \alpha(\vartheta_2 - 20\,°\mathrm{C})}{1 + \alpha(\vartheta_1 - 20\,°\mathrm{C})}. \tag{2b}$$

Der linke Teil der Gleichung gibt die vom Strom I_k in der Zeit t erzeugte thermische Beanspruchung, der rechte Teil die von den Materialkonstanten und der zulässigen Temperaturerhöhung abhängige thermische Festigkeit des Leiterquerschnittes.

Für einen während der Zeit konstant bleibenden Kurzschlußstrom vom Effektivwert I_k und bei Auflösung nach q folgt aus Gl. (2b) für den Querschnitt

$$q = \frac{I_k \sqrt{t}}{\sqrt{\frac{c\varrho\gamma}{\alpha} \ln \frac{1 + \alpha(\vartheta_2 - 20°C)}{1 + \alpha(\vartheta_1 - 20°C)}}}. \tag{3}$$

In Tabelle 1 sind für die beiden am häufigsten verwendeten Leiterwerkstoffe Kupfer und Aluminium die Materialkonstanten aufgeführt.

Tabelle 1. *Kenngrößen für Leiterwerkstoffe*

		Kupfer	Aluminium
elektrische Leitfähigkeit γ bei 20 °C	Sm/mm²	56,2	35,4
Temperaturkoeffizient α bei 20 °C	K^{-1}	0,00393	0,00403
Dichte ϱ	g/cm³	8,9	2,7
spezifische Wärmekapazität c	Ws/(gK)	0,387	0,908

Für die zulässigen Höchsttemperaturen ϑ_2 sind in den Leitsätzen VDE 0103 Richtwerte angegeben. Bei Kupfer- und Aluminium-Kabeln liegen sie zwischen 120 °C und 160 °C, für blanke Leitungen sind bis zu 200 °C zulässig. Als Anfangstemperatur ϑ_1 ist die Betriebstemperatur bei Vorbelastung mit dem Nennstrom einzusetzen. Im allgemeinen liegt ϑ_1 bei 50 °C bis 60 °C.

Abb. 1 zeigt die Auswertung der Beziehung (3) für Kupferkabel und *Abb. 2* die für blanke Aluminiumleitungen. Hieraus kann in Abhängigkeit vom Kurzschlußstrom I_k und der Kurzschlußdauer t der erforderliche Leiterquerschnitt q abgelesen werden, und zwar auf Grund der Zahlenwertgleichungen

$$q \approx 9{,}0 I_k \sqrt{t}, \tag{4}$$

gültig für *Abb. 1* bei einer Vorbelastungstemperatur von 55 °C und einer Höchsttemperatur von 140 °C, und

$$q \approx 11{,}2 I_k \sqrt{t}, \tag{5}$$

gültig für *Abb. 2* bei einer Vorbelastungstemperatur von 50 °C und einer Höchsttemperatur von 180 °C. In Gl. (4) und (5) ergibt sich der Querschnitt q in mm², wenn der Kurzschlußstrom I_k in kA und die Kurzschlußdauer t in s angegeben wird.

Wir können zur Beschreibung der thermischen Festigkeit der Leitungen auch die Kurzschlußdauer $t = 1$ s und die Nenn-Kurzzeitstromdichte S_{th} (Einsekunden-Stromdichte) einführen, die zweckmäßig in A/mm² angegeben wird. Das ist die Stromdichte, deren Wirkung der stromführende Leiter ohne Schaden eine Sekunde aushält. Demnach beträgt die Nenn-Kurzzeitstromdichte $S_{th} = 111$ A/mm² für Kupferkabel gemäß *Abb. 1* und Gl. (4) und $S_{th} = 89$ A/mm² für blanke Aluminiumleitungen gemäß *Abb. 2* und Gl. (5). Für eine andere Kurzschlußdauer t als 1 s müssen diese Werte durch $\sqrt{t}$ dividiert werden.

Beträgt beispielsweise für eine Kurzschlußdauer $t = 0{,}5$ s der konstant bleibende Kurzschlußstrom $I_k = 20$ kA, so erfordert diese Beanspruchung bei $S_{th} = 110$ A/mm² einen Leiterquerschnitt des Kupferkabels von mindestens

$$q = \frac{20000}{110}\,\text{mm}^2 \sqrt{\frac{0{,}5}{1}} = 129\,\text{mm}^2.$$

Bei vielen elektrischen Betriebsmitteln, wie Maschinen, Transformatoren, Schaltgeräten, Stromwandlern und Drosselspulen wird die thermische Festigkeit durch den zulässigen Nenn-Kurzzeitstrom I_{th} ausgedrückt, also durch den Einsekundenstrom, direkt in kA oder A angegeben. Auch hierfür sind bei einer anderen Kurzschlußdauer t als 1 s die Werte durch $\sqrt{t}$ zu dividieren.

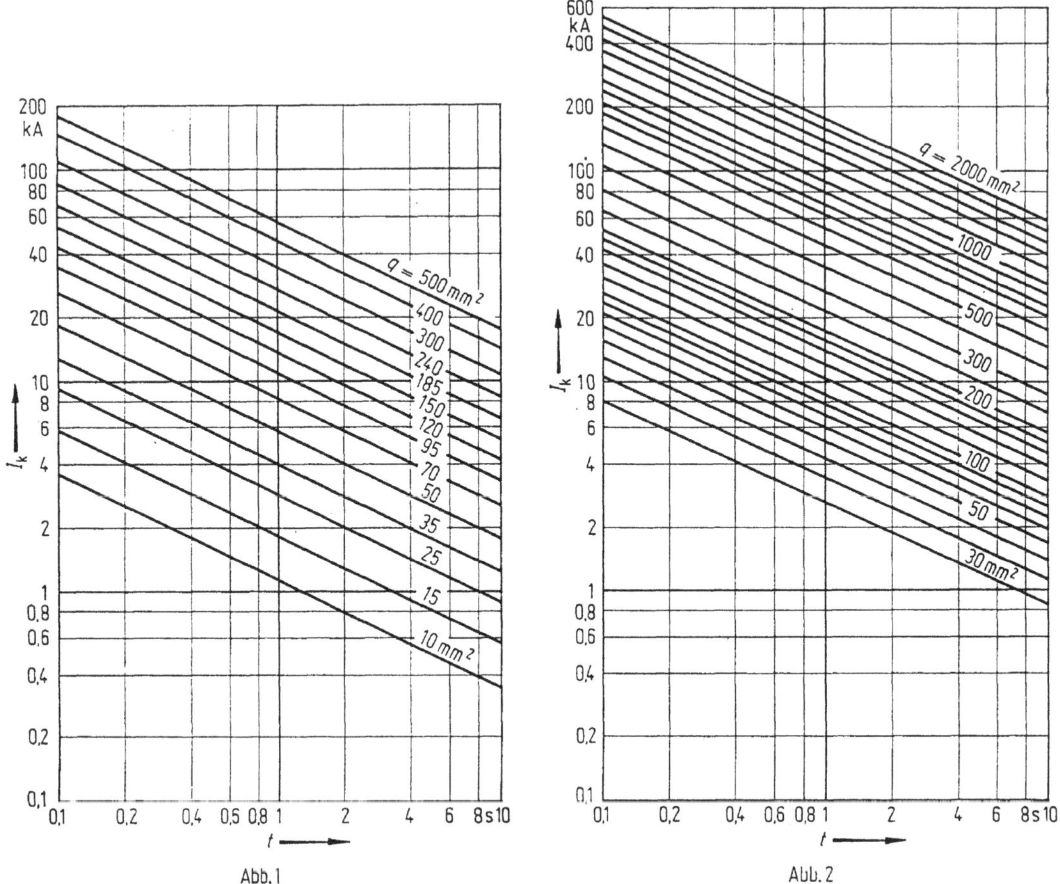

Abb. 1 Abb. 2

Bei den im obigen Beispiel angenommenen Werten $I_k = 20$ kA und $t = 0{,}5$ s müssen demnach die Schaltgeräte für einen Nenn-Kurzzeitstrom von mindestens $I_{th} = 20\ \text{kA} \cdot \sqrt{0{,}5/1} = 14{,}1$ kA bemessen sein, damit thermische Überbeanspruchungen im Kurzschlußfall vermieden werden.

Bei den bisherigen Betrachtungen waren wir davon ausgegangen, daß der effektive Kurzschlußstrom I_k während der Kurzschlußdauer t konstant ist. Dieser Fall liegt aber meist nur vor, wenn die Impedanzen zwischen den speisenden Generatoren und der Kurzschlußstelle im Netz ein Mehrfaches der Kurzschlußimpedanzen des Generators betragen. In anderen Fällen kommt es zu einem mehr oder weniger stark ausgeprägten exponentiellen Abklingvorgang des Kurzschlußstromes während der Kurzschlußdauer t, wie er in *Abb. 3* dargestellt ist.

Für die Ermittlung der zeitlichen Werte des Kurzschlußstromes läßt sich anhand des Stromverlaufes die Gleichung schreiben:

$$i_k(t) = \sqrt{2}\,[(I_k'' - I_k')\, e^{-t/T_d''} \cos \omega t + (I_k' - I_k)\, e^{-t/T_d'} \cos \omega t + I_k \cos \omega t - I_k''\, e^{-t/T_g}]. \quad (6)$$

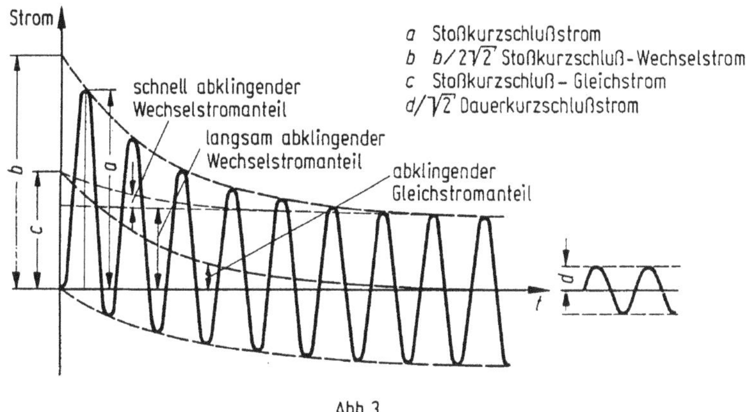

Abb. 3

Die ersten beiden Glieder auf der rechten Seite von Gl. (6) stellen den zunächst sehr rasch mit der Zeitkonstanten T''_d und dann wesentlich langsamer mit der Zeitkonstanten T'_d abklingenden Wechselstromanteil des Kurzschlußstromes dar. Das dritte Glied ist der nach Beendigung des subtransienten und transienten Vorganges bestehenbleibende Dauerkurzschlußstrom und das letzte Glied der die einseitige Verlagerung zur Nullinie bewirkende Gleichstromanteil. Größenordnungsmäßig liegt die Zeitkonstante T''_d bei etwa 0,05 s, die Zeitkonstante T'_d bei etwa 1 bis 4 s und die Zeitkonstante T_g bei etwa 0,1 s. *Abb. 4* verdeutlicht in Form von Hüllenkurven die einzelnen Glieder des Kurzschlußstromes mit ihrem zeitlichen Verlauf.

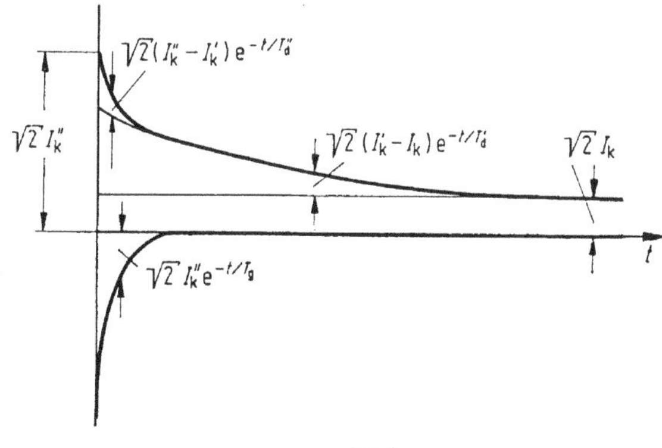

Abb. 4

Zur Ermittlung der von diesem abklingenden Kurzschlußstrom ausgeübten thermischen Beanspruchung setzen wir $i_k(t)$ gemäß Gl. (6) in Gl. (2a) anstelle von I_k ein und integrieren über t. Unter Vernachlässigung der bei der Integration auftretenden, dem Betrage nach nicht ins Gewicht fallenden ω-Glieder erhalten wir

$$\int_0^t i_k^2\,dt = (I''_k - I'_k)^2 \frac{T''_d}{2}\left(1 - e^{-2t/T''_d}\right) + (I'_k - I_k)^2 \frac{T'_d}{2}\left(1 - e^{-2t/T'_d}\right) + \tag{7}$$

$$+ I''^2_k T_g\left(1 - e^{-2t/T_g}\right) + I_k^2 t + (I''_k - I'_k) I_k \cdot 2T''_d\left(1 - e^{-t/T''_d}\right) +$$

$$+ (I'_k - I_k) I_k \cdot 2T'_d\left(1 - e^{-t/T'_d}\right) + (I''_k - I'_k)(I'_k - I_k) \cdot 2T_d\left(1 - e^{-t/T_d}\right),$$

wobei $T_d = T''_d T'_d / (T''_d + T'_d)$ ist.

Für den praktischen Gebrauch und zur Vereinfachung der Rechenarbeit kann man in Gl. (7) die Verhältniswerte I_k/I_k'' und I_k'/I_k'' mit den dazugehörigen Zeitkonstanten einsetzen und die zahlenmäßig gewonnenen Ergebnisse in den Kurvenscharen der *Abb. 5* darstellen. Der obere Teil zeigt den Einfluß des Gleichstromgliedes, der untere den des Wechselstromgliedes auf die thermische Beanspruchung. Aus *Abb. 5* können die von der Kurzschlußdauer t und den Kurzschlußstromwerten abhängigen dimensionslosen Faktoren m und n entnommen werden. Mit ihnen ergibt sich der Mittelwert des Kurzschlußstromes, der während der Kurzschlußdauer die gleiche Wärme erzeugt wie der tatsächlich fließende veränderliche Strom, zu

$$I_k = I_k'' \sqrt{m + n}. \tag{8}$$

Der Einfluß des Gleichstromgliedes ist in Abhängigkeit von der Gleichstromziffer $\varkappa$ als Parameter eingetragen. Sie ermittelt sich aus dem Stoßkurzschluß-

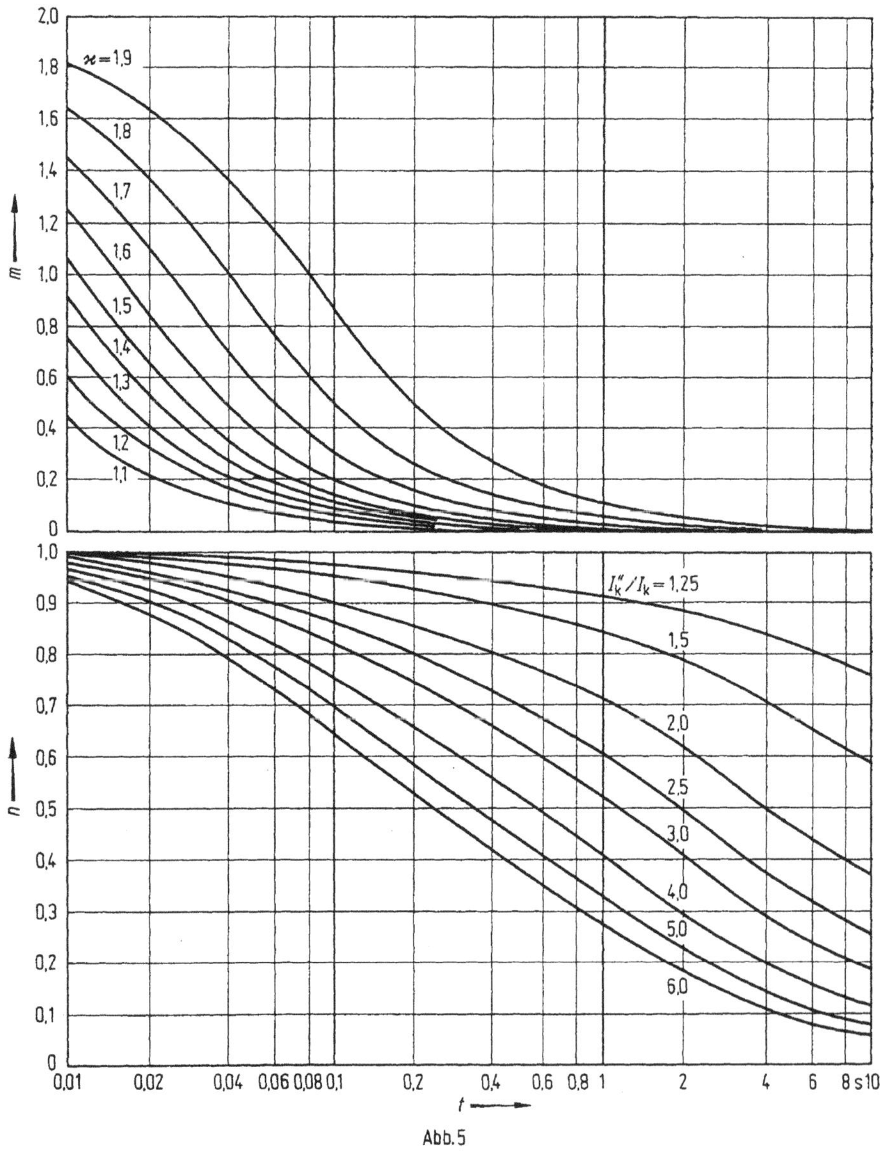

Abb. 5

strom $\hat{I}_s$ und dem Anfangskurzschlußwechselstrom I''_k zu

$$\varkappa = \frac{\hat{I}_s}{\sqrt{2}\, I''_k}. \tag{9}$$

Da die einseitige Verlagerung des Kurzschlußstromes durch das Gleichstromglied auf einen ziemlich kleinen Zeitabschnitt nach Kurzschlußbeginn beschränkt ist, macht sich auch der Faktor m nur bei kleiner Kurzschlußdauer stärker bemerkbar.

Der vom Verhältnis des Anfangs-Kurzschlußwechselstromes I''_k zum Dauerkurzschlußstrom I_k abhängige Faktor n wird um so kleiner, je schneller das Wechselstromglied abklingt und je länger der Kurzschluß andauert. Die größten Verhältniswerte I''_k/I_k treten bei generatornahen Kurzschlüssen auf. Bei generatorfernen Kurzschlüssen wird sowohl I''_k/I_k als auch der Faktor $n = 1$, und wir haben, wenn wir vom Einfluß des Gleichstromgliedes absehen, den Fall des über der Dauer t konstant bleibenden Kurzschlußstromes.

Für einen Netzpunkt seien als Beispiel folgende dreipoligen Kurzschlußströme gegeben: $\hat{I}_s = 50$ kA, $I''_k = 20$ kA, $I_k = 4$ kA bei einer Kurzschlußdauer $t = 0{,}5$ s. Damit ist $\varkappa = 50/(\sqrt{2} \cdot 20) = 1{,}77$ und $I''_k/I_k = 20/4 = 5$.

Aus den Kurven in *Abb. 5* ermitteln sich hierfür bei $t = 0{,}5$ s die Faktoren $m = 0{,}1$ und $n = 0{,}44$. Der für die thermische Beanspruchung wirksame Mittelwert des Kurzschlußstromes beträgt damit nach Gl. (8)

$$I_k = 20\ \text{kA} \sqrt{0{,}1 + 0{,}44} = 14{,}7\ \text{kA}.$$

Wird im gleichen Fall die Kurzschlußzeit auf $t = 0{,}1$ s beschränkt, so ergeben sich die Faktoren $m = 0{,}45$ und $n = 0{,}69$. Der thermisch wirksame Mittelwert des Kurzschlußstromes beträgt damit

$$I_k = 20\ \text{kA} \sqrt{0{,}45 + 0{,}69} = 21{,}4\ \text{kA}.$$

Trotz der Vergrößerung des wirksamen Mittelwertes durch den stärkeren Einfluß des Gleichstromgliedes und des subtransienten Wechselstromgliedes wird aber die thermische Beanspruchung wegen der auf $^1/_5$ verkürzten Kurzschlußzeit auf über die Hälfte verkleinert.

Die in Mittel- und Hochspannungsnetzen verwendeten Leistungsschalter für die selbsttätige Abschaltung von Kurzschlüssen haben heute im allgemeinen einen durch die Eigenzeit des Schalters und die kleinstmögliche Verzögerung der Auslöserelais bedingten Mindestschaltverzug von rd. 0,1 s. Zur selektiven Erfassung der Kurzschlußstelle sind jedoch häufig gestaffelte Reservezeiten für den Schutz erforderlich. Bei Versagen der Schnellauslösung muß daher wegen der einzuhaltenden Staffelzeiten mit einer Verlängerung der Auslösezeit um rd. 0,5 s gerechnet werden. Das bedeutet, daß in diesen Fällen für die thermische Beanspruchung eine Kurzschlußdauer von rd. 0,6 s zu berücksichtigen ist, damit gefährliche Temperaturerhöhungen des Leiterwerkstoffes und der Isolierung vermieden werden.

Ganz allgemein ist die Gefahr einer thermischen Überbeanspruchung im Kurzschlußfall besonders groß für Betriebsmittel, die nur kleine Nennströme zu führen haben. Hier kann es zur Aufrechterhaltung der Betriebssicherheit durchaus notwendig werden, verstärkte Leiterquerschnitte oder Geräte größerer Nennstromstärke zu verwenden.

b) Mechanische Beanspruchungen

Befindet sich ein stromdurchflossener Leiter in einem magnetischen Feld, dann wirken auf ihn Kräfte, die den Stromkreis derart zu deformieren versuchen, daß der umfaßte magnetische Kraftfluß zunimmt. Bei Kurzschlüssen mit ihren großen Strömen entstehen dadurch hohe mechanische Beanspruchungen in Betriebsmitteln und deren Befestigungen, für die sie bemessen sein müssen. Versuche in Hochleistungsprüffeldern sind hierzu oft unentbehrlich, meistens aber auch sehr aufwendig. Der Vorausberechnung der mechanischen Kurzschlußwirkungen kommt deshalb große Bedeutung zu. Sie besteht aus zwei Teilaufgaben, nämlich der Ermittlung der elektromagnetischen Kräfte, die stromdurchflossene Leiter auf ihre ebenfalls stromdurchflossenen Nachbarleiter ausüben, und der Berechnung der mechanischen Beanspruchung aus dem Verhalten des Leiters bei zeitlich veränderlichen Kraftbelägen von kurzer Dauer.

Selbst in einfachen Fällen können sich mathematisch schwierige Probleme ergeben, so daß man auf Abschätzungen und Näherungsrechnungen ausweicht, die auf einfachem Wege sichere Ergebnisse liefern sollen. Das geschieht sowohl bei geraden Leitungen, wie sie in Schaltgeräten und Schaltanlagen vorkommen und im folgenden als Beispiele dienen, als auch bei Wicklungen und Spulen von Maschinen und Transformatoren, auf die wegen ihrer zahlreichen Zusatzprobleme durch die Vielfalt des Aufbaues und der unmittelbaren Nachbarschaft von magnetischen Stoffen mit Permeabilitätszahlen $\mu_r > 1$ nicht besonders eingegangen wird.

α) Elektromagnetische Kräfte

Elektromagnetische Kräfte zwischen stromdurchflossenen Leitern können auf zwei Arten berechnet werden, nämlich

1. aus der Änderung der magnetischen Energie bei virtueller Verschiebung des Leiters, für den die auf ihn wirkende Kraft berechnet wird,

2. aus der magnetischen Flußdichte am Ort des Leiters, für den die auf ihn wirkende Kraft berechnet wird, und dem diesen Leiter an der gleichen Stelle durchfließenden Strom.

Bevorzugt wird die zweite Methode, weil man hierbei nicht auf verwickelte Formeln für die Induktivität von Leitergebilden zurückgreifen muß, sondern ausgehend von Linienleitern beliebige Anordnungen zusammensetzen kann.

In *Abb. 6* ist die von i_1 in $\mathrm{d}\boldsymbol{s}$ erzeugte magnetische Flußdichte $\mathrm{d}\boldsymbol{B}$ im Punkt P

$$\mathrm{d}\boldsymbol{B} = \frac{\mu_0}{4\pi}\left[i_1 \frac{\mathrm{d}\boldsymbol{s} \times \boldsymbol{r}}{r^3}\right]. \tag{10}$$

Hierin ist $\mu_0 = 4\pi \cdot 10^{-7}$ Vs/Am die magnetische Feldkonstante, und für die elektromagnetische Teilkraft $\mathrm{d}^2\boldsymbol{F}$ gilt

$$\mathrm{d}^2\boldsymbol{F} = i_2\,\mathrm{d}\boldsymbol{z} \times \mathrm{d}\boldsymbol{B}, \tag{11}$$

$$\mathrm{d}^2\boldsymbol{F} = \frac{\mu_0}{4\pi}\, i_1 i_2\, \frac{\mathrm{d}\boldsymbol{z} \times (\mathrm{d}\boldsymbol{s} \times \boldsymbol{r})}{r^3}. \tag{12}$$

Demnach wird auf das Leiterstück $z_1 z_3$ vom Leiterstück $s_2 s_4$ die Kraft ausgeübt

$$\boldsymbol{F} = \frac{\mu_0}{4\pi}\, i_1 i_2 \int\limits_{z_1}^{z_3}\int\limits_{s_2}^{s_4} \frac{\mathrm{d}\boldsymbol{z} \times (\mathrm{d}\boldsymbol{s} \times \boldsymbol{r})}{r^3}. \tag{13}$$

Bei komplizierten Leitergebilden werden die Strombahnen zweckmäßig in Teilstücke $\Delta\boldsymbol{s}$ und $\Delta\boldsymbol{z}$ unterteilt, dann zunächst die resultierende magnetische Flußdichte $\boldsymbol{B}$ für jedes Element $\Delta\boldsymbol{z}$ und anschließend die Teilkräfte $\Delta\boldsymbol{F}$ ermittelt.

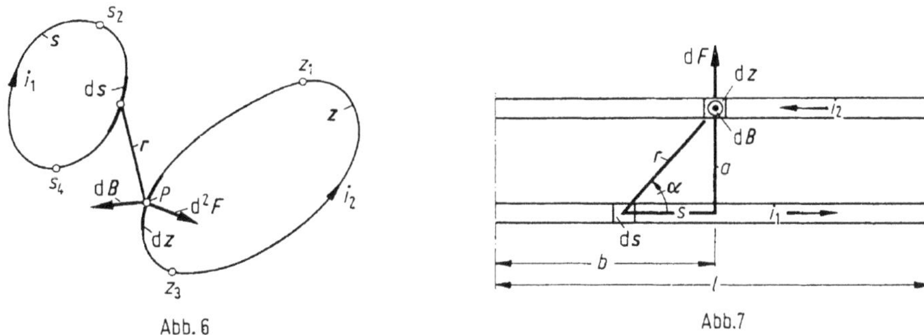

Abb. 6 Abb. 7

Besonders für gerade, beliebig im Raum liegende Linienleiter gelingt es, mit Gl. (13) Formeln anzugeben. Die bei Geräten und Sammelschienen wichtigsten Anordnungen, nämlich parallele und im rechten Winkel geknickte Leitungen, sind Sonderfälle hiervon und werden im folgenden ausführlich behandelt.

1. *Parallele Leiter.*
Mit dem Winkel α zwischen $\mathrm{d}\boldsymbol{s}$ und $\boldsymbol{r}$ (*Abb. 7*) folgt aus Gl. (10)

$$|\boldsymbol{B}| = B = \frac{\mu_0}{4\pi}\frac{i_1}{a}\left[\frac{b}{\sqrt{b^2+a^2}} + \frac{l-b}{\sqrt{(l-b)^2+a^2}}\right].$$

Für $l \gg a$, was oft zutrifft, hat die Klammer den Wert 2, so daß hierfür

$$|\boldsymbol{B}| = B = \frac{\mu_0}{2\pi}\frac{i_1}{a}$$

ist. $\boldsymbol{B}$ steht auf $\mathrm{d}\boldsymbol{z}$ senkrecht. Auf das Längenelement eines langen Linienleiters wird daher nach Gl. (11) eine Kraft von

$$\mathrm{d}\boldsymbol{F} = \frac{\mu_0}{2\pi}\, i_1 i_2 \frac{\mathrm{d}\boldsymbol{z}}{a} \tag{14}$$

ausgeübt. Bei ungleicher Stromrichtung stoßen sich die beiden Leitungen ab, bei gleicher ziehen sie sich an.

Als Linienleiter können alle Leitungen gelten, deren Querschnittsabmessungen klein gegenüber ihrem Schwerpunktsabstand a sind. Trifft das nicht mehr zu, dann werden in Gl. (14) anstelle der Gesamtströme i_1 und i_2 die Stromfäden $\mathrm{d}^2 i_1 = i_1(\mathrm{d}u\,\mathrm{d}v/bh)$ und $\mathrm{d}^2 i_2 = i_2(\mathrm{d}x\,\mathrm{d}y/bh)$ mit ihren Abständen r eingesetzt (*Abb. 8*) und die dadurch notwendigen vier Integrationen ausgeführt. Bezogen auf d$\boldsymbol{F}$ mit dem Schwerpunktsabstand a ergibt sich dann eine um den Faktor k (*Abb. 9*) verschiedene Kraft, d. h. statt mit a ist in Gl. (14) mit dem wirksamen Leiterabstand

$$a_t = \frac{a}{k} \tag{15}$$

zu rechnen. Für Kreis- und Kreisringquerschnitte ist $k = 1$.

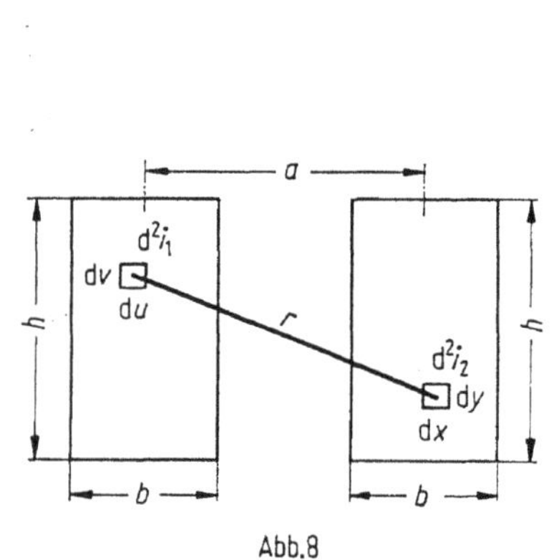

Abb. 8

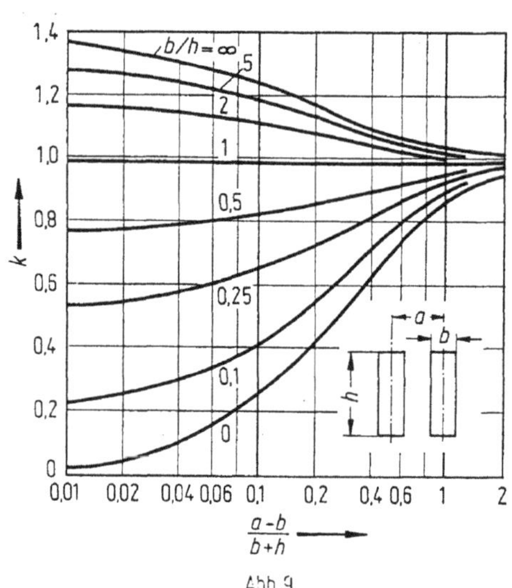

Abb. 9

2. *Rechtwinklig geknickte Leiter.*
Analog wie bei den parallelen Leitern ist in *Abb. 10* die magnetische Flußdichte am Ort des Leiterelementes dz

$$B = \frac{\mu_0}{4\pi} i_1 \frac{b}{z\sqrt{b^2 + z^2}}.$$

Auf dz wirkt demnach die Kraft

$$\mathrm{d}F = \frac{\mu_0}{4\pi} i_1 i_2 \frac{b}{z\sqrt{b^2 + z^2}} \mathrm{d}z,$$

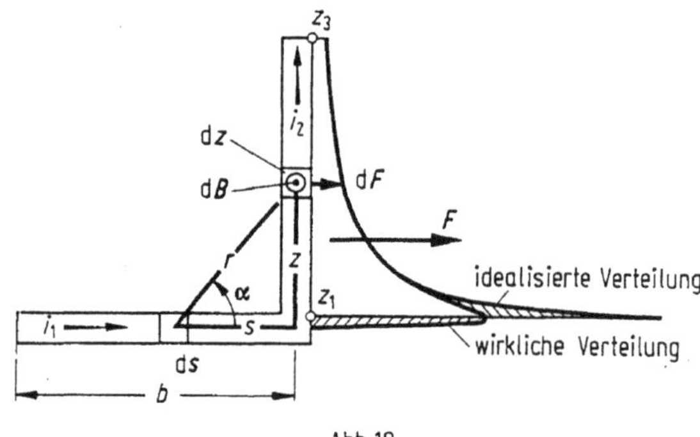

Abb. 10

so daß für den von z_1 bis z_3 reichenden Winkelschenkel die resultierende Gesamtkraft ist

$$|\boldsymbol{F}| = F = \frac{\mu_0}{4\pi} i_1 i_2 \ln \frac{z_3}{z_1} \frac{b + \sqrt{b^2 + z_1^2}}{b + \sqrt{b^2 + z_3^2}}. \tag{16}$$

In Gl. (16) darf z_1 nicht null sein, da ja auch der Leiterquerschnitt nicht null ist und F dann unendlich würde. Annähernd zutreffend ist vielmehr $z_1 = g_{11}$. Mit g_{11} wird der mittlere geometrische Abstand eines Querschnittes von sich selbst bezeichnet, der für Kreisquerschnitte $g_{11} \approx 0{,}39d$, für dünne Rohre $g_{11} \approx 0{,}5d$ und für Rechteckquerschnitte $g_{11} \approx 0{,}224(b+h)$ beträgt. Hierbei ist d der Durchmesser von Kreis- und Rohrquerschnitten, b die Dicke und h die Höhe von Rechteckquerschnitten.

β) Mechanische Bemessung

1. *Biegesteife Leiter.*
Die wichtigste Kraftart, die Kraft zwischen parallelen Leitern, ist nach Gl. (14) ein über die Leitungslänge l gleichmäßig verteilter Kraftbelag. Seine Resultierende kann mit dem größten Augenblickswert des Stromes, dem Stoßkurzschlußstrom $\hat{I}_s$, bei ungünstigstem Schaltaugenblick folgende Werte erreichen:

in zweipoligen Stromkreisen ($p = 2$)

$$F_p = F_2 = 0{,}2 \hat{I}_{s2}^2 \frac{l}{a_t}, \tag{17a}$$

in Drehstromleitungen ($p = 3$) und wegen der Phasenverschiebung

$$F_p = F_3 = 0{,}173\, \hat{I}_s^2 \frac{l}{a_t}. \tag{17b}$$

In den Zahlenwertgleichungen (17a) und (17b) ergeben sich die Kräfte F_p in Newton (1 N = 1 Ws/m) wenn die Stoßkurzschlußströme $\hat{I}_s$ in kA und die Abstände l und a_t in m eingesetzt werden.

Bestimmt man lediglich hiermit die Biegespannungen σ in den Leitungen und die Auflagerkräfte F_d für die Isolatoren, dann ist das Ergebnis noch nicht sicher, da sowohl die Leitungen als auch die Isolatoren mit ihren Unterkonstruktionen während der Kurzschlußdauer mechanische Schwingungen ausführen. Jedoch weiß man, daß diese Schwingungen stark gedämpft werden, sobald die Schienen vom elastischen in den plastischen Zustand übergehen. Das ist etwa von der Hälfte der bei Kurzschluß zulässigen Leiterbeanspruchung $\sigma_{zul} = 1{,}5\sigma_{0,2}$ an der Fall, wobei $\sigma_{0,2}$ den Mindestwert der Streckgrenze bedeutet. Einfache und sichere Abschätzungen ergeben sich also, wenn man die nach Gl. (17a) und (17b) errechneten Biegespannungen und Auflagerkräfte mit den Frequenzfaktoren $v_\sigma = v_F$, und zwar

$$\text{bei} \quad \sigma < 0{,}8\sigma_{0,2} \quad \text{mit} \quad v_\sigma = v_F = 0{,}8\sigma_{0,2}/\sigma,$$

$$\text{bei} \quad \sigma \geqq 0{,}8\sigma_{0,2} \quad \text{mit} \quad v_\sigma = v_F = 1$$

multipliziert.

Will man genauer rechnen, um eine unwirtschaftliche Bemessung auszuschließen, dann muß der schwingende Biegestab unter der Wirkung des zeitlichen Verlaufes der Stromkraft

$$F(t) = \alpha_1 + \alpha_2 e^{-2t/\tau} + \alpha_3 e^{-t/\tau} \cos(2\pi f)t + \alpha_4 \cos 2(2\pi f)t \qquad (18)$$

betrachtet werden. Besonders die doppelte Netzfrequenz $2f$ erzwingt Schwingungen, die

bei Eigenfrequenzen der Leitung $f_{0i} \gg 2f$ die Beanspruchungen nach Gl. (17a) und (17b) nicht ändern,

bei Resonanz $f_{0i} \approx 2f$ die Stromkräfte in elastischen Schienen bis um das Fünffache verstärken,

bei $f_{0i} \ll 2f$ die Stromkräfte nur abgeschwächt zur Wirkung kommen lassen.

Können die Isolatoren und Unterkonstruktionen im Vergleich zur Stromschiene als starr bezeichnet werden, dann hat das Leitungssystem nur eine Grundfrequenz ($i = 1$)

$$f_{01} = \frac{\gamma}{l^2}\sqrt{\frac{EJ}{m'}}. \qquad (19)$$

Hierin bedeuten

γ den Schwingungsfaktor nach Tabelle 2, SI-Einheit m,
l den Stützpunktabstand, SI-Einheit m,
E den Elastizitätsmodul des Schienenwerkstoffes, SI-Einheit Pa, wobei $1\,\text{Pa} = 1\,\text{N/m}^2$,
J das Flächenträgheitsmoment des Schienenquerschnitts, SI-Einheit m^4,
m' die auf die Länge bezogene Masse des Leiters, SI-Einheit kg/m.

Tabelle 2. *Faktoren α, β, γ für Ein- und Mehrfeldträger*

Träger- und Befestigungsart		Stützpunkt-faktor α	Leiter-faktor β	Schwingungs-faktor γ
Einfeld-träger	beiderseits gestützt	0,5	1,0	1,57
	eingespannt, gestützt	0,625 0,375	0,73	2,46
	beiderseits eingespannt	0,5	0,50	3,57
Mehrfeld-träger mit n Feldern, gestützt	$n = 2$	0,375 (außen) 1,25 (innen)	Endfeld 0,73	2,46
	$n > 2$	0,5 (außen) 1,0 (innen)	Innenfelder 0,5	3,57

Je nach Träger- und Befestigungsart ist die Stützpunktkraft

$$F_{dp} = v_{Fp}\alpha F_p \qquad (20)$$

und die mechanische Leiterbeanspruchung

$$\sigma_p = v_{\sigma p}\beta\frac{F_p \cdot l}{8W}. \qquad (21)$$

In Gl. (20) und (21) bedeutet

der Index p die Kennzeichnung, ob es sich um zweipoligen ($p = 2$) oder dreipoligen ($p = 3$) Kurzschluß handelt,

α den Stützpunktfaktor nach Tabelle 2,
β den Leiterfaktor nach Tabelle 2,
F_p die nach Gl. (17a) oder (17b) errechnete Kraft zwischen parallelen Leitern,
l den Stützpunktabstand,
W das Widerstandsmoment,
v_{Fp} den Frequenzfaktor für die Auflagerkraft nach *Abb. 11*,
$v_{\sigma p}$ den Frequenzfaktor für die Biegespannung nach *Abb. 11*.

In *Abb. 11* sind in Abhängigkeit vom Frequenzverhältnis f_{01}/f für Schienen mit starren Stützpunkten bei zweipoligem ($p = 2$) und dreipoligem ($p = 3$) Kurzschluß die Frequenzfaktoren v_{Fp} für die Auflagerkraft und $v_{\sigma p}$ für die Biegespannung aufgetragen. Die Kurven $v_{\sigma p}$ sind bei $v_{\sigma 2} = 1$ und $v_{\sigma 3} = 1$ abgebrochen, da die zulässigen Beanspruchungen auch bei Resonanz nicht überschritten werden.

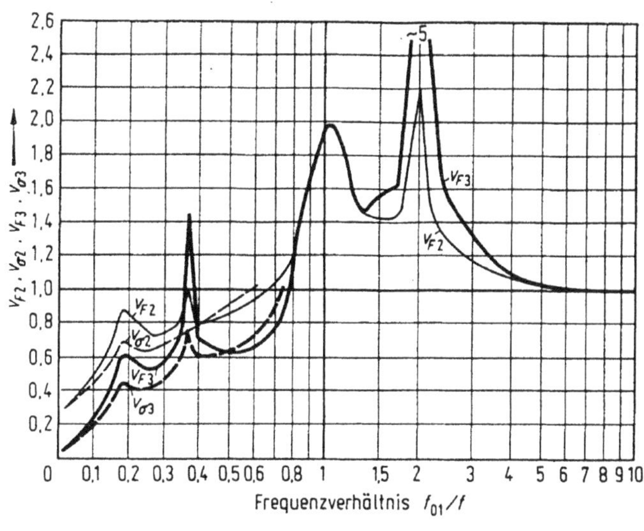

Abb. 11

Ist die Stromschiene ein Schienenpaket, dann sind mit Gl. (21) zusätzlich die Spannungen infolge der Kräfte zwischen den Teilleitern zu ermitteln und zur Leiterbeanspruchung zu addieren. Da die Teilleiterbeanspruchungen für sich $\sigma_{0,2}$ nicht überschreiten sollen, müssen zwischen den Stützpunkten von Schienenpaketen meistens zusätzliche Teilleiter-Abstandhalter vorgesehen werden.

Beispiel: *Abb. 12* zeigt die 18 m langen Verbindungsleitungen zweier Kraftwerksblöcke für 10,5 kV und 6300 A aus Rohren 368 × 8 AlMgSi 0,5 F 22. Sie werden von als starr angenommenen Durchführungen und Stützern beiderseits gestützt. Bei $a = 1{,}4$ m Leiterabstand sollen sie Stoßkurzschlußströmen $\hat{I}_{s3} = 125$ kA und $\hat{I}_{s2} = 108$ kA widerstehen. Für folgende Kenngrößen des Rohres

auf die Länge bezogene Masse	$m' = 24{,}4$ kg/m,
Flächenträgheitsmoment	$J = 1{,}466 \cdot 10^{-4}$ m^4,
Widerstandsmoment	$W = 0{,}797 \cdot 10^{-3}$ m^3,
Elastizitätsmodul	$E = 7 \cdot 10^{10}$ N/m^2,
Streckgrenze	$\sigma_{0,2} = 160$ N/mm^2,
zulässige Beanspruchung	$\sigma_{zul} = 1{,}5\,\sigma_{0,2} = 240$ N/mm^2 $= 240 \cdot 10^6$ N/m^2

ergibt sich aus den Zahlenwertgleichungen (17a) und (17b) $F_2 = 30$ kN und $F_3 = 34{,}6$ kN. Mit $\beta = 1{,}0$ nach Tabelle 2 und zunächst $v_{\sigma 2} = v_{\sigma 3} = 1$ erhält man aus Gl. (21)

$$\sigma_2 = 1 \cdot 1 \cdot \frac{30 \cdot 10^3\,\mathrm{N} \cdot 18\,\mathrm{m}}{8 \cdot 0{,}797 \cdot 10^{-3}\,\mathrm{m}^3} = 85 \cdot 10^6\,\mathrm{N/m^2} = 85\,\mathrm{N/mm^2},$$

$$\sigma_3 = 1 \cdot 1 \cdot \frac{34{,}6 \cdot 10^3\,\mathrm{N} \cdot 18\,\mathrm{m}}{8 \cdot 0{,}797 \cdot 10^{-3}\,\mathrm{m}^3} = 98 \cdot 10^6\,\mathrm{N/m^2} = 9{,}8\,\mathrm{kN/cm^2}.$$

Abb. 12

Nach den Bemerkungen über die Schwingungsdämpfung könnten also die Stützpunktkräfte nach Gl. (20) mit $\alpha = 0{,}5$ nach Tabelle 2 höchstens betragen

$$F_{d2} = 0{,}8\,\frac{\sigma_{0,2}}{\sigma_2}\,\alpha \cdot F_2 = 0{,}8\,\frac{160}{85} \cdot 0{,}5 \cdot 30\,\mathrm{kN} = 22{,}6\,\mathrm{kN},$$

$$F_{d3} = 0{,}8\,\frac{\sigma_{0,2}}{\sigma_3}\,\alpha \cdot F_3 = 0{,}8\,\frac{160}{98} \cdot 0{,}5 \cdot 34{,}6\,\mathrm{kN} = 22{,}6\,\mathrm{kN}.$$

Da jedoch nach Gl. (19)

$$f_{01} = \frac{1{,}57}{18^2\,\mathrm{m}^2}\sqrt{7 \cdot 10^{10}\,\frac{\mathrm{N}}{\mathrm{m}^2} \cdot 1{,}466 \cdot 10^{-4}\,\mathrm{m}^4 \cdot \frac{1}{24{,}4}\,\frac{\mathrm{m}}{\mathrm{kg}}}$$

$$= \frac{1{,}57}{18^2}\,\mathrm{m}^{-2}\sqrt{\frac{7 \cdot 1{,}466 \cdot 10^6}{24{,}4}\,\frac{\mathrm{m}^4}{\mathrm{s}^2}} = 3{,}16\,\mathrm{Hz}$$

ist, können aus *Abb. 11* für $f_{01}/f = 3{,}16/50 = 0{,}063$, $v_{F2} = 0{,}37$, $v_{\sigma 2} = 0{,}35$, $v_{F3} = 0{,}14$, $v_{\sigma 3} = 0{,}12$ entnommen werden.

Man erkennt hieraus, daß für das gewählte Beispiel der zweipolige Kurzschluß die größere Wirkung hat. Demnach ist nach Gl. (21) tatsächlich

$$\sigma_2 = 0{,}35 \cdot 1 \cdot \frac{30 \cdot 10^3\,\mathrm{N} \cdot 18\,\mathrm{m}}{8 \cdot 0{,}797 \cdot 10^{-3}\,\mathrm{m}^3} = 29{,}6 \cdot 10^6\,\mathrm{N/m^2} < (\sigma_{\mathrm{zul}} = 240 \cdot 10^6\,\mathrm{N/m^2}).$$

Die Durchführungen und Stützer werden nach Gl. (20) mit Kräften

$$F_{d2} = 0{,}37 \cdot 0{,}5 \cdot 30\ \mathrm{kN} = 5{,}55\ \mathrm{kN}$$

belastet.

2. *Leitungsseile.*
Die unter Zug stehenden biegsamen Leitungsseile reagieren auf Stromkräfte durch Ausweichen in Kraftrichtung und Anstieg der Seilzüge. Bei Kurzschluß können dadurch die Isolationsabstände vorübergehend verringert und die Abspanneinrichtungen in den Verankerungen (Klemmen, Isolatoren) zusätzlich belastet werden. In den Schaltanlagen der Netzknotenpunkte sind hierfür die Stromkräfte genügend groß und die Kurzschlußzeiten für das vollständige Ausschwingen der wenig durchhängenden Seile lang genug. Freileitungen sind dagegen weniger gefährdet; denn bei ihnen sind wegen der Leitungsimpedanzen und der größeren Abstände die Stromkräfte viel kleiner, und bei den größeren Durchhängen sind die Seilbewegungen zusätzlich langsamer, so daß die Kurzschlußzeiten und die Stromkräfte nur kleine Seilauslenkungen bewirken. Eingehender Betrachtung bedarf deshalb vorwiegend die für Schaltanlagen typische, horizontale Einebene-Anordnung paralleler Leitungsseile ohne Minderungseinflüsse durch extrem kurze Fehlerzeiten.

In *Abb. 13* bilden die Stromkräfte F mit den Gewichtskräften G des Seiles Resultierende R, in deren Richtungen sich die beiden Seile einstellen wollen, so daß es zu pendelartigen Bewegungen kommen wird. Ersetzt man gedanklich das über die Spannweite l ausgebreitete Seil durch ein einfaches, ungedämpftes Ersatzpendel konstanter Länge in Spannfeldmitte, dann erkennt man, daß beim Durchgang durch die Nullage $\alpha = \arctan F/G$ außer der Resultierenden R noch die Amplitude der Zentrifugalkraft $C = 1{,}67\,(R - G)$ wirksam ist und das Pendel insgesamt einen Ausschwingwinkel 2α erreichen könnte. Tatsächlich sind die Bewegungsvorgänge wesentlich verwickelter, weil nicht nur in der Krümmungsebene der Seile zusätzliche Stromkräfte wirken, sondern u. a. auch der Durchhang

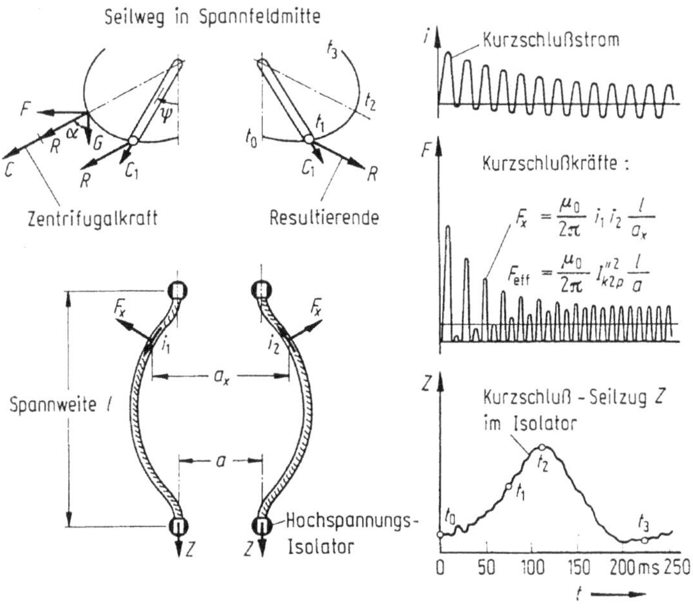

Abb. 13

sich ändert und die Zentrifugalkraft sich proportional zum Durchhang über die Seillänge aufteilt. Aus Versuchen ist bekannt, daß der Wirklichkeit besser entsprochen wird, wenn man als möglichen Ausschwingwinkel $1{,}6\alpha$ annimmt, das Zurückschwingen der Seile nach Ende des Stromflusses zu etwa 70% der vorher vorhandenen Auslenkungen ansetzt und mit einem Anstieg der Seilkraft von G auf

$$D = 3R - 2G \tag{22}$$

rechnet. Bis die Kraft D durch die Seilbewegungen aufgebaut ist, vergeht im Vergleich zu den Schwingungszeiten der periodischen Anteile der Stromkraft gemäß Gl. (18) eine lange Zeit. Daher sind letztere fast wirkungslos, so daß in Gl. (14) das Stromprodukt $i_1 i_2$ gleich I''^2_{k2} gesetzt werden kann. Die Kurzschluß-Seilkraft D hat demnach über

$$R = \sqrt{F^2_{\mathrm{eff}} + G^2} \tag{23}$$

in dem Effektivwert der Stromkraft

$$F_{\mathrm{eff}} = 0{,}2\, I''^2_{k2} \frac{l}{a} \tag{24}$$

ihre wesentliche Ursache. In der Zahlenwertgleichung (24) ergibt sich die Stromkraft F_{eff} in N, wenn der zweipolige Anfangskurzschlußstrom I''_{k2} in kA eingesetzt wird. Ein einfacher Nachweis für den überwiegenden Einfluß des Effektivwertes der Stromkraft ist, daß bei dreipoligem Kurzschluß ($\alpha_1 = 0$) nicht nur die Integration von Gl. (18) über die gesamte Periodendauer annähernd Null ergibt, sondern auch im Versuch das mittlere Seil einer Einebenenanordnung sich kaum bewegt und keine Kurzschlußseilzüge aufweist.

Bei Vernachlässigung der thermischen Seillängenänderung bewirkt nun die Kraft D, daß wegen der Elastizität der Seile (Elastizitätsmodul E, Querschnitt q) und der Abspannpunkte (Federkoeffizient s) eine elastische Längenänderung des mit dem Zug Z_0 gespannten Seiles von

$$L - L_0 = (Z - Z_0)\left(\frac{l}{Eq} + \frac{1}{s}\right) \tag{25}$$

auftritt. Setzt man in diese sogenannte Zustandsänderungsgleichung auf der linken Seite die folgenden Näherungsausdrücke für die Seillängen

$$L \approx l + \frac{l}{24(Z/D)^2} \quad \text{und} \quad L_0 \approx l + \frac{l}{24(Z_0/G)^2}$$

ein, dann erhält man für den Kurzschlußseilzug Z die Beziehung

$$Z^3 + \left[\frac{G^2}{24 Z_0{}^2} \cdot \frac{1}{\frac{1}{sl} + \frac{1}{Eq}} - Z_0\right] Z^2 - \frac{D^2}{24} \cdot \frac{1}{\frac{1}{sl} + \frac{1}{Eq}} = 0. \tag{26}$$

Wenn bei Bündelleitungen durch Bündelleiterabstand und Anordnung der Abstandhalter sichergestellt ist, daß bei Kurzschluß die Teilleiter wirksam zusammenschlagen, dann gilt auch hier Gl. (26). Andernfalls können Bündelleitungen erheblich größere Kurzschlußseilzüge aufweisen, falls nicht der andere Extremfall vorliegt, daß die Abstandhalter sehr dicht aufeinander folgen.

Beispiel: In der häufig anzutreffenden 110-kV-Freiluftschaltanlage in Kiellinienbauform (*Abb. 14*) sind Al-Seile von 300 mm² Querschnitt zwischen den Sammelschienentrennschaltern *1* und *2* mit einer Zugkraft $Z_0 = 400$ N bei

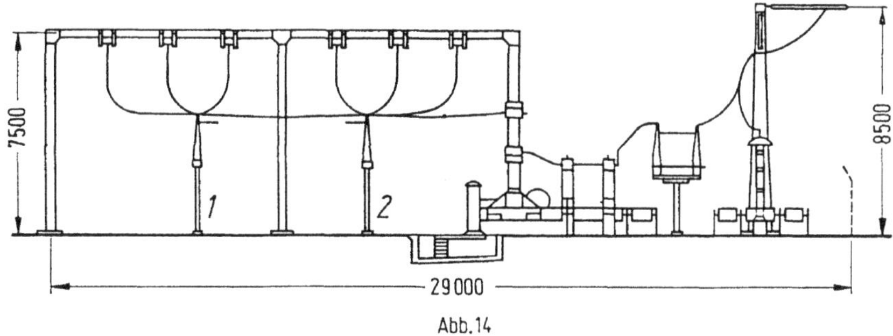

Abb. 14

$l = 6{,}5$ m Spannweite und $a = 1{,}4$ m Leiterabstand gespannt. Die Ausschaltleistung des Netzes beträgt 5 GVA, bei zweipoligem Kurzschluß kann demnach $I''_{k2} = \dfrac{5 \cdot 10^3\,\text{MVA}}{2 \cdot 110\,\text{kV}} = 22{,}7$ kA sein.

Die Kenngrößen des Leiters seien:

Masse $m = 5{,}4$ kg,
Gewichtskraft $G = 5{,}4\,\text{kg} \cdot 9{,}81\,\text{m/s}^2 = 53$ N,
Querschnitt $q = 3\,\text{cm}^2$,
Elastizitätsmodul $E = 5{,}4 \cdot 10^{10}\,\text{N/m}^2$.

Der Federkoeffizient des Trennschalters betrage $s = 10^5$ N/m.

Aus Gl. (24) erhält man für den Effektivwert der Stromkraft

$$F_{\text{eff}} = 0{,}2\,(22{,}7)^2 \cdot 6{,}5/1{,}4 \quad \text{N} = 479\,\text{N}.$$

Die Resultierende aus Stromkraft und Gewichtskraft des Seiles erhält man aus Gl. (23) zu

$$R = \sqrt{479^2 + 53^2}\,\text{N} = 482\,\text{N}$$

und die Kurzschlußseilkraft aus Gl. (22) zu

$$D = 3 \cdot 482\,\text{N} - 2 \cdot 53\,\text{N} = 1340\,\text{N}.$$

Der Kurzschlußseilzug ergibt sich aus Gl. (26)

$$Z^3 + \left[\frac{(53\,\text{N})^2}{24\,(400\,\text{N})^2} \cdot \frac{1}{\dfrac{1}{6{,}5\,\text{m} \cdot 10^5\,\text{N/m}} + \dfrac{1}{5{,}4 \cdot 10^6\,\text{N/cm}^2 \cdot 3\,\text{cm}^2}} - 400\,\text{N}\right] Z^2 -$$

$$- \frac{(1340\,\text{N})^2}{24} \cdot \frac{1}{\dfrac{1}{6{,}5\,\text{m} \cdot 10^5\,\text{N/m}} + \dfrac{1}{5{,}4 \cdot 10^6\,\text{N/cm}^2 \cdot 3\,\text{cm}^2}} = 0$$

zu $Z = 3580$ N.

Bei Kurzschluß ist die äußere mechanische Beanspruchung der Trennschalter also 9mal höher als im ungestörten Betrieb.

IV. Wirkung von Schwungmassen

20. Motoranlauf und Schwungmassenbeschleunigung

Motoren für Gleich- oder Wechselstrom nehmen beim Anschalten ihrer Wicklung an die konstante Spannung eines Verteilungsnetzes nicht sprunghaft ihre stationäre Drehzahl an, sondern laufen vom Stillstand aus allmählich in endlicher Zeit an. Im allgemeinen verringert man sogar die Anfahrbeschleunigung künstlich, um die Strom- und Energieaufnahme des Motors aus dem Netz während der Anlaufdauer nicht zu groß zu machen.

Während der Anlaßzeit spielen sich zwei Ausgleichsvorgänge ab, die einander überdecken. Das Einschalten der Wicklungen des Motors hat einen elektromagnetischen Ausgleichsvorgang zur Folge, der im wesentlichen einen überlagerten abklingenden Gleichstrom hervorruft. Dieser bewirkt bei Gleichstrommotoren ein exponentielles Ansteigen sowohl des Erregerstromes als auch des Läuferstromes und ruft in Wechselstrom- oder Drehstrommotoren einen dem normalen magnetischen Fluß überlagerten abklingenden Gleichfluß hervor. Bei Asynchronmotoren mit sehr kurzer Anlaufzeit können elektromagnetische Ausgleichsvorgänge in der Läuferwicklung zu Pendelvorgängen während des Anlaufs führen.

Gleichzeitig mit dem elektromagnetischen Einschaltvorgang spielt sich der elektromechanische Anlaufvorgang des Läufers ab. Unter Wirkung des Anlaufdrehmomentes setzt sich der Läufer mitsamt der Arbeitsmaschine allmählich in Bewegung und erreicht nach einer gewissen Anlaufzeit seine stationäre Geschwindigkeit. Die Dauer des elektrischen Einschaltvorganges richtet sich nach der elektromagnetischen Zeitkonstante, also nach der Induktivität und dem Widerstand des Stromkreises und der Dauer des mechanischen Anlaufvorganges, d. h. nach dem Drehmoment und Trägheitsmoment des Läufers und der umlaufenden Teile der Arbeitsmaschine.

Wir wollen für die folgenden Betrachtungen zunächst annehmen, daß die Dauer des elektrischen Einschaltvorganges so kurz gegenüber der Dauer des mechanischen Anlaufs ist, daß die beiden Erscheinungen unabhängig voneinander ablaufen. Die Ausgleichsströme verklingen dann so, als ob der Motor noch stillsteht; der mechanische Anlauf erfolgt so, als ob ein elektrischer Beharrungszustand vorhanden wäre. Um die Anlaufverhältnisse rechnerisch einfach verfolgen zu können, wollen wir außerdem annehmen, daß sowohl das vom Motor entwickelte Drehmoment als auch das von ihm überwundene Belastungsmoment allein von seiner Drehzahl und von keiner anderen veränderlichen Größe abhängen.

a) Stetiger Anlauf

Man kann jeden Motor dadurch stetig anlassen, daß man einen Widerstand in seinen Läuferkreis schaltet, den man allmählich kurzschließt. Bei Gleichstrommotoren legt man ihn zwischen Netz und Läufer, bei Drehstrommotoren an die Schleifringe des Läufers. Man kennt dann aus den besonderen Eigenschaften des Motors und der Anlaßbewegung für jede Drehzahl n oder jede Winkelgeschwindigkeit

$$\omega = 2\pi n \tag{1}$$

das Drehmoment M, das er entwickeln kann. Ebenso ist für die angetriebene Maschine das widerstehende Drehmoment M_g in Abhängigkeit von der Drehzahl bekannt. Zwei solche Kurven sind in *Abb. 1* dargestellt.

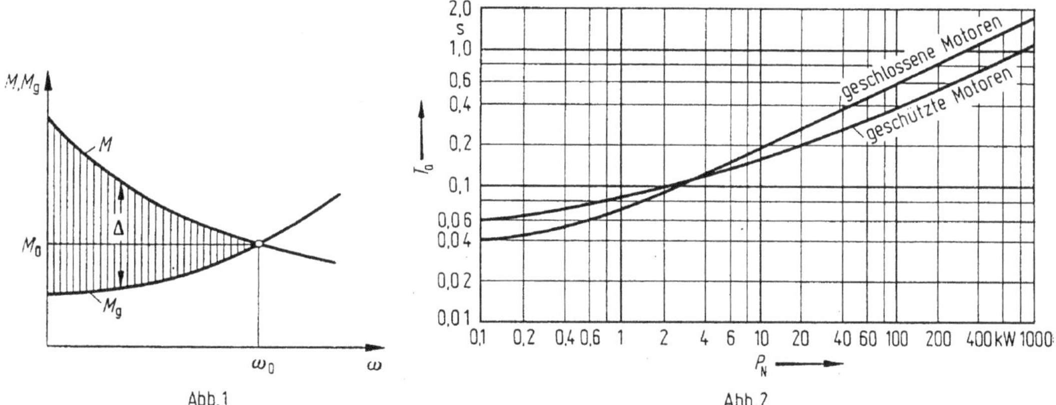

Abb. 1 Abb. 2

Nur die Differenz beider Drehmomente dient zur Beschleunigung des Läufers und der sämtlichen mit ihm gekuppelten Schwungmassen des Getriebes und der Arbeitsmaschine. Der Motor beschleunigt sich daher so lange, bis diese Differenz Δ zu Null geworden ist, dann hat er die seiner Beharrungsdrehzahl entsprechende Winkelgeschwindigkeit ω_0 erreicht.

Das Beschleunigungsdrehmoment Δ ist gleich dem Massenträgheitsmoment Θ mal der Winkelbeschleunigung des Ankers

$$M - M_g = \Delta(\omega) = \Theta \frac{d\omega}{dt}, \tag{2}$$

wobei die Schwungmomente von Getriebe und Arbeitsmaschine auf den Läufer bezogen sind.

Aus Gl. (2) kann man die Beschleunigung und daraus die Geschwindigkeit des Motors für jeden gegebenen Drehmomentenverlauf graphisch bestimmen. Dieser ist nun aber nicht als Funktion der Zeit, sondern als Funktion der Winkelgeschwindigkeit ω gegeben, so daß man die Gleichung besser umstellt, indem man ω als unabhängig und t als abhängige Variable betrachtet. Es ist dann

$$dt = \Theta \frac{d\omega}{\Delta(\omega)}, \tag{3}$$

und da Gl. (3) integrierbar ist, erhält man die Zeit t in Abhängigkeit von der Winkelgeschwindigkeit zu

$$t = \Theta \int \frac{d\omega}{\Delta(\omega)}. \tag{4}$$

Für die folgende Auswertung ist es bequem, mit relativen Größen zu rechnen. Wir beziehen daher die Winkelgeschwindigkeit ω auf den der Nenndrehzahl entsprechenden Wert ω_N und das Beschleunigungsmoment $\Delta(\omega)$ auf das Nennmoment M_N mit

$$n_r = \frac{\omega}{\omega_N}; \qquad m(n_r) = \frac{\Delta(n_r \omega_N)}{M_N} \tag{5}$$

und erhalten aus Gl. (4) und (5)

$$t = \Theta \int \frac{d(\omega_N n_r)}{m(n_r) M_N} = \frac{\Theta \omega_N}{M_N} \int \frac{dn_r}{m(n_r)} = T_a \int \frac{dn_r}{m(n_r)}. \tag{6}$$

Der Faktor vor dem letzten Integral

$$T_a = \frac{\Theta \omega_N}{M_N} \tag{7}$$

ist die Anlaufzeitkonstante des Motors. Sie ist gegeben durch die Zeit, die das Nennmoment benötigt, um die Schwungmassen von Stillstand auf Nenndrehzahl zu beschleunigen.

Statt des Massenträgheitsmomentes Θ wird oft auch das Schwungmoment GD^2 angegeben, wobei folgende Beziehung besteht:

$$GD^2 = 4 g_n \Theta \tag{8}$$

mit G als Gewichtskraft, D als Trägheitsdurchmesser und $g_n = 9{,}81$ m/s² als Normfallbeschleunigung. Durch Einführen von Gl. (1), (8) und der Nennleistung

$$P_N = M_N \omega_N \tag{9}$$

nimmt Gl. (7) die Form an:

$$T_a = \frac{\Theta \omega_N^2}{P_N} = \pi^2 \frac{GD^2}{g_n} \frac{n_N^2}{P_N}. \tag{10}$$

Für einen Motor mit $P_N = 20$ kW $= 20 \cdot 10^3$ Nm/s, $n_N = 1500$ U/min$= 25$ U/s und einem Schwungmoment $GD^2 = 50$ Nm² erhält man eine Anlaufzeitkonstante

$$T_a = \frac{\pi^2 \cdot 50\,\text{Nm}^2 \cdot 25^2/\text{s}^{-2}}{9{,}81\,\text{m/s}^2 \cdot 20 \cdot 10^3\,\text{Nm/s}} = 1{,}57\,\text{s}.$$

Abb. 2 gibt die Anlaufzeitkonstanten T_a, abhängig von der Nennleistung P_N, für übliche Asynchronmotoren wieder. Dabei ist nur die Läuferschwungmasse des Motors berücksichtigt, zusätzliche Schwungmassen von Getriebe und Arbeitsmaschine erhöhen diesen Wert.

Im allgemeinen ist die Drehmomentfunktion $m(n_r)$ nur graphisch gegeben, deshalb bestimmt man die Anlaufkurve $n_r(t)$ auch zweckmäßig durch graphische Integration. Hierzu trägt man, wie *Abb. 3* zeigt, die Kurven M_g/M_N und M/M_N am besten um 90° gedreht auf. Nach rechts läßt man Platz für die in den n_r, t-Koordinaten zu entwickelnde Anlaufkurve. Auf der t-Achse wählt man einen Punkt t_1 so, daß im folgenden Verfahren ausreichend Platz für die Darstellung der Anlaufkurve bleibt.

Das Integrationsverfahren wird ausgehend von einem Punkt A beschrieben, der durch die vorausgehenden Integrationsschritte erreicht wurde. Man steckt sich vorausschauend einen kleinen Zeitabschnitt Δt ab, innerhalb dessen der Anstieg der Anlaufkurve gesucht werden soll. Auf der vorausgeschätzten Mitte des Kurvenverlaufs im Zeitabschnitt Δt lotet man nach links auf die Kurven M_g/M_N und M/M_N, entnimmt die Differenz m und trägt sie auf der n-Achse vom Koordinatenursprung nach unten auf. Die Verbindung zwischen dem so gefundenen Punkt B und dem Punkt t_1 liefert die Steilheit, mit der die Anlaufkurve vom Punkt A aus zum Punkt C am Ende des gewählten Zeitabschnitts weiterläuft.

Von Punkt C aus wiederholt sich das Verfahren, bis der gesamte zeitliche Verlauf der Anlaufkurve gefunden ist.

Den Zeitmaßstab für die Anlaufkurve findet man, indem man das Nennmoment M_N vom Koordinatenursprung nach unten auf der n_r-Achse aufträgt (B').

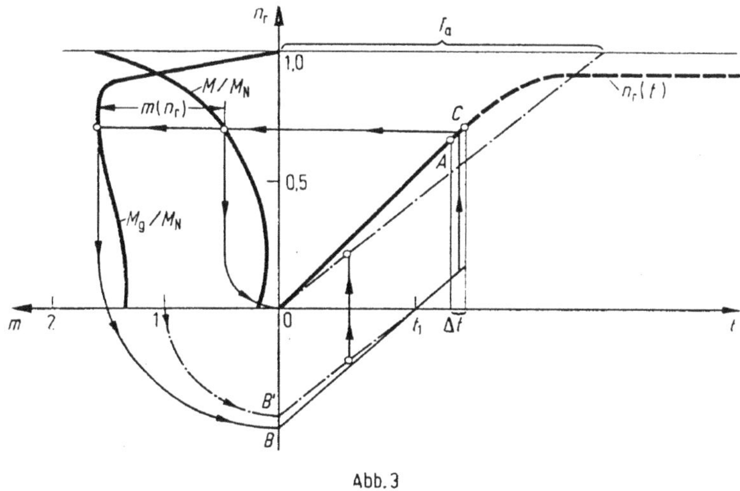

Abb. 3

Vom Koordinatenursprung zieht man eine Gerade mit der Neigung $B't_1$, die auf der Geraden $n_r = 1$ die Zeit T_a der Anlaufzeitkonstante abschneidet. Hat man in der zeichnerischen Darstellung für die Werte M_N und $n_r = 1$ gleiche Längen gewählt, so ergibt sich immer $T_a = t_1$.

In *Abb. 3* wurde als Beispiel der Anlauf einer Schleuderpumpe gewählt, die von einem Asynchronmotor angetrieben wird. Zwischen der relativen synchronen Drehzahl $n_r = 1$ besteht nach dem Anlauf eine Differenz, die dem Schlupf des Asynchronmotors entspricht. Man kann nach demselben graphischen Integrationsverfahren auch die Auslaufkurve eines Motors nach dem Abschalten vom Netz erhalten, wenn das Reibungsmoment und etwaige sonstige bremsende Drehmomente als Funktion der Drehzahl bekannt sind.

Besonders gefährlich ist das Durchgehen von Generatoren, wenn sie, etwa durch Auslösen ihres Hauptschalters oder durch einen vollständigen Kurzschluß in ihrer Nähe, plötzlich entlastet werden, während der Leistungsregler und der Drehzahlwächter ihrer antreibenden Kraftmaschine durch irgendeinen Zufall versagen. Das Drehmoment aller Kraftmaschinen nimmt bei gleichbleibender Füllung mit zunehmender Drehzahl ab, so wie es in *Abb. 4* links dargestellt ist. Diese Ab-

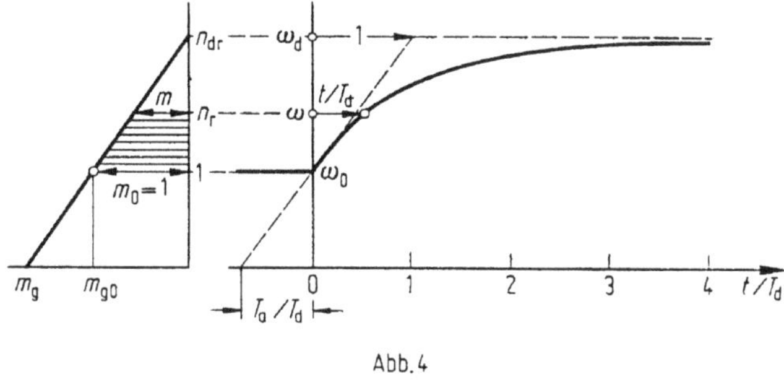

Abb. 4

nahme ist sowohl durch die Zunahme der Reibungsverluste als auch durch die Verschlechterung der Strömungs- oder Expansionsverhältnisse bedingt. Wenn wir sie als linear ansehen, um einen einfachen Überblick zu erhalten, so können wir das jeder Relativgeschwindigkeit n_r zugeordnete relative Überschußmoment m gemäß *Abb. 4* schreiben

$$m = \frac{n_{dr} - n_r}{n_{dr} - 1}. \tag{11}$$

Darin ist n_{dr} die relative, auf die Nenndrehzahl bezogene Durchgangsdrehzahl, sie beträgt z. B. bei Wasserturbinen 1,8 bis 2 und kann bei vielstufigen Dampfturbinen bis auf 5 oder 6 ansteigen.

Die Durchgangszeit können wir damit nach Gl. (6) berechnen zu

$$t = (n_{dr} - 1) T_a \int_1^{n_r} \frac{d n_r}{n_{dr} - n_r} = T_d \ln \frac{n_{dr} - 1}{n_{dr} - n_r}. \tag{12}$$

Dabei ist mit

$$T_d = (n_{dr} - 1) T_a = \frac{\omega_d - \omega_N}{\omega_N} T_a \tag{13}$$

die Durchgangszeitkonstante bezeichnet, die von der Anlaufzeitkonstante unterschieden werden muß. Bei Wasserturbinen ist sie eher etwas kleiner, bei Dampfturbinen jedoch vielfach größer als T_a. In *Abb. 4* ist die Durchgangszeitkurve aufgetragen, die man durch Delogarithmieren von Gl. (12) und Einführen der wirklichen Winkelgeschwindigkeit ω auch ausdrücken kann durch

$$\omega = \omega_N + (\omega_d - \omega_N)(1 - e^{-t/T_d}). \tag{14}$$

Die Enddrehzahl ist nach einer Zeit von der drei- bis vierfachen Durchgangszeitkonstante erreicht.

Der Anstieg der Drehzahlkurve unmittelbar nach Abschalten der Nennlast ist allein durch die Anlaufzeitkonstante bestimmt. Diese beträgt bei Schenkelpolgeneratoren mit Wasserturbinenantrieb

$$T_a = (4 \ldots 7 \ldots 10)\ \mathrm{s},$$

wobei die kleineren Werte für Niederdruckturbinen, die größeren für Hochdruckturbinen mit Rohrleitung gelten. Für Turbogeneratoren mit Dampfturbinenantrieb beträgt die Anlaufzeitkonstante

$$T_a = (8 \ldots 10 \ldots 15)\ \mathrm{s},$$

wobei die kleineren Werte für Nenndrehzahlen von 3000 U/min, die größeren für 1500 bis 1000 U/min gelten. Man erkennt aus *Abb. 4*, daß die Drehzahl bereits nach einem Zehntel dieser Werte, also im allgemeinen nach einer halben bis einer ganzen Sekunde um 10% angestiegen ist. Wenn man das Durchgehen der Turbinen daher durch Schnellschlußventile oder Strahlablenkung verhindern will, so müssen diese Vorrichtungen bereits in derart kurzen Zeiten wirken.

b) Stufenweiser Anlauf

Sehr häufig läßt man Motoren durch stufenweises Einstellen des Anlaßwiderstandes anlaufen, z. B. durch Verwendung eines Metallanlassers mit zahlreichen Kontaktstufen, wie er für Gleichstrom-Nebenschlußmotoren in *Abb. 5* dargestellt ist und für Drehstrommotoren ganz entsprechend ausgeführt wird. Dann ist der Widerstand des Stromkreises auf jeder einzelnen Stufe konstant, während die Arbeit leistende Gegenspannung des Motors proportional der zunehmenden Dreh-

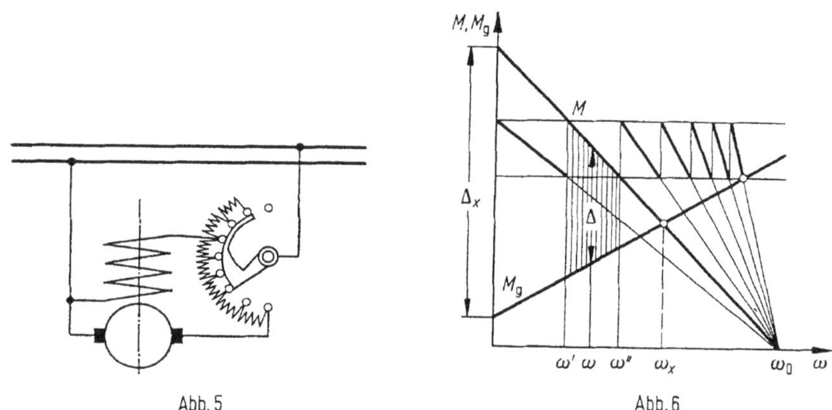

Abb. 5 Abb. 6

zahl wächst. Der Strom und damit das Drehmoment des Motors nimmt dann bei den üblichen Anlaßwiderständen mit wachsender Drehzahl annähernd linear ab.

In *Abb. 6* ist das Motordrehmoment M in Abhängigkeit von der Geschwindigkeit für verschiedene Kontaktstufen durch die schrägen Geraden dargestellt, die alle derselben Winkelgeschwindigkeit bei Leerlauf ω_0 zustreben. Man sucht meistens derart anzulassen, daß das Drehmoment während der Anlaufzeit zwischen einer oberen und unteren Grenze bleibt, um die Stromschwankungen möglichst gleich zu halten. Dann muß man den Anlasser bei den in *Abb. 6* durch die Drehmomentsprünge gekennzeichneten Drehzahlen immer um eine Stufe weiter bewegen.

Wenn wir annehmen, daß auch das widerstehende Drehmoment M_g linear von der Drehzahl abhängt, was für jede Stufe meist gut genug der Fall ist, so hat auch das Überschußmoment für jede Stufe lineare Abhängigkeit von der Drehzahl, so daß wir die Beziehung ansetzen können

$$M - M_g = \Delta = \Delta_x \frac{\omega_x - \omega}{\omega_x}. \tag{15}$$

Darin bedeutet ω_x diejenige Winkelgeschwindigkeit des Läufers, die der belastete Motor auf der Widerstandsstufe im stationären Zustand annehmen würde, und Δ_x ist das Überschußmoment, das auf der gleichen Stufe bei Stillstand des Läufers vorhanden wäre. Beide Werte können aus dem für jeden Motor und Anlasser bekannten Diagramm nach *Abb. 6* abgelesen werden.

Setzt man Gl. (15) in Gl. (2) ein, so erhält man

$$\Theta \frac{d\omega}{dt} = \frac{\Delta_x}{\omega_x} (\omega_x - \omega). \tag{16}$$

Bezeichnet man alsdann die Größe

$$T_x = \frac{\Theta \omega_x}{\Delta_x} \tag{17}$$

als Anlaufzeitkonstante der Stufe x, die ganz entsprechend dem Werte der Gl. (7) aufgebaut ist, so erhält man für den zeitlichen Anstieg der Läufergeschwindigkeit aus Gl. (16) die Beziehung

$$\frac{d\omega}{dt} + \frac{\omega - \omega_x}{T_x} = 0. \tag{18}$$

Diese lineare Differentialgleichung ist wohlbekannt. Sie hat die Lösung

$$\omega - \omega_x = K\, e^{-t/T_x}. \tag{19}$$

Die Differenz zwischen der augenblicklichen Drehzahl und der stationären Drehzahl jeder Stufe verschwindet also exponentiell. Die Winkelgeschwindigkeit strebt asymptotisch dem Beharrungswert ω_x zu, wie es in *Abb. 7* dargestellt ist.

Für jede Anlaßstufe gilt dieselbe Gl. (19), nur mit anderen Konstanten ω_x und T_x. Auch die Integrationskonstante K wird für jede Stufe anders. Sie bestimmt sich aus der Winkelgeschwindigkeit ω', die der Motor beim Übergang auf die Stufe x hatte, wenn man die Schaltzeit für jede Stufe von neuem von $t = 0$ an rechnet, zu

$$K = \omega' - \omega_x. \tag{20}$$

Damit wird die jeweilige Winkelgeschwindigkeit nach Gl. (19)

$$\omega = \omega_x - (\omega_x - \omega')\, e^{-t/T_x}. \tag{21}$$

Wird nach Erreichen der Winkelgeschwindigkeit ω'' auf die nächste Stufe übergeschaltet, so ergibt sich die gesamte Anlaufdauer auf Stufe x aus

$$\frac{\omega'' - \omega_x}{\omega' - \omega_x} = e^{-t/T_x} \tag{22}$$

zu

$$t_x = T_x \ln\left(\frac{\omega_x - \omega'}{\omega_x - \omega''}\right). \tag{23}$$

Diese Beziehung könnte man auch aus der allgemeinen Gl. (6) für die Anlaufzeit erhalten, wenn man den Gl. (15) entsprechenden linearen Wert für das Überschußmoment dort einsetzen würde. Diesen Weg hatten wir in Gl. (12) beschritten. Da in Gl. (23) jedes ω und auch T_x für jede Stufe bekannt sind, so kann man die gesamte Anlaufzeit des Motors durch Summieren der Werte von t_x für alle Stufen errechnen.

In *Abb. 7* sind die sämtlichen Anlauf-Exponentialkurven für die verschiedenen Stufen übereinander gezeichnet. Die Winkelgeschwindigkeit durchläuft nacheinander die stark gezeichneten Stücke jeder Kurve, bis sie sich schließlich auf der letzten Stufe der Winkelgeschwindigkeit im Beharrungszustand des Motors asymptotisch nähert. Wendet man eine größere Stufenzahl an, etwa 8 bis 10, so werden die Ungleichmäßigkeiten des Anlaufs ziemlich gering, so daß er sich vom stetigen Anlauf nicht mehr erheblich unterscheidet.

Zum Antrieb elektrischer Fahrzeuge werden fast stets Reihenschlußmotoren verwendet, deren Drehzahlkennlinie (Drehmoment, abhängig von der Winkelgeschwindigkeit) wie in *Abb. 1* stark gekrümmt ist. Da diese Motoren aber stets in mehreren Stufen geschaltet werden, so muß man die vollständige Darstellung nach *Abb. 8* zugrunde legen und erkennt, daß sich die wirklich benutzten Kurvenstücke auch hier mit ausreichender Genauigkeit durch Gerade ersetzen lassen. Man kann daher die gesamte Anlaufzeit nach Gl. (23) berechnen, falls man es nicht vorzieht, die Arbeitsflächen entsprechend *Abb. 3* graphisch auszuwerten. Man kann dabei entweder bei gegebenem Schaltprogramm des Motors die genauen Kurvenstücke benutzen, oder aber man rechnet nach *Abb. 8* mit einem Mittelwert M_M des Antriebsdrehmoments, da die einzelnen Stufen doch stark von der Willkür des Fahrers abhängen.

Bei Fahrzeugantrieben ist die zu beschleunigende Masse des Fahrzeuges meist wesentlich größer als es dem Schwungmoment des Motors entsprechen würde. Bezeichnet man die zur Nenndrehzahl entsprechend der Winkelgeschwindigkeit ω_N

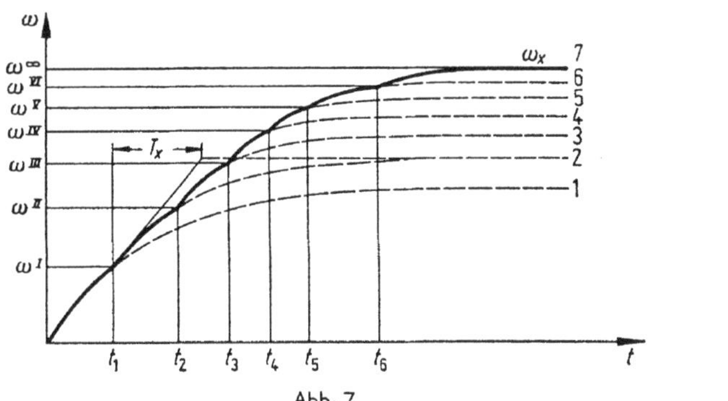

Abb. 7

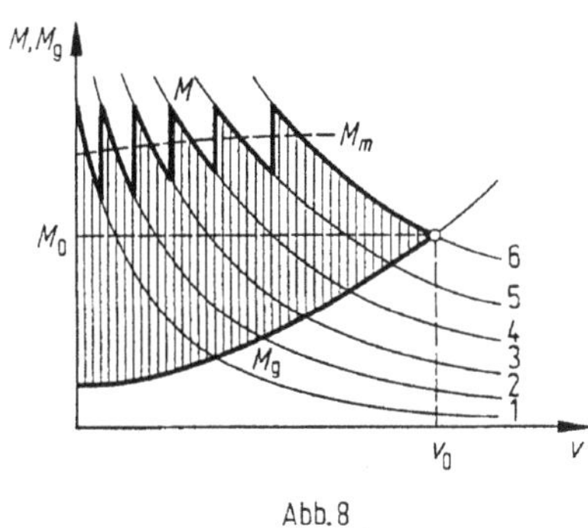

Abb. 8

des Motors gehörige Geschwindigkeit des Fahrzeugs mit v_N, so erhält man analog zu Gl. (10) aus der Gewichtskraft G des Fahrzeugs, der Nennleistung P_N und der Normfallbeschleunigung g_n die Anlaufzeitkonstante

$$T'_a = \frac{G}{g_n} \frac{v_N^2}{P_N}. \tag{24}$$

Diese Anlaufzeitkonstante addiert sich zur Anlaufzeitkonstante des Motors und der rotierenden Massen.

c) Anlaufwärme

Während des Anlaufens fließen in den Wicklungen des Motors große Ströme, die den Nennstrom um ein Vielfaches überschreiten können und daher erhebliche Wärmemengen erzeugen, die die Wicklungen auf hohe Temperatur bringen können. Die gesamte während des Anlaufvorgangs in Stromwärme umgesetzte elektrische Arbeit ist

$$W = \int_0^t i^2 R \, dt, \tag{25}$$

wobei die zeitliche Integration vom Einschaltaugenblick bis zur Beendigung des Anlaufs zu erstrecken ist. Da der Strom i unter dem Integral von Gl. (25) nicht in einfacher Weise als Funktion der Zeit t dargestellt werden kann, läßt sich das Integral dadurch auswerten, daß statt über die Zeit über die Drehzahl oder die Winkelgeschwindigkeit integriert wird. Dazu drücken wir das Zeitelement dt nach Gl. (3) durch das Geschwindigkeitselement $d\omega$ aus und erhalten aus Gl. (25)

$$W = \Theta \int \frac{i^2 R}{\Delta(\omega)} \, d\omega. \tag{26}$$

Darin darf sowohl der Strom i und das Überschußmoment Δ als auch der Widerstand R im Stromkreis zeitlich veränderlich sein. Das ist z. B. der Fall, wenn man einen Anlaßwiderstand beim Hochlaufen des Motors nachstellt.

Man kann Gl. (26) übersichtlicher schreiben, wenn man sie mit der Nennleistung des Motors erweitert, die Zeitkonstante nach Gl. (7) und die Gl. (5) einführt, man erhält dann

$$W = T_a P_N \int \frac{i^2 R}{P_N} \frac{\mathrm{d} n_r}{m(n)_r}. \tag{27}$$

Darin stellt der Wert vor dem Integral das Doppelte der Schwungarbeit W_s dar, die in den Massen des Motors und seiner Antriebe bei der seiner Nenndrehzahl entsprechenden Winkelgeschwindigkeit ω_N aufgespeichert ist:

$$W_s = \frac{\Theta \omega_N^2}{2} = \frac{T_a P_N}{2}. \tag{28}$$

Die während des Anlaufs in Stromwärme umgesetzte Energie ist also stets der kinetischen Energie proportional. Unter dem Integral rechts in Gl. (27) steht als erster Faktor das Verhältnis des Augenblickswertes der Verlustleistung durch Stromwärme zur Nennleistung des Motors. Dieses Verhältnis kann je nach Motorart, Schaltung und Anlaßvorgang zwischen kleinen und großen Beträgen schwanken. Den letzten Faktor unter dem Integral haben wir schon in Gl. (6) zur Bestimmung der Geschwindigkeitskurve kennengelernt.

Für Gleichstrom- oder Wechselstrom-Reihenschlußmotoren, die vorwiegend zur Massenbeschleunigung verwendet werden, können wir, um einen Überblick zu gewinnen, die Reibungsverluste vernachlässigen und von der magnetischen Sättigung absehen. Dann ist das beschleunigende Drehmoment des Motors nur vom Quadrat des Stromes abhängig:

$$\Delta(\omega) = M = k i^2, \tag{29}$$

oder wenn man die Konstante k durch das Nennmoment M_N und den Nennstrom I_N ausdrückt:

$$m(n_r) = \frac{\Delta(\omega/\omega_N)}{M_N} = \frac{i^2}{I_N^2}. \tag{30}$$

Führen wir Gl. (30) in Gl. (27) ein, so fällt der zeitlich veränderliche Strom heraus, und es bleibt für die in Stromwärme umgesetzte Energie beim Anlauf

$$W = T_a P_N \frac{R I_N^2}{P_N} \int \mathrm{d}\left(\frac{\omega}{\omega_N}\right), \tag{31}$$

wenn der Widerstand zeitlich konstant bleibt. Gl. (31) ist sofort integrierbar:

$$W = 2 W_s \frac{R I_N^2}{P_N} \frac{\omega'' - \omega'}{\omega_N}. \tag{32}$$

Darin sind mit ω' und ω'' die Integrationsgrenzen bezeichnet, also die Grenzen des Bereichs der Winkelgeschwindigkeiten, für dessen Durchlaufen die Anlaufstromwärme berechnet wird. Für vollständigen Anlauf vom Stillstand bis zu der der Nenndrehzahl entsprechenden Winkelgeschwindigkeit ω_N ohne Anlaßwiderstand wird der letzte Faktor gleich eins, und die gesamte Anlaufstromwärme des

Reihenschlußmotors wird gleich der Schwungarbeit multipliziert mit der doppelten relativen Verlustleistung durch Stromwärme bei Nennbetrieb.

Bei Drehzahlsteigerung in einzelnen Stufen mit veränderter Spannung oder verändertem Vorwiderstand bleibt während des Anlaufs die Stromwärme im Motor selbst wegen seines konstanten Widerstandes die gleiche, da die einzelnen Drehzahlstufen sich nach Gl. (32) linear addieren. Die Verlustleistungen in den vorgeschalteten Widerständen oder Transformatoren muß man natürlich stufenweise mit ihren jeweiligen Werten für den Widerstand R oder den Nennstrom I_N summieren. Für Reihenschlußmotoren mit 5% Verlustleistung durch Stromwärme im Nennbetrieb ist die beim Anlauf in Stromwärme umgesetzte Energie nach Gl. (32) gleich 10% der in den bewegten Massen aufgespeicherten Schwungarbeit. Man sieht also, daß die Anlaufwärme von Reihenschlußmotoren stets viel kleiner als ihre Schwungarbeit ist.

21. Einschalten von Gleichstromläufern

Durch Vorschalten eines Anlaßwiderstandes vor den Läufer von Gleichstrommotoren verhindert man, daß die Netzspannung in dem stillstehenden Läufer, der noch keine Gegenspannung erzeugt, einen übermäßig großen Strom hervorruft. Dies ist für die meisten Betriebe notwendig, um Stromstöße im Netz und Überschläge am Kollektor zu vermeiden. Bei solchen Motoren jedoch, die nur ihre eigene und eine geringe äußere Schwungmasse zu beschleunigen und während des Anlaufens kein erhebliches Antriebsmoment aufzubringen haben, kann man den Anlasser entbehren und den Läufer ohne Vorwiderstand sofort an die Netzspannung legen, sofern man das Magnetfeld des Motors vorher erregt hat. Wegen der stets vorhandenen Induktivität des Läuferstromkreises steigt der Gleichstrom beim plötzlichen Anlegen der Spannung nicht sofort auf seinen Endwert sondern braucht dazu eine gewisse Zeit. Wenn die Anlaufzeit des Motors nicht viel größer ist als diese Anstiegszeit des Stromes, dann wird der Läufer schon eine genügend große Drehzahl haben und eine ausreichende Gegenspannung erzeugen, bevor der Strom unzulässige Werte angenommen hat. In diesem Fall überdecken sich also der elektromagnetische und der elektromechanische Einschaltvorgang, so daß wir die strengen und vollständigen Gleichungen ansetzen müssen.

a) Anlauf durch Grobschaltung

Wir können den zeitlichen Verlauf des Stromes und auch der Drehzahl bestimmen, wenn wir die Differentialgleichungen für den Stromkreis mit Berücksichtigung seiner Induktivität aufstellen.

Abb. 1 stellt das Schaltbild dar. Während des Anlaufes wird der konstanten Netzspannung U das Gleichgewicht gehalten von der Spannung an der Induk-

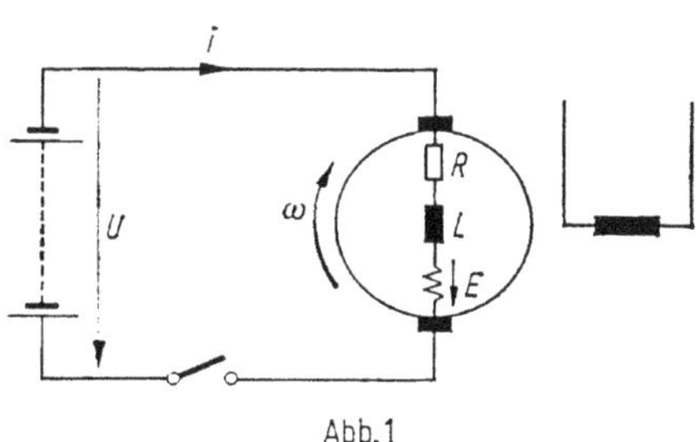

Abb. 1

tivität, dem ohmschen Spannungsfall und der Gegenspannung E des rotierenden Läufers. Es ist also

$$U = L\frac{\mathrm{d}i}{\mathrm{d}t} + Ri + E. \tag{1}$$

Die Gegenspannung des Läufers ist bei konstanter magnetischer Feldstärke proportional seiner Winkelgeschwindigkeit

$$E = k\omega, \tag{2}$$

wobei k ein für jede Maschine spezieller Proportionalitätsfaktor ist.

Die in den Schwungmassen mit dem Trägheitsmoment Θ aufgespeicherte Arbeit ist

$$\frac{1}{2}\Theta\omega^2. \tag{3}$$

Die im Motor mechanisch umgesetzte elektrische Leistung ist $E \cdot i$. Sie dient bei reibungsfreiem Leeranlauf lediglich zur Beschleunigung der Schwungmassen, also zur Änderung der Schwungarbeit. Es ist also nach dem Energiegesetz

$$E i = \frac{\mathrm{d}}{\mathrm{d}t}\left(\frac{1}{2}\Theta\omega^2\right) = \Theta\omega\frac{\mathrm{d}\omega}{\mathrm{d}t}. \tag{4}$$

Dividieren wir diese Beziehung durch Gl. (2), so erhalten wir für den Strom

$$i = \frac{\Theta}{k}\frac{\mathrm{d}\omega}{\mathrm{d}t}. \tag{5}$$

Der Strom ist also direkt proportional der Beschleunigung des Läufers, die andererseits seinem Drehmoment entspricht. Setzen wir diesen Ausdruck (5) und seinen zeitlichen Differentialquotienten in Gl. (1) für das Gleichgewicht der Spannungen ein und berücksichtigen Gl. (2), so entsteht daraus

$$U = \frac{L\Theta}{k}\frac{\mathrm{d}^2\omega}{\mathrm{d}t^2} + \frac{R\Theta}{k}\frac{\mathrm{d}\omega}{\mathrm{d}t} + k\omega. \tag{6}$$

Wenn der Motor seine Leerlaufdrehzahl entsprechend ω_0 erreicht hat, tritt keine Beschleunigung mehr auf, und der Strom ist daher Null, so daß die Läuferspannung E mit der Netzspannung U identisch wird. Es ist dann nach Gl. (2)

$$U = k\omega_0. \tag{7}$$

Führen wir dies in Gl. (6) ein, so erhalten wir als Differentialgleichung für den zeitlichen Verlauf der Winkelgeschwindigkeit endgültig

$$\frac{\mathrm{d}^2\omega}{\mathrm{d}t^2} + \frac{R}{L}\frac{\mathrm{d}\omega}{\mathrm{d}t} + \frac{k^2}{L\Theta}(\omega - \omega_0) = 0. \tag{8}$$

Eine ähnliche Gleichung können wir für den zeitlichen Verlauf des Stromes aufstellen. Wir integrieren dazu Gl. (5) nach t und setzen den Wert von ω in Gl. (2) ein, so daß wir erhalten

$$E = \frac{k^2}{\Theta}\int i\,\mathrm{d}t. \tag{9}$$

Damit wird aus Gl. (1)

$$U = L\frac{\mathrm{d}i}{\mathrm{d}t} + Ri + \frac{k^2}{\Theta}\int i\,\mathrm{d}t, \tag{10}$$

und durch Differentiation nach der Zeit ergibt sich

$$\frac{\mathrm{d}^2 i}{\mathrm{d}t^2} + \frac{R}{L}\frac{\mathrm{d}i}{\mathrm{d}t} + \frac{k^2}{\Theta}\,i = 0. \tag{11}$$

Wir wollen die in den beiden Differentialgleichungen (8) und (11) stehenden konstanten Koeffizienten einheitlich bezeichnen. Wir setzen wie früher die elektromagnetische Zeitkonstante des Stromkreises

$$\frac{L}{R} = T. \tag{12}$$

Andererseits setzen wir

$$\frac{L\Theta}{k^2} = T\,T_\mathrm{k} \tag{13}$$

und bezeichnen nach Einführen von k gemäß Gl. (7) mit

$$T_\mathrm{k} = \frac{L\Theta}{k^2 T} = \frac{R\,\Theta\,\omega_0^2}{U^2} \tag{14}$$

die mechanische Anlaufzeitkonstante des Gleichstrommotors. Nennt man

$$P_\mathrm{k} = \frac{U^2}{R} \tag{15}$$

die Kurzschlußleistung des Stromkreises, die bei dauernd festgebremstem Läufer auftreten würde, so läßt sich Gl. (14) entsprechend Gl. (10) von Kapitel 20 auch schreiben:

$$T_\mathrm{k} = \frac{\Theta\,\omega_0^2}{P_\mathrm{k}} = \pi^2\,\frac{GD^2}{g_\mathrm{n}}\,\frac{n_0^2}{P_\mathrm{k}}. \tag{16}$$

Die Anlaufzeitkonstante T_k des grobgeschalteten Gleichstrommotors verhält sich also zu der in Kapitel 20 behandelten Anlaufzeitkonstante T_a wie die Nennleistung zur Kurzschlußleistung, sie ist also stets erheblich kleiner, wenn der Widerstand des Stromkreises gering ist.

Wenn man diese Größen einführt, lauten nunmehr die Differentialgleichungen (8) und (11) für den zeitlichen Verlauf der Geschwindigkeit und des Stromes

$$\begin{aligned} \frac{\mathrm{d}^2\omega}{\mathrm{d}t^2} + \frac{1}{T}\frac{\mathrm{d}\omega}{\mathrm{d}t} + \frac{\omega - \omega_0}{T\,T_\mathrm{k}} &= 0, \\ \frac{\mathrm{d}^2 i}{\mathrm{d}t^2} + \frac{1}{T}\frac{\mathrm{d}i}{\mathrm{d}t} + \frac{i}{T\,T_\mathrm{k}} &= 0. \end{aligned} \tag{17}$$

Sie haben beide die gleiche Form und ähneln vollständig den Gleichungen, die wir in Kapitel 5 für die Ausgleichsströme in Schwingungskreisen erhalten haben.

Wir können diese Differentialgleichungen auch hier durch den Ansatz lösen

$$\begin{aligned} \omega - \omega_0 &= K\, \mathrm{e}^{\alpha t}, \\ i &= K'\, \mathrm{e}^{\alpha t}, \end{aligned} \tag{18}$$

worin K und K' Integrationskonstanten bedeuten, die wiederum aus den Anfangsbedingungen des Problems zu bestimmen sind. Gl. (18) stellt dann die Ausgleichsgeschwindigkeiten und die Ausgleichsströme dar. Durch Differentiation dieser Ausdrücke entsteht, da ω_0 konstant ist,

$$\begin{aligned} \frac{\mathrm{d}\omega}{\mathrm{d}t} &= \alpha K\, \mathrm{e}^{\alpha t}, & \frac{\mathrm{d}i}{\mathrm{d}t} &= \alpha K'\, \mathrm{e}^{\alpha t}, \\ \frac{\mathrm{d}^2\omega}{\mathrm{d}t^2} &= \alpha^2 K\, \mathrm{e}^{\alpha t}, & \frac{\mathrm{d}^2 i}{\mathrm{d}t^2} &= \alpha^2 K'\, \mathrm{e}^{\alpha t}. \end{aligned} \tag{19}$$

Wenn man diese Werte in Gl. (17) einsetzt und die gleichartigen Faktoren weghebt, so erhält man aus beiden die gemeinsame Bedingungsgleichung, der die Größe α genügen muß, wenn Gl. (18) ein vollständiges Lösungssystem sein soll

$$\alpha^2 + \frac{\alpha}{T} + \frac{1}{T T_\mathrm{k}} = 0. \tag{20}$$

Diese quadratische Gleichung ergibt für α

$$\alpha_{1,2} = -\frac{1}{2T}\left(1 \pm \sqrt{1 - 4T/T_\mathrm{k}}\right). \tag{21}$$

Dabei bleibt die Wurzel reell, solange die vierfache elektromagnetische Zeitkonstante kleiner ist als die mechanische Anlaufzeitkonstante. Diese Verhältnisse, die in Motoren häufig vorliegen, wollen wir zunächst betrachten.

Nach Gl. (21) sind zwei Werte für die Größe α im Exponenten nach Gl. (18) möglich, und dementsprechend müssen wir auch die Lösung (18) erweitern zu

$$\begin{aligned} \omega - \omega_0 &= K_1\, \mathrm{e}^{\alpha_1 t} + K_2\, \mathrm{e}^{\alpha_2 t}, \\ i &= K_1'\, \mathrm{e}^{\alpha_1 t} + K_2'\, \mathrm{e}^{\alpha_2 t}, \end{aligned} \tag{22}$$

in der die Ausgleichsgeschwindigkeit und der Ausgleichsstrom je zwei Konstanten haben. Diese bestimmen sich aus den Anfangsbedingungen für den Augenblick des Einschaltens, also zur Zeit $t = 0$. Hier ist

$$\text{sowohl} \quad \omega = 0 \quad \text{als auch} \quad i = 0, \tag{23}$$

weil der Motor noch nicht läuft und noch keinen Strom aufnimmt. Es ist ferner

$$\frac{\mathrm{d}\omega}{\mathrm{d}t} = 0 \quad \text{und} \quad \frac{\mathrm{d}i}{\mathrm{d}t} = \frac{U}{L}, \tag{24}$$

weil die Beschleunigung nach Gl. (5) zunächst null sein muß und weil für den Stromanstieg in Gl. (1) die beiden letzten Glieder der rechten Seite verschwinden. Diese vier Bedingungen (23) und (24) ergeben beim Anwenden auf Gl. (22) und für $t = 0$ vier Bestimmungsgleichungen für die darin enthaltenen vier Konstanten, nämlich für die Drehzahl

$$\begin{aligned} K_1 + K_2 &= -\omega_0 \\ \alpha_1 K_1 + \alpha_2 K_2 &= 0, \end{aligned} \tag{25}$$

und für den Strom

$$\begin{aligned} K_1' + K_2' &= 0, \\ \alpha_1 K_1' + \alpha_2 K_2' &= \frac{U}{L}. \end{aligned} \tag{26}$$

Hieraus erhält man die Konstanten

$$\begin{aligned} K_1 &= \frac{\alpha_2 \omega_0}{\alpha_1 - \alpha_2}, & K_1' &= \frac{U}{L(\alpha_1 - \alpha_2)}, \\ K_2 &= \frac{\alpha_1 \omega_0}{\alpha_1 - \alpha_2}, & K_2' &= \frac{U}{L(\alpha_1 - \alpha_2)}. \end{aligned} \tag{27}$$

Damit wird

$$\omega - \omega_0 = \frac{\omega_0}{\alpha_1 - \alpha_2} \alpha_2 \, e^{\alpha_1 t} - \alpha_1 \, e^{\alpha_2 t}, \tag{28}$$

und wenn man noch die Werte von α nach Gl. (21) beachtet, so ergibt sich für die Winkelgeschwindigkeit der Ausdruck

$$\omega = \omega_0 - \frac{\omega_0}{2\sqrt{1 - 4T/T_k}} \left[\left(1 + \sqrt{1 - 4T/T_k}\right) e^{\alpha_2 t} - \left(1 - \sqrt{1 - 4T/T_k}\right) e^{\alpha_1 t}\right]. \tag{29}$$

Ebenso erhält man für den Strom die Beziehung

$$i = \frac{U}{L(\alpha_1 - \alpha_2)} (e^{\alpha_1 t} - e^{\alpha_2 t}) = \frac{U}{R\sqrt{1 - 4T/T_k}} (e^{\alpha_2 t} - e^{\alpha_1 t}). \tag{30}$$

Da die beiden Werte α_1 und α_2 stets negativ sind, so verschwinden die Exponentialfunktionen allmählich mit wachsender Zeit. Die Winkelgeschwindigkeit nähert sich daher dem Wert ω_0, der Strom wächst anfangs bis zu einem Maximum an und klingt dann wieder bis auf Null ab, entsprechend dem Leerlaufzustand des Motors. In *Abb. 2* ist der zeitliche Verlauf der beiden Größen ω und i für einen bestimmten Fall gezeichnet.

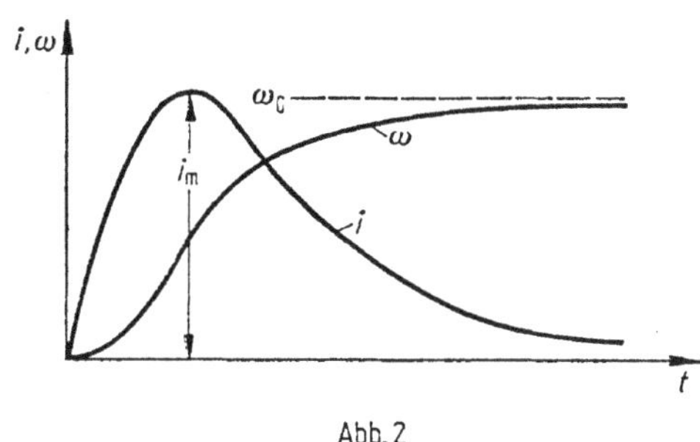

Abb. 2

Der Strom steigt zwar zu Anfang stark an, er erreicht aber doch keineswegs den großen Wert des Kurzschlußstromes U/R, der bei stillstehendem oder induktivitätsfreiem Läufer auftreten würde und verderblich für den Motor wäre. Durch Differenzieren von Gl. (30) nach der Zeit kann man den höchsten Strom bestimmen zu

$$i_{\mathrm{m}} = \frac{U}{-\alpha_2 L}\left(\frac{\alpha_2}{\alpha_1}\right)^{\frac{\alpha_1}{\alpha_1 - \alpha_2}}. \tag{31}$$

Man erkennt hieraus, daß die Induktivität ausschlaggebenden Einfluß auf den höchsten Strom hat. Durch Vorschalten einer geeigneten Drosselspule vor den Läufer kann man den Anlauf beliebig sanft machen.

Abb. 3 zeigt Oszillogramme des Einschaltstromes eines Gleichstrommotors von 250 kW Nennleistung und 1120 A Nennstrom, der in Grobschaltung zunächst auf

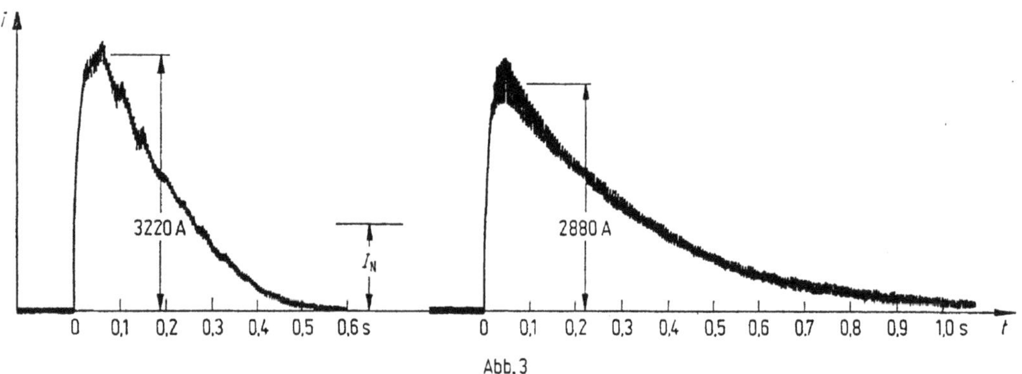

Abb. 3

120 V und dann auf 240 V geschaltet wurde. Dabei war das Schwungmoment des Läufers durch Kuppeln mit einem zweiten gleichen Läufer auf das Doppelte seines eigenen Wertes vergrößert.

Wenn die elektromagnetische Zeitkonstante T des Läuferkreises, etwa durch vorgeschalteten Widerstand, sehr klein wird gegenüber der mechanischen Zeitkonstante T_{k}, so kann man die Wurzel in Gl. (21) nach dem binomischen Satz entwickeln und erhält sehr angenähert

$$\alpha_1 = -\frac{1}{T}, \qquad \alpha_2 = -\frac{1}{T_{\mathrm{k}}}. \tag{32}$$

Der elektromagnetische und der elektromechanische Ausgleichsvorgang werden dann unabhängig voneinander. Der erstere mit seinem großen Wert von α_1 ist schon verklungen, bevor der Motor richtig angelaufen ist und seine Drehzahl wegen des kleinen Wertes von α_2 allmählich der Leerlaufdrehzahl zustrebt. Dieser Fall liegt stets beim Anlassen mit Widerstand vor, das im Kapitel 20 behandelt wurde. Wir können dann nach Gl. (28) für die Winkelgeschwindigkeit (und damit für die Drehzahl) schreiben

$$\frac{\omega}{\omega_0} = 1 - \frac{T_{\mathrm{k}}\, \mathrm{e}^{-t/T_{\mathrm{k}}} - T\, \mathrm{e}^{-t/T}}{T_{\mathrm{k}} - T} \tag{33}$$

und ebenso nach Gl. (30) für den Strom

$$\frac{i}{U/R} = T_{\mathrm{k}} \frac{\mathrm{e}^{-t/T_{\mathrm{k}}} - \mathrm{e}^{-t/T}}{T_{\mathrm{k}} - T}. \tag{34}$$

Aus *Abb. 4a und b* ersieht man, in welch übersichtlicher Weise sich diese beiden Kurven aus den Zeitkonstanten konstruieren lassen. Der Höchstwert des relativen Stromes nach Gl. (31)

$$\frac{i_m}{U/R} = \left(\frac{T}{T_k}\right)^{\frac{T/T_k}{1-T/T_k}} \tag{35}$$

bleibt dabei meist nur wenig unter 1.

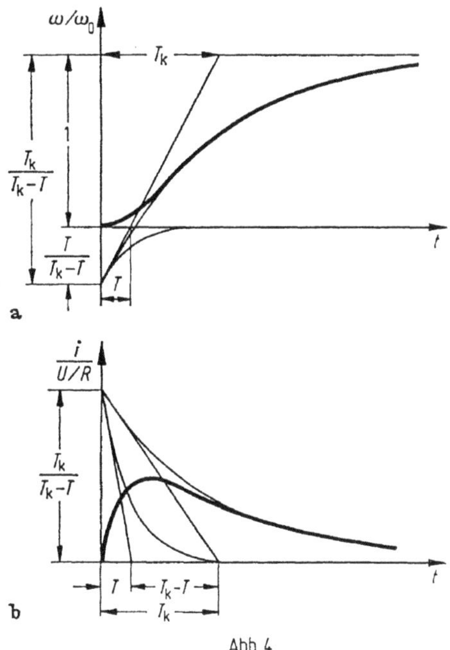

Abb. 4

b) Anlaufwärme von Nebenschlußmotoren

Für diesen Fall wollen wir die in Stromwärme umgesetzte Energie beim Schwungmassenanlauf mit konstanter Spannung bestimmen. Beim Nebenschlußmotor ist das Drehmoment stets proportional dem Läuferstrom, also unter Einführung der Nennwerte von Drehmoment und Leistung

$$\Delta(\omega) = M = M_N \frac{U_N}{P_N} i . \tag{36}$$

Der Läuferstrom hat bei Stillstand des Motors seinen Höchstwert U/R und nimmt durch die Gegenspannung nach *Abb. 5* mit zunehmender Drehzahl linear ab nach der Beziehung

$$i = \frac{U}{R}\left(1 - \frac{\omega}{\omega_0}\right). \tag{37}$$

Setzen wir Gl. (36) und (37) in die allgemeine Gl. (27) von Kapitel 20 ein, so vereinfacht sich diese sehr, und wir erhalten für die beim Anlauf in Stromwärme umgesetzte Energie

$$W = 2\,W_s \int \left(1 - \frac{\omega}{\omega_0}\right) \mathrm{d}\left(\frac{\omega}{\omega_0}\right). \tag{38}$$

Das ergibt integriert zwischen den Drehzahlgrenzen ω' und ω''

$$W = 2\,W_s \left(\frac{\omega'' - \omega'}{\omega_0} - \frac{1}{2}\,\frac{\omega''^2 - \omega'^2}{{\omega_0}^2}\right). \tag{39}$$

Der Ausdruck für die beim Anlauf in Stromwärme umgesetzte Energie ist demnach für den Nebenschlußmotor wesentlich anders als der für den Reihenschlußmotor nach Gl. (32) von Kapitel 20. Es fehlt der verkleinernde Faktor der relativen Verlustleistung durch Stromwärme bei Nennbetrieb, dafür wird aber in Gl. (39) ein quadratisch von der Drehzahl abhängiges Glied abgezogen. Wir können Gl. (39) leicht umformen in

$$W = W_s \left[\left(\frac{\omega_0 - \omega'}{\omega_0}\right)^2 - \left(\frac{\omega_0 - \omega''}{\omega_0}\right)^2\right]. \tag{40}$$

Wenn wir nunmehr mit

$$s = \frac{\omega_0 - \omega}{\omega_0} \tag{41}$$

die relative Abweichung der Winkelgeschwindigkeit ω von der Winkelgeschwindigkeit ω_0 bei Leerlauf, d. h. den Schlupf des Nebenschlußmotors nach *Abb. 5*

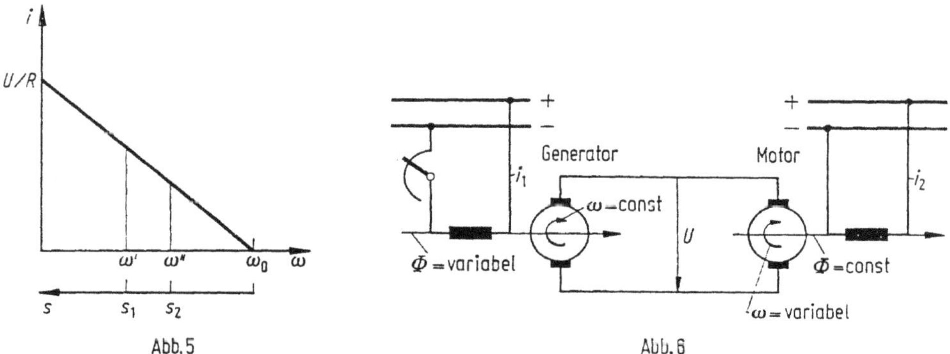

Abb. 5 Abb. 6

bezeichnen, so erhalten wir die beim Anlauf in Stromwärme umgesetzte Energie in der einfachen Form

$$W = W_s\,(s_1^2 - s_2^2). \tag{42}$$

Sie ist beim Schwungmassenanlauf also außer durch die Schwungarbeit lediglich durch die Differenz der quadrierten Schlupfwerte gegeben und ist unabhängig von allen sonstigen Eigenschaften des Motors. Verwendet man einen mehrstufigen Vorwiderstand, wie z. B. nach Abb. 5 von Kapitel 20, so muß man diese Stromwärme für jede Stufe gesondert bestimmen. Die erzeugte Wärmemenge teilt sich dann entsprechend dem Verhältnis von Läuferwiderstand zum Vorwiderstand in jeder Anlaßstufe unterschiedlich auf beide Teile auf.

Für den gesamten Anlaufvorgang vom Stillstand mit $s_1 = 1$ bis zur Leerlaufdrehzahl mit $s_2 = 0$ wird gerade die gesamte Schwungarbeit in Wärme umgesetzt, die Stromquelle muß also die doppelte Schwungarbeit in den Motor hineinliefern. Reversiert man den Motor bei Leerlaufdrehzahl auf die Leerlaufdrehzahl in entgegengesetzter Drehrichtung, so ist der anfängliche Schlupf $s_1 = 2$, der Endschlupf wieder $s_2 = 0$. Als Wärmemenge während der Umsteuerung entsteht also das Vierfache der Schwungarbeit im Stromkreis. Setzt man den Läufer endlich durch plötzliche Kurzschlußbremsung von der Leerlaufdrehzahl aus still, so ist der Anfangsschlupf $s_1 = 1$ von der Leerlaufdrehzahl ab mit $s_2 = 0$ zu rechnen, so daß man wieder die Schwungarbeit als Bremswärme erhält. Da der Läufer hierbei von jeder äußeren Energiequelle abgetrennt ist, so kann nur seine Schwungarbeit in Wärme überführt werden.

Derartige Gesichtspunkte lassen sich mit Vorteil anwenden auf den Gebieten des Bahn- und Schiffsantriebes, der Krane und Aufzüge, der Zentrifugen, Umkehrstraßen und anderer Betriebe, bei denen die Beschleunigungs- und Verzögerungsperioden von derselben oder sogar größeren Bedeutung sind als der Dauerbetrieb.

Wir haben bisher die Verlustarbeit betrachtet, die entsteht, wenn der Motor durch Schalten an konstante Spannung, beispielsweise an die Nennspannung, angefahren wird. Wir wollen im folgenden noch kurz den Fall behandeln, daß die Läuferspannung U sich während des Anlaufens ändert, wie z. B. beim Ward-Leonard-Satz (*Abb. 6*) oder bei Speisen des Läufers über einen gesteuerten Gleichrichter. Die End-Winkelgeschwindigkeit ω_0 ist dann bei vernachlässigten Reibungsverlusten

$$\omega_0 = \omega_N \frac{U}{U_N}. \tag{43}$$

Damit nimmt Gl. (37) die Form an

$$i = \frac{U_N}{R} \left(\frac{U}{U_N} - \frac{\omega}{\omega_N} \right), \tag{44}$$

und für Gl. (36) erhalten wir

$$\Delta(\omega) = \frac{M_N}{P_N} \frac{U_N^2}{R} \left(\frac{U}{U_N} - \frac{\omega}{\omega_N} \right). \tag{45}$$

Die in Kapitel 20 für die Anlaufarbeit abgeleitete Gl. (26) ergibt nach Einführen von Gl. (44) und (45)

$$W = T_a P_N \int \left(\frac{U}{U_N} - \frac{\omega}{\omega_N} \right) \mathrm{d} \left(\frac{\omega}{\omega_N} \right). \tag{46}$$

Man kann aus dieser Gleichung ablesen, daß die Anlaufarbeit gleich Null wird, wenn beim Anlauf U/U_N immer gleich ω/ω_N ist, d. h. wenn die Spannung so langsam gesteigert wird, daß sich die Drehzahl dauernd auf die Enddrehzahl entsprechend Gl. (43) einstellen kann. Bei genauem Einhalten dieser Bedingung wird allerdings auch das Beschleunigungsmoment $\Delta(\omega)$ nach Gl. (45) null, so daß der Motor überhaupt nicht hochläuft. Je rascher die Spannung gesteigert wird, desto schneller läuft er an, desto größer werden allerdings auch die Anlaufverluste. Bei sprunghaftem Anstieg der Spannung auf die Nennspannung U_N liefert Gl. (46) schließlich wieder die gesamte Schwungarbeit.

c) Kapazitätswirkung

Nicht immer haben die Konstanten der Maschine derartige Werte, daß die in Gl. (21) auftretende Wurzel reell ist. Es kann vorkommen, daß die elektromagnetische Zeitkonstante so groß oder die mechanische Anlaufzeitkonstante so klein ist, daß die Wurzel imaginär und die Werte α in den Exponenten der Gl. (18) komplex werden. Dies ist der Fall bei sehr kleinen Widerständen R und Anlaufzeitkonstanten T_k, sowie bei beträchtlicher Induktivität L im Stromkreise. Dann werden aus den Exponentialfunktionen gedämpfte Sinus- und Kosinusfunktionen, und es treten Schwingungserscheinungen im Gleichstrommotor auf. Die Drehzahl wächst zunächst über ihren Endwert und erreicht ihn erst wieder nach mehreren Pendelungen, während der Strom nach seinem anfänglichen starken Anstieg zurück ins Negative schwingt und unter entsprechenden Pendelungen allmählich abklingt.

Wir wollen die Gleichungen für diese Verhältnisse nicht umformen, weil sie mit denen des Kapitels 5 identisch würden, in dem das Zusammenwirken von Induktivität und Kapazität untersucht wurde. Nur die Eigenfrequenz der Schwingungen wollen wir berechnen. Sie ergibt sich aus der Wurzel von Gl. (21), wenn wir den Einfluß der Dämpfung unberücksichtigt lassen, der dort durch die Zahl 1 dargestellt wird, zu

$$\gamma = \frac{1}{2T}\sqrt{\frac{4T}{T_k}} = \frac{1}{\sqrt{T\,T_k}}. \tag{47}$$

Darin sind die Zeitkonstanten nach Gl. (13) und (7) eingesetzt, und wir erkennen, daß außer der Spannung und der Leerlaufdrehzahl die mechanische und elektromagnetische Trägheit von ausschlaggebendem Einfluß sind.

Es ist bemerkenswert, daß nach Gl. (9) zwischen der Läuferspannung E einer fremderregten, nur mit Schwungmassen belasteten Gleichstrommaschine und dem aufgenommenen Läuferstrom i eine Beziehung von genau der gleichen Form besteht, wie sie nach Gl. (1) von Kapitel 2 zwischen der Spannung und dem Ladestrom eines Kondensators herrscht. Die Spannung ist in beiden Fällen proportional der Elektrizitätsmenge, die durch die Maschine oder das Gerät geflossen ist. Beim Kondensator lädt diese Elektrizitätsmenge das Dielektrikum auf, beim Motor lädt sie die Schwungmassen des Läufers auf.

Man kann daher eine fremderregte Gleichstrommaschine als Starkstromkondensator verwenden. Ihr Strom ist nach Gl. (9) stets proportional der zeitlichen Änderung der wirksamen Spannung an ihren Läuferbürsten. Sie hat daher eine äquivalente Kapazität, die sich durch Vergleich der eben genannten Formeln ergibt zu

$$C_{\mathrm{dyn}} = \frac{\omega_0^2 \Theta}{U_0^2}. \tag{48}$$

Auch beim Abschalten leerlaufender Gleichstrom-Nebenschlußmotoren mit starkem magnetischem Feld können derartige Schwingungen auftreten, da sich die Energie des magnetischen Flusses im Motor nunmehr in den Läufer ergießt. Da dieser jetzt aber in einem veränderlichen Fluß umläuft, so ist seine Kapazitätswirkung nicht konstant, und die Erscheinungen werden komplizierter.

Man kann die Kapazitätswirkung der Gleichstromläufer nicht bis zu beliebig hohen Frequenzen ausnutzen, die eigene Induktivität der Wicklung bildet vielmehr eine Grenze. Nur für Frequenzen unterhalb der Eigenfrequenz des Läufers nach Gl. (47) bleibt ein Kapazitätsüberschuß bestehen. Oberhalb dieser Frequenz überwiegt dagegen die Wirkung der Induktivität des Läufers.

22. Anlauf von Asynchronmaschinen

Man pflegt asynchrone Drehstrommotoren mit Kurzschlußläufer ohne besondere Anlaßwiderstände ans Netz zu schalten und sie in einem Zuge hochlaufen zu lassen. Durch das plötzliche Anlegen der Ständerwicklung an die Netzspannung bildet sich im Motor außer dem normalen Drehfeld noch ein zusätzliches Einschaltfeld aus, das von abklingenden Gleichströmen erzeugt wird. Es steht in bezug auf den Läufer oder den Ständer still und ergänzt das Drehfeld im Einschaltaugenblick zu Null, hat also die entgegengesetzte Richtung wie der Anfangswert des Drehfeldes. Dieses abklingende Ausgleichsfeld verursacht nur kurzdauernde schwingende Momente. Das treibende Drehmoment rührt lediglich vom stationären Drehfeld her, das kurze Zeit nach dem Einschalten allein bestehen bleibt.

a) Anlaufzeit von Kurzschlußläufer-Motoren

Der Anlauf der Kurzschlußläufer-Motoren erfolgt demnach stetig und ohne Stufen, so daß wir die in Kapitel 20 hergeleiteten Gesetzmäßigkeiten anwenden können. Das vom Kurzschlußläufer entwickelte Drehmoment hat jedoch einen so eigentümlichen Verlauf, daß der Anlaufvorgang hierdurch eine besondere Prägung erhält.

Abb. 1 zeigt den Verlauf des Drehmoments für einen Motor mit Schleifringläufer. Das Drehmoment läßt sich aus dem bekannten Kreisdiagramm des Motors ableiten und ist in Abhängigkeit vom Schlupf s oder der Winkelgeschwindigkeit ω dargestellt. Es beginnt mit ziemlich kleinen Werten, nimmt mit wachsender Drehzahl bis zu einem Höchstwert, dem Kippmoment M_k, zu und sinkt alsdann mit dem Erreichen der synchronen Winkelgeschwindigkeit ω_0 bis auf Null.

Abb. 2 zeigt den Verlauf der Drehmomente von Motoren mit Käfigläufern. Durch Tiefnut-, Doppelnut- oder Doppelstabwicklung im Läufer lassen sich unter Ausnutzung der Wirkung der Stromverdrängung wesentlich größere Anlaufmomente als bei Schleifringläufern erreichen.

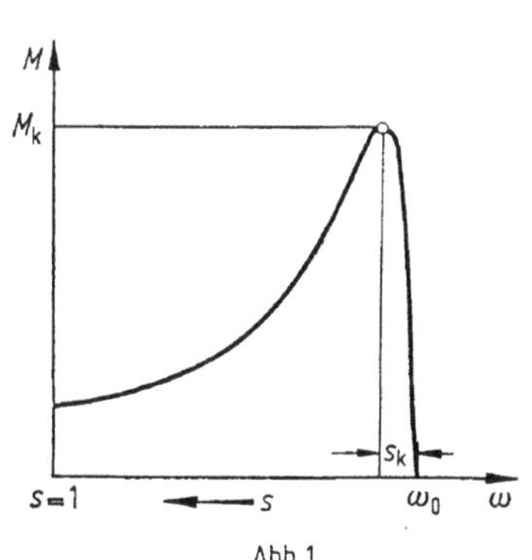

Abb. 1

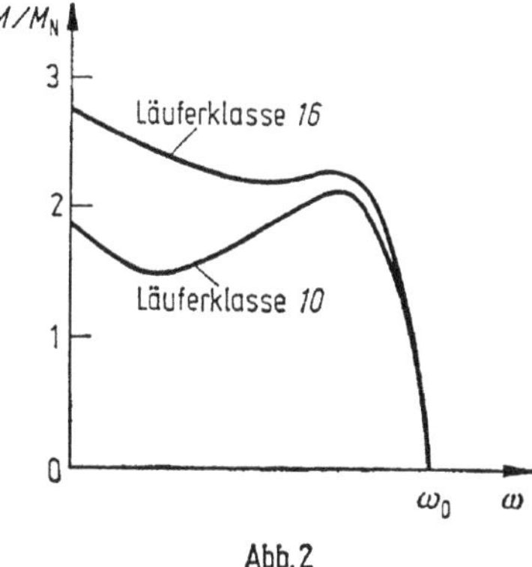

Abb. 2

Der normale Arbeitsbereich des Motors liegt zwischen Synchronismus und Kippunkt. Bezeichnet man die relative Abweichung der Drehzahl von der synchronen Drehzahl

$$s = \frac{\omega_0 - \omega}{\omega_0} = 1 - \frac{\omega}{\omega_0} \tag{1}$$

als Schlupf s des Motors und nennt man denjenigen Schlupf, bei dem das Kippmoment M_k erreicht wird, den Kippschlupf s_k, so läßt sich der Verlauf der Drehmomentenkurve bei Schleifringläufern mit guter Annäherung durch die Beziehung ausdrücken:

$$\frac{M}{M_k} = \frac{2}{s/s_k + s_k/s}. \tag{2}$$

Das Verhältnis des jeweiligen Drehmomentes zum Kippmoment ist daher nur abhängig vom Verhältnis des jeweiligen Schlupfes zum Kippschlupf.

Der Kippschlupf des Motors läßt sich nach bekannten Gesetzen berechnen als Verhältnis des Spannungsfalles des Läuferkurzschlußstromes I_{k2} im Widerstand R_2 der Läuferwicklung zur Stillstandsspannung U_2 des Läufers

$$s_k = \frac{R_2 I_{k2}}{U_2}. \tag{3}$$

Während der Verlauf des Drehmoments beim Schleifringläufermotor sich also durch eine verhältnismäßig einfache Formel ausdrücken läßt, ist das beim Käfigläufermotor nicht mehr der Fall. Die Erscheinungen bei diesen Motoren müssen zweckmäßig nach den in Kapitel 20 angegebenen graphischen Verfahren behandelt werden. Die folgenden Ableitungen stützen sich auf eine Momentenkurve nach Gl. (2), sind also streng nur für Schleifringläufer gültig.

Wir wollen berechnen, welchen Gesetzen der Anlauf des Motors genügt, wenn er nur ein geringes Reibungsmoment zu überwinden hat, wie es im Betrieb meist der Fall ist, und seine Hauptarbeit zur Beschleunigung von Schwungmassen dient. Wir untersuchen also nur den Leeranlauf des Motors. Sein Drehmoment dient dann lediglich zur Änderung der Drehzahl und ist

$$M = \Theta \frac{d\omega}{dt}, \tag{4}$$

worin Θ das Trägheitsmoment aller mit dem Motor verbundenen Schwungmassen ist. Führt man in Gl. (4) das Verhältnis des jeweiligen Drehmomentes M zum Kippmoment M_k ein und ersetzt den zeitlichen Differentialquotient der Winkelgeschwindigkeit durch den des Schlupfes nach Gl. (1), so erhält man

$$\frac{M}{M_k} = \frac{\Theta\omega_0}{M_k} \frac{d}{dt}\left(\frac{\omega}{\omega_0}\right) = T_k \frac{d}{dt}\left(\frac{\omega}{\omega_0}\right) = -T_k \frac{ds}{dt}. \tag{5}$$

In Gl. (5) sind die für jeden Motor konstanten Werte vor dem Differentialquotienten zusammengefaßt zu der Kipp-Anlaufzeitkonstante T_k, die eine ähnliche Bedeutung hat wie die Anlaufzeit des Motors nach Gl. (7) von Kapitel 20, nur steht hier im Nenner das Kippmoment anstatt des normalen Drehmomentes dort. Für $\omega_0 = \omega_N$ erhalten wir mit letztgenannter Gl. (7) die Kipp-Anlaufzeitkonstante

$$T_k = \frac{\Theta\omega_0}{M_k} = \frac{M_N}{M_k} T_a. \tag{6}$$

Sie ist kleiner als die Anlaufzeit T_a und verhält sich zu dieser umgekehrt proportional dem Verhältnis der Kippleistung zur Nennleistung, also auch umgekehrt proportional der Überlastbarkeit des Motors.

Wenn wir nunmehr das vom Motor entwickelte Drehmoment nach Gl. (2) gleich dem für die Beschleunigung der Schwungmassen erforderlichen Moment nach Gl. (5) setzen, so ergibt sich als Differentialgleichung für den Schlupf des Läufers während des Anlaufvorganges

$$-T_k \frac{ds}{dt} = \frac{2}{s/s_k + s_k/s}. \tag{7}$$

Diese Gleichung ist integrierbar, wenn wir die Variablen trennen und schreiben

$$dt = -\frac{T_k}{2}\left(\frac{s}{s_k} + \frac{s_k}{s}\right) ds. \tag{8}$$

Wir müssen dann beachten, daß als untere Integrationsgrenze der Schlupf bei Stillstand mit $s = 1$ in Frage kommt und als obere Grenze derjenige Schlupf s, bis zu dem man die Anlaufzeit zählen will. Durch Ausführung der Integration ergibt sich dann

$$t = -\frac{T_k}{2}\int_1^s \left(\frac{s}{s_k} + \frac{s_k}{s}\right) ds = -\frac{T_k}{2}\left[\frac{s^2}{2s_k} + s_k \ln s\right]_1^s \tag{9}$$

oder nach Einsetzen der Grenzen

$$t_a = T_k\left(\frac{1-s^2}{4s_k} + \frac{s_k}{2}\ln\frac{1}{s}\right). \tag{10}$$

In dieser Formulierung erscheint die Anlaufzeit als Produkt aus der Zeitkonstante T_k, die zweckmäßig in Sekunden gemessen wird, und der relativen Anlaufzeit, die durch den Klammerausdruck als Maß für das Anwachsen der Zeit dargestellt wird. In *Abb. 3* ist die relative Drehzahl $\omega/\omega_0 = 1 - s$ nach Gl. (1) ab-

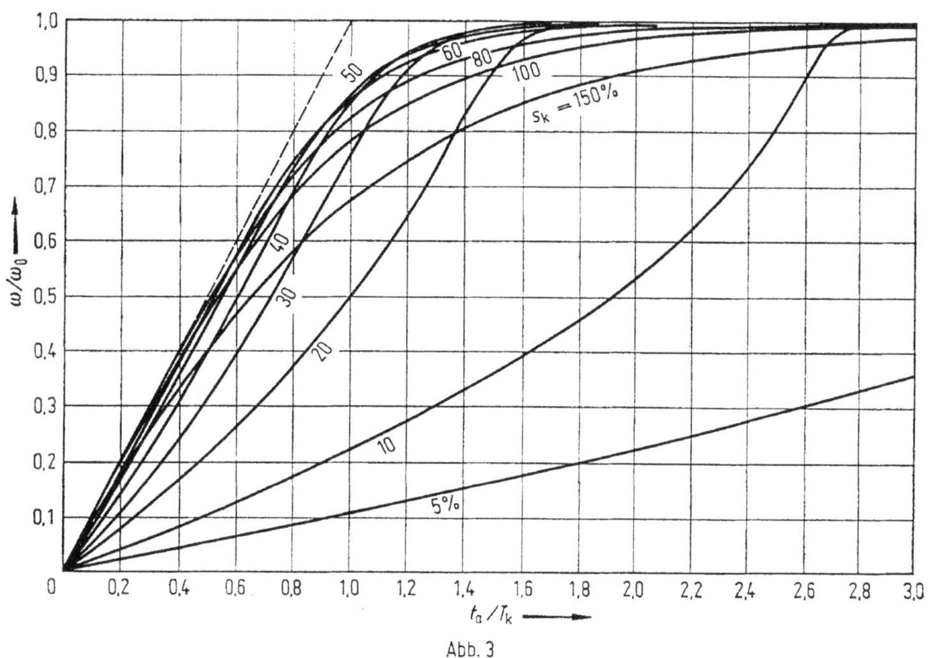

Abb. 3

hängig von der seit dem Einschalten vergangenen relativen Zeit t_a/T_k dargestellt, und zwar für Schleifringläufermotoren mit verschieden großem Kippschlupf s_k als Parameter. Man erkennt daraus, daß sowohl sehr kleine als auch sehr große Kippschlupfe — und nach Gl. (3) die entsprechenden Widerstände des Kurzschlußläufers — ein schleichendes Anlaufen bewirken, so daß man nur bei ganz bestimmten Werten des Kippschlupfes ein schnelles Hochlaufen des Motors erwarten darf. *Abb. 4* stellt den oszillographisch aufgenommenen zeitlichen Verlauf von Drehzahl, Ständer- und Läuferstrom eines Kurzschlußläufermotors dar, der mit einer ziemlich großen Schwungmasse belastet war.

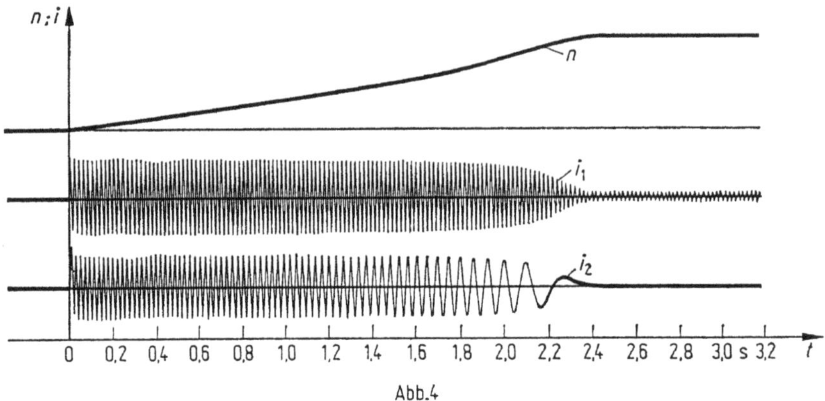

Abb. 4

Die Anlaufzeit wächst nach Gl. (10) nach einer ziemlich komplizierten Funktion mit abnehmendem Schlupf oder mit zunehmender Drehzahl. Man kann hieraus die Drehzahl als Funktion der Zeit nicht darstellen, da die Gleichung transzendent für s ist und sich daher nicht allgemein lösen läßt. Für die Praxis genügt es jedoch, aus *Abb. 3* den Verlauf der Anlaufkurven zu entnehmen. Zur Berechnung der Anlaufzeit selbst ist Gl. (10) die geeignetste Fomulierung. Man sieht aus ihr ebenso wie aus *Abb. 3*, daß der Anlauf bei geringen Drehzahlen ziemlich rasch vor sich geht, daß jedoch die zeitliche Annäherung an die Leerlaufdrehzahl mit $s = 0$, $\omega/\omega_0 = 1$ asymptotisch nach einer Exponentialfunktion erfolgt. Man darf daher zur Berechnung einer bestimmten Anlaufzeit nur mit einer gewissen Annäherung an den Synchronismus rechnen und kann nur die Zeit bestimmen, die beispielsweise bis zum Schlupf $s = 2\%$, 5% oder 10% vergeht. In *Abb. 5* ist für diese drei Werte des Endschlupfes die erforderliche relative Anlaufzeit abhängig vom Kippschlupf s_k aufgetragen. Man erkennt, daß man zum möglichst schnellen Hochlaufen den Motor für einen Kippschlupf $s_k = 40 \cdots 50\%$ bemessen muß.

Steuert man den Motor mit Gegenstrom durch Ändern des Umlaufsinnes des Drehfeldes auf entgegengesetzte Drehrichtung um, so gilt Gl. (2) für das Drehmoment auch während des Abbremsens der Drehzahl, nur muß man beachten, daß dort der Schlupf s größer als 1 ist. Es gilt daher auch für die Umsteuerzeit die Differentialgleichung (8). Läuft der Motor vor dem Umsteuern mit der negativen synchronen Drehzahl, also mit $\omega/\omega_0 = -1$, so muß man nach Gl. (1) die Integration mit dem Schlupf $s = 2$ beginnen und erhält daher als Reversierzeit

$$t_r = -\frac{T_k}{s} \int_2^s \left(\frac{s}{s_k} + \frac{s_k}{s}\right) ds = -\frac{T_k}{2} \left[\frac{s^2}{2 s_k} + s_k \ln s\right]_2^s, \tag{11}$$

oder nach Einsetzen der Grenzwerte

$$t_r = T_k \left(\frac{4 - s^2}{4 s_k} + \frac{s_k}{2} \ln \frac{2}{s} \right). \tag{12}$$

In *Abb. 6* sind die relativen Reversierzeiten nach dieser Beziehung für verschiedene Werte s des Endschlupfes abhängig vom Kippschlupf s_k dargestellt. Das schnellste Umsteuern erfolgt bei $s_k = 60 \cdots 80\%$.

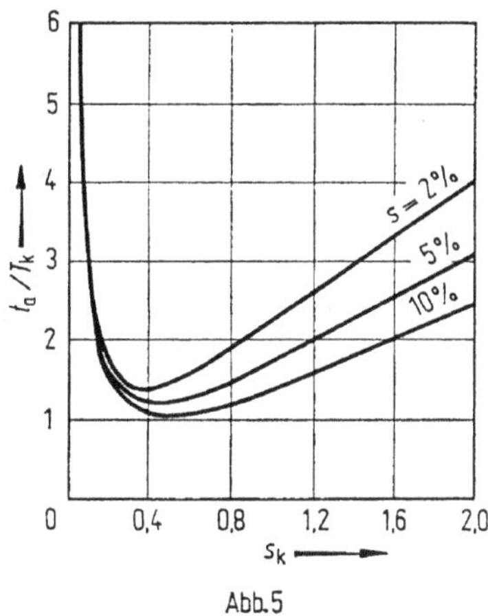

Abb. 5

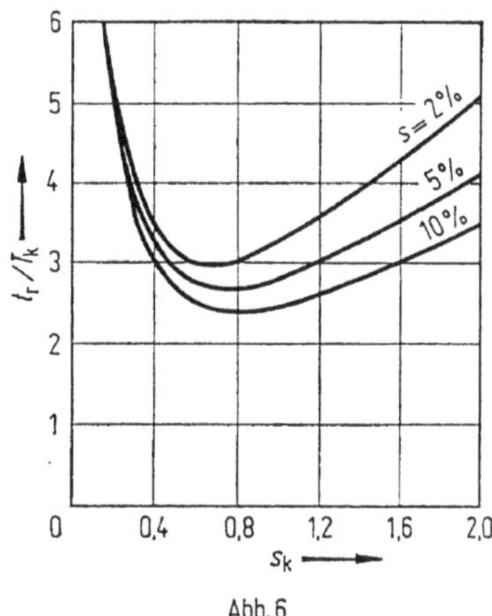

Abb. 6

Da die meist gebräuchlichen Kurzschlußläufer einen Kippschlupf von nur $s_k = 10 \cdots 20\%$ haben, so erkennt man, daß für schnellstes Anlaufen oder Umsteuern ein viel größerer Läuferwiderstand vorgesehen werden muß, wenn die Steuerzeiten nicht nach *Abb. 5 und 6* ein Vielfaches der geringstmöglichen betragen sollen. Es ist bemerkenswert, daß für den günstigsten Fall die relative Anlaufzeit nicht viel größer ist als 1, die relative Umsteuerzeit nicht viel größer als 2 ist. Diese Werte könnten auch nur erzielt werden, wenn man vom Anfang bis zum Ende das volle Kippmoment des Läufers entwickeln könnte.

Soll der Motor abwechselnd anlaufen und mit Gegenstrom auf Stillstand abgebremst werden, so wird man die Summe von Anfahrzeit und Bremszeit möglichst klein halten wollen. Da sich nun der eben behandelte Umsteuervorgang aus der Summe von Brems- und Anfahrvorgang zusammensetzt, so sind die Umsteuerformeln für dies vollständige Arbeitsspiel, nämlich Anfahren und Bremsen zusammengenommen, ebenfalls gültig. Auch hierbei wendet man demnach zweckmäßig große Werte des Kippschlupfes an.

Die Bremszeit allein erhält man durch Integration der Gl. (8) zwischen den Grenzen $s = 2$ und 1 zu

$$t_b = T_k \left(\frac{3}{4 s_k} + \frac{s_k}{2} \ln 2 \right). \tag{13}$$

Die relative Bremszeit hat ein Minimum vom Betrag 1,02. Das schnellstmögliche Abbremsen erfordert dabei mit $s_k = 147\%$ etwa den doppelten Läuferwiderstand wie das Umsteuern. Auch für andere Steuervorgänge, wie z. B. für Stern-Dreieck-Umschaltung, Polumschaltung, kann man stets durch Integration von Gl. (8) die Anlauf- und Steuerzeiten bestimmen. Die aus den Motoreigenschaften zu berechnenden Werte s_k und T_k nach Gl. (3) und (6) beziehen sich dabei stets auf den neuen durch das Umschalten entstandenen Zustand des Motors.

Wir erkennen somit, daß Motoren, die schnell gesteuert werden sollen, z. B. für Zentrifugen, für Rollgänge von Walzenstraßen und für ähnliche schwere Betriebe, recht große Läuferwiderstände erfordern, um die relative Steuerzeit gering zu halten. Häufig bringt man die Widerstände außerhalb des Läufers an, um diesen nicht zu sehr zu belasten. Außerdem muß natürlich die Anlaufzeitkonstante nach Gl. (6) so klein wie möglich gehalten werden. Man erreicht dies durch möglichst hohe Kippleistung und möglichst geringes Trägheitsmoment des Läufers. Durch erstere wird der Nenner von Gl. (6) vergrößert, durch letzteres der Zähler verkleinert.

b) Drehzahlabfall bei Spannungssenkung

Tritt in der Nähe eines im Betrieb befindlichen Drehstrommotors nach *Abb. 7* ein Kurzschluß im Netz auf, so fällt die Spannung U an seinen Klemmen gegenüber der Nennspannung U_N ab, und dadurch vermindert sich sein Drehmoment so stark, daß der Motor unter der Wirkung des Lastmomentes der Arbeitsmaschine zum Stillstand kommen kann. In *Abb. 8* ist das Drehmoment M bei Nennspannung

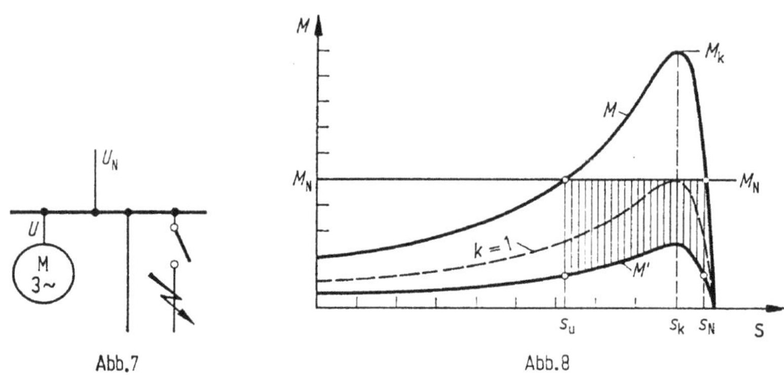

Abb. 7 Abb. 8

und außerdem das Drehmoment M' beim Netzkurzschluß abhängig vom Schlupf s dargestellt. M' ist dem Quadrat der abgesenkten Spannung proportional:

$$\frac{M'}{M} = \left(\frac{U}{U_N}\right)^2. \tag{14}$$

Das Lastmoment wollen wir als konstant und gleich dem Nennmoment M_N ansehen, um den ungünstigsten Fall zu erfassen. Entsprechend der Differenz zwischen diesem und dem geringen treibenden Drehmoment M' sinkt die Drehzahl des Motors ab, so daß sich sein Schlupf vom Nennwert s_N ab allmählich vergrößert.

Wenn der Kurzschluß abgeschaltet wird, dann springt die Spannung wieder auf die Nennspannung. Das Drehmoment M beschleunigt den Motor wieder, falls seine Drehzahl nicht inzwischen so stark abgefallen war, daß das Drehmoment M unter dem Lastmoment M_N liegt. Die Grenze des zulässigen Drehzahlabfalles wird daher nach *Abb. 8* durch Schnittpunkt der Drehmomentenkurve $M = f(s)$ mit der Parallelen zur Abszissenachse $M_N = \text{const}$ beim unteren Schlupf s_u gegeben. Wir wollen die Zeit berechnen, die der Motor braucht, um von s_N bis s_u unter der Wirkung des Bremsmomentes abzufallen, das durch die schraffierte Fläche dargestellt wird. Während dieser Zeit darf der Kurzschluß und die durch ihn hervorgerufene Spannungssenkung bestehen bleiben, ohne daß der Motor mit seinen Arbeitsmaschinen außer Tritt fällt.

Die Abfallzeit bestimmt sich nach der allgemeinen Gl. (6) von Kapitel 20 zu

$$t = T_a \int_{s_N}^{s_u} \frac{d(\omega/\omega_0)}{(M_N - M')/M_N} = T_a \int_{s_N}^{s_u} \frac{-ds}{1 - M'/M_N}, \tag{15}$$

wobei nach Gl. (1) der Schlupf anstatt der Drehzahl eingeführt ist. Der Drehmomentquotient im Nenner läßt sich nach Gl. (2) und (14) berechnen zu

$$\frac{M'}{M_N} = \frac{M_k}{M_N}\left(\frac{U}{U_N}\right)^2 \frac{2}{s/s_k + s_k/s} = k\,\frac{2}{s/s_k + s_k/s}. \tag{16}$$

Dabei wollen wir zur Abkürzung mit

$$k = \frac{M_k}{M_N}\left(\frac{U}{U_N}\right)^2 \tag{17}$$

das auf das Nennmoment bezogene Kippmoment bei abgesenkter Spannung bezeichnen. Die Abfallzeit wird damit

$$t = s_k T_a \int_{s_N}^{s_u} \frac{(s/s_k + s_k/s)}{(s/s_k + s_k/s) - 2k}\, d\left(\frac{s}{s_k}\right) = s_k T_a \tau. \tag{18}$$

Das Integral stellt darin die relative Abfallzeit τ dar und läßt sich auswerten zu

$$\tau = \left[\frac{s}{s_k} + k \ln\left\{\frac{s}{s_k}\left(\frac{s}{s_k} + \frac{s_k}{s} - 2k\right)\right\} + \frac{2k^2}{\sqrt{1-k^2}} \arctan \frac{s/s_k - k}{\sqrt{1-k^2}}\right]_{s_N}^{s_u}. \tag{19}$$

Die obere und untere Grenze des Schlupfes bestimmt sich nach *Abb. 8* daraus, daß das Motordrehmoment M mit dem Belastungsmoment M_N übereinstimmt, also nach Gl. (2) aus

$$\frac{s}{s_k} + \frac{s_k}{s} = 2\,\frac{M_k}{M_N}. \tag{20}$$

Die beiden Wurzeln dieser Gleichung sind

$$\frac{s_{u,0}}{s_k} = \frac{M_k}{M_N} \pm \sqrt{\left(\frac{M_k}{M_N}\right)^2 - 1}. \tag{21}$$

Für ein Kippmoment gleich dem zweifachen Nennmoment $M_k/M_N = 2$ und einen Kippschlupf $s_k = 10\%$ erhält man z. B.

$$s_N = 2{,}7\% \quad \text{und} \quad s_u = 37{,}3\%.$$

Der Motor kann also einen erheblichen Drehzahlbereich durchlaufen, innerhalb dessen er nach Auftreten der Nennspannung wieder hochgezogen wird.

Wenn wir nunmehr die Schlupfgrenzen von Gl. (21) in die relative Abfallzeit der Gl. (19) einführen, so hängt deren Betrag nur von den Werten M_k/M_N und k ab, also unter Beachtung von Gl. (17) lediglich von dem relativen Kippmoment bei Nennspannung und von der Spannungsabsenkung. In *Abb. 9* ist diese zulässige Dauer τ_u der Spannungssenkung für verschieden große Kippmomente abhängig vom Betrag der Spannungssenkung dargestellt. Oberhalb einer Grenzspannung, die durch $k = 1$ nach Gl. (17) gegeben ist, kommt der Motor nach *Abb. 8* niemals zum Stillstand, da das Kippmoment das Lastmoment nicht unterschreitet, die

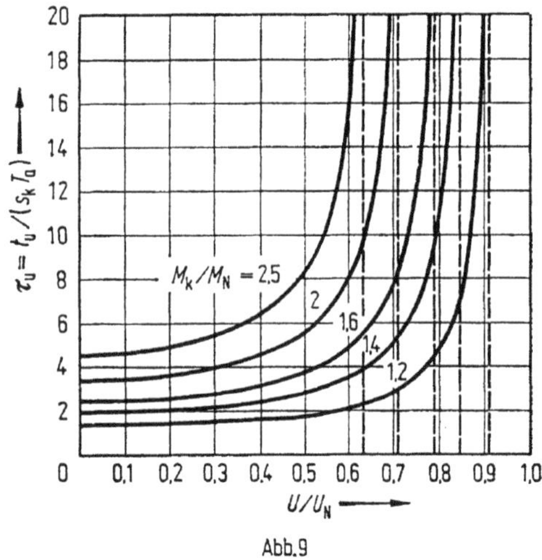

Abb. 9

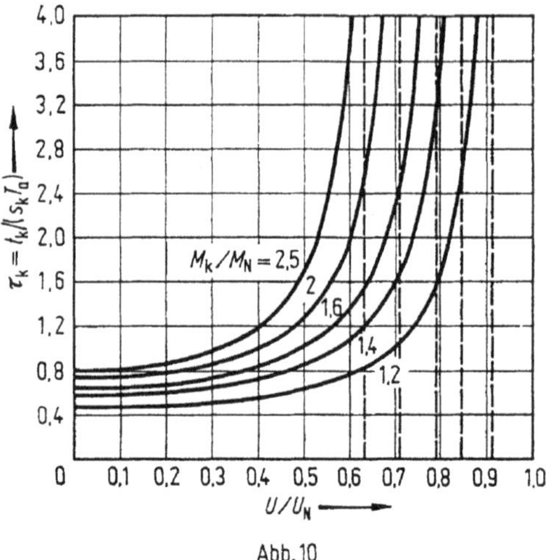

Abb. 10

zulässige Dauer ist $\tau_u = \infty$. Bei weiterer Spannungssenkung werden die zulässigen Zeiten kürzer und kürzer und erreichen bei vollständigem Verschwinden der Klemmenspannung relative Zeiten τ_u von der Größenordnung 3.

Für einen Drehstrommotor mit dem relativen Kippmoment $M_k/M_N = 2$ ergibt sich aus *Abb. 9* bei einer Spannungssenkung auf $U/U_N = 50\%$ der Wert $\tau_u = 5{,}7$. Mit einem Kippschlupf $s_k = 10\%$ und einer Anlaufzeitkonstante $T_a = 1$ s beträgt die zulässige Dauer dieser Spannungssenkung nach Gl. (18)

$$t = 0{,}1 \cdot 1\,\text{s} \cdot 5{,}7 = 0{,}57\,\text{s}.$$

Dauert der Kurzschluß länger, so läuft der Motor nach Wiederkehr der Nennspannung nicht mehr an, dauert er kürzere Zeit, so läuft der Motor von selbst wieder hoch. Liegt die Kurzschlußstelle dicht beim Motor, so daß seine Spannung bis auf Null zusammenbricht, so verringert sich die zulässige Zeit auf $t = 0{,}35$ s.

Beim Drehzahlabfall bis auf den großen Schlupf s_u, der sich im obigen Beispiel zu fast 40% ergab, treten große Wiederanlaufströme auf, die nicht sehr vom Kurzschlußstrom des Motors abweichen. Auch vertragen viele Arbeitsmaschinen keinen so erheblichen Drehzahlabfall. Man wird daher häufig nur einen Drehzahlabfall auf geringeren Schlupf zulassen. Läßt man beispielsweise einen Drehzahlabfall nur bis zum Kippschlupf s_k zu, so wird der Wiederanlaufstrom um etwa 30% kleiner. Die relative Abfallzeit τ_k verringert sich dabei auf Werte, die man aus Gl. (19) erhält, wenn man s_k anstatt s_u als obere Grenze nimmt, was in *Abb. 10* graphisch ausgewertet ist. Die zulässige Dauer der Spannungssenkung auf 50% beträgt jetzt bei dem im obigen Beispiel behandelten Motor nur $t = 0{,}13$ s und verringert sich bei völligem Verschwinden der Spannung auf 0,073 s.

Wir sehen hieraus, daß es zweckmäßig ist, die Dauer starker Spannungssenkungen im Netz nach Möglichkeit zu beschränken, Kurzschlüsse also in kleinen Bruchteilen von Sekunden abzuschalten. Andererseits wäre es aber unzweckmäßig, die Drehstrommotoren bei jeder kleineren oder größeren Spannungssenkung augenblicklich abzuschalten. Es ist vielmehr ratsam, sie entsprechend den Kurven der *Abb. 9 oder 10* durch ein Zeitrelais bei starken Spannungssenkungen nach kürzerer, bei geringen erst nach längerer Zeit abzuschalten. Sie laufen dann je nach ihren Eigenschaften, die durch das relative Kippmoment M_k/M_N, den Kippschlupf s_k und die Anlaufzeitkonstante T_a bestimmt sind, bei rechtzeitig wiederkehrender Spannung stets von selbst wieder hoch, ohne daß der Betrieb unterbrochen wird.

c) Anlauferwärmung in den Wicklungen

Während des Anlaufes fließen in beiden Wicklungen des Drehstrommotors große Ströme und erwärmen sie. Für die Wärmemenge im Ständer sind dabei Strom und Widerstand der Ständerwicklung, für die Wärmemenge im Läufer die entsprechenden Größen für die Läuferwicklung maßgebend. Die Ströme stehen in einer ziemlich einfachen Beziehung zur Drehzahl oder zum Schlupf des Motors. Es ist nämlich

$$I = \frac{I_k}{\sqrt{1 + (s_k/s)^2}}, \tag{22}$$

wobei I_k den Kurzschlußstrom der betreffenden Wicklung bedeutet. Für den Läuferstrom gilt diese Beziehung sehr genau, für den Ständerstrom gilt sie angenähert unter Vernachlässigung des Magnetisierungsstromes, dessen Wirkung auf die Erwärmung der Wicklungen gegenüber den großen Belastungsströmen hier vernachlässigt werden darf. Wir können damit die Wärmemenge während des Anlaufes

$$W = \int_0^t I^2 R \, \mathrm{d}t \tag{23}$$

bestimmen, wenn wir auch hier wieder das Zeitelement $\mathrm{d}t$ nach Gl. (8) durch das Schlupfelement $\mathrm{d}s$ ausdrücken und schreiben

$$\mathrm{d}t = -\frac{T_k}{2}\left[1 + \left(\frac{s_k}{s}\right)^2\right]\frac{s}{s_k}\,\mathrm{d}s. \tag{24}$$

Setzen wir Gl. (22) und (24) in das Integral (23) ein, so heben sich die Schlupfquadrate fort, und wenn wir noch die von s unabhängigen Größen vor das Integral setzen, so erhalten wir die gesamte durch den Strom hervorgerufene Wärmemenge

$$W = -\frac{I_k^2 R T_k}{2}\int \frac{s}{s_k}\,\mathrm{d}s. \tag{25}$$

Um die während des Anlaufs entstehende Wärmemenge zu erhalten, müssen wir die Integration vom Anlaufaugenblick mit $s = 1$ bis zu dem betrachteten Schlupf s erstrecken und erhalten

$$W_s = -\frac{I_k^2 R T_k}{2}\int_1^s \frac{s}{s_k}\,\mathrm{d}s = I_k^2 R T_k \frac{1 - s^2}{4 s_k}. \tag{26}$$

In *Abb. 11* ist die mit wachsender Drehzahl parabelförmig zunehmende Stromwärmemenge dargestellt. Abhängig von der auf den synchronen Wert bezogenen Winkelgeschwindigkeit ω/ω_0 wurde nach Gl. (26) das Verhältnis W_s/W_0 aufgetragen. Hierfür ergibt sich mit Gl. (1)

$$\frac{W_s}{W_0} = 1 - s^2 = \frac{\omega}{\omega_0}\left(2 - \frac{\omega}{\omega_0}\right). \tag{27}$$

Die Wärmemenge für $s = 0$, also für beendeten Anlauf, strebt auch hier einem endlichen Grenzwert zu. Dies rührt daher, daß die Arbeitsströme nach

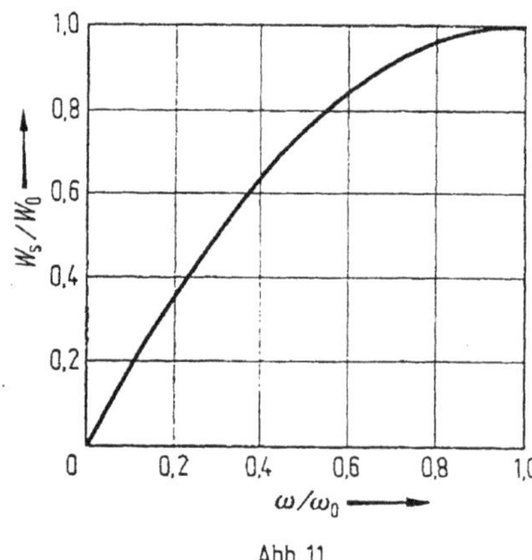

Abb. 11

Gl. (22) für den Synchronismus verschwinden. Die gesamte Wärmemenge während des Anlaufes ist daher

$$W_a = I_k^2 R \frac{T_k}{4 s_k}. \tag{28}$$

Beim Umsteuern des Drehstrommotors von negativer auf positive synchrone Drehzahl muß man das Integral der Gl. (26) von $s = 2$ bis 0 erstrecken und erhält daher die gesamte Wärmemenge zu

$$W_u = I_k^2 R \frac{T_k}{s_k}. \tag{29}$$

Die Wärmemenge beim Umsteuern ist also viermal so groß wie die beim Anlauf. Beim Abbremsen mit Gegenstrom hat man von $s = 2$ bis 1 zu integrieren und erhält die dreifache Wärmemenge wie beim Anlauf. Man sieht somit, daß nicht nur beim Anlauf, sondern besonders beim Abbremsen und Umsteuern von Kurzschlußmotoren große Wärmemengen in den Wicklungen entstehen können, für deren Aufnahme und ausreichende Abfuhr Sorge getragen werden muß.

Man kann die letzten Beziehungen für die Stromwärme auf eine anschaulichere und für die Berechnung bequemere Form bringen, wenn man den Kippschlupf nach Gl. (3) einsetzt und beachtet, daß nach einer bekannten Beziehung

$$\frac{U_2 I_{k2}}{2} = P_k \tag{30}$$

die durch Läuferspannung und Kurzschlußstrom ausgedrückte synchrone Kippleistung des Motors ist. Die Anlaufwärmemenge im Läuferstromkreis wird dann nach Gl. (28), indem man Kurzschlußstrom und Widerstand des Läuferkreises mit dem Index 2 einsetzt,

$$W_{s2} = \frac{1}{4} U_2 I_{k2} T_k = \frac{1}{2} P_k T_k. \tag{31}$$

Dabei ist der Läuferwiderstand herausgefallen. Setzt man in Gl. (31) die Kippzeitkonstante nach Gl. (6) ein, so erhält man

$$W_{s2} = \frac{1}{2} P_k \frac{\Theta \omega_0}{M_k} = \frac{1}{2} \Theta \omega_0^2. \tag{32}$$

Die beim Anlauf entstehende Wärme im Läufer ist also lediglich abhängig vom Trägheitsmoment der beschleunigten Massen und von ihrer Enddrehzahl, dagegen unabhängig von der sonstigen mechanischen oder elektrischen Bauart des Drehstrommotors oder von seiner Betriebsart.

Der Ausdruck (32) stellt nach Gl. (28) von Kapitel 20 die mechanische Arbeit dar, die in allen vom Motor beschleunigten Schwungmassen aufgespeichert ist. Wir haben damit für die Läuferwicklung von Asynchronmotoren das gleiche Gesetz für die Anlaufwärmemenge gefunden, das sich früher für Gleichstrom-Nebenschlußmotoren ergeben hatte. Auch die Abhängigkeit der Anlaufwärmemenge vom Anfangs- und Endschlupf ist die gleiche wie nach Gl. (42) von Kapitel 21. Wir erkennen daher, daß beim Leeranlauf eines Asynchronmotors mit Schwungmassen stets die Hälfte der auf den Läufer übertragenen Arbeit dazu dient, seine Schwungmassen zu beschleunigen, während die andere Hälfte in seiner Wicklung in Wärme umgesetzt wird. Dies gilt genauso für Asynchronmotoren mit Käfigläufer. Weder durch elektrische Bemessung des Motors noch durch schnelles oder langsames Anfahren kann man an diesem Gesetz, das die gesamte Stromwärme im Läuferkreis beherrscht, etwas ändern. Verlegt man einen Teil des Läuferwiderstandes nach außen, so verteilt sich die Wärme entsprechend den inneren und äußeren Widerständen auf Wicklung und Außenkreis.

Die in der Ständerwicklung entstehende Wärmemenge läßt sich zu der im Läufer in eine einfache Beziehung setzen, wenn man bedenkt, daß in dem allgemeinen Ausdruck der Gl. (25) nur I_k und R im Ständer und Läufer verschieden sind, daß dagegen alle anderen Werte für den gesamten Motor gelten. Das Verhältnis der Wärmemenge im Ständer zu der im Läufer ist daher durch das Verhältnis der Verluste $I_{k1}^2 R_1$ zu $I_{k2}^2 R_2$ gegeben. Während sich an der Wärmemenge im gesamten Läuferstromkreis durch elektrische Bemessung nichts ändern läßt, kann man die beim Anfahren, Bremsen oder Umsteuern entstehende gesamte Wärmemenge im Ständer

$$W_1 = \frac{R_1}{R_2} \left(\frac{I_{k1}}{I_{k2}}\right)^2 W_{s2} \tag{32}$$

durch Wahl eines im Verhältnis zum Läuferwiderstand kleinen Ständerwiderstandes gering halten. Da, wie oben gezeigt, zum schnellen Anlauf ziemlich große Läuferwiderstände notwendig sind, wird hierdurch gleichzeitig die Wärmemenge im Ständer verringert und dabei die auf Erwärmung im allgemeinen empfindlichere Ständerwicklung vor unzulässiger Überlastung während des Anlaufs oder des Umsteuerns geschützt.

23. Pendelschwingungen von Drehstrommaschinen

Elektrisch parallelgeschaltete Synchronmaschinen üben aufeinander Drehmomente aus, durch die sie sich gegenseitig im Gleichtritt (Synchronlauf) halten. Versucht ein Polrad gegenüber dem anderen vorzueilen oder zurückzufallen, so wirkt dieses Moment verzögernd oder beschleunigend und führt das Polrad zum

Synchronismus zurück. Die Polräder verhalten sich dabei mechanisch etwa so, als seien sie über elastische Wellen miteinander gekuppelt.

Das Polrad und die mit ihm umlaufenden Teile der Antriebsmaschine haben träge Masse. Ihr Trägheitsmoment bildet zusammen mit dem synchronisierenden Moment ein drehschwingfähiges System, das durch Laststöße im Netz oder Pulsationen im Antriebsmoment angeregt werden kann. Dabei führen einige oder alle Polräder der parallelgeschalteten Maschinen Pendelschwingungen um den synchronen Zustand aus. Durch Kurzschlüsse im verbindenden Netz, durch ungünstige Netzgestaltung oder durch zu geringe Maschinenerregung kann das synchronisierende Moment so geschwächt werden, daß Maschinen außer Tritt fallen.

a) Synchronisierende Kräfte in der Synchronmaschine

Es soll die Wirkleistung eines einzelnen Schenkelpolgenerators berechnet werden, der mit einem starren Netz gekuppelt ist. Seine Klemmenspannung U ist dabei nach Betrag und Phase durch die Belastung des Netzes vorgegeben. Weiterhin soll seine Erregerspannung konstant sein.

Für die Maschine gilt dann das bekannte Zeigerdiagramm nach *Abb. 1.* Man konstruiert es üblicherweise ausgehend von den Zeigern für die Klemmenspannung $\underline{U}$ und den abgegebenen Strom $\underline{I}$ der Maschine mit dem eingeschlossenen

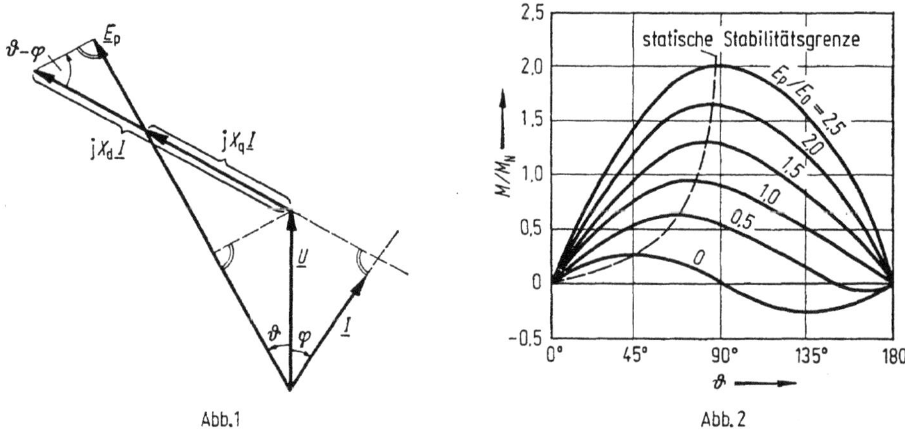

Abb. 1 Abb. 2

Phasenwinkel φ. An die Spitze des Zeigers $\underline{U}$ werden die Spannungsabfälle an der synchronen Querreaktanz $jX_q\underline{I}$ und an der synchronen Längsreaktanz $jX_d\underline{I}$ senkrecht zum Zeiger $\underline{I}$ angetragen. Den Phasenwinkel der Polradspannung $\underline{E}_p$ erhält man, indem man eine Gerade durch den Ursprung des Zeigers $\underline{U}$ und die Spitze des Zeigers $jX_q\underline{I}$ legt. Der Endpunkt des Zeigers der Polradspannung ergibt sich durch das Lot der Zeigerspitze von $jX_d\underline{I}$ auf die Richtung von $\underline{E}_p$.

Das Zeigerdiagramm der Maschine wird vielfach in relativen oder normierten Werten aufgezeichnet, wobei die Spannungen, Ströme und Leistungen in Vielfachen der zugehörigen Nennwerte, die Impedanzen in Vielfachen der Nennimpedanz

$$Z_N = \frac{U_N^2}{P_N} \tag{1}$$

angegeben sind. Der Einfachheit halber soll im folgenden mit solchen relativen Werten gerechnet werden. Dabei sind die relativen Effektivwerte von Spannungen, Strömen und Leistungen durch die entsprechenden Kleinbuchstaben gekennzeichnet.

Für die abgegebene Wirkleistung der Maschine gilt die Beziehung

$$p_w = u i \cos\varphi = u i_w \tag{2}$$

und entsprechend für die Blindleistung

$$p_b = u i \sin\varphi = u i_b . \tag{3}$$

Aus dem Zeigerdiagramm für die Schenkelpolmaschine nach *Abb. 1* erhält man die beiden Spannungsgleichungen

$$u \cos\vartheta + x_d\, i \sin(\vartheta - \varphi) = e_p , \tag{4}$$

$$u \sin\vartheta - x_q\, i \cos(\vartheta - \varphi) = 0 . \tag{5}$$

Führt man den Wirk- bzw. Blindstrom nach Gl. (2) bzw. Gl. (3) ein, dann folgt daraus

$$i_w \sin\vartheta + i_b \cos\vartheta = \frac{1}{x_d}(e_p - u\cos\vartheta), \tag{6}$$

$$i_w \cos\vartheta - i_b \sin\vartheta = \frac{1}{x_q} u \sin\vartheta . \tag{7}$$

Durch Elimination des Blindstromes erhält man daraus den Wirkstrom

$$i_w = \frac{e_p}{x_d}\sin\vartheta + \frac{u}{2}\left(\frac{1}{x_q} - \frac{1}{x_d}\right)\sin 2\vartheta \tag{8}$$

und entsprechend durch Elimination des Wirkstromes den Blindstrom

$$i_b = \frac{e_p}{x_d}\cos\vartheta - u\left(\frac{\cos^2\vartheta}{x_d} + \frac{\sin^2\vartheta}{x_q}\right). \tag{9}$$

Damit wird die Wirkleistung in Abhängigkeit vom Winkel der Polradspannung nach Gl. (2)

$$p_w = \frac{u e_p}{x_d}\sin\vartheta + \frac{u^2}{2}\left(\frac{1}{x_q} - \frac{1}{x_d}\right)\sin 2\vartheta \tag{10}$$

und entsprechend die Blindleistung

$$p_b = \frac{u e_p}{x_d}\cos\vartheta - u^2\left(\frac{\cos^2\vartheta}{x_d} + \frac{\sin^2\vartheta}{x_q}\right). \tag{11}$$

Der Erregerstrom ist bei Vernachlässigung der magnetischen Sättigung der Größe e_p proportional. Infolge der unterschiedlichen Ausbildung des magnetischen Flusses in der Längs- und Querachse ist die nichterregte Schenkelpolmaschine ($e_p = 0$) in der Lage, in begrenztem Maße Wirkleistung abzugeben. Bei einer Vollpolmaschine (einem Turbogenerator) kann das zweite Glied in Gl. (10) näherungsweise vernachlässigt werden.

Die Beziehungen nach Gl. (10) sind in *Abb. 2* für einen als Beispiel gewählten Schenkelpolgenerator aufgetragen. Für eine Kurve konstanter Erregung (Verhältnis Polradspannung zu Polradspannung bei Leerlauferregung $E_p/E_0 = \text{const}$)

wächst mit steigender abgegebener Wirkleistung, ausgedrückt durch das Verhältnis Drehmoment M durch Nennmoment M_N, der Winkel der Polradspannung. Es kann jedoch nur eine maximale Wirkleistung ins Netz abgegeben werden, zu der bei hoher Erregung $\vartheta \approx 90°$ gehört. Steigt die von der Antriebsmaschine zugeführte Leistung weiter, so führt die Differenz zwischen zugeführter und abgegebener Leistung zu einer Beschleunigung des Polrades. Der Synchronismus bleibt nicht mehr gewahrt, und die Maschine fällt außer Tritt. Die Punkte, bei denen das Abkippen auftritt, sind in *Abb. 2* durch eine strichpunktierte Kurve verbunden. Man nennt sie die natürliche statische Stabilitätsgrenze der Maschine. Durch Einsatz „künstlicher“ Mittel, z. B. durch entsprechende Steuerung der Erregung, kann die statische Stabilitätsgrenze noch modifiziert werden.

Falls die Synchronmaschine nicht in ruhigem Synchronlauf am Netz liegt, sondern Pendelschwingungen ausführt, z. B. infolge eines pulsierenden Antriebsmomentes, so ergibt sich ein Diagramm nach *Abb. 3*. Für kleine Auslenkungen kann man die Kurve durch die Tangente ersetzen und erhält für die Pendelungen der Wirkleistung

$$\Delta p_w = \frac{\partial p_w}{\partial \vartheta} \Delta \vartheta. \tag{12}$$

Der partielle Differentialquotient ist die Synchronisierziffer S_ϑ, die sich aus Gl. (10) unter Verwendung von Gl. (11) berechnen läßt zu

$$S_\vartheta = \frac{\partial p_w}{\partial \vartheta} = p_b + u^2 \left(\frac{\cos^2 \vartheta}{x_q} + \frac{\sin^2 \vartheta}{x_d} \right). \tag{13}$$

Bei den bisherigen Ableitungen war angenommen worden, daß die mit der Erregerwicklung und Dämpferwicklung verketteten magnetischen Flüsse den beim Pendeln auftretenden Durchflutungsänderungen ohne Zeitverzug folgen.

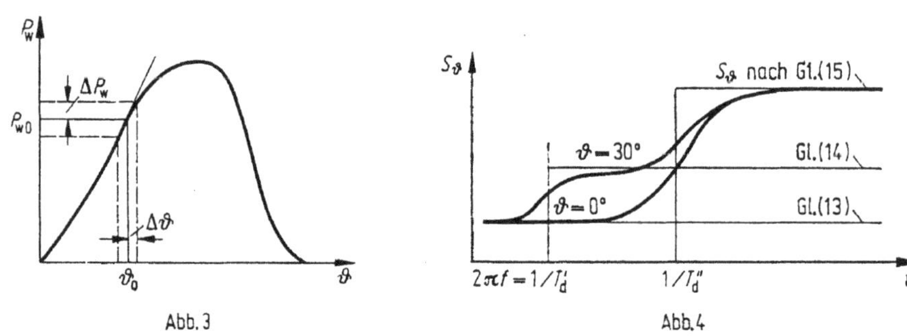

Abb. 3 Abb. 4

Tatsächlich werden aber bei raschen Änderungen der Durchflutung in beiden Wicklungen Spannungen induziert. Diese haben einen Strom zur Folge, der den verketteten magnetischen Fluß konstant zu halten sucht. Inwieweit ihm das gelingt, hängt von der Zeitkonstante L/R der Wicklung ab. Ist die Periodendauer der Pendelung weit kleiner als die Zeitkonstante, so bleibt der verkettete Fluß konstant, ist sie weit größer, so folgt der verkettete Fluß nahezu ohne Verzögerung den neuen Bedingungen. Für die Ausgleichsvorgänge in der Erregerwicklung ist bei den hier vorliegenden Verhältnissen die transiente Kurzschluß-Zeitkonstante T'_d ausschlaggebend, für die Vorgänge in der Dämpferwicklung sind es die subtransienten Kurzschluß-Zeitkonstanten T''_d, T''_q. Der Wert dieser Zeitkonstanten bei üblichen Maschinen ist in Tabelle 1 von Kapitel 15 angegeben.

Gl. (13) gilt also in dieser Form nur für sehr langsame Pendelungen mit

$$2\pi f_p < 1/T'_d \quad \text{(stationärer Bereich).}$$

Für Pendelungen mit Frequenzen

$$1/T'_d < 2\pi f_p < 1/T''_d \quad \text{und} \quad < 1/T''_q \quad \text{(transienter Bereich)}$$

kann man näherungsweise setzen

$$S_\vartheta = p_b + u^2 \left(\frac{\cos^2 \vartheta}{x_q} + \frac{\sin^2 \vartheta}{x'_d} \right) \tag{14}$$

und für Pendelungen mit Frequenzen

$$2\pi f_p < 1/T''_d \quad \text{und} \quad 2\pi f_p < 1/T''_q \quad \text{(subtransienter Bereich)}$$

$$S_\vartheta = p_b + u^2 \left(\frac{\cos^2 \vartheta}{x''_q} + \frac{\sin^2 \vartheta}{x''_d} \right). \tag{15}$$

Es sind also jeweils die Maschinenreaktanzen einzusetzen, die für den Bereich gelten, in dem die Pendelfrequenz liegt. Da die Reaktanzen vom stationären zum subtransienten Fall fortschreitend kleiner werden, wird S_ϑ immer größer. *Abb. 4* zeigt den Frequenzgang von S_ϑ für eine 3,3-MVA-Maschine mit geschlossener Dämpferwicklung, wobei die dünn gezeichneten Linien die nach Gl. (13), (14) und (15) errechneten Näherungswerte, die dick gezeichneten den tatsächlichen Verlauf wiedergeben. Bemerkenswert ist, daß sich beim Pendeln um den Winkel $\vartheta = 0$ (Leerlauf, Phasenschieberbetrieb) der Polradspannung kein transienter Anstieg ergibt. Das hängt damit zusammen, daß in dieser Winkelstellung beim Pendeln nicht in die Erregerwicklung induziert wird.

Liegt die Maschine nicht unmittelbar am starren Netz, sondern ist sie über Leitungen und Transformatoren ans Netz gekuppelt, so können ebenfalls Gl. (13) bis (15) zur Berechnung von S_ϑ verwendet werden. Bei den Maschinenreaktanzen sind dann zusätzlich die vorgeschalteten Leitungs- und Transformatorreaktanzen (letztere umgerechnet auf relative Werte der Maschinenreaktanzen) einzusetzen. Für P_w und U gelten die Werte am Netzanschlußpunkt.

Durch die vorgeschaltete Reaktanz wird die synchronisierende Leistung insbesondere im subtransienten Bereich vermindert. Außerdem werden auch die wirksamen transienten und subtransienten Kurzschluß-Zeitkonstanten vergrößert. Dabei gilt für die Zeitkonstanten mit der relativen Vorreaktanz x_v

$$T'_{dv} = T'_d \frac{x_d (x'_d + x_v)}{x'_d (x_d + x_v)}, \tag{16}$$

$$T''_{dv} = T''_d \frac{x'_d (x''_d + x_v)}{x''_d (x'_d + x_v)}, \tag{17}$$

$$T''_{qv} = T''_q \frac{x_q (x''_q + x_v)}{x''_q (x_q + x_v)}. \tag{18}$$

b) Frequenz und Dämpfung der Eigenschwingungen

Beim Pendeln erhöht und vermindert das Polrad im Takt des Pendelvorgangs seine Drehzahl und schlüpft dabei gegenüber dem synchron umlaufenden Netzspannungszeiger. Dabei werden vor allem in der Dämpferwicklung, aber auch in der Erregerwicklung und in anderen massiven Metallteilen des Polrades Ströme induziert, die den Schlupf zu verringern streben. Der Vorgang ist ganz ähnlich wie bei einem Asynchronmotor. Die so erzeugten Leistungen werden daher auch als asynchrone Leistungen bezeichnet.

Falls die betrachtete Maschine eine über den Polradumfang geschlossene Dämpferwicklung hat, ist die asynchrone Leistung in allen momentanen Polradstellungen etwa gleich und nur noch vom Schlupf abhängig. Man kann dann wie beim Asynchronmotor eine Kurve der asynchronen Leistung über dem Schlupf

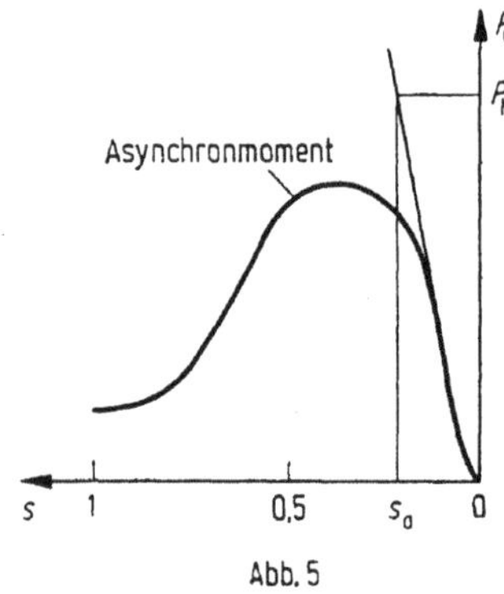

Abb. 5

auftragen. Bei Ersatz dieser Kurve durch die Tangente gemäß *Abb. 5* kann man dann für den kleinen Schlupf die asynchrone Leistung berechnen zu

$$P_a = s\,\frac{P_N}{s_a}. \tag{19}$$

s_a ist dann der Schlupf, bei dem die Nennleistung P_N der Maschine erreicht wurde. Wenn der Polradwinkel ϑ der Maschine pendelt, so gilt für den Schlupf s

$$s = \frac{1}{\omega_N}\,\frac{d\vartheta}{dt}. \tag{20}$$

Die Beschleunigung oder Verzögerung des Polrades wird durch die Änderung des Schlupfes

$$b = \frac{ds}{dt} = \frac{1}{\omega_N}\,\frac{d^2\vartheta}{dt^2} \tag{21}$$

dargestellt. Bei pendelndem Polrad werden der Maschinenwelle, wenn man nur die sich ändernden Anteile berücksichtigt, vier verschiedene Leistungen zugeführt, nämlich

1. die Änderung der synchronen Leistung. Die Multiplikation mit P_N wird nötig, um von der relativen auf die absolute Leistung überzugehen:

$$P_s = S_\vartheta P_N\,\Delta\vartheta. \tag{22}$$

2. die asynchrone Leistung

$$P_a = \frac{P_N}{\omega_N s_a}\,\frac{d\vartheta}{dt} = \frac{P_N}{\omega_N s_a}\,\frac{d\Delta\vartheta}{dt}. \tag{23}$$

3. die Trägheitsleistung der mit dem Polrad umlaufenden Schwungmassen, die proportional der Verzögerung ist, unter Verwendung der Anlaufzeitkonstante T_a (nach Kapitel 14)

$$P_\Theta = \frac{T_a P_N}{\omega_N} \frac{d^2 \Delta\vartheta}{dt^2}. \tag{24}$$

4. gegebenenfalls pulsierende Anteile der von der Antriebsmaschine zugeführten Leistung ΔP_M.

Alle diese Anteile müssen sich in der Leistungsbilanz zu Null ergänzen. Wir erhalten daher aus Gl. (22) bis (24) die Pendelgleichung der Synchronmaschine:

$$\frac{T_a}{\omega_N} \frac{d^2 \Delta\vartheta}{dt^2} + \frac{1}{\omega_N s_a} \frac{d\Delta\vartheta}{dt} + S_\vartheta \Delta\vartheta = \frac{\Delta P_M}{P_N}. \tag{25}$$

Gl. (25) ist eine Differentialgleichung zweiter Ordnung, die zeigt, daß die Synchronmaschine sowohl freie als auch erzwungene Schwingungen ausführen kann.

Für die freien Schwingungen, die bei jeder Änderung des Gleichgewichtszustandes auftreten, erhält man die Differentialgleichung ohne das rechte Glied von Gl. (25) zu

$$\frac{d^2\vartheta''}{dt^2} + \varrho \frac{d\vartheta''}{dt} + \nu^2 \vartheta'' = 0. \tag{26}$$

Darin ist zur Abkürzung als Abklingkoeffizient

$$\varrho = \frac{1}{s_a T_a} \tag{27}$$

eingeführt und als Eigenkreisfrequenz bei kleiner Dämpfung

$$\nu = \sqrt{\frac{\omega_N S_\vartheta}{T_a}}. \tag{28}$$

Die Lösung der Differentialgleichung (26) für den zusätzlichen Pendelwinkel wird hiermit

$$\vartheta'' = \hat{\vartheta}'' \, e^{-(\varrho/2)t} \cos(\nu t + \gamma), \tag{29}$$

worin die Amplitude $\hat{\vartheta}''$ des Pendelwinkels und der Phasenwinkel γ als Integrationskonstanten anzusehen sind.

Für einen Synchrongenerator mit $T_a = 10$ s Anlaufzeit, einer Frequenz von 50 Hz und einer synchronisierenden Leistung von S_ϑ gleich dem zweifachen Wert der Nennleistung erhält man eine Pendelkreisfrequenz von

$$\nu = \sqrt{\frac{2\pi\, 50\, \mathrm{s}^{-1}\, 2}{10\, \mathrm{s}}} = 7{,}9\, \mathrm{s}^{-1} \qquad \text{oder} \qquad f_p = \nu/2\pi = 1{,}25\, \mathrm{Hz}.$$

Es treten also ziemlich langsame Schwingungen auf. Ihre Frequenz liegt fast stets in der gleichen Größenordnung, weil sich die Werte unter der Wurzel der Gl. (28) für die meisten Synchronmaschinen nur wenig unterscheiden.

Für das Abklingen der Eigenschwingungen erhält man bei einem Nennschlupf von $s_a = 10\%$, was einer mittelstarken Dämpfung entspricht, eine reziproke

Dämpfungskonstante nach Gl. (27) und (29) von

$$\frac{2}{\varrho} = 2 s_a T_a = 2 \cdot 0{,}1 \cdot 10\,\mathrm{s} = 2\,\mathrm{s}.$$

Die Pendelungen sind also praktisch nach 6 bis 8 s oder nach 8 bis 10 ganzen Schwingungen abgeklungen. *Abb. 6* zeigt ein Oszillogramm der Pendelschwingungen

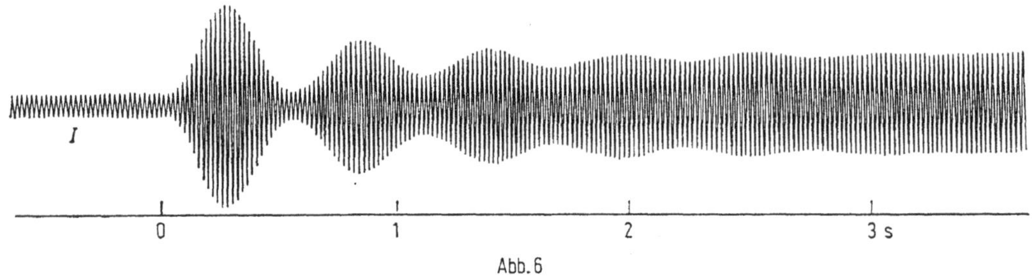

Abb. 6

des Stromes eines größeren Schenkelpolgenerators, der einen kräftigen Dämpferkäfig hat. Er läuft als Synchronmotor an einem großen Netz und wird plötzlich mechanisch belastet. Dabei schwingt er über den Dauerzustand mit einer Eigenfrequenz von 0,89 Hz hinaus, die Schwingungen klingen ziemlich schnell ab und sind bereits nach 3 bis 4 s verschwunden. *Abb. 7* zeigt andererseits ein Oszillogramm der Schwingungen des Stromes I und der Leistung P_w eines Schenkelpolgenerators von 30 MW bei 150 U/min nach unvollkommener Synchronisierung an das Netz. Da dieser Generator keine Dämpferwicklung hatte, dauern seine mechanischen Schwingungen, die eine Frequenz von 1,19 Hz haben, viel länger als 20 s, bis sie unter der Wirkung sekundärer Dämpfungskräfte allmählich verschwinden.

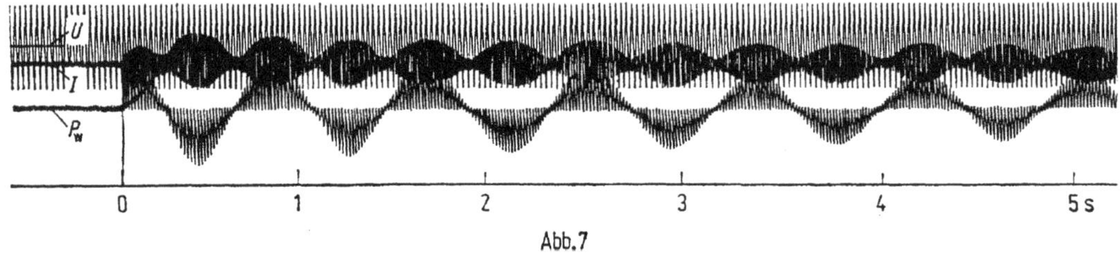

Abb. 7

c) Erzwungene Pendelschwingungen

Wenn die Antriebsleistung nach Gl. (25) periodische Schwingungen ΔP_M ausführt, so können wir ihre Grundschwingung der Kreisfrequenz λ ausdrücken durch

$$\Delta P_M(t) = P'_M\, e^{j\lambda t}. \tag{30}$$

Bei Kolbenmaschinenantrieb pflegen derartige Schwingungen durch die Änderung des Drehmomentes innerhalb jeder Umdrehung zu entstehen, wie es in *Abb. 8* dargestellt ist.

Wenn wir dieselben Abkürzungen für Abklingkoeffizient ϱ und Eigenkreisfrequenz ν wie in Gl. (27) und (28) benutzen, so erhalten wir für die stationären

Pendelungen aus Gl. (25)

$$\frac{d^2\vartheta'}{dt^2} + \varrho \frac{d\vartheta'}{dt} + \nu^2\vartheta' = \nu^2 \Lambda\, e^{j\lambda t}. \tag{31}$$

Darin ist mit

$$\Lambda = \frac{P'_M}{P_N S_\vartheta} = \frac{\omega_N}{T_a P_N} \frac{P'_M}{\nu^2} \tag{32}$$

eine Winkelamplitude bezeichnet, wie sie durch die Pendelleistung P'_M entsprechend Gl. (30) hervorgerufen würde, wenn keine Massenkräfte und Dämpfungen vorhanden wären. Man kann sie als eingeprägte Winkelamplitude auffassen.

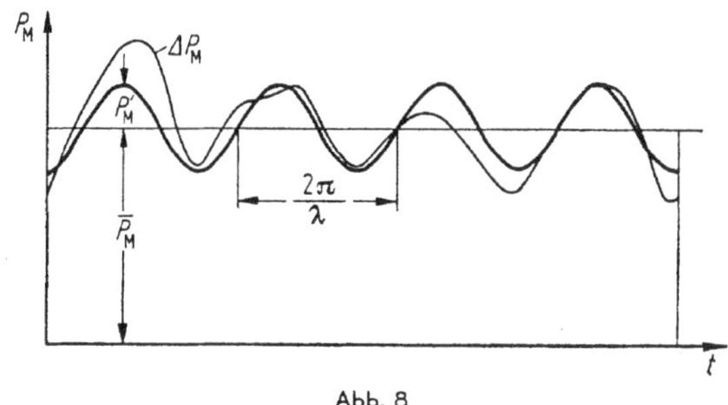

Abb. 8

Die Differentialgleichung (31) für die erzwungenen Pendelschwingungen lösen wir durch den Ansatz

$$\vartheta' = \hat{\vartheta}' e^{j\lambda t} \tag{33}$$

und erhalten damit die Winkelamplitude $\hat{\vartheta}'$ aus der Bedingungsgleichung

$$\hat{\vartheta}'(-\lambda^2 + j\varrho\lambda + \nu^2) = \nu^2 \Lambda. \tag{34}$$

Abgesehen von einer Phasenverschiebung gegenüber der Leistung der Antriebsmaschine wird die Amplitude des Pendelwinkels bei der erzwungenen Schwingung

$$\hat{\vartheta}' = \frac{\Lambda}{\sqrt{[1 - (\lambda/\nu)^2]^2 + (\varrho\lambda/\nu^2)^2}}. \tag{35}$$

Dies ist die wohlbekannte Resonanzformel, wie sie schon in Kapitel 4 für elektrische Schwingungen erhalten wurde. Für verschiedene Abklingkoeffizienten ϱ ist das Verhältnis der Winkelamplitude $\hat{\vartheta}'$ der erzwungenen Schwingung zur Pendelantriebskraft mit ihrem eingeprägten Winkel Λ in *Abb. 9* dargestellt.

Wenn die erzwungene Kreisfrequenz λ gleich der Eigenkreisfrequenz ν ist, so ergibt sich als Resonanzmaximum des Pendelwinkels

$$\hat{\vartheta}' = \frac{\nu}{\varrho} \Lambda = \frac{\omega_N}{\nu} s_a \frac{P'_M}{P_N}, \tag{36}$$

darin sind für ϱ und Λ ihre Werte nach Gl. (27) und (32) eingeführt. Bei einem Schenkelpolgenerator mit 20% Ungleichförmigkeit der Antriebsmaschine erhält man mit den früheren Zahlen im Resonanzfall eine Winkelamplitude

$$\hat{\vartheta}' = \frac{50}{1{,}25} \cdot 0{,}1 \cdot 0{,}2 \text{ rad} = 45{,}8^\circ.$$

Dies ist im allgemeinen ein unzulässiger Betrag, da er sehr starke Leistungsschwankungen im Netz hervorruft. Man muß die Eigenfrequenz daher entfernt von der erzwungenen Frequenz halten. Dazu ist nach Gl. (28) eine geeignete Wahl der Anlaufzeitkonstante T_a notwendig, da die synchronisierende Leistung nur selten frei gewählt werden kann. Man muß dabei beachten, daß sich die synchronisierende Leistung mit dem Belastungszustand der Maschine und der Pendelfrequenz nach *Abb. 4* erheblich ändert. Dies kann bis zu einem gewissen Grade zu einer Korrektur der Eigenfrequenz benutzt werden, indem man die Blindstromabgabe der Maschine ändert. Andererseits verbreitert sich die mögliche Resonanzzone, wenn zufällige Veränderungen der Blindbelastung eintreten.

Ist der Schlupf s_a in Gl. (36) sehr klein, wie es z. B. bei Vollpolläufern mit massivem Eisen und gut leitenden Dämpferkeilen der Fall ist, so erscheint ein Betrieb in der Resonanzlage möglich. Die asynchrone Dämpfung verhindert dann das Auftreten starker mechanischer Schwingungen.

Die erzwungene Amplitude der synchronen Pendelleistung nach Gl. (22), (32) und (35) ist

$$P'_s = P_N S_\vartheta \hat{\vartheta}' = \frac{P'_M}{\sqrt{[1-(\lambda/\nu)^2]^2 + (\varrho\lambda/\nu^2)^2}}. \qquad (37)$$

Sie gehorcht den gleichen Resonanzkurven wie in *Abb. 9*. Den Wert der asynchronen Pendelleistung leitet man am besten aus Gl. (31) oder (34) ab, worin sie die Größe des zweiten Gliedes bestimmt, während das dritte von der Synchronleistung herrührt. Für das Verhältnis aus der Summe der asynchronen und der

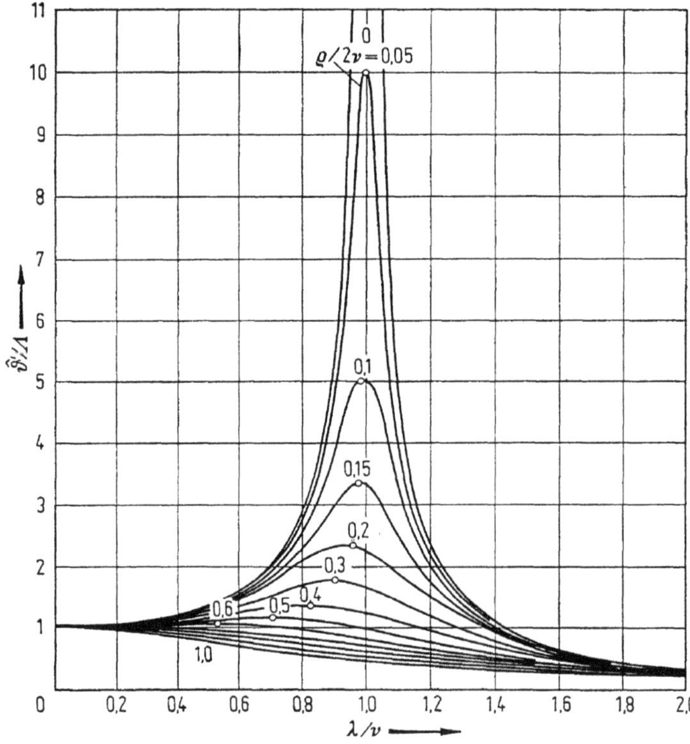

Abb. 9

synchronen Pendelleistungen zur synchronen Pendelleistung erhält man

$$\frac{P'_a + P'_s}{P'_s} = \left| \frac{j\varrho\lambda + \nu^2}{\nu^2} \right| = \sqrt{1 + (\varrho\lambda/\nu^2)^2}, \tag{38}$$

worin die rechte Seite den Betrag darstellt. Die gesamte Pendelleistung, die mit dem Netz ausgetauscht wird, ist dann mit Gl. (37)

$$P'_w = P'_a + P'_s = \sqrt{\frac{1 + (\varrho\lambda/\nu^2)^2}{[1 - (\lambda/\nu)^2]^2 + (\varrho\lambda/\nu^2)^2}}\, P'_M. \tag{39}$$

Das Verhältnis dieser elektrischen Netzleistung P'_w zu der schwingenden Antriebsleistung P'_M, abhängig von λ/ν, verläuft ähnlich der Kurvenschar in *Abb. 9*, jedoch erscheinen die Linien für starke Dämpfung gehoben und durchschreiten den Wert Eins beim $\sqrt{2}$fachen der Resonanzfrequenz. Daher wirkt die Dämpfung unterhalb des Wertes $\lambda/\nu = \sqrt{2}$ verkleinernd, oberhalb dieses Wertes jedoch vergrößernd auf die gesamte Pendelleistung.

d) Komplexe Synchronisierziffer

Schreibt man die Pendelgleichung (25) für eine bestimmte Pendelfrequenz f an, so kann man die Pendelgrößen als Zeiger darstellen und einführen:

$$\begin{aligned} \Delta\vartheta &= \underline{\hat{\vartheta}}\, e^{j2\pi f t}, \\ \frac{d\Delta\vartheta}{dt} &= \underline{\hat{\vartheta}}\, j\, 2\pi f\, e^{j2\pi f t}, \\ \frac{d^2\Delta\vartheta}{dt^2} &= -\underline{\hat{\vartheta}}\, 4\pi^2 f^2\, e^{j2\pi f t}, \\ \Delta P_M(f) &= P'_M\, e^{j2\pi f t}. \end{aligned} \tag{40}$$

Gl. (25) nimmt dann nach Division durch $e^{j2\pi f t}$ die Form an

$$\underline{\hat{\vartheta}} \left\{ -\frac{2\pi T_a}{f_N} f^2 + j\frac{1}{s_a f_N} f + S_\vartheta \right\} = \frac{P'_M}{P_N}. \tag{41}$$

Für die beiden letzten Summanden in der Klammer läßt sich zusammenfassend schreiben

$$\underline{k}_\vartheta = S_\vartheta + j\frac{1}{s_a f_N} f, \tag{42}$$

so daß man schließlich erhält

$$\underline{\hat{\vartheta}} \left\{ -\frac{2\pi T_a}{f_N} f^2 + \underline{k}_\vartheta \right\} = \frac{P'_M}{P_N}. \tag{43}$$

$\underline{k}_\vartheta$ ist die komplexe Synchronisierziffer, deren Realteil den synchronisierenden Anteil und deren Imaginärteil den dämpfenden Anteil des Drehmomentes wiedergibt. Sie kann unmittelbar aus den — ebenfalls komplexen — Reaktanzoperatoren

$\mathfrak{x}_q(f)$ und $\mathfrak{x}_d(f)$ (vgl. Abschnitt 15e) der Synchronmaschine errechnet werden zu

$$\underline{k}_\vartheta = p_b + u^2 \left[\frac{\cos^2\vartheta}{\mathfrak{x}_q(f)} + \frac{\sin^2\vartheta}{\mathfrak{x}_d(f)}\right]. \tag{44}$$

Vorteilhaft an diesem Vorgehen ist, daß hierbei keine geschlossene Dämpferwicklung vorausgesetzt werden muß und daß auch die dämpfenden Einflüsse der Erregerwicklung genau erfaßt werden können. Es ist weiterhin möglich, auch die Einflüsse schnellwirkender Spannungsregler sowie die Wirkwiderstände der Ständerwicklung in die Rechnung einzuführen. Die Beziehungen werden dabei jedoch wesentlich komplizierter als in Gl. (44), so daß sie nur mittels programmgesteuerter Digitalrechner mit erträglichem Aufwand zu lösen sind.

Abb. 10 zeigt den Verlauf der komplexen Synchronisierziffer für einen 3,3-MVA-Generator bei verschiedenen Betriebszuständen. Realteil und Imaginärteil sind

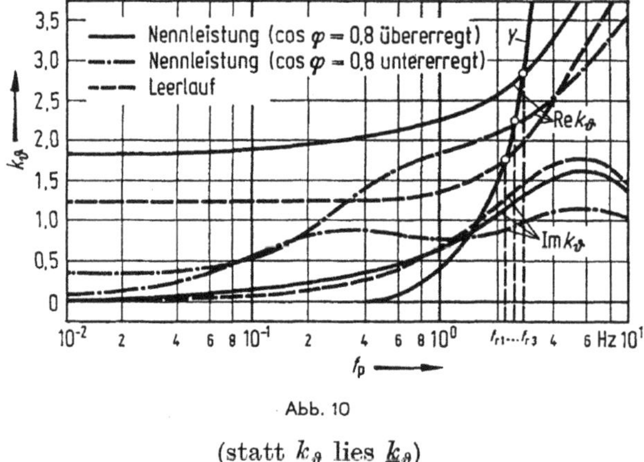

Abb. 10

(statt k_ϑ lies $\underline{k}_\vartheta$)

hierbei getrennt aufgetragen. Der Realteil entspricht der in *Abb. 4* gezeigten synchronisierenden Leistung. Der Imaginärteil, der der dämpfenden Leistung entspricht, zeigt einen oder zwei Buckel, von denen der Buckel bei rd. 5 Hz Pendelfrequenz von der Wirkung der Dämpferwicklung, der Buckel bei rd. 0,3 Hz von der dämpfenden Wirkung der Erregerwicklung herrührt. Da beim Pendeln um den Polradwinkel Null nicht in die Erregerwicklung induziert wird, kommt dieser Dämpfungsanteil erst mit steigendem Polradwinkel (also bei Wirkbelastung oder bei Untererregung) zur Wirkung.

Aus den Kurven der komplexen Synchronisierziffer kann leicht auf das Schwingungsverhalten des Aggregates geschlossen werden. Der Resonanzzustand (Phasenresonanz) ist dann gegeben, wenn der Realteil des Klammerausdruckes in Gl. (43) verschwindet. Da der erste Summand in der Klammer reell ist, kann man die Lösung graphisch finden, indem man die Kurve des Realteils der komplexen Synchronisierziffer mit der Schwungmomentkurve

$$Y = \frac{2\pi T_a}{f_N} f^2 \tag{45}$$

zum Schnitt bringt. In *Abb. 10* ist die Schwungmomentkurve für

$$Y = \frac{2\pi T_a}{f_N} f^2 = \frac{2\pi\, 3\,\mathrm{s}}{50\ \mathrm{Hz}} f^2$$

eingetragen, und man findet auf diese Weise für die drei Betriebszustände die Resonanzfrequenzen

$$f_{r1} = 2{,}1\ \text{Hz},$$
$$f_{r2} = 2{,}4\ \text{Hz},$$
$$f_{r3} = 2{,}7\ \text{Hz}.$$

Die Einschwingfrequenz f_e, mit der sich die Maschine auf einen neuen Lastzustand einpendelt, liegt bei guter Dämpfung merklich unterhalb der Resonanzfrequenz. Man kann sie aus der Resonanzfrequenz näherungsweise ermitteln zu

$$f_e = f_r \sqrt{1 - \left[\frac{\operatorname{Im} \underline{k}_\vartheta}{2 \operatorname{Re} \underline{k}_\vartheta}\right]^2}. \tag{46}$$

Das logarithmische Dekrement des Einschwingvorganges ergibt sich hierbei zu

$$\Gamma = \frac{2\pi}{\sqrt{\left\{\frac{2 \operatorname{Re} \underline{k}_\vartheta}{\operatorname{Im} \underline{k}_\vartheta}\right\}^2 - 1}}. \tag{47}$$

Für den Imaginärteil $\operatorname{Im} \underline{k}_\vartheta$ und den Realteil $\operatorname{Re} \underline{k}_\vartheta$ der komplexen Synchronisierziffer sind in Gl. (46) und (47) diejenigen Werte einzusetzen, die bei Resonanzfrequenz gelten.

Eine abklingende Pendelschwingung stellt sich dann ein, wenn der Imaginärteil von $\underline{k}_\vartheta$ bei der Resonanzfrequenz positive Werte aufweist. Bei Schenkelpolmaschinen ohne geschlossene Dämpferwicklung ist der Imaginärteil beim Betrieb mit kleinem Polradwinkel sehr gering, da auch die Erregerwicklung hier nicht zur Dämpfung beiträgt. Ist die Maschine darüber hinaus über längere, schwach bemessene Zuleitungen, also mit großem ohmschen Widerstand mit dem Netz verbunden, so kann der Imaginärteil in bestimmten Frequenzbereichen negativ werden. Liegt die Resonanzfrequenz in diesem Frequenzbereich, dann führt die Synchronmaschine bei ruhigem Moment der Antriebsmaschine andauernde Pendelungen mit Resonanzfrequenz aus. Diese sogenannten „selbsterregten Pendelungen" haben keine eigentliche auslösende Ursache, sondern besagen, daß die Dämpfung des gesamten Schwingungssystems negativ ist. Auch ungünstig eingestellte Spannungs- und Drehzahlregler können die Dämpfung vermindern und so zum Auftreten selbsterregter Pendelungen beitragen (vgl. Kapitel 26).

Die in Abschnitt c) anhand vereinfachter Annahmen abgeleiteten Beziehungen für die Winkelamplitude und die Leistungsabweichung bei erzwungenen Pendelungen können auch mittels der komplexen Synchronisierziffer berechnet werden. Man erhält so für den Zeiger des Pendelwinkels

$$\underline{\vartheta}' = \frac{\underline{P}'_M}{P_N}\left(\frac{1}{\underline{k}_{\vartheta(f)} - \frac{2\pi T_a}{f_N} f^2}\right), \tag{48}$$

und für den Zeiger der Pendelleistung

$$\underline{P}'_w = \underline{P}'_M\left(\frac{\underline{k}_{\vartheta(f)}}{\underline{k}_{\vartheta(f)} - \frac{2\pi T_a}{f_N} f^2}\right), \tag{49}$$

e) Pendelschwingungen von Asynchronmotoren

Asynchronmotoren können bezüglich ihres Pendelverhaltens als Synchronmaschinen aufgefaßt werden, die

1. keine Erregung und Erregerwicklung haben,
2. deren Läuferausführung in Längs- und Querachse keinen Unterschied aufweist.

Aus Gl. (44) erhalten wir für diese Maschine wegen $\underline{x}_q(f) = \underline{x}_d(f)$

$$\underline{k}_\vartheta = p_b + \frac{u^2}{\underline{x}(f)}. \tag{50}$$

Den Reaktanzoperator $\underline{x}(f)$ kann man aus dem Reaktanzoperator für die Querachse der Synchronmaschine Kapitel 15 herleiten, indem wir setzen

$x_q = x_L$ die relative Leerlaufreaktanz des Asynchronmotors gemessen im synchronen Lauf,

$x_q'' = x_K$ die relative Kurzschlußreaktanz des Asynchronmotors gemessen in festgebremstem Zustand,

$T_q'' = T_K$ die Kurzschlußzeitkonstante des Asynchronmotors.

Wir erhalten somit

$$\frac{1}{\underline{x}(f)} = \frac{1}{x_L} + \left(\frac{1}{x_K} - \frac{1}{x_L}\right) \frac{\mathrm{j}\, 2\pi f T_K}{1 + \mathrm{j}\, 2\pi f T_K}. \tag{51}$$

Die relative Blindleistung des Asynchronmotors im synchronen Lauf beträgt

$$p_b = \frac{u^2}{x_L}, \tag{52}$$

und als Zusammenhang zwischen der Kurzschlußzeitkonstanten T_K und dem Kippschlupf s_k des Motors gilt

$$T_K = \frac{1}{2\pi f_N s_k}. \tag{53}$$

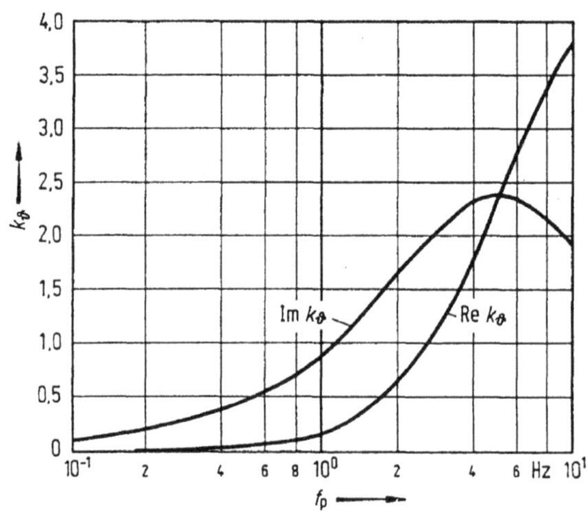

Abb. 11

(statt k_ϑ lies $\underline{k}_\vartheta$)

Aus Gl. (50) bis (53) läßt sich die komplexe Synchronisierziffer des Asynchronmotors ableiten zu

$$\underline{k}_\vartheta = u^2 \left(\frac{1}{x_K} - \frac{1}{x_L}\right) \frac{\mathrm{j}f}{f_N s_k + \mathrm{j}f}. \tag{54}$$

Die Gl. (51) und (53) gelten streng nur für Schleifringläufer, man kann sie aber auch näherungsweise für Käfigläufer mit Stromverdrängung benutzen.

Abb. 11 zeigt den Verlauf der so ermittelten komplexen Synchronisierziffer für einen Asynchronmotor mit $x_L = 5$, $x_K = 0{,}2$ und $s_k = 0{,}1$. Es ist bemerkenswert, daß bei höheren Pendelfrequenzen auch ein Realteil, d. h. eine synchronisierende Leistung, auftritt. Der Asynchronmotor ist also in der Lage, in diesem Frequenzbereich sowohl freie als auch erzwungene Pendelungen auszuführen, die mit den in Abschnitt d) gezeigten Methoden behandelt werden können.

Falls dabei das logarithmische Dekrement nach Gl. (47) imaginär wird, handelt es sich um einen aperiodischen Einschwingvorgang. Bei großem Schwungmoment des Motors und der angeschlossenen Arbeitsmaschine tritt ein aperiodischer Verlauf auf. Liegt dagegen die Anlaufzeitkonstante in der Größenordnung der Kurzschlußzeitkonstanten oder darunter, so kommt es zu Schwingungen. Infolge dieses Schwingungsvorganges kann während des Hochlaufs die synchrone Drehzahl überschritten werden, wie es sich in den Oszillogrammen von *Abb. 12* zeigt.

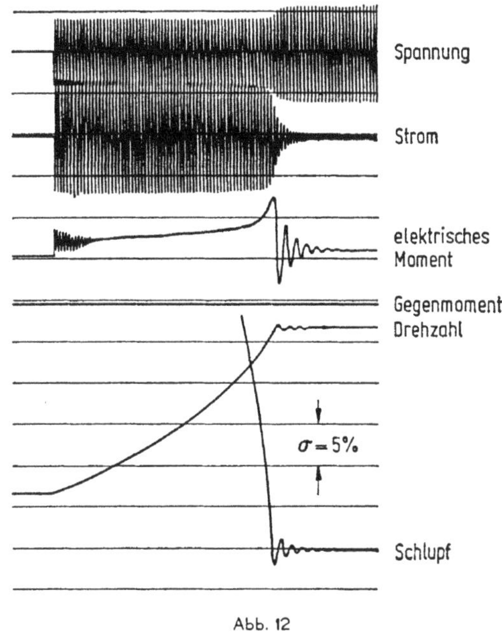

Abb. 12

f) Pendelschwingungen in Mehrmaschinensystemen

Zur Bestimmung der Pendelschwingungen der zahlreichen Synchronmaschinen eines Gesamtnetzes muß man jede für sich betrachten, da jede eine selbständige synchronisierende Leistung in das Gesamtsystem einbringt. Dagegen fassen wir alle parallel betriebenen Asynchronmotoren in ihrer Wirkung zusammen, da in praktischen Fällen ihr Einfluß ohnehin nicht sehr groß ist und die einzelnen Kenngrößen kaum bekannt sind. Die Nennleistung P_{NA} und die Anlaufzeitkonstante T_{aA} des Ersatz-Asynchronmotors berechnen sich aus den Werten für die n parallellaufenden Motoren zu

$$P_{NA} = \sum_n P_{Nn} \tag{55}$$

und

$$T_a = \frac{1}{P_{NA}} \sum_n P_{Nn} T_{an}. \tag{56}$$

Wir erhalten dann das Schema der *Abb. 13,* in dem eine Reihe von Synchrongeneratoren auf eine gemeinsame Sammelschiene arbeiten, der der Zeiger $\underline{E}_n$ der Netzspannung zugeordnet ist und von der alle Asynchronmaschinen des Netzes mit ihren gesamten Schwungleistungen S_n gespeist werden. *Abb. 14* stellt das

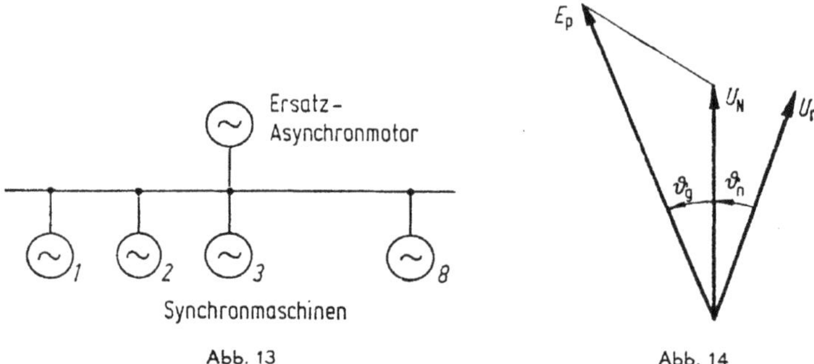

Abb. 13

Abb. 14

Zeigerdiagramm der Spannungen dar. Der Zeiger $\underline{U}_N$ der Netzspannung kann um den Winkel ϑ_n gegen einen gleichmäßig rotierenden Zeiger $\underline{U}_r$ schwingen, die Zeiger $\underline{E}_p$ der Polradspannung jedes Generators können um die Winkel ϑ_1, ϑ_2, ϑ_3, ... gegen den Zeiger der Netzspannung schwingen.

Wenn wir jetzt nur die Abweichung vom synchronen Zustand betrachten und die Dämpfung der Einfachheit halber vernachlässigen, so erhalten wir aus Gl. (25) für jede der Synchronmaschinen mit dem Index 1, 2, 3 nacheinander folgende Gleichungen für die Leistungsbilanz:

$$\begin{aligned} S_{\vartheta 1}\,\Delta\vartheta_1 + \frac{T_{a1}}{\omega_N}\,\frac{d^2(\Delta\vartheta_1 - \Delta\vartheta_n)}{dt^2} &= 0, \\ S_{\vartheta 2}\,\Delta\vartheta_2 + \frac{T_{a2}}{\omega_N}\,\frac{d^2(\Delta\vartheta_2 - \Delta\vartheta_n)}{dt^2} &= 0, \\ \dots\dots\dots\dots\dots\dots \end{aligned} \tag{57}$$

und für die Ersatz-Asynchronmaschine die Gleichung

$$S_{\vartheta A}\,\Delta\vartheta_A + \frac{T_{aA}}{\omega_N}\,\frac{d^2(\Delta\vartheta_A - \Delta\vartheta_N)}{dt^2} = 0. \tag{58}$$

Als $S_{\vartheta A}$ ist hierbei der Realteil der nach Gl. (54) berechneten komplexen Synchronisierziffer $\underline{k}_\vartheta$ einzusetzen.

Alle synchronen Leistungen nach Gl. (57) werden elektrisch an das Netz abgegeben und beschleunigen daher die Schwungmassen des Ersatz-Asynchronmotors. Die Energiebilanz des Netzes wird also dargestellt durch

$$P_{\mathrm{N}1} S_{\vartheta 1}\, \Delta\vartheta_1 + P_{\mathrm{N}2} S_{\vartheta 2}\, \Delta\vartheta_2 + \cdots P_{\mathrm{NA}} S_{\vartheta \mathrm{A}}\, \Delta\vartheta_{\mathrm{A}} = 0\,. \tag{59}$$

Wir wollen dieses System linearer Differentialgleichungen dadurch lösen, daß wir für die einzelnen Winkel $\Delta\vartheta_1$, $\Delta\vartheta_2, \ldots, \Delta\vartheta_n$ harmonische Funktionen

$$\Delta\vartheta = \hat{\vartheta} \cos \nu t$$

und

$$\frac{\mathrm{d}^2 \Delta\vartheta}{\mathrm{d}t^2} = -\nu^2 \hat{\vartheta} \cos \nu t \tag{60}$$

ansetzen, die die Winkelamplituden $\hat{\vartheta}_1$, $\hat{\vartheta}_2, \ldots, \hat{\vartheta}_n$ haben, und wollen versuchen, die Schwingungsfrequenz ν dieser Amplituden zu bestimmen, die mit dem Gleichungssystem verträglich ist. Wenn wir als Abkürzung die starren Schwingungsfrequenzen ν_1, ν_2 usw.

$$\frac{\omega_{\mathrm{N}} S_{\vartheta 1}}{T_{\mathrm{a}1}} = \nu_1^2, \qquad \frac{\omega_{\mathrm{N}} S_{\vartheta 2}}{T_{\mathrm{a}2}} = \nu_2^2 \quad \text{usw.} \tag{61}$$

einführen, die jede der Maschinen nach Gl. (57) und (58) an einem unendlich starren Netz mit $\Delta\vartheta_n = 0$ haben, so erhalten wir aus dieser selben Gleichung für die Amplituden das Gleichungssystem

$$\begin{aligned} \nu_1^2 \hat{\vartheta}_1 - \nu^2 (\hat{\vartheta}_1 - \hat{\vartheta}_n) &= 0\,, \\ \nu_2^2 \hat{\vartheta}_2 - \nu^2 (\hat{\vartheta}_2 - \hat{\vartheta}_n) &= 0\,, \\ \cdots\cdots\cdots\cdots\cdots\cdots \\ \nu_{\mathrm{A}}^2 \hat{\vartheta}_{\mathrm{A}} - \nu^2 (\hat{\vartheta}_{\mathrm{A}} - \hat{\vartheta}_n) &= 0\,. \end{aligned} \tag{62}$$

Das Verhältnis der Winkelamplituden des Polrades des Generators zu den Amplituden der Netzspannung ergibt sich daraus zu

$$\begin{aligned} \frac{\hat{\vartheta}_1}{\hat{\vartheta}_n} &= \frac{\nu^2}{\nu_1^2 - \nu^2}\,, \\ \frac{\hat{\vartheta}_2}{\hat{\vartheta}_n} &= \frac{\nu^2}{\nu_2^2 - \nu^2}\,, \quad \text{usw.} \end{aligned} \tag{63}$$

Ferner folgt aus Gl. (59) die Amplitudengleichung

$$P_{\mathrm{N}1} S_{\vartheta 1} \hat{\vartheta}_1 + P_{\mathrm{N}2} S_{\vartheta 2} \hat{\vartheta}_1 + \cdots P_{\mathrm{NA}} S_{\vartheta \mathrm{A}} \hat{\vartheta}_{\mathrm{A}} = 0\,. \tag{64}$$

Setzt man hier die einzelnen Winkelamplituden des Polrades des Generators nach Gl. (63) ein, so ergibt sich

$$\hat{\vartheta}_n \nu^2 \left\{ \frac{P_{\mathrm{N}1} S_{\vartheta 1}}{\nu_1^2 - \nu^2} + \frac{P_{\mathrm{N}2} S_{\vartheta 2}}{\nu_2^2 - \nu^2} + \cdots \frac{P_{\mathrm{NA}} S_{\vartheta \mathrm{A}}}{\nu_{\mathrm{A}}^2 - \nu^2} \right\} = 0\,. \tag{65}$$

$\hat{\vartheta}_n$ kann nach Gl. (65) nur dort von Null abweichende Werte annehmen, wo einer der übrigen Faktoren gleich Null ist, also

$$\nu^2 = 0 \tag{66}$$

und die Wurzeln von

$$\frac{P_{N1} S_{\vartheta 1}}{\nu_1^2 - \nu_2} + \frac{P_{N2} S_{\vartheta 2}}{\nu_2^2 - \nu_2} + \cdots \frac{P_{NA} S_{\vartheta A}}{\nu_A^2 - \nu^2} = 0. \tag{67}$$

Die erste Wurzel bedeutet, daß der Netzspannungszeiger und alle Zeiger der Polradspannung gemeinsam gegenüber dem gleichmäßig rotierenden Zeiger von *Abb. 14* fortlaufen können. Die Wurzeln von Gl. (67) liefern die Frequenzen, mit denen die Polradspannungen im Netz vorhandener Maschinen gegeneinander pendeln können. Aus dieser Gleichung lassen sich also die Eigenfrequenzen der zusammengekuppelten Maschinen bestimmen.

Es erhebt sich aber zunächst noch die Frage, wie der frequenzabhängige Wert der Synchronisierziffer S_ϑ bei den verschiedenen Maschinen zu behandeln ist. Bei genauerer Rechnung müßte jeweils der für die gerade betrachtete Frequenz ν gültige Wert eingesetzt werden. Da es bei den Synchronmaschinen aber vor allem auf Genauigkeit in der Umgebung der Resonanzfrequenzen ν_1, ν_2, ν_3 usw. ankommt, genügt es, den bei dieser Resonanzfrequenz gültigen Wert einzusetzen. Üblicherweise liegt er in der Nähe des transienten Wertes. Bei Asynchronmotoren schwankt der Wert $S_{\vartheta A}$ allerdings in weitem Maße und geht für sehr niedrige Frequenzen gegen Null. Hier empfiehlt es sich, $S_{\vartheta A}$ frequenzabhängig einzusetzen.

Wir lösen die Bedingungsgleichung am besten graphisch, indem wir schreiben

$$\frac{P_{N1} S_{\vartheta 1}}{\nu_1^2 - \nu^2} + \frac{P_{N2} S_{\vartheta 2}}{\nu_2^2 - \nu^2} + \cdots = -\frac{P_{NA} S_{\vartheta A}}{\nu_A^2 - \nu^2} \tag{68}$$

und die linke Seite von Gl. (68) über der Abszisse ν^2 auftragen und sie zum Schnitt mit der rechten Seite bringen.

Die Lösungen für die zu den einzelnen Generatoren gehörigen Ausdrücke der linken Seite ergeben in dieser Darstellung Hyperbeln, deren Asymptoten die ν^2-Achse und die jeweils zugehörigen Geraden $\nu^2 = \text{const} = \nu_1^2, \nu_2^2, \nu_3^2$ usw. sind. Die aus allen für die einzelnen Generatoren gültigen Ausdrücke überlagerte Kurve ist in *Abb. 15* als ausgezogene Kurve dargestellt. Gestrichelt ist die Kurve für den Ersatz-Asynchronmotor. Die Kurve für die Generatoren steigt hyperbelartig an, hat für $\nu = \nu_1, \nu_2, \nu_3$ usw. Pole, in denen sie von $+\infty$ auf $-\infty$ springt, und schneidet in ihrem Verlauf die Kurve für die Motoren so viele Male, wie Generatoren vorhanden sind. Die Schnittpunkte ν', ν'', ν''' usw. stellen die Lösungen der Gl. (68) und daher die Eigenkreisfrequenz dar, mit denen die Polräder der Generatoren gegeneinander schwingen können. Für n unterschiedliche Generatoren ergeben sich n Eigenfrequenzen, sie sind alle etwas höher als die Frequenzen der Generatoren am starren Netz.

Ist die im Netz vorhandene Leistung der Asynchronmotoren gering, so rückt die Kurve für Motoren in *Abb. 15* gegen die ν^2-Achse hin. Die Eigenfrequenzen werden alle größer und verschieben sich auf den nächst höheren starren Wert zu. Ohne Motorleistung haben die n Generatoren nur noch $(n-1)$ Eigenfrequenzen, mit denen die Polräder gegeneinander schwingen können.

Die Nullstelle bei $\nu^2 \to \infty$ bedeutet, daß sich der Netzspannungszeiger mit großer Geschwindigkeit bewegen kann, während die Zeiger der Polradspannungen in Ruhe bleiben. Dieser Fall tritt im ersten Augenblick nach Laststößen auf. Auch bei instabil eingestellten Spannungsreglern kann im Mehrmaschinensystem unter Umständen beobachtet werden, daß der Netzspannungszeiger mit einer hohen Frequenz pendelt, bei der die Zeiger der Polradspannungen kaum noch teilnehmen.

Haben alle Generatoren gleiche Eigenfrequenzen am starren Netz, so werden diese $(n-1)$ Eigenfrequenzen einander gleich und gleich der Eigenfrequenz am starren Netz.

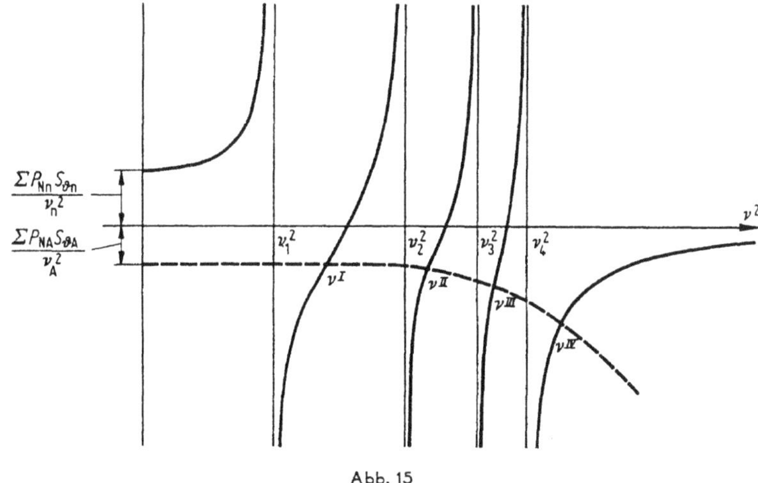

Abb. 15

Die Polräder sämtlicher Maschinen zusammengeschlossener Kraftwerke und Netze können eine erhebliche Zahl von Eigenschwingungen ausführen. Die Mindestzahl der Frequenzen ist bei lauter gleichen Generatoren 2, die Höchstzahl ist gegeben durch die Zahl der Synchronmaschinen mit unterschiedlichen Kenngrößen. Die Frequenzen verschieben sich nicht nur mit jeder Änderung der starren Eigenfrequenzen ν_1, ν_2, ν_3 usw. der Maschinen (etwa durch Ändern ihrer Erregung oder Belastung) und nicht nur durch Zu- oder Abschaltung von Synchronmaschinen, sondern auch durch Änderung der Zahl oder Belastung der im Betrieb befindlichen Motoren und ihrer Arbeitsmaschinen. Alle diese Schwingungen laufen durcheinander, so daß ein ausgedehntes Netz mit zahlreichen Synchronmaschinen eine große Zahl von Eigenfrequenzen hat.

Während die Amplituden $\hat{\vartheta}_n$ aller dieser Netz-Eigenschwingungen von gleicher Größenordnung sein können, hebt sich für jeden einzelnen Generator eine bestimmte Schwingung in ausgeprägter Weise heraus. Die Amplitude $\hat{\vartheta}_1$ des Pendelwinkels des Generators 1 z.B. bestimmt sich nach Gl. (61) aus einem Quotienten, dessen Nenner durch die Differenz des Quadrates der Kreisfrequenz ν_1 und des Quadrates der betrachteten Eigenkreisfrequenz ν gegeben ist. Diese Differenz hat nun einen besonders kleinen Wert nur für diejenige Eigenkreisfrequenz ν', die gerade der starren Eigenkreisfrequenz ν_1 benachbart ist. Für alle anderen Eigenkreisfrequenzen ν'', ν''' usw. ist die Differenz im Nenner dagegen viel größer. Daher erhält der Generator 1 nur erhebliche Amplituden $\hat{\vartheta}_1$ des Pendelwinkels für diese benachbarte Kreisfrequenz ν', für alle anderen Eigenkreisfrequenzen führt er nur schwache Schwingungen aus. Jeder Generator hat also eine überwiegende Amplitude des Pendelwinkels für diejenige Eigenfrequenz, die seiner starren Netzfrequenz unmittelbar benachbart ist. Bei Schwingungsanregung durch ein pulsierendes Antriebsmoment einer Maschine kann es vorkommen, daß das Polrad dieser Maschine selbst nur schwach pendelt, während das Polrad einer anderen Maschine, das besser auf die Pulsfrequenz abgestimmt ist, sehr große Pendelausschläge zeigt.

Auch bei Schwingungsanregung durch Belastungsstöße führt die Schwungmasse jeder einzelnen Synchronmaschine vorwiegend eine einzige starke Schwingung aus, der schwache Schwingungsamplituden aller anderen synchronen und asynchronen Schwungmassen im Gegentakt entgegenwirken. Jeder Maschine werden also von sämtlichen anderen Synchronmaschinen deren einzelne Eigenschwingungen nur in schwachem Maße aufgedrückt. Im Netz lagern sich alle diese Schwingungen mit gleicher Größenordnung übereinander, das Schwingungspaket kann hier zu ganz unregelmäßigen Interferenzen führen, die sehr verwickelt erscheinende Frequenzschwankungen und Ausgleichsleistungen zwischen den einzelnen Netzteilen zur Folge haben können.

24. Laststöße auf Drehstrommaschinen

Wenn sich die elektrische oder mechanische Belastung einer Synchronmaschine plötzlich ändert, so muß ihr Polradwinkel von einem stationären Zustand in einen anderen übergehen. Da dieser Übergang aber wegen der Schwungmassen der Pole nicht immer plötzlich eintreten kann, so wird er durch Ausgleichsschwingungen vermittelt, deren Amplitude und Verlauf wir berechnen wollen. Zunächst beschränken wir uns auf kleine Schwingungen, deren synchronisierende Kräfte wir als konstant ansehen dürfen. Dann sind der Pendelwinkel ϑ'' und der Pendelschlupf s'' der freien Ausgleichsschwingungen nach Gl. (26) und (27) von Kapitel 23

$$\begin{aligned} \vartheta'' &= \hat{\vartheta}'' \mathrm{e}^{-\frac{\varrho}{2}t} \cos(\nu t + \gamma), \\ s'' &= \hat{s}''\, \mathrm{e}^{-\frac{\varrho}{2}t} \sin(\nu t + \gamma), \end{aligned} \tag{1}$$

wobei der Zusammenhang der Amplituden $\hat{\vartheta}''$ und $\hat{s}''$ gegeben ist durch

$$\hat{s}'' = \frac{\nu}{\omega_\mathrm{N}} \hat{\vartheta}''. \tag{2}$$

a) Einschaltschwingungen

Wir wollen den Fall betrachten, daß eine Synchronmaschine im richtig erregten Zustand plötzlich auf ein gegebenes Netz geschaltet wird, daß aber weder die Phasen der Polradspannung und der Netzspannung noch die Frequenzen genau übereinstimmen. Es möge vielmehr ein Phasenunterschied ϑ_0 und ein Frequenzunterschied oder ein Schlupf s_0 vorhanden sein. Im Schaltaugenblick stellen alsdann die Ausgleichswerte von Gl. (1) unmittelbar die Differenz der stationären Werte vor und nach dem Schalten dar. Wir erhalten also als Grenzbedingung für $t = 0$

$$\begin{aligned} \hat{\vartheta}'' \cos\gamma &= \vartheta_0, \\ -\frac{\nu}{\omega_\mathrm{N}} \hat{\vartheta}'' \sin\gamma &= s_0. \end{aligned} \tag{3}$$

Nach Division beider Gleichungen entnehmen wir den Phasenwinkel der freien Schwingungen aus

$$\tan\gamma = -\frac{\omega_\mathrm{N}}{\nu} \frac{s_0}{\vartheta_0}. \tag{4}$$

Setzen wir dies in die erste Gl. (3) ein, so ergibt sich die Winkelamplitude der Schwingung zu

$$\hat{\vartheta}'' = \frac{\vartheta_0}{\cos\gamma} = \vartheta_0 \sqrt{1 + \tan^2\gamma} = \sqrt{\vartheta_0^2 + \left(\frac{\omega_N}{\nu}\right)^2 s_0^2} \tag{5}$$

und daraus nach Gl. (2) die Schlupfamplitude zu

$$\hat{s}'' = \sqrt{\left(\frac{\nu}{\omega_N}\right)^2 \vartheta_0^2 + s_0^2}. \tag{6}$$

Die Amplitude der Ausgleichsschwingungen ist also sowohl durch den Phasenunterschied als auch durch den Frequenzunterschied beim Einschalten bestimmt, und da die Quadrate beider wirksam sind, so können diese Unterschiede sich niemals kompensieren, sondern verstärken sich stets, unabhängig von ihrem Vorzeichen.

Schaltet man die Maschine mit genau richtiger Drehzahl oder Frequenz ein, also mit $s_0 = 0$, jedoch mit einem Phasenunterschied von beispielsweise $\vartheta_0 = 30°$ Nacheilung, so wird der Läufer vom Netz in die synchrone Lage vorgezogen, durchschreitet diese mit einer von der synchronen Frequenz abweichenden Frequenz oder mit einem Schlupf, dessen Amplitude nach Gl. (6) beträgt

$$\hat{s}'' = \frac{\nu}{\omega_N} \vartheta_0, \tag{7}$$

und schwingt bis zum Betrage $-\vartheta_0$ nach der anderen Seite über die Gleichgewichtslage hinaus. Die Schwingungsamplituden vermindern sich allmählich nach Maßgabe des Abklingkoeffizienten $\varrho/2$, der auch schon die erste Schwingungsamplitude etwas verringert.

Schaltet man die Maschine andererseits bei genau richtiger Phasenlage ein, also mit $\vartheta_0 = 0$, jedoch mit einer von der synchronen Frequenz etwas abweichenden Frequenz entsprechend einem Schlupf s_0, so schwingt der Polradwinkel nach dem Einschalten sofort über die Gleichgewichtslage hinaus, und zwar nach Gl. (5) bis zu einem Phasenwinkel

$$\hat{\vartheta}'' = \frac{\omega_N}{\nu} s_0, \tag{8}$$

und nähert sich dem Endzustand ebenfalls in gedämpften Schwingungen.

Gl. (7) und (8) drücken die Äquivalenzgesetze von Frequenz- und Phasenunterschied aus. Beispielsweise entspricht einem Drehzahlunterschied (Schlupf) von 1% bei richtiger Phasenlage $\vartheta_0 = 0$, einer Nennfrequenz von 50 Hz und einer Pendelfrequenz von 1,25 Hz nach Gl. (8) ein Winkelfehler von

$$\hat{\vartheta}'' = \frac{50}{1{,}25}\,\frac{1}{100}\ \text{rad} = 0{,}4\ \text{rad} = 0{,}4\,\frac{180°}{\pi} = 23°.$$

Diesem Winkel entspricht bereits ein erheblicher Teil der Nennleistung der Maschine. Schaltet man bei einem Phasenunterschied $\vartheta_0 = 20°$ und 1% Drehzahlunterschied ein, so erhält man nach Gl. (5) unter Berücksichtigung der vorigen Gleichung eine Winkelamplitude von

$$\hat{\vartheta}'' = \sqrt{(20°)^2 + (23°)^2} = 30{,}5°,$$

die von entsprechend heftigen Leistungspendelungen begleitet ist. Je nach der Dämpfung der Maschine entsprechend Gl. (1) wird der wirkliche Winkelausschlag nach einer halben Schwingungsperiode bereits merkbar verkleinert. In *Abb. 1*

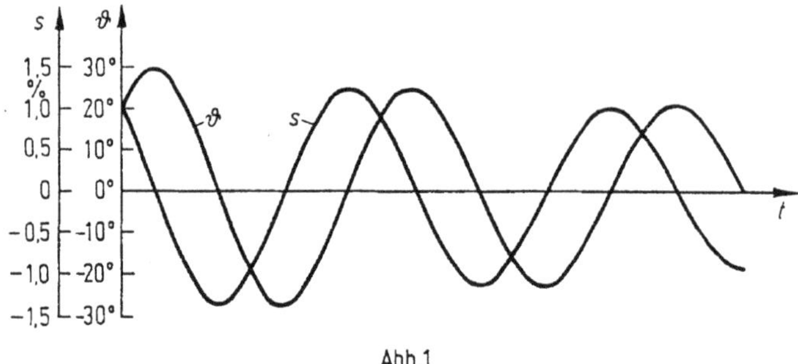

Abb.1

sind diese Verhältnisse dargestellt. Man muß also auf recht genaue Frequenzgleichheit achten, wenn man beim Synchronisieren unerwartet starkes Überschwingen mit entsprechend großen Leistungspendelungen vermeiden will. Die Größe dieser Pendelleistungen erhält man am einfachsten aus Gl. (22) von Kapitel 23 zu

$$P_{\mathrm{w}} = S_\vartheta P_{\mathrm{N}} \hat{\vartheta}'', \tag{9}$$

und dies liefert mit einer Synchronisierziffer $S_\vartheta = 2{,}0$ für das oben erwähnte Beispiel

$$P_{\mathrm{w}} = 2\,\frac{30{,}5^\circ}{180^\circ/\pi}\,P_{\mathrm{N}} \approx 1{,}1\,P_{\mathrm{N}},$$

also bereits mehr als die Nennleistung der Maschine. Für die Beurteilung des Synchronisierens ist es bequem, die Dauer einer Pendelperiode

$$\tau = \frac{2\pi}{\nu} \tag{10}$$

einzuführen und die Dauer einer Schwebungsperiode der zusammenzuschaltenden Spannungen, die dem Frequenzunterschied umgekehrt proportional ist,

$$\tau' = \frac{2\pi}{s_0 \omega_{\mathrm{N}}}. \tag{11}$$

Dann erhält man die Amplitude des Überschwingwinkels nach dem Einschalten aus Gl. (5) zu

$$\hat{\vartheta}'' = \sqrt{\vartheta_0^2 + \left(\frac{\tau}{\tau'}\right)^2}. \tag{12}$$

Man erkennt daraus, daß die Dauer einer Schwebungsperiode vor dem Einschalten, die gleich der Dauer der Eigenschwingperiode nach dem Einschalten ist, selbst ohne Phasenunterschied bereits zu einer Amplitude des Pendelwinkels $\hat{\vartheta}'' = 1$ rad $= 180^\circ/\pi = 57{,}3^\circ$ führt.

Zur Vermeidung großer Leistungsstöße muß man daher die Dauer der Schwebungsperiode auf ein großes Vielfaches der Dauer der Pendelperiode bringen, indem man die Drehzahl der Maschine sehr genau einstellt. Im Betrieb ist dies oft schwer zu erreichen, wenn die Frequenz des Netzes während der Vorbereitung der Synchronisierung ebenfalls Schwankungen unterworfen ist.

b) Stabilität bei Belastungsstößen

Wenn man die Belastung einer auf ein größeres Netz arbeitenden Synchronmaschine durch Zufuhr größerer Energie an ihre Antriebsmaschine langsam steigert, so kann man nach *Abb. 2* bis an den Maximalwert ihrer Leistung herangehen, ohne daß die Maschine außer Tritt fällt. Belastet man sie jedoch stoßweise, so schwingt der Polradwinkel, wie wir sahen, erheblich über den stationären Wert hinaus und kann dabei auf den abfallenden Ast der Leistungscharakteristik nach *Abb. 2* geraten. Die synchrone Leistung ist dann dem Polradwinkel nicht mehr

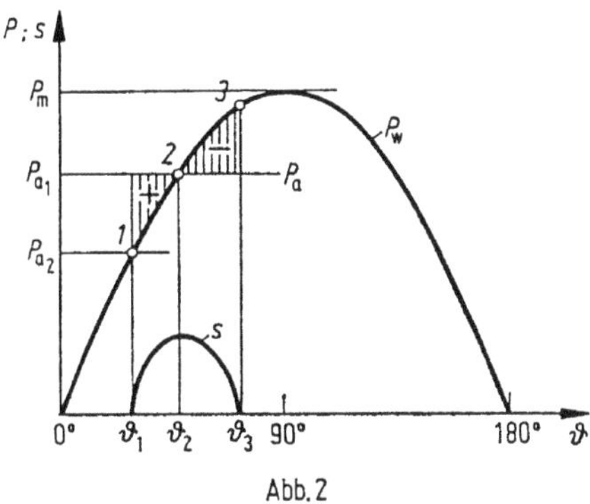

Abb. 2

proportional, so daß wir unsere Betrachtungen erweitern müssen. Wir wollen dabei zunächst annehmen, daß vor und nach dem Leistungsstoß kein dauernder Frequenzunterschied bestehenbleibt und daß die Dämpfung des Systems unerheblich ist.

Die Trägheitsleistung wird dann durch die Differenz aus Antriebsleistung und synchroner Leistung bestimmt, so daß die Leistungsbilanz der Synchronmaschine lautet

$$P_\Theta = P_a - P_w. \tag{13}$$

Dies läßt sich nach *Abb. 2* aus dem Unterschied der synchronen Leistungscharakteristik und der konstanten Antriebsleistung abgreifen, wenn beide über dem Polradwinkel ϑ aufgetragen werden. Durch Integration bestimmen wir daraus die freie potentielle Energie zu

$$\begin{aligned} W_\Theta &= \int (P_a - P_w)\, d\vartheta \\ &= \int (P_a - P_m \sin\vartheta)\, d\vartheta. \end{aligned} \tag{14}$$

Darin ist für die synchrone Leistung P_w im letzten Glied der in *Abb. 2* dargestellte sinusförmige Verlauf eingeführt. Die Differenz der Antriebsenergie und der synchronen Energie ist durch die schraffierten Flächenteile in *Abb. 2* bestimmt und läßt sich daher für jede Form der Leistungscharakteristik graphisch leicht auswerten.

Wir können die Schwungleistung nach Gl. (24) von Kapitel 23 in Beziehung zum Polradwinkel setzen, wenn wir das Zeitelement $\mathrm{d}t$ nach Gl. (20) von Kapitel 23 durch das Winkelelement ersetzen:

$$\mathrm{d}t = \frac{\mathrm{d}\vartheta}{\omega_N s}. \tag{15}$$

Dann wird

$$P_\Theta = \frac{T_a P_N}{\omega_N} \frac{\mathrm{d}^2\vartheta}{\mathrm{d}t^2} = T_a P_N \frac{\mathrm{d}s}{\mathrm{d}t} = T_a P_N \omega_N s \frac{\mathrm{d}s}{\mathrm{d}\vartheta}. \tag{16}$$

Damit erhalten wir die kinetische Schwungenergie

$$W_\Theta = \int P_\Theta \,\mathrm{d}\vartheta = \omega_N T_a P_N \int s \,\mathrm{d}s = \omega_N T_a P_N \frac{s^2}{2}. \tag{17}$$

Die Pendelenergie ist demnach dem Quadrat des Schlupfes direkt proportional. Wir können daher den Schlupf nach Gl. (14) bestimmen zu

$$s = \sqrt{\frac{2}{\omega_N T_a P_N} \int (P_a - P_w)\,\mathrm{d}\vartheta}. \tag{18}$$

Wenn wir also von irgendeinem Anfangszustand ausgehend die Flächen in *Abb. 2* radizieren, so erhalten wir zu jedem Winkel den zugehörigen Schlupf, wie in diesem Bild dargestellt ist. Für einen sinusförmigen Verlauf der synchronen Leistung P_w nach Gl. (14) ist der Schlupf abhängig vom Winkel ϑ analytisch gegeben durch

$$s = \sqrt{\frac{2}{\omega_N T_a P_N} [P_a(\vartheta - \vartheta_1) - P_m(\cos\vartheta - \cos\vartheta_1)]}\,. \tag{19}$$

Für eine andersartige Abhängigkeit der synchronen Leistung vom Polradwinkel ist es zweckmäßig, die Integration graphisch auszuführen.

Um die zeitliche Abhängigkeit des Polradwinkels zu gewinnen, setzen wir Gl. (18) in Gl. (15) ein und erhalten nach Integration

$$t = \frac{1}{\omega_N} \int \frac{\mathrm{d}\vartheta}{s} = \sqrt{\frac{T_a P_N}{2\omega_N}} \int \frac{\mathrm{d}\vartheta}{\sqrt{\int (P_a - P_w)\,\mathrm{d}\vartheta}}. \tag{20}$$

Da dieses Integral stets auswertbar ist, können wir den zeitlichen Verlauf des Polradwinkels für eine gegebene Abhängigkeit von Leistung und Winkel jederzeit bestimmen. Gl. (20) bildet daher die vollständige Lösung dieses Problems. Die analytische Lösung von Gl. (20) führt jedoch selbst im einfachsten Falle auf elliptische Integrale. Für die praktische Berechnung erscheint eine schrittweise Integration anhand einer graphischen Darstellung zweckmäßig, wie sie weiter unten erläutert wird. Dabei benutzt man zunächst Gl. (18), um den Verlauf des Schlupfes abhängig vom Polradwinkel zu bestimmen. Aus dieser Abhängigkeit kann man dann mit Hilfe von Gl. (20) den Verlauf der Zeit abhängig vom Polradwinkel ermitteln.

Gl. (18) und (20) gelten für beliebige Abhängigkeit der Leistung P_w vom Polradwinkel ϑ. Zur Veranschaulichung wurde in *Abb. 2* ein sinusförmiger Verlauf von P_w gewählt, wie er bei Turbogeneratoren für den stationären Fall ($E_p = \mathrm{const}$) und für sehr langsame Änderungen des Polradwinkels gilt. Tatsächlich spielen sich aber diese Polradpendelungen in einem Zeitbereich ab, in dem die elektromagnetische Trägheit der Läuferwicklungen wirksam wird. Diese echten Zeitabhängigkeiten zu erfassen, ist äußerst schwierig, dies kann nur mit analogen oder digitalen Rechenautomaten durchgeführt werden. Man erhält jedoch bereits befriedigende Näherungen, wenn man annimmt, daß während des gesamten Einschwingvorganges der transiente Zustand der Maschine gilt, der durch konstante Flußverkettung der Erregerwicklung (E'_d = const) gekennzeichnet ist. Gl. (10) von Kapitel 23 nimmt dabei die Form an

$$P_\mathrm{w} = \frac{U E'_\mathrm{d}}{X'_\mathrm{d}} \sin\vartheta + \frac{U^2}{2}\left(\frac{1}{X_\mathrm{q}} - \frac{1}{X'_\mathrm{d}}\right)\sin 2\vartheta . \tag{21}$$

Bei der Berechnung ist jeweils der Wert von E'_d einzusetzen, der für den Ausgangszustand gilt.

Eine etwas gröbere, aber einfachere Näherung ergibt sich, wenn man annimmt, daß die gesamte subtransiente Hauptfeldspannung E' während des Einschwingvorganges konstant bleibt. Gl. (21) vereinfacht sich dadurch zu

$$P_\mathrm{w} = \frac{E' U}{X'_\mathrm{d}} \sin\vartheta' = \frac{E' U}{X'_\mathrm{d}} \sin[\vartheta - (\vartheta_0 - \vartheta'_0)] . \tag{22}$$

Für E', ϑ_0 und ϑ'_0 sind wiederum die Werte des Ausgangszustandes einzusetzen.

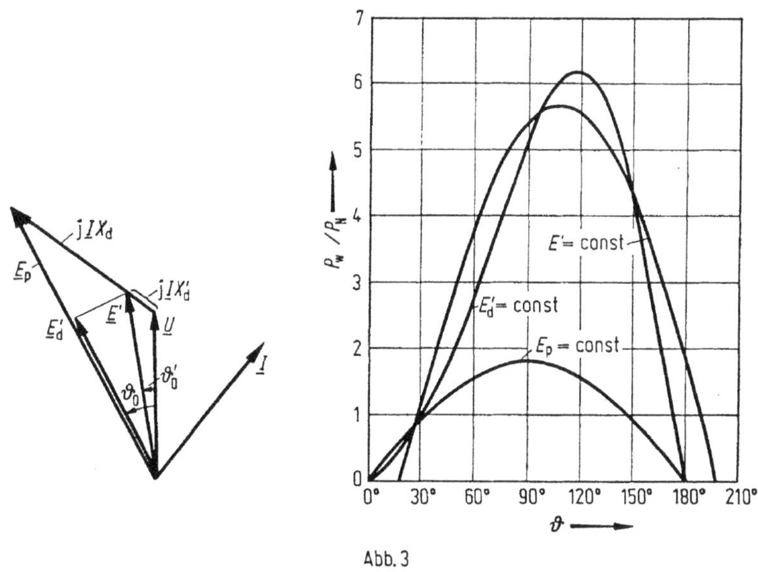

Abb. 3

Abb. 3 zeigt links das Zeigerdiagramm eines Turbogenerators mit $x_\mathrm{d} = x_\mathrm{q} = 100\%$, $x'_\mathrm{d} = 20\%$ und $\cos\varphi_\mathrm{N} = 0{,}8$ für einen Ausgangszustand entsprechend der Nennlast. Rechts ist der Verlauf von P_w abhängig vom Polradwinkel ϑ aufgetragen, der unter den verschiedenen Annahmen errechnet wurde. Man erkennt, daß durch die transienten Eigenschaften der Maschine die Wirkleistung bei Änderungen des Polradwinkels stark erhöht und dadurch die Stabilität verbessert wird. Auch die Näherung E' = const kann diesen Verlauf recht gut wiedergeben, diese Näherung wird jedoch zunehmend schlechter, wenn im Ausgangszustand größere Polradwinkel vorliegen.

Die Kurven in *Abb. 3* rechts gelten für eine Maschine am starren Netz. Leitungsreaktanzen, die zwischen der Maschine und dem Netz oder anderen Maschinen liegen, addieren sich zu allen Maschinenreaktanzen und führen zu einer Verflachung der Kurven $P_w = f(\vartheta)$. Dabei werden die Kurven für den transienten Zustand stärker abgeflacht als die für den stationären Zustand, so daß sich die verschiedenen Kurvenzüge einander nähern.

Hat die Synchronmaschine eine Dämpferwicklung, so wird die freie potentielle Energie der schraffierten Flächen in *Abb. 2* allmählich aufgezehrt, und das Polrad schwingt weniger stark über die Gleichgewichtslage hinaus. Die Trägheitsleistung, die früher durch Gl. (13) gegeben war, wird nun verkleinert um die Dämpfungsleistung P_s, die von der Bewegung des Polrades abhängt. Die Leistungsgleichung liefert daher, unter Verwendung von Gl. (16),

$$P_\Theta = P_a - P_w - P_s = \frac{\omega_N}{2} T_a P_N \frac{d(s^2)}{d\vartheta}. \tag{23}$$

Hierin ist die Antriebsleistung P_a im allgemeinen konstant. Die elektrische Leistung P_w ist im Idealfall sinusförmig abhängig vom Polradwinkel ϑ; jedoch verläuft die tatsächliche Charakteristik häufig weniger einfach. P_s ist andererseits abhängig vom Schlupf, meist genügt ein Ansatz P_s proportional zu s. Nur selten muß eine Kurve wie in *Abb. 2* von Kapitel 19 berücksichtigt werden.

Die Integration von Gl. (23) ergibt

$$s = \sqrt{\frac{2}{\omega_N T_a P_N} \int (P_a - P_w - P_s)\, d\vartheta}. \tag{24}$$

Nach dieser Gleichung können wir Schritt für Schritt an Stelle des ungedämpften Schlupfes nach *Abb. 2* den gedämpften Schlupf nach *Abb. 4* ableiten. Wir brauchen dazu nur bei jedem Schritt von der Differenz $(P_a - P_w)$ die Dämpferleistung P_s abzuziehen, wie sie durch den vorausgegangenen Wert von s bestimmt wird. In *Abb. 4* sind die aufeinanderfolgenden Werte von P_s dargestellt, die von dem konstanten Werte P_a abgezogen werden müssen. Hierdurch wird die freie potentielle Energie verkleinert auf die Werte, die in *Abb. 4* für die erste Halbschwingung

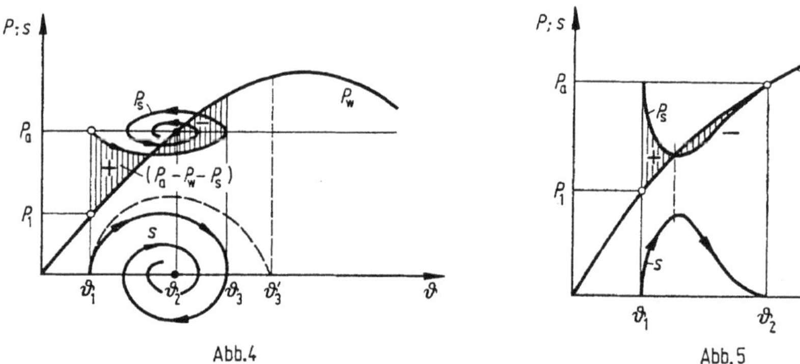

Abb. 4 Abb. 5

schraffiert dargestellt sind. Da die positive Fläche kleiner und die negative Fläche größer wird, so nimmt der Schlupf nicht bis zum gleichen Höchstwert zu, wie ihn die gestrichelte Kurve für den ungedämpften Fall andeutet. Entsprechend ist auch der Überschwingwinkel ϑ_3 für die erste Halbschwingung geringer geworden, und dies gilt ebenfalls für die darauffolgenden Halbschwingungen.

Bei großen asynchronen Dämpfungskräften, wie sie manchmal bei zylindrischen Läufern aus Massivstahl vorhanden sind, wird oft jede Schwingung unterdrückt, und die Ausgleichsbewegung des Polrades erfolgt schleichend. *Abb. 5* zeigt diesen aperiodischen Fall.

Wenn wir die Schlupfkurve $s = f(\vartheta)$ von *Abb. 4* entsprechend dem mittleren Ausdruck von Gl. (20) nach ϑ integrieren, so erhalten wir den zeitlichen Verlauf des Polradwinkels auf Grund einer einfachen Integration. Für verschieden starke Belastungsstöße, die bei einem Vorbelastungswinkel von $\vartheta_1 = 40°$ auftreten, zeigt *Abb. 6* die nachfolgenden Ausgleichsschwingungen des Polradwinkels, die

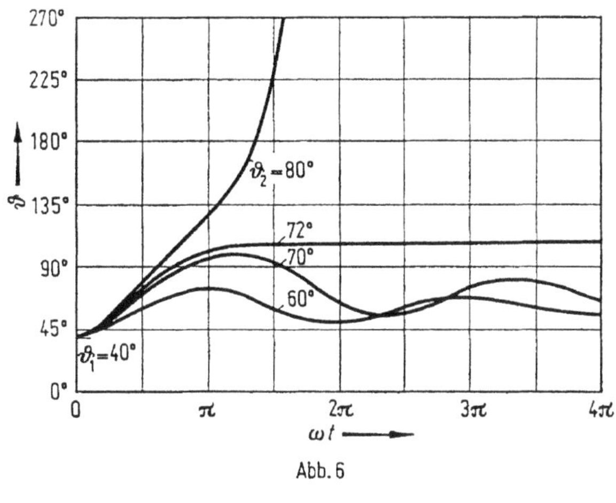

Abb. 6

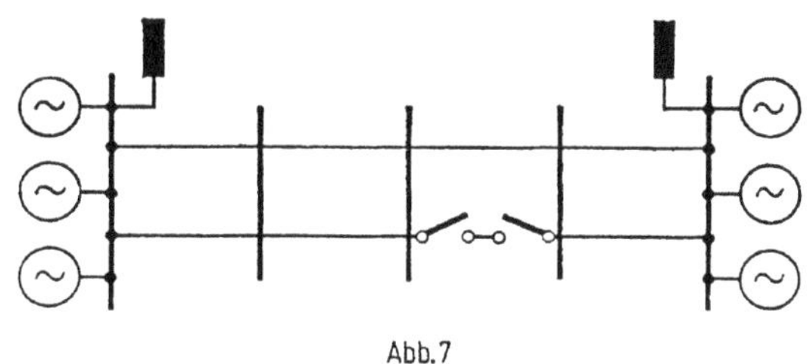

Abb. 7

wiederum schrittweise aufgezeichnet wurden. Der endgültige stationäre Polradwinkel nach dem Stoß sollte nicht über 70° liegen, wenn die Maschine stabil in Tritt bleiben soll. Für stärkere Stöße überschießt das Polrad die Stabilitätsgrenze und entfernt sich immer weiter von der synchronen Bewegung des übrigen Systems.

Wenn zwischen zwei Netzen Leistung durch Doppelleitungen nach *Abb. 7* übertragen wird und eine Teilstrecke herausfällt, sinkt die Kurve der übertragbaren Kuppelleistung, abhängig vom Polradwinkel, wegen der vergrößerten Reaktanz nach *Abb. 8* plötzlich ab. Die volle vorherige Leistung würde vielleicht im Beharrungszustande noch übertragen werden, dennoch können die Netze auseinanderfallen, wenn der beschleunigend auf die Polräder wirkende Energieüberschuß der Fläche A_1 in *Abb. 8* größer ist als die verzögernd wirkende Energie der Fläche A_2. Der Schlupf s der Polräder erreicht dann nach Gl. (18) beim Winkel ϑ_3 nicht mehr den Wert Null, er nimmt wieder zu, und die Netze fallen auseinander. Anhand eines solchen Diagramms ist es möglich, die verschiedenen Störungsfälle zu prüfen und zu erkennen, ob die Leistungsübertragung dabei stabil bleibt.

Tritt zwischen den gekuppelten Synchronmaschinen ein dreipoliger Kurzschluß auf einer einfachen Leitungsstrecke nach *Abb. 9* auf, so bricht die Spannung, wenn sich die Leitungen metallisch berühren, vollständig auf Null zu-

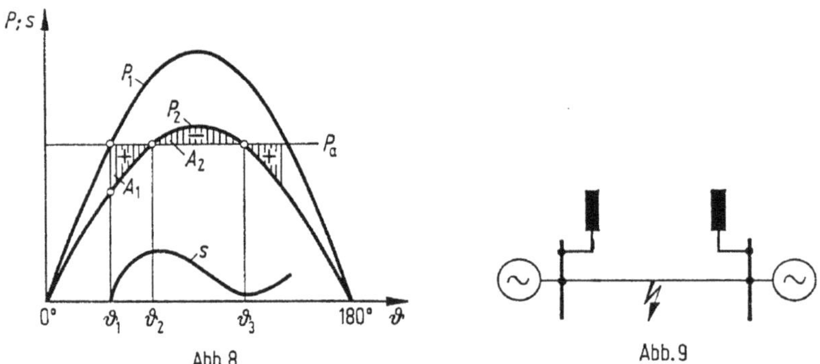

Abb. 8

Abb. 9

sammen. Der Leistungsaustausch der Maschinen wird hierbei völlig unterbunden, und die Polräder bewegen sich unabhängig voneinander. Die Differenz zwischen ihrer Antriebsleistung und ihrer an der Klemme abgegebenen Leistung beschleunigt dabei die Schwungmasse der jeweiligen Maschine. Da bei Kurzschlüssen nahe der Maschine auch die Klemmenspannung sehr gering ist, wird die abgegebene Leistung in der Regel nur einen Bruchteil der vor dem Kurzschluß abgegebenen betragen. Ob die Maschinen dabei während der ersten Zeit einigermaßen im Tritt bleiben oder sehr rasch außer Tritt fallen, hängt von den Besonderheiten des Falles ab. Günstig für die Stabilität ist es, wenn die Maschinen vor Beginn des Kurzschlusses etwa gleich belastet waren und nur ein geringer Leistungsanteil über die Leitung ausgetauscht wurde, wenn sie gleiche Anlaufzeitkonstanten haben und wenn der Kurzschluß etwa gleich weit von beiden Maschinen entfernt ist. Sehr ungünstig ist es, wenn es sich bei der einen Maschine um einen Synchrongenerator, bei der anderen um einen Synchronmotor, z. B. bei einem Pumpspeicherwerk im Pumpbetrieb, handelt. In diesem Falle würde das eine Polrad verzögert und das andere beschleunigt werden.

Bei andauerndem dreipoligem Kurzschluß auf der einen Verbindungsleitung nach *Abb. 9* fallen die Generatoren auf jeden Fall über kurz oder lang außer Tritt. Ist der Kurzschluß nur zweipolig, so wird selbst bei einfachen Kuppelleitungen der Energiefluß zwischen den Maschinen nur auf etwa die Hälfte verringert, und die Spannung zwischen dem gesunden Leiter und den beiden kurzgeschlossenen Leitern bleibt zu einem erheblichen Teil bestehen. Die Gefahr der Instabilität ist hierbei wesentlich geringer. Beim Kurzschluß auf einer Drehstrom-Doppelleitung nach *Abb. 7* bleibt noch eine Kupplung über die zweite Leitung bestehen, die Spannung in den Kraftwerken sinkt erheblich ab. Hierbei kann die Energieübertragung stabil bleiben, wenn der Kurzschluß nicht zu nahe an einem der Kraftwerke auftritt.

Durch den Kurzschlußstrom selbst und dessen Gleichstromglied werden im Generator Leistungsstöße erzeugt, die sich zu der vom Generator abgegebenen Leistung addieren. Dabei handelt es sich zum überwiegenden Teil um Stöße, die mit einer Frequenz von 50 und 100 Hz schwingen. Die raschen Schwingungen werden von den Schwungmassen voll aufgefangen; sie haben daher keinen wesentlichen Einfluß auf das Auseinanderlaufen der Polräder, können aber unter Umständen die Maschinenwelle mechanisch stark beanspruchen. Die Wirkverluste des Kurzschlußstromes stellen jedoch eine zusätzliche Generatorbelastung dar und beeinflussen unter Umständen das Auseinanderlaufen merklich. Besonders beim einpoligen Erdschluß in Netzen, deren Sternpunkt unmittelbar über einen Wirkwiderstand geerdet ist, treten derartige Stöße auf, die der Leistung der großen Erdkurzschlußströme im Erdungswiderstand entsprechen. Der Spannungsabfall zwischen den Generatoren ist hierbei jedoch geringer als bei Leitungskurzschluß. Bei isoliertem Sternpunkt der Anlage beeinflussen die Erdschlüsse die Betriebsspannungen nicht wesentlich und können daher keine Stabilitätsstörungen bewirken.

In *Abb. 10* ist ein Oszillogramm der Leistungen zweier Synchrongeneratoren wiedergegeben, die im gleichen Kraftwerk standen und zur Zeit t_1 einen drei-

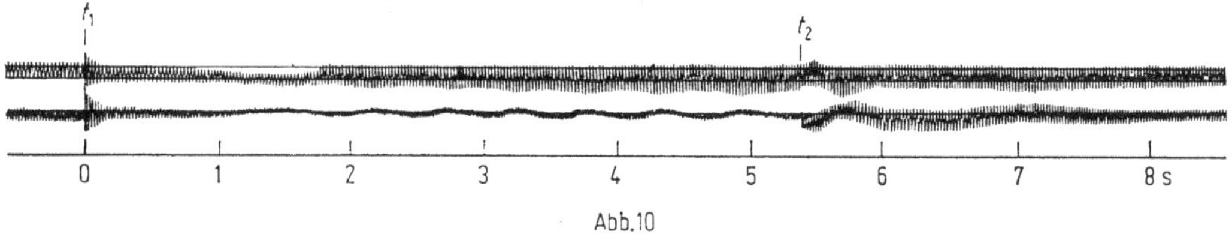

Abb. 10

poligen Kurzschluß über eine größere Reaktanz erlitten. Da dabei die Spannung auf etwa 30% ihres Nennwertes sank, fielen die Maschinen außer Tritt. Nach Abschalten des Kurzschlusses im Zeitpunkt t_2 nach 5 bis 6 s setzen die vollen synchronisierenden Kräfte wieder ein, die Generatoren fingen sich wieder unter einigen Pendelungen. Da es sich um Turbogeneratoren mit starker Dämpferwirkung handelte, so ging das Fangen und Abklingen der Pendelungen ziemlich schnell vonstatten.

c) Wiederfangen nach Kurzschluß

Im allgemeinen kann man das Außertrittfallen der Synchronmaschinen von parallelarbeitenden Kraftwerken nur dann vermeiden, wenn man die Dauer der Kurzschlüsse begrenzt, so daß die Maschinen während des Kurzschlusses noch nicht zu weit auseinandergelaufen sind. Wir wollen die Beschleunigung der Maschinen unter der Wirkung von dreipoligen Kurzschlüssen bestimmen, die am schädlichsten sind, weil sie die synchrone Kupplung vollständig unterbinden können.

Wenn ein Kurzschluß nach *Abb. 11* die beiden Kraftwerke 1 und 2 voneinander trennt und sie wegen der Spannungssenkung elektrisch stark entlastet, so tritt in beiden plötzlich ein Überschuß ΔP der Antriebsleistungen auf, der die umlaufenden Schwungmassen beschleunigt entsprechend den Werten

$$b_1 = \frac{\Delta P_1}{(T_a P_N)_1}\,; \qquad b_2 = \frac{\Delta P_2}{(T_a P_N)_2}. \tag{25}$$

Hierbei bedeuten b_1 und b_2 nach Gl. (21) von Kapitel 23 auf die Kreisfrequenz bezogene Winkelbeschleunigungen. b_1 und b_2 unterscheiden sich entsprechend den Leistungen und Anlaufzeitkonstanten der Maschinensätze. Die Maschinen der Kraftwerke laufen daher auseinander mit einer Differenz der Winkelbeschleunigungen

$$b = b_1 - b_2\,, \tag{26}$$

bis sich die Antriebsmaschinen mit ihren Reglern auf die geringere Leistung einstellen.

Wenn beispielsweise im ersten Kraftwerk mit einer Anlaufzeitkonstante von $T_{a1} = 7$ s durch den Kurzschluß ein Leistungsüberschuß von $\Delta P_1/P_{N1} = 50\%$ und im zweiten Kraftwerk mit einer Anlaufzeitkonstante $T_{a2} = 15$ s ein Leistungsüberschuß von $\Delta P_2/P_{N2} = 30\%$ frei wird, so ist die Differenz der Winkelbeschleunigungen nach Gl. (25) und (26)

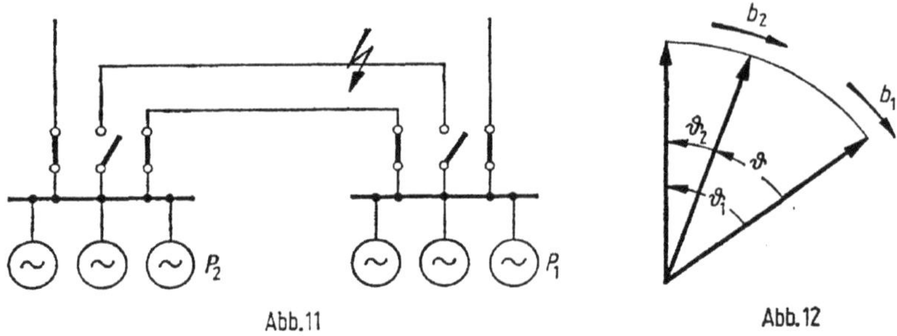

Abb. 11 Abb. 12

$$b = \frac{0{,}5}{7\,\mathrm{s}} - \frac{0{,}3}{15\,\mathrm{s}} = 5\%/\mathrm{s}.$$

Abb. 12 zeigt schematisch die Lage der entsprechenden Polradwinkel ϑ_1 und ϑ_2 nach einiger Zeit.

Am ungünstigsten werden die Verhältnisse, wenn der Kurzschluß sehr nahe an einem der Kraftwerke liegt und dieses vollständig entlastet, während die anderen Maschinen so fern von ihm liegen, daß sie wegen der dazwischen liegenden Reaktanzen ihre Spannung und Leistung kaum verändern. Waren die Maschinen des gestörten Kraftwerkes vorher voll belastet, so wird

$$\Delta P_1 = P_{N1}, \qquad \Delta P_2 = 0, \tag{27}$$

und damit wird die Winkelbeschleunigung nach Gl. (25) und (26) $b = 1/T_{a1}$, sie ist also im ungünstigsten Falle nur durch die Anlaufzeit der Maschinen des gestörten Kraftwerks bestimmt. Für eine mittlere Anlaufzeitkonstante von $T_{a1} = 10$ s ergibt dies $b = {}^1/_{10}\,\mathrm{s}^{-1} = 10\%/\mathrm{s}$, so daß die Maschinen des kurzschlußnahen Kraftwerkes mit einer derartigen Beschleunigung voreilen, daß sich nach 1 s bereits ein Frequenzunterschied von 10% gegenüber denen des fernen Kraftwerkes einstellt.

Für jede andere Zeit erhält man den Schlupf durch Integration der Winkelbeschleunigung nach Gl. (21) von Kapitel 23 über die Zeit zu

$$s = \int b\,\mathrm{d}t = b\,t. \tag{28}$$

Der Schlupf zwischen den Maschinen der Kraftwerke wächst demnach proportional mit der Zeit an. Nach dem Eingreifen der Drehzahlregler müßte man die Integration mit veränderlichen Werten von ΔP und b ausführen.

Der Polradwinkel ϑ ergibt sich aus dem Schlupf s nach Gl. (15) und (28) zu

$$\vartheta = \omega_N \int s\,\mathrm{d}t = \omega_N b \int t\,\mathrm{d}t = \frac{\omega_N b}{2}\,t^2. \tag{29}$$

Der Winkel wächst also mit dem Quadrat der Zeit an und beträgt für das obengenannte Beispiel nach 1 s bereits

$$\vartheta = \pi \cdot 50\,\mathrm{s}^{-1} \cdot \frac{1}{10}\,\mathrm{s}^{-1} \cdot 1 s^2 \text{ rad} = 5\pi \text{ rad} = 5\pi \frac{180^\circ}{\pi} = 900^\circ .$$

Die Maschinenläufer des kurzschlußnahen Kraftwerks haben also während 1 s Kurzschlußdauer bereits 5 Polteilungen durchlaufen. In Tabelle 1 sind für das eben behandelte Beispiel Schlupf und Polradwinkel für Bruchteile einer Sekunde angegeben.

Wenn der Kurzschluß abgeschaltet wird, so ist das kurzschlußnahe Kraftwerk mit den anderen Kraftwerken wieder elektromagnetisch gekuppelt. Es hat dann aber den Gl. (28) entsprechenden Frequenzunterschied und den Gl. (29) entsprechenden Phasenunterschied gegenüber den Werten des übrigen Netzes. Sind diese Unterschiede klein genug, so treten bei den Maschinen des kurzschlußnahen Kraftwerkes alsdann Einschaltschwingungen auf, deren Winkelamplitude wir in Gl. (5) berechnet hatten. Wir erhalten daraus die Amplitude des Überschwingwinkels Δ nach dem Abschalten des Kurzschlusses zu

$$\hat{\vartheta}'' = \sqrt{\left(\frac{\omega_N b}{2}\, t^2\right)^2 + \left(\frac{\omega_N}{\nu}\, b t\right)^2} = \frac{\omega_N}{\nu}\, b t \sqrt{1 + \left(\frac{\nu t}{2}\right)^2} . \tag{30}$$

Dauert der Kurzschluß nur $^1/_{10}$ s, so ist das Polrad nach Tabelle 1 nur um 9° vorgeeilt. Dem dazugehörigen Schlupf von 1% entspricht bei einer Eigenfrequenz von 1,25 Hz nach Gl. (8) eine Stoßwinkelamplitude von 23°, so daß sich bei

Tabelle 1. *Stabilität von Synchrongeneratoren beim Nahkurzschluß für $b = 10\%/\mathrm{s}$ und $\nu/2\pi = 1{,}25$ Hz*

Kurzschlußdauer t		s	0,1	0,2	0,3	0,4	0,5	0,7	1,0
während des Kurzschlusses	Schlupf s nach Gl. (28)	%	1	2	3	4	5	7	10
	Polradwinkel ϑ nach Gl. (29)	°	9	36	81	144	225	440	900
nach Abschaltung	Stoß-Phasenwinkel $\hat{\vartheta}''$ nach Gl. (8)	°	23	46	69	92	115	161	230
	Überschwingwinkel $\hat{\vartheta}''$ nach Gl. (30)	°	25	58	106	171	—	—	—

quadratischer Summierung nach Gl. (30) eine Amplitude des gesamten Überschwingwinkels von 25° ergibt. Für andere Abschaltzeiten des Kurzschlusses sind die entsprechenden Werte für die Amplituden des Stoßwinkels und des Überschwingwinkels ebenfalls in Tabelle 1 angegeben.

Sind Winkelabweichung und Schlupf groß, so kann der weitere Verlauf der Schwingung mit Hilfe von Gl. (18) und (20) verfolgt werden. Als Ausgangszustand für die Maschinengrößen E'_d, E', ϑ_0, ϑ'_0 können die Werte vor Beginn des Kurzschlusses angenommen werden. Die Integration selbst geht vom erreichten Schlupf und Polradwinkel als Anfangswert aus.

Die vorigen Ausführungen haben gezeigt, daß unter den ungünstigen Bedingungen des Nahkurzschlusses in einem Kraftwerk mit vollbelasteten Maschinen das Außertrittfallen der Maschinen kaum zu vermeiden ist, wenn man den Kurzschluß länger als etwa $^1/_{10}$ s bestehen läßt. Bereits bei $^2/_{10}$ s Kurzschlußdauer tritt ein Überschwingwinkel von 58° auf, der sich zu dem Vorbelastungswinkel von etwa 40° addiert und damit gerade an der Grenze der Stabilität liegt. Bei längerer Kurzschlußdauer wird nur bei starker Dämpfung oder bei Unterbelastung der Maschinen Aussicht auf Intrittbleiben des Kraftwerks bestehen. Bei Abschaltzeiten von $^1/_2$ s und mehr hat man für Nahkurzschlüsse stets ein Außertrittfallen zu erwarten. Wie *Abb. 10* zeigt, können sich Maschinen mit starker Dämpferwicklung auch dann noch fangen. Dieser Vorgang geht jedoch nur unter mehrfachem Durcheinanderlaufen mit starken Schwebungen der Spannung und der Frequenz des Netzes vor sich.

25. Parallelbetrieb im Netz

Wir haben bisher überwiegend die Schwingungen einer einzelnen Synchronmaschine und ihre Wirkungen gegenüber einem großen Netz betrachtet. In zusammengeschlossenen Kraftwerknetzen arbeiten nun viele Synchrongeneratoren untereinander sowie mit einer großen Zahl von Asynchronmotoren zusammen. Tritt irgendein Leistungsstoß im Netz auf, so stellt sich für alle Maschinen ein neuer Gleichgewichtszustand ein, dessen Einspielen wir verfolgen wollen.

a) Verteilung von Belastungsstößen

Zunächst wollen wir die Stoßschwingungen verfolgen, die bei beliebiger Zahl der Synchronmaschinen in einem Netz entstehen, das in *Abb. 1* schematisch dargestellt ist. An irgendeiner Stelle des Netzes mit der Spannung U trete plötzlich ein Leistungsstoß P auf, aber mit so geringer Blindleistung, daß die Spannung durch ihn nicht verändert wird. Der Laststoß bedingt aber wegen der Selbstinduktivität der Strombahnen eine plötzliche Nacheilung der Spannung U um den Winkel $\Delta\vartheta$, und hierdurch wird die Belastung auf die zusammenarbeitenden Maschinen übertragen.

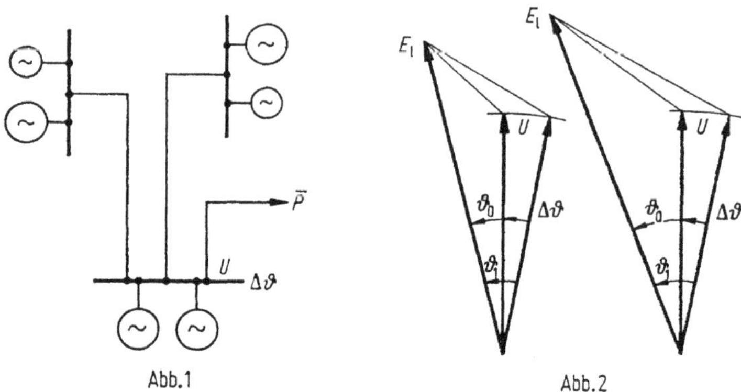

Abb. 1 Abb. 2

Für zwei dieser Maschinen ist in *Abb. 2* die sprunghafte Änderung des Phasenwinkels ihrer Spannungszeiger dargestellt. Der Polradwinkel ϑ_0 jeder Maschine vor dem Stoß springt plötzlich um den gemeinsamen Stoßwinkel $\Delta\vartheta$ auf den neuen Wert ϑ_1. Die Lage aller Polräder selbst bleibt im Augenblick des Stoßes konstant, ebenso wie ihr Erregerfeld. Dem plötzlich auftretenden Stoßwinkel $\Delta\vartheta$ entspricht dann in jeder Maschine je nach ihren individuellen Eigenschaften ein anderer

Leistungsstoß

$$\Delta P = P_N S_\vartheta \Delta\vartheta\,, \tag{1}$$

der stets durch ihre Synchronisierziffer $S_\vartheta P_N$ bestimmt ist. Da sich der gesamte Leistungsstoß P des Netzes auf alle einzelnen Maschinen mit dem Index 1, 2, 3 usw. aufteilen muß, so ist

$$\begin{aligned} P &= \Delta P_1 + \Delta P_2 + \Delta P_3 + \ldots = P_{N1} S_{\vartheta 1}\,\Delta\vartheta + P_{N2} S_{\vartheta 2}\,\Delta\vartheta \ldots = \\ &= (P_{N1} S_{\vartheta 1} + P_{N2} S_{\vartheta 2} + P_{N3} S_{\vartheta 3} + \ldots)\,\Delta\vartheta = \sum_g P_{Ng} S_{\vartheta g}\,\Delta\vartheta\,. \end{aligned} \tag{2}$$

Der Stoßwinkel aller Maschinen gibt sich daraus zu

$$\Delta\vartheta = \frac{P}{\sum\limits_g P_{Ng} S_{\vartheta g}} \tag{3}$$

und ist durch den Quotienten der Stoßleistung und der gesamten synchronisierenden Leistung des Netzes bestimmt. Der Leistungsstoß jeder einzelnen Maschine bestimmt sich damit nach Gl. (1) zu

$$\Delta P = \frac{P_N S_\vartheta}{\sum\limits_g P_{Ng} S_{\vartheta g}}\,P\,, \tag{4}$$

so daß sich der Leistungsstoß auf die verschiedenen Maschinen genau nach Maßgabe ihrer synchronisierenden Leistung und ihrer Nennleistung zu der des Gesamtnetzes aufteilt. Wir erkennen, daß auf große und „harte" Maschinen mit großer synchronisierender Kraft ein großer Anteil, auf „weiche" Maschinen ein geringer Anteil des Leistungsstoßes entfällt. Trotzdem schadet dies den harten Maschinen nicht, denn sie sind ja durch ihre recht starken magnetischen Flüsse befähigt, große Leistungsstöße aufzunehmen.

Der Belastungsstoß des Netzes teilt sich also im gleichen Augenblick, in dem er auftritt, auf die zahlreichen Synchronmaschinen in der zweckmäßigen Weise auf, nämlich nach Maßgabe der Kupplungskraft der Maschinen, die durch ihre synchronisierende Leistung bestimmt wird. Liegen einige Maschinen an der Stelle des Stoßes sehr nahe, andere sehr fern davon, wie es in *Abb. 1* angedeutet ist, so muß man die Reaktanzen der dazwischen liegenden Leitungen und Transformatoren zusätzlich zu den Ständerstreureaktanzen der Maschinen berücksichtigen. Die synchronisierenden Leistungen sind stets für die Stelle zu bestimmen, an der der Leistungsstoß anfällt.

Unter der Wirkung ihres individuellen Leistungsstoßes ΔP nach Gl. (4) beschleunigt oder verzögert sich nun das Polrad jeder Maschine. Nach Gl. (24) von Kapitel 23 ist die Verzögerungsleistung allgemein

$$P_\Theta = \frac{T_a P_N}{\omega_N}\frac{d^2\Delta\vartheta}{dt^2} = T_a P_N b\,. \tag{5}$$

Dabei ist mit b die auf die Kreisfrequenz bezogene Winkelverzögerung und mit T_a die Anlaufzeitkonstante bezeichnet. Da die Trägheitsleistung nach Gl. (5) im Augenblick des Stoßes mit dem jeweiligen Leistungsstoß nach Gl. (4) übereinstimmen muß, so ergibt sich die Verzögerung jeder Maschine zu

$$b = \frac{\Delta P}{T_a P_N} = \frac{S_\vartheta P}{T_a \sum\limits_g P_{Ng} S_{\vartheta g}} = \frac{\nu^2}{\omega_N}\,\Delta\vartheta\,. \tag{6}$$

Darin ist im ersten Koeffizienten des dritten Ausdrucks, der die individuellen Eigenschaften der betrachteten Maschine darstellt, ihre Eigenkreisfrequenz

$$\nu = \sqrt{\frac{\omega_N S_\vartheta}{T_a}} \tag{7}$$

nach Gl. (28) von Kapitel 23 eingeführt, für den zweiten Koeffizienten der gemeinsame Stoßwinkel nach Gl. (3).

Die anfänglichen Verzögerungen der verschiedenen Maschinen unter der Wirkung ihrer individuellen Leistungsstöße sind also sehr verschieden, wenn ihre Eigenfrequenzen unterschiedlich sind. In *Abb. 3* ist dies kurz nach dem Augenblick des Stoßes dargestellt. Die Maschinen würden dabei durcheinanderlaufen, wenn sie nicht durch die synchronisierenden Kräfte zusammengehalten würden, die sich sofort nach Beginn des Außertrittfallens bemerkbar machen. Diese bewirken, daß die Polräder sämtlicher Maschinen unter Schwingungen einer mitt-

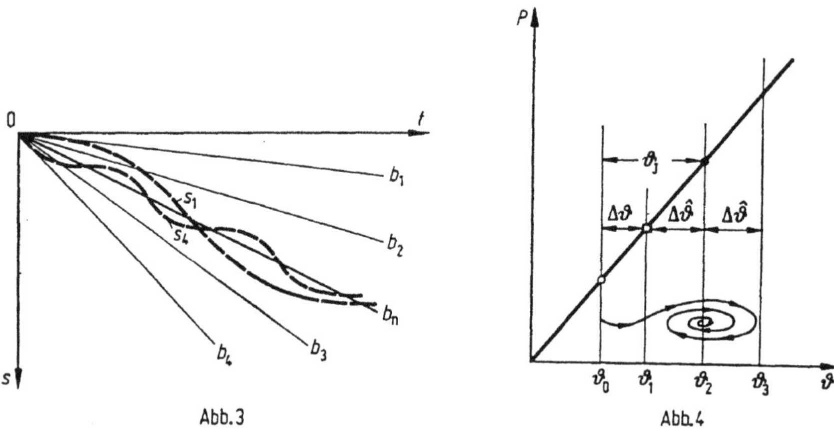

Abb. 3 Abb. 4

leren Verzögerung b_n zustreben, die für das gesamte Netz und vornehmlich an der Stelle des Stoßes selbst auftritt. Wir können sie nach Gl. (5) aus den Schwungmassen aller Maschinen des Netzes und dem gesamten Leistungsstoß berechnen zu

$$b_n = \frac{P}{\sum_g T_{ag} P_{Ng}}. \tag{8}$$

Unter dieser Wirkung werden die Polräder der weichen Maschinen mit großen Schwungmassen schneller verzögert, als es ihrer anfänglichen Stoßleistung entspricht, sie werden dadurch erheblich höher belastet. Die Polräder der harten Maschinen dagegen mit kleinen Schwungmassen werden langsamer verzögert und entlastet. Die mittlere auf die Polräder sämtlicher Maschinen im Netz bezogene Verzögerung sucht jeder einzelnen Maschine eine Leistung zu entziehen, die sich nach Gl. (5) und (8) bestimmt zu

$$P_\Theta = T_a P_N b_n = \frac{T_a P_N}{\sum_g T_{ag} P_{Ng}} P. \tag{9}$$

Die der Netzverzögerung entsprechende Leistung der einzelnen Maschinen ist also ebenfalls durch den gesamten Leistungsstoß im Netz bestimmt, sie verteilt sich aber genau proportional den Schwungleistungen der einzelnen Maschinen, und dies ist ein völlig anderes Gesetz als das der anfänglichen Stoßverteilung nach Gl. (4).

Dieser „Verzögerungsleistung“, die das Netz von jeder Maschine erzwingen will, entspricht ein zusätzlicher Polradwinkel ϑ_Θ, der sich aus Gl. (9) durch Vergleich mit der synchronisierenden Leistung nach Gl. (1) bestimmt zu

$$\vartheta_\Theta = \frac{P_\Theta}{P_{\mathrm{N}} S_\vartheta} = \frac{T_{\mathrm{a}}}{S_\vartheta} \frac{P}{\sum T_{\mathrm{a}g} P_{\mathrm{N}g}}. \tag{10}$$

Die Erweiterung dieses Ausdruckes mit der synchronisierenden Leistung des Gesamtnetzes ergibt

$$\vartheta_\Theta = \frac{P}{\sum P_{\mathrm{N}g} S_{\vartheta g}} \frac{T_{\mathrm{a}}}{S_\vartheta} \frac{\sum P_{\mathrm{N}g} S_{\vartheta g}}{\sum T_{\mathrm{a}g} P_{\mathrm{N}g}}, \tag{11}$$

und wenn wir nunmehr eine ideelle Eigenkreisfrequenz des gesamten Netzes einführen durch

$$\nu_n = \sqrt{\frac{\omega_{\mathrm{N}} \sum P_{\mathrm{N}g} S_{\vartheta g}}{\sum P_{\mathrm{N}g} T_{\mathrm{a}g}}}, \tag{12}$$

so erhalten wir den Verzögerungswinkel mit Gl. (7) und (3) zu

$$\vartheta_\Theta = \left(\frac{\nu_n}{\nu}\right)^2 \Delta\vartheta. \tag{13}$$

Der durch diesen Verzögerungswinkel bedingte endgültige Polradwinkel jeder Maschine kann also größer oder kleiner als der anfängliche gemeinsame Stoßwinkel $\Delta\vartheta$ sein, je nachdem die Eigenkreisfrequenz ν der Maschine kleiner oder größer als die ideelle Eigenkreisfrequenz des Netzes nach Gl. (12) ist, die einen Mittelwert aller Eigenkreisfrequenzen darstellt. Diesem individuellen Winkel strebt das Polrad jeder Maschine unter der Wirkung aller synchronisierenden Kräfte nach dem Stoße unter einigen Pendelungen zu, wie dies in *Abb. 4* schematisch dargestellt ist.

Insgesamt ergibt sich also folgender Ablauf aller Vorgänge. Im Augenblick des Stoßes springt der Polradwinkel jeder Maschine von seinem Vorbelastungswert um das Maß des Stoßwinkels auf den Wert ϑ_1. Hierdurch wird die Maschine befähigt, sofort ihren Anteil an der Stoßleistung P zu entwickeln. Die Aufteilung dieser Leistung richtet sich nach den synchronisierenden Kräften. Die vergrößerte Maschinenleistung wird den Schwungmassen entnommen. Diese müssen sich aber schließlich gleichmäßig verzögern und bewirken dadurch eine Änderung des Polradwinkels auf den Wert ϑ_2, der sich vom Vorbelastungswinkel ϑ_0 um den Winkel ϑ_Θ nach Gl. (10) oder (13) unterscheidet. Er wird erst nach einigen Schwingungen erreicht, während deren ein Überpendeln des Polrades bis zum Winkel ϑ_3 stattfindet.

Die Aufteilung der Stoßleistung auf die einzelnen Maschinen gehorcht also unmittelbar nach Einsetzen des Stoßes und längere Zeit nach dem Stoße ganz verschiedenen Gesetzen. Daher können durch einen solchen Leistungsstoß im Netz starke Pendelungen der Polräder der Maschinen gegeneinander ausgelöst werden. Die anfängliche Amplitude des Pendelwinkels wird nach *Abb. 4* durch den Unterschied der beiden Polradwinkel bestimmt zu

$$\hat{\vartheta} = \vartheta_\Theta - \Delta\vartheta = \Delta\vartheta \left[\left(\frac{\nu_n}{\nu}\right)^2 - 1\right]. \tag{14}$$

Diese Amplitude wird daher für jede Maschine um so größer, je stärker ihre individuelle Eigenfrequenz von der des ganzen Netzes abweicht.

Hat irgendeine Maschine eine größere Eigenfrequenz als sie dem Mittelwert entspricht, beispielsweise den doppelten Wert, was einer sehr starren Maschine mit großer synchronisierender Leistung und kleiner Schwungmasse entspricht, so erhält man aus Gl. (13) und (14)

$$\vartheta_\Theta = \frac{1}{4}\,\Delta\vartheta, \qquad \hat{\vartheta} = -\frac{3}{4}\,\Delta\vartheta.$$

Der anfängliche Stoßwinkel $\Delta\vartheta$ war also zu groß und geht allmählich auf den vierten Teil zurück, die Maschine wird dabei unter mäßig großen Schwingungen entlastet.

Hat eine Maschine jedoch eine geringere Eigenfrequenz als der mittlere Wert des Netzes, beispielsweise nur den halben Wert, was einer sehr weichen Maschine mit kleiner synchronisierender Leistung und großer Schwungmasse entspricht, so erhält man

$$\vartheta_\Theta = 4\Delta\vartheta, \qquad \hat{\vartheta} = 3\Delta\vartheta.$$

Der anfängliche Stoßwinkel $\Delta\vartheta$ war also für die Maschine viel zu klein, er vergrößert sich und ebenso die Belastung unter starken Pendelschwingungen auf das Vierfache. Sowohl durch die Endbelastung als auch durch das starke Überschwingen bis zum Werte ϑ_2 in *Abb. 4* kann diese weiche Maschine dabei außer Tritt fallen.

In *Abb. 5* sind die Stoßleistungen abhängig vom Polradwinkel für drei Maschinen eines größeren Netzes dargestellt, die voneinander sehr abweichende

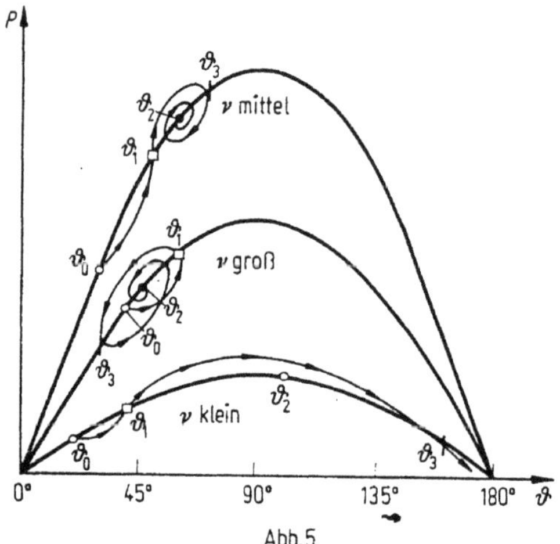

Abb. 5

Leistungen und Vorbelastungen haben und bei denen sich die Dauer der Eigenschwingungen etwa wie die eben genannten Zahlen verhalten. Der Belastungsstoß vergrößert die Polradwinkel aller Maschinen zunächst gleichmäßig um den Stoßwinkel $\Delta\vartheta$, alsdann setzen Ausgleichschwingungen von verschiedener Frequenz und Stärke ein. Die Maschine großer Leistung mit einer Eigenfrequenz nahezu gleich der Netzfrequenz führt nur eine geringe Überschwingung aus, da ihre Polradwinkel am Anfang und am Ende des Ausgleichsvorganges nicht sehr verschieden sind. Das Polrad der Maschine mittlerer Leistung mit großer Eigenfrequenz hat zwar sehr unterschiedliche Winkel zu Beginn und am Schluß des

Vorganges. Die Maschine wird jedoch durch die Pendelungen entlastet, so daß keine Gefahr für ihren Betrieb vorhanden ist. Das Polrad der Maschine kleiner Leistung und geringer Eigenfrequenz, also mit weicher Kennlinie und großen Schwungmassen, erhält jedoch einen so großen Verzögerungswinkel und schwingt so stark über ihn hinaus, daß eine erhebliche Gefahr für den stabilen Betrieb der Maschine bei größeren Belastungsstößen im Netz besteht. In der Nähe der Höchstleistung nach *Abb. 5* sollte für wirkliche Fälle der Winkel nach Kapitel 24 bestimmt werden, um die Krümmung der Charakteristik zu berücksichtigen.

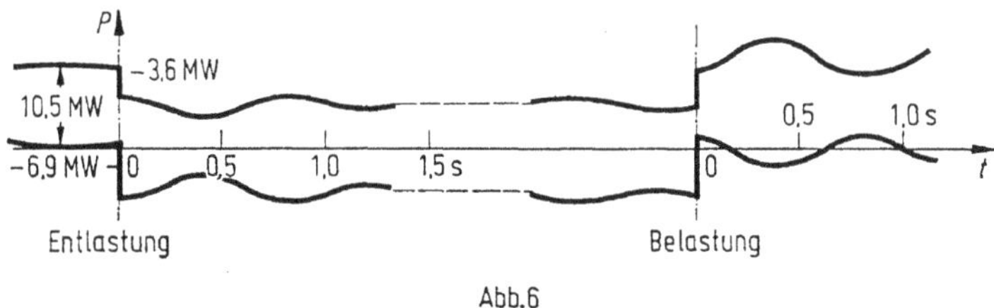

Abb. 6

Wir sehen also, daß bei Belastungsstößen ziemlich kleine Maschinen mit ziemlich großer Schwungmasse und geringer synchronsierender Leistung am meisten gefährdet sind, da sie einerseits nur einen geringen Einfluß auf die mittlere Eigenfrequenz des Netzes nach Gl. (12) ausüben können und andererseits der Überschwingwinkel ihres Polrades groß ist. Er beträgt das Doppelte der Winkelamplitude von Gl. (14) und hängt quadratisch vom Verhältnis der Eigenfrequenz der Maschine zur mittleren Eigenfrequenz des Netzes ab. Man muß also anstreben, die Eigenfrequenzen der Maschinen für die verschiedenen Stellen des Lastanfalls so einheitlich wie möglich zu machen und vor allem Abweichungen der Eigenfrequenz nach kleinen Frequenzen hin zu vermeiden.

In *Abb. 6* ist ein Leistungsoszillogramm ausgewertet, das einen Entlastungsstoß und einen Wiederbelastungsstoß von zwei Schenkelpolgeneratoren mit Schein-

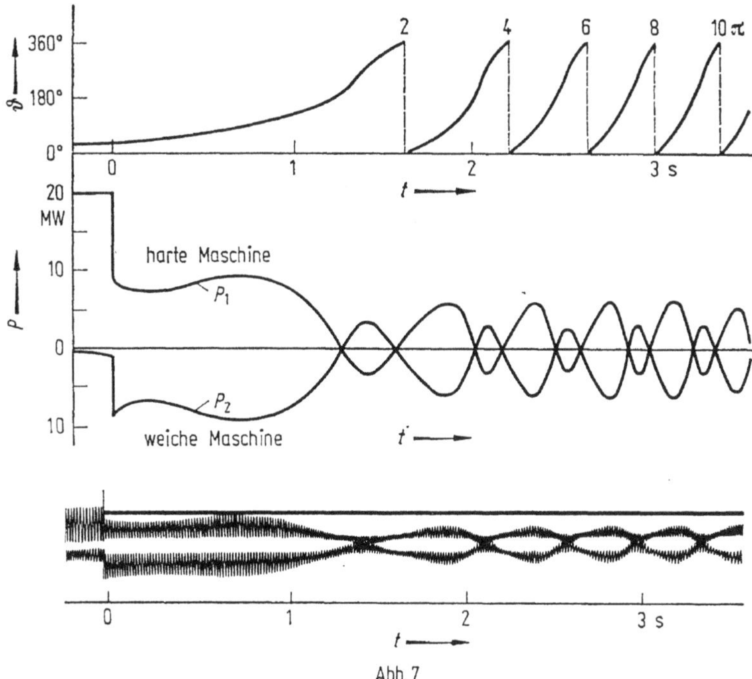

Abb. 7

leistungen von je 30 MVA zeigt. Die Generatoren waren im gleichen Kraftwerk aufgestellt und über die Oberspannungsseiten ihrer zugehörigen Transformatoren verbunden, von denen jeder eine Streuspannung von 9% der Nennspannung hatte. Die Regler der Wasserturbinen waren auf einen Leistungszufluß von 10 MW zu dem einen Generator und von 500 kW zu dem anderen eingestellt. Die Belastung von 10 MW, die unmittelbar von den Klemmen des letztgenannten Generators abgenommen war, wurde erst völlig abgeschaltet und nach etwa 5 s wieder zugeschaltet. Die ungleiche Verteilung des Leistungsstoßes auf die beiden Maschinen, bedingt durch die dazwischenliegende Reaktanz der beiden Transformatoren, ist deutlich aus den Kurvensprüngen in *Abb. 6* zu erkennen, die die nachfolgenden Schwingungen einleiten.

Abb. 7 zeigt, wie sich ein Entlastungsstoß von 20 MW, der durch plötzliches Abschalten entsteht, auf zwei ungleich erregte Maschinen von je 25 MVA Nennscheinleistung verteilt, von denen die eine unbelastet mitlief. Aus *Abb. 7* ist weiter zu sehen, wie der Entlastungsstoß die Maschinen aus dem Tritt bringt, so daß der Polradwinkel zwischen ihnen die Grenze von 90° nach etwa $^1/_2$ s überschreitet. In *Abb. 7* unten, ist das Originaloszillogramm der Leistungen wiedergegeben.

26. Reglerschwingungen im Parallelbetrieb

Wenn die Drehzahl eines Generators unter dem Einfluß der Belastung abfällt, so spricht der Drehzahlregler der Antriebsmaschine an und verändert den Zufluß der Leistung zur Maschine, um die ursprüngliche Drehzahl wiederherzustellen. Im allgemeinen sind hierfür so große Zeiten nötig, daß die vorher beschriebenen Vorgänge nicht merkbar davon beeinflußt werden. Erst nach mehreren elektromechanischen Schwingungen werden schließlich die Polräder der Generatoren wieder beschleunigt und allmählich durch ihre Regler auf den neuen Gleichgewichtszustand eingestellt. Während dieser Übergangszeit führt jede Änderung des Leistungszuflusses zu den Antriebsmaschinen zu einer unterschiedlichen Verteilung der elektrischen Leistungsabgabe aller einzelnen Generatoren.

a) Inselbetrieb einer Maschine

Wir wollen zuerst einen einzelnen Maschinensatz betrachten, der für sich allein läuft. *Abb. 1* zeigt eine mit einem Synchrongenerator gekuppelte Antriebsmaschine, die ein Verbrauchernetz speist. Der Maschinensatz hat einen Drehzahlregler mit Hilfsenergie, der über Hilfsventile einen Servomotor steuert, wie es für Dampf- und Wasserturbinensätze allgemein üblich ist. Der stationäre Drehzahlabfall, abhängig von der erzeugten Leistung, ist in *Abb. 2* aufgetragen.

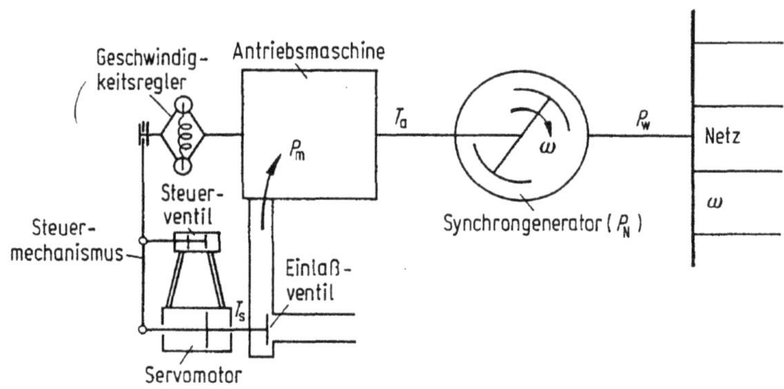

Abb. 1

Ein Überschuß P_m der Antriebsmaschinenleistung beschleunigt die rotierenden Massen des Maschinensatzes, deren Drehzahl gegenüber der dem Gleichgewichtszustand entsprechenden abweichen möge. Wenn die Belastung des Generators konstant bleibt, gilt für die Leistungen

$$P_m + P_N T_a \frac{d\sigma}{dt} = 0, \tag{1}$$

worin σ die relative Drehzahlabweichung, d. h. das Verhältnis der oben erklärten Drehzahlabweichung zur Drehzahl im Gleichgewichtszustand bedeutet und T_a die Anlaufzeitkonstante ist.

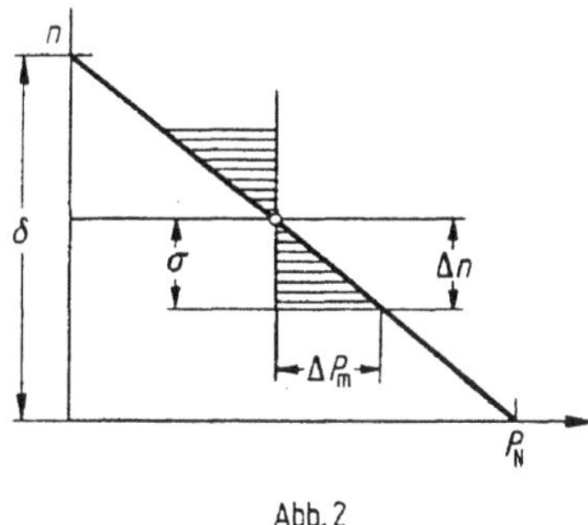

Abb. 2

Der Drehzahlregler bewirkt, daß der Leistungszufluß zur Antriebsmaschine sich zeitlich proportional zur Drehzahlabweichung σ ändert, so daß

$$\frac{dP_m}{dt} = \frac{P_N}{\delta T_s} \sigma \tag{2}$$

ist. Der Koeffizient von σ wird hierin wie üblich als proportional zur Nennleistung der Maschine angenommen, jedoch umgekehrt proportional zur Statik δ des Reglers entsprechend *Abb. 2*, und ebenfalls umgekehrt proportional zu der gegebenen totalen Schließzeit T_s des Servomotors, der das Einlaßventil bewegt.

Es ist üblich, zur Stabilisierung die Bewegung des Hilfsventils durch eine Rückführung zu beeinflussen, die von der Stellung des Servomotors selbst abgeleitet wird und dadurch proportional dem Leistungsfluß ist, wie in *Abb. 1* gezeigt ist. Durch diese Rückführung kann die Statik δ des Reglers eingestellt werden. Durch den Einfluß der Rückführung verändert sich die Beziehung (2) für den Regelverlauf zu

$$\frac{dP_m}{dt} = \frac{P_N}{\delta T_s} \sigma - \frac{P_m}{T_s} \,. \tag{3}$$

Gl. (3) stellt einen Regelverlauf entsprechend einer Verzögerung erster Ordnung dar. Eine solche Beziehung kann näherungsweise für die meisten Drehzahlregelkreise (Regler und Antriebsmaschine) von Generatorsätzen angenommen werden. Für Dampfkraftwerke ist diese Näherung meist ausreichend, bei Wasserkraftwerken können infolge der Trägheit der Wassermassen in Turbine und Druckrohr größere Abweichungen auftreten. Der Bereich für die Statik, wie sie die üblichen Leistungsregler aufweisen, ist $\delta = 2 \cdots 8\%$ und für die Schließzeit des Servomotors $T_s = 0{,}5 \cdots 10$ s.

Drücken wir die geregelte Leistung von Gl. (3) durch Gl. (1) aus, so erhalten wir als Differentialgleichung für die Drehzahlabweichung des Reglersystems der Antriebsmaschinen

$$\frac{d^2\sigma}{dt^2} + \frac{1}{T_s}\frac{d\sigma}{dt} + \frac{1}{\delta T_s T_a}\sigma = 0. \tag{4}$$

Die Lösung ergibt freie Eigenschwingungen

$$\sigma = \hat{\sigma}\, e^{-(\varrho/2)t} \cos \lambda t, \tag{5}$$

wobei die Amplitude $\hat{\sigma}$ die maximale Drehzahl- oder Frequenzabweichung des Generatorsystems vom stationären Werte angibt. Die Kreisfrequenz der Drehzahlschwingungen ist

$$\lambda = \sqrt{\frac{1}{\delta T_s T_a} - \left(\frac{\varrho}{2}\right)^2} \tag{6}$$

und der Abklingkoeffizient der Amplituden

$$\frac{\varrho}{2} = \frac{1}{2T_s}. \tag{7}$$

Die schwingende Leistung, die dem Generator zufließt, kann durch Differentiation von Gl. (5) nach t und Einsetzen in Gl. (1) bestimmt werden. Für einen üblichen Antriebsmaschinensatz kann die Statik zu $\delta = 5\%$ angesetzt werden, die Schließzeit des Servomotors zu $T_s = 1{,}5$ s und die Anlaufzeitkonstante unter Berücksichtigung der Generatormasse zu $T_a = 8$ s. Dann wird der Abklingkoeffizient

$$\frac{\varrho}{2} = \frac{1}{2 \cdot 1{,}5\ \mathrm{s}} = 0{,}33\ \mathrm{s}^{-1}$$

und die Eigenkreisfrequenz

$$\lambda = \sqrt{\frac{1}{0{,}05 \cdot 1{,}5\ \mathrm{s} \cdot 8\ \mathrm{s}} - \frac{0{,}33^2}{\mathrm{s}^2}} = \sqrt{1{,}67 - 0{,}11}\ \mathrm{s}^{-1} = 1{,}25\ \mathrm{s}^{-1}.$$

Für die meist gebräuchlichen Maschinensätze ist die Dämpfungswirkung mäßig und beeinflußt daher die Eigenkreisfrequenz λ nach Gl. (6) nur geringfügig. Das letzte Glied in Gl. (3), das für die Dämpfung verantwortlich ist, darf daher vernachlässigt werden, und Gl. (2) kann somit in ausreichender Näherung für alle Probleme benutzt werden, die nur die Frequenz der Leistungsschwingungen betreffen. Diese Reglerschwingungen sind sehr viel langsamer als die früher betrachteten Pendelschwingungen der Generatoren und Motoren. Sie werden daher nur sehr wenig durch die elektromechanischen Kräfte beeinflußt. Deshalb wollen wir für die weitere Betrachtung annehmen, daß alle Generatoren und Motoren durch das elektrische Leitungsnetz starr miteinander gekuppelt sind.

b) Leistungsschwingungen in Verbundnetzen

In einem gekuppelten System wie in *Abb. 3* gibt es, wenn wir von den sehr geringen Frequenzschwankungen infolge Pendelns des Polrades absehen, nur eine einheitliche Frequenz. Frequenzschwankungen der betrachteten Art können also nur gemeinsam für alle gekuppelten Generatoren auftreten.

Für jeden Antriebsmaschinensatz muß die mechanisch zugeführte Leistung P_m, die elektrisch abgeführte Leistung P_w und die Trägheitsleistung im Gleichgewicht stehen. Gl. (1) muß also erweitert werden zu

$$P_\mathrm{m} + P_\mathrm{N} T_\mathrm{a} \frac{\mathrm{d}\sigma}{\mathrm{d}t} + P_\mathrm{w} = 0. \tag{8}$$

Wir beziehen dies wieder ausschließlich auf die Abweichungen vom stationären Verhalten. Die Leistungsbilanz für sämtliche Kraft- und Synchronmaschinen lautet daher

$$\sum P_{\mathrm{m}g} + \sum P_{\mathrm{N}g} T_{\mathrm{a}g} \frac{\mathrm{d}\sigma}{\mathrm{d}t} + \sum P_{\mathrm{w}g} = 0. \tag{9}$$

Der Index g bezieht sich hierin auf den jeweiligen Generatorsatz, und die Drehzahlabweichung σ könnte vor das Summenzeichen gesetzt werden, da sie wegen der starren elektrischen Kupplung für alle Maschinen gleich ist.

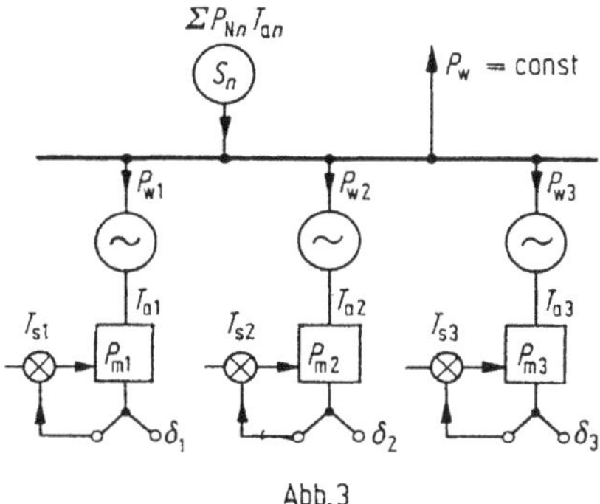

Abb. 3.

Im Netz fließen sämtliche schwingenden elektrischen Leistungen P_w in die Schwungmassen aller angeschlossenen Asynchronmotoren und beschleunigen oder verzögern sie. Von einer Änderung der sonstigen Netzbelastung mit der Frequenz, die nur dämpfend wirkt, wollen wir dabei absehen. Die Leistungsbilanz des Netzes lautet also

$$\sum P_{\mathrm{w}g} = \sum P_{\mathrm{N}n} T_{\mathrm{a}n} \frac{\mathrm{d}\sigma}{\mathrm{d}t}, \tag{10}$$

wobei der Index n sich auf die Motoren des Netzes bezieht. Setzt man dies in Gl. (9) ein, so entsteht als gesamte Leistungsbilanz für die gemeinschaftliche Frequenzänderung

$$\sum (P_{ng} T_{\mathrm{a}g} + P_{\mathrm{N}n} T_{\mathrm{a}n}) \frac{\mathrm{d}\sigma}{\mathrm{d}t} + \sum P_{\mathrm{m}g} = 0. \tag{11}$$

Da die Drehzahlabweichung σ aller Maschinen übereinstimmt, so können wir Gl. (2) für die Änderung des Leistungsflusses für alle Antriebsmaschinen summieren und erhalten für die zeitliche Änderung der von sämtlichen Servomotoren gesteuerten Zuflußleistungen

$$\sum \frac{\mathrm{d}P_{\mathrm{m}g}}{\mathrm{d}t} = \sum \frac{P_{\mathrm{N}g}}{\delta T_{\mathrm{s}g}}. \tag{12}$$

Der hierin auftretende Quotient $P_N/\delta T_s$ ist ein Maß für die Regelgeschwindigkeit, meist ausgedrückt in MW/s, mit der jede einzelne Maschine bei einer Drehzahlabweichung σ auf das Erreichen des Beharrungszustandes mit $\sigma = 0$ hinwirkt. Dieser Quotient kann sich für die verschiedenen Maschinen sehr unterscheiden. Er hängt nicht nur von ihrer Nennleistung P_N, sondern ebenso auch von dem Produkt aus der Statik δ des Drehzahlreglers und der Schlußzeit T_s des Servomotors ab. Die einzelnen Summanden in Gl. (12) steigern die Leistungszufuhr zum gesamten Maschinensystem des elektrischen Netzes.

In Gl. (11) und (12) wurden zwei Beziehungen zwischen der Leistungsabweichung $\sum P_{mg}$ und der Drehzahlabweichung σ vom Beharrungszustand gewonnen, die sich auf sämtliche parallelarbeitenden Maschinen aller zusammengeschlossenen Kraftwerke erstrecken. Sie ergeben gemeinsam die Differentialgleichung

$$\sum (P_{Ng} T_{ag} + P_{Nn} T_{an}) \frac{d^2\sigma}{dt^2} + \sum \frac{P_{Ng}}{\delta T_s} \sigma = 0 \tag{13}$$

für die relative Frequenzabweichung σ und eine ganz analoge Gleichung auch für die Leistungsabweichung $\sum P_{mg}$. Die Lösung dieser Schwingungsgleichung ist für die Drehzahl- oder Frequenzschwingung

$$\sigma = \hat{\sigma} \cos(\lambda t + \gamma). \tag{14}$$

Darin sind als Integrationskonstanten mit $\hat{\sigma}$ die Amplitude und mit γ der Phasenwinkel bezeichnet, und

$$\lambda = \sqrt{\frac{\sum P_{Ng}/\delta T_{sg}}{\sum P_{Ng} T_{ag} + \sum P_{Nn} T_{an}}} \tag{15}$$

ist die Eigenkreisfrequenz der auftretenden Gesamtschwingung des Systems. Nach Gl. (11) folgt daraus die Leistungsschwankung aller Kraftmaschinen

$$\sum P_{mg} = \lambda \hat{\sigma} \sum (P_{Ng} T_{ag} + P_{Nn} T_{an}) \sin(\lambda t + \gamma) = \sum \hat{P}_{mg} \sin(\lambda t + \gamma). \tag{16}$$

Aus Gl. (10) können wir andererseits die Amplitude der schwingenden elektrischen Leistung ausdrücken, die zwischen allen Generatoren und allen Motoren des Netzes ausgetauscht wird als

$$\sum P_{wg} = -\lambda \hat{\sigma} \sum P_{Ng} T_{an} \sin(\lambda t + \gamma). \tag{17}$$

Die Summe der Amplituden der elektrischen und mechanischen Leistungsschwingung verhält sich daher zur Amplitude der Frequenzschwingung wie die Summe der kinetischen Energien aller Motorensätze zu der Summe der kinetischen Energien aller Generatorensätze und aller Motorensätze. Nach Gl. (16) ist also

$$\frac{\sum \hat{P}_{mg}}{\hat{\sigma}} = \lambda \sum (P_{Ng} T_{ag} + P_{Nn} T_{an}) = \sqrt{\sum (P_{Ng} T_{ag} + P_{Nn} T_{an}) \cdot \sum \frac{P_{Ng}}{\delta T_{sg}}}. \tag{18}$$

Die elektrische Leistungsschwingung ist entsprechend kleiner im Verhältnis $\sum P_{Ng} T_{an} / \sum (P_{Ng} T_{ag} + P_{Nn} T_{an})$.

Aus der Tatsache, daß sich für alle zusammengeschlossenen Kraftwerke eine einzige Differentialgleichung ergibt, erkennen wir, daß die Leistung des gesamten Netzes unter der Wirkung aller Antriebsmaschinenregler Gemeinschaftsschwingungen ausführt. Diese bestehen in Fluktuationen der Energie zwischen den rotierenden Massen des gesamten Systems auf der einen Seite und den Energievorräten der Antriebsmaschinen auf der anderen Seite, sei es als Dampf, Wasser oder Öl. Im Gegensatz zu diesen Energiefluktuationen verlaufen die infolge der Synchronisierung auftretenden Schwingungen der Drehzahl der einzelnen Generatoren und Motoren schneller, sie rufen Fluktuationen der Leistung lediglich zwischen den verschiedenen rotierenden Massen der Maschinen hervor.

Wir wollen als Beispiel ein Stromversorgungsnetz betrachten, das nur drei Antriebsmaschinensätze mit den Nennleistungen $P_{\mathrm{N}} = 5\,\mathrm{MW}$, $10\,\mathrm{MW}$ und $20\,\mathrm{MW}$, Anlaufzeitkonstanten $T_{\mathrm{a}} = 8\,\mathrm{s}$, $5\,\mathrm{s}$ und $20\,\mathrm{s}$, mit Drehzahlreglern einer Statik von $\delta = 5\%$, 3% und 6% und Servomotoren mit der Schließzeit $T_{\mathrm{s}} = 2\,\mathrm{s}$, $1\,\mathrm{s}$ und $4\,\mathrm{s}$ hat, während die zahlreichen Motoren zusammen eine Netzschwungenergie von $\sum P_{\mathrm{N}n} T_{\mathrm{a}n} = 500\,\mathrm{MWs}$ haben. Die gemeinschaftliche Reglerkreisfrequenz des Gesamtsystems ist dann nach Gl. (15)

$$\lambda = \sqrt{\frac{\dfrac{5\,\mathrm{MW}}{0{,}05 \cdot 2\,\mathrm{s}} + \dfrac{10\,\mathrm{MW}}{0{,}03 \cdot 1\,\mathrm{s}} + \dfrac{20\,\mathrm{MW}}{0{,}06 \cdot 4\,\mathrm{s}}}{5\,\mathrm{MW} \cdot 8\,\mathrm{s} + 10\,\mathrm{MW} \cdot 5\,\mathrm{s} + 20\,\mathrm{MW} \cdot 20\,\mathrm{s} + 500\,\mathrm{MWs}}} = 0{,}686\,\mathrm{s}^{-1}.$$

Die Reglerkreisfrequenzen der einzelnen alleinlaufenden Maschinen würden demgegenüber betragen

$$\lambda_1 = \sqrt{\frac{\dfrac{5\,\mathrm{MW}}{0{,}05 \cdot 2\,\mathrm{s}}}{5\,\mathrm{MW} \cdot 8\,\mathrm{s}}} = 1{,}12\,\mathrm{s}^{-1}, \qquad \lambda_2 = \sqrt{\frac{\dfrac{10\,\mathrm{MW}}{0{,}03 \cdot 1\,\mathrm{s}}}{10\,\mathrm{MW} \cdot 5\,\mathrm{s}}} = 2{,}58\,\mathrm{s}^{-1},$$

$$\lambda_3 = \sqrt{\frac{\dfrac{20\,\mathrm{MW}}{0{,}06 \cdot 4\,\mathrm{s}}}{20\,\mathrm{MW} \cdot 20\,\mathrm{s}}} = 0{,}454\,\mathrm{s}^{-1}.$$

Dies Beispiel zeigt, daß die mittelgroße Maschine mit 10 MW Nennleistung durch die Wirkung ihres Reglers mit kleiner Statik und ihres Servomotors mit kleiner Schließzeit bei weitem die stärksten Kräfte ausübt, die viermal so groß sind wie die der Maschine von 20 MW Nennleistung. Die Schwungleistung wird andererseits vorwiegend von der 20-MW-Maschine und von den gesamten rotierenden Schwungmassen der Motoren geliefert. Messungen in Kraftwerksnetzen zeigen, daß die Anlaufzeitkonstante T_{a} aller Motoren, bezogen auf die speisende Generatorleistung, meistens in der Größenordnung von 10 bis 20 s liegt, wobei diese großen Zeiten auf die Unterbelastung der meisten Motoren zurückzuführen sind.

Bei jeder Belastungsänderung $\sum P_{\mathrm{m}}$ des gesamten Netzes, die die Drehzahl und Frequenz zum Schwingen bringt, beteiligen sich nach Gl. (2) und (12) die verschiedenen Synchronmaschinen genau nach Maßgabe ihrer Regelgeschwindigkeit, meist gemessen in MW/s. Jede einzelne Maschine erhält daher durch die Wirkung ihrer Steuerung einen Leistungsanteil zugewiesen, der sich durch Division und Integration dieser beiden Gleichungen bestimmt zu

$$P_{\mathrm{m}g} = \frac{P_{\mathrm{N}g}/\delta T_{\mathrm{s}g}}{\sum P_{\mathrm{N}g}/\delta T_{\mathrm{s}g}} \sum \hat{P}_{\mathrm{m}g}. \tag{19}$$

Diese Leistungen teilen sich also vollkommen verschieden von den Leistungen nach den Regeln in Gl. (4) und (9) von Kapitel 25 auf.

Wünscht man alle Maschinen entsprechend ihrer Nennleistung an der Aufnahme dieser Leistungsstöße zu beteiligen, so muß man die Drehzahlregler und Servomotoren so aufeinander abstimmen, daß die Produkte δT_s von allen Maschinen gleich sind. Da jedoch die Stoßleistungen wegen des langsamen Eingreifens der Regler entsprechend den Schwungmassen der einzelnen Maschinen verschieden waren, so tritt durch die Wirkung der Antriebsmaschinensteuerung im allgemeinen eine Veränderung der Leistungsaufteilung ein, und es treten Schwingungen und Verschiebungen zwischen den Leistungen der verschiedenen Maschinen auf. Die Differenz zwischen der früheren und neuen Leistungsverteilung bestimmt die Leistungsschwingung jedes Generators, deren Amplitude sich nach Gl. (19) und nach Gl. (9) von Kapitel 25 ergibt zu

$$P_w = \left[\frac{P_N T_a}{\sum (P_{Ng} T_{ag})} - \frac{P_N/\delta T_s}{\sum P_{Ng}/\delta T_{sg}}\right] \sum \hat{P}_{mg}. \tag{20}$$

Diese das ganze Netz durchflutenden Leistungsschwingungen haben die gemeinsame Eigenkreisfrequenz der Gl. (15). Sie können in den einzelnen Generatoren positiv (Leistungsabgabe) oder negativ (Leistungsaufnahme) sein, je nach dem Überwiegen des ersten oder zweiten Gliedes in dem Klammerausdruck der Gl. (20).

Wären keine Schwungmassen vorhanden, so könnten wir den Klammerwert dieser Gleichung zum Verschwinden bringen, wenn wir für sämtliche Synchrongeneratoren

$$\frac{T_a P_N}{P_N/\delta T_s} = \delta T_s T_a = \text{const} \tag{21}$$

setzen würden, denn dann würde dieses Produkt für jede Maschine mit dem Summenwert für das ganze Netz übereinstimmen, und nach Gl. (6) würden alle Reglerfrequenzen der einzelnen Maschinen gleich werden.

Auch unter der Wirkung der rotierenden Schwungmassen der Maschinen im Netz hat diese Abstimmungsregel den großen Vorteil, daß die Leistungsanteile aller Synchronmaschinen sich genau entsprechend ihren eigenen Schwungmassen aufteilen. Man erkennt dies am besten, wenn man Gl. (20) umschreibt in

$$P_w = \left[\frac{\sum P_{Ng}/\delta T_{sg}}{\sum (P_{Ng} T_{ag})} - \frac{P_N/\delta T_s}{P_{Ng} T_{ag}}\right] \frac{P_N T_{ag}}{\sum P_{Ng}/\delta T_{sg}} \sum \hat{P}_{mg}, \tag{22}$$

denn jetzt werden unter der Bedingung (21) die Werte in der Klammer für alle Maschinen einander gleich. Die Polräder der Synchrongeneratoren laufen jetzt während der langsamen Ausgleichsschwingungen nach einem Laststoß nicht mehr gegeneinander, sondern führen alle ihre Schwingungen gemeinschaftlich und anteilsgerecht aus. Die Leistung der Maschine ist proportional der individuellen Schwungleistung. Diese Verteilung der Leistungen ist die sicherste Gewähr dafür, daß keine Stabilitätsstörungen durch Außertrittfallen einzelner Maschinen nach irgendeinem Stoße in der Anlage eintreten.

Ohne Abstimmung des gesamten Generatorsystems können jedoch große Differenzen in den zweiten Gliedern der Klammer von Gl. (22) für die einzelnen Maschinen auftreten. Die Maschinensätze mit den kleinsten Werten $\delta T_s T_a$, die die höchste Regler-Eigenfrequenz ergeben, sind stets am meisten gefährdet. Für die drei Maschinen des obigen Beispiels sind diese charakteristischen Werte

$$\delta_1 T_{s1} T_{a1} = 0{,}05 \cdot 2\,\text{s} \cdot 8\,\text{s} = 0{,}8\,\text{s}^2,$$

$$\delta_2 T_{s2} T_{a2} = 0{,}03 \cdot 1\,\text{s} \cdot 5\,\text{s} = 0{,}15\,\text{s}^2,$$

$$\delta_3 T_{s3} T_{a3} = 0{,}06 \cdot 4\,\text{s} \cdot 20\,\text{s} = 4{,}8\,\text{s}^2.$$

Dies führt also zu einer völlig unangemessenen Verteilung jedes anfallenden Stoßes. Stark unterschiedliche Regler-Eigenfrequenzen, die zu unausgeglichener Lastverteilung während des Ausgleichszustandes des gesamten Systems führen, treten besonders auf, wenn Dampfkraftwerke und Wasserkraftwerke zusammenarbeiten.

c) Frequenzänderung nach Belastungsstößen

Nach einem Leistungsstoß im Netzsystem stellt sich das System aller Maschinen nach einiger Zeit auf einen neuen Gleichgewichtszustand ein, der durch die Summeneigenschaften aller Antriebsmaschinenregler bestimmt ist. Dabei ändert sich im allgemeinen nicht nur die Leistung sondern auch die Drehzahl der Maschinen oder die Frequenz des Netzes. Für jede Antriebsmaschine ist nach *Abb. 2* die stationäre Leistungsabweichung vom Beharrungszustand

$$\Delta P_{\mathrm{m}} = \frac{P_{\mathrm{N}}}{\delta}\,\sigma. \tag{23}$$

Die Summe aller dieser Änderungen ist durch den gesamten Leistungsstoß P_{w} bestimmt, der lediglich wegen der Verluste etwas größer als der elektrische Leistungsstoß auf das Netz ist. Da die Drehzahländerungen aller Maschinen gleich sind, so ist

$$P_{\mathrm{w}} = \left(\frac{P_{\mathrm{N1}}}{\delta_1} + \frac{P_{\mathrm{N2}}}{\delta_2} + \cdots\right)\sigma = \sum \frac{P_{\mathrm{N}g}}{\delta}\,\sigma, \tag{24}$$

wobei σ die bleibende Frequenzänderung bedeutet.

Die gesamte Drehzahl-Leistungs-Charakteristik sämtlicher Antriebsmaschinen baut sich nach Gl. (24) durch einfache Summation aller Kennlinien P_{N}/δ über der gemeinsamen Drehzahl auf, wie es in *Abb. 4* dargestellt ist. Für die bleibende

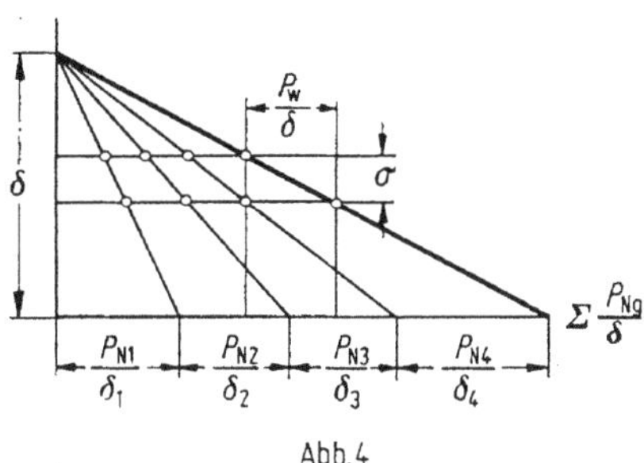

Abb. 4

Drehzahländerung unter der Wirkung des Leistungsstoßes P_{w} ergibt sich danach

$$\sigma = \frac{P_{\mathrm{w}}}{\sum P_{\mathrm{N}g}/\delta}, \tag{25}$$

und der Einzelstoß für jede Maschine ist nach Gl. (23)

$$\Delta P_{\mathrm{m}} = \frac{P_{\mathrm{N}g}/\delta}{\sum P_{\mathrm{N}g}/\delta}\,P_{\mathrm{w}}. \tag{26}$$

Die im Netz anfallenden Leistungsänderungen verteilen sich also auf die einzelnen Antriebsmaschinen im Beharrungszustand entsprechend der „Leistungszahl" der Regler, die sich als Quotient aus Nennleistung und Statik ergibt.

Nach früheren Ausführungen kann während der Regelperiode der Maschine bestenfalls erreicht werden, daß die Leistungsstöße sich wie die Schwungleistungen, also entsprechend $T_a P_N$ auf die einzelnen Maschinen verteilen. Wünscht man daher möglichst günstigen Anschluß des Beharrungszustandes an die Regelperiode, so muß man

$$\frac{T_a P_N}{P_N/\delta} = \delta T_a = \text{const} \tag{27}$$

für alle Antriebsmaschinen machen. Dies erfordert eine Abstimmung aller Drehzahlregler, derart, daß ihre Statik umgekehrt proportional der Anlaufzeitkonstante des Maschinensatzes ist. Für ein bestimmtes Netz mit stark unterschiedlichen Maschinen könnte man die Statik der Regler den Anlaufzeitkonstanten gemäß Tabelle 1 zuordnen:

Tabelle 1. *Statik des Reglers, abhängig von der Anlaufzeitkonstante*

Anlaufzeitkonstante der Maschine	T_a	s	3	5	7	10	15	20
Statik des Reglers	δ	%	10	6	4,3	3	2	1,5

Wenn man außerdem noch die Abstimmungsbedingung (21) einhalten will, nach der eine Proportionalverteilung der elektrischen Leistungen während der Regelperiode vorhanden ist, so muß man gleiche Schließzeiten der Servomotoren aller Antriebsmaschinen vorsehen.

Die langsamen Reglerschwingungen, die den Übergang in den neuen Beharrungszustand beenden, sind in *Abb. 5* dargestellt. Diese Schwingungen vermitteln den stetigen Übergang zwischen dem Dauerzustand vor und nach dem Leistungsstoß P_w, der eine Frequenzänderung nach Gl. (25) verursacht. Die Beziehung von mechanischer Leistung und Frequenz während irgendwelcher Ausgleichsvorgänge nach Gl. (14) und (16) kann nun für die Bestimmung der anfänglichen Schwingungsamplituden benutzt werden, wenn auch durch die Dämpfung ein langsames Abklingen erfolgt, wie es in *Abb. 5* angedeutet ist. Der Leistungs- und Frequenzstoß bildet den Anfangswert dieser Schwingungen zur Zeit $t = 0$, und daher ist nach Gl. (14) die Frequenzabweichung

$$\sigma = \hat{\sigma} \cos\gamma \tag{28}$$

und nach Gl. (16) die Leistungsabweichung

$$P_w = \lambda\hat{\sigma} \sum (P_{Ng} T_{ag} + P_{Nn} T_{an}) \sin\gamma\,. \tag{29}$$

Daraus ergibt sich durch Division für den Phasenwinkel γ der Reglerschwingung

$$\tan\gamma = \frac{P_w}{\sigma\lambda \sum (P_{Ng} T_{ag} + P_{Nn} T_{an})} = \frac{\sum P_{Ng}/\delta}{\sum (P_{Ng} T_{ag} + P_{Nn} T_{an}) \cdot \sum P_{Ng}/\delta T_{sg}}, \tag{30}$$

worin der Quotient P_w/σ nach Gl. (25) und die Regler-Eigenkreisfrequenz λ nach Gl. (15) eingesetzt sind.

Die Amplitude der Frequenzschwingung ergibt sich hiermit aus Gl. (28) zu

$$\hat{\sigma} = \frac{\sigma}{\cos\gamma} = \sigma\sqrt{1 + \tan^2\gamma} = \sigma\sqrt{1 + \frac{(\sum P_{Ng}/\delta)^2}{\sum (P_{Ng} T_{ag} + P_{Nn} T_{an}) \sum P_{Ng}/\delta T_{sg}}}\,. \tag{31}$$

Sie ist also im allgemeinen erheblich größer als der bleibende Frequenzunterschied σ. Setzen wir, um Zahlenwerte für ein Beispiel zu gewinnen, lauter Antriebsmaschinen mit gleichartiger Regelung und gleichen Anlaufzeiten voraus, so können wir die Nennleistungen herausheben und erhalten den einfachen Ausdruck

$$\hat{\sigma} = \sigma \sqrt{1 + \frac{T_s}{\delta(T_a + T_M)}}, \tag{32}$$

wobei T_M die mittlere Anlaufzeitkonstante der Motoren ist. Für eine Schließzeit $T_s = 3$ s, eine Statik $\delta = 5\%$ und eine Anlaufzeit des Gesamtsystems $T_a = 30$ s erhält man als Verhältnis der Schwingungsamplitude zum bleibenden Frequenzunterschied

$$\frac{\hat{\sigma}}{\sigma} = \sqrt{1 + \frac{3\ \text{s}}{0{,}05 \cdot 30\ \text{s}}} = 1{,}73.$$

Es tritt demnach eine erhebliche Überregelung auf, wie in *Abb. 5* gezeigt ist, die aber durch die Wirkung der großen rotierenden Schwungmassen im Netz kleiner

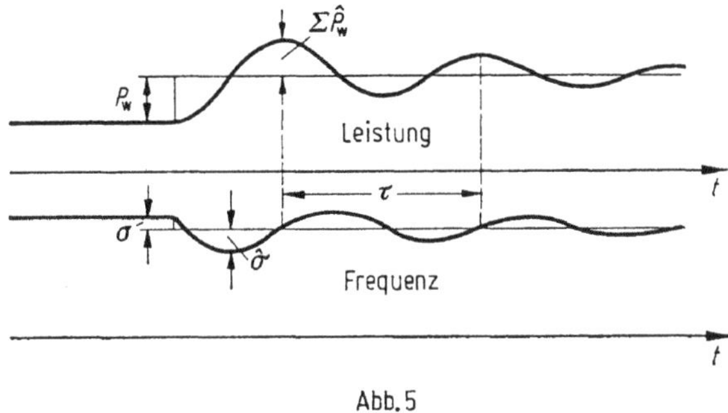

Abb. 5

ist, als es für den Lauf jeder einzelnen Maschine sein würde. Führt man die stationäre Frequenzabweichung nach Gl. (25) in Gl. (31) ein, so erhält man die Amplitude der Frequenzschwingung in Abhängigkeit vom Leistungsstoß

$$\hat{\sigma} = P_w \sqrt{\frac{1}{(\sum P_{Ng}/\delta)^2} + \frac{1}{\sum (P_{Ng} T_{ag} + P_{Nn} T_{an}) \cdot \sum P_{Ng}/\delta T_g}} \approx$$

$$\approx \frac{P_w}{\sum P_{Ng}} \sqrt{\delta^2 + \frac{\delta T_s}{T_a + T_M}}. \tag{33}$$

Der vereinfachte letzte Ausdruck gilt wieder für ganz gleichartige Maschinen. Man sieht hier am deutlichsten, wie durch den Einfluß kleiner Schwungmassen und schlechter Regelungseigenschaften der Antriebsmaschinen ein starkes Überschwingen der Frequenz hervorgerufen wird.

Für die Amplitude der gemeinsamen Leistungsschwingung der Kraftmaschinen des Netzes erhält man nunmehr aus Gl. (18)

$$\sum \hat{P}_{mg} = P_w \sqrt{\frac{\sum (P_{Ng} T_{ag} + P_{Nn} T_{an}) \cdot \sum P_{Ng}/\delta T_{sg}}{(\sum P_{Ng}/\delta)^2} + 1} \approx P_w \sqrt{\frac{\delta (T_a + T_M)}{T_s} + 1}, \tag{34}$$

wobei auch hier der Wert für gleichartige Schwung- und Regelungsverhältnisse hinzugefügt ist. Für das eben erwähnte Beispiel erhält man ein Überschwingen der Leistungspendelungen um den

$$\frac{\sum \hat{P}_{mg}}{P_w} = \sqrt{\frac{0{,}05 \cdot 20\,\mathrm{s}}{3\,\mathrm{s}} + 1},$$

also gleich dem 1,23fachen Betrag des Leistungsstoßes. Im Gegensatz zu den Frequenzschwingungen sind für die Leistungsschwankungen große Schwungmassen im Netz ungünstig. Ein Teil von diesen Schwankungen, der proportional zu $\sum P_{Ng} T_{ag}$ ist, verbleibt in den Schwungmassen der Generatorsätze. Der andere Teil, der proportional zu $\sum P_{Nn} T_{an}$ ist, fließt in das Netz und endet in den Schwungmassen der Asynchronmotoren.

In *Abb. 6* sind die Ergebnisse eines Stoßversuches in einem Netz dargestellt, das zahlreiche Generatoren mit einer gesamten Nennleistung von 800 MVA enthält. Ein Leistungsstoß von -24 MW wurde dem Netze aufgeprägt, indem einer

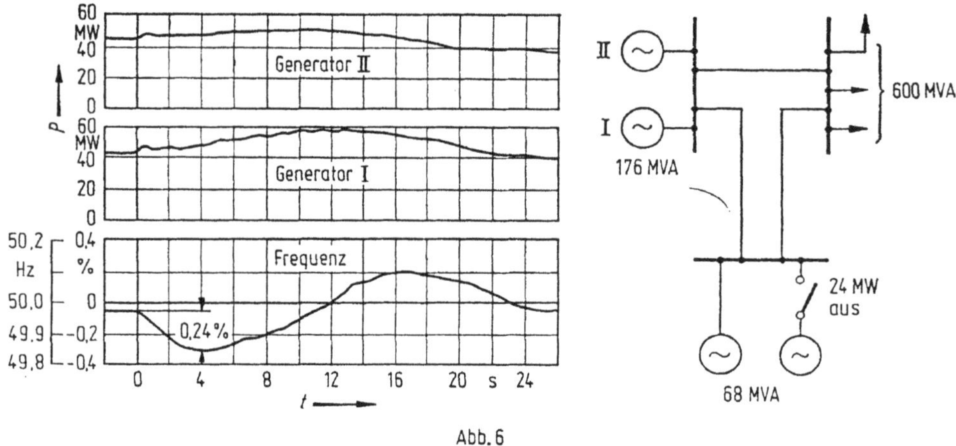

Abb. 6

der speisenden Generatoren plötzlich abgeschaltet wurde, so daß seine Leistung von den anderen Maschinen der zusammengeschlossenen Werke augenblicklich übernommen werden mußte. Es bildete sich dabei eine gedämpfte Frequenzschwankung von 23 s Schwingungsdauer aus, entsprechend einer Eigenkreisfrequenz $\lambda = 0{,}274\,\mathrm{s}^{-1}$, die durch die gemeinschaftliche Wirkung aller Geschwindigkeitsregler des Systems verursacht wurde. Die Amplitude dieser Frequenzschwingung ist $\hat{\sigma} = -0{,}24\%$ der Amplitude der Schwingung von der Normalfrequenz. Zwei Generatoren I und II in einem entfernten Kraftwerk zeigen eine Leistungsschwingung derselben Frequenz, aber von verschiedener Größe. Darüber gelagert sind anfängliche schnelle Schwingungen, deren Periodendauer, nämlich 1,57 s und 1,40 s, sich wegen der unterschiedlichen synchronisierenden Kräfte dieser Maschinen unterscheidet.

V. Einfluß der Erde

27. Erdschlußströme in Netzen mit isoliertem Sternpunkt

Wenn in einer elektrischen Anlage ein normalerweise isolierter und gegen Erde unter Spannung stehender Punkt an irgendeiner Stelle dieser Anlage, sei es an einer Maschine, oder einer Leitung z. B. durch Überschlag oder Durchschlag der Isolierung Verbindung mit Erde bekommt, so nennt man diesen anormalen Zustand „Erdschluß". Bei Erdschluß können je nach Art der Anlage, ob für Gleichstrom- oder Wechselstrombetrieb, ob mit isoliertem oder mit geerdetem Mittel- oder Sternpunkt betrieben, Ströme ganz verschiedener Stärke über die Fehlerstelle fließen und hier gegebenenfalls Schäden zur Folge haben.

In Gleichstromanlagen mit isoliertem Mittelpunkt fließen in solchem Falle Ströme nach Erde, die im wesentlichen Ableitungsströme über die Isolation des gesunden Poles der Anlage, d. h. ihrer Leitungen, Maschinenwicklungen usw., und im allgemeinen vergleichsweise gering sind. Bei geerdetem Mittel- oder Sternpunkt dagegen oder bei Gleichstrombahnanlagen, deren einer Außenleiter ständig an Erde liegt, treten bei Erdschluß eines normalerweise gegen Erde unter Spannung stehenden Leiters kurzschlußartige Ströme auf.

In Wechselstromanlagen mit isoliertem Sternpunkt führen im Gegensatz zu Gleichstromanlagen mit isoliertem Mittelpunkt die Erdkapazitäten der Anlageteile und insbesondere der Leitungen ganz wesentlich größere Ströme als die Ableitungsströme dieser Anlageteile nach Erde. Die Erdschlußströme fließen dann über die Erdschlußstelle zum kranken Leiter zurück. Daher kann sich ein erheblicher Erdschlußstrom entwickeln, auch wenn nur an einem einzigen Punkt im Gesamtsystem ein Erdschluß entsteht. Im praktischen Betrieb von Wechselstromanlagen treten solche einpoligen Erdschlüsse häufig auf. Sie können durch Reißen von Leitungen, durch Überschlag oder Durchbruch der Isolierung, durch Staub und Schmutz auf den Isolatoren sowie durch Vögel entstehen. Bei Sturm geraten oft Äste oder andere Fremdkörper in die Leitungen. Bei Netzen mit großer Leitungskapazität, also vor allem bei Kabelnetzen oder in Anlagen hoher Spannung, sind die Erdschlußströme entsprechend groß, sie können zu erheblichen Störungen führen. Zwischen den Leitungen und der Erde fließen diese Ströme durch die Isolierung als Verschiebungsströme und erfüllen den ganzen Raum in der Umgebung der Wechselstromleitung mit ihrem elektromagnetischen Feld. Wir wollen im folgenden die Erscheinungen betrachten, die in den Leitungen und in der Erde auftreten, wenn ein bestimmter Punkt des Netzes Erdschluß erhält.

a) Verteilung der Erdschlußströme in den Leitungen

Ein Überschlag eines Leiters in einem isolierten Einphasen-Wechselstromnetz nach Erde ist in *Abb. 1* durch einen Pfeil gekennzeichnet, der Verlauf des Erdschlußstromes, der durch solch einen Fehler verursacht wird, ist gestrichelt dargestellt. Er fließt von der Stromquelle her über den Erdschlußpunkt der kranken Leitung zur Erde und tritt durch die hier als konzentriert dargestellte Erdkapazität C_0 der gesunden Leitung von der Erdoberfläche als Verschiebungsstrom zu dieser über und fließt von dort zur Stromquelle zurück. Die Kapazität C zwischen den Leitungen wird vom Erdschluß nicht beeinflußt, da sie nach wie vor an der als konstant anzusehenden Spannung U liegt. Der Strom in dieser Kapazität C bleibt also praktisch ungeändert. Dagegen ändert sich der Strom in den

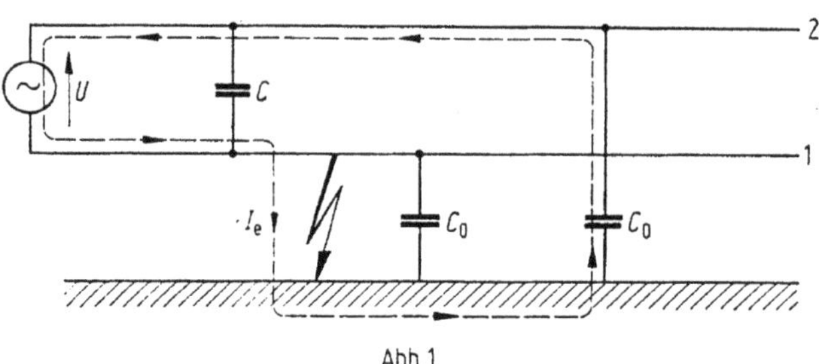

Abb. 1

Erdkapazitäten C_0. Die Spannung der kranken Leitung gegen Erde wird null, ihre Erdkapazität C_0 kann also keinen Ladestrom mehr führen. Dagegen steht die Erdkapazität C_0 der gesunden Leitung nunmehr unter der doppelten Spannung im Vergleich zum ungestörten Zustand des Netzes und wird daher vom doppelten Ladestrom durchflossen, der nun vollständig als Erdschlußstrom in Erscheinung tritt.

Für Freileitungs- oder Kabelnetze, deren Längenerstreckung nicht gar zu groß ist, kann die Wirkung der Selbstinduktivität der Leitungen für die Erdschlußströme gegenüber ihrer Kapazität vernachlässigt werden. Auch die Wirkung der Streuinduktivität der Generatoren und Transformatoren auf die Erdschlußströme ist im allgemeinen nur gering. Vernachlässigt man also diese Induktionswirkungen und zudem den Einfluß der Leitungswiderstände, so ist der Erdschlußstrom nur durch die Kapazitäten der gesunden Leiter bestimmt. Für Einphasennetze mit der Kreisfrequenz ω ergibt sich aus *Abb. 1*

$$I_e = \omega C_0 U. \tag{1}$$

Der Erdschlußstrom von Einphasennetzen ist demnach doppelt so groß wie der Strom in den Erdkapazitäten bei gesunden Leitungen. Daher wird die kapa-

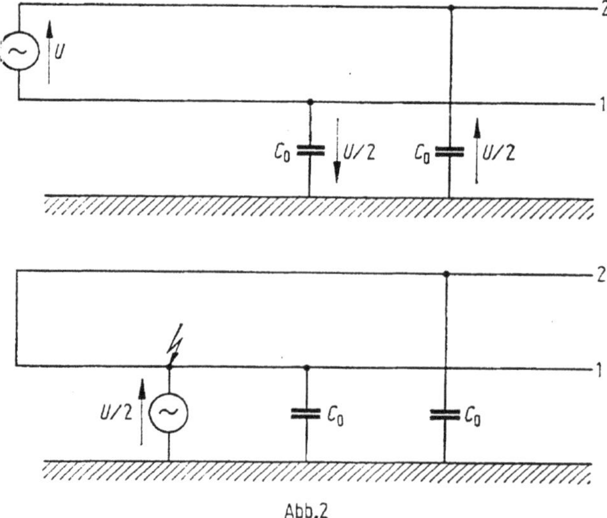

Abb. 2

zitive Belastung des Generators bei Erdschluß größer als beim normalen Betrieb, soweit sie von den Leitungen herrührt.

Wir können den Zustand des Erdschlusses auch auf eine andere Weise beschreiben, die den Vorteil hat, die Vorgänge bei Erdschluß einfacher und anschaulicher darzustellen. Das in *Abb. 1* gezeigte Einphasensystem hat im ungestörten Zustand die Spannungen $U/2$ der beiden Leiter gegen Erde, jedoch mit entgegengesetzten Richtungen (*Abb. 2* oben). Der metallische Erdschluß in *Abb. 1* kann dadurch ersetzt gedacht werden, daß zwischen dem Leiter 1, an dem der Erdschluß auftritt, und Erde eine widerstandslose Stromquelle mit der Klemmenspannung $U/2$ gelegt wird, welche die ursprüngliche Spannung zu Null ergänzt. Aus *Abb. 2* (unten) geht ohne weiteres hervor, daß diese Ersatzstromquelle an der Parallelschaltung der beiden Erdkapazitäten $2C_0$ mit der Spannung $U/2$ liegt und demzufolge der Strom im Erdschluß $I_e = \omega 2 C_0 U/2 = \omega C_0 U$ ist, in Übereinstimmung mit Gl. (1).

Ganz ähnlich liegen die Verhältnisse beim Erdschluß in Drehstromanlagen, der in *Abb. 3* dargestellt ist. An der Erdschlußstelle besteht im ungestörten Netz die Sternspannung $U_\curlywedge$ zwischen Erde und Leitung. Fügt man dort die Spannung

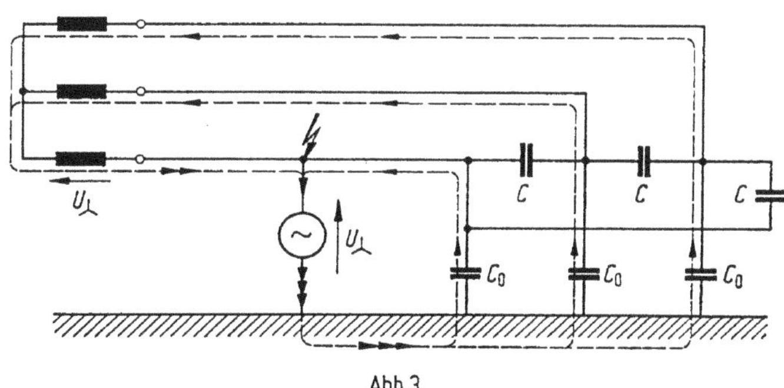

Abb. 3

$U_\curlywedge$ mit entgegengesetzter Richtung ein, so entsteht unter deren Wirkung ein Erdschlußstrom I_e, der nach *Abb. 3* in die Erde übertritt und sich in parallelen Zweigen auf die drei Erdkapazitäten der Drehstromleitung verteilt. Er fließt in diesen zur Erdschlußstelle zurück, in der kranken Leitung direkt, in den beiden gesunden Leitungen über die Wicklungen des Transformators. Dabei erzeugt er eine überlagerte einphasige Belastung des Transformators und des speisenden Generators.

Der Erdschlußstrom ist nach *Abb. 3*

$$I_e = 3\omega C_0 U_\curlywedge = \sqrt{3}\omega C_0 U, \tag{2}$$

wenn mit U die Dreieckspannung (verkettete Spannung) des Drehstromsystems bezeichnet wird. Der Erdschlußstrom in Drehstromnetzen ist also dreimal so groß wie der Erdkapazitätsstrom jeder gesunden Leitung. Die einphasige Blindleistung dieses Erdschlußstromes ist

$$Q_e = 3\omega C_0 U_\curlywedge^2 = \omega C_0 U^2. \tag{3}$$

Sie muß von der Stromquelle zusätzlich geliefert werden.

In *Abb. 4* ist dargestellt, in welcher Weise sich die Erdschlußströme auf die gesunden und kranken Leitungsteile einer Drehstromanlage und auf die Erde räumlich verteilen. Die Verschiebungsströme treten in die Leitungen gleichmäßig über ihre ganze Länge verteilt ein, so daß der Strom in allen drei Leitungen vom fernen Ende her linear zunimmt. In der kranken Leitung tritt am Erdschlußpunkt eine Unstetigkeit auf. Rechts von ihm fließt der Strom wie in den gesunden

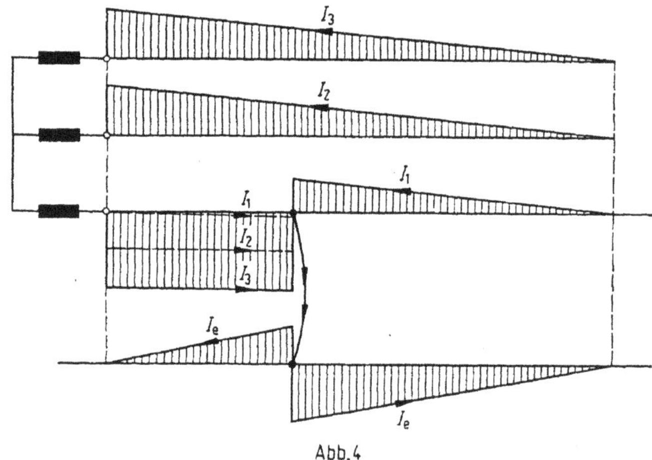

Abb. 4

Leitungen, links von ihm fließt der Erdschlußstrom der kranken Leitung auf den Erdschlußpunkt zu, wächst also in entgegengesetzter Richtung an, außerdem fließen die beiden Ströme der gesunden Leitungen über dieses Leitungsstück zur Erdschlußstelle zurück.

In der Erde breitet sich ein Teil des Stromes längs der Leitungsstrecke nach rechts, ein anderer nach links aus. Beide Ströme steigen ebenfalls linear an, wie es in *Abb. 4* dargestellt ist und das Spiegelbild der Summe der Ströme in den Leitungen zeigt.

Diese vom Erdschluß herrührende Stromverteilung überlagert sich den normalen Strömen des Leitungsnetzes, sowohl den Ladeströmen im ungestörten Zustand als auch den Belastungsströmen. Während die normalen Ladeströme bei gleichen Teilkapazitäten aller Leitungen eine symmetrische Mehrphasenbelastung der Stromquelle ergeben, erzeugen die Erdschlußströme stets eine vollständig einphasige Belastung und bewirken daher, daß die gesamten Spannungs- und Stromsysteme der Anlage unsymmetrisch werden.

Es ist nicht immer zulässig, die Selbstinduktivität der Erdschlußstrombahnen zu vernachlässigen. Maßgebend dafür ist die Eigenkreisfrequenz

$$2\pi f_e = \nu = \frac{1}{\sqrt{L C_0}}, \tag{4}$$

die der Erdschlußstromkreis aufweist. Nur wenn diese groß gegenüber der Kreisfrequenz des Netzes ist, spielt die Selbstinduktivität eine untergeordnete Rolle, anderenfalls können sich bei Erdschluß gefährliche Resonanzzustände ausbilden. Sehr lange Leitungen, mit einer Länge von etwa 1500 km bei Freileitungen, können wegen ihrer großen Selbstinduktivität Eigenfrequenzen in der Größenordnung von 50 Hz haben. Derartige mit isoliertem Sternpunkt betriebene Leitungsstrecken kommen allerdings heute nicht vor, diese Betrachtung soll nur eine grundsätzliche Eigenschaft aufzeigen.

In Anlagen mit Kabelnetzen und Freileitungen können sich niedrige Eigenfrequenzen bereits bei viel kleineren Leitungslängen ergeben. *Abb. 5* stellt ein solches Drehstromnetz schematisch dar. Erhält eine der Freileitungen in erheblichem Abstand vom Kabelnetz Erdschluß, so entsteht ein Erdschlußstromkreis der durch Pfeile gekennzeichnet ist. Die Selbstinduktivität wird im wesentlichen von der kranken Freileitung gebildet, auch die Streuinduktivität der Maschinen

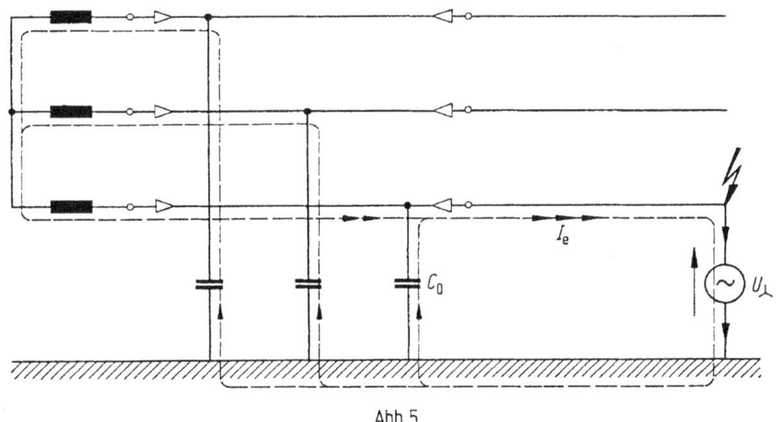

Abb. 5

und Transformatoren trägt mit dazu bei. Die Kapazität besteht vorwiegend aus der Erdkapazität des Kabelnetzes, in dem die drei Phasenleitungen parallel wirken. Da der Erdschlußkreis unter einer treibenden Wechselspannung $U_\curlywedge$ steht, die gleich der negativen Sternspannung ist, können die hierbei auftretenden Erdschlußspannungen berechnet werden. Besteht nicht gerade unmittelbare Resonanz, so daß die dämpfende Wirkung der Widerstände vernachlässigbar ist, so erhält man nach Kapitel 4, Gl. (11), als Kapazitätsspannung

$$U_c = \frac{U}{\sqrt{3}\left[1 - \left(\frac{\omega}{\nu}\right)^2\right]}. \tag{5}$$

Der Erdschlußstrom erhöht sich gegenüber dem normalen Wert auf

$$I_e^* = \frac{I_e}{1 - \left(\frac{\omega}{\nu}\right)^2}. \tag{6}$$

Ein Drehstrom-Kabelnetz für 10 kV bei 50 Hz, das eine gesamte Ausdehnung von 250 km besitzt, hat bei der Sternspannung von 5760 V einen Erdkapazitätsstrom von 180 A. Dann hat es nach Gl. (2) eine Kapazität von 100 μF.

Entsteht in der angeschlossenen Freileitung in 15 km Entfernung ein vollständiger Erdschluß, so ist mit einer Selbstinduktivität der kranken Leitung von etwa 37 mH zu rechnen, so daß der Erdschlußkreis nach Gl. (4) eine Eigenkreisfrequenz von etwa

$$\nu = \frac{1}{\sqrt{37 \cdot 10^{-3}\,\frac{\mathrm{Vs}}{\mathrm{A}}\,100 \cdot 10^{-6}\,\frac{\mathrm{As}}{\mathrm{V}}}} = 520\ \mathrm{s}^{-1},$$

entsprechend einer Eigenfrequenz von $f_e = 83$ Hz, erhält. Nach Gl. (5) ergibt sich eine Spannung von

$$U_c = \frac{10000 \text{ V}}{\sqrt{3}\left[1 - \left(\frac{50}{83}\right)^2\right]} = 9100 \text{ V}.$$

Der wirkliche Erdschlußstrom würde nach Gl. (6)

$$I_e^* = \frac{180 \text{ A}}{1 - \left(\frac{50}{83}\right)^2} = 285 \text{ A}$$

betragen.

Zur Abhilfe gegen Gefährdungen bei ungünstigen Verhältnissen kann man die Freileitungen von den Kabeln elektrisch isolieren, nötigenfalls durch Transformatoren mit der Übersetzung 1:1, so daß die Erdschlußströme des einen Netzes nicht in das andere übertreten können.

In Netzen, die ausschließlich aus Freileitungen oder Kabeln bestehen, ergeben sich durch das Zusammenwirken der Transformator- und Maschinen-Streuinduktivität mit der Netzkapazität ziemlich hohe Eigenfrequenzen des Erdschlußkreises. Diese können zu Resonanzen und Erdschlußüberspannungen Anlaß geben, wenn die Netzspannung starke Oberschwingungen enthält. In *Abb. 6* ist der hierbei

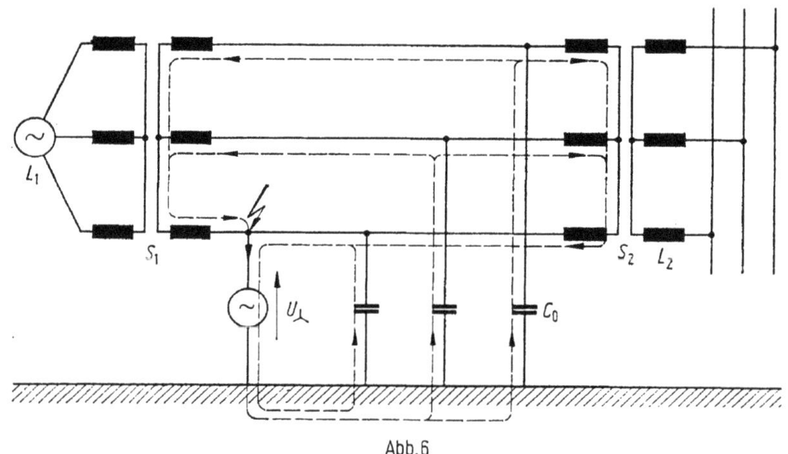

Abb.6

auftretende Stromverlauf aufgezeichnet, wie er sich in einer Fernleitung zwischen zwei Transformatoren ausbildet. Eine der Erdkapazitäten C_0 liegt unmittelbar an der überlagerten Sternspannung $-U_\lambda$, die anderen beiden werden von ihr über die miteinander parallel geschalteten Transformator-Streuinduktivitäten gespeist.

Bei einer Leitungslänge von 90 km mißt man beim Betrieb mit 35 kV einem dreipoligen Erdkapazitätsstrom von 9 A. Daraus ergibt sich nach Gl. (2) eine Kapazität von etwa

$$2\,C_0 = 0{,}95\ \mu\text{F}.$$

Rechnet man, bezogen auf die gesamte Selbstinduktivität, mit je 4% Streuinduktivität für die Erdtransformatoren und 12% für die hinter ihnen liegenden Netzteile, also zusammen mit 16%, so erhält man bei 100 A Nennstrom für die

Parallelschaltung der beiden Transformatoren eine Selbstinduktivität

$$\frac{L}{2} = \frac{1}{2}\,\frac{0{,}16 \cdot 35 \cdot 10^3\,\mathrm{V}}{314\,\mathrm{s}^{-1} \cdot 100\,\mathrm{A}} = 89\,\mathrm{mH}.$$

Der Erdschlußkreis hat somit eine Eigenkreisfrequenz

$$\nu = \frac{1}{\sqrt{89 \cdot 10^{-3}\,\frac{\mathrm{Vs}}{\mathrm{A}}\,0{,}95 \cdot 10^{-6}\,\frac{\mathrm{As}}{\mathrm{V}}}} = 3450\,\mathrm{s}^{-1},$$

also das 11fache der Grundkreisfrequenz. Falls daher die Netzspannung eine erhebliche 11. Oberschwingung hat, wird diese entsprechende Überspannungen erzeugen.

b) Stromverlauf in der Erde

Entsteht ein Erdschluß in einer Kabelstrecke, so tritt der Erdschlußstrom meistens in die metallische Bewehrung des Kabels über und breitet sich nur allmählich im Erdboden aus. Ist die Leitfähigkeit des Kabelmantels nicht der Größe des Erdschlußstromes angemessen, sind vor allem schlechte Übergangsstellen an den Muffen vorhanden, so können diese überhitzt werden und Kurzschlüsse entstehen. Man muß daher für guten metallischen Schluß der Kabelmuffen mit den Mänteln sorgen.

Bei Freileitungen tritt der Erdschlußstrom bei Bruch oder Überschlag eines Isolators durch den Fuß des betreffenden Stahlmastes in die Erde ein, wie es in *Abb. 7* dargestellt ist. Er breitet sich bei homogenem Erdreich in der näheren

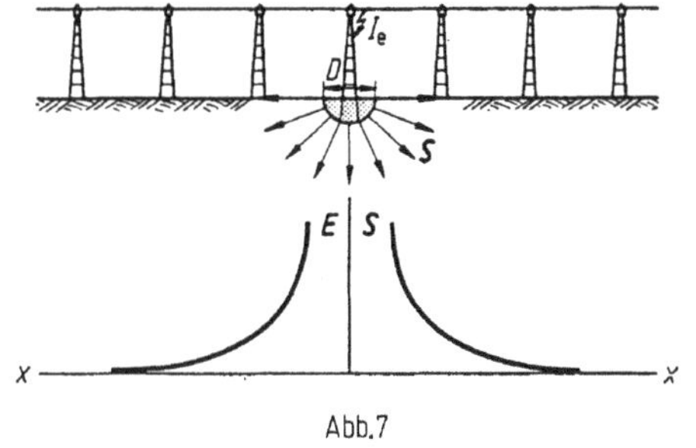

Abb. 7

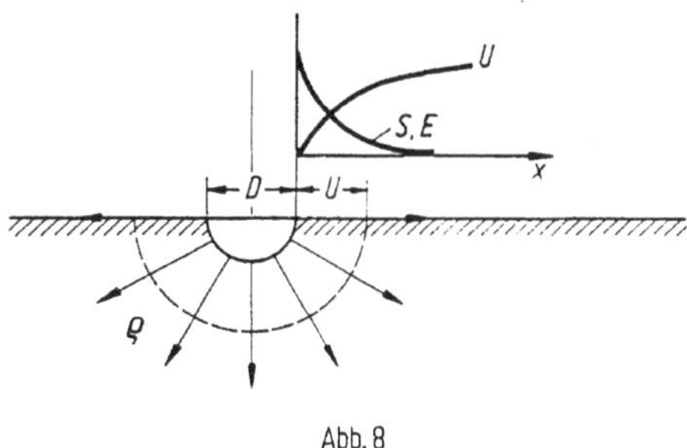

Abb. 8

Umgebung des Mastfußes gleichmäßig nach allen Seiten und in die Tiefe aus und erzeugt im Erdboden ein Potentialgefälle, das in *Abb. 7* ebenfalls dargestellt ist. Sieht man den Mastfuß in erster Annäherung als Halbkugelerder an, so ist bei allseitig gleichmäßiger Ausbreitung des Stromes die Stromdichte auf einer konzentrischen Kugelschale gleich, sie wird um so geringer, je weiter diese vom Mastfuß entfernt ist. Ist deren Abstand vom Mittelpunkt des Mastfußes x, so ist die Stromdichte

$$S = |\mathbf{S}| = \frac{I_e}{2\pi x^2}. \tag{7}$$

Der spezifische Widerstand des Erdreiches ϱ bestimmt dann zusammen mit der Stromdichte die elektrische Feldstärke, d. h. das Potentialgefälle

$$E = |\mathbf{E}| = \varrho\,|\mathbf{S}| = \frac{\varrho I_e}{2\pi x^2}. \tag{8}$$

Ein Erdstrom $I_e = 100$ A erzeugt in $x = 1$ m Entfernung an der Erdoberfläche bei feuchtem Boden mit $\varrho = 100\ \Omega$m eine elektrische Feldstärke von

$$\mathrm{E} = 100 \frac{\mathrm{V}}{\mathrm{A}} \mathrm{m} \cdot \frac{100\ \mathrm{A}}{2\pi \cdot 1\ \mathrm{m}^2} = 1600\ \mathrm{V/m}.$$

Die Spannung, die ein auf der Erdoberfläche stehender oder gehender Mensch oder ein Tier über die Beine abgreifen kann, ist durch das Integral der Feldstärken zwischen den Standpunkten der Beine gegeben. Befinden sich diese Punkte im Abstand x_1 und x_2 vom Mittelpunkt des Halbkugelerders, so ist die Spannung

$$U = \int_{x_2}^{x_1} \mathrm{E}\, \mathrm{d}x = \frac{\varrho I_e}{2\pi} \int_{x_2}^{x_1} \frac{\mathrm{d}x}{x^2} = \frac{\varrho I_e}{2\pi} \left(\frac{1}{x_1} - \frac{1}{x_2} \right). \tag{9}$$

Die Stromdichte, elektrische Feldstärke und Spannung sind in Abhängigkeit vom Abstand in *Abb. 8* dargestellt.

Die gesamte Spannung, die sogenannte Erderspannung, die ein Erder gegen einen sehr weit (theoretisch unendlich weit) entfernten Punkt x_2 annimmt, ist für $x_1 = \frac{D}{2}$ und $x_2 = \infty$ gegeben, wenn mit D der Durchmesser der Halbkugel bezeichnet wird. Aus Gl. (9) erhält man dann den Widerstand des Halbkugelerders zu

$$\frac{U}{I_e} = R = \frac{\varrho}{\pi D}. \tag{10}$$

Ein Halbkugelerder mit $D = 1$ m hat bei einem spezifischen Erdwiderstand $\varrho = 100\ \Omega$m nach Gl. (10) einen Widerstand

$$R = \frac{100\ \Omega\mathrm{m}}{\pi \cdot 1\ \mathrm{m}} = 32\ \Omega.$$

Aus dem Verlauf der elektrischen Feldstärke und der Stromdichte in *Abb. 8* ist die Verteilung des Widerstandes, wie er durch das Erdreich gebildet wird, zu entnehmen. Danach nimmt der gesamte Halbraum daran teil, der Hauptanteil hat seinen Sitz jedoch in der nahen Umgebung des Erders.

Schreitet ein Mensch oder ein Tier in der Umgebung eines stromdurchflossenen Erders die Erdoberfläche ab, so überbrücken die Beine dabei eine Spannung nach Gl. (9). Dabei fließt ein Strom über die Beine durch den Körper, dessen Betrag von der Größe der überbrückten Spannung, dem Erdungswiderstand der Füße und dem inneren Körperwiderstand abhängig ist. Man kann sich die auf dem Erdboden stehende Fußsohle durch einen gleichwertigen Halbkugelerder ersetzt denken, dessen Durchmesser, wie Versuche zeigen, etwa 14 cm beträgt. Der Widerstand einer Fußsohle ist dann nach Gl. (10)

$$r = \frac{\varrho}{\pi d},$$

wenn d der Ersatzdurchmesser der Sohle ist. Der den Körper durchfließende

Strom ist dann bei Vernachlässigung des inneren Körperwiderstandes

$$I_s = \frac{\frac{\varrho I_e}{2\pi}\left(\frac{1}{x_1} - \frac{1}{x_2}\right)}{2\frac{\varrho}{\pi d}} = \frac{I_e d}{4}\left(\frac{1}{x_1} - \frac{1}{x_2}\right). \tag{11}$$

Überbrückt ein Mensch mit einem Schritt zwei Punkte der Erdoberfläche in 3 m und 4 m Entfernung vom Mittelpunkt des Halbkugelerders und fließt ein Strom von 100 A durch den Erder, so nimmt der Strom durch den Körper den Wert

$$I_s = \frac{100\,\text{A} \cdot 0{,}14\,\text{m}}{4}\left(\frac{1}{3\,\text{m}} - \frac{1}{4\,\text{m}}\right) = 0{,}29\,\text{A}$$

an.

Der innere Körperwiderstand zwischen den Beinen gemessen ist je nach der Beschaffenheit der Haut, ob trocken oder sehr feucht, verschieden groß. Er schwankt zwischen rd. 5000 Ω und rd. 1000 Ω. Dieser Wert mindert den Körperstrom, da er als zusätzlicher Widerstand in der Strombahn wirksam ist. So ist z. B. bei $\varrho = 100\,\Omega\text{m}$ der Widerstand der beiden in Reihe liegenden Fußpunkte $2r = 2\,\frac{100\,\Omega\text{m}}{\pi \cdot 0{,}14\,\text{m}} = 460\,\Omega$, hier würde also selbst bei einem niedrigen Körperwiderstand von 1000 Ω eine erhebliche Minderung des Körperstromes, und zwar im Verhältnis $n = \frac{460\,\Omega}{1460\,\Omega} = 0{,}31$, eintreten, der obengenannte Wert also auf $I_s = 0{,}09\,\text{A}$ gemindert werden.

In unmittelbarer Nähe des Mastes, d. h. für $x_1 = 0{,}5\,\text{m}$ und $x_2 = 1{,}5\,\text{m}$, wird $I_s = 4{,}6\,\text{A}$, bei Berücksichtigung des Körperwiderstandes $I_s = 1{,}4\,\text{A}$, ein durchaus lebensgefährlicher Wert. Man erkennt aber aus diesen Zahlen, daß bei einem Masterdungswiderstand von 32 Ω ein Fehlerstrom von 100 A nur ganz kurzzeitig zulässig ist, um die Wahrscheinlichkeit eines Unfalles gering zu halten.

Wenn man in Schrittweite vom Mast steht und diesen mit der Hand berührt, deren Übergangswiderstand zum Metallmast vernachlässigbar ist, so ist der Körperstrom nur durch einen einzigen Fußwiderstand bestimmt. Im Nenner von Gl. (11) ist dann 4 durch 2 zu ersetzen, der Strom durch den Körper wird doppelt so groß, ja sogar noch etwas größer, da man nicht mit einem Fuß, sondern mit beiden Füßen nebeneinander auftritt, wodurch der Erdungswiderstand wegen der etwas größeren Gesamtfläche verringert wird. Auch hierbei wirkt der Innenwiderstand abschwächend.

Um einen schnellen zahlenmäßigen Überblick zu erhalten, kann man aus Gl. (11) den Körperstrom I_s als prozentualen Anteil des Maststromes I_e darstellen, wobei der Ersatzdurchmesser der Fußsohle $d = 0{,}14\,\text{m}$ gesetzt wird. Dann folgt aus Gl. (11), wenn $s = x_2 - x_1$ die Schrittweite bedeutet, für die zweckmäßig $s = 1\,\text{m}$ eingesetzt wird,

$$\frac{I_s}{I_e} = \frac{d}{4}\,\frac{s}{x_1 x_2}. \tag{12}$$

Für die Berechnung des Erdungswiderstandes von Stahlmasten mit Einblockfundament ist ihr Ersatz durch eine Halbkugel recht brauchbar. Bei größeren Masten mit Einzelfundamenten der Eckstiele gibt Gl. (12) mit guter Genauigkeit erst in Entfernungen, die etwa gleich dem gegenseitigen Abstand der Eckstiele sind, zutreffende Werte. Denn hierbei sind die Äquipotentialflächen wegen des Zusammenwirkens der im Erdboden steckenden Eckstiele annähernd Halbkugelschalen geworden, deren Mittelpunkt im Schnittpunkt der Diagonalen zwischen den Eckstielen liegt. In unmittelbarer Mastnähe gibt Gl. (12) viel zu niedrige Werte.

Die Abschwächung des Körperstromes durch den Innenwiderstand des Körpers ist für verschiedene Werte des spezifischen Erdwiderstandes ϱ verschieden. Man kann den Minderungsfaktor n der Tabelle 1 entnehmen.

Tabelle 1. *Minderungsfaktor n bei Schrittströmen*

ϱ Ωm	100	200	300	400	500	600	700	800	900	1000
n	0,31	0,48	0,58	0,65	0,70	0,73	0,77	0,79	0,81	0,82

Um die Zone der Gefährdung bei einem Mast mit vier in den Ecken eines Quadrates aufgestellten, 4,5 m voneinander entfernten Eckstielen abzuschätzen, sind die Abstände x_1 und x_2 vom Mastmittelpunkt aus zu rechnen. Für einen Punkt in 10 m Entfernung vom Eckstiel ist $x_1 = 10\text{ m} + \frac{4{,}5}{\sqrt{2}}\text{ m} = 13{,}2\text{ m}$ und $x_2 = 14{,}2\text{ m}$. Dann ist nach Gl. (12) mit dem Ersatzdurchmesser der Fußsohle $d = 0{,}14\text{ m}$

$$\frac{I_s}{I_e} = \frac{0{,}14\text{ m}}{4} \cdot \frac{1\text{ m}}{13{,}2\text{ m} \cdot 14{,}2\text{ m}} = 0{,}000187\,.$$

Für einen Erdschlußstrom im Mast von $I_e = 1000\text{ A}$ beträgt der Körperstrom $I_s = 0{,}187\text{ A}$. Für einen spezifischen Erdwiderstand von $\varrho = 100\ \Omega\text{m}$ ergibt Tabelle 1 einen Minderungsfaktor von $n = 0{,}31$ für den Körperstrom, dieser beträgt dann nur noch $0{,}31 \cdot 0{,}187\text{ A} = 0{,}058\text{ A}$.

28. Erdungselektroden

Der Boden unter der Erdoberfläche ist im allgemeinen nicht homogen, deshalb ist eine genaue Berechnung der Verteilung der Ströme schwierig oder gar unmöglich. Der spezifische Erdwiderstand hängt von der Art des Bodens ab und schwankt daher mit der Tiefe und auch mit dem Orte. Gefrorener Boden, z. B. die Erdoberfläche im Winter, hat besonders hohen Widerstand. Daher müssen Erder stets frostfrei verlegt werden. Tabelle 1 gibt eine Übersicht über die Größenordnung des spezifischen Erdwiderstandes verschiedener Bodenarten. In *Abb. 1* ist der spezifische Erdwiderstand in Abhängigkeit von der relativen Feuchte, von der Temperatur und vom Salzgehalt (prozentualer Massenanteil) dargestellt.

Tabelle 1. *Spezifischer Erdwiderstand für verschiedene Bodenarten*

Art des Erdbodens	nasser organischer Boden	feuchter Boden	trockener Boden	Felsen
spezifischer Erdwiderstand ϱ Ωm	10	10^2	10^3	10^4

Aus dem logarithmischen Ordinatenmaßstab der *Abb. 1* erkennt man, daß diese drei Parameter den spezifischen Erdwiderstand um mehrere Zehnerpotenzen verändern und daher sehr große Unterschiede bewirken können. Schwankungen, wie sie durch Regen und Temperaturveränderungen, insbesondere Frost, entstehen, haben großen Einfluß auf die Leitfähigkeit des Bodens.

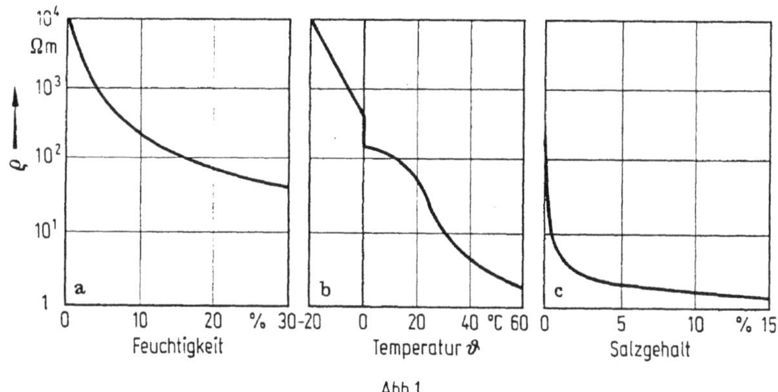

Abb. 1

a) Zwei Erdungselektroden

Um eine einfache Behandlung zu ermöglichen, soll der spezifische Erdwiderstand als konstant betrachtet, und die Elektroden sollen als Halbkugeln angenommen werden. Das Potential, das ein stromdurchflossener Halbkugelerder in der Entfernung $x_1 = x$, von seinem Mittelpunkt gemessen, erzeugt, ist aus Gl. (9), Kapitel 27, abzuleiten, wenn darin $x_1 = x$ und $x_2 = \infty$ gesetzt werden, da ja die Potentialdifferenz eines Punktes gegen einen unendlich weit entfernten Punkt als dessen Spannung definiert ist. Damit wird

$$\varphi = \frac{\varrho I_e}{2\pi x}. \tag{1}$$

Zwei Halbkugelerder mit dem Durchmesser D, die im Abstand $2z$ voneinander liegen und metallisch miteinander verbunden sind, stellen eine Parallelschaltung zweier Erder dar. Das Potential, das sie beim Durchgang des Stromes I_e durch jede dieser Halbkugeln annehmen, ist nun nicht mehr durch jede der beiden für sich bestimmt. Das ist nur dann der Fall, wenn sie sehr weit voneinander entfernt sind, so daß sie sich praktisch nicht mehr gegenseitig beeinflussen. Grundsätzlich aber trägt jede der beiden Halbkugeln wechselseitig zu einer Potentialerhöhung bei, die zu dem Eigenpotential entsprechend Gl. (10), Kapitel 27, hinzukommt, da sich Potentiale linear überlagern. Somit gilt für den Erder 1

$$\varphi_1 = \frac{\varrho I_e}{\pi D} + \frac{\varrho I_e}{2\pi \cdot 2z}.$$

Da beide Erder metallisch verbunden sind, ist $\varphi_1 = \varphi_2 = \varphi$, und da sie gleichen Durchmesser D haben sollen, ist für jeden

$$\varphi = \frac{\varrho I_e}{\pi}\left(\frac{1}{D} + \frac{1}{4z}\right).$$

Der Widerstand jedes der beiden Erder ist

$$r = \frac{\varrho}{\pi}\left(\frac{1}{D} + \frac{1}{4z}\right), \tag{2}$$

also größer als ohne Anwesenheit eines stromführenden Nachbarerders. Das liegt daran, daß sich die Erder je nach ihrer gegenseitigen Entfernung mehr oder weniger stark bei der Stromausbreitung behindern. Der Gesamtausbreitungswiderstand R der Parallelschaltung wird die Hälfte des Wertes von Gl. (2), denn bei dem gemeinsamen Potential beider Erder wird der Strom $2I_e$ übertragen. Es gilt also

$$R = \frac{\varrho}{2\pi}\left(\frac{1}{D} + \frac{1}{4z}\right). \tag{3}$$

Gl. (3) zeigt, daß mit wachsendem Abstand z der Widerstand der Parallelschaltung sich immer mehr dem Widerstand zweier parallelgeschalteter Einzelerder nähert. Wird z groß gegen D, so ist das zweite Glied der Klammer vernachlässigbar gegenüber dem ersten. Der Erdungswiderstand benachbarter Erdelektroden wird also durch gegenseitige Beeinflussung vergrößert.

Die folgenden Betrachtungen gelten für Erder unter der Erdoberfläche. Wir haben den an die Erdoberfläche heranreichenden Erder in seiner geometrisch einfachsten Form als Halbkugelerder behandelt. Die Erde stellte dabei einen unendlich ausgedehnten Halbraum dar. Der darüber liegende unendliche Halbraum aus dem elektrisch nicht leitenden Medium Luft ging dabei in unsere Betrachtungen nicht ein. Um nun das Potential eines Erders, der in beliebiger Tiefe unter der Erdoberfläche liegt, zu untersuchen, wollen wir zunächst annehmen, daß ein kugelförmiger Erder in einem allseitig unbegrenzten Erdraum verlegt ist. Es ist leicht einzusehen, daß sein Widerstand unter dieser Bedingung halb so groß ist wie der eines Halbkugelerders mit gleichem Durchmesser im Halbraum. Denn dem Strom steht ja nun der doppelte Raum zur Ausbreitung zur Verfügung wie dem Halbkugelerder, dessen Schnittfläche an der Erdoberfläche liegt. Das Potential, das der Kugelerder im Vollraum — in der Entfernung x von seinem Mittelpunkt gerechnet — erzeugt, ist daher halb so groß wie nach Gl. (1), wenn der gleiche Strom durch den Erder geleitet wird, d. h.

$$\varphi = \frac{\varrho I_e}{4\pi x}. \tag{1a}$$

Befindet sich in der Entfernung $2z$ von diesem Kugelerder ein gleicher, mit ihm metallisch verbundener Erder in diesem allseitig unbegrenzten Erdraum, so ist einzusehen, daß jeder der beiden Erder den gleichen Strom überträgt, wenn das beiden gemeinsame Potential φ angelegt wird. Auch hierfür kann man gemäß Gl. (2) für die beiden Halbkugelerder die Vergrößerung des Widerstandes des einzelnen Erders wegen der gegenseitigen Beeinflussung berücksichtigen. Es ist

$$\varphi = \frac{\varrho I_e}{2\pi D} + \frac{\varrho I_e}{4\pi \cdot 2z},$$

und daraus ergibt sich der Widerstand des einzelnen Erders zu

$$r = \frac{\varrho}{2\pi}\left(\frac{1}{D} + \frac{1}{4z}\right). \tag{2a}$$

Abb. 2 zeigt die Anordnung der beiden Erder im Schnitt. Wir wollen nun das Potential eines Punktes P_x und den Potentialverlauf auf der zwischen den beiden Erdern im Abstand z von jedem liegende Symmetrieachse (x-Achse) untersuchen. Das Potential dieses Punktes ist bestimmt durch die beiden in der Entfernung y

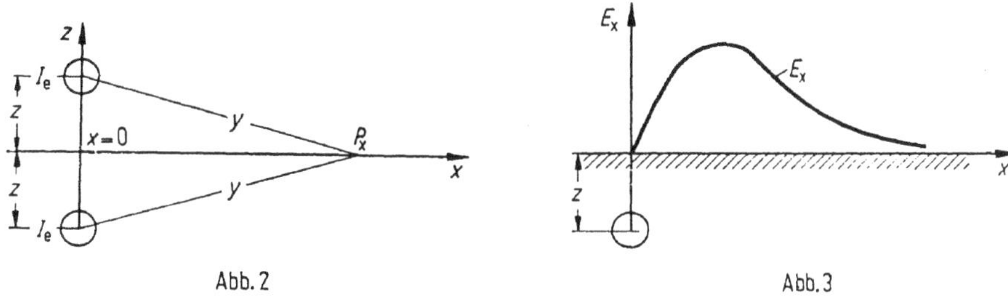

Abb. 2 Abb. 3

von ihm liegenden Erder, von denen jeder den Strom I_e führt. Nach Gl. (1a) ist dann

$$\varphi_x = 2\frac{\varrho I_e}{4\pi y}, \quad \text{und da } y = \sqrt{x^2 + z^2} \text{ ist,}$$

$$\varphi_x = 2 I_e \frac{\varrho}{4\pi\sqrt{x^2 + z^2}}.$$

Für $x = 0$ hat das Potential seinen höchsten Wert

$$\varphi_x = 2 I_e \frac{\varrho}{4\pi z},$$

das Potential ist demnach erheblich geringer als das der Erder selbst. Wir wollen nun zunächst den Verlauf des Potentialgefälles auf der x-Achse untersuchen. Es ist

$$\mathrm{d}\varphi_x = \frac{2 I_e \varrho}{4\pi}\,\mathrm{d}\left(\frac{1}{\sqrt{x^2 + z^2}}\right), \quad \text{also}$$

$$\frac{\mathrm{d}\varphi_x}{\mathrm{d}x} = -\frac{2 I_e \varrho}{4\pi}\,\frac{x}{\left(\sqrt{x^2 + z^2}\right)^3}. \tag{4}$$

Für $x = 0$, d. h. zwischen den beiden Erdern, ist das Gefälle $\frac{\mathrm{d}\varphi_x}{\mathrm{d}x} = 0$. Weiter geht aus Gl. (4) hervor, daß für $x = \infty$ das Gefälle ebenfalls den Wert Null hat. Für Werte von x zwischen $x = 0$ und $x = \infty$ gibt Gl. (4) ein Potentialgefälle an, das irgendwo einen Höchstwert haben muß. Um das zugehörige x zu finden, differenzieren wir Gl. (4) nach x, setzen den betreffenden Wert gleich Null und erhalten so den Wendepunkt, d. h. das gesuchte Maximum des Gefälles. Es wird

$$\frac{\mathrm{d}^2\varphi_x}{\mathrm{d}x^2} = -\frac{2 I_e \varrho}{4\pi}\,\frac{\left(\sqrt{x^2 + z^2}\right)^3 - 3x^2\sqrt{x^2 + z^2}}{\left(\sqrt{x^2 + z^2}\right)^6}.$$

Der Zuwachs des Potentialgefälles wird beim Wendepunkt gleich Null, demnach muß in obiger Gleichung

$$\left(\sqrt{x^2 + z^2}\right)^3 = 3x^2\sqrt{x^2 + z^2}$$

werden, d. h.

$$x^2 + z^2 = 3x^2 \qquad \text{oder} \qquad x = \frac{z}{\sqrt{2}}.$$

Wir können uns nun in der *Abb. 2* senkrecht zur Zeichenebene eine Schnittebene durch die x-Achse gelegt und den oberen Halbraum fortgenommen denken. Dann stellt der untere Halbraum die Erde dar, und darin befindet sich in der Tiefe z ein Kugelerder. Der oben beschriebene Potentialverlauf gilt jetzt für die Erdoberfläche. Man ersieht also, daß unmittelbar über dem Erder das Potentialgefälle und damit die Schrittspannung null ist, daß ein Maximum der Schrittspannung in der Entfernung $x = \frac{z}{\sqrt{2}}$ auftritt. Dieser höchste Wert beträgt nach Gl. (4)

$$\frac{\mathrm{d}\varphi_x}{\mathrm{d}x} = -\frac{2I_e\varrho}{4\pi}\,\frac{2}{3\sqrt{3}z^2}.$$

Demgegenüber ist für den an der Erdoberfläche liegenden Erder aus Gl. (1) zu entnehmen, daß das höchste Gefälle am Rande des Erders auftritt, da

$$\frac{\mathrm{d}\varphi}{\mathrm{d}x} = -\frac{\varrho I_e}{2\pi}\,\frac{1}{x^2} \qquad \text{und für } x = \frac{D}{2}$$

$$\frac{\mathrm{d}\varphi}{\mathrm{d}x} = -\frac{2\varrho I_e}{4\pi}\,\frac{4}{D^2} \qquad \text{ist.}$$

Da D stets kleiner als z und $\frac{2}{3\sqrt{3}} = 0{,}39$, also etwa ein Zehntel von 4 ist, erkennt man, daß die Verlegung eines Erders unter der Erdoberfläche eine ganz erhebliche Minderung der Gefahren durch Schrittspannungen bewirkt. *Abb. 3* zeigt den Verlauf der elektrischen Feldstärke an der Erdoberfläche.

b) Stab- und Drahterder

Kugel- oder Halbkugelelektroden eignen sich nicht für den praktischen Gebrauch als Erder. Dafür werden Stab-, Rohr- oder Drahtelektroden verwendet, die einen im Vergleich zu ihrer Länge verhältnismäßig kleinen Durchmesser haben. Bei der halbkugel- oder kugelförmigen Elektrode stellten wir uns den Mittelpunkt als eine Punktquelle vor, von der der dem Erder zugeführte Strom ausgeht. Beim langgestreckten Erder können wir uns eine in dessen Achse liegende Linienquelle vorstellen, von der, in erster Annäherung, gleichmäßig verteilt der Strom entspringt. Diese Linienquelle habe die Länge $2l$, ihre Richtung falle in die y-Achse eines Koordinatensystems, dessen dazu senkrechte x-Achse die Linienquelle halbiere (*Abb. 4*). Die Quelle liege in einem allseitig unbegrenzten Erdraum. Ihr werde der Strom $2I$ zugeführt, der Gegenerder sei eine in unendlicher Entfernung liegende leitende Hülle. Das Potential eines Punktes im Raum wird durch das Zusammenwirken aller Teilchen der Linienquelle bestimmt. Ist die Länge eines solchen Teilchens $\mathrm{d}\lambda$, so ist der darauf entfallende Stromanteil gleich $2I\frac{\mathrm{d}\lambda}{2l}$, die Entfernung des Teilchens von der x-Achse sei λ. Der betrachtete Punkt habe die Koordinaten x, y, seine Entfernung von dem Teilchen ist dann

$$\sqrt{x^2 + (y - \lambda)^2}.$$

Der Potentialbeitrag des Teilchens in dem betrachteten Punkt ist

$$\mathrm{d}\varphi = 2I\,\frac{\mathrm{d}\lambda}{2l}\cdot\frac{\varrho}{4\pi}\,\frac{1}{\sqrt{x^2+(y-\lambda)^2}}.$$

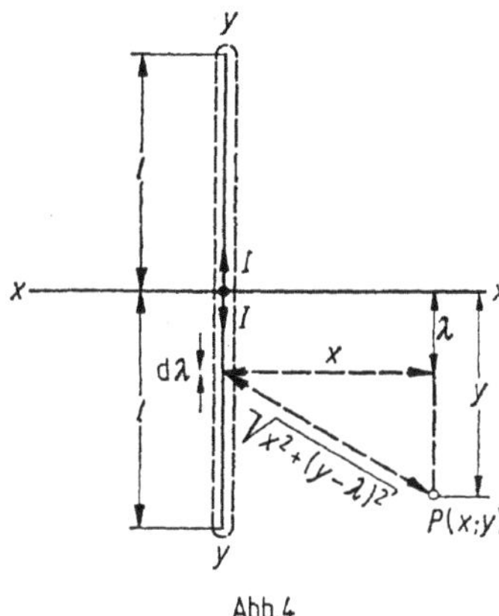

Abb. 4

Der Beitrag aller Teilchen erzeugt somit in dem betrachteten Punkt das Potential

$$\varphi = 2I\,\frac{\varrho}{8\pi l}\int\limits_{-l}^{+l}\frac{\mathrm{d}\lambda}{\sqrt{x^2+(y-\lambda)^2}} = 2I\cdot\frac{\varrho}{8\pi l}\ln\frac{\sqrt{x^2+(y+l)^2}+y+l}{\sqrt{x^2+(y-l)^2}+y-l}. \tag{5}$$

Bei einem Kugelerder befinden sich, wie der Gl. (1) zu entnehmen ist, Punkte gleichen Potentials in der gleichen Entfernung x vom Quellpunkt, d. h. auf einer konzentrischen Kugelschale. Gl. (5) besagt, daß für gleiches Potential φ der Wert des Logarithmus konstant sein muß. Aus dieser Bedingung folgt, daß solche Punkte auf einem Rotationsellipsoid liegen, dessen Brennpunkte auf den Enden der Linienquelle sitzen. Die Flächen gleichen Potentials bei der Linienquelle sind Rotationsellipsoide mit gemeinsamen Brennpunkten. Mit zunehmender Entfernung von der Linienquelle nähern diese Flächen sich daher immer mehr der Kugelform.

Uns interessiert das Potential des Erders selbst, da es den Widerstand kennzeichnet. Die Rotationsellipsoide, die in nächster Nähe der Linienquelle liegen, haben eine im Vergleich zu ihrer großen Achse (deren Länge annähernd $2l$ ist) sehr kleine Achse, sie sind annähernd zylindrisch mit abgerundeten Enden. Man kann daher Erder der hier behandelten Formen als Äquipotentialflächen einer Linienquelle ansehen, deren Länge nur wenig kleiner ist als die Länge des Erders, so daß man diese etwa gleich der der Linienquelle setzen kann. Ist d der Durchmesser des Erders, also $d/2$ die kleine Halbachse des durch den Zylinder ersetzten Ellipsoides, so ist nach Gl. (5) für die Mitte des Erders, d. h. für $y = 0$ und für $x = d/2$, das Potential des Erders selbst

$$\varphi_0 = 2I\,\frac{\varrho}{8\pi l}\ln\frac{\sqrt{\left(\frac{d}{2}\right)^2+l^2}+l}{\sqrt{\left(\frac{d}{2}\right)^2+l^2}-l}. \tag{5a}$$

Da $d/2$ bei einem Stab- oder Drahterder stets klein gegen die Länge l des Erders ist, wird der Ausdruck

$$\sqrt{\left(\frac{d}{2}\right)^2 + l^2} \approx \frac{d^2}{8l} + l.$$

Vernachlässigt man im Zähler der obigen Gleichung das gegenüber l sehr kleine Glied $\frac{d^2}{8l}$, so wird

$$\varphi_0 = 2I \frac{\varrho}{8\pi l} \ln \frac{(4l)^2}{d^2} = 2I \frac{\varrho}{4\pi l} \ln \frac{4l}{d}. \tag{6}$$

Der Widerstand eines solchen Erders im allseitig unbegrenzten Erdraum ist somit nach Gl. (6)

$$R = \frac{\varrho}{4\pi l} \ln \frac{4l}{d}. \tag{7}$$

Wird nun der Raum durch eine Schnittebene senkrecht zum Erder durch dessen Mitte in zwei Halbräume geteilt, so ändert sich nichts an der Potentialverteilung, da diese beiderseits der Schnittebene in jedem der beiden Halbräume spiegelbildlich gleich ist. Nehmen wir den einen Halbraum weg, so kann der andere die Erde darstellen, in der ein an die Erdoberfläche reichender Staberder der Länge l vom Durchmesser d steckt. Dieser überträgt die Hälfte des mit $2I$ bezeichneten Stromes für den mit der Länge $2l$ im Vollraum angenommenen Erder. Daher ist der Widerstand des halb so langen Erders

$$R = \frac{\varrho}{2\pi l} \ln \frac{4l}{d}. \tag{7a}$$

Die Form des Stabes, die das Verhältnis $\frac{4l}{d}$ bestimmt, ist hierin von geringerer Bedeutung, da sie nur das Argument des Logarithmus beeinflußt. Die Länge l des Stabes ist dagegen von ausschlaggebendem Einfluß, der Erdungswiderstand ist nahezu umgekehrt proportional dieser Länge. In der Praxis werden Rohre von beispielsweise 10 m Länge mit einem Durchmesser von 2,5 cm benutzt. Bei feuchtem Erdboden mit $\varrho = 100\ \Omega\text{m}$ wird für einen solchen Erder

$$R = \frac{100\ \Omega\text{m}}{2\pi \cdot 10\ \text{m}} \ln \frac{4 \cdot 10\ \text{m}}{0{,}025\ \text{m}} = 12\ \Omega.$$

Die Potentialverteilung ist durch die Gl. (5) beschrieben. Uns interessiert hier die Potentialverteilung in der Umgebung des Staberders auf der Erdoberfläche, da sie maßgebend für die Höhe der Berührungs- und Schrittspannung ist. Die Erdoberfläche wurde durch die Schnittebene senkrecht zur Mitte des ursprünglich $2l$ langen Erders gebildet, also in $y = 0$. Setzt man in Gl. (5) diesen Wert ein, so geht sie über in

$$\varphi = 2I \frac{\varrho}{8\pi l} \ln \frac{\sqrt{x^2 + l^2} + l}{\sqrt{x^2 + l^2} - l}. \tag{5b}$$

Differenziert man diesen Ausdruck nach x, so erhält man die elektrische Feldstärke

$$\frac{d\varphi}{dx} = E_x = -I \frac{\varrho}{2\pi x \sqrt{x^2 + l^2}}. \tag{8}$$

Für große Abstände x wird der Wert des Wurzelausdruckes sehr angenähert gleich x, dann ist die elektrische Feldstärke

$$E_x = -I \frac{\varrho}{2\pi x^2}.$$

Das ist der gleiche Ausdruck wie Gl. (8), Kapitel 27, für den kugelförmigen Erder. In größerer Entfernung im Vergleich zur Erderabmessung werden alle Äquipotentialflächen praktisch Kugelschalen. Das ist bereits für $x = 3l$ der Fall.

Für kleines x wird die elektrische Feldstärke dagegen etwa

$$E_x = -I \frac{\varrho}{2\pi x l}, \tag{8a}$$

also viel größer als bei der Halbkugel.

Dies ist durch die starke Konzentration des Stromes auf dem kleinen Umfang des Stabes oder Rohres bedingt.

Entlang der Stablänge ist die Stromdichte zwischen Staboberfläche und Erdreich über dem größten Teil der Länge nahezu konstant. Am unteren Stabende jedoch wächst die Feldstärke erheblich. Setzt man für den am unteren Ende auf der Achse gelegenen Scheitel der Ellipse die Koordinate $x = 0$ ein, so geht Gl. (5) über in

$$\varphi = 2I \frac{\varrho}{8\pi l} \ln \frac{y + l}{y - l}.$$

Daraus folgt

$$\frac{d\varphi}{dy} = E_y = -I \frac{\varrho}{4\pi l} \frac{2l}{y^2 - l^2}.$$

Am unteren Stabende hat y die Länge der großen Halbachse der Ellipse, also

$$y = \sqrt{l^2 + \left(\frac{d}{2}\right)^2}.$$

Mit diesem Wert wird

$$E_y = -I \frac{\varrho}{2\pi} \frac{1}{\left(\frac{d}{2}\right)^2}. \tag{8b}$$

Vergleicht man diesen Wert mit dem nach Gl. (8a), in die für die Erdoberfläche $x = \frac{d}{2}$ einzusetzen ist, so wird die elektrische Feldstärke an der unteren Kuppe des Erders im Verhältnis $\frac{2l}{d}$ größer als an der Erdoberfläche am Erder.

In dem oben erwähnten Beispiel ist $\frac{2l}{d} = \frac{20\,\text{m}}{0{,}025\,\text{m}} = 800$mal so groß wie am oberen Ende des Erders. Dieser gewaltige Unterschied erklärt sich aus der Eigenschaft der Ellipsen mit gleichen Brennpunkten, deren kleine Halbachsen zunächst ungleich viel stärker anwachsen als die großen Halbachsen, so daß die dadurch bestimmten Äquipotentialflächen am unteren Ende des Erders entsprechend viel dichter aufeinander folgen als am oberen Ende, das ja den Mittelpunkt der Ellipsen enthält.

Auf ähnliche Weise kann der Erdungswiderstand und die Potentialverteilung anderer Erderarten abgeleitet werden. Tabelle 2 gibt einen Überblick für einige einfache Formen von Erdern, sowie über ihre Erdungswiderstände. Man erkennt, daß ein flaches Band einen ganz ähnlichen Erdungswiderstand ergibt wie ein kreisförmiger Stab mit einem Durchmesser gleich der halben Breite des Bandes. Der Erdungswiderstand eines Drahtringes mit dem Kreisdurchmesser D ist nur wenig größer als der eines gestreckten Erders mit der Länge πD. Der Unterschied ist durch das Fehlen der Stabenden mit ihrer größeren Stromdichte bedingt, er verschwindet praktisch bereits bei $D = 10$ m, wo er nur 3% beträgt.

Tabelle 2. *Einfache Erderformen und ihre Erdungswiderstände*

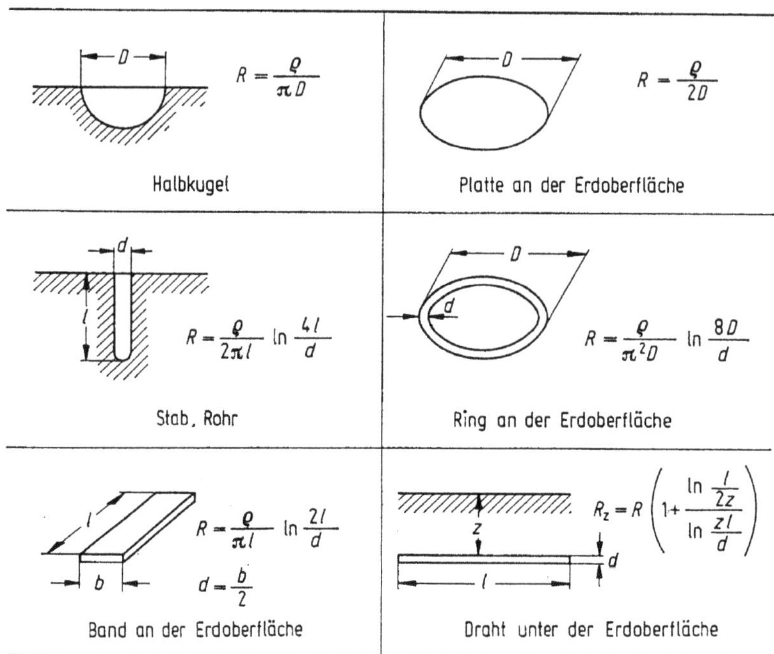

Der Widerstand eines Erders in der Nähe der Erdoberfläche ist immer doppelt so groß wie der Erdungswiderstand derselben Elektrode in einer zu seiner Ausdehnung vergleichsweise großen Tiefe, weil die Stromverteilung durch den oberen Halbraum abgeschnitten ist.

Wie alle diese Gleichungen zeigen, ist der Erdungswiderstand einer Erdungselektrode hauptsächlich bestimmt durch die größte Abmessung der Erdungselektrode und nur in geringerem Maße durch die kleineren Abmessungen wie Querschnitt oder Dicke. Daraus ist ersichtlich, daß die Oberfläche der Elektrode ohne großen Einfluß ist und nur die lineare Ausdehnung Bedeutung hat.

Das einfachste Verfahren, um den Widerstand und die Potentialverteilung von Erdungselektroden komplizierter Form zu bestimmen, z. B. für den Mastfuß einer Hochspannungsleitung oder eine aus vielen Einzelerdern zusammengesetzte Erdungsanlage, besteht oft in der Messung an einem Modell einer solchen Erdungsanlage in einem elektrolytischen Trog. Der Widerstand der tatsächlichen Erdungsanlage ist dann im Verhältnis der linearen Abmessungen und im Verhältnis des spezifischen Widerstandes des Stoffes, in den die Modellerdung eingebettet ist, zum spezifischen Erdwiderstand am Ort der Erstellung der Erdungsanlage umzurechnen.

c) Vielfach-Stabelektroden

Eine Anzahl häufig benutzter Erder setzt sich aus mehreren Stäben oder Drähten zusammen, und es ist zweckmäßig, Formeln zu ihrer Berechnung zu entwickeln.

Zwei gekreuzte Banderder gleicher Länge bilden den sogenannten Vierstrahlerder, der zur Erdung von Leitungsmasten für die Ableitung von Blitzströmen üblich ist (*Abb. 5*). Die Berechnung des Widerstandes muß die gegenseitige Beeinflussung der beiden in unmittelbarer Nähe beieinander liegenden Einzelerder berücksichtigen.

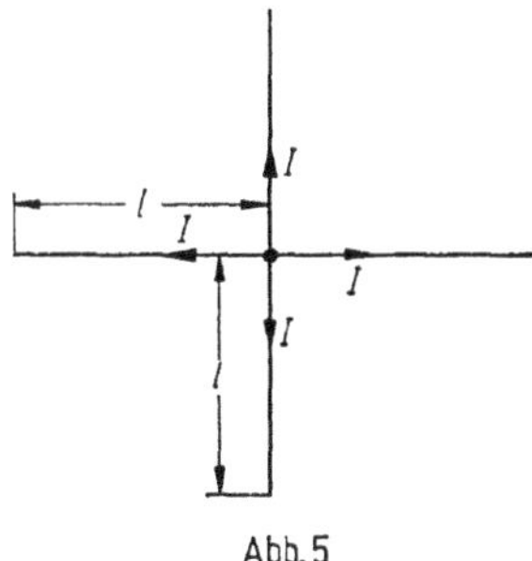

Abb. 5

In Gl. (5) ist das Potential in der Umgebung eines Banderders der Länge $2l$ angegeben, der im allseitig unbegrenzten Erdreich liegt, für eine senkrecht durch seine Mitte verlaufende Linie. Der Erder führt gemäß Gl. (5) den Strom $2I$. Bildet man hiermit die Summe der Potentiale aller Punkte über eine Strecke von $-l$ bis $+l$ und nimmt daraus den Mittelwert auf die Strecke $2l$ gleichmäßig verteilt, so ergibt sich ein angenäherter Wert für die Beeinflussung eines Erders durch den dazu senkrecht liegenden, mit dem er eine Kreuzform mit gleichen Strahlen der Länge l bildet. Das mittlere Potential wird

$$\varphi_m = 2I \frac{\varrho}{8\pi l} \cdot \frac{1}{2l} \int\limits_{x=-l}^{x=+l} \ln \frac{\sqrt{x^2 + l^2} + l}{\sqrt{x^2 + l^2} - l} \, dx.$$

Setzt man $x = nl$, so nimmt das Integral die Form an

$$l \cdot \int\limits_{n=1}^{n=+1} \ln \frac{\sqrt{n^2 + 1} + 1}{\sqrt{n^2 + 1} - 1} \, dn.$$

Die Lösung dieses Integrals ergibt in den angegebenen Grenzen mit guter Näherung $2l \cdot 3{,}5$. Somit folgt

$$\varphi_m = 2I \frac{\varrho}{8\pi l} \cdot 3{,}5.$$

Das Potential der gekreuzten Bänder setzt sich nun aus dem Eigenpotential nach Gl. (6) und dem darauf übertragenen zusammen zu

$$\varphi = 2I \frac{\varrho}{8\pi l} \left(2 \ln \frac{4l}{d} + 3{,}5\right).$$

Hierin ist $2I$ der Strom in einem Bande. Das kreuzende führt ebenfalls den Strom $2I$. Der Erdungswiderstand der gekreuzten Bänder wird somit

$$R = \frac{\varphi}{4I} = \frac{\varrho}{8\pi l}\left(\ln\frac{4l}{d} + 1{,}75\right).$$

Liegt der Erder an der Erdoberfläche, so ist sein Erdungswiderstand doppelt so groß, nämlich

$$R = \frac{\varrho}{4\pi l}\left(\ln\frac{4l}{d} + 1{,}75\right). \tag{9}$$

Der Widerstand nach Gl. (9) ist etwas größer als der eines gerade verlegten Erders der Länge $4l$. Dieser Zuwachs rührt von dem wechselseitigen Einfluß auf die Stromverteilung in der Erde her, der durch die benachbarten Teile der gesamten Elektrode verursacht wird. Mit mehr als vier Strahlen nimmt der Einfluß weiter zu und verhindert, daß sich der Widerstand im Verhältnis zu der Anzahl der Strahlen vermindert. Bei unendlich vielen Strahlen hätte man einen Kreisplattenerder mit dem Durchmesser $2l$, dessen Widerstand nach Tabelle 2

$$R = \frac{\varrho}{4l}$$

wäre.
Der Widerstand wird demnach im Verhältnis

$$\frac{\pi}{\ln\frac{4l}{d} + 1{,}75}$$

kleiner als beim Vierstrahlerder. Für die üblichen Werte von Länge und Durchmesser der Erder ist das etwa 1/3, trotz einer sehr großen Anzahl Erderstrahlen.

Vielfach werden Erdungsanlagen aus einer Anzahl parallelgeschalteter Staberder gebildet. Sind diese Erder in großem gegenseitigen Abstand, verglichen mit der Länge der einzelnen Elektroden, angeordnet, so ist der Widerstand der Gesamtanordnung aus den Einzelwiderständen zu bestimmen, wie das der Widerstandsberechnung bei parallelen Drahtwiderständen entspricht. Bei dichterer Aufstellung der Erder macht sich die gegenseitige Beeinflussung im Sinne einer Widerstandserhöhung bemerkbar, und zwar um so mehr, je dichter die Erder beieinander stehen und je größer die Anzahl der Erder ist.

Die Spannung an jeder Erdungselektrode ist durch die Summe der Potentiale gegeben, die von dem betrachteten Stab und allen anderen Stäben hervorgerufen wird. Bezeichnen wir die Ströme der einzelnen Erder mit I_1, I_2, I_3 usw. und bestimmen das Potential des Erders 1, so erhalten wir mit Gl. (5b), in der der Ausdruck

$$\frac{\sqrt{x^2 + l^2} + l}{\sqrt{x^2 + l^2} - 1}$$

in der Form

$$\frac{\sqrt{\mathrm{m}^2 + 1} + 1}{\sqrt{\mathrm{m}^2 + 1} - 1} = K$$

geschrieben werden möge,

$$\varphi = I_1 \frac{\varrho}{2\pi l_1} \ln\frac{4l_1}{d_1} + I_2 \frac{\varrho}{4\pi l_2} \ln K_2 + I_3 \frac{\varrho}{4\pi l_3} \ln K_3 + \cdots \tag{10}$$

Hierin sind die Ströme der Rohre noch nicht bestimmt, jedoch wollen wir der Einfachheit halber die Länge und Durchmesser aller Rohre als gleich annehmen. Es können nun ebenso viele Gleichungen dieser Art aufgestellt werden wie Rohre vorhanden sind. Da diese alle miteinander über eine Sammelleitung zur Parallelschaltung elektrisch sehr gut leitend verbunden sein sollen, ist das Potential aller Erder gleich. Der erste Summand bezieht sich auf den betrachteten Erder selbst. Die weiteren, die sich auf die anderen Stäbe beziehen, sind in den Ausdrücken ln K durch das Verhältnis ihrer Entfernung vom Stab 1 zu ihrer Länge, also durch $m = \frac{x}{l}$, bestimmt.

Wenn alle Stäbe gleich lang sind, gleichen Durchmesser haben und symmetrisch zueinander angeordnet sind, z. B. in den Ecken eines gleichseitigen Dreiecks, eines Quadrates oder eines regelmäßigen Vielecks, also auf einem Kreise mit gegenseitig gleichen Abständen, so sind aus Gründen der Symmetrie alle Ströme der einzelnen Erder gleich groß, und Gl. (10), in der $I_1 = I_2 = I_3 \cdots \cdots I_n = \frac{I}{n}$ ist, nimmt die einfache Form an

$$\varphi = \frac{I}{n} \cdot \frac{\varrho}{2\pi l} \ln \left(\frac{4l}{d} \sqrt{K_1 K_2 K_3 \ldots K_n} \right).$$

Für jeden praktischen Fall kann diese Gleichung leicht ausgewertet werden, jedoch sollen drei charakteristische Beispiele im einzelnen betrachtet werden.

Bei großem Verhältnis $m = \frac{x}{l}$ werden die K-Werte nahezu gleich 1, und der gemeinsame Widerstand wird

$$R = \frac{1}{n} \frac{\varrho}{2\pi l} \ln \frac{4l}{d}.$$

In diesem Falle ist der ohmsche Widerstand umgekehrt proportional der Zahl der parallelen Rohre verkleinert.

Mit kleiner werdendem Verhältnis $\frac{x}{l}$ nehmen die K-Werte schnell zu, wie Tabelle 3 zeigt.

Tabelle 3. *Faktor K der gegenseitigen Beeinflussung von Staberdern*

m	∞	1	0,5	0,25	0,1
K	1	6,0	17,7	65	401

An einigen vergleichenden Zahlenbeispielen wird dieser Einfluß auf den Widerstand nahe beieinander stehender parallelgeschalteter Erder am besten klar. Vier Erder von je 10 m Länge und 2 cm Durchmesser werden in den Ecken eines Quadrates aufgestellt. Hierfür ergeben sich die Erdungswiderstände nach Tabelle 4.

Demnach erfahren vier Erder mit dem Abstand gleich ihrer Länge bzw. der $\sqrt{2}$fachen Länge des in der Diagonale stehenden Erders eine gegenseitige Beeinflussung, die den Widerstand der Anordnung um 33% erhöht (Fall 2). Bei sehr kleinem Abstand in 1/10 der Erderlänge beträgt die Erhöhung 117% (Fall 5), es hat also keinen Sinn, Erder so nahe beieinander aufzustellen. Oftmals wird es in größeren Anlagen erforderlich sein, niedrige Erdungswiderstände mit einer größeren Anzahl von Staberdern herzustellen. Hierbei wird man zweckmäßig das Verhältnis m größer als eins anstreben, um einen hohen Wirkungsgrad, d. h. eine hohe Ausnutzung der Erder, zu erhalten.

Tabelle 4. *Erdungswiderstände für vier parallelgeschaltete Erder*

Nr.	m	K	R
1	∞	$K = 1$	$R = \frac{1}{4} \cdot \frac{100\ \Omega\text{m}}{2\pi \cdot 10\ \text{m}} \ln \frac{40\ \text{m}}{0{,}02\ \text{m}}$ $= 0{,}92\ \Omega \cdot \log 2000 = 3\ \Omega$
2	1	$K_2 = K_4 = 6{,}0;\ K_3 = 3{,}7$	$R = 0{,}92\ \Omega \log \frac{40}{0{,}02} \sqrt{K_2 K_3 K_4} = 4\ \Omega$
3	0,5	$K_2 = K_4 = 17{,}7;\ K_3 = 10{,}0$	$R = 4{,}7\ \Omega$
4	0,25	$K_2 = K_4 = 65;\ K_3 = 33$	$R = 5{,}4\ \Omega$
5	0,1	$K_2 = K_4 = 401;\ K_3 = 201$	$R = 6{,}5\ \Omega$

d) Erwärmung des Erdreiches

Wenn eine Erdungselektrode dauernd, oder für eine bestimmte Zeit belastet werden soll, so muß der Temperaturanstieg des Bodens beachtet werden, um eine Überlastung zu vermeiden, durch die Feuchtigkeit aus der Erde verdampfen könnte, wobei sich der spezifische Erdwiderstand in der nahen Umgebung des Erders erhöht und durch völlige Austrocknung sogar eine Isolierung der Erdungselektrode eintreten kann.

Die Stromdichte um eine Kugelelektrode vom Durchmesser D ändert sich mit der Entfernung x vom Kugelmittelpunkt wie

$$S = \frac{I}{4\pi x^2}. \tag{11}$$

Hierdurch wird in jedem Raumelement eine Stromwärme ϱS^2 erzeugt, die wegen des hohen Wertes von ϱ einen erheblichen Betrag annehmen kann. Diese Wärme wird zum Teil in den Raumelementen der Erde gespeichert, die eine mittlere auf das Volumen bezogene Wärmekapazität $c = 1{,}75 \cdot 10^6\ \text{J}/(\text{K}\,\text{m}^3)$ hat, zum Teil wird sie von höherer zu tieferer Temperatur in der Erde fortgeleitet, wobei die mittlere Wärmeleitfähigkeit $\lambda = 1{,}2\ \text{W}/(\text{K}\,\text{m})$ ist.

Es sollen zwei Grenzfälle betrachtet werden, die einfach zu übersehen sind und ein aufschlußreiches Bild über das Verhalten des Erders hinsichtlich seiner Erwärmung vermitteln.

a) Die im Erdreich von einem kugelförmigen Erder erzeugte Wärme werde im Raum ihrer Entstehung gespeichert, also nicht fortgeleitet. In der Entfernung x vom Kugelmittelpunkt ist die Fläche der Kugelschale gleich $4\pi x^2$. Ihre Dicke sei $\mathrm{d}x$. Dann ist der Widerstand

$$\mathrm{d}R = \frac{\varrho\,\mathrm{d}x}{4\pi x^2}.$$

Hierin erzeugt der Strom I in der Zeit $\mathrm{d}t$ die Wärmemenge

$$\mathrm{d}Q = I^2 \frac{\varrho\,\mathrm{d}x\,\mathrm{d}t}{4\pi x^2}.$$

Diese Wärmemenge wird im Erdreich der Kugelschale gespeichert und erhöht dabei deren Temperatur um den Betrag $\mathrm{d}\vartheta$. Der Inhalt der Kugelschale ist

$4\pi x^2\,\mathrm{d}x$, bei der auf das Volumen bezogenen Wärmekapazität c*) ist dann

$$\mathrm{d}Q = c\, 4\pi x^2\, \mathrm{d}x\, \mathrm{d}\vartheta.$$

Aus diesen beiden Bedingungen folgt

$$\frac{\mathrm{d}\vartheta}{\mathrm{d}t} = \left(\frac{I}{4\pi x^2}\right)^2 \frac{\varrho}{c} = S^2 \frac{\varrho}{c} = \text{const} = \frac{\vartheta}{t}, \tag{12}$$

da für zeitlich linearen Temperaturanstieg $\mathrm{d}\vartheta/\mathrm{d}t = \vartheta/t$ ist. Damit ergibt sich aus Gl. (12)

$$S = \sqrt{\frac{c\vartheta}{\varrho t}}. \tag{13}$$

Da in dieser Gleichung keine Länge erscheint, gilt sie für jedes Raumelement des Bodens ganz unabhängig von der Art der Stromverteilung, kann also für jede Erderform angewendet werden.

Nimmt man aus Sicherheitsgründen als höchstzulässige Temperatursteigerung 60 K an, so dürfen Erder in gut leitenden Böden mit $\varrho = 100\ \Omega\mathrm{m}$ während einer Dauer von einer Stunde, d. h. 3600 s, mit einer Stromdichte von

$$S = \sqrt{\frac{1{,}75 \cdot 10^6\ \mathrm{Ws/(K\ m^3)} \cdot 60\ \mathrm{K}}{100\ \Omega\mathrm{m} \cdot 3600\ \mathrm{s}}} = 17\ \mathrm{A/m^2}$$

belastet werden.

b) Der andere Grenzfall soll uns nun zeigen, welche Bedeutung der in Wirklichkeit vorhandenen Wärmefortleitung beizumessen ist. Wenn wir annehmen, der Erder habe die zulässige Oberflächentemperatur erreicht, die Stromdichte sei gerade so groß, daß infolge der Wärmefortleitung sich die Temperatur nicht weiter erhöht, so gilt dieses auch für das gesamte umgebende Erdreich, denn wenn sich hier trotzdem die Temperatur weiter erhöhte, so würde ja die in unmittelbarer Umgebung des Erders fortlaufend erzeugte Wärmemenge nicht ohne weitere Temperatursteigerung abfließen können.

Die Wärme strömt aus Symmetriegründen in radialer Richtung ab. Zwischen der Kugeloberfläche vom Durchmesser D und der Entfernung x vom Kugelmittelpunkt ist der Widerstand

$$R = \frac{\varrho}{4\pi}\left(\frac{1}{D/2} - \frac{1}{x}\right).$$

Der in diesem Widerstand erzeugte Wärmestrom ist dann

$$\Phi = I^2 \frac{\varrho}{4\pi}\left(\frac{1}{D/2} - \frac{1}{x}\right).$$

Er muß durch den Erdquerschnitt $4\pi x^2$ der Dicke $\mathrm{d}x$ hindurchströmen und erzeugt dabei ein Temperaturgefälle $\mathrm{d}\vartheta$ an der Strecke $\mathrm{d}x$. Nach den Gesetzen der Wärmeleitung ist dann mit λ als Wärmeleitfähigkeit der Wärmestrom gleich $4\pi x^2 \cdot \lambda \dfrac{\mathrm{d}\vartheta}{\mathrm{d}x}$. Unter Beachtung, daß die örtliche Temperatur in radialer Richtung vom Erder aus gesehen abfällt, also $\mathrm{d}\vartheta$ negativ einzusetzen ist, wird

*) Für die an verschiedenen Stellen vorkommende auf das Volumen bezogene Wärmekapazität ist das Formelzeichen c besser durch C_V zu ersetzen.

$$I^2 \frac{\varrho}{4\pi}\left(\frac{1}{D/2} - \frac{1}{x}\right) = -4\pi\lambda x^2 \frac{\mathrm{d}\vartheta}{\mathrm{d}x} \quad \text{oder}$$

$$-\mathrm{d}\vartheta = \left(\frac{I}{4\pi}\right)^2 \cdot \frac{\varrho}{\lambda}\left(\frac{1}{D/2} - \frac{1}{x}\right)\frac{\mathrm{d}x}{x^2}.$$

Die Integration ergibt

$$\vartheta = \left(\frac{I}{4\pi}\right)^2 \frac{\varrho}{\lambda} \cdot \frac{1}{x}\left(\frac{1}{2x} - \frac{1}{D/2}\right)\Bigg|_{x_1}^{x_2}. \tag{14}$$

Die Übertemperatur ϑ_{m} des Erders erhält man mit den Grenzen $x_1 = D/2$ und $x_2 = \infty$ zu

$$\vartheta_{\mathrm{m}} = 2\frac{\varrho}{\lambda}\left(\frac{I}{4\pi D}\right)^2 = \frac{1}{2}\frac{\varrho}{\lambda}\left(\frac{D}{2}\right)^2 \cdot S^2. \tag{15}$$

Aus Gl. (15) folgt

$$I = 4\pi D\sqrt{\frac{\lambda \cdot \vartheta_{\mathrm{m}}}{2\varrho}} = \frac{1}{R}\sqrt{2\lambda \cdot \vartheta_{\mathrm{m}} \cdot \varrho} \tag{16}$$

und die zulässige Stromdichte

$$S = \frac{2}{D}\sqrt{\frac{2\lambda\vartheta_{\mathrm{m}}}{\varrho}}. \tag{17}$$

Für die gleiche Bodenart wie beim vorigen Beispiel unter a) wird demnach die höchstzulässige Stromdichte bei $D = 1$ m

$$S = \frac{2}{1\ \mathrm{m}}\sqrt{\frac{2 \cdot 1{,}2\ \mathrm{W/(K\,m)} \cdot 60\ \mathrm{K}}{100\ \Omega\mathrm{m}}} = 2{,}4\ \frac{\mathrm{A}}{\mathrm{m}^2},$$

also erheblich geringer als im vorigen Beispiel der einstündigen Belastung. Man erkennt daraus bereits, daß die Wärmefortleitung bei kurzzeitigen Belastungen keine erhebliche Bedeutung haben kann.

Der anfängliche Temperaturanstieg, der für kurze Zeit aus Gl. (12) folgt, ist in *Abb. 6* dargestellt. Die Endübertemperatur ϑ_{m}, die bei gegebenen Bodenkonstanten durch Gl. (15) bestimmt wird, ist ebenfalls in *Abb. 6* eingetragen. Die dazwischen

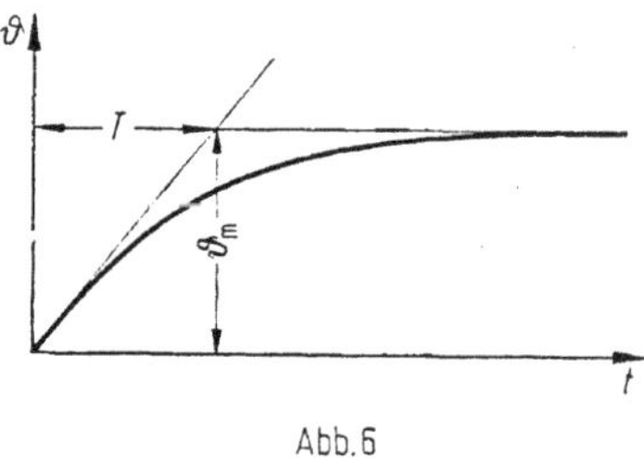

Abb. 6

liegende Verbindungskurve ist schwierig analytisch abzuleiten. Wir können jedoch sehr einfach die Zeitkonstante T bestimmen, wenn wir diese als die Zeit definieren, in der der anfänglich lineare Anstieg die Endübertemperatur ϑ_{m} erreichen würde, wie es in *Abb. 6* zu sehen ist. Für diesen Schnittpunkt ist nach Gl. (12) und (15)

$$\vartheta_{\mathrm{m}} = \frac{\varrho}{c}\,T S^2 = \frac{1}{2}\frac{\varrho}{\lambda}\left(\frac{D}{2}\right)^2 S^2. \tag{18}$$

Daraus ergibt sich die Erwärmungszeitkonstante für eine kugelförmige Erdungselektrode und ihren umgebenden Boden zu

$$T = \frac{1}{2} \frac{c}{\lambda} \left(\frac{D}{2}\right)^2. \tag{19}$$

Dieser Wert ist nur abhängig von den Wärmekonstanten des Erdreiches und dem Durchmesser der Kugel. Für andere Erderformen folgt die Zeitkonstante einem ähnlichen Ausdruck.

Für eine Kugel vom Durchmesser $D = 1$ m ist

$$T = \frac{1}{2} \cdot \frac{1{,}75 \cdot 10^6 \text{ Ws/(K m}^3) \cdot 0{,}25 \text{ m}^2}{1{,}2 \text{ W/(K m)}} = 1{,}83 \cdot 10^5 \text{ s},$$

das sind 51 h. Wenn also bei kurzzeitiger Überlastung die zulässige Endübertemperatur in vergleichsweise sehr kurzer Zeit erreicht wird, so liegt das daran, daß durch das geringe Wärmeleitvermögen in der kurzen Zeit nur ein kleiner Bruchteil der erzeugten Wärme fortgeleitet wird, während der Hauptanteil durch Speicherung die Temperatur hochtreibt.

29. Sternpunkterdung von Drehstromnetzen

Der Sternpunkt (Mittelpunkt) ist der Symmetriepunkt eines Drehstromnetzes. Er erscheint insbesondere an den Transformatoren, aber auch an Generatoren, Motoren oder an Nullpunktsbildnern unmittelbar als Klemme. Bei symmetrischem Netz haben diese Klemmen praktisch Erdpotential, und es ist dann gleichgültig, ob und wie der Sternpunkt des Netzes mit Erde verbunden ist. Bei unsymmetrischen Belastungen oder Fehlern gegen Erde sind jedoch je nach Art der Sternpunkterdung Spannungen einzelner Leiter gegen Erde oder Ströme über die Fehlerstelle nach Erde zu erwarten, welche die im ungestörten Betrieb auftretenden Spannungen oder Ströme überschreiten können.

Sowohl Spannungsbeanspruchung der Isolation als auch die Strombeanspruchung der Betriebsmittel und Anlageteile sind im Fehlerfalle entscheidend von der Art der Sternpunkterdung abhängig. Betriebsspannung, Aufgabe, Ausdehnung und Art des Netzes sind für die zu wählende Art der Sternpunkterdung ausschlaggebend, spätere Korrekturen und Änderungen sind keineswegs selten. Über die zu wählende Art der Sternpunkterdung besteht unterschiedliche Praxis in den einzelnen Ländern.

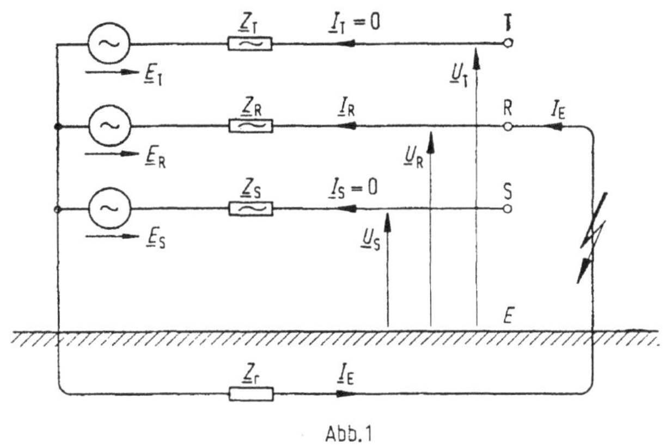

Abb. 1

a) Fehler im einfachen Drehstromkreis

Von besonderer Bedeutung ist der einpolige Fehler gegen Erde. Er liefert üblicherweise die Kriterien für die Beanspruchung des Netzes in Abhängigkeit von der Art der Sternpunkterdung. Dieser Fehlerfall soll zunächst an einem einfachen symmetrischen Drehstromkreis betrachtet werden (*Abb. 1*).

Er enthält drei symmetrische treibende Spannungen, die Längsimpedanzen in den drei Leitern sind gleich.

$$\left.\begin{aligned} \underline{E}_\mathrm{R} &= \underline{E}_\curlywedge \\ \underline{E}_\mathrm{S} &= \underline{a}^2\,\underline{E}_\curlywedge \\ \underline{E}_\mathrm{T} &= \underline{a}\,\underline{E}_\curlywedge \end{aligned}\right\} \tag{1}$$

$$\underline{Z}_\mathrm{R} = \underline{Z}_\mathrm{S} = \underline{Z}_\mathrm{T} = \underline{Z} \tag{2}$$

Hierin ist der komplexe Operator $\underline{a} = 1/\underline{a}^2 = e^{j120°}$.

Der Leiter R habe einen Fehler gegen Erde. Damit fließt ein Strom $\underline{I}_\mathrm{E}$ über Erde, der durch die Spannung $\underline{E}_\mathrm{R}$ getrieben und durch die Impedanzen $\underline{Z}_\mathrm{R}$ und $\underline{Z}_\mathrm{r}$ begrenzt wird. Die Impedanz $\underline{Z}_\mathrm{r}$ enthält vor allem die Impedanz der Erdrückleitung sowie gegebenenfalls auch eine Impedanz zwischen Sternpunkt und Erde. Ist diese induktiv, so handelt es sich um eine induktive Sternpunkterdung, ist der Sternpunkt überhaupt nicht mit Erde verbunden, so ist $\underline{Z}_\mathrm{r} \to \infty$.

Für die Ströme und Spannungen in diesem einfachen Kreis können folgende Gleichungen aufgestellt werden:

$$\left.\begin{aligned} \underline{I}_\mathrm{R} &= \underline{I}_\mathrm{E} = \frac{\underline{E}_\mathrm{R}}{\underline{Z}_\mathrm{R} + \underline{Z}_\mathrm{r}} = \frac{\underline{E}_\curlywedge}{\underline{Z}} \cdot \frac{1}{1 + \underline{Z}_\mathrm{r}/\underline{Z}}, \\ \underline{I}_\mathrm{S} &= 0, \\ \underline{I}_\mathrm{T} &= 0, \end{aligned}\right\} \tag{3a}$$

$$\left.\begin{aligned} \underline{U}_\mathrm{R} &= 0, \\ \underline{U}_\mathrm{S} &= -\underline{I}_\mathrm{E} \cdot \underline{Z}_\mathrm{r} + \underline{E}_\mathrm{S} = -\underline{I}_\mathrm{E} \cdot \underline{Z}_\mathrm{r} + \underline{a}^2 \underline{E}_\curlywedge = \underline{a}^2 \underline{E}_\curlywedge \cdot \left(1 - \frac{\underline{a}}{1 + \underline{Z}/\underline{Z}_\mathrm{r}}\right), \\ \underline{U}_\mathrm{T} &= -\underline{I}_\mathrm{E} \cdot \underline{Z}_\mathrm{r} + \underline{E}_\mathrm{T} = -\underline{I}_\mathrm{E} \cdot \underline{Z}_\mathrm{r} + \underline{a}\,\underline{E}_\curlywedge = \underline{a}\,\underline{E}_\curlywedge \cdot \left(1 - \frac{\underline{a}^2}{1 + \underline{Z}/\underline{Z}_\mathrm{r}}\right). \end{aligned}\right\} \tag{3b}$$

Weiter ist $\underline{E}_\curlywedge/\underline{Z} = \underline{I}_\mathrm{k3}$ der auf den Leiter R bezogene dreipolige Kurzschlußstrom des Kreises.

Aus diesen Gleichungen kann man u. a. folgende spezielle Werte entnehmen:

α) Netz mit freiem Sternpunkt $\underline{Z}_\mathrm{r} \to \infty$
einpoliger Erdschlußstrom $\underline{I}_\mathrm{R} \to 0$
Spannung der gesunden Leiter gegen Erde $U_\mathrm{S} \approx U_T \approx \sqrt{3} E_\curlywedge = E_\triangle$

Es fließt praktisch kein Fehlerstrom, jedoch nehmen die gesunden Leiter gegen Erde Dreieckspannung an.

β) Unmittelbare Sternpunkterdung $\underline{Z}_\mathrm{r} \to 0$
einpoliger Erdkurzschlußstrom $I_\mathrm{R} = I_\mathrm{k1} = I_\mathrm{k3}$
Spannung der gesunden Leiter gegen Erde $U_\mathrm{S} \approx U_\mathrm{T} \approx E_\curlywedge$.

Bei dieser Erdung ist die Spannungsbeanspruchung der Isolation wie im Normalbetrieb, der einpolige Erdkurzschlußstrom wird jedoch gleich dem dreipoligen Kurzschlußstrom.

b) Betriebsfrequente Ströme und Spannungen bei Fehler mit Erdberührung

Die betriebsfrequenten Ströme und Spannungen kann man mit Hilfe der symmetrischen Komponenten in allgemeiner Form berechnen. Dazu geht man von der in *Abb. 2* gezeigten Schaltung aus. Das Netz sei wiederum symmetrisch

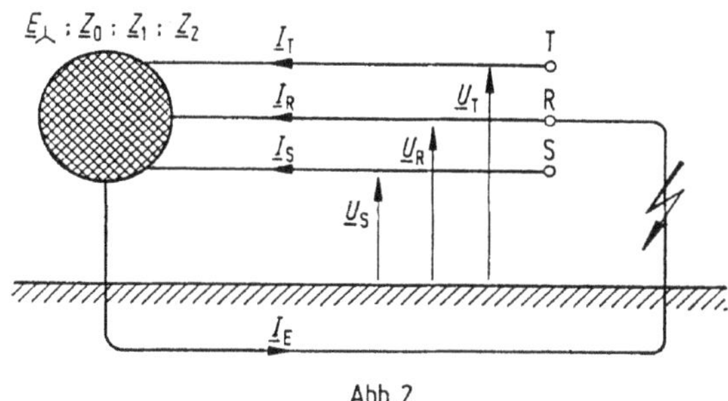

Abb. 2

mit der treibenden Spannung $\underline{E}_\lambda$, der Nullimpedanz $\underline{Z}_0$, der Mitimpedanz $\underline{Z}_1$ und der Gegenimpedanz $\underline{Z}_2$. Die Impedanz der Erdrückleitung $\underline{Z}_r$ gemäß *Abb. 1* ist in die Nullimpedanz $\underline{Z}_0$ einbezogen. Nach den Grundgleichungen der symmetrischen Komponenten (Kapitel 11) ergibt sich für den einpoligen Fehler gemäß *Abb. 2* folgendes Gleichungssystem, aus dem sich eine Beziehung zwischen den Strömen $\underline{I}_0$, $\underline{I}_1$ und $\underline{I}_2$ ableiten läßt:

$$\begin{array}{l|rr} \underline{I}_S = \underline{I}_0 + \underline{a}^2 \underline{I}_1 + \underline{a} \underline{I}_2 = 0 & 1 & 1 \\ \underline{I}_T = \underline{I}_0 + \underline{a} \underline{I}_1 + \underline{a}^2 \underline{I}_2 = 0 & -1 & 1 \\ \hline \end{array} \tag{4}$$

$$\begin{aligned} (\underline{a}^2 - \underline{a})\, \underline{I}_1 + (\underline{a} - \underline{a}^2)\, \underline{I}_2 &= 0, \quad \underline{I}_1 = \underline{I}_2, \\ 2\underline{I}_0 + (\underline{a}^2 + \underline{a})\, \underline{I}_1 + (\underline{a} + \underline{a}^2)\, \underline{I}_2 &= 0, \quad \underline{I}_0 = \underline{I}_1 = \underline{I}_2. \end{aligned} \tag{5}$$

Die Ströme im Mit-, Gegen- und Nullsystem sind also gleich.

Entsprechend gilt für die Spannung des Leiters R:

$$\underline{U}_R = \underline{U}_0 + \underline{U}_1 + \underline{U}_2 = 0. \tag{6}$$

Nach Kapitel 11 gelten für die Klemmenspannungen im Mit-, Gegen- und Nullsystem in Abhängigkeit von den entsprechenden Impedanzen folgende Beziehungen:

$$\left.\begin{aligned} \underline{U}_0 &= -\underline{I}_0 \underline{Z}_0 = -3\underline{I}_0 \cdot \frac{1}{3} \underline{Z}_0, \\ \underline{U}_1 &= \underline{E}_\lambda - \underline{I}_1 \underline{Z}_1 = \underline{E}_\lambda - 3\underline{I}_1 \cdot \frac{1}{3} \underline{Z}_1, \\ \underline{U}_2 &= -\underline{I}_2 \underline{Z}_2 = -3\underline{I}_2 \cdot \frac{1}{3} \underline{Z}_2. \end{aligned}\right\} \tag{7}$$

Nur das Mitsystem enthält bei symmetrischer Einspeisung eine treibende Spannung.

Mit Gl. (7) erhält die Spannung $\underline{U}_R$ aus Gl. (6) folgende Form:

$$\underline{U}_R = -\underline{I}_0\underline{Z}_0 + \underline{E}_\curlywedge - \underline{I}_1\underline{Z}_1 - \underline{I}_2\underline{Z}_2 = \underline{E}_\curlywedge - \underline{I}_0 \cdot (\underline{Z}_0 + \underline{Z}_1 + \underline{Z}_2) = 0. \quad (8)$$

Hieraus berechnet man den Strom im Nullsystem zu

$$\underline{I}_0 = \frac{\underline{E}_\curlywedge}{\underline{Z}_0 + \underline{Z}_1 + \underline{Z}_2} \quad (9)$$

und erhält damit eine neue Beziehung für den Strom $\underline{I}_R$ im fehlerbehafteten Leiter R:

$$\underline{I}_R = \underline{I}_0 + \underline{I}_1 + \underline{I}_2 = 3\underline{I}_0 = 3\underline{I}_1 = 3\underline{I}_2 = \frac{\underline{E}_\curlywedge}{\underline{Z}_1} \cdot \frac{3}{1 + \frac{\underline{Z}_2}{\underline{Z}_1} + \frac{\underline{Z}_0}{\underline{Z}_1}}. \quad (10)$$

Es soll hier und im folgenden vorausgesetzt werden, daß Mit- und Gegenimpedanz gleich sind, was bei der Untersuchung der Vorgänge bei Erdschluß im allgemeinen zulässig ist. Die Mitimpedanz wird weiter gleich der in *Abb. 1* eingeführten symmetrischen Leiterimpedanz $\underline{Z}$ gesetzt. Schließlich wird noch die Impedanz der Erdrückleitung $\underline{Z}_r$ mit der Leiterimpedanz $\underline{Z}$ zur Nullimpedanz $\underline{Z}_0$ zusammengefaßt:

$$\begin{aligned} \underline{Z}_0 &= \underline{Z}_1 + 3\underline{Z}_r = \underline{Z} + 3\underline{Z}_r, \\ \underline{Z}_1 &= \underline{Z}, \\ \underline{Z}_2 &= \underline{Z}_1 = \underline{Z}, \end{aligned} \quad (11)$$

Unter diesen Voraussetzungen erhält man aus Gl. (9) mit Gl. (10) die in Abschnitt a) bereits angebene Beziehung für den einpoligen Fehlerstrom.

$$\underline{I}_R = \underline{I}_E = \frac{\underline{E}_\curlywedge}{\underline{Z}_1} \cdot \frac{3}{2 + \underline{Z}_0/\underline{Z}_1} = \frac{\underline{E}_\curlywedge}{\underline{Z}} \cdot \frac{1}{1 + \underline{Z}_r/\underline{Z}}. \quad (12)$$

Eine Ersatzschaltung in symmetrischen Komponenten, welche die Gl. (6), (7) und (10) erfüllt, zeigt *Abb. 3a*.

Mit-, Gegen- und Nullsystem entsprechen im allgemeinen Fall jeweils einer einphasigen Nachbildung des gesamten Netzes mit den entsprechenden Impedanzen. Bei symmetrischer treibender Spannung enthält allein das Mitsystem eine Spannungsquelle. Um eine leistungsinvariante Nachbildung zu erreichen, d. h. die oben genannten Gleichungen vollgültig nachzubilden, ist in den drei Systemen jeweils ein Drittel der Systemimpedanz einzusetzen. In *Abb. 3b* ist vorausgesetzt, daß die Impedanzen im Mit- und im Gegensystem gleich sind. Beide Systeme können zu $2/3\ \underline{Z}_1$ zusammengefaßt werden. Aus Gl. (12) und ebenso aus *Abb. 3b* entnimmt man dann die vereinfachte Beziehung für den Fehlerstrom $\underline{I}_R$.

$$\underline{I}_R = \frac{\underline{E}_\curlywedge}{\frac{2}{3}\underline{Z}_1 + \frac{1}{3}\underline{Z}_0} = \underline{I}_{k3}\frac{3}{2 + \underline{Z}_0/\underline{Z}_1} = 3\underline{I}_0 = \underline{I}_{k1}. \quad (13)$$

Für Hochspannungsnetze ist im allgemeinen das Verhältnis $\underline{Z}_0/\underline{Z}_1$ aus Berechnungen oder Modellmessungen bekannt. Gesucht ist in Abhängigkeit hiervon der Betrag des Verhältnisses des Fehlerstroms zum dreipoligen Kurzschlußstrom.

Man setzt daher

$$\left|\frac{\underline{I}_R}{\underline{I}_{k3}}\right| = \frac{I_{k1}}{I_{k3}} = i \quad \text{(reell)}, \qquad \frac{\underline{Z}_0}{\underline{Z}_1} = x + \mathrm{j}\,y \quad \text{(komplex)}. \tag{14}$$

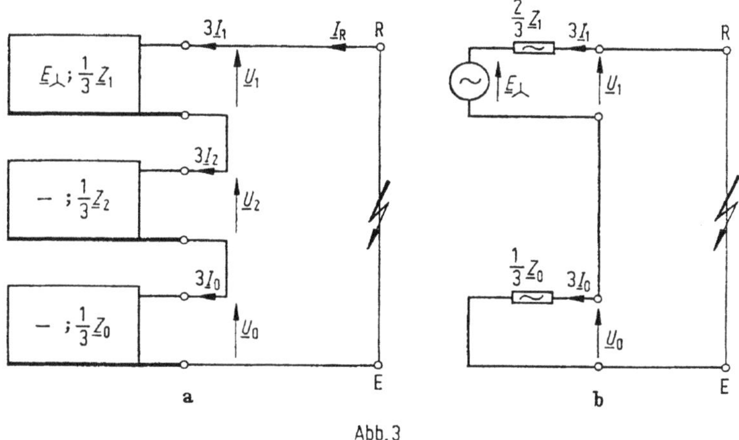

Abb. 3

Durch Einsetzen in Gl. (13) erhält man

$$i = \left|\frac{3}{2 + (x + \mathrm{j}y)}\right| = \left|\frac{3}{(2 + x) + \mathrm{j}y}\right|. \tag{15}$$

Gl. (15) kann quadriert und als Kreisgleichung angeschrieben werden

$$(2 + x)^2 + y^2 = \left(\frac{3}{i}\right)^2, \tag{16}$$

wobei sich für den Mittelpunkt und den Radius folgende Werte ergeben

$$x_0 = -2, \quad y_0 = 0, \quad r = \frac{3}{I_{k1}/I_{k3}}. \tag{17}$$

Kreise für verschiedene Verhältnisse von $i = I_{k1}/I_{k3}$ sind in *Abb. 4* eingetragen. $\underline{Z}_0/\underline{Z}_1$ ist in Polarkoordinaten, also mit Betrag und Winkel, angegeben.

Aus den Grundgleichungen der symmetrischen Komponenten entnimmt man für die Spannung $\underline{U}_T$ folgende Beziehung:

$$\begin{aligned}\underline{U}_T &= \underline{U}_0 + \underline{a}\,\underline{U}_1 + \underline{a}^2\,\underline{U}_2 - \\ &\quad - \underline{I}_0\underline{Z}_0 + \underline{a}\,(\underline{E}_\lambda - \underline{I}_1\underline{Z}_1) - \underline{a}^2\underline{I}_2\underline{Z}_2 = \\ &= \underline{a}\,\underline{E}_\lambda - \underline{I}_0(\underline{Z}_0 - \underline{Z}_1) = \\ &= \underline{a}\,\underline{E}_\lambda \cdot \left(1 - \underline{a}^2\,\frac{\dfrac{\underline{Z}_0}{\underline{Z}_1} - 1}{\dfrac{\underline{Z}_0}{\underline{Z}_1} + 2}\right).\end{aligned} \tag{18}$$

Entsprechend gilt für $\underline{U}_S$

$$\underline{U}_S = \underline{a}^2 \underline{E}_\lambda \cdot \left(1 - \underline{a} \frac{\dfrac{\underline{Z}_0}{\underline{Z}_1} - 1}{\dfrac{\underline{Z}_0}{\underline{Z}_1} + 2} \right). \tag{19}$$

Hierin sind wieder gleiche Impedanzen im Mit- und Gegensystem vorausgesetzt ($\underline{Z}_2 = \underline{Z}_1$). Wie der Strom $\underline{I}_{k1}$ sind $\underline{U}_T$ und $\underline{U}_S$ vom Verhältnis $\underline{Z}_0/\underline{Z}_1$ abhängig und können in einem Diagramm mit Ortskurven für konstantes Verhältnis U_T/E_λ oder U_S/E_λ dargestellt werden. Wie für den Strom werden folgende Ansätze gemacht:

$$\left|\frac{\underline{U}_T}{\underline{E}_\lambda}\right| = \frac{U_T}{E_\lambda} = u \text{ (reell)}; \quad \frac{\underline{Z}_0}{\underline{Z}_1} = x + \mathrm{j}y \text{ (komplex)}. \tag{20}$$

Nach einer Umrechnung ergibt sich folgende Kreisgleichung:

$$\left(x + \frac{1}{2} \cdot \frac{4u^2 - 3}{u^2 - 3}\right)^2 + \left(y + \frac{\sqrt{3}}{2} \cdot \frac{3}{u^2 - 3}\right)^2 = \frac{9u^2}{(u^2 - 3)^2}. \tag{21}$$

Für die Ortskurven als Funktion des Verhältnisses U_T/E_λ erhält man für die Koordinaten des Mittelpunktes und den Radius folgende Werte:

$$x_0 = -\frac{1}{2} \cdot \frac{4u^2 - 3}{u^2 - 3}, \quad y_0 = \mp \frac{\sqrt{3}}{2} \cdot \frac{3}{u^2 - 3}, \quad r = \frac{3u}{u^2 - 3}. \tag{22}$$

Auch diese Ortskurven sind in *Abb. 4* eingetragen.

Aus *Abb. 4* können damit der einpolige Fehlerstrom und die Spannungen der „gesunden" Leiter bei einpoligem Fehler entnommen werden. Beide sind abhängig von dem Verhältnis $\underline{Z}_0/\underline{Z}_1$, d. h. von der Art der Sternpunkterdung.

Man entnimmt diesem Diagramm z. B., daß für das Verhältnis $|\underline{Z}_0/\underline{Z}_1| = 1$ bis 4 die Leitererdspannung den 1,3fachen Wert der treibenden Sternspannung nicht überschreitet, wenn der Winkel von $\underline{Z}_0/\underline{Z}_1$ im Bereich von etwa $\pm 20°$ liegt. Da $\underline{Z}_1$ überwiegend induktiv ist, muß also $\underline{Z}_0$ auch überwiegend induktiv sein, der Sternpunkt ist über eine Reaktanz mit geringem Widerstand oder auch direkt geerdet. Der einpolige Fehlerstrom erreicht im Bereich der wirksamen Sternpunkterdung ($U_T/E_\lambda \leqq 1{,}3$ oder $U_S/E_\lambda \leqq 1{,}3$) etwa bis 100% des dreipoligen Kurzschlußstromes. Es gibt aber in manchen Netzen Stationen, in denen durch eine Konzentration mehrerer Transformatoren mit geerdetem Sternpunkt der dreipolige Kurzschlußstrom noch überschritten wird.

Bei **Erdschlußlöschung** ist die Reaktanz zwischen Sternpunkt und Erde verhältnismäßig groß und überdies noch mit der Erdkapazität des Netzes in Resonanz. Die Nullimpedanz wird damit sehr groß und hat nahezu nur Wirkwiderstand. Sie schließt gegen die Mitimpedanz einen Winkel von etwa 80° ein. Dieser Bereich liegt (im Betrag) außerhalb des gezeichneten Diagramms, jedoch kann diesem näherungsweise entnommen werden, daß die Leitererdspannung etwa den $\sqrt{3}$fachen Wert der treibenden Sternspannung erreicht.

Bei **freiem Sternpunkt** ist die Nullimpedanz des Netzes im wesentlichen durch die Kapazität gegeben. Sie ist in der Regel sehr groß und schließt gegen die Mitimpedanz einen Winkel von etwa 170° ein. Aus dem Diagramm geht hervor, daß die Leitererdspannung den $\sqrt{3}$fachen Wert der Sternspannung überschreitet. Ist in einem ausgedehnten Netz (mit entsprechend großer Kapazität) geringer

Kurzschlußleistung (große Mitimpedanz) die Nullimpedanz verhältnismäßig klein, so können betriebsfrequente Spannungserhöhungen im Erdschlußfalle zu ernsthaften Störungen in der Isolierung oder auch z. B. an Überspannungsableitern führen.

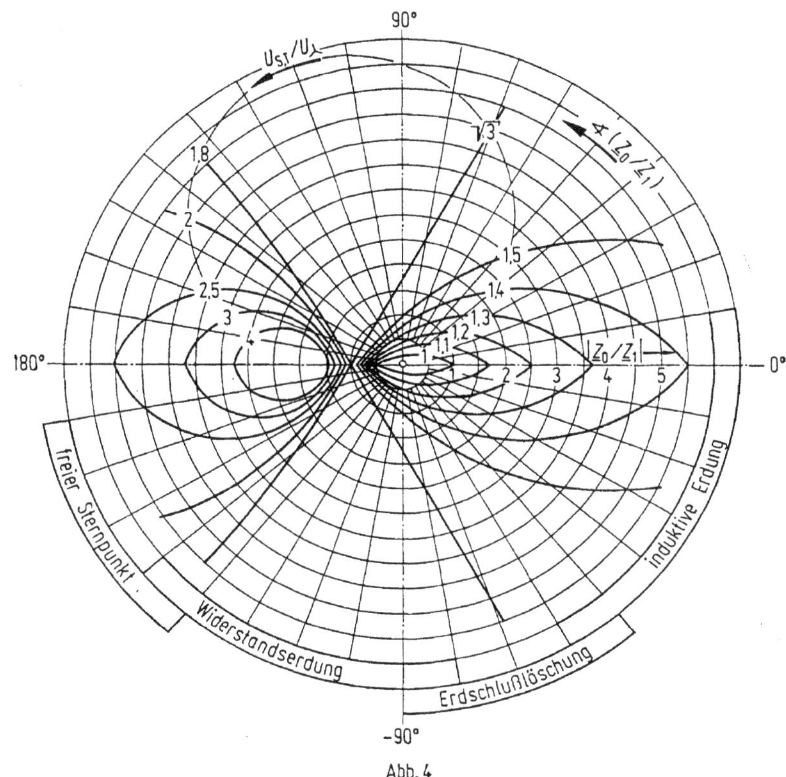

Abb. 4

Die ohmsche Sternpunkterdung entspricht hinsichtlich des Phasenwinkels des Verhältnisses $\underline{Z}_0/\underline{Z}_1$ etwa der Erdschlußlöschung, jedoch ist der Betrag $|\underline{Z}_0/\underline{Z}_1|$ wesentlich kleiner. Hier ist in der Regel mit dem $\sqrt{3}$fachen Wert der Sternspannung gegen Erde zu rechnen. Die Fehlerströme werden durch Wahl des ohmschen Widerstandes so eingestellt, daß sie leicht als solche zu erkennen sind, aber keine hohe Beanspruchung der Anlagen und Geräte bedeuten.

c) Die Ausgleichsspannung bei Fehler mit Erdberührung

Isolationsfehler sind in einem Netz unvermeidbar, man muß daher in Netzen aller Nennspannungen mit Erdschlüssen rechnen. Die Erdschlußüberspannungen bilden somit einen gewissen „Mindestpegel" der im Netz auftretenden inneren Überspannungen. Sie können durch Überspannungsableiter nur in Sonderfällen, d. h. bei überaus hohen Werten, begrenzt werden. Es ist deshalb notwendig, die Höhe der Erdschlußüberspannungen in Abhängigkeit von der Art der Sternpunkterdung zu kennen. Der näherungsweisen Berechnung der Überspannungen dient die in *Abb. 5* gezeigte einfache Ersatzschaltung in $\alpha\beta 0$-Komponenten*) (vgl. Kapitel 11).

Der Erdschluß des Leiters R beeinflußt nur das α-System und das Nullsystem. Das β-System bleibt unberührt. Die β-Spannung ist jedoch für die Berech-

*) In diesem Unterabschnitt c) müßten α und β richtigerweise auch steil gesetzt sein.

nung der Leitererdspannungen der Klemmen S und T erforderlich, sie muß am Fehlerort oder an dem Ort, an dem die Überspannungen gemessen werden sollen, bekannt sein.

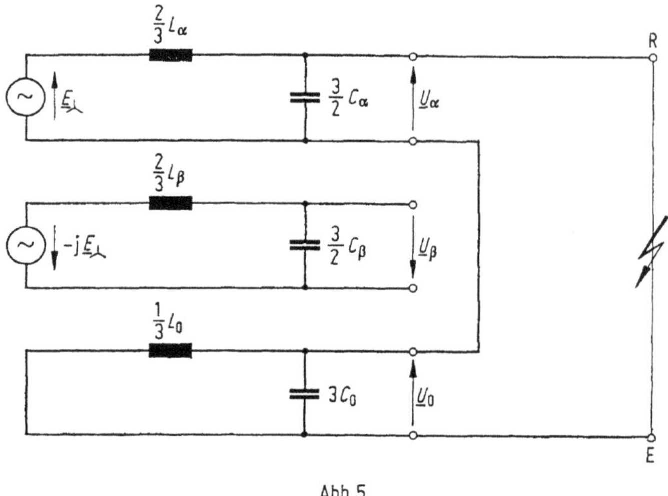

Abb. 5

Das α-System und das Nullsystem sind ebenso wie das β-System als einfache einfrequente Kreise nachgebildet. In der Praxis wird es sich um mehrfrequente Kreise handeln, wodurch die Erdschlußüberspannungen in der Regel in der Amplitude vermindert werden.

Vor Eintritt des Erdschlusses (oder Erdkurzschlusses) haben die Klemmen des α-, β- und 0-Systems folgende Spannungen:

$$\left.\begin{aligned} \underline{U}_\alpha &= \underline{E}_\alpha = \underline{E}_\lambda \frac{\dfrac{1}{\mathrm{j}\omega \frac{3}{2} C_\alpha}}{\dfrac{1}{\mathrm{j}\omega \frac{3}{2} C_\alpha} + \mathrm{j}\omega \frac{2}{3} L_\alpha} = \underline{E}_\lambda \frac{1}{1-\omega^2 L_\alpha C_\alpha} = \underline{E}_\lambda \frac{1}{1-\dfrac{\omega^2}{\omega_\alpha^2}}, \\ \underline{U}_\beta &= -\mathrm{j}\underline{E}_\alpha = -\mathrm{j}\underline{E}_\lambda \frac{1}{1-\dfrac{\omega^2}{\omega_\alpha^2}}, \\ \underline{U}_0 &= 0. \end{aligned}\right\} \qquad (23)$$

Hierin sind

$$L_\alpha = L_\beta, \quad C_\alpha = C_\beta, \quad \omega_\alpha = \omega_\beta. \qquad (24)$$

Im α- und β-System sind gleiche Impedanzen und damit auch gleiche Resonanzfrequenzen vorausgesetzt ($Z_\alpha = Z_\beta = Z_1 = Z_2$). Dies ist für ein symmetrisches Netz durchaus der Fall, da auch für elektrische Maschinen bei höherfrequenten Ausgleichsvorgängen Mit- und Gegenimpedanz gleich sind. Das Nullsystem hat vor Eintritt des Fehlers keine Spannung, der Sternpunkt führt Erdpotential.

Aus Gl. (23) kann man mit Hilfe der Grundgleichung der $\alpha\beta 0$-Komponenten die Klemmenspannungen an den Leitern R, S und T im fehlerfreien Zustand berechnen:

$$\begin{aligned} \underline{U}_R &= \underline{U}_0 + \underline{U}_\alpha = \underline{E}_\lambda \cdot \frac{1}{1-\omega^2/\omega_\alpha{}^2} = \underline{E}_\alpha = \underline{E}_R, \\ \underline{U}_S &= \underline{U}_0 - \frac{1}{2}\underline{U}_\alpha + \frac{\sqrt{3}}{2}\underline{U}_\beta = \underline{a}^2\underline{E}_\lambda \cdot \frac{1}{1-\omega^2/\omega_\alpha^2} = \underline{a}^2\underline{E}_\alpha = \underline{E}_S, \\ \underline{U}_T &= \underline{U}_0 - \frac{1}{2}\underline{U}_\alpha - \frac{\sqrt{3}}{2}\underline{U}_\beta = \underline{a}\,\underline{E}_\lambda \cdot \frac{1}{1-\omega^2/\omega_\alpha^2} = \underline{a}\,\underline{E}_\alpha = \underline{E}_T. \end{aligned} \tag{25}$$

Aus *Abb. 5* können die Impedanzen im 0- und α-System sowie deren Verhältnis leicht berechnet werden:

$$\begin{aligned} \underline{Z}_0 &\approx \frac{\mathrm{j}\,\omega L_0 \cdot \dfrac{1}{\mathrm{j}\,\omega C_0}}{\mathrm{j}\,\omega L_0 + \dfrac{1}{\mathrm{j}\,\omega C_0}} = \frac{\mathrm{j}\,\omega L_0}{1-\omega^2 L_0 C_0} = \frac{\mathrm{j}\,\omega L_0}{1-\omega^2/\omega_0^2}, \\ \underline{Z}_\alpha &\approx \frac{\mathrm{j}\,\omega L_\alpha \cdot \dfrac{1}{\mathrm{j}\,\omega C_\alpha}}{\mathrm{j}\,\omega L_\alpha + \dfrac{1}{\mathrm{j}\,\omega C_\alpha}} = \frac{\mathrm{j}\,\omega L_\alpha}{1-\omega^2 L_\alpha C_\alpha} = \frac{\mathrm{j}\,\omega L_\alpha}{1-\omega^2/\omega_\alpha^2}, \\ \frac{\underline{Z}_0}{\underline{Z}_\alpha} &= \frac{\underline{Z}_0}{\underline{Z}_1} \approx \frac{L_0}{L_\alpha} \cdot \frac{1-\omega^2/\omega_\alpha^2}{1-\omega^2/\omega_0^2}. \end{aligned} \tag{26}$$

Für freien Sternpunkt ist $\dfrac{L_0}{L_\alpha} \to \infty$ und

$$\frac{\underline{Z}_0}{\underline{Z}_\alpha} \approx \frac{L_0}{L_\alpha} \cdot \frac{1-\omega^2 L_\alpha C_\alpha}{1-\omega^2 L_0 C_0} \to -\frac{1-\omega^2 L_\alpha C_\alpha}{\omega^2 L_\alpha C_0} = \frac{C_\alpha}{C_0} \cdot \left(1 - \frac{\omega_\alpha{}^2}{\omega_0{}^2}\right). \tag{27}$$

Die Verluste wurden hierin wegen ihrer untergeordneten Bedeutung vernachlässigt.

Das Verhältnis $\underline{Z}_0/\underline{Z}_\alpha$ oder auch L_0/L_α sowie die Resonanzfrequenzen der Kreise spielen bei der Berechnung der betriebsfrequenten Spannungserhöhungen und der Ausgleichsspannungen bei Erdschluß oder Erdkurzschluß eine erhebliche Rolle. Bei Erdschluß errechnet man mit diesen Größen die Spannungen im α-System und im Nullsystem:

$$\left.\begin{aligned} \underline{U}_\alpha &= -\underline{U}_0 = \underline{E}_\alpha \cdot \frac{1}{1+2\dfrac{\underline{Z}_\alpha}{\underline{Z}_0}} \approx \underline{E}_\alpha \cdot \frac{1}{1+2\dfrac{L_\alpha}{L_0} \cdot \dfrac{1-\omega^2/\omega_0^2}{1-\omega^2/\omega_\alpha^2}}, \\ \underline{U}_\beta &= -\mathrm{j}\,\underline{E}_\alpha. \end{aligned}\right\} \tag{28}$$

Die Spannung im β-System bleibt, wie erwähnt, unverändert.

Aus Gl. (25) ergibt sich nunmehr die betriebsfrequente Spannung des Leiters T gegen Erde. In diesem Fall wurde $\underline{U}_T$ deswegen gewählt, weil bei den insbesondere in induktiv geerdeten Netzen üblichen Phasenwinkel zwischen $\underline{Z}_0$ und $\underline{Z}_\alpha$ die

Spannung des Leiters T gegen Erde etwas größer ist als die Spannung des Leiters S gegen Erde.

$$\underline{U}_T = \underline{U}_0 - \frac{1}{2}\underline{U}_\alpha - \frac{\sqrt{3}}{2}\underline{U}_\beta = \frac{3}{2}\underline{U}_0 - \frac{\sqrt{3}}{2}\underline{U}_\beta = -\frac{3}{2}\underline{E}_\alpha \cdot \frac{1}{1 + 2\frac{\underline{Z}_\alpha}{\underline{Z}_0}} + j\frac{\sqrt{3}}{2}\underline{E}_\alpha$$

$$= -\frac{3}{2}\underline{E}_\alpha \cdot \frac{1}{1 + 2\frac{\underline{Z}_\alpha}{\underline{Z}_0}} + \underline{a}\underline{E}_\alpha + \frac{1}{2}\underline{E}_\alpha = \underline{a}\underline{E}_\alpha\left[1 + \underline{a}^2\left(\frac{1}{2} - \frac{3}{2}\cdot\frac{1}{1 + 2\frac{\underline{Z}_\alpha}{\underline{Z}_0}}\right)\right]$$

$$= \underline{a}\underline{E}_\alpha\left(1 - \underline{a}^2 \cdot \frac{\frac{\underline{Z}_0}{\underline{Z}_\alpha} - 1}{\frac{\underline{Z}_0}{\underline{Z}_\alpha} + 2}\right). \tag{29}$$

Aus Gl. (29) kann z. B. abgelesen werden, daß bei freiem Sternpunkt ($\underline{Z}_0 \to \infty$) der Leiter T die Dreieckspannung gegen Erde behält.

Die folgenden Überlegungen gelten für den hochfrequenten Ausgleichsvorgang („Spannungssprung"). Die Schaltung in *Abb. 5* wäre mathematisch nicht einwandfrei bestimmt, wenn der Fehlerstromkreis über die Klemmen R und E völlig widerstandslos wäre. In diesem Falle würde die spannungslose Kapazität $3C_0$ direkt auf die unter Spannung stehende Kapazität $3/2\ C_\alpha$ geschaltet, was zu einem undefinierten Ausgleichsvorgang führen würde. In der Praxis hat der Fehlerstromkreis immer eine kleine Induktivität sowie den Widerstand des Lichtbogens und des Erdübergangs. Die Kapazitäten laden sich also mit einem höherfrequenten Ausgleichsvorgang oder einer Exponentialfunktion um. Die Amplitude dieses Spannungssprungs kann man wie folgt berechnen.

Vor Eintritt des Fehlers führt die Kapazität im α-System die Ladung Q_α. Nach dem Umladevorgang ist diese Ladung auf die Kapazitäten des α-Systems und des Nullsystems verteilt:

$$Q_\alpha = \frac{3}{2}C_\alpha e_\alpha = Q = \left(\frac{3}{2}C_\alpha + 3C_0\right)u_\alpha. \tag{30}$$

Daraus ergibt sich eine Gleichung für die Augenblickswerte der Spannungen im α-System und im Nullsystem

$$u_\alpha = -u_0 = e_\alpha \frac{\frac{3}{2}C_\alpha}{\frac{3}{2}C_\alpha + 3C_0} = e_\alpha \frac{1}{1 + 2\frac{C_0}{C_\alpha}}. \tag{31}$$

Für den Leiter T ergeben sich folgene Spannungen:
unmittelbar vor Eintreten des Erdschlusses

$$e_T = e_0 - \frac{1}{2}e_\alpha - \frac{\sqrt{3}}{2}e_\beta, \tag{32}$$

unmittelbar nach Eintreten des Erdschlusses

$$u_{\mathrm{T}} = u_0 - \frac{1}{2}\,u_\alpha - \frac{\sqrt{3}}{2}\,u_\beta. \tag{33}$$

Vor Eintreten des Erdschlusses führt das Nullsystem keine Spannung ($e_0 = 0$). Die Spannung im β-System wird durch den Erdschluß nicht verändert ($u_\beta = e_\beta$). Nach Eintreten des Erdschlusses ist das Nullsystem parallel zum α-System geschaltet, d. h. die beiden Spannungen sind im Betrage gleich ($u_0 = -u_\alpha$).

Die Differenz der Spannungen vor und nach Eintreten des Erdkurzschlusses ergibt den Spannungssprung $\Delta u_{\mathrm{T}}''$ im Leiter T.

$$\Delta u_{\mathrm{T}}'' = u_{\mathrm{T}} - e_{\mathrm{T}} = -\frac{3}{2}\,u_\alpha + \frac{1}{2}\,e_\alpha,$$

$$\Delta u_{\mathrm{T}}'' = e_\alpha\left(\frac{1}{2} - \frac{3}{2}\cdot\frac{1}{1 + 2\,\dfrac{C_0}{C_\alpha}}\right), \tag{34}$$

$$\frac{\Delta u_{\mathrm{T}}''}{e_\alpha} = \frac{\dfrac{C_0}{C_\alpha} - 1}{2\,\dfrac{C_0}{C_\alpha} + 1}.$$

Hierin ist e_α der Augenblickswert der Klemmenspannung des Leiters R vor Eintreten des Erdschlusses. Hat er im Augenblick des Erdschlusses gerade seinen Höchstwert, wenn also der Erdschluß im Scheitelwert der Spannung des Leiters R stattfindet, so sind auch der Spannungssprung oder die Amplitude des hochfrequenten Ausgleichsvorgangs am größten.

Der Spannungssprung oder der hochfrequente Ausgleichsvorgang, treten nicht auf, wenn

$$\frac{C_0}{C_\alpha} = \frac{C_0 L_0}{C_\alpha L_\alpha}\cdot\frac{L_\alpha}{L_0} = \frac{\omega_\alpha^2}{\omega_0^2}\cdot\frac{L_\alpha}{L_0} = 1 \tag{35}$$

ist. Dies ist z. B. der Fall in Hochspannungsnetzen mit Einleiterkabeln, wo die Kapazitäten im α-System und im Nullsystem praktisch gleich sind. Bei Freileitungsnetzen ist $C_0 < C_\alpha$ und damit der Spannungssprung negativ gegenüber e_α. Da aber zur Zeit des Fehlers e_α positiv ist, ist u_{T} negativ, d. h. der Spannungssprung erhöht zunächst den Betrag der Spannung im Leiter T.

Durch den Erdschluß wird das Nullsystem parallel zum α-System geschaltet. Es entsteht der beschriebene hochfrequente Ausgleichsvorgang, der nach wenigen Halbschwingungen weitgehend abgeklungen ist. Für den sich anschließenden niederfrequenten Ausgleichsvorgang liegen nunmehr die Kapazitäten oder die Induktivitäten im Nullsystem und im α-System parallel. Der Ausgleichsvorgang ist in diesem einfachen Fall einfrequent. Die Amplitude des Ausgleichsvorgangs errechnet sich für den Leiter T aus der Differenz der Augenblickswerte der Spannungen unmittelbar vor bzw. unmittelbar nach Eintritt des Fehlers. Diese Spannungsdifferenz ist, wie bereits erwähnt, vom Augenblick des Eintretens des Erdschlusses abhängig. Von dieser Spannungsdifferenz ist der eben berechnete Spannungssprung, der hochfrequent erfolgt, abzuziehen. Der Rest ergibt den Ausgleichsvorgang mit der resultierenden Frequenz des Kreises.

d) Berechnung einer Erdschlußüberspannung in einem wirksam geerdeten 110-kV-Netz geringer Ausdehnung und Kurzschlußleistung

Das 110-kV-Netz habe folgende Daten:

Nennspannung des Netzes	U_N	$= 110\,\text{kV}$,
Anfangs-Kurzschlußleistung	S_k''	$= 1200\,\text{MVA}$,
Ladeleistung	P_b	$= 11\,\text{MVA}$,
Verhältnis Nullreaktanz durch Mitreaktanz	X_0/X_α	$= 4$,
Verhältnis Betriebskapazität durch Erdkapazität	C_α/C_0	$= 2$,
Induktivität der Fehlerschleife	L_F	$= 80\,\mu\text{H}$,
Widerstand der Fehlerschleife	R_F	$= 1\,\Omega$.

In 110-kV-Netzen werden heute bereits 5000 MVA Kurzschlußleistung und mehr erreicht. Das Beispiel erfaßt also ein Netz mit verhältnismäßig geringer Kurzschlußleistung, d. h. hoher Kurzschlußreaktanz. Die Ladeleistung von 11 MVA entspricht der Ladeleistung einer Freileitung von rd. 300 km Länge oder eines Kabels von 15 km Länge. Es ist angenommen, daß das Netz ziemlich geringe räumliche Abmessungen hat, so daß die Kapazität näherungsweise als konzentriert an der Sammelschiene angeschlossen betrachtet werden kann. Bei größerer räumlicher Ausdehnung entsteht ein mehrfrequenter Kreis, der zweckmäßig mit dem Digitalrechner oder dem Schwingungsmodell untersucht wird.

Das Verhältnis $X_0/X_\alpha = 4$ entspricht einer wirksamen Sternpunkterdung, d. h. bei einpoligem Erdkurzschluß übersteigt die Spannung der gesunden Leiter gegen Erde den 1,4fachen Scheitelwert der Sternspannung nicht. Das Verhältnis $C_\alpha/C_0 = 2$ gilt für Netze, in denen die Ladeleistung überwiegend durch Freileitungen aufgebracht wird. Die Induktivität $L_F = 80\,\mu\text{H}$ deutet an, daß der Erdkurzschluß sich in einer Entfernung von 50 bis 100 m von der Sammelschiene befindet. Für den Lichtbogenwiderstand und den Erdübergangswiderstand wurde $R_F = 1\,\Omega$ eingesetzt.

Aus Nennspannung und Anfangs-Kurzschlußleistung errechnet man die Kurzschlußreaktanz und daraus die Kurzschlußinduktivität zu

$$X_\alpha = \frac{U_N^2}{S_k''} = \frac{(110\,\text{kV})^2}{1200\,\text{MVA}} = 10{,}1\,\Omega,$$

$$L_\alpha = \frac{X_\alpha}{\omega} = \frac{10{,}1\,\Omega}{2\pi \cdot 50\,\text{s}^{-1}} = 32{,}1\,\text{mH}.$$

Hieraus ergeben sich Nullreaktanz und Nullinduktivität

$$X_0 = 4X_\alpha = 4 \cdot 10{,}1\,\Omega = 40{,}4\,\Omega,$$

$$L_0 = 4L_\alpha = 4 \cdot 32{,}1\,\text{mH} = 128{,}4\,\text{mH}.$$

Aus der Ladeleistung und dem oben erwähnten Verhältnis Betriebskapazität zur Erd-(Null-)Kapazität erhält man die Kapazitäten

$$C_\alpha = \frac{Q_L}{U_N^2 \cdot \omega} = \frac{11\,\text{MVA}}{(110\,\text{kV})^2 \cdot 2\pi \cdot 50\,\text{s}^{-1}} = 2{,}9\,\mu\text{F},$$

$$C_0 = \frac{1}{2} C_\alpha = \frac{1}{2} \cdot 2{,}9\,\mu\text{F} = 1{,}45\,\mu\text{F}.$$

Von Interesse sind die Frequenzen des α-Systems und des Nullsystems

$$f_\alpha = \frac{1}{2\pi \sqrt{L_\alpha C_\alpha}} = \frac{1}{2\pi \sqrt{32{,}1\,\text{mH} \cdot 2{,}9\,\mu\text{F}}} = 522\,\text{Hz},$$

$$f_0 = \frac{1}{2\pi \sqrt{L_0 C_0}} = \frac{1}{2\pi \sqrt{128{,}4\,\text{mH} \cdot 1{,}45\,\mu\text{F}}} = 369\,\text{Hz}.$$

Die Frequenz des α-Systems liegt oberhalb der üblicherweise im Netz auftretenden 5. und 7. Harmonischen, so daß im Normalbetrieb eine sinusförmige Spannung in einem solchen Netz zu erwarten ist. Die Frequenz des Nullsystems liegt in der Nähe der 7. Harmonischen, so daß im Fehlerfalle kurzzeitig eine verzerrte Spannung möglich ist.

Die betriebsfrequente Spannungserhöhung nach Gl. (25) ist vernachlässigbar.

$$\frac{\underline{E}_\text{R}}{\underline{E}_\lambda} = \frac{1}{1 - (f/f_\alpha)^2} = \frac{1}{1 - (50/522)^2} = 1{,}01.$$

Das Verhältnis Nullimpedanz zu Mitimpedanz ist dementsprechend nur wenig von den Kapazitäten und damit den Resonanzfrequenzen der Systeme abhängig. Nach Gl. (26) ist:

$$\frac{\underline{Z}_0}{\underline{Z}_\alpha} = \frac{L_0}{L_\alpha} \cdot \frac{1 - (f/f_\alpha)^2}{1 - (f/f_0)^2} = 4 \cdot \frac{1 - (50/522)^2}{1 - (50/369)^2} = 4{,}04.$$

Bei einpoligem Erdkurzschluß eilt nach Gl. (1) und (18) die Spannung des Leiters T gegen Erde gegenüber der Spannung im ungestörten Betrieb vor

$$\frac{\underline{U}_\text{T}}{\underline{E}_\Gamma} = 1 - \underline{a}^2 \frac{\underline{Z}_0/\underline{Z}_\alpha - 1}{\underline{Z}_0/\underline{Z}_\alpha + 2} = 1{,}25 + \text{j}\,0{,}436 = 1{,}325 \cdot e^{\text{j}19{,}2^\circ}.$$

Gegenüber dem Normalbetrieb ist also eine Voreilung um 19,2° festzustellen. Bei Erdschluß im gelöschten Netz oder im Netz mit freiem Sternpunkt beträgt sie 30°. Die betriebsfrequente Spannung des Leiters T gegen Erde ist um 32,5% höher als im Normalbetrieb. Da diese Spannungserhöhung nur kurzzeitig auftritt und der Fehler sofort abgeschaltet werden muß, ist sie für die Beanspruchung der Isolation praktisch ohne größere Bedeutung.

Es wurde angenommen, daß der Erdkurzschluß im Leiter R im Scheitelwert des Spannungsmaximums eintritt. Zu dieser Zeit ist (vor dem Fehler) die Spannung des Leiters T gegen Erde

$$e_\text{T} = \hat{e}_\alpha \cos 120^\circ = -0{,}5\,\hat{e}_\alpha.$$

Mit Eintreten des Fehlers eilt die betriebsfrequente Spannung um 19,2° vor und hat einen um 32,5% erhöhten Betrag. Die betriebsfrequente Spannung des Leiters T gegen Erde wird damit

$$u_\text{T} = \hat{e}_\alpha \cdot \left|\frac{\underline{U}_\text{T}}{\underline{E}_\text{T}}\right| \cos(120^\circ + \varphi) =$$

$$= \hat{e}_\alpha \cdot 1{,}325 \cos(120^\circ + 19{,}2^\circ) = -1{,}003\,\hat{e}_\alpha,$$

wobei φ der Phasenwinkel zwischen $\underline{U}_\text{T}$ und $\underline{E}_\text{T}$ ist.

Damit würde sich bezüglich der betriebsfrequenten Spannungen ein Spannungssprung ergeben, der freilich durch die Induktivitäten, Kapazitäten und Widerstände des Netzes in Form einer gedämpften Schwingung verläuft. Die Summe der Amplituden dieser Schwingungen ist gleich dem Spannungssprung

$$\Delta u_T = u_T - e_T = -0{,}503\,\hat{e}_\alpha .$$

Nach Gl. (34) entfällt hiervon auf den kapazitiven Spannungssprung

$$\Delta u_T'' = \frac{\dfrac{C_0}{C_\alpha} - 1}{2\dfrac{C_0}{C_\alpha} + 1}\,\hat{e}_\alpha = \frac{\dfrac{1}{2} - 1}{1 + 1}\,\hat{e}_\alpha = -0{,}250\,\hat{e}_\alpha$$

und damit auf den langsamen Ausgleichsvorgang

$$\Delta u_T' = \Delta u_T - \Delta u_T'' = -0{,}253\,\hat{e}_\alpha .$$

Die Kapazität des α-Systems entlädt sich auf die Kapazität des Nullsystems. Beide sind damit für den Ausgleichsvorgang in Reihe geschaltet

$$C_F = \frac{\dfrac{3}{2}C_\alpha \cdot 3C_0}{\dfrac{3}{2}C_\alpha + 3C_0} = \frac{3}{2}C_0 = \frac{3}{2} \cdot 1{,}45\ \mu\text{F} = 2{,}170\ \mu\text{F} .$$

Die Entladung erfolgt über die Induktivität des Fehlerkreises, die zu $L_F = 80\ \mu\text{H}$ angenommen worden ist. Damit berechnet man die Frequenz des höherfrequenten Ausgleichsvorganges

$$f'' = \frac{1}{2\pi\sqrt{L_F C_F}} = \frac{1}{2\pi\sqrt{80\ \mu\text{H} \cdot 2{,}175\ \mu\text{F}}} = 12080\ \text{Hz} .$$

Nach dem Abklingen des höherfrequenten Ausgleichsvorganges werden die Kapazitäten über die Induktivitäten des α-Systems und des Nullsystems auf den stationären Zustand umgeladen. Betrachtet man die Spannungsquelle für den Ausgleichsvorgang als kurzgeschlossen, so liegen die Induktivitäten des α-Systems und des Nullsystems ebenso wie die Kapazitäten beider Systeme jeweils zueinander parallel. Daraus errechnet man die für den Ausgleichsvorgang wirksamen Größen einschließlich der Resonanzfrequenz dieses Kreises zu

$$L_N = \frac{\dfrac{2}{3}L_\alpha \cdot \dfrac{1}{3}L_0}{\dfrac{2}{3}L_\alpha + \dfrac{1}{3}L_0} = \frac{4}{9}L_\alpha = \frac{4}{9} \cdot 32{,}1\ \text{mH} = 14{,}3\ \text{mH},$$

$$C_N = \frac{3}{2}C_\alpha + 3C_0 = 3C_\alpha = 3 \cdot 2{,}9\ \mu\text{F} = 8{,}7\ \mu\text{F},$$

$$f' = \frac{1}{2\pi\sqrt{L_N C_N}} = \frac{1}{2\pi\sqrt{14{,}3\ \text{mH} \cdot 8{,}7\ \mu\text{F}}} = 459\ \text{Hz} .$$

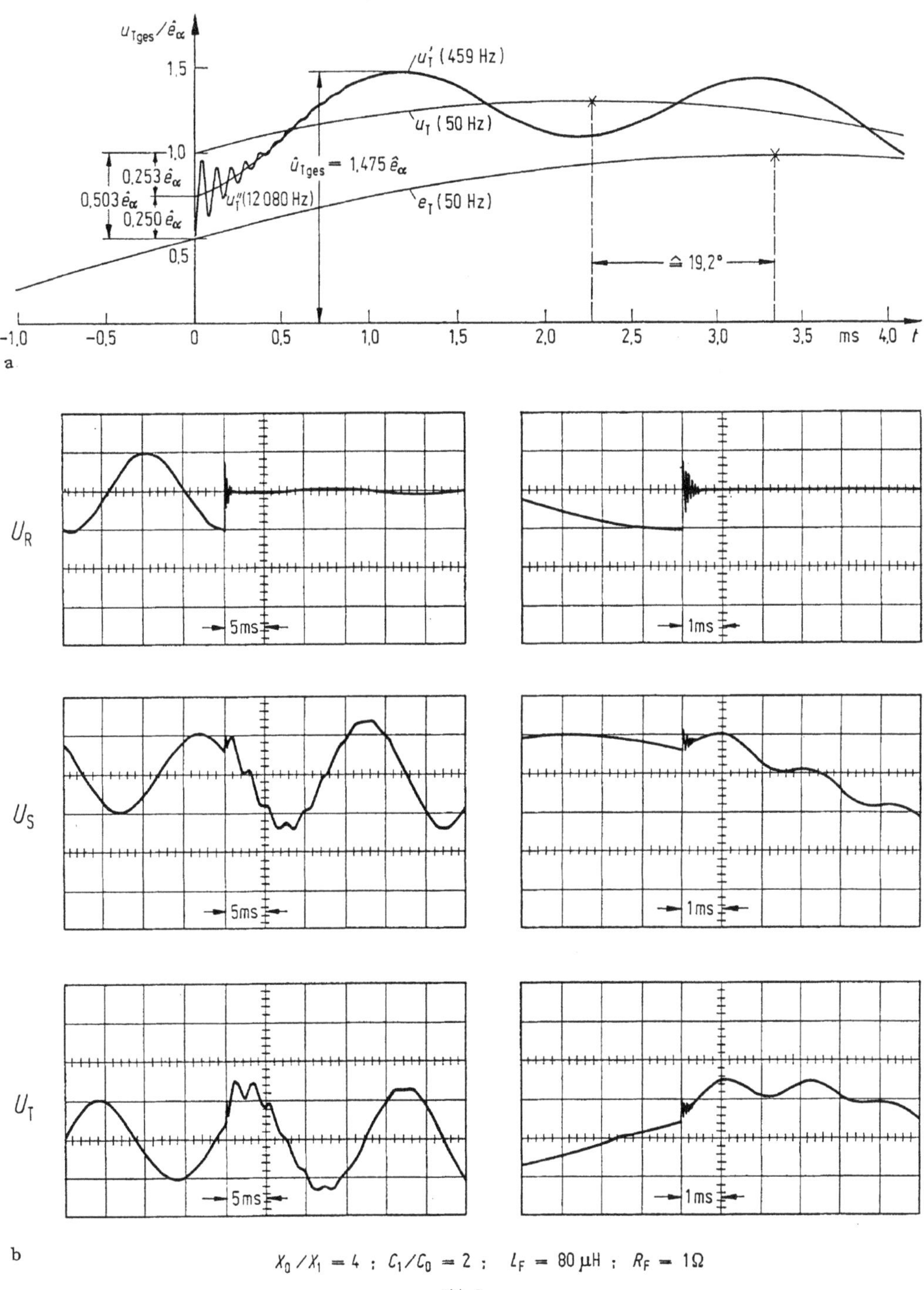

$X_0/X_1 = 4$; $C_1/C_0 = 2$; $L_F = 80\,\mu H$; $R_F = 1\,\Omega$

Abb. 6

Für den Fehlerwiderstand von 1 Ω und die Induktivität von 80 mH erhält man die Dämpfungszeitkonstante des höherfrequenten Ausgleichsvorganges zu

$$\tau'' = \frac{2 \cdot L_F}{R_F} = \frac{2 \cdot 80\,\mu H}{1\,\Omega} = 160\,\mu s.$$

Im Bereich der höheren Harmonischen kann man in Netzen im allgemeinen mit einer Güte der Netzreaktanz $\omega L_N/R_N = 20$ rechnen. Daraus ergibt sich die Zeitkonstante des niederfrequenten Ausgleichsvorganges zu

$$\tau' = \frac{2L_N}{R_N} = \frac{\omega' \, 2L_N}{R_N} \cdot \frac{2}{\omega'} = \frac{2 \cdot 20}{\omega'} = \frac{2 \cdot 20}{2\pi \cdot 452\ s^{-1}} = 14{,}1\ ms.$$

Alle diese Größen lassen sich zu der resultierenden Spannung des Leiters T gegen Erde innerhalb der ersten Millisekunden nach Eintreten eines Erdkurzschlusses im Leiter R zusammenfassen:

$$\frac{u_{Tges}}{\hat{e}_a} = u_T \cos\left(\omega t + \frac{2\pi}{3} + \varphi\right) - \Delta u'_T \cdot \cos \omega' t \cdot e^{-t/\tau'} - \Delta u''_T \cdot \cos \omega'' t \cdot e^{-t/\tau''} =$$

$$= 1{,}325 \cdot \cos\left(2\pi \cdot 50\ s^{-1} \cdot t + \frac{139{,}2}{360} \cdot 2\pi\right) +$$

$$+ 0{,}253 \cos(2\pi \cdot 452\,s^{-1} \cdot t)\, e^{-t/14{,}1 ms} + 0{,}250 \cos(2\pi \cdot 12080\,s^{-1} \cdot t)\, e^{-t/160 \mu s}.$$

Diese Spannung ist in *Abb. 6a* über der Zeit aufgetragen und einem Oszillogramm aus einem Modellversuch (*Abb. 6b*) gegenübergestellt. Man erkennt deutlich, daß die betriebsfrequente Spannung e_T vor dem Erdschluß mit Eintreten des Fehlers in eine um 19,2° voreilende und 32% höhere betriebsfrequente Spannung u_T übergeht. Die Amplituden der beiden Ausgleichsschwingungen sind über dem Spannungssprung eingetragen. Der höherfrequente Ausgleichsvorgang u''_T klingt sehr rasch ab, er ist im Netz häufig nur als Exponentialfunktion vorhanden und damit in Oszillogrammen kaum zu erkennen. Der niederfrequente Ausgleichsvorgang benötigt eine Reihe von Halbschwingungen bis zum Abklingen, in Netzoszillogrammen dauert dieser Vorgang oft 10 ms und mehr.

Die Erdschlußüberspannung beträgt knapp das 1,5fache des Scheitelwerts der Sternspannung. Hier hat der höherfrequente Ausgleichsvorgang sehr stark dämpfend gewirkt. Ohne ihn, d. h. z. B. in einem Kabelnetz, wäre die Erdschlußüberspannung wohl nahezu gleich dem 1,75fachen Scheitelwert der Sternspannung gewesen, da der niederfrequente Ausgleichsvorgang bei Wegfall des höherfrequenten als Amplitude den vollen Spannungssprung gehabt hätte.

30. Wirkung des Erdseils bei Erdschlüssen

Um die bei Erdschluß an einem Freileitungsmast auftretenden Spannungen nach Möglichkeit zu mindern, muß der Fehlerstrom großflächig über Erder verteilt werden. Das kann dadurch erreicht werden, daß man den Mast durch einen ausgedehnten Kranz von Erdern umgibt oder die Stahlmaste der Freileitung durch ein Erdseil miteinander verbindet, um die erdende Wirkung aller Maste auszunutzen. Da das Erdseil aber einen gewissen Scheinwiderstand hat, werden die einzelnen Maste anteilig um so weniger Strom übernehmen, je weiter sie vom fehlerbehafteten Mast entfernt sind. Der größte Stromanteil wird stets durch den vom Erdschluß betroffenen Mast abgeführt werden müssen.

a) Erdseil auf den Masten*)

In *Abb. 1* ist das Schema einer Leitung mit Erdseil dargestellt, die einpoligen Kurzschluß gegen Erde hat. Der Leiter der Freileitung führt den Erdkurzschlußstrom I von der Speisestelle zur Kurzschlußstelle, von wo er zum Teil durch das Erdreich, zum Teil über die Maste zur Erde und dann durch die Erde zum geerdeten Sternpunkt oder bei ungeerdetem Sternpunkt über die weit ver-

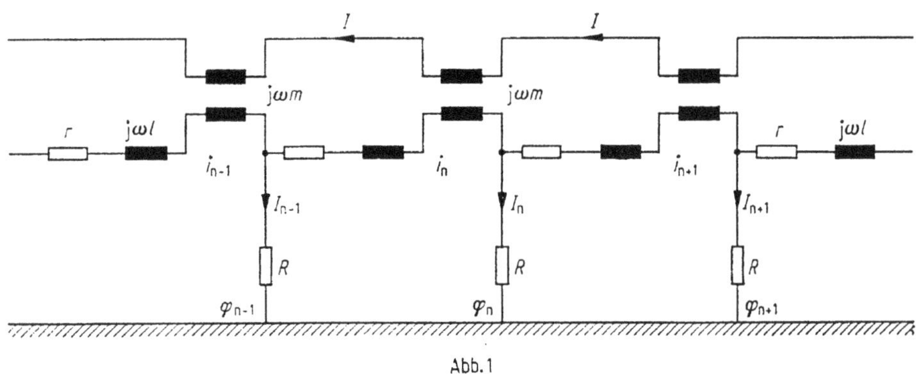

Abb. 1

teilten Erdkapazitäten der gesunden Leiter zur Speisestelle zurückfließt. Der Scheinwiderstand $z = r + j\omega l$ des Erdseiles, die Kopplungsinduktivität m des Erdseiles mit dem Leiterseil und der Erdungswiderstand R jedes Mastes bestimmen die Strom- und Spannungsverteilung des so geerdeten Systems. Diese Größen gelten für die folgenden Rechnungen vereinbarungsgemäß für jedes Spannfeld. Zur Aufstellung der Gleichungen für die Strom- und Spannungsverteilung wird ein Abschnitt n des Kettenleitergebildes betrachtet. Während der Strom des fehlerbehafteten Leiters an jeder Stelle zwischen der speisenden Stelle und dem Fehlerort gleich I ist, abgesehen von unbedeutenden kapazitiven Strömen nach Erde, ist der Strom im Erdseil und in den Masten in jedem Spannfeld, d. h. in jedem Gliede des als Kettenleiter angenommenen Erdseiles, verschieden. Es sei zunächst angenommen, daß der Erdschluß an dem der Speisestelle entgegengesetzten Ende der Freileitung auftritt. Der Fehlermast sei mit 0, das ihm benachbarte Feld des Kettenleiters mit 1 bezeichnet. Das Potential des Erdschlußmastes sei φ_0, das des Mastes n sei φ_n. Die Ströme in den einzelnen Erdseilstücken sind dann $i_1, i_2, \ldots, i_{n-1}, i_n, i_{n+1}$ usw. Entsprechend sind die Ströme in den Masten nach Erde $I_0, I_1, I_2, \ldots, I_{n-1}, I_n, I_{n+1}$ usw. Damit ergeben sich folgende Beziehungen. Das Potential des n-ten Mastes ist

$$\varphi_n = I_n R. \tag{1}$$

Die Differenz zwischen den Erdseilströmen im n-ten und $(n+1)$-ten Spannfeld ist

$$i_n - i_{n+1} = I_n. \tag{2}$$

*) In diesem Unterabschnitt sind komplexe Größen nicht durch Unterstreichen gekennzeichnet.

Im n-ten Spannfeld gilt für einen Umlauf vom $(n-1)$-ten Mast über das Erdseil, den n-ten Mast und zurück über Erde zum $(n-1)$-ten Mast

$$\begin{aligned} \varphi_{n-1} - \varphi_n &= i_n z - I\,\mathrm{j}\,\omega m\,, \\ \varphi_n - \varphi_{n+1} &= i_{n+1} z - I\,\mathrm{j}\,\omega m\,. \end{aligned} \tag{3}$$

Subtrahiert man die untere von der oberen Gleichung und setzt Gl. (1) und Gl. (2) in (3) ein, so wird

$$\varphi_{n-1} - 2\varphi_n + \varphi_{n+1} = \varphi_n \frac{z}{R}\,. \tag{4}$$

Das Potential des n-ten Mastes wird auf das Potential des Mastes an der Fehlerstelle bezogen, indem der Ansatz gemacht wird

$$\varphi_n = \varphi_0 \cdot \mathrm{e}^{-(\alpha+\mathrm{j}\beta)n}\,, \tag{5}$$

worin die noch zu bestimmenden Größen, nämlich α das Dämpfungsmaß und β das Phasenmaß sind. Setzt man Gl. (5) in (4) ein und dividiert durch $\varphi_0 \cdot \mathrm{e}^{-(\alpha+\mathrm{j}\beta)n}$, so wird

$$\mathrm{e}^{(\alpha+\mathrm{j}\beta)} - 2 + \mathrm{e}^{-(\alpha+\mathrm{j}\beta)} = \left(2 \sinh \frac{\alpha+\mathrm{j}\beta}{2}\right)^2 = \frac{z}{R} = \frac{r+\mathrm{j}\,\omega l}{R}\,.$$

Hieraus folgt $\sinh \frac{\alpha+\mathrm{j}\beta}{2} = \frac{1}{2}\sqrt{\frac{r+\mathrm{j}\,\omega l}{R}} = \frac{1}{2}\sqrt{a+\mathrm{j}\,b}$ mit $a = \frac{r}{R}$ und $b = \frac{\omega l}{R}$.

Bei der zahlenmäßigen Auswertung praktischer Anwendungsbeispiele zeigt sich, daß α und β stets viel kleiner als 1 sind. Hierfür ist sehr angenähert $\sinh \frac{\alpha+\mathrm{j}\beta}{2} = \frac{\alpha+\mathrm{j}\beta}{2}$, und damit wird

$$\alpha = \sqrt{\frac{\sqrt{a^2+b^2}+a}{2}} \quad \text{und} \quad \beta = \sqrt{\frac{\sqrt{a^2+b^2}-a}{2}}$$

Für den Strom im ersten Spannfeld und den Strom im Fehlermast folgt aus Gl. (3) und Gl. (5) für $n = 0$

$$\varphi_0(1 - \mathrm{e}^{-(\alpha+\mathrm{j}\beta)}) = i_1(r + \mathrm{j}\,\omega l) - I\,\mathrm{j}\,\omega m$$

und mit $\varphi_0 = R I_0$ und $I_0 + i_1 = I$

$$I_0 = I \frac{r + \mathrm{j}\,\omega(l-m)}{r + \mathrm{j}\,\omega l + R(1 - \mathrm{e}^{-(\alpha+\mathrm{j}\beta)})}\,. \tag{6}$$

Ersetzt man in dieser Gleichung $\mathrm{e}^{-(\alpha+\mathrm{j}\beta)}$ durch $\mathrm{e}^{-\alpha}(\cos\beta - \mathrm{j}\sin\beta)$, so wird

$$I_0 = I \frac{r + \mathrm{j}\,\omega(l-m)}{r + R(1 - \mathrm{e}^{-\alpha}\cos\beta) + \mathrm{j}(\omega l + R\mathrm{e}^{-\alpha}\sin\beta)}\,, \tag{7}$$

$$i_1 = I \frac{R(1 - \mathrm{e}^{-\alpha}\cos\beta) + \mathrm{j}(R\mathrm{e}^{-\alpha}\sin\beta + \omega m)}{r + R(1 - \mathrm{e}^{-\alpha}\cos\beta) + \mathrm{j}(\omega l + R\mathrm{e}^{-\alpha}\sin\beta)}\,. \tag{8}$$

Mit $\varphi_0 = I_0 R$ und $\varphi_0/i_1 = Z_e$, dem Scheinwiderstand der Erdseilkette ohne den Mast 0, ist

$$Z_e = \frac{r + j\omega(l - m)}{1 - e^{-\alpha}\cos\beta + j\left(e^{-\alpha}\sin\beta + \frac{\omega m}{R}\right)}. \tag{9}$$

Die in diesen Gleichungen zu benutzenden Leitungskonstanten gelten, wie schon eingangs erwähnt, für die Länge eines Spannfeldes, da ja der Erdungswiderstand R des Mastes je Spannfeld einmal vorkommt. Schreibt man Gl. (5) in der Form

$$\varphi_n/\varphi_0 = e^{-\alpha n}(\cos\beta - j\sin\beta) \tag{10}$$

und berücksichtigt, daß der Klammerausdruck stets den Betrag 1 hat und den Phasenwinkel beschreibt, den φ_n mit φ_0 bildet, so wird der Wert von φ_n verglichen mit φ_0 ersichtlich nur durch den Dämpfungsfaktor $e^{-\alpha n}$ bestimmt. Aus der Formel für α geht hervor, daß α mit a und b zunimmt, bei gegebenen Leitungswiderständen r und ωl nimmt also die Dämpfung mit kleiner werdendem Masterdungswiderstand zu. Der Einfluß eines Fehlers und damit auch die Gefährdung von Lebewesen in der Nähe des Mastes nimmt, abhängig von der Entfernung von der Fehlerstelle um so mehr ab, je kleiner der Erdungswiderstand der einzelnen Maste ist.

Gl. (7) bis (9) sollen an Hand eines Zahlenbeispiels diskutiert werden.

Eine Hochspannungsfreileitung habe ein Erdseil aus Stahlaluminium mit dem Querschnitt 95 mm² Al und 15 mm² St und dem Außendurchmesser 13,6 mm. Für ein Spannfeld von 200 m Länge ist der ohmsche Widerstand $r = 0{,}064\ \Omega$, die Induktivität des Erdseils gegen Erde $l = 0{,}47 \cdot 10^{-3}$ H, die Gegeninduktivität zum Leiter mit dem Erdkurzschluß $m = 0{,}132 \cdot 10^{-3}$ H. Der Erdungswiderstand des Mastes sei $R = 10\ \Omega$. Damit wird

$$a = \frac{0{,}064\ \Omega}{10\ \Omega} = 0{,}0064, \qquad b = \frac{314\ \mathrm{s}^{-1} \cdot 0{,}47 \cdot 10^{-3}\ \mathrm{H}}{10\ \Omega} = 0{,}0147.$$

Aus den Formeln für α und β findet man $\alpha = 0{,}106$ und $\beta = 0{,}069$.
Der im Fehlermast nach Erde fließende Strom ist dann

$$I_0 = I\,\frac{0{,}064 + j\,0{,}107}{1{,}064 + j\,0{,}762} = I(0{,}087 + j\,0{,}038).$$

Der Betrag ist $|I_0| = 0{,}095\,I$.
Der im Erdseil des ersten Spannfeldes fließende Stromanteil ist

$$i_1 = I\,\frac{1 + j\,0{,}656}{1{,}064 + j\,0{,}762} = I(0{,}910 - j\,0{,}036).$$

Der Betrag ist $|i_1| = 0{,}91\,I$.
Der Scheinwiderstand der Erdseilkette ist nach Gl. (9)

$$Z_e = (0{,}93 + j\,0{,}46)\ \Omega \qquad \text{mit dem Betrag} \qquad |Z_e| = 1{,}05\ \Omega.$$

Das Potential des Fehlermastes gegen Erde ist in seinem Betrag, der wegen der Gefährdung allein interessiert:

$$\varphi_0 = R\,|I_0| = 10\,\frac{\mathrm{V}}{\mathrm{A}} \cdot 0{,}095\,I = 0{,}95\ \mathrm{kV} \cdot \frac{I}{\mathrm{kA}}.$$

Für eine Stromstärke von 1 kA im Fehlermast tritt also ein Potential von 0,95 kV auf. Das Potential am 10ten Mast ist $\varphi_{10} = \varphi_0 \cdot e^{-10 \cdot 0{,}106} = 0{,}34\,\varphi_0$. Beim 20ten Mast ist das Potential $\varphi_{20} = 0{,}10\,\varphi_0$. Um auf 1% des Mastpotentials zu kommen, muß $e^{-\alpha n} = 1/100$ sein, demnach $n = \frac{\ln 100}{\alpha} = 43$. Die Leitung muß also mindestens etwa 8,5 km lang sein, um den Ansatz nach Gl. (5) zu rechtfertigen. Liegt der Erdschluß innerhalb einer Leitungsstrecke, so gilt diese Aussage für jede der Nachbarstrecken.

Würde man bei der Berechnung die Induktivitäten l und m vernachlässigen, also gleich Null setzen, so wäre $b = 0$ und $\alpha = 0{,}08$, $\beta = 0$, $e^{-\alpha} = 0{,}923$. Nach Gl. (9) wird unter diesen Bedingungen der Scheinwiderstand der Erdseilkette

$$Z_e = \frac{r}{1 - e^{-\alpha}} = \frac{0{,}064\,\Omega}{1 - 0{,}923} = 0{,}85\,\Omega,$$

das ist nur 81% des tatsächlichen Betrages nach Gl. (9). Die vereinfachte Rechnung ergibt also einen Fehler, der in gleichem Maße auch für die Angaben über die Mastspannungen gegen Erde gilt.

b) Eingegrabene Erdungsleiter

Bei der Untersuchung der Erdungselektroden in Kapitel 28 wurden nur kurze Leiter betrachtet, deren Längswiderstand gegenüber dem Ausbreitungswiderstand im Erdreich vernachlässigbar klein war. Die langgestreckten Erder, wie sie als Kabelmäntel, Gleise, Rohrleitungen oder ähnliche Leiter von beträchtlicher Länge im Erdreich vorkommen, unterliegen jedoch infolge ihres Längswiderstandes noch anderen Gesetzmäßigkeiten, die nicht außer acht gelassen werden dürfen. Wegen der stetigen Ableitung über die Länge des Erders soll für die folgenden Betrachtungen von einem unendlich kurzen Stück des Erders der Länge l ausgegangen werden, wobei die Entfernung x von einem offenen Ende aus gerechnet sei. An seinem Anfang bei der Speisestelle ist dann $x = l$.

Der auf die Länge bezogene Wert des Längswiderstandes des Erders sei r, der der Ableitung g. Der den Erder in seiner Längsrichtung durchfließende Strom sei i_x, seine Spannung gegen Erde U_x. Der Widerstand des Längenelementes ist dann $r\,dx$, die Ableitung $g\,dx$ des Längenelementes. An der Stelle des Stromeintritts ist die Spannung des Längenelementes U_x und an der Stelle des Stromaustritts $U_x - dU_x$. Damit wird

$$U_x = i_x r\,dx + U_x - dU_x \qquad \text{oder} \qquad i_x r\,dx = dU_x. \tag{11}$$

Der aus dem Längenelement nach Erde austretende Strom ist di_x, seine Größe ist bestimmt durch

$$U_x = \frac{1}{g\,dx}\,di_x. \tag{12}$$

Nach Differenzieren der Gl. (12) folgt mit Gl. (11)

$$\frac{d^2 i_x}{dx^2} - g r i_x = 0. \tag{13}$$

Eine Lösung dieser Gleichung ist $i_x = K_1 e^{\alpha x} + K_2 e^{-\alpha x}$. Setzt man diese in Gl. (13) ein und führt die zweimalige Differentiation nach x aus, so folgt

$$\alpha^2 K_1 e^{\alpha x} + \alpha^2 K_2 e^{-\alpha x} - g r K_1 e^{\alpha x} - g r K_2 e^{-\alpha x} = 0,$$

d. h. $\alpha^2 = g r$ und $\alpha = \sqrt{g r}$.

Die Konstanten werden aus den Randbedingungen bestimmt. Für $x = l$, also an der Speisestelle des langgestreckten Erders, ist der von ihm aufgenommene Strom $i_x = I$, an seinem Ende, d. h. für $x = 0$, ist der Strom aus dem Erder völlig in die Erde abgeführt und daher $i_x = 0$. Also ist

$$I = K_1 e^{\alpha l} + K_2 e^{-\alpha l},$$

$$0 = K_1 + K_2.$$

Hieraus folgt

$$K_1 = I \frac{1}{e^{\alpha l} - e^{-\alpha l}}, \quad K_2 = -I \frac{1}{e^{\alpha l} - e^{-\alpha l}},$$

$$i_x = I \frac{e^{\alpha x} - e^{-\alpha x}}{e^{\alpha l} - e^{-\alpha l}} = I \frac{\sinh \alpha x}{\sinh \alpha l}. \tag{14}$$

Mit Gl. (12) erhält man die Spannung gegen Erde, wobei $\frac{\alpha}{g} = \sqrt{\frac{r}{g}}$ ist, zu

$$U_x = \sqrt{\frac{r}{g}} \cdot I \frac{\cosh \alpha x}{\sinh \alpha l}. \tag{15}$$

Für $x = l$ ist die Anfangsspannung U durch diese Gleichung gegeben. Der Widerstand des Erders ist dann

$$U_l / i_l, \quad \text{d. h.} \quad R_0 = \sqrt{\frac{r}{g}} \coth \alpha l. \tag{16}$$

Das Stromgefälle, mit dem der Erderstrom aus dem Erder austritt, ergibt sich aus Gl. (14) durch Differenzieren von i_x nach x zu

$$s = \frac{d i_x}{d x} = \alpha I \frac{\cosh \alpha x}{\sinh \alpha l}.$$

Die Abnahme des Stromes entlang der Elektrode ist in *Abb. 2* dargestellt.

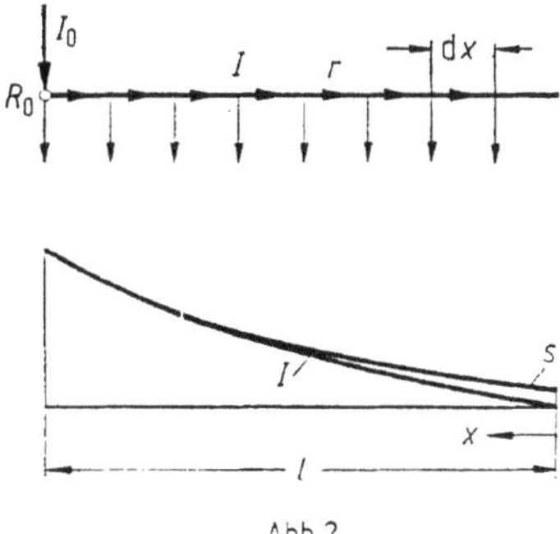

Abb. 2

$\coth \alpha l$ kann nicht kleiner als 1 werden. Auch wenn daher noch so lange Erder verlegt oder noch so lange Rohrleitungen oder Kabelmäntel zur Erdung benutzt werden, kann der Erdungswiderstand trotzdem den Wert $R = \sqrt{\frac{r}{g}}$ nicht unterschreiten. Dieser Grenzwert ist für $\alpha l = (2 \cdots 2{,}5)$ praktisch erreicht.

Als Beispiel soll der Bleimantel eines Kabels betrachtet werden, dessen Durchmesser $d = 4$ cm und dessen Länge $l = 1$ km ist. Der längenbezogene Widerstand des Bleimantels ist etwa $r = 1{,}5\,\Omega/\text{km}$, die gesamte Ableitung gl ist der reziproke Widerstand des als Banderder aufzufassenden Kabelmantels. In Anbetracht seiner Länge ist seine Verlegungstiefe unbedeutend, so daß er wie ein an der Erdoberfläche verlegter Banderder wirkt. Somit ist bei einem spezifischem Widerstand $\varrho = 100\,\Omega\text{m}$

$$g = \frac{l}{\frac{\varrho}{\pi l} \ln \frac{2l}{d}} = \frac{l}{\frac{100\,\Omega\text{m}}{\pi \cdot 1000\text{ m}} \ln \frac{2000}{0{,}04}} = 3\,\text{S/km};$$

mit

$$\alpha l = \sqrt{g r}\, l = \sqrt{\frac{3S}{\text{km}} \cdot \frac{1{,}5\,\Omega}{\text{km}}} \cdot 1\,\text{km} = 2{,}12$$

ist $\coth \alpha l = 1$, und der Erdungswiderstand ist

$$R_0 = \sqrt{\frac{r}{g}} = 0{,}70\,\Omega.$$

Ohne Berücksichtigung des Längswiderstandes wäre der Erdungswiderstand $1/gl = 0{,}33\,\Omega$, also etwa die Hälfte des wirklichen.

Die Spannung am offenen Ende des Erders, also bei $x = 0$, ist nach Gl. (15) verglichen mit der Spannung U_l an der Speisestelle

$$U_0 = U_l \frac{\cosh 0}{\cosh \alpha l} = \frac{1}{4{,}2} U_l = 0{,}24\, U_l.$$

Wäre das Kabel 2 km lang, so wäre mit $\alpha l = 4{,}24$

$$U_0 = U_l \frac{1}{34{,}7} = 0{,}03\, U_l.$$

c) Metallene Leiter in der Erde

Bei guter Leitfähigkeit und größerem Querschnitt können in der Erde verlaufende Leiter, die nicht mit einer elektrischen Anlage in Verbindung stehen, Ströme auf größere Entfernungen verschleppen, wenn sie in einem ausgedehnten Stromfeld liegen.

Für lange Rohrleitungen (*Abb. 3*) besteht eine einfache Beziehung zwischen der Stromdichte $\boldsymbol{S}_1$ der Parallelströmung im Erdreich, der Stromdichte $\boldsymbol{S}_2$ im Rohr in Richtung der Stromlinien und der elektrischen Feldstärke $\boldsymbol{E}$, die im Erdboden und im Rohr gleich ist. Es gilt

$$\frac{S_2}{S_1} = \frac{|\boldsymbol{S}_2|}{|\boldsymbol{S}_1|} = \frac{|\boldsymbol{E}|/\varrho_2}{|\boldsymbol{E}|/\varrho_1} = \frac{\varrho_1}{\varrho_2}. \tag{17}$$

Die Stromdichten sind also umgekehrt proportional den spezifischen Widerständen.

Für einen Leiter aus Stahl im feuchten Boden mit $\varrho_1 = 100\,\Omega\text{m}$ kann man erwarten

$$\frac{S_{\text{Stahl}}}{S_{\text{Erde}}} = \frac{10^2\ \text{A/m}^2}{10^{-7}\ \text{A/m}^2} = 10^9 .$$

Noch größer ist das Verhältnis dieser Stromdichten bei trockenem Erdreich. Eine Leitung von 10 cm² Querschnitt kann den in einem Erdquerschnitt von $10^9 \cdot 10\ \text{cm}^2 = 1\ \text{km}^2$ fließenden Strom übernehmen.

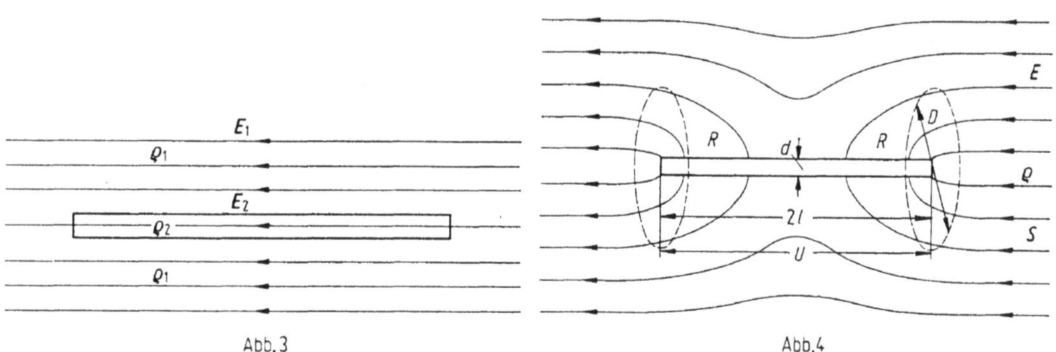

Abb. 3 Abb. 4

Bei einer kurzen Rohrleitung in einem ausgedehnten Erdstromfeld (*Abb. 4*) treten Stromlinien an einem Ende ein, am anderen aus. Die Spannung auf der Rohrlänge $2l$ ist im ungestörten Erdstromfeld

$$U = 2lE = 2\,l\varrho\,S. \tag{18}$$

Wenn der Strom am Anfang der Rohrleitung eintritt und am Ende der Rohrleitung austritt, wobei man jede Rohrhälfte der Länge l hier als einen Rohrerder ansehen kann, dessen oberes Ende an einer gedachten Erdoberfläche liegt, ist die Spannung insgesamt

$$U = 2RI = 2I\frac{\varrho}{2\pi l}\ln\frac{4l}{d}. \tag{19}$$

Gl. (18) und (19) ergeben den Rohrstrom

$$I = \frac{2\pi l^2}{\ln\dfrac{4l}{d}}\,S, \tag{20}$$

worin S die Stromdichte des ungestörten Erdstromfeldes ist.

Beispiel: Eine Rohrleitung von $l = 100$ m Länge und $d = 20$ cm Durchmesser sammelt aus einem Strömungsfeld mit der Stromdichte $S = 10^{-4}\ \text{A/m}^2$ einen größten Strom von

$$I = \frac{2\pi\ 100^2\,\text{m}^2}{\ln\dfrac{4\cdot 100}{0{,}2}}\cdot 10^{-4}\ \text{A/m}^2 = 0{,}83\ \text{A}.$$

Abb. 4 zeigt, daß mit einer solchen Rohrleitung der Strom aus einer Fläche vom Durchmesser D errechenbar ist aus der Beziehung

$$I = \frac{\pi D^2}{4} S = \frac{2\pi l^2}{\ln \frac{4l}{d}} S .$$

Also ist

$$D = 2l \sqrt{\frac{2}{\ln \frac{4l}{d}}} . \tag{21}$$

Im Durchschnitt ist $\ln \frac{4l}{d} \approx 8$.

Metallrohre können in Gleichstromfeldern elektrolytisch zerstört werden, wenn die Stromdichte rd. 0,1 A/m² erreicht. Die mittlere Stromdichte am Eintritt und am Austritt beträgt für das gewählte Beispiel an der Rohroberfläche

$$S' = \frac{I}{\pi d l} = \frac{2l/d}{\ln \frac{4l}{d}} S . \tag{22}$$

Die mittlere Stromdichte ist groß im Vergleich zur Stromdichte im ungestörten Strömungsfeld.

Bei der 100 m langen Leitung ist

$$S' = \frac{2 \cdot 100/0{,}2}{7{,}6} S = 132\, S = 132 \cdot 10^{-4}\ \mathrm{A/m^2}$$

und liegt also hier weit unter der Korrosionsgrenze.

31. Influenzstörung von Nachbarleitungen

Starkstromleitungen erzeugen in ihrer Umgebung elektromagnetische Felder, die in der Nähe verlaufende Fernmeldeleitungen beeinflussen können. Sowohl im normalen Betrieb, besonders aber bei Kurzschlüssen und Schaltvorgängen, können selbst bei erheblicher Entfernung Spannungen in der Fernmeldeleitung entstehen, die zu unangenehmen Störungen in den empfindlichen Fernmeldegeräten führen. Wir wollen zunächst die Fernwirkungen untersuchen, die von stationären oder quasistationären elektrischen Feldern der Hochspannungsleitungen ausgehen.

a) Einfachleitungen

Der einfachste Fall liegt vor, wenn eine Fernmeldeleitung in der Nähe einer Einphasenwechselstrom-Leitung, z. B. der Fahrleitung einer Wechselstrombahn, verläuft, deren Strom durch die Erde oder die Gleise zurückgeleitet wird. Die Einphasenleitung sei in der Höhe h, die Fernmeldeleitung in der Höhe k über dem Erdboden geführt (*Abb. 1*). Die Hochspannungsleitung mit der Spannung U gegen Erde erzeugt ein elektrisches Feld im Luftraum, dessen gestrichelt gezeichnete Feldlinien auch die Fernmeldeleitung treffen.

Die Spannung, die die Fernmeldeleitung unter Berücksichtigung des Einflusses der nahen Erdoberfläche dabei annimmt, ist durch das Potential gegeben, das die Hochspannungsleitung mit ihrem Spiegelbild auf der Fernmeldeleitung hervorruft. Die Spannung ist

$$u = \frac{Q}{2\pi\varepsilon_0} \ln \frac{r'}{r}, \tag{1}$$

wobei Q die Ladung der Hochspannungsleitung, $\varepsilon_0 = 0{,}8854 \cdot 10^{-11}$ F/m die elektrische Feldkonstante ist und r bzw. r' die Abstände der Fernmeldeleitung von

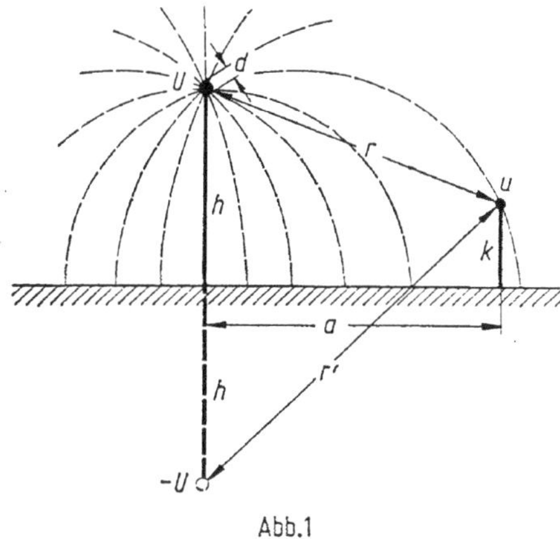

Abb. 1

der Hochspannungsleitung bzw. von deren Spiegelbild sind. Für die Erdoberfläche ist $r = r'$, nach Gl. (1) demnach $u = 0$. Somit gibt Gl. (1) unmittelbar die Spannung der Fernmeldeleitung gegen Erde an. Die Spannung der Hochspannungsleitung gegen Erde ist analog

$$U = \frac{Q}{2\pi\varepsilon_0} \ln \frac{2h}{d/2}. \tag{2}$$

Aus Gl. (1) und (2) folgt unmittelbar

$$\frac{u}{U} = \frac{\ln \frac{r'}{r}}{\ln \frac{4h}{d}}. \tag{3}$$

Da der Logarithmus im Zähler dieser Gleichung stets kleiner ist als der im Nenner, wird auf die Fernmeldeleitung immer nur ein Bruchteil der Hochspannung übertragen. Bei geringen Abständen kann dieser immerhin erheblich werden.

Liegt die Fernmeldeleitung auf demselben Gestänge wie die Hochspannungsleitung, wobei $h = 10$ m und $k = 5$ m sein mögen, d. h. $r = 5$ m und $r' = 15$ m, so wird bei einem Durchmesser des Hochspannungsleiters von $d = 8$ mm

$$\frac{u}{U} = \frac{\ln \frac{15}{5}}{\ln \frac{4 \cdot 10}{0{,}008}} = \frac{1{,}1}{8{,}5} = 0{,}13,$$

also ein erheblicher Betrag elektrisch übertragen.

Die Leitungsabstände r und r' kann man durch den Abstand a und die Leitungshöhen h und k ausdrücken. Nach *Abb. 1* ist

$$\left.\begin{aligned} r^2 &= a^2 + (h-k)^2 = a^2 + h^2 + k^2 - 2hk, \\ r'^2 &= a^2 + (h+k)^2 = a^2 + h^2 + k^2 + 2hk \end{aligned}\right\}, \tag{4}$$

daher

$$r'^2 = r^2 + 4hk. \tag{5}$$

Für Abstände, die einigermaßen groß gegenüber den Leiterhöhen sind, erhält man daher in ausreichender Näherung

$$\ln\frac{r'}{r} = \frac{1}{2}\ln\left(\frac{r'}{r}\right)^2 = \frac{1}{2}\ln\left(1 + 4\frac{hk}{r^2}\right) \approx \frac{2hk}{r^2}. \tag{6}$$

Mit Gl. (3) wird dann

$$u = \frac{2U}{\ln\frac{4h}{d}}\cdot\frac{hk}{a^2 + h^2 + k^2 - 2hk} \approx \frac{2U}{\ln\frac{4h}{d}}\cdot\frac{hk}{a^2}. \tag{7}$$

Die von der Hochspannungsleitung auf die Fernmeldeleitung übertragene Spannung ist also proportional dem Produkt der beiden Leitungshöhen und nahezu umgekehrt proportional dem Quadrat des Abstandes der beiden Leitungen.

Haben die beiden Leitungen gleiche Höhen wie im vorigen Beispiel, aber den Abstand $a = 30$ m, so sinkt die übertragene Spannung auf

$$\frac{u}{U} = \frac{2}{8{,}5}\cdot\frac{10\,\text{m}\cdot 5\,\text{m}}{(30^2 + 10^2 + 5^2 - 2\cdot 10\cdot 5)\,\text{m}^2} = 0{,}0127. \tag{8}$$

Bei einer Fahrdrahtspannung $U = 15$ kV wird die influenzierte Spannung auf der Fernmeldeleitung unter diesen Bedingungen $u = 190$ V sein. In 50 m Abstand geht diese Spannung auf 47 V zurück. Man führt daher Fernmeldeleitungen zweckmäßig in ausreichendem Abstand von Fahrleitungen.

b) Doppel- und Drehstromleitungen

Das Potential einer Doppelleitung kann aus dem zweier Einfachleitungen und ihrer Spiegelbilder hergeleitet werden. In *Abb. 2* ist der Abstand des linken Hochspannungsleiters bzw. seines Spiegelbildes von der Fernmeldeleitung ϱ_1 bzw. ϱ_1', der des rechten Hochspannungsleiters bzw. seines Spiegelbildes und der Fernmeldeleitung ϱ_2 bzw. ϱ_2'. Der gegenseitige Abstand der beiden Hochspannungsleiter ist s, der Winkel zwischen dem Mittelpunkt ihrer Verbindungslinie bzw. ihres Spiegelbildes und der Fernmeldeleitung ist φ bzw. φ'. Wird die Entfernung der Mitte der Verbindungslinie s bzw. ihres Spiegelbildes von der Fernmeldeleitung mit r bzw. mit r' bezeichnet, so ist

$$\left.\begin{aligned} \varrho_1 &\approx r + \frac{s}{2}\cos\varphi \\ \varrho_1' &\approx r' + \frac{s}{2}\cos\varphi' \end{aligned}\right\} \quad (8) \qquad \text{und} \qquad \left.\begin{aligned} \varrho_2 &\approx r - \frac{s}{2}\cos\varphi \\ \varrho_2' &\approx r' - \frac{s}{2}\cos\varphi' \end{aligned}\right\}. \tag{9}$$

Der linke Hochspannungsleiter mit seinem Spiegelbild erzeugt dann mit seiner Ladung Q die Spannung

$$u_1 = \frac{Q}{2\pi\varepsilon_0} \ln \frac{r + \frac{s}{2}\cos\varphi}{r' + \frac{s}{2}\cos\varphi'} \tag{10}$$

auf der Fernmeldeleitung, der rechte Hochspannungsleiter mit seiner Ladung $-Q$ die Spannung

$$u_2 = -\frac{Q}{2\pi\varepsilon_0} \ln \frac{r - \frac{s}{2}\cos\varphi}{r' - \frac{s}{2}\cos\varphi'}. \tag{11}$$

Die gesamte auf der Fernmeldeleitung influenzierte Spannung wird dann

$$u = u_1 + u_2 = \frac{Q}{2\pi\varepsilon_0}\left[\ln \frac{r + \frac{s}{2}\cos\varphi}{r' + \frac{s}{2}\cos\varphi'} - \ln \frac{r - \frac{s}{2}\cos\varphi}{r' - \frac{s}{2}\cos\varphi'}\right]. \tag{12}$$

Der Klammerausdruck ist gleichbedeutend mit

$$\ln \frac{\left(r + \frac{s}{2}\cos\varphi\right)\left(r' - \frac{s}{2}\cos\varphi'\right)}{\left(r - \frac{s}{2}\cos\varphi\right)\left(r' + \frac{s}{2}\cos\varphi'\right)} = \ln \frac{1 + \frac{s}{2r}\cos\varphi}{1 - \frac{s}{2r}\cos\varphi} - \ln \frac{1 + \frac{s}{2r'}\cos\varphi'}{1 - \frac{s}{2r'}\cos\varphi'} \approx$$

$$\approx 2\left[\frac{s}{2r}\cos\varphi - \frac{s}{2r'}\cos\varphi'\right]. \tag{13}$$

Ist die Spannung der Hochspannungsleiter bzw. ihres Spiegelbildes gegen Erde $+\frac{U}{2}$ bzw. $-\frac{U}{2}$, so gilt entsprechend Gl. (2)

$$\frac{U}{2} = \frac{Q}{2\pi\varepsilon_0} \ln \frac{s}{d/2}$$

und mit Gl. (12) und (13)

$$u = \frac{U s}{2 \ln \frac{2s}{d}}\left(\frac{\cos\varphi}{r} - \frac{\cos\varphi'}{r'}\right). \tag{14}$$

Diese influenzierte Spannung kann für jede Lage der Leitungen aus dem Querschnittsbild errechnet werden. Ist beispielsweise $h_1 = h_2 = 10$ m, $s = 2$ m, $k = 5$ m, $a = 30$ m, $d = 0{,}008$ m, so wird $r = \sqrt{a^2 + (h - k)^2} = 30{,}4$ m, $r' = \sqrt{a^2 + (h + k)^2} = 33{,}6$ m, $\cos\varphi = \frac{a}{r} = 0{,}986$, $\cos\varphi' = \frac{a}{r'} = 0{,}893$, $\frac{2s}{d} = 500$ und damit

$$\frac{u}{U} = \frac{2\ \text{m}}{2 \cdot 6{,}2}\left(\frac{0{,}986}{30{,}4\ \text{m}} - \frac{0{,}893}{33{,}6\ \text{m}}\right) = 0{,}00094.$$

Bei $U = 15$ kV beträgt die influenzierte Spannung auf der Fernmeldeleitung nur $u = 14$ V, also ganz unbedeutend gegenüber dem unter gleichen Bedingungen bei der influenzierenden Einphasenleitung unter a) ermittelten Wert von $u = 190$ V.

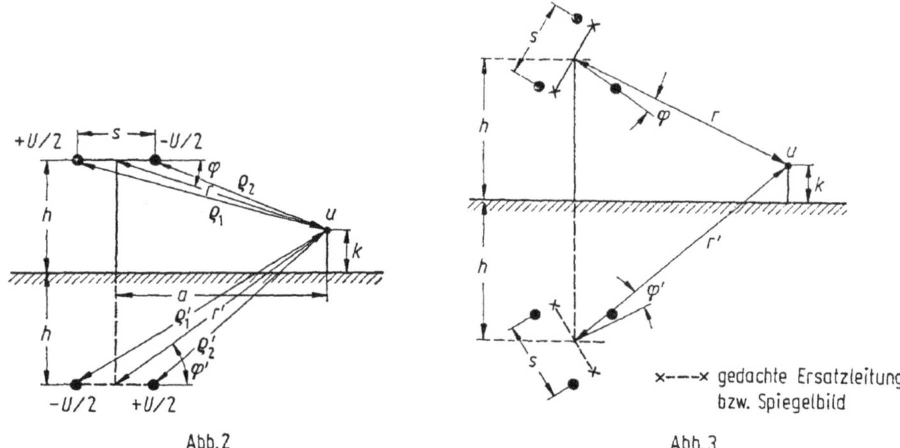

Abb. 2 Abb. 3

Gl. (14) zeigt, daß die Beeinflussung der Fernmeldeleitung nicht nur von der Entfernung, sondern auch von der Winkellage der Leitungen zueinander abhängt. Das erste Glied in der Klammer von Gl. (14) berücksichtigt den Einfluß der Hochspannungsleitung selbst, das zweite den ihres Spiegelbildes.

Drehstromleitungen kann man sich zur Bestimmung der Fernwirkung stets aus drei Doppelleitungen zusammengesetzt denken, wobei jeder Leiter zweimal gezählt ist. Durch Addition der einzelnen influenzierten Spannungen nach Gl. (14) und Division durch 2 erhält man die gesamte auf der Fernmeldeleitung influenzierte Spannung. Bei Anordnung der Drehstromleiter im gleichseitigen Dreieck nach *Abb. 3* liegen die Verhältnisse besonders einfach, da jeder Leiter gerade in der neutralen Zone der beiden anderen liegt und die Spannung Null hat, wenn die anderen ihre höchste Spannung gegeneinander haben.

Für diese Dreiecksanordnung der Leiter bildet sich in jeder Wechselstromperiode dreimal ein elektrisches Feld aus, das identisch ist mit dem der Doppelleitung in *Abb. 2*. In den zwischenliegenden Zeiträumen gehen die elektrischen Feldlinien vom einen auf den anderen Leiter über. Die Achse des Feldes dreht sich dadurch ziemlich gleichmäßig im Kreise und hat nach Ablauf einer Wechselstromperiode wieder die Anfangslage erreicht. Das gleiche gilt für das Spiegelbild der Achse, das aber nicht nur entgegengesetzte Spannung wie die zugehörigen wirklichen Leiter, sondern auch entgegengesetzten Drehsinn hat.

Man kann sich die drehenden elektrischen Felder auch von einer Doppelleitung und von deren Spiegelbild erzeugt denken, die um ihre Mittelachsen rotieren. Dabei durchlaufen die in Gl. (14) vorkommenden Winkel φ und φ' in jeder Periode alle Werte von 0 bis 2π, es werden also von jedem der beiden Rotationssysteme Maximalwerte der influenzierten Spannung auftreten, wenn $\cos\varphi = \pm 1$ bzw. $\cos\varphi' = \pm 1$ ist. Diese Maximalwerte treten aber nicht gleichzeitig auf. Denn die beiden Rotationssysteme haben mit Bezug auf die Fernmeldeleitung zu gleichen Zeitpunkten verschiedene Winkellagen, was bei dem stillstehenden elektrischen Feld der Doppelleitung in der influenzierten Spannung nach Gl. (14) durch die verschiedenen Winkel φ und φ' zum Ausdruck kommt.

Wird die Doppelleitung in *Abb. 2* im Uhrzeigersinn und ihr Spiegelbild im entgegengesetzten Sinne je um den Winkel ψ um ihre Achsen gedreht, bis der

Einfluß auf die Fernmeldeleitung ein Maximum erreicht, so hat sie die gleiche Wirkung, wie sie ein influenzierendes Drehfeld maximal haben kann. Wird Gl. (14) in diesem Sinne und unter Beachtung der Winkel φ und φ' in *Abb. 2* bei Annahme der Gegenläufigkeit beider Systeme angeschrieben, so erhält man

$$\frac{u}{U} = \frac{s}{2 \ln \frac{2s}{d}} \left[\frac{\cos(\varphi - \psi)}{r} - \frac{\cos(\varphi' - \psi)}{r'}\right]. \tag{14a}$$

Um das Maximum von u zu erhalten, wird Gl. (14a) nach ψ differenziert und $\frac{du}{d\psi} = 0$ gesetzt. Unter Beachtung der Ausdrücke $\cos(\varphi - \psi)$ bzw. $\cos(\varphi' - \psi)$ erhält man nach einer Zwischenrechnung

$$\frac{r}{r'} = \frac{-\cos\varphi \sin\psi - \sin\varphi \cos\psi}{-\cos\varphi' \sin\psi - \sin\varphi' \cos\psi}.$$

Mit den Zahlenwerten aus dem Beispiel der Doppelleitung ergibt sich

$$0{,}905 = \frac{-0{,}986 \sin\psi + 0{,}164 \cos\psi}{-0{,}893 \sin\psi + 0{,}451 \cos\psi}$$

und daraus $0{,}178 \sin\psi = -0{,}244 \cos\psi$, d. h. $\tan\psi = -1{,}37$ und damit $\psi = -53°$.

Setzt man diesen Wert in Gl. (14a) ein, so wird unter Berücksichtigung, daß im Beispiel der Doppelleitung $\varphi = 9°\,25'$ und $\varphi' = 26°\,50'$ sind

$$\frac{u}{U} = 0{,}0016.$$

Die durch die Drehstromleitung influenzierte Spannung ist also unter diesen Verhältnissen 1,7mal so groß wie die durch die Doppelleitung des vorigen Beispiels influenzierte Spannung, da durch die gleichzeitige Drehung der beiden Spannungszeiger die Fernmeldeleitung momentan einem größeren resultierenden elektrischen Feld stärker ausgesetzt ist, in deren Bereich sie bei dem stillstehenden Feld der influenzierenden Doppelleitung nicht liegt.

c) Erdschluß von Drehstromleitungen

Wesentlich stärkere Fernwirkungen als beim normalen Betrieb des Drehstromsystems entstehen, wenn ein Leiter Erdschluß erhält. Seine Spannung sinkt dann auf Null, und die Spannung der anderen Leiter steigt auf die verkettete Spannung an. Da die Spannung der drei Leiter gegenseitig unverändert die verkettete bleibt, kann der Erdschlußzustand so aufgefaßt werden, als ob sich dem ganzen System eine Einphasenspannung überlagert, die gleich der negativen Spannung des betreffenden Leiters vor dem Erdschluß ist. Bei Erdschluß besteht dann die Fernwirkung der normalen Drehspannung wie bisher. Es tritt jedoch noch die Wirkung der überlagerten Spannung hinzu, die in allen Leitern den Wert $-U/\sqrt{3}$ hat. Ihre Feldlinien sind in *Abb. 4* gestrichelt eingezeichnet. Der

Einfluß der Erde kann wieder durch ein Spiegelbild der Leitung mit entgegengesetzt gerichteter Spannung dargestellt werden.

Die Feldlinien konzentrieren sich jetzt nicht mehr um einen einzigen geladenen Leiter wie in *Abb. 1*, sondern gehen von drei parallelgeschalteten Leitungen mit

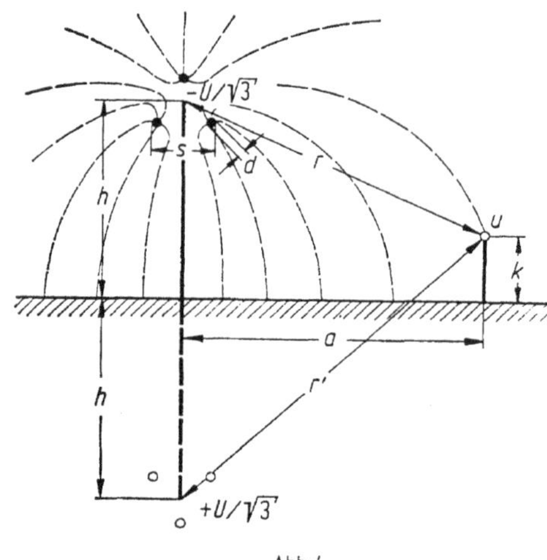

Abb. 4

den gegenseitigen Abständen s und den Durchmessern d aus, von denen jeder 1/3 der Gesamtladung Q hat. Um deren Größe zu bestimmen, ist zu beachten, daß das Potential jedes der drei Leiter sowohl von der eigenen Ladung als auch von der Summe der Ladungen der beiden anderen Leiter im Abstand s herrührt. Setzt man noch für den Abstand der Spiegelbilder unter dem Logarithmus durchweg den Mittelwert $2h$, was völlig ausreichend ist, so wird

$$\frac{U}{\sqrt{3}} = \frac{1}{2\pi\varepsilon_0} \cdot \frac{Q}{3} \left(\ln \frac{2h}{d/2} + 2 \ln \frac{2h}{s} \right). \tag{15}$$

Gl. (15) läßt sich zusammenfassen in

$$\frac{U}{\sqrt{3}} = \frac{Q}{2\pi\varepsilon_0} \ln \frac{4h}{\sqrt[3]{4ds^2}}. \tag{16}$$

Die Dreifachleitung nach *Abb. 4* hat also einen äquivalenten Leitungsdurchmesser, der durch den Ausdruck $\sqrt[3]{4ds^2}$ beschrieben ist.

Die auf der Fernmeldeleitung influenzierte Spannung erhält man aus Gl. (3) zu

$$u = \frac{\ln \frac{r'}{r}}{\ln \frac{4h}{\sqrt[3]{4ds^2}}} \cdot \frac{U}{\sqrt{3}} \tag{17}$$

und als Näherungsformel für große Entfernung zwischen der Hochspannungsleitung und der Fernmeldeleitung entsprechend Gl. (7)

$$u = \frac{2U}{\sqrt{3} \ln \frac{4h}{\sqrt[3]{4ds^2}}} \cdot \frac{hk}{a^2 + h^2 + k^2 - 2hk}. \tag{18}$$

Mit den bisher benutzten Zahlen ergibt das bei $a = 30$ m Abstand

$$\frac{u}{U} = \frac{2}{\sqrt{3} \cdot \ln \dfrac{4 \cdot 10\,\mathrm{m}}{\sqrt[3]{4 \cdot 0{,}008\,\mathrm{m} \cdot 2^2\,\mathrm{m}^2}}} \cdot \frac{10\,\mathrm{m} \cdot 5\,\mathrm{m}}{(20^2 + 10^2 + 5^2 - 2 \cdot 10 \cdot 5)\,\mathrm{m}^2} = 0{,}014.$$

Diese Spannungen sind also ein Vielfaches der beim normalen Betrieb der Drehstromleitungen auftretenden und etwas größer als bei einer Einfachleitung wegen des größeren resultierenden Durchmessers der Anordnung. Daher sind Fernmeldebeeinflussungen vor allem bei Erdschluß von Drehstromleitungen zu erwarten.

Um Störungen durch den normalen Drehstrombetrieb zu vermeiden, ist es üblich, die Drehstromleitungen auf ihrer ganzen Länge mehrfach zu verdrillen. Dadurch erreicht man, daß die von drei aufeinanderfolgenden Verdrillungsabschnitten erzeugten Spannungen, da sie um je 120° in der Phase versetzt sind, sich in der Fernmeldeleitung gegenseitig aufheben. Das hat allerdings zur Voraussetzung, daß die Fernmeldeleitung auf der ganzen Länge von je drei Verdrillungsabschnitten mit der Drehstromleitung parallel und im gleichen Abstand von ihr verläuft. Sonst ergeben sich entsprechende Restspannungen. Auf die Fernwirkung der bei Erdschluß auftretenden Spannungen hat die Verdrillung jedoch keinerlei Einfluß, da die drei Leitungen im Erdschlußzustand sämtlich unter gleichgerichteten Zusatzspannungen stehen, die sich nicht aufheben können.

Sehr unangenehme Einwirkungen auf Fernmeldeleitungen können durch Oberschwingungen in der Spannungskurve von Drehstromleitungen hervorgerufen werden. Die dreifachen, neunfachen, allgemein alle Oberschwingungen von dreifacher Ordnungszahl, haben nämlich in den drei Leitern vom Sternpunkt aus gesehen die gleiche Richtung. Ihre Fernwirkung ist daher erheblich und kann nach Gl. (17) und (18) berechnet werden, wobei die $\sqrt{3}$ entfällt und nur die Spannung der Oberschwingungen für U in die Formeln einzusetzen sind. Wegen ihrer höheren Frequenzen wirken diese Oberschwingungen viel störender auf Fernsprecher ein als die Spannungen der Grundschwingung.

Von den früher benutzten Einfachleitungen für Fernmeldegeräte mit Rückleitung über Erde ist man wegen der hohen Beeinflußbarkeit abgekommen und benutzt für die Hin- und Rückleitung heutzutage Doppelleitungen. Dadurch heben sich die influenzierten Spannungen für den Sprechkreis zum größten Teil auf bis auf einen geringen Rest, der durch den Leiterabstand der Fernmelde-Doppelleitung bedingt ist. Auch dieser Rest kann durch vielfaches Kreuzen der beiden Leiter noch weiter vermindert werden. Die Spannung der beiden Fernmeldeleiter gegen Erde bleibt natürlich erhalten und kann unter Umständen zur Gefährdung von Personen führen.

Wird von mehreren Hochspannungssystemen, die am gleichen Gestänge oder in unmittelbarer Nähe nebeneinander geführt sind, eines abgeschaltet, so wird dieses dennoch durch die im Betrieb befindlichen Leitungen beeinflußt und kann unter gefährlich hoher Spannung stehen. Derartige Leitungen, an denen Arbeiten verrichtet werden sollen, müssen daher sorgfältig geerdet werden.

32. Erdrückströme unter Wechselstromleitungen

Wenn Strom in die Erde tritt, so können die Vorgänge in der nahen Umgebung der Elektroden nach Kapitel 28 bestimmt werden, weil der Widerstand des Erdbodens vorherrschend ist. Hier spielt das magnetische Feld der Erdströme keine erhebliche Rolle, so daß sich die Ausbreitungsvorgänge in der Nachbarschaft der Elektroden für Gleichstrom und Wechselstrom kaum unterscheiden. Im weiteren Bereich um die Elektroden breitet sich der Strom aber tief und breit ins Erdreich aus und erzeugt in diesem weiten Raum erhebliche Magnetfelder. Daher hat bei Wechselstrom auch die Induktivität Einfluß auf den Stromverlauf in der Erde.

a) Verteilung der Stromdichte im Erdboden

Um die Verteilung der Stromdichte im Erdboden zu finden, möge diese in einiger Entfernung von den Erdungselektroden betrachtet werden, so daß die Aufgabe zweidimensional behandelt werden kann. In *Abb. 1* sind die beiden üblichen Leitungsarten für Wechselstrom dargestellt, nämlich eine Freileitung im Luftraum über der Erde und eine Kabelleitung dicht unter der Erdoberfläche. Der Abstand zwischen Leiter und Erde ist in beiden Fällen mit h bezeichnet.

Die Querschnittbilder der *Abb. 1* seien durch das der *Abb. 2* ersetzt, in dem angenommen ist, daß ein zeitlich periodischer Wechselstrom $i = I\sqrt{2}\,\mathrm{e}^{-\mathrm{j}\omega t}$ von der Kreisfrequenz $\omega = 2\pi f$ in der Leitung der Mittellinie einer halbkreisförmigen Talmulde vom Radius h fließt. Dieses Ersatzbild entspricht zwar nicht genau der

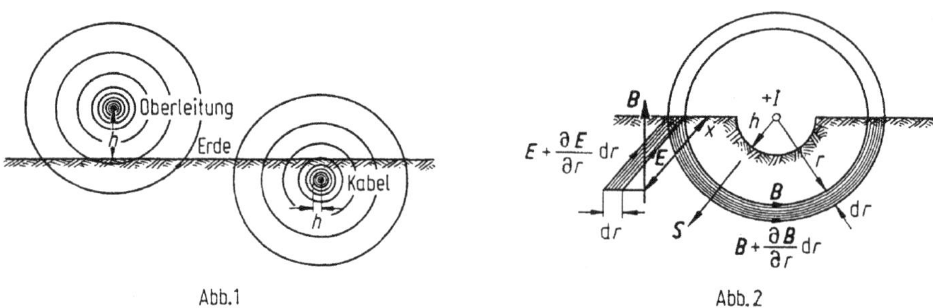

Abb. 1 Abb. 2

Wirklichkeit, gestattet aber, eine Differentialgleichung für den Verlauf der Stromdichte im Erdboden aufzustellen. In roher Näherung sei angenommen, daß die magnetischen Feldlinien konzentrische Kreise um die Hinleitung sind. Das wäre nur dann der Fall, wenn die Erde die Leitung nach oben und unten gleichmäßig umgeben würde, nicht aber, wenn wie beim vorliegenden Problem der Strom nur im unteren Halbraum durch die Erde zurückfließt. Trotzdem wird von der groben Näherung Gebrauch gemacht, um mit vertretbarem mathematischem Aufwand einen Einblick in die physikalischen Vorgänge der Stromausbreitung im Erdreich zu gewinnen.

Die Vektoren der magnetischen Feldstärke $\boldsymbol{H}$ und der Stromdichte $\boldsymbol{S}$ im Erdboden sind durch die Maxwellschen Feldgleichungen, nämlich das Durchflutungsgesetz und das Induktionsgesetz, miteinander verknüpft. $\boldsymbol{H}$ und $\boldsymbol{S}$ sind Zeit- und Ortsfunktionen. Legt man für die räumliche Orientierung ein Zylinderkoordinatensystem r, φ, z zugrunde, so hat wegen der oben im ersten Absatz getroffenen Näherungsannahme die magnetische Feldstärke nur eine φ-Koordinate, kurz mit H bezeichnet, und die Stromdichte nur eine z-Koordinate, kurz mit S bezeichnet.

Das Durchflutungsgesetz lautet mit $\mathrm{d}\boldsymbol{s}$ als Linienelement und $\mathrm{d}\boldsymbol{A}$ als Flächenelement

$$\oint \boldsymbol{H}\,\mathrm{d}\boldsymbol{s} = \int_A \boldsymbol{S}\,\mathrm{d}\boldsymbol{A}. \qquad (1)$$

Wendet man das Durchflutungsgesetz (1) auf zwei benachbarte magnetische Feldlinien für den kreisringförmigen Querschnitt vom Innenradius r und Außenradius $r + \mathrm{d}r$ nach *Abb. 2* an, beachtet, daß das Flächenelement $\mathrm{d}A = r\mathrm{d}\varphi\mathrm{d}r$ ist und daß schließlich die Ortsfunktionen von H und S aus Symmetriegründen nur Funktionen des Radius r sind, so ergibt sich in angenäherter Betrachtung

$$\left(H + \frac{\partial H}{\partial r}\,\mathrm{d}r\right) 2\pi(r + \mathrm{d}r) - H\,2\pi r = S\,\pi r \mathrm{d}r. \tag{2}$$

Unter Vernachlässigung des von zweiter Ordnung kleinen Gliedes erhält man hieraus

$$\frac{\partial H}{\partial r} + \frac{H}{r} = \frac{S}{2}. \tag{3}$$

Bedeutet

$$\boldsymbol{E} = \varrho \boldsymbol{S} \tag{4}$$

den Vektor der elektrischen Feldstärke mit ϱ als dem spezifischen elektrischen Widerstand, so lautet das Induktionsgesetz mit $\boldsymbol{B}$ als Vektor der magnetischen Flußdichte

$$\oint \boldsymbol{E}\mathrm{d}\boldsymbol{s} = -\frac{\partial}{\partial t}\int_A \boldsymbol{B}\mathrm{d}\boldsymbol{A}. \tag{5}$$

Die Flußdichte $\boldsymbol{B}$ hat nur eine φ-Koordinate

$$B = \mu_0 \mu_r H, \tag{6}$$

wobei

$$\mu_0 = 0{,}4\pi \cdot 10^{-6}\ \mathrm{H/m} = 0{,}4\pi \cdot 10^{-6}\ \frac{\mathrm{Vs}}{\mathrm{Am}} \tag{7}$$

die magnetische Feldkonstante und μ_r die Permeabilitätszahl ist; für Luft und Erdreich sei $\mu_r = 1$ angenommen. Wendet man das Induktionsgesetz auf das Flächenelement $\mathrm{d}A = \mathrm{d}r\mathrm{d}z$ nach *Abb. 2* an, so erhält man mit E als z-Koordinate von $\boldsymbol{E}$

$$-\left(E + \frac{\partial E}{\partial r}\mathrm{d}r\right) z + Ez = -\mu_0 \frac{\partial H}{\partial t}\, z\,\mathrm{d}r, \tag{8}$$

oder mit Gl. (4)

$$\frac{\partial S}{\partial r} = \frac{\mu_0}{\varrho}\frac{\partial H}{\partial t}. \tag{9}$$

Differenziert man Gl. (3) partiell nach t und setzt $\partial H/\partial t$ aus Gl. (9) ein, so ergibt sich für die Stromdichte die partielle Differentialgleichung zweiter Ordnung

$$\frac{\partial^2 S}{\partial r^2} + \frac{1}{r}\frac{\partial S}{\partial r} - \frac{\mu_0}{2\varrho}\frac{\partial S}{\partial t} = 0. \tag{10}$$

Diese partielle Differentialgleichung wird bekanntlich durch den Produktansatz zweier Funktionen, von denen die eine nur von der Ortskoordinate r, die andere nur von der Zeit t abhängt, auf eine gewöhnliche Differentialgleichung zurückgeführt. Da angenommen wurde, daß im Außenleiter über der Talmulde ein zeitlich periodischer Wechselstrom fließt, gilt dieses Zeitgesetz auch für die Stromdichte im Erdboden.

Der Produktansatz

$$S = Z(r)\,e^{-j2\pi f t} \tag{11}$$

führt mit Gl. (10) auf die Besselsche Differentialgleichung

$$\frac{d^2 Z}{dr^2} + \frac{1}{r}\frac{dZ}{dr} + j k^2 Z = 0, \tag{12}$$

wobei

$$k = \sqrt{\frac{\pi \mu_0 f}{\varrho}} \tag{13}$$

mit f als Frequenz des Wechselstromes, die Größe einer reziproken Länge hat. Die allgemeine Lösung von Gl. (12) ist die Summe der beiden Hankelschen Funktionen nullter Ordnung

$$Z = A_1 H_0^{(1)}\left(\sqrt{j}\,kr\right) + A_2 H_0^{(2)}\left(\sqrt{j}\,kr\right). \tag{14}$$

Da für positiv unendliches komplexes Argument $(r \to \infty)$ nur $H_0^{(1)}\left(\sqrt{j}\,kr\right)$ verschwindet, muß für das vorliegende Problem die Konstante $A_2 = 0$ gesetzt werden.

Für verschiedene übliche Frequenzen f und spezifische Erdwiderstände ϱ wurde $1/k$ nach Gl. (13) berechnet (siehe Tabelle 1).

Tabelle 1. *Ausbreitungskonstante* $1/k$ *in* m *für Wechselstrom in Erde*

Frequenz f	Hz	$16^2/_3$	50	150	500	5000	50000	500000
Seewasser	$\varrho = 1\ \Omega$m	123	71	41	22,4	7,1	2,24	0,71
feuchter Boden	$\varrho = 10^2\ \Omega$m	1230	710	410	224	71	22,4	7,1
trockener Boden	$\varrho = 10^3\ \Omega$m	3900	2240	1300	710	224	71	22,4
Felsgestein	$\varrho = 10^4\ \Omega$m	12300	7100	4100	2240	710	224	71

Die Integrationskonstante A_1 in Gl. (14) ergibt sich aus der Bedingung, daß der gesamte Erdrückstrom gleich dem negativen Hinleitungsstrom mit dem Scheitelwert $I\sqrt{2}$ sein muß. Es ist also mit Bezug auf *Abb. 2*

$$\int_h^\infty S\pi r\,dr = \pi A_1 e^{-j2\pi f t} \int_h^\infty r H_0^{(1)}\left(\sqrt{j}\,kr\right) dr = -I\sqrt{2}\,e^{-j2\pi f t}. \tag{15}$$

Nun ist nach einer bekannten Regel für die Integration von Zylinderfunktionen

$$\int_h^\infty r H_0^{(1)}\left(\sqrt{j}\,kr\right) dr = \frac{r}{\sqrt{j}\,k} H_1^{(1)}\left(\sqrt{j}\,kr\right)\Bigg|_{r=h}^{r=\infty} = -\frac{h}{\sqrt{j}\,k} H_1^{(1)}\left(\sqrt{j}\,kh\right), \tag{16}$$

wobei $H_1^{(1)}\left(\sqrt{j}\,kr\right)$ die Hankelsche Funktion erster Ordnung ist, sie wird für $r = \infty$ zu Null.

Die Konstante $\underline{A}_1$ in Gl. (14) wird damit

$$\underline{A}_1 = \frac{\sqrt{j}\,k}{\pi h} \frac{1}{H_1^{(1)}\left(\sqrt{j}\,kh\right)} I\sqrt{2}. \tag{17}$$

Die Stromdichte in der Erde ist also im Abstand r nach Gl. (11), (14) und (17)

$$\underline{S} = \sqrt{\mathrm{j}}\,\frac{k}{\pi h}\,\frac{H_0^{(1)}\left(\sqrt{\mathrm{j}}\,kr\right)}{H_1^{(1)\prime}\left(\sqrt{\mathrm{j}}\,kh\right)}\,I\sqrt{2}\,\mathrm{e}^{-\mathrm{j}2\pi ft}. \tag{18}$$

Für die komplexe Hankelsche Funktion $H_0^{(1)}\left(\sqrt{\mathrm{j}}\,kr\right)$ gelten die folgenden Reihenentwicklungen:

$$\begin{aligned}\mathrm{Re}\,H_0^{(1)}\left(\sqrt{\mathrm{j}}\,kr\right) = \frac{2}{\pi}\Big\{&\frac{\pi}{4} - \frac{1}{(1!)^2}\left(\frac{kr}{2}\right)^2\left(1 - \ln\frac{\gamma kr}{2}\right) - \frac{\pi}{4}\,\frac{1}{(2!)^2}\left(\frac{kr}{2}\right)^4 + \\ &+ \frac{1}{(3!)^2}\left(\frac{kr}{2}\right)^6\left(1 + \frac{1}{2} + \frac{1}{3} - \ln\frac{\gamma kr}{2}\right) - \cdots\Big\},\end{aligned} \tag{19}$$

$$\begin{aligned}\mathrm{Im}\,H_0^{(1)}\left(\sqrt{\mathrm{j}}\,kr\right) = \frac{2}{\pi}\Big\{&\ln\frac{\gamma kr}{2} - \frac{\pi}{4}\,\frac{1}{(1!)^2}\left(\frac{kr}{2}\right)^2 + \frac{1}{(2!)^2}\left(\frac{kr}{2}\right)^4\left(1 + \frac{1}{2} - \ln\frac{\gamma kr}{2}\right) + \\ &+ \frac{\pi}{4}\,\frac{1}{(3!)^2}\left(\frac{kr}{2}\right)^6 - \cdots\Big\}.\end{aligned} \tag{20}$$

Diese Reihen geben bei 4 Gliedern bis zu $kr = 2$ genügend genaue Werte, bis $kr \approx 0{,}5$ brauchen nur die beiden ersten Glieder berücksichtigt zu werden. Für Argumente $kr \leqq 0{,}3$ wird mit großer Genauigkeit

$$H_0^{(1)}\left(\sqrt{\mathrm{j}}\,kr\right) = \frac{1}{2} - \mathrm{j}\,\frac{2}{\pi}\ln\frac{2}{\gamma kr}, \tag{21}$$

wobei $\gamma = 1{,}781$ die Eulersche Konstante bedeutet. Für $kr > 2$ gilt die asymptotische Entwicklung

$$H_0^{(1)}\left(\sqrt{\mathrm{j}}\,kr\right) = \sqrt{\frac{2}{\pi kr}}\,\mathrm{e}^{-kr/\sqrt{2}}\cdot\mathrm{e}^{\mathrm{j}\left(kr/\sqrt{2}-\frac{3\pi}{8}\right)}. \tag{22}$$

Für die komplexen Funktionen $H_0^{(1)}\left(\sqrt{\mathrm{j}}\,x\right)$ und $\sqrt{\mathrm{j}}\,H_1^{(1)}\left(\sqrt{\mathrm{j}}\,x\right)$ gibt es im übrigen Tafeln und Kurven, abhängig von x. Diese aus Realteil und Imaginärteil bestehenden Funktionen lassen sich für ein bestimmtes Argument x als Zeigerdiagramm darstellen. Für den gesamten Bereich der Argumente x sind $H_0^{(1)}\left(\sqrt{\mathrm{j}}\,x\right)$ und $\sqrt{\mathrm{j}}\,H_1^{(1)}\left(\sqrt{\mathrm{j}}\,x\right)$ also durch Ortskurven darstellbar, auf denen die Pfeilspitzen der vom Koordinatenursprung ausgehenden Zeiger liegen. In *Abb. 3* ist die Ortskurve der Hankelschen Funktion $H_0^{(1)}\left(\sqrt{\mathrm{j}}\,kr\right)$ und in *Abb. 4* die der Funktion $\sqrt{\mathrm{j}}\,H_1^{(1)}\left(\sqrt{\mathrm{j}}\,kr\right)$ aufgezeichnet. Für das jeweils auf den Kurven angegebene Argument kr sind Realteil und Imaginärteil der beiden Hankelschen Funktionen aus den Koordinaten abzulesen.

Die im Ausdruck für die Stromdichte S nach Gl. (18) von r abhängige Funktion $H_0^{(1)}\left(\sqrt{\mathrm{j}}\,kr\right)$ wird mit zunehmendem Abstand von der Leitung kleiner und kleiner. Die Erdströme breiten sich daher bei Wechselstrom nicht beliebig in die Tiefe und Breite der Erde aus, sondern bleiben im wesentlichen in der Nachbarschaft der Leitung. Da der Zeiger $H_0^{(1)}\left(\sqrt{\mathrm{j}}\,kr\right)$ nicht nur seinen Betrag sondern auch seine Phase mit wachsendem Argument ändert, haben auch die Erdwechselströme gegenüber dem Leitungsstrom i einen von Ort zu Ort veränderlichen Phasenwinkel.

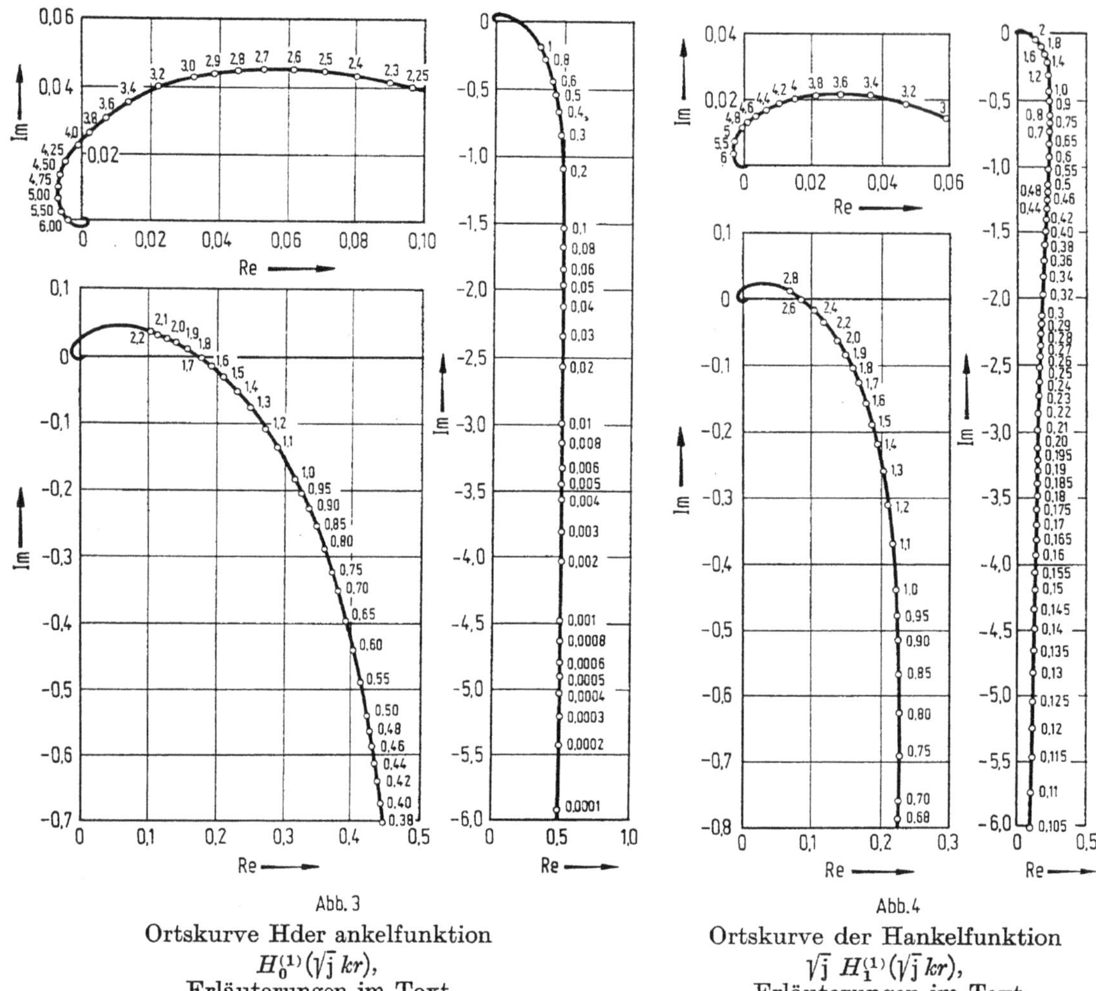

Abb. 3

Ortskurve Hder ankelfunktion $H_0^{(1)}(\sqrt{\mathrm{j}}\,kr)$, Erläuterungen im Text

Abb. 4

Ortskurve der Hankelfunktion $\sqrt{\mathrm{j}}\,H_1^{(1)}(\sqrt{\mathrm{j}}\,kr)$, Erläuterungen im Text

b) Stromdichte in der Erde bei niedriger Frequenz

Für die in der Starkstromtechnik üblichen Frequenzen bis zu Tonfrequenzen sind Näherungswerte für die Hankelschen Funktionen zulässig. Bei einer Leitungshöhe $h = 20$ m und einer Frequenz $f = 2{,}5$ kHz ergibt sich für nassen Boden mit einem spezifischen Widerstand $\varrho = 50\,\Omega$m aus Gl. (13) mit Gl. (17)

$$kh = \sqrt{\pi \cdot 0{,}4\pi \cdot 10^{-6}\,\frac{\Omega\mathrm{s}}{\mathrm{m}} \cdot \frac{1}{50\,\Omega\mathrm{m}} \cdot \frac{2500}{\mathrm{s}}} \cdot 20\ \mathrm{m} = 0{,}28\,.$$

Aus der Regel für die Differentiation der Zylinderfunktionen folgt:

$$H_1^{(1)}\left(\sqrt{\mathrm{j}}\,kr\right) = -\frac{1}{\sqrt{\mathrm{j}}\,k}\,\frac{\mathrm{d}H_0^{(1)}\left(\sqrt{\mathrm{j}}\,kr\right)}{\mathrm{d}r}\,. \tag{23}$$

Für $kh = 0{,}28$ ergibt sich hieraus mit der Näherung nach Gl. (21)

$$H_1^{(1)}\left(\sqrt{\mathrm{j}}\,kh\right) \approx -\frac{2}{\pi}\,\frac{\sqrt{\mathrm{j}}}{kh} \tag{24}$$

und somit für die Stromdichte nach Gl. (18)

$$\underline{S} = -\frac{k^2}{2} H_0^{(1)}\left(\sqrt{j}\, k r\right) \cdot I \sqrt{2}\, e^{-j2\pi f t}. \tag{25}$$

Für Frequenzen bis etwa $f = 2{,}5$ kHz kann also die Stromdichte nach Gl. (25) unabhängig von der Höhe h der Hinleitung über dem Erdboden angenommen werden, also unabhängig davon, ob die Hinleitung in einer Talmulde nach *Abb. 2* verläuft, oder als Freileitung oder als Kabel nach *Abb. 1* ausgeführt ist.

Unmittelbar unter der Leitung, also für $r = h$, ist die Stromdichte in der Erde am größten. Für feuchten Erdboden mit einem spezifischen Widerstand $\varrho = 100\,\Omega$m und für $f = 50$ Hz ist nach Tabelle 1 die Ausbreitungskonstante $1/k = 710$ m und daher $kh = 0{,}014$ für $h = 10$ m. Dafür liest man aus der Ortskurve rechts in *Abb. 3* den Betrag $\left|H_0^{(1)}\left(\sqrt{j}\, kh\right)\right| = 2{,}85$ ab. Mit Gl. (25) ergibt sich dann eine Stromdichte vom Betrage

$$|\underline{S}_{50\,\mathrm{Hz}}| = 2{,}85 \frac{k^2}{2} I \sqrt{2}.$$

Da für das gewählte Beispiel $2/k^2 = 1$ km² ist, erhält man für einen Leitungsstrom vom Scheitelwert $I\sqrt{2} = 1{,}05$ A eine Stromdichte vom Scheitelwert 3 A/km² in der Erde unter der Leitung.

Nach außen hin wird die Stromdichte schnell geringer. Für $kr = 3$ ist $\left|H_0^{(1)}\left(\sqrt{j}\, kr\right)\right|$ nur noch 0,056. Die Stromdichte ist für den entsprechenden Radius $r = 3 \cdot 710$ m $= 2{,}13$ km nur ganz unerheblich. Allgemein kann man etwa die dreifache Ausdehnungskonstante $1/k$ nach Tabelle 1 als Ausdehnungsbereich der Erdströme ansehen. Der Rückstrom in der Erde breitet sich somit bei feuchtem Boden mit $\varrho = 100\,\Omega$m und $f = 50$ Hz auf den Bereich einiger Kilometer, bei $f = 5$ kHz auf den Bereich einiger hundert Meter seitwärts und in die Tiefe aus.

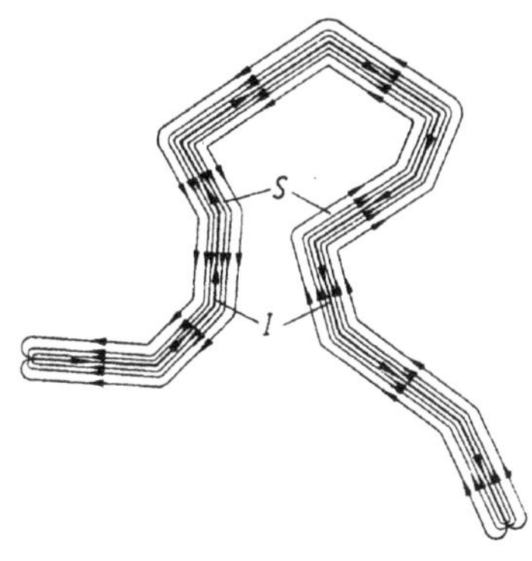

Abb. 5

Wenn die stromführende Leitung nicht geradlinig, sondern in geknickten Linien verläuft, wie in *Abb. 5* schematisch angedeutet, so fließen die Rückströme in der Erde nicht auf dem kürzesten Weg zwischen den Erdungselektroden, sondern folgen dem Verlauf der Leitung. Durch die elektromagnetische Verkettung werden sie zur Leitung hingezogen und dehnen sich nur etwa in einem Bereich bis $r = 3/k$ aus. Die Erdströme können also nicht weite Strecken neben der Leitung verseuchen. Trotz der sehr geringen Stromdichte der Rückströme in der Erde ist die Spannung wegen des großen spezifischen Widerstandes des Erdbodens beträchtlich. Die auf die Länge bezogene Spannung ist gegeben durch die elektrische Feldstärke $E = \varrho S$. Für eine Strecke der Länge z ist damit

$$u = z \varrho S. \tag{26}$$

Mit Gl. (13) und (25) gilt daher

$$\underline{u} = -z \frac{\pi}{2} \mu_0 f H_0^{(1)}\left(\sqrt{\mathrm{j}}\, k r\right) I \sqrt{2}\, \mathrm{e}^{-\mathrm{j}2\pi f t}. \tag{27}$$

Unmittelbar unter der Leitung für $r = h$ darf man die Näherungsformel nach Gl. (21) verwenden und erhält für den Effektivwert der Wechselspannung an der Erdoberfläche

$$\underline{U} = -z \mu_0 f \left(\frac{\pi}{4} - \mathrm{j} \ln \frac{2}{\gamma k h}\right) I. \tag{28}$$

Dieser Ausdruck ist der durch den Strom I längs der Leitungsstrecke z im Erdboden hervorgerufene Spannungsabfall. Er hat den gleichen Aufbau wie die Spannung an einem aus Widerstand R und Induktivität L bestehenden Stromkreis, nämlich

$$\underline{U} = -(R - \mathrm{j} 2\pi f L) I. \tag{29}$$

Durch Vergleich mit Gl. (28) ergibt sich also ein auf die Länge bezogener Widerstand

$$R' = \frac{\pi}{4} \mu_0 f, \tag{30}$$

und eine auf die Länge bezogene Induktivität

$$L'_e = \frac{\mu_0}{2\pi} \ln \frac{2}{\gamma k h}. \tag{31}$$

Aus Gl. (30) und (31) kann man folgende Schlüsse ziehen. Wechselstrom hat bei seiner Rückleitung durch die Erde nicht wie Gleichstrom nur den Ausbreitungswiderstand der Elektroden zu überwinden, sondern noch einen Widerstand nach Gl. (30), der proportional der Leitungslänge und der Frequenz, aber unabhängig vom spezifischen Bodenwiderstand ist. Dieses Verhalten rührt daher, daß sich bei Wechselstrom die einzelnen Stromfäden nicht beliebig weit ausbreiten können, sondern sich als Bündel unter der Leitung zusammendrängen, und zwar mit wachsender Frequenz immer dichter. Außerdem haben die Erdströme eine beträchtliche Induktivität nach Gl. (31), die vom spezifischen Erdwiderstand, von der Frequenz und vom Erdabstand der Leitung abhängt. Da aber diese Größen unter dem Logarithmus stehen, ist ihr Einfluß nicht erheblich. Für $f = 50\,\mathrm{Hz}$, $\varrho = 100\,\Omega\mathrm{m}$ und $h = 10\,\mathrm{m}$ ist mit Gl. (7) und (31)

$$L'_e = 0{,}2\,\frac{\mathrm{mH}}{\mathrm{km}} \ln \frac{2}{1{,}781 \cdot 0{,}014} = 0{,}88\,\mathrm{mH/km}.$$

Diese Induktivität ist etwa ein Drittel der durch das magnetische Luftfeld einer in gleicher Höhe über dem Erdboden befindlichen Leitung hervorgerufenen Induktivität. Mit wachsender Frequenz nimmt die Erdinduktivität wegen der größeren Stromkonzentration mehr und mehr ab.

In Tabelle 2 ist der auf die Länge bezogene Widerstand R' der Erdrückleitung nach Gl. (30) für verschiedene Frequenzen f ausgerechnet, außerdem ist der

Durchmesser d eines Kupferdrahtes angegeben, der den gleichen Widerstand hat. Weiter sind die später erklärten äquivalenten Abstände δ eingetragen.

Tabelle 2. *Widerstand der Erdrückleitung und Durchmesser eines widerstandsgleichen Kupferleiters, abhängig von der Frequenz*

Frequenz	Hz	$16^2/_3$	50	150	500	5000
längenbezogener Widerstand R'	Ω/km	0,017	0,05	0,15	0,5	5
Durchmesser des widerstandsgleichen Kupferleiters d	mm	36,5	21,3	12,3	6,8	2,1
äquivalenter Abstand δ der Rückstromebene nach Gl. (42) für $\varrho = 100\ \Omega$m	mm	1380	800	460	250	80

c) Stromdichte in der Erde bei Hochfrequenz

Für wesentlich größere Frequenzen als 2,5 kHz muß man auf die Beziehung für die Stromdichte $\underline{S}$ nach Gl. (18) zurückgreifen. Für Ströme sehr hoher Frequenzen, wie sie häufig als Wanderwellen in Freileitungen auftreten und wie sie als Trägerströme bei Nachrichtenverbindungen benutzt werden, kann man die asymptotischen Entwicklungen der Hankelschen Funktionen verwenden. Für große Argumente von $kr \geqq 2$ gilt angenähert

$$H_1^{(1)}\left(\sqrt{\mathrm{j}}\,kr\right) = \sqrt{\frac{2}{\pi kr}}\ \mathrm{e}^{-kr/\sqrt{2}}\ \mathrm{e}^{\mathrm{j}(kr/\sqrt{2}-7\pi/8)}. \tag{32}$$

Nach Gl. (13) entspricht dem Grenzwert $kr = 2$ bei feuchtem Boden mit $\varrho = 100\ \Omega$m für $r = 15$ m Leitungsabstand eine Frequenz von 450 kHz, für $r = 5$ m eine Frequenz $f = 4$ MHz. Setzt man nun die Näherungsformeln nach Gl. (22) und (32) in Gl. (18) ein, so erhält man mit $\mathrm{e}^{\mathrm{j}\frac{\pi}{2}} = \mathrm{j}$ für die Erdstromdichte bei sehr hohen Frequenzen

$$\underline{S} = \mathrm{j}\sqrt{\mathrm{j}}\ \sqrt{\frac{f\mu_0}{\pi h r \varrho}}\ \mathrm{e}^{-k/\sqrt{2}\cdot(r-h)}\, I\,\sqrt{2}\ \mathrm{e}^{\mathrm{j}[k/\sqrt{2}\cdot(r-h)-2\pi f t]}. \tag{33}$$

Aus Gl. (33) ersieht man, daß sich die Stromdichte als fortschreitende gedämpfte Sinuswelle von $r = h$ ab in den Erdboden ausbreitet. Der Vektor der Stromdichte dreht sich mit zunehmender Entfernung gegenüber der Ausgangslage herum. Für $r = h$ ist die Stromdichte um $\mathrm{j}\sqrt{\mathrm{j}}$, d. h. um $3\pi/2$ gegenüber dem Leitungsstrom I phasenverschoben.

Die Spannung in der Erde ergibt sich aus Gl. (26) und (33) zu

$$\underline{u} = \mathrm{j}\sqrt{\mathrm{j}}\,\frac{z}{h}\sqrt{\frac{\mu_0 f h \varrho}{\pi r}}\ \mathrm{e}^{-k/\sqrt{2}\cdot(r-h)}\, I\,\sqrt{2}\cdot \mathrm{e}^{\mathrm{j}[k/\sqrt{2}\cdot(r-h)-2\pi f t]}. \tag{34}$$

Spannung und Stromdichte nehmen mit wachsendem r wesentlich schneller als exponentiell ab. Unmittelbar unter der Leitung, also für $r = h$, haben beide ihren Höchstwert. Der Scheitelwert der Spannung ist hier mit $\mathrm{j}\sqrt{\mathrm{j}} = -\frac{1}{\sqrt{2}}(1-\mathrm{j})$

$$\underline{U}\sqrt{2} = -(1-\mathrm{j})\,\frac{z}{h}\sqrt{\frac{\mu_0 f \varrho}{2\pi}}\,I\sqrt{2}. \tag{35}$$

Hierin ist also der Wirkwiderstand gleich dem induktiven Blindwiderstand

$$R = \omega L_\mathrm{e} = \frac{z}{h}\sqrt{\frac{\mu_0 f \varrho}{2\pi}}. \tag{36}$$

Die längenbezogenen Werte des Widerstandes R' und der Induktivität L'_e sind somit

$$R' = \frac{1}{h}\sqrt{\frac{\mu_0 f \varrho}{2\pi}}, \tag{37}$$

$$L'_\mathrm{e} = \frac{1}{2\pi h}\sqrt{\frac{\mu_0 \varrho}{2\pi f}}. \tag{38}$$

Wirkwiderstand und Induktivität von hochfrequenten Erdrückströmen sind also umgekehrt proportional dem Erdabstand der Leitung und proportional der Wurzel aus dem spezifischen Bodenwiderstand. Mit der Wurzel aus der Frequenz nimmt der Widerstand zu, die Induktivität dagegen ab. Bei einer Leitungshöhe $h = 10$ m, einem spezifischen Widerstand von $\varrho = 100\ \Omega$m und einer Frequenz $f = 1$ MHz wird nach Gl. (37)

$$\mathrm{R}' = \frac{1}{10\ \mathrm{m}}\sqrt{0{,}2\cdot 10^{-6}\,\frac{\Omega\mathrm{s}}{\mathrm{m}}\cdot\frac{10^6}{\mathrm{s}}\cdot 10^2\ \Omega\mathrm{m}} = 450\ \Omega/\mathrm{km}$$

und nach Gl. (38)

$$L'_\mathrm{e} = \frac{1}{2\pi\ 10\ \mathrm{m}}\sqrt{0{,}2\cdot 10^{-6}\,\frac{\Omega\mathrm{s}}{\mathrm{m}}\cdot 10^2\ \Omega\mathrm{m}\cdot\frac{\mathrm{s}}{10^6}} = 0{,}071\ \mathrm{mH/km}.$$

Bei hochfrequenten Strömen bewirkt also der große Widerstandsbelag R' eine wesentliche Dämpfung, die für schädliche Wanderwellen erwünscht, für die Nachrichtenübertragung dagegen unerwünscht ist. Der Induktivitätsbelag hat im Vergleich zu dem durch das magnetische Luftfeld hervorgerufenem keine Bedeutung. Der große Widerstand und die geringe Induktivität der Erdrückleitung ist durch das starke Zusammendrängen der Rückströme in den obersten Erdschichten bei Hochfrequenz zu erklären. Für $h = 10$ m, $\varrho = 100\ \Omega$m und $f = 1$ MHz wird nach Gl. (13)

$$k = \pi\sqrt{0{,}4\cdot 10^{-6}\,\frac{\Omega\mathrm{s}}{\mathrm{m}}\,\frac{10^6}{\mathrm{s}}\,\frac{10^{-2}}{\Omega\mathrm{m}}} = \frac{0{,}2}{\mathrm{m}}$$

und damit die Ausbreitungskonstante $1/k = 5$ m. In einer Tiefe von etwa dem Fünffachen dieses Wertes, also von 25 m unter der Erdoberfläche, sind die hochfrequenten Ströme bereits verschwunden. Welchen schlechten Rückleiter die Erde für hochfrequenten Wechselstrom bildet, erkennt man durch Vergleich mit einem Kupferdraht, der bei einem Widerstandsbelag $R' = 450\ \Omega$/km für $f = 1$ MHz einen Durchmesser von nur $d = 0{,}22$ mm haben würde.

d) Luftfeld über der Erde

Bisher wurden nur die Erdströme und ihre elektromagnetischen Felder betrachtet. Nun bildet sich aber bei der nach *Abb. 6* angenommenen Leitungsführung außer den magnetischen Feldlinien, welche die Erde durchdringen, um die Leitung auch ein magnetisches Luftfeld aus. Die durch Wechselstrom mäßiger Frequenz hervorgerufene magnetische Feldstärke im Leiterinnern nimmt nahezu linear mit dem jeweiligen Radius zu, wogegen sie im Luftraum umgekehrt proportional mit der Entfernung abnimmt. Der gesamte magnetische Fluß um die Freileitung ergibt sich aus *Abb. 6* zu

$$\Phi = z\int_0^h B\,\mathrm{d}r = z\mu_0\left[\int_0^{d/2}\frac{I r\,\mathrm{d}r}{2\pi(d/2)^2} + \int_{d/2}^{h}\frac{I\,\mathrm{d}r}{2\pi r}\right] = \frac{z\mu_0}{2\pi}\left(\frac{1}{2} + \ln\frac{h}{d/2}\right)I. \tag{39}$$

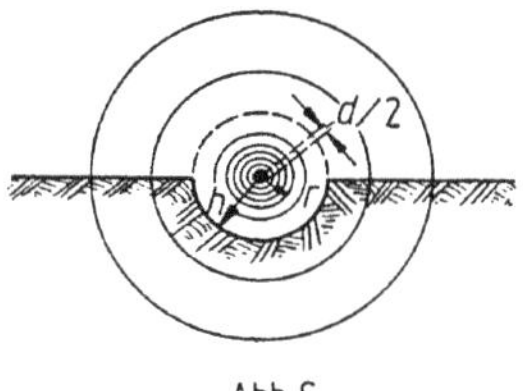

Abb. 6

Mithin erhält man als längenbezogene Induktivität für das magnetische Luftfeld über dem Erdboden

$$L'_\mathrm{e} = \frac{\Phi}{zI} = \frac{\mu_0}{2\pi}\left(\frac{1}{2} + \ln\frac{h}{d/2}\right). \tag{40}$$

Die gesamte längenbezogene Induktivität einer Freileitung in Luft mit Erdrückleitung bei nicht zu hohen Frequenzen folgt durch Summierung von Gl. (31) und (40)

$$L' = \frac{\mu_0}{2\pi}\left(\frac{1}{2} + \ln\frac{4}{\gamma k d}\right). \tag{41}$$

Sie ist also unabhängig von der Höhe der Leitung über dem Erdboden. Für einen Leiter vom Durchmesser $d = 8$ mm und eine Ausbreitungskonstante $1/k = 710$ m ergibt sich für trockenen Boden mit $\varrho = 10^3\,\Omega\mathrm{m}$ bei einer Frequenz $f = 500$ Hz nach Tabelle 1 aus Gl. (41)

$$L' = 0{,}2\,\frac{\mathrm{mH}}{\mathrm{km}}\left(\frac{1}{2} + \ln\frac{4\cdot 710\ \mathrm{m}}{1{,}781\cdot 0{,}008\ \mathrm{m}}\right) = 2{,}54\ \mathrm{mH/km}.$$

Es soll nun der äquivalente Abstand δ zwischen der Hinleitung und einer leitenden Ebene bestimmt werden, in der man sich den gesamten Erdrückstrom $I\sqrt{2}$ zusammengefaßt denken kann. Dazu wird die tatsächliche Induktivität nach Gl. (41) mit der Induktivität L'_e eines Leiters im Abstand von einer vollkommen leitenden Ebene nach Gl. (40) gleichgesetzt, indem man im Argument des Logarithmus h durch δ ersetzt. Hiermit folgt aus

$$\frac{\delta}{d/2} = \frac{2}{\gamma k d/2}, \qquad \delta = \frac{2}{\gamma k} = \frac{1{,}125}{k}. \tag{42}$$

Aus Tabelle 1 ergibt sich für $f = 50$ Hz und $\varrho = 100\,\Omega$m, $\delta = 1{,}125 \cdot 710$ m $= 800$ m.
Für andere Frequenzen sind die äquivalenten Abstände δ aus Tabelle 2 zu entnehmen.

Für Erdströme von sehr hoher Frequenz kann, wie unter c) nachgewiesen, die Erdinduktivität gegenüber der Induktivität des magnetischen Luftfeldes vollständig vernachlässigt werden.

33. Induktive Beeinflussung von Fernmeldeleitungen durch Starkstromleitungen

Da die Erdrückströme unter Wechselstrom-Freileitungen sich bei niedrigen Frequenzen auf sehr große Entfernungen im Erdboden ausbreiten, schwächen sie das magnetische Feld der Freileitung viel weniger als es das Spiegelbild der Freileitung im vergleichsweise geringen Abstand h tun würde. Nur bei sehr hohen Frequenzen verlaufen die Erdströme in so geringer Tiefe, daß man die Erdoberfläche als spiegelnd ansehen darf. Je weiter sich die Rückströme in der Erde ausbreiten, um so größer ist daher die Fernwirkung auf Nachbarleitungen. Außer dem magnetischen Feld in der Erde bleibt noch ein von der Starkstromfreileitung erzeugtes magnetisches Luftfeld bestehen, das in seiner Größe annähernd mit dem Feld bei flächenhaftem Rückstrom übereinstimmt und ebenfalls in die Ferne wirkt.

a) Spiegelnde Erdoberfläche

Die Wirkung des magnetischen Luftfeldes auf eine Nachbarleitung ist leicht zu berechnen, wenn sie mit der elektrischen Fernwirkung verglichen wird. Beide sind in *Abb. 1* schematisch dargestellt. Bei sehr gut leitender Erdoberfläche kreuzen

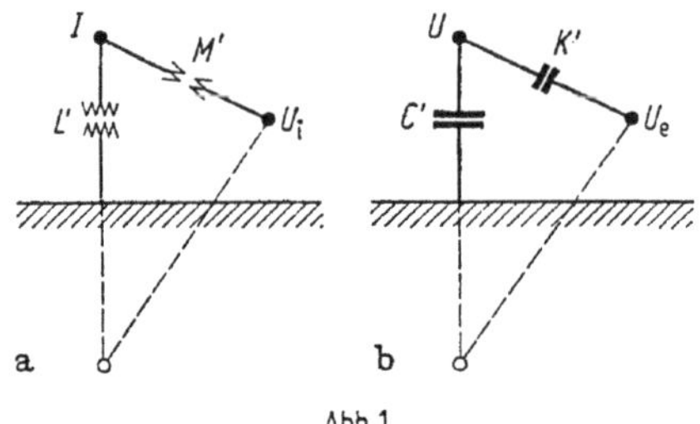

Abb. 1

sich die elektrischen und die magnetischen Feldlinien im rechten Winkel. Die Gegeninduktivität M' und die Kopplungskapazität K' zwischen beiden Leitungen sowie die Induktivität L' und die Kapazität C' der Starkstromleitung einschließlich ihres Spiegelbildes, alle Größen auf die Länge bezogen, sind durch die Beziehung verknüpft

$$M'K' = L'C'. \tag{1}$$

Dies gilt für beliebige Anordnung der Leitungen.

Die in einer Fernmeldeleitung von der Länge z durch einen Wechselstrom vom Effektivwert I und der Kreisfrequenz $\omega = 2\pi f$ induzierte Spannung ist

$$U_i = z \cdot 2\pi f M' I. \tag{2}$$

Setzt man M' aus Gl. (1) ein, so folgt

$$U_i = z \frac{C'}{K'} 2\pi f L' I. \tag{3}$$

Nun verhält sich die durch die Starkstromleitung mit der Spannung U auf der Fernmeldeleitung elektrisch influenzierte Spannung U_e zur Spannung U wie die Kapazität C' zur Kapazität K'. Hiermit wird Gl. (3) zu

$$\frac{U_i}{U_e} = \frac{z \cdot 2\pi f L' I}{U}. \tag{4}$$

Der im Zähler auf der rechten Seite von Gl. (4) stehende induktive Spannungsabfall der Starkstromleitung für die Strecke z der Parallelführung mit der Fernmeldeleitung ist immer klein gegenüber der Betriebsspannung U. Hieraus folgt mit der linken Seite von Gl. (4), daß die auf der Fernmeldeleitung magnetisch induzierte Spannung U_i immer nur klein gegenüber der elektrisch influenzierten Spannung U_e ist, mit Ausnahme des Kurzschlußfalles. Die Harmonischen der induzierten Spannung sind nach Gl. (4) proportional zu ihrer Frequenz, und da das Gehör empfindlicher gegen höhere Harmonische als gegen die der Grundfrequenz ist, können diese gelegentlich störend wirken.

Für den Fall einer Einphasen-Starkstromleitung und ihres Spiegelbildes ist die auf die Länge bezogene Induktivität unter Vernachlässigung des magnetischen Feldes im Inneren des Leiters

$$L' = \frac{\mu_0}{2\pi} \ln \frac{4h}{d}, \tag{5}$$

wobei h die Höhe und d den Durchmesser der Leitung bedeuten. Setzt man diesen Wert und die hier mit U_e bezeichnete durch Gl. (7), Kapitel 31, gegebene influenzierte Spannung in Gl. (4) ein, so erhält man

$$U_i = z \cdot 2 f \mu_0 \frac{h k}{a^2} I. \tag{6}$$

Hierbei ist k die Höhe der Fernmeldeleitung und a der Abstand ihres Gestänges von dem der Starkstromleitung.

Bei einer Starkstromleitung von der Höhe $h = 10$ m, die einen Strom vom Effektivwert $I = 100$ A von der Frequenz $f = 50$ Hz führt und die auf die Länge von $z = 10$ km parallel zu einer Fernmeldeleitung von der Höhe $k = 5$ m im Abstand $a = 30$ m verläuft, beträgt die auf der Fernmeldeleitung induzierte Spannung nach Gl. (6)

$$U_i = 10^4\,\mathrm{m} \cdot 2 \cdot \frac{50}{\mathrm{s}} \cdot 4\pi \cdot 10^{-7} \frac{\mathrm{Vs}}{\mathrm{Am}} \cdot \frac{10\,\mathrm{m} \cdot 5\,\mathrm{m}}{900\,\mathrm{m}^2} \cdot 100\,\mathrm{A} = 7\,\mathrm{V}.$$

Dieser Wert ist sehr klein, die induzierte Spannung vermindert sich umgekehrt proportional mit dem Quadrat des Abstandes.

b) Fernwirkung von Erdströmen

Die Spannung infolge des Rückstromes im Erdboden in der Nachbarschaft einer Starkstromfreileitung, die einen Wechselstrom $I\sqrt{2}\, \mathrm{e}^{-\mathrm{j}2\pi f t}$ führt, ist nach

Gl. (27), Kapitel 32

$$\underline{u} = -z \frac{\pi}{2} \mu_0 f H_0^{(1)} \left(\sqrt{\mathrm{j}}\, k r\right) I \sqrt{2} \cdot \mathrm{e}^{-\mathrm{j} 2\pi f t}. \tag{7}$$

Wird entsprechend *Abb. 2* eine Fernmeldeleitung im Abstand r auf die Länge z zur Starkstromfreileitung parallelgeführt und an beiden Seiten geerdet, so greift sie die zwischen ihren Endpunkten liegende Spannung ab, die nun einen Strom

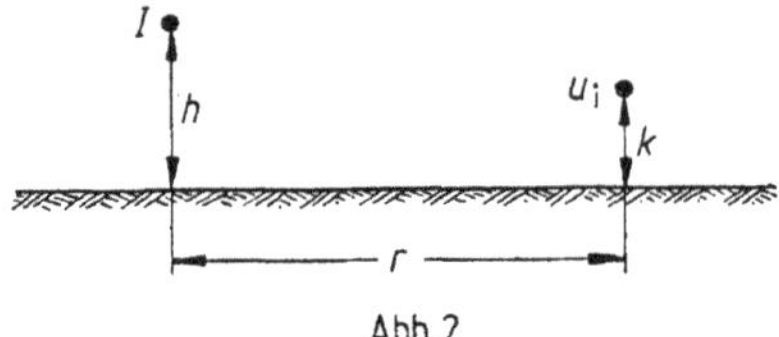

Abb. 2

durch diese Leitung treibt. Die Spannung entsteht also durch den im parallelgeschalteten Erdwiderstand fließenden Rückstrom. Diese Spannung kann aber auch als Spannung infolge der Gegeninduktivität aufgefaßt werden, sie sich durch die magnetischen Feldlinien des Leitungsstromes und der Erdströme ausbildet. Beide Auffassungen führen zum gleichen Ergebnis, da die Ausbreitung der Erdströme durch die Verknüpfung des Induktionsgesetzes mit dem Durchflutungsgesetz gegeben ist.

Die komplexe Funktion $H_0^{(1)}\left(\sqrt{\mathrm{j}}\, k r\right)$ in Gl. (7) hat einen von r abhängigen Betrag und Phasenwinkel. Die übliche Auffassung von der Gegeninduktivität muß daher erweitert werden, sie hängt nicht nur von der geometrischen Anordnung der Starkstrom- und der Fernmeldeleitung ab, sondern außerdem von der Frequenz des Wechselstromes und dem spezifischen Bodenwiderstand. Nun sei der räumliche Verlauf der erzeugten Spannung $\underline{u}$ nach Gl. (7) betrachtet. Ihr Betrag und ihr Phasenwinkel geht aus der Ortskurve der Funktion $H_0^{(1)}\left(\sqrt{\mathrm{j}}\, k r\right)$ nach *Abb. 3* von Kapitel 32 hervor. Der Phasenwinkel zwischen dem Spannungszeiger nach Gl. (7) und dem Zeiger des Leitungsstromes ergibt sich, wenn der Spannungszeiger entsprechend Gl. (7) nach links in die Richtung der negativ reellen Achse gelegt wird. Für sehr kleine Entfernungen r ist die induzierte Spannung erheblich und eilt um mehr als 90° dem Leitungsstrom nach. Für größere Entfernungen dreht sich der Zeiger $H_0^{(1)}\left(\sqrt{\mathrm{j}}\, k r\right)$ auf dem Spiralendiagramm immer weiter herum. So ist er für $kr = 1{,}7$, was bei $f = 50$ Hz und $\varrho = 100\ \Omega$m einer Entfernung von $r = 1{,}2$ km entspricht, bereits um 180° gegen die Nullage phasenverschoben. Die Spannung breitet sich also in Form einer gedämpften Welle über die Erde aus. Bei $r = 100$ m ist unter sonst gleichen Bedingungen $kr = 0{,}14$. Dafür ist $H_0^{(1)}\left(\sqrt{\mathrm{j}}\, k r\right) = 1{,}41$ und bei $I = 100$ A und $z = 10$ km nach Gl. (7)

$$U = 10^4 \text{ m} \cdot 2\pi^2 \cdot 10^{-7} \frac{\text{Vs}}{\text{Am}} \cdot \frac{50}{\text{s}} \cdot 1{,}41 \cdot 100 \text{ A} = 141 \text{ V}.$$

Die durch das elektrische Strömungsfeld in der Erde hervorgerufene Spannung ist also viel größer als die durch das magnetische Luftfeld nach Gl. (16) induzierte. Bei $r = 1$ km Abstand ist unter gleichen Verhältnissen $U = 23$ V, bei 10 km nur noch $U = 10^{-5}$ V.

Wird die Fernmeldeleitung nahe neben der Starkstromleitung geführt, so gilt für $H_0^{(1)}\left(\sqrt{\mathrm{j}}\, k r\right)$ die Näherungsgleichung (21) in Kapitel 32. Für die Spannung erhält man dann aus Gl. (7)

$$\underline{u} = -\frac{z}{2}\mu_0 f\left(\frac{\pi}{2} - \mathrm{j}\ln\frac{2}{\gamma k r}\right) I\sqrt{2}\cdot \mathrm{e}^{-\mathrm{j}2\pi f t}. \tag{8}$$

Das erste Glied stellt eine ohmsche Spannung, das zweite eine induktive Spannung dar, beide nehmen mit der Frequenz zu. Da der Abstand r unter dem Logarithmus steht, ist sein Einfluß gering.

Verläuft die Fernmeldeleitung dagegen in großer Entfernung von der Starkstromleitung, so daß das Argument $kr > 2$ ist, kann die Näherungsformel für $H_0^{(1)}\left(\sqrt{\mathrm{j}}\,kr\right)$ nach Gl. (22), Kapitel 32, zur Berechnung der Spannung verwendet werden. Führt man diese in die Gl. (7) ein, so wird

$$\underline{u} = -z\frac{\pi}{2}\mu_0 f\sqrt{\frac{2}{\pi k r}}\,\mathrm{e}^{-kr/\sqrt{2}}\cdot I\sqrt{2}\cdot\mathrm{e}^{\mathrm{j}\left(kr/\sqrt{2}-2\pi f t-3\pi/8\right)}. \tag{9}$$

Die erste Exponentialfunktion zeigt die Abnahme des Scheitelwertes der Spannung mit wachsendem Abstand r. Oberschwingungen werden mit zunehmenden Abstand stark gedämpft, denn der Exponent k nimmt nach Gl. (13), Kapitel 32, mit der Wurzel aus der Frequenz f zu. Die zweite komplexe Exponentialfunktion, in die auch die zeitliche Änderung eingeht, gibt die wellenförmige Ausbreitung der Spannung in der Erde an. Aus

$$\mathrm{e}^{\mathrm{j}kr/\sqrt{2}} = \cos\left(kr/\sqrt{2}\right) + \mathrm{j}\sin\left(kr/\sqrt{2}\right)$$

erkennt man, daß $kr/\sqrt{2} = 2\pi$ einer Wellenlänge Λ entspricht, d. h. es ist die Strecke

$$r = 2\pi\frac{\sqrt{2}}{k} = \Lambda. \tag{10}$$

Die Ausbreitungsgeschwindigkeit der Welle ist Λf, also

$$v = 2\pi f\cdot\frac{\sqrt{2}}{k}. \tag{11}$$

Gegenüber dem Nullpunkt von Zeit und Ort hat die Welle einen Phasensprung von $^3/_8\cdot\pi$, d. h. von $^3/_4$ eines rechten Winkels. Wegen der starken Dämpfung der Erdströme bilden sich nur die ersten Halbwellen richtig aus. Die Wellengeschwindigkeit ist nach Gl. (11) für Wechselstrom von $f = 50$ Hz je nach dem spezifischen Erdwiderstand 300 bis 3000 km/s, wie sich aus den Werten der Ausbreitungskonstante $1/k$ aus Tabelle 1, Kapitel 32, ergibt.

Für feuchten Erdboden mit $\varrho = 100\ \Omega$m, für trockenen Boden mit $\varrho = 1000\ \Omega$m und felsigen Boden mit $\varrho = 10000\ \Omega$m ist in *Abb. 3* die längenbezogene Gegeninduktivität $M' = \frac{\mu_0}{4} H_0^{(1)}\left(\sqrt{\mathrm{j}}\,kr\right)$ nach Gl. (7) abhängig von r aufgetragen. Für feuchte Erde ist die Gegeninduktivität für Bahnstrom von $f = 16^2/_3$ Hz abhängig von r gestrichelt eingetragen. Die Kurven zeigen, daß für feuchten Boden die Gegeninduktivitäten und damit die übertragenen Spannungen schon nach einigen hundert Metern Leitungsabstand gering sind, für trockenen Felsboden aber erst nach einigen tausend Metern. Die Ergebnisse stimmen qualitativ und quantitativ mit denen aus zahlreichen Messungen überein, die in verschiedenen Ländern mit sehr unterschiedlichen Bodenverhältnissen vorgenommen wurden.

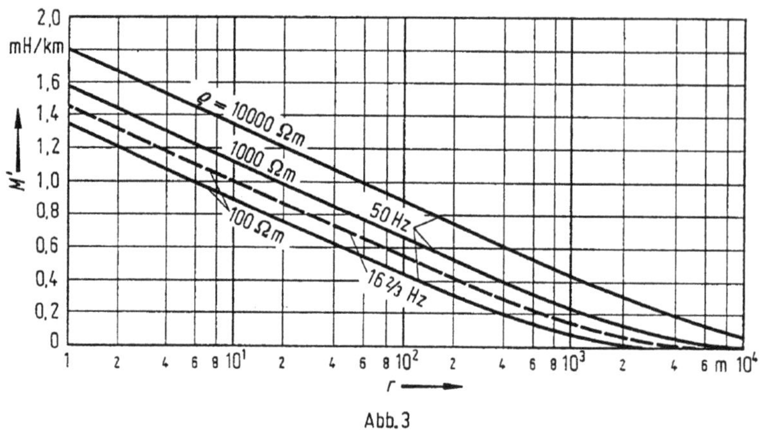

Abb. 3

c) Doppel- und Drehstromleitungen

Bei Doppelleitungen nach *Abb. 4* fließt der Strom in einer Leitung hin, in einer zweiten in mäßigem Abstand von ihr zurück, so daß der Betriebsstrom gar nicht in die Erde gelangt. Dennoch bilden sich in ihr Wirbelströme aus, weil die von den Strömen in beiden Leitungen hervorgerufenen magnetischen Erdfelder sich ein wenig voneinander unterscheiden und sich daher nicht vollständig aufheben. Man kann sich nun vorstellen, daß jeder der beiden Leitungsströme I und $-I$ für sich, wie unter b) beschrieben, über Erde zurückgeführt wird. Diese Rückströme heben sich zum Teil auf, um so mehr, je enger die Schleife der Doppelleitung ist. Lägen beide Leiter senkrecht übereinander, so wäre der Erdstrom unter der Leitung null. Man kann sich nun die Spannung der Fernmeldeleitung als durch den Strom I aus der Entfernung r und durch den Strom $-I$ aus der Entfernung $r' = r - \lambda$ nach *Abb. 4* induziert denken. Die auf die Fernmeldeleitung übertragene Spannung ist dann $\underline{u}_i = \lambda \frac{\partial \underline{u}}{\partial r}$, wobei $\underline{u}$ aus Gl. (7) einzusetzen ist. Das ergibt unter Beachtung der Beziehung zwischen den Hankelschen Funktionen nullter und erster Ordnung nach Gl. (23) von Kapitel 32

$$\underline{u}_i = z \frac{\pi}{2} \mu_0 f k \lambda \sqrt{\mathrm{j}}\, H_1^{(1)} \left(\sqrt{\mathrm{j}}\, k r\right) I \sqrt{2}\, \mathrm{e}^{-\mathrm{j} 2\pi f t}. \tag{12}$$

Das Verhältnis aus der von den Erdströmen einer Doppelleitung induzierten Spannung $\underline{U}_i$ und der von den Erdströmen einer Einfachleitung in einer parallel geführten Fernmeldeleitung induzierten Spannung $\underline{U}$ ist also nach Gl. (12) und (7)

$$\frac{\underline{U}_i}{\underline{U}} = -k\lambda \sqrt{\mathrm{j}}\, \frac{H_1^{(1)}\left(\sqrt{\mathrm{j}}\, k r\right)}{H_0^{(1)}\left(\sqrt{\mathrm{j}}\, k r\right)}. \tag{13}$$

Gl. (13) läßt sich mittels der Ortskurven für die Hankelschen Funktionen nach *Abb. 3* und *Abb. 4* von Kapitel 32 leicht auswerten. Das Verhältnis $\underline{U}_i/\underline{U}$ wird im wesentlichen durch $k\lambda$ bestimmt, das immer sehr klein ist gegenüber dem Verhältnis $\sqrt{\mathrm{j}}\, H_1^{(1)}\left(\sqrt{\mathrm{j}}\, k r\right)/H_0^{(1)}\left(\sqrt{\mathrm{j}}\, k r\right)$. Bei größeren Entfernungen r, für $kr > 1$, beeinflußt letzteres nur unerheblich das Ergebnis. Da für sehr große Argumente nach Gl. (22) und Gl. (32) im Kapitel 32 die Beträge der Hankelschen Funktionen

$H_0^{(1)}\left(\sqrt{\mathrm{j}}\,kr\right)$ und $\sqrt{\mathrm{j}}\,H_1^{(1)}\left(\sqrt{\mathrm{j}}\,kr\right)$ gleich werden, geht Gl. (13) über in

$$\frac{U_i}{U} = k\lambda. \tag{14}$$

Für einen Leiterabstand $\lambda = 2$ m erhält man bei einem Wechselstrom von 50 Hz und einer Ausbreitungskonstante $1/k = 710$ m nach Tabelle 1 von Kapitel 32

$$\frac{U_i}{U} = \frac{2\text{ m}}{710\text{ m}} = 0{,}0028.$$

Hieraus ergibt sich, daß die durch Erdrückströme von Doppelleitungen induzierten Spannungen in Fernmeldeleitungen sehr gering sind im Vergleich zu den von Erdrückströmen von Einfachleitungen induzierten Spannungen.

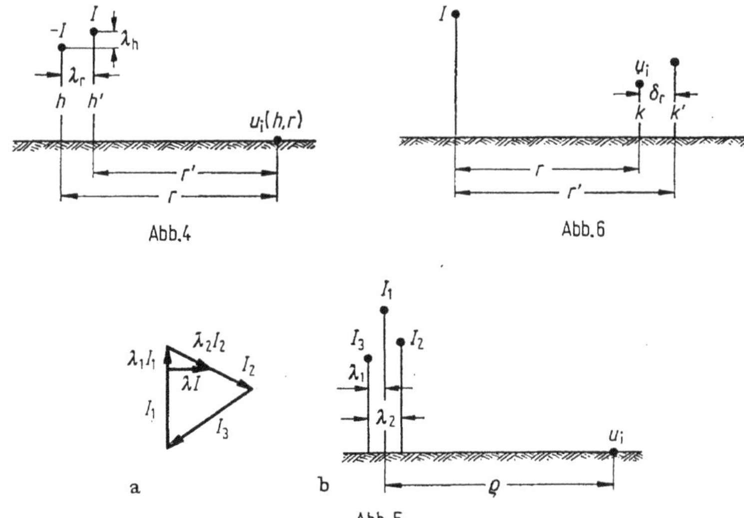

Abb. 4 Abb. 6

Abb. 5

Die Fernwirkung von Drehstromleitungen nach *Abb. 5b* bestimmt man am einfachsten so, indem der Strom I_3 als gemeinsamer Rückstrom der Ströme I_1 und I_2 aufgefaßt wird, so daß nur die geometrische Summe dieser beiden Ströme im Produkt mit ihren zugehörigen Horizontalabständen vom Leiter 3 zu bilden ist. *Abb. 5a* veranschaulicht das in dem fett gezeichneten Linienzug, als Ergebnis ist der Zeiger λI in Gl. (12) nach Betrag und Phase einzusetzen.

Sind die Ströme in der Drehstrom-Freileitung nicht symmetrisch, so ändert das am Ergebnis nichts, sofern nur ihre Summe gleich Null ist. Ist dies jedoch nicht der Fall, so bedeutet das, daß außer den Leitungsströmen noch ein Erdstrom fließt, dessen induzierende Wirkung dann getrennt von der der übrigen Stromkomponenten nach Gl. (8) zu berechnen ist.

Um die Störspannungen der Fernmeldeleitungen gegen Erde von den empfindlichen Geräten fernzuhalten, werden heute meist Fernmelde-Doppelleitungen benutzt, wie es in *Abb. 6* angedeutet ist. Die Umlaufspannung in der Fernmeldeleitung ist dann als Differenz der durch die Erdrückströme der Starkstromfreileitungen in jeder der beiden Einzelleitungen induzierten Spannungen gegeben. Ist δ der Abstand der Einzelleitungen voneinander, r und r' der Abstand der

Starkstromleitung von den beiden Leitern der Fernmeldeleitung, so gilt ganz analog Gl. (13)

$$\frac{\underline{U}_i}{\underline{U}} = -k\delta \frac{\sqrt{\mathrm{j}}\, H_1^{(1)}(\sqrt{\mathrm{j}}\, kr)}{H_0^{(1)}(\sqrt{\mathrm{j}}\, kr)} \tag{15}$$

und entsprechend Gl. (14) für größere Abstände r

$$\frac{U_i}{U} = k\delta . \tag{16}$$

Für $\delta = 0{,}2$ m wird bei $f = 50$ Hz und $k = 1/710$ m

$$\frac{U_i}{U} = \frac{0{,}2\ \mathrm{m}}{710\ \mathrm{m}} = 0{,}00028 .$$

Der Betrieb der Fernmeldeleitungen wird also bei Ausführung als Doppelleitungen viel störungsfreier als bei Einfachleitungen, wie der Vergleich mit den vorhergehenden Betrachtungen zeigt.

Auch andere mit der Erde in guter Verbindung stehende Leiter, die parallel zur Starkstromleitung verlaufen, mindern die Wirkung der Beeinflussung. Dazu gehören vor allem gut leitende Erdseile auf den Starkstromfreileitungen, weiter Gleise, Metallmäntel um Starkstromleitungen und Fernmeldeleitungen sowie lange metallene Rohrleitungen, wenn sie gute Verbindungen mit dem Erdreich haben. Sie schirmen das Magnetfeld der Starkstromleitung zum Teil ab und vermindern dementsprechend dessen Störwirkung.

34. Ausgleichsvorgänge in der Erde

Bei Erdschlüssen von Freileitungen oder beim Schalten von Strömen, denen die Erde als Rückleitung dient, treten Ausgleichsströme auf, die sich den stationären Gleichströmen oder Wechselströmen überlagern. Die Stromdichte dieser in

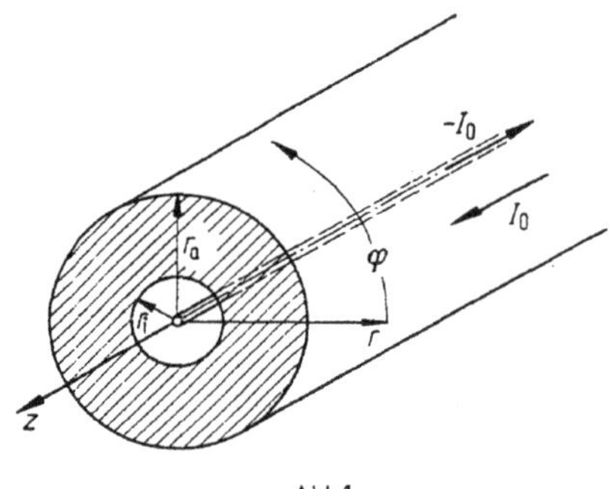

Abb.1

der Erde verlaufenden Ausgleichsströme und die durch sie hervorgerufene magnetische Feldstärke sind Orts- und Zeitfunktionen. Um diese Ausgleichserscheinungen im Prinzip aber mit vertretbarem Rechenaufwand untersuchen zu können, sei in allerdings recht roher Annäherung an die wirklichen Verhältnisse folgendes Ersatzmodell für die stromführende Freileitung und die Erdrückleitung angenommen. Das als unendlich lang vorausgesetzte Gebilde bestehe aus einem die einphasige oder einpolige Freileitung darstellenden linearen Leiter und einem die

Erdrückleitung nachbildenden Rohr vom Innenradius r_i und sehr großen Außenradius r_a, das den doppelten spezifischen Widerstand 2ϱ des Erdreiches habe. Sowohl der Luft als auch der Erde sei die fiktive Eigenschaft verschwindender Permittivität zugeschrieben. Die Permeabilitätszahl der Erde sei zu $\mu_r = 1$ angenommen.

Die Einlagerung des Zylinderkoordinatensystems r, φ, z in das beschriebene Ersatzmodell sowie Schraubsinn der Koordinaten und Richtung der Ströme zeigt *Abb. 1*.

a) Allgemeine Lösung der dem Problem angepaßten Diffusionsgleichung

Die elektrische Stromdichte und die magnetische Feldstärke der Ausgleichsströme im Erdreich können aus einem orts- und zeitabhängigen Vektorpotential $\boldsymbol{A} = \boldsymbol{e}_z A$ mit dem Einsvektor $\boldsymbol{e}_z$ und dem Betrag A gewonnen werden. A genügt unter den eingangs getroffenen Voraussetzungen der partiellen Differentialgleichung

$$\frac{\partial^2 A}{\partial r^2} + \frac{1}{r}\frac{\partial A}{\partial r} - \frac{\mu_0}{2\varrho}\frac{\partial A}{\partial t} = 0, \tag{1}$$

wobei $\mu_0 = 4\pi \cdot 10^{-7}$ H/m die magnetische Feldkonstante, ϱ den spezifischen elektrischen Widerstand der Erde und t die Zeit bedeuten.

Die magnetische Feldstärke $\boldsymbol{H}$ erhält man aus dem Vektorpotential $\boldsymbol{A}$ zu

$$\boldsymbol{H} = \operatorname{rot} \boldsymbol{A}. \tag{2}$$

Wegen der Rotationssymmetrie $(\partial/\partial\varphi = 0)$ und der angenommenen Unabhängigkeit von der axialen z-Koordinate $(\partial/\partial z = 0)$ hat der Vektor $\boldsymbol{H}$ nach Gl. (2) nur eine φ-Komponente in zirkularer Richtung; ihr Betrag sei mit H und ihr Einsvektor in φ-Richtung mit $\boldsymbol{e}_\varphi$ bezeichnet. Aus Gl. (2) folgt dann

$$\boldsymbol{H} = \boldsymbol{e}_\varphi H = \operatorname{rot}_\varphi \boldsymbol{A} = -\boldsymbol{e}_\varphi \frac{\partial A}{\partial r}. \tag{3}$$

Die Stromdichte $\boldsymbol{S}$, die nur eine Komponente vom Betrag S in axialer z-Richtung hat und deren Einsvektor in z-Richtung $\boldsymbol{e}_z$ sei, folgt zu

$$\boldsymbol{S} = \boldsymbol{e}_z S = \operatorname{rot}_z \boldsymbol{H} = \boldsymbol{e}_z \frac{1}{r}\frac{\partial (rH)}{\partial r}. \tag{4}$$

Unter Beachtung von Gl. (1) und (3) ergibt sich hieraus

$$S = -\frac{\partial^2 A}{\partial r^2} - \frac{1}{r}\frac{\partial A}{\partial r} = -\frac{\mu_0}{2\varrho}\frac{\partial A}{\partial t}. \tag{5}$$

Die allgemeine Lösung der partiellen Differentialgleichung (1) lautet:

$$A(r, t) = \sum_{p=1}^{\infty} \left[B_p J_0\left(x_p \frac{r}{r_a}\right) + C_p N_0\left(x_p \frac{r}{r_a}\right)\right] \cdot \mathrm{e}^{-\frac{2\varrho}{\mu_0}\left(\frac{x_p}{r_a}\right)^2 t}. \tag{6}$$

Hierin sind J_0 die Besselsche und N_0 die Neumannsche Zylinderfunktion von der Ordnung Null und x_p die aus den Randbedingungen zu ermittelnden Eigenwerte. Die Lösung in Gl. (6) stellt sich also als unendliche Summe von Ortsfunktionen dar, von denen jede exponentiell mit der ihr eigenen Zeitkonstante abklingt. Man überzeugt sich leicht durch partielle Differentiation von Gl. (6) nach r und t und Einsetzen in Gl. (1), daß Gl. (6) deren vollständige Lösung ist.

b) Sprungartiges Ausschalten eines Gleichstromes

Bis zur Zeit $t = 0$ fließe in der Freileitung ein linienförmiger Gleichstrom $-I_0$ und im Erdboden der Rückstrom I_0 mit der über den rohrförmigen Querschnitt konstanten Stromdichte S_0. Hin- und Rückstrom rufen im Erdboden ein stationäres magnetisches Feld hervor. Die Feldstärke $H_0(r)$ genügt der Gleichung

$$H_0(r) = \frac{I_0}{2\pi r_a} \cdot \frac{k^2}{k^2 - 1} \left(\frac{r}{r_a} - \frac{r_a}{r} \right), \tag{7}$$

während die stationäre Stromdichte S_0 gegeben ist durch

$$S_0 = \frac{I_0}{\pi r_a^2} \cdot \frac{k^2}{k^2 - 1}. \tag{8}$$

In Gl. (7) und (8) bedeutet $k = r_a/r_i$ das Verhältnis des Außenradius zum Innenradius des rohrförmigen Ersatzmodells. Die magnetische Feldstärke des Ausgleichsstromes in der Erde erhält man gemäß Gl. (3) durch Differenzieren von Gl. (6) nach r:

$$H(r, t) = -\frac{1}{r_a} \sum_{p=1}^{\infty} x_p \left[B_p J_1\left(x_p \frac{r}{r_a} \right) + C_p N_1\left(x_p \frac{r}{r_a} \right) \right] \cdot e^{-\frac{2\varrho}{\mu_0}\left(\frac{x_p}{r_a}\right)^2 t}, \tag{9}$$

wobei J_1 die Besselsche und N_1 die Neumannsche Zylinderfunktion erster Ordnung sind.

Da nach Gl. (7) an der Außenfläche ($r = r_a$) des zylindrischen Rohrkörpers die stationäre magnetische Feldstärke $H_0(r_a)$ verschwindet, gilt dies auch für die Ausgleichsfeldstärke $H(r_a, t)$ nach Gl. (9). Diese Bedingung liefert zwischen den Konstanten C_p und B_p die Beziehung

$$C_p = -\frac{J_1(x_p)}{N_1(x_p)} \cdot B_p. \tag{10}$$

Für $t = 0$ verschwindet der Gesamtstrom und mit ihm auch die magnetische Feldstärke $H(r_i, t)$ an der Innenfläche ($r = r_i$) des zylindrischen Rohrkörpers. Diese zweite Randbedingung ergibt mit Gl. (9) und (10)

$$\begin{vmatrix} J_1(x_p) & N_1(x_p) \\ J_1\left(\frac{x_p}{k}\right) & N_1\left(\frac{x_p}{k}\right) \end{vmatrix} = 0. \tag{11}$$

Für die Nullstellen x_p dieser Determinante gibt es Tafeln. Für $k \to \infty$, entsprechend dem im vorliegenden Anwendungsbeispiel sehr großen Radienverhältnis r_a/r_i nähern sich die Nullstellen x_p der Funktionaldeterminante in Gl. (11) den Nullstellen x_p von

$$J_1(x_p) = 0. \tag{12}$$

Die ersten 10 Nullstellen von $J_1(x_p) = 0$ und die dazugehörenden Werte von $J_0(x_p)$ sind in Tabelle 1 angegeben.

Tabelle 1. *Nullstellen von $J_1(x_p)$ und zugehörige Werte von $J_0(x_p)$*

p	1	2	3	4	5
x_p	3,832	7,016	10,173	13,324	16,471
$J_0(x_p)$	−0,4028	+0,3001	−0,2497	+0,2184	−0,1965
p	6	7	8	9	10
x_p	19,616	22,760	25,904	29,047	32,40
$J_0(x_p)$	+0,1801	−0,1672	+0,1567	−0,1480	+0,1406

Mit hinreichender Genauigkeit, die mit wachsender Ordnungszahl p zunimmt, etwa für $p \geqq 4$, sind die Nullstellen von $J_1(x_p)$ bestimmt durch

$$x_p = \frac{\pi}{4}(4p + 1). \tag{13}$$

Da $N_1(x_p)$ an den Nullstellen von $J_1(x_p)$ einen von Null verschiedenen Wert hat, wird nach Gl. (10) und Gl. (12)

$$C_p = 0. \tag{14}$$

Zur Bestimmung der noch unbekannten Konstanten B_p dient die Anfangsbedingung, daß unmittelbar vor Eintritt des Sprunges, also auch für $t = 0$, die Ausgleichsfeldstärke $H(r, o)$ gleich der stationären magnetischen Feldstärke $H_0(r, t)$ für $t \leqq 0$ sein muß. Dies liefert nach Gl. (7) und (9) die Bedingung

$$\sum_{p=1}^{\infty} x_p B_p J_1\left(x_p \frac{r}{r_a}\right) = -\frac{I_0}{2\pi} \frac{k^2}{k^2 - 1}\left(\frac{r}{r_a} - \frac{r_a}{r}\right). \tag{15}$$

Hierzu gehört nach Gl. (6), und entsprechend aus Gl. (7) abgeleitet, ein Vektorpotential

$$A(r, 0) = \sum_{p=1}^{\infty} B_p J_0\left(x_p \frac{r}{r_a}\right) = -\frac{I_0}{4\pi} \frac{k^2}{k^2 - 1}\left[\left(\frac{r}{r_a}\right)^2 - 2\ln\left(\frac{r}{r_a}\right)\right]. \tag{16}$$

Wir setzen vorübergehend die Variable $r/r_a = y$. Zur Bestimmung der Konstanten B_p wird Gl. (16) mit der Orthogonalfunktion $J_0(x_q y)$ multipliziert und über $y\,dy$ zwischen den Grenzen $r_i/r_a = \frac{1}{k} \approx 0$ und 1 integriert, also

$$\sum_{p=1}^{\infty} B_p \int_0^1 J_0(x_p y)\, J_0(x_q y)\, y\, dy = -\frac{I_0}{4\pi} \frac{k^2}{k^2 - 1} \int_0^1 (y^2 - 2\ln y)\, y J_0(x_q y)\, dy. \tag{17}$$

Das Integral auf der linken Seite von Gl. (17) verschwindet für $p \neq q$. Es nimmt für $p = q$ den Wert $\frac{1}{2} J_0^2(x_p)$, das Integral auf der rechten Seite den Wert $\frac{2}{x_p^2}$ an, wie man aus Integrationsregeln für Zylinderfunktionen ableiten kann. Damit ergibt sich aus Gl. (17)

$$B_p = -\frac{I_0}{\pi} \frac{k^2}{k^2 - 1} \cdot \frac{1}{x_p^2 J_0^2(x_p)}. \tag{18}$$

Der Ausdruck für das Vektorpotential $A(r, t)$ nach Gl. (6) nimmt daher die Form an

$$A(r, t) = -\frac{I_0}{\pi} \frac{k^2}{k^2-1} \sum_{p=1}^{\infty} \frac{J_0\left(x_p \frac{r}{r_a}\right)}{x_p^2 J_0^2(x_p)} e^{-\frac{2\varrho}{\mu_0}\left(\frac{x_p}{r_a}\right)^2 t}. \tag{19}$$

Die Abklingzeitkonstante (Raumzeitkonstante) des p-ten Gliedes beträgt

$$T_p = \frac{\mu_0}{2\varrho} \frac{r_a^2}{x_p^2}. \tag{20}$$

Bei Annahme eines feuchten Bodens vom spezifischen elektrischen Widerstand $\varrho = 10^2\,\Omega\text{m}$ und einem Außenradius $r_a = 5$ km findet man aus Gl. (20).

$$T_1 = 4\pi \cdot 10^{-7} \frac{\Omega \text{s}}{m} \cdot \frac{1}{2 \cdot 10^2\,\Omega\text{m}} \cdot \frac{25 \cdot 10^6\,\text{m}^2}{(3{,}832)^2} \approx 1{,}1 \cdot 10^{-2}\,\text{s}.$$

Die Raumzeitkonstanten T_p der einzelnen Reihenglieder in Gl. (20) verhalten sich gemäß Gl. (20) zueinander umgekehrt proportional wie die Quadrate der betreffenden Eigenwerte x_p

$$\frac{T_p}{T_1} = \left(\frac{x_1}{x_p}\right)^2. \tag{21}$$

Tabelle 2 zeigt diese Verhältnisse.

Tabelle 2. *Verhältnis der Raumzeitkonstanten verschiedener Ordnungszahlen*

p	1	2	3	4	5	6	7	8	9	10
T_p/T_1	1	0,298	0,142	0,082	0,054	0,038	0,028	0,022	0,018	0,014

Hieraus ergibt sich, daß die Ausgleichsfelder mit wachsender Ordnungszahl schneller und schneller abklingen.

Mittels der Gleichungen (5), (8), (19) und (20) erhält man für die Ausgleichsstromdichte $S(r, t)$ im Erdboden, bezogen auf die stationäre Stromdichte S_0, die Beziehung

$$\frac{S(r, t)}{S_0} = -\sum_{p=1}^{\infty} \frac{J_0\left(x_p \frac{r}{r_a}\right)}{J_0^2(x_p)} e^{-t/T_p}. \tag{22}$$

Die magnetische Ausgleichsfeldstärke $H(r, t)$ im Erdboden, bezogen auf den stationären Randwert $H_0(r_i)$, leitet sich mittels der Gleichungen (3), (7), (19) und (20) ab zu

$$\frac{H(r, t)}{H_0(r_i)} = -2 \frac{k}{k^2-1} \sum_{p=1}^{\infty} \frac{J_1\left(x_p \frac{r}{r_a}\right)}{x_p J_0^2(x_p)} e^{-t/T_p}. \tag{23}$$

c) Sprungartiges Einschalten eines Gleichstromes

Zur Zeit $t = 0$ werde auf der vorher unbelasteten Freileitung ein Gleichstrom $-I_0$ sprungartig eingeschaltet. Der räumliche und zeitliche Verlauf der Strömung im Erdboden ergibt sich durch Überlagerung der stationären Stromdichte S_0 über die negative Ausgleichsstromdichte nach Gl. (22) zu

$$\frac{S(r,t)}{S_0} = 1 + \sum_{p=1}^{\infty} \frac{J_0\left(x_p \frac{r}{r_a}\right)}{J_0^2(x_p)} e^{-t/T_p}. \tag{24}$$

Wie man durch Integration der Ausgleichsstromdichte, also der Summenglieder rechts in Gl. (24), über den kreisringförmigen Querschnitt des die Erde nachbildenden rohrförmigen Ersatzleiters feststellen kann, ist der gesamte Ausgleichsstrom jederzeit gleich Null. Er liefert also zu keiner Zeit einen Beitrag zum Gesamtstrom I_0. Die Ausgleichsstromdichte hat daher in tieferen Schichten des Erdreiches die entgegengesetzte Richtung der Oberflächenströmung.

In *Abb. 2* ist die Verteilung der Stromdichte nach Gl. (24), abhängig vom Verhältnis r/r_a, für verschiedene normierte, auf die Raumzeitkonstante T_1 bezogene Zeiten t aufgetragen. Unmittelbar nach dem Einschalten treten an der Erd-

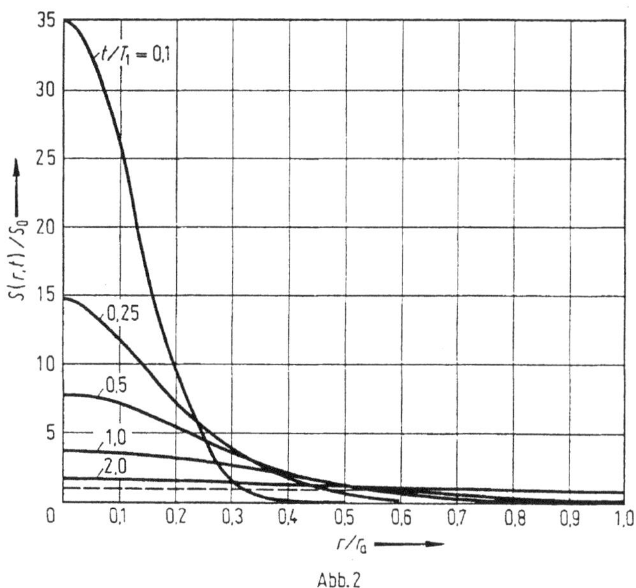

Abb. 2

oberfläche Stromdichten auf, die ein hohes Vielfaches der stationären Stromdichte sind. Der Erdstrom konzentriert sich zunächst dicht an der Erdoberfläche und dringt dann allmählich tiefer in das Erdreich ein.

Um den zeitlichen Verlauf der Stromdichte an der Erdoberfläche, d. h. am Innenumfang ($r = r_i$) des rohrförmigen Ersatzmodells, zu ermitteln, ist in Gl. (24) $r = r_i$ zu setzen. Es ergibt sich dann wegen $J_0\left(\frac{x_p}{k}\right) \to 1$ für großes k

$$\frac{S(r_i,t)}{S_0} = 1 + \sum_{p=1}^{\infty} \frac{e^{-t/T_p}}{J_0^2(x_p)}. \tag{25}$$

Für $p = 4$ kann man von der asymptotischen Entwicklung

$$J_0(x_p) \approx \left(\frac{2}{\pi x_p}\right)^{1/2} \cos\left(x_p - \frac{\pi}{4}\right) \tag{26}$$

Gebrauch machen und erhält, wenn man x_p aus Gl. (13) einsetzt

$$J_0(x_p) \approx \frac{2\sqrt{2}}{\pi} (-1)^p (4p+1)^{-\frac{1}{2}}. \tag{27}$$

Somit geht Gl. (25) etwa für $p \geqq 4$ über in

$$\frac{S(r_i, t)}{S_0} \approx 1 + \frac{\pi^2}{8} \sum_p^\infty (4p+1)\, e^{-t/T_p}. \tag{28}$$

Für sehr kleine Zeiten ist diese Entwicklung divergent.

In *Abb. 3* ist die Randstromdichte $S(r_i, t)/S_0$ gemäß Gl. (25) und (28) über t/T_1 aufgetragen. Die Stromdichte an der Erdoberfläche klingt also beim plötz-

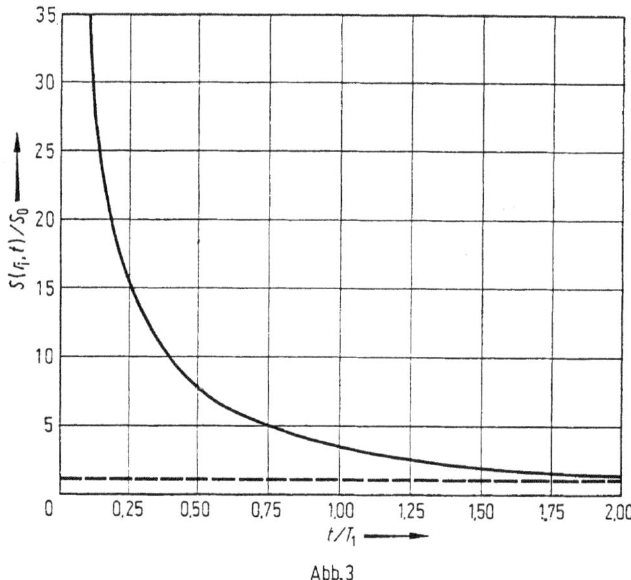

Abb. 3

lichen Einschalten eines Gleichstromes von außerordentlich hohen Werten schnell ab und erreicht nach etwa 3 bis 4 Zeitkonstanten T_1 den stationären Endwert S_0.

Eine Vorstellung über den zeitlichen Verlauf der Stromdichte in tieferen Schichten des Erdreiches gewinnt man, wenn in Gl. (24) $r = r_a$ gesetzt wird. Hierfür ist

$$\frac{S(r_a, t)}{S_0} = 1 + \sum_{p=1}^{\infty} \frac{e^{-t/T_p}}{J_0(x_p)}. \tag{29}$$

Für $p \geqq 4$ geht diese Beziehung mit Gl. (27) in die Näherung

$$\frac{S(r_a, t)}{S_0} \approx 1 + \frac{\pi}{2\sqrt{2}} \sum_p^\infty (-1)^p (4p+1)^{1/2} \cdot e^{-t/T_p} \tag{30}$$

über. Der zeitliche Verlauf der Stromdichte im tieferen Erdreich nach Gl. (29) und (30) beim plötzlichen Einschalten eines Gleichstromes ist in *Abb. 4*, abhängig von t/T_1, dargestellt. Nach 5 bis 6 Zeitkonstanten T_1 erreicht die Stromdichte ihren stationären Wert S_0. Zum Vergleich dazu ist in *Abb. 4* noch eine fiktive exponentiell mit der Zeitkonstante T_1 anklingende Stromdichte aufgetragen.

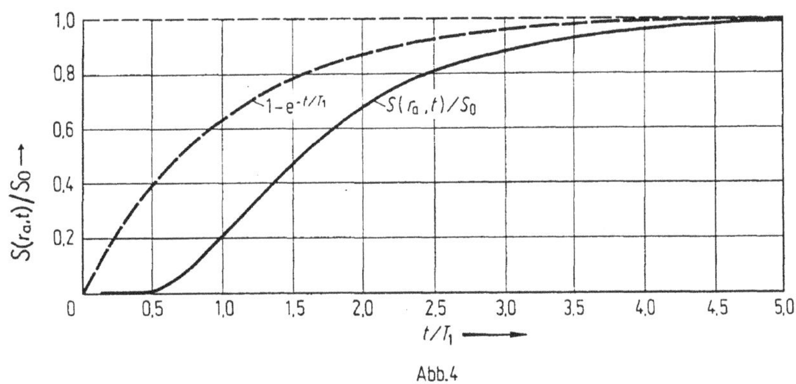

Abb. 4

d) Einschalten eines exponentiell ansteigenden Gleichstromes

Wird gemäß *Abb. 5* zu einer Zeit $\zeta > 0$ ein Strom, der einem beliebigen Zeitgesetz $f(t)$ gehorcht, auf die Freileitung und damit ein Rückstrom gleichen zeitlichen Verlaufes auf das Erdreich geschaltet, so kann der Ausgleichsvorgang für die Stromdichte im Erdreich analog Gl. (24) dargestellt werden durch die Beziehung

$$\frac{S(r,t)}{S_0} = f(t) + \sum_{p=1}^{\infty} \frac{J_0\left(x_p \frac{r}{r_a}\right)}{J_0^2(x_p)} f_p(t). \tag{31}$$

Da die Funktion $f(t)$ nach *Abb. 5* aus elementaren Sprüngen zusammengesetzt werden kann, läßt sich die Funktion $f_p(t)$ wiederum analog zu Gl. (24) ausdrücken

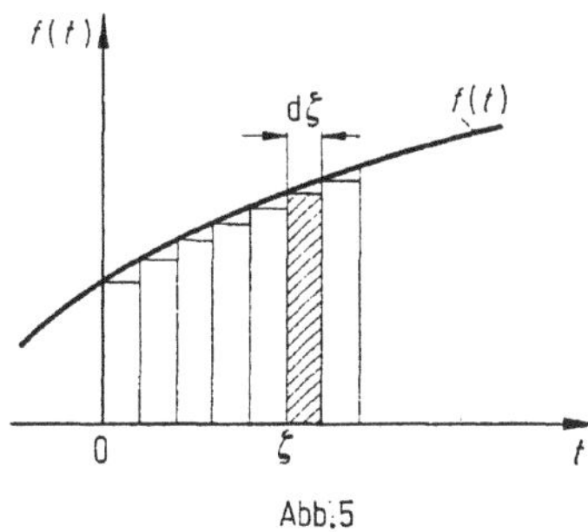

Abb. 5

durch

$$f_p(t) = \int_{\zeta=0}^{\zeta=t} \frac{\mathrm{d}f(t-\zeta)}{\mathrm{d}t} \, e^{-\zeta/T_p} \, \mathrm{d}\zeta. \tag{32}$$

Schaltet man einen mit der Zeitkonstante T_0 exponentiell nach dem Gesetz $f(t) = 1 - e^{-t/T_0}$ ansteigenden Gleichstrom ein, so folgt aus Gl. (32)

$$f_p(t) = \frac{e^{-t/T_0} - e^{-t/T_p}}{\frac{T_0}{T_p} - 1}. \qquad (33)$$

Der Ausgleichsvorgang für die Stromdichte in der Erde genügt also gemäß Gl. (24), (31) und (33) dem Gesetz:

$$\frac{S(r,t)}{S_0} = 1 - e^{-t/T_0} + \sum_{p=1}^{\infty} \frac{J_0\left(x_p \frac{r}{r_a}\right)}{J_0^2(x_p)} \cdot \frac{e^{-t/T_0} - e^{-t/T_p}}{\frac{T_0}{T_p} - 1}. \qquad (34)$$

Führt man noch als normierte Zeit

$$\tau = \frac{t}{T_0} \qquad (35)$$

ein und setzt unter Berücksichtigung von Gl. (21)

$$\frac{t}{T_p} = \frac{t}{T_0} \cdot \frac{T_0}{T_1} \cdot \frac{T_1}{T_p} = \frac{t}{T_0} \frac{T_0}{T_1} \left(\frac{x_p}{x_1}\right)^2 = \alpha_p \tau, \qquad (36)$$

wobei

$$\alpha_p = \frac{T_0}{T_1} \left(\frac{x_p}{x_1}\right)^2 = \frac{T_0}{T_p}, \qquad (37)$$

so geht Gl. (34) über in

$$\frac{S(r,\tau)}{S_0} = 1 - e^{-\tau} + \sum_{p=1}^{\infty} \frac{J_0\left(x_p \frac{r}{r_a}\right)}{J_0^2(x_p)} \frac{e^{-\tau} - e^{-\alpha_p \tau}}{\alpha_p - 1}. \qquad (38)$$

Für sprungartiges Einschalten eines Gleichstromes, entsprechend $T_0 = 0$, geht Gl. (38) in das für diesen Grenzfall gültige Gesetz (24) über. Dagegen würde sich für den anderen Grenzfall $T_0 \gg T_p$ aus Gl. (38) der bekannte exponentielle Stromanstieg nach dem Gesetz $1 - e^{-t/T_0}$ ergeben.

Ein weiterer Grenzfall, nämlich $T_0 = T_p$, entsprechend $\alpha_p = 1$, der zu dem unbestimmten Ausdruck $\frac{0}{0}$ im zweiten Quotienten rechts in Gl. (38) führt, läßt sich dadurch behandeln, daß man die beiden Exponentialfunktionen im Zähler in nach Potenzen von τ fortschreitende Reihen entwickelt und die Differenz dieser Reihen durch $\alpha_p - 1$ dividiert. Die daraus resultierende Reihe läßt sich dann für $\alpha_p = 1$ durch die geschlossene Funktion

$$\frac{e^{-\alpha_p \tau} - e^{-\tau}}{\alpha_p - 1} = -\tau \cdot e^{-\tau} \qquad (40)$$

darstellen.

In den meisten Fällen wird nun die Stromzeitkonstante T_0 wesentlich größer sein als die Raumzeitkonstanten T_p des Erdreiches. Je größer T_0/T_p ist, um so weniger treten Einschaltüberspannungen in Erscheinung. Für den Fall $T_0/T_1 = 10$

wurde die Randstromdichte an der Erdoberfläche, entsprechend $r = r_i$ im rohrförmigen Ersatzmodell, aus Gl. (41)

$$h(\tau) = \frac{S(r_i, \tau)}{S_0} = 1 - e^{-\tau} + \sum_{p=1}^{\infty} \frac{e^{-\tau} - e^{-\alpha_p \tau}}{J_0^2(x_p) \cdot (\alpha_p - 1)}, \tag{41}$$

abhängig von der normierten Zeit τ, für das Einschalten eines nach dem Gesetz $1 - e^{-\tau}$ ansteigenden Gleichstromes errechnet. Leider konvergiert die Reihe rechts in Gl. (41) für kleine Werte von τ schlecht. In *Abb. 6* ist der zeitliche Verlauf der Stromdichte unter Berücksichtigung von 10 Gliedern der Reihenentwicklung dargestellt. Sie steigt von Null schnell an, erreicht etwa bei $\tau \approx 0{,}25$ ihren Höchstwert $1{,}75\ S_0$ und fällt dann allmählich auf ihren Endwert S_0 ab.

Trägt man die Ausgleichsstromdichte $S(r, \tau)$ nach Gl. (38) über dem Radienverhältnis r/r_a für verschiedene normierte Zeiten τ auf, so ergibt sich ähnlich *Abb. 2* nach dem Schaltvorgang anfänglich ein Zusammendrängen der Strömung an der Innenfläche des Ersatzmodells, der Strom dringt erst langsam in das Innere ein.

In *Abb. 6* sind außer der Funktion $h(\tau)$ nach Gl. (41) noch ihre beiden Bestandteile

$$f(\tau) = 1 - e^{-\tau} \tag{42}$$

und

$$g(\tau) = \sum_{p=1}^{\infty} \frac{e^{-\tau} - e^{-\alpha_p \tau}}{J_0^2(x_p)\,(\alpha_p - 1)} \tag{43}$$

abhängig von τ aufgetragen. Wie eine Reihenentwicklung zeigt, kann für $\tau \geqq 0{,}3$ die Funktion $g(\tau)$ durch das einfache Exponentialgesetz

$$g(\tau) \approx 2e^{-\tau} \tag{44}$$

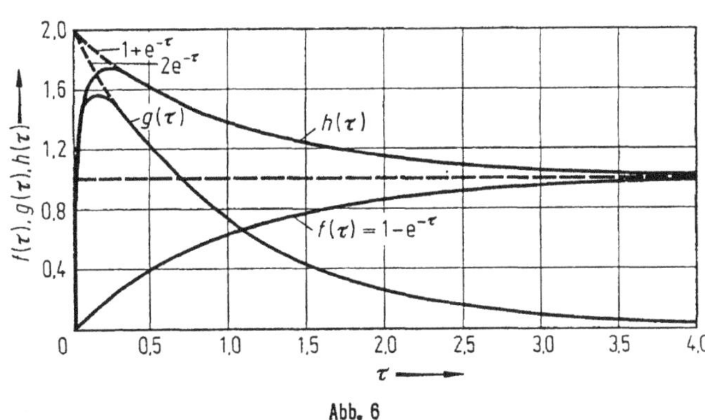

Abb. 6

und dementsprechend die Summe der Funktionen $f(\tau)$ und $g(\tau)$ durch das Gesetz

$$h(\tau) = f(\tau) + g(\tau) \approx 1 + e^{\tau} \tag{45}$$

angenähert werden.

Die längenbezogene Störspannung, also die elektrische Störfeldstärke, an der Erdoberfläche ist nach den eingangs getroffenen Voraussetzungen gegeben durch

$$u_l = \frac{2\varrho I_0}{\pi r_a^2} \big(f(\tau) + g(\tau)\big) = \frac{2\varrho I_0}{\pi r_a^2}\, h(\tau). \tag{46}$$

Für $\tau \geqq 0{,}3$ gilt mit der für das zweite Glied in der Klammer eingesetzten Näherung

$$u_l = \frac{2\varrho I_0}{\pi r_a^2}(1 - e^{-\tau} + 2e^{-\tau}), \tag{47a}$$

$$u_l = \frac{2\varrho I_0}{\pi r_a^2}(1 + e^{-\tau}). \tag{47b}$$

Auf Grund der Darstellung in Gl. (47a) läßt sich die längenbezogene Störspannung an der Erdoberfläche als Summe eines ohmschen und eines induktiven Spannungsabfalles, beide auf die Länge bezogen, deuten, die ein exponentiell nach Gl. (42) ansteigender Strom hervorruft. Es gilt also für $\tau \geqq 0{,}3$

$$u_l = R_l i + L_l \frac{di}{dt} = \tag{48}$$

$$= I_0(R_l(1 - e^{-\tau}) + X_l e^{-\tau}).$$

Hierbei ist der längenbezogene ohmsche Widerstand

$$R_l = \frac{2\varrho}{\pi r_a^2} = \frac{\mu_0}{\pi}\frac{1}{T_1 x_1^2} \tag{49}$$

und die längenbezogene Reaktanz

$$X_l = 2R_l = \frac{2\mu_0}{\pi}\frac{1}{T_1 x_1^2}. \tag{50}$$

Hierzu gehört eine längenbezogene Induktivität

$$L_l = 2\frac{\mu_0}{\pi}\frac{T_0}{T_1}\cdot\frac{1}{x_1^2}. \tag{51}$$

Als Beispiel werden die bei Erdkurzschluß einer Gleichstrom-Bahnfahrleitung in einer benachbarten Fernmeldeleitung hervorgerufenen Störungen behandelt. *Abb. 7* zeigt je zwei Oszillogramme des Erdkurzschlußstromes i und der in der Fernmeldeleitung induzierten Störspannung u. Der stationäre Wert des Erdkurzschlußstromes, von dem ein Teil durch die Schienen zurückfloß, betrug

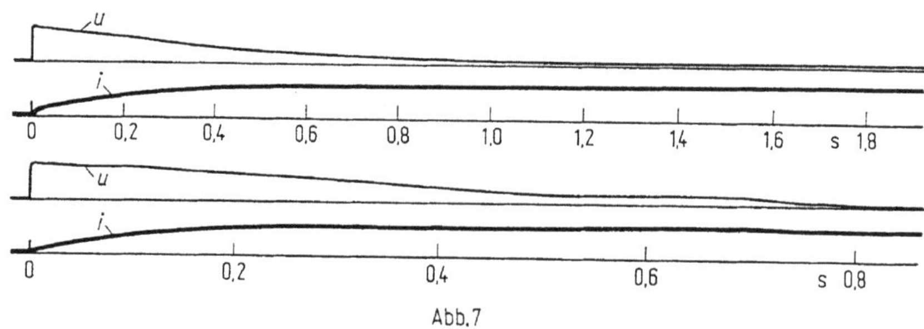

Abb. 7

$I_0 = 2300$ A, seine Zeitkonstante etwa $T_0 = 0{,}27$ s. In der auf 19 km zur Fahrleitung im Abstand von 10 m parallelgeführten Fernmeldeleitung wurden Höchstwerte der induzierten Spannung $u_{\max} = 65$ V und $u_{\max} = 70$ V gemessen. Der spezifische Erdwiderstand in der Nähe des Bahnkörpers war zu $\varrho = 10\,\Omega$m ermittelt worden. Da die Berechnungen auf der Annahme $T_0/T_1 = 10$ fußen, müßte entsprechend der gemessenen Stromzeitkonstante $T_0 = 0{,}27$ s die Grundfeldzeitkonstante $T_1 \approx 0{,}027$ s betragen. Zu diesem Wert gehört nach Gl. (37) ein Außenradius des Ersatzmodells

$$r_{\mathrm{a}} = x_1 \sqrt{\frac{2\varrho}{\mu_0} T_1} = 3{,}832 \sqrt{\frac{20\,\Omega\mathrm{m}}{4\pi \cdot 10^{-7}\,\Omega\mathrm{s/m}} \cdot 0{,}027\,\mathrm{s}} \approx 2{,}5\,\mathrm{km}.$$

In dem für $\tau \gtreqqless 0{,}3$ gültigen Stromkreis mit der Reihenschaltung aus R_l und L_l, durch den die Erdoberfläche in ihrer Wirkung ersetzt gedacht werden kann, beträgt für das vorliegende Beispiel nach Gl. (49), (50) und (51):

$$R_l = \frac{2\varrho}{\pi r_{\mathrm{a}}^2} = \frac{20\,\Omega\mathrm{m}}{\pi (2{,}5)^2 \cdot 10^6\,\mathrm{m}^2} = 1{,}02 \cdot 10^{-3}\,\frac{\Omega}{\mathrm{km}},$$

$$X_l = 2R_l = 2{,}04 \cdot 10^{-3}\,\frac{\Omega}{\mathrm{km}},$$

$$L_l = T_0 \cdot X_l = 0{,}27\,\mathrm{s} \cdot 2{,}04 \cdot 10^{-3}\,\frac{\Omega}{\mathrm{km}} = 0{,}55\,\frac{\mathrm{mH}}{\mathrm{km}}.$$

Der dem Endwert $I_0 = 2300$ A zustrebende Einschaltstrom verursacht an der Erdoberfläche eine Schrittspannung. Bedeutet $s = 1$ m die Schrittweite eines Menschen, so ergibt sich nach Gl. (46) und *Abb. 6* für $\tau = 0{,}25$ als höchste Schrittspannung

$$u_{\mathrm{S}\max} = 1{,}75 \cdot \frac{2\varrho}{\pi r_{\mathrm{a}}^2} I_0 s = 1{,}75 \cdot 1{,}02\,\frac{\Omega}{\mathrm{km}} \cdot 2300\,\mathrm{A} \cdot 1\,\mathrm{m} = \\ = 4{,}1\,\mathrm{mV},$$

also ein für den Menschen völlig ungefährlicher Wert.

Bei dem vorerwähnten stationären Wert des Einschaltstromes auf der Bahnfahrleitung $I_0 = 2300$ A und der Länge $l = 19$ km der Parallelführung der Fernmeldeleitung wird in dieser nach Gl. (47a) und *Abb. 6* eine höchste Störspannung

$$u_{\max} = 1{,}58\,\frac{2\varrho}{\pi r_{\mathrm{a}}^2} I_0 l = 1{,}58 \cdot 1{,}02 \cdot 10^{-3}\,\frac{\Omega}{\mathrm{km}}\;2300\,\mathrm{A} \cdot 19\,\mathrm{km} = \\ = 70\,\mathrm{V}$$

induziert. Diese Störspannung tritt zu einer Zeit

$$t = \tau T_0 = 0{,}16 \cdot 0{,}27\,\mathrm{s} = 0{,}043\,\mathrm{s}$$

nach Beginn des Ausgleichsvorganges auf. Der errechnete Wert der Störspannung stimmt sehr gut mit den eingangs aufgeführten Meßwerten überein.

Vergleicht man den Verlauf des Einschaltstromes auf der Fahrleitung und den Verlauf der induzierten Spannung auf der Fernmeldeleitung in den Oszillogrammen nach *Abb. 7* mit den theoretisch ermittelten Kurven $f(\tau)$ und $g(\tau)$ nach *Abb. 6*, so stellt man folgendes fest:

Zu Beginn des Ausgleichsvorganges steigt die induzierte Spannung sehr viel schneller an als der Strom — im Oszillogramm in noch wesentlich kürzerer Zeit als die Rechnung ergibt —, sie erreicht frühzeitig ihren Höchstwert und fällt dann langsam auf Null ab. Die Abklingzeitkonstante der Spannung im Oszillogramm ist etwa doppelt so groß wie die errechnete. Die Theorie führt unter den *Abb. 6* zugrunde liegenden Voraussetzungen zu nahezu gleichen Werten für die Anstiegszeitkonstante des Stromes und die Abklingzeitkonstante der Spannung.

In Anbetracht der vielen Unsicherheiten, die den Annahmen bei der Rechnung anhaften, kann das Ergebnis des Vergleiches zwischen Theorie und Messung als zufriedenstellend bezeichnet werden.

VI. Veränderlicher Widerstand

35. Erwärmung gekühlter Leiter

Jeder Leiter wird nach dem Einschalten durch den elektrischen Strom erwärmt, wobei die Energieverluste proportional dem ohmschen Widerstand sind. Solange die Erwärmung gering ist, dient die zugeführte Leistung hauptsächlich zur Steigerung der Temperatur des Leiters. Mit ansteigender Temperatur tritt eine Wärmeabfuhr nach außen auf, die die weitere Erwärmung verlangsamt und schließlich begrenzt. Andererseits jedoch wächst der Leitungswiderstand metallischer Leiter mit zunehmender Temperatur an, und dadurch wird die Stromwärme bei gegebenem Strom vergrößert. Dies kann unter Umständen der äußeren Wärmeabfuhr die Waage halten, so daß sich gar kein Gleichgewichtszustand mehr ausbildet.

a) Temperaturanstieg

Wir betrachten einen Stromkreis nach *Abb. 1*, der von einer Wechselspannung mit dem Effektivwert U gespeist wird, so daß in der Selbstinduktivität L und den Widerständen R und r folgender Strom fließt:

$$I = \frac{U}{\sqrt{(R + r)^2 + (\omega L)^2}}. \qquad (1)$$

Dabei ist r der Widerstand des Leitungsteiles, dessen Erwärmung wir verfolgen wollen und der in *Abb. 2* vergrößert herausgezeichnet ist. Zur zeitlichen Änderung

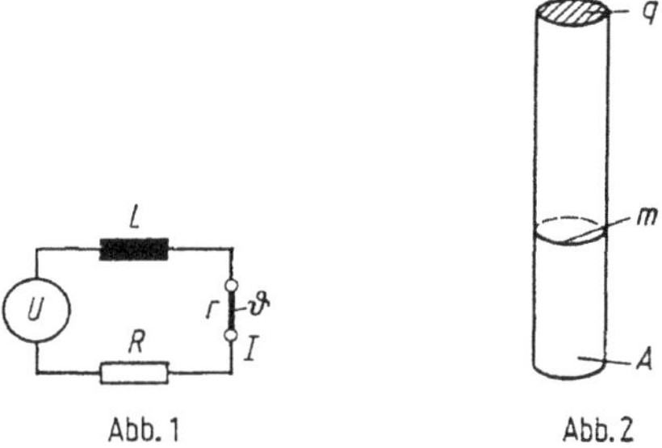

Abb. 1 Abb. 2

der Temperatur ϑ ist ein Wärmebetrag erforderlich, der proportional ist der volumenbezogenen Wärmekapazität c*) des Leitermaterials und dem Volumen V. Außerdem wird von der Oberfläche A des Leiters eine Wärmemenge abgegeben, die im wesentlichen proportional ist der Übertemperatur über die Umgebungstemperatur und dem Wärmeübergangskoeffizienten ζ. Bei sehr hohen Erwärmungen tritt noch eine vermehrte Strahlungsleistung hinzu, die schließlich mit der vierten Potenz der Temperatur ansteigt. Dies wollen wir hier jedoch nicht berücksichtigen, sondern den Anteil der Strahlung in ζ mit einbegreifen. Insgesamt erhält man

*) Für die an verschiedenen Stellen vorkommende auf das Volumen bezogene Wärmekapazität ist das Formelzeichen c besser durch C_V zu ersetzen.

demnach als Leistungsbilanz der Wärme

$$c\,V\,\frac{\mathrm{d}\vartheta}{\mathrm{d}t} + \zeta\,A\,\vartheta = I^2 r = \frac{U^2 r}{(R+r)^2 + (\omega L)^2}, \tag{2}$$

wobei alle betrachteten zeitlichen Änderungen langsam gegen die Schwingungsdauer der Quellenspannung erfolgen mögen (unter Vernachlässigung des flüchtigen Anteils der induktiven Spannung). Auch der geheizte Widerstand ist temperaturabhängig:

$$r = r_0(1 + \alpha\vartheta), \tag{3}$$

wobei für Kupfer und ähnliche Leitungsmetalle der Temperaturkoeffizient $\alpha = 1/235\ \mathrm{K}^{-1}$ ist, so daß die allgemeine Lösung dieser Gleichung nicht einfach ist.

Wir wollen deshalb drei verschiedene Bereiche unterscheiden, die zu unterschiedlichen Lösungen des Problems führen, je nachdem ob der erwärmte Widerstand r klein gegenüber den anderen Widerständen R und ωL ist, oder ob er in der gleichen Größenordnung mit diesen liegt, oder gar groß gegen dieselben ist. In *Abb. 3* ist die Wirkung dieser Bereiche auf den Stromwärmeverlust $I^2 r$ dargestellt. Er wächst mit zunehmender Temperatur im unteren Bereich linear an, bleibt im mittleren Bereich ziemlich konstant und nimmt im oberen Bereich langsam wieder ab.

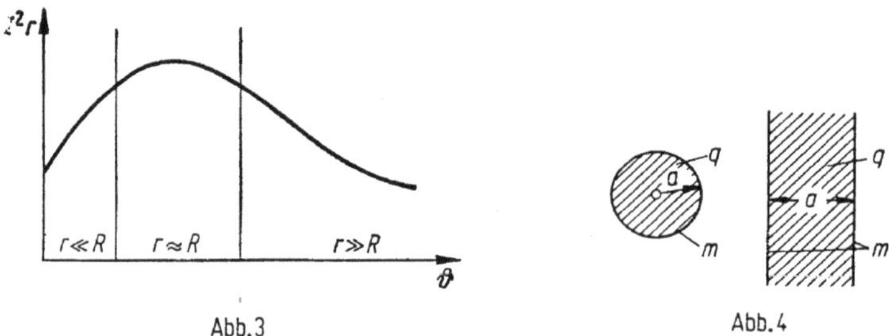

Abb. 3 Abb. 4

Im unteren Bereich kleinen Widerstandes r können wir seinen Einfluß im Nenner der Gl. (1) und (2) vernachlässigen, so daß der Strom I_0 konstant bleibt. Setzen wir den Widerstand aus Gl. (3) in Gl. (2) ein, so erhalten wir zur Bestimmung des Temperaturanstiegs die Differentialgleichung

$$c\,V\,\frac{\mathrm{d}\vartheta}{\mathrm{d}t} + \zeta A\vartheta = I_0^2 r_0(1 + \alpha\vartheta), \tag{4}$$

oder, wenn wir die beiden Glieder mit ϑ zusammenfassen und durch $c\,V$ dividieren,

$$\frac{\mathrm{d}\vartheta}{\mathrm{d}t} + \frac{\zeta A}{c\,V}\left(1 - \alpha\,\frac{I_0^2 r_0}{\zeta A}\right)\vartheta = \frac{I_0^2 r_0}{c\,V}. \tag{5}$$

Hierin können wir einige oft wiederkehrende Werte zusammenfassen. Wir nennen

$$T = \frac{c\,V}{\zeta A} = \frac{cq}{\zeta m} = \frac{a}{2}\,\frac{c}{\zeta} \tag{6}$$

die Temperaturzeitkonstante des Leiters. Dabei haben wir nach *Abb. 2* das Verhältnis vom Volumen V zur Oberfläche A durch das vom Querschnitt q zum

Umfang m ausgedrückt, das stets durch die Angabe einer linearen Leiterabmessung bestimmt ist. Für runde oder flache Leiterquerschnitte wird es z. B. nach *Abb. 4* gleich $a/2$, wobei a der Radius oder die Dicke des Heizleiters ist. Außerdem ist die Temperaturzeitkonstante nur noch mit dem Wärmeübergangskoeffizienten ζ veränderlich, da die auf das Volumen bezogene Wärmekapazität c eine Materialkonstante ist.

Ferner bezeichnen wir mit

$$M = \frac{I_0^2 r_0}{c V} = \frac{I_0^2 \varrho_0 l}{c l q^2} = \frac{\varrho_0}{c} S_0^2 \tag{7}$$

den Anfangsanstieg der Leitertemperatur bei kleinem ϑ, siehe Gl. (5). Wir haben dabei den spezifischen Widerstand ϱ_0 und die Länge des Leiters l eingeführt und sehen, daß dieser Anfangsanstieg außer von Materialkonstanten lediglich vom Quadrat der Stromdichte S_0 abhängig ist.

Schließlich nennen wir

$$H = \frac{I_0^2 r_0}{\zeta A} = \frac{I_0^2 \varrho_0 l}{\zeta m l q} = \frac{q}{m} \frac{\varrho_0}{\zeta} S_0^2 = \frac{a}{2} \frac{\varrho_0}{\zeta} S_0^2 \tag{8}$$

die Heiztemperatur des Vorganges. Sie stellt einen Temperaturwert dar, der nach Gl. (4) der Enderwärmung des Leiters ohne Widerstandszunahme entspricht und der ebenfalls vorwiegend durch das Quadrat der Stromdichte und außerdem noch von der Leiterdicke a und dem Wärmeübergangskoeffizienten ζ bestimmt wird. Wir können ihn auch ausdrücken durch das Produkt

$$H = M T. \tag{9}$$

Mit diesen Abkürzungen geht Gl. (5) über in

$$\frac{\mathrm{d}\vartheta}{\mathrm{d}t} + \frac{1 - \alpha H}{T} \vartheta = M. \tag{10}$$

Die Lösung ist

$$\vartheta = \frac{H}{1 - \alpha H} \left(1 - \mathrm{e}^{-\frac{1-\alpha H}{H} M t}\right) = \vartheta_\infty \left(1 - \mathrm{e}^{-t/T_e}\right), \tag{11}$$

wobei die exponentielle Zeitkonstante

$$T_e = \frac{T}{1 - \alpha H} = \frac{1}{M} \frac{H}{1 - \alpha H} \tag{12}$$

stark von der Heiztemperatur H nach Gl. (8) abhängig ist, während die Endtemperatur

$$\vartheta_\infty = \frac{M T}{1 - \alpha H} = \frac{H}{1 - \alpha H} \tag{13}$$

fast vollständig von ihr bestimmt wird.

In *Abb. 5* ist der zeitliche Verlauf der Temperatur nach Gl. (11) für Kupfer aufgetragen, und zwar über dem Produkt Mt, um eine einheitliche Kurvenschar zu erhalten. Wir sehen, daß der Anfangsanstieg der Temperatur tatsächlich in allen Fällen gleich ist. Er berechnet sich aus Gl. (10) oder (11) zu

$$\left(\frac{\mathrm{d}\vartheta}{\mathrm{d}t}\right)_0 = M = \frac{\varrho_0}{c} S_0^2, \tag{14}$$

übereinstimmend mit dem Wert nach Gl. (7). Die weitere Temperaturerhöhung folgt einer Exponentialkurve, deren Grenztemperatur ϑ_∞ sich nach Gl. (11) mit größerer Heiztemperatur H schnell hinaufschiebt. Für den kritischen Wert

$$\alpha H = \frac{\alpha r_0}{\zeta A} I_0^2 = \frac{a}{2} \frac{\alpha}{\zeta} \varrho_0 S_0^2 = 1, \tag{15}$$

also für eine bestimmte Stromdichte, steht die durch den Temperaturkoeffizienten α verstärkte Widerstandsheizung mit der durch den Wärmeübergangskoeffizienten ζ bedingten äußeren Abkühlung im Gleichgewicht. Die Exponentialzeitkonstante

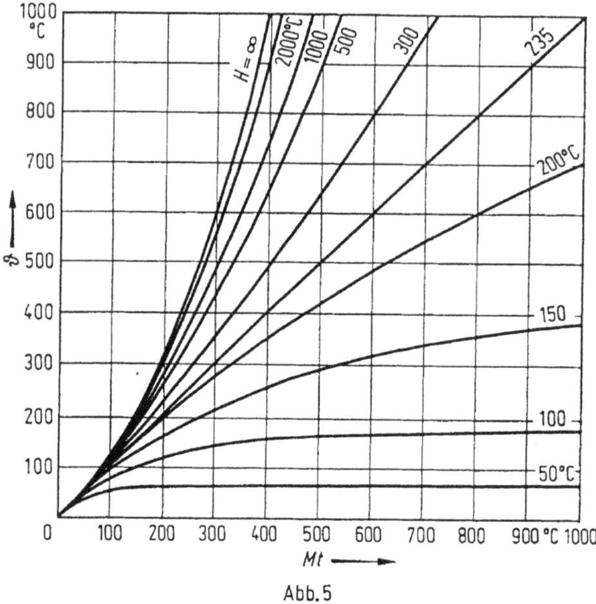

Abb. 5

T_e sowie auch die Endtemperatur ϑ_∞ werden unendlich groß, das zweite Glied in Gl. (10) verschwindet. Die Temperatur steigt daher linear immer weiter an, bis der Leiter geschmolzen oder verdampft ist.

Für Heiztemperaturen $H > 235\,^\circ\mathrm{C}$ wirkt die Widerstandsvermehrung stärker als die Abkühlung, der Exponent in Gl. (11) wird positiv, die Temperatur wächst nach einer ansteigenden Exponentialkurve, so daß die Schmelz- oder Verdampfungstemperatur nach noch kürzerer Zeit erreicht wird.

Da für warmes Kupfer der spezifische Widerstand $\varrho_0 \approx 1/45\ (\Omega\mathrm{mm}^2/\mathrm{m})$ und der Wärmeübergangskoeffizient $\zeta = 15\ \mathrm{W/(K\,m^2)}$ ist, so erzeugt eine konstante Stromdichte von $S_0 = 10\ \mathrm{A/mm^2}$ in einem runden Kupferleiter von $2a = 1{,}0$ cm Durchmesser nach Gl. (8) eine Heiztemperatur

$$H = \frac{0{,}5}{2} \cdot \frac{10^2 \cdot 10^4}{45 \cdot 15}\ ^\circ\mathrm{C} = 370\ ^\circ\mathrm{C}.$$

Der Grenzwert von $235\,^\circ\mathrm{C}$ nach Gl. (15) wird also bereits überschritten, die Erwärmung wird labil. Da die volumenbezogene Wärmekapazität für Kupfer und ähnliche Leitungsmetalle $c = 3{,}5\ \mathrm{Ws/(K\,cm^3)}$ ist, so wird der Anfangsanstieg der Erwärmung nach Gl. (7) oder (14)

$$M = \frac{10^2}{45 \cdot 3{,}5}\ \mathrm{K/s} = 0{,}63\ \mathrm{K/s}.$$

Nach 10 min würde damit bei gleichmäßiger Steigerung eine Temperatur von 378 °C entwickelt werden, während nach Gl. (11) oder *Abb. 5* eine tatsächliche Temperatur von 510 °C erreicht wird. Die Temperaturzeitkonstante ist dabei nach Gl. (6)

$$T = \frac{0{,}5}{2} \cdot \frac{3{,}5 \cdot 10^4}{15}\,\text{s} = 580\,\text{s} = 9{,}7\,\text{min}$$

und die Exponentialzeitkonstante nach Gl. (12)

$$T_\text{e} = \frac{9{,}7}{1 - 370/235}\,\text{min} = -16{,}9\,\text{min}.$$

Beim Kurzschluß von Starkstromleitungen weicht der Temperaturanstieg meist nur wenig vom linearen Verlauf ab, so daß man dort nach Gl. (14) rechnen darf. Bei Schmelzsicherungen und ähnlichen thermisch wirkenden Einrichtungen dagegen wünscht man einen möglichst starken Temperaturanstieg mit wachsendem Strom. Bei ihnen sucht man daher möglichst hohe Heiztemperatur H zu erreichen. Dies erfordert außer angemessener Leiterdicke a und niedrigem Wärmeübergangskoeffizienten ζ eine ziemlich hohe Stromdichte S_0.

Im mittleren Bereich des Widerstandes r bleibt nach *Abb. 3* der Stromwärmeverlust

$$I^2 r = I_0^2 r_0 \tag{16}$$

nahezu konstant, so daß wir aus Gl. (2) als Differentialgleichung erhalten

$$Vc\,\frac{\mathrm{d}\vartheta}{\mathrm{d}t} + \zeta A \vartheta = I_0^2 r_0. \tag{17}$$

Diese Beziehung stimmt mit der früheren Gl. (4) überein, wenn wir dort $\alpha = 0$ setzen. Mit denselben Abkürzungen für Zeitkonstante, Anfangsanstieg und Heiztemperatur nach Gl. (6), (7) und (8) wird die Differentialgleichung jetzt entsprechend Gl. (10)

$$\frac{\mathrm{d}\vartheta}{\mathrm{d}t} + \frac{\vartheta}{T} = M. \tag{18}$$

Ihre Lösung ist

$$\vartheta = \vartheta_\infty (1 - \mathrm{e}^{-t/T}). \tag{19}$$

Darin ist die Endtemperatur mit Gl. (8) und (9)

$$\vartheta_\infty = MT = H = \frac{a}{2}\,\frac{\varrho_0}{\zeta}\,S_0^2, \tag{20}$$

die jetzt stets einen endlichen Wert hat. Endtemperatur und Heiztemperatur werden also hier identisch. Die Temperatur steigt immer nach der gleichen Zeitkonstante T von Gl. (6) an, die unabhängig von der Stromdichte ist. T ist daher stets positiv und bewirkt einen abklingenden Beitrag zur Temperatur des Leiters. Der Anfangsanstieg der Temperatur für kleines ϑ berechnet sich aus Gl. (18) zu

$$\left(\frac{\mathrm{d}\vartheta}{\mathrm{d}t}\right)_0 = M = \frac{\varrho_0}{c}\,S_0^2, \tag{21}$$

er ist derselbe wie im vorigen Fall nach Gl. (14).

Da der Widerstand mit steigender Temperatur anwächst, so nimmt die Stromstärke allmählich ab. Setzen wir Gl. (3) für den Widerstand in Gl. (16) für den Stromwärmeverlust ein, so erhalten wir als Verhältnis des Anfangs- zum Endstrom mit Beachtung von Gl. (20)

$$\frac{I_0}{I_\infty} = \sqrt{1 + \alpha H}. \tag{22}$$

Für das oben betrachtete Beispiel gibt dies mit der Endtemperatur von 370 °C ein Absinkverhältnis des Stromes auf

$$\frac{I_\infty}{I_0} = \frac{1}{\sqrt{1 + 1{,}58}} = 0{,}62.$$

Erst bei 700 °C Endtemperatur geht der Strom auf die Hälfte des Einschaltwertes zurück.

Im oberen Bereich überwiegenden Widerstandes r wird die Differentialgleichung (2)

$$c V \frac{\mathrm{d}\vartheta}{\mathrm{d}t} + \zeta A \vartheta = \frac{U^2}{r_0(1 + \alpha\vartheta)} = \frac{I_0^2 r_0}{1 + \alpha\vartheta} \tag{23}$$

oder nach Einführung der oben erläuterten Abkürzungen

$$\frac{\mathrm{d}\vartheta}{\mathrm{d}t} + \frac{\vartheta}{T} = \frac{M}{1 + \alpha\vartheta}. \tag{24}$$

Obgleich diese Gleichung im Prinzip integriert werden kann, so ist die Lösung ziemlich umständlich, und wir wollen daher nur die hauptsächlich interessierenden Grenzwerte von Temperatur und Strom bestimmen.

Der Anfangsanstieg der Temperatur ist für kleine Temperaturen ϑ wieder allein durch das erste Glied bestimmt und daher mit Gl. (7)

$$\left(\frac{\mathrm{d}\vartheta}{\mathrm{d}t}\right)_0 = M = \frac{\varrho_0}{c} S_0^2. \tag{25}$$

Er ist also in allen drei betrachteten Bereichen der gleiche.

Wenn die Endtemperatur erreicht ist, verschwindet das erste Glied von Gl. (24). Wir erhalten daher zu ihrer Berechnung die quadratische Gleichung

$$\vartheta_\infty(1 + \alpha\vartheta_\infty) = M T = H, \tag{26}$$

worin auf der rechten Seite Gl. (9) eingeführt ist. Die Endtemperatur wird daraus

$$\vartheta_\infty = \frac{1}{2\alpha}\left(\sqrt{1 + 4\alpha H} - 1\right). \tag{27}$$

Das liefert mit den oben genannten Zahlenwerten

$$\vartheta_\infty = \frac{235}{2}\left(\sqrt{1 + 4 \cdot \frac{370}{235}} - 1\right) {}^\circ\mathrm{C} = 200\,{}^\circ\mathrm{C},$$

also einen gegenüber 370 °C beträchtlich verminderten Betrag. Für geringen Temperaturanstieg kann man Gl. (26) zunächst unter Vernachlässigung des quadratischen Gliedes lösen und erhält einen ersten Wert für ϑ_∞, den wir alsdann als Korrektur in die Klammer einsetzen. Dadurch entsteht der Näherungswert

$$\vartheta'_\infty = \frac{H}{1 + \alpha H}, \tag{28}$$

der in einem bemerkenswerten Gegensatz zu Gl. (13) steht. Die Widerstandszunahme schwächt die Endtemperatur hier erheblich, während diese im früheren Fall gesteigert wurde. Für großen Temperaturanstieg kann man andererseits das lineare Glied in Gl. (26) vernachlässigen und erhält als Näherungswert

$$\vartheta''_\infty = \sqrt{\frac{H}{\alpha}}. \tag{29}$$

Die Endtemperatur steigt also schließlich nur mit der Wurzel aus der Heizstärke an.

Der Strom sinkt während des Temperaturanstiegs durch den zunehmenden hohen Widerstand r stark herab, und zwar nach Gl. (1) fast umgekehrt proportional zu diesem. Man erhält daher als Stromverhältnis nach Gl. (3)

$$\frac{I_0}{I_\infty} = 1 + \alpha \vartheta_\infty. \tag{30}$$

Dieser Fall liegt z. B. beim Einschalten von Metallfadenlampen vor, die von konstanter Spannung gespeist werden. Nimmt man ihre Brenntemperatur mit $\vartheta_\infty = 2350\,°\mathrm{C}$ an, so wird der Anfangsstrom

$$I_0 \approx \left(1 + \frac{2350}{235}\right) I_\infty = 11\, I_\infty.$$

Man erhält also im Schaltaugenblick einen kräftigen Überstrom. Derselbe klingt zwar nicht exponentiell ab, aber doch mit einer Zeitkurve, die nach Gl. (24) maßgeblich durch die Zeitkonstante T bestimmt ist, und da Glühlampendrähte nur äußerst kleinen Durchmesser haben, so beträgt die Anheizdauer entsprechend Gl. (6) nur einige Hundertstelsekunden.

Tabelle 1. *Beispiel für Temperaturanstieg bei gekühlten Leitern*

Kenngröße	Speisung mit konstantem Strom	konstanter Leistung	konstanter Spannung
Widerstandsbereich $\frac{r}{R}$ oder $\frac{r}{\omega L}$	$\ll 1$	$\cong 1$	$\gg 1$
Endtemperatur ϑ_∞	1330 °C	200 °C	129 °C
Stromverhältnis $\frac{I_\infty}{I_0}$	1	0,74	0,64

Zur Übersicht sind in Tabelle 1 die Endtemperaturen und Stromverhältnisse zusammengestellt, die sich für ein bestimmtes Beispiel bei gleichem Anfangsstrom ergeben, wenn man den gleichen Leiter entsprechend unseren drei Bereichen verschiedenartig speist, nämlich mit konstantem Strom, konstanter Leistung und konstanter Spannung. Man sieht, daß die Art der Speisung großen Einfluß auf den Verlauf der Temperaturerhöhung beim Schalten besitzt, da die Endtemperatur in hohem Maße von ihr abhängt. Irgendwelche Heizleiter, die für einen dieser Fälle bestimmt sind, können daher völlig versagen, wenn sie unter anderen Betriebsbedingungen benutzt werden.

b) Indirekte Widerstandsänderung

Da der Widerstand eines Leiters direkt von seiner Temperatur abhängt und die Temperatur durch den Strom bestimmt wird, so hängt der Widerstand mittelbar von dem durch den Leiter fließenden Strom ab. Wegen der Wärmekapazität des Leiters ist diese Beziehung im allgemeinen nicht eindeutig. Bei einem sehr dünnen Leiter, der ziemlich kleines Volumen und große Oberfläche besitzt, wird seine Temperaturzeitkonstante T äußerst klein, wie wir in Gl. (6) gesehen haben, und daher wird der thermische Gleichgewichtszustand sehr schnell erreicht. In diesem Falle folgt die Temperatur fast augenblicklich jeder Stromänderung.

Es sei T so klein, daß in Gl. (10) und damit auch in Gl. (2) das erste Glied gegenüber dem zweiten vernachlässigt werden kann. Wenn wir mit u und i die Augenblickswerte von Spannung und Strom eines solchen erwärmten Leiters bezeichnen, so vereinfacht sich in diesem Falle die Leistungsgleichung zu

$$u i = \zeta A \vartheta . \tag{31}$$

Der Widerstand eines metallischen Drahtes ist nach Gl. (3)

$$\frac{u}{i} = r = r_0 + \alpha r_0 \vartheta . \tag{32}$$

Wenn wir ϑ aus Gl. (31) und (32) eliminieren, so ergibt sich

$$\frac{u}{i} = r_0 + \frac{\alpha r_0}{\zeta A} u i = r_0 + \frac{u_i}{I_g^2} . \tag{33}$$

Im letzten Ausdruck haben wir mit

$$I_g = \sqrt{\frac{\zeta A}{\alpha r_0}} \tag{34}$$

einen kritischen Strom bezeichnet, der völlig der Gl. (15) entspricht und der einen Grenzstrom unseres Problems darstellt, der nicht ohne Schaden für den Leiter überschritten werden kann.

Die Lösung der Gl. (33) nach u ergibt die Spannung am Heißleiter zu

$$u = \frac{r_0 i}{1 - (i/I_g)^2} = r_0 I_g \frac{i/I_g}{1 - (i/I_g)^2} . \tag{35}$$

Der Strom $i = I_g$ würde also die Spannung auf unendlich steigern. Der Widerstand wird andererseits

$$r = \frac{r_0}{1 - (i/I_g)^2} , \tag{36}$$

also ebenfalls sehr stark stromabhängig. *Abb. 6* zeigt die Änderung von Spannung und Widerstand eines solchen dünnen Leiters in Abhängigkeit vom durchfließenden Strom i. Für kleinen Strom ändert sich der Widerstand nur langsam, aber er nimmt schnell zu, wenn der Strom sich dem Grenzwert I_g nähert. Um dies Verhalten in erheblichem Maße zu verwirklichen, ist es nötig, nicht nur dünne Drähte oder Bänder von kleiner Dicke a zu verwenden, sondern auch Metalle mit hohem Schmelzpunkt auszuwählen, wie Molybdän, Tantal oder Wolfram. Das letztgenannte Metall erlaubt eine Widerstandserhöhung auf mehr als das Zehnfache des Wertes im kalten Zustand, wenn man nahe an den Grenzstrom herangeht, bei dem es schmelzen würde.

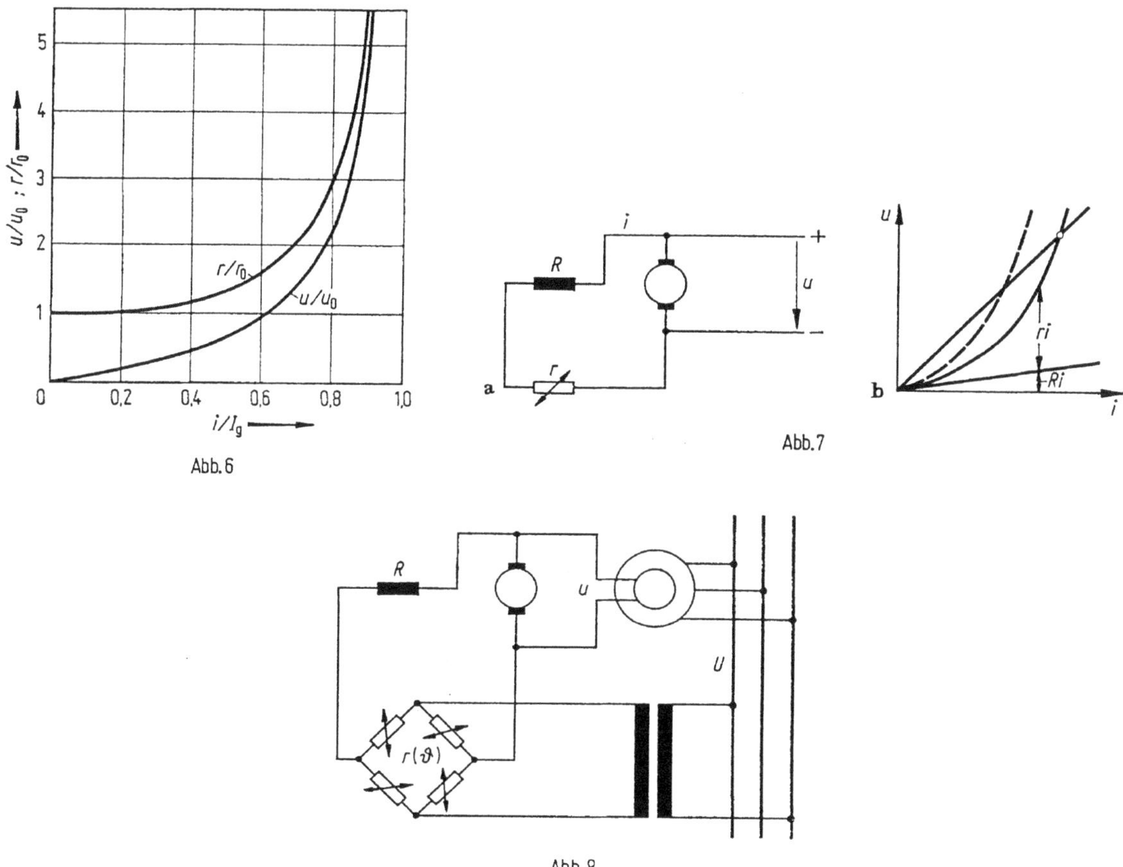

Abb. 6

Abb. 7

Abb. 8

Abb. 6 zeigt die Strom-Spannungskennlinie des Leiters. Nur der Anfangsteil ist linear, bald darauf steigt die Spannung steil an. Diese gekrümmte Kennlinie kann für viele nützliche Zwecke verwendet werden, falls die zeitliche Stromänderung innerhalb der Dauer einer Temperaturzeitkonstante des Leiters nur gering ist. Anderenfalls würde die Spannung der Stromänderung etwas nacheilen und dadurch eine Art Hysteresiseffekt im Stromkreise ergeben.

Abb. 7a zeigt, wie ein ungesättigter selbsterregter Gleichstromgenerator durch Verwendung eines Heißleiters stabilisiert werden kann. Wie in *Abb. 7b* dargestellt, ist die Ankerspannung u proportional dem Magnetisierungsstrom, jedoch wird die Spannung, die der Erregerstrom benötigt, durch Einschaltung eines Heißwiderstandes r in Reihe zum Widerstand R der Erregerwicklung zum schnellen Anstieg gebracht. Der Schnittpunkt dieser beiden Kurven ergibt eine stabile Selbsterregung, die überdies sehr einfach durch Veränderung des festen oder des veränderlichen Widerstandes geregelt werden kann.

Abb. 8 zeigt ein Beispiel für die selbsttätige Spannungsregelung eines Wechselstromgenerators durch Verwendung von Heißwiderständen. Diese sind hier in einem Brückenkreise angeordnet und wieder in Reihe zur Nebenschlußwicklung des Erregers geschaltet. Die Brücke ist ferner an zwei Punkten, die neutral zum Gleichstromkreis liegen, von der Wechselspannung des Generators über einen passenden Transformator gespeist. Jede Abweichung der Klemmenspannung U vom vorgeschriebenen Wert ändert den Brückenwiderstand erheblich und beeinflußt so die Gleichspannung an der Brücke. Dadurch ändert sich der Nebenschlußstrom und stellt den früheren Wert der Spannung U wieder her. Je näher der Brückenstrom am Grenzstrom I_g liegt, um so empfindlicher wird die Regelung.

Da der Widerstand solcher Heißleiter hoch ist bei großen Strömen und niedrig bei kleinen Strömen, so können sie mit Vorteil zur Begrenzung von Überströmen angewendet werden, wie sie bei der Ladung und Entladung von Kondensatoren oder beim Schalten von Selbstinduktivitäten auftreten. Sie eignen sich ferner für den Bau von nichtproportionalen Strom- oder Spannungsteilern, zum Beispiel zur Erhöhung oder Verminderung der Empfindlichkeit von Meßinstrumenten oder Relais.

36. Schmelzen von Sicherungsdrähten

Wir wollen das Verhalten von Schmelzsicherungen unter der Wirkung von Kurzschlußströmen betrachten, die um ein Vielfaches größer sind als der normale Strom im Stromkreis. Solche Sicherungen sollen Überströme in sehr kurzer Zeit unterbrechen, und es ist daher berechtigt, den Wärmedurchgang durch die Oberfläche des Drahtes zu vernachlässigen und ebenso jegliche Wärmeleitung im Inneren des Sicherungsmaterials. Wir betrachten den Strom als durch die äußeren Bedingungen des Stromkreises gegeben, und daher erwärmt sich der Schmelzdraht gemäß der steilsten Kurve von Abb. 5 in Kapitel 35.

Die Zunahme des Widerstandes bewirkt einen beschleunigten Anstieg der Temperatur bis zum Schmelzpunkt des Metalls. Danach schmilzt der Draht unter konstanter Temperatur, und seine Schmelzwärme wird durch den Strom während der Schmelzzeit allmählich entwickelt. Diese Verhältnisse sind in dem Temperatur-Zeit-Diagramm der *Abb. 1* dargestellt. Während der kurzen hier in Betracht

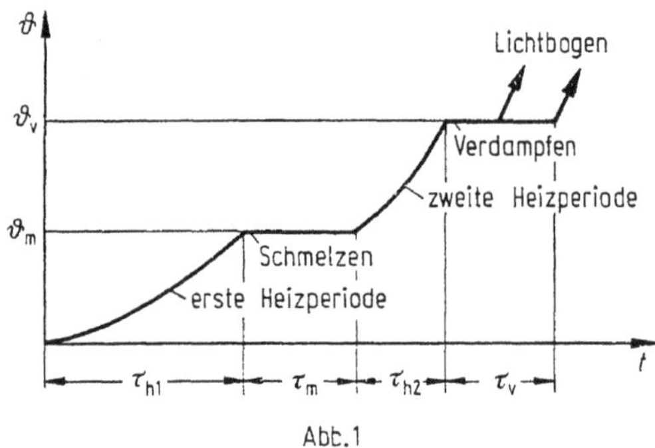

Abb. 1

kommenden Zeit spielen Gravitationskräfte keine Rolle, und daher kann das jetzt flüssige Metall zusammenhalten und weiterhin bis zur Verdampfungstemperatur erwärmt werden. Der Draht wird auch nicht augenblicklich verdampfen, sondern braucht eine gewisse Zeit, während der die Verdampfungswärme durch den Strom erzeugt werden kann.

Zu irgendeinem Zeitpunkt, bevor das Material vollständig verdampft ist, wird der metallische Zusammenhang des Schmelzdrahtes unterbrochen, und es bildet sich ein Lichtbogen. Hierdurch steigt die Temperatur rasch an, jedoch nimmt der Strom jetzt ab, falls die Sicherung ordnungsgemäß arbeitet. Wir wollen hier nur die Erwärmungsperioden des Drahtes betrachten bis zur Zeit der Bildung eines Lichtbogens.

a) Schmelzen und Verdampfen

Wir bezeichnen mit i und r Strom und Widerstand des Schmelzdrahtes und mit c*) die auf das Volumen bezogene Wärmekapazität und das Volumen mit V. Die Temperatur ϑ ist dann bestimmt durch die Differentialgleichung

$$c\,V\,\frac{\mathrm{d}\vartheta}{\mathrm{d}t} = i^2 r. \tag{1}$$

Darin können wir Volumen und Widerstand des Drahtes durch seine Länge l, seinen Querschnitt q und seinen spezifischen Widerstand ϱ ausdrücken und erhalten

$$c l q\,\frac{\mathrm{d}\vartheta}{\mathrm{d}t} = i^2 \varrho\,\frac{l}{q}. \tag{2}$$

Da $i/q = S$ die Stromdichte ist, so vereinfacht sich Gl. (2) zu

$$c\,\frac{\mathrm{d}\vartheta}{\mathrm{d}t} = \varrho S^2, \tag{3}$$

eine Beziehung, die nur noch spezifische Werte enthält. Wir können sie in der Form schreiben

$$\frac{c}{\varrho}\,\mathrm{d}\vartheta = S^2\,\mathrm{d}t, \tag{4}$$

worin die linke Seite die beiden hauptsächlichen Eigenschaften des Sicherungsmetalls enthält und die rechte Seite lediglich das Quadrat der Stromdichte abhängig von der Zeit, das wir als gegeben ansehen.

Während einer jeden Heizperiode von *Abb. 1* bleibt die Wärmekapazität nahezu konstant, der spezifische Widerstand jedoch ändert sich stark. *Abb. 2* zeigt seine Abhängigkeit von der Temperatur, zunächst vom kalten Zustand bis zum Schmelzen, wo er auf einen höheren Wert springt, der bis zum Verdampfungspunkt wiederum ansteigt. Der Verlauf im festen und auch im flüssigen Zustand ist fast linear, und demnach ist im Bereich ϑ_0 bis ϑ_m

$$\varrho = \varrho_0(1 + \alpha\vartheta). \tag{5}$$

Wir vernachlässigen die geringfügige Änderung von c mit der Temperatur und setzen den Wert von Gl. (5) in Gl. (4) ein. Dies gibt nach Integration

$$\frac{c}{\varrho_0}\int\limits_0^{\vartheta}\frac{\mathrm{d}\vartheta}{1 + \alpha\vartheta} = \int\limits_0^{t} S^2\,\mathrm{d}t. \tag{6}$$

Das Integral der rechten Seite kann für den gegebenen Zeitverlauf des Stromes ausgewertet werden. Das Integral der linken Seite ist andererseits eine einfache

*) Für die an verschiedenen Stellen vorkommende auf das Volumen bezogene Wärmekapazität ist das Formelzeichen c besser durch C_V zu ersetzen.

Funktion der Temperatur, und wir wollen es die scheinbare Temperaturzunahme ϑ' nennen. Die Auswertung ergibt

$$\vartheta' = \int_0^\vartheta \frac{d\vartheta}{1+\alpha\vartheta} = \frac{1}{\alpha}\ln(1+\alpha\vartheta) = \vartheta\,\frac{\ln(1+\alpha\vartheta)}{\alpha\vartheta}. \tag{7}$$

Abb. 3 zeigt die scheinbare Temperaturzunahme in Abhängigkeit von der wirklichen Temperatur ϑ für den Wert $\alpha = 1/235\ \mathrm{K}^{-1}$, wie er für Kupfer gilt.

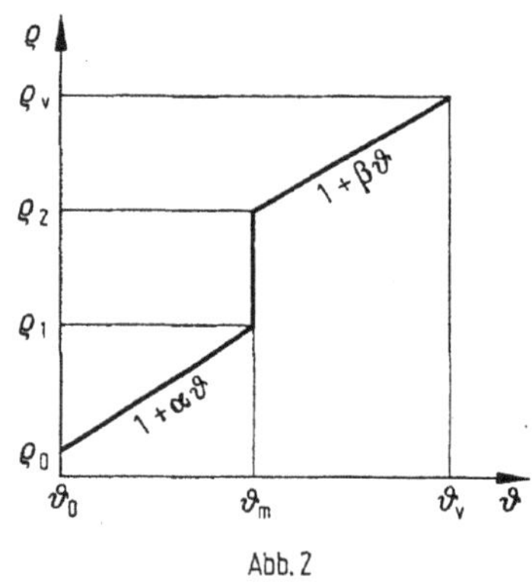

Abb. 2

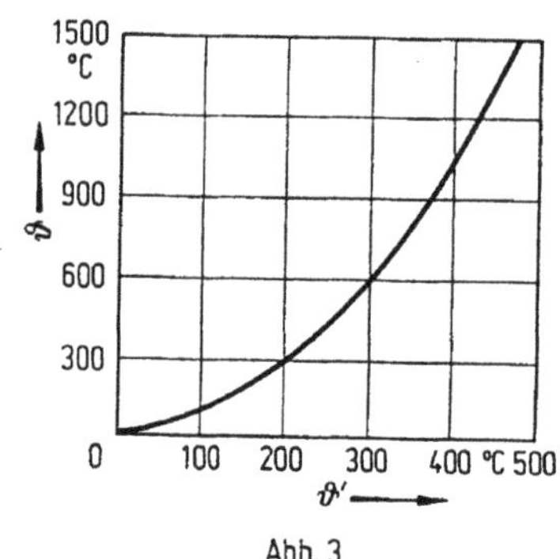

Abb. 3

Wenn wir nun für Gl. (6) schreiben

$$c\vartheta' = \varrho_0 \int_0^\vartheta S^2\,dt, \tag{8}$$

so sehen wir, daß ϑ' die Temperaturzunahme ist für den Fall, daß der spezifische Widerstand seinen Anfangswert ϱ_0 beibehalten würde. Die Erwärmung des Sicherungsdrahtes kann daher gefunden werden, indem man zunächst die scheinbare Temperaturzunahme nach Gl. (8) bestimmt und dann die wirkliche Temperatur aus *Abb. 3* oder Gl. (7) entnimmt. Wenn zum Beispiel konstanter Widerstand die scheinbare Temperaturzunahme $\vartheta' = 400\,°\mathrm{C}$ ergeben würde, so wird die wirkliche Temperatur mehr als $1000\,°\mathrm{C}$ betragen.

Bei konstanter Stromdichte stellt die Abszisse von *Abb. 3* in einem anderen Maßstab nach Gl. (8) die zunehmende Zeit selbst dar. Beide Koordinaten geben natürlich die Temperaturzunahme gegenüber der Anfangstemperatur der Sicherung an, die ihrerseits beträchtlich höher als die Umgebungstemperatur sein kann, wenn der Draht vorher Strom führte.

Für den Betrieb der Sicherung ist es wichtig zu wissen, welcher Strom und welche Zeit t_1 nötig sind, um den Schmelzpunkt zu erreichen. Aus Gl. (7) und (8) sehen wir, daß

$$\int_0^{t_1} S^2\,dt = \frac{c}{\varrho_0}\,\vartheta' = \frac{c}{\varrho_0\alpha}\ln(1+\alpha\vartheta_m) \tag{9}$$

nur von Materialkonstanten des Schmelzdrahtes und der Differenz ϑ_m zwischen Schmelztemperatur und Umgebungstemperatur abhängt. Daher hat dieses Strom-Zeit-Integral für jedes Sicherungsmetall einen ganz bestimmten Wert, der eine absolute Materialkonstante ist.

Nach Erreichen des Schmelzpunktes beginnt der Sicherungsdraht sich zu verflüssigen. Im allgemeinen werden die inneren Teile des Querschnittes heißer sein als die äußeren und daher zuerst schmelzen, wie es in *Abb. 4* angedeutet ist. Alsdann wird die Schmelzzone sich ausdehnen und schließlich den Umfang erreichen, sobald die gesamte Schmelzwärme des Drahtes durch die Stromwärme erzeugt ist. Die Verflüssigung des gesamten Drahtvolumens geht daher in einer endlichen Zeit vor sich, die wir nunmehr bestimmen wollen.

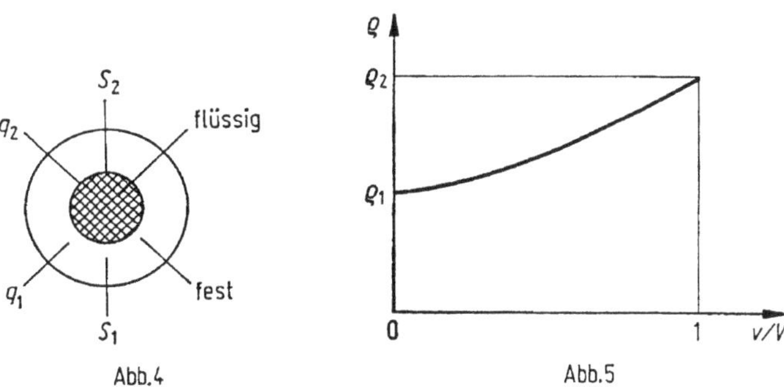

Abb. 4 Abb. 5

In jedem Zeitelement schmilzt ein Volumenelement dv und mit h als Schmelzwärme, auf das Volumen bezogen, wird die Energiebilanz jedes Elements ausgedrückt durch

$$h \, \mathrm{d}v = i^2 r \, \mathrm{d}t. \tag{10}$$

Bei der Schmelztemperatur ist der spezifische Widerstand des flüssigen Metalls viel größer als der des festen Materials. Daher ist der Widerstand des Drahtes aus zwei Pfaden zusammengesetzt, wie in *Abb. 4* gezeigt, nämlich dem durch das innere flüssige Metall vom Querschnitt q_2 und spezifischen Widerstand ϱ_2 und dem durch das äußere noch feste Metall mit den Werten q_1 und ϱ_1. Der Widerstand des Drahtes von der Länge l im schmelzenden Zustand ist daher

$$r = \frac{1}{q_1/\varrho_1 l + q_2/\varrho_2 l} = \frac{\varrho_1 l/q_1}{1 + \frac{q_2}{q_1} \cdot \frac{\varrho_1}{\varrho_2}}. \tag{11}$$

Wenn ein Teil v des Gesamtvolumens V des Sicherungsdrahtes verflüssigt ist, dann sind die verschiedenen Volumina

$$V = lq, \qquad v = lq_2, \qquad V - v = lq_1. \tag{12}$$

Wir können daher den Widerstand des schmelzenden Drahtes abhängig von dem veränderlichen Verhältnis v/V ausdrücken als

$$r = \frac{\varrho_1 l/q_1}{1 + \frac{\varrho_1}{\varrho_2}\left(\frac{v}{V - v}\right)} = \frac{\varrho_1 l/q}{1 - \frac{v}{V}\left(1 - \frac{\varrho_1}{\varrho_2}\right)}. \tag{13}$$

Dieser Widerstand wächst mit zunehmender Verflüssigung an, wie es in *Abb. 5* dargestellt ist.

Wir wollen diesen veränderlichen Widerstand in die rechte Seite von Gl. (10) einsetzen und die linke Seite mit dem Volumen V erweitern, entsprechend der ersten Gl. (12). Dies ergibt

$$h l q \frac{\mathrm{d}v}{V} = i^2 \frac{\varrho_1 l/q}{1 - \frac{v}{V}\left(1 - \frac{\varrho_1}{\varrho_2}\right)} dt, \tag{14}$$

was vereinfacht werden kann zu

$$\frac{h}{\varrho_1}\left[1 - \frac{v}{V}\left(1 - \frac{\varrho_1}{\varrho_2}\right)\right]\frac{dv}{V} = S^2 \,\mathrm{d}t. \tag{15}$$

Die Integration der linken Seite zwischen den Grenzen $v = 0$ und $v = V$ liefert

$$\frac{h}{\varrho_1}\int_0^V \left[1 - \frac{v}{V}\left(1 - \frac{\varrho_1}{\varrho_2}\right)\right]\frac{\mathrm{d}v}{V} = \frac{h}{2\varrho_1}\left(1 + \frac{\varrho_1}{\varrho_2}\right). \tag{16}$$

Wenn wir nun den Wert

$$\varrho_{\mathrm{m}} = \frac{2\varrho_1}{1 + \varrho_1/\varrho_2} = \frac{2}{1/\varrho_1 + 1/\varrho_2} \tag{17}$$

als den mittleren spezifischen Widerstand des Sicherungsdrahtes während des Schmelzens betrachten, so erhalten wir aus der integrierten Gl. (15) das höchst einfache Ergebnis

$$\int_{t_1}^{t_2} S^2 \,\mathrm{d}t = h/\varrho_{\mathrm{m}}. \tag{18}$$

$t_2 - t_1$ ist die Zeitspanne vom Beginn der Verflüssigung bis zum Schmelzen des gesamten Drahtes. Für das Schmelzen des gesamten Sicherungsdrahtes benötigen wir daher einen bestimmten Wert des Strom–Zeit-Integrals, der nur gegeben ist durch die volumenbezogene Schmelzwärme und den mittleren spezifischen Widerstand nach Gl. (17). Dieser Betrag ist wiederum eine Materialkonstante des Schmelzdrahtes.

Wenn der flüssige Metallzylinder seine Gestalt für eine kurze Zeit beibehält, wird er durch den Strom weiter erwärmt. Der spezifische Widerstand wächst dann weiter linear an vom Werte ϱ_2 auf

$$\varrho = \varrho_2(1 + \beta\vartheta_2). \tag{19}$$

Dies ist auch in *Abb. 2* dargestellt, wobei jetzt β der Temperaturkoeffizient im flüssigen Zustand und ϑ_2 die Temperaturzunahme gegenüber der Schmelzpunkttemperatur ist. Nach Einsetzung von Gl. (19) in Gl. (4) erhalten wir denselben Lösungstyp, wie vorher in Gl. (9), nämlich

$$\int_{t_2}^{t_3} S^2 \,\mathrm{d}t = \frac{c}{\varrho_2}\,\vartheta_2' = \frac{c}{\varrho_2\beta}\ln\left(1 + \beta\vartheta_{2\mathrm{v}}\right). \tag{20}$$

Um das ganze Strom–Zeit-Integral für die Zeitspanne $t_3 - t_2$ bis zur Verdampfung des Metalls zu bestimmen, müssen wir also die Temperaturdifferenz $\vartheta_{2\mathrm{v}}$ zwischen Verdampfungs- und Schmelztemperatur in Rechnung stellen. Da der spezifische

Widerstand ϱ_2 des geschmolzenen Metalles viel größer ist als ϱ_0 des festen Metalles, so ist die zweite Heizperiode beträchtlich kürzer als die erste, und der Wert des Strom–Zeit-Integrals ist ebenfalls viel kleiner.

Der Gesamtwert des Strom–Zeit-Integrals bis zur Verdampfung des Sicherungsdrahtes ist nach Addition der Gl. (9), (18) und (20)

$$K = \int_0^{t_3} S^2\,dt = \frac{c}{\varrho_0 \alpha} \ln(1 + \alpha \vartheta_m) + \frac{h}{\varrho_m} + \frac{c}{\varrho_2 \beta} \ln(1 + \beta \vartheta_{2v}). \tag{21}$$

In Tabellen 1 und 2 sind die entsprechenden Größen und Zahlenwerte an für die beiden Metalle Kupfer und Silber angegeben.

Tabelle 1. *Elektrothermische Kenngrößen von Sicherungsmetallen*

Kenngröße				Kupfer	Silber
anfänglicher spez. Widerstand bei $\vartheta_0 = 20\,°C$		ϱ_0	Ω cm	$1{,}72 \cdot 10^{-6}$	$1{,}64 \cdot 10^{-6}$
spez. Widerstand in festem Zustand beim Schmelzpunkt		ϱ_1	Ω cm	$10{,}2 \cdot 10^{-6}$	$8{,}4 \cdot 10^{-6}$
spez. Widerstand in flüssigem Zustand beim Schmelzpunkt		ϱ_2	Ω cm	$21{,}3 \cdot 10^{-6}$	$16{,}6 \cdot 10^{-6}$
mittlerer spez. Widerstand während des Schmelzens		ϱ_m	Ω cm	$13{,}8 \cdot 10^{-6}$	$11{,}2 \cdot 10^{-6}$
Temperaturkoeffizient des festen Widerstandes		α	K^{-1}	$4{,}39 \cdot 10^{-3}$	$4{,}42 \cdot 10^{-3}$
Temperaturkoeffizient des flüssigen Widerstandes		β	K^{-1}	$0{,}38 \cdot 10^{-3}$	$0{,}71 \cdot 10^{-3}$
Differenz zwischen	Schmelztemperatur und $\vartheta_0 = 20\,°C$	ϑ_m	K	1063	940
	Verdampfungstemperatur und $\vartheta_0 = 20\,°C$	ϑ_v	K	2280	1930
	Verdampfungs- und Schmelztemperatur	ϑ_{2v}	K	1217	990
Wärmekapazität, auf Volumen bezogen		c	$Ws/(K\,cm^3)$	3,76	2,60
Schmelzwärme, auf Volumen bezogen		h	Ws/cm^3	1833	1139

Tabelle 2. *Strom–Zeit-Integral von erwärmten Sicherungsdrähten*

Erwärmungsperiode		Kupfer	Silber
erste Erwärmungsperiode bis zum Schmelzen, Gl. (9)	$(A/cm^2)^2 s$	$8{,}63 \cdot 10^8$	$5{,}91 \cdot 10^8$
Schmelzperiode, Gl. (18)	$(A/cm^2)^2 s$	$1{,}33 \cdot 10^8$	$1{,}02 \cdot 10^8$
zweite Erwärmungsperiode bis zum Verdampfen, Gl. (20)	$(A/cm^2)^2 s$	$1{,}76 \cdot 10^8$	$1{,}07 \cdot 10^8$
gesamtes Strom–Zeit-Integral, Gl. (21), $K = \int_0^{t_3} S^2\,dt$	$(A/cm^2)^2 s$	$11{,}72 \cdot 10^8$	$8{,}00 \cdot 10^8$

Wir sehen aus den Werten von Tabelle 2, daß bei diesen beiden Metallen die erste Erwärmungsperiode etwa $^3/_4$ des Gesamtbetrages ausmacht und daß der Rest sich ziemlich gleichmäßig auf die Schmelzperiode und die zweite Erwärmungsperiode aufteilt. Ferner erkennen wir, daß Silber nur $^2/_3$ des Strom–Zeit-Integrals von Kupfer benötigt und daher diesem überlegen ist.

Andererseits verursachen hohe Schmelz- und Verdampfungstemperaturen große Widerstandsänderungen während der Erwärmung und lassen daher niedrige Temperatur beim Nennstrom zu. In dieser Hinsicht ist Kupfer etwas vorteilhafter als Silber. Beide Metalle sind jedoch vielen anderen Sicherungsmaterialien mit niedrigem Schmelzpunkt weit überlegen.

Die vollständige Verdampfung des Sicherungsmetalls braucht auch eine gewisse Zeit, innerhalb der der Strom die Verdampfungswärme erzeugen muß. Es ist jedoch zweifelhaft, ob dieser Vorgang so verläuft oder ob der flüssige Zylinder unter der mechanischen Wirkung des Dampfdrucks explodiert. Auf jeden Fall wird der Widerstand des leitenden Strompfades zu dieser Zeit außerordentlich vergrößert, und es bildet sich ein Lichtbogen in dem expandierenden Metalldampf aus.

Eine andere Wirkung, durch die der metallische Zusammenhang unterbrochen werden kann, ist der Einschnürungseffekt (Pincheffekt), der durch das starke zirkulare Magnetfeld innerhalb des dünnen Schmelzdrahtes hervorgerufen wird. Durch den axialen Strom werden in diesem Felde radiale Kräfte erzeugt, die gegen das Drahtzentrum gerichtet sind und die daher das Metall zerquetschen können, unter Umständen sogar, bevor die Verflüssigung eingetreten ist.

b) Strom–Zeit-Integral

Unter den angegebenen Erwärmungsbedingungen ist die Entwicklung des Strom–Zeit-Integrals abhängig von der zeitlichen Kurvenform des Kurzschlußstromes. Wir wollen drei oft wiederkehrende Fälle untersuchen.

Gleichstrom setzt gewöhnlich nach einem exponentiellen Gesetz ein

$$S = S_\infty (1 - e^{-t/T}), \tag{22}$$

wobei S_∞ die endgültig verfügbare Stromdichte ist und T die Zeitkonstante des Stromkreises. Das Integral

$$\int_0^t S^2\, dt = S_\infty^2 \int_0^t (1 - 2e^{-t/T} + e^{-2t/T})\, dt =$$

$$= S_\infty^2 \left[t - \frac{3}{2} T + T \left(2e^{-t/T} - \frac{1}{2} e^{-2t/T}\right)\right] \tag{23}$$

ist in *Abb. 6* unterhalb der Stromkurve selbst dargestellt in Abhängigkeit von der Zeit.

Für kleine Zeiten im Vergleich zur Zeitkonstante können die Exponentialfunktionen in Potenzreihen entwickelt werden, und wenn wir Glieder bis zur dritten Ordnung berücksichtigen, so erhalten wir

$$\text{für} \quad t \ll T: \qquad \int_0^t S^2\, dt = S_\infty^2 \frac{T}{3} \left(\frac{t}{T}\right)^3. \tag{24}$$

Die Heizwirkung nimmt daher anfangs proportional der dritten Potenz der Zeit zu, was in *Abb. 6b* besonders dargestellt ist. Für einen gegebenen Wert K des Strom-Zeit-Integrals nach Gl. (21) und Tabelle 2 ist daher die Zeit τ, nach der die Sicherung durchbrennt,

$$\tau = \sqrt[3]{3K\left(\frac{T}{S_\infty}\right)^2}. \tag{25}$$

Die Durchbrennzeit hängt daher bei gegebener Materialkonstante K nur von der verfügbaren Stromdichte S_∞ ab, die vom endgültigen Kurzschlußstrom im Sicherungsdraht erzeugt würde, und von der Zeitkonstante T des Stromkreises.

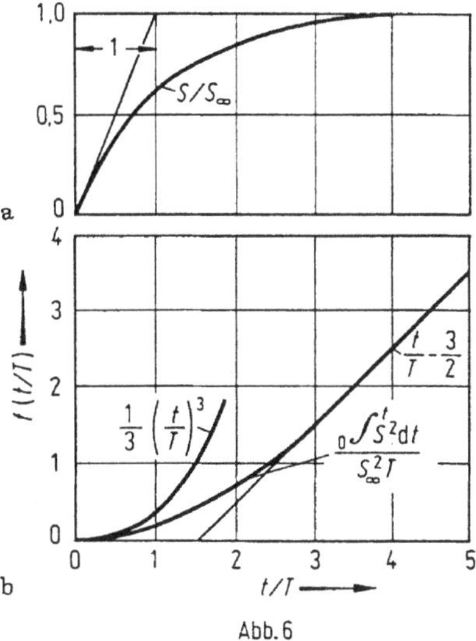

Abb. 6

Für Zeiten von der Größenordnung der Zeitkonstante T kann die Lösung der Gl. (23) graphisch der Kurve in *Abb. 6* entnommen werden. Für lange Zeiten im Vergleich zur Zeitkonstante verschwinden jedoch die Exponentialglieder in Gl. (23), und wir erhalten

$$\text{für } t \gg T: \qquad \int_0^t S^2\, dt = S_\infty^2 \left(t - \frac{3}{2}\, T\right). \tag{26}$$

Die Heizwirkung nimmt daher schließlich linear mit der Zeit zu, wie es auch aus *Abb. 6* hervorgeht. Dieser asymptotische Wert hat indessen eine Zeitverzögerung von $^3/_2 T$ gegenüber dem Beginn des Kurzschlußstromes. Die Durchbrennzeit der Sicherung ist jetzt in Umkehrung von Gl. (26)

$$\tau = \frac{K}{S_\infty^2} + \frac{3}{2}\, T, \tag{27}$$

also sehr verschieden gegenüber dem Gesetz nach Gl. (25). Die auftretende Verzögerung wird durch den anfänglichen Strommangel, verglichen mit dem endgültigen Strom, verursacht.

Wenn wir eine Zeitkonstante des Stromkreises von $T = 10^{-2}$ s annehmen und eine verfügbare Stromdichte $S_\infty = 10^8$ A/cm², die endgültig in einem Silberschmelzdraht von z. B. 0,2 mm Durchmesser einen Strom von 30000 A entwickeln würde, so würde dieser Strom nach Gl. (25) und Tabelle 2 nach einer Zeit

$$\tau = \sqrt[3]{3 \cdot 8 \cdot 10^8 \, \frac{A^2 s}{cm^4} \left(\frac{10^{-2}\, cm^2 s}{10^8\, A}\right)^2} = 0{,}29 \cdot 10^{-3}\, s$$

unterbrochen werden. Dies ist lange, bevor der Kurzschlußstrom seinen endgültigen Wert erreicht haben würde, und somit ist die hohe verfügbare Stromdichte lediglich fiktiv.

Eine wirkungsvolle Sicherung sollte den Strom auf einen kleinen Bruchteil des verfügbaren Stromes begrenzen. Für kleine Unterbrechungszeiten im Vergleich zur Zeitkonstante ist der ansteigende Strom nach Gl. (22) in Annäherung

$$\frac{S}{S_\infty} = \frac{t}{T}. \tag{28}$$

Daher ist das Verhältnis des Stromes im Augenblick der Unterbrechung $t = \tau$ zum verfügbaren Strom, beide ausgedrückt durch ihre Stromdichten, unter Benutzung von Gl. (25)

$$\frac{S_{(\tau)}}{S_\infty} = \sqrt[3]{\frac{3K}{S_\infty^2 T}}. \tag{29}$$

Mit den Werten des früheren Beispiels ist dies

$$\frac{S_{(\tau)}}{S_\infty} = \sqrt[3]{3 \cdot 8 \cdot 10^8 \, \frac{A^2 s}{cm^4} \cdot \frac{1}{10^{16}} \, \frac{cm^4}{A^2} \cdot \frac{1}{10^{-2}}\, s^{-1}} \approx 2{,}9\%.$$

Wir sehen, daß unter der schnellen Wirkung der Sicherung die Unterbrechung bei einem sehr kleinen Strom erfolgt, verglichen mit dem verfügbaren Strom des Kreises. Wenn ein noch kleinerer Bruchteil für den Durchbrennstrom gewünscht werden sollte, so ist es nötig, eine höhere fiktive Stromdichte S_∞ des endgültigen Stromes im Sicherungsdraht zu wählen.

Ein symmetrischer Kurzschlußwechselstrom setzt mit einer Sinuskurve ein. Daher ist die Stromdichte

$$S = \hat{S} \sin \omega t, \tag{30}$$

worin jetzt $\hat{S}$ die Amplitude und ω die Kreisfrequenz ist. Das Zeitintegral ist

$$\int_0^t S^2 \, dt = \hat{S}^2 \int_0^t \sin^2 \omega t \, dt = \hat{S}^2 \left(\frac{t}{2} - \frac{\sin 2\omega t}{4\omega}\right). \tag{31}$$

Es nimmt stufenförmig zu, wie *Abb. 7* zeigt. Für kleine Zeiten im Vergleich zur Periodendauer können wir die Sinusfunktion in eine Potenzreihe entwickeln und erhalten

$$\text{für} \quad t \ll \frac{1}{\omega}: \qquad \int_0^t S^2 \, dt = \frac{\hat{S}^2}{\omega} \, \frac{(\omega t)^3}{3}, \tag{32}$$

was im Aufbau der Gl. (24) für ansteigenden Gleichstrom sehr ähnlich ist. Durch Umkehrung bestimmen wir die Durchbrennzeit zu

$$\tau = \frac{1}{\omega} \sqrt[3]{3 \frac{\omega K}{\hat{S}^2}} = \sqrt[3]{\frac{3K}{(\omega \hat{S})^2}}. \tag{33}$$

Mit $\omega/2\pi = 50$ Hz und einer verfügbaren Stromdichte von wiederum $\hat{S} = 10^8$ A/cm² wird die Unterbrechungszeit

$$\tau = \sqrt[3]{\frac{3 \cdot 8 \cdot 10^8 \text{ A}^2\text{s/cm}^4}{(314 \text{ s}^{-1} \cdot 10^8 \, A/\text{cm}^2)^2}} = 0{,}28 \cdot 10^{-3} \text{ s}.$$

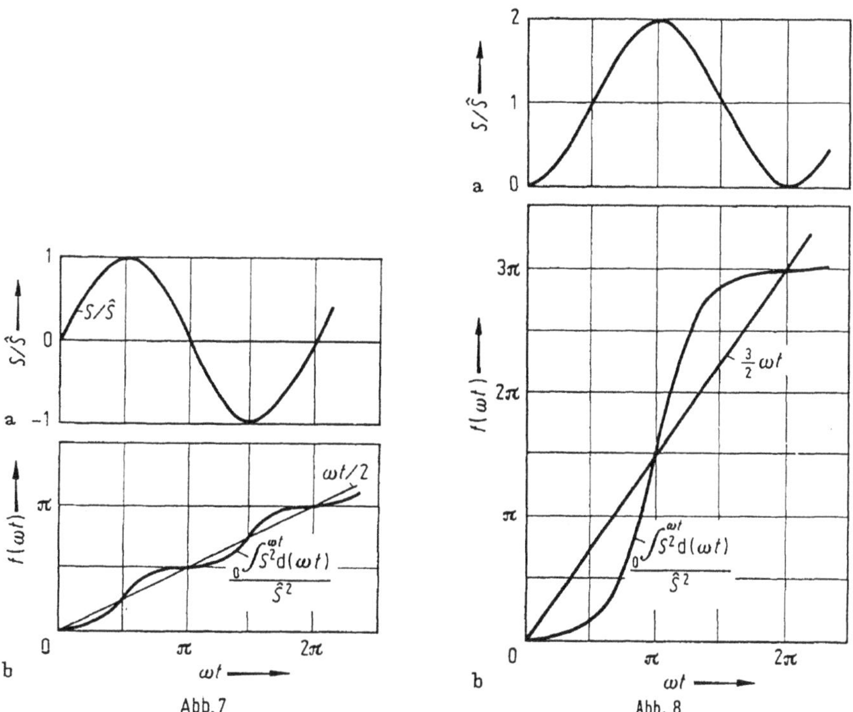

Abb. 7 Abb. 8

Zu Beginn kann das Verhältnis der beiden Ströme von Gl. (30) angenähert werden durch ωt. Wenn wir diesen Wert durch Gl. (33) ausdrücken, wird das Verhältnis von Durchbrennstrom zu verfügbarem Strom

$$\frac{S_{(\tau)}}{\hat{S}} = \omega \tau = \sqrt[3]{3 \frac{\omega K}{\hat{S}^2}}, \tag{34}$$

eine Beziehung, die große Ähnlichkeit mit Gl. (29) für Gleichstrom hat. Mit denselben Zahlen wie im letzten Beispiel brennt die Sicherung durch bei

$$\frac{S_{(\tau)}}{\hat{S}} = \sqrt[3]{\frac{3 \cdot 314/\text{s} \cdot 8 \cdot 10^8 \text{ A}^2\text{s/cm}^4}{10^{16} \text{ A}^2/\text{cm}^4}} \approx 2{,}0\%$$

des verfügbaren Stromes. Für weitere Verminderung dieses Verhältnisses müßte die fiktive Stromdichte vergrößert werden.

Ein unsymmetrischer Kurzschlußwechselstrom setzt in einer einseitig verschobenen Kosinuskurve ein. Die Stromdichte ist daher

$$S = \hat{S}(1 - \cos\omega t). \tag{35}$$

Dies ergibt ein Zeitintegral

$$\int_0^t S^2\,\mathrm{d}t = \hat{S}^2 \int_0^t (1 - 2\cos\omega t + \cos^2\omega t)\,\mathrm{d}t =$$

$$= \hat{S}^2 \left(\frac{3}{2}\,t - \frac{2\sin\omega t}{\omega} + \frac{\sin 2\omega t}{4\omega}\right), \tag{36}$$

das in *Abb. 8* aufgetragen ist und viel steilere Stufen hat als das des vorigen Falles. Für kleine Zeiten ergibt die Entwicklung der Sinusausdrücke in Potenzreihen bis zur fünften Ordnung

$$\text{für} \quad t \ll \frac{1}{\omega}: \qquad \int_0^t S^2\,\mathrm{d}t = \frac{\hat{S}^2}{\omega}\,\frac{(\omega t)^5}{20}. \tag{37}$$

Wegen der fünften Potenz der Zeit entwickelt sich die Stromwärme anfangs sehr langsam, nimmt aber später sehr schnell zu.

Die Umkehrung von Gl. (37) ergibt die Durchbrennzeit der Sicherung

$$\tau = \frac{1}{\omega}\sqrt[5]{20\,\frac{\omega K}{\hat{S}^2}} = \sqrt[5]{\frac{20\,K}{(\omega^2 \hat{S})^2}} \tag{38}$$

von etwas anderer Struktur als Gl. (33). Ein Zahlenbeispiel unter denselben Annahmen wie oben ergibt jetzt

$$\tau = \sqrt[5]{\frac{20 \cdot 8 \cdot 10^8\ \mathrm{A^2 s/cm^4}}{(314^2/\mathrm{s}^2 \cdot 10^8\ \mathrm{A/cm^2})^2}} = 0{,}7 \cdot 10^{-3}\ \mathrm{s},$$

also eine viel längere Durchbrennzeit als im vorigen Beispiel mit symmetrischem Strom.

Das Stromverhältnis von Gl. (35) kann anfänglich angenähert werden durch $(\omega t)^2/2$. Unter Benutzung von Gl. (38) wird daher das Verhältnis von Durchbrennstrom zur verfügbaren Stromamplitude

$$\frac{S_{(\tau)}}{\hat{S}} = \frac{(\omega\tau)^2}{2} = \frac{1}{2}\sqrt[2{,}5]{20\,\frac{\omega K}{\hat{S}^2}} = \sqrt[2{,}5]{3{,}53\,\frac{\omega K}{\hat{S}^2}}. \tag{39}$$

Dieser Ausdruck ist nicht sehr verschieden von dem der Gl. (34) bis auf den Wurzelexponenten. Die Sicherung wird in diesem Falle bei

$$\frac{S_{(\tau)}}{\hat{S}} = \sqrt[2{,}5]{\frac{3{,}35 \cdot 314/\mathrm{s} \cdot 10^8\ \mathrm{A^2 s/cm^4}}{(10^8\ \mathrm{A/cm^2})^2}} \approx 1{,}1\%$$

der verfügbaren Stromamplitude durchbrennen, die aber nur die Hälfte der Stromspitze beträgt, wie aus *Abb. 8a* hervorgeht.

Da man niemals voraussehen kann, in welchem Augenblick der Wechselstromperiode ein Kurzschluß einsetzt, so muß man auf den ungünstigsten Fall vorbereitet sein. Für den vorliegenden Zweck des Durchbrennens von Sicherungen ist dies offenbar der Fall des symmetrischen Kurzschlußstroms, da er nahezu den doppelten Wert des Durchbrennstromes ergibt, zum mindesten in unserem Zahlenbeispiel.

Wenn anstatt des verfügbaren Stromes die Anstieggeschwindigkeit des Stromes nach dem Kurzschlußaugenblick bekannt ist, so kann eine sehr einfache Beziehung abgeleitet werden. Dies ist der Fall für Gleichstrom und für symmetrischen Wechselstrom. Für solche zunächst linear ansteigenden Ströme ist der anfängliche Anstieg gegeben durch

$$\left(\frac{\mathrm{d}S}{\mathrm{d}t}\right)_0 = \frac{S_\infty}{T} = \omega \hat{S} \tag{40}$$

für Gleich- oder Wechselstrom.

Führt man dies in Gl. (25) und (33) ein, so ergibt sich für beide Fälle die Durchbrennzeit zu

$$\tau = \sqrt[3]{\frac{3K}{(\mathrm{d}S/\mathrm{d}t)_0^2}}. \tag{41}$$

Die Unterbrechungs-Stromdichte nimmt auch den gleichen Wert für Gleich- und Wechselstrom an, der sich durch Einsetzen von Gl. (40) in Gl. (29) und (34) ergibt zu

$$S_{(\tau)} = \sqrt[3]{3K\left(\frac{\mathrm{d}S}{\mathrm{d}t}\right)_0}. \tag{42}$$

Natürlich hätten wir diese Beziehungen auch direkt aus dem Strom-Zeit-Integral ableiten können. Es ist bemerkenswert, daß die Stromdichte $S_{(\tau)}$ und daher auch der gesamte Durchbrennstrom proportional der dritten Wurzel aus dem zeitlichen Anstieg des Kurzschlußstromes ist. Demgemäß ändert ein beträchtlicher Unterschied in $\mathrm{d}S/\mathrm{d}t$ den Durchbrennstrom nur um mäßige Beträge.

Schnelle Strombegrenzungs-Sicherungen sind von besonderem Wert für den Schutz leistungsschwacher Stromkreise, die von Hochleistungsnetzen gespeist werden, wobei das Verhältnis von Kurzschlußstrom zu Nennstrom sehr groß ist. Würden hierbei langsamer wirkende mechanische Unterbrecher benutzt, so würde dies Leistungsschalter erfordern, die fähig sein müßten, die volle Kurzschlußleistung des Systems zu unterbrechen.

Unsere Zahlenbeispiele zeigen, daß strombegrenzende Sicherungen schon bei einem kleinen Bruchteil des verfügbaren Stromes unterbrechen, sofern die fiktive Stromdichte im Schmelzdraht hoch genug gewählt wird. Dies schließt ein, daß auch der Nennstrom eine erhebliche Dichte hat, wenn auch von viel geringerer Größenordnung. Hierbei ist gute elektrische Leitfähigkeit und intensive Kühlwirkung notwendig, um Überhitzung des Sicherungsdrahtes im normalen Betriebe zu vermeiden. Dies kann erreicht werden durch Auswahl von Silber als Schmelzmetall durch Benutzung sehr dünner Drähte, nötigenfalls mehrerer parallelgeschalteter, um eine ziemlich große kühlende Oberfläche zu erzielen, und durch Einbetten der Drähte in isolierendes Kristallpulver mit guter Wärmeleitung.

In Hochspannungsnetzen ist die Spannung am Sicherungsdraht stets klein verglichen mit der Netzspannung, selbst im Augenblick des Durchbrennens, wo der metallische Widerstand stark vergrößert ist. In Niederspannungsnetzen jedoch, und ebenfalls bei der Prüfung von Hochspannungssicherungen bei Nennstrom, aber mit verminderter Spannung, kann der anwachsende Widerstand der Sicherung den Strom erheblich verringern. In solchen Fällen des Betriebes mit nahezu konstanter Spannung wird die Unterbrechungszeit erheblich verlängert im Vergleich zu dem Verhalten bei konstantem Strom.

37. Halbleiter im Stromkreis

Im Gegensatz zu metallischen Leitern nimmt der ohmsche Widerstand von halbleitenden Stoffen mit steigender Temperatur ab. In flüssigen Elektrolyten ist die Abnahme nur mäßig, nämlich von der Größenordnung $-0{,}4\%/\mathrm{K}$, also ähnlich wie bei Metallen, nur von entgegengesetztem Vorzeichen.

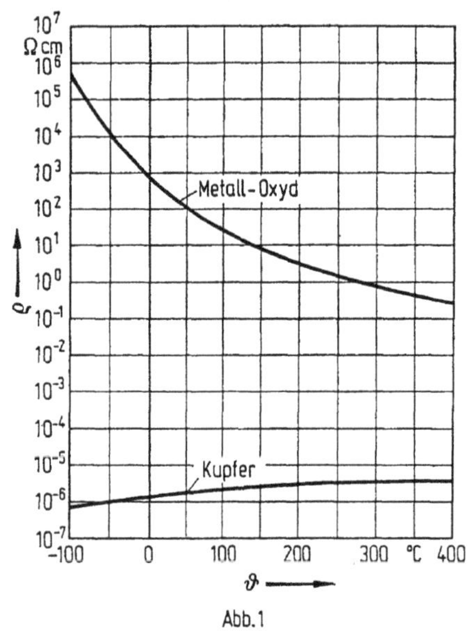

Abb. 1

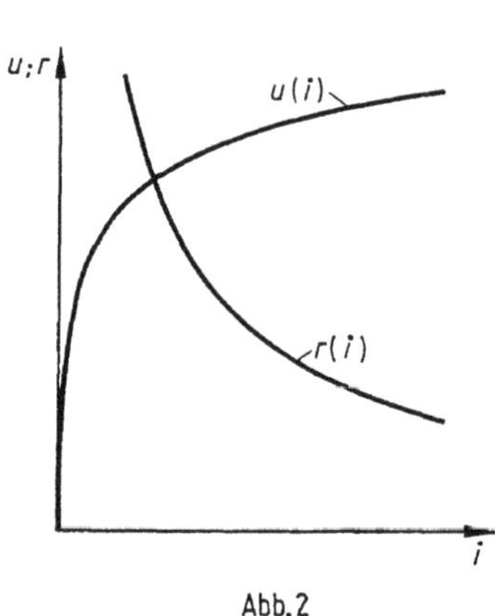

Abb. 2

In festen Halbleitern, wie in Kohle, Karbiden, Oxyden, Sulfiden oder Silikaten, ändert sich der Widerstand bis auf $4\%/\mathrm{K}$ und mehr. Bei Temperaturänderungen um nur einige hundert Kelvin kann sich also der Widerstand um das Tausendfache und mehr ändern. *Abb. 1* stellt im logarithmischen Ordinatenmaßstab das typische Verhalten des spezifischen Widerstandes eines Halbleiters im Vergleich zu dem eines Metalles im Bereich von -100 bis zu $+400\,°\mathrm{C}$ dar.

Einige Halbleiterstoffe, besonders solche, die aus scharfkantigen Kristallen bestehen, zeigen eine ähnliche Abnahme des Widerstandes mit zunehmendem Strom, ohne daß eine wesentliche Erwärmung notwendig ist. In beiden Fällen, mit und ohne vermittelnde Wärmewirkung, sinkt daher der Widerstand r von Halbleitern mit zunehmendem Strom, wie es in *Abb. 2* für Thyrit gezeichnet ist. Die Spannung u steigt daher mit wachsendem Strom nicht linear an, sondern nach einer charakteristischen Kurve, die konkav zur i-Achse gekrümmt ist, wie es *Abb. 2* zeigt. Dies Verhalten ist entgegengesetzt zu dem von metallischen Widerständen, deren Kennlinie konvex gegen die i-Achse gebogen ist, entsprechend Abb. 6 in Kapitel 35.

a) Induktive und kapazitive Ströme

Wenn ein Halbleiter r einen Teil eines Stromkreises bildet, der wie in *Abb. 3* von einer konstanten Spannung U gespeist wird und eine Induktivität L und womöglich auch einen konstanten Widerstand R enthält, so ist die Differentialgleichung des Kreises nach Schließen des Schalters

$$L\,\frac{\mathrm{d}i}{\mathrm{d}t} + u(i) = U, \tag{1}$$

wobei $u(i)$ die Gesamtspannung am konstanten und variablen Widerstand bezeichnet, die vom Strome i nach *Abb. 4* abhängt. Wir betrachten somit die beiden Widerstandsarten gemeinschaftlich. Die resultierende Kennlinie $u(i)$ ist um so

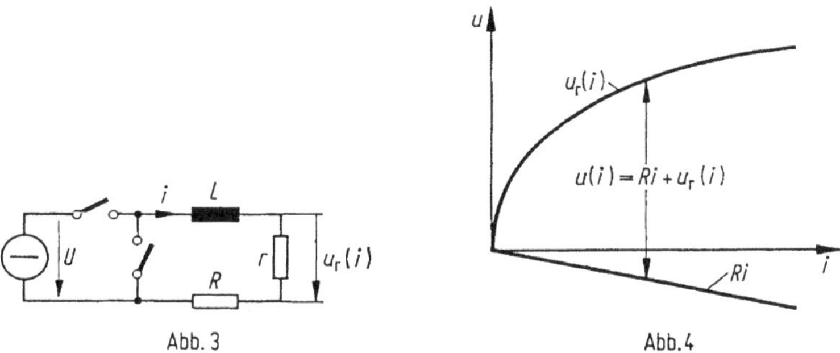

Abb. 3 Abb. 4

mehr gekrümmt, je größer der Anteil des variablen Widerstandes r ist. Im allgemeinen ist die Form der Funktion $r(i)$ oder der Spannung $u_r(i)$ und daher auch die von $u(i)$ graphisch gegeben.

Zur Lösung trennen wir die Variablen von Gl. (1) und integrieren. Wir erhalten mit der Anfangsbedingung $t = 0,\ i(0) = 0$

$$t = L \int_0^i \frac{\mathrm{d}i}{U - u(i)}. \tag{2}$$

Dieses Integral kann graphisch leicht ausgewertet werden, da die Funktion unter dem Integral nur von i abhängt. Wir erhalten daher durch Umkehrung der Kurve, welche die schraffierte Fläche in *Abb. 5a* begrenzt, und nach Integration über den Strom die Zeit t als Funktion des Stromes i. In *Abb. 5* sind alle Kurven in einer solchen Lage gezeichnet, daß sich das übliche Diagramm für i abhängig von t ergibt.

Die Integration kann auch ausgeführt werden, indem man Gl. (1) in der Form schreibt

$$\frac{\mathrm{d}i}{\mathrm{d}t} = \frac{U - u(i)}{L}. \tag{3}$$

Hiernach wird die zeitliche Stromänderung direkt bestimmt durch die Abweichung zwischen der treibenden Spannung U und der $u(i)$-Kennlinie für den Wert des jeweiligen Stromes. Diese Differenz kann aus *Abb. 5a* abgegriffen und als Größe des Anstiegs nach *Abb. 5b* übertragen werden. Auf diese Weise kann der zeitliche Anstieg des Stromes nach dem Einschalten Schritt für Schritt konstruiert werden.

Wenn wir den Stromanstieg in *Abb. 5b* mit der gestrichelten Kurve vergleichen, die einen exponentiellen Anstieg darstellt, wie er bei konstantem Widerstand von gleichem Endwerte auftreten würde, so sehen wir, daß ein Halbleiter zu Anfang eine größere Krümmung hervorruft und daher eine schnellere Abweichung des Anstiegs von der geradlinigen Ursprungstangente bewirkt.

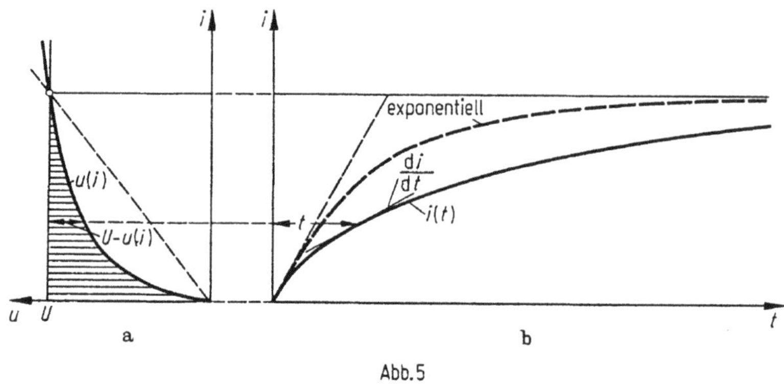

Abb. 5

Wenn die Selbstinduktivität L des Stromkreises nicht konstant ist wegen magnetischer Sättigung ihres Eisenkreises, so kann das Einschaltproblem in sehr ähnlicher Weise gelöst werden. Die Differentialgleichung ist jetzt

$$w\,\frac{\mathrm{d}\Phi}{\mathrm{d}t} + u(i) = U, \tag{4}$$

wobei w die Windungszahl ist und $\Phi(i)$ der magnetische Fluß der Selbstinduktivität, wie er durch die Kennlinie in *Abb. 6a* dargestellt ist. Die Ableitung dieses Flusses nach der Zeit ist nach der Kettenregel

$$\frac{\mathrm{d}\Phi}{\mathrm{d}t} = \frac{\mathrm{d}\Phi}{\mathrm{d}i}\,\frac{\mathrm{d}i}{\mathrm{d}t}. \tag{5}$$

Hierin kann $\mathrm{d}\Phi/\mathrm{d}i$ aus dem Anstieg der magnetischen Kennlinie entnommen werden. Daher enthält die Lösung

$$\frac{\mathrm{d}i}{\mathrm{d}t} = \frac{U - u(i)}{w}\,\frac{\mathrm{d}i}{\mathrm{d}\Phi} \tag{6}$$

auf der rechten Seite zwei Quotienten, die vollständig bestimmt sind durch die Widerstandskennlinie aus *Abb. 6b* und die magnetische Kennlinie aus *Abb. 6a*. In *Abb. 6c* ist die Auswertung von Gl. (6) dargestellt. Der Anstieg dieser Stromkurve ist gegeben durch die Abweichung der Widerstandskennlinie von der gegebenen Spannung, multipliziert mit dem Anstieg der magnetischen Kennlinie, bezogen auf Φ. Die Größe dieses Produktes ist durch die schraffierten Rechteckflächen in *Abb. 6b* dargestellt.

Wir erkennen aus *Abb. 6c*, daß der Stromanstieg nach dem Einschalten während einer beträchtlichen Zeit geradlinig ist, solange bis die endgültige Stromstärke beinahe erreicht ist. Dies rührt davon her, daß die Ableitung $\mathrm{d}i/\mathrm{d}\Phi$ durch die Sättigungswirkung des Flusses mit dem Strome stark ansteigt, wie in *Abb. 6a*, während die Differenz $U - u(i)$, wie in *Abb. 6b*, schnell abnimmt. Durch geeignete Abstimmung der Form dieser beiden Kennlinien ist es möglich, einen nahezu proportionalen zeitlichen Stromanstieg zu erreichen, fast bis zum endgültigen Wert. Solch ein Verhalten ist für viele Zwecke in Regelanordnungen sehr nützlich.

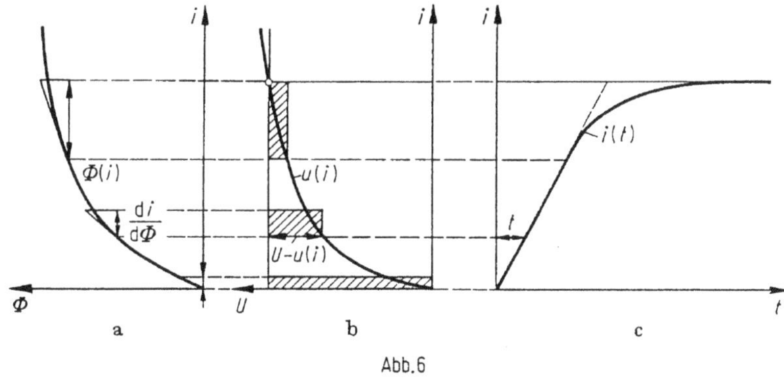

Abb. 6

Wenn der rL-Stromkreis von *Abb. 3* abgeschaltet wird, durch Kurzschluß der Stromquelle, so verschwindet die treibende Spannung U, und daher wird Gl. (1) bei konstanter Selbstinduktivität

$$\frac{di}{dt} = -\frac{u(i)}{L}. \tag{7}$$

Die Lösung ist in *Abb. 7* dargestellt und zeigt, daß sich jetzt der Entladestrom am Anfang länger linear verhält als ein exponentieller Verlauf für konstanten

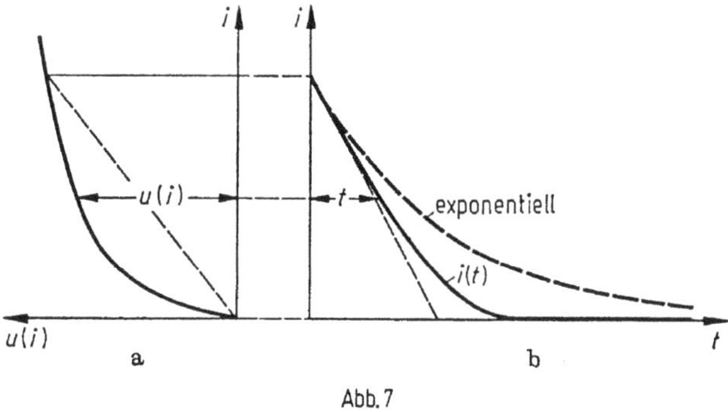

Abb. 7

Widerstand. Gegen Ende wird dann der Strom schneller zu null wegen des stark ansteigenden Widerstandswertes. Solch ein Verhalten ist wertvoll, wenn Halbleiterwiderstände parallel zu Magnetspulen angewendet werden, um diese gegen Überspannungen beim Unterbrechen des Stromes zu schützen. Wegen des hohen Widerstandes bei mäßigen Spannungen verbrauchen solche Schutzanordnungen nicht so viel Strom im normalen Betrieb wie ein konstanter Widerstand nach Abschnitt d von Kapitel 1.

Für eine Selbstinduktivität mit Eisensättigung ist die Lösung

$$w\,\frac{di}{dt} = -u(i)\,\frac{di}{d\Phi}. \tag{8}$$

In diesem Falle würde die Sättigung des Flusses die anfängliche Linearität des Stromabfalles verhindern.

Wenn der konstante Widerstand R parallel zum Halbleiterwiderstand r liegt, wie in *Abb. 8*, so entwickelt man die Gesamtkennlinie durch Addition der beiden Ströme für jede Spannung, wie es aus *Abb. 9* zu sehen ist. Diese $u(i)$-Kennlinie

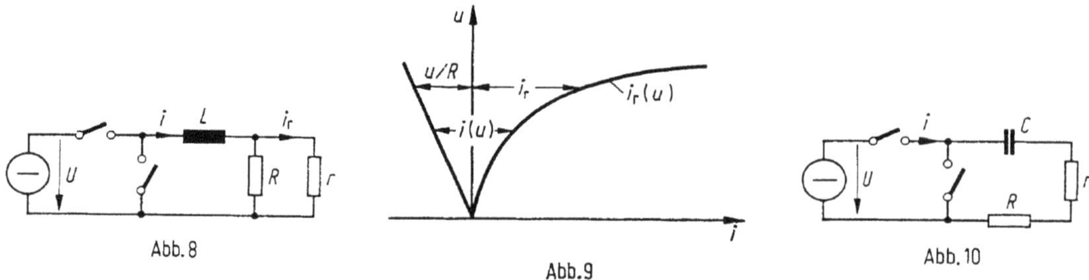

Abb. 8 Abb. 9 Abb. 10

kann in genau derselben Weise wie oben benutzt werden, um das Verhalten des Gesamtstromes zu bestimmen. Alsdann kann der Strom in seine beiden Zweige an Hand von *Abb. 9* zerlegt werden.

Abb. 10 zeigt einen Stromkreis, der einen Kondensator in Reihe mit den beiden Widerständen r und R enthält und der auf eine konstante Spannung U geschaltet oder von ihr abgeschaltet werden kann. Die Stromkreisgleichungen sind jetzt

$$u_c = U - u(i), \qquad i = C\,\frac{\mathrm{d}u_c}{\mathrm{d}t}. \tag{9}$$

Wiederum bezeichnet $u(i)$ die Spannung beider Widerstände, und u_c ist die Kondensatorspannung. In *Abb. 11a* ist die erste Gl. (9) graphisch dargestellt. Die

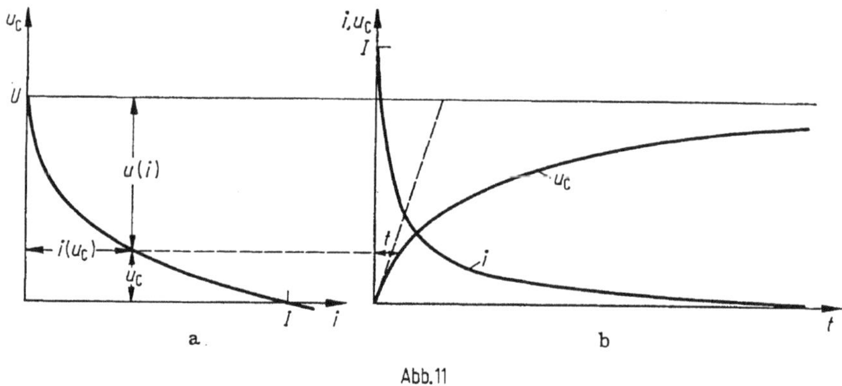

Abb. 11

Widerstandsspannung $u(i)$ mit einer Kurvenform wie in *Abb. 4* wird von der treibenden Spannung U abgezogen, was graphisch die Kondensatorspannung $u_c(i)$ als Funktion des Stromes ergibt. Diese Kurve kann ebenso als Stromkurve abhängig von der Kondensatorspannung betrachtet werden, nämlich als Funktion $i(u_c)$. Aus der zweiten Gl. (9) können wir daher die Lösung unseres Problems ganz allgemein ableiten als

$$t = C \int_0^t \frac{\mathrm{d}u_c}{i(u_c)}. \tag{10}$$

Die Zeit erscheint hier als ein Integral über den reziproken Strom in Abhängigkeit von der Kondensatorspannung, integriert nach u_c.

Andererseits können wir die allgemeine Lösung auch in der Form schreiben

$$\frac{\mathrm{d}u_c}{\mathrm{d}t} = \frac{i(u_c)}{C}. \tag{11}$$

Hierin ist die Neigung oder zeitliche Änderung der Kondensatorspannung direkt durch den Strom $i(u_c)$ bestimmt, wie er für irgendeine Schalthandlung durch die Kurve in *Abb. 11a* gegeben ist. Dies führt zu der gleichen Schritt-für-Schritt-Konstruktion, wie sie oben beschrieben ist, und ergibt die Kurve u_c in *Abb. 11b*.

Zur Einschaltzeit $t = 0$ ist die Kondensatorspannung $u_c = 0$. Dies liefert aus der ersten Gl. (9) die anfängliche Widerstandsspannung

$$u_0(i) = U \tag{12}$$

und aus *Abb. 11a* den anfänglichen Strom $i = I$, so daß beide Werte durch den Schnitt der Widerstandskennlinie mit der Null-Spannungslinie bestimmt sind. *Abb. 11b* zeigt den Anstieg der Kondensatorspannung u_c von Null bis zum Werte U und den Strom i, der nunmehr aus *Abb. 11a* entnommen werden kann. Wegen des raschen Abfalls dieses Stromes verringert sich der Anstieg von u_c schon von Anfang an, und daher tritt kein linearer Teil in dieser Kurve auf. Die Spannung kriecht vielmehr dauernd langsam auf den Endwert zu.

Der Strom beginnt mit einer hohen Spitze, die durch den kleinen Widerstandswert des Halbleiters bei hohen Strömen bedingt ist. Schließlich jedoch sinkt der Strom sehr langsam gegen Null, weil jetzt der Widerstand des Halbleiters sehr groß ist. Somit kriechen Strom sowohl wie Kondensatorspannung beide langsam auf ihre Endwerte.

Die Spannungskennlinie und die Ladespannungskurve sind in *Abb. 12* mit den Kurven für konstanten Widerstand verglichen, der denselben Anfangsstrom,

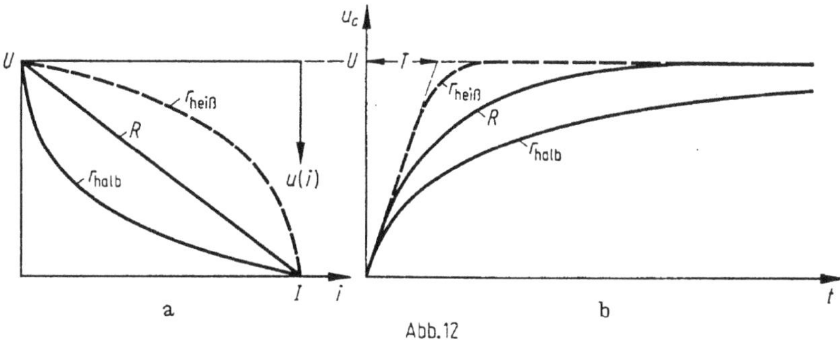

Abb. 12

aber exponentiellen Spannungsanstieg liefern würde. Weiterhin ist die Spannungskennlinie eines heißen Metallwiderstandes in *Abb. 12a* gestrichelt eingetragen. Dessen Ladespannung bleibt nach *Abb. 12b* über einen viel längeren Zeitraum linear und proportional zur Zeit als in jedem der anderen Fälle, obwohl bei diesen überall der gleiche Anfangsanstieg besteht. Ein sich erwärmender Metallwiderstand von kleiner Temperaturzeitkonstante kann daher verwendet werden, wo immer geradlinige Anstiegskurven verlangt werden.

Ganz ähnlich stellen die ausgezogenen Kurven in *Abb. 13* den zeitlichen Entladevorgang eines Kondensators über einen Halbleiter dar. Die allgemeine Lösung von Gl. (11) gilt auch für diesen Fall. Da die Spannung U hier null ist, zeigt *Abb. 13a* direkt die Widerstandskennlinie $u(i)$. Dies ergibt dieselbe Art der kriechenden Kurven von u_c und i in Abhängigkeit von der Zeit wie oben.

In *Abb. 13* ist gleichfalls der exponentielle Entladevorgang über einen konstanten Widerstand dargestellt sowie auch der beschleunigte Entladevorgang durch einen Heißmetall-Widerstand von kleiner Temperaturzeitkonstante. Der letztere Fall ergibt wieder ein linearisiertes Abklingen der Kondensatorspannung, weil der Strom i in *Abb. 13a* nicht so schnell absinkt wie in den beiden anderen Fällen.

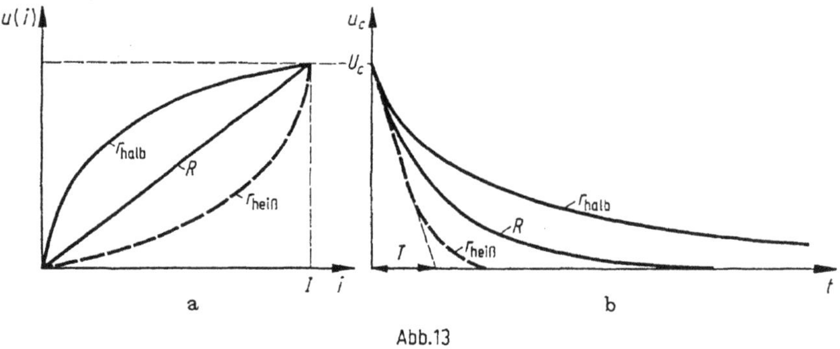

Abb. 13

Wenn der Stromkreis mit variablem Widerstand sowohl Selbstinduktivität als auch Kapazität enthält, so kann die Ladung und Entladung solcher Schwingungskreise nach den Methoden des Kapitels 38 ausgewertet werden. Das Diagramm in *Abb. 14* stellt die Kapazitätsspannung u_c abhängig vom induktiven Strom i_L dar, wie sie von der gezeichneten Spannungskennlinie $u(i)$ des Widerstandes abgeleitet werden kann. Solch ein unharmonisches Spiraldiagramm von

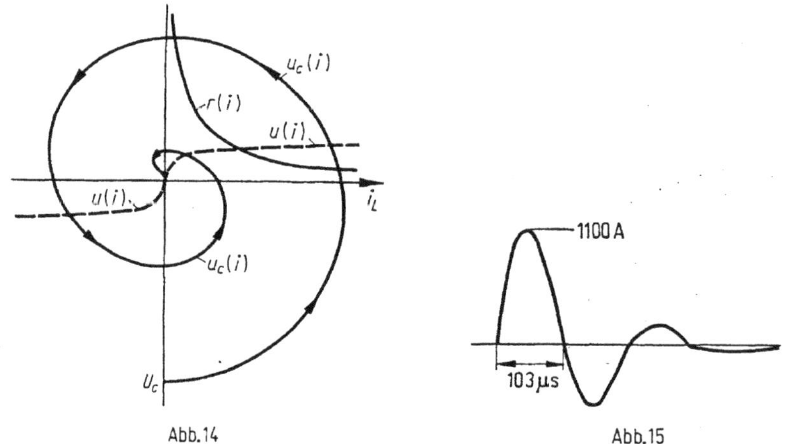

Abb. 14 Abb. 15

Strom und Spannung entwickelt sich stets, wenn der LC-Stromkreis plötzlich auf einen Widerstand entladen wird, dessen Wert mit abnehmendem Strom stark anwächst. *Abb. 15* zeigt das Oszillogramm eines solchen Stromes, in dem nur drei Halbschwingungen auftreten. Diese entwickeln sich, solange der mittlere Widerstand unterhalb des kritischen Wertes bleibt. Schließlich wird dieser Wert jedoch überschritten, und der kleine Rest der Ladung verschwindet aperiodisch.

b) Fallende Spannungscharakteristik

Wenn der Widerstand eines Halbleiters mit steigender Temperatur sehr stark abnimmt, so kann die Spannung am Widerstand konstant bleiben oder sogar mit zunehmendem Strom abnehmen. Wir wollen die Bedingungen ableiten, unter denen solch eine fallende Spannungskennlinie auftreten kann. Der Einfachheit halber beschränken wir uns hier auf stationäre Temperaturzustände im Halbleiter, die vorliegen, wenn die Temperaturzeitkonstante sehr klein ist, wie wir aus Abschnitt b von Kapitel 35 wissen.

In diesem Falle wird die im Widerstand erzeugte Wärme unmittelbar durch die Oberfläche abgegeben, und die Leistungsgleichung für den thermischen Dauerzustand ist daher

$$u i = \zeta A \vartheta . \tag{13}$$

Wir haben dabei vorausgesetzt, daß die Kühlwirkung proportional der Oberfläche A und dem Wärmeübergangskoeffizient ζ ist. Indessen kann jedes andere Kühlungsgesetz benutzt werden, ohne die Ableitungen zu beeinträchtigen, dabei müßte lediglich $\zeta(\vartheta)$ anstatt ζ gesetzt werden. Spannung u und Strom i werden dann zweckmäßig auf den Gesamtwiderstand des Stromkreises bezogen, gleichgültig ob konstanter Widerstand R in Reihe oder parallel zu dem variablen Widerstand r liegt, wie es in *Abb. 4* und *9* erläutert ist. Wir haben ferner ϑ auf einen zweckmäßig gewählten Temperaturwert des Systems zu beziehen. Wenn wir

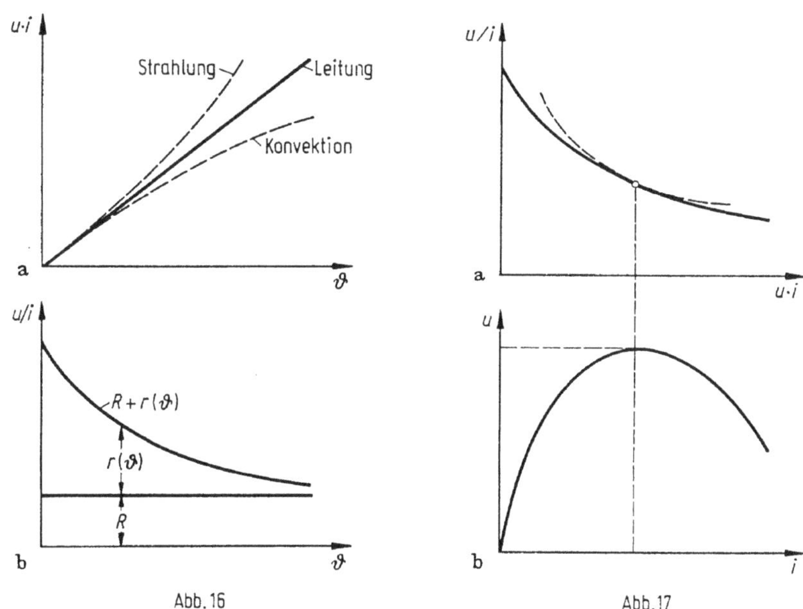

Abb. 16 Abb. 17

nunmehr Reihenschaltung zugrunde legen und r als temperaturabhängig ansehen, so kann der Gesamtwiderstand durch Strom und Spannung ausgedrückt werden als

$$\frac{u}{i} = R + r(\vartheta) . \tag{14}$$

Es ist daher sowohl das Produkt als auch der Quotient von Spannung und Strom durch gegebene Funktionen der Temperatur bestimmt, die entsprechend Gl. (13) und (14) in *Abb. 16a* und *b* abhängig von ϑ als stark ausgezogene Kurven aufgetragen sind.

Von diesen beiden Kurven eliminieren wir graphisch die Temperatur ϑ, indem wir in *Abb. 17a* u/i als Funktion von ui auftragen. Dieses ergibt eine Kurve gleicher Gestalt wie in *Abb. 16b*, wenn die Wärme durch Leitung abgeführt wird wie nach der geraden Linie von *Abb. 16a*. Wenn die Wärme jedoch durch Konvektion oder Strahlung abgeführt wird, so können die gestrichelten Kurven benutzt werden, was lediglich die Abszissenachse der fallenden Widerstandskurve in *Abb. 17a* ändert.

Durch Multiplikation von Abszisse mit Ordinate jedes Punktes der Kurve in *Abb. 17a* erhalten wir nach Radizierung

$$\sqrt{ui\,\frac{u}{i}} = u \tag{15}$$

und durch Division und Radizierung

$$\sqrt{\frac{ui}{u/i}} = i. \tag{16}$$

Wenn wir diese beiden Werte in *Abb. 17b* auftragen, so erhalten wir unmittelbar die Strom-Spannungskennlinie des Widerstandes. Diese Konstruktion kann für irgendein empirisches Gesetz der Temperaturabhängigkeit des Widerstandes und der Wärmeabgabe ausgeführt werden. Für kleines Produkt ui und großen Quotienten u/i, entsprechend niedrigen Temperaturen, ist der Strom und zugleich auch die Spannung sehr klein. Für großes ui und kleines u/i, entsprechend großen Temperaturen, wird der Strom groß und die Spannung mäßig. Die Spannung kann jedoch wiederum klein werden für sehr kleines u/i bei sehr großem ui. In diesem Fall erreicht die Strom-Spannungskennlinie einen Maximalwert und fällt dann wieder ab.

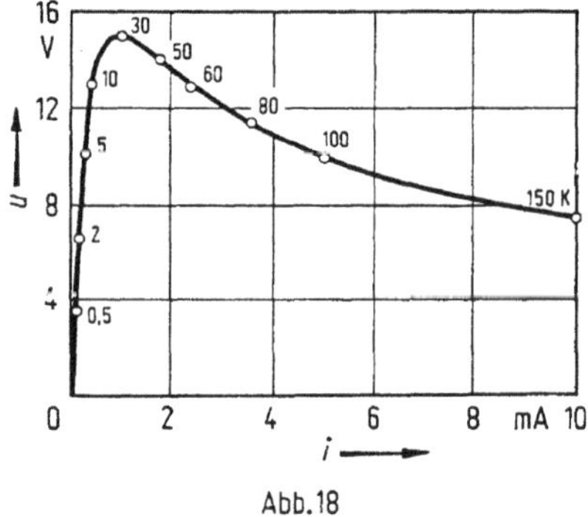

Abb.18

Die Höchstspannung tritt gemäß Gl. (15) auf, wenn

$$ui\,\frac{u}{i} = \text{const} \tag{17}$$

ist. Dies ergibt mit Gl. (13) und (14)

$$[r(\vartheta) + R]\,\vartheta = \text{const}. \tag{18}$$

Die Strom-Spannungskennlinie wird daher fallend, wenn die Widerstandsänderung stärker als umgekehrt proportional zur Temperatur ist, so wie es in *Abb. 17* durch Vergleich mit der gestrichelten Hyperbel angedeutet ist. Bei abweichenden Kühlungsgesetzen, die in *Abb. 16a* durch gestrichelte Kurven angedeutet sind, wird diese Regel nur geringfügig modifiziert.

Für Thermistor-Material zeigt *Abb. 18* eine vollständige Kennlinie mit ihren steigenden und fallenden Abschnitten. An verschiedenen Punkten der Kurve sind die Übertemperaturen gegenüber der umgebenden Luft angegeben.

c) Stabilität des Temperaturanstiegs

Im allgemeinsten Falle der Erwärmung eines temperaturabhängigen Widerstandes kann die Wärmekapazität des Widerstandsmaterials nicht mehr vernachlässigt werden.

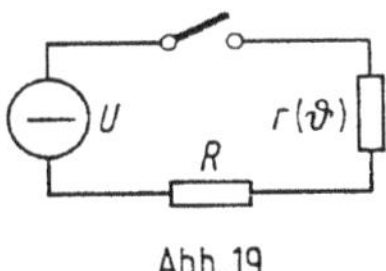

Abb. 19

Diese Eigenschaft gibt den Ausschlag, in welcher Weise irgendein stationärer Zustand erreicht wird. Wir betrachten dazu das Verhalten eines Widerstandes $r(\vartheta)$, der wieder in Reihe mit einem konstanten Widerstand R liegen möge, und beide sollen von einer gegebenen Spannung U gespeist werden, die Gleich- oder Wechselspannung sein kann. Bei Gleichspannung, wie in *Abb. 19*, ist der Strom

$$i(\vartheta) = \frac{U}{R + r(\vartheta)} \tag{19}$$

und die Spannung am temperaturabhängigen Widerstand

$$u(\vartheta) = \frac{U\, r(\vartheta)}{R + r(\vartheta)}. \tag{20}$$

Bei Wechselspannung kann die etwas abweichende Gl. (1) von Kapitel 35 benutzt werden, deren Grenzfälle jedoch in Gl. (19) und (20) enthalten sind. Im allgemeinen werden Strom sowohl wie Spannung temperaturabhängig sein. Für verschwindendes R bleibt jedoch die Spannung konstant, $u = U$; für fast unendliches R wird der Strom konstant, $i = U/R$.

Die Temperaturänderung des Widerstandes r wird durch dieselbe Differentialgleichung wie in Gl. (2) von Kapitel 35 bestimmt, nämlich

$$\mathrm{c\,V}\,\frac{\mathrm{d}\vartheta}{\mathrm{d}t} + \zeta A \vartheta = u(\vartheta)\, i(\vartheta). \tag{21}$$

Wenn wir diese durch ζA dividieren, erhalten wir als Faktor vor dem Differentialquotienten

$$T = \frac{\mathrm{c\,V}}{\zeta A}. \tag{22}$$

den wir als Temperaturzeitkonstante erkennen. Diese ist identisch mit Gl. (6) aus Kapitel 35. Auf der rechten Seite bestimmt dann

$$\frac{u(\vartheta)\, i(\vartheta)}{\zeta A} = H(\vartheta) \tag{23}$$

die elektrische Leistung, die den Widerstand erwärmt, geteilt jedoch durch die Konstanten der Wärmeabfuhr aus der Oberfläche. Dieser Quotient bringt die Heiztemperatur des Prozesses zum Ausdruck. Formal ähnelt diese demselben Begriff wie in Gl. (8) von Kapitel 35, jedoch wird hier durch H die Gleichgewichtstemperatur dargestellt, wie man aus Gl. (21) für verschwindenden Temperaturanstieg ersieht. Die Heiztemperatur ist hier temperaturabhängig und kann für Gleichspannung einfach aus dem Produkt der Gl. (19) und (20) bestimmt werden.

Mit diesen Abkürzungen schreibt sich die Differentialgleichung (21)

$$T\frac{\mathrm{d}\vartheta}{\mathrm{d}t}+\vartheta=H(\vartheta). \tag{24}$$

Die Lösung für die zeitliche Temperaturänderung kann entweder in Form einer Quadratur angegeben werden

$$t=T\int\limits_0^{\vartheta}\frac{\mathrm{d}\vartheta}{H(\vartheta)-\vartheta}, \tag{25}$$

oder wir können den Temperaturanstieg ausdrücken als

$$\frac{\mathrm{d}\vartheta}{\mathrm{d}t}=\frac{H(\vartheta)-\vartheta}{T}. \tag{26}$$

Anstatt wiederum die graphische Darstellung dieser beiden Lösungen durchzuführen, wollen wir nur den Wert des Zählers auf der rechten Seite von Gl. (26) betrachten, da sein Vorzeichen angibt, ob die Temperatur zeitlich steigt oder fällt.

In *Abb. 16b* hatten wir die gegebenen Werte des konstanten Widerstandes R und des variablen Widerstandes $r(\vartheta)$ abhängig von ϑ aufgetragen. Aus der resultierenden Kurve kann mit Hilfe der Gl. (19) und (20) sowohl $i(\vartheta)$ als auch $u(\vartheta)$ abgeleitet werden, und diese sind in *Abb. 20a* aufgetragen. Ihr Produkt in Abhängigkeit von ϑ ist ebenfalls in *Abb. 20a* dargestellt. Die letztere Kurve ist in *Abb. 20b* wiederholt, jedoch geteilt durch das Produkt ζA, so wie es in Gl. (23) für $H(\vartheta)$ angegeben ist. Dieser Wert ist nach seiner Definition ebenfalls eine Temperatur. Durch diese Kurve ist die gerade Linie ϑ gezogen, und somit stellen die Ordinaten der schraffierten Differenzflächen die Werte des Zählers auf der rechten Seite von Gl. (26) dar.

Die Gerade schneidet die Kurve in *Abb. 20b* zweimal, und daher sind zwei Gleichgewichtstemperaturen ϑ_1 und ϑ_2 möglich. Jedoch ist nur Punkt *1* stabil, während Punkt *2* labil ist. Wir sehen dies unmittelbar aus den Vorzeichen, die entsprechend Gl. (26) in die Flächen eingetragen sind und anzeigen, ob die Temperatur in ihren Bereichen steigt oder fällt. Im unteren Bereich steigt die Temperatur bis zum Endwert ϑ_1. Dieses Verhalten ist für die meisten Fälle erwünscht. Im mittleren Bereich nimmt die Temperatur stets ab. Wenn daher durch irgendeinen thermischen Zufall der mittlere Bereich erreicht wird, zum Beispiel durch eine kurzzeitige Überspannung an den Widerständen, so wird die Temperatur auf den stabilen Wert ϑ_1 zurückkehren. Wenn dagegen die Überschußerwärmung so stark sein sollte, daß ϑ_2 überschritten wird, so steigt die Temperatur weiter an, wird unstabil, und der Widerstand wird durchbrennen. Wir sehen somit, daß der Wert von $H(\vartheta)$, verglichen mit dem von ϑ, entscheidend für Leben oder Tod eines temperaturabhängigen Widerstandes ist.

Die stark ausgezogene Kurve H in *Abb. 20b* entspricht einem gewissen Wert des konstanten Widerstandes R, wie er in *Abb. 16b* gezeigt ist. Wenn jedoch R sehr klein ist, so sehen wir aus Gl. (19) und (20), daß H nach Gl. (23) zunehmen muß. Die Grenzkurve für $R = 0$ ist in *Abb. 20b* als H_r eingezeichnet und entspricht der Anwesenheit des Widerstandes r allein, der nunmehr unmittelbar von konstanter Spannung gespeist wird. Wir erkennen, daß dieser Fall oft zu einem vollständig labilen Verhalten führt, was natürlich davon abhängt, wie stark der Widerstand r abnimmt. Wenn andererseits R sehr groß im Vergleich zu r ist, so entsteht die untere mit H_R bezeichnete Kurve in *Abb. 20b*, die nunmehr das Verhalten des Widerstandes bei konstantem Strom wiedergibt, wie aus Gl. (19) zu ersehen ist.

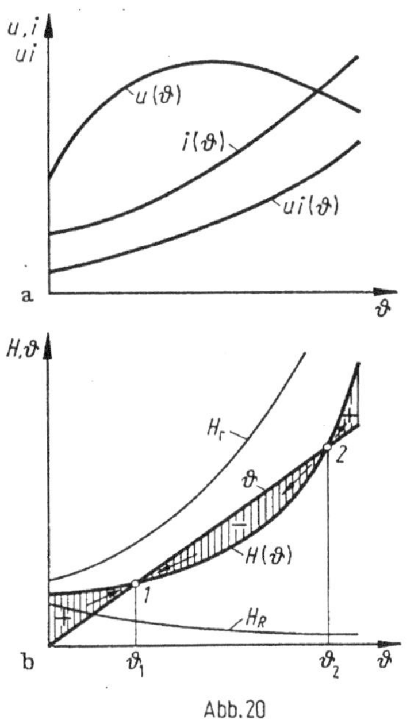

Abb. 20

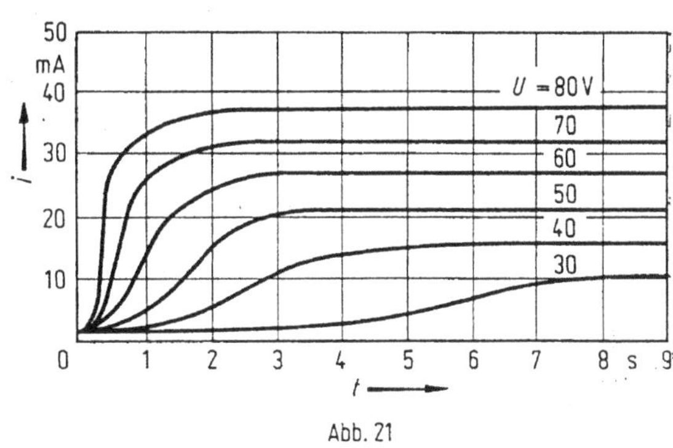

Abb. 21

Wir erkennen, daß das Verhalten von thermischen Halbleitern mit stark fallendem Widerstand meistens unstabil ist beim Betrieb mit konstanter Spannung und stabil beim Betrieb mit konstantem Strom, und daß oft ein Reihenwiderstand von konstantem Werte zur Stabilisierung notwendig ist.

Wenn die Wärmeabfuhr nicht proportional zur Temperatur ist, sondern durch die Wirkung von Konvektion oder Strahlung nach einer konkaven oder konvexen Kurve vor sich geht, entsprechend dem gestrichelt gezeichneten Verlauf in *Abb. 16a*, so ist in der Darstellung von *Abb. 20b* lediglich diese Kurve anstatt der geraden Linie ϑ zu benutzen. Die Art der Kühlung des Heißleiters hat daher erheblichen Einfluß auf die Stabilitätsbedingung. Wenn andererseits die auf das Volumen bezogene Wärmekapazität c in Gl. (21) auch von der Temperatur abhängen sollte, so würde die Zeitkonstante T ein wenig schwanken. Dies kann leicht in Gl. (25) und (26) berücksichtigt werden und führt zu einer geringfügigen Abweichung der zeitlichen Veränderung, ohne indessen die Art der graphischen Auswertung oder die Integrierbarkeit des Problems zu beeinflussen.

Überdies ist diese Entwicklung nicht beschränkt auf Widerstände, die mit der Temperatur abnehmen, sondern kann ebenso auf zunehmenden Widerstand angewendet werden, wie er in Kapitel 35 betrachtet wurde. Dort war jedoch wegen des linearen Verhaltens metallischer Widerstände eine analytische Integration möglich. Im Gegensatz zu dem eben untersuchten Problem führte in jenem Falle konstante Spannung zu stabilem und konstanter Strom oft zu unstabilem Verhalten.

Nachdem für jeden Fall der zeitliche Verlauf der Temperatur nach Gl. (25) oder (26) und *Abb. 20b* bekannt ist, können nunmehr Spannung und Strom in Abhängigkeit von der Zeit aus den u- und i-Kurven der *Abb. 20a* abgegriffen werden.

In *Abb. 21* ist der Verlauf von Strömen wiedergegeben, wie er oszillographisch an Thermistor-Material gemessen wurde, an das über einen konstanten Widerstand verschieden große Gleichspannungen gelegt wurden.

38. Selbsterregte Schwingungen

Manche elektrischen Stromkreise haben die Eigenart, daß das zeitliche Verhalten des Stromes in bestimmten Punkten oder Bereichen stabil, in anderen aber unstabil ist. Häufig ergeben die stabilen Punkte das stationäre Verhalten, während die unstabilen Bereiche bei Ausgleichszuständen durchlaufen werden. Dies tritt in Gleichstromkreisen auf, wenn irgendwo ein nichtlinearer Zusammenhang von Spannung und Strom herrscht. In den Abschnitten b) der Kapitel 35 und 37 haben wir derartige Widerstände betrachtet. Wenn jedoch Induktivität und Kapazität vorhanden sind, die elektrische Energie aufspeichern, können Eigenschwingungen erregt werden, wenn die Energieerzeugung irgendwo den Energieverbrauch überschreitet. Dies kann allgemein auftreten, wenn Bereiche des Überschusses und des Mangels an Leistung mit einem oder mehreren Energiespeichern zusammenwirken.

a) Existenzbedingungen

Ein Gleichstrom-Reihenschlußgenerator erzeugt durch Drehung des Ankers eine Spannung $U_A(i)$ und verbraucht dieselbe als Ri im Widerstand der Belastung und der Erregerwicklung. *Abb. 1* stellt diese Spannungen in einem gemeinsamen

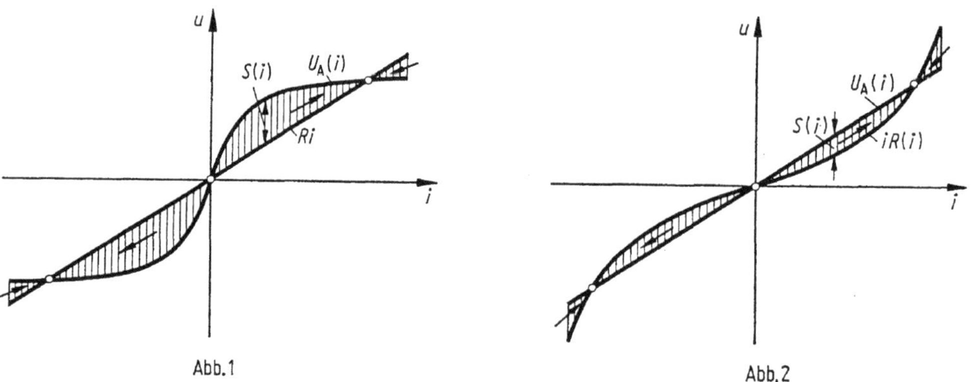

Abb. 1

Abb. 2

Diagramm dar. Es zeigt drei Punkte, in denen sich die gekrümmte Kennlinie mit der geraden schneidet, so daß die Maschine hier im stationären Zustand arbeiten kann. Jedoch verhalten sich nur die beiden äußeren Punkte, die durch die Vorzeichen von u und i unterschieden sind, stabil, während der innere Punkt, der durch die Nullwerte von u und i gegeben ist, labil ist. In den schraffierten Bereichen bewegt sich der Stromspannungszustand auf die stabilen Punkte zu, und die Geschwindigkeit dieser Bewegung hängt davon ab, in welcher Weise die Spannungsdifferenz

$$S(i) = U_A(i) - iR(i) \tag{1}$$

vom Stromkreis aufgenommen werden kann. Wir bezeichnen diesen Überschuß als die Anfachungsspannung des Stromkreises. In Gl. (1) haben wir sowohl die erzeugte Spannung $U_A(i)$ als auch die verbrauchte Spannung $iR(i)$ als beliebige Funktion des Stromes betrachtet, die letztere, da nach Abschnitt b) von Kapitel 35 sogar ein ungesättigter Generator durch eine Widerstandsspannung stabilisiert werden kann, die stärker als linear mit i anwächst. Dieses Verhalten ist in *Abb. 2* besonders dargestellt, ähnlich wie in *Abb. 7b* von Kapitel 35, jedoch für positiven und negativen Strom. Die Anfachungsspannung hat für beide Fälle, nämlich für *Abb. 1* und *Abb. 2*, die gleiche typische Kurvenform, die in *Abb. 3* über dem ganzen Bereich des Stromes aufgetragen ist.

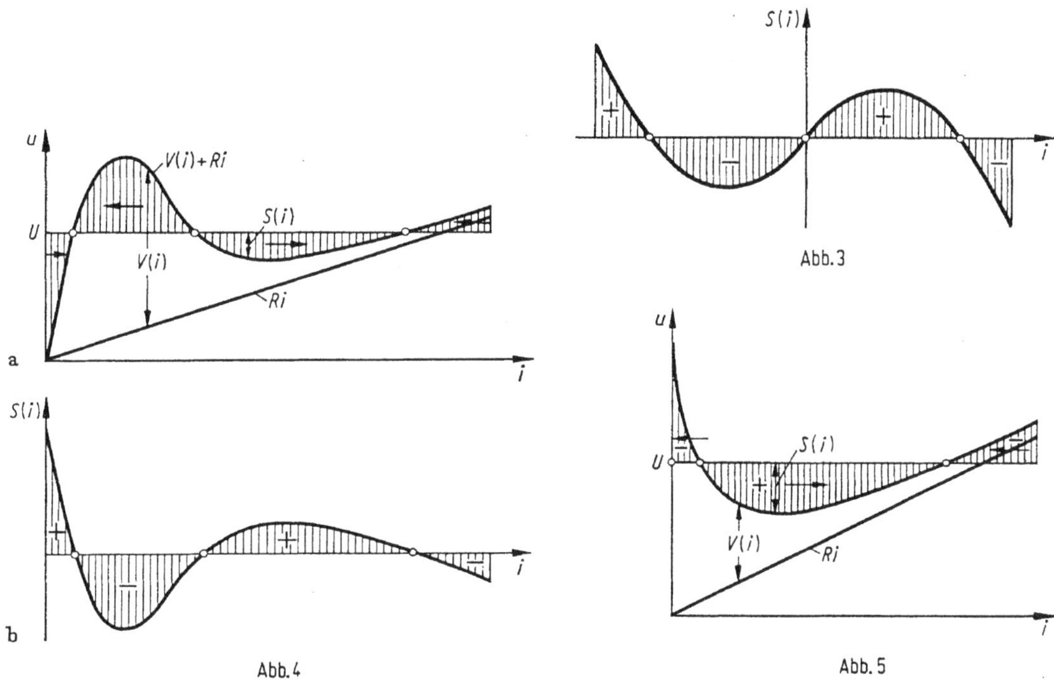

Abb. 4 Abb. 3 Abb. 5

Während metallische Wärmewiderstände stets eine steigende Kennlinie haben, wie in *Abb. 2,* können Halbleiter auch eine fallende Spannungskennlinie $ri = V(i)$ haben, wie es in Abschnitt b) von Kapitel 37 dargelegt wurde. Die gesamte Spannungskennlinie eines solchen Halbleiters in Reihe mit einem konstanten Widerstand R ist in *Abb. 4a* aufgetragen. Wenn wir hierin noch die konstante treibende Spannung U einzeichnen, so erhalten wir einen Überschuß oder Mangel an Spannung in den verschiedenen Strombereichen, wie es in *Abb. 4a* schraffiert dargestellt und in *Abb. 4b* gesondert abhängig vom Strom aufgetragen ist. In diesem Falle ist die Anfachungsspannung

$$S(i) = U - Ri - V(i). \tag{2}$$

Wie in *Abb. 3,* zeigt die Anfachungsspannung wieder zwei positive und zwei negative Bereiche, die durch zwei äußere stabile und einen inneren labilen Punkt getrennt sind. Während sich aber die Anfachungsspannung von *Abb. 3* über positive und negative Ströme erstreckt, kann sich nach *Abb. 4* nur Strom eines einzigen Vorzeichens entwickeln, gegeben durch das Vorzeichen der konstanten Spannung U. Ferner ist in *Abb. 3* die Anfachungsspannung symmetrisch mit

Bezug auf den labilen Punkt, in *Abb. 4* ist sie durchweg sehr unsymmetrisch. Wir dürfen daher erwarten, daß Stromkreise mit Halbleitern von fallender Kennlinie sich im Hinblick auf die Ausbildung von Schwingungen ähnlich wie die Anfachungskreise nach *Abb. 1* und *2* verhalten, daß sie in Einzelheiten jedoch davon abweichen.

Viele andere Stromkreise oder deren Teile verhalten sich ebenfalls nichtlinear. Gasförmige Leiter zum Beispiel, besonders elektrische Lichtbögen, entwickeln eine Spannung, die mit dem Strom abfällt, und daher ist ihre Kennlinie einschließlich eines Stabilisierungswiderstandes R von einer Form wie in *Abb. 5*. Hier liegt der untere stabile Punkt beim Strom Null, und nur drei Bereiche der Anfachungsspannung sind vorhanden, solange keine Rückzündung stattfindet.

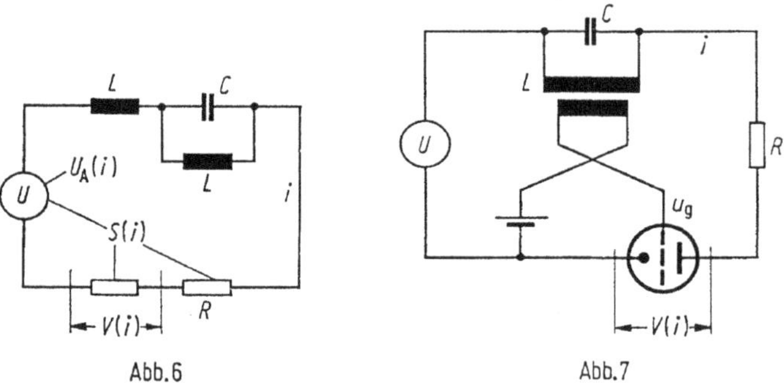

Abb. 6 Abb. 7

Wenn zu den Elementen des Stromkreises, die durch *Abb. 1* bis *5* beschrieben sind, Energiespeicher hinzugefügt werden, in Form von Induktivität L und Kapazität C, so entsteht ein Stromkreis, wie er in *Abb. 6* gezeichnet ist. Darin sind beide stromabhängigen Größen dargestellt, $U_A(i)$ durch rotierende Induktion erzeugt und $V(i)$ durch veränderlichen Widerstand hervorgerufen, wobei jede dieser Größen eine Anfachungsspannung entwickeln kann, wie sie vorher getrennt beschrieben ist. Um einen unbehinderten Fluß des Gleichstromes zu ermöglichen, ist eine besonders große Induktivität L_∞ parallel zur Kapazität in *Abb. 6* vorgesehen, oder man könnte den Widerstand R parallel zur Kapazität C anordnen, ohne das Wirkungsprinzip des Stromkreises wesentlich zu ändern.

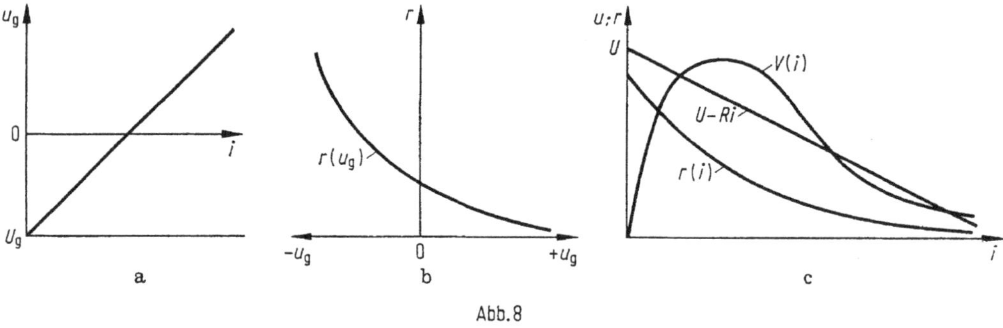

Abb. 8

Für den gleichen Zweck werden häufig Drei-Elektroden-Vakuumröhren benutzt, wie es im Stromkreis der *Abb. 7* als Beispiel dargestellt ist. Zunächst nimmt die Spannung an einem Vakuumraum mit ansteigendem Strom zu. Wenn jedoch eine veränderliche Gitterspannung u_g angelegt wird, die sich mit ansteigendem Strom von negativen bis zu positiven Werten ändert, wie in *Abb. 8a*, so ändert sich der Widerstand r der Röhre in Abhängigkeit von der Gitterspannung wie in

Abb. 8b und variiert nunmehr mit dem Strom i wie in *Abb. 8c*. In diesem Diagramm sind auch die Spannungen im Stromkreise dargestellt, insbesondere $V(i)$ an der Vakuumröhre. Ein ähnliches Verhalten kann durch eine große Zahl verschiedenartiger Schaltungen zwischen den Hauptelementen des Stromkreises hervor-

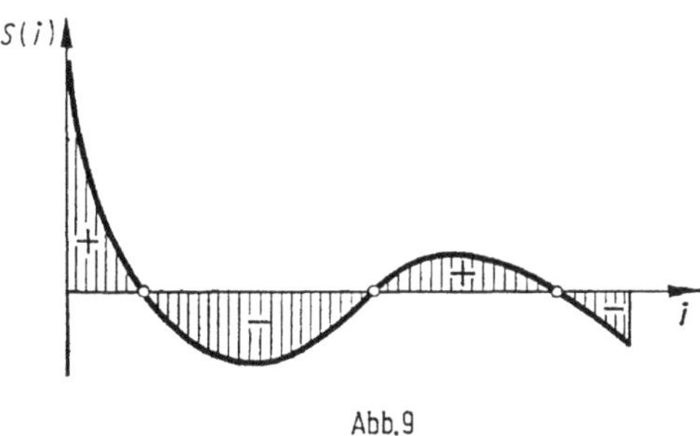

Abb. 9

gerufen werden und führt immer zu einer Kurve der Anfachungsspannung, wie sie in *Abb. 9* durch Verwendung von Gl. (2) aus *Abb. 8c* abgeleitet ist. Diese Kurve hat denselben Charakter wie die Verteilung der Anfachungsspannung von Halbleitern und Lichtbögen in *Abb. 4* und *5*. In Hochvakuumröhren jedoch ist das Verhalten des Elektronenstroms wohl definiert und kann leicht beherrscht und geregelt werden.

b) Erregungsmechanismus

Wir betrachten das einfache Schema der Reihenschaltung von L, C und $S(i)$, wie es in *Abb. 6* dargestellt ist, im einzelnen. In anderen Fällen mögen die Energiespeicher verschieden von L und C sein, oder die Anfachungsspannungen mögen von $U_A(i)$ oder $V(i)$ abweichen, und der Energie verbrauchende Widerstand mag sich von R unterscheiden. Es ist indessen fast immer möglich, das Verhalten durch passende Reduktion der Variablen auf einen ähnlich einfachen Stromkreis zurückzuführen.

In jedem Augenblick ist die Beziehung zwischen dem Strom i, der durch die Induktivität fließt, der Spannung u_c an der Kapazität und der Anfachungsspannung $S(i)$ durch die Differentialgleichungen gegeben

$$L\frac{\mathrm{d}i}{\mathrm{d}t} + u_c = S(i), \qquad i = C\frac{\mathrm{d}u_c}{\mathrm{d}t}. \tag{3}$$

Wenn wir das Zeitelement $\mathrm{d}t$ des ersten Gliedes durch seinen Wert aus der zweiten Gleichung ersetzen, so ergibt sich

$$L\frac{\mathrm{d}i}{\mathrm{d}t} = L\,\mathrm{d}i\,\frac{i}{C\,\mathrm{d}u_c} = \frac{L}{C}\,i\,\frac{\mathrm{d}i}{\mathrm{d}u_c}. \tag{4}$$

Zur Vereinfachung wollen wir den Index c in der Kondensatorspannung fortlassen und mit

$$x = \sqrt{\frac{L}{C}}\,i \tag{5}$$

eine Spannung als Produkt aus Strom i und Schwingungswiderstand $\sqrt{L/C}$ im Stromkreis von *Abb. 6* bezeichnen. Dann erhalten wir die grundlegende Differentialgleichung

$$x \frac{dx}{du} + u = S(x), \tag{6}$$

in der die neue Größe x auch im Argument der Anfachungsspannung eingeführt ist. Diese Gleichung gibt eine Beziehung zwischen den Spannungen u und x, die graphisch dargestellt werden kann.

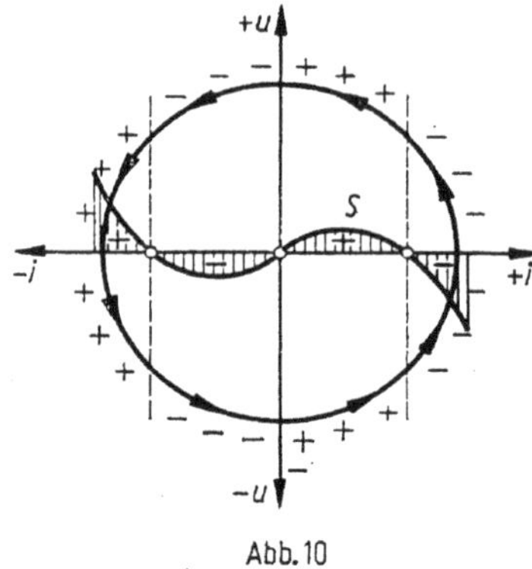

Abb. 10

Ehe wir dies für den allgemeinen Fall durchführen, wollen wir die Beziehungen zwischen u und x für extrem kleine Anfachung betrachten. Dies ist in *Abb. 10* auf Grund einer symmetrischen Kurve von $S(x)$ dargestellt, wie sie z. B. von einer Maschine entsprechend *Abb. 3* erzeugt wird. Im Grenzfalle $S(x) = 0$ lautet Gl. (6)

$$x\,dx + u\,du = 0, \tag{7}$$

was sofort integriert werden kann zu

$$\frac{x^2}{2} + \frac{u^2}{2} = \text{const}, \tag{8}$$

und mit Gl. (5) ergibt

$$L\frac{i^2}{2} + C\frac{u^2}{2} = \text{const}. \tag{9}$$

Gl. (8) stellt einen Kreis dar, der in *Abb. 10* eingezeichnet ist.

Wenn kein L und C im Stromkreis vorhanden wäre, so würde Gleichstrom von beliebiger Richtung erzeugt, dessen Wert durch die stabilen Nulldurchgänge von S gegeben wäre. Bei Anwesenheit von L und C jedoch schwingt der Strom, wie es durch das Kreisdiagramm von i und u dargestellt wird. Jetzt wird in den Bereichen, in denen im Hinblick auf die Stromrichtung $S(x)$ anfachend wirkt, dieser Strom angetrieben, während in den Bereichen, in denen $S(x)$ widerstehend ist, der Strom verzögert wird. Dies ist durch die Plus- und Minus-Vorzeichen längs der Kreisbahn in *Abb. 10* angedeutet. Wenn der Kreis kleiner wäre und die x-Achse in oder zwischen den stabilen Punkten $S = 0$ schnitte, so würde der Strom durchweg durch Anfachungsspannung angetrieben werden, und hierdurch würde die Bahn expandieren. Sie muß sich zu solch einer Größe ausdehnen, daß die treibenden und bremsenden Kräfte auf den Strom einander innerhalb der gesamten Umdrehung des u-i-Punktes über die Bahn ausgleichen würden. Ganz entsprechend würde eine Bahn, die größer wäre als der Gleichgewichtskreis, der in *Abb. 10* gezeichnet ist, vorwiegend verzögernde Bereiche enthalten, und daher würde der Kreis schrumpfen. Die Gleichgewichtsbahn hat daher stets einen Radius, der etwas größer ist als die Abszisse der Nulldurchgänge von $S(x)$.

Wenn nun die Anfachungsspannung klein, aber endlich ist, so bestehen außer der stationären u-x-Bahn von Gl. (8) und *Abb. 10* noch innere und äußere Spiralbahnen, die sich asymptotisch der Kreisbahn nähern. Da ferner der Strom während jeder Umdrehung auf diesen Bahnen zweimal verzögert und viermal beschleunigt wird, so werden der Kreis und die Spiralen etwas verzerrt aussehen. Es entwickeln sich dann außer der Grundschwingung, die durch die Kreisbahn dargestellt wird, noch dritte und höhere Oberschwingungen.

Für Anfachungsspannungen beliebiger Größe und Form führt die Differentialgleichung (6) zu der folgenden Entwicklung: In der u-i-Ebene von *Abb. 11* möge Punkt P einen Lösungspunkt bedeuten. Für eine beliebige Richtung der Lösungskurve durch P ist die Länge der Subnormale

$$s = -x \frac{\mathrm{d}x}{\mathrm{d}u}. \tag{10}$$

Dies ist aber identisch mit dem ersten Ausdruck der grundlegenden Gl. (6). Wenn wir daher den Abstand des Punktes P von einem Punkt Q der senkrecht unter P

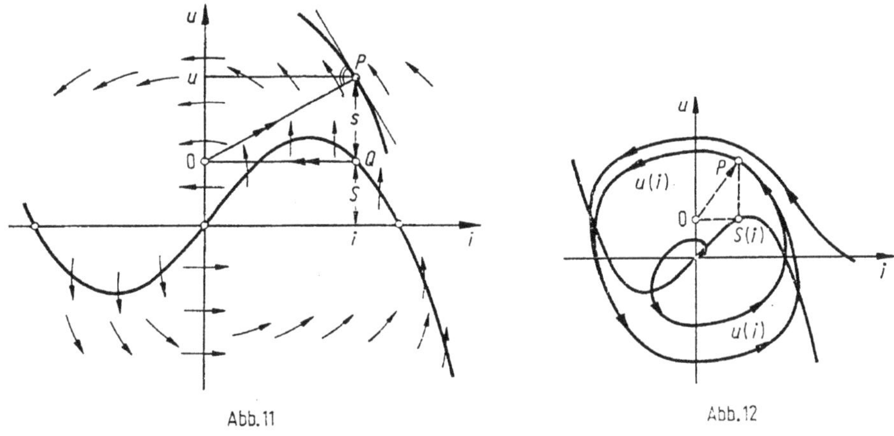

Abb. 11 Abb. 12

auf der $S(x)$-Kurve liegt, zu einer Subnormale machen, dann wird die Differentialgleichung (6) befriedigt, weil im Diagramm

$$u = S + s \tag{11}$$

ist, in Übereinstimmung mit Gl. (6).

Um daher die Richtung der Lösungskurve in irgendeinem Punkt P zu finden, haben wir durch den Punkt Q, der auf der Anfachungskennlinie senkrecht unter P liegt, eine Horizontale bis zum Punkt 0 auf der u-Achse zu ziehen. Alsdann verbinden wir 0 mit Punkt P und zeichnen in P die Senkrechte zu $\overline{0\mathrm{P}}$. Dies gibt die Richtung der Lösungskurve durch P, da s ihre Subnormale ist. Mit dieser einfachen Konstruktion können wir die gesamte Ebene mit Richtungslinien bedecken, von denen einige in *Abb. 11* gezeichnet sind. Auf der Kurve der Anfachungsspannung selbst sind die Tangenten stets lotrecht, auf der senkrechten Achse durch den labilen Punkt sind sie stets waagerecht. Diese Konstruktion wird auch die Methode der Isoklinen genannt.

Wenn wir die gesamte Ebene dicht genug mit Isoklinen bedecken, so können wir ohne Schwierigkeit alle nur irgend möglichen Lösungsbahnen mit jeder gewünschten Genauigkeit zeichnen. Dies ist in *Abb. 12* für zwei verschiedene Anfangspunkte gezeigt. Ein einfacher Weg, solche Bahnen zu zeichnen, besteht im Ziehen aufeinanderfolgender Kreisbögen durch benachbarte Punkte P, und zwar um Mittelpunkte 0 auf der u-Achse, die die Ordinaten der betreffenden Anfachung S haben. Alle inneren Bahnen sind divergent, alle äußeren Bahnen sind konvergent, und beide vereinigen sich schließlich zu einer geschlossenen Bahn, die die stationäre Schwingung von Spannung und Strom darstellt. Die divergierenden und konvergierenden Spiralen andererseits stellen die Ausgleichszustände des Systems dar. Für kleine Anfachung, wie in *Abb. 10,* sind die Bahnen nahezu kreisförmig; für große Anfachung jedoch, wie in *Abb. 12,* deformieren sie sich zu einem Viereck mit mehr oder weniger abgerundeten Ecken.

Es ist bemerkenswert, daß alle Bahnen um einen labilen Gleichgewichtspunkt kreisen und nicht etwa um einen stabilen Punkt der Anfachungskennlinie, was man bei oberflächlicher Betrachtung vielleicht erwarten könnte. Dies bedeutet, daß die Anfachungsspannung zur Erregung von Schwingungen für zunehmenden Strom positiven Anstieg haben muß. Wie wir aus *Abb. 4, 5* und *9* erkennen, trifft dies in Stromkreisen mit veränderlichem Widerstand in solchen Zonen zu, in denen die Spannungskennlinie abfällt. Mathematisch ausgedrückt ergibt dies die Bedingung

$$\frac{\mathrm{d}V(i)}{\mathrm{d}i} < 0, \tag{12}$$

oder der differentielle Widerstand muß negativ sein. In Bezirken, in denen kein labiler Punkt besteht, wie z. B. für sehr kleine Ströme in den eben erwähnten Kennlinien, kann keine Selbsterregung von Schwingungen auftreten.

Wenn die Anfachungsspannung symmetrisch ist mit Bezug auf die positive und negative Stromachse, wie in *Abb. 10* und *12,* so entwickeln sich Schwingungen, die auch symmetrisch zur Stromachse sind. Dies ist jedoch nicht der Fall bei einseitigen Anfachungsspannungen, wie in *Abb. 4, 5* und *9.* In diesen Fällen schwingt der Strom lediglich zwischen einem Maximal- und Minimalwert um den labilen Punkt herum, und die Kurvenform des Wechselstromanteils dieses Stromes kann jetzt geradzahlige Oberschwingungen von beträchtlicher Größe enthalten.

Wir wollen nunmehr die zeitliche Entwicklung von Strom und Spannung verfolgen. Das Zeitelement ist unter Beachtung von Gl. (5) durch die zweite Gl. (3) gegeben als

$$\mathrm{d}t = C\,\frac{\mathrm{d}u_c}{i} = \sqrt{LC}\,\frac{\mathrm{d}u}{x}. \tag{13}$$

Daher kann die Zeit als Funktion der Spannungen u und x ausgedrückt werden durch

$$t = \sqrt{LC}\int\frac{\mathrm{d}u}{x}. \tag{14}$$

Diese Beziehung kann aus der Bahnkurve durch eine einfache Quadratur ausgewertet werden. Andererseits können wir aber auch die Spannungsänderung aus ihrer Ableitung konstruieren

$$\frac{\mathrm{d}u}{\mathrm{d}t} = \frac{x(u)}{\sqrt{LC}}. \tag{15}$$

Abb. 13 stellt die zeitlichen Strom- und Spannungskurven dar für verhältnismäßig kleine Anfachung wie in *Abb. 10*. *Abb. 14* zeigt andererseits den Strom- und Spannungsverlauf für große Anfachung, die noch stärker ist als in *Abb. 12*. In diesem Fall wird die Spannung nahezu dreieckig und der Strom fast rechteckig, im Gegensatz zu den beinahe sinusförmigen Kurven des ersteren Falles.

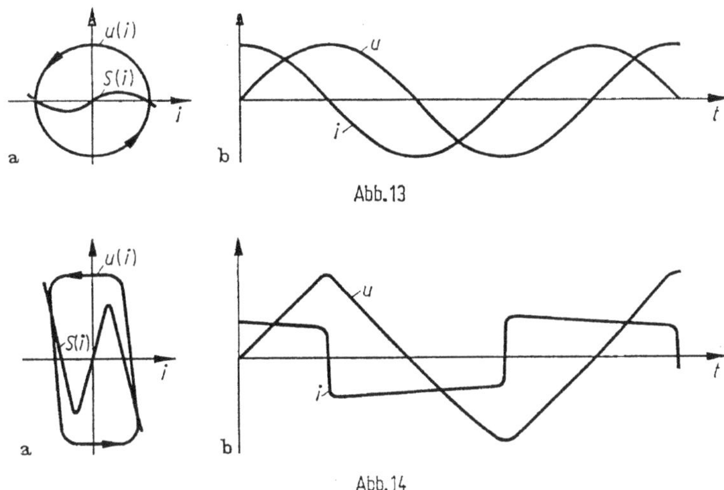

Abb. 13

Abb. 14

Wenn wir mit ϱ den Radiusvektor und mit φ den Phasenwinkel des Bahnpunktes P bezeichnen, wie in *Abb. 15*, und mit ψ den Winkel zwischen der Senkrechten zum Radius und der Kurventangente im Punkt P, so können wir die differentielle Spannungsänderung längs des Bahnelementes $\mathrm{d}l$ ausdrücken durch

$$\mathrm{d}u = \mathrm{d}l \cos(\varphi + \psi). \tag{16}$$

Andererseits läßt sich die Spannung x durch Radius und Phasenwinkel ausdrücken als

$$x = \varrho \cos \varphi. \tag{17}$$

Im Diagramm nach *Abb. 15* und damit auch in Gl. (16) und (17) sind die Spannungen u und x geometrisch durch Längen dargestellt. Weiterhin gilt die Beziehung aus *Abb. 15*

$$\varrho\, \mathrm{d}\varphi = \mathrm{d}l \cos \psi, \tag{18}$$

so daß wir den Integranden von Gl. (14) ausdrücken können durch

$$\frac{\mathrm{d}u}{x} = \mathrm{d}\varphi \frac{\cos(\varphi + \psi)}{\cos\varphi \cos\psi} = \mathrm{d}\varphi (1 - \tan\varphi \tan\psi). \tag{19}$$

Damit ergibt sich das Zeitelement der Schwingung, die geometrisch längs der u-x-Bahn verläuft, zu

$$\mathrm{d}t = \sqrt{LC}\, \frac{\mathrm{d}u}{x} = \sqrt{LC}\, \mathrm{d}\varphi (1 - \tan\varphi \tan\psi). \tag{20}$$

Die Winkelgeschwindigkeit des Radiusvektors ist demnach

$$\frac{\mathrm{d}\varphi}{\mathrm{d}t} = \frac{1/\sqrt{LC}}{1 - \tan\varphi \tan\psi}. \tag{21}$$

Die Bahnkurve wird daher nicht gleichförmig durchlaufen, jedoch kann der Wechsel der Geschwindigkeit hiernach in einfacher Weise geometrisch bestimmt werden. Nur für $\psi = 0°$, wenn die Bahn also senkrecht zum Radius verläuft und

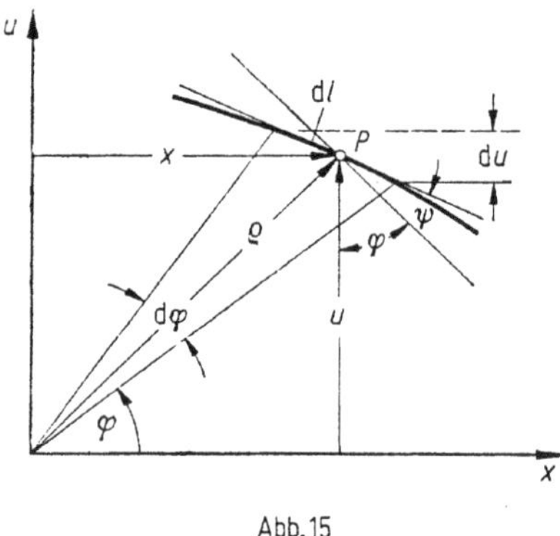

Abb. 15

somit einen genauen Kreis bildet, bleibt die Winkelgeschwindigkeit konstant. Für diesen Fall ergibt Gl. (20) mit einem Winkel von 360° die Schwingungsdauer

$$\int_0^T \mathrm{d}t = T = \sqrt{LC} \int_0^{2\pi} \mathrm{d}\varphi = 2\pi \sqrt{LC}\,. \tag{22}$$

Für andere Formen der Bahnkurve kann die Schwingungsdauer durch zeichnerisches Integrieren von Gl. (20) gefunden werden. Die Winkelgeschwindigkeit ist klein auf den ansteigenden und absteigenden Teilen der Bahn und groß auf den oberen und unteren Teilen, wie man durch Vergleich der Vorzeichen von $\tan\psi$ und $\tan\varphi$ während der Rotation erkennt. Da die Tangensfunktionen mit wachsendem φ schwingen, kann die Schwingungsdauer nicht sehr stark von dem Wert nach Gl. (22) abweichen.

Die Länge des Radiusvektors ist bestimmt durch

$$\varrho^2 = x^2 + u^2 = \frac{2}{C}\left(\frac{L}{2}\,i^2 + \frac{C}{2}\,u^2\right). \tag{23}$$

Das Quadrat des Radius ist somit proportional der gesamten Energie, die in jedem Augenblick in den beiden Speichern L und C angesammelt ist. Nur mit rein sinusförmigen ungedämpften Schwingungen bleibt diese Energie während der ganzen Periode konstant. Bei deformierter Bahn gleichen die LC-Speicher den Unterschied aus zwischen der Energieerzeugung durch die Stromquelle und dem Verbrauch in den Widerständen und der Belastung. Dies gilt während jedes stationären Zustandes oder Ausgleichszustandes und ist für den letzteren aus *Abb. 16* ersichtlich.

Die Arbeit, die in dem konstanten Widerstand R umgesetzt wird, durch den das System belastet sein mag, ist

$$A_R = \int R i^2\,\mathrm{d}t\,. \tag{24}$$

Durch Änderung der Integrationsveränderlichen nach Gl. (13) ergibt dies mit Gl. (5)

$$A_R = RC\int i\,\mathrm{d}u_c = \frac{R}{\sqrt{L/C}}\,C\int x\,\mathrm{d}u\,. \tag{25}$$

Dies Integral wird durch die schraffierte Fläche in *Abb. 16* wiedergegeben. Für jede geschlossene stationäre Bahn gibt daher die innenliegende Fläche die mittlere Leistung je Schwingungsdauer an.

Wenn Schwingungen im Stromkreis durch die Wirkung der Spannung $V(i)$ am veränderlichen Widerstand r erzeugt werden, so wird in diesem Widerstand folgende Arbeit umgesetzt

$$A_r = \int V(i)\, i\, \mathrm{d}t = C \int V(u)\, \mathrm{d}u, \tag{26}$$

wobei der letzte Ausdruck durch dieselbe Umformung wie eben gewonnen ist. Dies Integral kann ausgewertet werden, wenn man wie in *Abb. 17* ein $V(u)$-Diagramm zeichnet, indem man aus den $V(x)$- und $u(x)$-Kennlinien der *Abb. 17a* die Spannung

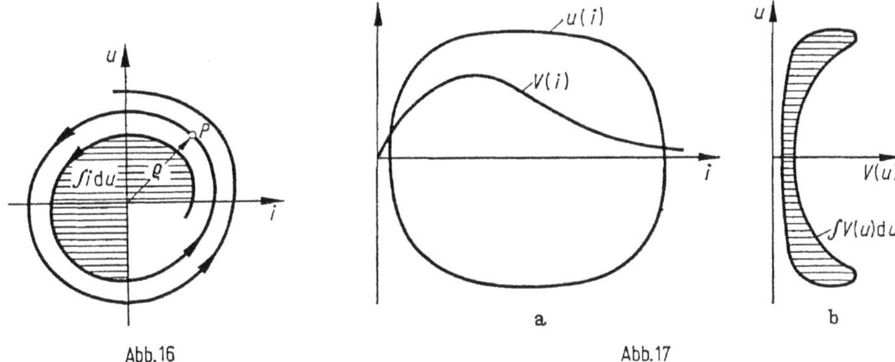

Abb. 16 Abb. 17

x zeichnerisch eliminiert. Diese Kurve umschreibt wie in *Abb. 17b* eine Fläche, weil die aufsteigenden und abfallenden Teile der $V(x)$-Kurve sich auf verschiedene Kondensatorspannungen $u(x)$ beziehen. Die Fläche dieses Diagramms bestimmt daher den inneren Verlust während einer Schwingungsdauer. Durch geschickte gegenseitige Abstimmung der $V(x)$- und $u(x)$-Kurven können diese Verluste auf ein Minimum gebracht werden. Dies führt indessen meistens zur Ausbildung erheblicher Oberschwingungen.

Zahlreiche Anordnungen in elektrischen, mechanischen, thermodynamischen oder anderen verwandten Gebieten enthalten zusammenwirkende Elemente mit nichtlinearem Verhalten und können auf ähnliche Verhältnisse mit Instabilitäten oder Schwingungen führen, wie sie hier abgeleitet sind. Anstelle von Energiespeichern, wie sie in elektrischen Stromkreisen durch L und C mit ihren Zeitkonstanten für Ladung und Entladung auftreten, mögen andere Verzögerungen im System wirken, was zu ganz ähnlichen Ergebnissen führt. Dies tritt z. B. in Regel- und Steuerkreisen auf, besonders wenn sie als geschlossene Systeme mit automatischer Rückführung ausgebildet sind.

VII. Magnetische Sättigung in ruhenden Stromkreisen

39. Schalten gesättigter Gleichstromkreise

Unsere bisherigen Beziehungen über das Auftreten von Ausgleichsströmen nach dem Schalten von Stromkreisen hatten zur Voraussetzung, daß Widerstand, Induktivität und Kapazität der Stromkreise konstante Werte haben. In technisch verwendeten Eisenkreisen tritt nun aber bei starken magnetischen Feldern stets Sättigung des Eisens auf, die bewirkt, daß die Induktivität der das Feld umschließenden Spulen keineswegs konstant ist, sondern sich mit dem Strom stark verändert. Es ist deshalb zweckmäßig, bei derartigen Kreisen gar nicht mehr mit dem Begriff der Induktivität zu rechnen, sondern die Erzeugung der induzierten Spannung durch den magnetischen Fluß direkt anzusetzen.

a) Fremderregung von Magnetfeldern

Wir wollen zunächst verfolgen, in welcher Weise Strom und Fluß ansteigen, wenn wir einen Gleichstrommagneten mit hoher Eisensättigung nach dem Schema der *Abb. 1* an eine konstante Spannung schalten. Es bildet sich dann unter der Wirkung des ansteigenden Stromes ein ebenfalls anwachsender magnetischer Fluß Φ aus, dessen Abhängigkeit vom Strom im allgemeinen graphisch durch die magnetische Kennlinie nach *Abb. 2* gegeben ist.

Enthält die Erregerspule w Windungen, so wird durch den zunehmenden Magnetfluß in ihr eine Spannung $w\,\mathrm{d}\Phi/\mathrm{d}t$ induziert. Außerdem tritt am ohmschen Widerstande R des Stromkreises eine Spannung Ri auf, so daß die konstante Klemmenspannung U der Summe beider das Gleichgewicht halten muß:

$$w\frac{\mathrm{d}\Phi}{\mathrm{d}t} + Ri = U. \tag{1}$$

Nach sehr langer Zeit werden der Strom und der Fluß konstant geworden sein, so daß der Differentialquotient in dieser Gleichung verschwindet. Der stationäre oder Dauerstrom wird daher

$$I = \frac{U}{R}, \tag{2}$$

so daß man Gl. (1) auch schreiben kann:

$$w\frac{\mathrm{d}\Phi}{\mathrm{d}t} = U - Ri = R(I - i) = R\Delta i. \tag{3}$$

Aus der magnetischen Kennlinie der *Abb. 2* kann man nicht nur den Strom i als Funktion des magnetischen Flusses Φ entnehmen, sondern man kann in ihr auch den in Gl. (3) stehenden Differenzstrom Δi zwischen dem Endstrom und dem jeweiligen Strom als Funktion des jeweiligen Flusses ablesen. Gl. (3) ist daher integrierbar, wenn man sie schreibt

$$dt = \frac{w\,d\Phi}{R\Delta i}. \tag{4}$$

Daraus ergibt sich die Zeit, die seit Beginn des Einschaltens vergangen ist, zu

$$t = \frac{w}{R}\int_{\Phi_a}^{\Phi}\frac{d\Phi}{\Delta i}. \tag{5}$$

Als untere Grenze des Integrals ist dabei der Anfangsfluß Φ_a zur Zeit $t = 0$ gesetzt, der beim Einschalten und Erregen entweder zu Null oder als Remanenzfluß anzunehmen ist.

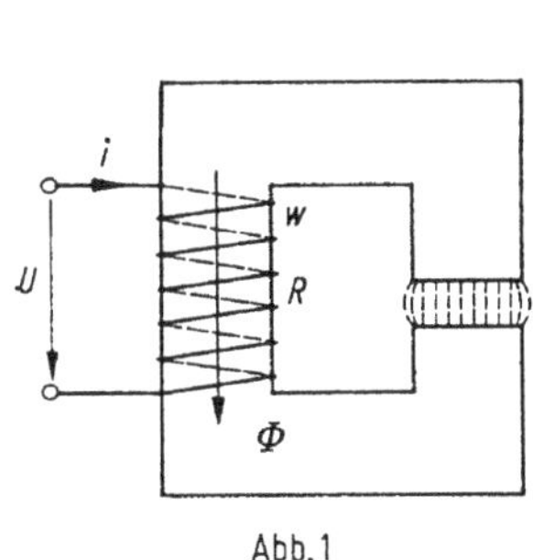

Abb. 1

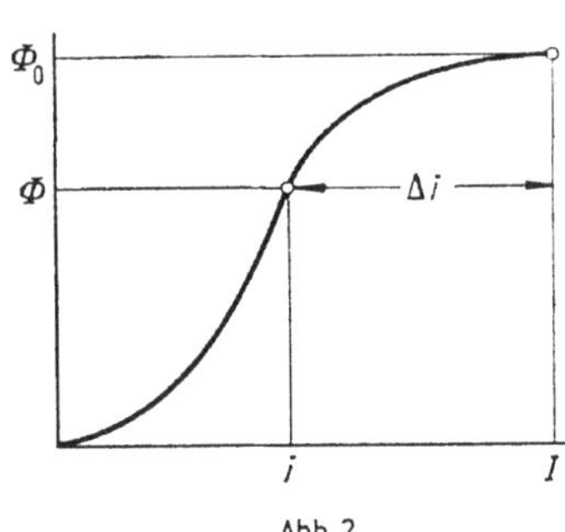

Abb. 2

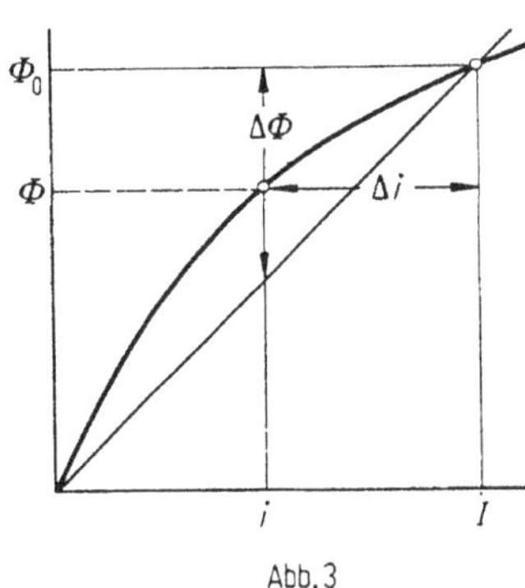

Abb. 3

Da auf der rechten Seite der Gl. (5) Windungszahl und Widerstand der Erregerwicklung bekannte Größen sind und der Zusammenhang von Φ und Δi nach der Kennlinie bekannt ist, so läßt sich durch graphisches Auswerten des Integrals für jeden Fluß Φ die seit dem Einschalten vergangene Zeit t finden.

Man kann Gl. (5) auf eine für die graphische Integration bequemere Form bringen, wenn man anstatt des Stromes Δi den in *Abb. 3* dargestellten Fluß $\Delta\Phi$ einführt, der die Differenz darstellt zwischen dem Endfluß Φ_0 und einem proportional mit dem Strome sich ändernden Flußbetrage. Dieser kann nach Ziehen der in *Abb. 3* gezeichneten Hilfsgeraden zwischen dem Nullpunkt und dem stationären Punkt von Fluß und Strom ebenso bequem graphisch abgegriffen werden wie der Differenzstrom. Es verhält sich nach *Abb. 3*

$$\frac{\Delta\Phi}{\Phi_0} = \frac{\Delta i}{I}. \tag{6}$$

Wenn man diesen Wert für Δi in das Integral der Gl. (5) einführt und die Konstanten Φ_0 und I vor das Integral setzt, wobei noch Gl. (2) beachtet werden kann, so erhält man zur Bestimmung der Erregungszeit die für die graphische und numerische Integration bequeme Form

$$t = \frac{w\Phi_0}{U}\int_{\Phi_a}^{\Phi}\frac{d\Phi}{\Delta\Phi}. \tag{7}$$

Darin ist der Integrand ein Verhältnis zweier Größen gleicher Art, also eine Zahl, die als relative Erregungszeit bezeichnet sei. Sie ist lediglich durch die Form der magnetischen Kennlinie zwischen Anfangs- und Endfluß bestimmt und kann ohne Zuhilfenahme der sonstigen Konstanten des Stromkreises ausgewertet werden.

Der Quotient vor dem Integral ist dagegen durch die drei Bestimmungsgrößen des Stromkreises, nämlich Windungszahl, gewünschter Fluß und Netzspannung gegeben. Er hat die Größe einer Zeit und soll die Zeitkonstante T des gesättigten Gleichstromkreises genannt werden. In der Tat erhält man für sie den Ausdruck

$$T = \frac{w\Phi_0}{U} = \frac{L_0 I}{R I} = \frac{L_0}{R}, \tag{8}$$

wenn man den Fluß Φ_0 durch eine ideelle Induktivität L_0 ersetzt, die dem Betriebspunkt des Magneten entspricht. Der Wert dieser Zeitkonstante ist für jeden Erregungsvorgang konstant, jedoch hängt er von dem gewünschten Endflusse und der angelegten Spannung ab; die Zeitkonstante ist also nicht mehr, wie bei ungesättigten Magnetkreisen, eine absolute Konstante des Kreises.

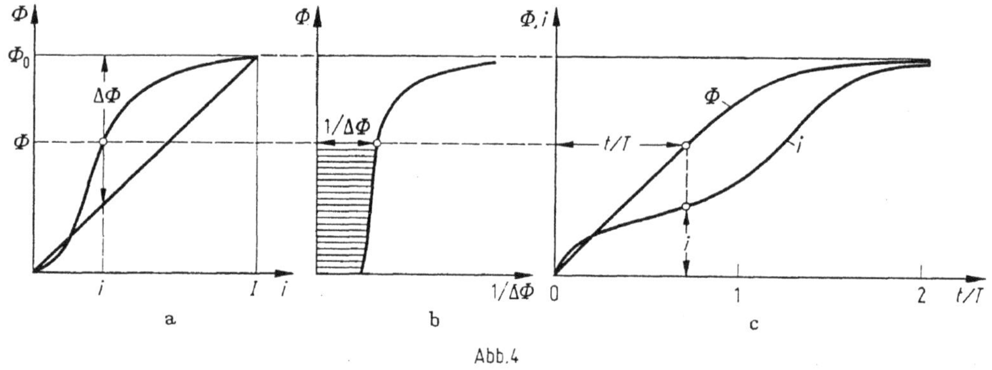

Abb. 4

In *Abb. 4* ist die Auswertung des Integrals nach Gl. (7) für eine bestimmte Magnetisierungskurve durchgeführt. Man trägt zunächst aus der Kennlinie den Wert $1/\Delta\Phi$ über Φ auf, integriert diese Kurve nach Φ und findet dadurch nach Gl. (7) die zu jedem Fluß gehörige Zeit t im Verhältnis zur Zeitkonstante T. Dadurch erhält man den kurvenmäßigen Zusammenhang des magnetischen Flusses mit der Zeit und kann nun zu jeder Zeit durch Eingehen in die Kennlinie den jeweiligen Strom i zuordnen. Auf diese Weise entsteht der in *Abb. 4c* gezeichnete Fluß- und Stromverlauf abhängig von der Zeit.

Man erkennt aus dieser Abbildung, daß der Fluß wohl mit einer gewissen Näherung nach einer Exponentialkurve ansteigt, wenn er sich auch in seinem oberen Bereiche dem Endwerte wesentlich schneller nähert, als dies ohne Sättigung der Fall wäre, so daß die Erregungszeiten kürzer sind. Dagegen hat der Strom einen ganz anderen Verlauf, indem er in zwei deutlich ausgeprägten Treppenstufen anwächst. Dies rührt daher, daß in einem großen Bereiche des Erregerstromes eine geringe Änderung des Stromes schon eine starke Flußänderung hervorruft und daher eine Spannung erzeugt, die ausreicht, um der Differenz von Klemmenspannung und ohmscher Spannung das Gleichgewicht zu halten.

In *Abb. 5* ist nach derselben Gl. (7) der Vorgang des Abklingens oder Entregens eines magnetischen Flusses ausgewertet, wenn die Feldwicklung auf ihren eigenen oder einen äußeren Widerstand kurzgeschlossen wird. Dabei ist die

Integration von Φ bis Φ_a zu erstrecken, die Integrationsgrenzen in Gl. (7) sind zu vertauschen. Man sieht, daß auch hier der magnetische Fluß einigermaßen gleichmäßig abklingt, während der Strom zuerst, im Bereiche hoher Sättigung, sehr rasch und späterhin, bei kleinen magnetischen Feldstärken, nur sehr langsam und schleichend geringer wird. Von einem exponentiellen Abklingen ist der Strom recht weit entfernt.

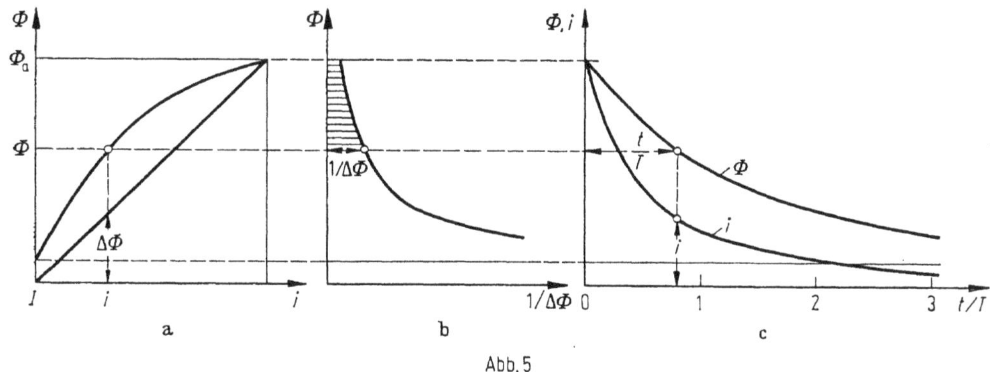

Abb. 5

Dieses wäre nur dann vorhanden, wenn Fluß und Strom proportional wären, was für abnehmenden Fluß entsprechend *Abb. 5*

$$\Delta\Phi = -\Phi \tag{9}$$

ergäbe. Dann erhielte man nach Gl. (7) unter Beachtung der Vertauschung von Φ_a und Φ

$$t = T\int\limits_{\Phi}^{\Phi_a}\frac{d\Phi}{\Phi} = -T\ln\frac{\Phi}{\Phi_a} \tag{10}$$

oder

$$\Phi = \Phi_a e^{-t/T}, \tag{11}$$

was mit der früheren Lösung für konstante Induktivität in Kapitel 1 übereinstimmt. Für Annäherung an den Endzustand bis auf 5% ergibt dieser ungesättigte Vorgang nach Gl. (10) eine relative Entregungszeit von

$$\left(\frac{t}{T}\right)_{5\%} = -\ln\frac{5}{100} = 3.$$

Nach *Abb. 4c* hat der gesättigte Magnet eine viel kürzere relative Erregungszeit und nach *Abb. 5c* eine viel längere relative Entregungszeit, als sie durch den Wert 3 für nichtgesättigte Kerne gegeben ist.

Größere Feldmagnete, wie sie in Gleichstrommaschinen benutzt werden, haben sehr lange Erregungs- und Entregungszeiten, die bis zu größeren Bruchteilen einer Minute betragen können. Es ist deshalb schwierig, den Wert ihres Magnetflusses genau festzustellen, denn die Messung mit dem ballistischen Galvanometer ist wegen dessen zu geringer Schwingungsdauer nicht durchführbar. Man kann aber leicht den Verlauf des Stromes in einem solchen Magneten beim Anschalten an eine konstante Spannung oszillographisch messen. Trägt man denselben, wie es in *Abb. 6* gezeichnet ist, abhängig von der Größe Rt/w auf, so stellt die schraffierte Fläche zwischen dem Strom und seiner Asymptote, die er als Endwert erreicht, maßstäblich den gesamten erzeugten magnetischen Fluß dar. Denn man erhält aus Gl. (3) für das Flußdifferential

$$\mathrm{d}\Phi = \frac{R}{w}\,\Delta i\,\mathrm{d}t \tag{12}$$

und daher durch Integration für den gesamten Fluß

$$\Phi = \frac{R}{w}\int_0^t \Delta i\,\mathrm{d}t. \tag{13}$$

Dieser Ausdruck ist aber nichts anderes als die eben genannte Fläche.

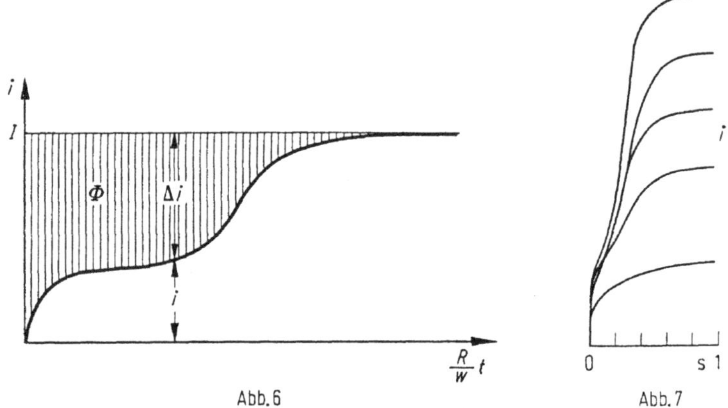

Abb. 6 Abb. 7

In *Abb. 7* und *8* sind einige oszillographische Aufnahmen des Erregerstromes eines Gleichstrommagneten mit kleinem Luftspalt dargestellt. Die Kurven sind für verschiedene Endwerte des Stromes aufgenommen. *Abb. 7* stellt das Erregen vom feldfreien Zustande aus dar, *Abb. 8* den Strom beim Umkehren des Feldes. Der anfängliche Sprung des Stromes ist auf die Remanenz zurückzuführen. Im Gegensatz zu den Einschaltströmen bei konstanter Induktivität, die stets die gleiche Form einer Exponentiallinie haben, sind die Einschaltströme beim Vorhandensein von magnetischer Sättigung nicht mehr untereinander ähnlich, sondern hängen sehr von den Anfangs- und Endpunkten der magnetischen Kennlinie ab, zwischen denen geschaltet wird. *Abb. 9* zeigt den Anstieg des Erregerstromes eines großen Drehstromgenerators mit üblicher Eisensättigung im Leerlaufzustande nach dem plötzlichen Einschalten. Wegen des verhältnismäßig großen Luftspaltes derartiger Maschinen kommt hier der Strom dem exponentiellen Verlauf näher als in *Abb. 7* und *8*.

Will man möglichst schnelle Erregung erzielen, was besonders für Regelsätze erwünscht ist, so erkennt man aus Gl. (7) und (8), daß man bei gegebenem magnetischem Fluß mit möglichst wenig Windungen der Erregerspule, also mit großem Strome, und mit möglichst hoher Spannung arbeiten muß. Es kann zum Erzielen kurzer Erregungszeiten notwendig sein, die Erregerspulen aus schlechtleitendem Material herzustellen oder einen großen Teil des Widerstandes des Gesamtkreises außerhalb der Magnetspulen zu legen, um diese Forderungen weitgehend zu erfüllen. Diese Gesichtspunkte wendet man bei Anordnungen zur Schnellerregung oder -entregung des magnetischen Flusses stets an, sei es für Generatoren, Motoren, Relais oder andere magnetische Kreise.

Wie man aus *Abb. 4* erkennt, beträgt der Wert der relativen Erregungszeit bis zur Annäherung an den stationären Fluß auf 95% etwa 2. Für die verschiedensten Formen von magnetischen Kennlinien findet man Werte, die stets zwischen 1 und 3 liegen, wobei sich die niedrigen Werte für hoch gesättigte, die höheren für ungesättigte Kreise entsprechend Gl. (10) ergeben.

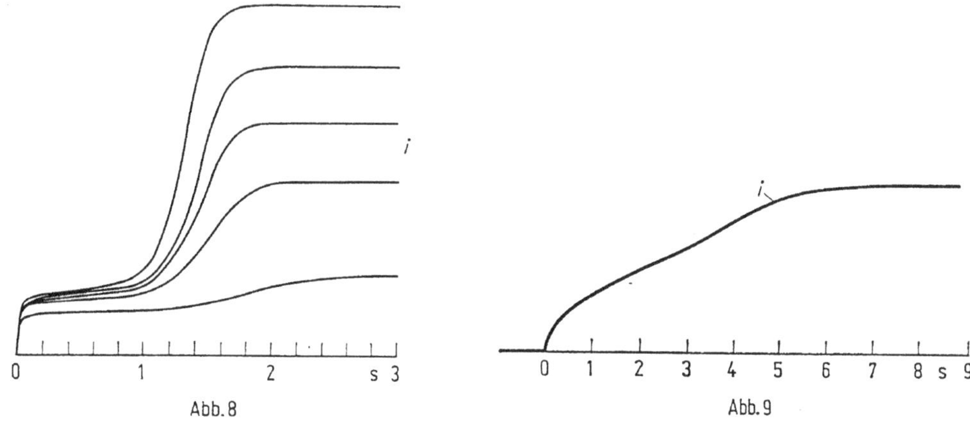

Abb. 8 Abb. 9

Der Wert der Zeitkonstante hängt in jedem Falle vom Betriebe der Erregerspule ab. Führt der Feldmagnet einer Gleichstrommaschine z. B. einen Fluß $\Phi_0 = 0{,}25$ Wb $= 0{,}25$ Vs und erregt man ihn bei einer Spannung $U = 110$ V mit insgesamt $w = 1900$ Windungen, so ist seine magnetische Zeitkonstante nach Gl. (8)

$$T = \frac{1900 \cdot 0{,}25 \text{ Vs}}{110 \text{ V}} = 4{,}3 \text{ s}.$$

Seine gesamte Auferregungszeit wird also bei mittleren Sättigungen des Eisens mindestens 9 s betragen. Die Entregungszeit ist wegen des schleichenden Abklingens nach *Abb. 5* noch viel länger.

b) Selbsterregung von Gleichstrommaschinen

Zum Erregen größerer Gleich- oder Wechselstrommaschinen werden vielfach Gleichstrom-Erregermaschinen benutzt, die ihren magnetischen Fluß nach dem Schema der *Abb. 10* selbst erregen. Diese Erregermaschinen müssen in weitem Bereiche ihres Erregerstromes und ihrer Spannung geregelt werden, wenn man erreichen will, daß die von ihnen gespeiste Hauptmaschine bei veränderlicher Belastung konstante Spannung behält. Sie müssen daher magnetisch gesättigt sein, um stabil zu arbeiten. Auch für viele andere Regelzwecke werden in der Technik selbsterregte Gleichstrommaschinen verwendet. Wir wollen untersuchen, welchen zeitlichen Gesetzen das Erregen und Entregen dieser Maschinen genügt.

Während man bei Fremderregung von Magneten durch Vernachlässigung der Sättigung und der Krümmung der Magnetisierungskurve nach Gl. (11) immerhin Annäherungsergebnisse erhält, die einen physikalischen Sinn haben, ist die Selbsterregung ohne magnetische Sättigung undenkbar, da keine Stabilität der Spannung und des Stromes in der Maschine herrschen würden. Ohne Sättigungserscheinung würde die Maschine entweder ihren magnetischen Fluß vollständig verlieren, oder die Flüsse und die Spannungen und Ströme würden gefährlich hohe

Werte erreichen. Die Bestimmung der Selbsterregungsvorgänge ist daher nur unter voller Berücksichtigung der Sättigungserscheinungen möglich.

Wir nehmen an, daß die elektrische und magnetische Rückwirkung des Stromes im Anker so gering ist, daß seine Spannung dadurch nicht wesentlich verändert wird. Dann ist die induzierte Spannung des Ankers identisch mit der

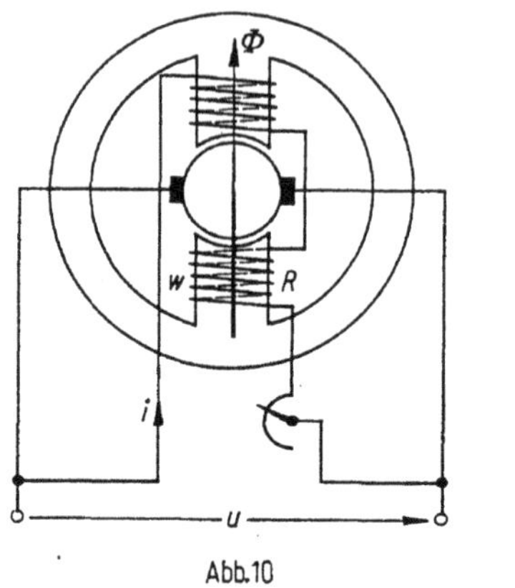

Abb. 10

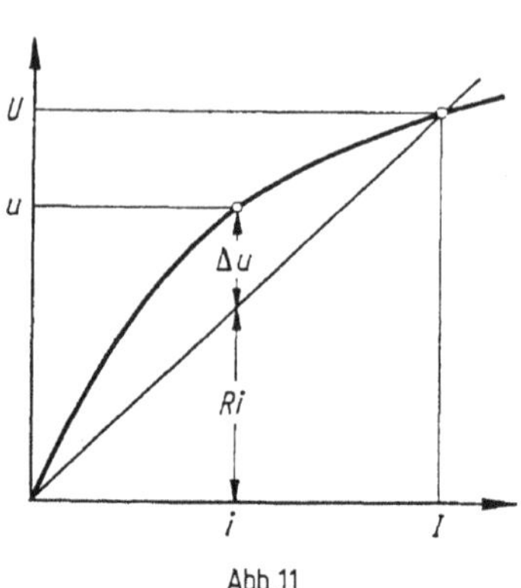

Abb. 11

Klemmenspannung u und hält im Erregerkreis jederzeit der ohmschen Spannung und der durch Änderung des magnetischen Flusses induzierten Spannung das Gleichgewicht. Es ist also ganz ähnlich der Gl. (1)

$$u = w \frac{\mathrm{d}\Phi}{\mathrm{d}t} + R i, \tag{14}$$

jedoch ist hier die Spannung u an der Erregerwicklung selbst veränderlich.

In *Abb. 11* ist die magnetische Kennlinie der selbsterregten Maschine dargestellt, wobei an Stelle des magnetischen Flusses die Ankerspannung u als Funktion des Erregerstromes i aufgetragen ist. Außerdem ist eine Widerstandslinie eingetragen, die die ohmsche Spannung Ri in der Erregerwicklung abhängig vom Strom darstellt. Sie ist eine Gerade, die vom Nullpunkt ansteigt und die Kennlinie in ihrem stationären Betriebspunkte schneidet.

Wenn nach Ablauf sehr langer Zeit völliges Gleichgewicht in der Maschine herrscht und die Änderung des magnetischen Flusses in Gl. (14) verschwunden ist, dann stimmt die ohmsche Spannung des Dauererregerstromes I mit der stationären Klemmenspannung U überein. Daher ist

$$I = \frac{U}{R}. \tag{15}$$

Man kann somit im Schaubild die Widerstandslinie ziehen, wenn nur der gewünschte Betriebspunkt mit seinen Werten von U und I bekannt ist, ohne daß man den Widerstand selbst errechnen muß.

Wir können nunmehr Gl. (14) auf die Form bringen

$$w \frac{\mathrm{d}\Phi}{\mathrm{d}t} = u - Ri = \Delta u \tag{16}$$

und erkennen, daß die Änderung des magnetischen Flusses nur gegeben ist durch die Differenzspannung Δu zwischen der Kennlinie und der Widerstandslinie in

Abb. 11. Diese Spannung kennen wir aber für jeden Punkt der Kurve, also auch als Funktion der jeweiligen Spannung u der Maschine.

Die Klemmenspannung u ist jederzeit dem Fluß Φ proportional. Es ist also

$$\frac{\Phi}{\Phi_0} = \frac{u}{U}, \tag{17}$$

wobei mit Φ_0 und U die stationären Werte von Fluß und Spannung bezeichnet sind. Die Flußänderung läßt sich daher in eine Spannungsänderung umrechnen durch

$$\frac{\mathrm{d}\Phi}{\mathrm{d}t} = \frac{\Phi_0}{U}\frac{\mathrm{d}u}{\mathrm{d}t}. \tag{18}$$

Setzt man dieses in Gl. (16) ein, so erhält man

$$\Delta u = \frac{w\Phi_0}{U}\frac{\mathrm{d}u}{\mathrm{d}t} = T\frac{\mathrm{d}u}{\mathrm{d}t}, \tag{19}$$

wobei der aus bekannten Größen bestehende Quotient

$$T = \frac{w\Phi_0}{U} \tag{20}$$

wieder als Zeitkonstante der Maschine bezeichnet werden soll.

Da die Differenzspannung Δu eindeutig von der Klemmenspannung u abhängt, so läßt sich Gl. (19) nach Trennung der Veränderlichen integrieren und ergibt die seit der Vornahme des Einschaltens vergangene Zeit bei Erregung von einer Spannung U_1 auf U_2

$$t = T\int_{U_1}^{U_2}\frac{\mathrm{d}u}{\Delta u}. \tag{21}$$

Den Integrand in dieser Beziehung wollen wir wieder die relative Erregungszeit nennen. Er ist ebenso wie der Integrand in Gl. (7) lediglich vom Verlauf der Kennlinie abhängig und stellt eine Zahl dar. Das Bildungsgesetz ist jedoch von jenem dadurch verschieden, daß der Nenner Δu hier nur den kleinen Wert der Abweichung von magnetischer Kennlinie und Widerstandsgerade hat, während er früher in $\Delta\Phi$ die Abweichung des dem Strom proportionalen Flusses vom Endwerte des Flusses enthielt. Die relative Erregungszeit für Selbsterregung ist daher stets wesentlich größer als die für Fremderregung.

Dagegen stimmt die Zeitkonstante nach Gl. (20) mit jener nach Gl. (8) vollständig überein. Während sie aber bei Fremderregung für verschiedene Erregungen veränderlichen Wert hatte, denn Fluß Φ_0 und Spannung U änderten sich unabhängig voneinander, ist die Zeitkonstante beim Vorgang der Selbsterregung eine absolute Konstante der Maschine. Dies rührt daher, daß die stationäre Spannung U bei gegebener Drehzahl der selbsterregten Maschine stets genau proportional dem stationären Fluß Φ_0 ist, ganz unabhängig davon, mit welchem Widerstand im Erregerkreise, also mit welcher Sättigung oder Ankerspannung, oder auf welchem Punkt der Kennlinie gearbeitet wird.

In *Abb. 12* ist für die Kennlinie einer bestimmten Maschine das Integral der Gl. (21) ausgewertet, indem zuerst die Kurve für Δu und $1/\Delta u$ aufgezeichnet und dann nach u integriert wurde. Die Integralkurve gibt direkt den Verlauf der Spannung abhängig von der Zeit t im Verhältnis zur Zeitkonstante T an. Zu jeder Zeit kann man alsdann auch den zur Spannung gehörigen Erregerstrom auf-

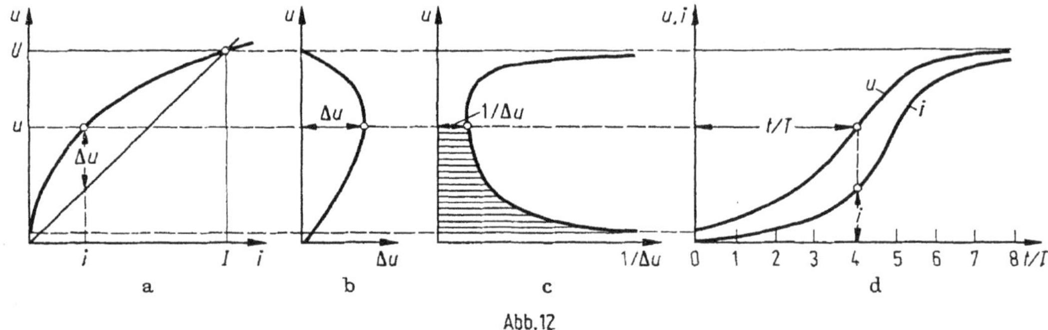

Abb. 12

tragen und erhält so auch dessen Verlauf in Abhängigkeit von der Zeit. Man sieht, daß die Maschine sich, ausgehend von ihrer geringen Remanenzspannung, zunächst sehr langsam, dann schneller und schneller erregt, sich schließlich wieder verzögert erregt, bis ihre stationäre Spannung asymptotisch erreicht wird.

Die relative Erregungszeit bis auf 95% der stationären Spannung ist je nach der Krümmung der Kennlinie gleich 5 bis 15, wobei die niedrigen Zahlen für starke, die hohen für schwache Krümmung und Sättigung gelten. Dies ist ein Vielfaches der Erregungszeit für Fremderregung.

In *Abb. 13* ist der Vorgang der Entregung dargestellt, die durch einen vergrößerten Widerstand im Erregerkreis hervorgerufen wird. Sie verläuft wesentlich

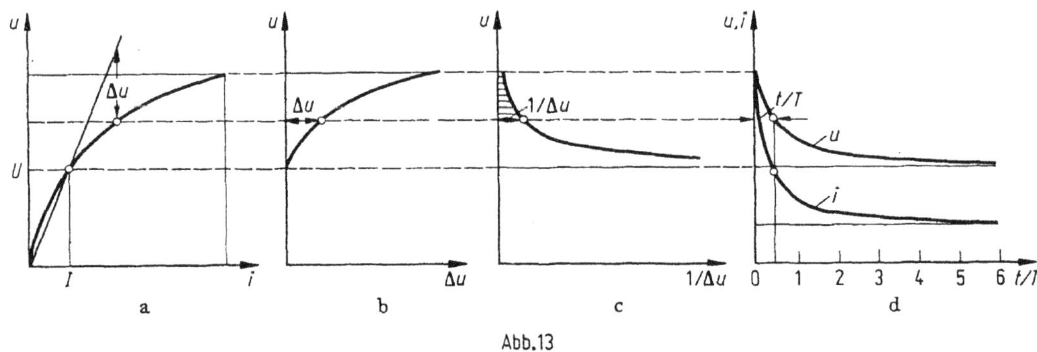

Abb. 13

rascher als die Auferregung, weil die Differenzspannung Δu jetzt einen beträchtlichen Wert hat, insbesondere zu Beginn des Vorgangs.

Man kann ein einfacheres Näherungsgesetz für den Vorgang der Selbsterregung finden, wenn man die Annahme macht, daß die Differenzspannung Δu in Abhängigkeit von der Ankerspannung nach einer symmetrischen Parabel verläuft, wodurch nach *Abb. 12b* der grundsätzliche Verlauf der Kennlinie gut wiedergegeben wird. Wir setzen demnach

$$\frac{\Delta u}{U} = 4y(1 - y)\Delta y. \tag{22}$$

Dabei ist $\Delta y = \Delta u_{\max}/U$ das Verhältnis der größten Differenzspannung zur stationären Spannung, das für den Selbsterregungsvorgang maßgebend ist, und

$$y = \frac{u}{U} \tag{23}$$

bedeutet das Verhältnis der jeweiligen Spannung zur stationären Spannung. Man erhält damit aus Gl. (21)

$$t = T \int_{U_1}^{U_2} \frac{\mathrm{d}u}{U \cdot 4y(1-y)\,\Delta y} = \frac{T}{4\Delta y} \int_{y_1}^{y_2} \frac{\mathrm{d}y}{y(1-y)}, \tag{24}$$

und die Integration ergibt

$$t = \frac{T}{4\Delta y} \ln \frac{y_2(1-y_1)}{y_1(1-y_2)}. \tag{25}$$

Die Selbsterregungszeit hängt also außer von der Zeitkonstante noch sehr wesentlich von der größten Überschußspannung Δy und von der relativen Anfangs- und Endspannung des Selbsterregungsvorganges ab.

Bei einer höchsten Überschußspannung von $\Delta y = 1/5$ der stationären Spannung erhält man als relative Selbsterregungszeit von einer Remanenzspannung $y_1 = 5\%$ bis zu einer Endspannung $y_2 = 95\%$ des stationären Wertes

$$\left(\frac{t}{T}\right) = \frac{5}{4} \ln \left(\frac{95 \cdot 95}{5 \cdot 5}\right) = 7{,}4.$$

Würde die Kennlinie flacher verlaufen, so daß die Überschußspannung nur $\Delta y = 1/10$ betrüge, so würde die Erregungszeit doppelt so groß sein.

Um den zeitlichen Verlauf der Selbsterregungskurve zu überblicken, ist es bequemer, Gl. (25) umzukehren. Dann erhält man die Abhängigkeit der relativen Spannung von der Zeit zu

$$y_2 = \frac{u_2}{U} = \frac{y_1}{1-y_1} \frac{\mathrm{e}^{4\Delta y\, t/T}}{1 + \frac{y_1}{1-y_1} \mathrm{e}^{4\Delta y\, t/T}}. \tag{26}$$

In *Abb. 14* ist diese Kurve dargestellt, die typisch für den allgemeinen Spannungsverlauf ist. Dabei wurde für $t = 0$ die relative Spannung $y_1 = 0{,}5$ angenommen und der Nullpunkt der Zeit willkürlich in die Mitte des ganzen Vorganges gelegt. Für sehr kleine Spannung y und dementsprechend große negative Zeit überwiegt das erste Glied rechts im Nenner von Gl. (26), so daß man den Näherungswert erhält

$$y_2 = \frac{y_1}{1-y_1} \mathrm{e}^{4\Delta y\, t/T}. \tag{27}$$

Für große Spannungen dagegen und positive Zeit überwiegt das zweite Glied im Nenner, so daß man als asymptotische Näherung erhält

$$y_{2\infty} = 1 - \frac{1-y_1}{y_1} \mathrm{e}^{-4\Delta y\, t/T}. \tag{28}$$

Die selbsterregte Maschine zeigt also im Anfangszustand labiles exponentielles Anwachsen der Spannung, im Endzustand stabiles exponentielles Erreichen der stationären Spannung. Das letztere ist der Fremderregung ähnlich, jedoch ist die Zeitkonstante im umgekehrten Verhältnis von $4\Delta y$ größer, der Vorgang dauert also viel länger. In *Abb. 14* sind die asymptotischen Näherungskurven gestrichelt eingetragen.

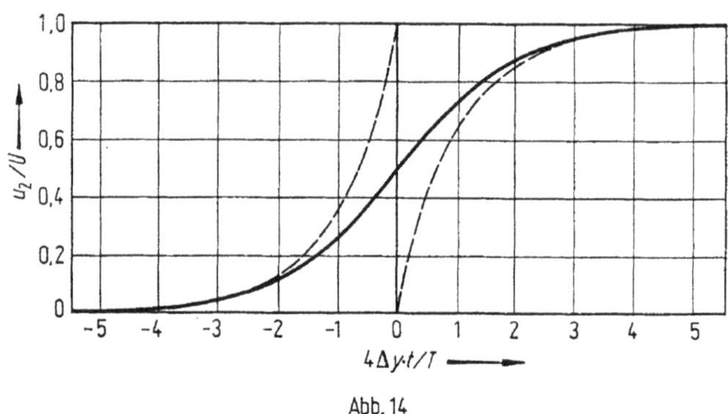

Abb. 14

Man erkennt aus diesen Formeln und Kurven einerseits den ausschlaggebenden Einfluß der Anfangsspannung, also im allgemeinen der Remanenzspannung, auf die zeitliche Dauer des Vorganges. Man sieht andererseits, daß derselbe nur noch von dem dimensionslosen Exponenten $4\Delta yt/T$ abhängt, daß man also für schnellen Selbsterregungsvorgang außer der Wahl einer geeigneten Anfangsspannung noch eine große Überschußspannung Δy, also stark gekrümmte Kennlinie und eine kleine Zeitkonstante T benötigt.

Die Zeitkonstante läßt sich in Beziehung setzen zu der Drehzahl n der Gleichstrommaschine. Deren Ankerspannung ist nämlich

$$U = 2pnz_a\Phi_0, \tag{29}$$

worin $2p$ die Polzahl, z_a die Anzahl der in Reihe liegenden Ankerleiter und Φ_0 den Luftspaltfluß bedeutet. Setzt man diesen Wert in Gl. (20) ein, so erhält man für die Zeitkonstante der Maschine bei Vernachlässigung der Streuung

$$T \approx \frac{1}{2pn}\,\frac{w}{z_a}. \tag{30}$$

Sie ist also vollständig bestimmt durch das Verhältnis der wirkenden Windungszahlen von Polwicklung und Anker und durch die Drehzahl der Maschine. Um kleine Zeitkonstante und damit einen schnellen Erregungsvorgang zu erhalten, muß man entweder schnellaufende Maschinen oder ziemlich geringe Erregerwindungszahl im Verhältnis zur Zahl der Ankerleiter verwenden. Von der Einstellung des Stellwiderstandes im Erregerkreise und damit vom jeweiligen Betriebszustand der Maschine ist die Zeitkonstante der Selbsterregung dagegen völlig unabhängig.

Für eine Erregermaschine mit $n = 500\ \text{min}^{-1}$, $2pz_a = 292$ und $w = 1360$ Polwindungen ergibt sich nach Gl. (30) eine Zeitkonstante

$$T \approx \frac{60 \cdot 1360}{500 \cdot 292}\,\text{s} = 0{,}56\ \text{s}.$$

Die gesamte Erregungszeit zwischen den obengenannten Grenzwerten beträgt daher je nach der Sättigung des Eisens etwa 5 bis 10 s. *Abb. 15* stellt eine oszillo-

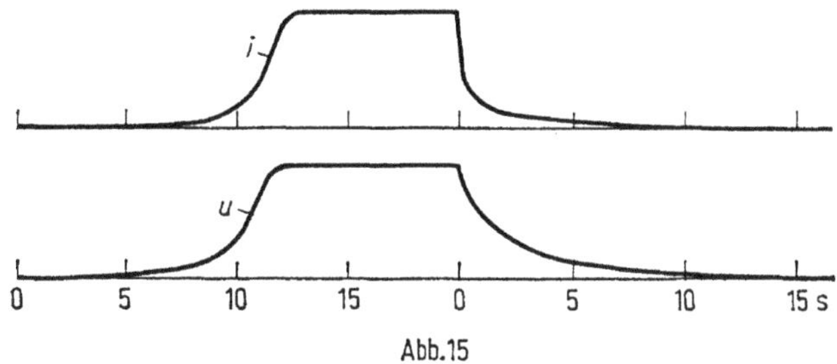

Abb. 15

graphische Aufnahme von Spannung und Erregerstrom beim Erregen und Entregen einer solchen Maschine dar.

c) Verzögerung durch Wirbelströme

In Gleichstrommagneten treten beim Schalten häufig sekundäre Ströme auf, die durch die magnetische Flußänderung in allen irgendwie geschlossenen Stromkreisen induziert werden. Solche Wirbelströme können z. B. in metallischen Spulenkästen oder anderen massiven Konstruktionsteilen entstehen, in Druckplatten oder Dämpferwicklungen, die die Flußachse umschließen, in metallischen Nieten, die die Eisenbleche zusammenhalten, vor allem auch in ganz oder teilweise massiven Eisenkernen. Für ungesättigte Kreise hatten wir bereits in Kapitel 8 den Einfluß von Wirbelströmen auf den Fluß und die Primärströme berechnet. Wir wollen diese Wirkung nunmehr auch für gesättigte Magnetkreise betrachten. Dabei wollen wir aber zur Vereinfachung die Streuung zwischen primären und sekundären Strömen vernachlässigen, da der Streufluß meist in ungesättigten Bahnen verläuft und somit nach den früheren Berechnungen leicht zusätzlich berücksichtigt werden kann.

Der von beiden Wicklungen umschlossene Magnetfluß Φ nach *Abb. 16* wird von der Summe der primären und sekundären Ströme erzeugt,

$$i = i_1 + i_2 . \tag{31}$$

Wenn die Primärwicklung von einer zeitlich beliebig veränderlichen Spannung u gespeist wird, so gilt für ihren Kreis mit dem Widerstand R_1

$$w \frac{\mathrm{d}\Phi}{\mathrm{d}t} + R_1 i_1 = u . \tag{32}$$

Zur Vereinfachung der Rechnung beziehen wir den sekundären Strom auf die primäre Windungszahl w, obgleich häufig in Wirklichkeit nur eine einzige Sekundärwindung vorhanden ist. Beim Sekundärkreis müssen wir dann auch den Widerstand R_2 auf die primäre Windungszahl w umrechnen. Da dieser Kreis kurzgeschlossen ist, gilt

$$w \frac{\mathrm{d}\Phi}{\mathrm{d}t} + R_2 i_2 = 0 . \tag{33}$$

Da wir durch die magnetische Kennlinie nur den Zusammenhang des Flusses Φ mit dem Gesamtstrom i kennen, so wollen wir den letzteren in Gl. (32) einführen.

Setzen wir zunächst i_2 aus Gl. (33) in Gl. (31) ein, so wird

$$i = i_1 - \frac{w}{R_2} \frac{\mathrm{d}\Phi}{\mathrm{d}t}, \tag{34}$$

und damit ergibt sich aus Gl. (32)

$$w\left(1 + \frac{R_1}{R_2}\right) \frac{\mathrm{d}\Phi}{\mathrm{d}t} + R_1 i = u. \tag{35}$$

An Stelle der Widerstände ist es bequemer, die Zeitkonstanten der beiden Wicklungen einzuführen, weil sich diese oft leichter berechnen oder messen lassen. Sie

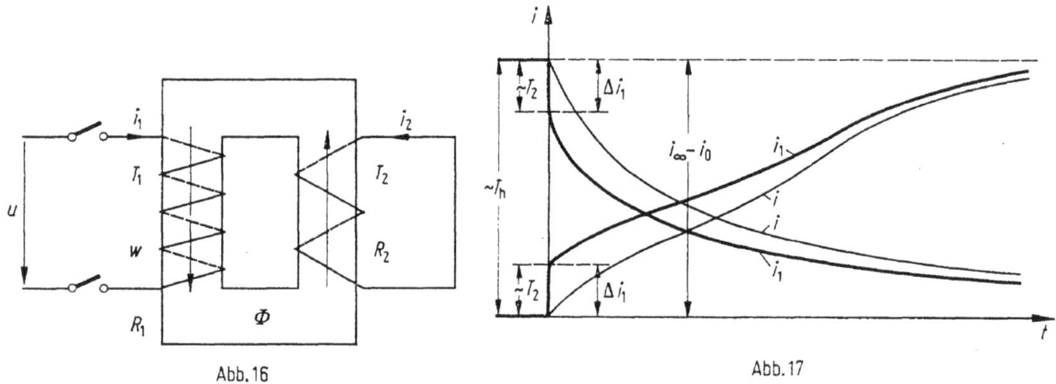

Abb. 16 Abb. 17

sind, bezogen auf den normalen Fluß Φ_0

$$T_1 = \frac{w\Phi_0}{U} = \frac{w\Phi_0}{R_1 I_1}, \qquad T_2 = \frac{w\Phi_0}{R_2 I_2}. \tag{36}$$

Da die Ströme I_1 und I_2 zur Erzeugung desselben Flusses Φ_0 bei gleicher Windungszahl übereinstimmen, so ist das Verhältnis der Widerstände

$$\frac{R_1}{R_2} = \frac{T_2}{T_1}, \tag{37}$$

es ist also durch das umgekehrte Verhältnis der Zeitkonstanten bestimmt. Hiermit wird aus Gl. (35)

$$w \frac{T_1 + T_2}{T_1} \frac{\mathrm{d}\Phi}{\mathrm{d}t} + R_1 i = u, \tag{38}$$

und wenn wir nunmehr anstelle der Windungszahl w die primäre Zeitkonstante T_1 nach der ersten Gl. (36) einführen, so erhalten wir

$$(T_1 + T_2) \frac{\mathrm{d}(\Phi/\Phi_0)}{\mathrm{d}t} = \frac{u - R_1 i}{U}. \tag{39}$$

Wir erkennen hieraus, daß der magnetische Fluß sich unter der gemeinsamen Wirkung der Erreger- und der Wirbelströme so verhält, als flösse der Gesamtstrom in der Primärwicklung, deren Zeitkonstante jedoch um das Maß der sekundären Zeitkonstante vergrößert wäre. Als wirksame Zeitkonstante für das Hauptfeld kommt also die Summe

$$T_{\mathrm{h}} = T_1 + T_2 \tag{40}$$

beider Stromkreise in Betracht. Alle Wirbelströme wirken daher verzögernd auf jede Veränderung des magnetischen Flusses ein. Wir können hiernach sämtliche Schaltvorgänge für gesättigte Magnetkreise mit Wirbelstromdämpfung nach den gleichen Regeln berechnen, die wir oben für ungesättigte Kreise hergeleitet haben. Die Primär- und Sekundärwicklungen wirken für die Flußänderungen so, als ob sie einfach parallelgeschaltet wären.

Wenn wir nun aber die Ströme messend verfolgen wollen, so können wir den Sekundärkreis und damit auch den Gesamtstrom i meistens gar nicht erfassen. Wir wollen deshalb eine Beziehung aufstellen zwischen dem Gesamtstrom, der allein in die Berechnung eingeht, und dem Primärstrom, für den die Erregerstrom-Oszillogramme gelten. Da wir in Gl. (34) den Sekundärwiderstand R_2 im allgemeinen nicht kennen, so drücken wir ihn nach Gl. (37) durch seine Zeitkonstante aus und erhalten

$$i_1 = i + \frac{T_2}{T_1}\,\frac{w}{R_1}\,\frac{\mathrm{d}\Phi}{\mathrm{d}t} = i + I_1 T_2\,\frac{\mathrm{d}(\Phi/\Phi_0)}{\mathrm{d}t}. \tag{41}$$

Dabei ist zur Vereinfachung die erste Gl. (36) herangezogen. Haben wir durch graphische Integration der allgemeinen Gl. (39) den Verlauf von Fluß und Gesamtstrom gefunden, so können wir hieraus sofort den Primärstrom ermitteln. Für zunehmenden Fluß ist der Primärstrom größer, für abnehmenden Fluß kleiner als der Gesamtstrom, und zwar um ein Maß, das wesentlich von der sekundären Zeitkonstante abhängt. In *Abb. 17* sind ansteigende und abnehmende Ströme für diese beiden Vorgänge dargestellt.

Da der Sekundärstrom erst mit der Schalthandlung beginnt, so ist vor einem plötzlichen Schaltvorgang der Primärstrom und Gesamtstrom identisch. Im Schaltaugenblick macht der Primärstrom daher einen Sprung Δi_1, der durch das zweite Glied von Gl. (41) gegeben ist. Führen wir darin die Flußänderung nach Gl. (38) ein, so wird

$$\Delta i_1 = i_1 - i = \frac{T_2}{T_{\mathrm{h}}}\left(\frac{u}{R_1} - i\right). \tag{42}$$

Der Quotient u/R_1 stellt darin den stationären Primärstrom i_∞ unter der Wirkung der Schaltspannung u dar, während der Gesamtstrom i, wie eben gesagt, den Strom i_0 unmittelbar vor dem Schalten gebildet wird. Wir erhalten demnach für den Stromsprung beim Schalten

$$\Delta i_1 = \frac{T_2}{T_{\mathrm{h}}}\,(i_\infty - i_0). \tag{43}$$

Beim plötzlichen Schalten verhält sich daher der anfängliche Sprung des Primärstromes zu der Gesamtänderung des Stromes zwischen Anfangs- und Endzustand wie die sekundäre Zeitkonstante zur gesamten Hauptfeldzeitkonstante. Dies ergibt an Hand von *Abb. 17* eine einfache Regel zur Bestimmung der Wirbelstrom-Zeitkonstante durch Einschalt- oder Ausschaltoszillogramme. Um keine Verwechslung mit dem durch Remanenz bedingten Stromsprung zu erhalten, wie ihn *Abb. 7* und *8* zeigen, wird man die Schalthandlung bei diesem Versuch möglichst im Gebiet starker Feldänderungen vornehmen.

40. Sättigungsstoß beim Schalten von Wechselstrom

Wir hatten in Kapitel 1 gefunden, daß beim Einschalten einer Wechselspannung auf ungesättigte Drosselspulen mit konstanter Induktivität Überströme vom doppelten Betrage des normalen Stromes auftreten können. Dieser ungünstige Fall tritt dann ein, wenn in einem Augenblick geschaltet wird, in dem die Wechselspannung durch Null geht. Wir wollen nunmehr die Wirkung der Eisensättigung auf die Einschaltströme untersuchen und dabei von vornherein diesen ungünstigen Schaltaugenblick zugrunde legen. Die Wechselspannung ist dann

$$u = \hat{u}_N \sin \omega t, \tag{1}$$

und es wird zur Zeit $t = 0$ geschaltet.

Würden die Wicklungen des magnetisch gesättigten Stromkreises, beispielsweise eines leerlaufenden eisengeschlossenen Transformators nach *Abb. 1*, keinen ohmschen Widerstand haben, so würde seine Flußschwankung jederzeit genau proportional der Klemmenspannung sein. Es wäre also

$$\frac{\mathrm{d}\Phi}{\mathrm{d}t} = \hat{u}_N \sin \omega t. \tag{2}$$

Den Fluß selbst erhält man dann durch Integration der Gl. (2) zu

$$\Phi = -\hat{\Phi}_N \cos \omega t + C, \tag{3}$$

wobei mit $\hat{\Phi}_N = \hat{u}_N/\omega$ sein Scheitelwert bezeichnet wird. Die Integrationskonstante C muß aus der Grenzbedingung bestimmt werden, daß zur Zeit $t = 0$

$$\Phi = 0 \tag{4}$$

ist. Denn der magnetische Induktionsfluß kann sich nicht plötzlich ändern, weil dazu ein Energiesprung, also eine unendlich große Leistung erforderlich wäre, er muß daher im Schaltaugenblick den gleichen Wert wie vor dem Einschalten haben. Hat der Eisenkreis erhebliche Remanenz, wie es bei Transformatoren meist der Fall ist, so ist der Remanenzfluß als Anfangsfluß zu betrachten. Vernachlässigt man ihn zunächst, so ist der Anfangsfluß gleich Null, und man erhält durch Einsetzen von Gl. (4) in Gl. (3) die Integrationskonstante zu

$$C = \hat{\Phi}_N. \tag{5}$$

Für den Verlauf des magnetischen Flusses ergibt sich daher die Beziehung

$$\Phi = \hat{\Phi}_N (1 - \cos \omega t). \tag{6}$$

In *Abb. 2* ist der zeitliche Verlauf der Spannung nach Gl. (1) und des magnetischen Flusses nach Gl. (6) dargestellt. Da der Stromkreis widerstandsfrei angenommen wurde, klingt der Einschwingvorgang nicht ab, sondern bleibt vielmehr sehr lange Zeit bestehen. Der magnetische Fluß schwingt also nicht wie im stationären Zustand mit der Amplitude $\hat{\Phi}_N$ um den Nullwert herum, sondern pendelt im Takte der Wechselspannung zwischen den Werten 0 und $2\hat{\Phi}_N$.

Welcher Strom nun in jedem Augenblick in der Magnetfeldwicklung fließt, um diesen durch die Wechselspannung erzwungenen Fluß zu unterhalten, geht aus der magnetischen Kennlinie des Stromkreises nach *Abb. 3* hervor. Gehört zu dem beabsichtigten stationären Fluß $\hat{\Phi}_N$ in der Nähe der stärksten Krümmung der Kennlinie ein mäßiger Magnetisierungsstrom $\hat{\imath}_N$, so wächst der Strom beim Überschreiten dieses Flusses im allgemeinen sehr stark an. Er hat zu dem Zeitpunkt, in dem der höchste Fluß $\hat{\Phi}_s$ erreicht wird, den sehr großen Wert $\hat{\imath}_s$. Der der magnetischen Kennlinie punktweise entnommene Verlauf des Stromes ist in *Abb. 2*

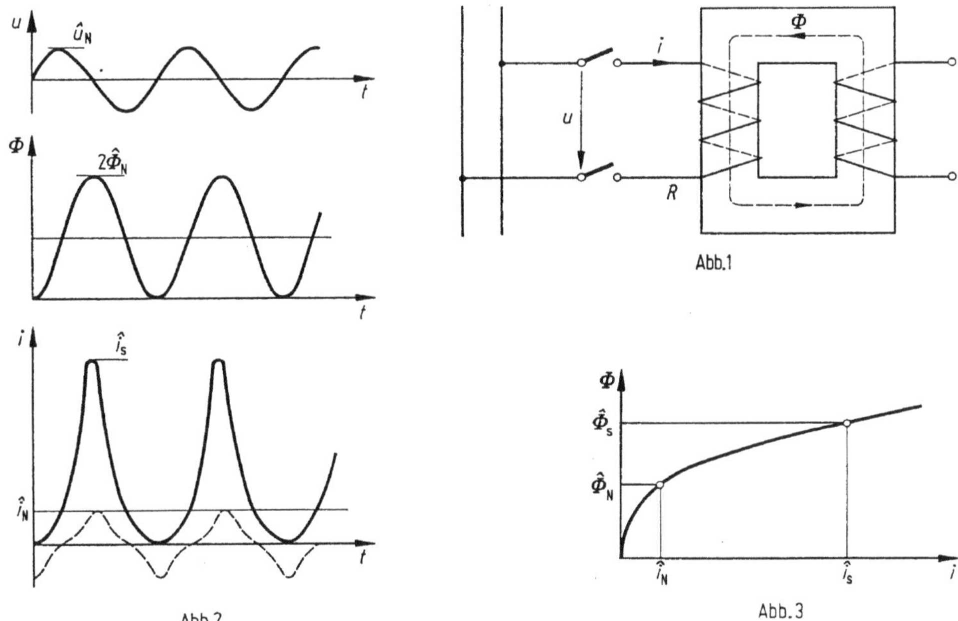

Abb. 1

Abb. 2

Abb. 3

ebenfalls dargestellt. Der Strom hat zu Zeiten des größten magnetischen Flusses stark ausgebildete Spitzen von einem großen Vielfachen der Amplitude des normalen Stromes. Der Verlauf des normalen Magnetisierungsstromes ist in *Abb. 2* zum Vergleich gestrichelt eingezeichnet.

Wenn der magnetische Kreis vollständig eisengeschlossen ist, so hat er im allgemeinen vor dem Einschalten eine erhebliche magnetische Remanenz. Der magnetische Fluß im Einschaltaugenblick, also zur Zeit $t = 0$, ist dann nicht wie in Gl. (4) null, sondern gleich dem Remanenzfluß Φ_r. Aus Gl. (3) folgt damit

$$\Phi = \hat{\Phi}_N (1 - \cos \omega t) + \Phi_r . \tag{7}$$

Falls Φ_r zufällig die gleiche Richtung hat wie der erzwungene magnetische Fluß, womit man aus Sicherheitsgründen rechnen muß, addieren sich beide Flüsse, im anderen Falle subtrahieren sie sich. *Abb. 4* zeigt das magnetische Verhalten des Stromkreises im ungünstigsten Fall, in dem noch weit größere Einschaltstromspitzen entstehen als bei Vernachlässigen der Remanenz.

In jedem praktisch vorliegenden Fall kann man die höchste Stromspitze, die nach der Dauer einer Halbperiode nach dem Einschalten der Spannung bei widerstandslosem Stromkreise auftreten würde, aus der magnetischen Kennlinie des Transformators oder des Wechselstrommagneten abgreifen, indem man den Strom bestimmt, der zur Erzeugung des doppelten stationären magnetischen Flusses, nötigenfalls unter Hinzufügung des Remanenzflusses, erforderlich ist. Wegen des flachen Verlaufs der Magnetisierungskennlinie im Bereiche größerer Sättigungen werden diese Einschaltströme bei stark gesättigten Transformatoren sehr groß und können sogar die Überstromauslösung im Augenblick des Einschaltens zum sofortigen Ansprechen bringen.

Für die Ermittlung des höchsten Einschaltstromstoßes kann man die magnetische Kennlinie des Transformators näherungsweise durch eine Kurve darstellen, wie sie in *Abb. 5* gezeichnet ist

$$\Phi = \Phi_0 + L_0 i. \tag{8}$$

Darin bedeuten Φ_0 den Induktionsfluß des gesättigten Eisens und L_0 die Induktivität der Wicklung ohne Eisenkern. Führt man die auf den Nennstrom $\hat{\imath}_N$ und den Nennfluß $\hat{\Phi}_N$ bezogenen Werte ein

$$\hat{\Phi}_N = L_N \hat{\imath}_N \tag{9}$$

$$\lambda_0 = L_0/L_N, \tag{10}$$

wobei λ_0 die relative Induktivität des Luftflusses bedeutet, dann erhält man daraus

$$i/\hat{\imath}_N = \frac{1}{\lambda_0}\,(\Phi/\hat{\Phi}_N - \Phi_0/\hat{\Phi}_N). \tag{11}$$

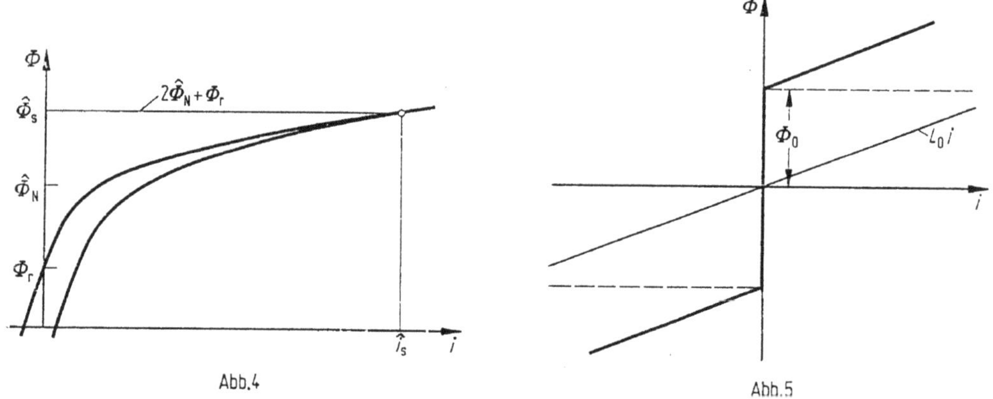

Abb. 4 Abb. 5

Der größte Fluß tritt nahezu nach der Dauer einer halben Periode nach dem Einschalten auf, also für

$$\omega t = \pi \quad \text{entsprechend} \quad t = \pi/\omega. \tag{12}$$

Setzt man dies in Gl. (7) ein, dann erhält man den größtmöglichen Fluß bei Vernachlässigung der geringen Dämpfung zu

$$\hat{\Phi}_s = 2\hat{\Phi}_N + \Phi_r \tag{13}$$

und damit den größten Einschaltstromstoß zu

$$\hat{\imath}_s/\hat{\imath}_N = \frac{1}{\lambda_0}\,(2 + \Phi_r/\hat{\Phi}_N - \Phi_0/\hat{\Phi}_N). \tag{14}$$

In *Abb. 6* ist der Einschaltstromstoß für verschiedene Remanenzflüsse in Abhängigkeit von λ_0 dargestellt, wobei für das Verhältnis Sättigungsfluß Φ_0 zum Nennwert des Induktionsflusses $\hat{\Phi}_N$ ein Wert von 1,2 zugrunde gelegt wurde. Man erkennt daraus, daß der Einschaltstrom je nach der Höhe des beim Zuschalten noch vorhandenen Remanenzflusses im Verhältnis 1:2 unterschiedlich sein kann.

Die eingeführte Induktivität L_0 der Wicklung ohne Eisenkern berechnet sich näherungsweise nach der Gleichung

$$L_0 = \frac{\mu_0 q_L}{h} w^2, \tag{15}$$

wobei μ_0 die magnetische Feldkonstante, q_L den wirksamen Luftquerschnitt, h die Wickellänge und w die Windungszahl bedeuten.

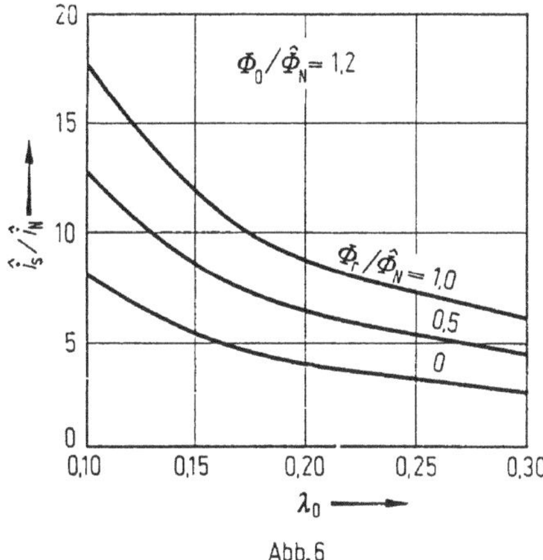

Abb. 6

Für die 10-kV-Wicklung eines 10-MVA-Transformators ist z. B. $\lambda_{0(10)} = 0{,}14$ und für die 30-kV-Wicklung $\lambda_{0(30)} = 0{,}22$. Beim Einschalten des Transformators auf der Unterspannungsseite ist also mit einem größeren Einschaltstrom zu rechnen. Die relative Luftinduktivität bei einem 220-kV-Transformator mit einer Nennleistung von 200 MVA wurde zu $\lambda_0 = 0{,}32$ ermittelt, sie ist also wesentlich größer als die Streuinduktivität des Transformators.

In Wirklichkeit bleiben die ganz einseitig zur Nullachse verlaufenden Ströme nach *Abb. 2*, die der Stromquelle nicht nur Wechselstrom mit verzerrter Kurvenform, sondern auch einen Gleichstromanteil entnehmen, nicht beliebig lange bestehen, sondern klingen unter der Wirkung des Widerstandes allmählich ab. Es gilt dann anstatt der einfachen Gl. (2) die vollständige Beziehung für das Gleichgewicht der Spannungen

$$\frac{d\Phi}{dt} + Ri = \hat{u}_N \sin \omega t, \tag{16}$$

wobei R den Widerstand des Stromkreises bezeichnet. Durch Integration dieser Gleichung und durch Übergang auf relative Werte erhält man für den zeitlichen Verlauf des magnetischen Flusses die Beziehung

$$\Phi/\hat{\Phi}_N = 1 + \Phi_r/\hat{\Phi}_N - \cos \omega t - \frac{R}{Z_N} \int_0^{\omega t} i/\hat{i}_N \, d\omega t \tag{17}$$

wobei

$$Z_N = \hat{u}_N/\hat{i}_N = \omega \hat{\Phi}_N/\hat{i}_N \tag{18}$$

den auf Nennspannung und Nennstrom bezogenen Scheinwiderstand bedeutet. Das letzte Glied der Gl. (17) ist stets sehr klein gegenüber den anderen, so daß es zu seiner Berücksichtigung genügt, wenn man den Verlauf des Stromes näherungsweise kennt. Eine solche Näherung für den Strom erhält man, wenn man das Abklingen des Flusses zunächst vernachlässigt. Legt man nun eine magnetische Kennlinie entsprechend Gl. (11) zugrunde, dann erhält man daraus zunächst den Zeitpunkt ωt_1, in dem der Strom einsetzt. Dies ist der Fall, wenn der Fluß Φ den Wert Φ_0 erreicht, also

$$\Phi_0/\hat{\Phi}_N = 1 + \Phi_r/\hat{\Phi}_N - \cos\omega t_1$$

oder

$$\cos\omega t_1 = 1 + \Phi_r/\hat{\Phi}_N - \Phi_0/\hat{\Phi}_N\,. \tag{19}$$

Für das Stromintegral bis zum Zeitpunkt $\omega t_2 = \pi$, also eine Halbperiode nach dem Einschalten, erhält man durch Einsetzen von Gl. (11) und Anwendung der Gl. (18) ohne Dämpfungsglied den Wert

$$\int\limits_{\omega t_1}^{\omega t_2=\pi} i/\hat{i}_N\,\mathrm{d}\omega t = \frac{1}{\lambda_0}\int\limits_{\omega t_1}^{\pi}(c - \cos\omega t)\,\mathrm{d}\omega t = \frac{1}{\lambda_0}\,(ct - \sin\omega t)\Big|_{\omega t_1}^{\pi} =$$

$$= \frac{1}{\lambda_0}\,[c(\pi - \omega t_1) + \sin\omega t_1], \tag{20}$$

wobei

$$c = 1 + \Phi_r/\hat{\Phi}_N - \Phi_0/\hat{\Phi}_N = \cos\omega t_1 \tag{21}$$

bedeutet.

Für einen speziellen Fall mit $\Phi_r/\hat{\Phi}_N = 0{,}50$ und $\Phi_0/\hat{\Phi}_N = 1{,}2$ und $\lambda_0 = 0{,}30$ sowie $R/Z_N = 2/1000$ wird z. B.

$$c = 1{,}0 + 0{,}5 - 1{,}20 = 0{,}30,$$

$$\omega t_1 = 1{,}27, \qquad \sin\omega t_1 = 0{,}954$$

und damit

$$\frac{R}{Z_N}\int\limits_0^{\pi} i/\hat{i}_N\,\mathrm{d}\omega t = \frac{2}{1000}\cdot\frac{1}{0{,}30}\,[0{,}30(\pi - 1{,}27) + 0{,}954] \approx \frac{2}{1000}\cdot 5 = \frac{1}{100}.$$

Bei einem relativen Widerstand der Wicklung von $R/Z_N = 2/1000$ nimmt also der magnetische Fluß in der ersten Halbperiode nur um 1% ab. Aus dem Abklingen während der Zeit $\omega t = \pi$ ergibt sich die zugehörige Abklingzeitkonstante T aus der Beziehung

$$\frac{t}{T} = \frac{\pi}{\omega T} = \frac{\Delta\Phi/\hat{\Phi}_N}{\Phi_-/\hat{\Phi}_N} = \frac{1/100}{1{,}5}$$

und daraus

$$T = \frac{\pi\cdot 100\cdot 1{,}5}{314\cdot 1/\mathrm{s}} = 1{,}5\ \mathrm{s},$$

wobei Φ_- den Anfangswert des Gleichflusses im Schaltaugenblick bedeutet, der im betrachteten Fall den relativen Wert von 1,5 hatte.

Da die Leerlaufinduktivität eines Transformators mit abnehmendem Strom stark zunimmt, ist auch die Abklingzeitkonstante stromabhängig. Sie vergrößert sich mit kleiner werdendem Strom erheblich. Die oben berechnete Zeitkonstante ist daher nur im Bereich der großen Ströme maßgebend, die unmittelbar nach dem Einschalten auftreten. Bei sehr großen Transformatoren können einige Minuten vergehen, bis nach dem Einschalten der stationäre Magnetisierungsstrom fließt.

Abb. 7 stellt das Oszillogramm des Einschaltstromes eines großen, aber mäßig gesättigten Transformators dar, der unmittelbar ans Netz geschaltet wurde, was zu hohen und lange dauernden Überströmen Anlaß gibt.

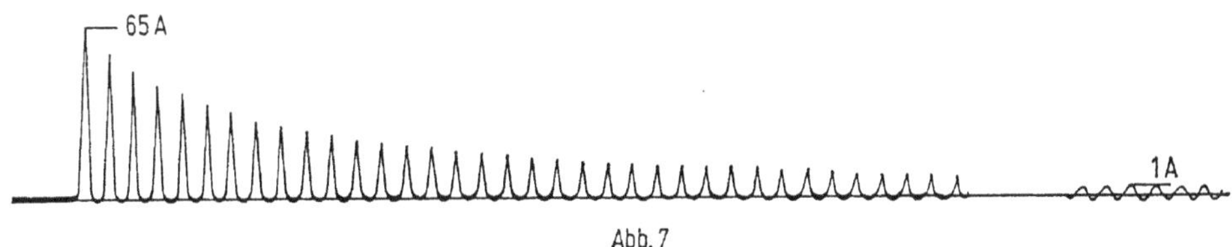

Abb. 7

Ganz ähnliche Erscheinungen wie beim Einschalten von Transformatoren treten beim plötzlichen Einschalten von stillstehenden Drehfeldmotoren auf. Im Einschaltaugenblick sollte eigentlich der stationäre Fluß Φ' vorhanden sein, der nach *Abb. 8* je nach dem Augenblick des Schaltens irgendeine Lage im Motor haben kann. Wegen der Stetigkeit des Überganges vom stromlosen Zustande her ist der tatsächliche Fluß im Einschaltaugenblick jedoch null. Dem stationären Fluß Φ', der sich im Raume dreht, überlagert sich daher im Einschaltaugenblick ein entgegengesetzt gerichteter Fluß Φ'' von gleicher Größe. Beide Teilflüsse zusammen bilden den gesamten magnetischen Fluß des Motors.

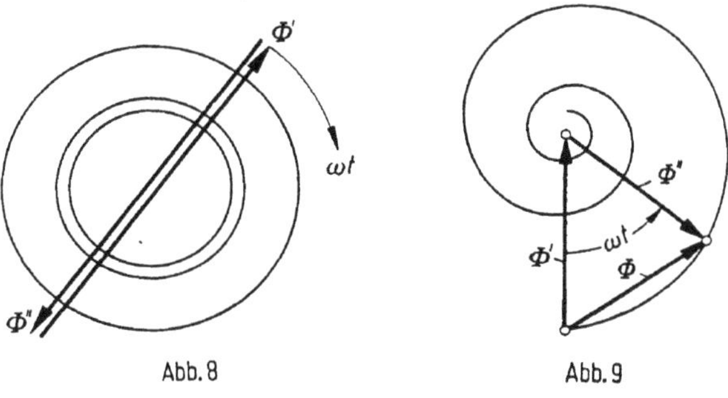

Abb. 8 Abb. 9

Kurze Zeit nach dem Einschalten hat sich der stationäre Flußanteil Φ' im Motor vorwärtsgedreht. Der Ausgleichsfluß dagegen hat seine Lage im Raume beibehalten, er hängt als Gleichfluß fest an der Ständerwicklung und klingt allmählich ab. In dem Maße, wie sich Φ' von seiner ursprünglichen Lage entfernt, nimmt der tatsächliche Motorfluß zu. Nach der Dauer einer Halbperiode hat sich Φ' so weit gedreht, daß er die gleiche Richtung wie der stehengebliebene Fluß Φ'' erhält, so daß sich beide Flüsse addieren. Würde Φ'' nicht im Abklingen begriffen sein, so würde in diesem Augenblick der doppelte stationäre Fluß im Motor bestehen. In Wirklichkeit bleibt der Wert des Flusses kleiner. Für die Zwischenzeiten zeichnet man die Flußzeiger am besten relativ zum Drehfluß Φ' auf. Dieser selbst wird dann durch einen konstanten Zeiger dargestellt, während Φ'' sich gleichförmig rückwärts dreht und dabei exponentiell abklingt, so daß sein Zeiger auf einer logarithmischen Spirale läuft, wie es in *Abb. 9* dargestellt ist. Die Summe beider Zeiger gibt die Größe und Richtung des Gesamtflusses Φ zu jeder Zeit an.

Er pulsiert um den Wert des stationären Drehflusses mit wechselnder Geschwindigkeit und Größe.

Die zur Erzeugung des Magnetfeldes erforderlichen Ströme werden dem Drehstromnetz entnommen. Sie haben einen dem abklingenden an der Ständerwicklung hängenden Fluß entsprechenden Gleichstromanteil und einen vom Drehfelde verursachten Wechselstromanteil. Es ist Zufall und hängt vom Schaltaugenblick ab, welcher der drei Wicklungsstränge den größten Strom führt. Jedenfalls erkennt man, daß durch das ständige Umlaufen des normalen Flusses Φ' und durch das allmähliche Abklingen des stillstehenden Einschalt- oder Ausgleichsflusses Φ'' der Gesamtfluß sich abwechselnd verstärkt und abschwächt und dementsprechend Ströme aus dem Drehstromnetz entnommen werden, die in dem am meisten beanspruchten Wicklungsstrang eine Kurvenform ähnlich der *Abb. 7* haben. Man sieht also, daß in der Achse, in der der Fluß ursprünglich eingeschaltet werden sollte, die Einschaltströme im Drehstrommotor mit offenem oder stillstehendem Läufer nahezu denselben zeitlichen Verlauf haben, wie es für ruhende Transformatoren hergeleitet wurde. In der quer dazu liegenden Achse jedoch werden gar keine Ausgleichsströme entwickelt.

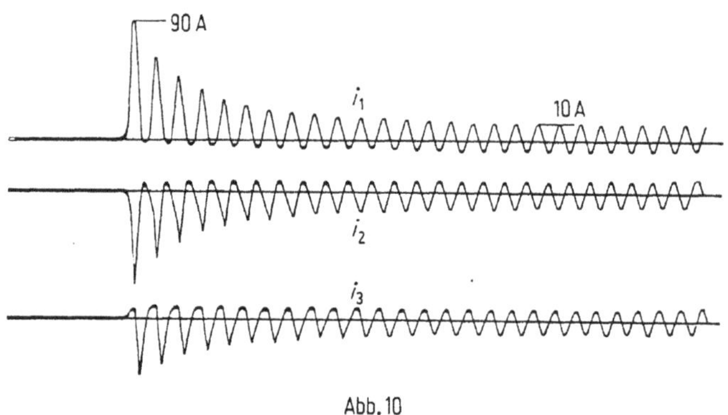

Abb. 10

Die Sättigungsstoßströme beim Einschalten von Drehstrommotoren können daher auf die gleiche Weise wie bei Transformatoren berechnet werden. *Abb. 10* zeigt die Einschaltströme der drei Wicklungsstränge eines größeren Drehstrommotors bei offenem Läuferkreis.

Ist die Läuferwicklung des noch stillstehenden Motors während des Einschaltens geschlossen oder ist der eingeschaltete Transformator belastet, so treten im Schaltaugenblick qualitativ die gleichen Ausgleichsflüsse wie bei offener Sekundärwicklung auf. Der Ausgleichsfluß klingt aber langsamer ab, weil auch die Zeitkonstante der Sekundärwicklung am Abklingen beteiligt ist. Der primäre Stoßstrom ist dagegen geringer, weil ein erheblicher Teil des gesamten magnetisierenden Ausgleichsstromes jetzt in der Sekundärwicklung fließt. Die Erscheinung der hohen Stromspitzen durch die Sättigung des Eisens bleibt jedoch bestehen, so daß die Magnetisierungsströme bei sekundärem Schluß der Wicklungen ebenfalls eine verzerrte Kurvenform mit großem Oberschwingungsgehalt haben, aber kleiner sind und länger dauern.

Die starken Sättigungsstoßströme werden mit ihrem Gleich- und Wechselstromanteil dem Netz entnommen, das bisher als sehr ergiebig angesehen wurde. Ist das nicht der Fall, so können sie in ihm starke Rückwirkungen ausüben, wenn noch andere magnetisch gesättigte Eisenkreise angeschlossen sind.

41. Schwingkreise mit gesättigtem Eisen

Bei unseren früheren Betrachtungen über elektrische Schwingungskreise, vor allem in den Kapiteln 4 bis 6, haben wir stets angenommen, daß die Induktivität des Kreises unabhängig vom Strom und konstant ist. Dies ist in der Tat für solche Induktivitäten der Fall, bei denen der magnetische Fluß vorwiegend in Luft verläuft, also beispielsweise für die Magnetfelder, die sich um Freileitungen oder in Kabeln ausbilden, sowie für die Streuflüsse von Maschinen und Transformatoren. Solche Stromkreise jedoch, bei denen die magnetischen Flüsse ganz oder zum größten Teil in Eisen verlaufen, haben keine konstante Induktivität, ihr Wert ist vielmehr bei großen Strömen und magnetischen Feldstärken wesentlich geringer als bei kleinen.

Wir wollen untersuchen, welche Abweichungen im Stromverlauf von elektrischen Schwingkreisen durch die Anwesenheit von Eisen mit magnetischer Sättigung hervorgerufen werden, wenn sie von einer äußeren Spannung gespeist werden, und wie die Resonanzverhältnisse der Stromkreise durch diese Einflüsse geändert werden.

a) Ferroresonanz

Um die Wirkung der Eisensättigung in voller Klarheit zu erkennen, wollen wir den Widerstand des Stromkreises und damit die ohmsche Spannung zunächst vernachlässigen. Wir nehmen also an, daß eine gegebene Quellenspannung u von sinusförmigem Verlauf nach *Abb. 1* auf einen Stromkreis wirkt, der eine konstante

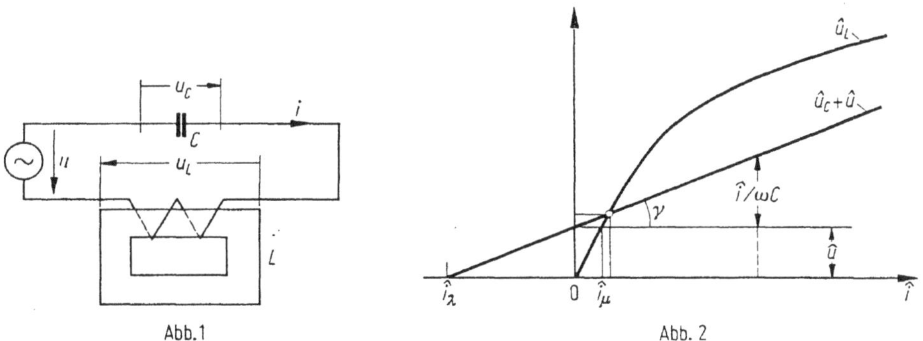

Abb. 1 Abb. 2

Kapazität C und eine nichtlineare Induktivität L in Reihenschaltung hat. Die Quellenspannung muß dann in jedem Augenblick den Spannungen an der Kapazität und an der Induktivität das Gleichgewicht halten. Wenn wir die Oberschwingungen, die sich unter dem Einfluß der Eisensättigung in jeder Wechselstromperiode ausbilden können, nicht berücksichtigen, sondern nur die sinusförmige Grundschwingung von Strom und Spannung weiter verfolgen, so gilt auch für deren Scheitelwerte die Gleichgewichtsbedingung

$$\hat{u} = \hat{u}_C + \hat{u}_L. \tag{1}$$

Die Spannung an der Induktivität ist nun nicht proportional dem Strome, sondern sie ist durch die magnetische Kennlinie des Eisenkreises in Abhängigkeit vom Strom i graphisch gegeben und in *Abb. 2* dargestellt. Da wir hier nur die Grundschwingung betrachten, stellt diese Kennlinie die Grundschwingungsamplitude der Spulenspannung in Abhängigkeit von der Grundschwingungsamplitude des Spulenstromes dar. Die Kennlinie ist natürlich davon abhängig, ob man sie mit sinusförmiger Spannung und verzerrtem Strom oder mit sinusförmigem Strom und verzerrter Spannung oder mit verzerrten Strömen und Spannungen aufnimmt. Auf diese Unterschiede wollen wir aber hier nicht eingehen, sondern denken uns die Kurve so gegeben, wie sie in dem Schwingkreis wirklich vorhanden ist.

Die Spannung der Drosselspule ist bei veränderlicher Frequenz stets dieser proportional und kann daher dargestellt werden durch den Ausdruck

$$\hat{u}_L = \omega f(\hat{\imath}), \tag{2}$$

wobei $f(\hat{\imath})$ eine der Eisenspule eigentümliche Funktion von der Form der magnetischen Kennlinie ist, die nur von der Windungszahl und den Eigenschaften des Eisenkerns abhängt. Die Spannung am Kondensator ist in bekannter Weise proportional dem Strom und umgekehrt proportional der Frequenz und Kapazität. Sie steht in Gegenphase zur Spannung an der Induktivität und ist daher

$$\hat{u}_C = -\frac{\hat{\imath}}{\omega C}. \tag{3}$$

Das Gleichgewicht der Spannungen im Stromkreise ist also nach Einsetzen von Gl. (2) und (3) in Gl. (1) gegeben durch

$$\hat{u}_L = \omega f(\hat{\imath}) = \hat{u} + \frac{\hat{\imath}}{\omega C}. \tag{4}$$

Diese Beziehung führt zu einer sehr einfachen zeichnerischen Lösung des Problems, denn sie zeigt, daß die Spannung $\hat{u}_L$ der eisengesättigten Induktivität stets gleich sein muß der Summe aus der konstanten Netzspannung $\hat{u}$ und der dem Strom proportionalen Kapazitätsspannung. In *Abb. 2* sind beide Spannungen abhängig vom Strome eingetragen. Die Netzspannung $\hat{u}$ wird durch eine horizontale Linie dargestellt, die Kapazitätsspannung $\hat{u}_C$ lagert sich als ansteigende Gerade darüber. Ihr Anstiegswinkel γ ist um so größer, je kleiner die Kapazität des Kondensators ist. Verlängert man die Gerade $\hat{u}_C + \hat{u}$, die nichts anderes ist als die parallelverschobene geradlinige Kennlinie des Kondensators mit konstanter Kapazität, nach links, so schneidet sie die ins Negative verlängerte Stromachse in einem Abstand vom Nullpunkt, der gleich

$$\hat{\imath}_\lambda = -\omega C \hat{u} \tag{5}$$

ist, der also den Ladestrom des Kondensators unter alleiniger Wirkung der Netzspannung $\hat{u}$ darstellt. Anderseits ist der Magnetisierungsstrom $\hat{\imath}_\mu$ der Drosselspule unter alleiniger Einwirkung der Netzspannung nach *Abb. 2* gegeben durch die Abszisse des Schnittpunktes der Linie $\hat{u} = \text{const}$ mit der magnetischen Kennlinie.

Durch die einfache zeichnerische Darstellung nach *Abb. 2* ist man in der Lage, die Strom- und Spannungsverhältnisse in eisengesättigten Schwingkreisen zu übersehen. Die Bedingungsgleichung (4) für die Gleichheit der Spannungen wird nur durch den Schnittpunkt der Geraden $(\hat{u} + \hat{u}_C)$ mit der magnetischen Kennlinie erfüllt, die in *Abb. 2* hervorgehoben ist. Der Schwingkreis kann also nur mit den hierdurch bestimmten Strömen und Spannungen arbeiten. Während die Netzspannung, allein auf die Induktivität geschaltet, den geringen Magnetisierungsstrom $\hat{\imath}_\mu$, allein auf die Kapazität geschaltet, den erheblichen Ladestrom $\hat{\imath}_\lambda$ hervorbringen würde, tritt durch die vereinigte Wirkung beider im Schwingkreis ein mittelgroßer Strom auf, es entwickelt sich dabei aber eine Spannungserhöhung, die induktive Spannung steigt um das durch den Schnittpunkt der Kennlinie bedingte Maß über die Netzspannung hinaus an. Verkleinert man die Kapazität und damit den Ladestrom $\hat{\imath}_\lambda$ bei konstant gehaltener Netzspannung, so wird die Neigung der Kapazitätsgeraden größer und größer, die Spannung an der Spule nimmt dadurch erheblich zu.

In *Abb. 3* ist der Verlauf des charakteristischen Punktes für eine vorgegebene eisengesättigte Drosselspule bei veränderlicher Größe der Kapazität dargestellt.

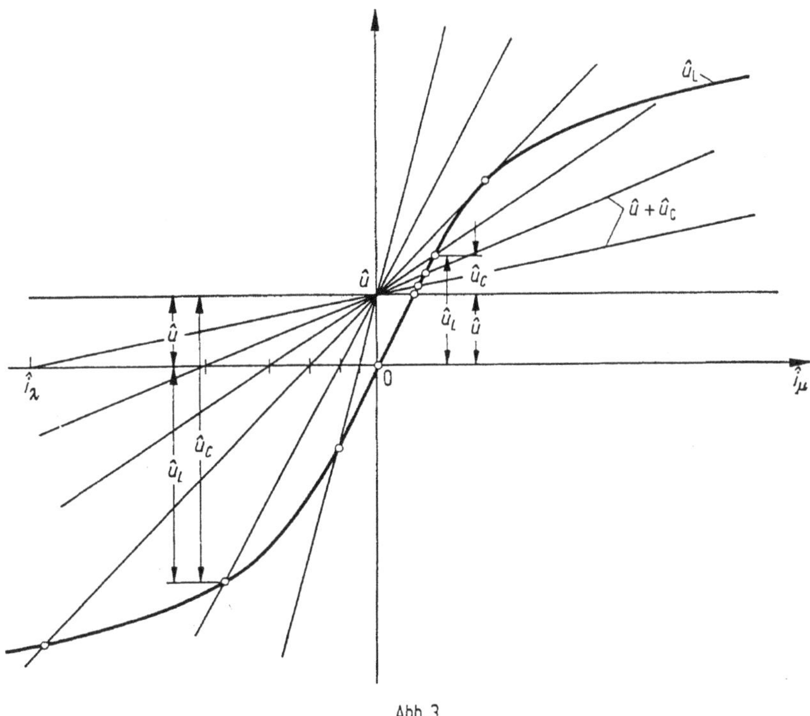

Abb. 3

Man erkennt, daß sehr große Kapazität, also sehr großer Ladestrom $\hat{\imath}_\lambda$, wie eine leitende Verbindung wirkt. Die induktive Spannung ist dabei gleich der Quellenspannung $\hat{u}$. Abnehmende Kapazität bewirkt, daß der Betriebspunkt auf der magnetischen Kennlinie auf höhere und höhere Spannungen rückt, jedoch tritt durch die Krümmung der Kennlinie schließlich eine Grenze ein, wenn nämlich die Kondensatorkennlinie die magnetische Kennlinie nicht mehr schneidet, sondern nur noch berührt. Für noch kleinere Kapazität ist ein Betriebszustand im rechten Quadranten mit positiver induktiver Spannung und Aufnahme von nacheilendem Magnetisierungsstrom aus der Stromquelle nicht mehr möglich.

Nun schneiden aber die Kapazitätskennlinien nach *Abb. 3* die magnetische Kennlinie im allgemeinen noch in einem weiteren Punkt, nämlich auf der negativen Seite der Ströme und Spannungen. Dieser Betriebszustand stellt sich daher für kleine Kapazitäten tatsächlich ein. Er bewirkt, daß der bisher der Spannung nacheilende Magnetisierungsstrom im Schwingkreis seine Richtung wechselt und zu einem der Spannung voreilenden Ladestrom wird, dessen Größe entsprechend dem weit außen liegenden Schnittpunkte sehr große Werte annehmen kann. Dementsprechend ist auch die Spannung an der Induktivität, die von der $\hat{\imath}_\mu$-Achse aus zu rechnen ist, und noch mehr die Spannung am Kondensator, die von der

Linie $\hat{u}$ = const aus zählt, sehr groß, es treten hohe Überspannungen im Stromkreise auf. Verkleinert man die Kapazität noch weiter, so rückt der Betriebspunkt auf dem negativen Ast der Kennlinie herauf, die Spannungen an der Induktivität und Kapazität werden kleiner, bis bei außerordentlich kleiner Kapazität die induktive Spannung schließlich verschwindet und die Kondensatorspannung mit der Quellenspannung übereinstimmt.

In *Abb. 4* ist die Spannung an der Drosselspule abhängig von der Kapazität dargestellt, wobei keine Rücksicht auf die Richtung oder Phase der Spannung

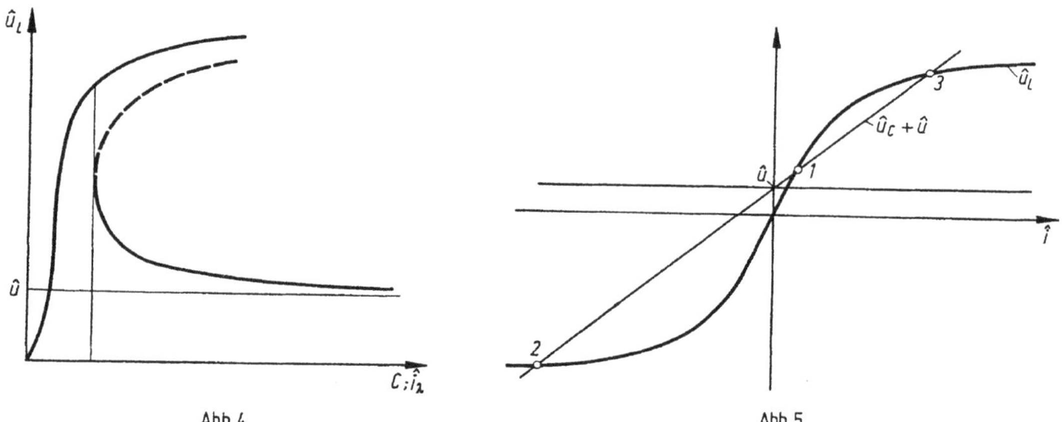

Abb. 4 Abb. 5

genommen ist. Man erkennt, daß bei eisengesättigter Induktivität kein ausgeprägter Resonanzpunkt mit unendlichen Spannungen mehr auftritt, daß vielmehr im ganzen dargestellten Bereiche nur endliche Spannungen vorhanden sind. Dagegen tritt durch die Wirkung der Sättigung ein Unstetigkeitspunkt auf, bei dem die Spannung bei Verkleinerung der Kapazität von einem geringen auf einen höheren Wert springen muß. Die Phasenlage des Stromes kippt in diesem Punkt um und kann trotz des Fehlens jeder eigentlichen Resonanzerscheinung das Auftreten starker Überspannungen und Überströme bewirken.

Man erkennt übrigens aus *Abb. 3*, daß die Kapazitätskennlinie auch für große Kapazitäten den negativen Ast der magnetischen Kennlinie schneiden kann. Es sind in diesem Bereiche daher zwei Schwingungszustände im Kreise möglich, einer mit kleinen Spannungen und nacheilenden Magnetisierungsströmen, ein anderer mit großen Spannungen und voreilenden Kapazitätsströmen, die beide in *Abb. 4* eingetragen sind. Welcher von beiden Zuständen eintritt, hängt vom Zufall ab und ist durch die Spannungsphase, mit der der Stromkreis eingeschaltet wird, bestimmt. Wie *Abb. 3* zeigt, ist im Falle kleiner Spannungen und Ströme auf dem positiven Ast der Kennlinie, den man im allgemeinen zu erhalten wünscht, die induktive Spannung um den Betrag der Netzspannung größer als die Kondensatorspannung, während sie im Falle großer Spannungen und Ströme auf dem negativen Ast um denselben Betrag kleiner ist.

Tatsächlich schneidet die Kapazitätskennlinie die magnetische Kennlinie im allgemeinen noch in einem dritten Punkte, der ebenso wie die beiden anderen in *Abb. 5* dargestellt ist. Lediglich die Punkte *1* und *2* entsprechen jedoch stabilen Betriebszuständen des Stromkreises, während Punkt *3* ein unstabiles Verhalten zeigt. Man erkennt dies durch folgende Überlegung: Wenn durch Ansteigen oder Abfallen des Stromes eine kleine Abweichung von Punkt *1* entstehen würde, so ändert sich die in Richtung der Quellenspannung $\hat{u}$ wirkende Kondensatorspannung $\hat{u}_C$ linear mit dem Strom. Die entgegengesetzt wirkende induktive

Spannung $\hat{u}_L$ ändert sich jedoch stärker mit dem Strom, da sie steiler ansteigt, so daß der Strom wieder auf seinen ursprünglichen Betrag zurückgeht. Ebenso würde sich beim Abweichen des Stromes von Punkt *2* die der treibenden Spannung $\hat{u}$ hier gleichgerichtete induktive Spannung $\hat{u}_L$ nicht so schnell ändern wie die entgegengesetzt wirkende Spannung $\hat{u}_C$, daher geht der Strom auch hier wieder auf den Schnittpunkt *2* zurück. Anders liegen die Verhältnisse bei Punkt *3*. Hier

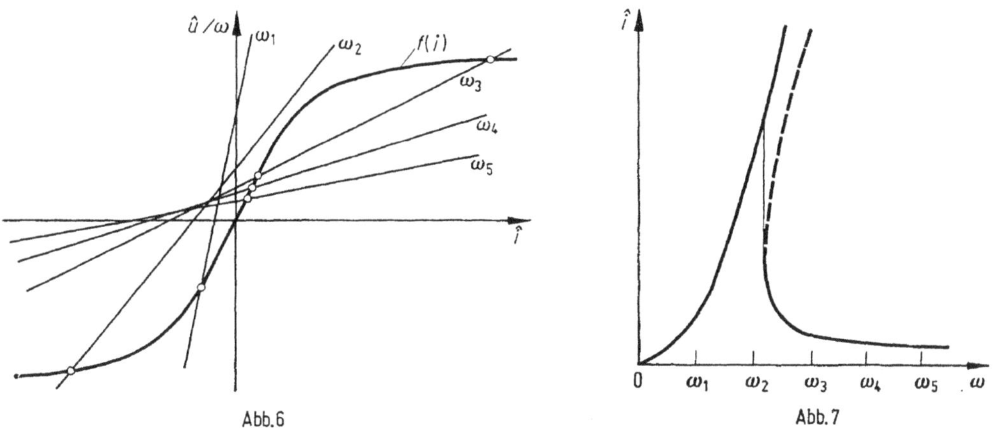

Abb. 6 Abb. 7

ändert sich bei jeder Abweichung des Stromes vom Schnittpunkt die der treibenden Spannung $\hat{u}$ gleichgerichtete Kondensatorspannung $\hat{u}_C$ stärker als die entgegenwirkende Spannung $\hat{u}_L$, so daß der Strom sich stärker ändert und sich vom Punkt *3* weiter und weiter entfernt. Der Übersicht halber ist der dem Schnitt-

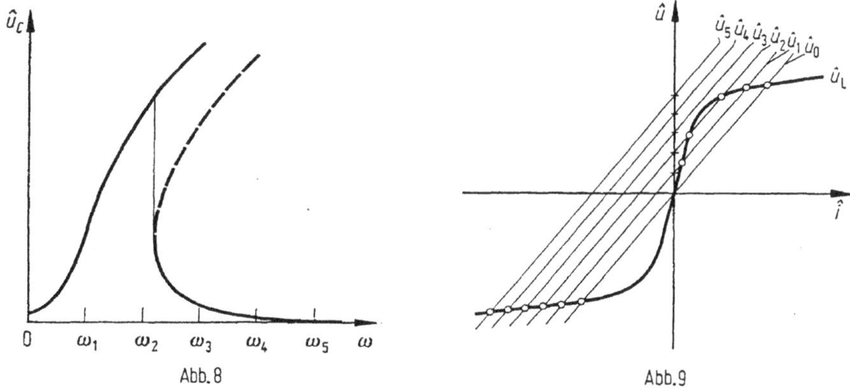

Abb. 8 Abb. 9

punkt *3* entsprechende labile Ast der Spannungskurve in *Abb. 4* gestrichelt eingetragen.

Um einen direkten Vergleich mit den Resonanzkurven für konstante Induktivität nach Kapitel 4 zu erhalten, in dem der Verlauf von Strom und Kondensatorspannung abhängig von der speisenden Kreisfrequenz ω betrachtet ist, dividieren wir Gl. (4) durch diese Größe und erhalten

$$f(\hat{\imath}) = \frac{\hat{u}}{\omega} + \frac{\hat{\imath}}{\omega^2 C}. \tag{6}$$

In der zugehörigen *Abb. 6* bleibt die magnetische Kennlinie $f(\hat{\imath})$ dann für alle Frequenzen die gleiche, nur die Lage und Neigung der Kapazitätskennlinie ändert sich mit der Frequenz. Für niedrige Kreisfrequenz ω_1 arbeitet man auf dem negativen Teil der Kennlinie, also mit voreilenden Ladeströmen im Kreise, der Zustand ist eindeutig. Mit wachsender Frequenz berührt und schneidet die Kapazitätskennlinie schließlich auch den positiven Teil der magnetischen Kennlinie, so daß man bei hoher Kreisfrequenz, etwa ω_3, mehrere mögliche Zustände erhält und schließlich bei ω_5 auf dem positiven Teil der Kennlinie mit nacheilenden Magnetisierungsströmen im Kreise arbeitet. *Abb. 7* und *8* stellen die Abhängigkeit des Stromes und der Kondensatorspannung von der Kreisfrequenz dar und sind unmittelbar mit Abb. 4 und 5 aus Kapitel 4 für konstante Induktivität vergleichbar.

In *Abb. 7* und *8* sind auch die Äste gestrichelt eingetragen, die den labilen Schnittpunkten entsprechen. Es ist dann eine weitgehende Ähnlichkeit des mathematischen Kurvenverlaufs mit den Resonanzkurven des linearen Schwingkreises vorhanden, nur sind die Resonanzspitzen durch die Wirkung der Sättigung weit

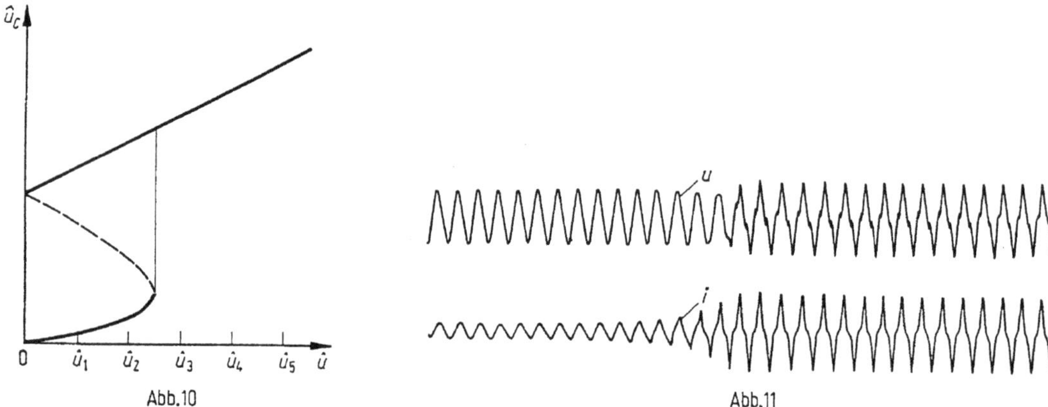

Abb.10 Abb.11

abgebogen. Das physikalische Bild wird dadurch völlig anders, es tritt Mehrdeutigkeit der Erscheinungen auf, so daß die hohen Resonanzspitzen gar nicht durchschritten zu werden brauchen.

Auch durch Änderung der erregenden Spannung, durch die sich bei ungesättigten Kreisen alle Ströme und Spannungen einfach proportional ändern würden, kann man hier den Schwingungszustand des Kreises vollständig verschieben. In *Abb. 9* sind mehrere Kapazitätskennlinien für verschiedene Spannungen $\hat{u}$ eingezeichnet, und in *Abb. 10* ist die Spannung an der Kapazität abhängig davon aufgetragen. In *Abb. 11* sind Oszillogramme der Spannung und des Stromes bei Umkippen auf größere Ströme und bei geringer Steigerung der Spannung dargestellt, aus denen man gleichzeitig die typische Kurvenverzerrung, d. h. die Abweichung der Kurvenform von der Sinusschwingung, ersehen kann.

Den Zusammenhang mit den früher behandelten Resonanzspannungen für sättigungsfreie Kreise, deren Größe im wesentlichen durch die Eigenfrequenz des Stromkreises bestimmt wurde, erkennt man, wenn man in *Abb. 12* eine geradlinige Kennlinie $\hat{u}_L$ aufzeichnet und die Kapazitätskennlinie nach dem Schema der bisherigen Diagramme für verschieden große Kapazitäten einträgt, wobei vom ohmschen Widerstand abgesehen werden soll. Die Spannung an der Induktivität nach Gl. (2) wird dann proportional dem Strom, und zwar

$$\hat{u}_L = \omega f(\hat{\imath}) = \omega L \hat{\imath}, \tag{7}$$

wenn mit L der nunmehr konstante Wert der Induktivität bezeichnet wird.

Der Schnittpunkt beider Linien rückt jetzt mit zunehmender Kondensatorspannung erst geringer und dann stärker auf der Induktivitätsgeraden nach oben und läuft schließlich ins Unendliche, wenn Kapazitäts- und Induktivitätskennlinie gleiche Neigung haben, wenn also nach Gl. (7)

$$\frac{1}{\omega C} = \frac{\omega f(\hat{\imath})}{\hat{\imath}} = \omega L \tag{8}$$

und daher

$$\omega = \frac{1}{\sqrt{CL}} = \nu_L \tag{9}$$

wird. Dies ist genau die früher angegebene Bedingung für den Eintritt der Resonanz bei Übereinstimmung der erzwungenen und der Eigenfrequenz von

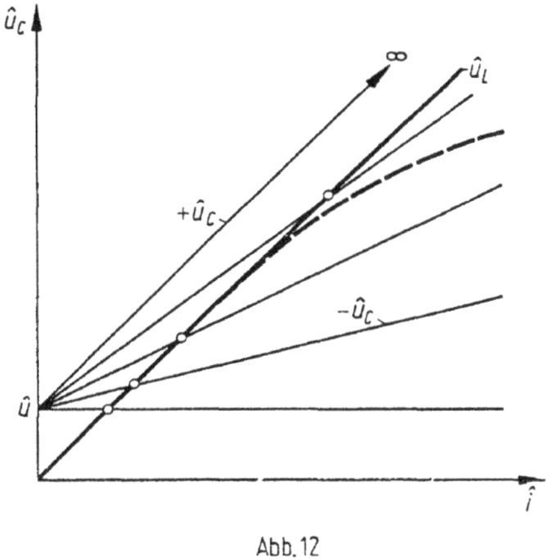

Abb. 12

sättigungsfreien Stromkreisen. Bei Schwingkreisen mit Eisensättigung kann bei der gestrichelten magnetischen Kennlinie in *Abb. 12*, die gleiche Anfangsneigung, also gleiche Anfangsinduktivität hat, schon lange bevor Anfangsinduktivität und Kapazität die Bedingung (10) erfüllen, ein Umkippen in den gefährlicheren Schwingungszustand mit großen Strömen und Spannungen eintreten. Die Resonanzbedingung (10) darf also auf solche Kreise auch nicht mit der Einschränkung angewendet werden, daß man die Induktivität für geringe Magnetisierung unterhalb der Sättigung einsetzt. Man muß vielmehr stets die graphische Untersuchung auf Grund der wirklichen magnetischen Kennlinie vornehmen.

b) Einfluß von Widerstand und Streuung

Es könnte möglich erscheinen, mit dem stabilen Punkte *2* der *Abb. 5* auf außerordentlich große Werte der Ladeströme und Überspannungen zu kommen, wenn der Einfluß der Kapazität den der Induktivität erheblich überwiegt. In Wirklichkeit ist dem Anwachsen der Ströme jedoch eine Grenze gesetzt durch die bisher vernachlässigte ohmsche Spannung im Stromkreise, die sich phasengerecht zu der Summe von Spulen- und Kondensatorspannung addiert. Die Grundschwingungsamplitude der Gesamtspannung am Schwingkreise wird daher

$$\hat{u} = \sqrt{(\hat{u}_L + \hat{u}_C)^2 + (R\hat{\imath})^2}, \tag{10}$$

so daß man mit Gl. (2) und (3) für die Spannung an der eisengesättigten Drosselspule erhält

$$\hat{u}_L = \omega f(\hat{\imath}) = \sqrt{\hat{u}^2 - (R\hat{\imath})^2} + \frac{\hat{\imath}}{\omega C}. \tag{11}$$

Diese Beziehung erlaubt wieder eine einfache graphische Darstellung ähnlich der *Abb. 2*, nur muß man anstatt der konstanten Spannungskennlinie für $\hat{u}$ hier die Wurzel der Gl. (11) berücksichtigen. Diese stellt bekanntlich eine Ellipse dar, deren Hauptachsen in den Koordinatenrichtungen liegen und die in *Abb. 13* eingezeichnet sind. Für kleinen Strom ist der Einfluß des Widerstandes demnach sehr gering, die Wurzel ist fast gleich $\hat{u}$, für größere Ströme verringert er die Wirkung der Quellenspannung und hebt sie vollständig auf, wenn $\hat{\imath}$ bis auf $\hat{u}/R$ angewachsen ist und die Wurzel zu Null macht. Dies ist der höchste Grenzwert für den Strom, der auftreten kann. Die Hauptachsen der Ellipse haben daher die Längen $\hat{u}$ und $\hat{u}/R$ und sind in jedem Falle gegeben.

Addiert man in *Abb. 13* zu den Ordinaten dieser Ellipse die der Kapazitätskennlinie entsprechend dem letzten Gliede der Gl. (11), so erhält man die schräg-

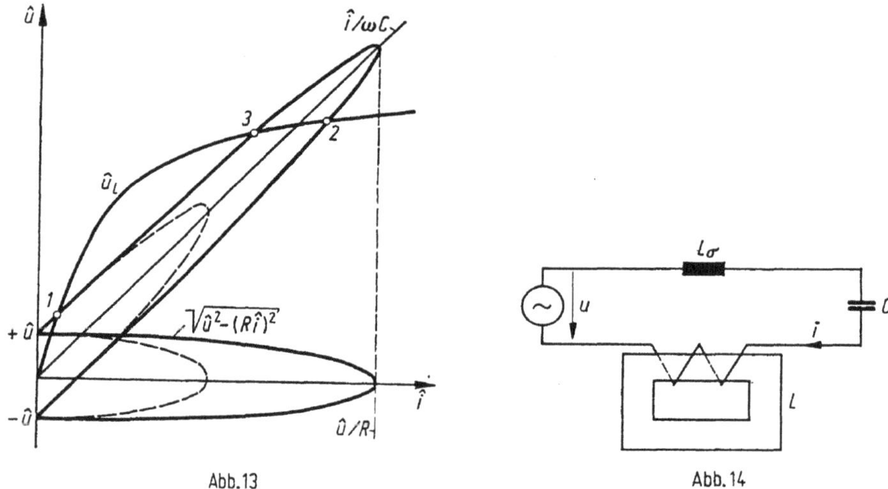

Abb. 13 Abb. 14

liegende Ellipse als Darstellung für die gesamte rechte Seite dieser Gleichung. Ihre Schnittpunkte mit der Kennlinie für $\hat{u}_L$ stellen die drei möglichen Schwingungszustände des Stromkreises dar. Da wir in Gl. (10) die Spannung ohne Rücksicht auf ihre Phasenlage stets mit dem positiven Vorzeichen eingesetzt haben, so liegen in *Abb. 13* alle drei Schnittpunkte im positiven Quadranten, obgleich der Punkt *2* eigentlich zum negativen Ast gehört. Auch hier stellen die Schnittpunkte *1* und *2* stabile, dagegen *3* instabile Schwingungszustände des Kreises dar.

Man erkennt aus diesem Diagramm, daß geringer Widerstand nur schwachen Einfluß auf den Schnittpunkt *1* für kleine Ströme und Spannungen hat, daß er aber bei großen Ladeströmen eine übergroße Zunahme der Ströme und Spannungen im Schnittpunkt *2* verhindert. Großer Widerstand dagegen kann die Ellipse so verkürzen, daß der Schnittpunkt *2* überhaupt verschwindet, so daß nur ein einziger Schwingungszustand mit geringen Strömen und Spannungen möglich ist und ein Umkippen nicht mehr eintreten kann. Die gestrichelte Ellipse in *Abb. 13* stellt diesen Fall dar. Das Einfügen ohmschen Widerstandes ist daher das sicherste Mittel, um Stromkreise, die zum Kippen neigen, zu stabilisieren.

Aus allen diesen Überlegungen geht hervor, daß in Schwingungskreisen mit Eisensättigung eine eigentliche Resonanz der Kapazität mit der Induktivität gar nicht auftreten kann, sondern daß nur ein Wechsel im Schwingungszustand durch Überspringen von einem Punkt der Kennlinie auf einen anderen weit entfernten stattfindet. Es läßt sich jedoch keine bestimmte Frequenz angeben, die für den Schwingkreis ganz besonders gefährlich wäre. Dies rührt davon her, daß Schwingkreise mit magnetischer Sättigung keine ausgesprochene Eigenschwingungszahl mehr haben, daß diese vielmehr veränderlich ist und von der Durchflutung und damit vom Strom abhängt. Würde sich ein resonanzähnlicher Strom ausbilden wollen, weil die erzwungene Frequenz für irgendeine Durchflutung nahe bei der Eigenfrequenz liegt, so würde diese durch den zunehmenden Strom und die abnehmende Induktivität sofort verlagert werden und den Kreis außer Resonanz bringen.

Enthält der Schwingkreis nach dem Schema der *Abb. 14* außer der eisengesättigten Induktivität L noch eine konstante Induktivität L_σ, etwa herrührend vom Streufluß von Maschinen und Transformatoren oder vom Luftstreufluß der Eisenspule selbst, so kann man die magnetische Kennlinie für beide zusammenfassen, indem man ihre Spannungen addiert. *Abb. 15* zeigt, daß die beiden Äste der Gesamtkennlinie dann für sehr große Ströme einen konstanten Anstieg entsprechend der Streuinduktivität L_σ annehmen. Hierdurch wird an den Erscheinungen der Mehrdeutigkeit und des Umkippens der Schwingungszustände nichts geändert. Jedoch kann jetzt der Schnittpunkt der Kapazitätskennlinie mit der gesamten magnetischen Kennlinie unter Umständen ins Unendliche rücken. Ihr Anstieg muß

$$\frac{1}{\omega C} = \omega L_\sigma \tag{12}$$

sein, so daß richtige Resonanz eintreten kann, wenn

$$\omega = \frac{1}{\sqrt{C L_\sigma}} = \nu_s \tag{13}$$

ist, wenn also die Eigenfrequenz aus Kapazität und Streuinduktivität mit der Betriebsfrequenz übereinstimmt. Dies erfordert sehr viel größere Kapazität, als sie nach Gl. (9) für das Umkippen äußerstenfalls nötig ist.

Nun bewirkt aber der Widerstand des Stromkreises, daß die Kapazitätskennlinie der *Abb. 15* nicht genau geradlinig verläuft, sondern elliptisch etwas gekrümmt ist. Für kleine treibende Spannung $\hat{u}$ tritt daher trotz Streuresonanz nur ein einziger Schnittpunkt auf, der nach *Abb. 15* im normalen Arbeitsgebiet der Eisenspule liegt. Steigert man aber die Spannung $\hat{u}$ bis über das Knie der magnetischen Kennlinie, so rückt der Schnittpunkt ganz plötzlich auf sehr große Werte von Spannung und Strom, die nunmehr fast nur noch durch den Widerstand des Kreises begrenzt sind.

Diejenige Spannung $\hat{u}_S$, die nach *Abb. 15* vollständiger Sättigung des Eisenkerns entspricht, scheidet zwei wesentlich verschiedene Gebiete voneinander. Ist $\hat{u}$ kleiner als $\hat{u}_S$, so können, wie *Abb. 16* zeigt, außerhalb der Streuresonanz zwei stabile Zustände auftreten. Dagegen tritt bei Streuresonanz nach Gl. (13) kein singulärer Zustand ein, im Gegenteil, die großen Ströme und Spannungen sind dabei unmöglich. Wenn jedoch $\hat{u}$ größer als $\hat{u}_S$ ist, so ist nach *Abb. 16* stets nur ein einziger Schwingungszustand möglich, der auf große resonanzähnliche Ströme und Spannungen führt, wenn die Streuresonanzbedingung (13) erfüllt ist. Im ersteren Falle überwiegt der Einfluß der Sättigung, im letzteren der der Streuung.

Je höher die Quellenspannung $\hat{u}$ über der Sättigungsspannung $\hat{u}_S$ liegt, um so bedeutungsloser wird die Sättigung für den Verlauf des Schwingungszustandes.

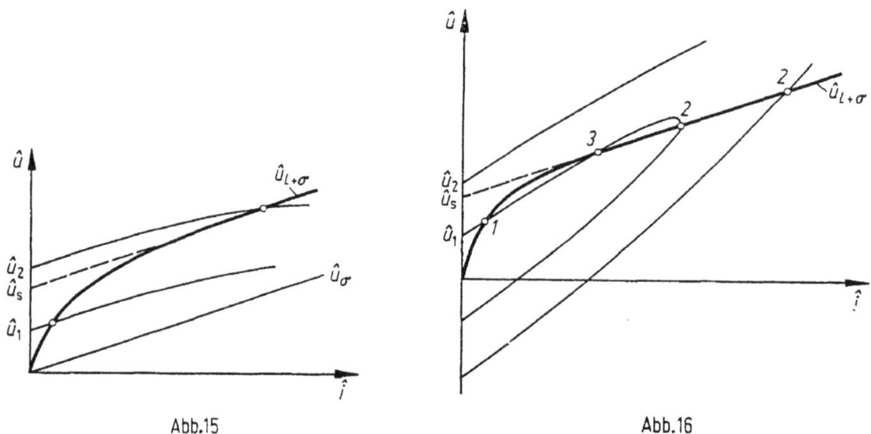

Abb.15 Abb.16

Solche Fälle, wie sie hier untersucht sind, können in der Praxis auftreten, wenn Transformatoren von Fernleitungen gespeist werden, die Reihenkondensatoren zur Verringerung ihres induktiven Spannungsfalles enthalten.

c) Einpolige Stromunterbrechung

Die hier geschilderten Kippvorgänge treten beim normalen Betrieb von Starkstromnetzen im allgemeinen nicht auf. Die Erscheinungen können jedoch bei Störungen im Netz und bei unzweckmäßigen Schalthandlungen eintreten. In *Abb. 17* ist schematisch dargestellt, in welcher Weise der Strom in einem Hochspannungsnetz verläuft, wenn eine Phase durch Leitungsbruch oder durch nur einpoliges Ausschalten unterbrochen wird. Die beiden getrennten Leitungsteile haben eine gewisse Kapazität gegen Erde, so daß trotz der Unterbrechung noch ein Strom im Kreise fließen kann. Dieser durchläuft nunmehr die eine Wicklung des eisengesättigten Transformators und die beiden Erdkapazitäten der Leitung in Reihe, so daß tatsächlich der in *Abb. 1* gezeigte Fall vorliegt.

Läuft der Transformator leer oder ist er nur schwach belastet, so sind die dämpfenden Widerstände des Stromkreises gering und können nach *Abb. 13* in erster Näherung vernachlässigt werden. Je nach dem Verhältnis des Ladestromes $\hat{\imath}_\lambda$, der die unterbrochenen Leitungsteile unter der unmittelbaren Wirkung der Netzspannung durchfließen würde, zum normalen Magnetisierungsstrom $\hat{\imath}_\mu$ des Transformators stellt sich ein Schnittpunkt der Kapazitätsgeraden mit der Transformatorkennlinie ein, der eine geringe oder große Spannungserhöhung am Transformator und an der unterbrochenen Leitung hervorrufen kann. Sind die Ladeströme der Leitung sehr groß, liegen also beiderseits der Unterbrechungsstelle große Kabelnetze oder ausgedehnte Hochspannungsnetze, so erkennt man aus *Abb. 2*, daß die Spannungserhöhung in erträglichen Grenzen bleibt, weil die Kapazitätsgerade sehr flach verläuft. Sind die Ladeströme $\hat{\imath}_\lambda$ jedoch geringer und liegen sie in der Größenordnung der Magnetisierungsströme der angeschlossenen Transformatoren, so wird die Neigung der Kapazitätsgeraden so groß, daß eine erhebliche Spannungssteigerung am Transformator eintritt, wenn nicht der Netzzustand sogar umkippt, womit nach *Abb. 3* noch erheblichere Überspannungen verknüpft sind.

Das Eisen der Transformatoren sättigt sich dann vollständig bis zu einer magnetischen Flußdichte von etwa 2,4 T, während im normalen Betrieb nur etwa 1,6 T üblich ist. Die Transformatoren erhalten dadurch bei Vernachlässigung von Streublindwiderstand und Wirkwiderstand eine Überspannung von etwa 2,4/1,6 gleich dem 1,5fachen Betrage der Netzspannung $\hat{u}$, und an der Unterbrechungsstelle der Leitung tritt eine Spannung von etwa $(1,5 + 1)\hat{u} = 2,5\hat{u}$ auf, die sich je nach der Größe der in Reihe liegenden Leitungskapazitäten zwischen der Unterbrechungsstelle und Erde aufteilt. Die gesunden und kranken Leitungen, die bei normalem Betrieb nur die Nennbetriebsspannung gegen Erde haben, werden deswegen durch starke Überspannungen beansprucht, durch die Überschläge und Zerstörungen der Isolierung hervorgerufen werden können.

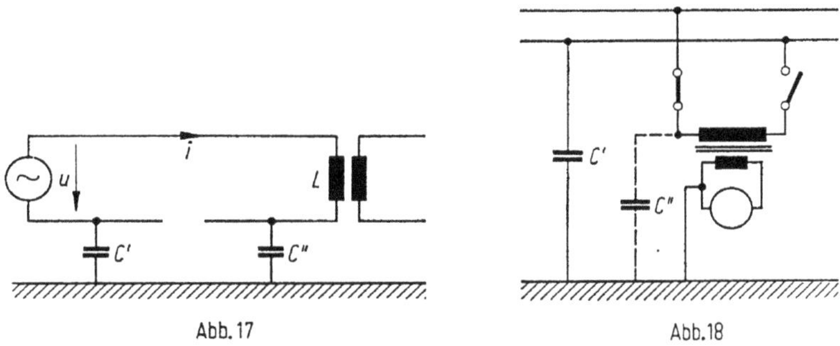

Abb. 17 Abb. 18

Man hat dieses Umkippen der Spannung häufiger bei Spannungswandlern ohne Sternpunkterdung beobachtet, wenn sie nach *Abb. 18* einpolig vom Netz getrennt werden. Ihre Wicklungs-, Durchführungs- und Anschlußkapazität C'' gegen Erde ist dann klein gegenüber der Kapazität C' eines Außenleiters des Netzes gegen Erde, so daß sie allein wirksam ist. Sie liegt meist in der Größenordnung von etwa 0,2 nF. Ihr Ladestrom ist daher nach Gl. (5) z. B. bei 30 kV Netzspannung

$$I_\lambda = 314\,\mathrm{s}^{-1} \cdot 0{,}2 \cdot 10^{-9}\,\mathrm{As/V} \cdot 30 \cdot 10^3\,\mathrm{V} \approx 1{,}9\,\mathrm{mA}.$$

Da nun der Magnetisierungsstrom eines solchen Wandlers etwa $I_\mu = 1,5$ mA beträgt, so sieht man, daß die Bedingung für das Kippen erfüllt ist. Diese Bedingung kann in Drehstromanlagen sowohl beim einpoligen als auch beim zweipoligen Unterbrechen auftreten.

Ist der Ladestrom I_λ der unterbrochenen Leitungsteile sehr gering, so kippt der Stromkreis notwendig auf den entgegengesetzten Schwingungszustand wie im normalen Betriebe um, jedoch tritt dann, wie man aus *Abb. 3* ersieht, wegen der sehr steilen Kapazitätsgeraden am Transformator nur eine geringe Spannung auf, die zur Netzspannung addiert, die Spannung an der Unterbrechungsstelle ergibt. Gegen Erde wird die Spannung auch in diesem Falle stets vergrößert.

Das Schaltungsschema der *Abb. 17* stellt die Stromverteilung im unterbrochenen Stromkreise in Wirklichkeit nicht ganz vollständig dar. Es treten vielmehr noch weitere Kapazitätsströme, sowohl zwischen der gesunden Leitung und Erde als auch zwischen der gesunden und der kranken Leitung auf. Der vollständige Stromverlauf wird durch *Abb. 19* dargestellt. Abgesehen von Kapazitätsströmen in K und k, die durch den Generator unmittelbar geliefert werden, wird der Transformator noch durch einen gewissen Kapazitätsstrom in c überbrückt. *Abb. 20* zeigt ein vereinfachtes Ersatzbild.

Die Spannung am Hauptkondensator C ist hierbei

$$\hat{u}_C = -\frac{\hat{\imath} + \hat{\imath}_c}{\omega C} = -\frac{\hat{\imath} - \omega c \hat{u}_L}{\omega C} = -\frac{\hat{\imath}}{\omega C} + \frac{c}{C}\hat{u}_L, \tag{14}$$

wenn mit c die Kapazität des Nebenkondensators bezeichnet wird und $\hat{\imath}$ nach wie vor den Strom im Transformator bedeutet. Setzt man diesen Wert anstatt

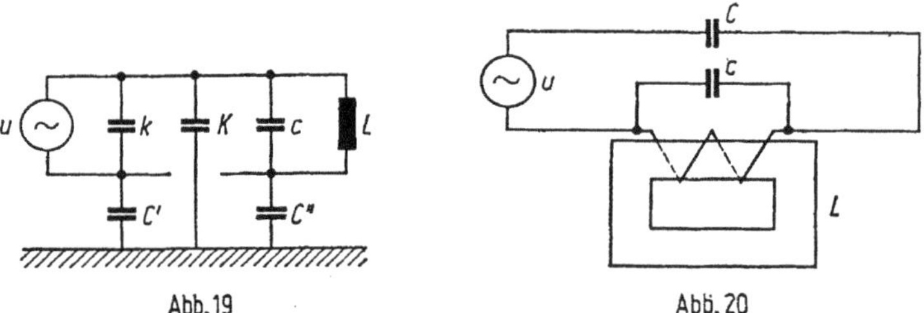

Abb. 19 Abb. 20

des Ausdruckes (3) in Gl. (1) für das Spannungsgleichgewicht ein, so erhält man

$$\hat{u} = \left(1 + \frac{c}{C}\right)\hat{u}_L - \frac{\hat{\imath}}{\omega C} \tag{15}$$

oder nach Einführung der Beziehung für die magnetische Kennlinie aus Gl. (2)

$$\hat{u}_L = \omega f(\hat{\imath}) = \frac{\hat{u}}{1 + c/C} + \frac{\hat{\imath}}{\omega (C + c)}. \tag{16}$$

Man muß danach, um zu der in *Abb. 21* dargestellten graphischen Lösung zu kommen, entweder die magnetische Kennlinie im Verhältnis $1 + c/C$ vergrößert zeichnen oder einfacher die Kapazitätskennlinie unter Beibehaltung ihres Fuß-

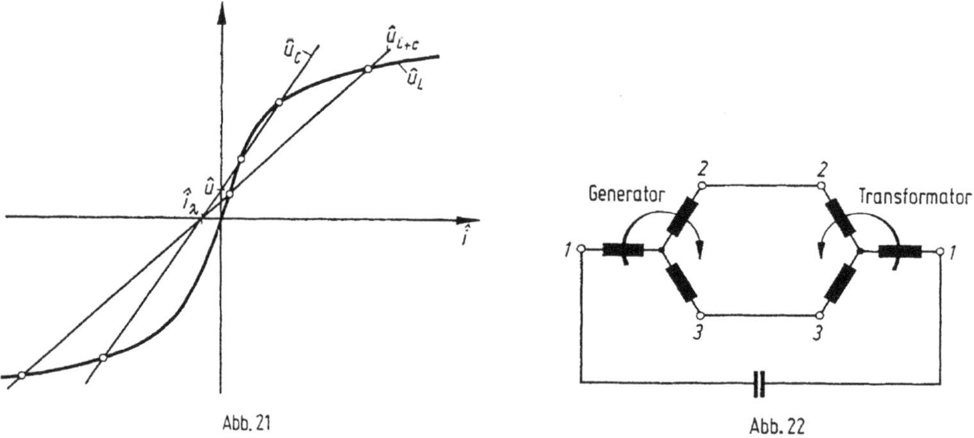

Abb. 21 Abb. 22

punktes $\hat{\imath}_\lambda$ im gleichen Verhältnis flacher neigen. Durch den Nebenkondensator c werden demgemäß die Spannungserhöhungen am Transformator beim Arbeiten im normalen Zustand verkleinert, beim Umkippen jedoch vergrößert. Die Wirkung dieser Netzkapazität kann also unter Umständen recht ungünstig sein.

Man erkennt aus allen diesen Betrachtungen, daß das einpolige Schalten, ebenso das einpolige Durchschmelzen von Sicherungen und schließlich auch einpolige Leitungsbrüche zu gefährlichen Überspannungen in schwach belasteten Leitungsteilen mit Transformatoren führen können, wenn die Kapazitätsströme in der Größenordnung der Magnetisierungsströme liegen.

In Drehstromanlagen tritt durch das Umkippen der Sternspannung von Transformatoren bei Unterbrechung einer einzigen Zuleitung eine eigentümliche Erscheinung auf. Während beim normalen Betrieb drei Klemmenspannungen des Transformators identisch sind mit den drei Klemmenspannungen des speisenden Generators, kann bei Unterbrechung eines Außenleiters dessen Spannung von der zugehörigen Generatorspannung abweichen. *Abb. 22* stellt diesen Fall schematisch dar. Ist das Verhältnis der Ladeströme zu den Magnetisierungsströmen so groß, daß ein Umkippen der Spannung stattfindet, so ändert diese an dem von der Unterbrechung betroffenen Strang im Transformator nicht nur ihren Betrag, sondern sie ändert auch ihren Phasenwinkel um 180°. Der Spannungsverlauf an den drei Klemmen des Transformators bildet dann ein unsymmetrisches Drehstromsystem mit umgekehrter Phasenfolge des Mitsystems wie vorher. Kleinere an den Transformator angeschlossene Drehstrommotoren, die noch keine ernsthafte, das Umkippen störende Belastung darstellen, kehren alsdann ihre Drehrichtung um. Dies ist bei Leitungsbrüchen in Drehstromanlagen gelegentlich beobachtet worden.

42. Entstehung von Oberschwingungen

Für den störungsfreien Betrieb elektrischer Anlagen sollte der zeitliche Verlauf von Strom und Spannung möglichst verzerrungsfrei sein. In Gleichstromanlagen wünscht man konstanten Strom und konstante Spannung, weil bei Spannungsschwankungen die Lampen flackern und Motoren nur den Mittelwert ausnutzen und überdies ihre Drehzahl ändern. In Wechselstromanlagen sollte der Verlauf der Spannung und des Stromes sinusförmig sein, weil die wichtigsten Stromverbraucher, die asynchronen Drehstrommotoren, durch Vermittlung ihres Drehfeldes nur sinusförmige Spannungen und Ströme verarbeiten können. Jede Abweichung von der Sinusform erzeugt parasitäre Felder in diesen Motoren, die nicht nur unnützen Energieverbrauch verursachen, sondern auch das nutzbare Drehmoment des Motors schwächen.

Schließlich können alle Abweichungen vom gewünschten Verlauf des Gleichstromes oder Wechselstromes, die dann Spannungen und Ströme von höherer Frequenz bilden, zu zahlreichen Störungen innerhalb und außerhalb der Leitungsnetze führen. Sie können erhebliche Überspannungen und Überströme erzeugen, mit ihren gefährlichen Wirkungen im Hinblick auf Durchschlag und Durchbrennen, sie können unliebsame Geräusche und Pendeln von Maschinen, Bürstenfeuer bei Stromwendern und starke Beeinflussungen in benachbarten Leitungen, insbesondere Fernmeldeleitungen, hervorrufen.

Die Störungen des konstanten Verlaufs von Gleichstrom und -spannung und des sinusförmigen Verlaufs von Wechselstrom und -spannung machen sich als Oberschwingungen bemerkbar. In *Abb. 1* sind außer dem Gleichwert und in *Abb. 2* außer der Grundschwingung typische Oberschwingungen u_n für beide Fälle dargestellt. Sie verdanken ihre Entstehung dem Aufbau und der Wirkungsweise der umlaufenden elektrischen Maschinen, Transformatoren, Gleichrichter, Geräte und Leitungen.

Periodische Schwingungen, also solche, die sich nach einer bestimmten Zeit formgetreu wiederholen, kann man nach Fourier als eine Summe von Sinus- und Kosinusschwingungen auffassen, deren Frequenzen ganze Vielfache der Grundfrequenz sind. Man kann also die periodische Funktion $f(\omega t)$ mit der Grundkreisfrequenz ω zerlegen in

$$\begin{aligned} f(\omega t) = A_0 + A_1 \cos \omega t + A_2 \cos 2\omega t + A_3 \cos 3\omega t + A_4 \cos 4\omega t \ldots \\ + B_1 \sin \omega t + B_2 \sin 2\omega t + B_3 \sin 3\omega t + B_4 \sin 4\omega t \ldots . \end{aligned} \tag{1}$$

A_0 tritt nur auf, wenn ein Gleichstromglied in der Kurve enthalten ist. A_n und B_n sind die Scheitelwerte, und $n\,\omega$ ist die Kreisfrequenz der n-ten Teilschwingung. Bei einigermaßen glatt verlaufenden Kurven nehmen die Scheitelwerte der Teilschwin-

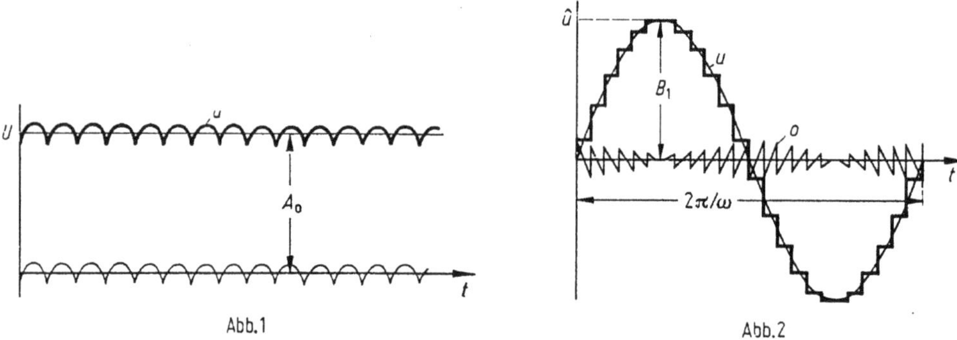

Abb. 1 Abb. 2

gungen mit wachsender Ordnungszahl n schnell ab, so daß nur die Teilschwingungen niedriger Ordnungszahl wichtig sind. Bei zackigen Kurven treten auch höhere Harmonische mit merklichen Scheitelwerten auf. *Abb. 3* zeigt eine Kurve, die nur eine 3. Teilschwingung mit einem Scheitelwert von 25% und eine 5. mit einem solchen von 12% des Scheitelwertes der Grundschwingung hat. *Abb. 4*

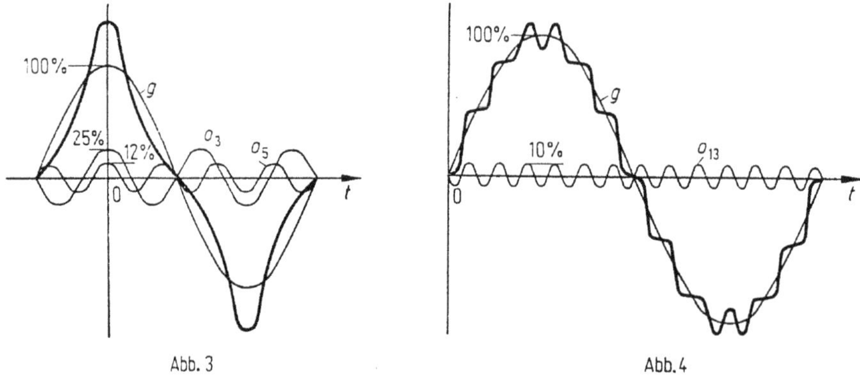

Abb. 3 Abb. 4

stellt eine Kurve mit nur einer 13. Teilschwingung mit einem Scheitelwert von 10% des Grundschwingungsscheitelwertes dar. Haben die positiven und negativen Halbschwingungen der Kurven gleiche Form, so fallen alle geradzahligen Oberschwingungen fort. Handelt es sich um eine gerade Funktion, verläuft die Kurve also symmetrisch zur Ordinatenachse, wie in *Abb. 3*, so treten nur Kosinusglieder auf, handelt es sich dagegen um eine ungerade Funktion, wie in *Abb. 4*, so treten nur Sinusglieder auf.

Die Zerlegung einer gegebenen Kurve in harmonische Teilschwingungen nach Gl. (1) ist willkürlich. Man könnte in Einzelfällen auch Entwicklungen nach anderen Funktionen mit Nutzen verwenden. Die harmonische Zerlegung bietet jedoch besondere Vorteile bei der Betrachtung von Schwingungserscheinungen, weil sich deren lineare Differentialgleichungen für harmonische Funktionen besonders bequem lösen lassen. Da diese Schwingungsgleichungen viele Probleme der Elektrotechnik beherrschen, ist die harmonische Zerlegung weitgehend verwendbar. Man muß jedoch im Auge behalten, daß es vielerlei Erscheinungen gibt, bei denen eine Zerlegung in harmonische Teilschwingungen keine tiefere physikalische Erkenntnis vermittelt, bei denen man vielmehr das Gesamtbild des Kurvenverlaufes oder einzelne Abschnitte davon betrachten muß.

a) Kurvenform von elektrischen Maschinen und Gleichrichtern

In Gleichstrommaschinen und Wechselstrom-Kommutatormaschinen werden durch den Stromwender Oberschwingungen erzeugt. Sie rühren davon her, daß die einzelnen Stromwenderlamellen unter den Bürsten hinwegstreichen und daß unter

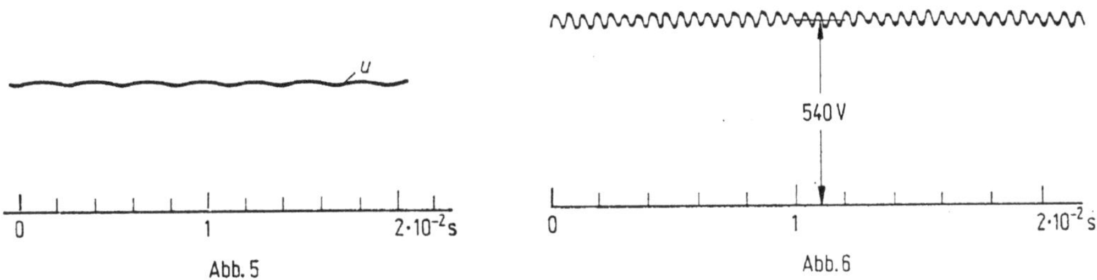

Abb. 5 Abb. 6

ihnen Kurzschlußströme durch den Stromwender entstehen. Wegen der nur endlichen Zahl von Lamellen werden bei der Drehung des Läufers dauernd kleine Unsymmetrien des Stromkreises hervorgerufen, die sich in schnellen Schwankungen der Spannung und des Stromes bemerkbar machen. Die Frequenz dieser Spannungen ist gegeben durch die Lamellenzahl des Stromwenders und seine Drehzahl.

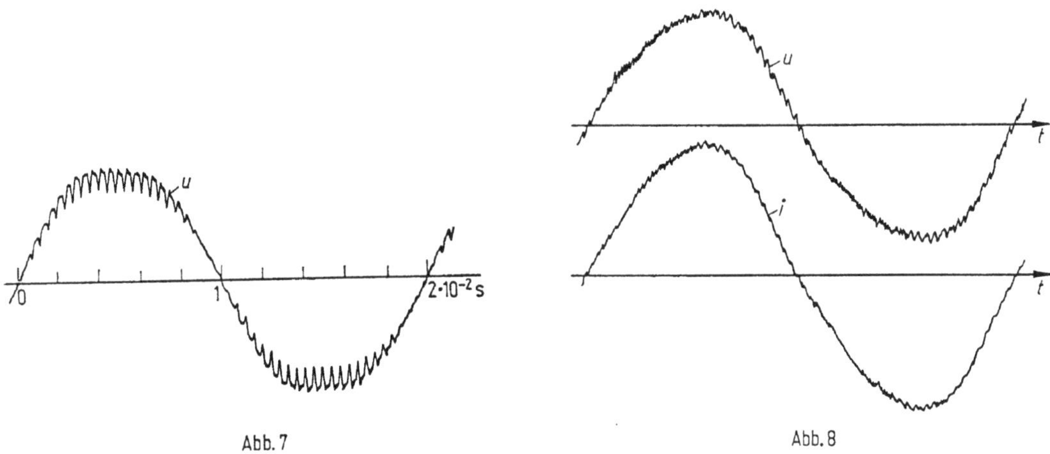

Abb. 7 Abb. 8

Da man ferner die Leiter in Gleichstrom- und Wechselstrommaschinen am Umfange des Läufers oder Ständers in Nuten einbettet, die durch Zähne getrennt sind und daher eine ungleichmäßige Oberfläche ergeben, so entstehen außer dem gewünschten Spannungsverlauf noch Spannungsschwankungen, sogenannte Zahn- oder Nutenschwankungen, die von der nur endlichen Zahl der Nuten herrühren und deren Frequenz durch die Nutenzahl und die Drehzahl der Maschine bestimmt wird. Durch eine große Zahl von schmalen Nuten oder durch angemessene Schrägung der Nuten lassen sich diese Störungen erheblich vermindern.

Abb. 5 zeigt ein Oszillogramm der Leerlaufspannung eines Gleichstromgenerators mit der durch den Stromwender verursachten Welligkeit. *Abb. 6* gibt die Spannungskurve eines Einankerumformers bei Betrieb mit normaler Last wieder. *Abb. 7* zeigt die in einem asynchronen Drehstrommotor induzierte Spannung, und *Abb. 8* stellt den Verlauf von Strom und Spannung eines Einphasen-Bahnmotors im Betriebe dar. Überall erkennt man außer dem Gleichwert oder der Grundschwingung noch Oberschwingungen, die den glatten Kurvenverlauf stören.

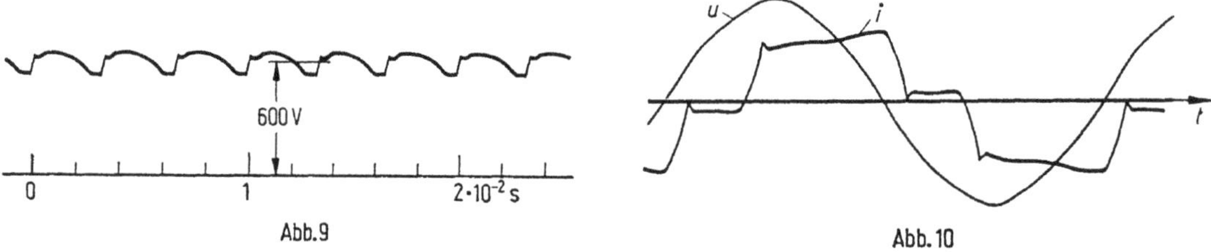

Abb. 9 Abb. 10

Recht beträchtlich sind die Oberschwingungen, die von Stromrichtern erzeugt werden, besonders wenn diese mit niedriger Phasenzahl ausgeführt werden. Da diese Umformer mit zerhackten Strömen arbeiten, wirken deren Unregelmäßigkeiten nicht nur auf die Gleichstromseite, sondern auch auf die Drehstromseite zurück. *Abb. 9* zeigt die Spannung auf der Gleichstromseite, *Abb. 10* den Strom und die Spannung auf der Drehstromseite eines vollbelasteten sechsphasigen Drehstrom-Gleichrichters. Auf der Gleichstromseite treten vor allem die sechsten Teilschwingungen und ihre Vielfachen, auf der Drehstromseite die 5. und 7. sowie die 11. und 13. Harmonische des Stromes hervor. Da die einzelnen Anodenströme nahezu rechteckige Form haben, ist der Scheitelwert der Teilschwingungen umgekehrt proportional ihrer Ordnungszahl n. In Drehstromsystemen verschwinden jedoch alle durch 3 teilbaren Ordnungszahlen n, ferner bei m Anoden im Gleichrichter auch alle Ordnungszahlen kleiner als $n = m \pm 1$. Somit erzeugt ein Gleichrichter mit 12 Anoden auf der Drehstromseite Teilschwingungen der 11., 13. und allgemein ungeradzahliger höherer Ordnung.

Besonders können diese Oberschwingungen hervortreten, wenn man den Lichtbogen von außen steuert und ihn dadurch in jeder Brennperiode verspätet zündet oder vorzeitig löscht. Die Kurvenform des Lichtbogenstromes wird in solchen Steuergleichrichtern oder -wechselrichtern fast unstetig, so daß besondere Glättungsstromkreise nötig werden, um diese Sprünge in der Kurvenform der Netzspannung zu vermeiden. Das gleiche gilt auch für die neuerdings zunehmend verwendeten gesteuerten Halbleiter-Gleichrichter (Thyristoren).

Synchronmaschinen zur Erzeugung von Wechselströmen erfordern für eine Sinusform der Spannungskurve einen sinusförmigen räumlichen Verlauf der magnetischen Flußdichte am wirksamen Umfange des Laufes. Selbst wenn es gelingt, durch geeignete Formgebung der Magnetpole einen sinusförmigen Verlauf der Induktion am Läuferumfang bei Leerlauf zu erzielen, so treten doch bei Belastung Ankerrückwirkungsfelder in der Maschine auf, die bei Drehstrom und besonders bei Einphasenstrom eine erhebliche Verzerrung der Leerlaufinduktion bewirken. Starke Verzerrungen treten vielfach auch bei Kurzschlüssen, vor allem bei einpoligen und bei Abstandskurzschlüssen entfernt vom Kraftwerk auf, so daß die Klemmenspannung nicht vollständig zusammenbricht. Es gelingt nur durch geeignet ausgebildete Wicklungen, die sich von der Verzerrung des räumlichen Induktionsverlaufs nicht beeinflussen lassen, die Spannungskurven sowohl bei Leerlauf als auch bei Belastung und Überlast praktisch sinusförmig zu machen. Bei räumlich nicht sinusförmigem Induktionsverlauf und bei ungünstiger An-

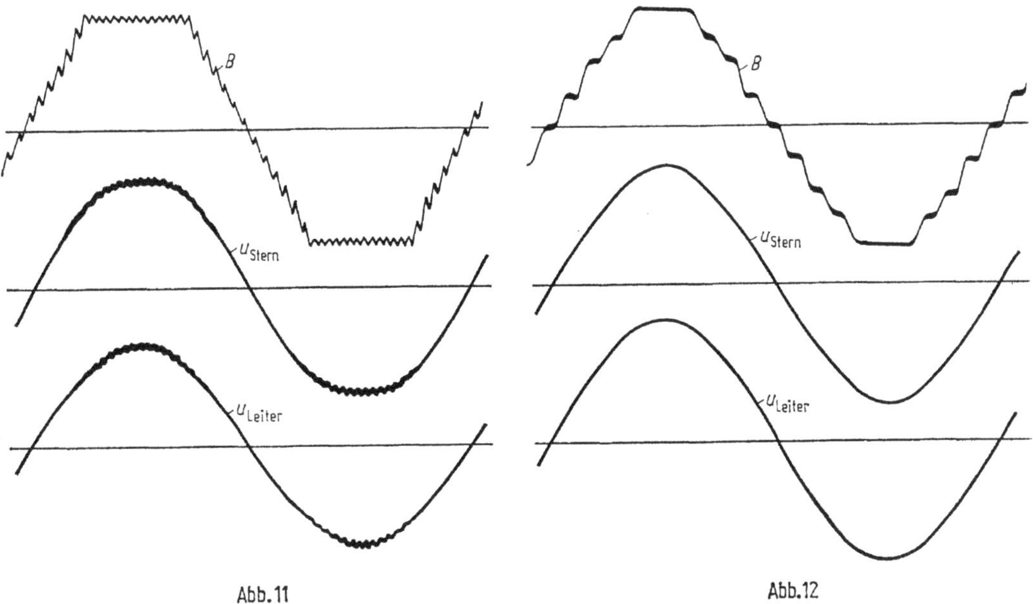

Abb. 11 Abb. 12

ordnung der Wicklung von Synchrongeneratoren können Oberschwingungen mit erheblichen Scheitelwerten erzeugt werden. Sie haben bei harmonischer Zerlegung Frequenzen, die bei symmetrischen Magnetpolen nur ungerade Vielfache der Grundfrequenz sind.

In *Abb. 11* bis *16* sind Oszillogramme wiedergegeben, die für verschiedenartige Drehstromgeneratoren sowohl den räumlichen Verlauf der Induktion B darstellen.

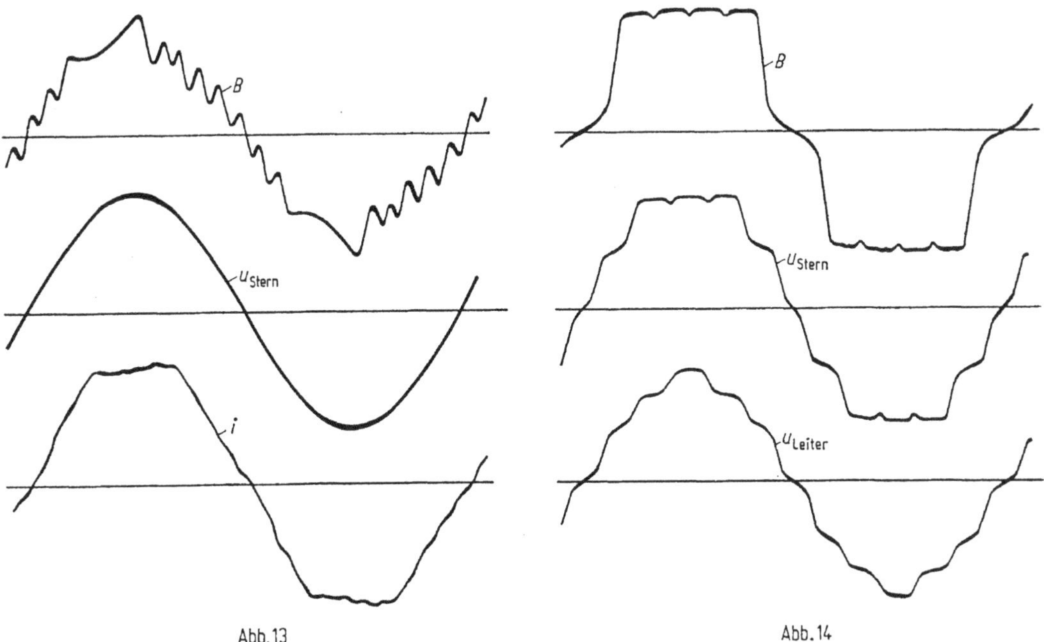

Abb. 13 Abb. 14

als auch die Strangspannung u und die Dreieckspannung u_Δ. *Abb. 11* stellt diese Kurven für einen Turbogenerator mit fein genutetem Läufer dar, der eine Reihe von Oberschwingungen der Spannung hervorruft. *Abb. 12* gibt die Kurven bei

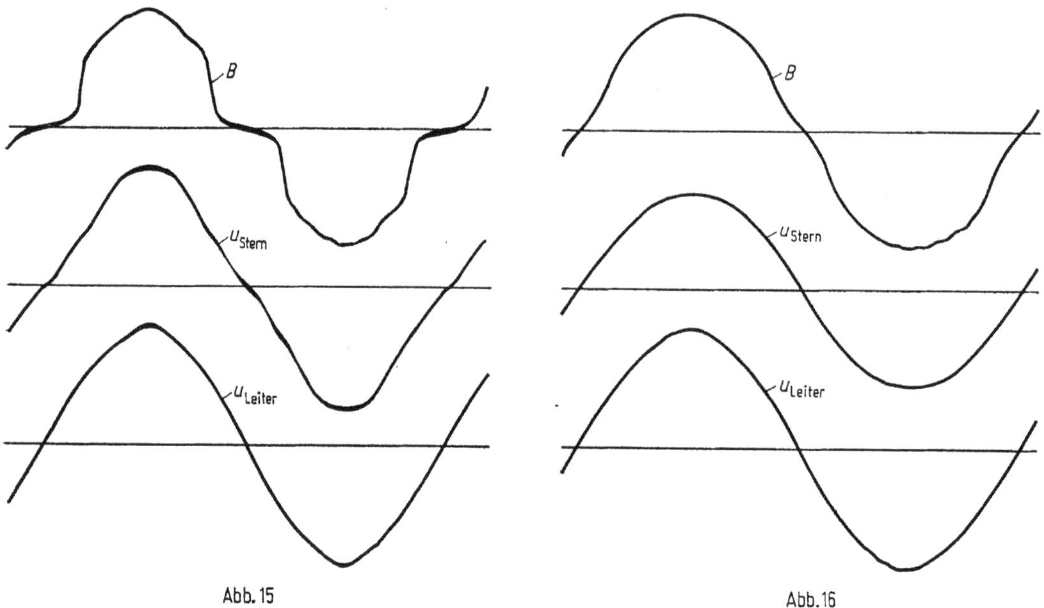

Abb. 15 Abb. 16

Leerlauf eines grob genuteten Turbogenerators wieder, der eine so günstige Wicklung hat, daß seine Dreieckspannung nach *Abb. 13* auch bei Belastung mit stark verzerrtem Strome i und bei stark von der Sinusform abweichendem räumlichem Induktionsverlauf sinusförmig bleibt. In *Abb. 14* ist ein ungünstiger, in *Abb. 15* ein besserer und in *Abb. 16* ein fast sinusförmiger Verlauf der Induktion von Drehstrom-Schenkelpolgeneratoren wiedergegeben. Die zugehörigen Strang-

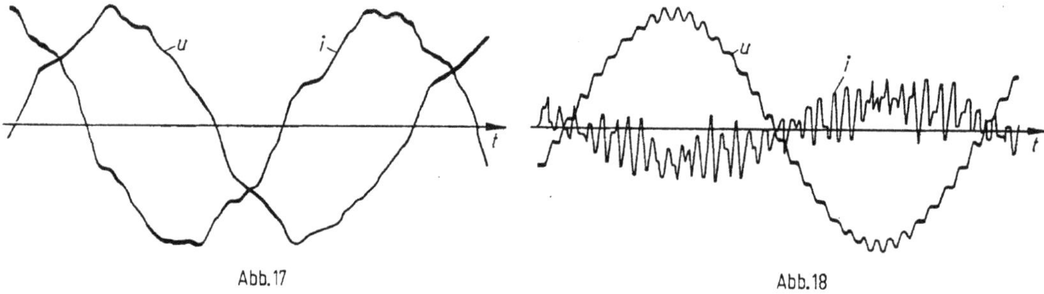

Abb. 17 Abb. 18

spannungen und Dreieckspannungen genügen nur im letzten Falle weitgehenden Anforderungen an eine gute Sinusform.

Man erkennt aus all diesen Oszillogrammen, daß die Spannungskurven starke Oberschwingungen enthalten, wenn man die Maschinen nicht mit größter Sorgfalt baut. Die Oberschwingungen treten dabei ebenso in Motoren wie in Generatoren auf. Sie wandern von den Maschinen aus, in denen sie entstehen, ins Netz und überlagern sich dem Gleichwert oder der Grundschwingung der Spannung. Wir haben früher gesehen, daß sie dabei erhebliche Störungen verursachen können. *Abb. 17* zeigt, welche verzerrten Spannungs- und Stromkurven man manchmal in Verbraucheranlagen findet. In *Abb. 18* und *19* sind Oszillogramme der Spannungs- und Stromkurve zweier Drehstromübertragungsnetze wiedergegeben. Die Oberschwingungen der Spannung sind so stark, daß in der Kapazität der Hochspannungsleitungen Stromoberschwingungen entstehen, deren Scheitelwerte den der Grundschwingung zum Teil übertreffen und nutzlose Stromwärmeverluste hervorrufen.

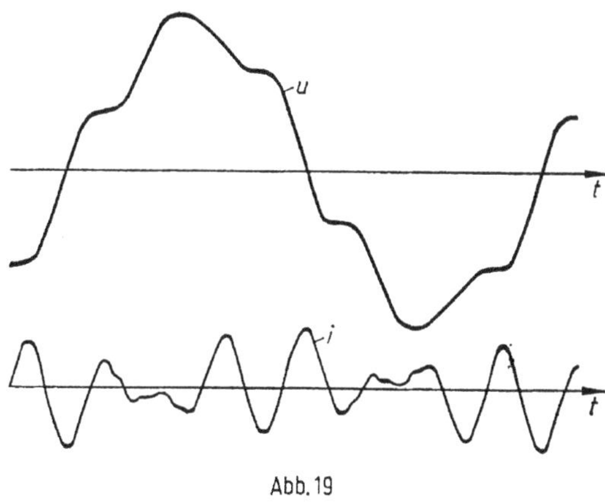

Abb. 19

Durch Unsymmetrie der Wicklungen von elektrischen Maschinen kann der räumliche Induktionsverlauf auch Unterschwingungen enthalten. Diese erzeugen Spannungen und Ströme mit Frequenzen von einem Bruchteil der Grundfrequenz und können zu mechanischen Rüttelkräften Anlaß geben. Bei wichtigen Maschinen pflegt man deshalb symmetrische Wicklungen anzuwenden.

b) Verzerrung der Kurvenform bei Transformatoren, Drosselspulen und Leitungen

Während die bisher genannten störenden Schwingungen vorwiegend durch Unregelmäßigkeiten in umlaufenden elektrischen Maschinen entstehen, können auch ruhende Transformatoren und Drosselspulen mit stark gesättigten Eisenkernen zu Oberschwingungen Anlaß geben. In *Abb. 20a* ist der Zusammenhang des magnetischen Flusses Φ im Eisen mit dem Magnetisierungsstrom i_μ dargestellt. Erzwingt man einen zeitlich sinusförmigen Verlauf dieses Stromes nach der in *Abb. 20b* dünn gezeichneten Kurve, so ändert sich der magnetische Fluß zeitlich nach einer abgeflachten Kurvenform. Diese kann dadurch ermittelt werden, daß für verschiedene Werte des Stromes die dazugehörigen Werte des Flusses, abhängig von der Zeit, punktweise der Magnetisierungskurve entnommen werden, vgl. die dünn ausgezogene Kurve in *Abb. 20c*. Die in der Transformatorwicklung hierdurch induzierte Spannung ist gegeben durch die zeitliche Änderung $\mathrm{d}\Phi/\mathrm{d}t$ des Flusses, sie wird aus der eben erwähnten Kurve durch Differentiation erhalten. Sie hat einen spitzen Verlauf, der zusammen mit dem Stromverlauf in *Abb. 21* aufgezeichnet ist.

Erzwingt man andererseits einen sinusförmigen Verlauf der Spannung, so ändert sich auch der magnetische Fluß sinusförmig, entsprechend der dick gezeichneten Kurve in *Abb. 20c*. Dann wird dem Netz ein Magnetisierungsstrom entnommen, der punktweise aus der Kennlinie *Abb. 20a* ermittelt werden kann und dessen zeitlicher Verlauf in *Abb. 20b* stark ausgezogen ist. Es ergibt sich eine spitze Stromkurve, die mit der zugehörigen Spannung in *Abb. 22* nochmals dargestellt ist.

Man sieht hieraus, daß durch die Wirkung der magnetischen Eisensättigung erhebliche Verzerrungen der Strom- und Spannungskurven entstehen. Eine sinusförmige Spannung des Transformators ergibt einen spitz verlaufenden Magnetisie-

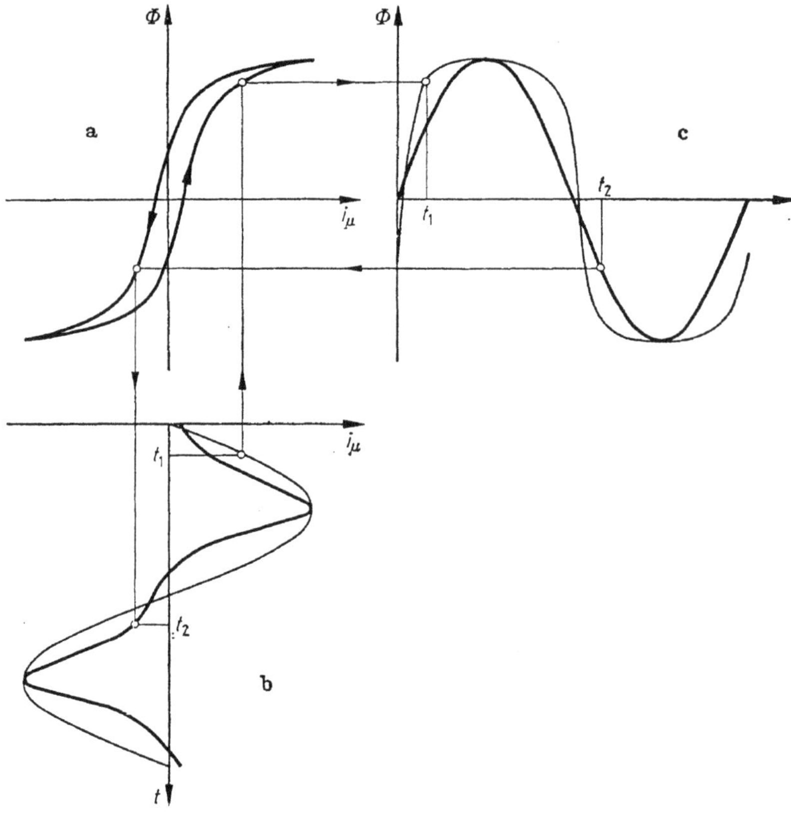

Abb. 20

rungsstrom, der bei hohen Sättigungen des Eisenkernes und stark gekrümmter magnetischer Kennlinie erhebliche Teilschwingungen enthält, deren Frequenz bei harmonischer Zerlegung die 3-, 5-, 7-...fache Grundfrequenz ist. Ein sinusförmiger Verlauf des Magnetisierungsstromes ergibt dagegen eine spitze Spannungskurve

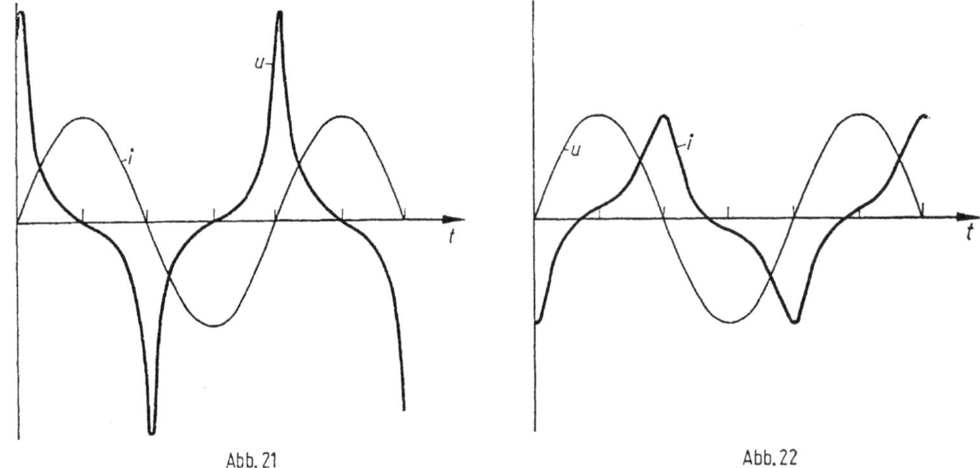

Abb. 21

Abb. 22

mit harmonischen Teilschwingungen von 3-, 5-, 7-...facher Frequenz der Grundschwingung. Diese Oberschwingungen können die gleichen schädlichen Wirkungen im Leitungsnetz hervorrufen wie die Oberschwingungen von umlaufenden elektrischen Maschinen.

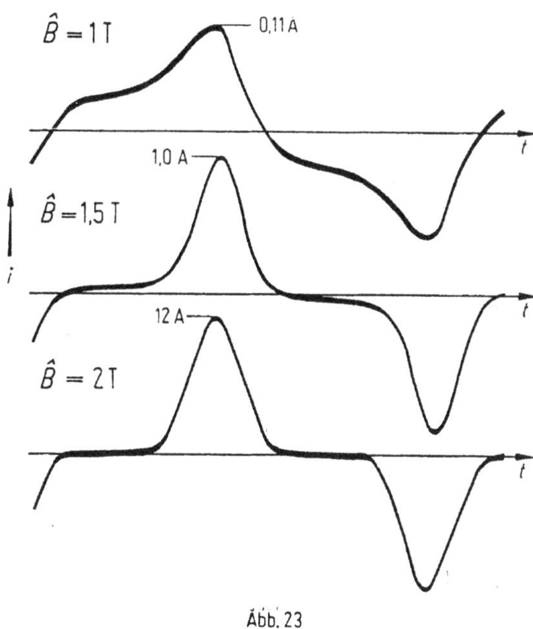

Abb. 23

Die Hysteresis des Eisens, die in *Abb. 20* den auf- und absteigenden Ast der Magnetisierungskurve auseinanderzieht, wirkt auf eine kleine Unsymmetrie der spitzen Strom- und Spannungskurven hin, ohne sonstige störende Folgen zu haben.

In Abb. *23* ist der oszillographisch aufgenommene Verlauf des Magnetisierungsstromes eines unbelasteten Transformators mit vollständig geschlossenem Eisenkern wiedergegeben, der von einer nahezu sinusförmigen Spannung gespeist wird. Der Strom ist bei drei verschiedenen magnetischen Flußdichten aufgenommen.

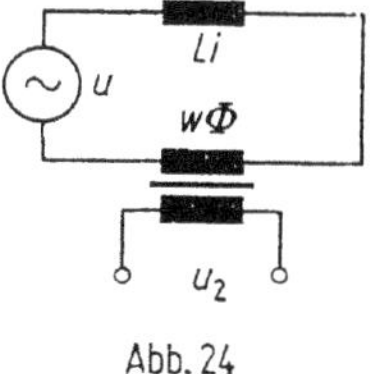

Abb. 24

Die Oberschwingungen des Magnetisierungsstromes, die nach *Abb. 22* bei gegebener Spannungskurve auftreten, schließen sich über die Netzleitungen und vor allem über die Stromquelle, die sie dabei ungünstig belasten, so daß eine gewisse Rückwirkung auf deren Spannungskurve eintreten kann. Da die Oberschwingungen nur von den Magnetisierungsströmen bei einem Eisenkern herrühren und ihr Scheitelwert daher im allgemeinen gering gegenüber dem des Gesamtstromes der Anlage ist, so ist die durch sie bewirkte Verzerrung von Strom und Spannung meist geringfügig. Jedoch können sich Oberschwingungen bei leerlaufenden Netzteilen, oder wenn Resonanzen auftreten, manchmal sehr bemerkbar machen.

Stärkere Wirkungen können auftreten, wenn der Verlauf des Stromes gegeben ist und nach *Abb. 21* erhebliche Spannungsoberschwingungen erzeugt werden. Jedoch ist ein sinusförmiger Strom nicht leicht zu verwirklichen, der Stromverlauf wird durch die Wirkung der Spannungsspitzen im allgemeinen erheblich verzerrt.

Häufig ist der eisengeschlossene Kreis nach *Abb. 24* mit einer eisenlosen Induktivität in Reihe geschaltet, deren Spannung genau proportional der Stromänderung ist. In *Abb. 25a* ist die magnetische Kennlinie $\Psi(i)$ eines solchen Strom-

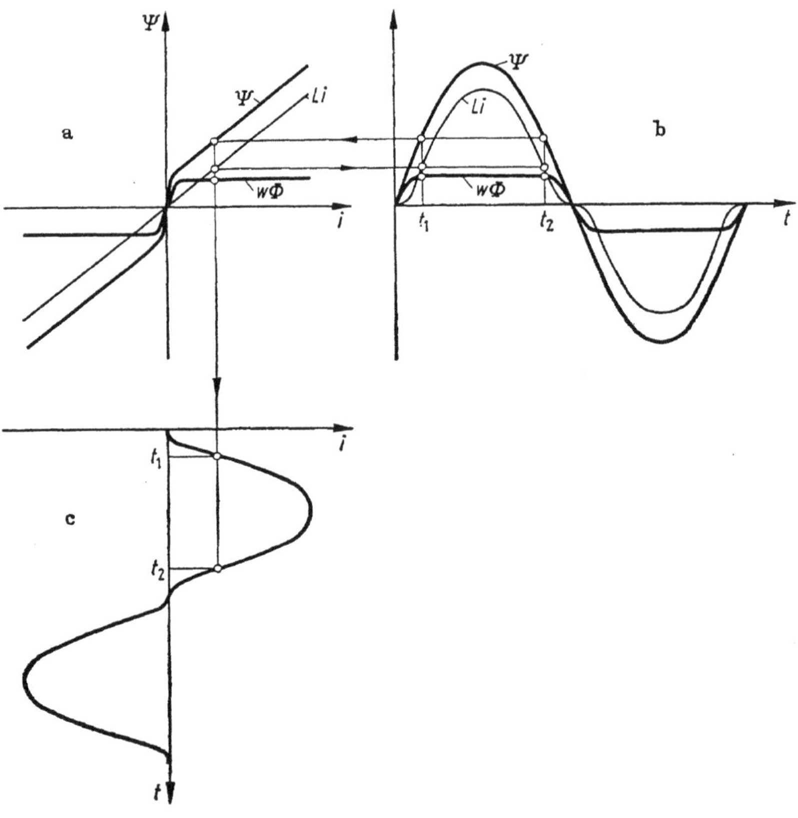

Abb. 25

kreises dargestellt, die sich aus einer Geraden Li und der magnetisch gesättigten Kurve $w\Phi$ additiv zusammensetzt, die bei hoher Sättigung schon für sehr geringe Ströme nahezu ihren Endwert erreicht. Die Spannung an diesem Stromkreis ist

$$u = L\frac{\mathrm{d}i}{\mathrm{d}t} + w\frac{\mathrm{d}\Phi}{\mathrm{d}t} = \frac{\mathrm{d}}{\mathrm{d}t}(Li + w\Phi) = \frac{\mathrm{d}\Psi}{\mathrm{d}t}. \tag{2}$$

Bei sinusförmiger eingeprägter Spannung u verläuft daher auch der Gesamtfluß Ψ entsprechend *Abb. 25b* sinusförmig, so daß man einen abgesetzten Stromverlauf nach *Abb. 25c* erhält. Man kann ferner in *Abb. 25b* die beiden Teilflüsse punktweise aus der Kennlinie übertragen und erhält durch Differentiation in *Abb. 26a* außer der Gesamtspannung u auch die Spannung u_L an der eisenlosen Induktivität, während *Abb. 26b* die Restspannung u_Φ darstellt, die an der Spule mit Eisenkern auftritt. u_Φ besteht aus einer Sinusschwingung mit kleinem Scheitelwert und einer überlagerten hohen Spannungsspitze, die nahezu den Scheitelwert $\hat{u}$ der Gesamtspannung erreicht. Die schwache Sinusschwingung entspricht dem geringen Anstieg der $\Phi(i)$-Kennlinie für große Ströme, die Spitze dem schnellen zeitlichen Wechsel von Φ beim Nulldurchgang des Stromes. In der Umgebung des Stromnulldurchganges in *Abb. 25c* ist der Strom und damit die Spannung an der eisenlosen Induktivität sehr klein. Die volle Netzspannung liegt während dieser Zeit an der eisengeschlossenen Spule. In den Wicklungen von Relais, Stromwandlern bei offener Sekundärwicklung, ferner von Transformatoren und Geräten in Reihenschaltung mit ganz oder fast geschlossenem Eisenkern können daher hohe Spannungsspitzen entstehen, wenn sie von starken Kurzschlußströmen durchflossen werden, die ihr Eisen übersättigen und sonst nur durch eisenlose Induktivitäten des Stromkreises verringert werden. *Abb. 27* zeigt den

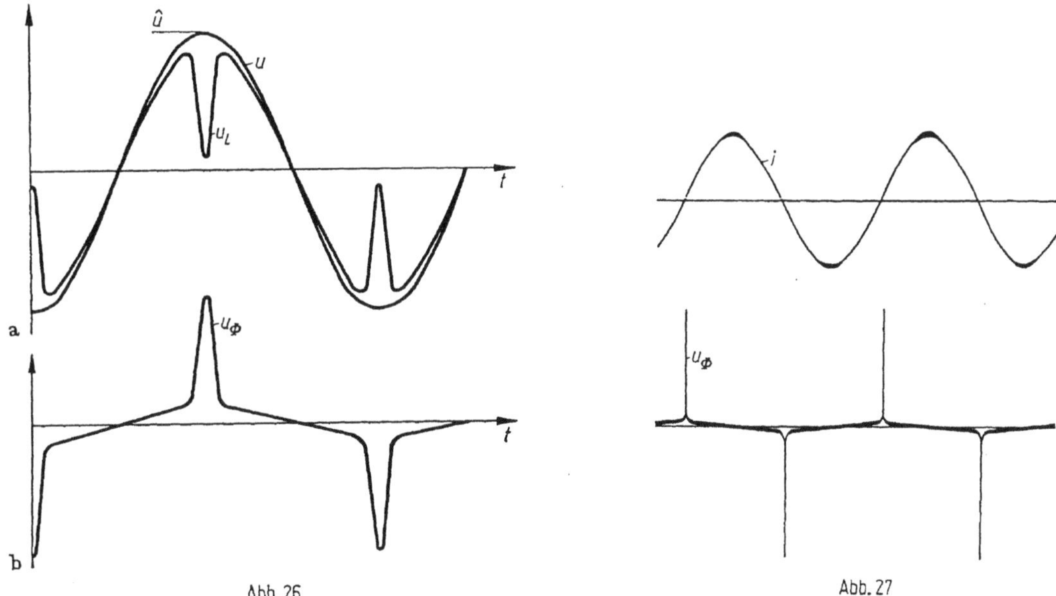

Abb. 26 Abb. 27

oszillographierten Spannungsverlauf an einer derartigen Spule, der oft zum Durchschlag der Isolierung führt. Durch Öffnen des Eisenschlusses und Einfügen eines Luftspaltes in den magnetischen Kreis oder durch eine geschlossene Sekundärwicklung (Dämpferwicklung) läßt sich diese Erscheinung vermeiden.

Für viele Anwendungsgebiete sind solche scharf definierten Spannungsspitzen sehr erwünscht. Sie können z. B. mit Vorteil zur Aussteuerung von Gleichrichtern, Wechselrichtern oder ähnlichen Geräten verwendet werden. Eine kleine eisengeschlossene Spule, mit hochwertigem magnetischem Werkstoff, dessen Kennlinie die Abszissenachse steil schneidet, wie in *Abb. 25a*, ermöglicht die Erzeugung einer solchen Steuerspannung bei irgendeinem gewünschtem Phasenwinkel des Hauptstromes.

Bezeichnet man den Grenzwert des Verhältnisses der Luft- und Eisenflüsse beim Nulldurchgang des Stromes entsprechend *Abb. 25a* mit

$$\lim_{i\to 0} \frac{Li}{w\Phi} = \left(\frac{Li}{w\Phi}\right)_0 = \varkappa, \tag{3}$$

so erhält man aus Gl. (2) den Scheitelwert der Netzspannung

$$\hat{u} = \left(\frac{\mathrm{d}\Psi}{\mathrm{d}t}\right)_0 = (1+\varkappa)\left(w\,\frac{\mathrm{d}\Phi}{\mathrm{d}t}\right)_0, \tag{4}$$

und daher wird die Spannungsspitze an der Eisenkernspule in diesem Zeitpunkt

$$\hat{u}_\Phi = \left(w\,\frac{\mathrm{d}\Phi}{\mathrm{d}t}\right)_0 = \frac{\hat{u}}{1+\varkappa}. \tag{5}$$

Bei ganz geschlossenem Eisenkreis ist $\varkappa$ manchmal sehr klein, und die Spitze ist daher im wesentlichen durch die treibende Spannung des Stromkreises bestimmt. Hat der eisengeschlossene Transformator nach *Abb. 24* eine Sekundärwicklung, so ist deren Spannung im Verhältnis der Übersetzung der Windungszahlen größer. In einem Stromwandler für 10 kV und 100 A, dessen Sekundärwicklung für 5 A bemessen ist, entsteht daher beim zufälligen Öffnen eine Spannungsspitze

$$\hat{u}_{2\Phi} = 10\sqrt{2}\ \mathrm{kV}\ \frac{100\ \mathrm{A}}{5\ \mathrm{A}} = 283\ \mathrm{kV},$$

wenn die äußere Induktivität bei einem gleichzeitigen Kurzschluß gering geworden ist. Dies kann durch einen Unfall oder beim Schmelzen einer Sicherung durch den Kurzschlußstrom eintreten.

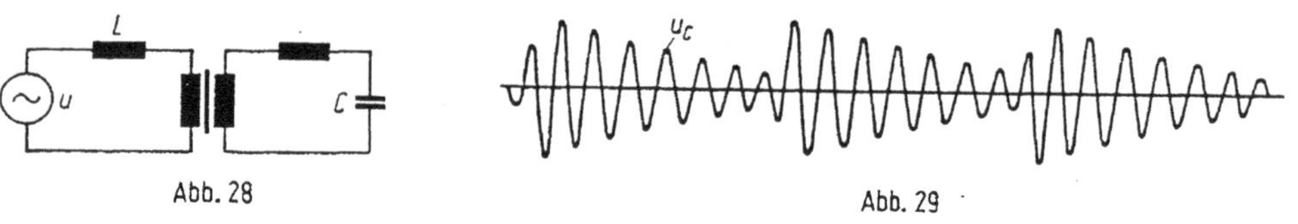

Abb. 28 Abb. 29

Wird ein Transformator durch eine Niederspannungsleitung mit erheblicher Induktivität gespeist, die auch aus der Streuinduktivität von Generator und Transformator bestehen kann, wie es *Abb. 28* darstellt, so erhält die Spannung am eisengesättigten Transformator hiernach selbst bei sinusförmiger Generatorspannung eine spitze Kurvenform, wenn auch nicht ganz so spitz wie in *Abb. 26*. Stimmt die Eigenfrequenz des Hochspannungskreises gerade mit der Frequenz einer der hierdurch erzeugten Oberschwingungen zusammen, so tritt eine hochfrequente Spannung mit großem Scheitelwert auf, die der Anlage gefährlich werden kann.

Arbeitet man mit hoher Eisensättigung und läßt dadurch hohe Spannungsspitzen von abwechselndem Vorzeichen wie in *Abb. 27* auf den Schwingungskreis wirken, so kann man jede beliebig hohe Eigenfrequenz desselben durch Resonanz anregen, wenn sie eine ungerade Ordnungszahl hat. *Abb. 29* zeigt ein Oszillogramm, in dem die 15. Teilschwingung als Eigenschwingung durch jeden Spannungsstoß erneut angeregt wird und bis zum nächsten Stoß durch ihre Dämpfung etwas abklingt.

Während der Reihenschwingkreis in *Abb. 28* vornehmlich auf Spannungsoberschwingungen anspricht, enthalten die Starkstromnetze vielfach Parallelschaltungen aus Induktivitäten und Kapazitäten, die stark auf Stromoberschwingungen reagieren können. In *Abb. 30* ist dargestellt, wie ein eisengesättigter Transformator T einen Schwingkreis aus der Kapazität C des Hochspannungsnetzes und einer Induktivität L speist, welche die Stromverbraucher, die Generatoren und auch die Streuinduktivität der Transformatorwicklung selbst mit einbegreifen möge. Da im Eisenkreis des Transformators durch den räumlichen Induktionsverlauf Stromoberschwingungen von bestimmter Frequenz erzwungen werden, so müssen sie sich durch die äußeren Leitungen schließen. Im allgemeinen haben diese nur mäßige Wirkwiderstände. Wenn jedoch ihre Kapazität und resultierende Induktivität sich in Stromresonanz für irgendeine n-te Teilschwingung befindet, dann haben sie für die entsprechende Frequenz einen sehr hohen Widerstand und lassen deren Strom i_n daher nur unter Erzeugung einer Spannungsoberschwingung u_n mit großem Scheitelwert hindurchtreten. Diese breitet sich im ganzen Netz aus und kann starke Störungen erzeugen. *Abb. 31* zeigt derartige

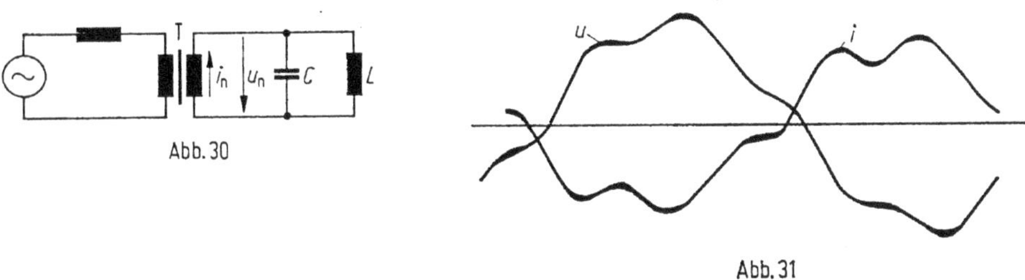

Abb. 30

Abb. 31

Oszillogramme von Strom und Spannung im Netz, deren 5. Harmonische durch den Magnetisierungsstrom einiger Transformatoren besonders stark hervortritt. Sowohl beim Abschalten dieser Transformatoren als auch bei erheblicher Änderung der Belastungsverhältnisse im Netz und Störung der Stromresonanzbedingung verschwindet diese Erscheinung sofort.

Ähnliche Oberschwingungen wie die magnetische Sättigung erzeugt auch jede Abweichung der Strom- und Spannungskennlinie des Stromkreises vom linearen Verlauf. Aus *Abb. 6* in Kapitel 47 erkennt man, daß in einem Wechselstromlichtbogen die Spannung eine flache, der Strom eine spitze Kurvenform hat, daß also

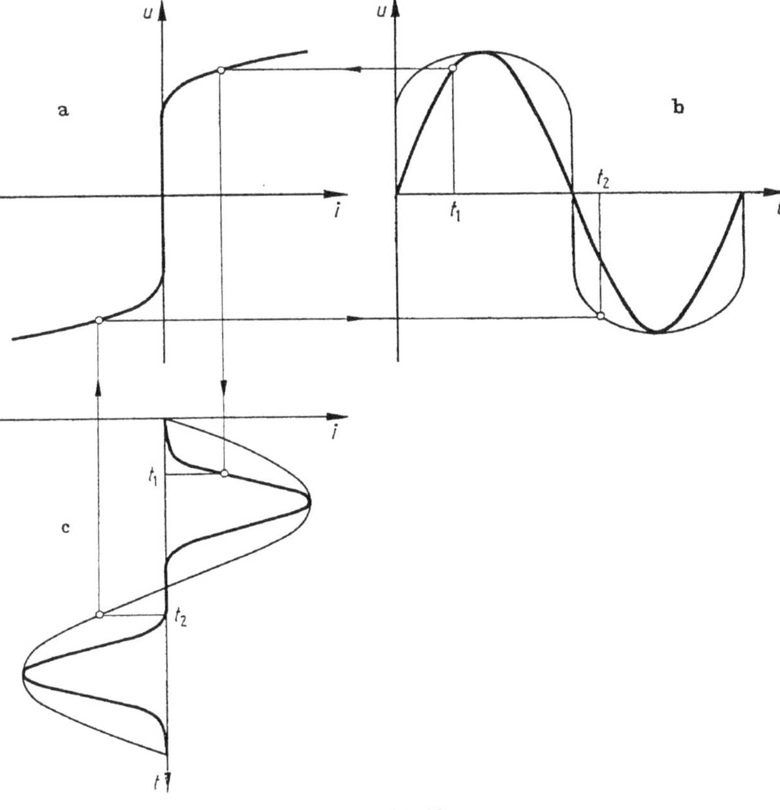

Abb. 32

beide erhebliche Oberschwingungen haben. Hierdurch werden unter Umständen Eigenschwingungen von höherer Frequenz angeregt, die beim Lichtbogenschalten von kapazitiven Kreisen zu bedeutenden Überspannungen führen können.

Auch die Koronaentladung, die bei Leitungen sehr hoher Spannung von einer bestimmten Grenzspannung ab auftritt und außerdem ein rasches Anwachsen des Stromes bewirkt, verursacht Oberschwingungen im Strom oder in der Spannung der Hochspannungsleitung. *Abb. 32a* stellt die Strom-Spannungs-Kennlinie des Glimmstromes einer solchen Leitung dar und zeigt, daß für zeitlich sinusförmigen Glimmstrom die Spannung abgeflacht verlaufen muß und daher außer der Grundschwingung auch Oberschwingungen mit großen Scheitelwerten enthält, während bei sinusförmiger Spannung der Strom eine spitze Kurve mit erheblichen Oberschwingungen hat.

Allgemein erkennt man, daß jede Abweichung der elektrischen oder magnetischen Kennlinie des Stromkreises vom linearen, proportionalen Verlauf Oberschwingungen erzeugt, die zu erheblichen Störungen Anlaß geben könnten. Tabelle 1 gibt eine Übersicht über die verschiedenen in Starkstromkreisen auftretenden Oberschwingungen und zeigt auch die Frequenzen an, die die wichtigsten Harmonischen im allgemeinen haben.

Tabelle 1. *Entstehung von Oberschwingungen*

Entstehungsart	Frequenz	
	als Vielfaches oder Bruchteil der Grundfrequenz	Hz
A. Elektrische Maschinen		
Kommutator und Bürsten	Anzahl der Lamellen je Polpaar	500 ··· 3000
Zähne und Nuten	Anzahl der Nuten je Polpaar ± 1	250 ··· 3000
verzerrter Induktionsverlauf	3, 5, 7, ...	150 ··· 1000
Unsymmetrie der Wicklung	Bruchteil	5 ··· 25
B. Stromrichter		
Gleichstromseite	2, 4, 6, ...	100 ··· 1000
Wechselstromseite	3, 5, 7, ...	150 ··· 1000
C. Stromkreise mit gekrümmter Kennlinie		
magnetische Sättigung und Hysteresis	3, 5, 7, ...	150 ··· 1000
Lichtbogen und Funken	3, 5, 7, ...	150 ··· 5000
Korona	3, 5, 7, ...	150 ··· 1000
Halbleiter	3, 5, 7, ...	150 ··· 1000

c) Oberschwingungen bei Drehstrom

Eine besondere Wirkung üben die dritten Teilschwingungen und alle höheren Harmonischen, deren Ordnungszahl durch 3 teilbar ist, in Drehstromnetzen aus. Die drei sinusförmigen Grundschwingungen des ungestörten Dreiphasensystems sind zeitlich um je eine Drittelperiode gegeneinander versetzt, wie es *Abb. 33* darstellt. Um genau denselben Zeitabstand eilen auch die Oberschwingungen der drei Außenleiter einander nach, die in *Abb. 33* getrennt voneinander gezeichnet sind. Da nun die Dauer einer Drittelperiode der Grundschwingung gleich der vollen Periodendauer der dritten Teilschwingung ist, so sieht man, daß die dritten Teilschwingungen von Strom oder Spannung in allen drei Außenleitern von Drehstromkreisen sämtlich gleichphasig sind. Ihre Wechselspannungen oder -ströme sind also bei Sternschaltung nach *Abb. 34* in allen drei Strängen eines Stromerzeugers oder -verbrauchers gleichphasig, entweder vom Sternpunkt fort oder auf ihn zu gerichtet. Die Spannungen von dreifacher Grundfrequenz setzen daher das ge-

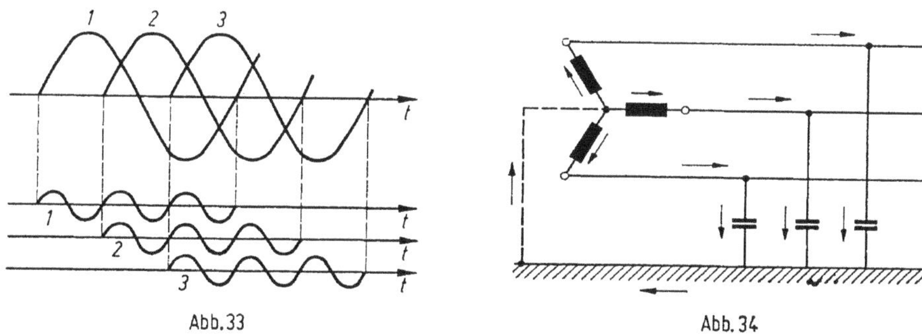

Abb. 33 Abb. 34

samte Drehstromnetz gegenüber dem Sternpunkt der Wicklungen unter Spannung, während zwischen den Leitern keine von ihnen herrührende Spannung auftritt. Für den normalen Stromverlauf sind sie daher nicht bemerkbar, solange der Sternpunkt isoliert ist.

Erdet man jedoch nach *Abb. 34* den Sternpunkt des Drehstromsystems unmittelbar oder über einen ohmschen oder induktiven Widerstand, so erzeugen die Spannungen von dreifacher Grundfrequenz Ladeströme in der Kapazität des Gesamtnetzes gegen Erde und können dabei nach Kapitel 31 starke Wirkungen auf benachbarte Fernmeldeleitungen ausüben. Dasselbe gilt auch für Spannungen

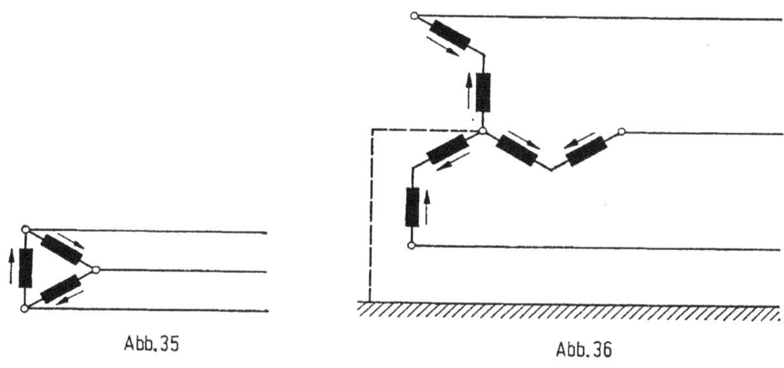

Abb. 35 Abb. 36

mit Frequenzen vom 9-, 15- oder allgemein vom $3(2n+1)$ fachen der Grundfrequenz. Da die Stromoberschwingungen auch die Induktivität der Wicklungen durchfließen, so kann wegen ihrer hohen Frequenz bei großer Kapazität der Netzleitungen unter Umständen Resonanz mit derjenigen Eigenschwingung des Netzes eintreten, die dem in *Abb. 34* dargestellten Stromverlauf entspricht. Derartige Erscheinungen sind vor allem in Netzen mit hochgesättigten Transformatoren beobachtet worden, die nach dem Kurvenverlauf der *Abb. 21* dritte Harmonische der Spannung mit großem Scheitelwert erzeugen. Sie können auch nach *Abb. 32* bei Hochspannungsleitungen mit starker Koronaentladung auftreten.

Schaltet man die drei Wicklungsstränge entsprechend *Abb. 35* in Dreieck, so wirken die dritten Harmonischen der Spannungen wegen ihrer Gleichphasigkeit alle in derselben Umlaufrichtung. Sie sind also über die Induktivität der Wicklung kurzgeschlossen und erzeugen innere Ströme. In Generatoren und Motoren sind diese schädlich, da sie nutzlose Stromwärmeverluste erzeugen und den Induktionsverlauf verzerren. In Transformatoren sind sie nützlich, weil sie einen zusätzlichen Magnetisierungsstrom bilden, der der gesamten Stromkurve einen beliebigen Verlauf gestattet und daher nach *Abb. 20* bis *22* sinusförmigen Verlauf von Induktion und Spannung in allen Wicklungen ermöglicht. Zur Vermeidung von Spannungsschwingungen von dreifacher Grundfrequenz wendet man daher für Hochspannungstransformatoren vielfach Dreieckschaltung der Unterspannungswicklung an. Will man auf die Sternschaltung aus anderen Gründen nicht verzichten, so kann man den Transformator außer mit der Primär- und Sekundärwicklung noch mit einer in Dreieck geschalteten Tertiärwicklung versehen, in der sich dann alle dritten Harmonischen des Stromes und deren Vielfache ausbilden können.

Bei Zickzackschaltungen der Drehstromwicklungen nach *Abb. 36* können sich im Gegensatz zur Sternschaltung *Abb. 34* keine dritten Harmonischen des Stromes im Sternpunkt entwickeln, denn die Grundschwingungen der Spannung von je zwei Teilwicklungen sind um 60°, ihre Harmonischen daher nach *Abb. 33* um $3 \cdot 60° = 180°$ phasenverschoben, so daß sie einander genau entgegenwirken und nach außen hin aufheben. Diese Schaltung eignet sich daher besonders gut zur Sternpunkterdung.

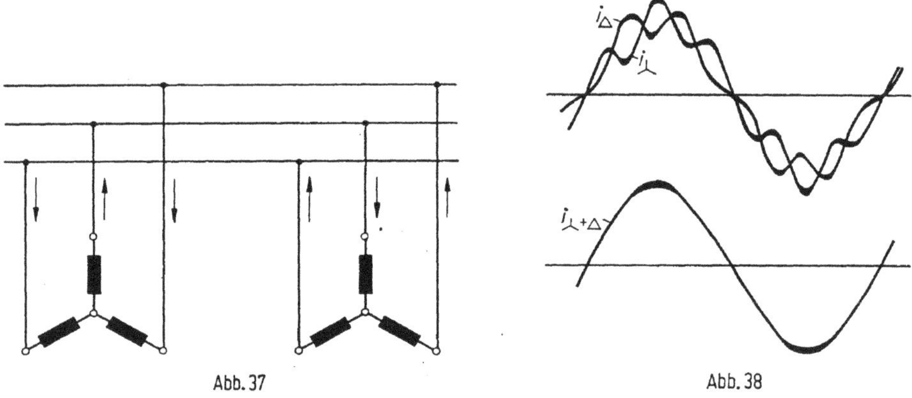

Abb. 37 Abb. 38

Alle diese Regeln über das Verhalten der dritten Teilschwingungen der Spannung gelten unter der Bedingung vollkommener Symmetrie der drei Phasen des Drehstromsystems. Das bedeutet, daß die Eigenschaften der drei Leitungen und Wicklungen gleich sein müssen und daß die Scheitelwerte der induzierten drei Strangspannungen gleich und um 120° phasenverschoben sein müssen. Anderenfalls verbleibt ein Rest an dritten und höheren Harmonischen.

Gegenüber höheren Harmonischen verhalten sich die verschiedenen Drehstromschaltungen ebenfalls sehr unterschiedlich. Schon bei mittlerer Sättigung des Eisens liefern sie alle durch ihren verzerrten Magnetisierungsstrom 5. und 7. Harmonische von erheblichem Scheitelwert ins Netz, die je für sich ein vollständiges Dreiphasensystem bilden. Diese Systeme haben aber bei Sternschaltung einerseits und bei Dreieck- oder Zickzackschaltung andererseits entgegengesetzte Drehrichtung. Daher gelingt es, ihre Oberschwingungen durch paarweises Zusammenschalten mehrerer Transformatoren mit verschiedenartigen Wicklungen, wie nach *Abb. 37*, für das übrige Netz zum Verschwinden zu bringen. *Abb. 38* stellt die Oszillogramme der einzelnen Magnetisierungsströme zweier gleich stark gesättigter Transformatoren mit Stern- und Dreieckschaltung dar und auch den Gesamtstrom im Netz, der nunmehr fast oberschwingungsfrei ist.

43. Unharmonische Schwingungen

In Kapitel 41 haben wir die Wirkung der magnetischen Sättigung auf Scheitelwert und Phase der erzwungenen Grundschwingung betrachtet ohne Berücksichtigung der Kurvenform von Strom und Spannung. Wir wollen nun die Ausgleichsvorgänge und den vollständigen oberschwingungsbehafteten Dauerzustand nach dem Einschalten von Stromkreisen mit Kapazität und nichtlinearer Induktivität untersuchen. In der Praxis hat vielfach der eine oder andere Teil des Stromkreises eine gekrümmte magnetische Kennlinie. Diese Fälle können immer auf das im folgenden behandelte Lösungsverfahren zurückgeführt werden. Die magnetische Kennlinie ist meistens durch Messungen bekannt; daher liegt es nahe, die Lösung graphisch vorzunehmen. Man erhält für die freien Schwingungen bei Vernachlässigung der Dämpfung einen geschlossenen Ausdruck, der durch Quadraturen ausgewertet werden kann. Für die erzwungenen Schwingungen führt dagegen ein Iterationsverfahren besser zum Ziel.

a) Freie Schwingungen ohne Widerstandsdämpfung

Zuerst sollen die Schwingungen betrachtet werden, die ein gesättigter magnetischer Fluß Φ ausführt, dessen Erregerwicklung nach *Abb. 1* auf eine Kapazität C geschaltet wird. Die magnetische Kennlinie bei Vernachlässigung der Hysterese

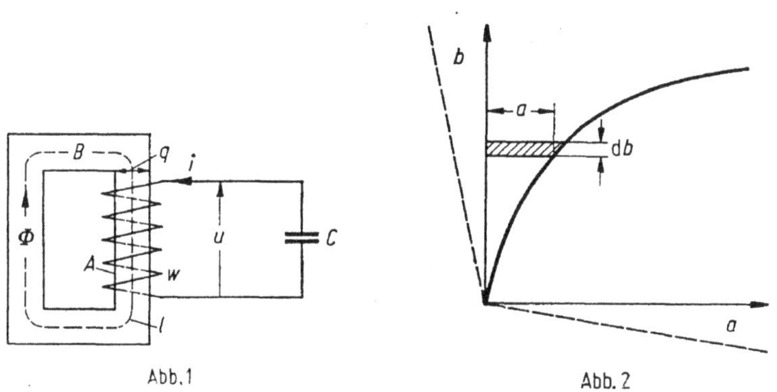

Abb. 1 Abb. 2

ist in *Abb. 2* dargestellt, worin jedoch an Stelle des Flusses Φ und des Erregerstromes i die relative magnetische Induktion $b = B/B_N$ und der relative Strombelag $a = A/A_N$ als dimensionslose Veränderliche eingeführt sind; A_N und B_N bedeuten geeignet gewählte Nenngrößen als Bezugsgrößen. Für die Größen A und B gilt, wenn q der Querschnitt und l die Länge des auf konstanten Querschnitt umgerechneten magnetischen Kreises und w die Windungszahl sind,

$$B = \frac{\Phi}{q}, \qquad A = \frac{wi}{l}. \tag{1}$$

Die Integrodifferentialgleichung für die Eigenschwingungen lautet bei Vernachlässigung des ohmschen Widerstandes

$$w \frac{\mathrm{d}\Phi}{\mathrm{d}t} + \frac{1}{C}\int i \,\mathrm{d}t = 0. \tag{2}$$

Durch Differenzieren erhält man

$$w \frac{d^2\Phi}{dt^2} + \frac{i}{C} = 0,$$

oder mit Gl. (1)

$$qw \frac{d^2B}{dt^2} + \frac{l}{wC} A = 0. \tag{3}$$

Man kann nun folgende Zeitkonstante einführen

$$T_a = \sqrt{w^2 \frac{q}{l} \frac{B_N}{A_N} C} = \sqrt{L_a C}, \tag{4}$$

worin L_a ein Maß für die Anfangsinduktivität der magnetischen Kennlinie im Nullpunkt ist. Verwendet man als relative Zeit

$$\tau = t/T_a,$$

so läßt sich Gl. (3) mit den relativen Größen a und b so schreiben

$$\frac{d^2b}{d\tau^2} + a = 0. \tag{5}$$

Hierin ist $a = f(b)$ die Umkehrfunktion der magnetischen Kennlinie. Sie ist zugleich mit der magnetischen Kennlinie durch Messung vorgegeben. Gl. (5) ist wegen des Fehlens eines zeitabhängigen Koeffizienten eine homogene nichtlineare Differentialgleichung zweiter Ordnung. Sie läßt sich durch Trennung der Variablen integrieren. Wir erweitern sie zu diesem Zweck mit der Ableitung $\dot{b} = db/d\tau$

$$\dot{b} \frac{d\dot{b}}{d\tau} + \frac{db}{d\tau} a = 0 \tag{6}$$

oder nach Multiplizieren mit $d\tau$

$$\dot{b}\, d\dot{b} + a\, db = 0. \tag{7}$$

Wir denken uns nun den Kondensator mit der Anfangsspannung u_0 zur Zeit $t = 0$ auf die Induktivität geschaltet. Dann ergeben sich folgende Anfangsbedingungen

$$t = 0, \qquad b(0) = 0, \tag{8a}$$

$$w \frac{d\Phi(0)}{dt} = u_0 = wq \frac{B_N}{T_a} \frac{db(0)}{d\tau},$$

also

$$\dot{b}(0) = \frac{u_0 T_a}{w_q B_N} = y_0. \tag{8b}$$

Dabei wurde die Abkürzung y_0 für die relative Anfangsspannung eingeführt. Mit Gl. (8a), (8b) folgt aus Gl. (7)

$$\int_{y_0}^{\dot{b}} \dot{b}\, d\dot{b} + \int_0^b a\, db = 0.$$

Das linke Integral kann leicht berechnet werden. Man erhält

$$\frac{1}{2}\,(y_0^2 - \dot{b}^2) = \int_0^b a\,\mathrm{d}b\,,$$

oder

$$\dot{b} = \frac{\mathrm{d}b}{\mathrm{d}\tau} = \sqrt{y_0^2 - 2\int_0^b a\,\mathrm{d}b}\,. \tag{9}$$

Das Integral rechts wird anhand der gegebenen magnetischen Kennlinie zeichnerisch oder numerisch ausgewertet. Gl. (9) stellt die sogenannten Phasenkurven $\dot{b} = f(b)$ der gesuchten Schwingung dar. Wegen des Fehlens der Dämpfung sind dies ellipsenähnliche geschlossene Kurven mit der a-Achse und der $\dot{b}$-Achse als Symmetrieachse, falls die gegebene magnetische Kennlinie nullpunktsymmetrisch ist.

Durch nochmalige Integration ergibt sich aus Gl. (9) unter Beachtung von Gl. (8a)

$$\tau = \int_0^b \frac{\mathrm{d}b}{\sqrt{y_0^2 - 2\int_0^b a\,\mathrm{d}b}}\,. \tag{10}$$

Dieses Integral kann ebenfalls zeichnerisch oder numerisch ausgewertet werden. Wir brauchen nur die Kurve der reziproken Gl. (9) zu zeichnen und diese nochmals über b zu integrieren. Überschreitet die obere Grenze des in Gl. (10) unter der Nennerwurzel stehenden Integrals einen bestimmten Wert b_{max}, so wird die Nennerwurzel imaginär, und τ existiert im Reellen nicht mehr. b_{max} ist also der relative Scheitelwert der auftretenden ungedämpften Induktionsschwingung. Er hängt in der bezogenen Darstellung nur von der relativen Anfangsspannung y_0 ab, und es gilt

$$y_0 = \sqrt{2\int_0^{b_{\mathrm{max}}} a\,\mathrm{d}b}\,. \tag{11}$$

Hieraus kann zunächst y_0 als Funktion von b_{max} berechnet werden. Man kann aber dann durch Auftragen von b_{max} über y_0 die praktisch wichtigere Umkehrung $b_{\mathrm{max}} = f(y_0)$ herstellen.

Nachdem wir die Abhängigkeit der relativen Induktion b von der relativen Zeit τ gefunden haben, können wir nunmehr nach Gl. (1) leicht zum Strom i und der Spannung u zurückkehren und erhalten

$$i = \frac{l}{w}\,a A_{\mathrm{N}}, \qquad u = w\,\frac{\mathrm{d}\Phi}{\mathrm{d}t} = q w\,\frac{B_{\mathrm{N}}}{T_{\mathrm{a}}}\,\frac{\mathrm{d}b}{\mathrm{d}\tau}, \tag{12}$$

worin die letzte Ableitung bereits durch Gl. (9) ausgedrückt war.

Wir wollen Gl. (10) zunächst analytisch auf den einfachen Fall einer geradlinigen Kennlinie anwenden, wie sie in *Abb. 2* in der Nähe des Nullpunktes vorliegt. Dort ist B proportional zu A, nämlich

$$B = \mu A\,,$$

oder in relativen Größen mit $k = \mu\,A_{\mathrm{N}}/B_{\mathrm{N}}$

$$b = k a\,.$$

Dies ergibt für das rechte Glied unter der Wurzel in Gl. (9)

$$2\int_0^b a\,\mathrm{d}b = \frac{2}{k}\int_0^b b\,\mathrm{d}b = \frac{1}{k}\,b^2 \tag{13}$$

und daher aus Gl. (10)

$$\tau = \int_0^b \frac{\mathrm{d}b}{\sqrt{y_0^2 - b^2/k}} = \sqrt{k}\arcsin\frac{b}{y_0\sqrt{k}}, \tag{14}$$

oder nach b aufgelöst

$$b = y_0\,\sqrt{k}\sin\frac{\tau}{\sqrt{k}} = y_0\,\sqrt{k}\sin\frac{t}{T_\mathrm{a}\sqrt{k}}. \tag{15}$$

b schwingt also hier harmonisch nach einer reinen Sinusfunktion. Die Schwingungsdauer wird unter Benutzung von Gl. (4)

$$T = 2\pi\,\sqrt{k}\,T_\mathrm{a} = 2\pi\sqrt{k\,L_\mathrm{a}C}. \tag{16}$$

Sie ist unabhängig von der relativen Anfangsspannung y_0 des Kondensators, solange man im linearen Bereich der Kennlinie bleibt, wo μ und damit k konstant ist.

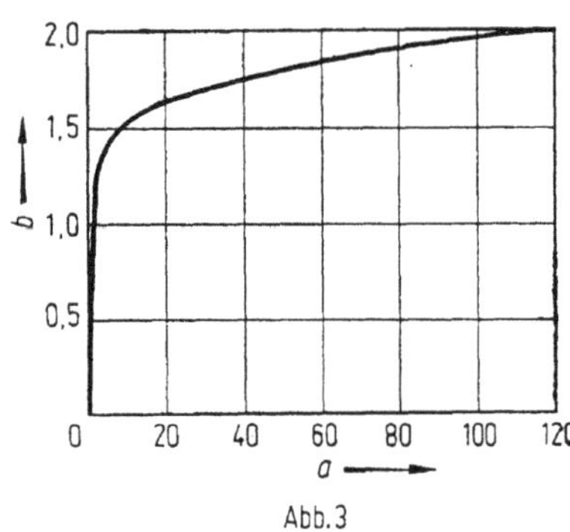

Abb. 3

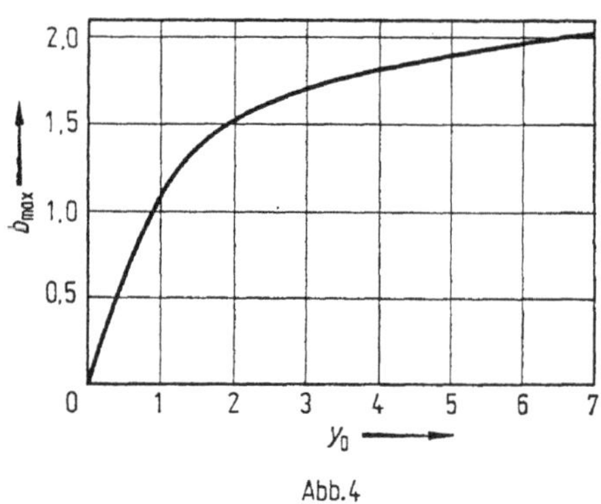

Abb. 4

Zur Auswertung der Gl. (10) und (11) für den nichtlinearen Fall bringen wir ein Zahlenbeispiel. In *Abb. 3* ist die auf die Bezugsgrößen $A_\mathrm{N} = 2{,}5$ A/cm und $B_\mathrm{N} = 1$ T normierte Kennlinie von warmgewalztem Dynamoblech aufgetragen. Die zugehörige Amplitude $b_{\max}$ bei der Kondensatorentladung ist in Abhängigkeit von der relativen Anfangsspannung y_0 in *Abb. 4* dargestellt; dies ergibt sich durch Auswerten von Gl. (11). *Abb. 5* schließlich zeigt als Ergebnis der Auswertung von Gl. (10) die Zeitlinienbilder $b(\tau)$, d. h. die relative magnetische Flußdichte, abhängig von der relativen Zeit, für verschiedene Werte der Anfangsspannung y_0 bis zum Erreichen des ersten Höchstwertes, also über der relativen Dauer einer Viertelperiode. Wegen der Nullpunktsymmetrie der magnetischen Kennlinie und der Geschlossenheit der Phasenkurven nach Gl. (9) läßt sich durch fortgesetzte Spiegelung hieraus die Schwingung über einer beliebigen Zeitspanne auftragen. In *Abb. 6* ist das für die höchste betrachtete relative Anfangsspannung $y_0 = 7$ über einer vollen Schwingungsdauer geschehen und zugleich der relative Strombelag a durch punktweise Ermittlung aus der magnetischen Kennlinie sowie die relative induktive Spannung $\dot{b}$ mit aufgetragen. Die Induktion schwingt fast dreieckförmig mit mäßigem Oberschwingungsgehalt. Die trapezförmige Spannung $\dot{b}$ und erst recht der nach Art einer spitzen Kurve verzerrte Strom a enthalten mehr Oberschwingungen.

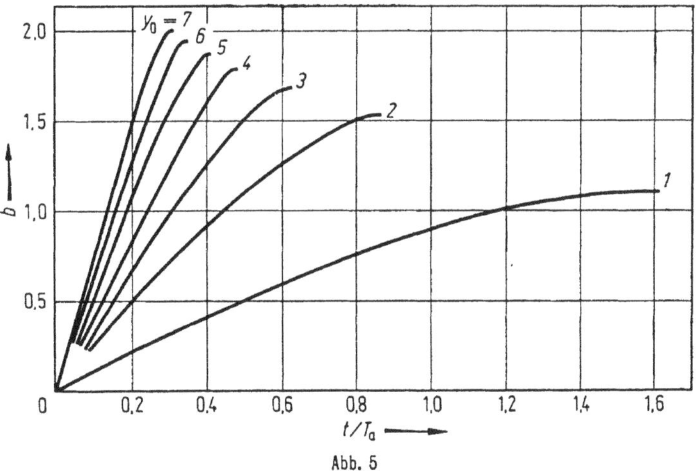

Abb. 5

In *Abb. 7* ist noch die relative Schwingungsdauer T/T_a für die betrachtete magnetische Kennlinie in Abhängigkeit von b_{max} aufgetragen. Dieser Zusammenhang läßt sich leicht aus *Abb. 5* und Gl. (16) gewinnen. Für den linearen Anfangsbereich der Kennlinie ist nämlich $k = b/a = 2$ und damit in Gl. (16) für kleine Aussteuerungen

$$\frac{T}{T_a} = 2\pi\sqrt{2} \approx 8{,}88.$$

Mit zunehmender Amplitude nimmt die Schwingungsdauer ab, die Eigenfrequenz des elektromagnetischen Kreises wird also mit zunehmender Sättigung größer.

Wenn Hysteresis in der Magnetisierungskurve auftritt, so müssen die aufsteigenden und absteigenden Zweige bei der Auswertung der Gl. (10) unter-

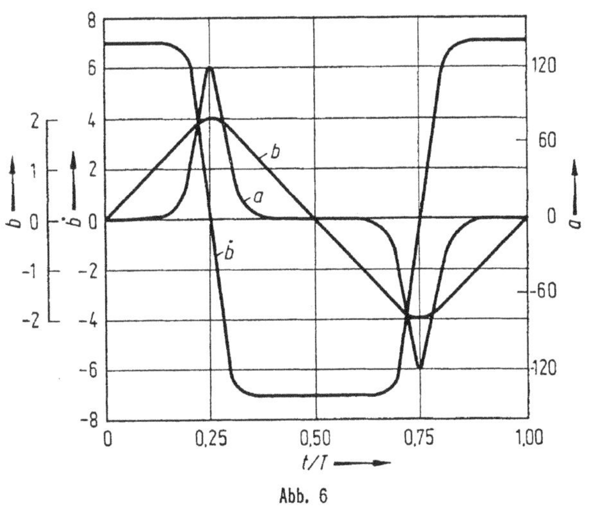

Abb. 6

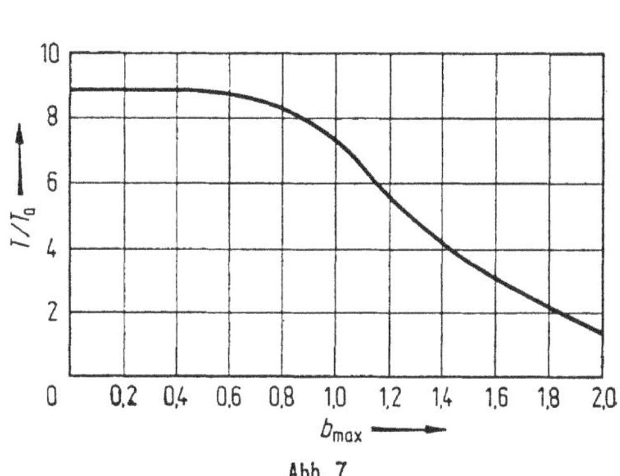

Abb. 7

schieden werden, was in *Abb. 8* durchgeführt wurde. Da nunmehr die ursprüngliche Energie allmählich durch die Hysteresisarbeit aufgezehrt wird, so klingt der Vorgang ab, und daher haben die Schwingungen unterschiedliche Kurvenformen, wie sie in *Abb. 5* aufgezeichnet waren. In *Abb. 9* sind Oszillogramme von Spannung

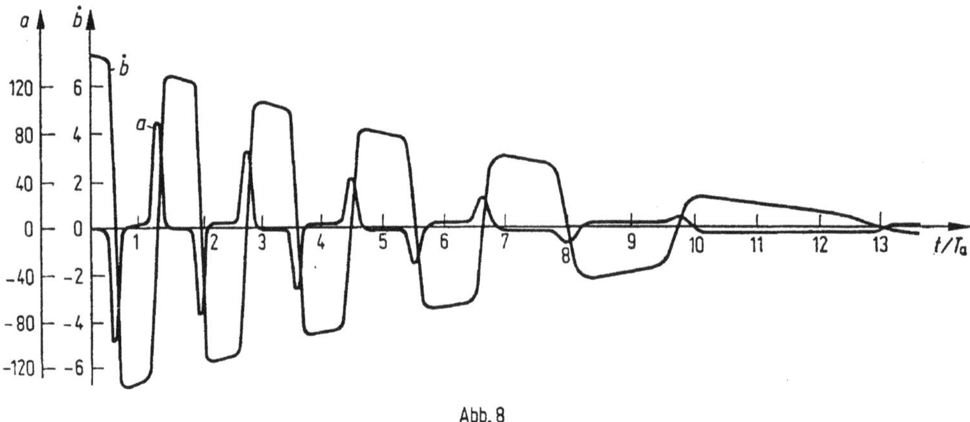

Abb. 8

und Strom wiedergegeben, deren Verlauf nahezu mit dem nach *Abb. 8* übereinstimmt. Jedoch ist ihre Dämpfung größer wegen der zusätzlichen Verluste im ohmschen Widerstand der Wicklung. In *Abb. 8 und 9* nimmt die Schwingungsdauer während des Abklingens ganz wesentlich zu bis auf ein Vielfaches des ursprünglichen Wertes.

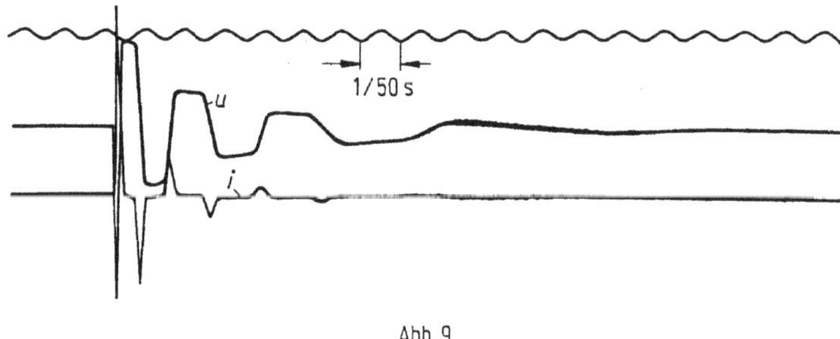

Abb. 9

b) Erzwungene Ausgleichsschwingungen

Wenn der magnetisch gesättigte Reihenschwingkreis von einer Quellenspannung $u(t)$ gespeist wird, lautet die vollständige Gleichung für den verlustbehafteten Stromkreis

$$w \frac{\mathrm{d}\Phi}{\mathrm{d}t} + Ri + \frac{1}{C}\int i \,\mathrm{d}t = u(t) \tag{17}$$

oder mit den Werten nach Gl. (1)

$$qw \frac{\mathrm{d}B}{\mathrm{d}t} + R\frac{l}{w}A + \frac{l}{wC}\int A \,\mathrm{d}t = u(t). \tag{18}$$

Nach Einführung der relativen Größen a, b und τ wie im vorigen Unterabschnitt folgt hieraus

$$\frac{\mathrm{d}b}{\mathrm{d}\tau} + \varrho a + \int a\,\mathrm{d}\tau = \varepsilon(\tau), \tag{19}$$

mit dem relativen Widerstand

$$\varrho = R\sqrt{\frac{l A_{\mathrm{N}} C}{q w^2 B_{\mathrm{N}}}} \tag{20}$$

und der relativen Quellenspannung

$$\varepsilon(\tau) = \sqrt{\frac{C}{q l A_{\mathrm{N}} B_{\mathrm{N}}}}\, u(\tau). \tag{21}$$

In Gl. (19) ist im wesentlichen das erste Glied durch die Form der magnetischen Kennlinie bestimmt, das zweite Glied durch den ohmschen Widerstand, das dritte durch die Kapazität und das Glied auf der rechten Seite durch die eingeprägte Spannung. Je nach den Werten der Parameter kann die Lösung von Gl. (19) sehr verschiedene Formen annehmen. Über den Verlauf der Kurve $b(a)$ haben wir keinerlei Annahmen gemacht, und daher kann jede praktisch auftretende Form der wirksamen Kennlinie zur Auswertung benutzt werden.

Wenn die einzelnen Teile des Stromkreises nicht in Reihe geschaltet sind, sondern parallel, so kann eine sehr ähnliche Formulierung wie in Gl. (19) hergeleitet werden. Indessen wird dann das zweite Glied $\varrho' a$ anstatt ϱa, und sein Widerstandsfaktor lautet umgekehrt $\varrho' = \frac{1}{\varrho} = 1/\left(R\sqrt{q w^2 B_{\mathrm{N}}/l C A_{\mathrm{N}}}\right)$.

Für eine eingeprägte Gleichspannung, die sich zeitlich plötzlich ändert, kann das Verhalten in der Übergangszeit recht einfach bestimmt werden, weil $\varepsilon(\tau)$ sowohl vor als auch nach dem Sprung konstant ist. Daher hat das Störungsglied auf der rechten Seite von Gl. (19) keinen weiteren zeitlichen Einfluß, und der Verlauf der Abweichungen von b und a von dem neuen Dauerzustand rührt allein von der linken Seite her. Diese Seite unterscheidet sich jedoch von Gl. (5) nur durch das Dämpfungsglied ϱa, das während der Ausführung der Integration als kleine Korrektur behandelt werden kann. Daher treten jetzt Schwingungen auf, die einen sehr ähnlichen Verlauf wie in *Abb. 8* und *9* haben, die jedoch unsymmetrisch zur Nullinie sein werden.

Viel eigenartiger ist die Lösung für eine eingeprägte Wechselspannung. Zur Auswertung schreiben wir Gl. (19) um in

$$\frac{\mathrm{d}b}{\mathrm{d}\tau} = \varepsilon(\tau) - \varrho a - \int a\,\mathrm{d}\tau. \tag{22}$$

Dann sehen wir klar, daß die zeitliche Änderung der relativen magnetischen Flußdichte b in erster Linie durch die eingeprägte Spannung gegeben ist, von der jedoch die ohmsche und die kapazitive Spannung abgezogen werden muß. Die erstere ist gewöhnlich klein, die letztere kann als ein Zeitintegral gleichzeitig mit der Entwicklung der linken Seite zeichnerisch bestimmt werden. In den Anfangsbedingungen kann ein remanenter Fluß im Magnetkern und eine ursprüngliche Ladung auf dem Kondensator leicht berücksichtigt werden. *Abb. 10* stellt Kurven dar, wie sie für die dem Ausdruck $\mathrm{d}B/\mathrm{d}t$ proportionale induktive Spannung, den Strombelag A und die dem Ausdruck $\int A\,\mathrm{d}t$ proportionale kapazitive Spannung in schrittweiser Konstruktion oder mit Hilfe eines Analogrechners bestimmt werden können, wenn die eingeprägte sinusförmige Spannung $u(t)$ mit der Schwingungsdauer T_0 plötzlich beim Winkel Null eingeschaltet wird. Dabei wurden statt der in der Rechnung benutzten relativen Größen die entsprechenden absoluten Größen für die Darstellung in *Abb. 10* verwendet. Der Zeichnung liegt ein Strom-

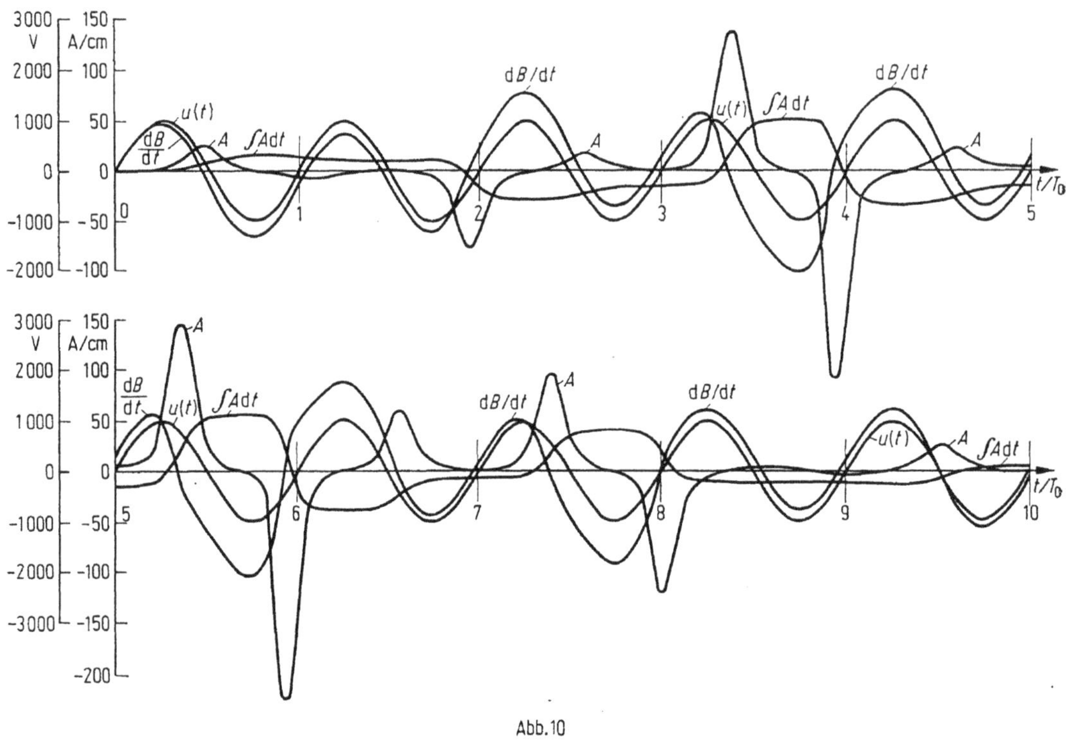

Abb. 10

kreis zugrunde, der eine Transformatorwicklung mit mäßig gesättigtem Eisenkern enthält, ferner eine konstante Streuinduktivität in Reihe und geringen Widerstand der Leitungen bis zur Kapazität, wie es den Verhältnissen bei Hochspannungsfreileitungen entspricht. Der zeitliche Verlauf der Induktion B ist nicht dargestellt, um die Abbildung nicht zu verwirren.

In den ersten zehn Perioden, deren Beginn und Ende in *Abb. 10* durch senkrechte gestrichelte Linien angedeutet sind, ähnelt nicht eine einzige Schwingung der anderen. Da der Einschaltwinkel der Spannung zu Null gewählt wurde, so könnte man eine sofortige Überstromspitze erwarten, jedoch entwickelt sich dieser Strom unter der Wirkung der Sättigung nur allmählich unter großen und unregelmäßigen Schwankungen seiner Amplitude. Die Stromschwingungen sind keineswegs von ständig wechselndem Vorzeichen, sondern in vielen Perioden folgen zwei gleichgerichtete Stromamplituden einander. Während der Zeit, über die sich *Abb. 10* erstreckt, ist keine regelmäßige Wiederholung der Vorgänge feststellbar. Die dem Ausdruck $\mathrm{d}B/\mathrm{d}t$ proportionale induktive Spannung ist ähnlich der eingeprägten Spannung $u(t)$, wenn auch manche unregelmäßige Abweichungen auftreten. Die dem Ausdruck $\int A\,\mathrm{d}t$ proportionale Kapazitätsspannung zeigt jedoch ein völlig verschiedenes Verhalten und besteht meistens aus trapezartigen Kurven mit flachem Rücken, der sich häufig über mehr als eine volle Periodendauer erstreckt. Im Gegensatz zu harmonischen Vorgängen zeigen diese Kurven, daß die Ströme und Spannungen sehr unharmonisch verlaufen, wobei die Dauer der Schwingungsperioden sehr verschieden von der der eingeprägten Spannung sein kann.

Abb. 11 und *12* zeigen einige Oszillogramme, bei denen ein hochgesättigter LC-Stromkreis plötzlich eingeschaltet wurde, und zwar war der Einschaltwinkel

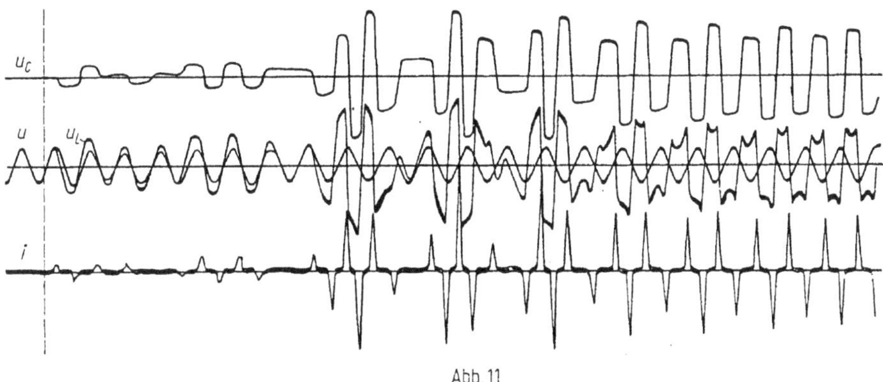

Abb. 11

bei *Abb. 11* beinahe null, bei *Abb. 12a* nahezu 45° und bei *Abb. 12b* nahezu 90°. Ein kurzzeitiges, ziemlich ruhiges Anfangsstadium leitete über zu einer heftigen Ausbildung unregelmäßiger Schwingungen für sämtliche gemessenen Größen, wie magnetische Flußdichte, Kondensatorspannung, induktive Spannung und Strom. Der Widerstand dieses Versuchsstromkreises war viel größer als der für *Abb. 10*, und daher waren die Übergangszeiten viel kürzer. Trotzdem sind die wesentlichen Merkmale der theoretischen Kurvenformen von *Abb. 10* auch im Anfang des Vorganges, links in *Abb. 11* und *12*, leicht erkennbar.

c) Oberschwingungen im Dauerzustand

Die Oszillogramme von *Abb. 11* und *12* zeigen, daß selbst nach dem Abklingen der anfänglichen Ausgleichsschwingungen Kurvenformen von Spannung und Strom verbleiben, die wesentlich verschieden sind von den sinusförmigen Kurven,

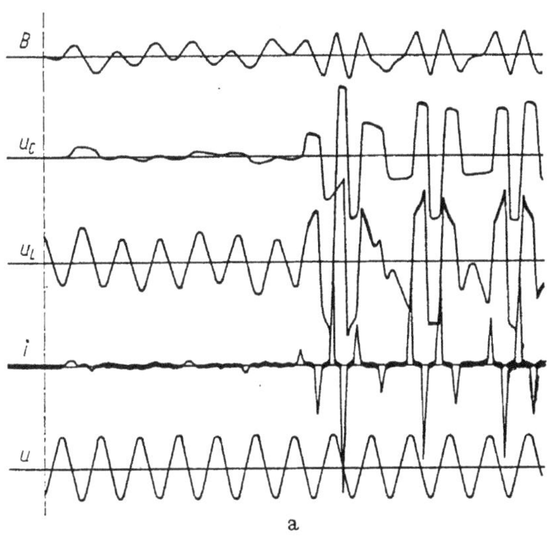

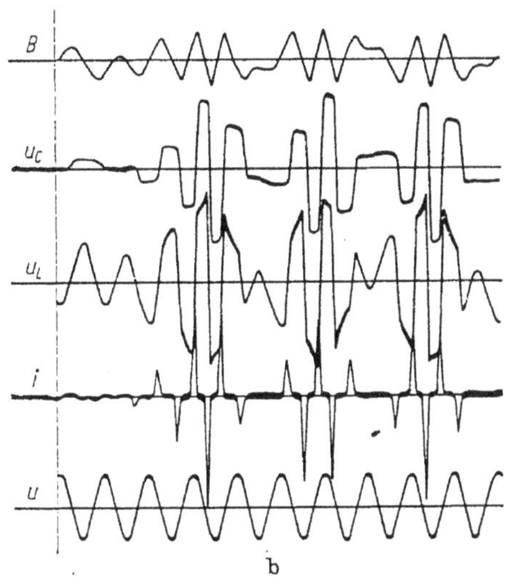

Abb. 12

die im Dauerzustand ungesättigter Stromkreise auftreten. Vielfache Versuche zeigen, daß diese Kurvenformen recht unterschiedlich sind, je nach dem Grade der Sättigung und der Hysteresis, nach dem Widerstande des Kreises und nach dem Einschaltwinkel. Für die Amplituden der erzwungenen Grundschwingungen hatten wir in Kapitel 41 eine Theorie entwickelt, aus der das Vorhandensein von zwei möglichen stabilen und einem labilen Zustand hervorging. Obgleich strenggenommen keine Superposition erwartet werden kann, so wollen wir hier doch die Gestalt der Kurvenform durch die Entwicklung ihrer Oberschwingungen untersuchen.

Zu diesem Zweck wollen wir das Problem linearisieren, indem wir die relative magnetische Kennlinie wie in *Abb. 13* in einen proportionalen Anteil ka und den Rest $b(a)$ aufspalten. Wir setzen also

$$b = ka + b(a). \tag{23}$$

Das letztgenannte Glied ist in *Abb. 13* durch die schraffierte Fläche gekennzeichnet. Es ändert sich von positiven zu negativen Werten innerhalb des be-

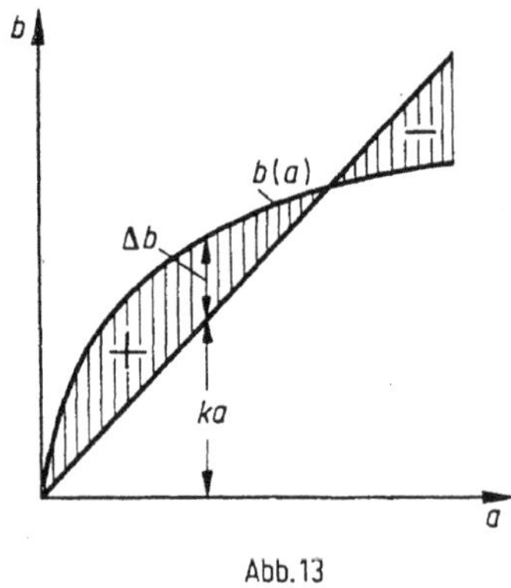

Abb. 13

trachteten Strombereichs. Wenn wir diesen Ausdruck in Gl. (19) einsetzen und die nichtlineare Komponente auf die rechte Seite bringen, so erhalten wir

$$k\frac{\mathrm{d}a}{\mathrm{d}\tau} + \varrho a + \int a\,\mathrm{d}\tau = \varepsilon(\tau) - \frac{\mathrm{d}(\Delta b)}{\mathrm{d}\tau}. \tag{24}$$

In dieser Formulierung ist die linke Seite linear und gehorcht daher den gewöhnlichen Regeln der Proportionalität und Superposition. Auf der rechten Seite wirkt ein zusätzliches Glied, das als eine eingeprägte Spannung aufgefaßt werden kann. Wir sehen aus *Abb. 13,* daß diese Spannung ihr Vorzeichen innerhalb jeder Halbschwingung mehrere Male ändert.

Gl. (24) kann benutzt werden, um die Kurvenform der Schwingungen im Dauerzustand unmittelbar abzuleiten. Wir hatten diese schon durch Integrieren der Differentialgleichung (19) gefunden, jedoch erscheint sie dort in reiner Form erst, nachdem die gesamten Anfangs- und Übergangszeiten abgelaufen sind, was bei kleinem Widerstand sehr lange dauert. Zur Lösung der Gl. (24) benutzen wir die Methode der Iteration. Als ersten Schritt vernachlässigen wir die nichtlineare Störungsfunktion Δb auf der rechten Seite und erhalten in der üblichen Weise eine angenäherte Lösung a' aus der übrigbleibenden linearen Differentialgleichung (24) unter der Wirkung von $\varepsilon(\tau)$ allein. Dann gehen wir mit a' in die wirkliche Kennlinie der *Abb. 13* ein und erhalten ein erstes $\Delta' b(\tau)$ als Funktion der

Zeit. Nunmehr subtrahieren wir die zeitliche Ableitung dieser Kurve von der eingeprägten Spannung $\varepsilon(\tau)$ auf der rechten Seite von Gl. (24) und lösen diese lineare Gleichung wiederum für a. Dadurch erhalten wir entweder direkt oder durch Superposition eine verbesserte Lösung a''. Hiermit gehen wir wieder in die wirkliche Kennlinie und gewinnen ein verbessertes $\Delta'' b(\tau)$. Dieses Verfahren kann wiederholt werden, bis keine weitere Verfeinerung in der stationären Lösung mehr auftritt. Es ist klar, daß eine ursprünglich harmonische Kurvenform von a' durch diesen Prozeß der wiederholten Einführung der gekrümmten Kennlinie allmählich stark verzerrt wird. In ähnlicher Form kann auch der Parallelschwingkreis mit gesättigter Induktivität behandelt werden. Jedoch ergeben sich die unharmonischen Schwingungen jetzt aus der Abweichung des Magnetisierungsstromes vom linearen Verhalten. In jedem Fall der Reihen- oder Parallelschaltung kann man eine oder mehrere Oberschwingungen, wie sie in den unregelmäßigen Kurvenformen von Strom und Spannung enthalten sind, aussondern und durch abgestimmte Stromkreise mit konstantem L und C, die somit eine bestimmte Resonanzfrequenz haben, für sich verstärken.

d) Unterschwingungsresonanz

Die Differentialgleichung (19) und ihre Lösungen, die eben diskutiert wurden, enthalten alle möglichen Arten von Abweichungen vom einfach harmonischen Verhalten. Dies kann sowohl durch Schwingungen von höherer als auch von niedrigerer Frequenz als die der eingeprägten Spannung verursacht werden. Da Unterschwingungen gelegentlich beobachtet worden sind, und zwar sowohl im Laboratorium als auch im praktischen Betrieb, so wollen wir diese Erscheinungen zum Verständnis ihrer physikalischen Ursachen näher untersuchen.

Wir wollen dafür die Bedingungen betrachten, die notwendig sind für Resonanz zwischen einer eingeprägten nichtsinusförmigen Spannung und der unharmonischen Eigenschwingung eines gesättigten Stromkreises, wie sie in *Abb. 6* dargestellt wurde. Die induktiven und kapazitiven Spannungen würden dann in jedem Augenblick entgegengesetzt gleich sein, wie es in *Abb. 14* gezeichnet ist. Der Strom würde eine spitze Kurvenform haben, wie sie ebenfalls von *Abb. 6* auf *Abb. 14* übertragen ist. Dieser Strom und diese Spannungen würden Gl. (5) befriedigen, die ohne Berücksichtigung eines Verlustwiderstandes abgeleitet wurde. Um diese Schwingungen dauernd aufrechtzuerhalten, muß die äußere relative Spannung einen Wert haben, der gleich ϱa ist, da bei Resonanz die eingeprägte Spannung keine andere Aufgabe hat, als die ohmsche Spannung im Stromkreis zu kompensieren. Mit den Strömen und Spannungen, die durch Gl. (5) gegeben sind, heben sich das erste und das dritte Glied auf der linken Seite der einmal differenzierten Gl. (19) gegenseitig auf. Daher muß für diesen Fall die äußere Spannung gewählt werden zu

$$\varepsilon(\tau) = \varrho a,$$

oder in nicht bezogener Schreibweise

$$u(t) = u_r(t) = R i, \tag{25}$$

dieser Verlauf ist in *Abb. 15* graphisch dargestellt.

Es kann daher in nichtlinearen Schwingungskreisen wahre Resonanz unterhalten werden, wenn die eingeprägte Spannung eine Größe, Frequenz und Kurvenform hat, wie sie durch die ohmsche Spannung desjenigen Stromes gegeben ist, der sich in freier unharmonischer Eigenschwingung ohne Dämpfung ausbilden würde. Je kleiner der Widerstand ist, desto geringer ist die Spannung, die nötig ist, um den Resonanzzustand aufrechtzuerhalten. Die einzuprägende Spannung kann aufgefaßt werden als eine unendliche Fourier-Reihe

$$u_r(t) = u_1(\omega_1 t) + u_2(\omega_2 t) + u_3(\omega_3 t) + \cdots, \tag{26}$$

worin die Funktionen $u(\omega t)$ Sinus- oder Kosinusfunktionen sind und ω_1 die wahre Eigenkreisfrequenz der Grundschwingung des Stromkreises ist.

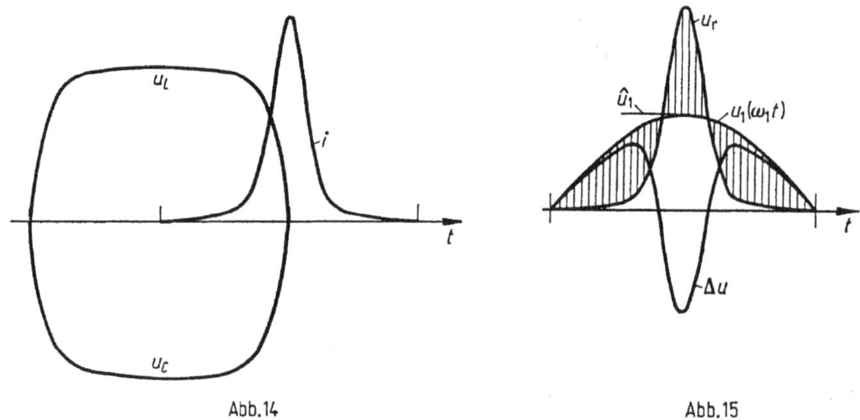

Abb. 14 Abb. 15

Wenn der Stromkreis nun aber nicht von dieser spitzen Spannung gespeist wird, sondern von einer sinusförmigen Spannung der Grundkreisfrequenz ω_1 und der Amplitude $\hat{u}_1$, wie es auch in *Abb. 15* angedeutet ist, dann verbleiben Differenzspannungen, die dort durch schraffierte Flächen dargestellt sind, als Fehlbetrag. Diese Spannung Δu ist getrennt herausgezeichnet, und zwar zur negativen Seite, um klarer hervorzutreten. Im vorliegenden Falle enthält diese Spannung alle Harmonischen von Gl. (26), von denen offenbar die dritte vorherrschend ist. Die sinusförmige Spannung kann man sich also aus u_r und Δu zusammengesetzt denken. Die Fehlspannung Δu erzeugt nun ihrerseits Ströme und induktive und kapazitive Spannungen, die die ursprünglichen Kurvenformen von *Abb. 14* verändern, bis wieder ein Gleichgewichtszustand ausgebildet ist. Wegen der gekrümmten magnetischen Kennlinie kann keine lineare Überlagerung auftreten, indessen ist es klar, daß die ursprünglichen Ströme und Spannungen der *Abb. 14* derart verändert werden, daß sie andere Anteile von dritten und höheren Harmonischen enthalten als vorher.

Der Stromkreis möge nunmehr von einer sinusförmigen Spannung u_3 gespeist werden, die nicht die Kreisfrequenz ω_1, sondern deren dreifachen Wert hat, wie in *Abb. 16*. Die Spannung u_3 kann man sich zusammengesetzt denken aus u_r und der Differenzspannung Δu, die in *Abb. 16* durch die schraffierte Fläche dargestellt und getrennt herausgezeichnet ist. Δu hat die Grundkreisfrequenz ω_1, ihre Grundschwingung u_1 ist in *Abb. 16* gestrichelt eingetragen. Sie erzeugt Ströme und Spannungen, die im wesentlichen die Eigenfrequenz haben, die der Stromkreis vorher in *Abb. 14* hatte. Wir erkennen daher, daß das Einprägen einer Spannung $u_3(\omega_3 t)$ auf den gesättigten Stromkreis außer den Strömen i_3 noch beträchtliche Ströme $i_1(\omega_1 t)$ erzeugen wird und diesen zugeordnete Spannungen u_{C1} und u_{L1}. Alle diese Größen haben eine Frequenz von 1/3 der Speisefrequenz und stellen daher Unterschwingungen im Vergleich zur Frequenz der Quellenspannung dar. Weitere Ströme mit Frequenzen von 5/3-, 7/3fachen usw. der Speisefrequenz und mit unterschiedlichen Amplituden werden von den Oberschwingungen erzeugt, die in der Spannung u von *Abb. 16* enthalten sind.

Wenn wir schließlich den Stromkreis mit einer Spannung $u_5(\omega_5 t)$ speisen, wie sie in *Abb. 17* dargestellt ist, so verbleibt in Δu als wesentlicher Fehlbetrag eine Spannung u_1 mit einer Frequenz von 1/5 und eine Spannung u_3 mit einer Frequenz von 3/5 der Speisefrequenz. Die weitere Entwicklung von verzerrten Spannungen und Strömen entspricht ganz der oben beschriebenen. Wir sehen, daß Unterschwingungen von 1/5 und 3/5 der Frequenz der speisenden Spannung auftreten können und ebenfalls schnellere Schwingungen von der Ordnung 7/5 und mehr. Dieselbe Schlußweise kann angewendet werden, wenn der Stromkreis von einer

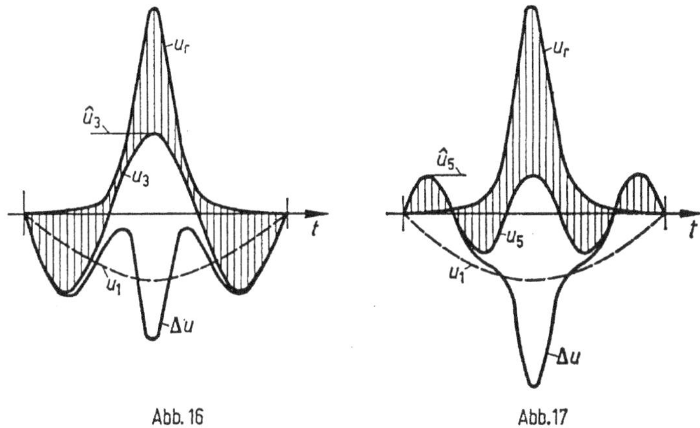

Abb. 16 Abb. 17

harmonischen Spannung von irgendeiner Frequenz gespeist wird, die in der ursprünglichen Widerstandsspannung der Eigenschwingung enthalten ist, so wie es durch Gl. (25) und (26) ausgedrückt ist.

Wir schließen aus alledem, daß ein Schwingungskreis mit nichtlinearer Kennlinie fähig ist, mit seiner Eigenschwingung als Grundschwingung anzusprechen auf eingeprägte Spannungen, die die Frequenz irgendeiner Harmonischen seiner Eigenschwingung haben. Das gilt für jede mögliche Eigenschwingung des Stromkreises. Wir haben nun aber gesehen, daß die Eigenfrequenz stark von der Amplitude der Schwingung abhängt, wie es in *Abb. 5* gezeigt ist. Wir erkennen daher, daß solche Unterschwingungsresonanz nur auftreten kann, wenn die erzeugten Ströme und Spannungen so große Werte haben, daß das genaue Verhältnis 1:3, 1:5, 3:5 usw. zwischen der Eigengrundfrequenz und der aufgedrückten Frequenz auftritt. Dies erfordert für jede gegebene Kennlinie einen gewissen Betrag der eingeprägten Spannung oder einen Betrag innerhalb bestimmter Grenzen. Andernfalls können die Unterschwingungen von der Ordnung 1/3, 1/5 und niedriger nicht durch den oben beschriebenen Mechanismus erregt werden.

Der ohmsche Widerstand des Stromkreises spielt eine entscheidende Rolle. Bei $R = 0$ können alle Teilspannungen von Gl. (26) den Stromkreis bis auf die notwendige Amplitude erregen, und daher können alle Unterschwingungen von jeglicher Ordnung erzeugt werden. Bei geringem Widerstand sind ziemlich kleine Spannungen der Ordnung 3, 5 usw. ausreichend, um Unterschwingungen hervorzurufen. Mit größerem Widerstand sind viel höhere Spannungen notwendig, um die ohmsche Spannung einer Resonanzschwingung im Gleichgewicht zu halten als nach Gl. (25). Schließlich werden nur noch Unterschwingungen der höchsten Ordnung, die meistens 1/3 beträgt, bestehen bleiben. Eine weitere Vergrößerung des Widerstandes kann dazu dienen, irgendwelche zufälligen Unterschwingungsresonanzen vollständig zu unterdrücken.

Je nach dem Widerstand im Stromkreis ist ein gewisser Größenbereich der eingeprägten Spannung fähig, Unterschwingungen zu erregen, und die verschiedenen Bereiche für u_3, u_5 usw. können sich sogar überlappen. Manchmal werden daher Stromunterschwingungen von unterschiedlicher Ordnung, wie 1/3, 1/5 usw., und deren Oberschwingungen gleichzeitig durch eine einzige eingeprägte Spannung von passender Größe erregt. Wenn die Kennlinie des Stromkreises nicht symmetrisch zur Nullinie ist, so werden Unterschwingungen nicht nur von ungerader, sondern auch von gerader Ordnung 1/2, 1/4 usw. und deren höhere Harmonische angeregt. Es kann sogar vorkommen, daß eine symmetrische Kennlinie unsym-

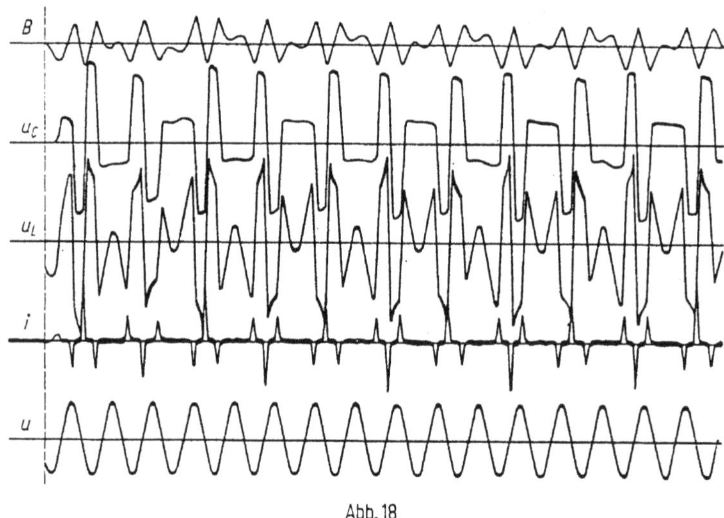

Abb. 18

metrisch von den Schwingungen durchlaufen wird und daß dabei Unter- und Oberschwingungen von gerader Ordnung in Selbsterregung erzeugt werden.

In Stromkreisen mit gekrümmter Kennlinie ist das Auftreten von Unterschwingungen mit einer Frequenz bis herunter zu 1/9 der eingeprägten Frequenz beobachtet worden. *Abb. 18* zeigt ein Oszillogramm, in dem eine vollständige oder nahezu vollständige Wiederholung der Grundschwingung nach jeder 6. und jeder 3. Periode der eingeprägten Spannung erkennbar ist. Die vorherrschende Schwingung der Induktion ist hier von der Ordnung 5/3. Die Dauer des Einschaltvorgangs ist bei diesem Versuch, der mit sehr hoher Spannung vorgenommen wurde, auffallend kurz. Wenn die magnetische Kennlinie $B = f(A)$ direkt gemessen wird, z. B. auf dem Schirm eines Kathodenstrahl-Oszillographen, so wird eine identische Kurve nur nach vollständiger Wiederholung beschrieben. Die dazwischenliegenden Bahnen können aber durch eine kleine künstliche Verschiebung der einzelnen Kurven sichtbar gemacht werden. *Abb. 19* zeigt solch ein Kathodenstrahl-Oszillogramm, auf dem fünf Bahnen unterschieden werden können, dabei treten Unterschwingungen von mindestens der 1/5fachen Ordnung auf.

In Kapitel 41 haben wir das Vorhandensein von zwei möglichen stabilen Punkten von Spannung und Strom der Grundschwingung auf der magnetischen Kennlinie festgestellt, einen mit niedriger, den anderen mit höherer Stromstärke. Dies war durch alleinige Betrachtung der Amplituden der Schwingung abgeleitet. Die Oszillogramme von *Abb. 20* und *21* geben ein vollständiges Bild dieser beiden Zustände während der Einschalt- und der Dauerperioden wieder. Die Auswahl zwischen den beiden Zuständen wird lediglich durch den Schaltaugenblick der eingeprägten Spannung entschieden. Im unteren Bereich der Kennlinie tritt eine sinusförmige, im oberen Bereich eine mehr dreieckige Flußkurve auf.

Wenn sich Unterschwingungen entwickeln, so bestehen für die Amplituden keine festen Punkte mehr auf der Kennlinie. Diese Amplituden wandern vielmehr auf und ab im Rhythmus der Unterschwingungen, und dadurch wird das Gleichgewicht erheblich gestört. *Abb. 22* und *23* zeigen oszillographische Aufnahmen bei zwei Zuständen des Systems, die sich unter genau den gleichen Bedingungen wie

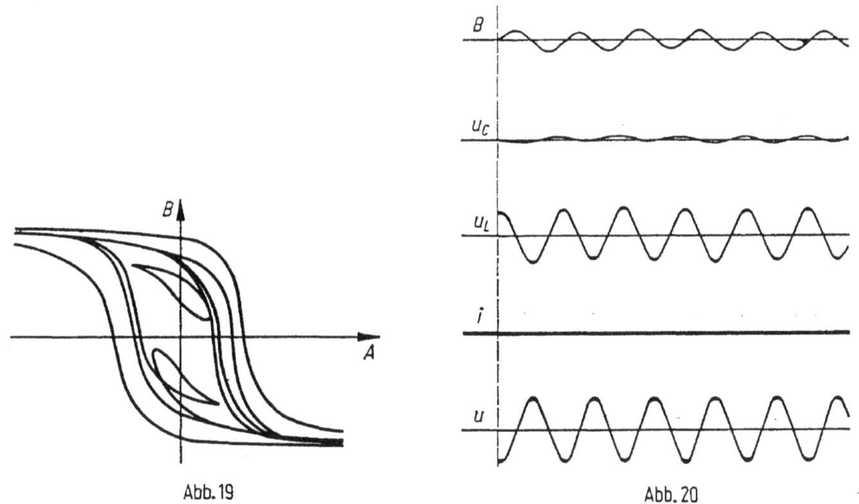

Abb. 19 Abb. 20

in *Abb. 20* und *21* entwickeln, jedoch bei unterschiedlichen Einschaltwinkeln. *Abb. 22* enthält eine Unterschwingung der Ordnung 1/3 von mittlerer Amplitude, wie es am deutlichsten aus der Kurve der Induktion zu sehen ist. Auch höhere Harmonische entwickeln sich, wie es die kapazitive Spannung u_C zeigt. Messungen ergaben Frequenzen von 5/3, 7/3, 9/3, 11/3 und 15/3 der Grundfrequenz. Von diesen könnten die Unterschwingungen der Ordnung 9/3 und 15/3 ebensogut als 3. und 5. Harmonische der Grundschwingung aufgefaßt werden.

Sehr verschieden hiervon sind die in *Abb. 23* dargestellten Vorgänge. Hier ist eine schwache Unterschwingung der Ordnung 1/4 und eine starke von der Ordnung 1/2 vorhanden, und dazu erscheint noch eine sehr starke Oberschwingung der Ordnung 3/2, der zahlreiche Oberschwingungen mit geraden und ungeraden Vielfachen der Ordnung 1/4 folgen, deren vollständiges Spektrum in *Abb. 24*

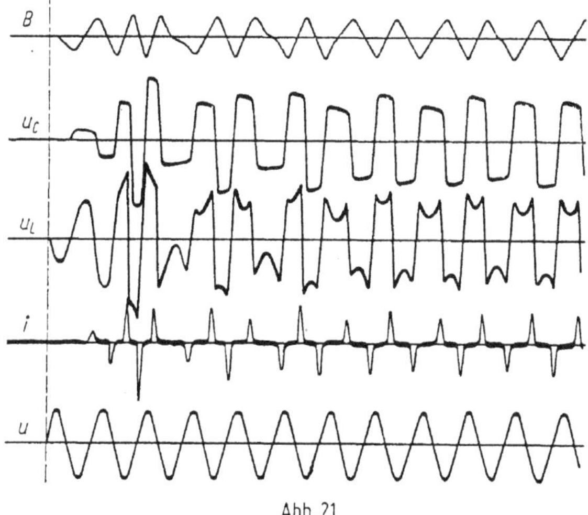

Abb. 21

wiedergegeben ist. Es ist erstaunlich, wie stark die Kurvenformen hierdurch verzerrt werden, z. B. die des Stromes oder der Kapazitätsspannung. Die vorherrschende Schwingung in der Induktion scheint die der Ordnung 3/2 zu sein in Übereinstimmung mit *Abb. 24*, während in der Kapazitätsspannung die Schwingung der Ordnung 1/2 stark sichtbar ist, die die Symmetrie in Amplitude und Dauer von je zwei aufeinanderfolgenden Schwingungen vollständig verzerrt.

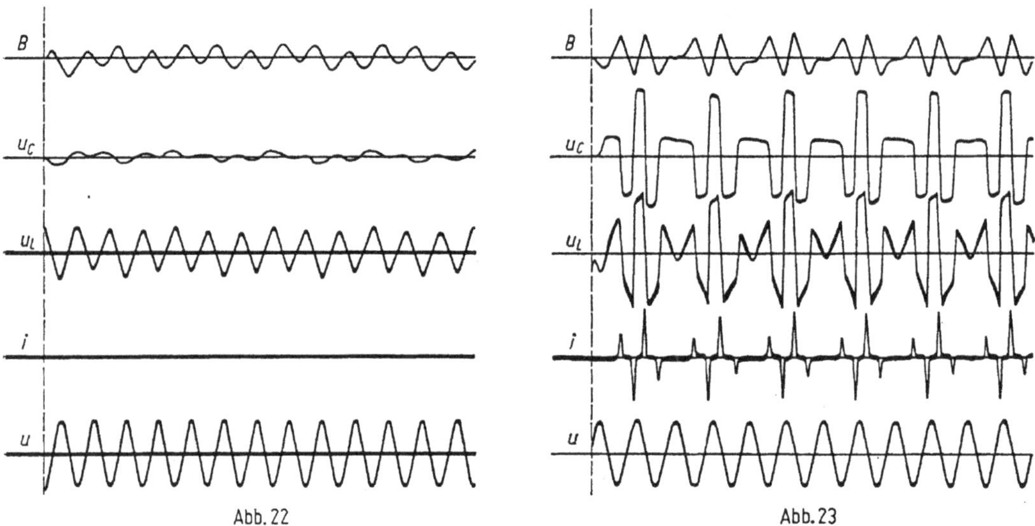

Abb. 22 Abb. 23

In Starkstromnetzen mit gesättigten Transformatoren treten Unterschwingungen gelegentlich auf in Stromzweigen mit kleinem Widerstand und bei geringer Belastung. Da der magnetische Widerstand von Transformatoren veränderlich ist, so erscheinen solche Schwingungen nur in engen Bereichen von Kapazität und eingeprägter Spannung. Sie können sowohl bei Reihenschaltung als auch bei Parallelschaltung von Transformatoren mit Kapazitäten auftreten. Wenn Unterschwingungen erscheinen, so führt dies zu unregelmäßigen Schwankungen von Strom und Spannung im Netz, und es können Überspannungen entstehen, die die Isolierung gefährden.

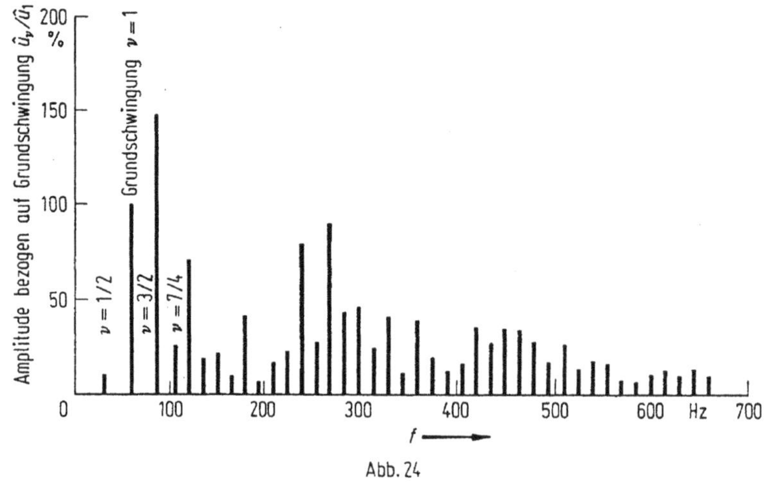

Abb. 24

VIII. Lichtbogenunterbrechung

44. Haupteigenschaften des Lichtbogens

Ein elektrischer Schaltvorgang, der durch die Trennung zweier Kontakte bewirkt wird, führt fast immer zu einem Lichtbogen. Der Strom wird also nicht im Augenblick der Kontakttrennung unterbrochen sondern fließt auch danach über den Lichtbogen weiter, und erst mit dem Erlöschen des Lichtbogens ist der Schaltvorgang beendet.

Zwischen Strom und Spannung im elektrischen Lichtbogen besteht ein gänzlich anderer Zusammenhang als in einem metallischen Leiter. Während dort die Spannung proportional mit dem Strom ansteigt, was durch eine Gerade u_R in *Abb. 1* dargestellt ist, nimmt beim Bogen die Spannung u_B mit steigendem Strom

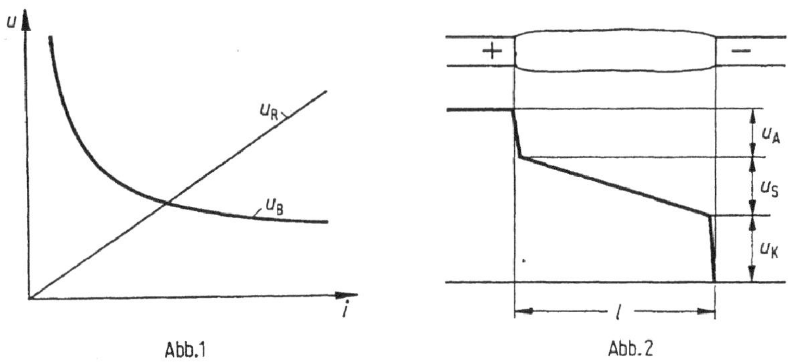

Abb. 1 Abb. 2

ab und wächst bei sinkender Stromstärke wieder an. Die Ursache dieses Abweichens erklärt sich durch den andersartigen Ladungstransport im Lichtbogen. Im metallischen Leiter stehen stets freie Elektronen zum Transport zur Verfügung, im Lichtbogen dagegen müssen sie zunächst erzeugt werden. Mißt man durch Einführen von Sonden die Potentialverteilung in einem Bogen, so erkennt man nach *Abb. 2* die drei Bereiche, nämlich den Kathodenfall u_K, den Anodenfall u_A und die Spannung an der Bogensäule u_S. Die beiden ersten sind etwas von der Stromstärke abhängig, die letztere ist bei vielen Bögen proportional der Länge l und nimmt mit steigendem Strom ab. Im Bereich der Bogensäule wird die Leistung $u_S i$ umgesetzt. Dabei wird das Gas zwischen den Elektroden so weit erwärmt, bis sich ein Gleichgewicht zwischen der Verlustleistung durch Wärmeleitung, Konvektion und Strahlung und der zugeführten Leistung ausbildet. Durch die Erwärmung des Gases erhöht sich die kinetische Energie der Moleküle und Atome, so daß bei Zusammenstößen derselben eine Ionisierung erfolgt und das Gas leitfähig wird. In der Säule liegt also ein Gemisch von neutralen Teilchen, positiv geladenen Ionen und Elektronen vor. Ein solches Gas bezeichnet man als Plasma. Das Plasma in der Säule enthält die gleiche Anzahl positiver Ionen und negativer Elektronen und ist somit elektrisch neutral. An der Kathode jedoch werden die Elektronen und an der Anode die Ionen verdrängt, so daß Bereiche mit positiver und negativer Raumladung entstehen, die den Kathoden- bzw. Anodenfall bilden. Im Kathodenfall werden die positiven Ionen beschleunigt, treffen auf die Elektrodenoberfläche auf und bilden hier unter Temperaturerhöhung einen Brennfleck. Durch thermische Emission und unter der Wirkung der Feldstärke treten aus der Kathodenoberfläche Elektronen aus, die den Stromübergang vom festen Leiter zum Plasma der Bogensäule gewährleisten. Der Stromübergang an der Anode erfolgt durch Aufnahme von Elektronen aus dem Plasma.

Die Werte für den Kathoden- und Anodenfall liegen zwischen 5 und 20 V und zeigen nur geringe Abhängigkeit von der Stromstärke. Die in der Bogensäule auftretenden Feldstärken betragen etwa 20 V/cm bei frei in Luft brennenden Lichtbögen und bis zu einigen 100 V/cm bei stark gekühlten Bogen, wie sie in Schaltern

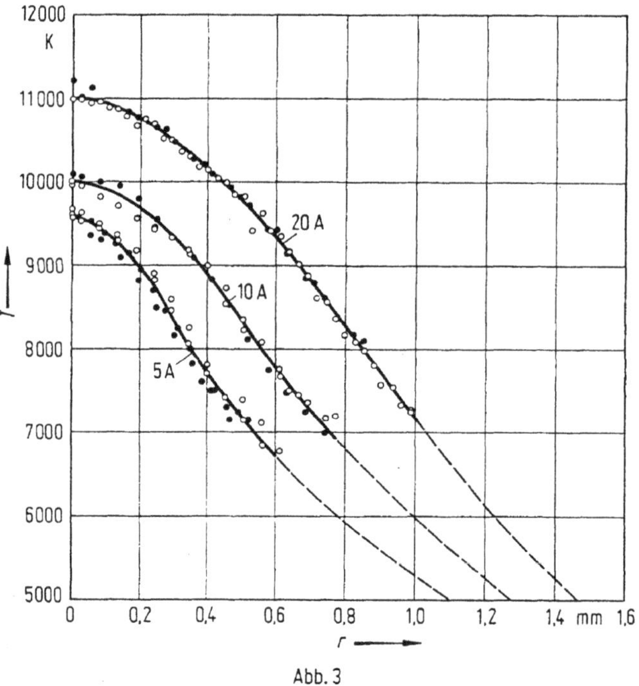

Abb. 3

vorkommen. Mit steigendem Gasdruck p nimmt die Säulenfeldstärke zu, und zwar etwa proportional mit $p^{1/2}$ bis $p^{1/4}$. Bei stark gekühlten Schalterbögen ist der Spannungsabfall in der Bogensäule nicht immer proportional zur Bogenlänge, so daß in diesem Fall besser auf die Einführung einer Feldstärke verzichtet und der Bogen als Ganzes betrachtet wird. Wegen der hohen Feldstärke in der Säule kann bei Schalterbögen der Kathoden- und Anodenfall vernachlässigt werden. Über die Temperatur und die Stromdichte im Brennfleck sind nur ungenaue Meßwerte bekannt. Bei Kohleelektroden treten Temperaturen zwischen 3000 und 4000 K auf, während bei Metallelektroden 3000 K kaum überschritten werden. Die Stromdichten im Brennfleck können bis zu 5000 A/cm² betragen. Die Temperaturen in der Säule liegen bei wenig gekühlten Bogen zwischen 5000 und 15000 K und können bei Bögen, die durch einen Wasserwirbel stabilisiert werden, bei Strömen über 1000 A bis zu 50000 K betragen. Genaue Untersuchungen über Temperaturverteilung und Kennlinie liegen bei sogenannten Kaskadenbögen vor, das sind Bögen, die durch gekühlte und voneinander isolierte kurze Kupferrohre begrenzt sind. *Abb. 3* zeigt die spektroskopisch gemessene Temperaturverteilung in Wasserstoff bei einem Rohrdurchmesser von 5 mm, während in *Abb. 4* die zugehörigen Kennlinien sowie diejenigen anderer Gase dargestellt sind. Durch die

Begrenzung der Kupferrohre kann sich der Bogen nicht beliebig weit ausdehnen und füllt bei größeren Strömen das Rohr vollständig aus. Damit werden aber die Verluste größer, so daß auch die aufgenommene Leistung steigt, was zu einem Ansteigen der Bogenspannung führt.

Lichtbögen haben also Spannungskennlinien, die bei kleinen Strömen fallend sind und allmählich in einen vom Strom unabhängigen Bereich übergehen; bei sehr großen Strömen ist auch wieder ein Ansteigen der Bogenspannung möglich. Die Kennlinien lassen sich in folgender Form darstellen, wie es ähnlich das erste Mal von Ayrton dargestellt wurde

$$u_B = \frac{P_0}{i} + u_0 + \frac{i}{G_0}. \tag{1}$$

Durch geeignete Wahl der drei Konstanten P_0, u_0 und G_0 lassen sich mathematische Gesetze für die Berechnung von Stromkreisen mit Lichtbögen erzielen. In vielen Fällen wird man nicht die vollständige Gl. (1) benötigen, sondern man kann

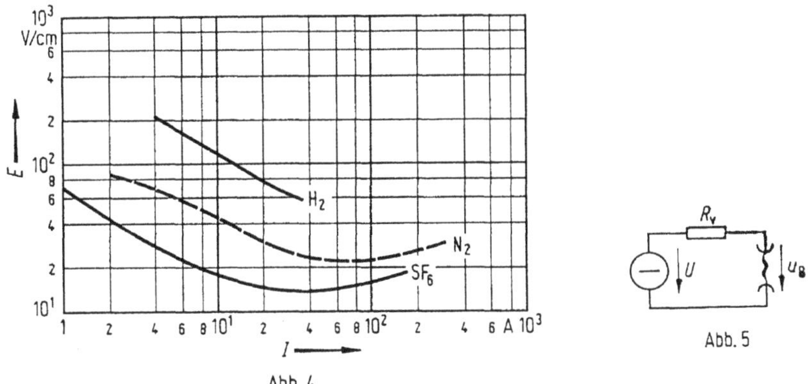

Abb. 4 Abb. 5

sich auf den Hyperbelanteil P_0/i beschränken oder nur mit einer stromunabhängigen Brennspannung u_0 rechnen. Die Konstanten gelten nur für einen bestimmten Bogen. Vergrößert man den Elektrodenabstand, so wird sich sowohl u_0 als auch P_0 erhöhen. Ebenso ergibt sich eine Erhöhung der Konstanten durch eine Kühlung des Bogens, sei es durch Einengen in Rohren oder zwischen festen Wänden, sei es durch Beblasen mit einem Gasstrom. Wegen der zahlreichen unterschiedlichen Bogentypen lassen sich Zahlenwerte für die Konstanten erst bei der Behandlung bestimmter Bögen in den nächsten Kapiteln angeben.

Ein Lichtbogen kann wegen seiner fallenden Kennlinie nicht unmittelbar an eine Spannungsquelle angeschlossen werden, sondern muß stets in Reihe mit einer Impedanz liegen. Andernfalls würde, da die Bogenspannung mit steigendem Strom abnimmt, ein immer größerer Strom fließen, bis durch den inneren Widerstand der Spannungsquelle eine Begrenzung eintritt. Im Falle des Gleichstrombogens kommt für die Strombegrenzung nur ein ohmscher Widerstand in Frage. In dem in *Abb. 5* gezeigten Stromkreis steht dem Bogen bei einem Strom i nur die Spannung

$$u_B = U - iR_v \tag{2}$$

zur Verfügung. Trägt man diese Spannung als gerade Linie in die *Abb. 6* ein, so ergeben sich zwei Schnittpunkte *1* und *2* der Bogenkennlinie mit der so entstandenen Widerstandsgeraden, und ein Bogen mit zwei verschiedenen Strömen wäre möglich. Wie eine spätere Betrachtung jedoch zeigen wird, ist der Zustand bei dem kleineren Strom instabil. Das bedeutet, daß ein Bogen, der mit dem Strom i_1 brennt, schon bei einer geringen Strom- oder Spannungsschwankung in den Zustand mit größerem Strom i_2 umschlägt. Bei einer Veränderung des Vorwiderstandes wird die Widerstandsgerade steiler oder flacher verlaufen und damit

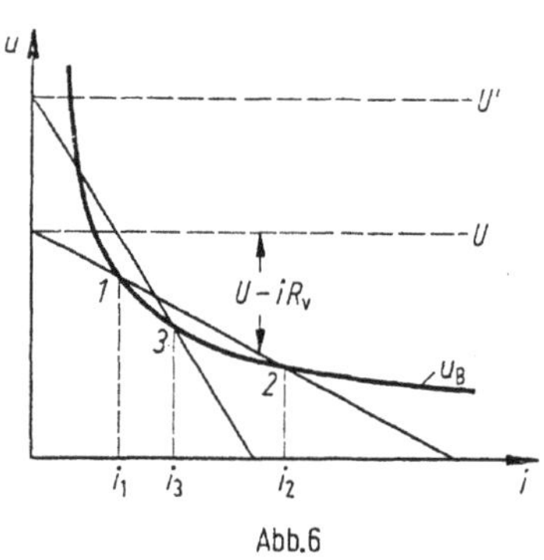

Abb. 6

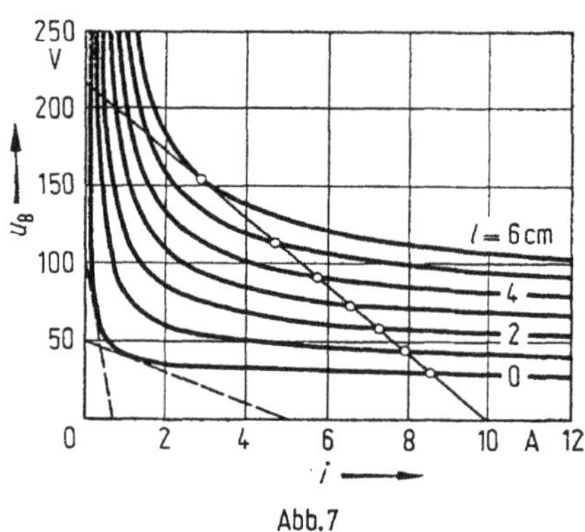

Abb. 7

auch der Arbeitspunkt des Bogens bei kleineren oder größeren Strömen liegen. Ein bestimmter Strom kann bei gegebener Spannung U jedoch nicht unterschritten werden, da bei zu großem Vorwiderstand die Widerstandsgerade die Bogenkennlinie nicht mehr schneidet. Soll der Bogen bei einem kleinem Strom i_3 stabil brennen, so muß eine Spannung $U' > U$ gewählt und ein größerer Vorwiderstand verwendet werden. Verlängern wir den Lichtbogen, so rückt seine Kennlinie entsprechend *Abb. 7* nach oben. Dadurch nimmt der stabil brennende Strom

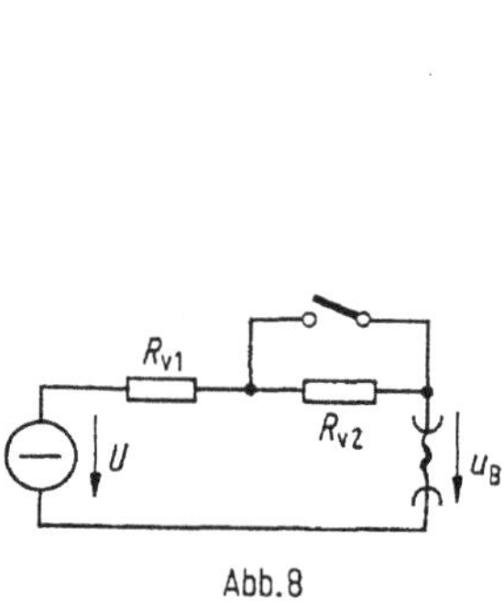

Abb. 8

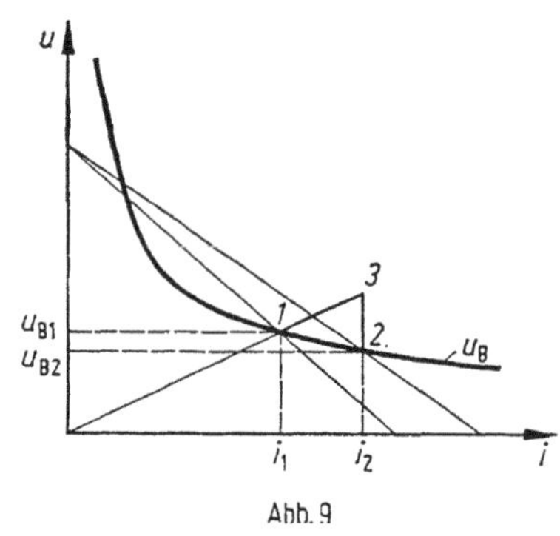

Abb. 9

ab, bis die Kennlinie die Widerstandsgerade nur noch berührt. In diesem Fall ist nur ein einziger Arbeitspunkt möglich, in dem der Bogen wiederum instabil wird und verlöscht.

Aus *Abb. 7* geht hervor, daß — bedingt durch den Kathoden- und Anodenfall — bereits für die Bogenlänge Null eine Brennspannung vorhanden ist. Man kann also alle Stromkreise mit ohmschen Widerstand, deren Widerstandskennlinie nach Gl. (2) unter der Grenzkennlinie bleibt, lichtbogenfrei abschalten, da bei der Kontakttrennung gar kein Bogen entstehen kann. Wie die eingezeichneten Linien zeigen, gilt dies unterhalb von etwa 20 V für jede Stromstärke, bei höheren Spannungen jedoch nur noch für kleinere Ströme. Beispielsweise kann man bei 100 V nur noch einen Strom von 0,5 A ohne Lichtbogen unterbrechen. Durch vielfache Unterbrechung des Stromes an metallischen Elektroden in Reihenschaltung kann man dieses Prinzip auch für größere Stromstärken und Spannungen anwenden.

Das bisher mit einer Kennlinie beschriebene Verhalten des Lichtbogens gilt nur, solange die Stromänderungen langsam erfolgen; bei einer schnellen Stromänderung weicht der Bogen von der Kennlinie ab. Im Gegensatz zum stationären Verhalten bei langsamen Stromänderungen spricht man bei schnellen Stromänderungen vom dynamischen Verhalten des Lichtbogens. In *Abb. 8* ist ein Stromkreis gezeigt, bei dem der Strom durch Kurzschließen eines Teiles des Vorwider-

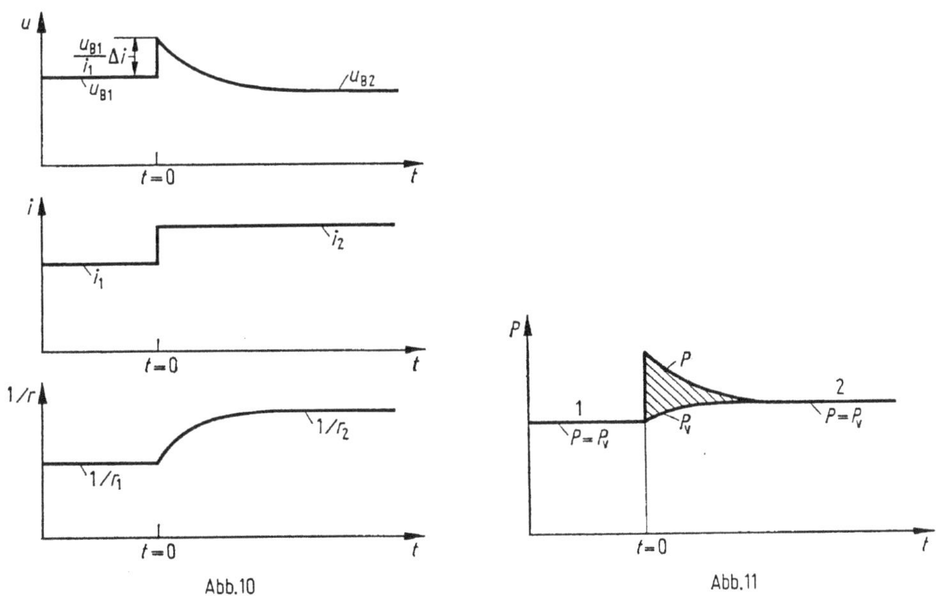

Abb.10 Abb.11

standes R_v von i_1 auf $i_1 + \Delta i = i_2$ erhöht werden kann. Der Bogen geht dabei nach *Abb. 9* von dem stationären Zustand *1* in den Zustand *2* über. Oszillographiert man den zeitlichen Verlauf von Bogenspannung und Strom, so zeigt sich, daß dieser Übergang nicht entlang der Kennlinie erfolgt. Gegenüber der sehr schnellen Stromänderung verhält sich der Bogen gemäß *Abb. 10* zunächst wie ein ohmscher Widerstand. Die Bogenspannung u_B springt also zunächst auf den Wert $u_{B1} + (u_{B1}/i_1)\Delta i$ und geht anschließend exponentiell auf den Wert u_{B2}. Im Kennliniendiagramm verläuft der Übergang vom Punkt *1* über *3* nach *2*. Auch die Änderung des Bogenleitwertes erfolgt, wie aus dem Spannungsverlauf zu berechnen ist, gemäß *Abb. 10* exponentiell:

$$\frac{1}{r} = \frac{1}{r_1} + \left(\frac{1}{r_2} - \frac{1}{r_1}\right)(1 - e^{-t/\tau}). \tag{3}$$

Die Zeitkonstante τ ist für das dynamische Verhalten des Bogens von wesentlicher Bedeutung. Sie kennzeichnet ein Trägheitsverhalten des Bogens, das besonders beim Ausschalten von Wechselstrom, aber auch für das Stabilitätsverhalten eine große Rolle spielt. Beim Übergang vom Zustand *1* nach *2* wird sich, wie *Abb. 3* zeigt, die Temperatur des Bogens erhöhen und damit auch die im Bogengas gespeicherte Wärmeenergie, der Wärmeinhalt Q des Bogens. Die zusätzliche Energiezufuhr nimmt eine gewisse Zeit in Anspruch, die durch die Zeitkonstante des Bogens gekennzeichnet ist. Wird der Bogen umgekehrt vom Zustand *2* nach *1* überführt, also vom größeren zum kleineren Strom, so muß dem Bogengas Energie entzogen werden. Auch dieser Vorgang wird durch die gleiche Zeitkonstante bestimmt.

Es wird also ein Zusammenhang zwischen der Kennlinie, der Zeitkonstante und dem Wärmeinhalt des Bogens bestehen. Nimmt man eine beliebige stationäre Kennlinie $u_{BS} = u_{BS}(i)$ an, so ergibt sich bei einem Stromsprung Δi von i_1 auf $i_2 = i_1 + \Delta i$ folgender zeitlicher Spannungsverlauf

$$u_B(t) = u_{BS2} + \left(\frac{u_{BS1}}{i_1}\Delta i + u_{BS1} - u_{BS2}\right) e^{-t/\tau}. \tag{4}$$

Die dem Bogen zugeführte Leistung beträgt dann

$$P(t) = u_B(t) i_2 = u_{BS2} i_2 - \left(\frac{u_{BS1}}{i_1} i_2 \Delta i + (u_{BS1} - u_{BS2}) i_2\right) e^{-t/\tau}. \tag{5}$$

Die Verlustleistung des Bogens, die zur Zeit $t = 0$ gleich $u_{BS1} i_1$ ist, geht ebenfalls mit der Zeitkonstanten τ auf den stationären Zustand *2* über. Der zeitliche Verlauf der Verlustleistung ist somit durch die Gleichung

$$P_v(t) = u_{BS1} i_1 + (u_{BS2} i_2 - u_{BS1} i_1)(1 - e^{-t/\tau}) \tag{6}$$

gegeben. In dem Zeitraum des Überganges vom stationären Zustand *1* zum stationären Zustand *2* sind also die zugeführte Leistung und die Verlustleistung nach *Abb. 11* nicht gleich. Die Differenz beider Leistungen, die der schraffierten Fläche in *Abb. 11* entspricht, bleibt im Bogen als erhöhter Wärmeinhalt. Die Zunahme des Wärmeinhaltes ergibt sich also aus dem Integral über der Differenz von Gl. (5) und (6)

$$\Delta Q = \int_0^\infty (P - P_v)\, dt. \tag{7}$$

Aus dieser Gleichung hebt sich ein Teil der Größen heraus, so daß das Zeitintegral nur über die Exponentialfunktion genommen werden muß

$$\Delta Q = \tau\left(\frac{u_{BS1}}{i_1} i_2 \Delta i + u_{BS1}\Delta i\right) = \tau u_{BS1}\left\{\left(1 + \frac{\Delta i}{i_1}\right)\Delta i + \Delta i\right\}. \tag{8}$$

Im Grenzübergang $\Delta i \to 0$ ergibt sich

$$\frac{dQ}{di} = 2\tau u_{BS} \tag{9}$$

und für den Wärmeinhalt des Bogens

$$Q - Q_K = 2\tau \int u_{BS}\, di. \tag{10}$$

Die Integrationskonstante Q_K entspricht dabei dem Wärmeinhalt des Bogenvolumens bei Raumtemperatur. Man kann also aus Kennlinie und Zeitkonstante den Wärmeinhalt des Bogens berechnen, ohne Annahmen über die physikalische Natur des Wärmeverlustes im Bogen zu machen. Bei der Integration von Gl. (9) ist vorausgesetzt, daß die Zeitkonstante unabhängig vom Strom ist. Dies gilt nur innerhalb gewisser Strombereiche, so daß die Zeitkonstante bei allgemein gültiger Schreibweise unter dem Integral stehen müßte.

Für das dynamische Verhalten des Bogens muß eine Differentialgleichung gefunden werden, da nach *Abb. 9* die Kennlinie allein für die Beschreibung nicht ausreichend ist. Man geht dabei von der Leistungsbilanz und der Annahme aus, daß der Widerstand des Bogens eine eindeutige Funktion des Wärmeinhaltes ist. Bei der Unterbrechung eines Bogens ist besonders das Verhalten bei kleineren Augenblickswerten der Ströme von Bedeutung. Für diesen Bereich aber kann die Kennlinie oftmals durch den hyperbelförmigen Teil der Gl. (1) beschrieben werden. Mit der stationären Kennlinie $u_{\mathrm{BS}} = P_0/i$ ergibt das Integral Gl. (10) den Ausdruck

$$Q = 2\tau P_0 \ln \frac{i}{K}, \tag{11}$$

wobei K eine Konstante ist. Mit dem stationären Bogenwiderstand

$$r_{\mathrm{BS}} = \frac{u_{\mathrm{s}}}{i} = \frac{P_0}{i^2} \tag{12}$$

ergibt sich durch Eliminierung von i aus Gl. (11) und (12) ein Zusammenhang zwischen Widerstand und Wärmeinhalt

$$r_{\mathrm{BS}} = K_1 \mathrm{e}^{-Q/(\tau P_0)}. \tag{13}$$

Gl. (13) sagt aus, daß sich der Bogenwiderstand um den Faktor e vergrößert oder verkleinert, wenn die Wärmemenge τP_0 entzogen bzw. zugeführt wird. Nimmt man nun an, dieser Zusammenhang gelte nicht nur für den stationären Widerstand, sondern auch für den dynamischen Bogenwiderstand $r_{\mathrm{B}} = F(Q)$, dann gilt

$$\frac{1}{r_{\mathrm{B}}} \frac{\mathrm{d}r_{\mathrm{B}}}{\mathrm{d}t} = \frac{1}{F} \frac{\mathrm{d}F}{\mathrm{d}Q} \frac{\mathrm{d}Q}{\mathrm{d}t}. \tag{14}$$

Setzt man in diese Gleichung F nach Gl. (13) und berücksichtigt, daß $\mathrm{d}Q/\mathrm{d}t$ gleich der Differenz zwischen zugeführter und abgeführter Leistung ist, so ergibt sich

$$\frac{1}{r_{\mathrm{B}}} \frac{\mathrm{d}r_{\mathrm{B}}}{\mathrm{d}t} = -\frac{1}{\tau P_0}(P - P_{\mathrm{v}}). \tag{15}$$

Die dem Bogen zugeführte Leistung P ist durch den Augenblickswert von u_{B} und i gegeben. Befindet sich der Bogen auf der stationären Kennlinie, so muß die zeitliche Änderung des Widerstandes verschwinden und somit die Verlustleistung P_{v} gleich der der stationären Kennlinie sein. Es ergibt sich also folgende Differentialgleichung für das dynamische Verhalten des Bogens, die in gleicher Form aus Modellvorstellungen von O. Mayr abgeleitet wurde:

$$\frac{1}{r_{\mathrm{B}}} \frac{\mathrm{d}r_{\mathrm{B}}}{\mathrm{d}t} = -\frac{1}{\tau}\left(\frac{u\,i}{P_0} - 1\right). \tag{16}$$

Diese Gleichung sagt aus, daß der Bogenwiderstand abnimmt, wenn die zugeführte Leistung größer ist als die Verluste und umgekehrt. Schreibt man die Bogenverluste allgemein in der Form $P_{\mathrm{v}} = u_{\mathrm{BS}} i$, so kann die Gl. (16) auf beliebige Kennlinienformen ausgedehnt werden

$$\frac{1}{r_{\mathrm{B}}} \frac{\mathrm{d}r_{\mathrm{B}}}{\mathrm{d}t} = -\frac{1}{\tau}\left(\frac{u}{u_{\mathrm{BS}}} - 1\right). \tag{17}$$

Da Gl. (16) und (17) zwei unbekannte Funktionen der Zeit, nämlich $u_{\mathrm{B}}(t)$ und $r_{\mathrm{B}}(t)$ enthalten, ist also zur Lösung noch eine weitere Gleichung nötig, die durch den Stromkreis gegeben ist, in dem sich der Bogen befindet. In Kapitel 46 wird die Gleichung weiter behandelt werden.

In den beiden Differentialgleichungen für den dynamischen Bogen sind einige Voraussetzungen enthalten, die nur näherungsweise erfüllt sind. So verläuft z. B. die Änderung des Widerstandes und der Bogenspannung nach *Abb. 10* nicht streng

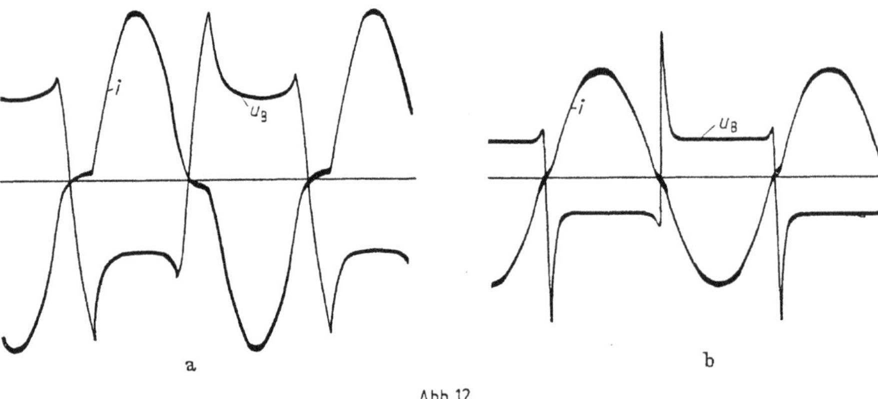

Abb. 12

nach einer Exponentialfunktion, und auch die Zeitkonstante ist bei verschiedenen Strömen unterschiedlich. Jedoch halten sich die Fehler in vertretbaren Grenzen, so daß besonders Gl. (16) zum Verständnis der beim Schalten auftretenden Vorgänge viel beigetragen hat.

Die Trägheit bewirkt bei einem Wechselstrombogen, daß der Widerstand im Stromnulldurchgang nicht, wie nach der stationären Kennlinie zu vermuten wäre, einen unendlich großen Wert annimmt, sondern daß je nach Kühlung des

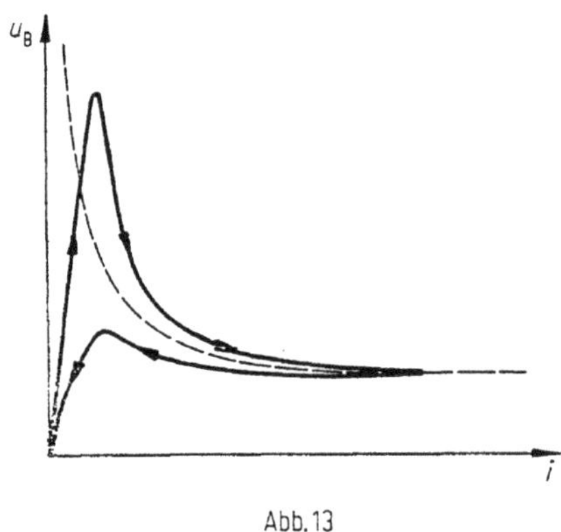

Abb. 13

Bogens ein mehr oder weniger großer Restwiderstand r_{B0} auftritt. Wegen des endlichen Bogenwiderstandes im Strom-Nulldurchgang wird auch die Bogenspannung nach *Abb. 12* zusammen mit dem Strom Null. Man bezeichnet die in *Abb. 13* dargestellte Kennlinie eines Wechselstrombogens als dynamische Kennlinie. Sie verläuft bei fallendem Strom unterhalb und bei steigendem Strom oberhalb der stationären Kennlinie.

Die Untersuchung von Stabilitätsproblemen, wie sie z. B. bei einem Bogen nach *Abb. 5* auftreten, kann ebenfalls mit der Differentialgleichung des dynamischen Bogens ausgeführt werden. Die Gleichungen sind jedoch nicht linear und haben daher für diese Zwecke eine noch zu komplizierte Form. Zur Stabilitätsuntersuchung geht man normalerweise so vor, daß die Reaktion des Bogens auf eine kleine Änderung von Strom und Spannung berechnet wird. Hat der Bogen dabei das Bestreben, in seinen ursprünglichen Zustand zurückzukehren, so ist er stabil, andernfalls instabil. Für eine kleine Abweichung von der stationären Kennlinie können wir für die Bogenspannung $u_B = U_{BS} + \Delta u$ und den Strom $i = I + \Delta i$ schreiben, wobei U_{BS} und I konstant sind. Die Änderung der stationären Kennlinie ergibt sich zu

$$u_{BS} = U_{BS}(I) + \frac{dU_{BS}}{dI} \Delta i. \tag{18}$$

Berücksichtigt man ferner, daß $\frac{1}{r}\frac{dr}{dt} = \frac{1}{u}\frac{du}{dt} - \frac{1}{i}\frac{di}{dt}$, so können wir die Gl. (17) für kleine Abweichungen von der stationären Kennlinie in folgender Form schreiben:

$$\frac{1}{U_{BS} + \Delta u}\frac{d}{dt}\Delta u - \frac{1}{I_{BS} + \Delta i}\frac{d}{dt}\Delta i = -\frac{1}{\tau}\left\{\frac{U_{BS} + \Delta u}{U_{BS}(I) + \frac{dU_s}{dI}\Delta i} - 1\right\}. \tag{19}$$

Nimmt man nun an, daß $U_{BS} \gg \Delta u$ und $I \gg \Delta i$ und daß weiterhin $U_{BS} \gg (dU_s/dI)\Delta i$, was für Bogenkennlinien normalerweise erfüllt ist, so erhält man unter Vernachlässigung von Gliedern höherer Ordnung eine linearisierte Form der Differentialgleichung des dynamischen Bogens

$$\frac{d}{dt}\Delta u - \frac{U_{BS}}{I}\frac{d}{dt}\Delta i = -\frac{1}{\tau}\left\{\Delta u - \frac{dU_{BS}}{dI}\Delta i\right\}. \tag{20}$$

Führt man noch den stationären Bogenwiderstand $R_{BS} = U_{BS}/I$ ein, so erhält die Gleichung die sehr einfache Form

$$\frac{d}{dt}(\Delta u - R_{BS}\Delta i) + \frac{1}{\tau}\left(\Delta u - \frac{dU_{BS}}{dI}\Delta i\right) = 0. \tag{21}$$

Auch diese Gleichung enthält, wie Gl. (17), noch die beiden unbekannten Zeitfunktionen $u(t)$ und $i(t)$, so daß zur weiteren Behandlung des Stabilitätsproblems noch der Stromkreis betrachtet werden muß.

Für den in *Abb. 5* gezeigten Gleichstrombogen mit Begrenzung durch einen Vorwiderstand ergibt sich bei kleinen Abweichungen von der stationären Kennlinie nach Gl. (2)

$$U_{BS} + \Delta u = U - (I + \Delta i)R_v. \tag{22}$$

Da aber Gl. (2) für jeden stationären Zustand gilt, auch für $\Delta u = 0$ und $\Delta i = 0$, so heben sich aus Gl. (22) U_{BS}, U und I heraus, und es ergibt sich

$$\Delta i = -\frac{\Delta u}{R_v}. \tag{23}$$

Setzt man dies in Gl. (21) ein, so erhält man

$$\left(1 + \frac{R_{BS}}{R_v}\right)\frac{d}{dt}\Delta u + \frac{1}{\tau}\left(1 + \frac{dU_s}{dI}\frac{1}{R_v}\right)\Delta u = 0. \tag{24}$$

Diese Differentialgleichung könnte prinzipiell gelöst werden und würde eine Zeitfunktion für Δu ergeben. In komplizierteren Stromkreisen als der in *Abb. 5* gezeigte könnte die Differentialgleichung aber von höherer Ordnung sein, und eine Lösung wäre nur in Sonderfällen möglich. Zur Untersuchung von Stabilitätsproblemen ist eine Kenntnis des zeitlichen Verlaufs von Δu und Δi jedoch gar nicht nötig, wie folgende Überlegung zeigt. Eine lineare Differentialgleichung mit konstantem Koeffizienten

$$a_n \frac{\mathrm{d}^n}{\mathrm{d}t^n} \Delta u + \cdots + a_2 \frac{\mathrm{d}^2}{\mathrm{d}t^2} \Delta u + a_1 \frac{\mathrm{d}}{\mathrm{d}t} \Delta u + a_0 \Delta u = 0. \tag{25}$$

ergibt als Lösung stets Funktionen der Zeit, die periodisch sein können und einen positiven oder negativen Abklingkoeffizienten haben. Da es für Stabilitätsbetrachtungen aber nur wesentlich ist, ob der Bogen bei kleinen Abweichungen auf seinen ursprünglichen Zustand zurückkehrt, kommt es also lediglich darauf an, festzustellen, ob die Amplituden der Schwingungen abklingen oder zunehmen. Klingen die Schwingungen ab, so ist der Zustand des Bogens stabil. Nach einem Verfahren von Hurwitz kann dies allein aus den Koeffizienten der Differentialgleichung ermittelt werden. In unserem Fall lautet die Bedingung für Stabilität

$$a_1 > 0 \quad a_0 > 0 \quad \text{bzw.} \quad 1 + \frac{R_{\mathrm{BS}}}{R_{\mathrm{v}}} > 0, \qquad \frac{1}{\tau}\left(1 + \frac{\mathrm{d}U_{\mathrm{BS}}}{\mathrm{d}I}\,\frac{1}{R_{\mathrm{v}}}\right) > 0. \tag{26}$$

Da sowohl die Zeitkonstante τ als auch R_{BS} und R_{v} positive Größen sind, ist die Bedingung $a_1 > 0$ stets erfüllt, und aus $a_0 > 0$ ergibt sich

$$-\frac{\mathrm{d}U_{\mathrm{BS}}}{\mathrm{d}I} < R_{\mathrm{v}}. \tag{27}$$

Für die Stabilität ist also in diesem Falle nur die Steilheit der Kennlinie entscheidend, die Zeitkonstante spielt keine Rolle. Dies gilt aber nur für einen Gleichstrombogen, für Wechselstrombögen wird auch die Zeitkonstante in das Kriterium eingehen, wie spätere Berechnungen zeigen werden.

Für eine Kennlinie von der Form $u_{\mathrm{B}} = P_0/i$ ergibt sich Gl. (28)

$$-\frac{\mathrm{d}u_{\mathrm{B}}}{\mathrm{d}i} = \frac{P_0}{i^2} < R_{\mathrm{v}}. \tag{28}$$

Nach Gl. (2) können die beiden Ströme i_1 und i_2 in *Abb. 6* für die hyperbelförmige Kennlinie zu

$$i_{1,2} = \frac{1}{2R_{\mathrm{v}}}\left(U \pm \sqrt{U^2 - 4R_{\mathrm{v}}P_0}\right) \tag{29}$$

berechnet werden. Führt man dies in die Instabilitätsbedingung Gl. (28) ein, so erhält man

$$P_0 < \frac{1}{4R_{\mathrm{v}}}\left(2U^2 \pm 2U\sqrt{U^2 - 4R_{\mathrm{v}}P_0} - 4R_{\mathrm{v}}P_0\right) \tag{30}$$

oder

$$\begin{aligned} 0 &< 2\left(U^2 - 4R_{\mathrm{v}}P_0 \pm U\sqrt{U^2 - 4R_{\mathrm{v}}P_0}\right) = \\ &= 2\sqrt{U^2 - 4R_{\mathrm{v}}P_0}\left(\sqrt{U^2 - 4R_{\mathrm{v}}P_0} \pm U\right). \end{aligned} \tag{31}$$

Die Ungleichheit ist aber nur für das positive Vorzeichen von U erfüllt, das dem größeren Strom i_2 entspricht, so daß der Bogen nur bei diesem stabil brennt. Die Berechnung läßt sich leicht auf die vollständige Form der Kennlinie nach Gl. (1) ausdehnen, wobei dann auch stets der größere Strom den stabilen Zustand des Bogens ergibt. Es sei noch abschließend bemerkt, daß auch eine Widerstandsgerade, welche die Kennlinie nur berührt, was durch die Bedingung $U^2 = 4R_{\mathrm{v}}P_0$ gegeben ist, zu einem instabilen Bogen führt. In diesem Fall ergibt sich die Gl. (26) zu

$$\frac{1}{\tau}\left(1 + \frac{\mathrm{d}\,U_{\mathrm{BS}}}{\mathrm{d}I}\,\frac{1}{R_{\mathrm{v}}}\right) = 0.$$

Zum Erzielen der Stabilität ist jedoch die Bedingung $a_0 > 0$ erforderlich.

45. Ausschalten induktiver Gleichstromkreise

Wir haben bei unseren früheren Untersuchungen angenommen, daß es möglich ist, den Widerstand des Stromkreises ganz plötzlich zu ändern, daß man ihn insbesondere an der Schaltstelle beim Einschalten augenblicklich von unendlich auf Null, beim Ausschalten von Null auf unendlich bringen kann. In Wirklichkeit trifft diese Voraussetzung nicht zu. Es ist stets eine endliche Zeit erforderlich, um diese große Widerstandsänderung an der Schaltstelle zu bewirken. Beim Einschaltvorgang spielt die allmähliche Änderung keine wesentliche Rolle, da der Strom durch die Wirkung der Induktivität doch nur langsam anwächst und daher während der kurzen Dauer der Berührung der Schaltstücke keine merkbare Spannung an ihnen hervorruft. Beim Ausschalten dagegen hat der Strom zunächst noch seinen vollen Wert und kann daher eine erhebliche Spannung am Schalter erzeugen, deren Veränderung den Ablauf des Ausschaltvorganges maßgebend beeinflußt. In der Tat erhielten wir in Kapitel 1 unendliche Ausschaltspannungen, wenn wir annahmen, daß der Schaltwiderstand augenblicklich von Null auf unendlich gesteigert wurde, und konnten nur dadurch eine Begrenzung der Ausschaltspannung erzielen, daß dem Strom ein Nebenweg zur Schaltstelle geboten wurde.

Wenn der Kontaktwiderstand beim Ausschalten des Stromkreises veränderlich ist, sind die vorher abgeleiteten einfachen Schaltgesetze nicht mehr anwendbar. Die Superposition des stationären Stromes i und des Ausgleichsstromes i' hat konstanten Widerstand des Stromkreises zur Voraussetzung. Bei veränderlichem Widerstand erhält man für den Verlauf des Stromes keine lineare Differentialgleichung mit konstanten Koeffizienten mehr. Die Spannung des Gesamtstromes ist daher nicht mehr gleich der Summe der Spannungen irgendwelcher Teilströme. Man muß zur Untersuchung des Ausschaltvorganges bestimmte Gesetze für die Veränderung des Kontaktwiderstandes oder der Ausschaltspannung einführen und die dann entstehende Differentialgleichung lösen.

Öffnet man den Schalter eines beliebigen Stromkreises, so wird während der Öffnungsdauer entweder der Kontaktdruck oder die Kontaktfläche immer geringer und nimmt schließlich bis auf Null ab, so wie es in *Abb. 1* dargestellt ist. Nimmt man gleichmäßige Bewegung der Schaltstücke an und nennt die Öffnungsdauer t_{s}, so vermindert sich die ursprüngliche Kontaktfläche S auf

$$q = S\left(1 - \frac{t}{t_{\mathrm{s}}}\right), \tag{1}$$

wenn man die Zeit t vom Beginn der Öffnungsdauer an zählt. Der Kontaktwiderstand, der bei voller Fläche r ist, vergrößert sich daher auf

$$\frac{r}{1 - t/t_s} = \frac{r t_s}{t_s - t}. \tag{2}$$

Dieser veränderliche Widerstand tritt zu dem konstanten Nutzwiderstand R des Stromkreises noch hinzu. Man erhält daher für den Ausschaltvorgang des Gleichstromkreises nach *Abb. 1* folgende Differentialgleichung

$$L \frac{\mathrm{d}i}{\mathrm{d}t} + R i + \frac{r t_s}{t_s - t} i = U. \tag{3}$$

Sie ist zwar linear in i, hat aber einen von der Zeit abhängigen Koeffizienten im dritten Glied.

Die Lösung dieser Gleichung in geschlossener Form ist möglich und würde den Verlauf des Stromes während der Ausschaltdauer ergeben. Sie ist jedoch recht kompliziert, so daß wir uns mit einer partiellen Lösung begnügen wollen. Von

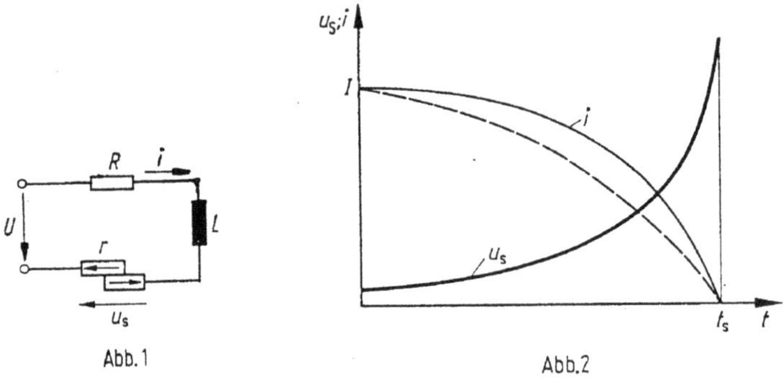

Abb. 1 Abb. 2

Interesse ist besonders die Größe der Spannung und der Stromdichte am Schalter im Augenblick des Öffnens der Schaltstücke. Zu Beginn der Schalterbewegung, wenn die Kontaktfläche noch erheblich ist, ist die Schalterspannung u_s sicher gering. Erst mit abnehmender Kontaktfläche und zunehmendem Kontaktwiderstand nach Gl. (2) wird sie erheblich. Sie ist jederzeit gegeben durch

$$u_s = \frac{r t_s}{t_s - t} i. \tag{4}$$

Entsprechend der Darstellung in *Abb. 2* wird der Strom i im Verlauf des Ausschaltens immer geringer. Da er am Schluß der Schaltzeit, also für $t = t_s$, null werden soll, kann man für den Zeitbereich kurz vor Null bei linearer Annäherung setzen

$$\frac{\mathrm{d}i}{\mathrm{d}t} = - \frac{i}{t_s - t}. \tag{5}$$

Setzt man dies in die Differentialgleichung (3) ein, so erhält man

$$- \frac{L i}{t_s - t} + R i + \frac{t_s r}{t_s - t} i = U. \tag{6}$$

Für den letzten Schaltaugenblick wird der Strom selbst sehr klein, man darf daher das zweite Glied dieser Gleichung vernachlässigen. Der Widerstand R des Leitungskreises ist daher ohne Einfluß auf das Ende des Ausschaltvorgangs. Lediglich der Quotient $i/(t_s - t)$ behält eine endliche Größe. Ersetzt man ihn durch seinen Wert aus Gl. (4), so erhält man

$$-\frac{L}{r}\frac{u_s}{t_s} + u_s = U, \tag{7}$$

und daher wird der Endwert der Ausschaltspannung

$$u_{se} = \frac{U}{1 - \dfrac{L}{r t_s}}. \tag{8}$$

Aus dieser Beziehung, die die höchste Spannung des Ausschaltvorganges darstellt, erkennt man, daß große Induktivität L und kleine Schaltdauer t_s die Ausschaltspannung gegenüber der Betriebsspannung stark vergrößern. Großer Kontaktwiderstand r ist dagegen zweckmäßig, um die Ausschaltspannung klein zu halten. Für gewisse Werte von L, r und t_s kann die Ausschaltspannung unendlich werden, und für noch größere Werte des Quotienten im Nenner der Gl. (8) wird sie sogar negativ und würde gegen den Strom gerichtet sein. In diesem Fall darf die Differentialgleichung jedoch nicht mehr nach dem oben erwähnten Verfahren behandelt werden.

Als Bedingung für endliche Ausschaltspannung ergibt sich also, daß die Öffnungsdauer des Schalters

$$t_s > \frac{L}{r} \tag{9}$$

sein muß. Sie muß daher größer sein als die Zeitkonstante der Schaltstücke selbst, berechnet mit der gesamten Induktivität des Stromkreises. Diese Bedingung kann man im allgemeinen nur durch genügend große Öffnungszeiten und durch Wahl geeigneten Schaltstückwerkstoffes mit großem Flächenwiderstand erreichen.

Für einen Kreis ohne Induktivität läßt sich der zeitliche Verlauf des Stromes aus Gl. (3) leicht bestimmen, die sich dabei vereinfacht zu

$$R i + \frac{r t_s}{t_s - t} i = U \tag{10}$$

und die Lösung hat

$$i = \frac{U}{R + \dfrac{r}{1 - t/t_s}}. \tag{11}$$

Der Ausschaltwiderstand r wird also erst wirksam, wenn seine zeitliche Zunahme die Größenordnung des sonstigen Widerstandes R im Stromkreise erreicht hat. Das tritt meistens erst gegen Ende der Ausschaltdauer t_s ein.

Für einen bestimmten Fall ist der vollständige Verlauf des Stromes und der Schalterspannung im induktiven Stromkreis während der Öffnungsdauer in *Abb. 2* eingetragen. Der Ausschaltvorgang spielt sich physikalisch so ab, daß der mit dem Abgleiten der Kontaktflächen zunehmende Kontaktwiderstand den Strom entsprechend Gl. (11) nach der gestrichelten Linie der *Abb. 2* abscheren würde, wenn sich die Induktivität des Stromkreises dem nicht widersetzen und versuchen würde, ihn aufrecht zu erhalten. Der Strom nimmt deshalb anfangs nur langsam ab und muß dieses Zurückbleiben gegen Ende der Öffnungsdauer, wenn der Kontaktwiderstand überwiegt, einholen. Durch die alsdann schnellere Stromänderung entsteht eine entsprechend große Spannung an der Induktivität, die auch über die Schaltstrecke wirksam wird und die man als Öffnungsspannung des Stromkreises bezeichnet.

Gl. (3) stellt eine Bedingung für gutes Abschalten aller Gleit- und Druckschaltstücke dar. Sie kann vor allem für Stufenschalter, z. B. von Widerständen, für Relaisschaltstücke und besonders für das Kommutieren der Ströme in Kollektormaschinen angewendet werden. Bei diesen streichen die einzelnen Kollektorlamellen unter den feststehenden Bürsten mit erheblicher Geschwindigkeit hinweg, wobei trotz der Induktivität der Läuferwicklung keine hohe Spannung an der Ablaufkante entstehen darf.

Noch einer weiteren Bedingung muß der Schalter genügen. Seine Schaltstücke müssen ausreichende Wärmekapazität haben, um die beim Ausschalten entstehende Stromwärme aufnehmen zu können. Die während der gesamten Öffnungsdauer entstehende Schaltarbeit ist

$$A = \int_0^{t_s} u_s i \, \mathrm{d}t. \tag{12}$$

Setzt man hierin die Spannung u_s an den Schaltstücken ein, die nach Gl. (4) durch das dritte Glied der Differntialgleichung (3) gegeben ist, so erhält man

$$A = \int_0^{t_s} \left((U - Ri - L \frac{\mathrm{d}i}{\mathrm{d}t} \right) i \, \mathrm{d}t = \int_0^{t_s} (U - Ri) i \, \mathrm{d}t - \int_I^0 L i \, \mathrm{d}i. \tag{13}$$

Dabei sind im letzten Glied, in dem sich das Zeitdifferential forthebt und das Stromdifferential übrigbleibt, als Integrationsgrenzen die Werte des Stromes zur Zeit $t = 0$ und $t = t_s$ eingesetzt. Die Integration dieses Gliedes läßt sich alsdann ausführen, da wir die Induktivität als konstant annehmen. Führt man außerdem unter dem ersten Integral an Stelle der Spannung U den Anfangsstrom $I = U/R$ ein, der nach Gl. (11) im wesentlichen durch den gegenüber dem Kontaktwiderstand r größeren Belastungswiderstand R bestimmt ist, so erhält man die Schaltarbeit zu

$$A = \frac{LI^2}{2} + R \int_0^t (I - i) i \, \mathrm{d}t. \tag{14}$$

Das erste Glied stellt hierin die in der Induktivität des Stromkreises aufgespeicherte Arbeit dar. Diese wird beim Ausschalten vollständig dem Schalter zugeführt, an die Stromquelle wird keine Energie zurückgeführt. Die gesamte Schaltarbeit enthält außerdem noch einen zweiten Bestandteil, der vom Verlauf des verschwindenden Stromes i abhängt und dem Schalter von der Stromquelle zugeführt wird. Wir wollen diesen Überschuß für zwei extreme Fälle berechnen. Der Ausschaltstrom i wird nach *Abb. 3* irgendwo zwischen dem Strom i_1 verlaufen, der bei geringer Induktivität und kleinem Widerstand R geradlinig während der

Öffnungsdauer abfällt, und zwischen dem Strom i_2, der bei großer Induktivität und erheblichem Widerstand R fast bis zum Schluß der Öffnungsdauer konstant bleibt.

Für den ersten Grenzfall ist

$$i_1 = I\left(1 - \frac{t}{t_s}\right), \tag{15}$$

so daß das Integral der Gl. (14) wird

$$\int_0^{t_s} (I - i)\,i\,\mathrm{d}t = I^2 \int_0^{t_s} \frac{t}{t_s}\left(1 - \frac{t}{t_s}\right)\mathrm{d}t = I^2\,\frac{t_s}{6}. \tag{16}$$

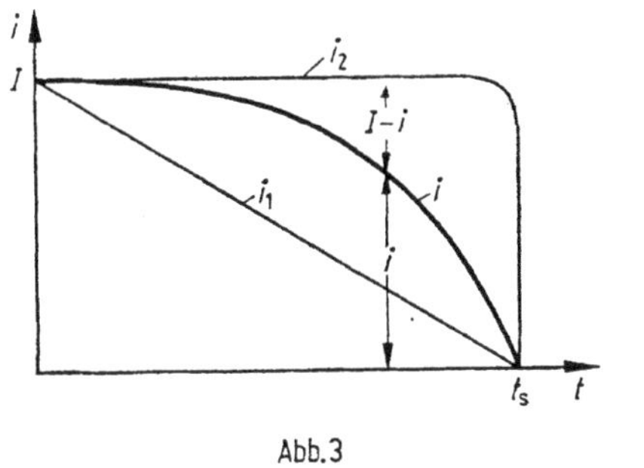

Abb. 3

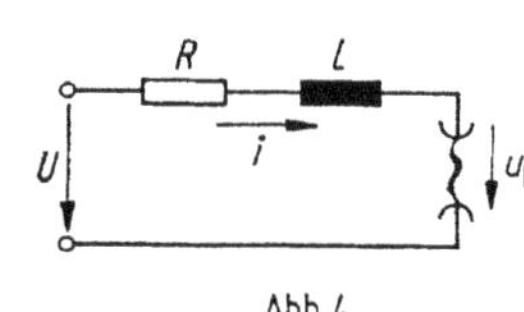

Abb. 4

Es hat hierbei seinen höchsten Wert. Die maximale Schaltarbeit wird daher

$$A_{\max} = \frac{LI^2}{2} + \frac{RI^2 t_s}{6}. \tag{17}$$

Führt man an Stelle des Widerstandes die Zeitkonstante des Stromkreises

$$T = \frac{L}{R} \tag{18}$$

ein, so kann man die Beziehung für die Schaltarbeit schreiben

$$A_{\max} = \frac{LI^2}{2}\left(1 + \frac{1}{3}\,\frac{t_s}{T}\right), \tag{19}$$

und sieht, daß sie um so größer wird, je länger die Öffnungsdauer des Schalters im Verhältnis zur Zeitkonstante T ist.

Im zweiten Grenzfall ist der Strom i_2 bis zum letzten Augenblick gleich dem ursprünglichen Strom I, so daß der Klammerwert unter dem Integral der Gl. (14) verschwindet und das ganze Integral gleich Null wird. In diesem Fall tritt die geringstmögliche Schaltarbeit

$$A_{\min} = \frac{LI^2}{2} \tag{20}$$

auf, die nur gleich der Arbeit ist, die in der Induktivität aufgespeichert war.

Trotz dieser geringeren Schaltarbeit werden die Schaltstücke im Falle großer Induktivität stärker beansprucht, weil die Arbeit sich nicht auf die ganze Öffnungsdauer verteilt, sondern im letzten Augenblick an der ablaufenden Kante der

Schaltstücke frei wird und diese Ablaufkante stärker erhitzen kann als die größere Arbeit nach Gl. (19), die sich auf die ganze Kontaktfläche verteilt.

Die Schaltstücke müssen so bemessen sein, daß sie die Schaltarbeit, ohne dabei zu schmelzen, durch ihre Wärmekapazität und innere Wärmeableitung aufnehmen können, so daß keine Brandperlen entstehen. Die günstigsten Stoffe in dieser Hinsicht sind Silber und Kupfer. Silber wird meist für schwache Ströme, Kupfer oft für starke Ströme verwendet. Besonders Silber hat außerdem geringen Kontaktwiderstand, so daß auch die Erwärmung im Dauerbetrieb gering bleibt, jedoch ist es schwer, die Überspannungsbedingungen nach Gl. (9) gleichzeitig zu erfüllen.

Wesentlichen Einfluß auf die Ausschaltspannung und die Schaltarbeit üblicher Stromkreise hat die Art ihrer Belastung. Glühlampen und ähnliche Widerstände sind fast ohne Induktivität und lassen sich leicht abschalten. Batterien und Nebenschlußmotoren liefern eine vom Strom unabhängige Gegenspannung, so daß beim Öffnen des Schalters nur eine geringe wirksame Spannung unterbrochen wird, die keine erheblichen Ausschaltspannungen erzeugt. Die Erregerwicklungen dieser Motoren, die erhebliche Induktivität haben, bleiben dabei durch den Läufer geschlossen, so daß sich ihre Energie nicht in den Schalter zu entladen braucht. Reihenschlußmotoren dagegen verlieren beim Ausschalten ihre Gegenspannung und die volle Energie ihres magnetischen Feldes. Bei ihrem Ausschalten wird dadurch der Schalter erheblich stärker beansprucht.

Bei Schaltern, die den gesamten Stromkreis von seiner vollen Spannung abtrennen müssen, läßt sich die Überspannungsbedingung Gl. (9) fast nie einhalten. Die Spannung am Schalter steigt dann beim Öffnen der Schaltstücke auf hohe Werte an, wodurch in den Schaltstücken unmittelbar an der Trennstelle eine große Leistung umgesetzt wird. Durch die auftretende Temperaturerhöhung schmilzt und verdampft ein Teil des Schaltstückwerkstoffes, so daß unmittelbar nach der Trennung der Schaltstücke ein Lichtbogen im Metalldampf brennt. Bei weiterer Kontaktöffnung wird auch das die Schaltstücke umgebende Löschmittel (Luft oder Öl) so stark erwärmt, daß auch hier ein Leitungsmechanismus für einen Lichtbogen möglich wird.

Der Widerstand im Schalter ist dann durch den Bogenwiderstand gegeben und läßt sich nicht mehr, wie beim Widerstandsschalter, als Funktion der Zeit ausdrücken. Vielmehr beeinflußt der Lichtbogen durch die Besonderheiten seiner Kennlinie den Stromverlauf, so daß sich der Ausschaltvorgang nur durch eine Differentialgleichung beschreiben läßt. Für einen Stromkreis nach *Abb. 4* muß daher folgende Differentialgleichung angesetzt werden:

$$L\frac{\mathrm{d}i}{\mathrm{d}t} + Ri + u_{\mathrm{B}} = U. \tag{21}$$

Dabei ist U die Summe aller im Stromkreis auftretenden Spannungen. So würde z. B. eine etwa vorhandene Gegenspannung eines Motors von der Spannung des Generators abgezogen werden müssen:

$$U = U_G - U_{\mathrm{M}}. \tag{22}$$

Wir können Gl. (21) auch wie folgt umformen:

$$L\frac{\mathrm{d}i}{\mathrm{d}t} = (U - Ri) - u_{\mathrm{B}} = \Delta u. \tag{23}$$

Man erkennt, daß ein negativer Wert von $\mathrm{d}i/\mathrm{d}t$ und damit eine Abnahme des Stromes nur möglich ist, wenn auch Δu negativ ist, wenn also u_{B} größer als

$(U - Ri)$ ist. Nach *Abb. 5* bedeutet das, daß die Kennlinie des Lichtbogens stets über der Widerstandsgeraden verlaufen muß. Wenn die Bogenspannung, wie bei der Kennlinie *2*, die Widerstandsgerade schneidet, wird der Strom lediglich vom Wert I auf den Wert I_1 vermindert. Bei großen Strömen kann wegen des Spannungsabfalls am Widerstand schon bei $u_B < U$ der Strom abnehmen. Sobald aber der Strom im Kreis klein wird, muß wegen des geringen Spannungsabfalls am Widerstand die Bogenspannung größer als die treibende Spannung sein, damit der Strom weiterhin nach Null geht und eine Löschung des Bogens eintreten kann.

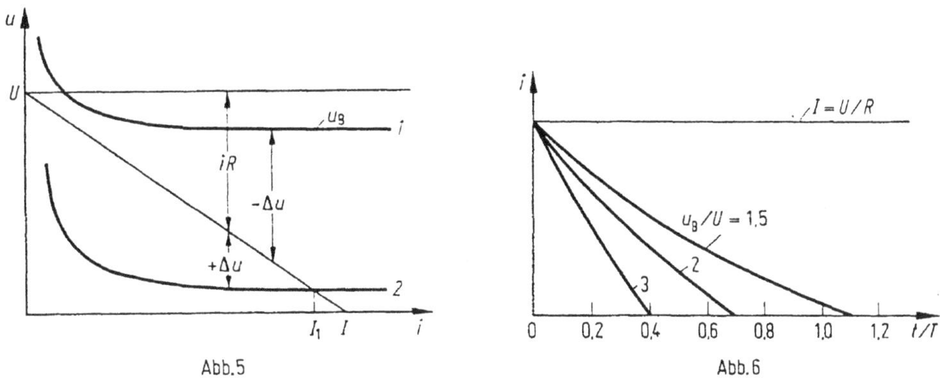

Abb. 5 Abb. 6

Um den zeitlichen Verlauf des Stromes zu bestimmen, müssen wir Gl. (23) integrieren. Dabei wollen wir zunächst den einfachsten Fall annehmen, daß $u_B = \text{const}$ gilt. Wir nehmen also einen Schalter an, der im Vergleich zur Ausschaltzeit schnell öffnet und dann eine konstante Bogenspannung hat. Die Lösung von Gl. (21) lautet dann

$$i = \frac{U}{R}\left\{1 + \frac{u_B}{U}\left(e^{-t/T} - 1\right)\right\}, \tag{24}$$

wobei $T = L/R$ die Zeitkonstante des Stromkreises ist. Der Strom nimmt also in diesem Fall nach *Abb. 6* gemäß einer Exponentialfunktion ab und erreicht nach einer Ausschaltzeit t_s, die vom Verhältnis u_B/U abhängt, den Wert Null. Wenn das Verhältnis u_B/U gerade den Wert $e/(e-1)$ hat, so ergibt sich die Ausschaltzeit zu $t_s = T$. Allgemein berechnet sich die Ausschaltzeit aus Gl. (24) zu

$$t_s = T \ln \frac{u_B - U}{u_B}. \tag{25}$$

Für den allgemeineren Fall nicht konstanter Bogenspannung $u_B = u_B(i)$ kann man in Gl. (23), da Δu nur vom Strom abhängt, die Variablen trennen und erhält nach Integration

$$t = L \int_I^i \frac{di}{\Delta u}. \tag{26}$$

Dabei ist $I = U/R$ der Strom im Augenblick der Trennung der Schaltstücke. Mit diesem Integral könnte durch graphische Auswertung der zeitliche Verlauf $i(t)$

berechnet werden. Wir wollen uns aber nur für die Schaltzeit interessieren. Durch einfache Umformung ergibt sich daraus

$$t = T \int_{I}^{i} \frac{U}{\Delta u} \, \mathrm{d} \frac{i}{I} . \tag{27}$$

Die Schaltzeit ergibt sich, wenn wir als Grenzen für die Variable i/I die Werte eins und Null setzen zu

$$t_s = T \int_{1}^{0} \frac{U}{\Delta u} \, \mathrm{d} \frac{i}{I} . \tag{28}$$

Das Integral stellt die gesamte schraffierte Fläche in *Abb. 7* dar. Wir wollen es die numerische Ausschaltzeit des Schalters nennen und erkennen, daß sich die tatsächliche Ausschaltzeit durch das Produkt aus der Zeitkonstanten T des

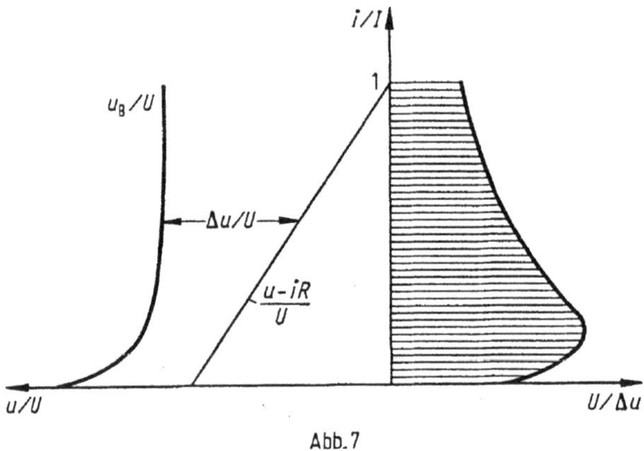

Abb. 7

Stromkreises und der numerischen Ausschaltzeit des Schalters ausdrücken läßt. Die numerische Ausschaltzeit kann für jeden Schalter durch Bestimmung seiner Lichtbogenkennlinie berechnet werden und ist eine für seine Konstruktion typische Größe. Wie wir an dem Beispiel mit konstanter Bogenspannung gesehen haben, kann die numerische Ausschaltzeit größer oder kleiner als eins sein.

Diese Berechnungen gelten nur für den Zeitraum, in dem sich der Bogen auf seiner stationären Kennlinie bewegt und somit u_B eine eindeutige Funktion des Stromes ist. Dies ist im allgemeinen bis zu Strömen von einigen 10 A der Fall. Für größere Ströme ergeben sich Abweichungen, die durch die dynamischen Eigenschaften des Bogens bedingt sind. Wir werden diese Vorgänge im einzelnen in Kapitel 46 behandeln. Zur Berechnung der Ausschaltzeit, die im allgemeinen in der Größenordnung von 5 bis 20 ms liegt, ist die Berücksichtigung einer stationären Kennlinie des Bogens vollkommen ausreichend.

Während der Ausschaltdauer wird im Lichtbogen des Schalters elektrische Leistung umgesetzt. Die gesamte Schaltarbeit ergibt sich wieder zu

$$A = \int_{0}^{t_s} u_B i \, dt . \tag{29}$$

Um die Integration ohne Kenntnis der Ausschaltzeit durchführen zu können, ersetzen wir die Integrationsvariable $\mathrm{d}t$ nach Gl. (26) durch $\mathrm{d}i$ und erhalten

$$A = L\int_I^0 \frac{u_\mathrm{B}}{\Delta u}\, i\,\mathrm{d}i = L\int_I^0 \frac{u_\mathrm{B}}{U - Ri - u_\mathrm{B}}\, i\,\mathrm{d}i. \tag{30}$$

Wir wissen nun, daß zum Löschen eines Gleichstrombogens $u_\mathrm{B} > (U - Ri)$ gelten muß, so daß der Integrand in Gl. (30) negativ ist. Wir vertauschen daher die Grenzen des Integrals und erhalten

$$A = L\int_0^1 \frac{u_\mathrm{B}}{u_\mathrm{B} - (U - Ri)}\, i\,\mathrm{d}i. \tag{31}$$

Der Ausdruck $\dfrac{u_\mathrm{B}}{u_\mathrm{B} - (U - Ri)}$ ist nun für jeden Wert des Stromes größer als eins, nähert sich aber für sehr große Werte von u_B immer mehr dem Wert eins. Für den Fall, daß der Quotient den konstanten Wert Eins hat, ergäbe sich die Schaltarbeit zu

$$A = \frac{LI^2}{2}. \tag{32}$$

Das ist gerade die in der Induktivität gespeicherte magnetische Energie im Augenblick der Schaltstücktrennung. Dieser Wert der Schaltarbeit kann also auch bei sehr großen Werten von u_B, und damit auch kurzen Schaltzeiten, nicht unterschritten werden. Bei kleineren Werten von u_B wird die Schaltarbeit größer und erreicht für den Fall, daß die Bogenspannung u_B z. B. doppelt so groß wie die treibende Spannung U ist, den Wert $1{,}24\,LI^2/2$. Wir können Gl. (31) ähnlich, wie wir es bei der Ausschaltzeit getan haben, umformen und erhalten

$$A = \frac{LI^2}{2}\int_0^1 \frac{2u_\mathrm{B}}{u_\mathrm{B} - (U - Ri)}\, \frac{i}{I}\,\mathrm{d}\,\frac{i}{I}. \tag{33}$$

Man kann also auch die Schaltarbeit in einen nur vom Stromkreis abhängigen und einen vom Schalter abhängigen Anteil zerlegen. Den letzteren wollen wir wieder die numerische Schaltarbeit nennen. Es ist aber zu beachten, daß die numerische Schaltarbeit im Gegensatz zur numerischen Ausschaltzeit stets größer als eins ist.

Die Schaltarbeit wird zum Teil im Lichtbogen, zum Teil an den Schaltstücken frei und kann diese im ganzen auf hohe Temperaturen und sogar zum Schmelzen bringen. Die Schaltstücke müssen daher eine ausreichende Wärmekapazität haben, um die Arbeit aufzunehmen, die an ihnen frei wird. Bei neueren Schnellschaltern, die sehr große Ströme schalten müssen, wird allerdings nur noch ein geringer Teil der Bogenarbeit an den Schaltstücken umgesetzt. Um nämlich eine möglichst große Bogenspannung zu erhalten, wird der Bogen nach *Abb. 8* durch magnetische Eigenbeblasung zwischen eine große Zahl von Löschblechen getrieben. Der Bogen setzt dann an jedem der Löschbleche an, so daß zu der der Bogensäule entsprechenden Spannung für jedes Blech ein Kathoden- und Anodenfall hinzukommt. Bei 10 Blechen würde also die Bogenspannung um einige 100 V ansteigen, da die Summe von Kathoden- und Anodenfall je nach Größe des Stromes zwischen 10 und 30 V liegt. Die Bogenarbeit wird dabei zum größten Teil von den Eisenblechen aufgenommen. *Abb. 9* zeigt das Oszillogramm einer Abschaltung von 20 kA bei 900 V mit einem Schnellschalter. Die Bogenspannung liegt bei etwa 3000 V und führt zu einer Ausschaltzeit von 18 ms.

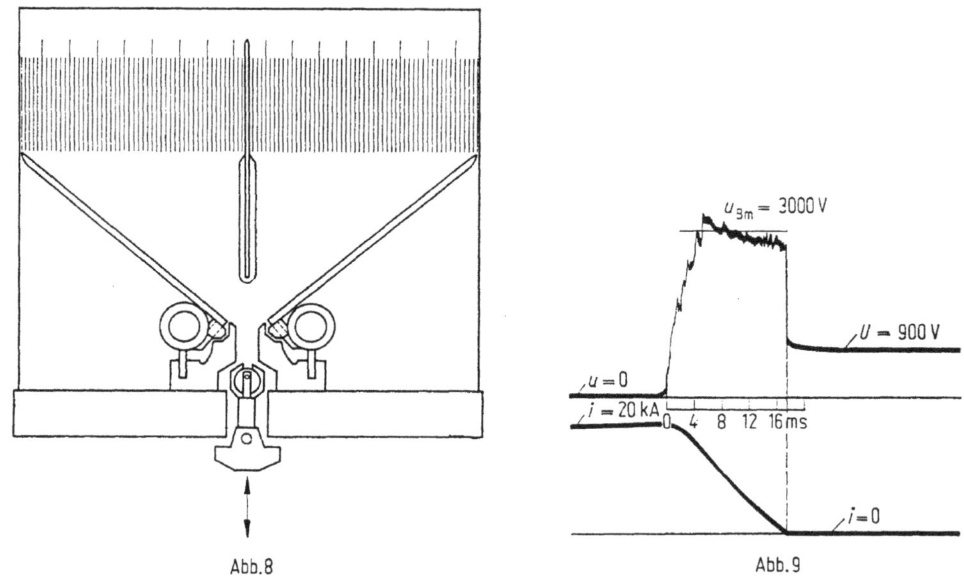

Abb. 8 Abb. 9

Kleinere Ströme und Spannungen, wie sie z. B. beim Schalten von Motoren durch Luftschütze auftreten, verursachen wesentlich geringere Lichtbogenarbeit, die durch die Schaltstücke aufgenommen werden kann. Im allgemeinen werden heutzutage Schütze mit einer Kontaktbrücke nach *Abb. 10* gebaut, so daß die Bogenarbeit auf zwei Schaltstrecken verteilt wird. Durch magnetische Beblasung wird auch hierbei ein Teil des Bogens in sogenannte Löschkammern getrieben, so daß auch hier nicht die ganze Bogenarbeit von den Schaltstücken aufgenommen werden muß. *Abb. 11* zeigt ein Oszillogramm bei einer Abschaltung von 250 A bei 225 V durch ein Luftschütz. Im Gegensatz zu den bisherigen Annahmen erlischt hierbei der Bogen noch während der Öffnung der Schaltstücke. Die Bogenspannung hat also noch nicht ihren Endwert erreicht. Das bedeutet, daß wir in Gl. (21) für u_B keinen konstanten Wert, sondern eine linear mit der Zeit ansteigende Funktion einsetzen müssen. Dadurch wird die Lösung der Differentialgleichung etwas komplizierter. Grundsätzlich jedoch bleibt die Bedingung erhalten, daß die Bogenspannung größer als die Spannung des Generators werden muß, damit eine Löschung eintritt.

Für Übertragungen von elektrischer Energie über längere Kabelstrecken oder sehr große Entfernungen gewinnt in neuerer Zeit die Hochspannungs-Gleichstrom-Übertragung (HGÜ) an Bedeutung. Besonders sind Kabelstrecken bei Gleichspannung wegen des Fortfallens der kapazitiven Ladeströme wesentlich wirtschaftlicher als bei Wechselspannung. Will man in Gleichstromnetzen, die Betriebsspannungen bis zu einigen 100 kV haben, Kurzschlußströme ausschalten, so benötigt man Lichtbögen mit sehr hohen Bogenspannungen. *Abb. 12* zeigt eine Möglichkeit, derartige Bogenspannungen zu erzeugen. Der Bogen wird dabei durch eine kräftige Ölströmung gegen eine Anzahl von Isolierstoffstegen gedrückt und dabei sehr intensiv gekühlt. Durch die Isolierstoffstege wird der Bogen fest in einer bestimmten Stellung gehalten und kann nicht, wie *Abb. 12a* zeigt, der Ölströmung ausweichen. Dadurch kommt die Wirkung der Ölströmung voll zur Geltung, und man erreicht bei Strömungsgeschwindigkeiten von 100 m/s und Strömen von 800 A Gradienten der Lichtbogenspannung bis zu 6 kV/cm und eine längenbezogene Lichtbogenleistung von 6000 kW/cm. Diese sehr große Leistung

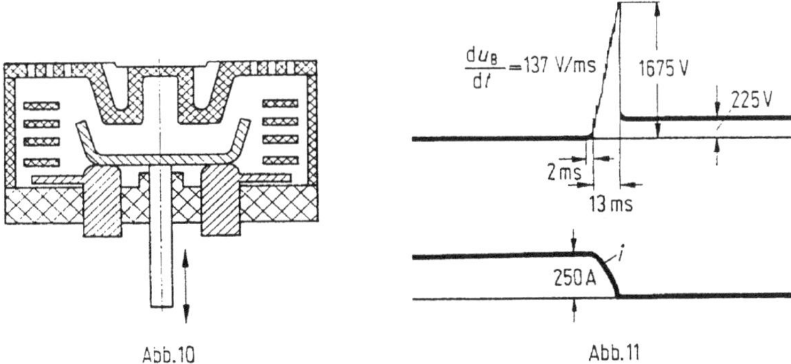

Abb. 10 Abb. 11

wird mit dem Ölstrom abgeführt. In Hochspannungs-Gleichstrom-Kreisen steigen die Kurzschlußströme wegen der großen Induktivität nur mit Zeitkonstanten von 30 bis 50 ms an, so daß ein schneller Schalter nur Kurzschlußströme von einigen Kiloampere unterbrechen muß. Diese Ströme könnten mit einem Schalter nach dem oben beschriebenen Prinzip abgeschaltet werden. Ein derartiges Schaltgerät ist jedoch noch nicht im betriebsmäßigen Einsatz.

Die stationäre Bogenkennlinie ergibt beim Erlöschen des Stromes bei kleinen Strömen sehr hohe Bogenspannungen. Man müßte also auch kurz vor dem Null-

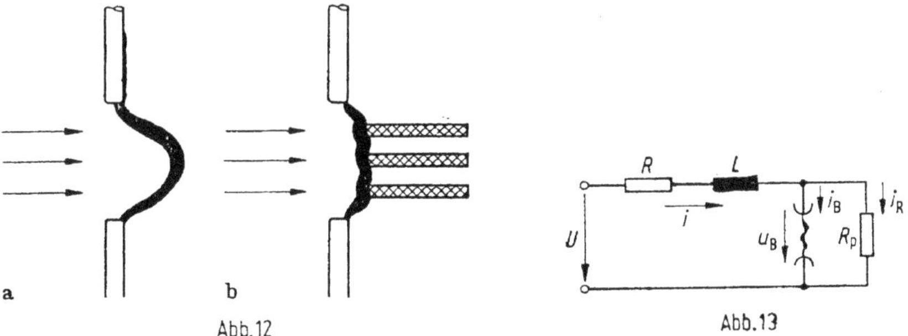

Abb. 12 Abb. 13

durchgang des Stromes hohe Schaltspannungen erwarten. Wie das Oszillogramm in *Abb. 9* zeigt, ist dies jedoch nicht der Fall. Wenn nämlich der Strom, wie in diesem Fall mit großer Steilheit von etwa 10^6 A/s auf den Wert Null zustrebt, treten kurz vor dem Erlöschen des Bogens Abweichungen von der stationären Kennlinie auf. Diese Abweichungen, auf die in Kapitel 46 eingegangen wird, verhindern ein zu starkes Ansteigen der Bogenspannung vor dem Nulldurchgang des Stromes. Beim Abschalten kleinerer Ströme dagegen, wie es das Oszillogramm in *Abb. 11* mit einer Stromsteilheit von etwa 10^4 A/s zeigt, bleibt der Bogen verhältnismäßig lange auf der stationären Kennlinie. Es können somit auch sehr hohe Bogenspannungen beim Abschalten auftreten. Diese Schaltspannungen kann man mit Parallelwiderständen begrenzen.

In einem Stromkreis nach *Abb. 13* gilt für den Verlauf des Stromes dieselbe Differentialgleichung wie nach Gl. (21)

$$L\frac{\mathrm{d}i}{\mathrm{d}t} + Ri + u_{\mathrm{B}} = U. \tag{34}$$

Der Gesamtstrom, der durch den Belastungskreis fließt, setzt sich jetzt aber aus dem Bogenstrom i_{B} und dem Strom i_{R} im Parallelwiderstand zusammen:

$$i = i_{\mathrm{B}} + i_{\mathrm{R}}. \tag{35}$$

In der Kennlinie des Schalters mit Parallelwiderstand muß man also jeder Lichtbogenspannung u_{B} die Summe dieser beiden Ströme zuordnen. Da der Parallelstrom stets proportional der Bogenspannung ist, ergibt sich diese Summe zu

$$i = i_{\mathrm{B}} + \frac{u_{\mathrm{B}}}{R_{\mathrm{p}}}. \tag{36}$$

Man erhält die Kennlinie der Parallelschaltung nach *Abb. 14* durch graphische Addition des jeder Spannung zugeordneten Bogenstromes zu dem der Spannung proportionalen Widerstandsstrom. Die fallende Bogenkennlinie wird also durch den Parallelwiderstand geschert. Die gesamte Kennlinie des Schalters setzt sich also aus zwei Teilen zusammen, nämlich aus einem geradlinigen Teil, der durch den Widerstand allein bestimmt wird und dem erlöschenden Bogen entspricht, und einem gekrümmten Teil, der durch den brennenden Bogen gegeben ist. Beide Teile sind in *Abb. 14* durch stark ausgezogene Linien hervorgehoben.

Man erkennt, daß die Differenzspannung Δu, die für die Stromabnahme maßgebend ist, schon für große Ströme vergrößert wird. Dadurch nimmt der Strom i bereits gegenüber einer Schaltung ohne Parallelwiderstand stärker ab. Im einfachsten Fall konstanter Bogenspannung wirkt sich der Parallelwiderstand durch eine Vergrößerung der wirksamen Bogenspannung um den Faktor

$$u_{\mathrm{Bp}} = u_{\mathrm{B}}\left(1 + \frac{R}{R_{\mathrm{p}}}\right) \tag{37}$$

aus, wie durch eine Rechnung, auf die hier nicht näher eingegangen werden soll, gezeigt werden kann. Wenn wir nun den Löschvorgang näher untersuchen wollen, so können wir auf das in Kapitel 44 behandelte Instabilitätsverhalten zurückgreifen.

Für kleine Änderungen von u_{B} und i ergab sich dort folgende Differentialgleichung

$$\frac{\mathrm{d}}{\mathrm{d}t}(\Delta u - R_{\mathrm{Bs}}\,\Delta i) + \frac{1}{\tau}\left(\Delta u - \frac{\mathrm{d}U_{\mathrm{Bs}}}{\mathrm{d}I}\right) = 0. \tag{38}$$

Betrachten wir nun den Bogen und den Parallelwiderstand, so gilt, daß eine kleine Änderung der Bogenspannung Δu_{B} im Parallelwiderstand eine Stromänderung $\Delta u_{\mathrm{B}}/R_{\mathrm{p}}$ hervorruft. Somit ändert sich der Bogenstrom

$$\Delta i = -\frac{\Delta u_{\mathrm{B}}}{R_{\mathrm{p}}}. \tag{39}$$

Setzt man dies in Gl. (38) ein, so erhält man

$$\left(1 + \frac{R_{Bs}}{R_p}\right) \frac{d}{dt} \Delta u + \frac{\Delta u}{\tau} \left(1 + \frac{d U_{Bs}}{dI} \frac{1}{R_p}\right) = 0. \tag{40}$$

Es ergibt sich also dieselbe Differentialgleichung wie beim Bogen mit Reihenwiderstand. Somit lautet auch die Bedingung für Stabilität des Bogens

$$-\frac{d U_{Bs}}{dI} = R_p. \tag{41}$$

Diese Bedingung ist gerade bis zu einem Strom i_L erfüllt. Bei diesem Strom hat die gemeinsame Kennlinie von Bogen und Parallelwiderstand eine unendlich große Steigung. Anders als beim Lichtbogen mit Vorwiderstand kann der Strom wegen der Induktivität L nicht auf große Werte ansteigen und somit der Bogen nicht auf einen neuen stabilen Zustand umschlagen. Der Lichtbogen erlischt daher. Die Spannung am Widerstand steigt dabei auf einen Wert u_{BL} an. Nach dem Erlöschen des Lichtbogens nimmt der Strom im Parallelwiderstand weiter ab und stellt sich auf den Wert $I = U/(R + R_p)$ ein.

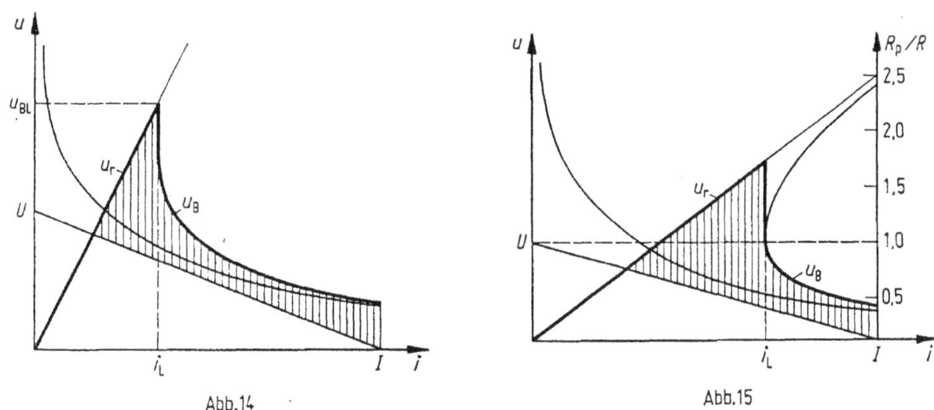

Abb.14 Abb.15

Aus *Abb. 15* ist in Abhängigkeit vom Verhältnis R_p/R die Verkleinerung der Schaltspannung zu ermitteln. Wir erkennen daraus, daß ein Verhältnis R_p/R von etwa 5 bis 2 eine starke Abnahme der Schaltspannung gegenüber dem Fall $R_p = \infty$ bewirkt. Wird dagegen R_p/R noch kleiner gemacht, so nimmt zwar die Schaltspannung noch weiter ab, die relative Änderung ist jedoch nicht mehr so groß. Außerdem wird mit abnehmendem Verhältnis R_p/R der Reststrom immer größer. Dieser Reststrom muß durch einen mit dem Parallelwiderstand in Reihe liegenden Schalter abgeschaltet werden. Je größer der Reststrom also ist, desto größer muß auch der Aufwand für den Reststrom-Schalter sein.

Wir haben in diesem Kapitel die dynamischen Eigenschaften des Bogens nicht berücksichtigt, sondern uns ausschließlich mit der stationären Kennlinie befaßt. Mit Hilfe des Lichtbogens mußte zunächst ein Nulldurchgang des Stromes erzwungen werden. Für diese ziemlich langsamen Vorgänge ist die Berücksichtigung der stationären Bogenkennlinie ausreichend. Die dynamischen Eigenschaften des Bogens treten erst kurz vor dem Nulldurchgang hervor. Die dann beim Schalten von Gleichstrom auftretenden Erscheinungen sind ähnlich wie bei den in Kapitel 46 behandelten Wechselströmen.

46. Ausschalten von Wechselstrom

Wechselstrom läßt sich grundsätzlich wesentlich leichter ausschalten als Gleichstrom, weil er in seinem regulären Verlauf sowieso nach jeder Halbperiode durch Null hindurchgeht. Wenn es gelänge, einen Schalter mit solcher Genauigkeit auszulösen, daß er den Stromkreis im natürlichen Nulldurchgang unterbricht, so bliebe der Kreis von da ab stromlos, ohne daß in der Schaltstrecke ein Lichtbogen auftreten würde. Praktisch ist es jedoch bisher sehr schwierig, diesen sogenannten Synchronschalter zu bauen, da wegen der Massenwirkung der Schaltkontakte der Schalter einige Millisekunden vor dem vermutlichen Stromnulldurchgang ausgelöst werden müßte. Während dieser Vorhaltezeit kann aber unter Berücksichtigung aller im Betrieb möglichen Bedingungen der Stromverlauf so beeinflußt werden, daß der Nulldurchgang nicht zu der im voraus berechneten Zeit eintritt und somit der eigentliche Zweck des Schalters nicht erreicht wird. Es ist also auch im Wechselstromschalter der Normalfall, daß beim Öffnen der Kontakte ein Bogen entsteht und die Ausschaltung erst mit dem Erlöschen des Bogens beendet ist. Am günstigsten sind dazu die Bedingungen im Stromnulldurchgang, da in diesem Fall die Aufgabe des Schalters weniger darin besteht den Strom zu unterbrechen als eine Wiederzündung der Schaltstrecke zu verhindern. Wir wollen uns daher zunächst mit dem Verhalten des Bogens in der zeitlichen Umgebung des Nulldurchgangs befassen.

Die in Gl. (16) von Kapitel 44 angegebene Differentialgleichung des dynamischen Bogens

$$\frac{1}{r_B}\frac{\mathrm{d}r_B}{\mathrm{d}t} = \frac{1}{u_B}\frac{\mathrm{d}u_B}{\mathrm{d}t} - \frac{1}{i}\frac{\mathrm{d}i}{\mathrm{d}t} = -\frac{1}{\tau}\left(\frac{u_B i}{P_0} - 1\right) \tag{1}$$

enthält in der Bogenspannung u_B und dem Bogenstrom i zwei von der Zeit abhängige Größen. Um also das Verhalten des Bogens zu beschreiben, ist noch eine zweite Differentialgleichung nötig, die sich aus dem Stromkreis, in dem der Bogen liegt, ergibt. Man kann aber auch auf einem anderen Weg zu einer Lösung kommen, indem man beachtet, daß bei einem sinusförmigen Stromverlauf der Nulldurchgang in guter Annäherung zeitlich linear vor sich geht. Setzt man also in Gl. (1) für den Strom folgenden Ausdruck ein:

$$i = \left(\frac{\mathrm{d}i}{\mathrm{d}t}\right)_0 t, \tag{2}$$

so erhält man nach einer Umformung

$$\frac{1}{u_B^2}\frac{\mathrm{d}}{\mathrm{d}(t/\tau)} u_B - \left(1 + \frac{\tau}{t}\right)\frac{1}{u_B} = \frac{\tau}{P_0}\left(\frac{\mathrm{d}i}{\mathrm{d}t}\right)_0 \frac{t}{\tau}. \tag{3}$$

Man nimmt also einen Stromverlauf als vorgegeben an, und der Ausdruck $(\mathrm{d}i/\mathrm{d}t)_0$ ist dabei der konstante Wert der Stromsteilheit im Nulldurchgang. Gl. (3) ist eine Differentialgleichung vom Typ der Bernoullischen, die durch die Substitution $1/u_B = v$ in eine lineare Differentialgleichung erster Ordnung verwandelt werden kann und somit lösbar ist. Es ist jedoch zweckmäßig, wie es bei der Umformung von Gl. (3) bereits geschehen ist, als zeitliche Variable den Ausdruck t/τ zu verwenden, da dann die Lösung übersichtlicher wird. Für die Lösung der Gl. (3) erhält man dann

$$u_{\mathrm{B}} = \frac{P_0}{\tau\,(\mathrm{d}i/\mathrm{d}t)_0}\,\frac{t/\tau}{(t/\tau)^2 - 2\,t/\tau + 2}. \tag{4}$$

Man erkennt, daß das Ergebnis in einer einzigen Kurve dargestellt werden kann, wenn man den Ausdruck $u_{\mathrm{B}}\,\tau\,(di/dt)_0/P_0$ abhängig von t/τ aufträgt. Die Parameter des Bogens wirken so, daß mit größer werdendem P_0 auch die Bogenspannung u_{B} ansteigt, während eine kleinere Zeitkonstante ebenfalls, besonders in der Nähe des Nulldurchganges, zu höheren Werten von u_{B} führt. In *Abb. 1* ist der Verlauf der Spannung dargestellt. Es tritt eine Löschspitze der Bogen-

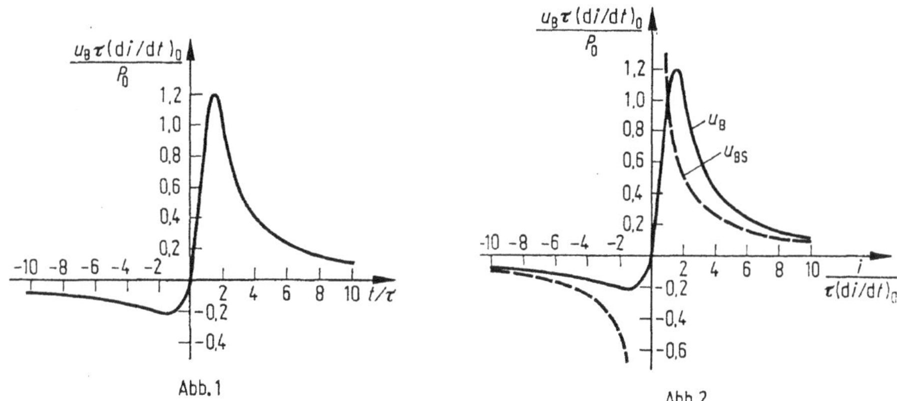

Abb. 1 Abb. 2

spannung vor und eine Zündspitze nach dem Stromnulldurchgang auf, wobei der zeitliche Abstand der Zünd- bzw. Löschspitze vom Stromnulldurchgang $t_{\mathrm{Z,L}} = \pm\sqrt{2}\,\tau$ beträgt. Trägt man nach *Abb. 2* die Kennlinie im u,i-Diagramm auf, so zeigt sich, daß bei fallendem Strom die dynamische Kennlinie unterhalb und bei steigendem Strom oberhalb der statischen Kennlinie verläuft. Dies bedeutet, daß bedingt durch die Trägheit des Bogens bei fallendem Strom der dynamische Bogenwiderstand immer kleiner und bei steigendem Strom immer größer als der statische ist. Aus Gl. (4) und (2) berechnet sich der dynamische Bogenwiderstand r_{B} zu

$$r_{\mathrm{B}} = \frac{P_0}{\tau^2(\mathrm{d}i/\mathrm{d}t)_0^2}\,\frac{1}{(t/\tau)^2 - 2\,t/\tau + 2} \tag{5}$$

und führt insbesondere für $t = 0$ zu einem Restwiderstand der Bogenstrecke im Stromnulldurchgang

$$r_{\mathrm{B0}} = \frac{1}{2}\,\frac{P_0}{\tau^2(\mathrm{d}i/\mathrm{d}t)_0^2}. \tag{6}$$

Trägt man den dynamischen Bogenwiderstand über der Zeit auf, so erkennt man gemäß *Abb. 3*, daß er auch nach dem Stromnulldurchgang zunächst weiter ansteigt und erst nach einer gewissen Zeit wieder kleiner wird. Dies erklärt sich nach Gl. (1) dadurch, daß der Bogenwiderstand erst dann wieder abnimmt, wenn die zugeführte Leistung $u_{\mathrm{B}}i$ die Verluste P_0 übersteigt und der Bogen wieder aufgeheizt wird. Im Augenblick des Stromnulldurchganges ist die zugeführte Leistung null und nimmt erst langsam wieder zu, wie *Abb. 4* zeigt. Aus dieser Abbildung ist auch ersichtlich, daß die Differentialgleichung des dynamischen Bogens die Energiebilanz des Bogens enthält. Bei kleiner werdendem Strom ist die zugeführte Leistung stets kleiner als die Verlustleistung, so daß sich der Bogen ständig abkühlt, während bei steigendem Strom die zugeführte Leistung höher liegt als die abgeführte, so daß der Bogen aufgeheizt wird.

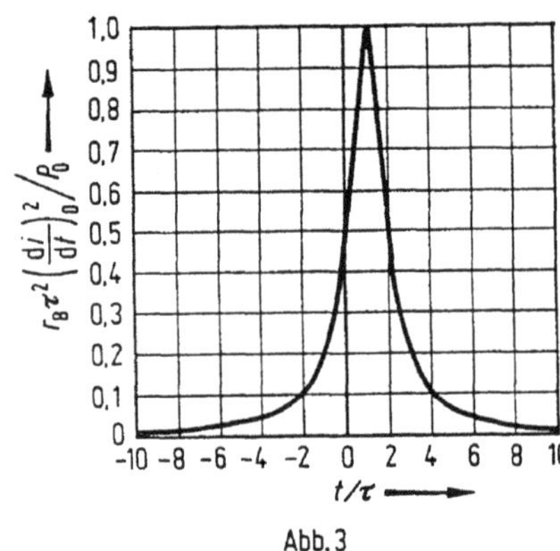

Abb. 3

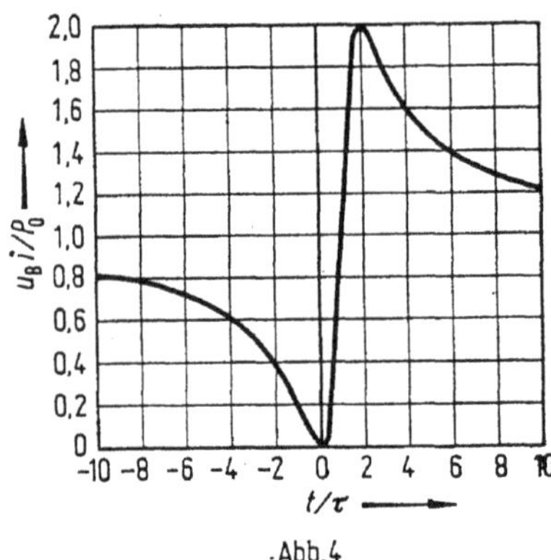

Abb. 4

Für sehr große Werte des Stromes i nimmt die Bogenspannung u_B wegen der der Gl. (1) zugrunde liegenden stationären Kennlinie $u_{BS} = P_0/i$ immer kleinere Werte an. Betrachtet man also einen Bogen während der Dauer der Halbschwingung, so ist es physikalisch sinnvoller, von Gl. (17) in Kapitel 44 auszugehen und als stationäre Kennlinie die Beziehung

$$u_{BS} = \frac{P_0}{i} \pm u_0 \tag{7}$$

zu wählen. Unter der Annahme eines linear durch Null gehenden Stromes nach Gl. (2) läßt sich die Differentialgleichung ebenfalls lösen, und es ergibt sich

$$\frac{u_B}{u_0} = \frac{t/\tau}{(t/\tau - 1) - \beta \pm \beta^2 \, e^{\mp(\beta \pm t/\tau)} [Ei(\pm(\beta \pm t/\tau)) + K_{1,2}]}. \tag{8}$$

Dabei gelten die oben stehenden Vorzeichen für $t/\tau > 0$ und die unten stehenden für $t/\tau < 0$. Die Abkürzung $\mathrm{Ei}(v) = \int e^v/v \, dv$ wird als Exponentialintegral bezeichnet und ist in Tabellenwerken zu finden. Die Integrationskonstanten sind für beide Lösungen verschieden, und die Abkürzung β bedeutet

$$\beta = \frac{P_0}{u_0 \tau (di/dt)_0}. \tag{9}$$

In *Abb. 5* sind die Kurven u_B/u_0 für verschiedene Werte von β als Parameter nach Gl. (8) aufgetragen. Man erkennt, daß sich hierbei für die verschiedenen β-Werte auch der Verlauf der Bogenspannung unterscheidet. Für große Ströme nähert sich die dynamische Kennlinie immer dem Wert u_0. Die Extremwerte der dynamischen Kennlinienschar entsprechen der statischen Kennlinie $u_{BS} = u_0$ für $\beta = 0$ und $u_{BS} = P_0/i$ für $\beta = \infty$ entsprechend *Abb. 1*.

Im allgemeinen wird der Strom nicht streng linear durch Null laufen, sondern es kommt zu Wechselwirkungen zwischen dem Lichtbogen und dem Stromkreis, bei denen mehr oder weniger starke Stromverformungen auftreten. Betrachten wir einen Wechselstromkreis, bei dem der Strom durch Induktivitäten und ohmsche Widerstände begrenzt wird, so ist parallel zum Schalter immer eine Kapazität C_p vorhanden, die durch die Eigenkapazitäten der Anlage gebildet wird.

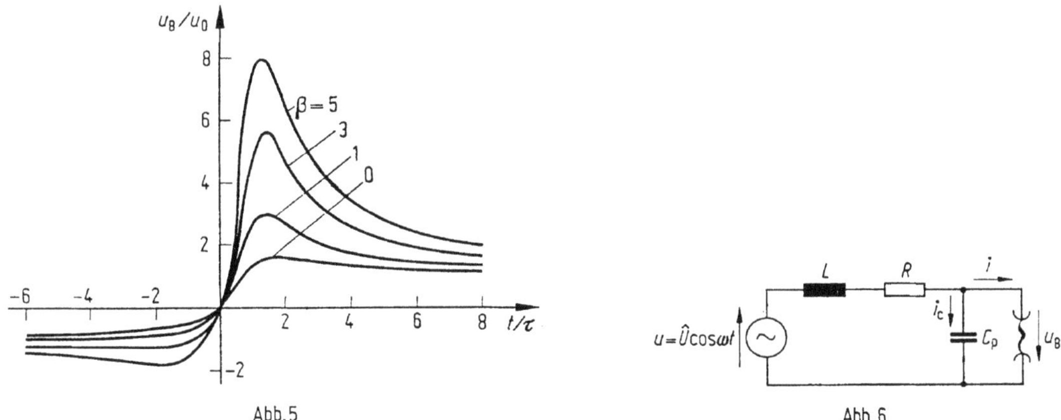

Abb. 5 Abb. 6

Diese Kapazitäten, die in Hochspannungsschaltanlagen bis zu 0,1 μF betragen und unter Berücksichtigung der Netzkapazität sogar in der Größenordnung von Mikrofarad liegen, sind zwar über die ganze Anlage verteilt, für unsere Betrachtungen seien sie jedoch gemäß *Abb. 6* als konzentriert angenommen. Nach *Abb. 1* steigt die Bogenspannung in der Nähe des Nulldurchganges zur Löschspitze an, und das bedeutet gemäß

$$i_c = C_p \frac{du_B}{dt}, \tag{10}$$

daß ein Strom in die Kapazität C_p fließt und dem Bogenstrom entzogen wird. Nach der Löschspitze wechselt der Differentialquotient der Bogenspannung sein Vorzeichen, und damit fließt ein zusätzlicher Strom aus der Kapazität über den Bogen, der dem eigentlichen Bogenstrom überlagert ist. Eine Änderung des Stromverlaufs hat aber auch wieder Rückwirkungen auf den Verlauf der Bogenspannung, so daß durch eine Parallelkapazität sowohl der Bogenstrom als auch die Bogenspannung gegenüber *Abb. 1* verändert werden. In *Abb. 7* ist schematisch der Gesamtstrom, der Kapazitätsstrom und der sich aus der Überlagerung beider ergebende Bogenstrom vor dem Nulldurchgang abhängig von der Zeit dargestellt. Von besonderer Bedeutung für die Löschung des Bogens in Schaltern ist das verzögerte Abklingen des Stromes nach der Löschspitze, da durch einen kleineren Wert der Stromsteilheit di/dt der Restwiderstand des Bogens r_{B0} erhöht wird.

Grundsätzlich besteht auch eine Wechselwirkung zwischen den übrigen Stromkreiselementen und dem Bogen, da sich der durch die Induktivität L und den ohmschen Widerstand R fließende Strom aus der folgenden Differentialgleichung ergibt

$$u = u_B + (i + i_c)R + L \frac{d}{dt}(i + i_c). \tag{11}$$

Die Abweichung des zeitlichen Verlaufes dieses Stromes von der Sinusform wird stark von dem Verhältnis der treibenden Spannung zur Bogenspannung abhängen. Bei Bögen in Hochspannungskreisen ist die treibende Spannung meist sehr viel größer als die Bogenspannung, so daß hier nach Gl. (11) der Stromverlauf nicht stark deformiert wird. In Niederspannungskreisen dagegen ergibt sich ein wesentlicher Einfluß. Diese Vorgänge werden in Kapitel 47 ausführlich behandelt.

Eine genaue Berechnung der Bogenspannung und des Bogenstromes ist nur durch die Lösung des vollständigen Systems der Differentialgleichungen des Bogens und des Stromkreises möglich. Für einen Stromkreis mit rein induktiver Strombegrenzung, der dem in *Abb. 6* gezeigten ohne ohmschen Widerstand entspricht, ergibt sich die Gleichung des Stromkreises zu

$$L C_p \frac{d^2 u_B}{dt^2} + L \frac{di}{dt} + u_B + \hat{U} = 0. \tag{12}$$

Für die Betrachtungen in der Umgebung des Nulldurchganges kann dabei wegen der Phasenverschiebung zwischen Strom und Spannung für die treibende Spannung

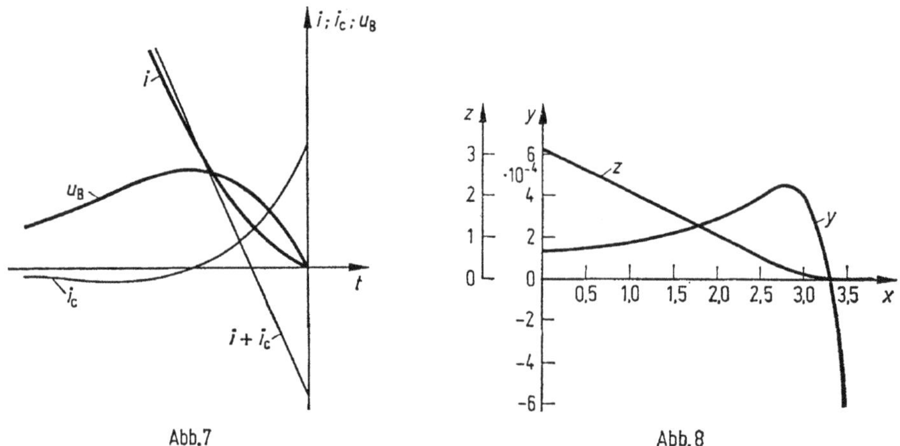

Abb. 7 Abb. 8

$u = \hat{U} \cos \omega t$ der konstante Wert $\hat{U}$ eingesetzt werden. Es ist für die Lösung zweckmäßig, die in beiden Gleichungen auftretenden Parameter τ, P_0, L, C_p und $\hat{U}$ durch Normierung auf die mathematisch notwendige Anzahl zu reduzieren. Mit den Abkürzungen

$$L C_p = \frac{1}{\omega_0^2}; \qquad \frac{\hat{U}}{\omega L} = \hat{I} \tag{13}$$

ergeben sich folgende Bezeichnungen

$$x = \omega_0 t \qquad \text{normierte Zeit,}$$

$$y = \frac{u_B}{\hat{U}} \qquad \text{normierte Spannung,}$$

$$z = \frac{\omega_0 i}{\omega \hat{I}} \qquad \text{normierter Strom,}$$

$$\frac{y}{z} = \varrho = \frac{u_B}{i} \frac{\omega \hat{I}}{\omega_0 \hat{U}} \qquad \text{normierter Widerstand.}$$

In der Abkürzung $\omega_0 = 2\pi f_0$ ist f_0 die Eigenfrequenz des Stromkreises, mit der insbesondere bei Ausschaltvorgängen die wiederkehrende Spannung am Schalter auftritt. Mit diesen Normierungen ergibt sich das System der Differentialgleichungen aus Gl. (1) und (Gl. (12) zu

$$\frac{1}{y}\frac{\mathrm{d}y}{\mathrm{d}x} - \frac{1}{z}\frac{\mathrm{d}z}{\mathrm{d}x} = -\frac{1}{\Theta}(yzP_\mathrm{n} - 1), \tag{14}$$

$$\frac{\mathrm{d}^2 y}{\mathrm{d}x^2} + \frac{\mathrm{d}z}{\mathrm{d}x} + y + 1 = 0. \tag{15}$$

Die beiden Parameter Θ und P_n bedeuten

$$\Theta = \omega_0 \tau, \qquad P_\mathrm{n} = \frac{\omega}{\omega_0}\frac{\hat{U}\hat{I}}{P_0}, \tag{16}$$

Es kommt also bei dem Problem nicht nur auf die Zeitkonstante τ des Bogens an, sondern auch auf das Produkt der Einschwingfrequenz der wiederkehrenden Spannung mit der Zeitkonstante. Dieser Zusammenhang wird uns bei der Betrachtung der Vorgänge nach dem Stromnulldurchgang noch weiter beschäftigen. Auch die Kühlleistung geht nicht unmittelbar in die Berechnung ein, sie wird viel mehr zu dem Produkt $\hat{U}\hat{I}$ in Beziehung gesetzt. In der Schaltertechnik bezeichnet man das Produkt aus dem abgeschalteten Strom mit der Netzspannung als die einpolige Schaltleistung P des Schalters, so daß gilt

$$P = UI = \frac{1}{2}\hat{U}\hat{I}. \tag{17}$$

Das System aus Gl. (14) und (15) läßt sich nun geschlossen nicht mehr lösen, so daß Lösungen nur noch numerisch, z. B. mit Hilfe von Rechenmaschinen, gewonnen werden können. Eine derartige Lösung mit bestimmten Parametern Θ und P_n ist in *Abb. 8* gezeigt. Man erkennt, wie durch die oben beschriebenen Wechselwirkungen zwischen Bogen und Stromkreis in der Nähe des Nulldurchganges eine Stromverformung entsteht, die sich in einem allmählichen Abklingen des normierten Stromes z äußert.

Durch eine ausreichende Anzahl von Rechenbeispielen mit verschiedenen Parametern Θ und P_n kann man einen Überblick über das Verhalten des Bogens in Abhängigkeit von diesen Parametern bekommen. Insbesondere der Widerstand im Stromnulldurchgang zeigt bei genauer Berechnung Abweichungen von den Werten nach Gl. (6).

In *Abb. 9* sind die genau berechneten Werte des normierten Bogenwiderstandes ϱ_0 im Stromnulldurchgang über der normierten Ausschaltleistung P_n aufgetragen, wobei Θ der Parameter ist. Bei der Abbildung ist auch der nach Gl. (6) berechnete Widerstand $r_{\mathrm{B}0}$ in normierter Form berücksichtigt. Multipliziert man nämlich $r_{\mathrm{B}0}$ mit $\omega\hat{I}/\omega_0\hat{U}$, so erhält man

$$r_{\mathrm{B}0}\frac{\omega\hat{I}}{\omega_0\hat{U}} = \frac{1}{2}\frac{P_0\omega\hat{I}}{\tau^2(\omega\hat{I})^2\omega_0\hat{U}} = \frac{1}{2}\frac{1}{\Theta^2}\frac{1}{P_\mathrm{n}}. \tag{18}$$

Dabei ist für die Steilheit des Stromes im Nulldurchgang $(\mathrm{d}i/\mathrm{d}t)_0 = \omega\hat{I}$ gesetzt worden. Man erkennt aus der *Abb. 9*, daß mit steigender normierter Ausschaltleistung P_n der Restwiderstand des Bogens abnimmt. Dabei nähern sich die für die Abhängigkeit $\varrho_0 = f(P_\mathrm{n})$ durch Näherungsrechnung gewonnenen gestrichelten Linien den durch genaue Berechnung ermittelten ausgezogenen Kurven mit zunehmender normierter Ausschaltleistung P_n. Das bedeutet also, daß je größer

z. B. der abgeschaltete Strom $\hat{I}$ wird, um so geringer die Stromverformungen sind. Eine große Zeitkonstante wirkt ebenfalls in der gleichen Richtung. Die genau berechneten Werte von ϱ_0 werden nach oben hin von einer Linie begrenzt, auf deren Bedeutung im weiteren eingegangen wird.

Aus der dynamischen Bogentheorie ergibt sich also, daß ein Wechselstrombogen im Stromnulldurchgang einen endlichen Widerstand hat. Wir wollen uns nun dem Verhalten des Schalterbogens nach dem Stromnulldurchgang zuwenden. Die in Gl. (4) angegebene Lösung für vorgegebenen Stromverlauf ist besonders für Bögen, die so stark gekühlt sind, daß sie erlöschen können, nicht mehr anwendbar. Vielmehr hat sich in diesem Fall der Bogenwiderstand so stark erhöht, daß ein weiterer linearer Verlauf des Stromes nach dem Nulldurchgang nicht mehr möglich ist. In dem in *Abb. 6* gezeigten Stromkreis ergibt sich zwischen dem Strom

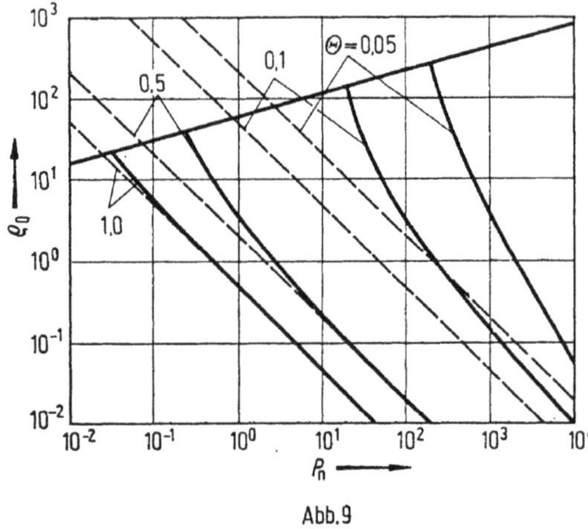

Abb. 9

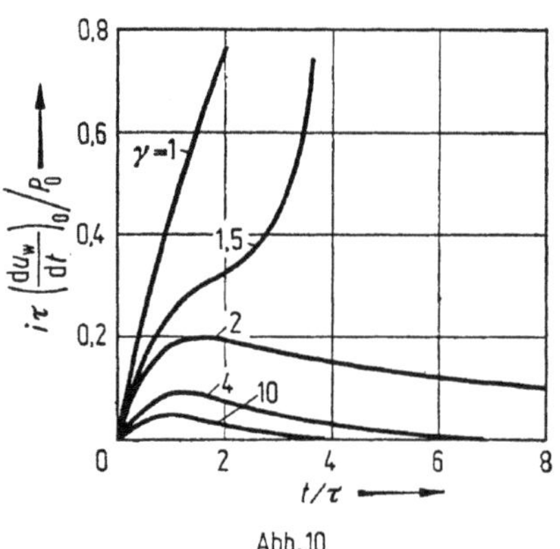

Abb. 10

und der treibenden Spannung je nach Überwiegen des ohmschen oder induktiven Widerstandes eine Phasenverschiebung. Nach dem Löschen des Lichtbogens tritt an den Klemmen des Schalters die treibende Spannung entsprechend der jeweiligen Phasenlage auf. Wegen der Parallelkapazität C_p erfolgt dieser Übergang jedoch nicht plötzlich, sondern mit einem Einschwingvorgang, dessen Frequenz die Eigenfrequenz des Stromkreises ist. Bei einem idealen Schalter, der seinen Widerstand im Stromnulldurchgang von Null auf unendlich ändert, hat die wiederkehrende Spannung folgenden Verlauf:

$$u_w = \hat{U}(1 - \cos \omega_0 t), \tag{19}$$

wobei der Spannungsverlauf wegen der Parallelkapazität zum Schalter mit der Steigung Null beginnt. Ein Schalter hat nun aber eine Brennspannung, und sein Bogenwiderstand ändert sich auch nur in einer endlichen Zeit, so daß der Verlauf der wiederkehrenden Spannung immer mit einer endlichen Steigung beginnt, wie das Rechenbeispiel in *Abb. 8* zeigt. Weiterhin bewirkt die in Gl. (19) nicht berücksichtigte Dämpfung, daß die Kosinusschwingung allmählich abklingt und u_w in die Netzspannung übergeht. Für die Berechnung des Bogenverhaltens nach dem Nulldurchgang kann also die an den Elektroden liegende Spannung vorgegeben werden, ähnlich wie in Gl. (3) der Bogenstrom. Nähert man den Verlauf der wiederkehrenden Spannung durch

$$u_B = \left(\frac{\mathrm{d}u_w}{\mathrm{d}t}\right)_0 t \tag{20}$$

an, so erhält man eine Differentialgleichung, die nach dem gleichen Verfahren wie Gl. (3) gelöst werden kann. Ist der Widerstand der Schaltstrecke im Nulldurchgang r_{B0} als Anfangsbedingung vorgegeben, so lautet die Lösung

$$i = \frac{P_0}{\tau (\mathrm{d}u_\mathrm{w}/\mathrm{d}t)_0} \frac{t/\tau}{(t/\tau)^2 - 2t/\tau + 2 + (\gamma - 2)\, \mathrm{e}^{t/\tau}} \tag{21}$$

mit

$$\gamma = \frac{r_{B0} P_0}{\tau^2 (\mathrm{d}u_\mathrm{w}/\mathrm{d}t)_0^2} . \tag{22}$$

Im Gegensatz zu Gl. (4) ist diese Lösung wegen der verschiedenen Werte des Parameters nicht mehr durch eine einzige Kurve darzustellen. *Abb. 10* zeigt den Stromverlauf für verschiedene Werte von γ, wobei für $\gamma > 2$ der Strom nach einem Maximum null wird, d. h. der Bogenwiderstand wird unendlich. Man bezeichnet derartige Ströme als Nachströme. Für den Fall $\gamma \leqq 2$ ergibt sich nach einer gewissen Zeit wieder ein stärkeres Ansteigen des Stromes, wobei der Bogenwiderstand ähnlich wie in *Abb. 3* ein Maximum durchläuft. In diesem Fall kommt es nicht zu einer Löschung des Bogens, sondern es ergibt sich eine sogenannte thermische Wiederzündung. Auch hier zeigt sich wieder, daß eine kleine Zeitkonstante die Löschung begünstigt, da der Wert von γ sowohl durch einen größeren Restwiderstand als auch durch eine kleine Zeitkonstante ansteigt. Ein wichtiger Zusammenhang besteht auch zwischen der Steilheit der wiederkehrenden Spannung $\mathrm{d}u_\mathrm{w}/\mathrm{d}t$ und dem Löschvermögen, und zwar wird nach Gl. (22) bei sonst konstant gehaltenen Bedingungen die Löschung um so besser, je kleiner der Wert von $\mathrm{d}u_\mathrm{w}/\mathrm{d}t$ ist. Die Steilheit wird hauptsächlich durch die Eigenkreisfrequenz des Stromkreises $\omega_0 = 1/\sqrt{LC}$ bestimmt, so daß bei einer kleineren Eigenfrequenz das Löschvermögen der Schaltstrecke ansteigt. Dieser Zusammenhang wird auch aus der genauen Lösung für den dynamischen Bogen ersichtlich, bei der der normierte Parameter $\Theta = \omega_0 \tau$ ist. Das bedeutet, daß eine erhöhte Eigenfrequenz des Stromkreises durch eine kleinere Zeitkonstante ausgeglichen werden kann. Gl. (21) gilt nur, solange die wiederkehrende Spannung nicht stärkere Abweichungen vom linearen Verlauf zeigt, was etwa bis zu einem Viertel ihrer Schwingungszeit der Fall ist. Die Vorgänge bei thermischer Wiederzündung und Nachströmen laufen in Hochleistungsschaltern im allgemeinen in weniger als 50 µs ab, so daß die lineare Annäherung der wiederkehrenden Spannung bis zu Einschwingfrequenzen von 10 kHz ausreichend ist.

Die theoretisch berechneten Vorgänge stimmen recht gut mit den in der Praxis beobachteten Strom- und Spannungsverläufen in der Nähe des Nulldurchganges überein, wie in *Abb. 11* an einem Beispiel für eine thermische Wiederzündung und eine Löschung mit Nachstrom in einem Hochleistungsschalter gezeigt ist. In vielen Fällen sind die Nachströme so gering, daß sie meßtechnisch nicht mehr erfaßt werden können und der Schalter praktisch ohne Nachstrom löscht. Das bedeutet, der Bogen würde vor dem Stromnulldurchgang bereits so intensiv gekühlt, daß r_{B0} sehr groß ist und hohe Werte von γ auftreten.

Es ist nach den bisherigen Ergebnissen grundsätzlich möglich, eine Grenzkurve für den Fall der thermischen Wiederzündung zu berechnen. Nach Gl. (6) ergibt sich der Bogenwiderstand im Stromnulldurchgang bei unbeeinflußtem Stromverlauf. Wir haben gesehen, daß durch die Wechselwirkung zwischen Bogen und Stromkreis eine Stromverformung eintritt, die eine Abnahme der Stromsteilheit kurz vor dem Nulldurchgang bewirkt. Wir müssen also Gl. (6) wie folgt schreiben:

$$r_{B0} = \frac{1}{2} \frac{P_0}{\tau^2 (f_i \omega \hat{I})^2}, \tag{23}$$

wobei $f_i < 1$. Aus Gl. (19) ergibt sich die maximale Steilheit der wiederkehrenden Spannung zu $\omega_0 \hat{U}$. Kurz nach dem Nulldurchgang ist die Steilheit der wiederkehrenden Spannung jedoch noch geringer, so daß auch hier ein Faktor f_u angewendet werden muß

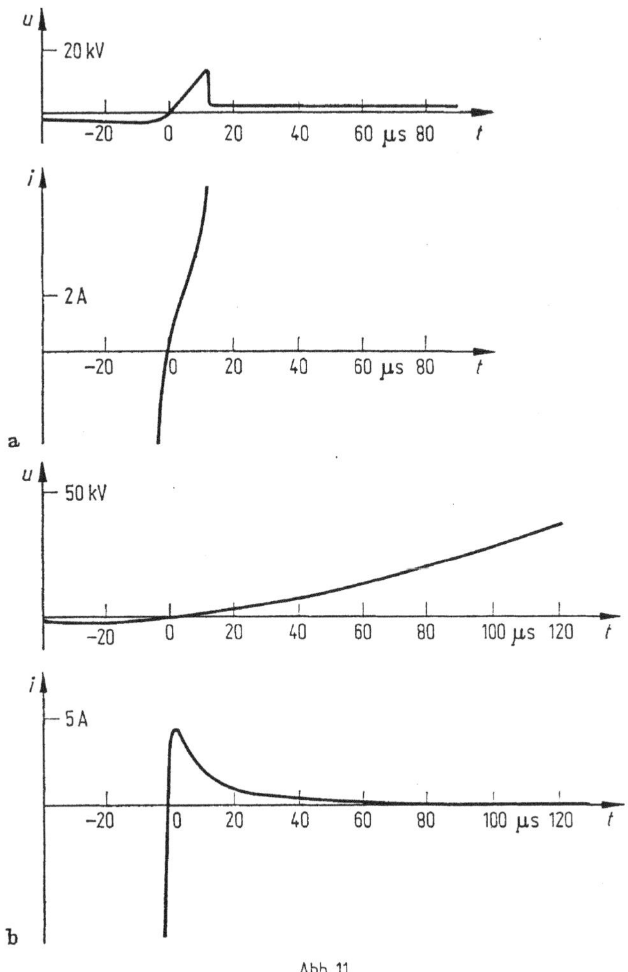

Abb. 11

$$\frac{du}{dt} = f_u \omega_0 \hat{U}. \tag{24}$$

Setzt man Gl. (23) und (24) in Gl. (22) ein und berücksichtigt, daß für den Fall der thermischen Wiederzündung $\gamma = 2$ ist, so erhält man

$$2 f_u f_i = \frac{P_0}{\omega \omega_0 \tau^2 \hat{I} \hat{U}}. \tag{25}$$

Für die Faktoren kann bei thermischer Wiederzündung geschrieben werden $f_i = 0{,}4$, $f_u = 0{,}5$. Berücksichtigt man noch die Normierung nach Gl. (16), so erhält man eine Beziehung für die Grenzkurve der thermischen Wiederzündung

$$P_{\mathrm{n}} = 2{,}5\,\frac{1}{\Theta^2}. \tag{26}$$

In Abb. 12 ist der Verlauf dieser Kurve dargestellt, weiterhin sind die Grenzen eingetragen, die sich durch numerische Integration der Gl. (14) und (15) ergeben. Diese Berechnungen sind von verschiedenen Autoren durchgeführt, wobei sich wegen der verschiedenen Rechenverfahren und Genauigkeitsgrenzen etwas unter-

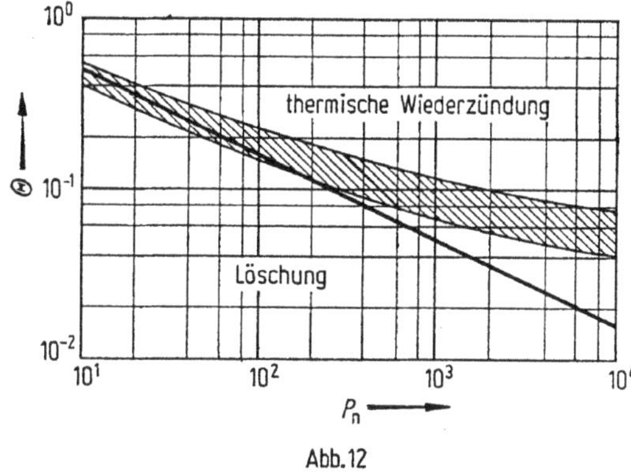

Abb. 12

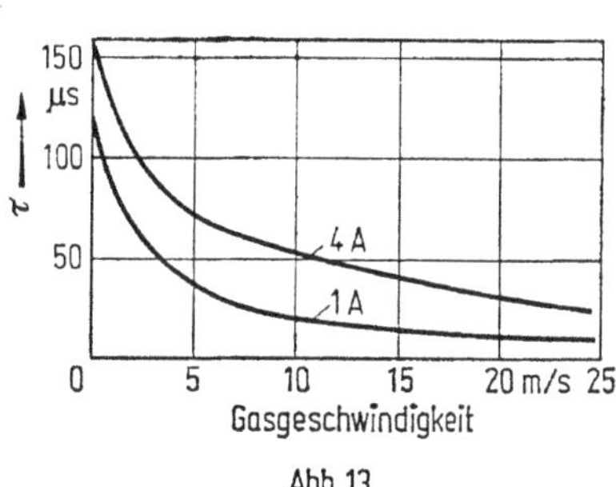

Abb. 13

schiedliche Ergebnisse ergaben. Die berechnete Grenzkurve ist daher durch ein Band dargestellt. Es zeigt sich also, daß die Abschätzung der Faktoren f_i und f_u nur in einem gewissen Bereich richtig ist. Für große Werte von P_{n} muß der Faktor f_u kleiner als 0,5 angenommen werden.

Die Werte der Zeitkonstanten können bei verschiedenen Bögen in weiten Bereichen schwanken. So beträgt die Zeitkonstante bei einem frei in Luft brennenden Bogen etwa 100 µs. Durch Einengen des Bogens zwischen gekühlten Wänden oder durch Düsen aus Isolierstoff werden die Zeitkonstanten stark herabgesetzt und erreichen Werte von einigen Mikrosekunden. Die gleiche Wirkung wird durch einen axialen Gasstrom erreicht, wie *Abb. 13* an einem Gleichstrombogen in einem Rohr von 25 mm Durchmesser und rd. 25 mm Länge in Luft zeigt. Die Zeitkonstanten werden dabei nach dem in Kapitel 44 beschriebenen Verfahren durch Überlagerung eines Stromsprunges über den Bogenstrom bestimmt. Bei Wechselstrombögen mit hohen Strömen, wie z. B. Kurzschlußströmen, kann dieses Verfahren in der Nähe des Stromnulldurchganges nicht angewendet werden. Es gibt jedoch eine Möglichkeit, die Bogenzeitkonstante auch in diesem Fall zu bestimmen, wenn man ein Oszillogramm des Strom- und Spannungsverlaufes in der Umgebung des Nulldurchganges, wie es *Abb. 11* zeigt, aufgenommen hat. Aus dem Strom- und Spannungsverlauf kann man die Bogenleistung $u_{\mathrm{B}}\,i$ und den Bogenwiderstand r_{B} als Funktion der Zeit ausrechnen. Betrachtet man jetzt die Ausdrücke $u_{\mathrm{B}}\,i$ und $\frac{1}{r_{\mathrm{B}}}\,\frac{\mathrm{d}r_{\mathrm{B}}}{\mathrm{d}t}$ als Variable, so entspricht die Differentialgleichung (1) der Gleichung einer Geraden, wie *Abb. 14* zeigt, in der die entsprechenden Werte abhängig voneinander aufgetragen sind. Die Achsenabschnitte entsprechen den Werten $1/\tau$ und P_0. Da die vorliegende dynamische Bogentheorie wegen der komplizierten und vielfältigen physikalischen Vorgänge, die im Bogen ablaufen, nur eine einfache Näherung ist, ergeben derartige Auswertungen nicht genau eine Gerade. Betrachtet man jedoch nur Bereiche von der Dauer einiger Zeitkonstanten, so ergibt sich dennoch befriedigende Übereinstimmung zwischen Theorie und Praxis. Bei einem vorgegebenen linearen Stromverlauf ist nach Gl. (4) der Abstand der Löschspitze vom Zeitpunkt des Spannungsnulldurchgangs $t_L = \sqrt{2}\,\tau$, so daß auch aus einem Oszillogramm der Bogenspannung die Zeitkonstante bestimmt werden kann. Durch den Einfluß der Stromverformung vergrößert sich der Faktor etwas, so daß anstelle des Faktors $\sqrt{2}$ je nach Größe der Stromverformung 1,7 bis 3,0 gesetzt werden muß. Die so ermittelten Zeitkonstanten liegen bei heutigen Hochleistungsschaltern im Bereich der Nennausschaltströme zwischen 0,5 und 5 μs.

Wenn bei einer Löschung des Bogens die Nachströme auf Größenordnungen von weniger als 100 mA abgeklungen sind, ist eine Beschreibung der Bogenvorgänge mit Hilfe von Gl. (1) nicht mehr möglich. Das Gas in der Schaltstrecke

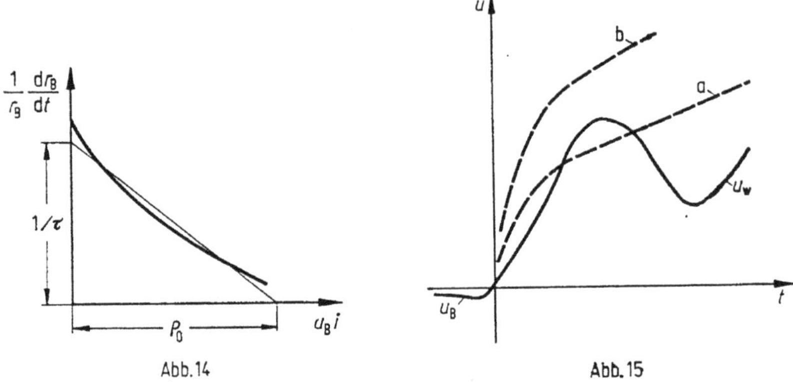

Abb. 14 Abb. 15

ist praktisch nicht mehr leitfähig, hat jedoch immer noch Temperaturen von einigen 1000 °C und damit auch eine wesentlich geringere Dichte als bei Raumtemperatur. Die Dichte eines Molekülgases, z. B. Luft oder Wasserstoff, nimmt bei hohen Temperaturen und konstantem Druck nicht mehr umgekehrt proportional der absoluten Temperatur ab, sondern stärker. Dies ist durch die Dissoziation der Gasmoleküle N_2, O_2 usw. in einzelne Atome bedingt, wobei das mittlere Molekulargewicht des Gases geringer wird und damit auch seine Dichte. Die Dissoziation eines Molekülgases beginnt etwa im Temperaturbereich von 1000 °C bis 4000 °C, also schon unterhalb des Temperaturbereiches, in dem das Gas leitfähig wird. Andererseits nimmt die Durchschlagspannung einer Gasstrecke, von einigen Unregelmäßigkeiten abgesehen, mit steigendem Druck und somit auch mit steigender Dichte zu. Wir haben also nach dem Erlöschen des Nachstromes zwischen den Kontakten ein Gas verhältnismäßig hoher Temperatur und geringer Dichte mit verminderter Durchschlagsfestigkeit. Die Abkühlzeitkonstante dieses nicht leitfähigen Gases liegt nicht mehr in der Größenordnung von Mikrosekunden, sondern ist erheblich größer, so daß auch noch nach einigen 100 μs die Temperatur des Gases über der Umgebungstemperatur liegt.

Beim Abkühlen des Gases steigt die Dichte wieder an und damit auch die Durchschlagsfestigkeit. Man bezeichnet diesen Vorgang als dielektrische Wiederverfestigung. Nachdem die Nachströme einer Schaltstrecke abgeklungen sind, beginnt also ein Wettlauf zwischen der dielektrischen Wiederverfestigung einerseits und der wiederkehrenden Spannung andererseits. Wird die wiederkehrende Spannung u_w größer als es der dielektrischen Festigkeit entspricht, wie in *Abb. 15* am Beispiel a gezeigt ist, so schlägt die Schaltstrecke durch, und damit fließt der Strom während einer weiteren Halbschwingung. Bleibt dagegen die Kurve der dielektrischen Wiederverfestigung stets über der wiederkehrenden Spannung, so ist die Unterbrechung des Stromes endgültig (Beispiel b). Bei Untersuchungen des Stromnulldurchganges in Hochleistungsschaltern wurden sowohl Wiederzündungen über Nachströme nach *Abb. 11* als auch dielektrische Wiederzündungen, für die *Abb. 16* ein Beispiel zeigt, gefunden. Das Überwiegen der

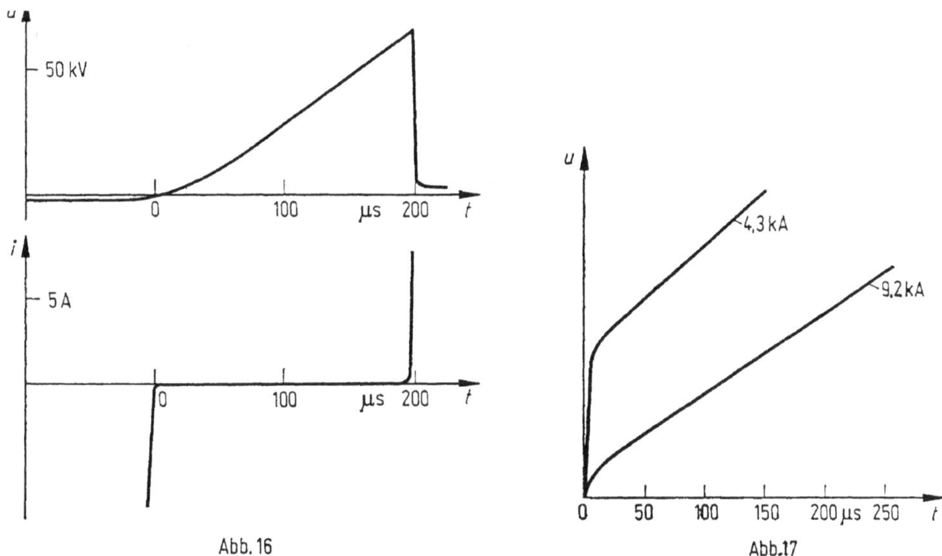

Abb. 16

Abb. 17

einen oder anderen Wiederzündungsart hängt stark von der Konstruktion der Löschanordnung und dem verwendeten Löschmittel ab. Mit steigendem Strom wird meistens die thermische Wiederzündung in den Vordergrund treten, ebenso bei großen Anfangssteilheiten der wiederkehrenden Spannung.

Über den zeitlichen Verlauf der dielektrischen Wiederverfestigung liegen bisher nur wenig experimentelle Untersuchungen vor. An einem luftbeblasenen 20-kV-Hochleistungsschalter zeigt die dielektrische Wiederverfestigung nach *Abb. 17* zunächst einen starken Anstieg, der nach einiger Zeit in einen schwächeren übergeht. Die Parameter sind die abgeschalteten Ströme. Man kann diesen Verlauf durch die Formel

$$K = K_0(1 + \alpha t - e^{-\beta t}) \tag{27}$$

annähern, wobei die Werte von α zwischen 2 und $6 \cdot 10^3\ s^{-1}$ und von β zwischen 1 und $10 \cdot 10^4\ s^{-1}$ liegen. Gl. (27) gilt nur für Zeiten von einigen 100 μs nach dem Erlöschen des Bogens. Für größere Zeiten zeigt *Abb. 18* Kurven der dielektrischen Wiederverfestigung in einem Druckluftschalter nach Abschalten von 2,3 kA bei Kontakten aus Wolfram und Kupfer. Bei diesen ziemlich langen Zeiten nach dem Stromnulldurchgang wird die Durchschlagsfestigkeit nicht mehr so stark durch die Temperatur des Restgases bestimmt als vielmehr durch eine erhöhte Elektronenemission aus den Kontakten. Die Temperatur des Brennfleckes liegt während der Stromhalbschwingung bei etwa 3000 °C und sinkt nach dem Erlöschen des Bogens durch Wärmeleitung und Strahlung, so daß die dielektrische Wiederverfestigung von den Abmessungen und physikalischen Eigenschaften der Elektrode abhängt.

Bei sehr kleinen Elektrodenabständen, wie sie in Niederspannungsschaltern vorkommen, spielt die Wärmeableitung aus dem heißen Gas in den Elektrodenwerkstoff eine wichtige Rolle. *Abb. 19* zeigt die zeitliche Abhängigkeit der Durchschlagsfestigkeit einer Elektrodenanordnung bei verschiedenen Abständen. In die Abbildung ist außerdem der berechnete Verlauf der Gastemperatur eingetragen unter der Annahme, daß bei allen Entfernungen die gleiche Anfangstemperatur von 10^4 K vorhanden war und daß die Wärme in den Elektrodenwerkstoff abgeführt wird. Je schneller also die Temperatur abklingt, desto schneller steigt auch die dielektrische Wiederverfestigung an.

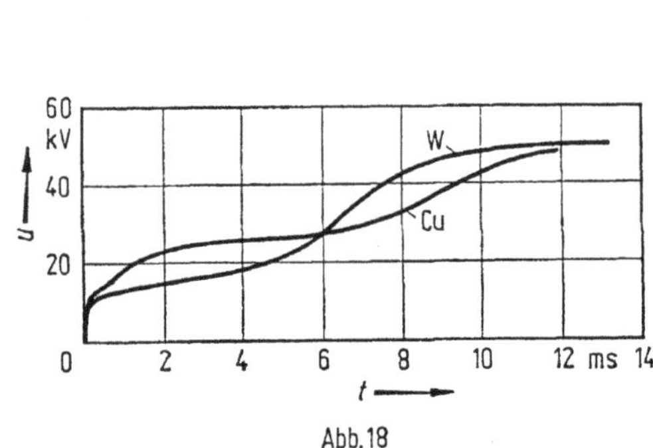

Abb. 18

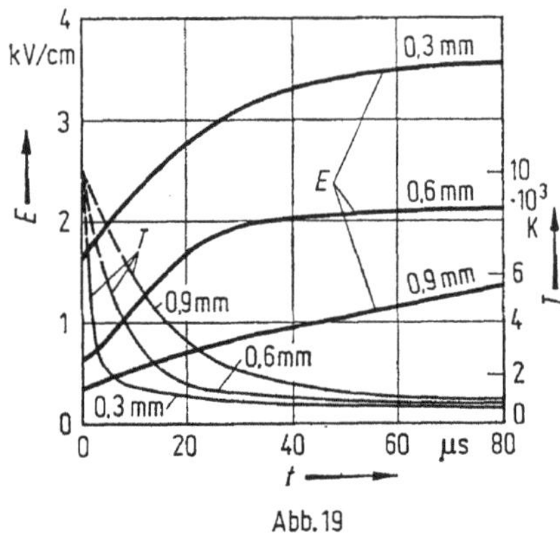

Abb. 19

Wir wollen uns nun noch einmal den Vorgängen vor dem Stromnulldurchgang zuwenden und den Fall betrachten, daß die Parallelkapazität zum Bogen immer größer wird. Nach Gl. (10) nimmt dann auch der Strom i_c immer mehr zu, bis schließlich der ganze Bogenstrom in die Kapazität fließt und der Bogen erlischt. Dieser Vorgang kann durch eine Instabilitätsbetrachtung untersucht werden. Wir gehen dabei von der Differentialgleichung des dynamischen Bogens für kleine Abweichungen von der Kennlinie aus [Gl. (21) von Kapitel 44] und setzen $u_B = U_{BD} + \Delta u$ und $i = I + \Delta i$. Zusammen mit der Stromkreisgleichung (12) lautet dann das Gleichungssystem

$$\frac{d}{dt}(\Delta u - R_{BD}\,\Delta i) + \frac{1}{\tau}\left(\Delta u - \frac{dU_{BD}}{dI}\,\Delta i\right) = 0, \tag{28}$$

$$L C_p \frac{d^2}{dt^2}(U_{BD} + \Delta u) + L\frac{d}{dt}(I + \Delta i) + U_{BD} + \Delta u + \hat{U} = 0. \tag{29}$$

In der ursprünglichen Form entsprechen die Ausdrücke R_{BD} und dU_{BD}/dI dem Widerstand und der Steilheit der stationären Kennlinie. Der Wechselstrombogen weicht durch seine Trägheit bereits von der stationären Kennlinie ab und bewegt sich auf einer dynamischen Kennlinie. Beim Einsetzen einer Instabilität laufen aber die Strom- und Spannungsänderungen am Bogen so schnell ab, daß auch die dynamische Kennlinie als stationär behandelt werden kann. Man bezeichnet die dynamische Kennlinie dann bei Instabilitätsbetrachtungen als quasistationär. Gl. (29) läßt sich mit Gl. (12) durch Eliminieren von Δi zu einer einzigen Differentialgleichung für Δu zusammenfassen

$$R_{BD}\frac{d^3}{dt^3}\Delta u + \left(\frac{1}{C_p} + \frac{1}{\tau}\frac{dU_{BD}}{dI}\right)\frac{d^2}{dt^2}\Delta u + \left(\frac{1}{C_p} + \frac{R_{BD}}{LC_p}\right)\frac{d}{dt}\Delta u + \frac{dU_{BD}}{dI}\frac{1}{LC_p}\Delta u = 0. \tag{30}$$

Das Hurwitzsche Stabilitätskriterium fordert in diesem Fall für einen stabilen Bogen

$$R_{\mathrm{BD}} = a_3 > 0, \quad \frac{1}{C_{\mathrm{p}}} + \frac{1}{\tau}\frac{\mathrm{d}U_{\mathrm{BD}}}{\mathrm{d}I} = a_2 > 0, \quad \frac{1}{C_{\mathrm{p}}} + \frac{R_{\mathrm{BD}}}{LC_{\mathrm{p}}} = a_1 > 0,$$

$$\frac{\mathrm{d}U_{\mathrm{BD}}}{\mathrm{d}I}\,\frac{1}{LC_{\mathrm{p}}} = a_4 > 0. \tag{31}$$

Außerdem muß gelten

$$a_1 a_2 - a_0 a_3 > 0.$$

Betrachten wir zunächst die Forderung $a_4 > 0$. Sie ist, da alle darin vorkommenden Größen positiv sind und $\mathrm{d}U_{\mathrm{BD}}/\mathrm{d}I$ negativ ist, überhaupt nicht zu erfüllen. Eine eingehende Untersuchung zeigt aber, daß diese Forderung nur für Gleichstrombögen gilt. Da hier ein Wechselstrombogen vorliegt, entfällt also die

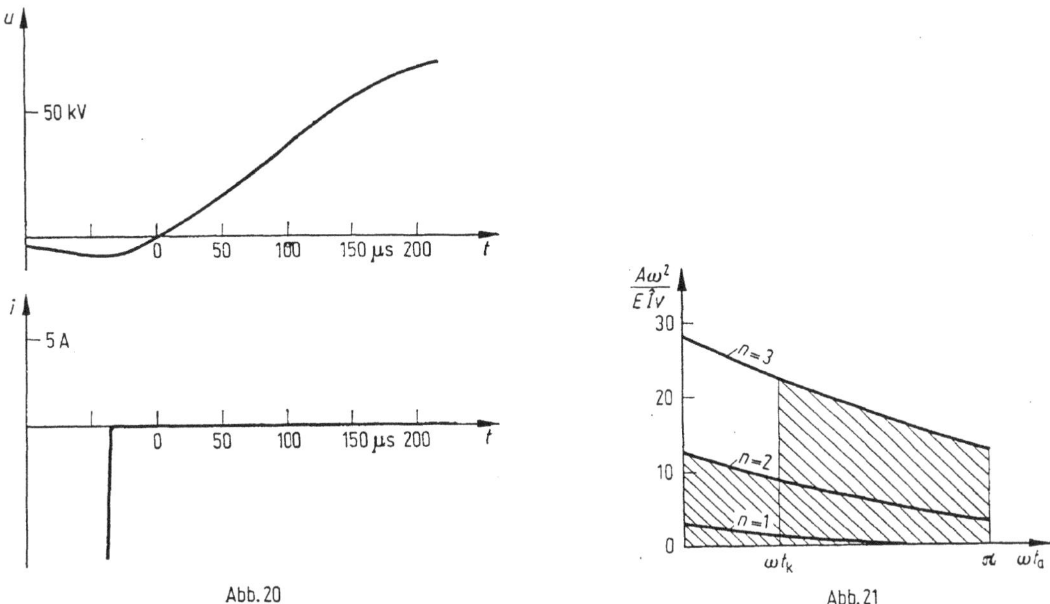

Abb. 20 Abb. 21

Forderung $a_4 > 0$. Alle anderen Kriterien sind zu erfüllen, wenn die Bedingung $a_2 > 0$ gilt. Daraus ergibt sich, daß ein Bogen mit Parallelkapazität so lange stabil brennt, wie

$$\tau > -C_{\mathrm{p}}\,\frac{\mathrm{d}U_{\mathrm{BD}}}{\mathrm{d}i} \tag{32}$$

erfüllt ist. Während der Halbschwingung ist die Steilheit der Kennlinie sehr klein, und erst kurz vor der Löschspitze kann $\mathrm{d}U_{\mathrm{B}}/\mathrm{d}i$ so groß werden, daß Gl. (32) nicht mehr erfüllt ist. Die Instabilität des Bogens bewirkt dann, daß der Bogenstrom null wird und der Strom vollständig durch die Kapazität C_{p} fließt, während die Bogenspannung noch einen Wert hat, wie *Abb. 20* in einem Oszillogramm zeigt. Der Einschwingvorgang der wiederkehrenden Spannung beginnt dann nicht beim Wert Null, sondern bei einem endlichen Wert von u_{B}. Tritt dieses Abkippen des Stromes bei einem Schaltvorgang ein, so ist eine thermische Wiederzündung im allgemeinen nicht mehr möglich, und ein Versagen der Schaltstrecke kann nur durch Durchschlag eintreten. Eine große Parallelkapazität begünstigt also das Abschalten dadurch, daß sie erstens die Frequenz der wiederkehrenden Spannung herabsetzt und zweitens das Abkippen fördert. Die in *Abb. 9* eingetragene obere Begrenzungslinie ist nun die Grenze zwischen Stromnulldurchgängen mit und ohne Abkippen, die sich durch Anwendung der Gl. (32) ergibt. Oberhalb der Linie tritt Abkippen ein, so daß die Berechnung eines Bogenwiderstandes im Nulldurchgang sinnlos wird. Bei Messungen an Schaltern beobachtet man, daß zwischen den beiden Grenzfällen mit gleichzeitigem Strom- und Spannungsnulldurchgang vor der Löschspitze auch der Strom zwischen Löschspitze und Spannungsnulldurchgang verschwindet. Auch hier steigt, ähnlich wie bei Löschungen ohne Nachstrom, der Bogenwiderstand durch intensive Kühlung auf sehr hohe Werte vor dem Nulldurchgang an.

Bisher haben wir den Ausschaltvorgang von Wechselstrom nur im Stromnulldurchgang behandelt und die Bogenspannung während der Halbschwingung als konstant angenommen. In Wirklichkeit vergrößert sich mit zunehmendem Kontaktabstand die Bogenspannung durch die größere Bogenlänge. Für die im Bogen umgesetzte Arbeit ergeben sich dabei unter Berücksichtigung der Kontaktbewegung interessante Zusammenhänge.

Wir betrachten eine Halbschwingung eines sinusförmigen Stromes und nehmen weiter an, daß die Bogenspannung mit zunehmender Kontaktentfernung linear ansteigt

$$u_{\mathrm{B}} = E\,l = E\,v\,(t - t_{\mathrm{a}})\,, \qquad i = \hat{I}\sin\omega t\,, \tag{33}$$

wobei l die Kontaktentfernung, v die Öffnungsgeschwindigkeit der Kontakte, E der Spannungsgradient des Bogens und t_{a} der Zeitpunkt der Kontakttrennung während der Halbschwingung ist. Betrachten wir einen Bogen mit n Halbschwingungen, so ergibt sich die im Bogen umgesetzte Arbeit aus folgender Gleichung

$$A = \int\limits_{t_{\mathrm{a}}}^{t_{\mathrm{e}}} u_{\mathrm{B}}\,|i|\,\mathrm{d}t = \int\limits_{\omega t_{\mathrm{a}}}^{n\pi} \frac{E\hat{I}v}{\omega^2}\,(\omega t - \omega t_{\mathrm{a}})\,|\sin\omega t|\,\mathrm{d}\omega t\,. \tag{34}$$

Dieses Integral läßt sich geschlossen auswerten und ergibt als Lösung

$$A = \frac{E\hat{I}v}{\omega^2}\,[n^2\pi - (2n-1)\,\omega t_{\mathrm{a}} - \sin\omega t_{\mathrm{a}}]\,. \tag{35}$$

Die Bogenarbeit schwankt also je nach Öffnungszeitpunkt des Schalters und der Anzahl der Halbschwingungen, wie *Abb. 21* zeigt, in der über dem Wert von ωt_{a} die Arbeit für die ersten drei Halbschwingungen aufgetragen ist. Die Anzahl der Halbschwingungen eines Schalterbogens richtet sich nach der Zeit, welche die Kontakte benötigen, um sich bis auf die sogenannte sichere Löschdistanz voneinander zu trennen. In *Abb. 22* ist der Kontaktweg l eines Schalters, bezogen auf die Phasenlage des Ausschaltstromes, eingetragen. Solange der Öffnungszeitpunkt früher als eine kritische Zeit ωt_{k} liegt, ist im ersten Nulldurchgang die Kontaktentfernung größer als die sichere Löschdistanz l_{s}. Bei einer Kontakttrennung zur Zeit ωt_{k} erreicht der Schalter im ersten Nulldurchgang gerade die sichere Löschdistanz, so daß eine Löschung nicht mehr möglich ist und sich eine weitere Halbschwingung anschließt. Die Löschung muß nicht unbedingt, wie es das Beispiel in *Abb. 22* zeigt, in der ersten Halbschwingung eintreten, sondern bei kleineren Öffnungsgeschwindigkeiten oder großen Werten der sicheren Löschdistanz können auch mehrere Halbschwingungen vorausgehen, bis der Schalter löscht. Es wird aber immer eine kritische Öffnungszeit ωt_k geben, bei der die Brenndauer des Bogens um die Dauer einer Halbschwingung verlängert wird. Betrachten wir wieder die Bogenarbeit in *Abb. 21,* so wird also bei $\omega t_a > \omega t_k$ eine größere Arbeit im Bogen umgesetzt, wie hier am Beispiel mit zwei und drei Halbschwingungen gezeigt ist. Bei einer großen Anzahl von Schaltungen streut der Öffnungszeitpunkt gleichmäßig über die ganze Halbschwingung, und die mittlere Bogenarbeit ergibt sich aus folgender Gleichung:

$$\bar{A} = \frac{E\hat{I}}{\omega^2}\frac{v}{\pi}\left[\int_0^{\omega t_k}\left((n-1)^2\pi - (2n-3)\,\omega t_a - \sin\omega t_a\right) d\omega t_a + \int_{\omega t_k}^{\pi}\left(n^2\pi - (2n-1)\,\omega t_a - \sin\omega t_a\right) d\omega t_a\right]. \tag{36}$$

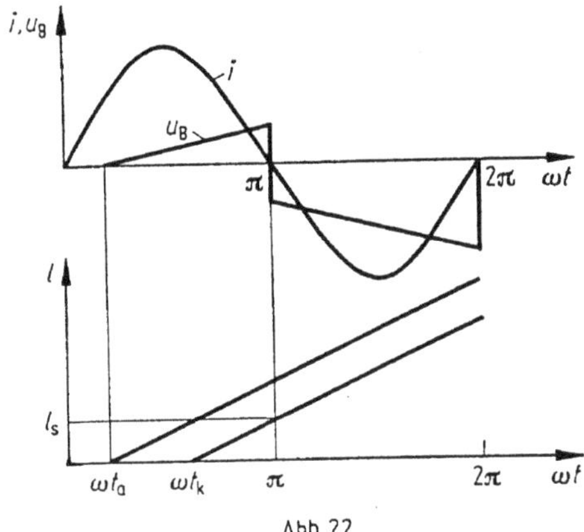

Abb. 22

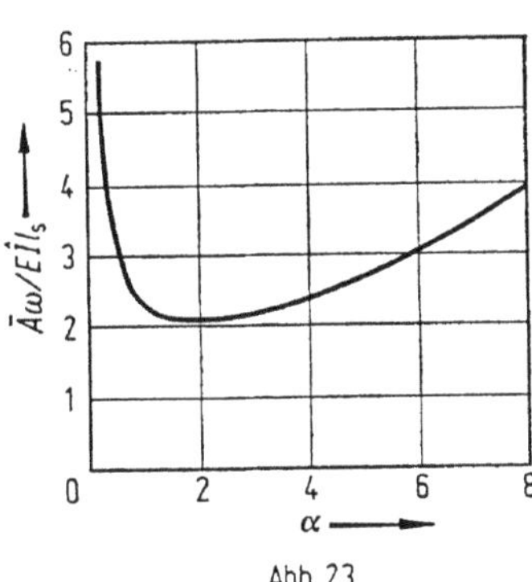

Abb. 23

Dabei ist für die Zeit von 0 bis ωt_k die Arbeit für $(n-1)$ Halbschwingungen und für die Zeit von ωt_k bis π die Arbeit für n Halbschwingungen eingesetzt. Die Lösung dieses Integrals lautet

$$\bar{A} = \frac{E\hat{I}v}{\omega^2}\left[\omega t_k(1-2n) + \frac{1}{\pi}(\omega t_k)^2 + \pi\left(n(n-1)+\frac{1}{2}\right) - \frac{2}{\pi}\right]. \tag{37}$$

Um also die mittlere Bogenarbeit zu bestimmen, müssen die maximale Anzahl n der Halbschwingungen und der kritische Öffnungszeitpunkt ωt_k bekannt sein. Der kritische Öffnungszeitpunkt ergibt sich aus der Forderung, daß im Nulldurchgang der $(n-1)$-ten Halbschwingung die sichere Löschdistanz erreicht sein muß, nach *Abb. 22* zu

$$(n-1)\pi - \omega t_k = \frac{\omega l_s}{v}. \tag{38}$$

Setzen wir für $v = \alpha\,\omega l_s/\pi$, wobei α ein beliebiger Faktor ist, so lautet die Bedingung für ωt_k

$$\omega t_k = \pi\left(n - 1 - \frac{1}{\alpha}\right). \tag{39}$$

Die Anzahl der Halbschwingungen ergibt sich aus Gl. (39) für $\omega t_k = 0$ zu

$$n = 1 + \frac{1}{\alpha}.$$

Dabei muß aber berücksichtigt werden, daß n nur eine ganze Zahl sein kann, und zwar immer die auf $1 + 1/\alpha$ folgende. Für $\alpha = 5$ z. B. ist $n = 2$, und für $\alpha = 0{,}8$ ist $n = 3$.

In *Abb. 23* ist der Verlauf der mittleren Bogenarbeit abhängig von α aufgetragen, sie zeigt für

$$\alpha = \sqrt{\frac{1}{1/2 - 2/\pi^2}} = 1{,}83 \tag{41}$$

ein Minimum. Das bedeutet also, daß die Bogenarbeit eines Schalters, gemittelt über viele Schaltungen, bei einer Schaltgeschwindigkeit von

$$v = 1{,}83 \frac{\omega}{\pi} l_s \tag{42}$$

am kleinsten ist. Der Kurvenverlauf in *Abb. 23* zeigt aber auch, daß Abweichungen von der günstigsten Schaltgeschwindigkeit um einen Faktor zwischen 0,5 und 2 die mittlere Bogenarbeit nur wenig verändern, da es sich nur um ein schwach ausgeprägtes Minimum handelt.

Es sei noch abschließend bemerkt, daß die gleiche Überlegung auch für die maximale Lichtbogenarbeit, die sich nach *Abb. 21* für $\omega t_a = \omega t_k$ ergibt, ausgeführt werden kann. Dabei ergibt sich, daß die maximale Lichtbogenarbeit für den Faktor $\alpha = 1$ am kleinsten ist. In der Praxis werden die der Berechnung zugrunde gelegten Bedingungen nicht genau zutreffen, da die Schaltstiftgeschwindigkeit im allgemeinen nicht konstant ist, jedoch auch bei nicht linearen Schaltstiftbewegungen ergeben sich die geringsten Bogenarbeiten, wenn die mittlere Geschwindigkeit etwa die Gl. (42) erfüllt.

Neben der Beanspruchung durch die Lichtbogenarbeit spielt für Schalter, besonders für solche mit selbsterzeugtem Löschmittel, auch die Beanspruchung durch die maximale Bogenleistung eine Rolle. Aus Gl. (33) ergibt sich die Bogenleistung zu

$$P_L = u_B |i| = \frac{E \hat{I} v}{\omega} (\omega t - \omega t_a) |\sin \omega t|. \tag{43}$$

Die maximale Bogenleistung tritt immer in der letzten Halbschwingung des Abschaltvorganges auf, und zwar kurz nach dem Scheitelwert des Stromes. Nach *Abb. 21* ist außerdem erforderlich, daß der Öffnungszeitpunkt $\omega t_a = \omega t_k$ ist. Zur Berechnung der maximalen Bogenleistung können wir also ohne großen Fehler schreiben

$$\omega t = \left(n - \frac{1}{2}\right)\pi, \qquad \omega t_k = \left(n - 1 - \frac{1}{\alpha}\right)\pi, \qquad |\sin \omega t| = 1 \tag{44}$$

und erhalten, wenn wir wieder $v = \alpha \, \omega l_s/\pi$ setzen,

$$P_{L\max} = E \hat{I} l_s (1 + 0{,}5\alpha). \tag{45}$$

Aus *Abb. 24,* in der die maximale Bogenleistung über α aufgetragen ist, wird ersichtlich, daß mit zunehmender Schaltgeschwindigkeit die Bogenleistung stark ansteigt. Für die Wahl der Schaltgeschwindigkeit, die nach *Abb. 23* noch ohne Gefahr größer oder kleiner als die günstigste sein könnte, ergibt sich damit eine weitere Einschränkung. Man wird vorzugsweise Geschwindigkeiten wählen, die kleiner als die günstigste sind, und damit hohe Bogenleistungen vermeiden.

Für den Bau von Löscheinrichtungen für Wechselstrom ergeben sich aus den bisherigen Darlegungen folgende Grundsätze: Der Schalterbogen muß zunächst eine ausreichend kleine Zeitkonstante haben, damit bei einem Nulldurchgang des Stromes der Bogenwiderstand so stark erhöht werden kann, daß der Bogen erlischt. Weiterhin muß die Schaltstrecke eine ausreichende dielektrische Festigkeit haben, damit nach der Löschung des Bogens die wiederkehrende Spannung gehalten werden kann. Ein frei in Luft brennender Bogen hat bei Strömen, die ein neuzeitlicher Schalter bewältigen muß, so große Zeitkonstanten, daß eine Löschung bei technisch verwendbaren Schaltstreckenlängen nicht möglich wäre. Es ist daher notwendig, den Bogen zu kühlen. Bei den hohen Temperaturen, die im Bogen bestehen, wird jeder bekannte flüssige oder feste Stoff zersetzt. In der unmittelbaren Umgebung des Bogens befindet sich also immer, unabhängig vom Ausgangs-

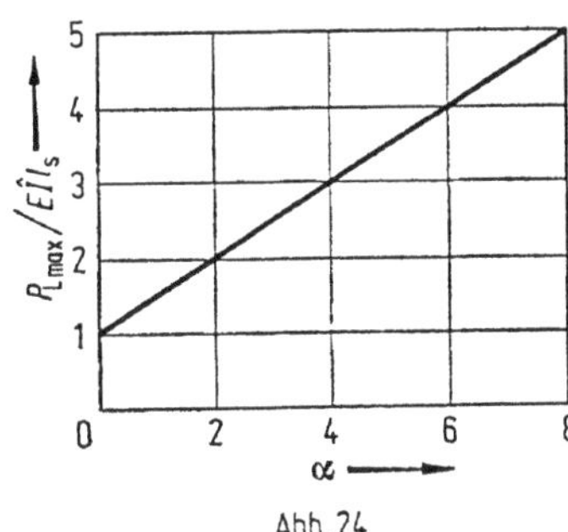

Abb. 24

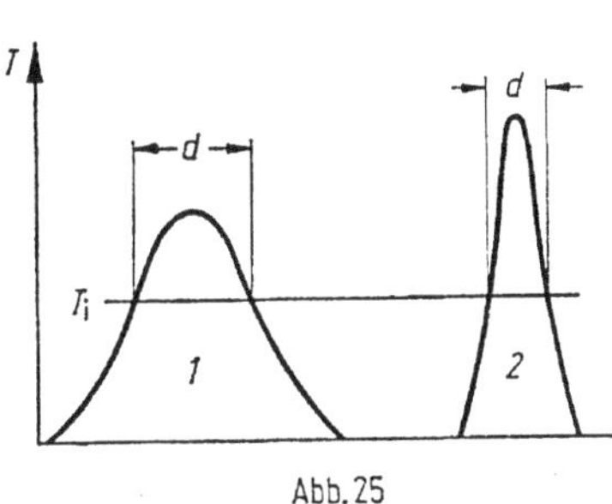

Abb. 25

zustand des Löschmittels, ein Gas, dessen physikalische Eigenschaften für das Verhalten des Bogens entscheidend sind. Wir wollen aber trotzdem bei der Behandlung der verschiedenen Löschprinzipien feste, flüssige und gasförmige Löschmedien unterscheiden.

Aus Gl. (13) von Kapitel 44 geht hervor, daß der Bogenwiderstand um den Faktor e größer wird, wenn dem Bogen die Wärmemenge $Q_K = \tau P_0$ entzogen wird. Diese Wärmemenge ist dabei ein Maß für die im Bogen gespeicherte Wärmeenergie. Umgekehrt kann man aber auch schließen, daß die Zeitkonstante kleiner wird, wenn Q_K klein ist, so daß sich die Forderung nach kleiner Zeitkonstante mit einem Bogen möglichst geringer Wärmekapazität erfüllen läßt. Berechnet man die auf das Volumen bezogene Enthalpie eines Gases, so zeigt sich, daß sie oberhalb von 5000 K, abgesehen von kleinen Schwankungen, in erster Näherung unabhängig von der Temperatur ist. In *Abb. 25* ist schematisch die Temperaturverteilung bei zwei Bögen dargestellt, von denen der Bogen *2* durch stärkere Kühlung auf einen geringeren Durchmesser eingeengt ist. Oberhalb einer bestimmten Temperatur T_i, die von der Gasart abhängig ist, haben beide Bögen in einem Durchmesserbereich d eine merkliche Leitfähigkeit. Wenn beide Bögen den gleichen Leitwert haben sollen, stellt sich bei dem engeren Bogen, wegen des kleineren leitfähigen Querschnitts, eine höhere Temperatur ein, um durch einen stärkeren Ionisierungsgrad eine größere Leitfähigkeit zu erzielen. Der auf die Länge bezogene Wärmeinhalt der leitfähigen Bereiche ergibt sich aus der auf das Volumen bezogenen Enthalpie multipliziert mit dem Bogenquerschnitt und ist somit proportional d^2, so daß der engere Bogen trotz höherer Temperatur einen kleineren Wärmeinhalt hat.

Es ergibt sich also für die Schaltertechnik die wichtige Erkenntnis, daß ein stark gekühlter Bogen zwar eine höhere Achsentemperatur als ein schwach gekühlter hat, daß andererseits aber wegen der kleineren Wärmekapazität seine

Zeitkonstante kleiner ist. Eine weitere Möglichkeit, die Zeitkonstante eines Bogens zu verkleinern, besteht darin, die dem Bogen entzogene Leistung, d. h. P_0, zu vergrößern. Für die Löschung von Lichtbögen werden also Gase mit hoher Wärmeleitfähigkeit, z. B. Wasserstoff, besonders gut geeignet sein. Aber nicht nur durch Wärmeleitung wird dem Bogen Energie entzogen, sondern auch konvektiv wird durch einen Gasstrom ein großer Teil der durch die Lichtbogenarbeit entstandenen Wärme wieder beseitigt. Die auf diese Weise abgeführte Energie hängt von der Enthalpie, der Dichte und der Geschwindigkeit des Gases in der Nähe der Schaltstrecke ab. Bei den heutigen Hochleistungsschaltern sind die Druckverhältnisse so, daß die zur Löschung verwendeten Gase mit Schallgeschwindigkeit oder Werten, die nahe daran liegen, am Bogen vorbeiströmen. Ein Maß für die konvektiv abgeführte Wärmemenge ist also das Produkt aus spezifischer Enthalpie,

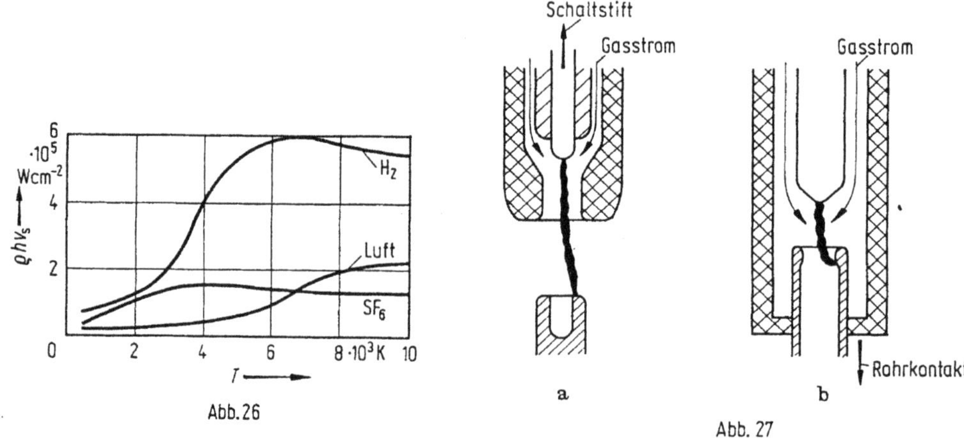

Abb. 26

Abb. 27

Dichte und Schallgeschwindigkeit, das in *Abb. 26* für verschiedene Gase bei einem Druck von 1 atm $\approx$ 1 bar aufgetragen ist. Aus den vorstehenden Betrachtungen geht hervor, daß die für die Löschung entscheidenden Vorgänge sich in der unmittelbaren Umgebung des Nulldurchganges abspielen. Damit aber ein Bogen im Nulldurchgang eine kleine Zeitkonstante hat, muß das während der Halbschwingung aufgeheizte Gas weitgehend aus der Schaltstrecke weggeführt sein, was hauptsächlich durch Konvektion geschieht.

Ein häufig angewendetes Verfahren zur Lichtbogenkühlung besteht darin, einen Bogen in einer Düse axial mit einem starken Gasstrom zu beblasen. Man kann dabei eine Düse aus Isolierstoff benutzen, durch die ein beweglicher Schaltstift beim Schalten gezogen wird (*Abb. 27a*); oder einer der Kontakte kann als Rohr ausgeführt und gleichzeitig als Düse verwendet werden (*Abb. 27b*). Das Gas strömt dabei aus einem Vorratsbehälter, dem sogenannten Hochdruckspeicher, über die Schaltstrecke in den Niederdruckraum oder ins Freie. Das Ventil, mit dem der Gasstrom ein- und ausgeschaltet wird, kann nun zwischen Hochdruckspeicher und Schaltstrecke oder zwischen Schaltstrecke und Niederdruckraum liegen. Im zweiten Fall wird die Schaltstrecke ein Teil des Hochdruckbehälters und steht somit unter höherem Druck. Ein erhöhter Druck verbessert aber die dielektrische Festigkeit der Löschanordnung. Ein weiterer Schritt führt zur Anwendung von Doppeldüsen nach *Abb. 28*, bei denen ein größerer Gasdurchsatz einen besseren konvektiven Abtransport des heißen Bogengases ermöglicht. Auch eine Querbeblasung der Lichtbögen nach *Abb. 29* wird angewendet, bei welcher der Bogen seitlich zwischen eine Anzahl von Isolierstoffplatten getrieben und dadurch gekühlt wird. Dieses Löschprinzip, das hauptsächlich für den Mittelspannungsbereich angewendet wird, nützt außerdem noch die weiter unten beschriebene Gasentwicklung aus festen Isolierstoffen zur Löschung aus.

Als Löschmittel wird bei Druckgasschaltern häufig Luft angewendet, die mit einem Druck von etwa 15 atm $\approx$ 15 bar[1] im Hochdruckvolumen gespeichert ist. Bei den neuesten Schalterentwicklungen werden auch Drücke bis zu 60 atm

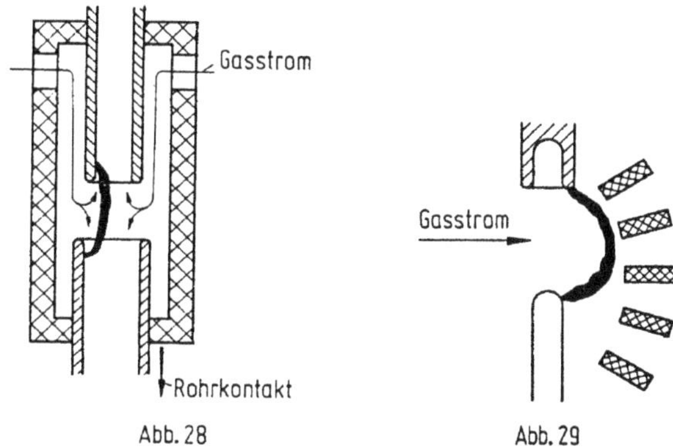

Abb. 28 Abb. 29

$\approx$ 60 bar benutzt. Neben Luft als Löschgas hat in neuerer Zeit ein weiteres Gas, das Schwefelhexafluorid SF_6, an Bedeutung gewonnen. Dieses Gas hat neben einer hohen dielektrischen Festigkeit Zeitkonstanten von weniger als 1 μs und somit sehr günstige Löscheigenschaften. Es erfordert allerdings, da es im Vergleich zu Luft teuer ist, einen geschlossenen Gaskreislauf im Schalter. Mit SF_6-Schaltern können heute bei den größten Kurzschlußströmen von 40 bis 50 kA Spannungen von etwa 110 kV, mit Druckluftschaltern von etwa 70 kV, je Schaltstrecke abgeschaltet werden.

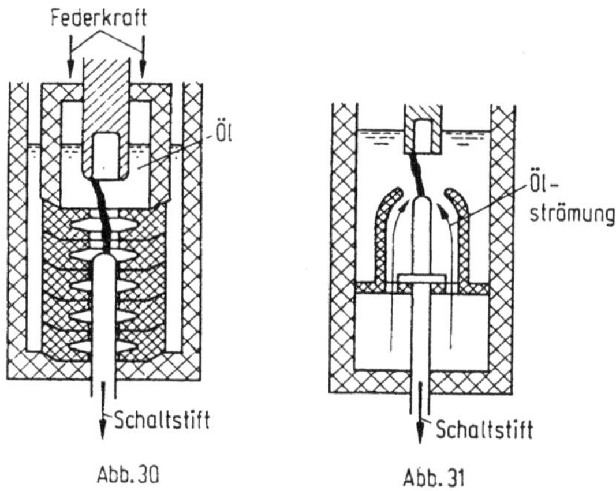

Abb. 30 Abb. 31

In Schaltern mit flüssigem Löschmittel wird nur noch Öl und in geringem Maße Wasser als Löschmittel verwendet. Unter Einfluß des Bogens zersetzt sich das Löschmittel. Der dabei entstehende Wasserstoff führt zu guten Löscheigenschaften. *Abb. 30* zeigt einen Ölschalter, bei dem der Bogen in einer Löschkammer brennt. Die entstehenden Gase erhöhen den Druck in der Kammer so weit, bis diese sich gegen eine Federkraft von ihrem Widerlager abhebt und die Gase abströmen können. Da die entstehende Gasmenge in einem derartigen Schalter von der Lichtbogenarbeit abhängt, können beim Abschalten großer Ströme im Schalter hohe

[1] 1 atm $\approx 10^5$ N/m^2 = 10^5 Pa = 1 bar.

Drücke auftreten, die durch die Konstruktion der Kammer beherrscht werden müssen. Die maximalen Druckwerte treten etwa im Scheitelwert des Stromes auf und sinken in der Nähe des Stromnulldurchganges wieder ab. Durch besonders schnelle Ventile wird erreicht, daß sich der Druck in der Kammer in der Nähe des Stromnulldurchganges nicht vollständig abbaut und daß zur Verbesserung der dielektrischen Festigkeit etwa 10 bis 20 atm erhalten bleiben. Durch eine Öleinspritzung durch die Kontakte kann die Löschwirkung des Schalters verbessert werden. Auch durch eine seitliche Öleinströmung am Schaltstift vorbei, wie *Abb. 31* zeigt, ergibt sich eine intensive Kühlung des Bogens.

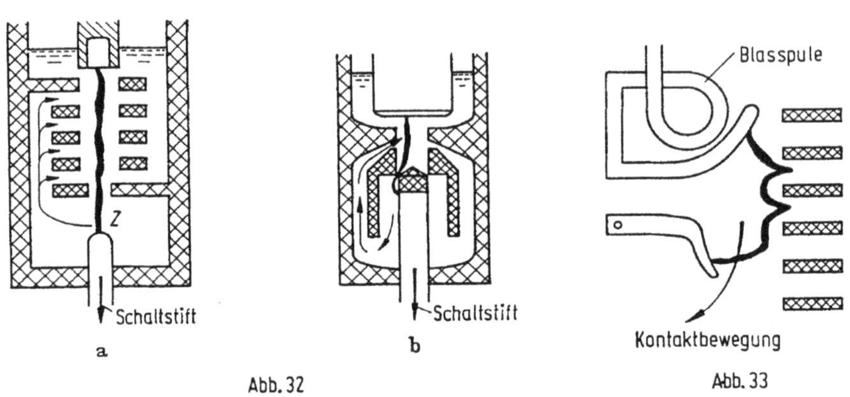

Abb. 32 Abb. 33

Bei den bisher beschriebenen Löschprinzipien würde das Öl unmittelbar am Schaltlichtbogen zersetzt. Man kann aber auch das Öl an einer anderen Stelle zersetzen und es dem Bogen zuführen, wie es in *Abb. 32* in zwei Beispielen gezeigt ist. Beim Beispiel a strömt das im Bereich Z zersetzte Ölgas seitlich am Bogen vorbei, um weiter oben eine Querbeblasung zu ermöglichen. Beispiel b zeigt ein Prinzip, bei dem der Bogen in einem engen Spalt brennt und das im unteren Bereich erzeugte Ölgas zusammen mit dem Öl nach oben zu einer zusätzlichen axialen Beblasung treibt. Ölschalter erfordern wegen der hohen Drücke einen recht großen Aufwand für die Konstruktion der Schaltkammer, andererseits können mit einer Schaltstrecke Spannungen bis 110 kV abgeschaltet werden. Die Zeitkonstanten des Bogens liegen in der Größenordnung von 2 bis 5 μs.

Für Hochspannungsschalter im Bereich bis 20 kV mit Strömen unter 1 kA, die nur als sogenannte Lastschalter ($\cos \varphi > 0{,}7$) dienen, verwendet man als Löschmittel auch feste Isolierstoffe. Der Bogen brennt dabei zwischen Wänden aus dem betreffenden Isolierstoff, wobei der Abstand in der Größenordnung von Millimetern liegt. Die Löschung erfolgt durch die bei der Zersetzung entstehenden Gase, so daß man auch hierbei von selbsterzeugtem Löschmittel spricht. Bei der Auswahl der Isolierstoffe muß neben einer ausreichenden Gaserzeugung auch auf eine gegebenenfalls mögliche Verrußung der Isolierstoffoberflächen durch den Bogen geachtet werden, da durch deren Leitfähigkeit die Spannungsfestigkeit der Schaltstrecke erheblich vermindert werden kann. Als besonders geeignete Stoffe haben sich Plexiglas und Polyoxymethylen, wie Hostaform und Delrin, bewährt.

Als weiteres Beispiel für Schalter mit festen Löschmitteln seien die Sicherungen genannt. Bei diesen verdampft ein spiralförmig im Quarzsand eingebetteter Draht durch den abzuschaltenden Strom, und der anschließende Lichtbogen wird in der engen Röhre so intensiv gekühlt, daß er beim nächsten Nulldurchgang erlischt.

Für Niederspannungsschalter wird häufig das Prinzip der sogenannten magnetischen Beblasung angewendet. Nach *Abb. 33* wird durch eine Blasspule mit dem abzuschaltenden Strom ein Magnetfeld erzeugt, das den Bogen in eine Löschkammer aus Keramik treibt. Dabei wird der Bogen so stark verlängert und gekühlt, daß bei der verhältnismäßig niedrigen treibenden Spannung eine Wiederzündung nicht möglich ist.

In neuester Zeit sind auch mit Vakuumschaltern beachtliche Schaltleistungen erzielt worden. Der Löschmechanismus im Vakuumbogen ist jedoch noch weitgehend ungeklärt. Wahrscheinlich werden die Ladungsträger in der Umgebung des Nulldurchganges sehr schnell wegdiffundiert, wobei von den Elektroden keine neuen Ladungsträger nachgeliefert werden, so daß die Schaltstrecke wieder nichtleitend wird. Entscheidend war für die Verbesserung der Vakuumschalter die Anwendung der bei der Halbleiterherstellung entwickelten Reinigungstechniken, wie Zonenziehen für die Herstellung der Kontaktwerkstoffe. Mit hochreinen und hochentgasten Kupferkontakten können Vakuumschalter bei 15 kV Ströme von etwa 20 kA abschalten.

47. Einfluß des Lichtbogens auf Stromverlauf und Einschwingspannung

In Kapitel 46 haben wir gesehen, daß im Nulldurchgang des Stromes in einem Kreis mit Lichtbogen eine starke Wechselwirkung zwischen Bogen und Stromkreis besteht. Durch die Brennspannung des Lichtbogens wird der Bogenstrom selbst verformt, und andererseits wird durch die Stromverformung auch wiederum die Bogenspannung beeinflußt. Wegen dieser starken Wechselwirkung ist die mathematische Behandlung des Bogens im Stromnulldurchgang sehr schwierig. Etwas einfacher werden die Verhältnisse, wenn nur die Wirkung der Bogenspannung auf den Stromverlauf untersucht wird. Die Brennspannung eines Lichtbogens ist ja bei größeren Strömen in weiten Bereichen vom Stromwert unabhängig, so daß während des größten Teils einer Halbschwingung lediglich die Bogenspannung den Strom beeinflußt, aber nicht umgekehrt der Strom die Bogenspannung.

Wir können dann die Bogenspannung als eingeprägte EMK betrachten und die von ihr erzeugten Deformationsströme dem ungestörten Stromverlauf überlagern. In einem Stromkreis nach *Abb. 1* ergibt sich der vom Bogen erzeugte Strom zu

$$i_{\mathrm{D}} = i_{\mathrm{D}C} + i_{\mathrm{D}L} = C\,\frac{\mathrm{d}u_{\mathrm{B}}}{\mathrm{d}t} + \int \frac{u_{\mathrm{B}}}{L}\,dt. \tag{1}$$

Solange die Brennspannung u_{B} konstant ist oder sich nur sehr langsam ändert, ist der kapazitive Deformationsstrom null oder sehr klein. Das bedeutet, daß in vielen Fällen nur der Einfluß der Induktivität berücksichtigt werden muß. Der Strom durch den Lichtbogen ergibt sich dann zu

$$i = \hat{I}\sin\omega t - \int_{t_0}^{t} \frac{u_{\mathrm{B}}}{L}\,\mathrm{d}t, \tag{2}$$

wobei t_0 der Zeitpunkt des Beginns des Lichtbogens ist. Wir wollen zunächst einen Lichtbogen im Hochspannungskreis betrachten, der nur während einer oder zwei Halbschwingungen besteht. Dieser Fall, der in einem Hochspannungs-Leistungsschalter beim Abschalten eines Kurzschlußstroms auftritt, ist in *Abb. 2* dargestellt. Vom Zeitpunkt t_0 an ist eine konstante Bogenspannung *3* vorhanden, und der Stromverlauf *2* weicht vom unbeeinflußten *1* ab, so daß die Augenblickswerte kleiner werden. In der ersten Halbschwingung ist dadurch der Scheitelwert des Stroms kleiner, und der Nulldurchgang tritt zu einem früheren Zeitpunkt ein. In der zweiten Halbschwingung ist der beeinflußte Strom größer als der unbeeinflußte. Dies wird durch die von der ersten Halbschwingung her-

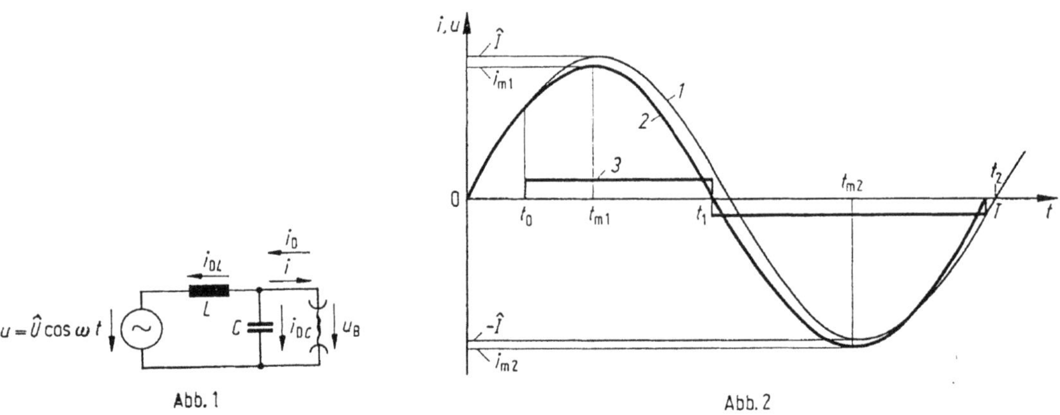

Abb. 1 Abb. 2

rührende Phasenverschiebung bewirkt, die in der zweiten Halbschwingung teilweise rückgängig gemacht wird. Dadurch ist die Zeit vom Stromnulldurchgang bis zum Scheitelwert größer als 5 ms, und der Strom kann auf einen höheren Wert ansteigen. Neben der Veränderung der Dauer der Halbschwingung und des Scheitelwertes ändert sich auch die Stromsteilheit im Nulldurchgang. Die Stromsteilheit vor dem Nulldurchgang wird durch den Bogeneinfluß größer, da nicht nur die treibende Spannung $\hat{U}$, sondern auch noch die Bogenspannung nach der Formel

$$\frac{\mathrm{d}i}{\mathrm{d}t} = \frac{1}{L}\left(\hat{U} - (-u_{\mathrm{B}})\right) \tag{3}$$

wirkt. Nach dem Nulldurchgang wechselt u_{B} das Vorzeichen, und die Stromsteilheit wird geringer. Die absoluten Beträge der relativen Änderungen für die erste und zweite Halbschwingung sind in *Abb. 3* als Funktion des Verhältnisses $u_{\mathrm{B}}/\hat{U}$ dargestellt. Dabei ist angenommen, daß der Bogen bei $t_0 = 0$ entsteht. *Abb. 3a* zeigt die Verhältnisse in der ersten und *Abb. 3b* in der zweiten Halbschwingung, die Kurve *1* gibt jeweils die Änderung des Stromes, die Kurve *2* die der Nulldurchgangszeit und die Kurve *3* die der Stromsteilheit wieder.

Die starken Wechselwirkungen, die sich nach Kapitel 46 im Nulldurchgang abspielen, laufen unabhängig von den beschriebenen Vorgängen in sehr kurzer Zeit vor $i = 0$ ab. Die Änderung der Steilheit nach *Abb. 3* dagegen tritt schon im Zeitbereich bis zu 500 µs vor dem Nulldurchgang auf.

Die Vorgänge in der ersten und zweiten Halbschwingung eines Schaltvorganges haben noch nicht einen stationären Zustand erreicht, in dem die aufeinanderfolgenden Halbschwingungen alle gleich sind. Wir wollen uns nun diesem Fall zuwenden, der auftritt, wenn ein Bogen längere Zeit in einem Stromkreis brennt. Nehmen wir wieder eine induktive Strombegrenzung an, so erhalten wir den Stromverlauf bei konstanter Bogenspannung u_{B} aus der Differentialgleichung

$$u = u_{\mathrm{B}} + L\,\frac{\mathrm{d}i}{\mathrm{d}t}. \tag{4}$$

Für die Wechselspannung schreiben wir in diesem Fall, da wir eine Phasenverschiebung zwischen Strom und Spannung erwarten,

$$u = \hat{U} \sin(\omega t + \varphi), \tag{5}$$

wobei φ ein noch zu bestimmender Phasenwinkel zwischen Strom und Spannung im Augenblick des Stromnulldurchganges, also zur Zeit $t = 0$, sein soll. Für die

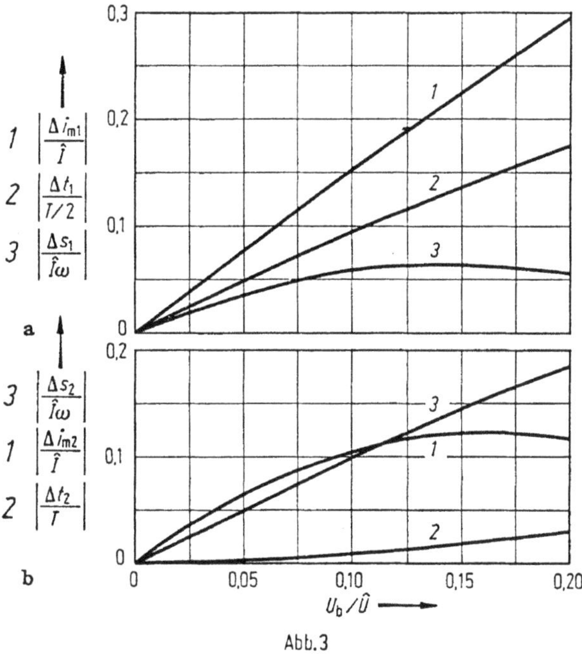

Abb. 3

positive Halbschwingung des Stroms erhalten wir dann aus Gl. (4)

$$i = \frac{1}{L} \left\{ \int \hat{U} \sin(\omega t + \varphi)\, dt - u_B \int dt \right\} \tag{6}$$

oder integriert

$$i = -\frac{\hat{U}}{\omega L} \cos(\omega t + \varphi) - \frac{u_B}{\omega L} \omega t + K. \tag{7}$$

Die Integrationskonstante K ergibt sich aus der Forderung, daß der Strom zur Zeit $t = 0$ null sein soll, zu

$$K = \frac{\hat{U}}{\omega L} \cos \varphi. \tag{8}$$

Nach Ablauf einer Halbschwingung, also für $\omega t = \pi$, muß der Strom bei stationärem Verlauf wieder durch null gehen. Es ist daher nach Gl. (7) und (8)

$$0 = -\hat{U} \cos(\pi + \varphi) - u_B \pi + \hat{U} \cos \varphi, \tag{9}$$

und daraus ergibt sich der Phasenwinkel gemäß

$$\cos \varphi = \frac{\pi}{2} \frac{u_B}{\hat{U}}. \tag{10}$$

Der Phasenwinkel in einem ausschließlich induktiven Kreis, in dem ein Lichtbogen brennt, ist also nicht 90°, sondern er ist nach Gl. (10) durch das Verhältnis der Bogenspannung zum Scheitelwert der treibenden Spannung beeinflußt. In Hochspannungskreisen ist $\hat{U}$ meistens größer als 10 kV, während die Bogenspannung nur selten über 1 kV steigt, so daß hier im allgemeinen keine starke

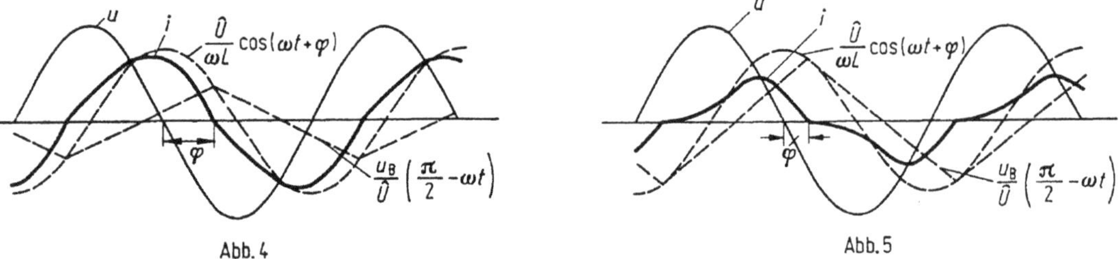

Abb. 4 Abb. 5

Beeinflussung des Phasenwinkels durch den Lichtbogen eintritt. Im Niederspannungskreis dagegen kann das Verhältnis $u_B/\hat{U}$ wesentlich höhere Werte als 0,1 erreichen.

Führt man den Wert für K und $\cos\varphi$ in Gl. (7) ein, so erhält man für den Strom den übersichtlichen Ausdruck

$$i = -\frac{\hat{U}}{\omega L}\cos(\omega t + \varphi) + \frac{u_B}{\hat{U}}\left(\frac{\pi}{2} - \omega t\right). \tag{11}$$

Der Strom besteht also aus zwei Komponenten, von denen die erste den stationären Blindstrom bei geschlossenem Schalter darstellt, der einen Phasenwinkel von 90° gegenüber der Spannung hat. Die zweite Komponente ist ein zeitlich linearer Strom, dessen Bedeutung mit wachsender Bogenspannung zunimmt. *Abb. 4* zeigt diese Teilströme und auch den Gesamtstrom für ein geringes, *Abb. 5* für ein größeres Verhältnis der Brennspannung zur treibenden Spannung. Die Stromkurven sind sowohl für die positive als auch für die negative Halbschwingung gezeichnet. Sie setzen sich aus einer Kosinusfunktion und einer Dreiecklinie zusammen, die beide in *Abb. 4* und *5* gestrichelt eingezeichnet sind. Mit zunehmender Bogenspannung ergeben sich also stark verzerrte Kurvenformen des Stromes.

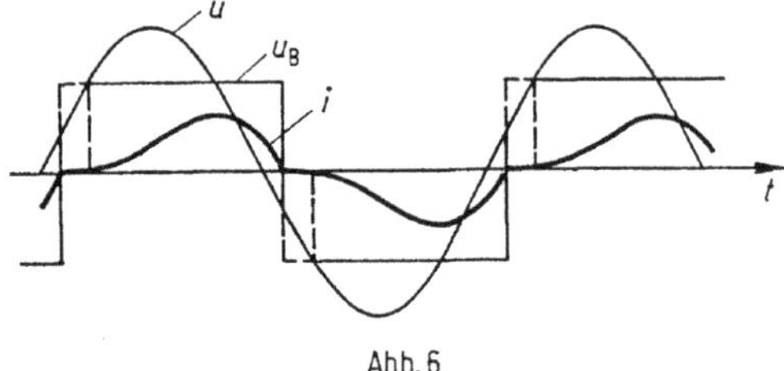

Abb. 6

Aus Gl. (10) ergibt sich, daß die Phasenverschiebung des verzerrten Stromes für einen bestimmten Wert der Bogenspannung, nämlich den $2/\pi$-fachen des Scheitelwertes der Netzspannung, zu Null wird. Dies tritt in Wirklichkeit jedoch nicht ein, denn schon vorher wird nach *Abb. 6* die Bogenspannung beim Nulldurchgang des Stromes gleich oder größer als der Augenblickswert der Netzspannung, so daß der Bogen nach dem Erlöschen nicht sofort zünden kann. Es tritt vielmehr eine stromlose Pause ein, bis der Augenblickswert der Netzspannung wieder eine Zündung ermöglicht, oder der Bogen bleibt erloschen.

Wir haben erkannt, daß der Bogen während der Halbschwingung mehr oder weniger starke Verformungen eines sinusförmigen Wechselstromes hervorrufen kann. Aber auch für den Fall, daß der Bogen erlischt, wird noch nach dem Stromnulldurchgang die wiederkehrende Spannung durch die Bogenspannung beeinflußt. Wir wollen wieder den einfachen Stromkreis nach *Abb. 1* betrachten. Für den Fall, daß der Schalter keine Leitfähigkeit mehr hat, fließt nur noch ein Strom i durch die Induktivität und den Kondensator, und es gilt die Gleichung

$$\hat{U} = u_L + u_C. \tag{12}$$

Mit

$$u_L = L\frac{\mathrm{d}i}{\mathrm{d}t}, \qquad i = C\frac{\mathrm{d}u_C}{\mathrm{d}t}, \qquad u_L = CL\frac{\mathrm{d}^2u_C}{\mathrm{d}t^2} \tag{13}$$

erhalten wir eine Differentialgleichung für die Einschwingspannung, die am Kondensator auftritt

$$\frac{\mathrm{d}^2u_C}{\mathrm{d}t^2} + \frac{u_C}{\omega_0^2} = \frac{\hat{U}}{\omega_0^2} \tag{14}$$

mit $\omega_0^2 = 1/LC$. Die Lösung der Gl. (14) lautet

$$u_C = \hat{U} + A\sin\omega_0 t + B\cos\omega_0 t. \tag{15}$$

Zur Bestimmung der Konstanten müssen Anfangsbedingungen angegeben werden. Wir nehmen an, der Bogen würde nach *Abb. 7* bei einem Strom i_{A} erlöschen (siehe auch Abkippen des Stromes, Kapitel 46) und habe einen Augenblickswert der Spannung von u_{BA}. Da jetzt kein Strom mehr durch den Bogen fließt, muß der Strom von der Kapazität aufgenommen werden, so daß folgende beiden Anfangsbedingungen bei $t = 0$ zur Verfügung stehen: $u_C = -u_{\mathrm{BA}}$ und $\mathrm{d}u_C/\mathrm{d}t = -i_{\mathrm{A}}/C$. Damit lautet Gl. (15)

$$u_C = \hat{U}\,(1 - \cos\omega_0 t) - \frac{i_{\mathrm{A}}}{\omega_0 C}\sin\omega_0 t - u_{\mathrm{BA}}\cos\omega_0 t. \tag{16}$$

Der erste Teil der Gl. (16) gibt den Verlauf der Einschwingspannung bei einem idealen Schalter an, der im Stromnulldurchgang seinen Widerstand von Null auf unendlich ändert ($u_{\mathrm{BA}} = 0$, $i_{\mathrm{A}} = 0$). *Abb. 7* zeigt den Einfluß sowohl des Abreißstromes als auch den der Bogenspannung.

Die Größe der Beeinflussung hängt wieder sehr stark vom Verhältnis der Bogenspannung zur treibenden Spannung ab. Beim Abschalten eines Kurzschlußstroms in einem Höchstspannungsschalter gilt meistens $u_{\mathrm{B}} \ll \hat{U}$ und $i_{\mathrm{A}}/\omega_0 C \ll \hat{U}$, so daß die Beeinflussung durch den Bogen gering bleibt. In diesem Fall spielen die in der Rechnung nicht berücksichtigten Dämpfungen in einem Netz eine viel größere Rolle. Bei Abschaltungen in Mittel- oder Niederspannungsnetzen dagegen kann der Bogen die wiederkehrende Spannung wesentlich beeinflussen.

Besonders stark wird der Einfluß, wenn nur Ströme von einigen zehn Ampere geschaltet werden, da dann der Bogen den Strom durchaus im Scheitelwert des Wechselstromes abreißen kann. In diesem Fall ist $i_{\mathrm{A}}/\omega_0 C \gg \hat{U}$, und der Verlauf der Einschwingspannung wird im wesentlichen durch den zweiten Teil der Gl. (16) bestimmt. Dieser Fall ist ausführlich in Kapitel 50 behandelt.

Wie in Kapitel 46 bereits erläutert, tritt beim Erlöschen eines Lichtbogens nicht nur der Fall des Abkippens nach *Abb. 7* auf, sondern Strom und Bogenspannung werden gleichzeitig null, oder es kommt nach dem Nulldurchgang noch zu einem Nachstrom. Die Einschwingspannung kann dann nicht mehr nach Gl. (16) berechnet werden, da durch den Bogenwiderstand eine Dämpfung auftritt. Es muß dann wieder auf die dynamische Bogengleichung aus Kapitel 46 zurückgegriffen werden und das vollständige Gleichungssystem von Stromkreis und Bogen gelöst werden.

In *Abb. 8* ist als Ergebnis der Berechnungen die Steilheit der wiederkehrenden Spannung im Nulldurchgang $\mathrm{d}u/\mathrm{d}t$, bezogen auf die maximal mögliche Steilheit

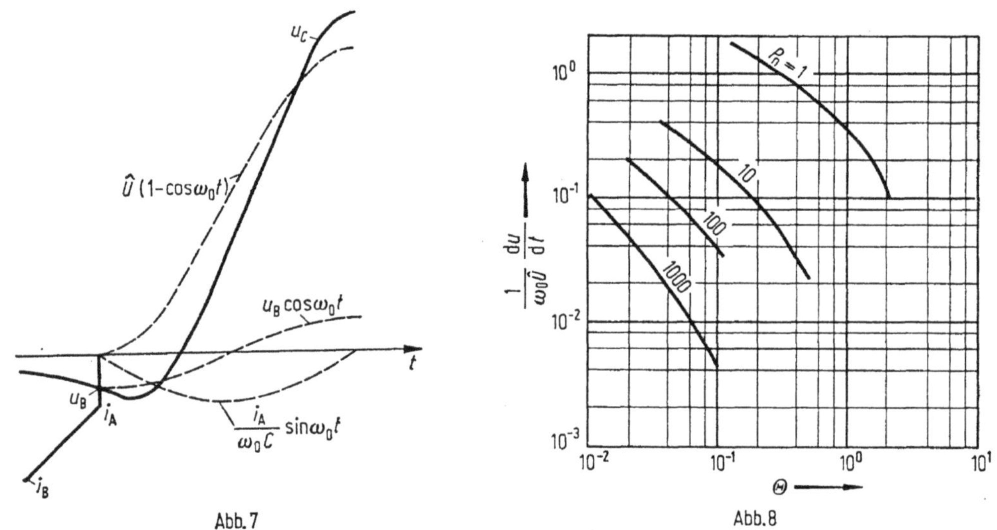

Abb. 7 Abb. 8

$\omega_0 \hat{U}$, aufgetragen. Die Abszisse ist das Produkt aus Zeitkonstante und Einschwingfrequenz $\Theta = \omega_0 \tau$, und der Parameter die normierte Schaltleistung $P_n = \omega \hat{U} \hat{I} / \omega_0 P_0$. Nehmen wir die Einschwing-Kreisfrequenz ω_0 und die normierte Schaltleistung P_n als konstant an, so erkennen wir, daß mit steigendem Wert von Θ, d. h. bei größerer Zeitkonstante, die Steilheit im Nulldurchgang abnimmt. Bögen mit größerer Zeitkonstante haben im Stromnulldurchgang einen kleineren Restwiderstand und üben somit eine stärkere Dämpfung auf den Schwingkreis aus.

Der in *Abb. 1* gezeigte Stromkreis stellt den einfachsten Fall eines Klemmenkurzschlusses dar. Die Zeitspanne, in der eine Beeinflussung der Einschwingspannung durch den Bogen möglich ist, liegt nach den obigen Überlegungen etwa zwischen dem Augenblick eines etwaigen Stromabrisses und dem Ende des Nachstroms und beträgt also etwa 20 bis 50 μs. Das Einschwingen der wiederkehrenden Spannung auf den ersten Scheitelwert dauert, insbesondere in Höchstspannungsnetzen, einige hundert Mikrosekunden. Schon hieraus erkennt man, daß die Beeinflussung der Einschwingspannung durch den Bogen im Fall des Klemmenkurzschlusses gering ist. Anders liegen die Verhältnisse beim sogenannten Abstandskurzschluß, bei dem der Kurzschluß nicht unmittelbar hinter dem Schalter, sondern mit einem gewissen Abstand vom Schalter auf der Leitung eintritt. Der Schalter wird dann nach dem Nulldurchgang nicht nur durch die Einschwingspannung der Netzseite beansprucht, sondern noch durch die mit wesentlich höherer Frequenz schwingende Spannung auf der Leitungsseite, die ihr erstes Maximum in einigen zehn Mikrosekunden erreicht.

Die Vorgänge sind bereits in Kapitel 11 für einen idealen Schalter behandelt worden. Abb. 10 von Kapitel 11 zeigt die Verteilung der treibenden Spannung im Augenblick des Stromnulldurchgangs im Netz oder an der Leitungsinduktivität.

In *Abb. 9* ist diese Spannungsverteilung noch einmal unter Berücksichtigung der Bogenspannung eines Schalters gezeigt. *Abb. 9a* zeigt die Verhältnisse bei einem idealen Schalter, *Abb. 9b* bei einem Schalter mit kleiner Bogenspannung und *Abb. 9c* bei einem solchen mit größerer Bogenspannung. Die Bogenspannung hat bei induktiver Strombegrenzung vor dem Stromnulldurchgang eine andere Po-

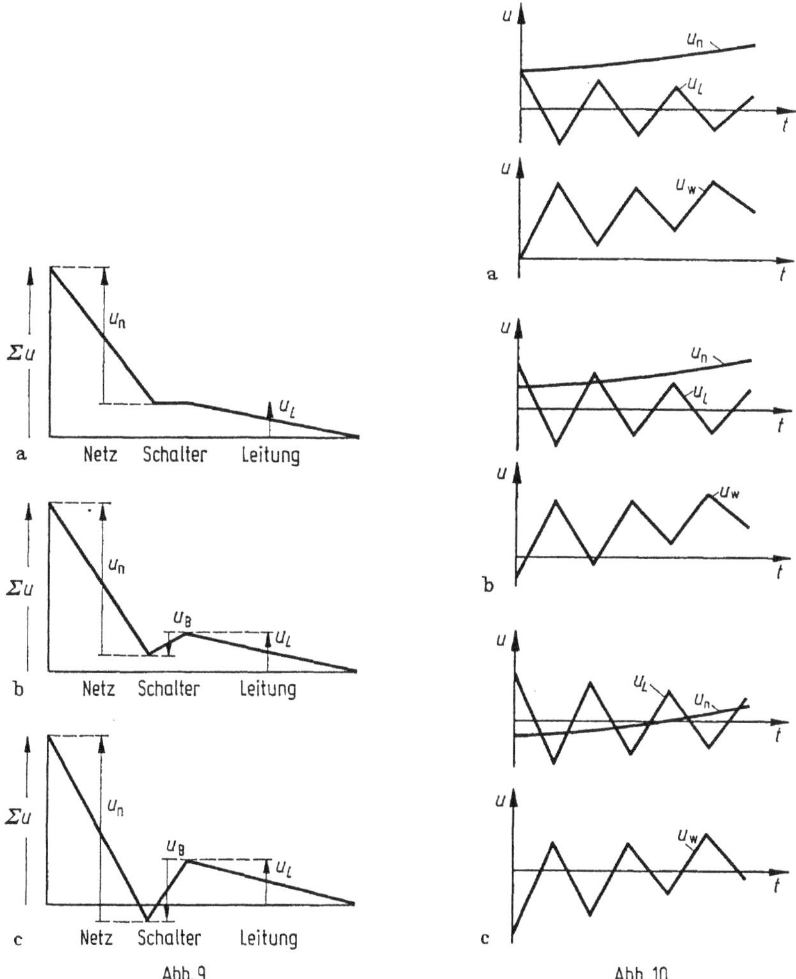

Abb. 9 Abb. 10

larität als die treibende Spannung, wodurch, wie wir eingangs gesehen haben, eine Stromverformung bewirkt wird, die insbesondere zu einer höheren Steilheit im Stromnulldurchgang führt. Damit ist auch der Spannungsabfall an der Netz- und Leitungsinduktivität größer.

Abb. 10 zeigt, wie die im Nulldurchgang gegebene Spannungsverteilung nach dem Abschalten des Stromes über Einschwingvorgänge, u_N im Netz und u_L auf der Leitungsseite, ausgeglichen werden. Bei dem idealen Schalter (*Abb. 10a*) beginnt der Einschwingvorgang auf der Netzseite und Leitungsseite auf dem gleichen Potential, und am Schalter wirkt als Einschwingspannung u_w die volle Leitungsspannung. Durch die Bogenspannung des Schalters verschieben sich jedoch die Anfangswerte des Einschwingvorganges, und der Schalter wird mit viel kleineren Amplituden beansprucht (siehe *Abb. 10a und b*). Dies kann im Fall einer hohen Bogenspannung und Abstandskurzschluß mit kurzer Leitungslänge, d. h. kleinen

Amplituden der Leitungsspannung dazu führen, daß gar keine echte Beanspruchung des Schalters durch die schwingende Leitungsspannung auftritt.

Neben der Beeinflussung der Einschwingspannung durch unterschiedliche Potentialverteilung im Nulldurchgang wirkt auch noch der Bogenwiderstand als Dämpfung. Um diese Einflüsse zu erfassen, müssen wir, ähnlich wie beim Klemmenkurzschluß, ein Gleichungssystem lösen, das das Netz, den Bogen und die Leitung berücksichtigt. Das Verhalten von Strom und Spannung auf einer Leitung wird ohne Berücksichtigung der ohmschen Verluste durch die sogenannten Leitungsgleichungen

$$\frac{\partial u}{\partial t} = -\frac{1}{C_\mathrm{L}} \frac{\partial i}{\partial l}, \quad \frac{\partial i}{\partial t} = -\frac{1}{L_\mathrm{L}} \frac{\partial u}{\partial l} \tag{17}$$

beschrieben. Dabei ist C_L die Kapazität und L_L Induktivität der Leitung, beide auf die Länge bezogen. Die Lösung dieser Gleichung ist eine Wanderwelle, die mit der Geschwindigkeit $1/\sqrt{L_\mathrm{L} C_L}$ über die Leitung läuft. Betrachten wir nun den Anfang einer Leitung, so wird das Verhalten von Strom und Spannung durch die Gleichung

$$u(t) + Z i(t) = -u(t - t_\mathrm{z}) + Z i(t - t_\mathrm{z}) \tag{18}$$

beschrieben. Dabei ist

$$Z = \sqrt{\frac{L_\mathrm{L}}{C_\mathrm{L}}} \tag{19}$$

der Wellenwiderstand und mit der Leitungslänge l,

$$t_\mathrm{z} = 2l \sqrt{L_\mathrm{L} C_\mathrm{L}} \tag{20}$$

die doppelte Laufzeit, d. h. die Zeit, die eine Wanderwelle benötigt, um vom Anfang der Leitung nach Reflexion am Ende wieder zum Anfang zurückzukehren.

Betrachten wir nun einen Stromkreis nach *Abb. 11*, in dem der Kurzschluß auf einer Leitung auftritt, so gelten folgende Gleichungen

1. für das Netz $$\hat{U} - u_C = L \frac{\mathrm{d} i_N}{\mathrm{d} t}, \tag{21}$$

$$i_C = C \frac{\mathrm{d} u_C}{\mathrm{d} t}, \tag{22}$$

2. für den Bogen eine Gleichung über das dynamische Verhalten. Diese Gleichung sei als Änderung des Bogenwiderstandes geschrieben, so daß später ein beliebiges Bogenmodell, z. B. das nach Mayr, eingesetzt werden kann.

$$\frac{\mathrm{d} r_\mathrm{B}}{\mathrm{d} t} = f(i_\mathrm{B}, u_\mathrm{B}), \tag{23}$$

3. für die Leitung, da der Leitungsstrom gleich dem Bogenstrom ist

$$u_L(t) + Z i_\mathrm{B}(t) = -u_L(t - t_\mathrm{z}) + Z i_\mathrm{B}(t - t_\mathrm{z}), \tag{24}$$

4. die Knotenpunktsgleichung und Maschengleichung

$$i_N = i_C + i_B, \tag{25}$$

$$u_C = u_B + u_L. \tag{26}$$

Gl. (21) bis (26) reichen zur Bestimmung der sechs Unbekannten u_C, u_L, u_B, i_C, i_L und i_B aus. Dieses Gleichungssystem, das aus Differentialgleichungen und algebraischen Gleichungen besteht, kann mit Hilfe eines Rechners gelöst werden. Auf die dazu nötigen Umformungen sei hier nicht näher eingegangen, sondern nur einige Ergebnisse seien mitgeteilt.

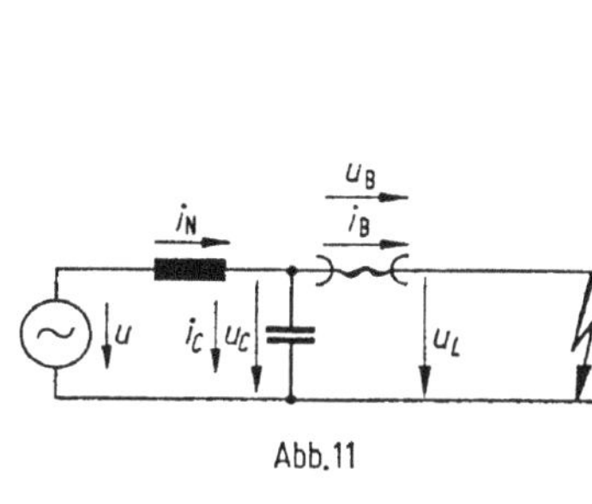

Abb. 11

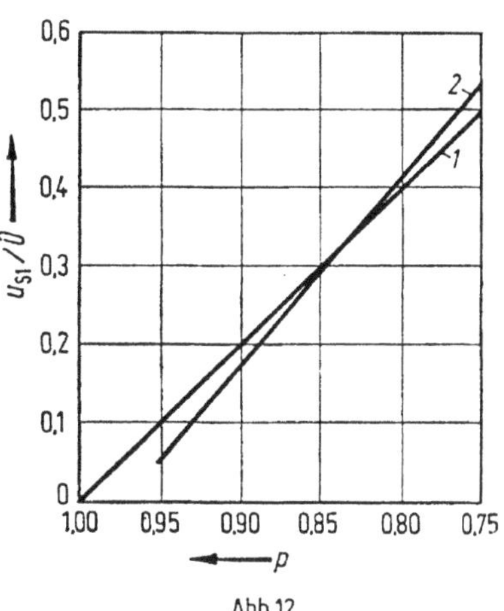

Abb. 12

In der Schaltertechnik hat es sich eingebürgert, bei einem Abstandskurzschluß nicht die Leitungslänge anzugeben, sondern die prozentuale Verkleinerung des Klemmenkurzschlußstromes durch die Leitungsinduktivität. Man spricht also vom 90%igen Abstandskurzschluß oder von einem Faktor $p = 0{,}9$. In einem idealen Schalter würde nach *Abb. 11* der Scheitelwert der ersten Amplitude der Leitungsspannung

$$u_{\mathrm{LS1}} = 2 L_{\mathrm{L}} l \frac{\mathrm{d}i}{\mathrm{d}t} \tag{27}$$

betragen.

Mit

$$\frac{\mathrm{d}i}{\mathrm{d}t} = p\omega \hat{I}, \quad \omega \hat{I} = \frac{\hat{U}}{L_{\mathrm{N}}} \tag{28}$$

und

$$\frac{p\hat{I}}{\hat{I}} = \frac{L_{\mathrm{N}}}{L_{\mathrm{N}} + l L_{\mathrm{L}}}, \quad l L_L = L_{\mathrm{N}} \left(\frac{1}{p} - 1\right) \tag{29}$$

erhält man

$$u_{\mathrm{LS1}} = 2(p - 1)\hat{U}. \tag{30}$$

Abb. 12 zeigt ein Ergebnis der oben genannten Berechnungen für ein 245-kV-Netz mit 40 kA Kurzschlußstrom. Für den Bogen wurde die dynamische Gleichung nach Gl. (7) von Kapitel 47 mit $P_0 = 220\,\mathrm{kW}$, $u_0 = 7{,}5\,\mathrm{kV}$, $\tau = 1{,}3\,\mu\mathrm{s}$ zugrunde gelegt. Derartig hohe Werte von u_0 treten in Höchstspannungsschaltern durch Hintereinanderschalten mehrerer Schaltstrecken auf. Der Wellenwiderstand der Leitung beträgt 480 Ω und die Wellengeschwindigkeit $3 \cdot 10^5$ km/s. Die Kurve *1* zeigt die theoretische Amplitude nach Gl. (30) und die Kurve *2* die unter dem Einfluß des Bogens wirklich aufgetretene Amplitude in Abhängigkeit von p. Für Werte von $p = 0{,}95$ bis 0,86 ist die Amplitude wegen des in *Abb. 9* erklärten Bogeneinflusses kleiner. Für $p = 0{,}86$ bis 0,75 ist sie dagegen größer, da in diesem Fall die Änderung auf der Netzseite ebenfalls schon einen Einfluß hat.

Als ein weiteres Ergebnis sei die Dämpfung der Anfangssteilheit durch den Bogenwiderstand dargestellt. Die Spannungssteilheit der Leitungsschwingung ergibt sich zu

$$\frac{\mathrm{d}u_{\mathrm{L}}}{\mathrm{d}t} = Zp\omega\hat{I}. \tag{31}$$

In *Abb. 13* ist das Verhältnis der im Nulldurchgang berechneten Steilheit zur theoretischen nach Gl. (31) aufgetragen. Als Abszisse wurde in diesem Fall der Bogenwiderstand im Nulldurchgang aufgetragen. Die verschiedenen Werte von R_0

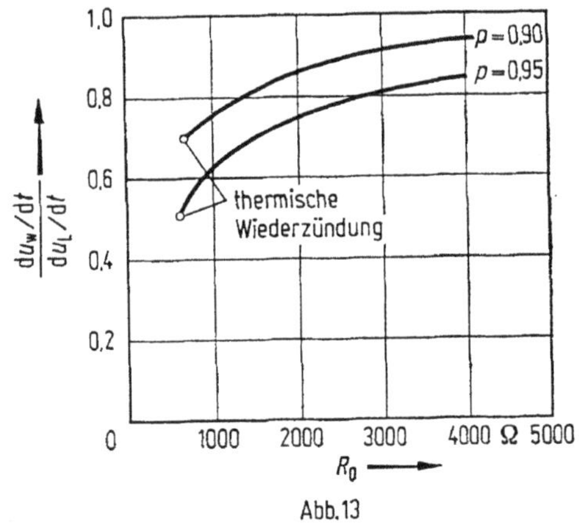

Abb. 13

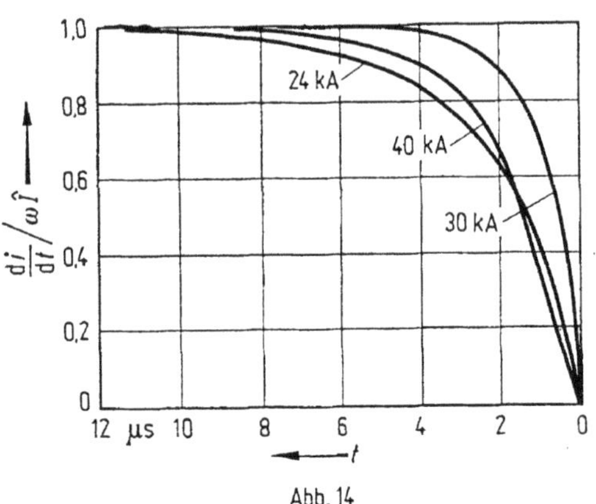

Abb. 14

entsprechen verschiedenen Bogendaten; in diesem Fall schwankte u_0 zwischen 12 und 3,5 kV und P_0 zwischen 390 und 140 kW. Die Daten von Netz und Leitung sind dieselben wie in *Abb. 12*. Man erkennt, daß die Dämpfung um so stärker wird, je mehr sich der Wert von R_0 dem Wellenwiderstand nähert. Das bedeutet, daß sich beim Abstandskurzschluß ein Schalter mit einem gewissen Nachstrom durch Dämpfung der Einschwingspannung den Abschaltvorgang erleichtern kann. Allerdings muß beachtet werden, daß ein zu geringer Restwiderstand sehr schnell zu einer Wiederzündung und damit zum Versagen des Schalters führen kann.

Schließlich sei noch einmal auf die Stromverformungen kurz vor dem Stromnulldurchgang eingegangen. Wir haben in Kapitel 46 die Wechselwirkung zwischen ansteigender Bogenspannung, Strom in die Parallelkapazität und Bogenstrom kennengelernt. Diese Wechselwirkung ist beim Klemmenkurzschluß besonders stark, da jede Änderung der Bogenspannung voll an der Netzkapazität wirksam wird. Anders ist es dagegen beim Abstandskurzschluß. Aus *Abb. 11* sehen wir, daß an der Netzkapazität die Summe aus Bogenspannung und Leiterspannung auftritt. Eine Änderung der Bogenspannung kann also sowohl an der Netzseite als auch an der Leitungsseite wirksam werden. Da die Eingangskapazität der Leitung kleiner ist als die des Netzes, wird der überwiegende Teil einer Änderung der Brennspannung von der Leitungsseite aufgenommen, und die Spannung an der Netzseite u_C bleibt fast konstant. Aus diesem Grund sind die kapazitiven Deformationsströme und damit auch die Deformation des Bogenstroms beim Abstandskurzschluß viel geringer als beim Klemmenkurzschluß.

Abb. 14 zeigt den Verlauf der Stromsteilheit, bezogen auf den unbeeinflußten Wert $\omega \hat{I}$, beim Abschalten von Kurzschlußströmen von 24 kA und 40 kA bei Klemmenkurzschluß und von 30 kA bei einem Abstandskurzschluß im gleichen Schalter. Man sieht, daß eine Änderung von di/dt beim Abstandskurzschluß im Gegensatz zum Klemmenkurzschluß erst wenige Mikrosekunden vor Null auftritt. Das bedeutet, daß der Restwiderstand des Bogens im Nulldurchgang beim Abstandskurzschluß kleiner ist als beim Klemmenkurzschluß. Aus diesem Grund und wegen der hohen Anfangssteilheit der Einschwingspannung ist der Abstandskurzschluß einer der schwierigsten Schaltfälle.

48. Neuzündung in Kapazitätskreisen

Wenn man einen Wechselstromkreis, der erhebliche Kapazitäten enthält, durch Ziehen eines Lichtbogens im Schalter außer Betrieb setzt, so löscht der Bogen, ganz ähnlich wie in induktiven Kreisen beim Durchgang des Stromes durch Null. Er kann aber nicht sofort wiederzünden, da die Spannung an der abgeschalteten Kapazität nicht plötzlich verschwindet und somit zwischen den Schaltstücken zunächst keine Spannung vorhanden ist. Erst wenn die Wechselspannung des Netzes sich wieder ändert oder wenn die Spannung an der Kapazität

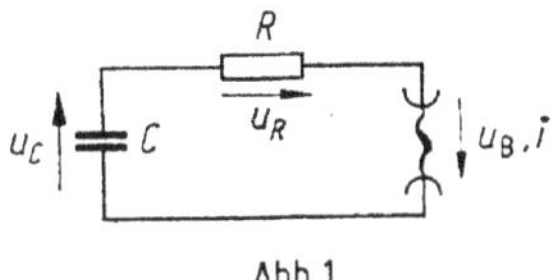

Abb. 1

abfällt, entsteht eine Spannungsdifferenz zwischen den Schaltstücken, die dann nach einer stromlosen Pause zum Rückzünden des Lichtbogens führen kann. Da der jetzt einsetzende Einschaltstrom sich sehr schnell entwickelt und auf hohe Beträge ansteigt, entstehen scharfe Stöße von Strom und Spannung, die die Anlage in gefährlicherer Weise beanspruchen können als die dagegen langsam verlaufenden Sinusspannungen des normalen Betriebes.

Da Hochspannungsanlagen wegen ihrer Leitungen und Kabel erhebliche Kapazitäten haben, ist ihr Ausschalten, besonders im unbelasteten Zustand, kein ungefährlicher Vorgang. Wir wollen die dabei auftretenden Erscheinungen im einzelnen verfolgen.

Als Vorfrage behandeln wir die Entladung einer Kapazität über einen Lichtbogen. In *Abb. 1* ist ein Stromkreis dargestellt, in dem sich eine Kapazität C nach Durchschlagen einer Funkenstrecke über einen Widerstand R entladen kann. Die Funkenstrecke wird durchgeschlagen, wenn entweder ihre Elektroden einander allmählich genähert werden, so daß die Durchschlagspannung kleiner wird, oder wenn die Spannung am Kondensator durch Aufladen gesteigert wird. In jedem Fall setzt die Entladung ein, wenn die Kondensatorspannung gerade mit der Durchschlagspannung übereinstimmt. Der Zündvorgang selbst ist ein kompliziertes Wechselspiel zwischen Elektronen und Ionen in der Entladungsstrecke, wobei sich innerhalb äußerst kurzer Zeit eine Elektronenlawine ausbildet, die ein fast plötzliches Einsetzen des Entladungsstromes ermöglicht. Der Anfangsstrom i_0 ergibt sich somit aus dem Schnittpunkt der Widerstandsgeraden mit der Bogenkennlinie, wie es in Abb. 6 von Kapitel 44 dargestellt ist.

Die Summe aller im Kreis auftretenden Spannungen muß in jedem Augenblick null sein

$$u_C + u_R + u_B = 0. \tag{1}$$

Nimmt man für die Bogenspannung u_B nach Kapitel 44 an

$$u_B = \frac{P_0}{i} + u_0, \tag{2}$$

so erhält man aus Gl. (1) folgende Differentialgleichung

$$\frac{i}{C} + R\frac{\mathrm{d}i}{\mathrm{d}t} - \frac{P_0}{i^2}\frac{\mathrm{d}i}{\mathrm{d}t} = 0. \tag{3}$$

Diese Gleichung läßt sich durch Trennung der Variablen lösen, die Integration ergibt

$$-\frac{t}{RC} = \ln\frac{i}{i_0} + \frac{1}{2}\frac{P_0}{R}\frac{1}{i^2} + \mathrm{K}. \tag{4}$$

Für $t = 0$ sei der Anfangsstrom i_0, so daß die vollständige Lösung

$$\frac{t}{RC} = -\ln\frac{i}{i_0} - \frac{1}{2}\frac{P_0}{R i_0^2}\left[\left(\frac{i_0}{i}\right)^2 - 1\right] \tag{5}$$

lautet. In *Abb. 2* ist der Verlauf von i/i_0 nach Gl. (5) für den Fall $P_0/R i_0^2 = 0{,}2$ dargestellt. Nach einem sehr schnellen Anstieg auf den Anfangswert i_0 sinkt der Strom allmählich ab, wobei aber der rein exponentielle Verlauf, der sich bei einem RC-Glied ergeben würde, durch den zweiten Ausdruck auf der rechten Seite von Gl. (5) beeinflußt wird. Nach einer gewissen Zeit durchläuft die Kurve $i = f(t)$ ein Maximum, und anschließend ergeben sich rückläufige Zeiten, was natürlich physikalisch sinnlos ist. Der Wert des Stromes im Maximum berechnet sich aus

$$\frac{\mathrm{d}}{\mathrm{d}(i/i_0)}\frac{t}{RC} = -\frac{1}{i/i_0} + \frac{P_0}{R i_0^2}\left(\frac{i_0}{i}\right)^3 = 0 \tag{6}$$

zu

$$i = \sqrt{\frac{P_0}{R}}. \tag{7}$$

Im Kapitel 44 haben wir für einen Bogen, der durch einen Vorwiderstand begrenzt wird, die Stabilitätsbedingungen berechnet [Gl. (28)] und gezeigt, daß der Bogen solange stabil brennt wie

$$i > \sqrt{\frac{P_0}{R}} \tag{8}$$

erfüllt ist. Man erkennt also, daß im Umkehrpunkt der Kurve in *Abb. 2* der Bogen instabil wird und erlischt. Der Stromverlauf geht also vom Umkehrpunkt auf Null, wobei am Kondensator die zu dem Strom $i = \sqrt{P_0/R}$ gehörende Bogenspannung stehen bleibt.

Die Berechnung des Stromverlaufes nach Gl. (5) hat zur Voraussetzung, daß der Bogen sich während der ganzen Zeit auf der stationären Kennlinie bewegt.

Es ist also vorausgesetzt, daß die Zeitkonstante des Stromkreises RC sehr viel größer als die Bogenzeitkonstante τ ist. In einer Funkenstrecke in Luft, ohne Kühlung und Beblasung, ist mit einer Bogenzeitkonstanten von 50 bis 100 μs zu rechnen. Bei Entladungsvorgängen, die in solchen Zeiträumen ablaufen, treten also Abweichungen von dem in Gl. (5) berechneten Stromverlauf auf. In diesem Fall wird der Bogenstrom schneller absinken und sich einem exponentiellen Verlauf annähern, da der Bogen eine längere Zeit seinen niedrigen Widerstand behält.

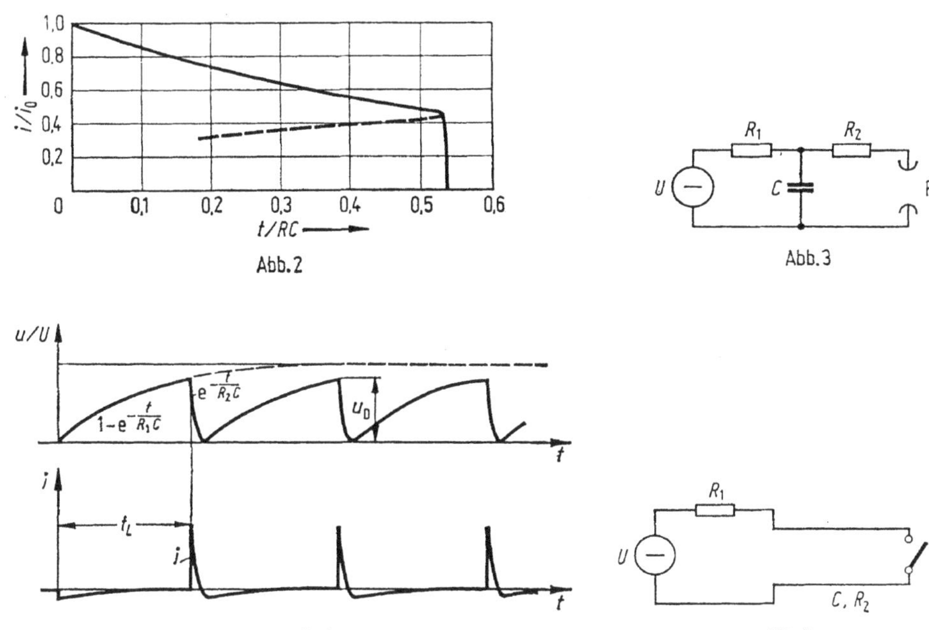

Abb. 2

Abb. 3

Abb. 4

Abb. 5

Eine übliche Anordnung zur Erzeugung von Stoßentladungen ist in *Abb. 3* dargestellt. Der Kondensator C wird von der Spannungsquelle U über einen großen Widerstand R_1 aufgeladen und entlädt sich jedesmal beim Erreichen der Durchschlagspannung der Funkenstrecke F über einen kleinen Widerstand R_2. Den zeitlichen Verlauf von Strom und Spannung stellt *Abb. 4* dar. Die Spannung wächst mit der Zeitkonstante des Ladekreises R_1C an und sinkt mit der kleinen Entladezeitkonstante des Funkenkreises R_2C wieder ab. Das Verhältnis aus Ladestrom und Entladestrom ist umgekehrt proportional dem Verhältnis der entsprechenden Widerstände. Wegen dieser Zusammenhänge kann man in Schaltkreisen nach *Abb. 3* große Stoßströme erzeugen oder die von ihnen verursachten Stoßspannungen am Entladewiderstand abgreifen und für Prüfzwecke anwenden.

Durch passende Einstellung der Widerstände und Anwendung einer geeigneten Funkenstrecke, z. B. einer Glimmlampe, kann man die Frequenz der Entladung in weiten Bereichen regeln. Sie wird hauptsächlich durch die Ladezeit t_L bestimmt, die sich nach *Abb. 4* aus dem Erreichen der Zündspannung

$$u_D = U\left(1 - e^{-t_L/R_1C}\right) \tag{9}$$

zu

$$t_L = R_1C \ln \frac{1}{1 - u_D/U} \tag{10}$$

ergibt. Um sicher zu gehen, wird man das Verhältnis u_D/U nicht zu nahe an eins wählen. Die Änderung der Ladezeit Δt_L bei Änderung des Verhältnisses u_D bei Änderung des Verhältnisses u_D/U ergibt sich nämlich zu

$$\Delta t_L = \frac{R_1 C}{1 - u_D/U} \Delta \frac{u_D}{U}. \tag{11}$$

Je mehr also u_D/U sich eins nähert, desto größer wird bei einer kleinen Schwankung der Zünd- oder Ladespannung die Änderung der Ladezeit und damit auch die der Frequenz. Man bezeichnet den in *Abb. 4* dargestellten Vorgang als Kippschwingung.

Intermittierende Entladungen entstehen in vielen Fällen unbeabsichtigt beim Schließen oder Öffnen von Schaltern. *Abb. 5* zeigt einen Belastungswiderstand R_1, der durch eine Gleichspannung U gespeist wird, wobei der Stromkreis über eine Leitung mit einer kleinen Kapazität C und kleinem Widerstand R_2 geschlossen ist. Derartige kleine Nebenkapazitäten sind in allen elektrischen Anlagen vorhanden.

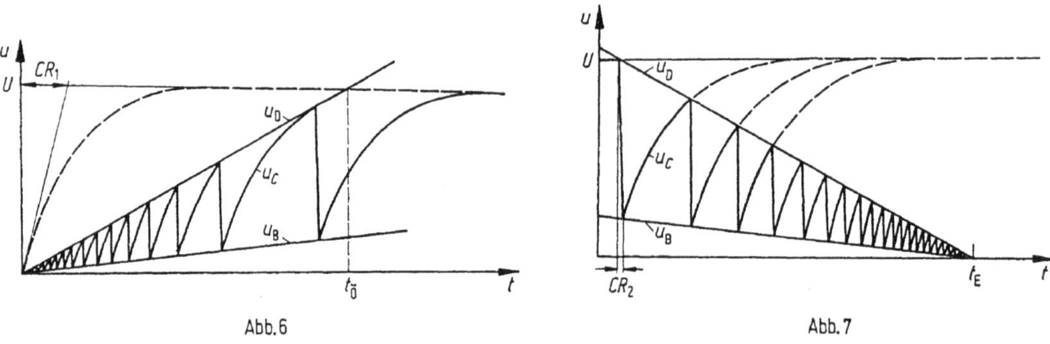

Abb. 6 Abb. 7

Der Stromkreis ähnelt dem von *Abb. 3,* jedoch ändert sich hier die Länge der Funkenstrecke. Beim Öffnen des Schalters entsteht zunächst ein Lichtbogen, der aber, wenn der im Kreis fließende Strom nur klein ist, bald erlischt. Nach *Abb. 6* lädt sich nun der Kondensator C über den Widerstand R_1 auf, und an der Schaltstrecke steigt die Spannung an. Wenn die Durchschlagspannung der Schaltstrecke noch nicht ausreichend groß ist, kommt es nach einiger Zeit zu einem Durchschlag. Der dabei entstehende Bogen erlischt sofort wieder, und die Spannung steigt wiederum an. Beim Schalten eines derartigen Kreises kann die Schaltstrecke mehrmals durchschlagen werden, bis die endgültige Festigkeit erreicht ist. Man kann solche intermittierende Entladungen durch schnelles Schalten vermeiden, wenn dabei die Durchschlagspannung u_D schneller zunimmt als die exponentiell ansteigende Spannung u. Für funkenfreies Öffnen des Schalters ergibt sich daher als Bedingung für die Öffnungszeit, gemessen bis zu einem Abstand der Schaltstücke, bei dem $u_D = U$ ist,

$$t_0 \leqq C R_1. \tag{12}$$

Sehr ähnlich ist das Verhalten beim Schließen des Schalters. Wenn während der Verkürzung des Abstandes der Schaltstücke die abnehmende Durchschlagspannung der Schaltstrecke die Spannung U der Stromquelle unterschreitet, so entlädt sich nach dem Durchschlag die Kapazität C mit der Zeitkonstanten CR_2 sehr schnell, wie *Abb. 7* zeigt. Nach dem Erlöschen des Funkens steigt die Spannung mit der Zeitkonstanten CR_1 wieder an, bis die inzwischen abnehmende Durchschlagspannung u_D wieder erreicht ist. Die intermittierenden Entladungen wiederholen sich mit abnehmendem Spitzenwert von u_D, bis der Schalter geschlossen ist. Im Grundsatz ist es möglich, die wiederholten Entladungen durch schnelles Schließen zu vermeiden. Jedoch muß dies so rasch geschehen, daß die Einschaltzeit, gerechnet vom Erreichen der Zündspannung $u_D = U$ nur

$$t_E \leqq C R_2 \tag{13}$$

beträgt, um schon die erste exponentielle Wiederaufladung zu vermeiden. In den meisten Fällen ist die Zeit so kurz, daß es schwierig ist, die Schaltstücke mit der nötigen Geschwindigkeit zu bewegen.

Die intermittierten Entladungen erzeugen nach *Abb. 4* große Stromstöße, die die Schaltstücke stark beanspruchen. Für diese muß daher ein ausreichend abbrandfester Werkstoff verwendet werden. Andererseits kann man die intermittierenden Funken auch unterdrücken, indem man die Kapazität C künstlich vergrößert, so daß Gl. (11) und (12) befriedigt werden. Auch die Anordnung einer Induktivität in den Schaltkreis bringt Abhilfe.

In Wechselstromkreisen für Starkstrom, die erhebliche Kapazitäten enthalten, ist der Leitungswiderstand R im allgemeinen so gering, daß der Spannungsabfall an ihm sehr viel kleiner als die Spannung an der Kapazität ist. Das Verhältnis dieser beiden Spannungen ist, abgesehen von der Phasenlage,

$$\frac{u_R}{u_C} = \frac{I R}{I/\omega C} = \omega C R. \tag{14}$$

Wenn also in einem Kreis nach *Abb. 8* R sehr viel kleiner als $1/\omega C$ ist, so wird die Ladezeit des Kondensators bei einem Durchschlag der Schaltstrecke stets kurz gegenüber der Dauer der Halbperiode sein. Die Wechselspannung der Stromquelle

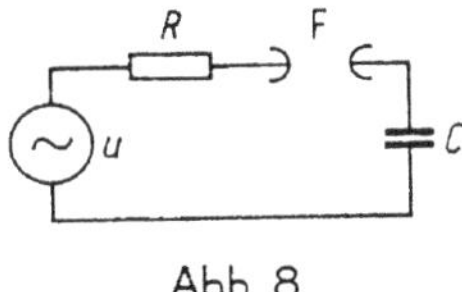

Abb. 8

ändert sich daher während der kurzen Dauer des Ladevorganges nicht wesentlich, so daß wir den Funkenüberschlag des Kondensators mit Wechselstrom in ausreichender Näherung nach den Gesetzen für den Gleichstromfunken behandeln dürfen. Die Polarität der Wechselspannung spielt nur insofern eine Rolle, als bei nicht symmetrischer Ausführung und Anordnung der Elektroden der Funkenstrecke eine gewisse Polaritätsabhängigkeit der Durchschlagspannung auftreten kann. Wir wollen bei den folgenden Betrachtungen diesen Effekt aber vernachlässigen.

Stellt man die Funkenstrecke F des Stromkreises in *Abb. 8* so ein, daß die Wechselspannung u der Stromquelle ausreicht, um die Funkenstrecke zu durchschlagen, so wird jedesmal beim Erreichen der Durchschlagspannung ein Ladefunken zwischen den Elektroden überspringen. Der Kondensator wird dann in kurzer Zeit nach Gl. (5) auf eine Spannung aufgeladen, die nur um die Bogenspannung beim Erlöschen des Ladestromes niedriger als die jeweilige Spannung der Stromquelle ist. Nach dem Erlöschen des Ladefunkens behält der Kondensator seine Spannung. Die Spannung u der Stromquelle ändert sich jedoch und schwingt nach einiger Zeit in die entgegengesetzte Polarität. Zwischen den Elektroden entsteht daher eine Spannungsdifferenz, die immer größer wird und schließlich ausreicht, um die Funkenstrecke zu durchschlagen. Der Kondensator lädt sich nun auf die jetzt bestehende Spannung der Stromquelle um und behält sie nach dem Löschen des Ladefunkens bei, bis er bei einem abermaligen Wechsel der Polarität wieder umgeladen wird.

In *Abb. 9* sind diese Vorgänge dargestellt. Ein Strom fließt dabei nur während der kurzen Umladezeit t_u. Dieser Strom ist keineswegs mehr sinusförmig, sondern besteht aus einzelnen scharfen Stromstößen. Die Anfangswerte dieser Stromspitzen haben wegen des geringen Widerstandes R kurzschlußartigen Charakter. Die Spannung an der Funkenstrecke ist während des Stromflusses durch die Bogenspannung u_B gegeben. Während der übrigen Zeit ist sie durch die Differenz

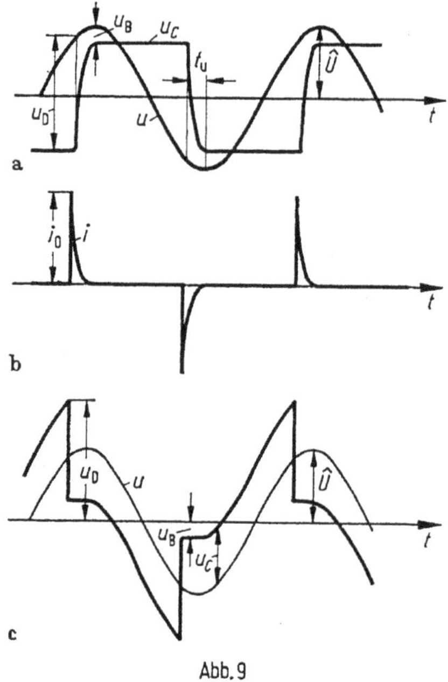

Abb. 9

zwischen der Spannung am Kondensator und der Wechselspannung bestimmt, wie *Abb. 9c* zeigt. Trotz sinusförmiger Spannung der Stromquelle haben also sowohl die Kondensatorspannung als auch die Spannung am Widerstand einen stark verzerrten Verlauf. Die Kondensatorspannung ist fast rechteckig, und die Spannung am Widerstand entspricht dem Verlauf des Stromes. Welche Lage die Kondensatorspannung gegenüber der Spannung der Stromquelle hat, hängt von der Höhe der Zündspannung der Funkenstrecke ab. In *Abb. 9* ist u_D fast gleich $2\hat{U}$ angenommen. Das Zünden findet dabei erstmalig überhaupt nur statt, wenn der Kondensator am Anfang schon vorgeladen war, da sonst die Spannung $\hat{U}$ die Durchschlagspannung nicht erreichen würde. Wenn der Umladevorgang jedoch einmal eingeleitet ist, so wiederholt er sich nach jeder Halbperiode in regelmäßigem Wechsel. Die größte Zündungspannung, die von der Stromquelle noch überwunden wird, ist

$$u_D = 2\hat{U} - u_B. \qquad (15)$$

Wenn man die Funkenstrecke auf diese Durchschlagspannung einstellt, wird der Kondensator stets im Scheitelwert der Spannung der Stromquelle umgeladen, so daß die Rechteckspannung am Kondensator um $\pi/2$ gegen die Spannung der Stromquelle verschoben ist. Die Stromstöße sind daher bei dieser Einstellung in Phase mit dem Scheitelwert der Spannung. Stellt man die Funkenstrecke in *Abb. 8* auf kleinere Durchschlagspannungen ein, so tritt der Überschlag bereits früher auf, und die Phasenverschiebung zwischen Kondensatorspannung und Spannung der Stromquelle wird geringer. Bei noch kleinerer Durchschlagspannung können während einer Halbperiode mehrere Ladefunken auftreten, wobei dann natürlich kleinere Stromstöße auftreten.

Beim Ausschalten von Kapazitäten treten nun ähnliche Vorgänge auf, wobei sich nur der Abstand der Schaltstücke und damit auch die Durchschlagspannung vergrößert. Der durch den normalen Ladestrom des Kondensators verursachte Lichtbogen wird in den meisten Fällen bereits im ersten Nulldurchgang nach dem Öffnen der Schaltstücke löschen. Erst nachdem sich die Wechselspannung etwas geändert hat, tritt ein kurzes Rückzünden ein, das die Kondensatorspannung auf den neuen Wert der Wechselspannung bringt. Dies wiederholt sich bei zunehmender Entfernung der Schaltstücke fortwährend und bringt die Konden-

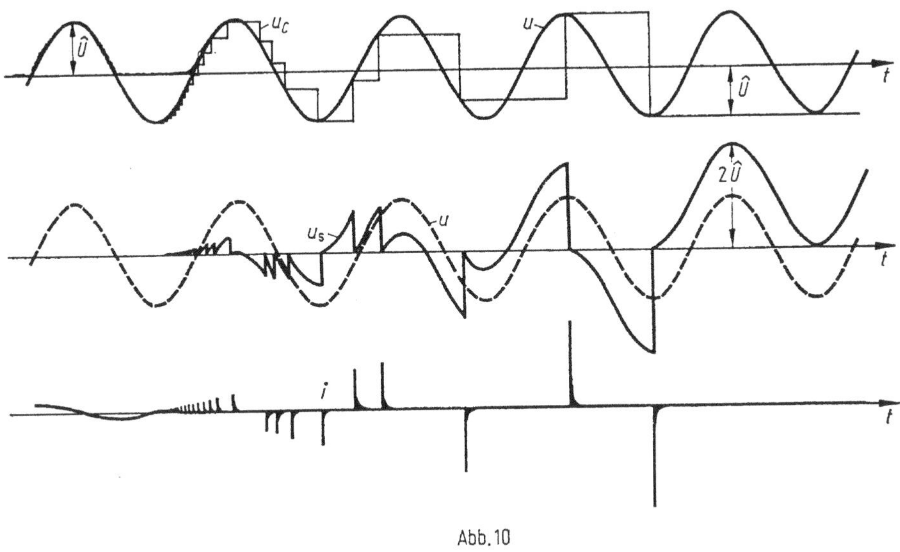

Abb. 10

satorspannung in Treppenstufen zunehmender Größe immer wieder auf die Spannung der Stromquelle. In *Abb. 10* ist der Verlauf der Kondensatorspannung u_c, der Spannung an der Schaltstrecke u_s und des Stromes i während des Ausschaltvorganges angegeben. Dabei ist zur vereinfachten Darstellung angenommen, daß sowohl die Ladezeit als auch die Bogenspannung u_B sehr gering ist, so daß die Kondensatorspannung im Augenblick des Durchschlages stets genau auf die Spannung der Stromquelle gebracht wird.

Man erkennt, daß mit zunehmender Entfernung der Schaltstücke die Spannungssprünge am Schalter und Kondensator immer größer werden und stets mit der Durchschlagspannung übereinstimmen. Diese Durchschlagspannung ist kleiner als die Durchschlagspannung, die ohne vorherige Beanspruchung durch einen Strom gemessen würde. Ähnlich wie bei der dielektrischen Wiederverfestigung nach Kurzschlußabschaltungen ergibt sich auch hier eine Nachwirkung des durch den Bogen erzeugten heißen Gases. Bei den zu schaltenden kapazitiven Strömen ist dieser Einfluß nur gering. *Abb. 11* zeigt zwei durch Messung gewonnene Kurven für die Durchschlagspannung der Schaltstrecke, abhängig vom Schaltstiftabstand a, aus denen die Wiederverfestigung der Schaltstrecke von Hochleistungsschaltern ersichtlich ist; diese können zur Beurteilung des kapazitiven Schaltvermögens herangezogen werden. Wenn der Abstand der Schaltstrecke groß genug geworden ist, kommen die Spannungssprünge in die Nähe von $2\hat{U}$, und der Bogen bleibt endgültig erloschen. Der Kondensator bleibt dabei auf den Betrag von $\hat{U}$ aufgeladen, so daß die Schaltstrecke mit der Spannung $2\hat{U}$ beansprucht wird.

Aus *Abb. 10* ist zu ersehen, daß die Schaltgeschwindigkeit einen großen Einfluß auf das kapazitive Schaltvermögen hat. Öffnet man nämlich den Schalter schnell genug, so kann man die Anzahl der Neuzündungen stark vermindern, oder aber auch bei ausreichender Schaltgeschwindigkeit, ganz vermeiden.

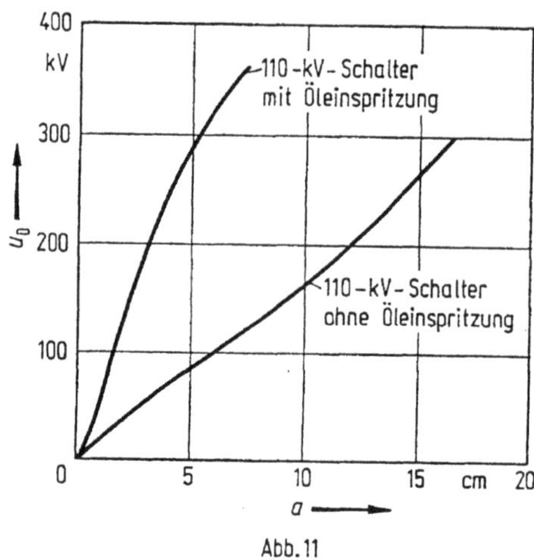

Abb. 11

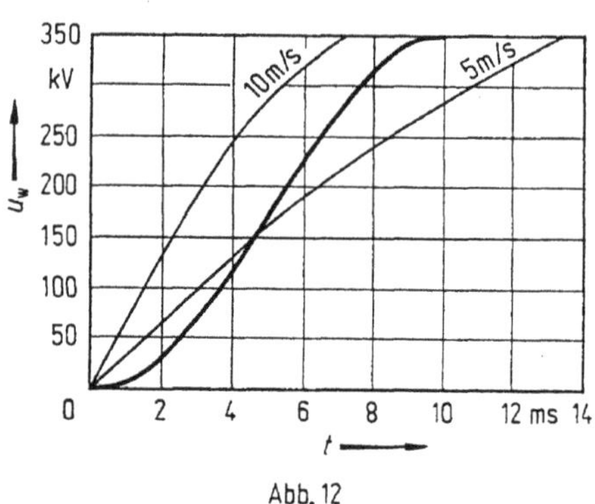

Abb. 12

In *Abb. 12* ist die Spannungsbeanspruchung der Schaltstrecke beim kapazitiven Schalten von 110 kV bei Erdschluß des Netzes dargestellt. Je nach Öffnungsgeschwindigkeit der Schaltstücke tritt eine bestimmte Spannungsbeanspruchung bei kleineren oder größeren Abständen der Schaltstücke auf. Die obere Kurve nach *Abb. 11* für den Anstieg der Durchschlagspannung ist ebenfalls in *Abb. 12* eingetragen. Es gibt also eine bestimmte Schaltgeschwindigkeit, bei der die wiederkehrende Festigkeit über der wiederkehrenden Spannung liegt und somit der Schalter ohne Neuzündungen abschaltet.

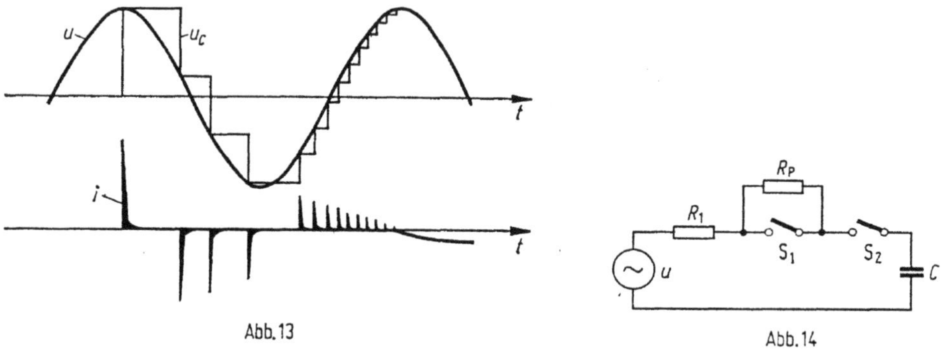

Abb. 13

Abb. 14

Auch beim Einschalten des Stromkreises durch Annähern der Schaltstücke treten bei Hochspannung Einschaltüberschläge auf, sowie die Durchschlagspannung zwischen den Schaltstücken klein genug geworden ist. Hat der Kondensator keine Vorladung, so findet der erste Durchschlag im Spannungsmaximum statt. Die darauf folgenden Spannungssprünge werden mit abnehmender Entfernung der Schaltstücke kleiner entsprechend der Darstellung in *Abb. 13*.

Beim schnellen Einschalten kann der erste Überschlag auch bei anderen Augenblickswerten der Spannung als im Scheitelwert auftreten. Die Anzahl der

Spannungssprünge kann auch in diesem Fall durch schnelles Schalten vermindert werden. Ein Einschalten ohne Vorüberschläge ist jedoch grundsätzlich nicht möglich.

Die hohen Stromstöße und Spannungssprünge beim Lichtbogen sind vor allem dadurch bedingt, daß der Kondensator nach dem Löschen des Stromes noch einige Zeit geladen bleibt. Führt man einen Schalter dagegen nach der Schaltung in *Abb. 14* aus, so daß zunächst durch eine Schaltstrecke S_1 ein Parallelwiderstand R_p in Reihe mit der Kapazität C geschaltet wird und dieser Kreis durch den Schalter S_2 abgeschaltet wird, so entlädt sich der Kondensator nach dem Abschalten des Ladestromes entsprechend der Gleichung

$$u_C = \hat{U}\, e^{-t/R_p C}. \tag{16}$$

Er hat, wenn $R_p = 1/\omega C$ ist, nach der Dauer einer Halbperiode nur noch eine Spannung von 4,3% des Scheitelwertes der Wechselspannung. Die Spannungsbeanspruchung der Schaltstrecke über den Schalter S_2 ist also nur noch halb so groß wie beim Kondensatorschalter ohne den Widerstand R_p. Kommt es nach Öffnung von Schaltstrecke des Schalters S_2 noch zu Neuzündungen, so wird auch der Scheitelwert der Stromspitze durch den Widerstand R_p auf geringe Werte begrenzt.

49. Lichtbögen in Schwingungskreisen

Wir fanden früher in Kapitel 5, daß die elektrischen Ausgleichsströme in Schwingungskreisen mit Induktivität und Kapazität durch die Wirkung des ohmschen Leitungswiderstandes exponentiell gedämpft werden und dadurch je nach Größe des Widerstandes und der dadurch bedingten Größe der Zeitkonstanten

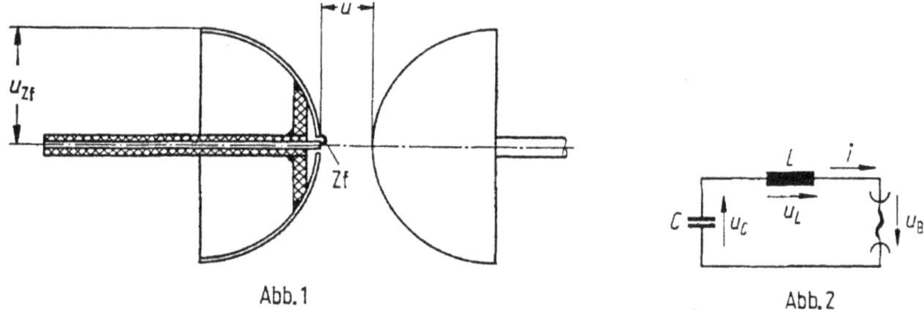

Abb. 1 Abb. 2

nach Durchlaufen einer Anzahl von Schwingungen allmählich abklingen. Die Schwingungen können dadurch einsetzen, daß die Isolierung einer Leitung an irgendeiner Stelle durchbrochen wird oder daß zwischen Schaltstücken nach deren gegenseitigem Annähern ein Durchschlag eintritt. Eine weitere Möglichkeit zum Einleiten der Entladung besteht darin, eine Funkenstrecke nach *Abb. 1* durch einen kleinen Funken Zf an einer Elektrode in ihrer Durchschlagsfestigkeit so zu schwächen, daß die anliegende Spannung zum Durchschlagen der Strecke ausreicht. Man bezeichnet diese Art der Zündung als „Triggern“. Auf diese Weise können Entladungsvorgänge mit einer sehr geringen Zeitverzögerung von weniger als 1 µs eingeleitet werden, während beim Schließen von Schaltstücken Streuungen der Überschlagszeit bis zu einer Millisekunde in Kauf genommen werden müssen. Die Entladung erhält nach dem Durchbruch der Funkenstrecke je nach auftretender Energiemenge den Charakter von schwachen Funken bis zu stromstarken Lichtbögen.

In vielen Fällen ist der ohmsche Spannungsabfall an der Leitung gering, so daß die Dämpfung hauptsächlich durch die Entladung selbst bedingt ist. Wir wollen daher zunächst den Fall eines ungedämpften Schwingungskreises nach *Abb. 2* mit einer Bogenentladung untersuchen. Für Entladungen mit hohen Frequenzen, die bei derartigen Durchschlägen oft auftreten, verändert sich die Temperatur des Lichtbogens und auch die der Elektroden während einer Halbschwingung nur wenig. Die Bogenspannung ist daher nahezu unabhängig vom Augenblickswert des Stromes, wie in *Abb. 3* in einem Beispiel gezeigt ist. Die

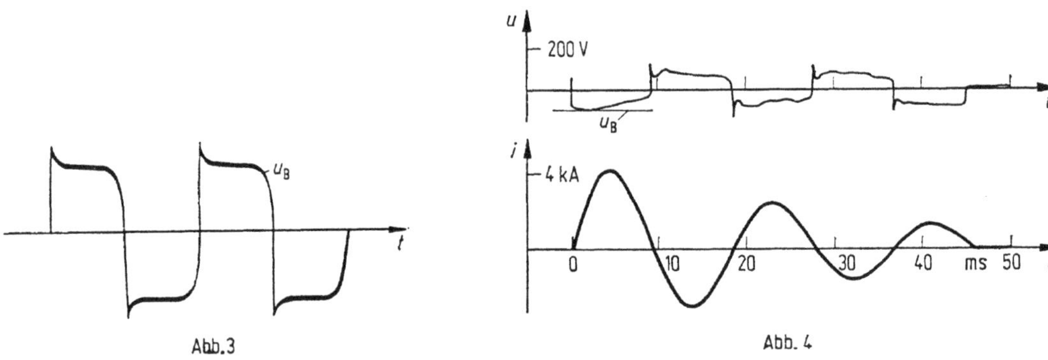

Abb. 3 Abb. 4

kleinen Zündspitzen nach jedem Stromnulldurchgang haben nur einen geringen Einfluß auf den Verlauf des Stromes. Aber auch bei einer Entladung, die mit 50 Hz schwingt, ist die Bosenspannung bei Stromstärken von mehr als 1 kA nach *Abb. 4* etwa konstant. Wir können also zur Berechnung des Stromverlaufes annehmen, daß eine Bogenspannung von der Form

$$u_B = \pm u_0 \tag{1}$$

vorliegt.

Wenn in einem Kreis nach *Abb. 2* ein Strom fließt, so muß die Summe aller Spannungsabfälle null sein, und somit gilt

$$u_L + u_C + u_B = 0. \tag{2}$$

Für jeden Augenblickswert des Stromes gilt also

$$L \frac{\mathrm{d}i}{\mathrm{d}t} + \frac{1}{C} \int i \, \mathrm{d}t + u_0 = 0. \tag{3}$$

Diese Differentialgleichung ist wegen des Vorzeichenwechsels von u_0 nicht geschlossen lösbar, wir müssen vielmehr für jede Halbschwingung des Stromes eine neue Lösung suchen. Aus Gl. (3) ergibt sich durch Differenzieren

$$\frac{\mathrm{d}^2 i}{\mathrm{d}t^2} + \frac{i}{LC} = 0. \tag{4}$$

Dies ist die gleiche Differentialgleichung, die auch für einen Schwingungskreis ohne Bogen gelten würde. Wir können also zunächst schließen, daß die Eigenkreisfrequenz $\omega_0 = 1/\sqrt{LC}$ durch den Bogen nicht beeinflußt wird. Die allgemeine Lösung der Gl. (4) lautet

$$i = K_1 \mathrm{e}^{\mathrm{j}\omega_0 t} + K_2 \mathrm{e}^{-\mathrm{j}\omega_0 t}, \tag{5}$$

wobei sich die Integrationskonstanten K_1 und K_2 aus den Anfangsbedingungen im Augenblick des Spannungsdurchbruchs zur Zeit $t = 0$ ergeben. Für $t = 0$ ist

$$i = 0 \quad \text{und} \quad \frac{\mathrm{d}i}{\mathrm{d}t} = \frac{u_{c0} - u_0}{L}. \tag{6}$$

Dabei ist u_{c0} die Spannung, auf die der Kondensator C im Augenblick des Zündens der Funkenstrecke aufgeladen war. Die Integrationskonstanten K_1 und K_2 ergeben sich mit Gl. (5) und (6) zu

$$\underline{K}_1 = -\frac{\mathrm{j}}{2\omega_0}\frac{u_{c0} - u_0}{L}, \qquad \underline{K}_2 = +\frac{\mathrm{j}}{2\omega_0}\frac{u_{c0} - u_0}{L}. \tag{7}$$

Setzt man diese in Gl. (5) ein, so erhält man

$$i = \frac{u_{c0} - u_0}{\omega_0 L}\sin\omega_0 t = \frac{u_{c0} - u_0}{R_\mathrm{w}}\sin\omega_0 t. \tag{8}$$

Dabei ist $R_\mathrm{w} = \sqrt{L/C}$ der Schwingungswiderstand des Kreises. Der Scheitelwert des Entladungsstromes in der ersten Halbschwingung ist also um den Faktor $(u_{c0} - u_0)/u_{c0}$ kleiner als der in einem Kreis ohne Bogenwiderstand und hat den Wert

$$\hat{i}_1 = \frac{u_{c0} - u_0}{R_\mathrm{w}}. \tag{9}$$

Die Spannung am Kondensator ändert sich während der Halbschwingung gemäß der Gleichung

$$\frac{\mathrm{d}u_\mathrm{c}}{\mathrm{d}t} = -\frac{i}{C}. \tag{10}$$

Setzt man Gl. (8) in (10) ein und integriert, so ergibt sich für die Kondensatorspannung in der ersten Halbschwingung

$$u_\mathrm{c} = (u_{c0} - u_0)\cos\omega_0 t + K_3. \tag{11}$$

Aus der Bedingung, daß zur Zeit $t = 0$ die Kondensatorspannung $u_\mathrm{c} = u_{c0}$ ist, ergibt sich $K_3 = u_0$, so daß für die Kondensatorspannung folgende Gleichung gilt

$$u_\mathrm{c} = (u_{c0} - u_0)\cos\omega_0 t + u_0. \tag{12}$$

Nach der ersten Halbschwingung beträgt also die Kondensatorspannung

$$u_{c1} = -u_{c0} + 2u_0. \tag{13}$$

Am Kondensator liegt also jetzt eine negative Spannung, die aber durch die Dämpfung des Bogens um die doppelte Bogenspannung kleiner ist als am Anfang. Wir können nun für die zweite Halbschwingung wieder von Gl. (5) ausgehen, die Anfangsbedingungen gemäß Gl. (13) einsetzen und erhalten für den Scheitelwert des Stromes in der zweiten Halbschwingung unter Berücksichtigung, daß jetzt $u_\mathrm{B} = -u_0$ ist,

$$\hat{i}_2 = \frac{1}{R_\mathrm{w}}\big(u_{c1} - (-u_0)\big) = \frac{1}{R_\mathrm{w}}(-u_{c0} + 3u_0). \tag{14}$$

Der Scheitelwert der zweiten Halbschwingung ist nach Gl. (14) natürlich negativ. Betrachten wir nun die absoluten Beträge der Stromscheitelwerte, so können wir allgemein für die n-te Halbschwingung schreiben

$$\hat{\imath}_n = \frac{1}{R_w}\left(u_{c0} - (2n - 1)u_0\right). \tag{15}$$

In der gleichen Weise können wir die Kondensatorspannung am Ende einer Halbschwingung, abgesehen von der Polarität, durch

$$u_{cn} = u_{c0} - 2nu_0 \tag{16}$$

darstellen. In *Abb. 5* ist der Strom- und Spannungsverlauf einer Entladung gezeigt. Im Gegensatz zur ohmschen Dämpfung nehmen bei Lichtbogen- oder

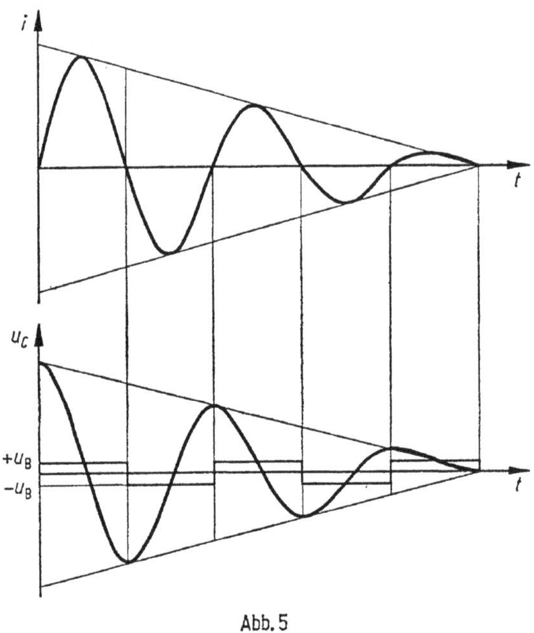

Abb. 5

Funkendämpfung die Scheitelwerte des Stromes linear mit der Zeit ab. Die Halbschwingung der Kondensatorspannung verläuft also unsymmetrisch zur Nullinie, und die Kondensatorspannung schwingt um die Bogenspannung u_0. Durch den Spannungssprung in der Bogenspannung von $+u_0$ auf $-u_0$, bzw. umgekehrt, ist auch der Stromverlauf beim Nulldurchgang nicht stetig. Es ergibt sich vielmehr ein Knick, der um so deutlicher wird, je kleiner der Strom wird.

In einem Schwingungskreis mit nur ohmscher Dämpfung klingen die Schwingungen theoretisch erst nach unendlich langer Zeit ab. Praktisch schwingt ein derartiger Kreis eine sehr lange Zeit mit einem zum Schluß sehr kleinen Scheitelwert. Anders ist es bei der Bogendämpfung. Hier ergibt sich eine Begrenzung der Halbschwingungen dadurch, daß die Kondensatorspannung nach einer gewissen Anzahl von Schwingungen unter die Bogenspannung gesunken ist, und zwar wenn

$$u_{c0} = 2nu_0 \leqq u_0 \tag{17}$$

gilt. Die Anzahl der Halbschwingungen ergibt sich somit zu

$$n = \frac{u_{c0} - u_0}{u_0}. \tag{18}$$

Dabei ist n auf die nächsthöhere ganze Zahl aufzurunden.

Ist die Bogenspannung u_0 sehr klein gegenüber der Kondensatorspannung u_{c0}, so erhält man zahlreiche Halbschwingungen. Bildet die Bogenspannung jedoch einen erheblichen Bruchteil der Kondensatorspannung, so entstehen nur wenige Halbschwingungen, wenn

$$u_0 = \frac{1}{3}\, u_{c0} \tag{19}$$

ist. So erhält man nur eine einzige Halbschwingung, nach deren Ablauf der Kondensator eine entgegengesetzte Ladung von einem Drittel der ursprünglichen behält.

Für die Praxis ergibt Gl. (18) nur einen ungefähren Wert für n, da in dem in *Abb. 2* gezeigten Stromkreis außer der Induktivität L und der Kapazität C noch unvermeidliche Streuinduktivitäten und -kapazitäten vorhanden sind. Insbesondere liegt parallel zum Bogen stets die Eigenkapazität der Spule. Dadurch ergibt sich ähnlich wie beim Wiederzünden eines Wechselstrombogens nach Kapitel 46 eine einschwingende wiederkehrende Spannung. Gl. (17) gibt also die Wiederzündbedingung des Bogens nur angenähert wieder.

Hat der Stromkreis entgegen unseren bisherigen Annahmen auch in den Leitungen einen erheblichen Widerstand, so läßt sich dieser nunmehr leicht berücksichtigen. Die Halbschwingung ist jetzt nicht mehr eine ungedämpfte Sinusschwingung, sondern es ergibt sich

$$i_1 = \frac{u_{c0} - u_0}{R_w}\, e^{-t/2\vartheta} \sin \omega_0 t. \tag{20}$$

Dabei wird ϑ entsprechend den Ausführungen in Kapitel 5 bestimmt. Die Kondensatorspannung am Ende der ersten Halbschwingung beträgt dann

$$u_{c1} = (u_{c0} - u_0)\, e^{-\pi/2\omega_0\vartheta} - u_0, \tag{21}$$

so daß der Scheitelwert der zweiten Halbschwingung geringer als nach Gl. (14) wird. Das Verhältnis des ersten zum zweiten Stromscheitelwert der Schwingung beträgt im Fall einer schwachen Dämpfung, bei der $\hat{\imath}$ etwa zur Zeit $t = \pi/2\omega_0$ auftritt,

$$\frac{\hat{\imath}_2}{\hat{\imath}_1} = e^{-\pi/2\omega_0\vartheta} - \frac{2u_0}{u_{c0} - u_0}. \tag{22}$$

Die Exponentialfunktion ergibt dabei den Anteil der ohmschen Dämpfung, während das zweite Glied den Anteil der Bogendämpfung zeigt. Die Schwingungsscheitelwerte nehmen daher mit gemeinsamer Funken- und Leitungsdämpfung schneller ab als nur mit einer von beiden.

Man benutzt die Erscheinung der Funkenentladungen z. B. in der Spektroskopie zur Erzeugung von Plasmen, in dem die untersuchten Stoffe zum Aussenden von Licht angeregt werden. Ferner kann man mit einem Schwingungskreis kurzzeitig sehr große Ströme erzeugen. Der Scheitelwert des Stromes ist nach

Gl. (9) durch die Ladespannung und den Schwingungswiderstand bestimmt. Macht man also den Schwingungswiderstand $R_w = \sqrt{L/C}$ sehr klein, so wird $\hat{\imath}$ sehr groß. Man erreicht dies am günstigsten mit einer koaxialen Anordnung nach *Abb. 6,* bei der die Leiter konzentrisch ineinander liegen. Bei einer derartigen

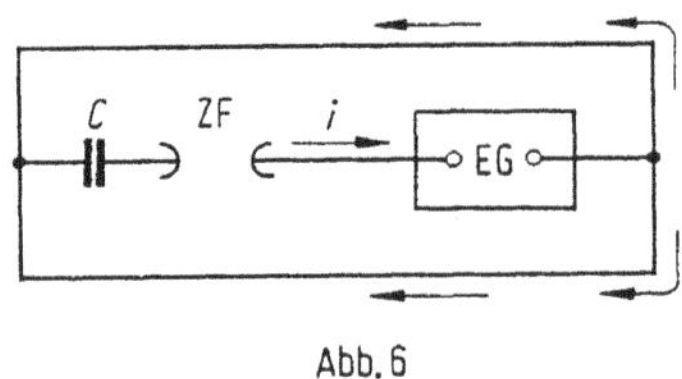

Abb. 6

Anordnung wird die Gesamtinduktivität und damit auch der Wellenwiderstand sehr klein. Auch das Entladungsgefäß EG, die Kapazität C und die Zündfunkenstrecke ZF sind in diese Anordnung mit einbezogen. Mit derartigen Anordnungen kann man Ströme von mehreren 100 kA Scheitelwert erzeugen, wobei die Dauer der Halbschwingung einige Mikrosekunden beträgt (für einen Kreis mit $C = 21\,\mu$F und $L = 0{,}48\,\mu$H erhält man $u_{c0} = 15$ kV und $\hat{\imath}_1 = 100$ kA bei $f = 50$ kHz). Aber auch zur Erzeugung von Wechselströmen mit Scheitelwerten von einigen Kiloampere und Frequenzen von 50 oder 100 Hz ist eine Kondensatorbatterie eine der billigsten Möglichkeiten.

50. Instabilitäten des Lichtbogens bei Schaltvorgängen

In den vorangegangenen Kapiteln wurde häufig die Stabilität eines Lichtbogens unter bestimmten Stromkreisbedingungen untersucht. Wir wollen uns in diesem Kapitel mit der Frage des stabilen oder instabilen Verhaltens eines Lichtbogens sowie den Wirkungen auf den Stromkreis näher befassen.

In Kapitel 46 wurde gezeigt, wie die nichtlineare Differentialgleichung des Lichtbogens zusammen mit der Stromkreisgleichung durch numerische Rechenmaschinen gelöst werden kann [Gl. (11) bis (16)]. Ein weiteres Rechenbeispiel zeigt *Abb. 1.* Die Bedingungen wurden dabei mit $\Theta = 0{,}02$ und $P_n = 5 \cdot 10^{-4}$

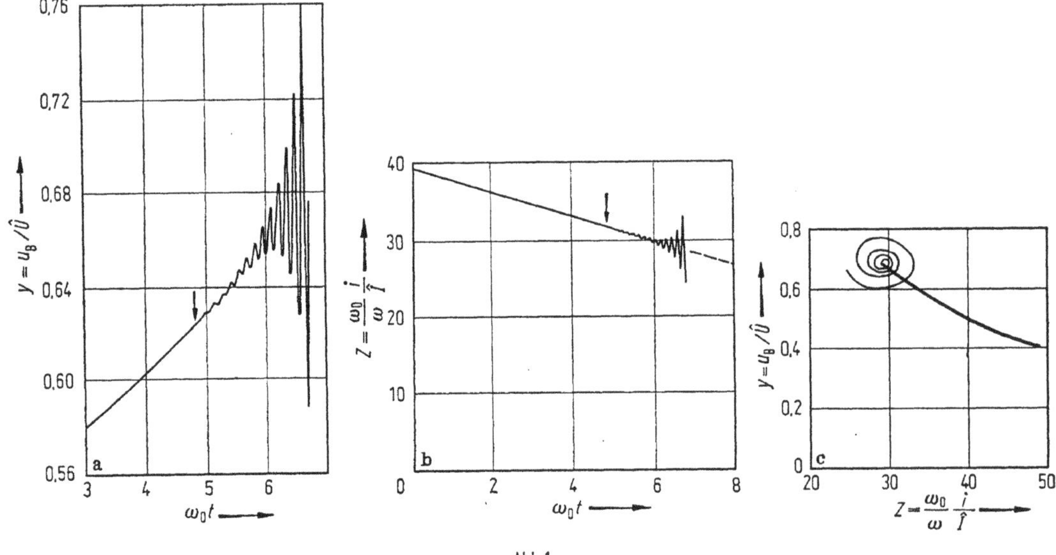

Abb. 1

so gewählt, daß Instabilitäten auftreten können. Der Stromkreis besteht bei dieser Rechnung nach *Abb. 2* wieder aus einer Induktivität zur Strombegrenzung und einer Parallelkapazität zum Lichtbogen. Die in Gl. (32) von Kapitel 46 abgeleitete Bedingung für das Auftreten von Instabilitäten lautet in normierter Schreibweise

$$-\frac{\mathrm{d}y}{\mathrm{d}z} > \Theta \tag{1}$$

mit $y = u_B/\hat{U}$, $z = \omega_0 i/\omega \hat{I}$. Von dem Augenblick, in dem die Steilheit der dynamischen Kennlinie so groß ist, daß Gl. (1) erfüllt ist, treten Instabilitäten auf. In *Abb. 1* ist diese Stelle durch einen Pfeil gekennzeichnet. Die Instabilitäten führen sowohl in der Bogenspannung als auch im Bogenstrom zu Schwingungen. Im y-z-Diagramm (u-i-Diagramm) zeigt der spiralförmige Verlauf der Kennlinie, daß Bogenspannung und Bogenstrom eine Phasenverschiebung gegeneinander haben.

Wir hatten bisher immer angenommen, daß eine Bogeninstabilität auch zum Erlöschen des Bogens führt. Dies ist in den meisten Fällen auch richtig. Es besteht jedoch auch die Möglichkeit, daß sich zunächst eine Schwingung mit allmählich ansteigender Amplitude ausbildet. Wie wir bereits gezeigt haben, läßt sich aus der linearen Bogengleichung und der Differentialgleichung des Stromkreises für kleine Abweichungen der Bogenspannung eine Differentialgleichung von der Form

$$a_n \frac{\mathrm{d}^n}{\mathrm{d}t^n} \Delta u + \cdots + a_2 \frac{\mathrm{d}^2}{\mathrm{d}t^2} \Delta u + a_1 \frac{\mathrm{d}}{\mathrm{d}t} \Delta u + a_0 \Delta u = 0 \tag{2}$$

ableiten. Die Lösung dieser Gleichung ergibt sich aus dem Ansatz

$$\Delta u = \sum K_i \mathrm{e}^{\lambda_i t}, \tag{3}$$

wobei die λ_i aus der charakteristischen Gleichung

$$a_n \lambda^n + \cdots + a_2 \lambda^2 + a_1 \lambda + a_0 = 0 \tag{4}$$

gewonnen werden. Für λ_i ergeben sich nun folgende vier Möglichkeiten:

1. Sämtliche λ_i sind reell und negativ. In diesem Fall klingen die durch Δu gekennzeichneten Störungen ab, und der Bogen ist stabil.
2. Sämtliche λ_i sind reell, aber eines oder mehrere sind positiv. Die Störungen werden mit zunehmender Zeit größer, der Bogen weicht von der quasistationären Kennlinie ab und ist instabil.
3. Die Werte von λ_i sind teilweise reell oder komplex, aber alle reellen Wurzeln und die Realteile der komplexen Wurzeln sind negativ. In diesem Fall klingen die Störungen mit überlagerten Schwingungen ab, und der Bogen bleibt stabil.
4. Die Werte von λ_i sind teilweise reell oder komplex, aber eine oder mehrere Wurzeln oder Realteile der komplexen Wurzeln sind positiv. Diesem Fall entspricht das in *Abb. 1* gezeigte Rechenbeispiel eines instabilen Bogens mit allmählich zunehmender Schwingungsamplitude.

Instabilitäten mit Schwingungen sind auch an Schalterbögen zu beobachten. In *Abb. 3* ist das Oszillogramm eines Bogens in einem Druckluftschalter gezeigt. Der abgeschaltete Strom beträgt 285 A und der Blasdruck 17 atm $\approx$ 17 bar. Man erkennt, wie kurz vor dem Stromnulldurchgang im Strom eine Schwingung auftritt, die allmählich größer wird, bis der Strom null wird. Der Bogen erlischt dann, und in der Bogenspannung zeigt sich eine sehr hohe Löschspitze, die durch das Abreißen des Bogenstromes erzeugt wird. Auf diesen Vorgang wird weiter unten noch eingegangen werden.

Die Fälle 3 und 4 der Instabilitätsbetrachtungen schließen auch die Möglichkeit ein, daß die Wurzeln rein imaginär sind. In diesem Fall ergibt Gl. (3) eine harmonische Schwingung, und der Bogen kann ungedämpft über lange Zeit

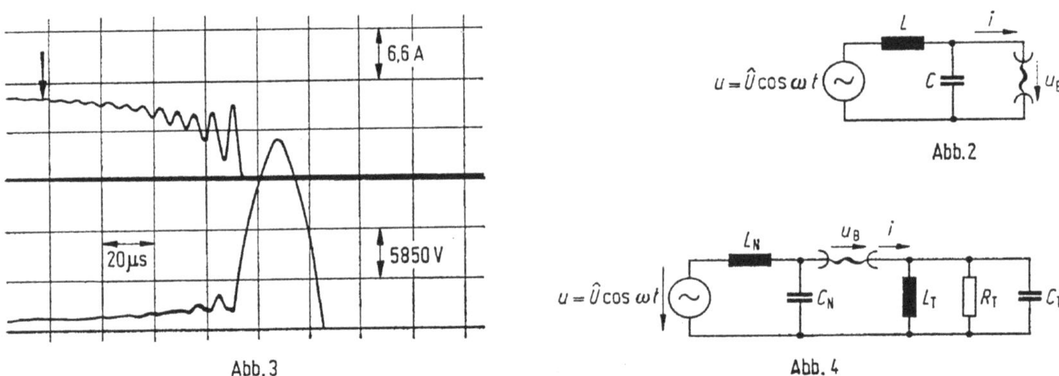

Abb. 2

Abb. 3

Abb. 4

schwingen. Diese Möglichkeit wurde in den Anfängen der Hochfrequenztechnik zur Erzeugung von Schwingungen im sogenannten Lichtbogensender ausgenutzt. Die physikalische Ursache der ungedämpften Bogenschwingung ist darin zu sehen, daß der differentielle Bogenwiderstand im steigenden Teil der Kennlinie negativ ist. Dadurch können die Widerstände im restlichen Stromkreis kompensiert werden, so daß der Gesamtwiderstand zu Null wird.

In Kapitel 46 [Gl. (30)] hatten wir bei einem Stromkreis nach *Abb. 2* für Δu folgende Gleichung abgeleitet:

$$R_B \frac{d^3}{dt^3}\Delta u + \left(\frac{1}{C_p} + \frac{1}{\tau}\frac{du_B}{di}\right)\frac{d^2}{dt^2}\Delta u + \left(\frac{1}{\tau C_p} + \frac{R_B}{LC_p}\right)\frac{d}{dt}\Delta u + \frac{du_B}{di}\frac{1}{\tau L C_p}\Delta u = 0. \tag{5}$$

Aus dieser Gleichung kann für den Fall kleiner Amplituden ($\Delta u \approx 0$) die Frequenz der Bogenschwingung bestimmt werden. Berücksichtigt man, daß der Koeffizient $a_2 = 1/C_p + 1/\tau \cdot du_B/di$ im Einsatzpunkt der Instabilität null wird, so ergibt Gl. (5) die Differentialgleichung einer Schwingung mit

$$\omega_i = \sqrt{\frac{a_3}{a_1}} = \sqrt{\left(\frac{1}{\tau C_p} + \frac{R_B}{LC_p}\right)\frac{1}{R_B}}. \tag{6}$$

Setzt man $1/C_p = -1/\tau \cdot du_B/di$ ein, so erhält man

$$\omega_i = \omega_0 \sqrt{1 - \frac{1}{(\omega_0\tau)^2}\frac{1}{R_B}\frac{du_B}{di}}, \tag{7}$$

wobei $\omega_0 = \sqrt{1/LC_p}$ die Eigenkreisfrequenz des Stromkreises ist.

Wenn sich der Bogen auf einer stationären Kennlinie von der Form $u_B = P_0/i$ bewegt, so ergibt sich

$$\frac{1}{R_B}\frac{du_B}{di} = -1. \tag{8}$$

In Schalterbögen gilt weiterhin $\omega_0\tau \ll 1$, so daß sich aus Gl. (7)

$$\omega_i \approx \frac{1}{\tau} \tag{9}$$

ergibt. Die Spannung eines Bogens mit einer Zeitkonstanten von 1 μs würde also im Instabilitätsfall ungefähr mit einer Frequenz von 160 kHz schwingen. Dies gilt jedoch nur für den Einsatzpunkt der Instabilität, im weiteren Verlauf kann sich sowohl die Frequenz als auch die Form der Schwingung ändern.

Um die Wirkungen einer Bogeninstabilität auf den Stromkreis zu untersuchen, betrachten wir einen Fall nach *Abb. 4*. Die Parallelschaltung der Induktivität, der Kapazität und des Widerstandes stellt das einfache Ersatzschaltbild eines leer-

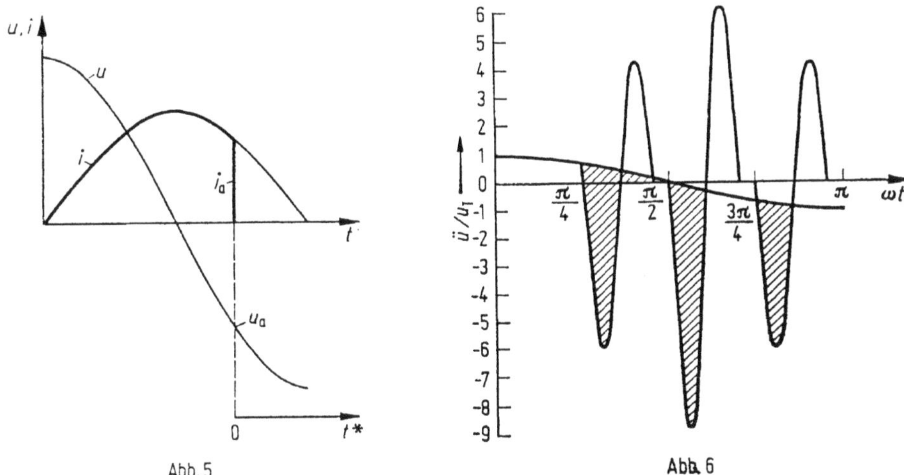

Abb. 5 Abb. 6

laufenden Transformators dar. Die Netzinduktivität möge klein gegen die Induktivität des Transformators sein ($L_N \ll L_T$), weiterhin wollen wir auch die Ströme durch R_T und C_T vernachlässigen, so daß bei einer Spannung

$$u = \hat{U} \cos \omega t \tag{10}$$

ein Strom von

$$i = \frac{\hat{U}}{\omega L_T} \sin \omega t \tag{11}$$

durch den Transformator fließt (*Abb. 5*). Zu einem bestimmten Zeitpunkt der Halbschwingung möge der Schalterbogen instabil werden und zum Abreißen des Stromes führen, wobei i_a und u_a auftreten. Der Transformator ist jetzt vom Netz getrennt, und es ergibt sich ein Ausgleichsvorgang, der durch folgende Differentialgleichung beschrieben wird:

$$\frac{d^2}{dt^2} u_T + \frac{1}{R_T C_T} \frac{d}{dt} u_T + \frac{u_T}{L_T C_T} = 0. \tag{12}$$

Führen wir eine neue Zeitskale t^* ein, so gilt im Augenblick des Abreißens

$$u_T = u_a = \hat{U} \cos \omega t_a, \qquad i_L = i_a = \frac{\hat{U}}{\omega L_T} \sin \omega t_a. \tag{13}$$

Der Strom, der bisher nur durch die Induktivität L_T geflossen ist, muß nun, da die Schaltstrecke unterbrochen ist, über den Widerstand und die Kapazität des Transformators als Ausgleichstrom fließen. Die Lösung der Gl. (12) lautet unter Berücksichtigung der Anfangsbedingungen

$$\frac{u_T}{\hat{U}} = e^{-\omega_0 t/\omega_0 \vartheta} \left\{ \left(\frac{\omega_0}{\omega} \sin \omega t_a - \frac{1}{\omega_0 \vartheta} \cos \omega t_a \right) \sin \omega t^* + \cos \omega t_a \cos \omega t^* \right\}, \tag{14}$$

wobei $\vartheta = R_T C_T/2$ und $\omega_0^2 = 1/L_T C_T$ ist. Unter Berücksichtigung von Gl. (13) lautet Gl. (14)

$$\frac{u_T}{\hat{U}} = e^{-\omega_0 t/\omega_0 \vartheta} \left\{ \frac{1}{\hat{U}} \left(i_a \sqrt{\frac{L_T}{C_T}} - \frac{u_a}{2\omega_0 \vartheta} \right) \sin \omega t^* + \frac{u_a}{\hat{U}} \cos \omega t^* \right\}. \tag{15}$$

Es entsteht also durch das Abreißen des Stromes am Transformator eine Überspannung, wie sie in *Abb. 6* für den Fall $\omega_0/\omega = 10$ und $\omega_0 \vartheta = 10$ für verschiedene Abreißströme dargestellt ist $\left(\omega t = \pi/4,\ i_A = \hat{\imath}/\sqrt{2};\ \omega t = \pi/2,\ i_A = \hat{\imath};\ \omega t = 3\pi/4,\ i_A = \hat{\imath}/\sqrt{2}\right)$. Wegen der besseren Übersicht ist von jedem Ausgleichsvorgang nur die erste Schwingung aufgetragen. Es schließt sich natürlich noch eine Anzahl von Schwingungen an, bis der Ausgleichsvorgang durch Dämpfung auf Null abgeklungen ist. Man erkennt, daß die Überspannungen um so größer werden, je größer der Abreißstrom ist. Dies wird noch deutlicher, wenn man den vor der Sinusfunktion in Gl. (15) stehenden Ausdruck wie folgt umformt:

$$\frac{i_a}{\hat{U}} \sqrt{\frac{L_T}{C_T}} = \frac{i_a}{\hat{\imath}} \frac{\omega_0}{\omega}. \tag{16}$$

Wenn also der Abreißstrom etwa genauso groß ist wie der maximale im Kreis fließende Strom, so kann sich der für die Überspannung bestimmende Faktor ω_0/ω voll auswirken. Da die Abreißströme in Hochleistungsschaltern etwa in der Größenordnung von 1 bis 10 A liegen, ist also besonders beim Schalten von leerlaufenden Transformatoren, in denen nur die Magnetisierungsströme von einigen zehn Ampere fließen, mit Überspannungen zu rechnen. Die Überspannungen können bis zum vielfachen Wert der maximalen Netzspannung ansteigen. Um also die Isolation nicht unnötig hoch zu bemessen, schützt man heutzutage alle überspannungsgefährdeten Teile einer Anlage, wie Transformatoren, Drosselspulen und Generatoren, durch Überspannungsableiter.

Grundsätzlich führt jedes Abreißen eines Stromes in einem Stromkreis mit hauptsächlich induktiver Strombegrenzung zu einer Überspannung, also auch das in Kapitel 46 beschriebene Abkippen des Stromes. Im Falle eines Kurzschlußstromes ist aber der im Kreis fließende maximale Strom in der Größenordnung von 1 bis 50 kA, also sehr viel größer als der Abreißstrom. Die Überspannung kann sich also fast gar nicht auswirken.

Die physikalische Ursache der Überspannung liegt in der zum Zeitpunkt des Abreißens in der Induktivität gespeicherten Energie

$$A_L = \frac{1}{2} L i_a^2. \tag{17}$$

Diese Energie muß vernichtet werden und führt zu einem Ausgleichsvorgang mit Überspannungen.

Die durch die Instabilitäten erzeugten Überspannungen beanspruchen aber nicht nur die gesamte Anlage, sondern auch die Schaltstrecke, und zwar liegt am Schalter die Differenz zwischen der Überspannung und der Netzspannung, wie es in *Abb. 6* durch die schraffierten Gebiete dargestellt ist. Alle neueren Schalter arbeiten mit einer künstlich erzeugten Löschmittelströmung, sei es mit Ölinjektion oder mit einer Gasströmung. Das bedeutet aber, daß schon bei kleinen Entfernungen der Schaltstücke eine intensive Kühlung des Lichtbogens möglich ist. Beim Abschalten kleiner Ströme wird der Bogen also schon bei geringen Ent-

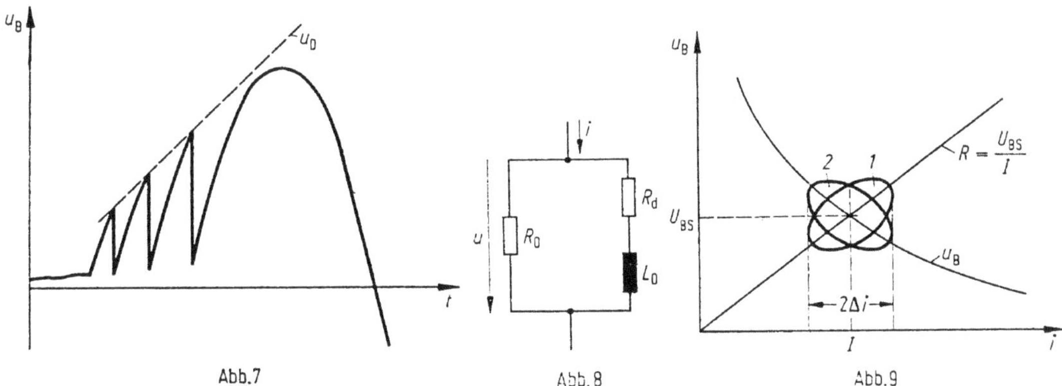

Abb. 7 Abb. 8 Abb. 9

fernungen der Schaltstücke instabil und erzeugt Überspannungen. Wegen des geringen Abstandes der Schaltstücke ist die dielektrische Festigkeit der Schaltstrecke jedoch noch nicht sehr groß, so daß es zu Wiederzündungen mit anschließendem erneuten Abreißen kommt, wie in *Abb. 7* in einer schematischen Darstellung der Bogenspannung gezeigt ist. Dieser Vorgang wiederholt sich laufend, bis die dielektrische Festigkeit u_D der Schaltstrecke ausreichend ist und es zur endgültigen Löschung kommt. Da die Ströme im allgemeinen nach dem Scheitelwert abreißen, werden bei diesem Vorgang besonders hohe Überspannungen durch den Schalter selbst abgebaut.

Schalter ohne künstlich erzeugte Löschmittelströmung haben beim Schalten kleiner induktiver Ströme erst bei verhältnismäßig großen Abständen der Schaltstücke eine ausreichende Löschintensität. Wird der Bogen hierbei instabil, so können die Überspannungen wegen der schon vorhandenen dielektrischen Festigkeit voll zur Wirkung kommen. Derartige Schalter erzeugen daher meistens höhere Überspannungen als Schalter mit künstlich erzeugter Löschmittelwirkung.

Wir wollen uns nun etwas eingehender mit dem Verhalten des Bogens bei kleinen Abweichungen von der quasistationären Kennlinie beschäftigen. In Kapitel 44 haben wir in Gl. (21) die Differentialgleichung für den dynamischen Bogen für diesen Fall abgeleitet. Sie lautet

$$\frac{\mathrm{d}}{\mathrm{d}t}(\Delta u - R_{\mathrm{Bs}}\Delta i) + \frac{1}{\tau}\left(\Delta u - \frac{\mathrm{d}U_{\mathrm{Bs}}}{\mathrm{d}I}\Delta i\right) = 0. \tag{18}$$

Dabei sind Δu und Δi die Abweichungen von den stationären Werten U_{Bs} und I. Es läßt sich nun zeigen, daß der in *Abb. 8* dargestellte Stromkreis ebenfalls durch die Gl. (18) beschrieben wird. Die Differentialgleichung dieses Stromkreises lautet

$$\frac{\mathrm{d}}{\mathrm{d}t}(u - R_0 i) + \frac{R_0 + R_{\mathrm{d}}}{L}\left(u - \frac{R_0 R_{\mathrm{d}}}{R_0 + R_{\mathrm{d}}}\, i\right) = 0. \tag{19}$$

Vergleicht man nun die Koeffizienten der einzelnen Glieder von Gl. (18) und (19) miteinander, so erhält man für die Elemente des Ersatzschaltkreises folgende Ausdrücke

$$R_0 = R_{\mathrm{Bs}}, \tag{20}$$

$$R_\mathrm{d} = \frac{R_{\mathrm{Bs}}\,\mathrm{d}U_{\mathrm{Bs}}/\mathrm{d}I}{R_{\mathrm{Bs}} - \mathrm{d}U_{\mathrm{Bs}}/\mathrm{d}I}, \tag{21}$$

$$L_0 = \frac{R_{\mathrm{Bs}}^2\,\tau}{R_{\mathrm{Bs}} - \mathrm{d}U_{\mathrm{Bs}}/\mathrm{d}I}. \tag{22}$$

Der Bogen kann also für kleine Abweichungen vom stationären Zustand durch Widerstände und Induktivitäten dargestellt werden. Die Werte für R_0, R_d und L_0 sind natürlich für jeden Punkt der Kennlinie verschieden. Befindet sich der Bogen insbesondere noch auf dem fallenden Teil der Kennlinie, so ist $\mathrm{d}U_{\mathrm{Bs}}/\mathrm{d}I$ negativ, und R_d stellt einen negativen Widerstand dar. Für den Fall einer einfachen Hyperbel als Kennlinie $U_{\mathrm{Bs}} = P_0/I$ ergeben sich die Werte für das Ersatzschaltbild

$$R_0 = \frac{P_0}{I^2}, \tag{23}$$

$$R_\mathrm{d} = -\frac{1}{2}\,\frac{P_0}{I^2}, \tag{24}$$

$$L_0 = \frac{\tau}{2}\,\frac{P_0}{I^2}. \tag{25}$$

Aus dem Ersatzschaltbild *Abb. 8* läßt sich der Bogenwiderstand gegenüber einem kleinen überlagerten Wechselstrom zu

$$Z_\mathrm{B} = R_{\mathrm{Bs}} \sqrt{\frac{(1/R_{\mathrm{Bs}}\cdot\mathrm{d}U_{\mathrm{Bs}}/\mathrm{d}I) + (\omega\tau)^2}{1 + (\omega\tau)^2}} \tag{26}$$

berechnen. Aus dieser Formel ergeben sich die beiden Extremwerte des Bogenwiderstandes für sehr kleine Frequenzen des Wechselstromes

$$\omega\tau \ll 1, \qquad Z_\mathrm{B} = \frac{\mathrm{d}U_{\mathrm{Bs}}}{\mathrm{d}I} \tag{27}$$

und für sehr große Frequenzen

$$\omega\tau \gg 1, \qquad Z_\mathrm{B} = R_{\mathrm{Bs}}. \tag{28}$$

Der Bogen bewegt sich also im ersten Fall auf der Kennlinie, und einer langsamen kleinen Stromänderung Δi entspricht eine Spannungsänderung

$$\Delta u = \frac{\mathrm{d}U_{\mathrm{Bs}}}{\mathrm{d}I}\,\Delta i. \tag{29}$$

Im fallenden Teil der Kennlinie entspricht also einer positiven Stromänderung eine negative Spannungsänderung. Bei sehr schnellen Stromänderungen verhält sich der Bogen dagegen wie ein ohmscher Widerstand, und die Kennlinie ist durch die Widerstandsgerade nach *Abb. 9* gegeben.

Liegt die Frequenz des überlagerten Stromes zwischen den Extremwerten, so bewegt sich der Bogen auf elliptischen Bahnen, wie sie in *Abb. 9* dargestellt sind. Die Ellipse *1* entspricht dabei einem Bogen mit einer größeren Zeitkonstanten als die Ellipse *2*. Nach *Abb. 8* kann die Phasenverschiebung zwischen dem Strom und der Bogenspannung berechnet werden. Sie ergibt sich, wenn für R_0, R_d und L_0 entsprechend Gl. (20) bis (22) die Daten der Kennlinie eingesetzt werden, aus

$$\tan \varphi = \frac{\omega \tau \left(\frac{R_{Bs}}{d\,U_{Bs}/d\,I} - 1 \right)}{1 + (\omega \tau)^2 \frac{R_{Bs}}{d\,U_{Bs}/d\,I}}. \tag{30}$$

Wir erkennen auch hier wieder, daß für sehr große Frequenzen die Phasenverschiebung null wird und der Bogen einem ohmschen Widerstand entspricht. Auch für sehr kleine Frequenzen ergibt Gl. (30) den Wert Null. Wir müssen aber entsprechend *Abb. 10* beachten, daß der Wert für $\tan \varphi$ sich einmal von der positiven Seite und einmal von der negativen Seite dem Wert Null nähert. Das bedeutet, daß die beiden Extremlagen einem Phasenverschiebungswinkel, einmal von 0° und das andere Mal von 180°, entsprechen.

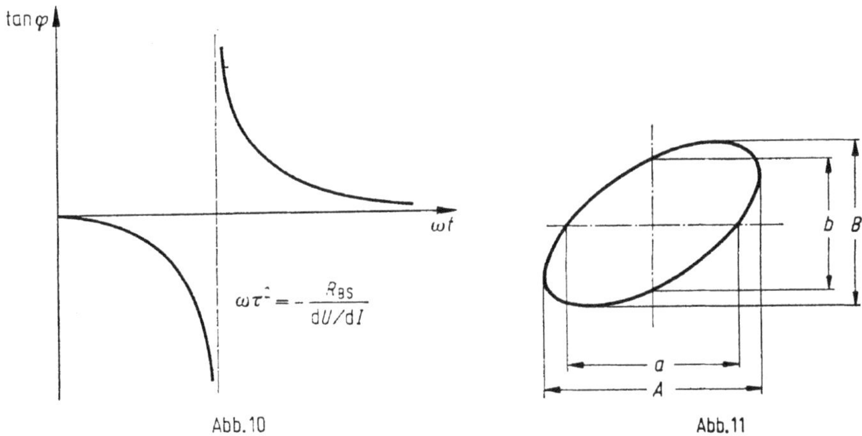

Abb. 10 Abb. 11

Überlagert man einen stationär oder quasistationär brennenden Bogen einen kleinen Wechselstrom, so kann man die Ellipse in *Abb. 9* auf einem Oszillographen darstellen, indem man Δu und Δi nach *Abb. 11* als Lissajousche Figur aufzeichnet. Ermittelt man die in *Abb. 11* eingezeichneten Längen, so ergibt sich der Sinus des Phasenwinkels zu

$$\sin \varphi = \frac{a}{A} = \frac{b}{B}. \tag{31}$$

Wenn außerdem noch die Kennlinie des Bogens bekannt ist, so daß die Werte von R_{Bs} und $d\,U_{Bs}/d\,I$ vorliegen, kann nach diesem Verfahren die Zeitkonstante des Bogens bestimmt werden.

Man kann also Instabilitätsberechnungen in Kreisen mit einem Lichtbogen auf zwei verschiedene Arten ausführen. Man kann einmal für den Bogen die Differentialgleichung (18) ansetzen und für den restlichen Stromkreis die Differentialgleichungen nach den elektrotechnischen Gesetzen aufstellen oder aber den Bogen durch sein Ersatzschaltbild nach *Abb. 8* darstellen und den gesamten Kreis als ein Gebilde aus Kapazitäten, Induktivitäten und Widerständen auffassen. Beide Wege können in verschiedenen Fällen zur übersichtlicheren Darstellung der Probleme führen. Instabilitätsbetrachtungen an größeren elektrischen Stromkreisen führen meist zu umfangreichen Rechnungen. Mit jedem im Stromkreis vorhandenen Energiespeicher steigt die Ordnung der Gl. (2) um eins an. Als Energiespeicher gelten dabei Kapazitäten, Induktivitäten und auch der Lichtbogen.

Literaturverzeichnis

A. Bücher

I. Allgemeines

HEAVISIDE, O.: Electromagnetic theory 1—3. The Electrician Printing & Publishing Co., London 1899; 3. Aufl. New York: Dover Publications 1950.

WAGNER, K. W.: Elektromagnetische Ausgleichsvorgänge in Freileitungen und Kabeln, Leipzig, Berlin: Teubner 1908.

RÜDENBERG, R.: Elektrische Schaltvorgänge, Berlin, Göttingen, Heidelberg: Springer 1923, 4. Aufl. 1953.

ROTH, A.: Hochspannungstechnik, Berlin, Göttingen, Heidelberg: Springer 1927, 5. Aufl. Wien 1965.

JAHNKE, E.; EMDE, F.; LÖSCH, F.: Tafeln höherer Funktionen, Leipzig: B. G. Teubner 1928, 7. Aufl. Stuttgart 1966.

KÜPFMÜLLER, K.: Einführung in die theoretische Elektrotechnik, Berlin, Göttingen, Heidelberg: Springer 1932, 10. Aufl. 1973.

BEWLEY, L. V.: Traveling waves on transmission systems, New York: Wiley & Sons 1933, 2. Aufl. 1951.

FALLOU, J.: Les réseaux de transmission d'énergie. Paris: Gauthier-Villars & Cie. 1935.

FISCHER, J.: Einführung in die klassische Elektrodynamik, Berlin, Göttingen, Heidelberg: Springer 1936.

WAGNER, K. W.: Operatorenrechnung und Laplacesche Transformation, Leipzig: J. A. Barth 1940, 3. Aufl. 1962.

CLARKE, E.: Circuit analysis of A-C power systems, Bd. I New York: Wiley & Sons 1943, Bd. II 1950.

WELLAUER, M.: Einführung in die Hochspannungstechnik, Basel: Birkhäuser 1954.

BAATZ, H.: Überspannungen in Energieversorgungsnetzen, Berlin, Göttingen, Heidelberg: Springer 1956.

SIMONYI, K.: Theoretische Elektrotechnik, Berlin: Deutscher Verlag der Wissenschaften 1956, 4. Aufl. 1971.

MOON, P.; SPENCER, D. E.: Field theory for engineers, Princeton (New Jersey), Toronto, New York, London: D. Van Nostrand Comp. 1961.

MOON, P.; SPENCER, D. E.: Field theory handbook, Berlin, Göttingen, Heidelberg: Springer 1961.

PRINZ, H.: Hochspannungsfelder, München, Wien: Oldenbourg 1969.

PHILIPPOW, E. (Herausg.): Taschenbuch Elektrotechnik, Band 1: Grundlagen (1963), 3. Aufl. 1972; Band 2: Starkstromtechnik (1963), 3. Aufl. 1973. Berlin: VEB Verlag Technik.

SIROTINSKI, L. I.: Hochspannungstechnik I: Äußere Überspannungen — Wanderwellen, Berlin: VEB Verlag Technik 1965. II: Innere Überspannungen, Berlin: VEB Verlag Technik 1966.

GREENWOOD, A.: Electrical Transients in Power Systems, New York: Wiley & Sons Interscience 1971.

SLAMECKA, E.; WATERSCHEK, W.: Schaltvorgänge in Hoch- und Niederspannungsnetzen, Berlin—München: Siemens AG 1972.

GRADSHTEYN, I. S.; RYZHIK, I. M.: Table of Integrals, Series and Products, 4. Aufl. New York and London. Academic Press 1965.

Normen für Größen und Einheiten in Naturwissenschaft und Technik, AEF-Taschenbuch, DIN Taschenbuch 22, 3. Aufl., Berlin, Köln, Frankfurt (Main): Beuth-Vertrieb 1972.

II. Gekoppelte Stromkreise

WAGNER, C. F.; EVANS, R. D.: Symmetrical components, as applied to the analysis of unbalanced electrical circuits, New York: McGraw-Hill 1933.

HAMMARLUND, P.: Transient recovery voltage subsequent to short-circuit interruption with special reference to swedish power-systems, Handlingar Proceedings Nr. 189, Stockholm 1946.

Kriechbaum, K.: Netzanalysator zur Messung der Einschwingspannung, Dissertation TH Darmstadt 1956.
Hochrainer, A.: Symmetrische Komponenten in Drehstromsystemen, Berlin, Göttingen, Heidelberg: Springer 1957.
Funk, G.: Der Kurzschluß im Drehstromnetz, München: Oldenbourg 1962.
Edelmann, H.: Berechnung elektrischer Verbundnetze, Berlin, Göttingen, Heidelberg: Springer 1963.
Schüssler, H. W.: Netzwerke und Systeme, Mannheim: Hochschultaschenbücher Verlag, Bibliogr. Inst. 1971.

III. Synchronmaschinen

IV. Wirkung von Schwungmassen

Bödefeld, Th.; Sequenz, H.: Elektrische Maschinen, Wien: Springer 1941, 8. Aufl. 1971.
Richter, R.: Kurzes Lehrbuch der elektrischen Maschinen, Berlin, Göttingen, Heidelberg: Springer 1949.
Kron, G.: Equivalent circuits of electric machinery, New York: Wiley & Sons 1951.
Laible, Th.: Die Theorie der Synchronmaschine im nichtstationären Betrieb, Berlin, Göttingen, Heidelberg: Springer 1952.
Lyon, W. V.: Transient analysis of alternating current machinery, New York: Wiley & Sons 1954.
Wenikow, W. A.; Shukow, L. A.: Ausgleichvorgänge in elektrischen Systemen, Berlin: VEB Verlag Technik 1956.
Schuisky, W.: Induktionsmaschinen, Wien: Springer 1957.
Kovács, K. P.; Racz, I.: Transiente Vorgänge in Wechselstrommaschinen, Budapest: Verlag der Ungarischen Akad. d. Wissensch. 1959.
Fano, R. M.; Chu, L. J.; Adler, R. B.: Electromagnetic fields, energy and forces, New York: Wiley & Sons 1960.
Fitzgerald, A. E.; Kingsley, Ch. Jr.: Electric machinery. Second Edit., New York: McGraw-Hill 1961.
Kovács, K. P.: Symmetrische Komponenten in Wechselstrommaschinen, Basel: Birkhäuser 1962.
Bonfert, R.: Betriebsverhalten der Synchronmaschine, Berlin, Göttingen, Heidelberg: Springer 1962.
Kazowskij, E. I.: Transiente Vorgänge in Wechselstrommaschinen, Leningrad: Verlag der Akad. d. Wissensch. der UdSSR, Moskau 1962.
Thaler, G. J.; Wilcox, M. L.: Electric machines, New York: Wiley & Sons 1966.
Adkins, B.: The general theory of electrical machines, New York: Wiley & Sons 1966.
Müller, G.: Elektrische Maschinen, Berlin: VEB Verlag Technik 1967.
Nedelcu, V. N.: Transiente Vorgänge von Wechselstrommaschinen, Bukarest: Technischer Verlag 1968.
VDE 0102 Leitsätze für die Berechnung der Kurzschlußströme, Berlin: VDE-Verlag.

V. Einfluß der Erde

Ollendorff, F.: Erdströme, Berlin, Göttingen, Heidelberg: Springer 1928; 2. Aufl. Basel: Birkhäuser 1969.
Willheim, R.: Das Erdschlußproblem in Hochspannungsnetzen, Berlin, Göttingen, Heidelberg: Springer 1936.
Willheim, R.; Waters, M.: Neutral grounding in high-voltage transmission, New York: Elsevier Publishing 1956.
Koch, W.: Erdungen in Wechselstromanlagen über 1 kV, Berlin, Göttingen, Heidelberg: Springer 1955, 3. Aufl. 1961.
Feist, K.-H.: Die Erderspannung geerdeter stromdurchflossener Leiter bei Wechselstrom niedriger Frequenz und ihr elektrisches Strömungsfeld im Erdreich, Dissertation TH Hannover 1958.
Klewe, H. R. J.: Interference between power systems and telecommunication lines, London: Edward Arnold (Publishers) 1958.
C. C. I. T. T.: Directives concerning the protection of telecommunication lines against effects from electricity lines, published by: The International Telecommunication Union, Genf 1963.
British Standard CP 1013: Earthing, British Standards Institution, London 1965.

VDE 0141: Bestimmungen für Erdungen in Wechselstromanlagen für Nennspannungen über 1 kV, Berlin: VDE-Verlag.
VDE 0228: Bestimmungen für Maßnahmen bei Beeinflussung von Fernmeldeanlagen durch Starkstromanlagen, Berlin: VDE-Verlag.

VI. Veränderlicher Widerstand

VII. Magnetische Sättigung in ruhenden Stromkreisen

WILSON, A. H.: Semi-conductors and Metals, London: Cambridge University Press 1939.
SEITZ, F.: The Modern Theory of Solids, New York: McGraw-Hill 1940.
BOGOLIUBOFF, N.; KRYLOFF, N.: Introduction to Nonlinear Mechanics, Princeton, (New Jersey): Princeton University Press 1943. (Enthält Literaturangaben russischer Arbeiten).
Committee on Electrical-Heating, Resistance, and Furnace Alloys: Bibliography and Abstracts on Electrical Contacts, Philadelphia: American Society for Testing Materials 1944, 2. Aufl. 1952.
MINORSKY, N.: Introduction to Non-linear Mechanics, Ann Arbor, Mich.: Edwards 1947. (Enthält Literaturangaben mathematischer Arbeiten.)
ANDRONOW, A. A.; CHAIKIN, C. E.: Theory of Oscillations, Princeton, (New Jersey): Princeton University Press 1949.
BAXTER, H. W.: Electric Fuses, London: Arnold 1950.
HAYASHI, CH.: Forced oscillations in non-linear systems, Osaka: Nippon Printing and Publishing Company 1953.
KAUDERER: Nichtlineare Mechanik, Berlin, Göttingen, Heidelberg: Springer 1958.
HAYASHI, CH.: Nonlinear oscillations in physical systems, New York, San Francisco, Toronto, London 1964.
BOGOLJUBON, N, N.; MITROPOLSKI, J. A.: Asymptotische Methoden in der Theorie der nichtlinearen Schwingungen, Berlin: Akademie-Verlag 1965.
AEG-Telefunken: Halbleitertechnik, 1970.
PHILIPPOW, E.: Nichtlineare Elektrotechnik, 2. Aufl., Leipzig: Geest & Portig 1971.
BENDA, H. J.: Einführung in die Grundlagen der Halbleitertechnik, 3. Aufl., Siemens AG 1971.

VIII. Lichtbogenunterbrechung

AYRTON, H.: The Electric Arc, London: The Electrician Printing and Publishing Co. 1902.
FINKELNBURG, W.; MAECKER, H.: Elektrische Bögen und thermische Plasmen. Handbuch der Physik Bd. 22, Berlin, Göttingen, Heidelberg: Springer 1956.
COBINE, J. D.: Gaseous Conductors, New York: Dover Publication 1958.
RZIHA, E. v.; GENTHE, R.: Starkstromtechnik II, Taschenbuch für Elektrotechniker, Berlin: Ernst u. Sohn 1960.
SCHULZE, H.: Technik der Wechselstrom-Hochspannungsschalter, Berlin: VEBVerlag Technik 1961.
SLAMECKA, E.: Prüfung von Hochspannungs-Leistungsschaltern, 1. Aufl., Berlin, Heidelberg, New York: Springer 1966.
HOLM, R.: Electric Contacts, 4. Aufl., Berlin, Heidelberg, New York: Springer 1967.
RIEDER, W.: Plasma und Lichtbogen, 1. Aufl., Braunschweig: Vieweg 1967.
KESSELRING, F.: Theoretische Grundlagen zur Berechnung der Schaltgeräte, Sammlung Göschen, Berlin: de Gruyter 1968.
MIERDEL, G.: Elektrophysik, Berlin: VEB Verlag Technik 1970.

B. Aufsätze

1. Einschalten und Ausschalten von Stromkreisen mit Induktivität

MAYER, R.: Erhöhung der Zeitkonstante von induktiven Kreisen. Elektrotechn. u. Masch.-Bau 53 (1935) 495—498.
HARTEL, W.: Ausgleichsströme in Stromrichterantrieben. Arch. Elektrotechn. 33 (1939) 545—553.
SCHILLING, W.: Der Stoßkurzschlußstrom in Gleichrichterschaltungen. Elektrotechn. u. Masch.-Bau 58 (1940) 229—237.
LEONHARD, A.: Schaltungen zum Ausgleich großer elektromagnetischer Zeitkonstanten. ETZ 65 (1944) 253—257.

RYAN, I. E.; SPITLER, T. M.: The operating speed of d-c brake magnets. AIEE Trans. 69, II (1950) 1253—1257.

SALGE, I.; PAULS, N.: Schalteinrichtungen für die Einschaltung von Nebenwegen in Stromkreisen mit großer Induktivität. ETZ-A 91 (1970) 586—587.

KOGLIN, H. J.: Näherungsverfahren zur Berechnung des Stoßkurzschlußstromes und des unsymmetrischen Ausschaltstromes. ETZ-A 91 (1970) 628—631.

HADRIAN, W.: Elektronische Nachbildung von Induktivitäten mit Operationsverstärkern. Elektrotechn. u. Masch.-Bau 87 (1970) 64—68.

2. Ladung und Entladung von Kapazitätskreisen

GRÜNEWALD, H.: Das Schalten von Hochspannungs-Phasenschieber-Kondensatoren großer Leistung. VDE-Fachberichte (1935) 25—30.

BAUCH, R.: Verluste und Wirkungsgrad bei der Ladung von Kondensatoren. Elektrotechn. u. Masch.-Bau 57 (1939) 25—34.

BOEHNE, E. W.; SCHROEDER, T. W.; BUTLER, I. W.: Tests and analysis of circuit-breaker performance when switching large capacitor banks. AIEE Trans. 61 (1942) 821—831.

FLÖTH, H.: Das Schaltproblem in kapazitiven Stromkreisen. Calor-Emag Mitt. (1961) 3—22.

HELD, W.; KAHL, W.; POLLMEIER, F. J.: Energiespeicherkondensatoren. Siemens-Z. 41 (1967) 887—895.

HÄUSLER, J.: Ein Wirkungskriterium zur Beurteilung der Entladung von Kondensatoren über zeitlich veränderliche Widerstände. ETZ-A 90 (1969) 171—176.

3. Allgemeine Schaltgesetze

WAGNER, K. W.: Über eine Formel von Heaviside zur Berechnung von Einschaltvorgängen. Arch. Elektrotechn. 4 (1916) 159—193.

CARSON, I. R.: Theory of the transient oscillations of electrical networks and transmission systems. Proc. AIEE 38 (1919) 407.

LYON, W. V.: A comparison of the transform and classical methods. Electr. Engng. 62 (1943) 198—203.

HOSEMANN, G.; FREY, W.; OEDING, D.: Digitale Berechnung der wiederkehrenden Spannung in Hochspannungsnetzen. BBC-Nachrichten 43 (1961) 55—70.

BARTHOLD, L. O.; CARTER, G. H.: Digital Travelling-Wave Solutions. I. Single Phase Equivalents. AIEE Trans. Power App. and Syst. 80 (1961) 812—818.

ARISMUNANDER, A.; PRICE, W. S.; MCELROY, A. I.: A Digital Computer Method for Simulating Switching Surge Responses of Power Transmission Networks. AIEE Trans. Power App. and Syst. 84 (1964) 356—368.

HOFMANN, R.: Verfahren zur numerischen Berechnung von Übergangsfunktionen bei technischen Vorgängen. Arch. Elektrotechn. 50 (1965/66) 8—18.

DALE, K. M.; KNO, T. H.: A Digital Transient Response Program Using Topological Method and Integration with Controlled Error. AIEE Trans. Power App. and Syst. 85 (1966) 782—790.

DOMMEL, H. W.: Berechnung elektromagnetischer Ausgleichsvorgänge in elektrischen Netzen mit Digitalrechnern. Bull. ASE 60 (1969) 538—548.

THORÉN, H. B.; CARLSSON, K. L.: A Digital Computer Program for the Calculation of Switching and Lightning Surges on Power Systems. AIEE Trans. Power App. and Syst. 89 (1970) 212—217.

4. Resonanzerscheinungen

FALLOU, J.: Surtensions par résonance d'harmoniques. Rev. Gén. Électr. 28 (1925) 292.

HOK, G.: Response of linear resonant systems to excitation of a varying linearly with time. J. appl. Phys. 19 (1948) 242—250.

5. Ausgleichsströme in Schwingungskreisen

PETERSON, H. A.: An electric circuit transient analyzer. Gen. Electr. Rev. 42 (1939) 394—400.

HARDER, E. L.; MCCANN, G. D.: A large-scale general-purpose electric analog computer. AIEE Trans. 67 (1948) 664—673.

ABETTI, P. A.; MAGINNISS, F. I.: Natural frequencies of coils and windings determined by equivalent circuit. AIEE Trans. Power App. and Syst. 72 (1953) 495—503.

JANCKE, G.: Der erste Serienkondensator der Welt für 380 kV. Teknisk Tidskrift 84 (1954) 187—188.

STEPHANIDES, H.: Gesetzmäßigkeiten und Ursachen der Schwingungen in Kondensatoren bei Stoßentladungen und hochfrequenten Strömen. Elektrotechn. u. Masch.-Bau 77 (1960) 253—260.

DORSCH, H.; PAESSLER, E. R.: Das neue Schwingungsmodell der Siemens-Schuckertwerke. Siemens-Z. 36 (1962) 93—101.

FREYER, R.: Entwicklung des Netz- und Wanderwellenanalysators an der Technischen Universität Dresden und seine technische Ausführung. Elektrotechn. u. Masch.-Bau 85 (1968) 535—543.

6. Einschalten von Schwingungskreisen

KOCH, W.: Untersuchung über Beeinflussung von Erdschlußrelais beim Einschalten von Erdschlüssen. ETZ 57 (1936) 329—336, 385—387.

FOITZIK, R.: Versuche mit großen Stoßströmen. ETZ 60 (1939) 89—92, 128—133.

v. BERTELE, H.; WASSERAB, TH.: Umschaltschwingungen in Stromrichteranlagen. Elektrotechn. u. Masch.-Bau 60 (1942) 332—338.

FUNKHOUSER, A. W.; VAN SICKLE, R. C.; SHANKLE, D. F.: Switching high-voltage capacitor banks. AIEE Trans. 70, I (1951) 129—133.

VAN SICKLE, R. C.; ZABORSZKY, J.: Capacitor Switching Phenomena with Resistors. AIEE Trans. Power App. and Syst. 73 (1954) 971—977.

HEDMAN, D. E.; JOHNSON, I. B.; TITUS, C. H.; WILSON, D. D.: Switching of extra-high-voltage-circuits, II-Surge reduction with circuit-breaker resistors. IEEE Trans. Power App. and Syst. 83 (1964) 12—19.

MAURY, E.: Synchronous closing of 525 and 765 kV circuit breakers: A means of reducing switching surges on unloaded lines. CIGRE-Ber. 143 (1966).

BUTER, J.; MARKWORTH, E.; RICHTER, F.: Field tests in a 220 kV network of high short-circuit power. CIGRE-Ber. 13—09 (1968).

BOEHNE, E. W.; LOW, S. S.: Shunt capacitor energization with vacuum interruptors — A possible source of overvoltage. IEEE-Trans. Power App. and Syst. 90 (1969) 1424—1443.

GLAVITSCH, H.; KARRENBAUER, H.; VÖLCKER, O.: Einfluß verschiedener Netzparameter auf Höhe und Verlauf von Schaltspannungen. ETZ-A 91 (1970) 206—211.

LOH, O.; BRÜNIG, P.: Zum Einschwingverhalten beim Abschalten induktiver Stromkreise. Arch. Elektrotechn. 54 (1970/72) 25—30.

7. Schaltschwingungen beim Ausschalten

SLEPIAN, J.: Extinction of an a-c-arc. AIEE Trans. 47 (1928) 1398—1408.

GUBLER, H.: Errechnung der Eigenfrequenz der wiederkehrenden Spannung und ihre Bedeutung für die Abschaltleistung. VDE-Fachber. (1931) 48—51.

HINGORANI, N.: Possible HVDC-System problems involving switching. Direct Current 3 (1958) 245—247.

BÜCHNER, G.: Ausschalten von Kurzschlüssen in Gleichstromkreisen durch Schnellschalter oder Sicherungen. Bull. Oerlikon 340 (1960) 68—77.

BALTENSPERGER, P.: Form und Größe der Überspannungen beim Schalten kleiner induktiver sowie kapazitiver Ströme in Hochspannungsnetzen. Brown-Boveri-Mitt. 47 (1960) 195—224.

STAUB, B.: Modellversuche zur Ermittlung der maximal möglichen Überspannung beim Ausschalten leerlaufender Transformatoren. Bull. SEV 55 (1964) 43—51.

THALER, R.: Auswirkungen der modernen Transformatorbauweise auf die Transformator-Schaltüberspannungen. Bull. SEV 56 (1965) 1115—1117.

MAYER, A.; VICK, S.: Ausschaltversuche bei höchsten Einschwingfrequenzen mit einem ölarmen Mittelspannungs-Leistungsschalter. Elektrizitätswirtsch. 69 (1970) 216—224.

8. Ruhende Stromkreise mit Gegeninduktivität

MARSHALL, D. E.; LANGGUTH, P. O.: Current transformer excitation under transient conditions. AIEE Trans. 48 (1929) 1464—1474.

KALTOFEN, A.: Das Verhalten der Stromwandler im Überstromgebiet. ETZ 72 (1951) 707 bis 710.

MARENSI, R.: Recording of transient short-circuit currents by means of current transformers. CIGRE-Ber. 319 (1952).

GERSTMANN, B.: Einphasen-Elektromagnete mit Kurzschlußring. Elektrotechn. u. Masch.-Bau 75 (1958) 89–92.

BERGER, K.; EL-ARABATY: Übersetzungsfehler von Stromwandlern im stationären und nichtstationären Zustand. Bull. SEV 49 (1958) 1139–1144.

ŠVARC, D.: Über das Wesen verschiedener Kopplungsarten zweier gekoppelter ungedämpfter Schwingungssysteme ohne aufgedruckte Spannung. Archiv Elektrotechn. 44 (1958/60) 234–250.

KORPONAY, N.: Transientes Verhalten und Einsatzmöglichkeiten von Stromwandlern verschiedener Bauart. Brown-Boveri-Mitt. 56 (1969) 597–608.

9. Wirbelströme in massiven Eisenkernen

WOLMANN, W.; KADEN, H.: Über die Wirbelstromverzögerung magnetischer Schaltvorgänge. Z. techn. Phys. (1932) 330.

WAGNER, C. F.: Transients in magnetic systems. AIEE Trans. 53 (1934) 418–425.

POHL, R.: Rise of flux due to impact excitation: retardation by eddy currents in solid parts. Proc. IEE 96, II (1949) 57–65.

FRAUNBERGER, F.: Schaltvorgänge an Magnetspulen mit massivem Eisenkern. Arch. Elektrotechn. 41 (1953/55) 27–39.

WINCHESTER, R. L.: Stray Losses in the Armature End Iron of Large Turbine Generators. AIEE Trans. Power App. and Syst. 74 (1955) 381–391.

BUCHHOLZ, H.: Das Magnetfeld der Wirbelströme in einem elektrischen Induktionsofen und anderer daraus ableitbarer Wirbelstromfelder. Arch. Elektrotechn. 43 (1957/58) 355–375.

ROBERTS, J.: Analogue Treatment of Eddy Currents and Magnetic Flux Penetration in Saturated Iron. IEE Proc. 109, C (1962) 406–411.

NECHLEBA, F.: Das Eindringen eines magnetischen Gleichfeldes in massives Eisen mit von der Feldstärke abhängiger Permeabilität. Arch. Elektrotechn. 53 (1969/70) 309–315.

10. Freie Drehfelder in Mehrphasenmaschinen

OLLENDORFF, F.: Stoßstrom von Synchronmaschinen mit massivem Läufer. Arch. Elektrotechn. 24 (1930) 715–730.

MASSAR, E.: Ausgleichsvorgänge bei Mehrphasen-Induktionsmaschinen und ihre Drehmomente. Arch. Elektrotechn. 36 (1942) 265–292.

SCHUISKY, W.: Übergangsvorgänge bei Induktionsmaschinen. Arch. Elektrotechn. 42 (1955/56) 55–70.

TEGOPOULOS, J. A.: Determination of the magnetic field in the end zone of turbine generators. IEEE Trans. Power App. and Syst. 82 (1963) 562–571.

PFAFF, G.: Beitrag zur Berechnung transienter Vorgänge in Asynchronmaschinen bei unsymmetrischen Betriebsverhältnissen. ETZ-A 89 (1968) 160–164.

11. Komponentensysteme

FORTESCUE, C. L.: Method of symmetrical coordinates applied to the solution of polyphase networks. AIEE Trans. 37 (1918) 1027–1040.

PARK, R. H.: Two-reaction theory of synchronous machines. AIEE Trans. 48 (1929) 716–727, 52 (1933) 352–354.

LAIBLE, TH.: Moderne Methoden zur Behandlung nichtstationärer Vorgänge in elektrischen Maschinen. Bull. SEV 41 (1950) 525–535.

GROSS, E.; RABINS, L.: Transient Analysis of Three-phase Power Systems. J. of the Franklin Inst. 251 (1951) 521–537.

EDELMANN, H.: Normierte Komponentensysteme zur Behandlung von Unsymmetrieaufgaben in Drehstrom- und Zweiphasennetzen (mit besonderer Berücksichtigung der Erfordernisse des Netzmodells). Arch. Elektrotechn. 42 (1956) 317–331.

EDELMANN, H.: Vorteile beim Arbeiten mit $\alpha\beta 0$-Komponenten und deren wichtige Eigenschaften. ETZ-A 78 (1957) 600–606.

VITANOV, A. B.: Über die Theorie und Anwendung von Dreiphasen-Systemkomponenten. Električestvo 85 (1964) 77–84.

LEWIS, W. P.: Solution of network transient using symmetrical techniques. Proc. IEE 113 (1966) 1012–1016.

KIMBARK, E. W.: Transient overvoltages caused by monopolar ground fault on bipolar DC line: Theory and simulation. IEEE Trans. Power App. and Syst. 89 (1970) 584–592.

SMITH, D. R.: Digital simulation of simultaneous unbalances involving open and faulted conductors. IEEE Trans. Power App. and Syst. 89 (1970) 1826–1835.

12. Unterbrechung im Drehstromkreis

JOHNSON, I. B.; SCHULTZ, A. J.; SCHULTZ, N. R.; SHORES, R. B.: Some fundamentals on capacitance switching. AIEE-Trans. 74 (1955) 727–736.

BAATZ, H.; WASTE, W.; ZADUK, H.: Überspannungen beim Abschalten leerlaufender Transformatoren und Leitungen. ETZ-A 76 (1955) 241–247.

BALTENSPERGER, P.: Ein- und Ausschalten von Hochspannungskondensatoren mit Druckluftschaltern. Brown-Boveri-Mitt. 43 (1956) 287–295.

KINDLER, H.: Beitrag zur Untersuchung der Vorgänge beim Abschalten leerlaufender Leitungen in Hochspannungsnetzen. ETZ-A 78 (1957) 449–457.

NASKO, H.: Beitrag zur Untersuchung der Vorgänge beim Abschalten leerlaufender homogener Leitungen in Hochspannungsnetzen. ETZ-A 83 (1962) 39–45.

KUHN, H. D.; KUMMEROW, G.: Quantitative Bestimmung der Einschwingspannungen beim neuzündungsfreien Abschalten unbelasteter Freileitungen. ETZ-A 84 (1963) 341–347.

CIOK, ZB.: Ströme bei nicht gleichzeitigem Einschalten von Dreiphasen-Kondensatorbatterien. Wiss. Z. TH Ilmenau 9 (1963) 673–677.

NORBÄCK, K.; JACOBSEN, J. K.; THORSTENSSON, E.; PUCHER, W.: Switching surges in connection with high voltage induction motors. CIGRE-Ber. 116 (1964).

RASHKES, V. S. u. a.: Surges on a reactor and transformer at 500 kV in switching the reactor by a VV-500-Type circuit breaker. Električestvo 11 (1970) 44–49. English translation Electric Technology U.S.S.R. 4 (1970) 57–73.

13. Einschwingspannung nach der Unterbrechung eines Kurzschlußstroms

PARK, R. H.; SKEATS, W. F.: Circuit breaker recovery voltages, magnitudes and rates of rise. AIEE Trans. 50 (1931) 204 und 238.

BOEHNE, E. W.: The determination of circuit recovery rates. AIEE Trans. 54 (1935) 530–539.

HAMEISTER, G.: Der Anstieg der wiederkehrenden Spannung nach Kurzschlußabschaltungen im Netz. ETZ 57 (1936) 1025–1028, 1052–1054.

FOURMARIER, P.; BROWN, J. K.: Die Bestimmung des Verlaufs der wiederkehrenden Spannung nach Kurzschlußabschaltungen nach einer Hochfrequenz-Resonanz-Methode. Brown-Boveri-Mitt. 24 (1937) 217.

GOSLAND, L.; VOSPER, I. S.: Network Analyzer Study of Inherent Restriking Voltage Transient on the British 132 kV Grid. CIGRE-Ber. 120 (1952).

DORSCH, H.; ERCHE, M.: Die wiederkehrende Spannung beim Unterbrechen von Kurzschlüssen. Siemens-Z. 29 (1955) 260–268, 356–364.

HOCHRAINER, A.: Das Vier-Parameterverfahren zur Kennzeichnung der Einschwingspannung in Netzen. ETZ-A 78 (1957) 689–693.

EIDINGER, A.; RIEDER, W.: Short-line fault problems. CIGRE-Ber. 103 (1962).

BALTENSPERGER, P.: Neuere Erkenntnisse auf dem Gebiet der Schaltvorgänge und der Schalterprüfung. Brown-Boveri-Mitt. 49 (1962) 381–397.

STREUBER, M.: Die Messung der Netzeinschwingspannung in Drehstromanlagen bis 1000 V. Elektrie 20 (1966) 160–163.

BALTENSPERGER, P. et al.: Transient recovery voltage in High voltage networks-Terminal faults. CIGRE-Ber. 13–10 (1968).

ANDRÄ, W.; BUTER, J.; MARKWORTH, E.; SY, W.; WILHELM, H.-J.: Schaltversuche im Netz und im Prüffeld mit SF_6-Leistungsschaltern für 220 kV. ETZ-A 89 (1968) 349–355.

DOLGINOW, A. J.; DORF, G. A.; LEWINA, L. S.; STUPEL, A. J.: Berechnung der Wiederkehrspannungen an den Schalterkontakten in vermaschten Verbundnetzen. Archiv für Energiewirtsch. 22 (1968) 620–631.

FERGUSON, J. S.; HARNER, R. H.: Voltage Acceleration — A basic measure of severity of oszillatory transient recovery voltage. IEEE Trans. Power App. and Syst. 87 (1968) 721–728.

BOLTON, B. u. a.: Short-line fault tests on the CEGB 275 kV system. Proc. IEE (London) 117 (1970) 771—784.

IEC Recommendation Publication 56: High-voltage alternating-current circuit-breakers. Part 2: Rating (1971); Part 3: Type tests and routine tests (1972).

14. Zweiachsendarstellung der Synchronmaschine

PARK, R. H.: Two-reactions theory of synchronous machines. AIEE Trans. 48, I (1929) 716—727; II 52 (1933) 338—350.

CRARY, S. B.: Two-reaction theory of synchronous machines. AIEE Trans. 56 (1937) 27—31.

CANAY, M.: Allgemeine Theorie der Synchron- und Asynchronmaschine in der Operator-Matrix-Darstellung. Arch. Elektrotechn. 46 (1961) 83—102.

STEPINA, J.: Raumzeiger als Grundlage der Theorie der elektrischen Maschinen. ETZ-A 88 (1967) 584—588.

NEDELCU, N. V.: New aspects of salient-pole synchronous machine theory. Wiss. Z. Elektrotechn. 17 (1971) 1—16.

15. Betriebsgrößen der Synchronmaschine

PARK, R. H.; ROBERTSON, B. L.: The Reactances of Synchronous Machines. AIEE Trans. 47 (1928) 514—535.

KILGORE, L. A.: Calculation of Synchronous-Machine Constants-Reactances and Time Constants Affecting Transient Characteristics. AIEE Trans. 50 (1931) 1201—1213.

CRARY, S. B.; MARCH, L. A.; SHILDNECK, L. P.: Equivalent Reactance of Synchronous Machines. El. Engng. 53 (1934) 124—132.

RANKIN, A. W.: Per-Unit-Impedances of Synchronous Machines. AIEE Trans. 64 (1945) 569—573, 839—841.

LEUKERT, W.: Gesichtspunkte für die Wahl der technischen Daten von Turbogeneratoren und Blindleistungserzeugern. Elektrizitätswirtsch. 50 (1951) 101—111.

LAIBLE, TH.: Reaktanzen und andere Konstanten der Synchronmaschine. Bull. Oerlikon 300 (1953) 59—71.

FORK, K.: Ermittlung des Reaktanzoperators elektrischer Maschinen mit Gleichstrom. ETZ-A 85 (1964) 426—430.

CANAY, M.: Ein neues Verfahren zur Bestimmung der Querachsengrößen von Synchronmaschinen. ETZ-A 86 (1965) 562—568.

GÄRTNER,, R.: Die Reaktanzen der Synchronmaschine in anschaulicher Darstellung. Bull. SEV 58 (1967) 729—734.

CONCORDIA, C.; BROWN, P. G.: Effects trends in large steam turbine driven generator parameter on power system stability. IEEE Trans. Power App. and Syst. 90 (1971) 2211 bis 2217.

BAPAT, P.: Einfluß der Dämpfungszeitkonstante auf die Entregung von Synchronmaschinen. ETZ-A 93 (1972) 492—495.

16. Kurzschluß der Synchronmaschine

RÜDENBERG, R.: Stoßkurzschlußströme von Schenkelpolgeneratoren mit Dämpferwicklung. Elektrotechn. u. Masch.-Bau 48 (1930) 609—610.

HANNA, W. M.: Calculation of short-circuit currents in a-c networks. Gen. Electr. Rev. 40 (1937) 383.

PUNGA, F.: Zur Geschichte des Stoßkurzschlußstromes. Elektrotechn. u. Masch.-Bau 56 (1938) 273—274, 533—535.

GOTO, M.; ISONO, A.; OKUDA, K.: Transient behavior of synchronous machine with shunt-connected thyristor exciter under system faults. IEEE Trans. Power App. and Syst. 90 (1971) 2218—2227.

GOSWAMI, S. K.: Synchronous-machine sudden 3-phase short-circuit. Proc. IEE 118 (1971) 1459—1466.

WEBS, A.: Einfluß von Asynchronmotoren auf die Kurzschlußstromstärken in Drehstromanlagen. VDE-Fachber. 27 (1972) 86—92.

17. Lastzuschaltung

RÜDENBERG, R.: Schaltvorgänge beim Betrieb gesättigter Synchronmaschinen. Wiss. Veröff. Siemens 10 (1931) 1—23.

TITTEL, J.: Der Einfluß der Läuferstreuung auf den Spannungsverlauf von Synchronmaschinen mit Dämpferwicklung bei plötzlichen Laständerungen. Wiss. Veröff. Siemens 15 (1936) 35—50.

RUMPEL, D.; ZIEGMANN, I.: Transienter Spannungsfall bei Lastzuschaltung auf einem vorbelasteten Synchrongenerator. ETZ-A 85 (1964) 173—176.

TITTEL, J.: Die Erregung und die Ausgleichsvorgänge bei unsymmetrischer Belastung der Drehstromgeneratoren. Elektrotechn. u. Masch.-Bau 81 (1964) 403—408, 565—573.

TITTEL, J.: Der Spannungseinbruch im Netz beim plötzlichen Ausfall großer Maschineneinheiten. ETZ-A 88 (1967) 267—274.

LEHUEN, C.; RUELLE, G; SIMONNOT, D.: Asynchronous starting of motor-generators of pumped storage stations. CIGRE-Ber. 11—01 (1972).

18. Spannungsregelung und lastabhängige Erregung

RÜDENBERG, R.: Die Spannungsregelung großer Drehstromgeneratoren nach plötzlicher Entlastung. Wiss. Veröff. Siemens 4 Nr. 2 (1925) 61—67.

HARZ, H.: Schnell- und Stoßerregung von Synchronmaschinen über Gleichrichter in Stromtransformatorschaltung. ETZ 56 (1935) 833—837.

GANTENBEIN, A.: Ultrarapidregelung von Synchronmaschinen. Bull. SEV 29 (1938) 750.

GÖRK, E.: Gesetzmäßigkeiten bei Regelvorgängen. Wiss. Veröff. Siemens 20 Nr. 2 (1941) 109—144.

HARDER, E. L.; CHEEK, R. C.; CLAYTON, J. M.: Regulation of a-c generators with suddenly applied loads. AIEE Trans. 69, I (1950) 395—405.

FREY, W.; NOSER, R.: Recent developments in the problem of the excitation and regulation of synchronous machines. CIGRE-Ber. 127 (1958).

ACHENBACH, H.: Regelung großer Wasserkraftgeneratoren. ETZ-A 81 (1960) 227—240.

HAPPOLDT, H.: Regelung großer Turbogeneratoren. ETZ-A 81 (1960) 240—246.

LUTZ, K.: Konstantspannungs-Synchrongeneratoren. Einteilung, Ausgleichsgeschwindigkeit, Spannungsgenauigkeit. Elektrotechn. u. Masch.-Bau 78 (1961) 144—151.

HAAMANN, K. P.: Erregung und Regelung großer Synchronmaschinen mit Stromrichtern. ETZ-A 81 (1960) 317—323.

HOCHSTETTER, W.: Dynamisches Verhalten von Synchrongeneratoren mit lastabhängigen Erregungssystemen. ETZ-A 86 (1965) 577—582.

ABOLINS, A.; HEINRICHS, F.: Bürstenlose Erreger mit rotierenden Gleichrichtern für große Turbogeneratoren. ETZ-A 87 (1966) 1—7.

GÄRTNER, R.; ZANDER, H.: Die Bemessung der Erreger-Deckenspannung einer Synchronmaschine für Stoßblindleistung. ETZ-A 87 (1966) 551—555.

GLAVITSCH, H.: Möglichkeiten der Verbesserung der Stabilität und der Spannungsregelung von Synchronmaschinen mit Hilfe der Gleichrichtererregung. Elektrotechn. u. Masch.-Bau 85, (1968) 58—64.

IEEE Committee report: Computer representation of excitation systems. IEEE Trans. Power App. and Syst. 87 (1968) 1460—1464.

STIEBLER, M.; ZANDER, H.: Leistungselektronik zur Erregung großer Synchrongeneratoren. ETZ-A 90 (1969) 336—342.

BÖNING, W.: Selbsterregte Synchrongeneratoren mit Störgrößenbeaufschaltung. Siemens-Z. 43 (1969) 465—469.

IEEE Committee report: Proposed excitation system definitions for synchronous machines. IEEE Trans. Power App. and Syst. 88 (1969) 1248—1258.

BARRET, P.: New development and main problems of excitation systems in large synchronous machines. CIGRE -Ber. 11-08 (1970).

WARTO, P.: Thyristor-Erregung für Großgeneratoren. Brown-Boveri-Mitt. 58 (1971) 41—48.

ABOLINS, A.; ACHENBACH, H.; LAMBRECHT, D.: Design and performance of large four-pole turbo-generators with semi-conductor excitation for nuclear power stations. CIGRE-Ber. 11-04 (1972).

19. Thermische und mechanische Kurzschlußbeanspruchungen

DUSCHEK, A.: Stromkräfte zwischen parallelen Leitern von rechteckigem Querschnitt. Arch. Elektrotechn. 37 (1943) 293—301.

ROEPER, R.: Ermittlung der thermischen Beanspruchung bei nichtstationären Kurzschlußströmen. ETZ 70 (1949) 131—135.

LEHMANN, W.: Elektrodynamische Beanspruchung paralleler Leiter. ETZ-A 76 (1955) 481—488.
SCHMITZ, H.: Thermische Beanspruchung und Festigkeit elektrischer Leiter für Schaltanlagen. ETZ-A 79 (1958) 567—571.
DASSETTO, G.: Spezifische thermische Festigkeit elektrischer Leiter. Bull. SEV 50 (1959) 239—241.
ATWOOD, A. T.; MILLS, M. H.; DOWNS, D. J.; STONE, H. M.: Dynamic behavior of a 220-kV dead-end suspension bus during short circuit. AIEE Trans. Power App. and Syst. 81 (1962) 153—169.
WAGNER, E.: Dauer- und Kurzschlußbeanspruchung von Bündelleitern in Hochspannungsschaltanlagen. ÖZE 18 (1965) 18—25.
LEHMANN, W.; SIEBER, P.: Mechanische Kurzschlußbeanspruchungen durch Leitungsseile in Schaltanlagen. VDE-Fachber. 24 (1966) 149—153.
MANUZIO, C.: An investigation of the forces on bundle conductor spacer under fault conditions. Trans. IEEE Power App. and Syst. 86 (1967) 166—184.
PALANTE, G.: Study any conclusions from the results of the enquiry on the thermal and dynamic effects of heavy short-circuit currents in high voltage substations. Electra 12 (1970) 51—89.
ZURBRIGGEN, R.: Kurzschlußbeanspruchung von Bündelleitern in Hochspannungsanlagen Bull. SEV 61 (1970) 261—265.
MORGAN, V. T.: Rating of conductors for short-duration currents. Proc. IEE 118 (1971) 555—569.
SPINKA, A.: Kurzschlußkräfte in V-förmig angeordneten Stromschienensystemen. ETZ-A 93 (1972) 509—512.

20. Motoranlauf und Schwungmassenbeschleunigung

JASSE, E.: Der Anlaßvorgang beim Gleichstrommotor. Arch. Elektrotechn. 5 (1917) 285—302.
BRÜDERLINK, R.: Zum Beschleunigungsanlauf von Motoren. Elektrotechn. u. Masch.-Bau (1930) 541—542.
WEYGANDT, C. N.; SHARP, S.: Electromechanical transient responses of induction motors. AIEE Trans. 65 (1946) 1000—1009.
JASSE, E.: Die Schwungradbremsung durch Wirbelströme. Arch. Elektrotechn. 39 (1949) 472 bis 488.
HOPKIN, A. M.: Transient response of small 2-phase induction motors. AIEE Trans. 70, I (1951) 881—886.
PETCH, T. H.: Transients in electric mine-winders and their effects on rope stresses. Proc. IEE 98, II (1951) 573.
HUMBURG, K.: Die Entstehung des Drehmomentes in elektrischen Maschinen. ETZ-A 71 (1950) 311—313.
LANGSDORF, A. S.: The development of torque in slotted armatures. IEEE Trans. Power App. and Syst. 82 (1963) 82—88.

21. Einschalten von Gleichstromläufern

MONATH, L.: Kurzschlußbremsung und Nutzbremsung elektrischer Fahrzeuge, Entwicklung und heutiger Stand. ETZ 55 (1934) 597—601.
CREVER, F. E.: An extension of impact speed-drop analysis. AIEE Trans. 66 (1947) 191—196
HARRIS, W. R.; MOORE, R. W.: Acceleration characteristics of tandem cold reduction mills. Iron Steel Engr. (1951) 63.
SCHÄFER, D. M.: Fault transients and frequency spectra of a d-c generator. AIEE Trans. Power App. and Syst. 71 (1952) 344—352.
DVORACEK, A. J.: Forces on the teeth in d-c machines. IEEE Trans. Power App. and Syst. 82 (1963) 1054—1061.
ERDELYI, E. A.; AHAMED, S. V.; BURTNESS, R. D.: Flux distribution in satured d-c machines at no-load. IEEE Trans. Power App. and Syst. 84 (1965) 375—381.

22. Anlauf von Asynchronmaschinen

LIWSCHITZ, M.: Der Anlauf- und Bremsvorgang bei Asynchronmotoren mit Wirbelstromläufer. Wiss. Veröff. Siemens 4, Nr. 1 (1925) 167—184.
RÜDENBERG, R.: Schnellabschaltung von Netzkurzschlüssen für stabilen Betrieb von Generatoren und Motoren. Elektrotechn. u. Masch.-Bau (1933) 194—201.

HEILER, L.: Über die Berechnung des elektrischen Antriebes mit Schwungmassen. Elektrotechn. u. Masch.-Bau 53 (1935) 519–522.
STANLEY, H. C.: An analysis of the induction motor. AIEE Trans. 57 (1938) 751–755.
GILFILLAN, E. S.; KAPLAN, E. L.: Transient torques in squirrel-cage induction motors, with special reference to plugging. AIEE Trans. 60 (1941) 1200–1209.
MAGINISS, F. T.; SCHULTZ, N. R.: Transient performance of induction motors. AIEE Trans. 63 (1944) 641–642.
WOOD, W. S.; FLINN, F.; SHANMUGASUNDARAM, A.: Transient torques in induction motors, due to switching of the supply. Proc. IEE 112 (1965) 1348–1354.
RAMSDEN, V. J.; ZORBAS, N.; BOOTH, R. R.: Prediction of induction-motor dynamic performance in power systems. Proc. IEE 115 (1968) 511–518.
LORENZEN, H. W.: Zur Theorie des transienten Betriebsverhaltens von Drehstrom-Käfigankermotoren. Arch. Elektrotechn. 53 (1969) 13–30.
SPERLING, P. C.: Die Systemgleichungen der Drehstromasynchronmaschine. Arch. Elektrotechn. 53 (1969) 53–67.
NAUNIN, D.: Kritische Betrachtung des Hochlaufs einer Asynchronmaschine. Elektrotechn. u. Masch.-Bau 88 (1971) 433–437.
NEDELCU, V. N.; WEBS, A.; KULICKE, B.: On the application of the circle diagram to the analysis of the asynchronous machine under operating conditions. ETZ-A 93, (1972) 226–231.

23. Pendelschwingungen von Drehstrommaschinen

DOHERTY, R. E.; NICKLE, C. A.: Torque angle characteristics under transient conditions. AIEE Trans. (1927) 1–14.
RÜDENBERG, R.: Synchronisierleistung und Querfelddämpfung beim Parallelbetrieb von Turbogeneratoren. Wiss. Veröff. Siemens 12, Nr. 2 (1933) 1–14.
TIMASCHEFF, A. v.: Anfachung von Schwingungen bei Synchronmaschinen durch Labilität der Erregermaschine. Wiss. Veröff. Siemens 17, Nr. 3 (1938) 1–17.
TITTEL, J.: Schwingungsuntersuchungen bei dielektrischen Schiffsantrieben. VDE-Fachber. 11 (1939) 160–163.
LIWSCHITZ, M. M.: Positive und negative damping in synchronous machines. AIEE Trans. 60 (1941) 210–213.
CONCORDIA, CH.: Synchronous machine damping and synchronizing torques. AIEE Trans. 70, I (1951) 731–737.
CHALMERS, B. J.: Asynchronous performance characteristics of turbogenerators. Proc. IEE 109 (1962) 151–157.
VENIKOV, V. A. u. a.: High response regulation by the third and fourth derivatives of the absolute angle. Electric Technology USSR 1 (1964) 118.
CANAY, M.: Komplexe Leistungs- bzw. Drehmomentziffern zur Behandlung der Pendelungen von Synchron- und Asynchronmaschinen. Bull. SEV 57 (1966) 1220–1224.
EL-SERAFI, A. M.: Synchronisierungs- und Dämpfungskoeffizienten der Synchronmaschine und ihre Anwendung auf Stabilitätsuntersuchung. Scientia Electrica 16 (1970) 1–13.

24. Laststöße auf Drehstrommaschinen

OLLENDORFF, F.; PETERS, W.: Schwingungsstabilität parallel arbeitender Synchronmaschinen. Wiss. Veröff. Siemens 5, Nr. 1 (1926) 7–25.
MANDL, A.: Das Verhalten der Synchronmaschine bei veränderlicher Spannung, Frequenz und Belastung. Elektrotechn. u. Masch.-Bau (1928) 671–681.
FRENSDORFF, E.; KÜHN, K.; MAYER, R.; PETERS, W.: Versuche über Maschinenregelung und Parallelbetrieb in den Großkraftwerken Hirschfelde und Böhlen. ETZ (1931) 791, 1185, 1349, 1509.
RÜDENBERG, R.: Die synchronisierende Leistung großer Wechselstrommaschinen. Wiss. Veröff. Siemens 10, Nr. 3 (1931) 41–91.
TIMASCHEFF, A. v.: Parallelbetriebsversuche von Drehstrommaschinen in Großkraftwerken. VDE-Fachber. (1931) 117–120.
HERLITZ, I.: Stability limits of long transmission lines. CIGRE-Ber. 307 (1946).
CONCORDIA, C.; TEMOSHOK, M.: Resynchronizing of generators. AIEE Trans. 66 (1947) 1512.
ROSSMAIER, V.: Einfluß der Dämpfung auf die Stoßüberlastbarkeit von Synchronmaschinen. ETZ 71 (1950) 323–325.
HAGEDORN, G.: Über die Eignung elektrischer Schenkelpol-Synchronmaschinen für Abgabe und Aufnahme von Blindleistung. Elektrizitätswirtsch. 63 (1964) 640–644.

BOOM, H. VAN DEN: Synchronphasenschieber zur Kompensation schneller Blindlastschwankungen. ETZ-A 87 (1966) 527—532.
KIMBARK, E. W.: Improvement of power system stability by changes in the network. IEEE Trans. Power App. and Syst. 88 (1969) 773—781.

25. Parallelbetrieb im Netz

RÜDENBERG, R.: Gemeinschaftsschwingungen gekuppelter Synchronkraftwerke mit asynchronen Netzen. Wiss. Veröff. Siemens 11, Nr. 1 (1932) 69—102.
CONCORDIA, C.; CRARY, S. B.; LYONS, F. M.: Stability characteristics of turbine generators. AIEE Trans. 57 (1938) 732—741.
FREY, W.: Die statische Stabilität eines Netzes mit mehreren Synchronmaschinen. Brown-Boveri-Mitt. 31 (1944) 166—172.
TITTEL, J.: Neue Probleme im Parallelbetrieb von Synchronmaschinen. Siemens-Z. 25 (1951) 123—132.
BAUER, H.: Stabilität von Drehstromverbundsystemen. Siemens-Z. 27 (1953) 295—311.
LAIBLE, TH.: Verhalten der Synchronmaschine bei Störungen der Stabilität. Bull. SEV 45 (1954) 660—664.
EDELMANN, H.: Die statische Stabilität von Schenkelpolmaschinen im Verbundbetrieb. Arch. Elektrotechn. 43 (1957) 289—303.
RINDT, L. J.; LONG, R. W.; BYERLY, R. T.: Transient stability studies. AIEE Trans. Power App. and Syst. 79 (1960) 1673—1676.
RUMPEL, D.: Stationäre Betrachtungen zur Stabilität von Synchronmaschinen mit Spannungs- und Winkelregelung im Verbundbetrieb. ETZ-A 82 (1961) 135—141.
FUNK, G.: Der Einfluß von Maschinen- und Netzdaten auf die dynamische Stabilität. AEG-Mitt. 53 (1963) 41—51.
LAUGHTON, M. A.: Matrix analysis of dynamic stability in synchronous machine systems. Proc. IEE 113 (1966) 325—336.
UNDRILL, I. M.: Dynamic stability calculations for an arbitrary number of interconnected synchronous machines. IEEE Trans. Power App. and Syst. 87 (1968) 835—844.
CUENOD, M. et al.: Present trends in power system security assessment and control. CIGRE-Ber. 32-12 (1970).
EL-SERAFI, A. M.: Das Verfahren der harmonischen Balance und seine Anwendung auf Stabilitätsprobleme der Synchronmaschine bei großen Schwingungen. Scientia Electrica 18 (1972) 117—138.
AUGÉ, I. et al.: Risk of failure in power supply and planning of EHV systems. CIGRE-Ber. 32-21 (1972).
EDELMANN, H.; KUPPURAJULU, A.: Ein erweitertes Transientstabilitätsprogramm mit Berücksichtigung der Park-Gleichungen, der Erregungs- und Kraftmaschinenregelung für das Siemens-System 4004. Siemens-Forschungs- und Entwicklungsber. 2 (1973) 265—272.

26. Reglerschwingungen im Parallelbetrieb

FRIEDLÄNDER, E.: Regulierung parallelarbeitender Maschinen in frequenzhaltenden Kraftwerken. VDE-Fachber. (1931) 120—122.
CONCORDIA, C.; CRARY, S. B.; PARKER, E. E.: Effect of prime-mover speed governor characteristics on power-system frequency variations and tie-line power swings. AIEE Trans. 60 (1941) 559—567.
RÜDENBERG, R.: The frequencies of natural power oscillations in interconnected generating and distribution systems. AIEE Trans. 62 (1943) 791—803.
OBRADOVIĆ, I.: Automatic control of the time and load division among generating stations in interconnected systems. CIGRE -Ber. 334 (1950).
MIKULASCHEK, F.: Die Ortskurven der untersynchronen Stromrichterkaskade. AEG-Mitt. 52 (1962) 210—219.
FREISE, W.: Das Betriebsverhalten von Drehstromschleifringläufermotoren mit Gleichrichtern im Läuferkreis. Techn. Rdsch. 47 (1963) 25—29.
KOPPELMANN, F.; MICHEL, M.: Kontaktlose Steuerung der Drehzahl von Asynchronmotoren mit Hilfe antiparalleler Thyristoren. AEG-Mitt. 54 (1964) 126—132.
ALBRECHT, S.; GAHLEITNER, A.: Bemessung des Drehstrom-Asynchronmotors in einer untersynchronen Stromrichterkaskade. Siemens-Z. 40 (1966) Beiheft „Motoren für industrielle Anlagen“ 139—146.
VENIKOV, V. A.: Turbine regulation as a mean of improving power system transients. Electric Technology USSR 1 (1967) 80.

27. Erdschlußströme in Netzen mit isoliertem Sternpunkt

PETERSEN, W.: Die Begrenzung des Erdschlußstromes. ETZ 40 (1919) 5—7, 17—19.

BAUCH, R.: Ströme und Spannungen in einem Drehstromnetz bei vollkommenem und unvollkommenem Erdschluß. Elektrotechn. u. Masch.-Bau 37 (1919) 113—120.

MAYR, O.: Einphasiger Erdschluß und Doppelerdschluß in vermaschten Leitungsnetzen. Arch. Elektrotechn. 17 (1926) 163—173.

WILD, I.: Die Ortskurven der Elektromotorischen Kräfte der Polleiter gegen Erde und der Erdschlußströme für erdschlußbehaftete Drehstrom-Hochspannungsnetze mit isoliertem Sternpunkt. Bull. SEV 28 (1937) 641—654.

ERICH, M.; HEINZE, H.: Löschung von Erdschlußlichtbögen in Mittelspannungsnetzen. ETZ-A 84 (1963) 158—160.

UTZ, H. P.: Möglichkeiten der Beherrschung von Erdschlußströmen in Mittelspannungsnetzen. Bull. SEV 62 (1971) 519—523.

28. Erdungselektroden

POHLHAUSEN, K.: Grundlagen der Bemessung von Starkstromerdern. VDE Fachber. (1927) 39—42.

RÜDENBERG, R.: Fundamental considerations on ground currents. Electr. Engng. 64 (1945) 1.

WETTSTEIN, M.: Vorausberechnung der Masse, der Form und der Anordnung der Erdelektroden bei der Erstellung von Erdungsanlagen. Bull. SEV 42 (1951) 49—63.

ERBACHER, W.: Probleme der Erdung von Höchstspannungsstationen unter besonderer Berücksichtigung der Messung. ÖZE 8 (1955) 1—12.

FEIST, K.-H.: Optimale Bemessung von Erdungsanlagen. ETZ-A 87 (1966) 376—380.

MÜLLER, R.: Der spezifische Erdwiderstand — eine Größe voller Variablen. Elektrie 20 (1966) 352—355.

HAUF, R.: Gefahren des elektrischen Stromes für Mensch und Tier. ETZ-B 19 (1967) 282—286.

NOACK, F.; KRETSCHMAR, C.: Berechnung des wirksamen Widerstandes langgestreckter Erder in vertikal geschichteten Böden. Elektrie 22 (1968) 189—192.

DALZIEL, CH. F.; LEE, W. R.: Reevaluation of lethal electric currents. IEEE Trans. Ind. and Gen. Appl. (1968) 467—476.

HOMBERGER, E.: Das Erden als Schutzmaßnahme in Hoch- und Niederspannungsanlagen. Bull. SEV 60 (1969) 436—441.

BERNET, D.: Modellmessungen zur Ermittlung des Stoßerdungswiderstands von Erdungsanlagen. Elektrie 23 (1969) 506—508.

FEIST, K.-H.: Erfordernisse der Erdung bei Kabeln mit äußerer isolierender Schutzhülle Elektrizitätswirtsch. 68 (1969) 361—364.

BUCKEL, R.: Berührungsspannungen kurzer Dauer in Fernmelde- und Starkstromanlagen. ETZ-B 22 (1970) 229—231.

KUHNERT, E.: Fundamenterder. Bull. SEV 62 (1971) 847—853.

29. Sternpunkterdung von Drehstromnetzen

BAUCH, R.: Vorbeugender Schutz durch den Löschtransformator. Siemens-Z. 5 (1925) 279—290, 336—342.

EVANS, R. D.; MONTEITH, A. C.; WITZKE, R. L.: Power system transients caused by switching and faults. Electrical Engineering 58 (1938) 386—396.

AIEE Committee report: Application guide for the grounding of synchronous generator systems. AIEE Trans. Power App. and Syst. 72 (1953) 517—526.

GEISE, F.: Erdkurzschluß, Einfach- und Doppelerdschluß in Mittelspannungsnetzen. ETZ-A 75 (1954) 215—220.

BERGER, K.; PICHARD, R.: Experimentelle und theoretische Untersuchungen der Erdschlußüberspannungen in isolierten Wechselstromnetzen sowie der Eigenschaften von Erdschlußlichtbogen. Bull. SEV 47 (1956) 485—504.

FUNK, G.: Strom- und Spannungsbeanspruchungen von Hochspannungsnetzen je nach Art der Sternpunkterdung. ETZ-A 79 (1958) 46—52.

ERCHE, M.: Untersuchung über die Entstehung hoher Erdschlußüberspannungen in gelöschten oder mit freiem Sternpunkt betriebenen Hochspannungsnetzen. VDE-Fachber. 20 (1958) 52—60.

HOSEMANN, G.: Der Doppelerdschluß in einem beliebig vermaschten Netz. ETZ-A 81 (1960) 563—566.

ENGELS, TH.; WASTE, W.; ZADUK, H.: Erdschlußüberspannungen in einem 110-kV-Netz. ETZ-A 81 (1960) 592—596.

MESTERMANN, R.: Die Behandlung des Sternpunktes in städtischen Kabelnetzen. ETZ-A 82 (1961) 656—668.

MÜLLER, H. G.: Ermittlung der günstigsten Sternpunkterdung in wirksam geerdeten Netzen. Mitt. d. Inst. f. Energetik, 56 (1963) 339—353.

PUNDT, H.: Untersuchung der Ausgleichsvorgänge bei Erdschluß in Energieversorgungsnetzen. Energetik 15 (1965) 469—477.

MAIER, H.: Überspannungen bei Erdschlüssen in Hochspannungsnetzen. ETZ-A 87 (1966) 64—71.

KAHNT, R.; KÖRNER, H.: Niederohmige Sternpunktbehandlung in Mittelspannungs-Kabelnetzen. Elektrizitätswirtsch. 67 (1968) 336—342.

KIMBARK, E. W.; LEGATE, A. C.: Fault surge versus switching surge a study of transient overvoltages caused by line-to-ground faults. IEEE Trans. Power App. and Syst. 87 (1968) 1762—1769.

ECKEY, G.; TRAPPE, W.: Einführung der halbstarren Sternpunkterdung in ein Mittelspannungsnetz und Betriebserfahrungen. Energiewirtsch. Tagesfragen 19 (1969) 73—81.

GAMPENRIEDER, R.; GEHRING, W.; WEINMANN, T.: Betriebserfahrungen mit der Sternpunkterdung im 110-kV-Netz der Bayernwerk AG. Elektrizitätswirtsch. 66 (1970) 570—576.

30. Wirkung des Erdseiles bei Erdschlüssen

RÜDENBERG, R.: Über den räumlichen Verlauf von Erdschlußströmen. ETZ 42 (1921) 847.

BEHREND, H.: Das Blitzseil als Verbesserer der Masterdung von Hochspannungsfreileitungen. ETZ 44 (1923) 261—262.

FEIST, K.-H.: Der Einfluß der Sternpunktbehandlung auf die Bemessung der Erdungsanlagen in Hochspannungsnetzen. Elektrizitätswirtsch. 57 (1958) 105—112.

OLLENDORFF, F.: Der Schutzwert mastverbindender Erdleiter in Hochspannungsfreileitungen. ETZ-A 83 (1962) 573—580.

KUHNERT, E.; LATZEL, G.: Die Berechnung der Stromverteilung auf Erdseil, Maste und Erdrückleitung bei einpoligen Fehlern in Hochspannungsnetzen mit Sternpunkterdung. Elektrizitätswirtsch. 66 (1967) 684—690.

SPICKMANN, H.: Über die Mast-Erderspannungen von Drehstrom-Hochspannungsleitungen bei normalem Betrieb. ETZ-A 90 (1969) 261—264.

31. Influenzstörungen von Nachbarleitungen

LIENEMANN, W.: Zur Berechnung der Influenzwirkung von Starkstromleitungen. Telegr.- u. Fernspr.-Techn. (1919) 173.

NATHER, E.: Zur elektrostatischen Beeinflussung der Schwachstromleitungen durch gestörte Drehstromleitungen. Elektrotechn. u. Masch.-Bau 42 (1924) 380—383, 590—594.

KLEWE, H.: Über die Prüfung der Zulässigkeit von Näherungen zwischen Fernmeldefreileitungen und oberirdischen Drehstromleitungen. ETZ 48 (1927) 197—199, 238—241.

KLEWE, H.: Electrostatic induction by power lines in parallel telephone lines and at crossings. Proc. IEE 98, I (1951) 121—127.

GROSS, E. T. B.; MCNUTT, W. I.: Electrostatic unbalance to ground of twin conductor lines. AIEE Trans. Power App. and Syst. 72 (1953) 1288—1296.

BUCKEL, R.; Riedel, H.; SCHRADER, R.: Versuche zur Klärung der Beeinflussung von Fernmeldeanlagen durch Drehstromleitungen. Elektrizitätswirtsch. 53 (1954) 147—152.

SCHMIDT, H.: Das elektrische Feld von Hochspannungsleitungen und seine Nachbildung durch das elektrolytische Modell. Elektrotechn. u. Masch.-Bau 71 (1954) 81—84.

GROSS, E. T. B.; WING CHIN: Electrostatic unbalance of untransposed single circuit lines. IEEE Trans. Power App. and Syst. 87 (1968) 24—34.

RENÉ J. G.; COMSA, R. P.: Computer analysis of electrostatically induced currents on finite objects by E. H. V. transmission lines. IEEE Trans. Power App. and Syst. 87 (1968) 997—1002.

32. Erdrückströme unter Wechselstromleitungen

RÜDENBERG, R.: Die Ausbreitung der Erdströme in der Umgebung von Wechselstromleitungen. Z. angew. Math. Mech. (1925) 361—389.

CARSON, J. R.: Wave propagation in overhead wires with ground return. Bell Syst. techn. J. 5 (1926) 539—554.

HABERLAND, G.: Theorie der Leitung von Wechselstrom durch die Erde. Z. angew. Math. Mech. (1926) 366—379.

POLLACZEK, F.: Über das Feld einer unendlich langen wechselstromdurchflossenen Einfachleitung. Elektr. Nachr.-Techn. 3 (1926) 339.

TRUEBLOOD, H. M.; WASCHECK, G.: Investigation of rail impedances. AIEE Trans. 53 (1934) 1771—1780.

CHEVALLIER, A.: The propagation of high frequency carrier waves in a high tension line. CIGRE-Ber. 305 (1946).

CASSON, W.; BIRCH, F. H.: Fault-throwing tests on the 132-kV Grid system under normal working conditions. Proc. IEE 97 (1950) 279—296.

LITTLE, S. J.; FIELDING, H.: High voltage power-conductor dropping tests. Post Office Electrical Engineers' Journal (London) 47 (1954) 43—46.

OLLENDORFF, F.: Rohrerdungsfragen. ETZ-A 89 (1968) 410—413.

33. Induktive Beeinflussung von Fernmeldeleitungen durch Starkstromleitungen

POLLACZEK, F.: Über Induktionswirkung einer Wechselstromeinfachleitung. Elektr. Nachr. Techn. 4 (1927) 18—30.

WILD, W.; SCHULZ, E.: Neuere Meßgeräte für Arbeiten in Beeinflussungsfragen. Elektrizitätswirtsch. 53 (1954) 161—165.

LAU, H.: Die Beeinflussung von Fernmeldekabeln durch Starkstromleitungen und der Kabelreduktionsfaktor von Blei- und Wellmantelkabeln. Fernmeldetechn. Z. 8 (1955) 153—162.

SIMON, P.: Schutz von Nachrichtenkabeln in stark induktiv beeinflußten Gebieten. Frequenz 11 (1957) 82—86.

WILDL, E.: Ein Verfahren zur Nachbildung der Starkstrombeeinflussung bei Fernmeldekabeln, insbesondere mit isolierten Metallmänteln. Arch. d. elektr. Übertragung 13 (1959) 363—371.

FEIST, K.-H. Einflußgrößen der Drehstrom-Hochspannungsnetze für die Induzierung und ohmsche Einkopplung von Spannungen in Fernmeldekreisen. ETZ-A 85 (1964) 641—646.

FEIST, K.-H.: Über den Reduktionsfaktor von Starkstromkabeln. Siemens-Z. 39 (1965) 61—67.

BORGVALL, T. et al.: Voltages in substation control cables during switching operations. CIGRE-Ber. 36-05 (1970).

WAWRETSCHEK, B.: Messungen von Beeinflussungsspannungen an einem Fernmeldekabel im Fehlerfall, hervorgerufen durch eine 220-kV-Leitung. Elektrizitätswirtsch. 71 (1972) 542—549.

34. Ausgleichsvorgänge in der Erde

RÜDENBERG, R.: Schwachstromstörungen beim Schalten von Gleichstrombahnen. Wiss. Veröff. Siemens 5, Nr. 3 (1927) 1—6.

OLLENDORFF, F.: Elektrische Schaltströme in der Erde. Elektr. Nachr.-Techn. 5 (1928) 111—129.

OLLENDORFF, F.: Die Schwachstrombeeinflussung durch plötzlich geschaltete Erdstromfelder. Elektr. Nachr.-Techn. 7 (1930) 393—407.

FISCHER, J.: Abkühlung und Erwärmung zylindrischer Rohre und geschichteter Zylinder. Ingenieur-Archiv 10 (1939) 95—112.

HANNAKAM, L.: Berechnung der transienten Stromverteilung im zylindrischen Massivleiter. ETZ-A 91 (1970) 50—54.

HORTOPAN, V.: Răspunsul la excitatia treaptă de curent a conductorului tubular (rumänisch). Electrotehnica 18 (1970) 160—166.

JACOTTET, P.: Elektromagnetische Ausgleichsvorgänge in der Erde. ETZ-A 93 (1972) 499—503.

JACOTTET, P.: Schaltströme in der Erde. ETZ-A 94 (1973) 463—465.

35. Erwärmung gekühlter Leiter

SPENKE, E.: Eine anschauliche Deutung der Abzweigtemperatur scheibenförmiger Heißleiter. Arch. Elektrotechn. 30 (1936) 728—736.
FISCHER, J.: Grundlagen zur Berechnung der Erwärmung von Drähten und Stäben durch Leitungsstrom oder durch Strahlung. Z. techn. Phys. 19 (1938) 25—30, 57—63, 105—113.
KUSSI, W.: Elektrische Erwärmung von Drähten und Platten. Bull. SEV 34 (1943) 342.
RAESFELD, A.: Die Bestimmung günstiger Oberflächenformen zur Abführung elektrischer Verlustwärme. Siemens-Z. 27 (1953) 375—379.
HAK, J.: Lösung eines Wärmequellen-Netzes mit Berücksichtigung der Kühlströme. Arch. Elektrotechn. 42 (1956) 137—154.
HAK, J.: Temperaturverteilung in Leitern mit innerer Kühlung. Arch. Elektrotechn. 43 (1957) 320—328.
WEH, H.: Der stationäre Temperaturverlauf bei direkter Leiterkühlung. Arch. Elektrotechn. 44 (1958) 32—46.
STIER, F.: Die stationäre, radiale Wärmeströmung in einem Hohlzylinder für beliebige Grenzbedingungen. Arch. Elektrotechn. 44 (1959) 271—274.
HAK, J.: Zwei Ergänzungen zur Wärmequellen-Netzmethode. Arch. Elektrotechn. 45 (1960) 407—417.
KIRCHDORFER, J.: Die Berechnung der Erwärmung von elektrischen Leitern mit stückweise verschiedenem Querschnitt und Material. Arch. Elektrotechn. 46 (1961) 223—244.
LIEBE, W.; SCHWAB, A.: Verfahren zur Erwärmungsberechnung auf der Grundlage erweiterter Wärmequellennetze. Siemens-Schriftenreihe data praxis 1971.

36. Schmelzen von Sicherungsdrähten

LÄPPLE, H.: Die Vorgänge bei der Kurzschluß-Unterbrechung durch schnellabschaltende Hochspannungssicherungen. VDE-Fachber. (1934) 72—76.
WRANA, J.: Vorgänge beim Schmelzen und Verdampfen von Drähten mit sehr hohen Stromdichten. Arch. Elektrotechn. 33 (1939) 656—672.
WILLIAMS, E. A.; SCHUCK, C. L.: Control of the switching surge voltages produced by the current-limiting power fuse. AIEE Trans. 60 (1941) 214—217.
BOEHNE, E. W.; SCHUCK, C. L.: Performance criteria for current-limiting power fuses. AIEE Trans. 65 (1946) 1028—1045. (Enthält Literaturangaben.)
FEINDT, H.: Betriebserfahrungen und Versuche mit Niederspannungs-Hochleistungssicherungen bei zeitweiser Überlastung. ETZ-A 73 (1952) 10—14.
MÜLLER, O.: Anforderungen an NH-Sicherungen und ihre Wirkungsweise. ETZ-A 74 (1953) 174—177.
JOHANN, H.: Die Lenkung des Schaltvorganges in Hochspannungssicherungen mit körnigem Löschmittel. ETZ-A 75 (1954) 731.
MEISTER, H.: Das Verhalten von Schmelzsicherungen bei Stoßströmen. Techn. Mitt. PTT 32 (1954) 289—296.
RAUCH, W.: Kurzschlußstrom-Begrenzung bei der Gleichstromabschaltung durch Schmelzeinsätze. Siemens-Z. 32 (1958) 674—678.
STAHN, A.: Die Auswahl überflinker Sicherungen zum Schutz von Thyristoren. Elektrie 22 (1968) 108—110.

37. Halbleiter im Stromkreis

HÜTER, W.: Zur Spannungsabhängigkeit technischer Halbleitermaterialien. Arch. Elektrotechn. 27 (1933) 341—346.
BROWNLEE, T.: The calculation of circuits containing thyrite. Gen. Electr. Rev. 37 (1934) 175, 218.
SPENKE, E.: Zur technischen Beherrschung des Wärmedurchschlages von Heißleitern. Wiss. Veröff. Siemens 15, Nr. 1 (1936) 92—121.
WEISE, E.: Physikalische Eigenschaften und technische Anwendung von Halbleiterwiderständen. ETZ 59 (1938) 1085—1089.
SEITZ, F.: Basic principles of semi-conductors. J. appl. Phys. 16 (1945) 553.
MADELUNG, O.; WELTER, H.: Zur Theorie der gemischten Halbleiter. Z. angew. Phys. 5 (1953) 12—14.
ELSAS, A.: Berechnungsunterlagen für Schaltungen mit Selen-Trockengleichrichtern. AEG-Mitt. 43 (1953) 365—368.

WALTER, P.: Über einen neuartigen Oxydschichtwiderstand mit negativem Temperaturkoeffizienten. ETZ-A 78 (1957) 500—504.
JAKITS, O.: Das thermische Verhalten von Halbleitergleichrichtern. Brown-Boveri-Mitt. 45 (1958) 540—544.
THUY, H. J.; WIESNER, R.: Halbleiter-Bauelemente, ihre Physik und technische Entwicklung. ETZ-A 80 (1959) 473—480.
OLLENDORFF, F.: Beitrag zur Kenntnis der Ionenbewegung in Halbleitern. Arch. Elektrotechn. 45 (1960) 10—26.
GRAVE, H. F.: Eigenschaften und Anwendungen von Halbleiter-Dioden. ETZ-A 81 (1960) 761—767.
KÖSTER, R.: Einschwingvorgänge an Halbleitergleichrichtern in Transduktorschaltungen. AEG-Mitt. 52 (1962) 4—10.
KRONBERG, M.: Dynamische Erscheinungen bei Silizium-Leistungs-Flächengleichrichtern. Elektrie 17, H. 4 (1963) 117—120.
KLEEN, W.: Neue Bauelemente und Entwicklungstendenzen auf dem Halbleitergebiet. ETZ-A 85 (1964) 817—824.

38. Selbsterregte Schwingungen

SHOHAT, J.: New analytical equations, homogenous and non-homogenous. J. appl. Phys. 14 (1943) 40.
VAN DER POL, B.: The nonlinear theory of electric oscillations. Proc. Inst. Radio Eng. 22 (1934) 1051—1086.
PIPES, L. A.: Analysis of electric circuits containing nonlinear resistance. J. Franklin Inst. (1957) 47—55.
JEKELIUS, K.: Untersuchung nichtlinearer Systeme mit einem oder zwei Energiespeichern. Nachrichtentechn. Fachber. 21 (1960) 93—98.
BADER, W.: Nichtlineare Systeme und ihre mathematische Behandlung. Nachrichtentechn. Fachber. 21 (1960) 1—11.
MARCHANDEAU, R.: Production d'oscillation par les diodes a effet tunnel. J. de Physique 24 (1963) 101A—108A.
HELLER, B.: Näherungslösungender nichtlinearen Schwingungsgleichung $\ddot{y} + f(\dot{y}) + \varphi(y) = P$. Acta Technica CSAV (1963) 389—432.
BESSONOW, L. A.: Erkenntnisse bei der Untersuchung von nichtlinearen Kreisen (russ., mit umfangreichem Verzeichnis der entsprechenden russischen Literatur). Električestvo (1963) 20—28.

39. Schalten gesättigter Gleichstromkreise

OLLENDORFF, F.: Zur qualitativen Theorie gesättigter Eisendrosseln. Arch. Elektrotechn. 21 (1928) 6—24.
HAK, J.: Zur Berechnung von Schaltvorgängen mit nicht konstanter Induktivität. Arch. Elektrotechn. 28 (1934) 664—670.
RADER, L. T.; LITSCHER, E. C.: Some aspects of inductance when iron is present. AIEE Trans. 63 (1944) 133—139.
VER PLANCK, D. W.; FINZI, L. A.; BEAUMARIAGE, D. C.: An analysis of transients in magnetic amplifiers. AIEE Trans. 69, I (1950) 499—503.
JOHNSON, W. C.; LATSON, F. W.: An analysis of transients and feedback in magnetic amplifiers. AIEE Trans. 69, I (1950) 604—611.
PIPES, L. A.: Steady-state and transient analysis of an idealized series-connected magnetic amplifier. AIEE Trans. 70, II (1951) 2129—2134.
FISCHER, J.; MOSER, H.: Die Nachbildung von Magnetisierungskurven durch einfache algebraische oder transzendente Funktionen. Arch. Elektrotechn. 42 (1955/56) 286—299.
BÖNING, W.: Analytische Darstellung der Kennlinien nichtlinearer Zweipole. Arch. Elektrotechn. 45 (1960) 265—278.
SCHREIER, D.: Darstellung nichtlinearer Charakteristiken unter Verwendung von Varistoren. Wiss. Z. TH Ilmenau 7 (1961) 105—124.
BÖNING, W.: Schaltvorgänge in Gleichstromkreisen mit nichtlinearem Widerstand und nichtlinearer Induktivität. Arch. Elektrotechn. 46 (1961) 103—124.
SCHWARTZ, E.: Der Störungssatz für Gleichstromnetze. Arch. el. Übertr. 15 (1961) 402—410.
SCHWARTZ, E.: Lineare Störungstheorie nichtlinearer Gleichstromnetzwerke. Arch. Elektrotechn. 48 (1963) 267—286.

BLASE, W.: Die Darstellung von Nichtlinearitäten im Elektromaschinenbau, insbesondere von Sättigungserscheinungen. Arch. Elektrotechn. 50 (1965) 34—48.

LAWRENZ, R.: Beitrag zur Approximation von Magnetisierungskennlinien. Elektrie (1967) 262—265.

40. Sättigungsstoß beim Schalten von Wechselstrom

OLLENDORFF, F.: Überströme beim Einschalten von Transformatoren. Arch. Elektrotechn. 22 (1929) 349—359.

BLUME, L. F.; CAMILLI, G.; FARNHAM, S. B.; PETERSON, H. A.: Transformer magnetizing inrush currents and influence on system operation. AIEE Trans. 63 (1944) 366—375.

CONCORDIA, C.; ROTHE, F. S.: Transient characteristics of current transformers during faults. AIEE Trans. 66 (1947) 731—734.

STORM, H. F.: Transient response of saturable reactors with resistive load. AIEE Trans. 70, I (1951) 95—102.

SPECHT, T. R.: Transformer magnetizing inrush current. AIEE Trans. 70, I (1951) 323—327.

BÖNING, W.: Der ungünstigste Einschaltzeitpunkt bei einer nichtlinearen Induktivität mit Verlustwiderstand. Arch. Elektrotechn. 49 (1964) 56—60.

RHEIN, D.: Eine Abschätzung der Einschwingdauer bei einer nichtlinearen Induktivität mit Verlustwiderstand. Wiss. Z. TH Ilmenau 10 (1964) 187—189.

BÖNING, W.: Der Einschaltvorgang der Spule mit gekrümmter magnetischer Kennlinie und ohmschem Widerstand an Wechselspannung. Arch. Elektrotechn. 50 (1965) 171—183.

HAUBITZER, W.: Der Einschaltstrom des unbelasteten Transformators und der eingeschwungene Wechselstrom. Arch. Elektrotechn. 54 (1972) 307—314.

HAUBITZER, W.: Schaltvorgänge an Transformatoren mit kurzgeschlossener Sekundärwicklung. Arch. Elektrotechn. 54 (1972) 352—360.

41. Schwingkreise mit gesättigtem Eisen

BIERMANNS, J.: Die Theorie des Schwingungskreises mit eisenhaltiger Induktivität. Arch. Elektrotechn. 10 (1922) 30—47.

BOYAJIAN, A.: Mathematical analysis of nonlinear circuits. Gen. Electr. Rev. (1931) 531.

ARETZ, E.: Mehrere stabile Gleichgewichtszustände bei Reihenschaltung von Eisendrossel und Kondensator. ETZ 57 (1936) 305—310.

THOMSON, W. T.: The generalized solution for the critical conditions of the ferroresonance parallel circuit. AIEE-Trans. 58 (1939) 743—746.

RYDER, J. D.: Ferro-inductance as a variable electric circuit element. AIEE Trans. 64 (1945) 671—678.

SALIHI, J. T.: Theory of ferroresonance, AIEE Trans. Comm. and Electronics (1959/60) 755—763.

GRZEMBA, G.: Untersuchungen am vormagnetisierten Ferroresonanzkreis. Wiss. Z. TH Ilmenau 9 (1963) 503—513.

GOLA, K.: Passivitätskriterien für die Synthese nichtlinearer Hysteresekennlinien bei zwangserregten Schwingkreisen. X. Int. Wiss. Koll. TH Ilmenau 1965.

BÖNING, W.: Analytische Berechnung der Resonanzkurven des nichtlinearen Reihenschwingkreises. XI. Int. Wiss. Koll. TH Ilmenau 1966.

KALKNER, B.: Die Begrenzungskupplung, ein Beitrag zum Kurzschlußproblem des Verbundbetriebs. ETZ-A 87 (1966) 681—685.

ANDRÄ, W.; PEISER, R.: Kippschwingungen in Drehstromnetzen. ETZ-B 18 (1966) 825—832.

SCHMIDT, G.: Stabilitätsanalyse nichtlinearer Regelsysteme mit den Methoden von Ljapunov und dem Kriterium von V. M. Popov. ETZ-A 88 (1967) 165—172.

POPESCU, I.: Untersuchung des Übergangsprozesses im zweifachen elektrischen Ferroresonanzkreis. XIV. Int. Wiss. Koll. TH Ilmenau 1969.

DRESCHER, B.: Einrichtung zur Strombegrenzung in Wechselstromnetzen. Bull. SEV 63 (1972) 619.

DOLAN, E. J.; GILLIES, D. A.; KIMBARK, E. W.: Ferroresonance in a Transformer switched with an EHV Line. IEEE Trans. 91 (1972) 1273—1280.

42. Entstehung von Oberschwingungen

PEEK, F. W.: Voltage and current harmonics caused by corona. J. Amer. Inst. electr. Engrs. (1921) 455—461.

FRIEDLÄNDER, E.: Die Verzerrung der Netzspannungskurve durch die Transformatoren. Wiss. Veröff. Siemens 7, Nr. 2 (1929) 1—30; VDE-Fachber. (1928) 40—43.

BUCH, R.; HUETER, H.: Über Transformatoren mit annähernd sinusförmigem Magnetisierungsstrom. ETZ 56 (1935) 933—936.

JUNGMICHL, H.: Oberwellen, Welligkeit und Störungen bei Stromrichtern. ETZ 58 (1937) 417—420.

BRICOUT, P.: Théorie des inductances ferromagnétiques, production et emploi des harmoniques. Rev. gén. Électr. 55 (1946) 61.

KLEWE, H. R. J.: Production, flow, and effects of harmonics in a-c transmission networks. CIGRE-Ber. 317 (1948).

WHITEHEAD, S.; RADLEY, W. G.: Generation and flow of harmonics in transmission systems. Proc. IEE (London) 96, II (1949) 29—48.

FRIEDLÄNDER, E.: Interactions between harmonics, transformer saturation, and the operation of rectifiers and inverters. CIGRE-Ber. 302 (1950).

GERECKE, E.: Some considerations on the voltage distortions caused in three-phase networks by higher harmonics. CIGRE-Ber. 320 (1950).

WARDER, S. B.; FRIEDLÄNDER, E.; ARMAN, A. N.: The influence of rectifier harmonics in a railway systems on the dielectric stability of 33 kV Cables. Proc. IEE (London) 98, II (1951) 399—421.

OSCARSON, G. L.; BENSON, I. C.: Telephone influence factor in synchronous machines. AIEE Trans. 70, I (1951) 743—748.

GERECKE, E.: Origin and propagation in high-current systems of high frequency oscillations produced by gridcontrolled ionic converters. CIGRE-Ber. 314 (1952).

BADER, W.: Nichtlineare Systeme und ihre mathematische Behandlung. Nachrichtentechn. Fachber. 21 (1960) 1—11.

BÖNING, W.: Der eingeschwungene Wechselstrom in Wicklungen mit gekrümmter magnetischer Kennlinie und beliebigen ohmschen Verlusten. Arch. Elektrotechn. 47 (1962) 123—132.

GUS, A. G.: Über die Bedingung der Entstehung von Spannungen aller Harmonischen in einem nichtlinearen Resonanzkreis (russ.). Električestvo (1962) 55—57.

MEISSEN, W.; RUNGE, H.; SCHÖNUNG, F.: Anforderungen der Elektronik in der Energietechnik an die Netzwechselspannung. ETZ-A 90 (1969) 343—347.

BRETSCHNEIDER, G.; NEVRIES, K.-B.; WALDMANN, E.; ZUBE, B.: Beeinflussung der Netze durch Geräte mit Phasen-Anschnittsteuerung. Elektrizitätswirtsch. 69 (1970) 228—236.

MÜHLETHALER, H.: Rückwirkungen der Geräte mit Phasenanschnittsteuerung auf die Verteilnetze der Elektrizitätswerke. Bull. SEV 61 (1970) 1035—1039.

43. Unharmonische Schwingungen

RÜDENBERG, R.: Einige unharmonische Schwingungsformen mit großer Amplitude. Z. angew. Math. Mech. 3 (1923) 454—467.

WINTER-GÜNTHER, H.: Über die selbsterregten Schwingungen in Kreisen mit Eisenkernspulen. Z. Hochfrequenz 34 (1929) 41.

GOODHUE, W. M.: Subharmonic frequencies produced in nonlinear systems. J. Franklin Inst. 217 (1934) 87.

ARETZ, E.: Über das Wesen der stabilen Gleichgewichtszustände bei Reihenschaltung von Eisendrossel und Kondensator. ETZ 58 (1937) 1160—1162.

TRAVIS, I.; WEYGANDT, C. N.: Subharmonics in circuits containing iron-cored reactors. AIEE Trans. 57 (1938) 423—430.

HÄHNLE, W.: Eigenschwingungen bei Schaltungen mit wechselstromgespeisten gesättigten Eisendrosseln. ETZ 61 (1940) 845—847.

KÁRMÁN, TH. VON: The engineer grapples with nonlinear problems. Bull. Amer. math. Soc. 46 (1940) 615 (Enthält Literaturangaben klassischer Arbeiten).

KELLER, E. G.: Analytical methods of solving discrete nonlinear problems in electrical engineering. AIEE Trans. 60 (1941) 1194—1200.

ANGELLO, S. J.: The effect of initial conditions on subharmonic currents in nonlinear circuits. AIEE Trans. 61 (1942) 625—627.

RÜDENBERG, R.: Non-harmonic oscillations as caused by magnetic saturation. AIEE Trans. 68 (1949) 676—685.

BRAUNBECK, W.; SAUTER, E.: Schwebungen schwach gekoppelter nichtlinearer Systeme. Z. Phys. 160 (1960) 233—246.

GOLA, K.: Untersuchungen über die Duffing'sche Differentialgleichung in der Elektrotechnik. Wiss. Z. TH Ilmenau 9 (1963) 515—522.

PEITZSCH, K.; GOLA, K.: Untersuchung der subharmonischen Reaktion eines nichtlinearen Reihenschwingkreises mit linearer Belastung. Wiss. Z. TH Ilmenau 11 (1965) 1—13.

HELLER, B.: Die Entladung eines Kondensators über eine nicht lineare Induktivität. Acta Technica CSAV 4 (1971) 483—499.

GUTBERLET, H.: Die zweite harmonische Näherung zur Untersuchung von Relais-Systemen. Arch. Elektrotechn. 54 (1971) 156—163.

HELLER, B.; VOJTÁŠEK, ST.: Die Kontraktion der Trajektorien autonomer Systeme in der Phasenebene. Acta Technica CSAV 3 (1972) 288—294.

HELLER, B.; VEVERKA, A.: Zur Problematik der Unterharmonischen und Oberharmonischen in nichtlinearen Differentialgleichungen zweiter Ordnung. Acta Technica CSAV 5 (1972) 471—485.

44. Haupteigenschaften des Lichtbogens

SIMON, H. T.: Über die Dynamik der Lichtbogenvorgänge und über Lichtbogenhysteresis. Phys. Z. 10 (1905) 297—319.

ENGEL, A. v.: Elektrische und gasanalytische Untersuchungen von Lichtbögen in Öl. Wiss. Veröff. Siemens 9, Nr. 1 (1930) 7—41.

ENGEL, A. v.; STEENBECK, M.: Über die Temperatur in der Gassäule eines Lichtbogens. Wiss. Veröff. Siemens 10, Nr. 2 (1931) 155—171.

SLEPIAN, J.: The Electric Arc in Circuit Interrupters. J. Franklin Inst. 214 (1932) 413—442.

HOLM, R.; KIRSCHSTEIN, B.; KOPPELMANN, F.: Überblick über die Physik des Starkstromlichtbogens mit besonderer Berücksichtigung der Löschung in Hochleistungswechselstromschaltern. Wiss. Veröff. Siemens 13, Nr. 2 (1934) 63—86.

KESSELRING, F.: Untersuchungen an elektrischen Lichtbögen. ETZ 55 (1934) 92—94, 116—118, 165—168.

KIRSCHSTEIN, B.; KOPPELMANN, F.: Photographische Aufnahmen elektrischer Lichtbögen großer Stromstärke. Wiss. Veröff. Siemens 13, Nr. 3 (1934) 52—62.

KIRSCHSTEIN, B.; KOPPELMANN, F.: Der elektrische Lichtbogen in schnell strömendem Gas. Wiss. Veröff. Siemens 16, Nr. 1 (1937) 51—71, Nr. 3, 26—55.

SUITS, C. G.: Measurement of Some Arc Characteristics at 1000 Atmospheres Pressure. J. Appl. Phys. 10 (1939) 203—206.

SUITS, C. G.: The Temperature of High Pressure Arcs. J. Appl. Phys. 10 (1939) 728—729.

FOITZIG, R.: Untersuchungen am stabilisierten elektrischen Lichtbogen in Stickstoff und Kohlensäure bei Drücken von 1—40 at. Wiss. Veröff. Siemens 19, Nr. 1 (1940) 28—58.

MAYR, O.: Beiträge zur Theorie des statischen und dynamischen Lichtbogens. Arch. Elektrotechn. 37 (1943) 588—608.

STROM, A. P.: Long 60-cycle Arcs in Air. AIEE Trans. 65 (1946) 113—117.

BURHORN, F.; MAECKER, H.; PETERS, TH.: Temperaturmessungen am wasserstabilisierten Hochleistungsbogen. Z. Phys. 131 (1951) 28—40.

BAUER, A.: Zur Theorie des Kathodenfalls in Lichtbögen. Z. Phys. 138 (1954) 35—55.

GUILLERY, P.: Über Temperatur und Stromdichte an der Kathode von Hochstromkohlebögen. Z. Naturforsch. 10a (1955) 248—249.

BUSZ-PEUKERT, G.; FINKELNBURG, W.: Zum Anodenmechanismus des thermischen Argonbogens. Z. Phys. 144 (1956) 244—251.

WIENECKE, R.: Über eine experimentelle und theoretische Bestimmung der Wärmeleitfähigkeit des Plasmas eines Hochstromkohlebogens. Z. Phys. 146 (1956) 39—58.

YOON, K. H.; SPINDLE, H. E.: A Study of the Dynamic Response of Arcs in Various Gases. AIEE Trans. 77 (1958) 1634—1642.

MAECKER, H.: Über die Charakteristik zylindrischer Bögen. Z. Phys. 157 (1959) 1—29.

BURHORN, F.; WIENECKE, R.: Plasmazusammensetzung, Plasmadichte, Enthalpie und spezifische Wärme von Stickstoff, Stickstoffmonoxyd und Luft bei 1, 3, 10 und 30 atm im Temperaturbereich zwischen 1000 und 30000°K. Z. phys. Chem. 215 (1960) 263—284.

BURHORN, F.; WIENECKE, R.: Plasmazusammensetzung, Plasmadichte, Enthalpie und spezifische Wärme von Sauerstoff bei 1, 3, 10 und 30 atm im Temperaturbereich zwischen 1000 und 30000°K. Z. phys. Chem. 213 (1960) 37—43.

BURHORN, F.; WIENECKE, R.: Plasmazusammensetzung, Plasmadichte, Enthalpie und spezifische Wärme von Wasserstoff und Wasser bei 1, 3, 10 und 30 atm. im Temperaturbereich zwischen 1000 und 30000°K. Z. phys. Chem. 215 (1960) 285—292.

BERGOLD, K.: Dynamisches Verhalten des elektrischen Niederstrombogens. ETZ-A 82 (1962) 161—167.

RIZK, F.: Arc Response to a Small Unit Step Current Pulse. Elteknik 7 (1964) 15—18.

PFLANZ, H. M. J.: Steady State and Transient Properties of Electric Arcs. Dissertation TH Eindhoven 1967.

HERTZ, W.: Experimentelle Untersuchungen über den zeitlichen Temperatur- und Leitwertverlauf in abklingenden Plasmasäulen. Dissertation TH München 1970.

45. Ausschalten induktiver Gleichstromkreise

RÜDENBERG, R.: Das Ausschalten von Gleichstrom und Wechselstrom bei induktiven Starkstromkreisen. Wiss. Veröffentl. Siemens 2 (1922) 220—251, Bull. SEV (1922) 248—263.
TRITTLE, F.: Air-break magnetic blow-outs. J. Amer. Inst. electr. Engrs. (1922) 257—265.
ENGEL, A. v.: Über die Länge und Dauer des Lichtbogens in Luft beim Ausschalten von Gleichstrom. Wiss. Veröffentl. Siemens 7, Nr. 2 (1929) 50—66.
BOEHNE, E. W.; JANG, M. J.: Performance criteria of d-c interrupters. AIEE Trans. 66 (1947) 1172—1180.
FELDBAUER, B.: The design of contactors with regard to their industrial application. J. IEE (London) 95, II (1948) 439—451.
WEGESIN, H.: Berechnung von Ausschaltvorgängen in Gleichstromkreisen. Calor Emag Mitt. April 1956.
EIDINGER, A.; RIEDER, W.: Das Verhalten des Bogens im transversalen Magnetfeld. Arch. Elektrotechn. 43 (1957) 94—114.
ANGELOPOULOS, M.: Über magnetisch schnell fortbewegte Gleichstromlichtbögen. ETZ-A 79 (1958) 572—576.
WEGESIN, H.: Über die Schnellausschaltung von Gleichstrom mit Hilfe neuartiger Lichtbogenlöscheinrichtungen. ETZ-A 79 (1958) 808—813.
WEGMANN, F.: Untersuchungen an Lichtbögen in neuartigen Löschkammern für Gleichstromschnellschalter. ETZ-A 80 (1959) 112—117.
KUHNERT, F.: Über die Lichtbogenwanderung im engen Isolierstoffspalt bei Strömen bis 200 kA. ETZ-A 81 (1960) 401—404.
REUL, D.: Ausschalten von Gleichstrom. Siemens-Z. 38 (1964) 534—541.
ANN, H.: Untersuchungen über die Erzeugung sehr hoher Lichtbogenspannungen unter Flüssigkeiten. Diss. TH Braunschweig (1965).
AMFT, D.: Zur Wanderung des Lichtbogens auf Laufschienen und in Isolierstoffkammern. Elektrie (1967) 87—90.
UNGER, G.: Verharrungszeit der Fußpunkte von Gleichstromschaltlichtbögen und Abbrand bei verschiedenen Kontaktwerkstoffen. ETZ-A 88 (1967) 33—39.

46. Ausschalten von Wechselstrom

SLEPIAN, J.: Die Löschung eines Wechselstrom-Lichtbogens im Gasstrom. Elektrotechn. u. Masch.-Bau 51 (1933) 180—184.
BROWNE, T. E.: Dielectric recovery of a-c-arcs in turbulent gases. Physics 5 (1934) 103—113.
KESSELRING, F.; KOPPELMANN, F.; Das Schaltproblem der Hochspannungstechnik. Arch. Elektrotechn. 29 (1935) 1—33, 30 (1936) 71—108, 35 (1941) 155—184.
CASSIE, A. M.: Théorie Nouvelle des Arcs de Rupture et de la Regidité des Circuits. CIGRE-Ber. 102 (1939).
BLANDFORD, A. R.: Air-blast circuit-breakers. J. IEE (London) 90, II (1943) 411—452.
MAYR, O.: Über die Theorie des Lichtbogens und seine Löschung. ETZ 64 (1943) 645—652.
KOLLER, R.: Fundamental properties of the vacuum switch. AIEE Trans. 65 (1946) 597—604.
BROWNE, T. E.: A Study of A-C Arc Behaviour Near Current-Zero by Means of Mathematical Models. AIEE Proc. 67 (1948) 141—153.
HOCHRAINER, A.: Investigation of the Recovery of Electric Strength in Alternating Current Breakers. CIGRE-Ber. 112 (1954).
MAYR, O.: Schaltleistung und wiederkehrende Spannung. ETZ-A 75 (1954) 447—451.
NÖSKE, H.: Untersuchungen an kurzen Wechselstrom-Lichtbögen in Luft. Z. angew. Phys. 10 (1958) 327—336, 382—393.
SCHMIDT, E.: Ein Beitrag zum dynamischen Lichtbogenverhalten im Stromnulldurchgang von Wechselstromschalter, VDE Buchreihe Bd. 3, Berlin: VDE-Verlag 1958.
KOPPLIN, H.: Untersuchung des Löschverhaltens eines 110 kV-Expansionsschalters mit Hilfe einer Nachstrom-Meßapparatur. Diss. Berlin 1959.
KOPPLIN, H.; SCHMIDT, E.: Beitrag zum dynamischen Verhalten des Lichtbogens in ölarmen Hochspannungs-Leistungsschaltern. ETZ-A 80 (1959) 805—811.
CASSIE, A. M.: The Physical Nature and Properties of Arcs. El. journ. 162 (1959) 991—997.
KOPPLIN, H.; SCHMIDT, E.: Postarc currents. Their measurement and their importance for the interpretation of interruptions. CIGRE-Ber. 107 (1960).
FRIND, G.: Über das Abklingen von Lichtbögen. Z. angew. Phys. 12 (1960) 231—237. 515—521.

PASSEQUIN, J.; RIEDER, W.: On the Decrease of the Current to Zero and the Residual Current in Circuit-Breakers. CIGRE-Ber. 105 (1960).
BROWNE, T. E.; LEEDS, M.: A New Medium for Circuit Interruption. CIGRE-Ber. 111 (1960).
HUSA, V.; CIHELKA, J.: Das Messen der elektrischen Festigkeit von Druckluftschaltern. Elektrotechn. u. Masch.-Bau 79 (1961) 281—285.
KOPPLIN, H.: Das dynamische Verhalten von Lichtbögen im Wechselstromkreis. Arch. Elektr. 47 (1962) 47—60.
CIHELKA, J.; HUSA, V.: Einfluß der Netzeigenfrequenz der Einschwingspannung auf die Abschaltfähigkeit der Druckluftschalter. Elektrotechn. u. Masch. Bau 80 (1963) 33—38.
YOON, K. H.; BROWNE, T. E.: Time constants of low current arcs under small air flow. AIEE Trans. 63, 199 (1963) 1002—1014.
REECE, M. P.: The vacuum switch. IEE Proc. 110 (1963) 793—811.
LEE, T. H.; GREENWOOD, A. N.; WHITE, D. R.: Electrical breakdown of high temperature gases and its implications in post arc phenomena in circuit breakers. IEEE Trans. Power App. and Syst. 84 (1965) 1116—1125.
RIEDER, W.; URBANEK, J.: New aspects of current-zero research on circuit-breaker reignition CIGRE-Ber. 107 (1966).
MÜLLER, O.: Dielectric Strength Recovery of Discharges Gaps with Alternating Current Arcs after Current Zero. CIGRE-Ber. 114 (1966).
KURTZ, D. R.; LEE, T. H.; PORTER, J. W.: Vacuum arcs and vacuum circuit interrupters. CIGRE-Ber. 121 (1966).
KESSELRING, G.: Gesteuerte Synchronschalter. ETZ-A 88 (1967) 593—598.
GRÜTZ, A.; HOCHRAINER, A.: Rechnerische Untersuchung von Leistungsschaltern mit Hilfe einer verallgemeinerten Lichtbogentheorie. ETZ-A 92 (1971) 185—191.

47. Einfluß des Lichtbogens auf Stromverlauf und Einschwingspannung

USHIO, T.; ITO, T.: The behavior of air blast circuit breakers around current zero, with special reference to the kilometer fault, Mitsubishi Denki Laboratory Reports 2, No. 3 (1961).
KUMMEROW, G.: Die Spannungsbeanspruchung von Hochspannungsleistungsschaltern beim Abschalten von Abstandskurzschlüssen. Siemens-Z. 38 (1964) 350—356.
EIDINGER, A.; MOSBECK, A.: Initial rate of rise of the restriking voltage in three-phase systems. CIGRE-Ber. 129 (1966).
OHM, H.; NAKANISHI, K.: Digital of interrupting characteristics of short line faults. Electrical Eng. in Jap. 88 (1968) 79—88.
COLCLASER, R. C. JR.; BUETTNER, D. E.: The traveling wave approach to transient recovery voltage. AIEE Trans. 88 (1969) 1028—1035.
PFLAUM, E.; WATERSCHEK, W.: Die Stromverformung durch die Bogenspannung und ihre Bedeutung für das Prüfen von Hochspannungs-Leistungsschaltern. ETZ-A 92 (1971) 169—173.
KOPPLIN, H.; WELLY, J. D.: Einfluß des Lichtbogens auf das Schaltverhalten und die wiederkehrende Spannung bei Abstandskurzschluß. II. Int. Symp. Switching arc Phen. Lodz 1973.

48. Neuzündung in Kapazitätskreisen

GEFFCKEN, H.: Zündspannung und Stabilität der intermittierenden Glimmentladung. Phys. Z. (1925) 241—253.
CURTIS, A. M.: Contact phenomena in telephone switching circuits. AIEE Trans. 59 (1940) 360—368.
HAMILTON, A.; SILLARS, R. W.: Spark quenching at relay contacts interrupting d.c. circuits. Proc. IEE (London) 96, I (1949).
MARTIN, F. E.; STAUSS, H. E.: Contact transients in simple electric circuits. AIEE Trans. 70, I (1951) 304—309.
VAN SICKLE, R. C.; ZABORSKY, J.: Capacitor switching phenomena. AIEE Trans. 70 (1951) 151—159.
BALTENSPERGER, P.: Ein- und Ausschalten von Hochspannungskondensatoren mit Druckluftschaltern. Brown Boveri-Mitt. 43 (1956) 287—295.
PHILLIPPS, V. E.; SOFIANEK, J. C.; STREATER, A. L.: Contact erosion on a capacitor switch. AIEE Trans. 78, III (1959/60) 1692—1697.
HÄTSCH, W.: Zusammenhang zwischen Netzeigenfrequenz und Kondensatorausgleichsstromfrequenzen. Energietechn. 10 (1960) 193—203.
WEGESIN, H.: Das Schalten von kapazitiven Strömen in Mittelspannungsnetzen. Calor-Emag-Mitt. (1961) 23—36.

49. Lichtbögen in Schwingungskreisen

LEEDS, W. M.; VAN SICKLE, R. C.: The interruption of charging current at high voltage. AIEE Trans. 66 (1947) 373—382.
GORLISS, C. H.: Effect of variation of circuit parameters on the excitation of spectra by capacitors discharges. Spectr. chim. Acta 5 (1953) 378—387.
FELDKIRCHNER, H.; KREMPL, H.: Der zeitliche Auf- und Abbau der Lichtemission einzelner Linien im Funken- und Wechselstrombogen und deren Bedeutung für die Spektralanalyse. Arch. Eisenhüttenwesen 27 (1956) 621—627.
DOKOPOULOS, P.; FRIEDRICH, F. J.: Hochstromschalter für schnelle Kondensatorbatterien. ETZ-A 92 (1971) 317—324.

50. Instabilitäten des Lichtbogens bei Schaltvorgängen

WEIZEL, W.; ROMPE, R.; SCHULZ, P.: Zur Theorie der nicht stationären Entladung I. Die Modulation des Hochdruckbogens durch eine dem Gleichstrom überlagerten Wechselstrom. Z. f. Phys. 117 (1941) 545—564.
BERGER, K.; PICHARD, R.: Die Berechnung der beim Abschalten leerlaufender Transformatoren, insbesondere mit Schnellschaltern, entstehenden Überspannungen. Bull. SEV 20 (1944) 560—570.
ROMPE, R.; WEIZEL, W.: Stabilitätsbedingungen und Schwingungsanregungen bei Lichtbögen. Ann. d. Phys. 6 Folge 1 (1947) 350—356.
YOUNG, A. F. B.: Some researches on current chopping in high voltages circuit-breakers. Proc. IEE (London) 100, II (1953) 337—361.
MAYR, O.: Über die Stabilitätsgrenze des Schaltlichtbogens, Report of the international symposium on electrical discharges in gases, Delft (1955).
BALTENSPERGER, P.; SCHMID, P.: Lichtbogenstrom und Überspannungen beim Abschalten kleiner induktiver Ströme in Hochspannungsnetzen. Bull. SEV 46 (1955) 1—13.
SLAMECKA, E.: Das Schalten kleiner Ströme. AEG-Mitt. 47, H. 7/8 (1957) 247—264.
NÖSKE, H.: Zum Stabilitätsproblem beim Abschalten kleiner induktiver Ströme mit Hochspannungsschaltern. Arch. Elektrotechnik 43 (1957) 114—133.
PFEIFER, H.: Die Erzeugung ungedämpfter elektrischer Schwingungen in Serien- und Parallel-Schwingungskreisen. Z. angew. Phys. 5 (1959) 508—509.
FRIE, W.: Über den Wechselstromwiderstand eines elektrischen Bogens. Z. angew. Phys. 13 (1961) 99—102.
RIZK, F. A. M.: Interruption of small inductiv currents with air-blast circuit-breakers. Diss. Göteborg (1963).
HEUVEL, W. M. C., VAN DEN: Interruption of small inductive currents in a-c-arcs. Diss. Eindhoven (1966).

C. Normen

DIN*) 1301 Einheiten; Einheitennamen, Einheitenzeichen
DIN 1302 Mathematische Zeichen
DIN 1304 Allgemeine Formelzeichen
DIN 1323 Elektrische Spannung, Potential, Zweipolquelle, elektromotorische Kraft; Begriffe
DIN 1324 Elektrisches Feld; Begriffe
DIN 1325 Magnetisches Feld; Begriffe
DIN 1326 Blatt 1—3 Gasentladungen; Begriffe
DIN 1339 Einheiten magnetischer Größen
DIN 1357 Einheiten elektrischer Größen
DIN 4897 Elektrische Energieversorgung; Formelzeichen
DIN 5475 Blatt 1 Komplexe Größen; Benennungen
DIN 5483 Formelzeichen für zeitabhängige Größen
DIN 40110 Wechselstromgrößen
DIN 40121 Elektromaschinenbau; Formelzeichen
IEC Publication 27—1 (1971): Letter symbols to be used in electrical technology, Part 1 General, Genève (Suisse)

*) Beuth-Vertrieb, Berlin, Köln, Frankfurt (Main)

Anhang

Größen, Einheiten, Formelzeichen, Indizes und sonstige Kennzeichnungen

In Tabelle 1 sind die am meisten benutzten Formelzeichen (Größensymbole) für oft vorkommende physikalische Größen zusammengestellt. Dabei wurden auch Formelzeichen für solche häufig verwendeten Größen berücksichtigt, die sich als Potenzprodukte von Basisgrößen oder als Quotienten von Basisgrößen darstellen lassen, bei denen die Zählergröße nicht von gleicher Dimensionist wie die Nennergröße. Die Formelzeichen bestehen aus großen und kleinen Buchstaben des lateinischen und griechischen Alphabets, sie sind im Druck *kursiv (schräg)* wiedergegeben. Hinter jedem Formelzeichen in Tabelle 1 ist seine Bedeutung erläutert.

Zwei weitere Spalten der Tabelle 1 enthalten die SI-Einheiten mit ihren Namen und Einheitenzeichen. Die Einheitenzeichen sind im Druck senkrecht (steil) wiedergegeben.

Die sieben Basiseinheiten Meter (m), Kilogramm (kg), Sekunde (s), Ampere (A), Kelvin (K), Mol (mol), Candela (cd), die zu den Basisgrößen Länge, Masse, Zeit, elektrische Stromstärke, thermodynamische Temperatur, Stoffmenge, Lichtstärke gehören, bilden mit den aus den Basiseinheiten ohne einen zusätzlichen von eins verschiedenen Zahlenfaktor abgeleiteten kohärenten Einheiten das Internationale Einheitensystem (Système International d'Unités, Abkürzung SI).

In den beiden letzten Spalten der Tabelle 1 sind nur die fünf in der Elektrotechnik üblichen Basiseinheiten Meter (m), Kilogramm (kg), Sekunde (s), Ampere (A), Kelvin (K) und die aus ihnen als Produkte und Quotienten abgeleiteten Einheiten aufgeführt, die z. T. besondere Einheitennamen und Einheitenzeichen haben. Hierüber sowie über die zahlenmäßigen Beziehungen zwischen den einzelnen Einheiten (Einheitengleichungen) gibt die Norm DIN 1301 Einheiten; Einheitennamen, Einheitenzeichen, Aufschluß.

In Tabelle 2 sind die in der Elektrotechnik gebräuchlichen SI-Einheiten angegeben, die besondere Einheitennamen und Einheitenzeichen haben, ferner die Beziehungen, die diese Einheiten auf die SI-Basiseinheiten zurückführen.

Über die Angabe von Temperaturen ist in DIN 1301 folgendes fesgelegt.

In physikalischen Gleichungen sollte die thermodynamische Temperatur mit der SI-Einheit Kelvin (Einheitenzeichen: K) benutzt werden.

Die Celsius-Temperatur ϑ ist die Differenz einer beliebigen thermodynamischen Temperatur T gegenüber der Temperatur $T_0 = 273{,}15$ K. Es gilt also

$$\vartheta = T - T_0 = T - 273{,}15\ \mathrm{K}\,.$$

Bei der Angabe von Celsius-Temperaturen ist der Einheitenname Grad Celsius und das Einheitenzeichen °C anzuwenden.

Die SI-Einheit für Temperaturdifferenzen und -intervalle ist das Kelvin. Die Differenz zweier Celsius-Temperaturen darf aber sowohl in Kelvin als auch in Grad Celsius angegeben werden.

Dem Sachbezug entsprechend ist es oft zweckmäßig, dezimale Vielfache und

Teile von SI-Einheiten anzuwenden. Die hierfür gemäß DIN 1301 zu wählenden Vorsätze und Vorsatzzeichen sind Tabelle 3 zu entnehmen.

Tabelle 4 gibt eine Übersicht über vielfach benutzte Formelzeichen für Größenverhältnisse, bei denen die Zählergröße und die Nennergröße von gleicher Dimension ist, sowie über oft vorkommende Zahlen.

Tabelle 5 enthält eine Reihe wichtiger Indizes und sonstiger Kennzeichnungen, z. B. zur besseren Unterscheidbarkeit verschiedener gleicher Größensymbole.

In Tabelle 6 sind schließlich einige mathematische Zeichen, darunter auch für die im Buch vorkommenden höheren transzendenten Funktionen, sowie ähnliche Zeichen zusammengestellt.

Tabelle 1. *Formelzeichen für physikalische Größen und zugehörige SI-Einheiten*

Formelzeichen	Bedeutung	SI-Einheit	
		Name	Zeichen
Lateinisches Alphabet			
A	Abstand, Entfernung, Länge	Meter	m
A	Arbeit, Energie	Joule	J
A	Fläche, Querschnitt	Quadratmeter	m^2
A	Strombelag	Ampere durch Meter	A/m
A	Vektorpotential des Stromes (Betrag)	Ampere	A
a	Abstand, Entfernung	Meter	m
a	Beschleunigung	Meter durch Sekundequadrat	m/s^2
B	magnetische Flußdichte (Induktion)	Tesla	T
b	Beschleunigung	Meter durch Sekundequadrat	m/s^2
b	Breite	Meter	m
C	elektrische Kapazität	Farad	F
c	elektrische Kapazität	Farad	F
c	spezifische Wärmekapazität	Joule durch Kilogrammkelvin	J/(kg K)
c	volumenbezogene Wärmekapazität*)	Joule durch Kelvinkubikmeter	$J/(Km^3)$
D	Drehmoment, Moment	Newtonmeter	Nm
D	Durchmesser	Meter	m
D	Trägheitsdurchmesser	Meter	m
d	Abstand, Entfernung	Meter	m
d	Durchmesser	Meter	m
E	Elastizitätsmodul	Pascal	Pa
E	elektrische Feldstärke	Volt durch Meter	V/m
E	elektromotorische Kraft	Volt	V
E	Klemmenspannung	Volt	V
E	Quellenspannung	Volt	V
e	Augenblickswert einer zeitabhängigen Klemmenspannung	Volt	V
F	Kraft, Auflagerkraft	Newton	N
f	Frequenz	Hertz	Hz
G	elektrischer Leitwert, Wirkleitwert (Konduktanz)	Siemens	S
G	Gewichtskraft	Newton	N
GD^2	Schwungmoment	Newtonquadratmeter	Nm^2
g	Fallbeschleunigung	Meter durch Sekundequadrat	m/s^2
g_n	Normfallbeschleunigung ($g_n \approx 9{,}807\ m/s^2$)	Meter durch Sekundequadrat	m/s^2
H	Heiztemperatur	Grad Celsius	°C
H	magnetische Feldstärke	Ampere durch Meter	A/m

*) hierfür Formelzeichen c in Kapitel 28, 35 und 36 verwendet, besser C_V.

Tabelle 1. *(Fortsetzung)*

Formelzeichen	Bedeutung	SI-Einheit	
		Name	Zeichen
h	Höhe	Meter	m
h	spezifische Enthalpie	Joule durch Kilogramm	J/kg
h	volumenbezogene Schmelzwärme	Joule durch Kubikmeter	J/m^3
i	Augenblickswert eines zeitabhängigen elektrischen Stromes	Ampere	A
I	Effektivwert eines periodisch zeitabhängigen elektrischen Stromes	Ampere	A
I	elektrischer Gleichstrom	Ampere	A
$\hat{i}$, $\hat{I}$	Scheitelwert eines sinusförmig zeitabhängigen elektrischen Stromes	Ampere	A
J	Flächenmoment zweiten Grades	Meter hoch vier	m^4
K	Kopplungskapazität	Farad	F
k	Abstand, Höhe	Meter	m
k^{-1}	Ausbreitungskonstante	Meter	m
L	Induktivität, Selbstinduktivität	Henry	H
L	Länge	Meter	m
l	Länge	Meter	m
M	Drehmoment, Moment	Newtonmeter	Nm
M	Gegeninduktivität, Kopplungsinduktivität	Henry	H
M	zeitlicher Temperaturanstieg	Kelvin durch Sekunde	K/s
m	Masse	Kilogramm	kg
n	Drehzahl	reziproke Sekunde	1/s
P	Leistung, Wirkleistung	Watt	W
p	Druck	Pascal	Pa
Q	Blindleistung	Watt	W
Q	elektrische Ladung	Coulomb	C
Q	Wärmemenge, Wärmeinhalt	Joule	J
q	Leiterquerschnitt	Quadratmeter	m^2
R	elektrischer Widerstand	Ohm	Ω
R	magnetischer Widerstand (Reluktanz)	reziprokes Henry	1/H
R	Wirkwiderstand (Resistanz)	Ohm	Ω
r	elektrischer Widerstand	Ohm	Ω
r	Radius, Abstand	Meter	m
S	elektrische Stromdichte	Ampere durch Quadratmeter	A/m^2
S	Scheinleistung	Watt	W
S	Spannungssteilheit	Volt durch Meter	V/m
s	Federkoeffizient	Newton durch Meter	N/m
s	Schrittweite	Meter	m
s	Stromgefälle	Ampere durch Meter	A/m
s	Weglänge	Meter	m
T	Zeitkonstante	Sekunde	s
t	Zeit, Zeitspanne	Sekunde	s
u	Augenblickswert einer zeitabhängigen elektrischen Spannung	Volt	V
U	Effektivwert einer periodisch zeitabhängigen elektrischen Spannung	Volt	V
U	elektrische Gleichspannung	Volt	V
$\hat{u}$, $\hat{U}$	Scheitelwert einer sinusförmig zeitabhängigen elektrischen Spannung	Volt	V
V	Volumen	Kubikmeter	m^3
v	Geschwindigkeit, Ausbreitungsgeschwindigkeit	Meter durch Sekunde	m/s
v	Volumen	Kubikmeter	m^3
W	Energie, Arbeit	Joule	J
W	Widerstandsmoment	Kubikmeter	m^3
X	Blindwiderstand (Reaktanz)	Ohm	Ω

Tabelle 1. *(Fortsetzung)*

Formelzeichen	Bedeutung	SI-Einheit	
		Name	Zeichen
Y	Scheinleitwert (Admittanz)	Siemens	S
Z	Scheinwiderstand (Impedanz)	Ohm	Ω
Z	Seilzug	Newton	N
Z	Wellenwiderstand	Ohm	Ω
z	Abstand, Entfernung	Meter	m
Griechisches Alphabet			
α	Abklingkoeffizient	reziproke Sekunde	1/s
α	Dämpfungskoeffizient	reziprokes Meter	1/m
α	ebener Winkel	Radiant	rad*)
α	Phasenwinkel, Phasenverschiebungswinkel	Radiant	rad*)
α	Temperaturkoeffizient des elektrischen Widerstandes	reziprokes Kelvin	1/K
β	ebener Winkel	Radiant	rad*)
β	Temperaturkoeffizient des elektrischen Widerstandes	reziprokes Kelvin	1/K
β	Phasenwinkel, Phasenverschiebungswinkel	Radiant	rad*)
γ	Abklingkoeffizient	reziproke Sekunde	1/s
γ	Eigenfrequenz	Hertz	Hz
γ	elektrische Leitfähigkeit	Siemens durch Meter	S/m
Δ	Beschleunigungsdrehmoment	Newtonmeter	Nm
Δ	Entfernung, Länge	Meter	m
δ	Entfernung, Länge	Meter	m
δ	Luftspalt	Meter	m
δ	Phasenwinkel, Phasenverschiebungswinkel	Radiant	rad*)
ε	Permittivität	Farad durch Meter	F/m
ε_0	elektrische Feldkonstante ($\varepsilon_0 \approx 0{,}8854 \cdot 10^{-11}$ F/m)	Farad durch Meter	F/m
ζ	Wärmeübergangskoeffizient	Watt durch Kelvinquadratmeter	$W/(Km^2)$
Θ	Massenträgheitsmoment (Massenmoment zweiten Grades)	Kilogrammquadratmeter	$kg\,m^2$
ϑ	Celsius-Temperatur	Grad Celsius	°C**)
ϑ	Pendelwinkel	Radiant	rad*)
ϑ	Phasenwinkel, Phasenverschiebungswinkel	Radiant	rad*)
ϑ	Polradwinkel	Radiant	rad*)
ϑ	Übertemperatur	Grad Celsius	°C**)
Λ	Wellenlänge	Meter	m
λ	Kreisfrequenz, Eigenkreisfrequenz	reziproke Sekunde	1/s
λ	Länge	Meter	m
μ	Permeabilität	Henry durch Meter	H/m
μ_0	magnetische Feldkonstante ($\mu_0 = 4\pi\, 10^{-7}$ H/m)	Henry durch Meter	H/m
ν	Kreisfrequenz, Eigenkreisfrequenz	reziproke Sekunde	1/s
ϱ	Abklingkoeffizient	reziproke Sekunde	1/s
ϱ	Dichte	Kilogramm durch Kubikmeter	kg/m^3
ϱ	Krümmungsradius	Meter	m
ϱ	spezifischer elektrischer Widerstand	Ohmmeter	Ωm
σ	Biegespannung, mechanische Beanspruchung	Pascal	Pa
σ	Schwebungskreisfrequenz	reziproke Sekunde	1/s
τ	Laufzeit	Sekunde	s
τ	Zeitkonstante	Sekunde	s
τ	Zeitspanne	Sekunde	s

*) Siehe Fußnote zu Tabelle 2.

**) Über Einheiten (Namen und Einheitenzeichen) von Temperaturen und Temperaturdifferenzen siehe einleitende Bemerkungen im Anhang.

Tabelle 1. *(Fortsetzung)*

Formelzeichen	Bedeutung	SI-Einheit	
		Name	Zeichen
Φ	magnetischer Fluß	Weber	Wb
Φ	Wärmestrom	Watt	W
φ	elektrisches Potential	Volt	V
φ	Phasenwinkel, Phasenverschiebungswinkel	Radiant	rad*)
χ	Phasenwinkel, Phasenverschiebungswinkel	Radiant	rad*)
ψ	Phasenwinkel, Phasenverschiebungswinkel	Radiant	rad*)
Ω	Kreisfrequenz	reziproke Sekunde	1/s
ω	Kreisfrequenz	reziproke Sekunde	1/s
ω	Winkelgeschwindigkeit	Radiant durch Sekunde	rad/s*)

*) Siehe Fußnote zu Tabelle 2.

Tabelle 2. *SI-Einheiten mit besonderem Namen und Einheitenzeichen, Beziehungen für ihre Zurückführung auf SI-Basiseinheiten*

Größe	SI-Einheit		Beziehung
	Name	Zeichen	
ebener Winkel	Radiant	rad*)	1 rad = 1 m/m
Frequenz	Hertz	Hz	1 Hz = 1/s
Kraft	Newton	N	1 N = 1 $kg\,m/s^2$
Druck	Pascal	Pa	1 Pa = 1 N/m^2 = 1 $kg/(s^2 m)$
Energie, Arbeit	Joule	J	1 J = 1 Ws = 1 $kg\,m^2/s^2$
Leistung	Watt	W	1 W = 1 VA = 1 $kg\,m^2/s^3$
elektrische Spannung	Volt	V	1 V = 1 W/A = 1 $kg\,m^2/(As^3)$
elektrischer Leitwert	Siemens	S	1 S = 1 A/V = 1 $A^2 s^3/(kg\,m^2)$
elektrischer Widerstand	Ohm	Ω	1 Ω = 1/S = 1 $kg\,m^2/(A^2 s^3)$
elektrische Ladung	Coulomb	C	1 C = 1 As
elektrische Kapazität	Farad	F	1 F = 1 C/V = 1 $A^2 s^4/(kg\,m^2)$
magnetischer Fluß	Weber	Wb	1 Wb = 1 Vs = 1 $kg\,m^2/(As^2)$
magnetische Flußdichte	Tesla	T	1 T = 1 Wb/m^2 = 1 $kg/(As^2)$
Induktivität	Henry	H	1 H = 1 Wb/A = 1 $kg\,m^2/(A^2 s^2)$

*) Die SI-Einheit rad kann durch die Zahl 1 ersetzt werden.

Tabelle 3. *Vorsätze und Vorsatzzeichen*

Zehnerpotenz	Vorsatz	Vorsatzzeichen
10^{12}	Tera	T
10^{9}	Giga	G
10^{6}	Mega	M
10^{3}	Kilo	k
10^{2}	Hekto	h
10	Deka	da
10^{-1}	Dezi	d
10^{-2}	Zenti	c
10^{-3}	Milli	m
10^{-6}	Mikro	μ
10^{-9}	Nano	n
10^{-12}	Piko	p
10^{-15}	Femto	f
10^{-18}	Atto	a

Tabelle 4. *Größenverhältnisse und Zahlen**)

Formel-Zeichen	Bedeutung
a	relativer (normierter) Strombelag
b	relative (normierte) magnetische Flußdichte
e	relative Polradspannung
g	relativer Wirkleitwert
i	relative (normierte) elektrische Stromstärke
k	Ordnungszahl
k	Proportionalitätsfaktor
k_0	Leerlaufkurzschlußverhältnis
m	Faktor
m	Ordnungszahl
m	relatives Moment
n	Faktor
n	Ordnungszahl
n_r	relative Drehzahl, Drehzahlverhältnis
p	Ordnungszahl
p	Polpaarzahl bei elektrischen Maschinen
p	relative (normierte) Leistung
s	Schlupf
u	relative (normierte) Spannung
$\ddot{u}$	Übersetzung, Übersetzungsverhältnis
v	Frequenzfaktor bei Stromkräften
w	Windungszahl
x	relative Reaktanz
y	relative Admittanz
z	Anzahl
α	Dämpfungsmaß
α	Stützpunktfaktor
β	Leiterfaktor
β	Phasenmaß
γ	Sättigungsfaktor
γ	Schwingungsfaktor
γ	Überschwingfaktor
δ	Statik eines Reglers
ε	relative Spannung
ε_r	Permittivitätszahl (relative Permittivität)
$\varkappa$	Gleichstromziffer, Stoßfaktor
$\varkappa$	Verhältnis der magnetischen Flüsse in Luft und in Eisen
μ	Ordnungszahl
μ_r	Permeabilitätszahl (relative Permeabilität)
ν	Ordnungszahl
σ	relative Drehzahlabweichung
σ	totaler Streufaktor
φ	relativer magnetischer Fluß

*) Bei den hier aufgeführten Größenverhältnissen haben Zählergröße und Nennergröße gleiche SI-Einheiten. Das Verhältnis zweier gleicher SI-Einheiten hat die Einheit 1. Das gilt auch für die hier angegebenen Zahlen.

Tabelle 5. *Einige Indizes und sonstige Kennzeichnungen*

Index	Bedeutung
a	Anlauf
B	Bogen (Lichtbogen)
b	Betrieb
b	Blindkomponente
C	Kapazität
D	Dämpferwicklung
D	Drosselspule
d	Längsachse (Direktachse)
E	Erdpunkt
e	Eigen-
e	elektrisch
e	Erdung, Erdschluß
f	Erregerwicklung (Feld)
G	Generator
h	Hauptfeld
k	Kipp-
k	Kurzschluß
L	Induktivität
L	Leitung
l	längenbezogen
m	magnetisch
N	Nennzustand
N	Netz
n	Normzustand
q	Querachse
R	Widerstand
r	relativ
S	Sammelschiene
s	Stoßkurzschlußstrom
s	Streufeld
T	Transformator
w	Wirkkomponente
0	Leerlauf
1	primär
2	sekundär
R S T	Dreiphasenkomponenten eines Drehstromsystems
1 2 0	symmetrische Komponenten eines unsymmetrischen Drehstromsystems (nach C. L. Fortescue)
α β 0	Diagonalkomponenten eines unsymmetrischen Drehstromsystems (nach E. Clarke)
d q 0	Achsenkomponenten einer Drehstrommaschine (nach R. H. Park)
⅄	Stern-
△	Dreieck-

Tabelle 6. *Mathematische Zeichen*

Zeichen	Bedeutung
$\underline{a}$	komplexer Operator $\underline{a} = e^{j2\pi/3} = \frac{1}{2}\left(-1 + j\sqrt{3}\right)$
$\boldsymbol{e}$	Einsvektor
j	imaginäre Einheit $j = \sqrt{-1}$
γ	Eulersche Konstante $\gamma = 1{,}781$
K	Integrationskonstante
( ), ‖ ‖	Matrix
$\boldsymbol{A}$	Spaltenmatrix
$\boldsymbol{D}$	Diagonalmatrix
$\boldsymbol{E}$	Einheitsmatrix
$\boldsymbol{T}$	Transformationsmatrix
$\mathrm{Ei}(x)$	Exponentialintegral
$Z(x)$	Kreiszylinderfunktion (allgemein)
$H_p^{(1)}\left(\sqrt{j}x\right)$	Hankelsche Zylinderfunktion erster Art von der Ordnung p
$H_p^{(2)}\left(\sqrt{j}x\right)$	Hankelsche Zylinderfunktion zweiter Art von der Ordnung p
$J_p(x)$	Besselsche Zylinderfunktion von der Ordnung p
$N_p(x)$	Neumannsche Zylinderfunktion von der Ordnung p
x_p	Nullstellen von $J_1(x_p) = 0$
x'	transient, Übergangsgröße*)
x''	subtransient, Anfangsgröße
$x_\sim$	Wechselgröße
$\bar{x}$	linearer Mittelwert
$\hat{x}$	Scheitelwert, größter Augenblickswert
$\boldsymbol{x}$	Vektorgröße
$x = \lvert\boldsymbol{x}\rvert$	Betrag der Vektorgröße
$\underline{x}$	komplexe Größe
$\underline{x}$	komplexe Sinusgröße, Zeiger
$\underline{x}^*$, x^*	konjugiert komplexe Größe
$\lvert\underline{x}\rvert$	Betrag der komplexen Größe
$\mathrm{Re}\,\underline{x}$	Realteil der komplexen Größe
$\mathrm{Im}\,\underline{x}$	Imaginärteil der komplexen Größe

*) Bei diesem und den folgenden Zeichen steht x für eine beliebige physikalische Größe.

Verzeichnis der Tabellen

Sachverzeichnis

721/23/73

www.ingramcontent.com/pod-product-compliance
Ingram Content Group UK Ltd.
Pitfield, Milton Keynes, MK11 3LW, UK
UKHW061658200726
13853UKWH00012B/2411

* 9 7 8 3 6 4 2 5 0 3 3 4 4 *